Gesamtverzeichnis des deutschsprachigen Schrifttums (GV) 1700 – 1910

Bearbeitet unter der Leitung von
Hilmar Schmuck und Willi Gorzny
Bibliographische und redaktionelle Beratung:
Hans Popst und Rainer Schöller

37

Fei - Fes

K · G · Saur München · New York · London · Paris 1981

CIP-Kurztitelaufnahme der Deutschen Bibliothek

Gesamtverzeichnis des deutschsprachigen Schrifttums :
(GV). – München, New York, London, Paris : Saur.
Bd. 1 – 6 bearb. unter d. Leitung von Peter Geils
u. Willi Gorzny.
ISBN 3-598-30000-X

1700 – 1910 / bearb. unter d. Leitung von Hilmar
Schmuck u. Willi Gorzny. Bibliograph. u. red.
Beratung: Hans Popst u. Rainer Schöller

NE: Schmuck, Hilmar [Bearb.]

37. Fei - Fes. - 1981.

Techn. Realisierung und Druck: Norbert Gärtner, Mainz-Kastel
Binden: Karl Schaumann, Darmstadt
Printed in the Federal Republic of Germany
ISBN 3-598-30000-X (Gesamtwerk)

Feibelmann, Moris: Zur Kenntnis der Conglutinatio orificii externi uteri. Memmingen 1909: Jauch. 25 S. 8°

. Erlangen, Med. Diss. v. 18. Dez. 1909, Ref. Jung

[Geb. 17. März 83 Memmingen; Wohnort: Memmingen; Staatsangeh.: Bayern; Vorbildung: Gymn. Kempten Reife 03; Studium: München 6, Erlangen 3, Kiel 1 S.; Coll. 14. Dez. 08; Approb. 28. Nov. 08.] [U 10. 790

Feibelmann, Richard, a. Kandel (Pfalz): Über die N-Methylolverbindungen einiger Oxysäureamide und über Derivate der p.-Chinolinkarbonsäure und Kampfokarbonsäure. Nördlingen 1907: C. H. Beck. (67 S.) 8°

München, Phil. Fak., Ref. v. Baeyer, Diss. v. 19. Juni 1907

[Geb. 8. Mai 83 Kandel; Wohnort: Kandel; Staatsangeh.: Bayern; Vorbildung: Oberrealsch. Karlsruhe Reife Juli 02; Studium: München 10 S.; Rig. 19. Juni 07.]

Feibelsohn, Emma, s.a. Felson, Elith.

[F.] Höhere Töchter. Humoresken a. d. Schulleben. Von Elit Felson [d. i. Emma **Feibelsohn**]. M. Ill. *Breslau: F. Goerlich [1896].* (2 Bl., 133 S., 5 Taf.) 1 Bd 8. [97. 2363

Feiber, Arthur, appr. Arzt: Ueber einen Fall von multiplen tuberkulösen Darmstenosen. München 1903: Kastner & Callwey. (18 S.) 8°

München, Med. Fak., Ref. v. Bollinger, Diss. v. 30. Juni 1903

[Geb. 23. Aug. 77 Holzappel, Hessen-Nassau; Wohnort: Holzappel; Staatsangeh.: Preußen; Vorbildung: Gymn. Weilburg Reife O. 98; Studium: Marburg 4, Kiel 1, München 5 S.; Coll. 30. Juni 03; Approb. 21. Mai 03.]

Feiber, Philippus: De hydrargyri praecipitati rubri efficacia ad syphilidem tollendam. Halis Saxonum (1831): Baentsch. 38 S. 8°

Halle-Wittenberg, Med. Diss., nachgeliefert von dem am 13. Okt. 1831 auf Thesen (loco dissertationis de decubitu) promovierten Verf.

[Beigedr.:] Dzondi, Carolus Henricus: Observationum ophthalmologicarum partic. 5. De morbis oculorum rectius distinguendis et aptius curandis. (1831)

Geb. Raversbeuren/Mosel (Kr. Zell) 1807. V.

Verf. erlebte die Diplomerneuerung 1881 als Arzt in Kastellaun (Kr. Simmern; Rheinprov.).

Feiber, Richard

Abriss der Geschichte des Infanterie-Regiments Herzog Ferdinand von Braunschweig (8. Westf.) Nr. 57. Mit Genehm. d. Regim. bearb. von [Richard] **Feiber**, Oberlt. *Wesel: C. Kühler 1902.* (11 S.) 8° [Umschlagt. F.] [00. 7346

Abriß der Geschichte des Infanterie-Regiments Herzog Ferdinand von Braunschweig (8. Westf.) Nr. 57. Mit Genehm. d. Regts bearb. von [Richard] **Feiber**, Hauptm. 2. Aufl. Wesel: Kühler 1905. 24 S. 8° [Umschlagt.] [05. 6111

Abriß der Geschichte des Infanterie-Regiments Herzog Ferdinand von Braunschweig (8. Westf.) Nr. 57 ... bearb. von [Richard] **Feiber**, Hauptm. a. D. 3. Aufl. Wesel: Kühler 1909. 24 S. 8° [Umschlagt.] [09. 15657

Feiber, Richard, s. Schimmelmann, B. von: Geschichte des Infanterie-Regiments Herzog Ferdinand v. Braunschweig

Stammliste des Infanterie-Regiments Herzog Ferdinand v. Braunschweig (8. Westfälischen) Nr 57. Offiziere, Sanitätsoffiziere, Reserveoffiziere u. Zahlmeister. 1860 bis 1910. Aufgestellt von [Richard] **Feiber**, Hauptm. a. D. Oldenburg i. Gr.: Stalling 1910. XVI, 375 S. 8° [10. 11691

Feibusch, Rob., zur Casuistik der Doppel-Missbildungen. Inaugural-Dissertation. 8. (34 S. mit 3 Abbild.) München 885, (Ernst.) *

Feichtenbeiner, Jos. Ant., s. Avanzin, Leben u. Lehre J. Christi.

Feichter, Der hochwürdige Herr Michael, Regens des F. B. Clericalseminars zu Brixen . . . Innsbruck 1857. V: *Pircher, Johann.* (MARGR)

Feichter, Michael. *Der hochw. Herr — Regens des F. B. Clericalseminars zu Brixen.* Ein Lebensbild eines würdigen Priesters u. ausgezeichneten Gelehrten. *Innsbruck* 1857. Druck der *Wagnerschen* Buchdr. 59 S. 8°.

Abgedruckt aus dem kirchl. Journale „Kathol. Blätter aus Tirol".

Feichter, Mich., Animadversiones piae et morales in historiam evangelicam scriptis relictae. Nunc primum ab Joa. Pircher in lucem publicam editae. 12. (X und 466 S.) Innsbruck 857, F. Rauch.

Feichter, Mich., Historia evangelica ex verbis ss. evangelistarum concinnata et in ordinem redacta. Innsbruck, Wagner, 1802.

Feichter, Michael. Übersicht des katholischen Religionssystems. Innsbruck. Rauch. 1820, 8° (Vergriffen).

Feichtinger, Dr. Alexius v., Praktische Tabellen für Touristen, um die Seehöhen mittelst Barometer (an Ort und Stelle) ohne Berechnung zu bestimmen. 12. (71 S.) Fiume: Spiess 1893. —.60

Feichtinger, Emanuel Abriſs der französischen Formenlehre mit Rücksicht auf lateinische und griechische Vorkenntnisse dargestellt. 8 (1 Bl. 52 S.). **Progr.** K. k. Staats-G. *Salzburg* 1892.

Feichtinger, Eman., Abriſs der französischen Formenlehre, m. Rücksicht auf latein. u. griech. Vorkenntnisse dargestellt. gr. 8. (IV, 52 S.) Wien 892. A. Hölder. n. — 60

Feichtinger, Emanuel Abriſs der französischen Syntax mit Rücksicht auf lateinische und griechische Vorkenntnisse. 8 (1 Bl. 56 S.). **Progr.** Staats-G. *Salzburg* 1888.

Feichtinger, Eman., Abriſs der französischen Syntax, mit Rücksicht auf latein. und griech. Vorkenntnisse dargestellt. gr. 8. (II, 56 S.) Wien 888, Hölder. *

Feichtinger, Eman. Zur Behandlung des griechischen Verbums in der Schule. 19 S. 8. **Progr.** Staatsg. *Salzburg* 1879.

Feichtinger, E., kurzgefaßte griechische Formenlehre [nach Curtius], leichtfaßlich für Anfänger u. übersichtlich zur Repetition dargestellt. gr. 8. (IV, 69 S.) Salzburg 880. Dieter. n. 1. 40

— kurzgefaßte griechische Formenlehre [des attischen Dialectes], leichtfaßlich f. Anfänger u. übersichtlich zur Repetition dargestellt. 2., umgearb. Aufl. gr. 8. (IV, 72 S.) Ebd. 889. n. 1. —

— Fragebüchlein zur lateinischen Syntax im Anschlusse an K. Schmidt's lat. Schulgrammatik. Als Lernbehelf bearb. 1. Thl. Casuslehre. Für die 3. Classe. 8. (32 S.) Salzburg 882. (Wien, Hölder.) n. — 40

Feichtinger, Eman., Fragebüchlein zur lateinischen Syntax im Anschlusse an K. Schmidt's lat. Schulgrammatik. [V. u. VI. Aufl.] Als Lernbehelf bearb. 2. Thl. Tempus- u. Moduslehre. Für die 4. Classe. gr. 8. (30 S.) Wien 886. Hölder. (à) n. — 40

— Fragebüchlein zur lateinischen Syntax, im Anschlusse an F. Schultz' kleine latein. Sprachlehre als Lernbehelf bearb. gr. 8. (51 S.) Paderborn 888. F. Schöningh. n. — 50

Feichtinger, Emanuel, Lehrgang der französischen Sprache für Gymnasien. I. Theil für 2 Jahrescurse zu je zwei Stunden in der Woche. Wien 1894. A. Hölder. (Min.-Erl. v. 7. Mai 1894, Z. 9713.) Geheftet 1.10, gebunden 1.30

Feichtinger, Eman., Lehrgang der französischen Sprache f. Gymnasien. I. Tl. (Für 2 Jahreskurse zu je 2—3 Stunden in der Woche.) 2. verb. Aufl. (VI, 276 S.) 8. Wien 905. A. Hölder. Geb. n. 2. 42

Feichtinger Emanuel, Lehrgang der französischen Sprache für Gymnasien. II. Teil. Deutsch-französisches Übungsheft. Wien 1905. Alfred Hölder. Geb. K 1.—, geb. K 1.50.

Feichtinger, Emanuel, Prof., Leitfaden einer neuen leicht erlernbaren u. schulmässig genauen Phonographie. I. Thl.: Die Elementarschrift u. die Verkehrsschrift enthaltend. 8. (8 S. m. 8 lithogr. Taf.) Prag, G. Neugebauer. 40 kr. N. b. 1885.

— Leitfaden e. neuen leicht erlernbaren u. schulmässig genauen Phonographie od. Laut-Eil-Schrift, aus dem Gabelsberger'schen, Stolze'schen u. Faulmann'schen Stenographie-System einheitlich u. einfach combinirt. 1. u. 2. Thl. gr. 8. Salzburg. (Leipzig, Robolsky.) à n. — 80
1. Die Elementarschrift [f. Volksschulen] u. die Verkehrsschrift enth. Mit 8 lith. Taf. (14 S.) 885.
2. Kürzungen der Verkehrsschrift. Mit 8 lith. Taf. (12 S.) 889.

Feichtinger, Eman., kleine latein. Sprachlehre, s.: Schultz, Ferd.

Feichtinger, Eugen [Rechtspraktikant '(München)']: Die rechtliche Natur der Prämien-Geschäfte ... Erlangen, k. b. Hofbuchdr. v. A. Vollrath, 1896; 65 S. 8.
Erlangen, Jur. Fak., Inaug.-Diss. v. 25. Juli 1896

Feichtinger, Geo., über die chemischen Eigenschaften mehrerer bayerischer hydraulischer Kalke im Verhältniss zu Portland-Cement. — Ueber eine Auswitterung an einem Neubau. Zwei Abhandlungen. (Aus den Abhdlgn. der naturw.-techn. Comm. bei der k. Akad. der W. in München.) München 858. Literar.-artist. Anstalt. gr. 8. (1 Bl., 54 S.) n. 11 ngl

Feichtinger, G., die chemische Technologie der Mörtelmaterialien, s.a. Handbuch der chemischen Technologie.

Feichtinger G, die chemische Technologie der Mörtelmaterialien. (Handbuch der chemischen Technologie von Bolley VI, 1. II.) Braunschweig 1885

Feichtinger, Paul, approb. Arzt aus München: 50 in den Jahren 1892—1901 chirurgisch behandelte Fälle von Perityphlitis aus der chirurgischen Klinik zu München. *München 1901: C. Wolf & Sohn.* (43 S.) 8°
München, Med. Diss. v. 1901

Feichtinger Rosine: Satzverbindung und Satzgefüge in Elsbet Stagels „Leben der Schwestern zu Töss".
H. 1910 PN 2957 Diss. Wien, Univ.

Feichtinger Wilhelm: Die zweigliederigen Ausdrücke im ältesten Faustbuch und ihre verschiedenen Formen, mit Berücksichtigung der Wolfenbüttler Handschrift.
H. 1908 PN 2608 Diss. Wien, Univ.

Feichtinger de B. Nádasd, Alessio, diritto marittimo con speciale riguardo agli usi ed alle convenzioni internazionali, nonchè alle leggi e ai regolamenti vigenti nello Stato ungarico, rispettivamente nella Monarchia austro-ungarica. 2. ed. interamente rifatta e con notevoli aggiunte. gr. 8. (XI, 506 S.) Fiume 894. (C. Spiess & Co.) n.n. 7.—

— praktische Tabellen f. Touristen, um die Seehöhen mittelst Barometer (an Ort u. Stelle) ohne Berechnung zu bestimmen. 16. (71 S.) Ebd. 893. n. 1.—

Feichtlbauer, Mart., Volkserzählgn., s.a. Volksbücherei.

(F) Feichtlbauer, M., Volkserzählungen. [Volksbücherei. Nr. 219.] 8°. (70 S.) Graz: Styria 1909. K —.20

Feichtmair, s. a. Feichtmayer. — Feichtmayr

Feichtmair, Jh. Bapt., vierzig sittliche Gartensaamen, zum Nutzen u. Gebrauch f. Jedermann. 8. Passau 820. Pustet. 8 gl

Feichtmair, Jh. Nep., Beitr. zur Geschichte des in Schwaben herrschenden Nervenfiebers rc. 8. Ulm 800. Stettin. 4 gl

Feichtmayer, s.a. Feichtmair. — Feichtmayr

Feichtmayer, Fritz, aus Pr. Stargard, Assistenzarzt im Inf.-Reg. 'von Lützow' (1. Rhein.) No 25: Giebt es ein Abortivverfahren bei der Lues? *Würzburg 1902: A. Boegler.* (30 S.) 8°
Leipzig, Med. Diss. v. (31. Juli) 1902

Feichtmayer, Joh. Bapt.

Feichtmayer, J. B., vierzig sittl. Gartensaamen, zum Nutzen und Gebrauche für Jedermann. 8. Regensburg 820. (Augsburg, Kollmann.) 1/3 rf

Feichtmayer, Pet., Rede auf d. Fest d. Erhöhung d. heil. Kreuzes. 8. Augsb. 770. Rieger. 1 gl

Feichtmayr, s. a. Feichtmair. — Feichtmayer

Feichtmayr, Joh. Nep.

Feichtmayr, J. N., Beytr. z. Gesch. d. in Schwab. herrsch. Nervenfiebers. 8. Ulm, Stettin. 800.

Feick, Johs., Lichtenberg im Odenwalde in Vergangenheit u. Gegenwart. Nach den Quellen geschildert. 2. Ausg. (VIII, 119 S. m. 44 Abbildgn., 6 Plänen u. 1 Karte.) gr. 8. Darmstadt 903. (L. Saeng.) n. 1. 80; erh. Pr. n. 2. 40

Feickert, *Jakob* [aus Hohen-Sülzen bei Worms]: Beitrag zur Genese des metastatischen Lebercarcinoms ... Würzburg, P. Scheiner's Buchdr., 1892; 27 S. 8.
Würzburg, Med. Fak., Inaug.-Diss. v. 1892

Feidel, der Corsen Sitten u. Gebräuche. 8. Zeiz, Webel. 801.

Feidel, Hermann. Ueber Alkaliarsenigmolybdate. Diss. Phil. Bern. 52 S. 8. Würzburg, Franz Scheiner, 1907.

Basilius Joannes Feider: De halyotidum Structura. Halae (1814): Schimmelpfennig. 12 S. 4
Halle, Med.Diss.v.1.Aug.1814

Feider, Rosalie. Die Dauererfolge der operativen Behandlung der Uterussarcome mit den verschiedenen Methoden. Diss. Med. Bern. *Kopftitel:* Aus der Universitätsfrauenklinik Bern. Direktor: Prof. P[eter] Müller. 16 S. 8. Bern, Stämpfli & Cie., 1907.

Feiel, Rob., des Christen Kreuzestrost, s.: Volksbibliothek, katholische. II. 9.

Feier, s. auch Feyer.

Feier, Die, des letzten Abends des Jahres 1772. Leipzig 1773. V: *Hartmann, Gottlob David.* (GGr) (R-N) (ML) (Ky)

Feier des Abends im Mondenschein, eine Vorlesung in der Laube. Meiningen 1778. V: *Pfranger, Johann Georg.* (Hdschr. Mitth. des Hrn Prof. Dr. K. Albrecht in Oldenburg.)

Feier, Die, des heil. Abendmahls ... Berlin 1815. V: *Zober, Carl.* (MGT) »1812« (Ky)

— die, d. heil. Abendmahls f. junge Christen. Vom Verf. d. Morgen- u. Abendgedanken e. jungen Frauenzimmers. 8. Berl. 812. Mittler. 8 gl

Feier, die, d. heiligen Abendmahls als Gemeinde-Gottesdienst in Schriftwort u. Liedern liturgisch zusammengestellt. gr. 8. (16 S.) Kiel 876. Homann. — 30

Feier, die, des ersten heil. Abendmahlsgenusses d. jüngern Christen. Von e. Pfarrer d. Hrzgth. Westphalen. 1. Aufl. 837. 1/4 Thlr., u. 2. A. (u. d. veränd. Ttl.: Die Feier d. ersten h. Communion d. Kinder.) gr. 12. (à 3 1/2 B. u. 2 Bl. Musik in Ziffern.) Arnsberg 811, Ritter.

Feier, die, d. heil. Adventszeit, od. d. Rorate-Messen. Vom Verf. d. Gebetbuchs: Schritte z. vollkomm. Liebe Gottes. 2. Aufl. 12. (5 B.) Augsburg 829, Wolff. (Kollmann.)

Feier, Die, der heiligen Advents-zeit, oder die Rorate-Messen. Eine Anweisung, den Sohn Gottes in dem Geheimnisse seiner Menschwerdung anzubeten, sowohl im Advente, als auch zu jeder anderen Zeit des Jahres, um sich zu den Muttergottesfesten gebührend vorzubereiten . . . 2. Aufl. Regensburg 1829. V: *Blum, Georg.* (RUSSELL IX, 476)

Feier der Affiliation der Loge zum Frankfurter Adler an die Grosse Mutterloge des Eklektischen Freimaurerbundes zu Frankfurt am Main am 2. Dez. 1888. Frankfurt a. M. [1888]: Werner & Winter. 381—417, 13 S. 8⁰ [Umschlagtit.]
Bericht. Der Bericht üb. die Festloge ist MitthF. (NF.) 161 (1888) S. 381—415 entnommen, Reden von A. Knoblauch, Ernst Rosenberg u. S. Durlacher. Bericht üb. die Tafelloge von Ph. Hertz.

—— die, d. 25jähr. Amtsführung d. Pfarrers J. J. Meß bei d. evangel. Gemeinde zu Neuwied am 15. Nov. 1810. Hrsg. v. G. A. v. d. Beeck. 8. (1 1/4 B.) Neuwied, v. d. Beeck.

— d. 50jähr. Amtsführung d. Hrn. J. A. W. Natorp, Pred. zu Gahlen, an dessen 79sten Geburtstage, herausg. von d. Kreissynode Duisburg. gr. 8. Essen 819. Bädecker. 9 gGr

Zur Feier des 25jährigen Amtsjubiläums des Herrn Pfarrer Appenzeller. Predigt gehalten in der Heilig-Geist-Kirche zu Bern, Sonntag den 19. April 1885, von Ammann, Pfr. In-8⁰, 14 S. Bern, K. J. Wyss. 1885. —.20.

[Über die **Feier** des **25jährigen Amtsjubiläums** des Prof. Dr. Emil Hermes.] *Mörs 1899: J. W. Spaarmann.* (S. 13—15.) 4° ¶ (Aus dem Grafschafter, No. 83.)
Mörs, k. G Adolfinum, OP 1899 (480)

Feier, Die, des 50jährigen Amtsjubiläums des Herrn August Radnitzky als Collegiatsstifts-Verwalter in Mattsee am 24.—25. Juni 1893. 8. (12 S.) Salzburg: Dieter * —.10

Feier des funfzigjährigen Amts-Jubiläum des Consistorialraths und Pastors Prediger Jens Pt. Windekilde zu Wilstrup d. 28. Juni 1838. Hadersleben. P.

Feier des Andenkens von Karl Gotthard Elverfeld . . . Mitau 1820. V: *Elverfeld, Carl Joh. Friedrich.* (R-N) (MGT)

Assidua: „Assidua". **Feier** des Andreas- und Stiftungsfestes und des 25 jährigen Meisterjubiläums des Br. Th[eod.] Schaefer am 23. Nov. 1902. [Bremen 1902: Mack.] 59 S. 8⁰ [Umschlagtit.]
Bericht. Reden von Th. Schaefer, Sonntag: Üb. Andreas, u. Jacobsen.

— der Ankunft d. Prinz. Wilhelm V. v. Oranien rc. herausg. v. Achenbach. 8. Hadam. Gel. Buchh. 803.

—— der ersten Anwesenheit Ihrer Kgl. Hoheiten d. Grosshrzgs. Leopold u. d. Frau Grosshrzgin. Sophie in Mannheim. gr. 8. (9 B.) Mannheim 830, (Schwan u. Götz.)

Feier des 6. Aprils 1838, als desjenigen Tages, an welchem vor 60 Jahren Friedrich in den Krieg zog, um Baierns Selbstständigkeit zu erhalten. Als Mscr. für die Theilnehmer. Berlin. 8.

Feier, Die, des achtundzwanzigsten Augusts dankbar zu erwiedern. [Carlsbad? 1819.] V: *Goethe, Johann Wolfgang von.* (BrMm)

Zur Feier des 18. August 1863. Kleines photographisches Porträt Sr. Majestät des Kaisers. In analoger Verzierung 16. Wien, Rudolf Sterbenz. 1863. 20 kr.

Zur Feier des einhundertjährigen Bestandes der K. k. Hof- und Staatsdruckerei. Wien: (K. k. Hof- u. Staatsdr.) 1904. (111 S., 10 Taf.) 2° [Umschlagt.:] Die K. k. Hof- u. Staatsdruckerei. 1804. 1904. [05. 738

Harmonie: **Feier** des 25 jährigen Bestandes des Br.-Kreises „Harmonie" in Prag. Abgehalten am 24. März. 1895. Als Ms. f. BBr. gedr. Altenburg [1895]: Blücher. 36 S. 8⁰ [Umschlagtit.]
Bericht: Festritual, Vortrag üb. die Gesch. des Klubs, Gedichte.

Feier, Zur, des 25jährigen Bestandes der k. k. Kriegsschule. (Als Manuscript gedruckt.) gr. 8. Wien 15. October 1877.

Feier, Die, des hundertjährigen Bestandes der k. k. Lehrer-Bildungsanstalt in Krems 1875. Krems [1875]. V: *Hübl, Johann.* (EB)

Die Feier des 20jähr. Bestandes des Deutschen Männerturnvereins in Prag, 5. 4. 1908 (S. Abdr. a. „D. Deutsche Volksbote"), Prag, 2 S., 2⁰.

Zur Feier des fünfundzwanzigjährigen Bestehens der Gelsenkirchener Bergwerks-Actien-Gesellschaft zu Rheinelbe bei Gelsenkirchen. (1873—1898.) [Mit Abb. u. Kt.] Düsseldorf (1898): Bagel. 34 Bl. 4°

Feier, die, des 25jährigen Bestehens des Württ. Bezirksvereins deutscher Ingenieure und die Enthullung des Daimler-Denkmals in Cannstatt. (12 S) 4° Berlin 1902

Feier, die, d. 25jährigen Bestehens der Cäcilienschule. Gedenkblätter, zusammengestellt v. e. früheren Lehrerin. gr. 8. (67 S.) Oldenburg 892. Schulze. n. — 60

Zur Feier des 25jährigen Bestehens der gemeinnützigen Gesellschaft zu Leipzig. 1871—1896. Als Hs. gedr. *Leipzig: (Dr. r. Frankenstein & Wagner) 1896.* (31 S., 1 Bl. 4.-8.) [95. 300 11

Hoboken Acad [Hoboken, NJ]. 1861-86. Zur Feier des 25 jhr Bestehens . . . 11. Feb 1886. NY, 1886

Zur Feier des 25jähr. Bestehens des Deutschen Landwirthschaftsraths. 1872—1897. Den Mitgliedern u. stellvertretenden Mitgliedern gewidmet vom Vorstande. — Berlin: Parey in Komm. 1897. 72 S. 8⁰ 1.

Feier, Zur, des 25jährigen Bestehens der Farbwerke vormals Meister, Lucius & Brüning zu Hoechst am Main 2. Juni 1888. (Hoechst a. M. 1888)

(1863—1888.) Zur Feier des 25jähr. Bestehens der Farbwerke vorm. Meister, Lucius & Brüning zu Höchst am Main, 2. Juni 1888. — (Mainz 1888: Wallau.) 12 S., 1 Kt. 4° 5.

ZUR FEIER DES FÜNFUNDZWANZIGJÄHRIGEN BESTEHENS DER PHILOMATHIE IN GLATZ. Glatz (1878). Druck von L. Schirmer. 8°.

Zur Feier des 25jähr. Bestehens der Werkzeugmaschinenfabrik und Eisengiesserei von Ernst Schiess, 1866—1891, Oberbilk. — (Düsseldorf 1891: Bagel.) 9 Bl. 8° [Umschlagt.] 61.

Zur Feier des 50jähr. Bestehens der Firma H. & E. Albert, nachmal. A.G. Chemische Werke vorm. H. & E. Albert in Amöneburg bei Biebrich a. Rh. 1858—1908. — (Biebrich 1908: Zeidler.) 26 S., 13 Bl.

Feier, Die, des fünfzigjährigen Bestehens des Königlichen Meteorologischen Instituts am 16. Okt. 1897. Berlin 1898. V: *Bezold, Wilh.* (Berl)

Feier, die, d. fünfzigjähr. Bestehens d. kgl. meteorolog. Instituts am 16. X. 1897. gr. 4. (27 S.) Berlin 898. A. Asher & Co. n.n. 1. —

Zur Feier des 50jähr. Bestehens der Act.-Ges. Kammgarnspinnerei zu Leipzig am 1. Jan. 1887. — (Leipzig 1887: Gröber.) 5 Bl. 4° [Umschlagt.] 38 A.

Zur Feier des fünfzigjährigen Bestehens des Kohlenbergbaues in der Bergberechtsame Dahlbusch. (1851—1901.) Hrsg. aus Anlaß der Industrie- u. Gewerbe-Ausstellung zu Düsseldorf 1902. [Mit Abb. u. Pl.] (Dahlbusch-Rotthausen: Selbstverl. 1902.) 70 S., 23 gez. Bl. 4°

Zur Feier des fünfzigjährigen Bestehens der Philomathie in Glatz. 1) Die Philomathie in Glatz. Ein Rückblick. (Verf.: Gen.-Major v. Sommerfeld). 2) Namentliches Verzeichnis der Mitglieder. 3) Verzeichnis der Vorträge. 4) Vortrag: Deutsche Städtegründungen u. Stadtanlagen in Schlesien. (Von Wilhelm Schulte, Gymn.Dir.) *Glatz (1903): B. Hiller.* (46 S.) 8° [F.] [03. 14880

Zur Feier des 50jährigen Bestehens der Firma Julius Pintsch, (Gaslampen, Gasmesser, Gasapparate,) Berlin, am 26. April 1893. [Mit Abb. u. Pl.] (Berlin 1893: v. Holten.) 27 S. 2°

Zur Feier des fünfzigjährigen Bestehens der Stahlwerke der Firma Eicken & Co. in Hagen i. W. 1853—1903. [Mit Abb.] (Hannover 1903: König & Ebhardt.) 36 S. 4°

Versicherungs-Gesellschaft zu Greifswald. Zur Feier des 50jährigen Bestehens derselben, 1841—1890. Greifswald 1891.

Feier, Die, des fünfzigjährigen Bestehens und Wirkens des Historischen Vereines für Steiermark am 12. December 1900. 8. Graz (1900).

Feier, die, d. 150jähr. Bestehens d. Georg-Augusts-Universität im Aug. 1887. gr. 8. (III, 184 S.) Göttingen 888. Vandenhoeck & Ruprecht's Verl. n. 3. —

Die **Feier** des 150jährigen Bestehens des k. bayer. Kadettenkorps am 14. Juli 1906 zu München. München 1906. Mehr. Schriften etc. in 1 Mappe. 4°

— die, d. 100jähr. Bestehens d. Füsilier-Regiments Kaiser Franz Joseph v. Oesterreich, König v. Ungarn (4. württemb.) No. 122 in Heilbronn. (42 S. m. Abb.) Lex. 8. Heilbronn 907. A. Scheurlen. — 50

Feier des 100jährigen Bestehens der Handelskammer zu Krefeld am 19. u. 20. Sept. 1904. [Mit 1 Bild.] Krefeld (1904): Kramer & Baum. 46 S. 8°

Zur Feier des 100jähr. Bestehens der Firma J. M. Maret, Coblenz, Dampf-Seifen-, Soda- u. Lichte-Fabrik. — Coblenz-Lützel (1903): Breuer. 15 Bl. quer-8° [Umschlagt.:] 1803—1903. J. M. Maret . . ., Coblenz. 38 A.

St. Johannis-Loge zum westfälischen Löwen im Or.·. Schwelm. Feier des 100jährigen Bestehens am 1. Mai 1892. Schwelm [1892]: Scherz. 2 Bl. 8° [Umschlagtit.]
Festordnung.

Zur **Feier** des hundertjährigen Bestehens der Königlichen Blindenanstalt Steglitz. Sonnabend, d. 15. Okt. 1906. (Steglitz 1906: E. Werner.) (2 Bl.) 8° [Umschlagt. F.] [07. 788]

Die Feier des 100jähr. Bestehens des 11. Inf.-Reg. von der Tann in Regensburg am 15. u. 16. Juli 1905. Festschrift etc. Regensburg 1905. 1 Mappe. 4°

Die Feier des 100jähr. Bestehens des 9. Inf.-Reg. Wrede in Würzburg vom 18.—20. Juli 1903. Festschrift etc. Würzburg 1903. 1 Mappe. 4°

Zur **Feier** des sechzigjährigen Bestehens der Numismatischen Gesellschaft zu Berlin am 22. Dec. 1903. Mit 1 Lichtdrucktaf. u. Abb. Berlin: Berliner Münzblätter 1903. (88 S.) 8° [03. 4177

Die Feier des 200jähr. Bestehens des 4. Inf.-Reg. König Wilhelm von Württemberg in Metz am 26., 27. u. 28. Mai 1906. Festschrift etc. Metz 1906. 1 Mappe. 4°

— die, d. ersten Bibelfestes, d. preuß. Bibelgesellschaft. gr. 8. Königsb. 819. Unzer. 6 ℋ

Feier, Braunschweigs, bei dem Einzuge seines Durchlaucht. Fürsten und Landesherrn Friedrich Wilhelm, s. Braunschweigs...

—— bürgerl. u. kirchl., d. Bekanntmachung d. Verfassungs-Urkunde f. d. Kurfürstenth. Hessen. Begangen z. Bockenheim am 8. u. 9. Jan. 1831. 8. ... Hanau, König.

—— eines Dank-Gottesdienstes zu Nehringen am 12. Juni 1867. Festbericht. — Festpredigt. gr. 8. (16 S.) Berlin 867, (Beck.) *

—— (Feyer,) die, d. ersten Decenniumfestes der k. k. Landwirthschaftsgesellsch. in Steyermark, im J. 1829. Beschrieben v. e. Gesellschaftsmitgliede. (M. 3 Beyl.) 4. (5 B., 1 Stnt. in Fol.: Abbild. d. v. Erzhrzg. Johann gegeb. öffentl. Tafel, m. 50 Vign. u. 1 Musikbeil.) Grätz 829, (Damian u. Sorge.)

Feier der Dten v Chi. Festprogr u Denkschrift zu Goethes 150 jhr Geburtstage. Chicago, 1899.

Feier, zur, des 26. December 1869 im Saale der Grossen National-Mutterloge zu den drei Weltkugeln. Berlin 1869. 8. 2 Bl.
Ein Lied: „Im deutschen Norden zu singen".

— die, des heiligen Dienstes in der katholischen Kirche. Nach d. Liturgie der Kirche mit näherer Beziehung auf die öffentl. u. gemeinsame Feier zum Gebrauche der Laien bearb. u. hrsg. v. Wilh. Karl Reischl. 2 Thle. 8. 1. Thl. A. u. d. T.: Missale d. i.: Meßbuch f. das kath. Kirchenjahr u. die Feier d. christl. Morgens. Aus d. römisch-kathol. Missale zum Gebrauche der Laien übers. u. hrsg. Mit 1 Stahlst. (XVIII u. 800 S.) 2. Thl. A. u. d. T.: Vesperale d. i.: Vesperbuch f. das kath. Kirchenjahr u. die Feier d. christl. Abendes. Nach dem römisch-kathol. Breviere u. kirchl. Quellen bearb. u. hrsg. Mit 1 Stahlst. (XIV u. 689 S.) München 851. 52, Lentner. (1: 1½ ℛ 2: 1 ℛ 6 ngr) 2 ℛ 21 ngr

Feier, die, des heiligen Dienstes in der katholischen Kirche. Nach der Liturgie der Kirche mit näherer Beziehung auf die öffentliche und gemeinsame Feier zum Gebrauche der Laien bearb. und herausg. von Wilh. Karl Reischl. 3. Thl. Mit 1 Stahlst. A. u. d. T.: Passionale das ist: die kirchliche Feier der heiligen Charwoche u. die Verehrung des Leidens Unseres Herrn Jesu Christi. Nach dem Officium der Kirche bearb., mit einer Auswahl von Andachtsübungen und mit Matthew Bridges' „Gesängen vom Leiden Christi" herausg. München 851. Lentner. 8. (CXII, 408 S.) 1 ℛ

Feier, Der, des fünfzigsten Dienstjahrs . . . Herrn C. G. von Voigt . . . gewidmet . . . Weimar 1816. V: *Goethe, Joh. Wolfgang von.* (BrMm)

Feier, die, des 50jährigen Dienstjubiläums Sr. Hochwürden des Hrn. Superintendenten der evangelischen Landeskirche A. B. in Siebenbürgen G. P. Binder am evangel. Gymnasium in Schäßburg. Lex.-8. (47 S.) Schäßburg 858, (Habersang). *

Feier der Einführung des neuen Direktors. S. 19—20. 4.
Progr. Städt. Realschule *Dülken* 1902 (546).

Feier. Zur F. des Eintritts Berns in den Schweizerbund (*Umschlag:* Berns Eintritt in den Sch.). [Mit 2 Vignetten.] 8. Murten: 1853.

—— (Feyer,) die, d. Eintritts d. Hrn. Pastor Aug. Feldhoff in d. Pfarramt zu Wupperfeld, enthalt. d. Einführungsrede d. Hrn. Superint. Snethlage, die Antrittspred. d. Hrn. Past. Feldhoff, die Bewillkommnungspredigt d. Hrn. Past. Heuser. gr. 8. (3¼ B.) Barmen 829. (Elberfeld, Becker.)

Feier der Einverleibung in den eklektischen Bund und der desfallsigen förmlichen Installation der ger. und vollk. Loge St. Johannis zum wiedererbauten Tempel der Bruderliebe am M.·. von Worms, geschehen am 25 ten Tag des 5 ten Monats im Jahre des W.·. L.·. 5817. Mainz [1817]: v. Zabern. 29 S. 8⁰ [Umschlagtit.]

Kl. 2984. Nebst kurzem Überblick der Gesch. der Loge. Rede von G. Frh. v. Wedekind: Üb. die Grundgesetze der eklektischen Frmrei; Vortrag von S. L. Schmidt: Was der Maurer unseres Jahrhunderts wohl berechtigt sei vor der Maurerei seines Zeitalters zu erwarten, unabhängig von allen Systemen.

Feier zur Einweihung des Gebäudes der Handelskammer und der Kaufmannsschule zu Krefeld am 8. November 1901. — Feier des 100jährigen Bestehens der Handelskammer zu Krefeld am 19. und 20. September 1904. Krefeld, 1901—1904. 82 u. 46 S.

[Die Feier der Einweihung des neuen Gebäudes.] (Aus der „Dt. Eylauer Zeitung".) S. 13—17. 4.
Progr. Kgl. Gymn. (i. E.) *Dt. Eylau* 1907 (32).

—— die Einweihung des neuen Gymnasialgebäudes zu Clausthal am 6. Octbr. 1846. gr. 8. (2¼ B.) Clausthal, Schweigersche Buchh.

—— der Einweihung des neuen städtischen Gymnasialgebäudes in Stolp am 18. Octbr. 1859. Nach amtlichen Notizen und unter Mittheilung der gehaltenen Festreden dargestellt. 8. (40 S. mit 1 Stnt.) Stolp 859, [Eschenhagen.]

Feier der Einweihung des neuen städtischen Gymnasialgebäudes zu Stolp am 18. Octbr. 1859. Nach amtlichen Notizen und unter Mittheilung der gehaltenen Festreden dargestellt. Stolp 859. Stein. 8. (40 S. u. 1 Lithogr.) 5 ngr.

Handelskammer in Cassel [Kassel]. Feier zur Einweihung des Handelskammer-Gebäudes, 18. März 1900 . . . — (Cassel 1900.) 16 S. 4° [Kopft.] 1.

Feier der Einweihung des neuen Kantonsschulgebäudes in Solothurn. In-8⁰, 35 S. 1893.

Zur Feier der Einweihung des neuen Kreishauses des Landkreises Recklinghausen: 28. Oktober 1905. Recklinghausen, 1905. 9 S. mit Abb.

Feier zur Einweihung des neuen Kuppelbaues . . . des Königl. astrophysikalischen Observatoriums auf dem Telegraphenberge bei Potsdam . . . Potsdam 1899. V: *Vogel, Herm. Carl.* (Berl)

Herford: **Feier der Einweihung der Loge „Zur Rothen Erde" im Or. Herford am 28. Mai 1899. [Herford 1899: Quentin.] 4 Bl. 8⁰ [Umschlagtit.]**
6 Festlieder zur Tafelloge ohne Noten.

Feier der Einweihung des neuen Logengebäudes „Zur Perle am Berge" in Perleberg Donnerstag, den 20. Mai 1909. [Perleberg 1909: Grunick.] 11 Bl. 8⁰
Programm u. 10 Liedertexte.

Feier zur Einweihung d. Neubaues für Elektrotechnik und Bergbau der Kgl. Technischen Hochschule zu Aachen . . . am 15. Mai 1897. E. Gedenkschr. f. d. Festteilnehmer. M. 1 Photographie d. Neubaues u. 2 Zeichngn. (*Aachen: Dr. d. La Ruelle'schen Accidenzdr. 1897.*) (49 S.) 1 Bd 8. [98. 6294

Feier zur Einweihung der neuen Säle der Logen Balduin zur Linde und Apollo Or. Leipzig, am 12. Nov. 1905. [Leipzig 1905: Vogel.] 3 Bl. 8⁰ [Umschlagtit.]
4 Lieder ohne Noten.

Feier der Einweihung des neuen Tempels der Loge »Plato zur Beständigen Einigkeit« im Or. Wiesbaden. In: Bauhütte 39 (1896), S. 329—330. V: ***Schmidt, Friedr.*** (wolfstieg I, 649)

Feier zur Enthüllung der Büsten der verstorbenen Professoren Hermann Spielberg und Dr. Emil Winkler in der Halle der Königlichen Technischen Hochschule zu Berlin am 11. März 1891. Ansprachen zum Gedächtniss der beiden Verblichenen geh. von den Prof. Fritz Wolff u. A[dolf] Goering. 1891. 17 S. 8⁰

Zur Feier der Enthüllung des von Seiner Majestät Ludwig I. König von Bayern dem Fürstbischofe von Würzburg Julius Echter von Mespelbrunn errichteten Denkmals am 2. Juni 1847 von den Kgl. Studienanstalten dem Gymnasium u. der lat. Schule zu Würzburg. — Ebend. — „Vorwort" S. 3–4. — „An König Ludwig I. von Bayern" 5 achtzeil. Stroph. S. 5—7. — „Julius Echter von Mespelbrunn." Zwei Sonnette. S. 8—9. — „Das Herz des Fürstbischofs Julius." Ein Sonnett S. 10 — „Gesang-Marsch der studierenden Jugend in Musik gesetzt von St. R. u. P. Dr. Fr. X. Eisenhofer u. bei dieser Feier das Erstemal aufgeführt." S. 11–12. — Von Dr. G. J. Keller.
Progr. Würzburg.

Feier, die, der Enthüllung des Denkmales Kaiser Josef II. in Zauchtel am 9. Oktbr. 1881. [Aus: „Neutitscheiner Wochenbl."] 8. (31 S.) Neutitschein 881. Hosch. n. 20

Feier, die, zur Enthüllung des Eisenlohr-Denkmals im Seminar zu Nürtingen den 13. Novbr. 1872. gr. 8. (16 S.) Stuttgart 872, Aue.
Aus: Volksschule, besonders abgedruckt.

Feier, die —. Der am 30. Juli 1853 vollzogenen Enthüllung und Einweihung des von Sr. Exzellenz dem Herrn Grafen von Münch-Bellinghausen im Kurorte Kaiser-Franzensbad errichteten Denkmales Weiland Sr. Majestät Kaiser Franz des Ersten. 8. (16 S.) Eger, Druck von Kobrtsch und Gschihay, 1853.

Feier der Enthüllung des Kaiserin Maria Theresia-Denkmals. 8 (S. 31—37 der Schuln.) G. d. Theres. Akad. *Wien* 1888.
Smolle, *Leo* Rede bei der Enthüllung des Maria-Theresia-Monumentes. 8 (S 71—71 der Schuln.).
Progr. Staatsg. im II. Bezirk *Wien* 1888.

— die, der Erinnerung des 10jähr. Bestehens der Verordn. v. 1. Juni 1833, durch die am 1. Oct. 1843 in Soest versammelten westphäl. u. zum Theil rheinländ. prakt. Juristen. gr. 8. Arnsberg 843, Ritter. 1/4 ß

Eine Feier der Erinnerung an Herzog Ernst II., Herzog von Sachsen-Gotha und Altenburg und Grossmeister im Freimaurerbunde, zur hundertsten Wiederkehr des Gedenktages seiner Geburt begangen in der Johannes-Freimaurerloge Archimedes zu den 3 Reissbretern in Altenburg. Mit einer Tischrede [von Friedr Günther]: „Die drei Reissbreter des Archimedes". Cahla [1845]: Beck. 14 S. 8⁰ [Umschlagtit.]
Aus: Zd. 9 (1845) S. 3—14.

Feier zur Erinnerung an den 100. Geburtstag des weiland Durchlauchtigsten Brs Sr. Majestät Kaiser Wilhelm I. Apollo, Balduin z. L[inde]. Leipzig, den 21. März 1897. [Leipzig 1897: Süss jun.] 4 Bl. 8⁰
Enth. „Kaiserlied" von H. Prager ohne Noten.

Feier zur Erinnerung an die Grenzbesetzung im Winter 1871 des Thurgauer Auszüger-Bataillons Nr. 14. abgehalten... den 16. Februar 1896 in Steckborn. 8. Frauenfeld.

Freimaurerloge Amalie Weimar. Mittwoch den 16. Dezember 1903. Feier zur Erinnerung an die 100. Wiederkehr des Todestages von Joh. Gottfr. v. Herder. 1 Bl. 4⁰. Kopftit.
4 Dichtungen von Herder.

—— bei Eröffnung des deutschkatholischen Betsaales zu München am 21. Septbr. 1851. Allen Vorurtheilslosen freundlich gewidmet. gr. 8. (32 S.) München 851, Franz.

Feier zur Eröffnung des Sport- und Spielplatzes der Stadt Kiel am 12. 9. 1907, m. 2 Plänen, 16 S., 8⁰.

Feier, Die erste, des Stiftungsfestes der . . . Loge Johannes der Evangelist zur Eintracht im Aufgange zu Darmstadt . . . Mainz [1817]. V: *Wedekind, Georg Christian Gottlieb Freiherr von.* (MGT) (SJL)

Feier, die, des 17. Februar 1843 u. des 11. u. 12. August 1843 zu Freiberg. Nebst einer kurz. geschichtl. Einleitung: die Jahre 1643 u. 1743. gr. 8. (4½ B.) Freiberg 844, Craz u. Gerlach.

— häusl. Feste, s. J. R. Rhüml.

Feier der Frauenmilde. Cantate . . . den 26. Oct. 1806. Wien. V: *Gaheis, Franz Anton de Paula.* (GGR VI/547, Nr. 23/37) (Joachim Perinet, Der Jahrmarkt in der Unterwelt, S. 11) (Biblport)

Engel-Reimers, Joh. Aug. Julius: **Zur Feier des 50jährigen Freimaurer-Jubiläums des Weisen Kapitel-Meisters Br. Johann August Julius Engel-Reimers im Provinz.-Ord.-Kapitel von Niedersachsen genannt „Inviolabilis" zu Hamburg. Freitag den 9. Juni 1905. Hamburg [1905]: Meyer. 5 Bl., 1 Taf. Bildn. 8⁰.**
Enth. Lebenslauf und Festordnung für das Jubiläumskapitel und das Refectorium.

Feier, Friedrichs II. des Grossen, im Elysium. Schauspiel. Münster 1785. V: *Borheck, Aug. Chn.* (Ky)

— die, des zarten Fronleichnams unsers Herrn Jesu Christi. Ein Triumph-Fest der heil. kathol. Kirche. gr. 12. Passau 842, Ambrosi. 1/8 ß

—— die, des Frohnleichnamsfestes zu Erfurt, geschichtlich treu beschrieben von seiner Glanzperiode bis auf unsere Tage. gr. 8. (37 S. und 1 Musikbeil. in gr. 4.) Eisenberg 847. (Erfurt, Meyer.)

— die, des Frohnleichnamsfestes zu Erfurt, geschichtlich treu beschrieben von seiner Glanzperiode bis auf unsere Tage. gr. 8. (37 S. u. 1 Musikbeil. in gr. 4.) Eisenberg 851. (Erfurt, Meyer.) 1/6 ß

— die, d. heil. Frohnleichnamsfestes, ganz so, wie es in d. Kirche begangen wird. Aus d. röm. Meßbuche übersetzt von H. Haid. 8. Münch. 823. Lentner. 9 gl

Die FEIER des heiligen Fronleichnamsfestes in der kön. Freistadt Ofen, im J. 1852. Ofen 1852: Univ. Buchdruck. 7 S. - 8⁰

— die, d. heil. Frohnleichnamsfestes nach d. Vorschrift u. d. Geiste d. kathol. Kirche bearb. 2e A. 8. Augsb. 820. Wolff. 5 gl

— des Fronleichnams-Festes, wie selbe von den kathol. Gemeinden bei der öffentl. Prozession gehalten wird. 32. (32 S.) Eichstätt 887. Brönner. n. — 10

Feier der Frühlings- (Ostermess-) Festloge der Eklektischen Logen in Frankfurt a/M. gehalten im April 1877 in der Loge Carl z. aufg. Licht. 1878 in der Loge z. aufgehenden Morgenröthe. 1879 in der Loge Sokrates z. Standhaftigkeit. 1880 in der Loge Carl z. Lindenberg. 1881 in der Loge Carl z. aufgehenden Licht. 1882 in der Loge zur Einigkeit. Mittheilungen aus den Protokollen der Grossen Mutterloge des Eklektischen Freimaurer-Bundes. Neue Folge Nr. 16, 55, 67, 76, 90 und 100. 6 Hefte. Frankfurt a. M., Druck v. Werner & Winter. 1877—1882. 8.
Enthält Reden von Oppel, C. Ed. v. d. Heyden, Reges, Schwarzschild, J. F. Ficus, Veith, Holburg und Muller.

Feier, Die, der Geburt Jesu für die Jugend. Wien 1824. V: *Leonhard, Johann Michael.* (schmal)

Feier, Die, des hohen Geburts-Festes Sr. Exc. des Herrn Georg Grafen von Banffy. Clausenburg 1821. V: *Greschner, Alexius Innoc.* (szinnyei 3/1460, Nr. 25) (Biblport)

Verhandelt im Ordens-Hause der Grossen Landes-Loge der Freimaurer von Deutschland. Berlin am 15ten Oct. 1848. Feier des Geburtsfestes Sr. Majestät des Königs. [Berlin 1848: Mittler & S.] 2 Bl. 2⁰ [Kopftit.].
Bericht. Rede von Melicher: Üb. die Bedeutung der kgl. Geburtstagsfeier für die Frmr.

[Fortges. u. d. Tit.:]

Verhandelt im Ordenshause der Grossen Landes-Loge der Freimaurer von Deutschland zu Berlin, am 15ten Okt. 1857—1860. Gemeinsame grosse Fest-Loge zur Feier des Geburtsfestes Sr. Majestät des Königs. [Berlin 1857 bis 1868: Mittler & S., [1858:] Sittenfeld.] 2⁰ [Kopftit.]
1857 2 Bl.; 1858 2 Bl.; °1859; 1860 2 Bl.
Tt. 2011—2013.

Feier des achtzigsten Geburtstages Sr. Excellenz des Herrn Curators ⟨Anton R. v. Schmerling⟩. 8 (S. 34—35 der Schuln.). — Se. Excellenz Herr Minister für Cultus und Unterricht Dr. Paul Gautsch von Frankenthurn. S. 36—39. — Akademie-Director Dr. Michael Freiherr von Pidoll zu Quintenbach. S. 40—43. Progr. G. der Theres. Akad. *Wien* 1886.

Die **Feier** des achtzigsten Geburtstages von Theodor v. Sickel. ⟨Als Ms. gedr.⟩ (Wien 1906: Holzhausen.) 30 S. 8° [G. 17434]

Feier des 81. Geburtstages Wilhelm I. im Bundeshaus der Drei Weltkugeln. Glückwunschschreiben der drei preuss. Grosslogen, Rede des Grossredners Maetzner. [Berlin 1877.] 4 S. 2⁰. 430.

Zu **Feier des Geburtstages** des Koenigs Frederik's VII. ... ... an Rector und Consistorium der Christian-Albrechts-Universität. am 6. October 1855. Vom Einfluss der Philosophie auf die Jurisprudenz, besonders von der Benutzung der vier Arten des Grundes oder der Ursachlichkeit von Henning Ratjen. ebd. 1855. 4°.

Die **Feier des Geburtstages** des Königs Frederik's VII. ... zeigen an Rector und Consistorium der Christian-Albrechts-Universität
am 6. October 1858. Ueber die Bedeutung der sponsio und deren Verhältniss zum promissorischen Eide v. Wilhelm Girtanner. ebd. 1858. 4°.
am 6. October 1859. Neue Untersuchungen über frei rotirende Flussigkeiten im Zustande des Gleichgewichts v. Ludwig Matthiesen. ebd. 1859. 4°.
am 6. October 1860: Eine Untersuchung über den Hebräerbrief, namentlich seinen Verfasser und seine Leser. 1. Hälfte. Von Karl Wieseler. Kiel. 1860. 4°.
am 6. October 1861: Eine Untersuchung über den Hebräerbrief etc. 2. Hälfte. Von Karl Wieseler. Kiel. 1861. 4°.
am 6. October 1862: Zur Geschichte der Kieler Universitäts-Bibliothek von Henning Ratjen. ebd. 1862. 4°.

Die **Feier des Geburtstages** des Herzogs Friedrich VIII. ... zeigen an Rector und Consistorium der Christian-Albrecht-Universität am 6. Juni 1864. Ueber die deutschen Fried- und Freistätten Von Carl Weinhold. Kiel. 1864. 4°.

Feier, Die, des 150. Geburtstages Friedr. Ludw. Schröders in der Loge zu den 3 Sternen im Or. Rostock am 3. Nov. 1894. Eine Erinnerungsgabe für die Brüder. L. M. Als Ms. für Brr. gedr. Rostock [1894]. V: *Müffelmann, Ludw.* (wolfstieg I, 925)

Feier des hundertjährigen Geburtstages des verewigten Generallieutenants Dr. J. J. Baeyer, Excellenz, in der Gedenkhalle des Königlichen Geodätischen Instituts auf dem Telegraphenberge bei Potsdam am 5 November 1894. [Berlin 1894.] 8 S. 4°.

— die, des 100jähr. Geburtstages Adolf Diesterweg's und die Enthüllung seines Denkmals in Siegen am 29. Oktbr. 1890. 8. (37 S. m. 2 Bildern.) Bielefeld 890. Helmich's Verlag. n. — 75

Berlin 6. u. 7. Jan. 1907. Zur **Feier** des 100jähr. Geburtstages des Volksliedermeisters Ludwig Erk 6. Jan. 1807–6. Jan. 1907. Veranstalter: Erkscher Männer-Gesangverein ... Erkscher Gesangverein f. gemischten Chor ... Essen: G. D. Baedeker (1907). (28 S.) 8° [Umschlagt. F.] [G. 17]

Feier des hundertjährigen Geburtstages Friedrich Ludwig Jahns 1878, Ver. einzelner Vereine, nach Kreisen geordnet, Kl.-8°.

Feier, Die, des 100jährigen Geburtstages von Christian Daniel Rauch in Arolsen am 2. Januar 1877. Arolsen [1877]. V: *Müller, W.* (stadtBiblBerlin XIII, S. 22)

— die, des 100jährigen Geburtstages von Christian Daniel Rauch in Arolsen am 2. Jan. 1877. gr. 8. (15 S.) Arolsen 877. Speyer in Comm. n. — 50

Feier, Die, des hundertjährigen Geburtstages von Johann Heinrich Voss ... Düsseldorf [1851]. H: *Voss, Hermann.* (Mn)

Feier. Zur F. des hundert und ersten Geburtstages von Melchior Kirchhofer, Alt-Conrector und Pfarrer am Spital von Schaffhausen, geb. ... 1736. 4. Frauenfeld 1836.

[Feier des Geburtstages des Kaisers in der] Loge Balduin zur Linde [in Leipzig]. Sonnabend, den 26. Januar 1907. [Leipzig 1907: Zechel.] 2 Bl. 4⁰. [Kopftit.]
Ansprache, Lieder, Gedichte usw.

— die, d. Geburtstages Sr. Majestät d. deutschen Kaisers Wilhelm I. u. die Sedan-Feier in Schulen. In Liedern u. Vorträgen zusammengestellt v. e. Schulmann. 16. (32 S.) Potsdam 873. Rentel. n. — 2

Feier des Geburtstages S. M. des Deutschen Kaisers [Wilhelm II.]. Donnerstag, d. 27. Jan. 1910. Veranstaltet von den Logen Absalom, zur Brudertreue, zur Bruderkette, Emanuel, Ferdinande Caroline, Ferdinand zum Felsen, St. Georg, Globus, Gudrun, Phönix zur Wahrheit [in Hamburg]. Tafelloge unter Leitung der Loge Phönix zur Wahrheit. [Hamburg 1910: Bitter & Sohn.] 2 Bl. 8⁰. [Umschlagtit.]

Zur **Feier** des 90. Geburtstages d. k. k. Hofrathes Christian R. d' Elvert. Brünn: Hist.-statist. Sect. 1893. (71 S.) 8° [F.]
— **Elvert,** Christian R. d', k. k. Hofrath a. D. Gedenkblätter zu s. 90. Geburtstage. Anh. [G. 1919 2]

Feier. Die Feyer des neunzigsten Geburtstages des geliebten Greisen, Herrn Hans Conrad Pestalozzi ... den 20. April 1834. Im Casino [zu Zürich] im Kreise der Familie. 8. *Lithographiert. o. O.*

Feier des sieben und sechszigsten Geburtstages von Vater (Hermann) Krüsi in Gais. am 12. März 1842 (*Umschlag:* Vater Krüsi's siebenundsechszigster Geburtstag). Den Freunden und Zöglingen des Gefeierten zu bleibendem Andenken geweiht von einem theilnehmenden Freunde. ([Mit Anhang:] Einige Andeutungen ... über den Geist und die Leitung der bestehenden Lehr- und Erziehungsanstalten in Gais ... [von] Hermann Krüsi.) 8. Trogen.

— die, des 70. Geburtstages Sr. Hochw. des Herrn Dr. G. D. Teutsch, Bischofs der evangel. Landeskirche in Siebenbürgen. 8. (16 S.) Schäßburg 887. (Herrmann.) n. — 20

Die Feier des 70. Geburtstages Professor J. C. Lions, 1889, 2°.

Feier, die, d. 400. Geburtstages Dr. Martin Luther's in der evangelischen Gemeinde zu Preßburg. gr. 8. (32 S.) Preßburg 883. (Heckenast's Nachf.) n.n. — 40

Die **Feier des Geburtstages** des Königs Wilhelm I. . . . zeigen an Rector und Consistorium der Christian-Albrechts-Universität
am 22. März 1867: Zur Lehre vom Eigenthumserwerb durch Accession v. August Bechmann. Kiel. 1867. SHw 131,14
am 22. März 1868: Die Papstverzeichnisse des Eusebios und der von ihm abhängigen Chronisten kritisch untersucht v. Richard Adalbert Lipsius. Kiel. 1868. SHw 131,15
am 22. März 1869: Anfänge und Entwickelung des Dionysoskultus in Attika. Ein Beitrag zur griechischen Religionsgeschichte v. Otto Ribbeck. Kiel. 1869. 4°. SHw 131,16
am 22. März 1870: Epikritische Bemerkungen zur Königsrede im Oedipus Tyrannos v. Otto Ribbeck. Kiel. 1870. 4° SHw 131,17
am 22. März 1871: De Sophistae, dialogi Platonis, ordine nov. consilio disseruit Hermannus Petersen. Kiel. 1871. 4° SHw 131,18
am 22. März 1872: Philocteta des Accius. Aus einer Geschichte der griechisch-römischen Tragödie v. Otto Ribbeck. Kiel 1872. 4°. SHw 131,19
am 22. März 1873: Verzeichniss von Handschriften der Kieler Universitäts-Bibliothek Abth. 1—4 v. Henning Ratjen. Kiel. 1873. 4°. SHw 131,20
am 22. März 1874: Islendingadrápa Hauks Valdisarsonar ein isländ. Gedicht des 13. Jahrhund. hrgg. v. Theodor Möbius. Kiel. 1874. 4°. SHw 131,21

— die, des 200jährigen **Geburtstages** August Hermann Francke's in den Francke'schen Stiftungen. Halle 863. Buchhdlg. des Waisenhauses. 8. (IV, 114 S.) n. 10 ngr.

— zum Gedächtnis der Aufhebung d. Ediktes v. Nantes u. der Entstehung der reformirten Gemeinde Stuttgart-Cannstatt 1685 am 29. Oktbr. 1885 in Stuttgart. 8. (48 S.) Stuttgart 885. Metzler's Verl. n.n. — 30

Provinzial-Loge von Niedersachsen z. Hamburg. **Feier** zum Gedächtnis der in den ewigen O. eingegangenen Brüder. Den 9. März 1893. [Hamburg 1893:] J. H. Meyer. 2 Bl. 8° [Umschlagtit.]
Text der Trauerfest-Musik u. 2 Lieder ohne Noten.

Prov.-Loge von Niedersachsen z. Hamburg. **Feier** zum Gedächtnis der in den ew. O. eingegangenen Brüder. Den 9. März 1896. [Hamburg 1896: Meyer.] 2 Bl. 8° [Umschlagtit.]
Programm u. 3 Liedertexte.

Provinzialloge von Niedersachsen in Hamburg. **Feier** zum Gedächtnis der in den ew. Osten eingegangenen Brüder. Montag, den 6. März 1899. [Hamburg 1899: Meyer.] 2 Bl. 8°. [Umschlagtit.]

Provinzial-Loge von Niedersachsen Hamburg. **Feier** zum Gedächtnis der in den ew. O. eingegangenen Brüder. Dienstag, den 11. März 1902. [Hamburg 1902: J. H. Meyer.] 2 Bl. 8° [Umschlagtit.]
3 Lieder ohne Noten.

Provinzial-Loge von Niedersachsen Hamburg. **Feier** zum Gedächtnis der in den ew. O. eingegangenen Brüder. Montag, den 9. März 1903. [Hamburg 1903: J. H. Meyer.] 2 Bl. 8° [Umschlagtit.]
4 Lieder ohne Noten, eins von H. Ehrich.

Provinzial-Loge von Niedersachsen in Hamburg. **Feier** zum Gedächtnis der in den ew. O. eingegangenen Brüder, den 9. März 1905. [Hamburg 1905:] Meyer. 2 Bl. 8°. [Umschlagtit.]
Programm und 3 Liedertexte.

— des Gedächtnisses d. vormal. Hochschule Julia-Carolina rc., s.a. Algermann.

— d. Gedächtnisses d. vormal. Hochschule Julia-Carolina zu Helmstädt, veranstaltet im Mai d. Jahres 1822, herausg. v. Fr. K. v. Strombeck. Mit 1 Bildn., 1 Kpf. u. 1 Steindr. 4. Helmst. 822. Fleckeisen. 2 ℛ 4 gℊ Daraus apart: Frz. Algermann, Leben d. Herzogs Julius v. Braunschw.; herausg. v. Fr. K. v. Strombeck, mit d. Bildn. u. Handschr. d. Herzogs. gr. 4. Ebd. 823. 18 gℊ

Gemeinsame **Feier** des Geburtstages Sr. Maj. des Kaisers der unter dem Hammer der drei altpreussischen Grosslogen in Hamburg, Altona und Wandsbeck arbeitenden Johannis-Logen am 27. Jan. 1903. [Hamburg 1903: J. H. Meyer.] 6 Bl. 8° [Umschlagtit.]
4 Lieder ohne Noten.

Gemeinsame **Feier** des Geburtstages Sr. Majestät Kaiser Wilhelm II. 27. Jan. 1904 seitens der im Logenhause, Welckerstrasse 8, Hamburg arbeitenden Johannislogen unter Leitung der Grossen Loge von Hamburg. Hamburg [1904]: Rademacher. 2 Bl. 8° [Umschlagtit.]
Programm u. 4 Liedertexte.

Gemeinsame **Feier** des Geburtstages Sr. Maj. des Kaisers Wilhelm II. am 27. Jan. 1907 seitens der Grossen Loge von Hamburg und der Logen Absalom, St. Georg, Emanuel, Ferdinande Caroline, Ferdinand z. Felsen, zur Brudertreue an der Elbe, zur Bruderkette, Globus, Gudrun und Phönix zur Wahrheit, unter Leitung der Grossen Loge von Hamburg. [Hamburg 1907]: Rademacher. 2 Bl. 8° [Umschlagtit.]
Programm u. 2 Liedertexte.

Zur Feier des 200jähr. Geschäfts-Jubiläums der Firma Johann Maria Farina gegenüber dem Jülichs-Platz. 1709—1909. — Köln (1909): Du Mont Schauberg. 35 S. 4°

— d. gesegnete d. heil. Abendmahls rc., s. Communion-Gesänge.

— die, des Goethe-Tages als erbauendes u. veredelndes Volksfest. Ein Bericht über die Feier des 130. Geburtstages Goethe's, nebst einem Beitrage zur Kenntniß der nach dem Leben gemalten Goethe-Bildnisse. Mit 4 Goethe-Bildnissen in Lichtdr. [Aus: „Berichte d. Freien deutschen Hochstiftes".] gr. 8. (VIII, 59 S.) Frankfurt a/M. 880. Leipzig, Brockhaus' Sort. in Comm. n. 2. —

— die, des christkathol. Gottesdienstes. Ein Gebet- und Hülfsbuch zur Anbetung Gottes im Geiste u. in der Wahrheit. Gebildeten Christen zur Erhöhung des religiösen Sinnes gewidmet von dem Verf. der Feier der christkathol. Festtage. 3e ganz vervollständ. Aufl. (Mit 4 Kpfrn.) gr. 12. Prag 840. (Leipzig, Schulz u. Thomas.) n. 1 1/3 ℛ

— die, des christkathol. Gottesdienstes. Ein Gebet- und Hülfsbuch zur Anbetung Gottes im Geiste u. in der Wahrheit. 3. Aufl. 8. Prag 841. (Wien, Tendler u. Schäfer. 1⁵/₁₂ ℛ

— die, des ersten öffentl. deutsch-apostolisch-kathol. Gottesdienstes in Rheinland-Westphalen, abgeh. zu Unna d. 10. April 1845. 2. Aufl. mit beigefügtem Glaubensbekenntniß. 8. Unna 846, Rubens. 3 nℛ

— gottesdienstl., zur Eröffnung d. ersten Provinzialsynode d. Superindenten d. Berliner u. Potsdamer Bezirks, d. 4. Juni 1819. gr. 8. Berl., Mittler. 3 ℛ

— gottesdienstliche, zum Gedächtniß des Großherzogs Paul Friedrich August von Oldenburg K. H. in der Stadtkirche zu Eutin am Sonntage Judica den 13. März 1853. Eutin 853. Völckers. gr. 8. (19 S.) n. 3 nℛ

Feier, gottesdienstliche — bei der Grundsteinlegung zur neuen evangelischen Kirche am 1. Mai 1851 . . . zu Wallern. 8. (46 S.) Linz, Jos. Wimmer 1852.

— gottesdienstl., in d. Nicolai-Kirche zu Berlin d. 4. Febr. 1816, zum Gedächtnisse Dr. Ph. Troschel's. gr. 8. Berl., Mittler. 6 ℛ

— die gottesdienstl., d. Provinzial-Synode v. Jülich, Cleve u. Berg, gehalten am 12. April 1820, nebst den bei d. Eröffnungen u. Schluß gehalt. Reden. gr. 8. Elberf. 820. Schönian.

— gottesdienstl., des 200jähr. Reformat.-Jubiläums im Kloster U. L. Fr. zu Magdeburg am 25. März 1791. Mit einer Vorrede herausg. v. J. F. W. Koch. 8. Magdeb. 791.

— gottesdienstl., bei d. vollzogenen Vereinigung d. beiden zur Dreifaltigkeitskirche gehör. Gemeinden. gr. 8. Berl. 822. Th. Enslin. 6 ℛ

[Feier.] Dem i. d. e[wigen] O[sten] e[ingegangenen] Br. Heinr. Goetz zum Gedächtniss. [Leipzig 1890.] 24 S. 8⁰
Darstellung der beim Begräbnis und in der Trauerloge stattgefundenen Feierlichkeiten.

Feier der Grundsteinlegung zum Bau des Logenhauses am 16. Nov. 1879, der Einweihung des neu erbauten Logenhauses, des Johannisfestes und des funfzigjährigen Jubiläums des Br. [Wilh.] Puhlmann als hammerführenden Meister der Johannis-Loge „Teutonia zur Weisheit" im Or. Potsdam am 19. Juni 1881. Potsdam 1882: Brandt. 63 S. 8⁰ [Umschlagtit.]
Tt. 500. S. 25—26: Ansprache des Kronprinzen von Preussen an den Jubilar Puhlmann.

— der Grundsteinlegung und Einweihung des Diakonissenhauses, Elisabethen-Stift in Darmstadt. gr. 8. (24 S.) Darmstadt 859, Zernin. *
Aus: Sonntagsfeier, von Carl Zimmermann, besonders abgedruckt.

— die, der Grundsteinlegung des neuen fürstl. Gymnasiums zu Gera am 28. Mai 1884. 8. (16 S.) Gera 884, Kanitz' Sortiment. *

Die Feier der Grundsteinlegung zum neuen Logenhause in Joinville, Brasilien. Joinville: Auler 1865. 24 S. 8⁰ [Umschlagtit.]
Aus: Bh. 8 (1865) 106—109, 113—116.
Tt. 2007. Festbeschreibung von L. v. Lasperg, Festrede von O. Dörffel: Ziel, Wesen, Geheimnis der Frmrei.

Feier, die, der Grundsteinlegung zum Neubau des k. preuß. Hennebergischen Gymnasiums zu Schleusingen am 10. Septbr. 1870. Mit den bei der Feier gehaltenen Reden und den bezügl. Urkunden. gr. 4. (18 S. mit 1 Tab. in Fol.) Schleusingen 871, Glaser.

Feier der Grundsteinlegung zum Neubau der Loge Minerva zu den drei Palmen am 7. Juni 1904. [»Auf, Brüder, schliesst die Kette . . .«] Von A. L. Leipzig 1904. V: *Linge, Albert.* (wolfstieg I, 581)

Feier, Die, der Grundsteinlegung zur Norderkirche in Altona . . . Altona 1868. V: *Dohrn, Henning.* (A)

— die, der Grundsteinlegung zur Norderkirche in Altona den 28. October 1868. Nebst Nachrichten über die Constituirung des Norderkirchspiels u. die Einleitungen zum Bau der Norderkirche. Altona 868. Schlüter in Comm. gr. 8. (28 S., 2 Photogr. u. 1 Lithogr. in 4.) n. 6 ngr.

Feier der Grundsteinlegung des deutschen Schulgebäudes zu Weilheim am 7. April 1863. Füssen [1863]. V: *Böhaimb, Carl Aug.* (Bücher-Samml. d. hist. Ver. v. u. f. Oberbayern. Münch. 1867.)

Feier der Grundsteinlegung des Schulhauses und Thurmes und der Glockenweihe bei der evangelischen Gemeinde A. u. H. C. zu Gratz den 26. September 1853. 8. (36 S.) Gedruckt bei A. Leykam's Erben.

Feier der Grundsteinlegung des neuen Universitätsgebäudes. Freiburg im Breisgau am 3. Juli 1906. Freiburg i. Br. 1906: C. A. Wagner. (32 S.) 8⁰ [Umschlagt. F.] [illegible]

— die, der Grundsteinlegung d. neuen Universität-Gebäudes in Halle, mit Abbild. desselben. gr. 4. ... Halle 832, Schwetschke u. Sohn.

— die, des Gustav-Adolf-Vereins am Sonntage Quasimodogeniti, den 3. April 1853 in der Paulskirche zu Frankfurt a. M. Frankfurt a. M. 853. Völcker. gr. 8. (32 S.) n. 5 nℛ

Puhlmann, Wilh.: Die Feier der fünfundzwanzigjährigen Hammerführung des Br. Puhlmann am 24sten Juni 1856 in der St. Joh.-Loge „Teutonia zur Weisheit" im Or. zu Potsdam. [Potsdam 1856: Krämer.] 32 S. 8⁰
Bericht ohne Wiedergabe der Reden abgedr. in: FZ. 10 (1856) S. 380—384.
Tt. 2005.

Feier der Herbst- (Mess-) Festloge der Eklektischen Logen in Frankfurt a. M. gehalten im September 1877 in der Loge Carl z. aufgehenden Licht. 1878 in der Loge zur Einigkeit. 1880 in der Loge Sokrates z. Standhaftigkeit 1881 in der Loge Carl. z. Lindenberg. 1882 in der Loge Carl z. aufgeh. Licht. Mittheilungen aus den Protocollen der Grossen Mutterloge des Eklektischen Freimr-Bundes. Neue Folge Nr. 50. 61. 82. 96 u. 105. 5 Hefte. Frankfurt a/M., Druck v. Werner & Winter. 1877—1882. 8.
Enthält Vorträge v. Oppel, v. d. Heyden, Jac. Auerbach, Elias Ullmann, S. J. Katz, Valentin, Reges, Schmidt, Hoffmann.

Feier der Grossherzogl. Technischen Hochschule Fridericiana bei Übergabe des Rektorates am 19. Nov. 1910. 25. Nov. 1911. 30. Nov. 1912. 1910—[12].
Fortsetzung von: Feierlichkeit, anl. der Übergabe...

Span, Ludw.: Zur **Feier** der Silbernen Hochzeit des Br. Ludwig Span und seiner gel. Gattin Emilie geb. Held. o. O. u. J. 10 S. 8⁰. [Umschlagtit.]
Vorgeklebt 1 Photographie der Gefeierten.

— die, d. Hubertusfestes, s. Jahrbüchl. f. Jagdfreunde. 18 Hft.

—— die, d. Hubertus-Festes, s. Taschenbüchlein.

— die, d. Huldigung Sr. Königl. Maj. Anton Clemens Theodor in Leipzig, oder Beschreib. aller Festlichkeiten, welche zu Ehren d. Königs d. 23., 24. u. 25. Oct. 1827 stattfanden. gr. 8. Leipz. 827. Glück. 6 Gr

Hundertjährige Feier der Incorporation der Deutschen Gesellschaft von Pennsylvanien, gehalten am 11. Oct. 1881. *Philadelphia, Pa.: Globe Printing House 1882. 36 S.*

— die, d. J. 1771 u. 73 an d. Genius d. Jahre, v. e. Jünglinge in Schwaben (Glo. Dav. Hartmann). 8. Lpz. 774. Weidmann. 8 Gr

— die, des Jahrestages d. Völkerschlacht bei Leipzig, in denen der Stadt Frankfurt angehör. Ortschaften. gr. 8. Frkf. a. M. 814. Boselli. 5 Gr

Feier, die, d. neunzehnt. Jahrhunderts in Eisleben. 8. Eisleben, Werdion. 801.

Feier, Die, des sechsten Jahrhunderts seit der Stiftung des unmittelbaren Reichs-Gotteshauses Schussenried. O. O. 1783. V: *Vogler, Georg.* (Heyd)

Feier des Jahrhunderts zu Wahren. Neubrandenburg 1801. V: *Flörke, Ernst.* (Ky)

Loge zu den drei Zirkeln in Stettin. Feier der Jahrhundert-Schluss-Loge am 3. April 1862. [Stettin 1862.] 2 Bl. 8⁰ [Umschlagtit.]
3 Lieder ohne Noten.

Zu der am 10. Januar 1900 ... stattfindenden **Feier** des Jahrhundertwechsels laden hierdurch ein Rector und Senat der Albertus-Universität. *Königsberg i. Pr. 1899: Hartung.* (2 Bl.) 4⁰

Königliche Technische Hochschule zu Hannover. **Feier** der Jahrhundert-Wende am 9. Januar 1900. 1900. 8 S. 8⁰ (Darin: [Albert] Frank: Die Entwickelung der Technik im 19. Jahrhundert.)

Kgl. Techn. Hochschule zu Hannover. Feier der Jahrhundert-Wende am 9. Jan. 1900. — Hannover 1900: Göhmann. 8 S. 8⁰ [Umschlagt.] 1.

Feier des zwölften Jänners, der S. E. Loge zur gekrönten Säule zu Braunschweig vorgesungen vom Br. B. »Auf, Maurer, singet heut ...« Helmstädt [1790]. V: *Bischoff, Joh. Nikol.* (wolfstieg I, 760)

Feier. Zur Feyer (Isaak) Iselins, des Weisen und Menschenfreundes. Bey Aufstellung seiner Büste im Versammlungssaale der gemeinnützigen Gesellschaft, am 1sten Juny 1814. 8. Basel.

— die, d. 3ten evangel. Jubelfestes d. Kirchenverbesserung am 31. Oct. 1. u. 2. Nov. 1817 in d. vereinten großen evangel. Gemeinde zu Schwelm. 8. Schwelm, Scherz. 8 Gr

— d. 3ten evangel. Jubelfestes in Worms. gr. 8. Heidelb. 817. (Mohr). 12 Gr

Feier des dritten Jubelfestes der Reformation ... in Zöllsdorf ... Leipzig 1818. V: *Ritter, Joh. Ludwig.* (Ky)

— d. 3ten Jubelfestes d. Reformation, welche d. 2. Nov. 1817 in Zöllsdorf, einem Vorwerke, das einst Dr. M. Luther gehörte, statt fand, nebst d. dabei gehalt. Reden, (v. Ritter). gr. 8. Lpz. 818. W. Vogel. 6 Gr

Feier des 75jährigen Jubelfestes der ger. und vollk. St. Joh.-Loge Carl zum aufgehenden Licht im Or. Frankfurt a. M. den 27. Dec. 1891. Frankfurt a. M. 1892: Mahlau & Waldschmidt. 30 S. 8⁰
cf. Bh. 35 (1892) S. 22—23.

Feier des 75jahr. Jubelfestes der Loge zur aufgehenden Morgenrothe im Or. Frankfurt a M. am 4. November 1883. Frankfurt a M., Druck v. Kampf & Reis. 1883. s. Tit. 39 S.

Feier des fünfzigjährigen Jubelfestes der ger.·. u.·. vollk.·. St.·. Johannisloge Sokrates zur Standhaftigkeit im Or. zu Frankfurt am Main. Den 7. Dez. 5851. Frankfurt a. M. 1852. 104 S. 8⁰
Bericht. Im Anh. Bestandliste der Loge.

—— die, des 150jährigen Jubelfestes der evangelischen Gnadenkirche zur heil. Dreifaltigkeit zu Sagan, am 24., 25. und 26. Septbr. 1859. 8. (96 S.) Breslau 860, Dülfer. *

Feier, Die, des 150jährigen Jubelfestes der Loge »Zur Einigkeit« zu Frankfurt a. M. am 16. und 17. Okt. 1892. Von G. Frankfurt a. M. 1892. V: *Gölzenleuchter* (?), *Aug. Jakob.* (wolfstieg I, 499)

Feier, Die, des Jubelfestes der 25jährigen Regierung Maximilian Josephs. München 1824. V: *Schmidt, Ldw. Frdr. & Heinrich Theodor Stiller.* (Ky)

Feier, d., d. Jubelfestes d. 25jähr. Regier. Maximilian Josephs, in Nürnberg. Mit 1 Kpf. gr. 4. Nürnb. 824. Riegel u. W. 10 Gr
Dass. (Gebete, Reden u. Predigten v. Schmidt u. Stiller enthaltend.) gr. 8. Münch. 824. Fleischmann. 3 Gr

— die, des 700jährigen Jubelfestes der Geburt d. heil. Vaters Franziskus in der Klosterkirche St. Anna in München, am 2., 3. u. 4. Oktbr. 1882. gr. 8. (103 S.) München 882. Stahl. n. — 60

Feier, Die, des tausendjährigen Jubelfestes in den Herzogthümern Schleswig, Holstein und Lauenburg, wegen Einführung der christlichen Religion durch Anschar, begangen am 1. Pfingsttage 1826. [Kiel 1827.] V: *Petersen, Georg Peter.* (LS)

— d. 100jähr. Jubelgemeinfestes d. Gemeinde zu Herrnhut am 12. Mai 1824. gr. 8. Leipz. 825. Kummer. 3 Gr

— des 300jährigen Jubiläums der deutsch-reformirten Gemeinde zu Frankfurt a. M. am 24. Juni 1855. Frankfurt a. M. (Sauerländer's Verlag.) gr. 8. (1 Bl., 48 S.) 7 ½ ngr.

Feier, Die, des 3. Jubiläums der Reformation 1817 in der Haupt- und Pfarrkirche zu Pirna. O. O. u. J. V: *Krehl, Gottlob Ludolph.* (Kat. d. stat. Bureaus. Dresden 1890.)

Feier des 25jährigen Jubiläums des Herrn Turnlehrer A. Erbes am 8. 4. 1888, Leipzig 1888, 16°.

Württemb. Verein für Handelsgeographie und Förderung Deutscher Interessen im Auslande. e. V. Stuttgart. — FEIER seines 25jährigen Jubiläums 27. Februar. (o. O.) 1907. 8°.

Deutsch-Ev-Luth Gmdeschule zu Addison, Ill. 1855-1905: Die Feier des 50-jhr Jubs der Dt-Ev Luth Gmdeschule im N Bezirke d Dt-Ev Gmde zu Addison, Du Page Co, Ill, am 1. Oktober 1905. N. p., 1905.

Feier des fünfzigjährigen Jubiläums der nach dem alten York System unter der Hochw. Gross-Loge von Pennsylvanien arbeitenden ger.·. und vollk.·. St. Johannis-Loge zum Hermann, No 125 im Or. v. Philadelphia in den vereinigten Staaten Amerika's. Am St. Johannis-Tage 5861. [Philadelphia 1861]: Ketterlinus. 15 S. 8° [Umschlagtit.]

Abgedr. in: A. 24 (1868) S. 270—288; T. 7 (1861) S. 44—46, 53—55, 60—61.
Tt. 499. Bericht. Festrede von P. Ketterlinus: Mahnung, würdige Mr zu sein; geschichtl. Vortrag von J. Batzig; Verzeichn. der Mitgl.

Zur Feier des 50jähr. Jubiläums des New Yorker Turnvereins, 3.—6. 6. 1900, New York, 52 S., 4°.

Feier, die, des 700jähr. Jubiläums d. Franziskaner-Ordens in d. Stadtpfarrkirche St. Anna in München am 2., 3. u. 4. X. 1909. (V, 63 S.) gr. 8. München 909. J. J. Lentner. —50

— des 200jährigen Jubiläums der evangelisch-reformirten Gemeinde zu Lübeck am 26. August 1866. Lübeck 866. Grautoff. gr. 8. (39 S.) n. 5 ngr.

Kgl. Techn. Hochschule zu Hannover. **Feier** des 200jährigen Jubiläums des Königr. Preussen, der 30jähr. Wiederkehr d. Tages d. deutschen Kaiser-Proklamation u. des Geburtst. Sr. M. d. Kaisers u. Königs am 18. Jan. 1901. *Hannover 1901: Göhmann.* (15 S.) 8° [Umschlagt.] [01. 2380

— die, des 5. Juli 1852 bei der lutherischen Gemeine in Elberfeld, als des hundertjährigen Jubiläums ihrer ersten Kirche. Elberfeld 852. Hassel. gr. 8. (75 S.) n. 6 ngr.

Die **Feier** des 2. Juli 1907 in Kolberg. ([Kolberg]: 1907.) (36 S.) 4°(2°) [Umschlagt. F.] [07. 14292 9

Feier, Die am 23. und 24. Juni abgehaltene, des 50jährigen Doktor-Jubiläums des Ritter Jean de Carro ... Prag 1843. V: *Mannl, Rudolph.* (EB)

Die am 23.und 24.Juni abgehaltene Feier des 50jährigen Doctor-Jubiläums des Herrn Ritter Jean de Carro... Dargestellt von einem seiner Collegen. 24 S., gbd.

Prag: typ.Haase 1843

Feier, Juvaviens. Eine Auswahl von Gedichten ... Salzburg 1837. V: *Braune, Franz Anton Alexander von.* (Hr)

Feier, die, der heil. Charwoche nach dem Ritus der römisch-kathol. Kirche. In einer Uebersetzung mit den nöthigen Einleitungen, Erklärungen und Anmerkungen hrsg. von Mich. Nebele. 2. Aufl. gr. 8. (VIII und 401 S.) Wien 848, Gerold, Verlag.

— die, des christlichen Kirchenjahres in täglichen Bibellectionen zum Gebrauch für die Schule und für das Haus. 2. Aufl. Bernburg 863. Reiter. gr. 8. (48 S.) n. 4 ngr.

Feier d. katholischen Kirchenjahres. Ein Gebet- u. Gesangbuch. gr. 12. (IV u. 726 S.) Crefeld 850, Gehrich & Co. in Comm. n. n. 7/12 Thlr. Velinp. m. 1 Stahlst. n. n. 5/6 Thlr.

— des katholischen Kirchenjahres. Gebet- u. Gesangbuch für Crefeld. Auszug aus dem größeren Gebetbuche. 16. (719 S. m. 1 Stahlst.) Crefeld 880. Klein. n. 1.50

— des katholischen Kirchenjahres. Gebet- u. Gesangbuch f. Crefeld. Auszug aus dem größeren Gebetbuche. 16. (727 S. m. 1 Stahlst.) Crefeld 884. Klein. n. 1.50

—— des katholischen Kirchenjahres. Gebet- und Gesangbuch für Crefeld. Auszug aus dem größeren Gebetbuche. 16. (744 S.) Crefeld 887, Klein. *

— d. katholischen Kirchenjahres. Gebet- u. Gesangbuch f. Crefeld. Neu bearb. Ausg. vom J. 1889. 16. (895 S.) Crefeld 889. Klein. n. 1.80

Feier des kathol. Kirchenjahres. Gebet- u. Gesangbuch f. Crefeld. Neue Ausg. 16. (701 S.) Crefeld 892. J. B. Klein. 1.80

— die kirchliche, an dem Geburtstage Sr. Maj. des Königs und Ihrer Maj. der Königin wie sie sein soll mit Rücksicht auf das Inserat „Kirche u. Schule" in Nr. 143 der Landeszeitung von einem ostfriesischen Theologen. Aurich 864. Spielmeyer. gr. 8. (36 S.) n. 6 ngr.

—— die kirchl., der ersten rhein. Provinzial-Synode, gehalt. zu Neuwied, d. 19—29. August 1835. Nebst d. bei d. Eröffn. u. d. Schluß d. Sitzungen gehalt. Reden. 8. (3 B.) Neuwied 835, (Lichtfers.)

Feier, die kirchliche, der ersten Rhein. Provinzial-Synode, gehalten zu Neuwied den 19.—29. Aug. 1835. Nebst den bei der Eröffnung u. dem Schlusse der Sitzungen gehalt. Reden. Herausg. auf Verlangen d. Synode. 8. Neuwied 835. (Fürstl. Wiedsche Hofbuchh.) 1/3 Thlr.

—— kirchliche, eines Veteranen-Jahrtages, wie selbe am 15. Octbr. in der Pfarrkirche zu Engerazhofen bei Leutkirch Statt hatte. Mit der dabei gehaltenen Anrede von Jos. Steigmaier. gr. 8. (31 S.) Lindau 847, Stettner.

— über die, der Kirchweihen im Königr. Bayern. Mit einer Zugabe, betreffend den pfärrlichen oder öffentl. Gottesdienst in Altbayern. Sehr Wichtiges, auch für d. Staat! gr. 8. München 837. Finsterlin. 1/6 Thlr.

Feier, Klopstocks, in Schulpforte ... Grimma 1800. V: *Heimbach, Carl Wilhelm Ernst.* (GGr) (Schr)

Feier, Die, der ersten heiligen Communion ... Aachen 1845. V: *Smets, Phil. Carl Joseph Ant. Joh. Wilh.* (Ky)

— die, der ersten heil. Communion. Ein Andenken für Neocommunicanten. (Von W. Smets.) Nebst einem Gebet in Golddruck. 16. Aachen 845, Wengler. n. 1/6 Thlr.

— dass. in gr. 4. Nebst einem Titelbild in Gold- u. Farbendruck. Ebend. 845. n. 1/3 Thlr.

Feier, die, der ersten heil. Communion mit vorangehenden Betrachtungen und Gebeten zum Empfange des heil. Sakramentes der Buße für die Neu-Communicanten in dem Bisthum Ermland. 8. (40 S.) Braunsberg 849, Beyer's Buchh.

—— die, der ersten heil. Kommunion mit vorangehenden Erklärungen und Gebeten zum Empfange des heil. Sakramentes der Buße für die Neu-Kommunikanten in dem Bisthum Ermland. 5.—7. unveränd. Aufl. gr. 16. (82 S.) Braunsberg 875—78, Huye's Buchh. *

—— die, der ersten heil. Kommunion mit vorangehenden Erklärgn. u. Gebeten z. Empfange d. hl. Sakraments der Buße f. d. Neu-Kommunikanten im Bisthum Ermland. 14. u. 15. Aufl. kl. 8. (32 S.) Braunsberg 890,92, Huye. ** — 20

— die, der ersten hl. Kommunion m. vorangehenden Erklärungen u. Gebeten zum Empfange des hl. Sakramentes der Buße f. die Neu-Kommunikanten in dem Bist. Ermland. 17. unveränd. Aufl. 12. (32 S.) Braunsberg 894. Huye. n. — 20

Die Feier der ersten heiligen Kommunion mit vorangehenden Erklärungen u. Gebeten z. Empfang d. heil. Sakramentes d. Buße f. d. Neu-Kommunikanten in d. Bistum Ermland. 25. unveränd. Aufl. *Braunsberg: E. Bender 1903.* (32 S.) 8°. [F.] 10

—die, d. ersten Communion, mit Gebeten u. Gesängen. 8. M. Gladbach 830. Böhmer. 2 K bei Gebr. Schmachtenberg u. St. 1 K

—die, der ersten heil. Communion, ein Gedenkbüchlein, zugleich als Versuch einer Darstellung, wie (besonders) in Pfarrgemeinden auf dem Lande die Ausspendung der ersten heiligen Communion für Kinder feierlich gemacht werden kann. Von A. B. Weltpriester ꝛc. Mit Titelkpfr. 12. Wien 835. Wimmer. $1/_6$ ℛ𝓉ℎ

Feier, die, der ersten heil. Communion der Kinder. Von einem Pfarrer des Herzogth. Westphalen. Mit 1 Musikbeil. (auf 2 Blätt.) 2. Aufl. gr. 12. Arnsberg 841, Ritter. $1/_6$ ℛ𝓉ℎ

Feier, die, der ersten heiligen Communion der Kinder. Predigten u. Anreden zur Erneuerung des Taufbundes, vor u. nach der heil. Communion, am Nachmittag des Communiontages ꝛc. Von e. Pfarrer der Erzdiöcese Köln. Paderborn 867. Schöningh. gr. 8. (587 S.) 1 ℛ𝓉ℎ 6 ngr

— die, der ersten hl. Kommunion der Kinder. 12. (31 S.) Paderborn 882. Bonifacius-Druckerei. — 10

— der ersten heiligen Communion f. die Neucommunicanten in d. Bisthum Ermland. 12. Aufl. kl. 8. (32 S.) Braunsberg 888. Huye. n.n. — 20

— der Konfirmation Ihrer königl. Hoh. der Prinzessin Pauline v. Württemberg in der Garnisonkirche zu Ludwigsburg am Sonntag Rogate, 7. Mai 1893. gr. 8. (17 S.) Ludwigsburg 893. J. Aigner. n. — 20

Der Feier der Preussischen Königs-Krone gewidmet von der Königlichen Deutschen Gesellschaft zu Königsberg durch FUNK. Den 18ten Januar 1805. (ib.) Gedruckt bei Heinrich Degen. 4°.

— des Landwirthschafts-Festes in Passau. 8. Passau 814. Ambrosi. 5 K

— die, d. Laupenschlacht, gehalten am 28. Juni 1818. Beschrieben von einem Theilnehmer als Andenken f. Viele, mit 1 Kpf. 8. Bern 819. Jenny. (Erlang., Palm u. E.) 8 K

Die FEIER der letzten Lebensstunden Jesu und seines Todes, wie sie . . . zu Schemnitz jährlich am Palmsonntage stattfindet. Schemnitz o. J.: Tischmann. 13 S. - 190 mm

Feier. Die F' des 25jährigen Lehrerjubiläums der Herren Andreas Göldi, Daniel August Ludwig, Edmund Meier in der Evangelischen Lehranstalt Schiers am 14. Oktober 1907. [Mit 1 Porträt-Tafel.] 16 S. 8. Schiers, Walt & Fopp, (1907).

[F.] *Die* **Feier** *des 50jährigen Lehrerjubiläums des Oberl. Prof. Dr. Wilhelm Erler.* Züllichau, Druck v. H. Hampel, 1892; 14—16 S. 4.
Züllichau, k. Pd u. Waisenhaus '(Steinbartsche Erz.- u. Unt.-A.)', OP 1892 (91)

Feier. Zur F' der Fünfundzwanzigjährigen Lehrerwirksamkeit des derzeitigen Rectors der Aargauischen Kantonsschule, Herrn ... Rudolf Rauchenstein. hrg. am 3. Januar 1847 von der Lehrerversammlung dieser Anstalt. [A.] 4. Aarau.

Johannis-Loge Goethe zur grossen Feuerkugel im Or. Leipzig. **Feier** der Licht-Einbringung am 10. Febr. 1907. [Leipzig 1907: Naumann.] 4 Bl. 8° [Umschlagtit.]
Tafelordnung u. 6 Lieder-Texte.

Johannis-Loge „Armin zur Treue und Einigkeit" Altona. Zur **Feier** der Lichteinbringung am 9. Januar 1910 Altona. [Hamburg 1910: Rougemont.] 5 Bl. 8°. [Umschlagtit.]
Festordnung und 5 Liedertexte.

Provinzial-Loge von Niedersachsen zu Hamburg. **Feier** zur Lichteinbringung im neuerbauten Logenhause Moorweidenstr. 36. [Hamburg 1909: Bargsted & Ruhland.] 10 S. 8°
Programm der Feier u. 6 Lieder.

Feier der Lichteinbringung in den Tempel der Johannisloge Eintracht an der Elbe in Blankenese. Dienstag, den 17. Sept. 1907. [Blankenese 1907: Kröger.] 12 S. 8° [Umschlagtit.]
Enth. ein Akrostichon von P. Schade, Programm u. 6 Liedertexte.

Feier der Lichteinbringung in den Tempel der reaktivirten Johannis-Loge zum grossen Christoph in Bergedorf vormals in Stade. Am Mittwoch, den 8. Mai 1907. [Hamburg 1907: Conström.] 6 Bl. 8° [Umschlagtit.]
Programm der Feier, sowie 4 Lieder ohne Noten. Rekt. Kneisner, Hamburg.

59. [Dasselbe.] [Berlin] o. J.: [Hayn]. 2 Bl. 4° [Umschlagtit.]
Rekt. Kneisner, Hamburg.

Feier der Lichteinbringung in den neuen Tempel der Johannisloge Alma an der Ostsee in Kiel. Sonntag, den 12. April 1908. [Kiel 1908: Vollmer.] 22 S. 8°
Enth. Lieder für die Feier u. eine Beschreibung des neuen Logenhauses von Pape.

Feier, Die, der Liebe, aus einer Handschrift des Oberpriesters zu Paphos. Berlin 1795. V: *Flittner, Chn Gottfried.* (MGT) (BGG)

Feier, Die, der Liebe, oder Beschreibung der Verlobungs- und Hochzeits-Ceremonien aller Nationen. Berlin 1795. 2. Aufl. 1801. 3. Aufl. 1803. 4. Aufl. 1821. V: *Flittner, Chrn Gottfr.* (BGE I[3], 254) Vgl. II, 3075).

Feier, Die, der Liebe, oder Beschreibung der Verlobungs- und Hochzeits-Ceremonien aller Nationen. Berlin 1824. V: *Flittner, Chn Gfr.* (MGT) »1797« (Ky)

— die, der Liebe, oder Beschreibung d. Verlobungs- u. Hochzeits-Ceremonien aller Nationen, (v. Chr. G. Flittner). 2 Thle. Mit 2 Kpf. 8. Berl. 797. 2e Aufl. 824. (Sander). 2 rß carton. 2 rß 6 gl (2r Thl. Auch u. d. T.: die Begattung u. Fortpflanzung organ. Wesen ꝛc. 797.)

liturgische, der hohen Feste des Kirchenjahres für Kirchen, Schulen und Hausgemeinen geordnet. (Von C. Räthjen.) 3 Hefte. Neu-Ruppin 861. Oehmigke. 8. (96 S.) n. 8 ngr.

Feier, Luthers, in der Kreuzschule 1817. [Dresden 1817.] V: *Gröbel, Chn Ernst Aug.* (Kat. d. stat. Bureaus. Dresden 1890.)

— die, der Mai-Andacht, in Gebeten dargestellt von e. Priester der Diözese Passau. 8. Aufl. 12. (16 S.) Passau 890. Abt. n. — 10

Bergholz, Gust.: **Zur Feier des 25jährigen Maurer-Jubiläums der Br.˙. Gust. Bergholz und Fritz Westphal, Mitglieder der □ Carl zum Felsen, am 25. März 1898 im Logenhause Altona. Speisen-Folge und Tafel-Lieder in Klapphorn-Versen nach einer delicaten Idee bearb. und den Bbr Jubilaren gewidmet von ?. Altona [1898]: Jürgensen. 2 Bl. 8° [Umschlagtit.]**

Wurzer, Jos.: **Feier des fünfzigjährigen Maurer-Jubiläums des Br.˙. Wurzer, in der St. Joh. □ Friedrich zur Vaterlandsliebe im Or. zu Coblenz am 20. Nov. 1845. [Coblenz 1845]: Hergt. 24 S. 8°**

Loge „Zum Pelikan". Feier des 60-jährigen Maurerjubiläums unseres Brs Heinr. Friedr. Stuewer am Sonntag, den 7. Juni 1903. Mittwoch, den 7. Juni 1843. [Hamburg: 1903.] 6 Bl. 8° [Umschlagtit.]
4 Lieder von H. Ehrich.

— die, d. Menschwerdg. d. Sohnes Gottes, s. a. Dilettanten-Theater.

Die Feier der Menschwerdung des Sohnes Gottes. Weihnachtssp. mit Deklamationen, lebenden Bildern u. Gesängen in 5 Th. Mit Musikbeilage. Von e. Priester d. Diöc. Paderborn. *(Paderborn: F. Schöningh [1898].)* (46 S.) 8° [Ä.]
= Dilettanten-Theater. II, 52.

— der heil. Messe u. Communion, in gemeinschaftl. Gebeten u. Gesängen. 12. Düsseldorf 839. Schreiner. 1/8 rß

— der heiligen Messe und Kommunion in gemeinschaftlichen Gebeten und Gesängen. Zunächst für die Jugend. 3. Aufl. Düsseldorf 859. Kampmann. 16. (64 S.) 2½ ngr.

Bettmann, Bernh.: **Feier der 50jährigen Mitgliedschaft des Br. Bernh. Bettmann in der Hanselmann □ No 208. f. & a. m. Cin., O. 2. Maerz 1857 bis 2. Maerz 1907.**
[Nach hs. Katalog der Hanselmannloge, Cincinnati.]

Feier, Die, des hohen Namensfestes Sr. Excell. des Herrn Georg Grafen von Bauffy. Clausenburg 1820. V: *Greschner. Alexius Innocenz.* (szinnyei 3/1460, Nr. 23) (BiblPort)

Feier, die, d. Nationalfestes u. der Tag v. Sedan. Ein Festbüchlein f. Schule u. Haus. 8. (24 S.) Landsberg 874. Volger & Klein. n. — 25

Feier, die, des Nationalfestes und der Tag von Sedan. Ein Festbüchlein für Schule und Haus. 2.—4. Aufl. gr. 16. (20 S.) Landsberg a. d. W. 878, Volger und Klein.

Feier, Die, des heiligen Nikolaus ... in Doppleschwand 1862. Luzern 1863. V: *Renggli, Franz.* (Cat. d. Stadtbibl. Zürich. Zürich 1864—97.)

— die, des heiligen Nikolaus, des Bischofs und Kirchenpatrons in Doppleschwand, den 6. Christmonat 1862. Luzern 863. Gebr. Räber. 8. (42 S.) n. 4 ngr.

Feier, Die, des Siebenten November 1825 Dankbar Zu Erwiedern. O. O. V: *Goethe, Johann Wolfgang von.* (Mn)

Feier, Die, des 18. Octobers. [Schwerin 1822.] V: *Wundemann, Johann Christian Friedrich.* (MGT)

Feier des achtzehnten und neunzehnten Octobers 1814 in Mannheim. V: *Le Pique, Johann Philipp.* (MGT) (Ky) (GGr)

Feier, D i e, des Papstjubiläums in Kärnten. Klgft., Leon, (1871). 48 S.

—— die, der Passion unseres Herrn und Heilandes Jesu Christi. Eine Charfreitagsliturgie mit eingelegten Liederversen. 8. (15 S.) Zwickau 861, Buchhandlung des Volksschriften-Vereins.

—— die, der Passion unseres Herrn und Heilandes Jesu Christi. Eine Charfreitagsliturgie mit eingelegten Liederversen. 4. Aufl. 8. (12 S.) Zwickau 865, Buchh. des Volksschriften-Vereins. *

— die, der Passion unseres Herrn u. Heilandes Jesu Christi. Eine Charfreitagsliturgie mit eingelegten Liederversen. 4. Aufl. Zwickau 865. Döhner. 8. (12 S.) n. ½ ngr.

— die, des 50jährigen Priester-Jubiläums des Hochwürd. Herrn P. Joseph Müller, Präses d. kathol.-geistl. Consistoriums im Königr. Sachsen u. königl. Hofkaplans, am Feste der Himmelfahrt Mariä [15. August] 1866 zu Dresden. Dresden 866. (Leipzig, Jackowitz.) gr. 8. (14 S.) n. 2 ngr.

Feier des Reformationsfestes. [Dorpat 1817.] V: *Willigerod, Joh. Conrad Philipp.* (R-N)

Feier der fünf und zwanzigjährigen Regierung Sr. Majestät des Königs Friedrich Wilhelm III. in der Grossen National-Mutter-Loge zu den drei Weltkugeln [in Berlin] Nov. 1822. Gedr. f. Brr. [Berlin 1822.] 16 S. 8°
Kl. 2992b. Bericht. Rede von S. Ch. G. Küster zum Preise des Königs; Kantate, gedichtet von J. D. Symanski, komp. von A. H. Neithardt, ohne Noten.

Feier des fünf und zwanzig jährigen Regierungs Jubiläums Seiner Majestæt Maximilian Joseph I. Königes von Baiern In ... München (1824).
Vortit. u. Tit., 58 S., 2 Bl., 45 Taf., davon 13 kol. u. 4 Bl. Noten in Lithogr. 4°
Die Tafeln nach Entwürfen von Himbsel, Hauber, v. Heideck u. a. gezeichnet und lithogr. von Quaglio, Hess, Mettenleiter, Unger, Weller u. a.
Vinet 714.

Feier, Die, im Reiche der Feen. Ein allegorisches Vorspiel mit Gesang ... aufgeführt ... Meiningen, den 23. April 1787. V: *Vulpius, Chn. Aug.* Vgl. Jb. d. Samml. Kippenberg 6 (1926), S. 122. (DARP)

Herzogl. Technische Hochschule Carolo-Wilhelmina zu Braunschweig. Die öffentliche **Feier** der Rektoratsübergabe am 28. Okt. 1904. 2. Nov. 1906. 30. Okt. 1908. 11. Nov. 1910. 22. Nov. 1912. 1904—12.
Darin:
1904. Fricke, R[obert]: Über die Bedeutung der allgemeinen Abteilung der technischen Hochschulen. [Abgedr. in: Jahresbericht d. deutschen Mathematiker-Vereinigung. Bd 14. 1905. S. 175ff.]
1906. Müller, R[einhold]: Die Ausbildung der malerischen Perspektive im Zeitalter der italienischen Frührenaissance.
1908. Zeidler, G[eorg]: Die Entwickelung der neuen Bewegung in der Kunst, im besonderen der Raumkunst.
1910. Lüdicke, Arthur: Neuzeitliche Fabrikanlagen. [Gekürzte Zusammenfassung von: Lüdicke: Neuzeitliche Fabrikanlagen u. Einrichtungen. 5 Vorträge geh. gelegentl. der Hochschulkurse f. Ingenieure Ostern 1910 an d. techn. Hochschule zu Braunschweig.]
1912. Beckurts, Heinrich: Über Arzneimittelsynthesen.

Feier, Die, der Religionsduldung am Jahrestage ihrer Einführung den Obderensern gesungen. L. 1784. V: *Heinze, Wenzel Sigismund.* (wrztg 1784, S. 2584) (GGr VI/605, Nr. 4/6) (Provinc.-Nachr. 1784, S. 639) (WBL 8/237) (BiblPort)

Feier, Die religiöse, für die Verstorbenen ... Freyburg 1815. V: *Jäck, Marx Fidel.* (schmal)

— die religiöse, für die Verstorbenen nach d. Ritus d. kathol. Kirche oder: Officium defunctorum. Latein. u. deutsch. 8. Freiburg 815. (Wien, Gräffer u. Schmidl). 4 gl

— d. Rosenkranz-Monats u. Gebet zum hl. Joseph. 16. (4 S.) Fulda 890. (Fuldaer Actiendruckerei.)
Für 50 Stück n. 1. —

Feier, Die, der Rückkehr Leopold's II. aus der Krönungsstadt ... Nürnberg 1790. V: *Truckenbrot, Michael.* (ML)

[Lithogr.] **Feier** der Rückkehr des Durchlauchtigsten Protektors durch die drei Gross-Logen zu Berlin am 19ten Oct. 1849. [Berlin 1849.] 8 S. 2° [Umschlagtit.]
Bericht.

— die, des Sabbaths, eine moral. u. relig. Verbindlichkeit. 8. Warschau 835. (Berlin, Wohlgemuth.) 1/6 ₰

— die, des heil. Sacraments d. Firmung, in der kathol. Stadt-Pfarrkirche zu Karlsruhe, den 25. März 1828. gr. 8. Karlsr. 829. Marx. 12 gl

— des dritten Säcularfestes der Reformation auf der Universität Tübingen. Herausg. von J. F. Bahnmaier. gr. 4. Tübing. 819. Fues. 18 gl

— des dritten Säcularfestes der Uebergabe der Augsburg. Confession auf der Universität Tübingen, herausg. v. den Mitgliedern der evangelisch-theolog. Fakultät. gr. 8. Tübing. 830. Fues. 12 gl

— die, des ersten Säcularfestes d. erneuerten Brüderkirche, am 7. Juni 1822 in der Gemeinde zu Herrnhut. gr. 8. Gnadau 822. (Kummer in Leipz.) 8 gl

Die **Feier** des Säkular-Festes der St. Johannis-Loge genannt Tempel der Tugend zu Schwedt am 4. Juni 1878. Schwedt 1878: (Freyhoff). 15 S. 8°.

—— die, des norddeutschen Sängerfestes in Lübeck am 30. Juni u. 1. Juli 1844. Mit 1 lithogr. Ans. des festlich geschmückten Bürger-Schützenhofes u. einem Anh., enthalt. das Sängerfest zu Stade am 23. u. 24. Juli 1843. gr. 16. (5 B.) Lübeck 844. (v. Rohden'sche Buchh.) *

Feier des St. Johannis-Festes und der Einweihung des neuen Tempels der eklektischen St. Johannis-Loge „Sokrates zur Standhaftigkeit" im O∴ zu Frankfurt am Main am 27. Juni 5841. Frankfurt a. M. [1841]: Krebs. 90 S. 1 Kpfr. 8°
Kl. 3023. Bericht mit Angabe des Rituals; Reden von Ph. E. Stourzh, F. Fresenius, Zeichnung in Versen von G. Friederich.

Feier des St. Johannis-Festes im Ordenshause der Grossen Landes-Loge der Freimaurer von Deutschland zu Berlin, am 24. Juni 1857, 1858, 1859, 1861. Berlin. Druck von Mittler & Sohn. 1857—1861. 4 Hefte in Fol.
Enthalten die Festbeschreibungen und die dabei gehaltenen Reden von K. F. von Selasinsky, Busch, Runge, Klemm, Alexis Schmidt, u. A.

Feier am Sarge der Frau Lina Mühlmann ⟨*4. Nov. 1824, † 12. Jan. 1905⟩ in der Neumarktkirche zu Halle a.S. am 14. Jan. 1905. (Darin: Gedächtnisrede d. Pastors Johannes Meinhof.) Halle a.S.: R. Mühlmann 1905. (9 S.) 8° [Umschlagt. ǯ.]
[illegible]

Feier, Schillers, seinen Manen durch seinen Geist. Mit einem Berichte vom Fortgange des Plans ... Schiller ein Denkmahl ... zu stiften. Regensburg 1805. V: *Benzel-Sternau, Carl Christian Ernst Graf von.* (MGT) (HS) V (Bericht): *Becker, Rud. Zach.* Gotha 1806. (BrMm)

Zur Feier des Schiller- und Stiftungsfestes des Vereins »Breslauer Dichterschule«. Breslau. 10. November 1878. (Breslau. Th. Schatzky.) 8°.

Feier der Schliessung des bisherigen Tempels der Loge Carl zum aufg.*. Licht (Grosse Gallusgasse Nr. 5) im Or.*., Frankfurt a. M. am Samstag den 2. März 1872. Geleitet von dem Br. Karl Paul. Von G. J. Als Ms. gedr. im Auftr. der Loge. Frankfurt a. M. 1872. V: *Iffland, Gg.* (wolfstieg I, 504)

Feier, die, des 3. September 1825, in der Loge Amalia zu Weimar. (1825.) 8. 60 S.

Feier, Die, des Sonntags . . . Wien 1822. V: *Leonhard, Johann Michael.* (schmal)

— die, des Sonntags, von einem kathol. Geistlichen. 8. Coblenz 824, Gelehrtenbuchh.

· die, des Sonntags, v. einem kathol. Geistlichen. 8, Cobl. 824. Herat. 8 gr.

— die, des weißen Sonntags, für Erstcommunicirende. 8. Freiburg 818. Herder. 2 gr.

Feier des 60. Staatsdienstjahres Sr. Excellenz des Herrn Curators <Anton R. v. Schmerling>. 8 (S. 31—35 der Schuln.). **Progr.** G. der Theres. Akad. *Wien* 1889.

— die, der Stiftung des evangelischen Bisthums zu Jerusalem in Breslau, am 21. Janr. 1860. Breslau, Dülfer in Comm. 8. (24 S.) n. 2½ *ngr.*

Feier der Stiftung des Freimaurer-Bundes zur Eintracht und des St. Johannes-Festes, begangen im Vereine mit den Bundes □ Johannes der Evangelist zur Eintracht zu Darmstadt, die Freunde zur Eintracht zu Mainz und Carl zum aufgehenden Licht zu Frankfurt a/M. von der Grossloge zur Eintracht im Or. zu Mainz am 28. Juni 1846. o. O. [1846]. 65 S. 8°
Bericht. Festrede von **Mueller**: Ub. das Christentum als Grundlage der Mrei.

Die **Feier der Stiftung** der Universität Strassburg am 1. Mai 1875. Rede über Strassburg zur Zeit der Zunftkämpfe und die Reform seiner Verfassung und Verwaltung im XV. Jahrhundert, gehalten von dem Rector Dr. Gustav Schmoller, o. Prof. der Staatswissenschaften. Bericht über die Ergebnisse der **Preisbewerbung** für das Jahr 1874/75 und über die Bewerbung um den Lameypreis von 1870, sowie Mittheilung der für das Jahr 1875/76 von den Facultäten gestellten Preisaufgaben, der Aufgaben der Lameystiftung und der Max Müller'schen Preisstiftung. Strassburg, Karl J. Trübner. London, Trübner u. Comp., 1875. 8. 2 + 88 S.

M[aurer] Cl[ub] zu Leisnig. **Feier** des 30jährigen Stiftungsfestes am 59$\frac{1.8}{2}$99 [Leisnig 1899.] 1 Bl. 14,8×42,5 cm [Kopftit.]
Lied ohne Noten: „Im lieben, trauten Bruderkreise, . . .“

Johannis-Loge „Vom Fels zum Meer“ im Orient Hamburg. Zur **Feier** des 13. Stiftungsfestes am Donnerstag 14. April 1910. [Hamburg 1910: Rougemont.] 4 Bl. 8°. [Umschlagtit.]
Programm und 5 Liedertexte.

Die **Feier** des fünfundfünfzigjährigen Stiftungsfestes in Verbindung mit der festlichen Einführung und Begrüssung des aus dem Kriege gegen Dänemark glücklich zurückgekehrten Br. Fr[iedr.] W[ilh.] Puhlmann I. am 18. Dec. 1864 in der St. Joh.-Loge Teutonia zur Weisheit im Or. zu Potsdam. Potsdam 1865: Krämer. 31 S. 8° [Umschlagtit.]

Feier des 75jährigen Stiftungsfestes der Loge Joseph zur Einigkeit in Nürnberg am 26. VI. 5836. Nürnberg [1836]. V: *Harsdorf Edler v. Enderndorf, Carl.* (Tt)

M[aurer] Cl[ub] zu Leisnig. **Feier** des 25jährigen Stiftungsfestes am 58$\frac{1.10}{2}$94 [Unterz.:] G. Leisnig [1894]: Ulrich. 1 Bl. 15×46,7 cm [Kopftit.]
Lied ohne Noten: „Durch des Tempels Eingangspforte, . . .“

Feier, Die, des 125jährigen Stiftungsfestes der Loge zu den 3 Sternen i. Or. Rostock, 29. Juni 1885. Als Ms. f. Brr. gedr. Rostock 1885. V: ***Müffelmann, Ludwig.*** (wolfstieg I, 630)

Feier, Die, des Stiftungstages der Arminia den 11. December 1817. Tübingen o. J. V: *Wächter, K.* (Erman & Horn, Bibliogr. d. dtsch. Universitäten. 2. Leipzig u. Berlin 1904.)

Die **Feier** des fünfundzwanzigjährigen Stiftungstages der höheren Gewerb-Schule zu Darmstadt am 12. Juli 1861. 32 S. 8°

Die Feier des neunzehnjährigen Stiftungs-Tages der Loge Augusta zur goldnen Krone. Stargard: Kunst 1793. 16 S. 8°
Selten. Bildung des Geistes, Veredlung des Herzens sind die einzigen Mittel zur mrischen Glückseligkeit.

Zur Feier des Stiftungstages der Universität u. der Inauguration des neuen Rektors Samstag, 15 November 1873 laden ein Rektor und Senat der Hochschule Bern 35 Stn. 4. Bern, Druck v. A. Fischer.
Inhalt: Der Jurist und Philolog Peter Daniel aus Orleans. Eine litterar-historische Skizze von Prof. Dr. Herm. Hagen. Mit einer Beilage: Achtzehn ungedruckte Briefe von Gelehrten des 16. Jahrhdts.

— die, d. Tages v. Sedan. [2. Sept.] Zum Gebrauch in Volks- u. Bürgerschulen. Ausg. A. [Für die Hand d. Lehrers.] 16. (29 S.) Quedlinburg 873. Huch. n. — 25

Feier, die — der heiligen Taufe, vorgenommen an drei Negermädchen am 5. Oktober 1856 in der Ursuliner-Kirche zu Laibach. Gedr. bei Josef Blasnik. (14 S. 8.)

Feier, die, des Todes. 2 Thle. 8. Lpz Joachim

Feier, die, des Todes. (v. Karl Fr. Sanner). 2 Thle. 8. Cassel 799. Krieger. 1 ₰ 12 gr

— die, des Todes. 2 Thle. 8. Marb. 799. Krieger. 1 ₰

Die Feier von Lessing's hundertjährigem Todestage zu Braunschweig. Denkschrift, hrsg. von den Studirenden der Herzoglich technischen Hochschule zu Braunschweig. Inh.: Festbericht der Studiosen A[lbert] Bode u. B[runo] Sauer. Festrede des Dr. Otto Sievers. Poetische Gaben von Friedrich Bodenstedt, Felix Dahn, Oscar von Redwitz, Emil Rittershaus, Ernst Scherenberg. Mit 5 Ill. Braunschweig: Schulbuchh. in Comm. 1881. 41 S. 8⁰

Feier zur Uebergabe der Büste des verstorbenen Professors Dr. Karl Boetticher in der Halle der Königlichen Technischen Hochschule zu Berlin am 30. November 1894. Ansprachen geh. von Prof. [Eduard] Jacobsthal (Über Boettichers Leistungen für die Baukunst) und Prof. [Adolf] Slaby. 1894. 17 S. 8⁰

Feier zur Übergabe der Büste des verstorbenen Geheimen Regierungs-Raths, Professors H[ermann] Wiebe in der Halle des Hauptgebäudes der Königlichen Technischen Hochschule zu Berlin am 1. Dezember 1899. Ansprachen geh. von dem Maschinenfabrikanten E[duard] Becker sen., d. Prof. O[tto] Kammerer u. d. Rektor d. Techn. Hochschule, Prof. A[lois] Riedler. 1899. 8 Bl. 4⁰

Kgl. Technische Hochschule zu Danzig. Die Feier der Übergabe des Rektorats am 1. Juli 1907. 1909. 1907—09.
Fortges. u. d. T.:
Kgl. Technische Hochschule Danzig. Die Übergabe des Rektorats am 15. Nov. 1911. 1911.

Feier des „Vereins für die Geschichte Berlins" zum Gedächtniß der hochseligen Kaiser Wilhelm I. und Friedrich III. Hrsg. v. Vorstande d. Vereins. — Berlin: Verein f. d. Gesch. Berlins; Mittler in Komm. 1889. 35 S. 8⁰
(Schriften d. Vereins f. d. Geschichte Berlins. H. 25.)

Zur Feier der fünfzigjährigen Vereinigung der Universitäten Halle und Wittenberg 21. Juni 1867. 1. Hertzberg, [Gustav]: Zur Geschichte der Vereinigung von Wittenberg und Halle. 2. Boehmer, [Eduard]: Geschichte der v. Ponickauischen Bibliothek. Halle 1867: (Hendel). 76 S. 4⁰

— die, der Verlobten, ein Taschenbuch für junge Leute u. frohe Gesellschaften. 12. Berl. 801. (Sander). 10 gr

(Gedicht.) Zur Feier des frohen Vermählungsfestes .... der Prinzessin Wilhelmine Marie und .... des Prinzen Friedrich Carl Christian am 1. Nov. 1828. Kiel. (1828.) 2 Bl. 8⁰.

— volkstümliche, d. Sedan-Tages z. Leipzig. In tabellar. Darstellgn. Z. 2. Septbr. 1895 dargeboten dem Haupt-Ausschuß. gr. 8. (78, 16, 16, 48 u. 72 S.) Leipzig 895. Haupt-Ausschuß d. Sedan-Feier. — 75

[F.] Die Feier der Vollendung des Kaiser-Wilhelm-Denkmals am Deutschen Eck in Coblenz am 31. Aug. 1897. *Düsseldorf: Gedr. b. L. Voss & C. [1898].* (15 S.) 1 Bd 4. [illegible]

Königliche Technische Hochschule zu Hannover. Feier der 25. Wiederkehr des Tages der Neubegründung des Deutschen Reiches am 18. Januar 1896. 1896. 9 S. 8⁰ *H*

Feier der Wiederkehr der Siegestage 1870/71 von der Stadt Freiburg. Freiburg i. Br. 1895. V: *Albert.* (Hof- u. Landesbibl. Carlsruhe. Zugangsverz. 1896.)

Feier, Die würdige, des hl. Frohnleichnamsfestes. Salzburg 1881. V: *Hager, Edmund.* (Hr)

[Die Feier der 100jährigen Zugehörigkeit der Stadt und des Stifts Essen zum Königreich Preußen. [Nach einem Berichte der Essener Volkszeitung.] S. 20—22. 4.
Realgymn. mit Realschulklassen u. Vorschule, in Umwandlung z. Reformrealgymn. Frankf. Syst. *Essen* 1903 (554).
Progr.

Feier, Die zweihundertjährige, der Einweihung der Stifts- und Pfarrkirche in Luzern. Luzern 1844. V: *Schneller, Joseph.* (BSchwLk V, 3) (Cat. d. Stadtbibl. Zürich. Zürich 1864—97.)

Fejér, Geo., Codex diplomaticus Hungariae ecclesiasticus ac civilis. VI Tl. (in XIII Vol.) c. Indice, et: De avitis Magyarorum ac Chunorum, Iasonumque Hungariae accolarum sedibus et initiis disquisivit. 8 maj. (411 B.) Budae 829, 30. (Lipsiae, Brockhaus.) Thlr.
Beim 1. Bde. ist befindlich: Decretum originale Andreae secundi quo regnum Hungariae constituit anno 1222.

Féjer, Geo., Institutiones theolog.-dogmaticae. VIII Tom 8 maj. Wien. Ed. II. ... Ed. III. auct. et emend. VIII Tom. ibid. 819, 20. Geistinger. (Gerold). 7 ₰ Hbg. Pr. 3 ₰ 12 gr

Fejér, Geo., jus ecclesiae cathol. adversus apostatas. Edit. II. 8maj. (47 S.) Pestini 847, Geibel.

Fejér, Leop., üb. gewisse Potenzreihen an der Konvergenzgrenze, s. a. Sitzungsberichte der kgl. bayer. Akademie d. Wissenschaften. Mathem.-phys. Kl. 1910, III.

Über gewisse Potenzreihen an der Konvergenzgrenze. Von Leopold Fejér. München: Franz in Komm. 1910. 17 S. 8⁰
(Sitzungsberichte d. Kgl. Bayer. Akad. d. Wiss. Math.-phys. Kl. Jg. 1910, Abh. 3.)
10. 7169

Fejér, Ludw., s.: Bauten, moderne kleine, f. Stadt u. Land.

Fejér, Ludw., s.: Musterbuch einfacher moderner Schlosserarbeiten.

Fejér de Bück, Anton, k. k. Oberlieut. des Feldjäger-Bataillons Nr. 25. Adjutanten-Dienst. (Mit 2 Tabellen.) 8. Linz 1881.

Fejér de Bück, Ant., Adjutanten-Dienst. Berichtigt u. ergänzt v. Rud. Feix. 3., bericht. u. ergänzte Aufl. 8. (XXVII, 436 S.) Linz 893. J. Feichtinger's Erben, Hofbuchdr. n. 4. —; geb. in Halbfrz. n. 5. 20

Feier ..., s.a. F e y e r ...

Feierabend

– s.a. Aargauischer A n z e i g e r .

– s.a. Allgemeiner A n z e i g e r am Zürichsee.

– s.a. Suhrentaler B o t e .

– s.a. E c h o vom Homberg.

– s.a. Der F r e i s i n n i g e (Zh).

– s.a. F ü r s t e n l ä n d e r .

– s.a. G e s c h ä f t s b l a t t .

– s.a. Emmenthaler H a u s f r e u n d .

– s.a. Der L i n d e n b e r g .

– s.a. Emmenthaler N a c h r i c h t e n .

– s.a. N a t i o n a l - Z e i t u n g .

– s.a. R h e i n b o t e und Appenzeller Grenzpost.

– s.a. Berner T a g w a c h t .

– s.a. U n t e r w a l d n e r .

– s.a. Lichtensteiner V o l k s b l a t t .

– s.a. Luzerner V o l k s b l a t t (Vl).

– s.a. Zofinger V o l k s b l a t t .

– s.a. Schweizerischer V o l k s f r e u n d .

– s.a. W o c h e n b l a t t von Pfäffikon.

– s.a. Klettauer Z e i t u n g .

Feier-Abend. I. Band. Eigenth. u. verantw. Red. *Sigm. Schlesinger.* Hauptmitarbeiter *Eduard Breier.* Druck und Verl. von *Jos. Stöckholzer v. Hirschfeld.*

Erscheint in **Wien**, jeden Sonntag, 1 Bogen in 4°. mit einer Beilage „die heitere Stunde", ½ Bogen, 3-spalt. Pränu.-Pr. ¼-jähr. 36 kr.; pr. Post 50 kr. Einzelne Blätter 3 kr.

— der. Jahrbuch f. Ernst u. Scherz, Belehrung u. Unterhaltung. 1. Jahrg. 8. (Mit 10 Illustr.) Breslau 846, Schuhmann. ¼ ℛ

Feierabend, der. Jahrbuch f. Ernst u. Scherz, Belehrung u. Unterhaltung. 2—7. Jahrg. Jeder m. 7 Stahlst. 8. (2: X u. 126 S. 3: IV u. 120 S. 4: IV u. 144 S. 5: IV u. 150 S. 6: IV u. 152 S. 7: IV u. 177 S.) (Ausgabe des Deutschen Volkskalenders 3–8. Jahrg. ohne den astronom. Theil.) Breslau 847—52, Trewendt & Granier. à ¼ ℛ (1—7: 1¾ ℛ)

Feierabend, der. Jahrbuch für Ernst und Scherz, zur Belehrung und Unterhaltung. 8—13. Jahrg. 1853—58. Breslau, E. Trewendt. 8. Jeder Jahrg. (à 160—170 S. m. 7 Stahlst.) 7½ ngr

Ausgabe des Deutschen Volkskalenders ohne astronom. Kalender.

Feierabend, der. Jahrbuch für Ernst und Scherz, zur Belehrung und Unterhaltung. 14—19. Jahrg. Breslau 859—64. Trewendt. 8. Jeder Jahrg. (à ca. 170 S. m. 7 Stahlst.) 7½ ngr

Feierabend, der. Jahrbuch für Ernst u. Scherz, zur Belehrung u. Unterhaltung. 20—25. Jahrg. (à 10—12 Bgn. m. Holzschn. u. 7—8 Stahlst.) Breslau 865—70. Trewendt. 8. Jeder Jahrg. 7½ ngr

Feierabend, der. Jahrbuch für Ernst und Scherz, zur Belehrung und Unterhaltung. Mit Beiträgen von Mart. Beerel, Hedwig Gaede, Osk. Hoecker etc. 26.—30. Jahrg. 8. (à Jahrg. 150—173 S. mit Stahlst. und in den Text gedr. Holzschn.) Breslau 871—75, Trewendt. à Jahrg. ·

Feierabend, der. Jahrbuch f. Ernst u. Scherz, zur Belehrg. u. Unterhaltg. Mit Beiträgen v. Mart. Beerel, Hedwig Gaede, Osk. Hoecker etc. 31. Jahrg. Mit 7 Stahlst. u. 6. in den Text gedr. Holzschn. 8. (186 S.) Breslau 876. Trewendt. — 75

Nicht weiter erschienen.

Feierabend, der. Eine Monatsschrift für angenehme Unterhaltung. Jahrg. 1843. 1. Bd. 1. Heft. 12. Aarau 843, Sauerländer. ⅜ ℛ

Feierabend, der, ein Volksbuch für ernste und heitere Unterhaltung. 2 Thle. 4. (162 S.) Simmern 847, Rapp. Thlr.

— christliches Volks- und Schulblatt. 1. Jahrg. März—Decbr. 1856. 44 Nrn. (à ½ Bgn.) Basel, Fischer u. Co. 4. n. 26 ngr

Feierabend

Der Feierabend. Illustrirtes Volks- und Familienblatt.
Red.: Heinrich Schwerdt. Jg. 1-
Gotha: Scheube 1857- 4°

1 (1857), Nr. 1-13. 14-26. 27-39. 40-52.

Inhalt:
Novellen, Erzählungen, Scenen.- Gedichte.- Naturwissenschaftliche Mittheilungen.- Land und Leute.- Zur Cultur- und Sittengeschichte.- Geschichtliche Rückblicke.- Zur politischen Weltlage.- Portraits, Lebensbilder, Charakterzüge.- Zur Volkswirtschaftslehre.- Kunst und Gewerbe, Handel und Industrie.- Aus dem öffentlichen Verkehr.- Haus- und Landwirthschaft.- Zur Heilkunde.- Lit. Besprechungen und kritische Randglossen.- Allerlei.- Illustrationen.-

—— der. Illustrirtes Volksblatt. Redig. von Heinr. Schwerdt. 1. Jahrg. 1857. 52 Nrn. (à 1½ Bog. mit eingedr. Holzschn.) Mit dem Beiblatt: Lesestübchen. 52 Nrn. (½ Bog.) gr. 4. Gotha. [Leipzig, Kößling'sche Buchh.] *

—— dass. — Redig. von Hugo Scheube. 2. Bd. oder Jahrg. 1858. 1. Halbjahr. 26 Nrn. (à 2 Bog. mit eingedr. Holzschn.) gr. 4. [Ebendas.] *

Feierabend: Der Feierabend

① Blätter für das Schweizervolk ⑤ 1859—1860 (?) ⑥ 4° ⑦ Wochenblatt ⑧ Stäfa: Gebrüder Gull ⑨ Hs. J. Boßhard, Lehrer in Wiesendangen, J. Ulr. Wuhrmann, Lehrer in Pfäffikon ⑪ die Herausgeber; Mitarbeiter: C. A. Bruhin, Joggeli Bittersüß (E. W.) ⑫ volkstümliches Familienblatt mit politischen Tendenzen, besondere Berücksichtigung der Schulfragen in polemischer Form; radikal ⑭ Zh: Z (1859—1860).

—— der, Familienblatt für anregende und belehrende Unterhaltung. Redact.: Victor Hornyánszky. 1.—4. Jahrg. 1861—64. à Jahrg. 86 Nrn. Lex.-8. (à ½—1 Bog.) Pest, Hornyánszky und Hummel. à Jahrg. *

—— der. Unterhaltungsblätter für die kathol. Jugend gesammelt und zum Besten des Kindheit-Jesu-Vereins unter Mitwirkung von Jugendfreunden hrsg. von A. Gellrich. 9.—14. Bd. Jahrg. 1862—67. à Jahrg. 4 Hefte. (à 160 S.) 8. Landeshut, Rudolph. (Breslau, Aderholz' Buchh.) à Jahrg. * *

—— der. Katholische Unterhaltungsblätter für Jung und Alt, mit mehreren Jugendfreunden hrsg. von A. Gellrich. 22.—26. Bd. Jahrg. 1875—1879. à Jahrg. 4 Hefte. 8. (à Heft 144 S.) Landeshut i. Schl. (Breslau, Aderholz' Buchh.) à Bd. *

Feier-Abend, der. Katholische Unterhaltungsblätter für Jung und Alt, mit mehreren Jugendfreunden hrsg. von A. Gellrich. 27. und 28. Bd. Jahrg. 1880 und 1881. à Jahrg. 4 Hefte. 8. (à Heft 144 S.) Landeshut i. Schl. (Breslau, Aderholz' Buchh.) à Bd. *

—— dass. — 29.—31. Bd. Jahrg. 1882/83, 1883/84, 1884/85. à Jahrg. 4 Hefte. 8. (à Heft 144 S.) (Ebendas.) à Bd. *

Feier-Abend, der. Kathol. Unterhaltungsblätter für Jung und Alt, mit mehreren Jugendfreunden hrsg. von J. Gellrich. 32.—34. Bd. Jahrg. 1885/86, 1886/87 und 1887/88. à Jahrg. 4 Hefte. 8. (à Heft 144 S.) Landeshut. (Breslau, Aderholz.) à Jahrg. *

—— Katholische Unterhaltungsblätter f. Jung u. Alt. Hrsg. v. Jos. Gebrich. 35.—38. Bd. Jahrg. 1888—1891. à Jahrg. 4 Hefte. 8. (à Heft 144 S.) Landeshut i. Schl., (Selbmann. — Bresl., Aderholz). à Jahrg. * 4 —

— Katholische Unterhaltungsblätter f. Jung u. Alt. Mit mehreren Jugendfreunden hrsg. v. Jos. Gellrich. 38.—41. Bd. Jahrg. 1891—1894. à 4 Hfte. 8. (à Hft. 144 S.) Landeshut i/Schl. (Breslau, G. P. Aderholz.) à Hft. n. 1. —

— Kathol. Unterhaltungsblätter f. Jung u. Alt. M. mehreren Jugendfreunden hrsg. v. Jos. Gellrich. 42. Bd. Jahrg. 1895. 4 Hfte. (à ca. 9 Bog.) 8. Breslau (G. P. Aderholz). à Hft. n. 1. —
Weiter nicht erschienen.

—— der. Kalender für das J. 1865. 4. (XVI und 188 S.) Pest, (Gebr. Lauffer.) *

—— dass. — für das J. 1866. 4. (XVI und 188 S.) (Ebendas.) *

Zum Feierabend: 1869 ?
„Ein Blatt zur Unterhaltung und Belehrung junger und alter Christen. Publisher: Rev. A. Baltzer Bi-monthly. (7th and 21st of each month).
St.Charles, MO

Zum Feierabend: 1870?—1872?
Semi-monthly. Literary journal with Roman Catholic slant. Sub-title: Ein Blatt zur Belehrung und Unterhaltung für junge und alte Christen. Quarto, each issue 16 pages. Circulation: 1870, 3000 (est.). Edited & published by the Rev. Adolf Hermann Franz Baltzer.
St. Louis, MO

Der Feier-Abend: Nov.? 1874—? Milwaukee, WI
Sunday edition of Wisconsin Telegraph.

Zum Feierabend. Deutscher Fleischerspiegel. Leipzig 1880

Zum Feierabend. Deutscher Kunst- und Handwerksspiegel. Leipzig 1880

Zum Feierabend. Deutscher Müller- und Bäckerspiegel. Leipzig 1880

Zum Feierabend. Deutscher Schneider-Spiegel. Leipzig 1880

Zum Feierabend. Deutscher Schuhmacher-Spiegel. Leipzig 1880

Zum Feierabend: 1881?—1893? Chicago, IL
Religious monthly. Quarto, each 8 pages. Published by German Publishing House.

Der Feierabend: 1881–1941
Supplement issued with Neue Deutsche Zeitung, and with Der Landwirt. Apparently bears Jahrgang numbering, with Neue Deutsche Zeitung, as: Jahrgang 48 der „Neuen Deutschen Zeitung", no. 3–46, Jan.–Nov. 1930, scattered numbers, laid in with Der Landwirt. Large quarto published weekly, each issue 8 pages. Sub-title: Unterhaltungsblatt für Stadt und Land.
Porto Alegre

— Liederbuch für den kathol. Gesellen-Verein. [Ster.-Ausg.] 12. (VIII, 128 S.) Coesfeld 888 (Hartmann.) geb. n.n. — 40

— dasselbe. [Ster.-Ausg. mit Noten.] 12. (VIII, 216 S.) Ebd. 888. n.n. — 60

— Liederbuch f. d. kathol. Gesellen-Verein. Ster.-Ausg. (Ausg. ohne Noten.) 16. (VIII, 128 u. 16 S.) Coesfeld 897. (F. Hartmann.) In Wachstuch geb. n. — 40; Ausg. m. Noten. (VIII, 216 u. 16 S.) n. — 60

Feierabend. Liederbuch f. d. kathol. Gesellen-Verein. Ster.-Ausg. (VIII, 128 u. 32 S.) 16. Coesfeld (908). (B. Wittneven.) In Wachstuch nn — 40; Ausg. m. Noten. (VIII, 216 u. 32 S.) nn — 60

— Unterhaltungsblatt f. die Familie. Hrsg.: W. Borsodi. Red.: A. Lauterböck. Jahrg. 1888. 24 Nrn. (4 B. m. Illustr.) gr. 4. Wien, Administration, III., Radetzkystr. 12. n. 4. —

— Kalender für 1889. kl. 8. (80 S. mit farb. Bildern.) Wien, (Szelinski). n. — 60

Feierabend, der. Jahrg. 1889. 1890. à 52 Nrn. (1/4 B.) gr. 8. Karlsruhe, Evangel. Schriftenverein f. Baden. à Jahrg. n. 1. —

Feierabend, der. Jahrg. 1891—1894. à 52 Nrn. (1/4 Bog.) 8. Karlsruhe, Evang. Schriftenverein. à Jahrg. n. 1. —

— der. Jahrg. 1895—1898. à 52 Nrn. (à 4 S.) 8. Karlsruhe, Evang. Schriftenverein. à Jahrg. n. 1. —

Feierabend, der. Jahrg. 1899—1902. à 52 Nrn. 8. (à 4 S.) Karlsruhe, Ev. Schriftenverein. à Jahrg. n. 1. —

— der. Jahrg. 1903—1906. à 52 Nrn. (à Jhrg. 208 S.) 8. Karlsruhe, Ev. Schriftenverein. à Jhrg. n. 1. —

— der. Jahrg. 1907—1910. à 52 Nrn. (Je 4 S.) 8. Karlsruhe, Ev. Schriftenverein. à Jhrg. 1. —

Feierabend. Unterhaltungblätter f. Gemüth u. Geist. Hrsg. u. verantwortl. geleit. v. Thdr. Habicher. In zwanglosen Hftn. Jahrg. 1899. gr. 8. Augsburg (J. Windprecht). à Hft. n. — 25

— der. Kalender f. d. Volk. 1899. 4. (33 S. m. Abb.) Berlin, Schriftenvertriebsanstalt. — 10
Erschien bis 1897 u. d. T.: Der Arbeiter.

— der. Kalender f. das Volk. 1903. 4. (32 S. m. Abbildgn.) Berlin, Schriftenvertriebsanstalt. — 10

Feierabend. Volks-Kalender 1907. (32 S. m. Abbildgn.) gr. 8. Berlin, Schriftenvertriebsanstalt. — 10

Feierabend. Volks-Kalender. 1911. (32 S. m. Abb.) gr. 8. Berlin, Schriftenvertriebsanstalt. — 10

(F) Feierabend. Ein Buch für die Jugend. Herausgegeben von Emma Adler. Wien. 1902. Volksbuchhandlung Brand. Lex.-8°. 142 S. Geb. K 2.40

Feierabend, Der christliche —. Wochenblatt für Erbauung, Belehrung und Erheiterung insbesondere dem Bürger und Landmanne gewidmet. (V. Jahrgang.) Redaktion, Druck und Verlag des Felizian Rauch. gr. 8. Jeden Donnerstag. 40 kr. und 1 fl. halbjährig. Innsbruck 1854.

Feierabend, der christliche —. Wochenblatt für Erbauung, Belehrung und Erheiterung, insbesondere dem Bürger und Landmann gewidmet. VI. Jahrgang. Redaktion. Druck, Verlag: Felician Rauch. 8. Donnerstag Abends. 40 kr., 1 fl. und 1 fl. 12 kr. halbjährig. Innsbruck 1855.

Feierabend, Der christliche —. Wochenblatt für Erbauung, Belehrung und Erheiterung, insbesondere dem Bürger und Landmanne gewidmet. 8ter Jahrg. 1857. Erscheint jeden Donnerstag Abends in Innsbruck halbbogenweise gr. 8. Redaktion, Druck und Verlag von Felician Rauch.

Feierabend, der christliche — Wochenblatt für Erbauung, Belehrung und Erheiterung insbesondere dem Bürger und Landmanne gewidmet. IX. Jhrg. Red., Druck u. Verl. v. *Felician Rauch.*
Erscheint in **Innsbruck**, jed. Donnerstag, 1/2 Bg. in 8°. Prän.-Pr. 1/2-jähr. 40 kr. — pr. Post 1 fl. Einz. Blätt. 2 kr.

—— der christliche. Blätter für Erbauung, Belehrung und Erheiterung. (Beilage zum „Grazer Volksblatt".) Hrsgbr. und Redact.: Joh. Karlon. 9.—13. Jahrg. 1880—1884. à Jahrg. 52 Nrn. (à Nr. 1 1/2 Bog.) 8. Graz, Verlagsh. „Styria". à Jahrg. **

Kleiner Feierabend. Liederbuch f. d. kathol. Gesellen-V. Stereotyp-Ausg. . . . [m. Noten]. *Coesfeld: Selbstr.; Comm. bei F. Hartmann [1897].* (32 S.) 1 Bd 8.
[97. 8531 Mr

—— des Landwirths. Illustrirtes landwirthschaftl. Volksblatt für den kleinen ländl. Grundbesitz. Redig. von den Wanderlehrern des landwirthschaftl. Central-Vereins für Schlesien L. Schwürz und B. Arndt. 1. und 2. Jahrg. 1871 und 1872. à Jahrg. 52 Nrn. (Bog. mit eingedr. Holzschn.) gr. 4. Breslau, (Korn.) à Jahrg.

—— dass. — Landwirthschaftl. Volksblatt. Hrsg. unter Mitwirkung von Pietrusky, Meyer, Schulz, Arndt. Redact.: Walter Christiani. 3. Jahrg. 1873. 52 Nrn. (Bog.) gr. 4. Ebendas.

—— dass. — Hrsg. unter Mitwirkung von Meyer, Schulz und Birnbaum ꝛc. Redact.: Walter Christiani. 4. Jahrg. 1874. 52 Nrn. (Bog.) gr. 4. Ebendas.

—— des Landwirth. Landwirthschaftliches Volksblatt. Hrsg. unter Mitwirkung von Meyer, Schulz, Birnbaum ꝛc. Redact.: Walter Christiani. 5.—8. Jahrg. 1875—1878. à Jahrg. 52 Nrn. (Bog.) gr. 4. Breslau, (Korn.) à Jahrg.

—— dass. — Hrsg. unter Mitwirkung von Korn, Meyer, Schulz ꝛc. Redact.: Bernh. Wyneken. 9. Jahrg. 1879. 52 Nrn. (Bog.) gr. 4. (Ebendas.) *

—— des Landwirth. Landwirthschaftliches Volksblatt. Hrsg. unter Mitwirkung von Korn, Meyer, Schulz ꝛc. Redact.: Bernh. Wyneken. 10.—12. Jahrg. 1880—1882. à Jahrg. 52 Nrn. (Bog.) gr. 4. Breslau, (Korn.) à Jahrg. *
—— dass. — 13. und 14. Jahrg. 1883 und 1884. à Jahrg. 52 Nrn. (Bog.) gr. 4. (Ebendas.) à Jahrg. **

—— des Landwirt. Landwirtschaftl. Volksblatt. Hrsg. unter Mitwirkung von Korn, Meyer, Schulz ꝛc. Redact.: Bernh. Wyneken. 15. und 16. Jahrg. 1885 und 1886. à Jahrg. 52 Nrn. (Bog.) gr. 4. Breslau, (Korn.) à Jahrg. **
—— dass. — Redact.: Vict. Kutzleb. 17. und 18. Jahrg. 1887 und 1888. à Jahrg. 52 Nrn. (Bog.) gr. 4. (Ebendas.) à Jahrg. **

—— des Landwirt. Landwirtschaftliches Volksblatt, zugleich Organ d. Hauptverbandes der landwirtschaftl. Lokal-Vereine Schlesiens. 19.—22. Jahrg. 1889—1892. à Jahrg. 52 Nrn. (Bog.) gr. 4. Bresl., (Korn). 19. u. 20. Jahrg. à ** 6 —; 21. u. 22. Jahrg. à * 7 —

— des Landwirt. Landwirtschaftliches Volksblatt, zugleich Organ d. Hauptverbandes der landwirtschaftl. Lokal-Vereine Schlesiens. Red.: Crampe. 21.—24. Jahrg. 1891—1894. à 52 Nrn. (Bog.) gr. 4. Breslau, (W. G. Korn). à Jahrg. n. 7. —

— d. Landwirt. Landwirtschaftl. Volksblatt, zugl. Organ d. Hauptverbandes d. landwirtschaftl. Lokal-Vereine Schlesiens. Hrsg. v. landwirtschaftl. Zentral-Verein f. Schlesien. Red.: Scheffler. 25. u. 26. Jahrg. 1895—1896. à 52 Nrn. (Bog. m. Abb.) gr. 4. Breslau (W. G. Korn) à Jahrg. n. 7. —

Weiter nicht erschienen.

Feierabend, mein. (Jugend-Zeitschrift.) Gegründet v. Carola v. Schirnding u. W. Trost. Red. von Carola v. Schirnding. 1. Jahrg. 1889/90. 26 Hfte. gr. 8. (1. Hft. 40 S. m. Textillustr., 3 Farbendr. u. 1 Schnittbog.) [Nürnberg, Banckwitz.] Düsseldorf, A. Silbermann. à Hft. — 25

Starcke, Joh. Cristhian: **Feierabend des Meisters.** Dem Br. J. C. Starcke beim Jubelfestmahle den 2. Aug. 1830, dargebracht von den Br. der L. zu den drei grossen Lichtern in Naumburg. Magdeburg: Kobitsch 1830. 8°
Kl. 1825 b.

—— der, nahet heran. Ein Gebetbuch für bejahrte Christen, die ihre Tage Gott weihen wollen. Von einem kathol. Geistlichen auf dem Lande. 1. Aufl. 1857. und 2. Aufl. gr. 16. (400 S. mit Titelbild in Holzschn.) Passau 858, [Keppler's Verlag.] Thlr.

Feierabend, der, nahet heran. Ein Gebetbuch für bejahrte Katholiken, die ihre Tage Gott weihen wollen. 5. Aufl. 1862. und 6. Aufl. gr. 16. (400 S. mit 1 Holzschntaf.) Passau 864, Keppler.

Feierabend, der, nahet heran. Ein Gebetbuch für bejahrte Katholiken, die ihre Tage Gott weihen wollen. 5. Aufl. 863. — 6. Aufl. Passau 863. Keppler. 16. (400 S. u. 1 Holzschn.) 7½ ngr.

—— unser. Wochenschrift zur Unterhaltung und Belehrung. Unter Mitwirkung von Berth. Arnau, Heinr. Bärens, G. Emil Barthel ꝛc. hrsg. von Karl L. Leimbach. 1.—3. Jahrg. 1882—1884. à Jahrg. 52 Nrn. (Bog. mit eingedr. Holzschn.) gr. 4. Leipzig, G. Wigand. à Jahrg. *

—— unser. Wochenschrift zur Unterhaltung und Belehrung. Unter Mitwirkung von Berthold Arnau, Paul Baehr, Heinr. Bärens ꝛc. hrsg. von Karl L. Leimbach. 4. Jahrg. 1885. 52 Nrn. (Bog. mit Illustr.) gr. 4. Leipzig, G. Wigand. *
—— dass. — 5. Jahrg. 1886. 52 Nrn. (Bog. mit Illustr.) gr. 4. Leipzig, Dürr'sche Buchh. *

Feier-Abend, unser. Wochenschrift zur Unterhaltung und Belehrung. Unter Mitwirkung von Berthold Arnau, Paul Baehr, Heinr. Bärens ꝛc. hrsg. von Karl L. Leimbach. 6. Jahrg. 1887. 52 Nrn. (Bog. mit Illustr.) gr. 4. Goslar, Koch. *
Nicht weiter erschienen.

Feierabend, Aug., der Alpenstich in der Schweiz. Ein Beitrag zur Geschichte der Volkskrankheiten. 8. (VIII und 186 S.) Wien 866, Braumüller. *

Feierabend. August. Die Schweizerische Alpenwelt. Für junge und alte Freunde der Alpen dargestellt. Mit 13 zweifarbigen Tonbildern [Tafeln] von E[rnst] Heyn und F[riedrich] Specht. 8. Bielefeld und Leipzig 1873.

Feierabend, Aug., die Schweizerische Alpenwelt. Für junge u. alte Freunde der Alpen dargestellt. Mit 13 zweifarb. Tonbildern v. E. Heyn u. F. Specht. gr. 8. (VII, 347 S) Bielefeld 873. Velhagen & Klasing. geb. n. 5. 50

Feierabend, M. A., Adrian v. Bubenberg, s. Bibliothek vaterländischer Schauspiele.

Feierabend. August. Bürgenstock am Vierwaldstätter-See (*Umschlag:* B... près Stansstad) .... [Mit 1 Panorama und illustriertem Umschlag.] 8. (Luzern 1873.)

— die Burgunderschlachten. Dramatische Dichtgn. in 3. Volksschauspielen. [Festschrift zur Murten-Schlachtfeier.] 8. (260 S.) Bern 876. (Langenthal, Niederhäuser.) n. 2. —

(Feierabend. August.) Jost Elmiger (1821–1873) von Luzern. [Necrolog. A.] 8. [Schaffhausen 1874.]

—— die Entführung, s. a. Bibliothek vaterländ. Schauspiele.

Feierabend, M. Aug., die Entführung. Ein schweizer. Nationallustspiel in 4 Aufzügen. Festgabe auf die 100jähr. Stiftungsfeier der helvet. Gesellschaft. (Den Bühnen gegenüber Handschrift.) 8. (120 S.) Luzern 860, [Gebhardt.] *

Feierabend, M. Aug., die Entführung. Ein schweizer. Nationallustspiel in 4 Aufzügen. Neue Ausg. 8. (120 S.) Aarau 876. Sauerländer. n. 1. —

Feierabend, M. A., Zur Erinnerung an die eidgen. Schützenfeste 1824—74. 8. Aarau. Sauerländer. 1875. 2. 40

Feierabend, Aug., Erläuterung d. Reliefs der Central-Schweiz von General Pfyffer von Luzern u. d. Reliefs vom Muotathal von Hptm. Niederöst in Schwyz, aufgestellt im Gletscher-Garten in Luzern. 48 Stn. 16. Luzern, J. L. Bucher. 1874.

Feierabend, A., Festschrift zur Murtenschlachtfeier. Dramatische Dichtung in drei Volksschauspielen. 260 Seiten. 8. Bern, Commissionsverlag von J. U. Niederhäuser. 1876. 2. 50

—— und C. Cattani, Gedenkblätter aus dem Alpenkurort Engelberg, s. Cattani, C.

Feierabend, M. Aug., Geschichte der eidgenössischen Freischießen. Ein Schärflein auf d. Festaltar der 400jähr. Schlachtfeier von St. Jakob u. des dazu veranstalteten eidgenössischen Freischießens in Basel im Juli 1844. gr. 8. (22¾ B. u. verziert. Ttl.) Zürich 844, Meyer u. Zeller. *

—— dass. 2. B., u. d. Ttl.: Das Doppelfest der 400jähr. Schlachtfeier bei St. Jakob am 30. Brachmonat 1844 u. des damit verbund. eidgenöss. Freischießens in Basel vom 1. bis 8. Heumonat 1844. Als Nachtrag hrsg. gr. 8. (21 B.) Zürich 844, Meyer u. Zeller. **

— Geschichte der eidgenössischen Schützenfeste von Gründg. derselben im Juni 1824 in Aarau bis u. m. der Jubelfeier im Juli 1874 in St. Gallen, nebst geschichtl. Einleitg. üb. das schweizer. Schützenwesen früherer Jahrhunderte. 8. (VIII, 190 S.) Aarau 875. Sauerländer. n. 2. —

Feierabend, A., der Gletschergarten beim Löwendenkmal in Luzern. Eigenthümer: J. W. Amrein-Troller. 38 Stn. 16. Luzern, Druck v. J. L. Bucher. 1873.

Feierabend. August. (Hôtel & Pension) Gottlieben (Meggen) am Vierwaldstätter-See. Klimatische Kuranstalt.... [Mit 1 Karte, 1 Panorama und illustriertem Umschlag.] 8. Luzern 1872.

Feierabend. August. Jardin des Glaciers près du Monument du Lion (à Lucerne).... Auteur: Auguste F. 8. Lucerne 1873.

—— die klimatischen Kurorte der Schweiz. 8. (XII und 335 S.) Wien 865, Braumüller. *
(Braumuller's Bade-Bibliothek. No. 15.)

Feierabend, Aug., die klimatischen Kurorte der Schweiz. Neue durch einen Nachtrag verm. Ausg. 8. (VIII, 890 S.) Wien 876, Braumüller. *

Feierabend. August. Der klimatische Luftkurort Nieder-Rickenbach (Kt. Unterwalden).... Geschildert von A. F.... [Mit 1 Panorama und illustriertem Umschlag.] 8. Luzern 1873.

Feierabend. August. Relief der Central-Schweiz von General ([Franz] Ludwig) Pfyffer (v[on] Wy[h]er)... und Relief vom Muotathal... sowie der dort stattgefundenen Kämpfe zwischen den Franzosen und Russen, im Jahr 1799, von Hauptmann [Joseph] Niederöst.... aufgestellt im Gletscher-Garten in Luzern. Erläutert von A. F.... 8. Luzern 1874.

Feierabend, Aug., the Rigi, s.a. Europe, illustrated.

Feierabend. August. The Rigi. (Lucerne, and the Rigi-Vitznau Railway.) By Augustus F. With 12 Illustrations by J[ohann] Weber [2 Plates] and 1 Map. [New Ed.] (Illustrated Europe. № 3.) 8. Zürich. London ([18]87 — *Umschlag: [18]86 —).

Feierabend. A[ugust]. Eduard Schnyder (1812–1852). Ein Charakterbild aus unserer Zeit. Als Gedenkblume auf dessen Grab gezeichnet von M[aurus] A. F. 8. Luzern 1852.

Feierabend, Aug., Christian Schybi, s.a. Bibliothek vaterländischer Schauspiele.

Feierabend, Aug., Christian Schybi. Vaterländisches Volkstrauerspiel in 5 Handlungen. gr. 16. (72 S.) Aarau 877. Sauerländer. n. 1. —

— le chemin de fer Vitznau-Righi, s.: l'Europe, illustrée.

Feierabend, Aug., die Vitznau-Rigi-Bahn, s.a. Wanderbilder, europäische.

Feierabend. August. Die Vitznau-Rigi-Bahn. Von A. (*Umschlag: M[aurus] A.) F. Mit 7 (*Umschlag: 10) Illustrationen von J[ohann] Weber [wovon 3 Tafeln] (und einer Karte). (Europäische Wanderbilder. № 36.) 8. Zürich, (Paris. London) [1883].

[Feierabend. August.] Die Vitznau-Rigi-Bahn. Mit 10 [d. i. 12] Illustrationen von J[ohann] Weber [wovon 2 Tafeln] (und einer Karte). [Neue Ausg.] (Europäische Wanderbilder. № 36.) 8. Zürich ([18]84).

Feierabend, Aug., s.: Volkstheater, schweizerisches.

Feierabend, M. A. Siehe: „Wanderbilder".

Feierabend, A. Arnold von Winkelried. Luzern 1864. 12.

—— Arnold v. Winkelried und die Schlacht ob Sempach. Großes vaterländ. Volksschauspiel in 5 Handlungen. 2. ganz umgearb. Aufl. 8. (118 S.) Luzern 874, Prell. *

Feierabend, Jac., Grundzüge der Schweizergeschichte. Dramatisch bearb. 16. (96 S.) New-York 874. (Philadelphia, Schäfer & Koradi.) n. — 80

Feierabend, Karl, Aufopferung. Schauspiel. 8. Danzig 806, hat jetzt Kummer in Leipzig, und d. Pr. ist wieder 7/12 ℔

Feierabend. Maurus August s. Feierabend. August.

Feierabend, O., die Wohnhäuser der Bau- u. Spargenossenschaft Arbeiterheim in München, s.: Hirschberg, R.

Feierabendbuch, das, für Lehrlinge aller Professionen, zugleich den Gesellen zur Wiederholung, den Meistern zur Prüfung u. Unterhaltung, den Fortbildungsschulen zum Lehrbuch angeboten. gr. 8. (VIII u. 367 S.) Zeitz 848, Schieferdecker (jetzt Leipzig: Magazin f. Literatur). ¾ ℔

Feierabendbüchlein . . . s. E. J. G. de Valenti.

Feierabende

— v. A. F. E. Langbein, m. K. 5 Thle. gr. 8. Lpz. Breitkopf u. H. 793—94. (à 1 Rthlr.)
Holländ. Pap. (à 1 Rthlr. 8 gr.)

Feierabende, von Karl v. W. 8. Coburg 806. Sinner. 1 ℔

Anonym: „Vater Gottholds Feierarbende und lehrreiche Unterhaltunggen für den Bürger und Landmann und für die Jugend", Elberfeld 1836 (Büschler).

— neue, od. kleine romantische Dichtungen zur angenehm. Lectüre f. d. eleg. Welt, gesammelt von Gustav Geßner. 4 Thle. 8. Lpz. Joachim. 805.

Weidmanns Feierabende, ein neues Handbuch für Jäger und Jagdfreunde, (hrsg.) von L[udwig] C[arl] E[berhard] H[einrich] F[riedrich] von Wildungen. Bdch. 1-6. - Marburg: Krieger 1815-21. 8°

Bdch. 1: 1815.
Bdch. 2: 1816.
Bdch. 3: 1817.
Bdch. 4: 1818.
Bdch. 5: 1819.
Bdch. 6: 1821.

Feierabend-Kalender auf das Jahr 1889. Für Leute, die am Nachmittage oder am Abende ihres Lebens stehen, und für jedes Häuslein, das sein Kreuzlein hat, — den aber auch junge und glückliche Leute sehr wohl brauchen können. [Mit großem Druck.] Volksausg. gr. 8. (158 S. mit Farbendr.-Bildern und Text-Illustr.) Winterthur, Steinbrenner's Verlag. cart. *

—— dass. — 1889. Große Ausg. gr. 8. (317 S.) Ebendas. cart. *

Feierabend-Kalender f. d. J. 1890—1893. Katholischer Kalender f. die, welche am Nachmittage od. Abende ihres Lebens stehen 2c. 4. (à Jahrg. ca. 150 S m. Text-Abbildgn. u. Farbendr.) Winterberg, Steinbrener. à Jahrg. * — 90
—— dass. — Große Ausg. f. d. J. 1890—1893. 4. (à Jahrg. ca. 300 S. m. Text-Abbildgn. u. Farbendr.) Ebd. à Jahrg. cart. * 2 —

Feierabend - Kalender für das Jahr 1894. Katholischer Kalender für die, welche am Nachmittage oder Abend ihres Lebens stehen, und für ein jedes Häuslein, das sein Kreuzlein hat 2c. 4. (128 S. und Jahrmärkte-Verzeichniß) —.45
Große Ausgabe. 4. (368 S.) Gebunden mit steifen Deckeln in Leinwandrücken 1.20

Feierabend-Kalender für das Jahr 1895. Katholischer Kalender für die, welche am Nachmittage oder Abende ihres Lebens stehen, und für ein jedes Häuslein, das sein Kreuzlein hat 2c. 4. (128 S. und Jahrmärkte-Verzeichniß) —.45
— — Große Ausgabe. 4. (368 S.) Gebunden mit steifen Deckeln in Leinwandrücken 1.20
Winterberg: Steinbrener 1894.

Feierabend-Kalender für das Jahr 1896. Katholischer Kalender für die, welche am Nachmittage oder Abende ihres Lebens stehen, und für ein jedes Häuslein, das sein Kreuzlein hat 2c. 4. (128 S. und Jahresmärkte-Verzeichniß) —.45
— — Große Ausgabe. 4. (359 S.) Gebunden mit steifen Deckel in Leinwandrücken 1.20
Winterberg: Steinbrener 1895.

Feierabend-Kalender für das Jahr 1897. Katholischer Kalender für die, welche am Nachmittage oder Abende ihres Lebens stehen, und für ein jedes Häuslein, das sein Kreuzlein hat 2c. 4. (128 S. und Jahrmärkte-Verzeichniß) —.45
— — Große Ausgabe. 4. (368 S.) Gebunden mit steifem Deckel in Leinwandrücken 1.20
Winterberg: Steinbrener 1896.

Feierabend-Kalender für das Jahr 1898. Katholischer Kalender für die, welche am Nachmittage oder Abende ihres Lebens stehen, und für ein jedes Häuslein, das sein Kreuzlein hat 2c. 4. (128 S. und Jahrmärkte-Verzeichniß) —.45
Große Ausgabe. 4. (368 S.) Gebunden mit steifem Deckel in Leinwandrücken 1.20
Winterberg: Steinbrener 1897.

Feierabend-Kalender für das Jahr 1899. Katholischer Kalender für die, welche am Nachmittage oder Abende ihres Lebens stehen, und für ein jedes Häuslein, das sein Kreuzlein hat 2c. 4. (128 S. und Jahrmärkte-Verzeichniß) —.45
— — Große Ausgabe. 4. (368 S.) Gebunden mit steifem Deckel in Leinwandrücken 1.20
Winterberg: Steinbrenner 1898.

Feierabend - Kalender für das Jahr 1893. Katholischer Kalender für die, welche am Nachmittage oder Abend ihres Lebens stehen, und für ein jedes Häuslein, das sein Kreuzlein hat 2c. 4. (128 S u. Jahrmärkte-Verzeichniß) —.45
— — Große Ausgabe. 4. (368 S.) Geb. mit steifen Deckeln in Leinwandrücken 1.20
Winterberg: Steinbrenner 1892.

Feierabend-Kalender auf d. J. 1899. Kathol. Kalender f. die, welche am Nachmittage od. Abende ihres Lebens stehen, u. f. e. jedes Häuslein, d. s. Kreuzlein hat. Nicht minder f. junge u. glückl. Leute sehr wohl zu brauchen. 4. (128 u. 16 S. m. Abb., 1 Chemigraph., 3 Farbdr. u. Wandkal.) Winterberg, J. Steinbrenner. n. —60; kart. n. 1.40

(F) Feierabend-Kalender für das Jahr 1900. Katholischer Kalender für die, welche am Nachmittage oder Abende ihres Lebens stehen, und für ein jedes Häuslein, das sein Kreuzlein hat. Nicht minder für junge und glückliche Leute sehr wohl zu brauchen. Winterberg. Steinbrener. Gr.-8°. 128, XX S. mit 3 Tafeln. —.90

(F) Feierabendkalender für das Jahr 1905. Gr.-8°. (ill. 360 S.) Winterberg: Steinbrenner 1904. K 2.40

(F) Feierabendkalender für das Jahr 1906. Gr.-8°. (359 S.) Winterberg: Steinbrenner 1905.

Feierabend-Kalender f. d. J. 1907. Katholischer Kalender. [Große Ausg.] (368, XVI u. XVI S. m. Abbildgn. u. 6 Taf.) gr. 8. Winterberg, J. Steinbrener. Geb. n. 2. —

— dasselbe. [Volks-Ausg.] (144, XVI u. XVI S. m. Abbildgn. u. 4 Taf.) gr. 8. Ebd. n. — 60

(F) Feierabendkalender für das Schaltjahr 1908. 20. Jahrg. Gr.-8°. Winterberg: Steinbrenner 1907. K —.90

Feierabend-Kalender f. d. J. 1911. Katholischer Kalender. 23. Jahrg. [Große Ausg.] (360, 20, II u. XVI S. m. Abbildgn., z. Tl. farb. Taf. u. Wandkalender.) gr. 8. Winterberg, J. Steinbrener. Geb. 2. —

— dasselbe. [Volks-Ausg.] (128, V, 11 u. II S. m. Abb., 2 [1 farb.] Taf. u. Wandkalender.) gr. 8. Ebd. — 60

Feierabendkalender. Feierabend-Kalender für das Jahr 1901 *und* 1902. Hrg. von der Buchdruckerei B. Fischer in Münsingen. [Illustriert.] *je* IV + 184 S. 4. fr. —. 40

Feierabend-Kalender für das Jahr 1903. Hrg. von der Buchdruckerei B. Fischer in Münsingen. [Illustriert.] IV + 134 S. 4. fr. —. 40

Feierabend-Kalender für das Jahr 1904. Hrg. von der Buchdruckerei B. Fischer in Münsingen. [Illustriert.] IV + 126 S. 4. [fr. —. 30]

Feierabend-Kalender für das Jahr 1905. Hrg. von der Buchdruckerei B. Fischer in Münsingen. [Illustriert.] IV + 126 S. 4. [fr. —.40]

Feierabend-Kalender für das Jahr 1906. Hrg. von der Buchdruckerei B. Fischer in Münsingen. [Illustriert.] IV + 126 S. 4. [fr. —. 30]

Feierabend-Kalender für das Jahr 1907. Hrg. von der Buchdruckerei B. Fischer in Münsingen. [Illustriert.] IV + 126 S. 4. [fr. —. 30]

Feierabend-Kalender für das Jahr 1908. Hrg. von der Buchdruckerei B. Fischer in Münsingen. [Mit Illustrationen und 1 Tafel.] IV + 126 S. 4. [fr. —. 40]

Feierabend-Kalender für das Jahr 1909. Hrg. von der Buchdruckerei B. Fischer in Münsingen. [Illustriert.] IV + 126 S. 4. [fr. —. 40]

Feierabend-Kalender für das Jahr 1911. Hrg. von der Buchdruckerei Fischer, Münsingen. [Illustriert.] IV + 107 S. + *Anzeigen*. 4. [fr. —. 40]

Feierabendkalender für das Schaltjahr . . . , s. Feierabendkalender

Feierabendstunde, die. Kreuzerblätter zu Lust und Lehre für Leser aller Stände. Red.: Karl Müller. 1. Jahrg. Juli —Decbr. 1854. 52 Nrn. (à ½ Bgn.) Stuttgart, Verlag der Erheiterungen. Lex.-8. 18 *ngr*

Feierabend-Stunden, s. a. Taschen-Bibliothek der Reise-, Reit- u. Lebensbilder.

Feierabendstunden. Blätter, die dem Bürger u. Landmann in seinem Berufe den geistigen Blick erweitern u. ihn zugleich im Familienkreise erheitern sollen. Hrsg. v. mehreren wahren Freunden d. Volks. (1. Bd.) 16. (4 B.) Erfurt 844, Knick jun. Thlr. ·

—— daſſ. unt. dem etwas veränd. Ttl.: Monatsſchrift. f. Unterhaltung, Induſtrie u. Weltleben. 2. Bd. 12 Hfte. Mit Stnt. Lex.-8. Erfurt 844, Knick jun.

—— Blätter für Belehrung u. Unterhalt. Unter Verantw. d. Verlagshandlung. (1. Jahrg.) 1846. 1—3. Hft. 4. (à 4 B.) Eisleben, (Kuhnt.) *

Feierfeil, A., Ludwig Anzengruber, ſ.: Sammlung gemeinnütziger Vorträge.

— Peter Roſegger, s. a. Sammlung gemeinnütziger Vorträge.

(F) Feierfeil, A., Peter Rosegger. Ein Bild seines Lebens und Schaffens. [Sammlung gemeinnütziger Vorträge. Nr. 340.] 8°. (ill. 16 S.) K —.20
Prag: Josef Koch J.G. Calve'sche K.u.K. Hofbuchhandl. 1907.

Feierfeil, Georg

— Otto Ludwigs Lehre von der tragischen Schuld. 18. Reichenberg 04.
Progr.

Feierfeil, Georg Zu Wilhelm Scherer's Poetik. 8 (29 S.).
Progr. K. k. Staats-Oberg. *Landskron in Böhm.* 1894.
„ . . bildet einen kleinen Abschnitt des Buches „Bausteine zur philologischen Poetik. Eine Ergänzung zu Wilhelm Scherer's 'Poetik' aus dessen übrigen Schriften."

Feierfeil Georg: „Die Verlobung in St. Domingo" von Heinrich v. Kleist u. Theodor Körners „Toni". 37. Braunau 92.
Progr.

Feierfeil, W., die liturgiſche Sprache der katholiſchen Kirche. (152 S.) 8. Warnsdorf 904. (A. Opitz.) n. 2. —; geb. n. 2. 50

— ſechs Vorträge f. öſterliche Rekollektionen an Mittelſchulen. (56 S.) 8. Ebd. 904. n. — 90

Feierfeil Dr. Wenzel: Die Beziehungen des Papstes Innozenz III. zu Böhmen. 33. Teplitz Schönau 04.
Progr.

Feiergesang dem Br. E. G. A. Böckel und Br. H. J. Blanck am Johannisfeste 5830 gewidmet. [Unterz.:] R . . . g. Hamburg [1830]: Appel. 2 Bl. 8° [Umschlagtit.]
Ohne Noten.

Feiergeſänge zum Aller-Deutſchen-Feſte am 18. October. 8: Jena 816. Gröcker. 2 gr.

Feierklänge. Geistliche Lieder und Gebete auf die Sonn- und Festtage . . . Lübeck 1823. V: *Schmidt, Heinrich & Carl Julius Aschenfeldt.* (GGr)

Feierklänge. Monatl. Flugblatt f. religiöse Volksdichtung. Red. P. Ansgar Pollmann. Jg. 1. (1903) Nr. 1–12. *Münster i. W.: Alphonsus-Buchh. (1904).* (96 S.) 8° [Kopft.]
(Mit d. Beginne d. 2. Jg. wird d. Beilage in d. 'Gottesminne' selbst aufgenommen.)
— Gottesminne. Jg. 1. [Beil.] (04. 6.9) 6

Feierklänge bei Enthüllung des Radetzky-Denkmales am 19. März 1852 in Innsbruck. Innsbruck 1852. H: *Mahlschedl Ritter von Alpenburg, Johann Nepomuk.* (Margr)

Feierklänge, d. Herzens, f. Gott u. Religion. Katholiſches Gebet- u. Erbauungsbuch mit Beſuchgn. d. heiligen Sakraments d. Altars auf jeden Tag d. Monats vom h. Alphons Maria v. Liguori. 8. (462 S.) Einſiedeln 874. Eberle, Kälin & Co. 1. 43

Feierkleid, Das deutsche, zur Erinnerung des Einzugs der Deutschen in Paris am 31sten März 1814 . . . Gotha 1814. V: *Becker, Rud. Zacharias.* (Kat. d. Lipperheideschen Kostümbibl. 1. Berlin 1896—1901.)

Feierlichkeit | bei der | Beerdigung der Gefallenen | in der Schlacht | bei Schleswig und Bustorf, | (Fig.: *Tod auf Wappendecke*, 57 × 69) | am | 24. April 1848.
o. O., o. J., 8 S., 175 × 120, S. 8: *Totenschädel*, 33 × 57.
LBO Jahrmarktslit. R. c. 1, 19.

Feierlichkeit der erſten heiligen Kinder-Communion. 8. (102 S.) Wien. Druck und Verlag von K. Ueberreuter. 1854.

Feierlichkeit des Clubbs zu Erlangen . . . [Erlangen] 1791. V: *Pfeiffer, August Friedrich.* (Adel) (Fiker)

Feierlichkeit anläßlich der Übergabe des Rektorats an der Großh. Technischen Hochschule »Fridericiana« zu Karlsruhe. [Enth.:] Bericht über das Studienjahr 1906/1907 von E. Arnold. Der wirtschaftliche Wert der binnenländischen Wasserkräfte unter besonderer Berücksichtigung des Großherzogtums Baden. Von Th. Rehbock. (Karlsruhe 1907)

Feierlichkeit anläßlich der Übergabe des Rektorates an der Großh. Technischen Hochschule »Fridericiana« zu Karlsruhe. Karlsruhe (1908)
[Enthält:] Bericht über das Studienjahr 1907/08. Von Th. Rehbock. Zur Geschichte des Umkehrproblems der Integrale. Festrede von A. Krazer.

Feierlichkeit anlässlich der Übergabe des Rektorates an der Grossh. Technischen Hochschule „Fridericiana" zu Karlsruhe. Bericht über das Studienjahr 1906/1907—1908/1909.
Fortges. u. d. T.:
Feier der Großherzogl. Techn. Hochschule Fridericiana...
Fortsetzung von: A k t, Feierlicher ...

Feierlichkeiten u. Beleuchtung in Leipzig bey Annahme der Königswürde des Königs zu Sachſen am 1. Juny 1807. 8. Leipzig, Tauchnitz.

Feierlichkeiten bei der Einweihung des neuen Versammlungssaals der g. u. v. ▭ zu den drei Schw[ertern] u. w[ahren] Fr[eunden] im Or. von Dresden, am 23. Nov. 1815. [Dresden 1815.] 32 S. 8° [Kopftit.]
Kl. 2975 b. Bericht mit Angabe des Rituals, der Gesänge u. der gesprochenen Gedichte.

Feierlichkeiten, die kirchlichen, am Jahrestage des Oſchatzer Brandes d. 7. Sept. 1843. Sämmtl. dabei geſprochene Reden enthaltend. gr. 8. Oſchatz 843, Oldecops Erben. (Leipzig, Kollmann.) n. 1/8 ℛ

Feierlichkeiten, Die, der ger. u. vollk. Loge zur Einigkeit in Frankfurt am Mayn am 25sten Okt. 1789 bei der Einsetzung des Br. Joh. Peter Leonhardi zum Provinzial-Grosmeister über den Ober-Nieder-Rhein und Fränkischen Craiss. Frankfurt a. M. 1789. V (Bericht): *Küstner, Simon Friedrich.* (Kl 2938) (Wolfstieg I, 853)

Feierlichkeiten, die, in Petersburg und Weimar bei der Vermählung rc. des Erbprinzen Karl Friedrich von Weimar rc. m. K. 12. Leipzig, Joachim. 805. Rthlr.

Feierlichkeiten bei der Wahl u. Krönung eines Röm. Kaisers, mit 2 Kpf. des Kaiserl. Ornats. Nürnb., Bielina. 6 gl

Feierlieder, Des St. Nicolai-Stiftes. Hamb. 1862. V: *Sengelmann, Hnr. Matthias.* (SCHR)

Feierloge [der Loge „Die Vereinigten Freunde"] gehalten am 28ten des 10ten M.·. d.·. W.·. L.·. 5817 zur Begehung des Festes Johannes des Evangelisten und jenes des Geburtstages unsers vielgeliebten Hochw. General-Grossmstrs Landgrafen Carl von Kurhessen. Mainz [1817]: v. Zabern. 37 S. 8°
Abgedr. in: Razen, F. J.: Mrischer Blüthenkranz. 2 (1823) S. 33—72; 2. Aufl. 1841.
Bericht. Die Reden enth. Betrachtungen üb. den Wilhelmsbader Konvent u. Herzog Karls Verdienste um die Mrei. J. Neeb sprach üb. das Mysterium der Mrei.

Fejérpataky, László, s.: Monumenta Hungariae heraldica.

Feierrede auf Moreau. Aus d. Französ. des Uwarow (von Garl. Merkel). 8. Riga 814. Deubner. (Leipz., Barth). 6 gl

Feierrede auf Moreau. 8. Riga, Deubner u. Treuy. (Leipz. Barth in Comm.) 815.

Feierstunde: Für die Feierstunde (auch: Die Feierstunde)
s.a. Oberland. Unter-Emmenthaler. Neue Freie Zeitung. Zürcher Anzeiger.

Feierstunde, die. Zeitung der Württembergischen Metallwarenfabrik Geislingen. 1890-1900. Geislingen 1890-1900

Feierstunde, die. Zeitung des Wohlfahrtsvereins der Württembergischen Metallwarenfabrik Geislingen. 1901-07. Geislingen 1901-07

Feierstunde, die. Zeitschrift des Wohlfahrtsvereins der Württ. Metallwarenfabrik Geislingen. 1908-13. Geislingen 1908-13

Feierstunden
s.a. Badener Anzeiger (1). Bote am Rhein und Untersee. Einsiedler Anzeiger. Thurgauer Volksfreund. Basellandschaftliche Zeitung.

— eine Reihe nützl. Erzählungen, mit 5 Kpf. 8. Reutling., Fischer. 6 gl ill. 12 gl

— ein Geschenk f. Kinder, zur angenehmen u. nützl. Unterhaltung. 8. Altenb. 796. (Hennings in Neisse.) 12 gl

Feierstunden. Kleine Romane, Schwänke und Erzählungen. St. 1797. 2. verm. Aufl. St. Gallen u. Leipz. 1802; 1816. V: *Armbruster, Joh. Mich.* (BGE[3], 1/119) »St. Gallen 1798« (KY 1/106) (GGR VI/419, Nr. 1/18) (BGE I[3], 255) (BIBLPORT)

Feierstunden, kl. Romane, Schwänke u. Erzähl. 8. Lpz. Supprian. (a. Hausknecht, St. Gallen.) 802.

— Erzählungen, von A. v. Einsiedel. 8. Chemnitz, Starke. 810.

Feierstunden; Quartalschrift z. Aufklärung des Verstandes u. Bildung d. Herzens, mit K. u. Musik. 4 Hfte. 8. München, Lentner. 811.

Feierstunden, Erzählungen, Geschichten u. kleine Romane, von L. Theod. Becker, mit 1 K. 8. Nürnberg, Zeh. 815.

Feierstunden, von Marie v. *** (Marie Elis. Pelletsch, Bay). 16—26 Bochen. 8. Pesth 820. Hartleben. 3 rf 20 Kr. (Auch u. d. Titeln: 1) Erzähll. von Marie v. ***. 2) Lustspiele von Marie v. ***.

Feierstunden. Eine Schrift f. edle Unterhaltung in zwanglosen Bänden. Hg.: Frh. v. Biedenfeld u. Chr. Kuffner.
1821. 5 Bl., 424, IV. S. u. 2 Bl.
1822. 1 Bl., III, 434 S.
Brünn. Goed. VIII, 104, 236.

Feierstunden, eine Schrift f. edle Unterhaltung, in zwanglosen Bänden herausgeg. von Fr. v. Biedenfeld u. Chr. Kuffner. 2 Bde. m. 2 Bildn. gr. 8. Brünn 821 — 822, Traßler. (Leipzig, Hartmann.) à 2 Rthlr. 16 gr.

— Ein Unterhaltungsblatt f. Freunde d. Angenehmen u. Nützlichen. Herausgeg. von Gottfr. Schneider. Jahrg. 1827. 4. Leipzig. (Central-Compt.)

Feierstunden. Eine Reihe nützl. Erzählungen für die Jugend jedes Alters. Mit 5 Steindr. gr. 16. Reutlingen 832, 2e Aufl. 838. Fischer. 1/6 rf, geb. 1/4 rf, ill. 1/2 rf

— Geschenk für artige Kinder. Erzählungen, Fabeln u. Gedichte. Mit 8 color. Blättern. ... Guben 840. (Berger.) 3/8 rf

Feierstunden. Ein Geschenk f. artige Kinder, enthaltend Erzählungen, Fabeln u. Gedichte. Mit 8 illum. Bildern. 16. Guben 841. (Berger.) 3/8 rf

Feierstunden. Sammlung von Erzählungen für die Jugend und ihre Freunde. 1. Bd. 1. und 2. Lfg. A. u. d. T.: Zwei Brüder aus dem Volke. Eine Geschichte dem reifern Jünglingsalter und Erwachsenen erzählt von Ludw. Mittermaier. 2., unveränd. Aufl. 8. (260 S. und 1 Stahlst.) Augsburg 849, v. Jenisch und Stage'sche Buchh. à Lfg. 9 Ngr.

Feierstunden. Red.: A. Lübben. 1. Jahrg. 1852. 104 Nrn. gr. 4. (1/2 B.) Oldenburg, Stalling. n. 2 rf

Feierstunden. Ein Unterhaltungs-Blatt für Leser aller Stände. Herausgeber: F. Stein. 1. Bd. (Jahrg.) 12 Nrn. (à 3 Bgn. m. Lithogr.) Weißenfels 853. Stein. (Halle, Hendel.) 4. n. 2 rf 12 ngr

— Wochenschrift für Unterhaltung und Belehrung. Red.: Jul. Seidlitz. Hauptmitarbeiter: Ed. Breier. (1.) Jahrg. April—Decbr. 1856. 39 Nrn. (à 1 1/2—2 Bgn. m. Holzschn. im Text.) Wien, Hügel. gr. 4. n. 1 rf 18 ngr

Feierstunden. Ein Unterhaltungsblatt für Gebildete aller Stände. Jahrg. 1860—62. à Jahrg. 12 Lfgn. hoch 4. (à Lfg. 4 Bog. mit eingedr. Holzschn. und 2 Stahlst. oder Chromolithogr.) Stuttgart, Hoffmann'sche Verlagsbuchh. à Lfg. 7 1/2 Ngr. à Jahrg.

Feierstunden. Ein Unterhaltungsblatt für Gebildete aller Stände. Jahrg. 1862. 18. (Suppl.-)Lfg. hoch 4. (9 Bog.) Stuttgart, Hoffmann'sche Verlagsh.

—— dass. — Jahrg. 1863. 12 Lfgn. (à 4 Bog. mit eingedr. Holzschn. und 2 Stahlst. oder Chromolithogr.) hoch 4. Ebendas. à Lfg. 7 1/2 Ngr.

—— dass. — Jahrg. 1864. 12 Lfgn. (à 6 Bog. mit eingedr. Holzschn.) hoch 4. Ebendas. à Lfg. 5 Ngr.

—— dass. — Ein Unterhaltungsblatt für alle Stände. Jahrg. 1865. 12 Lfgn. (à 6 Bog. mit eingedr. Holzschn.) hoch 4. Leipzig, Vereinsgeschäft der deutschen Sortiments-Buchhändler. à Lfg. 5 Ngr.
Jahrg. 1860—65 sind von O. Meißner und Behre in Hamburg übernommen worden.

—— Eine Sammlung ernster und heiterer Novellen und Erzählungen. 1. Bd. 15 Hefte. 16. (894 S. mit eingedr. Holzschn.) Berlin 878, Liebau. à Heft 20 Pf.

Feierstunden. Blätter zur Unterhaltung und Belehrung für das deutsche Volk. Redact.: Paul Ludwig. 1.—4. Jahrg. Octbr. 1877—Septbr. 1881. à Jahrg. 52 Nrn. (Bog.) gr. 4. Naumburg, Ludwig. à Jahrg.
Nicht weiter erschienen.

Feierstunden. Blätter zur Unterhaltung am häusl. Herd. Red.: Arth. v. Burgfeld. 1. Jahrg. 1878. 52 Nrn. (B.) gr. 4. Naumburg, Ludwig. 3. 20

—— Blätter zur Unterhaltung und Belehrung für das deutsche Volk. Redact.: Paul Ludwig. 2. und 3. Jahrg. Octbr. 1878 —Septbr. 1880. à Jahrg. 52 Nrn. (Bog.) gr. 4. Naumburg, Ludwig. à Jahrg. *

— Unterhaltungsblätter für deutsche Familien. 2. Bd. 1—20. Hft. Lex.-8. (S. 1—640 m. eingedr. Illustr.) Berlin 879. 80. Liebau. à — 25

Feierstunden. Eine Sammlung v. Gesprächen u. Gedichten zum Vortragen bei festl. Gelegenheiten. 1. Serie, 3., verm. Aufl., 2. Serie, 3., verm. Aufl., u. 4.—10., 12.—20. Serie. 12. (à 32 S.) Elberfeld 887—892. Buchhandlg. d. Westdeutschen Jünglingsbundes. à n. — 25

— Eine Sammlg. v. Gesprächen u. Gedichten zum Vortragen bei festl. Gelegenheiten. 1., 3., 11.—14. Serie. 12. (à 32 S.) Elberfeld 890. Buchhandlg. d. Westdeutschen Jünglingsbundes. n. 1. 35
1. 3. Aufl. n. — 25. — 3. 2. Aufl. n. — 20. — 11. 12. à n. — 20. — 13. 14. à n. — 25.

— Eine Sammlg. v. Gesprächen u. Gedichten z. Vortragen bei festl. Gelegenheiten. 5., 11., 15.—17. u. 21.—28. Serie. 12. Elberfeld, Buchh. d. Westdeutschen Jünglingsbundes. à n. — 25
5. 2. Aufl. (32 S.) 895. — 11. 2. Aufl. (32 S.) 895. — 15. 2. Aufl. (32 S.) 895. — 16. 2. Aufl. (32 S.) 896. — 17. 2. Aufl. (31 S.) 896. — 21. 2. Aufl. (32 S.) 895. — 22. 2. Aufl. (32 S.) 895. — 23. (32 S.) 895. — 24. (32 S.) 895. — 25. (32 S.) 895. — 26. (32 S.) 895. — 27. (32 S.) 897. — 28. (32 S.) 897.

— dasselbe. 1. u. 2. Bd. 12. (Je XVI S. u. 12 Serien à 32 S.) Ebd. 895. Geb. in Leinw. à n. 3. 20

Feierstunden. Eine Sammlg. v. Gesprächen u. Gedichten zum Vortragen bei festl. Gelegenheiten. 29—31. Serie. 12. Elberfeld, Westdeutscher Jünglingsbund. à n. — 25
29. (32 S.) 898. — 30. (32 S.) 901.
31. Adolf Clarenbach. Eine Dichtg. zum Vortrage bei festl. Gelegenhtn. in 4 Auftritt. Von Andr. Natorp. (32 S.) (902).

Feierstunden. Eine Sammlg. v. Gesprächen u. Gedichten zum Vortragen bei festl. Gelegenheiten. 32.—34. Serie. 12. Elberfeld, Westdeutscher Jünglingsbund. à Serie n. — 25
32. Johannes, der Täufer. Ein geistl. Volksspiel in 3 Akten. Von Lorzing. (5.—6. Taus.) (48 S.) 903.
33. 34. Gedichte. Von Fra. Bardey. (1.—2. Taus.) (31 u. 32 S.) 905.

Feierstunden. Neuer Hausschatz f. die deutsche Jugend. Mit Beiträgen von K. v. Leistner, K. Oppel, P. Möbius, Ad. Scipio, F. Brunold, G. Grillenberger, F. Pflug, H. Leutemann u. and. u. zahlr. Abbildgn. von H. Leutemann, Fr. Geißler, C. Offterdinger, F. Keppler u. a. gr. 8. (516 S.) Fürth 888. G. Löwinsohn. geb. 6.—

— Neuer Hausschatz f. die deutsche Jugend. gr. 8. (516 S. m. z. Tl. farb. Taf.) Fürth 889. G. Löwensohn. Geb. in Leinw. n. 6. —

Feierstunden. Gedenkbuch f. deutsche Lehrer. Zum Besten d. Jütting-Denkmals. Unter Mitwirkg. hervorrag. Freunde u. Vertreter d Lehrerstandes hrsg. v. C. Rademacher, Scheve, Backes. gr. 8. (186 S.) Bielefeld 892. A. Helmich. n. 3. —; geb. n. 4. —

— Kalender f. Knaben u. Mädchen. 1893. 8. (160 S. m. Abbildgn. u. 1 Farbendr.) Berlin, H. Mamroth. — 30

— Illustr. Unterhaltungsblatt f. jedermann. 1. Bd. Jan.—Septbr. 1893. 39 Lfgn. (à ca. 2½ Bog.) gr. 4. Berlin, U. Meyer. 3. 90; einzelne Lfgn. — 10

— dasselbe. 2. u. 3. Bd. Oktbr. 1893—Septbr. 1895. à 52 Nrn. (à ca. 2½ Bog.) gr. 4. Ebd. à Bd. 5. 20; einzelne Nrn. — 10

Feierstunden. Illustr. Unterhaltungsblatt f. jedermann. 4.—7. Bd. Oktbr. 1895 bis Septbr. 1899. à 52 Lfgn. (à 2 Bog.) gr. 4. Berlin, U. Meyer. à Jahrg. 5. 20; einz. Lfgn. — 10
Kann auch vierteljährlich bezogen werden.

— Illustriertes Unterhaltungsblatt f. jedermann. 8.—11. Bd. Oktbr. 1899—Septbr. 1903. à 52 Nrn. gr. 4. (à ca. 16 S.) Berlin, U. Meyer. à Jahrg. 3. —

— Illustriertes Unterhaltungsblatt f. jedermann. 12.—15. Bd. Oktbr. 1903—Septbr. 1907. à 52 Nrn. (à Jhrg. IV, 832 S.) Lex.-8. Berlin, U. Meyer. à Jhrg. n. 4. —

Feierstunden. Illustriertes Unterhaltungsblatt f. jedermann. 16—18. Bd. Oktbr. 1907—Septbr. 1910. à 52 Nrn. (à Jhrg. 832 S.) Lex. 8. Berlin, U. Meyer. à Jhrg. 4. —

— Neuer Hausschatz f. d. deutsche Jugend m. vielen Illustr. in Farben- u. Tondr. 4. (160 S.) Fürth 895. G. Löwensohn. Geb. 2. 50

Feierstunden. Erzählgn. u. Märchen f. d. Jugend. gr. 8. (127 S. m. 5 Farbendr.) Mülheim a/R. 895. J. Bagel. Geb. 1. 80

Feierstunden zur Aufklärung des Verstandes und Bildung des Herzens … München 1811. H: *Sutor, Andreas.* (Ky) (MGT)

—— biblische, s. Stunden der Andacht.

Feierstunden, Biblische, für gebildete Gottesverehrer aller christlichen Bekenntnisse. Darmstadt 1829. V: *Hundeiker, Johann Peter.* (Winer)

— für den Bürger u. Landmann. Ein Unterhaltungsbuch für Alt u. Jung in Stadt u. Dorf. … Mittweyde …, Billig. ⅔ ℔

—— für den deutschen Bürgersmann. Ein Buch zur Unterhaltung und Belehrung. hoch 4. (207 S. mit 5 Portr. und 3 Genrebildern.) Braunschweig 847. [Leipzig, Keil.]
Aus: Der Leuchtthurm. Jahrg. 1846, besonders abgedruckt.

Feierstunden, d. Christen, im Gebete zu Gott. Vollständiges Gebet- u. Erbauungsbuch f. fromme Katholiken, die in der Liebe Gottes u. im Vertrauen auf dessen Gnade u. Barmherzigkeit die ewige Seligkeit zu erlangen streben. 16. (543 S. m. e. Steintaf. u. e. lith. Titelbl.) Einsiedeln 1872. 73. Wyß, Eberle & Co. 1. 10

Feierstunden des Christen, geheiligt durch Betrachtungen und Gesänge … Neuburg a. d. D. 1839—41. V: *Lutz, Johann Georg.* (Th)

— der Christen, geheiligt durch Betrachtungen u. Gesänge über einige der wichtigsten Geschichten, Anstalten u. Lehren d. Christenthums, zur Beförderung christl. Erbauung u. Bildung, herausg. von e. kathol. Geistlichen. 1r—3r Bd. à 3 Lfrgg. (Mit 3 Stahlstichen.) gr. 8. Neuburg a. d. D. 839—41. Prechter'sche Buchh. 3 ℔

Feierstunden des Christen, geheiligt durch Betrachtungen u. Gesänge üb. einige der wichtigsten Geschichten, Anstalten u. Lehren des Christenthums, hrsg. v. e. kathol. Geistlichen. (Von Joh. Geo. Lutz.) 1. Bd. 2. Ausg. Lex.-8. (26⅞ B., 1 Stahlst. u. verziert. Ttl.) Neuburg a. d. D. 844, Prechter. pro 3 Bde.

Feierstunden des Christen, durch Gebete und Betrachtungen geheiligt. 2. Aufl. Paderborn 860. Junfermann. 32. (224 S.)

—— christliche. Erbauungsblatt für die deutschen Lutheraner in den westlichen Staaten Nord-Amerikas. Hrsg. von Th. C. A. Brandt. 1. Jahrg. 1859. 24 Nrn. (Bog.) gr. Fol. Canton. (Philadelphia, Schäfer und Koradi.) *

Feier-Stunden, christliche, eines frommen Katholiken. Durchges. u. hersg. von einem Priester der Erzdiöcese München-Freising. 3. verm. Aufl. Passau 867. (Elsässer & Waldbauer. 16. (320 S. u. 2 Stahlst.) 12 ngr

—— christliche, eines frommen Katholiken. Durchges. und hrsg. von einem Priester der Erzdiöcese München-Freising. 7. Aufl. 24. (384 S. mit Stahlst.-Titel und 1 Chromolithogr.) Salzburg 875, Pustet. *

FEIERSTUNDEN des Dorfschulmeisters. Herausgeg. v. J. B. Brentanon (sol). Stuttgart 1827. 8°. 355 S. (3 Mk. 50 Pf. A. Bielefeld, Carlsruhe, 1911.)

— eines Dorfschulmeisters, herausg. von J. B. Brentano. gr. 12. Stuttg. 827. Sonnewald. 1 Thlr.

—— für Freunde d. Kunst, Wissenschaft u. Literatur. Zeitschr. f. d. edlere vaterländ. Jugend, f. ihre Freunde u. jeden Gebildeten. Hrsg. v. J. S. Ebersberg. (1.) Jahrg. 1832. (Oct. 1831 — Sept. 1832.) 4 Bde. od. 12 Hfte. gr. 8. Wien, Sollinger.

—— dies. (mit d. veränd. Zusatze:) Zeitschr. z. Verbreitung gemeinnütz. Kenntnisse, z. Veredlung d. Herzens, z. Beförderung höh. Bildung, mit besond. Rücksicht auf d. reif. Jugend hrsg. v. J. S. Ebersberg. 2. u. 3. Jahrg. (Oct. 832 — Sept. 1834.) à 4 Bde. od. 12 Hfte. gr. 8. Ebds. à

—— für Freunde d. Kunst, Wissenschaft u. Literatur u. s. w. Hrsg. v. J. S. Ebersberg. 4. Jahrg. 1835. gr. 8. Wien, Sollinger.

Feierstunden, Die, des Geschäftsmannes. Bern 1793. H: *Heinzmann, Johann Georg.* (MGT)

— des Geschäftsmannes. 3 Bde. 8. Bern 802, s. Schweizer-Bürger-Journal.

— die, der Grazien, (v. J. G. Heinzmann). 6 Thle. gr. 8. Bern 780—89. (1r, 2r Thl. 2e Aufl. 784, 90.) Haller. 5 Thlr. 16 gr. 6r Thl., (oder Neuer Tit. des Buches: histor. Bilderbuch den Edlen ꝛc. Ebd. 790—94.) 1 Thlr. (2r Thl. Auch u. d. T.: poet. Anthologie f. die Töchter. 782. 2e Aufl. 790. 1 Thlr. 4 gr. 3r—5r Thl. Auch u. d. T.: Lehrbuch der brauchbarsten Wissenschaften f. Mädchen. 3 Thle. 788, 89. 3 Thlr. 8 gr.)

— am deutschen Herd. Ein Familienbuch zur Unterhaltung für Geist u. Herz in Ernst u. Scherz. 1. Bd. 3. durchaus verb. u. sehr verm. Aufl. Dresden 868. Münchmeyer. 4. (240 S. u. 15 Lithogr.) 2 Thlr. 15 ngr

— — 2. Bd. Ebend. 868. 4. (237 S. u. 15 Lithogr.) 1 Thlr. 22½ ngr

—— am deutschen Herd. Ein Familienbuch zur Unterhaltung für Geist und Herz in Ernst und Scherz. 1. Bd. 3. durchaus verb. und sehr verm. Aufl. gr. 4. (240 S. mit 15 Photolithogr.) Dresden 874, Gebr. Münchmeyer.

—— dass. — 2. Bd. 4. (237 S. mit 15 Photolithogr.) Ebendas. 874.

Feierstunden für die Jugend. Von einem Jugendfreunde. (Von Andr. Sutor.) Mit 1 Stahlst. Landshut 853. Thomann. 8. (VI, 240 S.) 9 ngr

— für Knaben- u. Töchterschulen. Hrsg. unter Mitwirkg. v. Schriftstellern u. Schulmännern v. dem Vorstande der literar. Vereinigg. d. Danziger Lehrervereins. I—III. Bd. 8. Danzig, A. W. Kafemann. à 1. —

I. Zu den Geburtstagen Sr. Maj. des Kaisers u. Ihrer Maj. der Kaiserin. (VII, 87 S.) 908.
II. A. Für Kaiser u. Reich (Sedanfeier). B. Ehre sei Gott in der Höhe (Weihnachtsfeier). (IV, 100 S.) 908.
III. Zu Schülerentlassungsfeiern, Schuleinweihgn., Elternabenden u. Jubiläen. (IV, 64 S.) 909.

— im häuslichen Kreise. Blätter f. Unterhaltg., Belehrg., Erheiterg. 1. u. 2. Jahrg. 1875 u. 1876. à 12 Hfte. (2 B. m. eingedr. Holzschn.) gr. 8. (Paderborn, Bonifaciusdr.) à Hft. — 25

Feierstunden im häuslichen Kreise. Blätter f. Unterhaltung, Belehrung, Erheiterung. 3. u. 4. Jahrgang. 1877 u. 1878. à 12 Hfte. (2 B. m. eingedr. Holzschn.) gr. 8. Paderborn, Bonifacius-Druckerei. à Jahrg. 3. —

— dasselbe. 5—8. Jahrgang. 1879—1882. à 12 Hfte. (2 B. m. eingedr. Holzschn.) Lex.-8. Köln, Theissing. à Hft. — 30

Feierstunden im häuslichen Kreise. Illustrirte kathol. Monatsschrift zur Unterhaltg. u. Erheiterg. 9. Jahrg. 1883. 12 Hfte. (2½ B. m. eingedr. Holzschn.) Lex.-8. Köln, Theissing. à Hft. — 30
Erscheint nicht mehr.

—— malerische. Illustrirte Volks- und Familien-Bibliothek zur Verbreitung nützl. Kenntnisse. Hrsg. von Otto Spamer. 1—7. Bd. br. 8. Leipzig 854—56, Spamer. *

Inhalt:

Bd. 1. Thomas, Louis, und L. Bergmann, das Buch der Erfindungen. 2., verm. und gänzlich umgearb. Aufl. (VI und 234 S mit 125 in den Text gedr. Abbild. und 1 Titelbild in Holzschn. * 17½ Ngr.

" 2. Bergmann, L., das Buch der Arbeit. 1. (Thl.:) Wanderungen durch die Werkstätten des Gewerbfleißes. In Bildern aus den Beschäftigungen der Menschen. (VI und 182 S. mit 85 in den Text gedr. Abbild. und 1 Holzschnt. in Tondr. * 15 Ngr.

" 3. Thomas, Louis, das Buch der Welt. 1. (Thl.) Wanderungen durch die Ruinen der Vergangenheit und die Riesenwerke der Gegenwart. (VIII und 192 S. mit 85 Abbild.) * 17½ Ngr.

" 4. Bergmann, L., und U. Schwarzwäller, das Buch der Arbeit. 2. (Thl.) Wanderungen durch die Werkstätten des Gewerbfleißes. (VI und 178 S. mit 100 in den Text gedr. Abbild. und 1 Titelbilde.) * 15 Ngr.

" 5., 6. Das Buch der Welt. 2. (Thl.) Wanderungen nach Nord und Süd, Ost und West, zu den Wohnstätten der Gesittung und den Bewohnern der Wildniß. 2 Abthlgn. [1. Abthl.: Die alte Welt. Hrsg. von Friedr. Körner. Mit 115 in den Text gedr. Abbild. und 3 Buntbildern. 2. Abthl.: Gesittetes und wildes Leben in der neuen Welt. Geschildert von Jul. Moritz. (XII und 372 S. mit 60 in den Text gedr. Abbild., 1 Titelbilde ꝛc.)] * 1 Thlr. 10 Ngr.

" 7. Thomas, Louis, das Buch der Welt. 3. (Thl.) Wanderungen zu den Schöpfungswundern des Festlandes. (VIII und 192 S. mit 100 Abbild. in Holzschn.) 20 Ngr.

—— dass. — 1. Serie. 2., gänzl. umgearb. Aufl., enthaltend: Belehrungs- und Unterhaltungsschriften aus dem Gebiete des gewerbl. Lebens, der Länder- und Völkerkunde und der Geschichte. 1. Abthl. 1. Bd. 1—7. Heft: Das Buch der Erfindungen, Gewerbe und Industrien. Geschrieben von Louis Thomas und L. Bergmann. 3., gänzlich umgearb. Aufl. durchgesehen von Friedr. Geo. Wieck. Mit vielen Tonbildern und etwa 200 in den Text gedr. Abbild., 1 Titelbilde, Frontispice ꝛc. 1. Bd. 1—7. Heft. br. 8. (1. Bd. 1. Abthl. S. 1—220 und 1. Bd. 2. Abthl. XXXII und S. 1—200 mit 12 Holzschnt.) Ebds. 856. à Heft * 5 Ngr. *

— dass. — 2. Serie.: Populäre Lehrbücher. Mit vielen in den Text gedr. Abbildungen in Holzschn., Buntdrucktaf. ꝛc. 1—3. und 7—9. Bd. br. 8. Ebds. 854—56. à Bd. * 1 Thlr. *

Inhalt:

Bd. 1., 2. Das Buch der Geologie oder die Wunder der Erdrinde und der Urwelt. Naturgeschichte der Erde in allgemein verständl. Darstellung für alle Freunde dieser Wissenschaft, mit Berücksicht. der Jugend, unter Benutzung von „Jukes popular Geology", bearb. von einem alten Geologen. Durchgesehen und mit einer Einleitung begleitet von C. C. v. Leonhard. 2 Thle. Mit Buntdrucktaf. und 170 in den Text eingedr. Abbild. [1. (VIII und 192 S.) 2. (VI und 160 S.)]

3. Willkomm, Mor., die Wunder des Mikroskops oder die Welt im kleinsten Raume. Für Freunde der Natur und mit Berücksicht. der Jugend bearb. (VIII und 224 S. mit über 1000 in den Text gedr. Darstellungen auf 145 Illustr., 1 Titelbilde, Frontispice ꝛc. in Holzschn.

7., 8. Müller, Carl, das Buch der Pflanzenwelt. Botanische Reise um die Welt. Versuch einer kosmischen Botanik den Gebildeten aller Stände und allen Freunden der Natur gewidmet. 2 Bde. (1. Bd.: Vorbereitung zur Reise XII und 290 S. mir 200 in den Text gedr. Abbildungen in Holzschn., 5 Tonbildern, nebst 1 in Holz geschn. und ill. Karte der Isothermen.)

9. Stahl, Heinr., die Wunder der Wasserwelt. Bilder und Schilderungen für Jung und Alt. (VIII und 192 S. mit mehreren (4) Tonbildern und über 100 in den Text gedr. Abbild. in Holzschn.)

— dass. — 3. Serie: Praktische Handbücher. 1. Bd.: Die Schule des Zeichners. Praktische Methode zur Erlernung des Zeichnens für Schulen, so wie zum Selbstunterricht. Insbesondere für ausübende Künstler im Fache des Stahl- und Kupferstichs, der Lithographie und des Holzschnittes. Hrsg. von L. Bergmann. 1. und 2. Aufl. br. 8. (VII und 212 S. mit mehr als 300 Abbild. (in eingedr. Holzschn. und 2 Holzschnt.) als Vorlegeblätter und zur Veranschaulichung.) Leipzig 855, Spamer. Thlr. *

— malerische. Illustrirte Volks- und Familien-Bibliothek zur Verbreitung nützlicher Kenntnisse. 1. Serie. 1. Abthl.: Belehrungs- und Unterhaltungsschriften aus dem Gebiete des gewerblichen Lebens: Das Buch der Erfindungen, Gewerbe und Industrien. Mit vielen in den Text gedruckten Abbildungen (Holzschnitten) und 6 Tonbildern. 4 Bde. 1. und 2. Bd. 2. und 3. Aufl. 1858—60. und 4., gänzlich umgearb. und von Friedr. Georg Wieck durchgeseh. Aufl. 1861. und 3. und 4. Bd. 1861. 62. br. 8. Leipzig, Spamer. [1. Bd. * 1 Thlr. 10 Ngr., 2. Bd. 1. Abthl. * 1 Thlr. 10 Ngr., 2. Abthl. * 1 Thlr. 10 Ngr., 3. Bd. * 1 Thlr., 4. Bd. * 20 Ngr.] *

Inhalt:

Bd. 1. Abthl. 1. Einleitung. Die Menschheit in ihrer kulturgeschichtlichen Entwickelung. Nebst einer alphabetisch-chronolog. Uebersicht derselben. (LXXX S. mit 32 Illustr.)
Die Geschichte des Papiers mit Einschluß des Papiergeldes. (24 S. mit 6 Illustr.)
Die Erfindung der Buchdruckerkunst. (35 S. mit 14 Illustr.)
Die Erfindung des Naturselbstdrucks und der Chemitypie. (5 S.)
Die Holzschneidekunst. (10 S. mit 4 Illustr.)
Der Kupfer- und Stahlstich und der Kupfer- und Stahldruck. (3 S. mit 11 Illustr.)
Die Erfindung des Steindrucks. (17 S. mit 3 Illustr.)
Die Erfindung der Stenographie. (9 S. mit 1 Portr.)
Die Daguerreotypie und Photographie. (18 S. mit 8 Illustr.)
Die Erfindung des Pulvers und der Feuerwaffen. (30 S. mit 15 Illustr.)
Magnetismus, Elektricität, Galvanismus. (37 S. mit 11 Illustr.)
Die Erfindung des Blitzableiters. (12 S. mit 2 Illustr.)

1. Abthl. 2. Die Erfindung der Telegraphen. (28 S. mit 7 Illustr.)
Die Erfindung des Mikroskop und Teleskop. (35 S. mit 39 Illustr.)
Die Erfindung des Luftballons. (37 S. mit 31 Illustr.)
Das Leuchtgas und die Leuchtstoffe. (20 S. mit 5 Illustr.)
Die Erfindung der Dampfmaschine. (Eisenbahnen und Dampfschiffe.) (96 S. mit 47 Illustr.)

2. Abthl. 1. Einleitung. Die Würde der Arbeit und ihr Verhältniß zur Wissenschaft und Kunst. (VIII S.)
Die Baukunst und die Bauhandwerke und ihre Geschichte. (48 S. mit 30 Illustr.)
Die Töpferei und das Porzellan. (34 S. mit 11 Illustr.)
Das Glas und seine Verarbeitung. (32 S. mit 9 Illustr.)
Spinnen und Weben. (112 S. mit 85 Abbild.)
Der Landbau und die landwirthschaftl. Beschäftigungen. (88 S. mit 53 Illustr.)
Die landwirthschaftl. Gewerbe. (60 S. mit 32 Illustr.)

2. Abthl. 2. Der Bergmann. (32 S. mit 20 Illustr.)
Der Hüttenarbeiter. (52 S. mit 26 Illustr.)
Die Gewinnung fossiler Brennstoffe und ihre Bedeutung. (16 S. mit 10 Illustr.)
Die Gewinnung der Edelsteine. (8 S. mit 17 Illustr.)
Die Gewinnung des Kochsalzes. (20 S. mit 13 Illustr.)
Der Steinbrecher. (21 S. mit 11 Illustr.)
Die Bergbohrung. (11 S. mit 11 Illustr.)
Gold, Silber, Platin und ihre Verarbeitung. (50 S. mit 27 Illustr.)
Die Verarbeitung der unedlen Metalle im Großen. (47 S. mit 16 Illustr.)
Der Maschinenbauer. (24 S. mit 13 Illustr.)
Der Uhrmacher. (34 S. mit 17 Illustr.)
Der Optikus und Mechanikus. (64 S. mit 35 Illustr.)

3. Kleine und große Industrien:
Fabrikation kleiner Metallwaaren. (30 S. und 48 Illustr.)
Pumpen, Spritzen und hydraulische Pressen. (38 S. und 19 Illustr.)
Pianoforte-Fabrikation. (37 S. und 18 Illustr.)
Die Drehkunst. (28 S. und 49 Illustr.)
Wagen- und Kutschenbau. (17 S. und 13 Illustr.)
Mahlen und Backen. (18 S. und 10 Illustr.)
Buchbinderei. (10 S. und 14 Illustr.)
Seil- und Tau-Fabrikation. (16 S. und 20 Illustr.)
Leder-Fabrikation. (15 S. und 3 Illustr.)
Kautschuk und Gutta Pertscha. (18 S. und 6 Illustr.)
Seifen- und Kerzen-Fabrikation. Parfümerien. (10 S. und 3 Illustr.)
Tapeten- und Wachstuch-Fabrikation. (12 S. und 3 Illustr.)
Bleichen der Zeuge. (9 S. und 5 Illustr.)
Färben und Bedrucken der Zeuge. (11 S. und 4 Illustr.)
Nachwort. (S. 303—304.)

Bd. 4. Stahl, H., und J. Engelmann, das Meer, seine Schätze und deren Hebung:
Einleitung. (XIV S. und 5 Illustr.)
Die Erfindung des Kompasses und der heutige Stand der nautischen Instrumente. (10 S. und 9 Illustr.)
Leuchtthürme. (12 S. und 5 Illustr.)
Die Taucherglocke und das Taucherboot. (14 S. und 4 Illustr.)
Die Wissenschaft im Dienste des Menschen bei seinem Kampf mit den Elementen. (20 S. und 7 Illustr.)
Fischfang. Seejagden. Fischerei. (58 S. und 24 Illustr.)
Schiffahrt und Seewesen. (48 S. und 33 Illustr.)
Schiffahrt und Welthandel. (55 S. und 6 Illustr.)

Gebunden kostet jede Abtheilung 10 Ngr. mehr.
Ist auch in 30 Heften à 5 Ngr. zu beziehen.

— dass. — 2. Serie; Populäre Lehrbücher (aus dem Gebiete der Naturwissenschaft). 1—6. und 10. Bd. gr. 8. Ebendas. *
geb. *

Inhalt:

Bd. 1., 2. Ludwig, Rud., das Buch der Geologie. Naturgeschichte der Erde in allgemein verständl. Darstellung für alle Freunde dieser Wissenschaft. 2., neu bearb. Aufl. 2 Bde. [1. Bd. (VIII und 212 S. mit 7 Ton- und Buntdrucktaf. sowie 190 in den Text gedr. Abbild. in Holzschn.) 2. Bd. (VIII und 330 S. mit 4 Ton- und Buntdrucktaf. sowie 180 in den Text gedr. Abbild. in Holzschn.)] 861. à Bd. * 1 Thlr.; geb. * 1 Thlr. 10 Ngr.

3. Willkomm, Mor., die Wunder des Mikroskops oder die Welt im kleinsten Raume. Für Freunde der Natur und mit Berücksichtigung der studirenden Jugend bearb. 2., sehr verm. Aufl. (VIII und 287 S. mit über 1000 in den Text gedr. Darstellungen auf 190 Illustr. in eingedr. Holzschn., 1 Titelbilde, Frontispice in Holzschn. und Buntdr.) 861. * 1 Thlr. 10 Ngr.; geb. * 1 Thlr. 20 Ngr.

Bd. 4. Ule, Otto, die Wunder der Sternenwelt. Ein Ausflug in den Himmelsraum. Den Gebildeten aller Stände und allen Freunden der Natur gewidmet. (XIII und 363 S. mit eingedr. Holzschn., 1 Holzschnt. in qu. 4. und 2 Tondrucktaf.) 860. * 1 Thlr. 10 Ngr.; geb. * 1 Thlr. 20 Ngr.

5., 6. Volger, G. H. Otto, das Buch der Erde. Naturgeschichte des Erdballs und seiner Bewohner. Darstellung der physischen Geographie. Bearb. für gebildete Leser aller Stände. 2 Bde. in 3 Abthlgn. [1. Bd. (VI und 295 S. mit 120 in den Text gedr. Abbild. und 4 Tonbildern in Holzschn.) 859. * 1 Thlr., geb. * 1 Thlr. 10 Ngr., 2. Bd. (X und 376 S. mit 160 in den Text gedr. Abbild. und 6 Tondrucktaf. in Holzschn.) 859. * 2 Thlr., geb. * 2 Thlr. 10 Ngr.] * 3 Thlr.; geb. * 3 Thlr. 20 Ngr.

10. Birnbaum, Heinr., das Reich der Wolken. Vorträge über die Physik des Luftkreises und der atmosphärischen Erscheinungen. Bearb. für gebildete Leser aller Stände. (XVI und 216 S. mit 90 in den Text gedr. Abbild. und 3 Tonbildern in Holzschn.) 859. * 1 Thlr.; geb. 1 Thlr. 10 Ngr.

— dass. — 3. Serie: Praktische Handbücher. 2. Bd.: Die Schule der Mechanik und Maschinenkunde. Zum Selbststudium für Laien und angehende Fachgenossen sowie als Leitfaden für Schulen. Nach dem Engl. bearb. von Frz. Luckenbacher. br. 8. (VIII und 228 S. mit 212 in den Text gedr. Abbild. in Holzschn.) Leipzig 857, Spamer. * 1 Thlr.; geb. Thlr. *

— dass. — 1. Serie. 2. Abthl.: Das Buch der Reisen und Entdeckungen. Neue illustrirte Bibliothek der Länder- und Völkerkunde zur Erweiterung der Kenntnisse der Fremde. Hrsg. unter Mitwirkung mehrerer Geographen und Schulmänner von Herm. Wagner. 1—32. Heft oder 1—5. Bd. gr. 8. Leipzig, Spamer. [à Heft * 5 Ngr. à Bd. * 1 Thlr. 10 Ngr.; geb. * 1 Thlr. 20 Ngr.] Thlr. *
geb. *

Inhalt:

Bd. 1. od. Heft 1—6. [Amerika I.] Kane, der Nordpolfahrer. Arktische Fahrten und Entdeckungen der zweiten Grinnell-Expedition zur Aufsuchung Sir John Franklin's in den J. 1853, 1854 und 1855 unter Elisha Kent Kane. Beschrieben von ihm selbst. Nach dem engl. Orig. bearb. von F. Kiesewetter. 2. Aufl. 1859, und 3., durchgeseh. Aufl. (IV und 288 S. mit 120 in den Text gedr. Abbild. in Holzschn., 8 Tondrucktaf. in Holzschn. und 1 chromolithogr. Karte der nordamerikanischen Polarländer in qu. Fol.) 861.

„ 2. „ „ 7—12. [Afrika I.] Livingstone, (Dav.), der Missionär. Erforschungsreisen im Innern Afrika's. In Schilderungen der bekanntesten älteren und neueren Reisen insbesond. der großen Entdeckungen im südl. Afrika während der J. 1840—1856. 1. Aufl. 1859. und 2., verm. Aufl. (VI und 318 S. mit 92 in den Text gedr. Abbild., 7 Tondrucktaf. in gr. 8. und qu. 4. und 1 Uebersichts-Karte des südl. Afrika in Holzschn.) 860.

„ 3. „ „ 13—18. [Afrika II.] Wagner, Herm., Ed. Vogel, der Afrika-Reisende. Schilderung der Reisen und Entdeckungen des Ed. Vogel in Central-Afrika, in der großen Wüste, in den Ländern des Sudan (am Tsad-See, in Mußgo, Mandara ꝛc.) Nebst einem Lebensabriß des Reisenden. Nach den Originalquellen bearb. 1. Aufl. 1859. und 2. Aufl. (X und 320 S. mit 100 in den Text gedr. Abbild. in Holzschn., 8 Tondruckbildern in Holzschn. und 1 chromolithogr. Uebersichtskarte der Reiseroute Ed. Vogels in Fol.) 860.

" 4. " " 19—26. [Asien I.] Steger, Friedr., und Herm. Wagner, die Nippon-Fahrer oder das wiedererschlossene Japan. In Schilderungen der bekanntesten älteren und neueren Reisen insbesond. der amerikan. Expedition unter Führung des Commodore M. C. Perry in den J. 1852—1854. Mit Benutzung des großen amerikan. Prachtwerkes: „Narrative of the Expedition to the China Seas and Japan etc.“ (XII und 352 S. mit 140 in den Text gedr. Abbild. in Holzschn., 7 Tondrucktaf. in Holzschn. sowie 1 lithogr. Karte von Japan in gr. Fol.) 861.

" 5. " " 27—32. [Amerika II.] Wagner, Herm., die Franklin-Expedition und ihr Ausgang. Entdeckung der nordwestl. Durchfahrt durch Mac Clure sowie Auffindung der Ueberreste von Franklin's Expedition durch Kapit. Sir M'Clintock, R. N. L. (VIII und 284 S. mit 110 eingedr. Holzschn.-Illustr., 6 Tondrucktaf. in Holzschn. und 3 Uebersichtskarten in eingedr. Holzschn.) 861.

Vgl.: Buch, das, der Reisen ꝛc.

—— malerische. Illustrirte Volks- und Familien-Bibliothek zur Verbreitung nützl. Kenntnisse. 1. Serie. 2. Abthl.: Das Buch der Reisen und Entdeckungen. Hrsg. unter Mitwirkung mehrerer Geographen und Schulmänner von Herm. Wagner. 33.—46. Heft. oder 6. und 7. Bd. gr. 8. Leipzig, Spamer. [à Heft * 5 Ngr.; à Bd. * 1 Thlr. 10 Ngr.; geb. à Bd. * 1 Thlr. 20 Ngr.] *

geb. *

Inhalt:

Bd. 6. od. Heft 33—38. [Afrika III.] Wagner, Herm., die neuesten Entdeckungsreisen an der Westküste Afrika's. Mit besonderer Berücksichtigung der Reisen und Abenteuer, Handels- und Jagdzüge von Paul Belloni du Chaillu im äquatorialen Afrika, sowie von Ladisl. Magyar in Benguela und Bihe und C. Joh. Andersson am Okawango-Flusse. 6 Hefte. (XII und 288 S. mit über 100 in den Text gedr. Abbild., 5 Tonbildern, 2 Karten ꝛc. in Holzschn.) 863.

" 7. " " 39—46. [Asien II.] Etzel, Ant. v., und Herm. Wagner, Reisen in den Steppen und Hochgebirgen Sibiriens und der angrenzenden Länder Central-Asiens. Nach Aufzeichnungen von T. W. Atkinson, A. Th. v. Middendorf, G. Radde u. A. (XII und 352 S. mit 120 in den Text gedr. Abbild. und 5 Tondruckbildern in Holzschn.) 864.

Vgl. XIII. Bd. 1. Abthl. S. 287.

—— dass. — 1. Serie. 2. Abthl.: Das Buch der Reisen und Entdeckungen. Neue illustr. Bibliothek der Länder- und Völkerkunde zur Erweiterung der Kenntniß der Fremde. Hrsg. unter Mitwirkung mehrerer Geographen und Schulmänner von Herm. Wagner. Aeltere Reisen. (I. Bd.) 6 Hefte gr. 8. Leipzig 864, Spamer. Subscr.-Pr. à Heft * 5 Ngr.; Ladenpr. *

geb. *

Inhalt:

[I.] Cook, der Weltumsegler. Leben, Reisen und Ende des Kapitän James Cook, insbesondere Schilderung seiner 3 großen Entdeckungsfahrten. Nebst einem Blick auf die heut. Zustände der Südsee-Inselwelt. Hrsg. von Karl Müller. (XXIV und 286 S. mit 120 in den Text gedr. Abbild. und 5 Tondruckbildern in Holzschn.)

Feierstunden, malerische. Das Buch der Reisen und Entdeckungen. Neue illustr. Bibliothek der Länder- und Völkerkunde zur Erweiterung der Kenntniß der Fremde. Afrika. 1. und 2. Bd. à 6 Hefte. gr. 8. Ebendas. Subscr.-Pr. à Heft 5 Ngr.; Ladenpr. à Bd. * 1 Thlr. 10 Ngr.; geb. à Bd. *

Inhalt:

Bd. 1. Livingstone, der Missionär. I. Aeltere und neuere Erforschungsreisen im Innern Afrika's. In Schilderungen der bekanntesten älteren und neueren Reisen, insbesond. der großen Entdeckungen im südl. Afrika während der J. 1840—1856 durch Dr. Dav. Livingstone. 3., verm., gänzlich umgearb. Aufl. (XII und 282 S. mit 94 in den Text gedr. Abbild. und 4 Tondrucktaf. in 8. und qu. 4.) 868.

" 2. —— dass. — II. Neueste Erforschungsreisen im Süden Afrika's und auf dem Eilande Madagascar. In Schilderungen von Dav. Livingstone's neuesten Forschungen während der J. 1858—1864; der Universitäts-Mission und Livingstone's letzter Expedition von 1866. Ferner der Reisen von Alb. Roscher und Karl Mauch, der portugies. Expedition in das Land der Muata Kazembe, sowie der Reisen auf der Insel Madagascar während der letzten Jahre. Bearb. von Rich. Andree. 2 Abthlgn. (XII und 334 S. mit über 100 Text-Abbild., 6 Tondrucktaf. und 1 Uebersichtskarte in Fol.) 869.

—— dass. — Amerika. 1. und 2. Bd. à 6 Hefte. gr. 8. Ebendas. Subscr.-Pr. à Heft * 5 Ngr.; Ladenpr. à Bd. *

geb. à Bd. *

Inhalt:

Bd. 1. Kane, der Nordpolfahrer. Arktische Fahrten und Entdeckungen der zweiten Grinnel-Expedition zur Aufsuchung Sir John Franklin's in den J. 1853, 1854 und 1855 unter Dr. Elisha Kent Kane. Beschrieben von ihm selbst. 4., durchgeseh. Aufl. (XIV und 310 S. mit 125 in den Text gedr. Abbild. in Holzschn., 6 Tondrucktaf. in Holzschn. und 3 Kärtchen in Holzschn.) 867.

" 2. Die Franklin-Expeditionen und ihr Ausgang. Entdeckung der nordwestl. Durchfahrt durch Mac Clure sowie Auffindung der Ueberreste von Sir John Franklin's Expedition durch Kapit. Sir M'Clintock, R. N. L. 2., durchgeseh. und verm. Aufl. (VIII und 275 S. mit 110 Holzschn.-Illustr., 5 Tondrucktaf., mehreren Kartenumrissen in Holzschn. und qu. 4. und 1 chromolithogr. Karte der nordamerikan. Polarländer in gr. 4.) 867.

—— dass. — Asien. 3.—5. Bd. à 6 Hefte. gr. 8. Ebendas. Subscr.-Pr. à Heft * 5 Ngr.; Ladenpr. à Bd. *

geb. à Bd. *

Inhalt:

Bd. 3. Andree, Rich., das Amurgebiet und seine Bedeutung. Reisen in Theilen der Mongolei, den angrenzenden Gegenden Ostsibiriens, am Amur und seinen Nebenflüssen. Nach den neuesten Berichten, vornehmlich nach Aufzeichnungen von A. Michie, G. Radde, R. Maack und A. (XII und 268 S. mit 80 in den Text gedr. Abbild. in Holzschn., 4 Tonbildern in Holzschn. sowie 1 lithogr. Karte des asiat. Rußlands und den angrenzenden Theilen von Inner-Asien in qu. gr. 4.) 867.

" 4. Friedmann, S., die ostasiatische Inselwelt. Land und Leute von Niederländisch-Indien: den Sunda-Inseln, den Molukken sowie Neu-Guinea. Reise-Erinnerungen und Schilderungen, aufgezeichnet während seines Aufenthalts in Holländisch-Ostindien. 1. Bd. Das Tropen-Eiland Java. (X und 266 S. mit 120 Text-Illustr., 5 Tonbildern und 1 Karte von Java in Holzschn.) 868.

" 5. —— dass. — 2. Bd.: Sumatra, Borneo, Celebes, die Molukken und Neu-Guinea. (VIII und 253 S. mit 120 Text-Illustr., 5 Tonbildern und 1 Karte der ostasiat. Inseln in Holzschn.) 868.

—— dass. — Illustrirte Familien- und Volks-Bibliothek zur Verbreitung nützl. Kenntnisse. 2. Serie. Populäre Lehrbücher. 8. und 9. Bd. gr. 8. Ebendas. à Bd. *

geb. à Bd. *

Inhalt:

Bd. 8. Willkomm, Mor., die Wunder des Mikroskops oder die Welt im kleinsten Raume. Für Freunde der Natur und mit Berücksichtigung der studirenden Jugend bearb. 2., sehr verm. Aufl. (Neue erweit. Ausg.) (VIII und 313 S. mit über 1000 in den Text gedr. Darstellungen auf 210 Illustr. in eingedr. Holzschn., 1 Titelbilde, Frontispice in Holzschn. und Buntdr.) ꝛc. 866.

" 9. Stahl, Heinr., die Wasserwelt. Das Leben des Wassers in allen seinen Gestalten und Formen in Quell, Strom, See und Ozean, als Eis, Regen, Niederschlag u. s. w. Vom Standpunkte der neuesten naturwissenschaftl. Anschauung. 2., gänzlich umgearb. Aufl. (X und 276 S. mit 130 Illustr. in eingedr. Holzschn., 4 Tondrucktaf. und 2 chromolithogr. Karten in qu. Fol.) 864.

Feierstunden, malerische. Illustrirte Familien- und Volks-Bibliothek zur Verbreitung nützl. Kenntnisse. 3. Serie: Praktische Handbücher. 1. und 3. Bd. gr. 8. Leipzig, Spamer. à Bd. *

geb. à Bd. *

Inhalt:

Bd. 1. Bergmann's, L., Schule des Zeichners. Für Lehrer und Lernende. Praktischer Leitfaden beim Selbstunterricht für Gewerbtreibende, insbesond. für Musterzeichner, Modelleure ꝛc. In 3. Aufl. gänzlich umgearb. von Osc. Mothes. (VI und 308 S. mit mehr als 300 Text-Abbild., 6 Tondr.-Bildern sowie 1 Titelbilde, zur Veranschaulichung in Holzschn.)

Mappe dazu. 300 Abbild. als Vorlegeblätter sowie zur Veranschaulichung auf 80 (Holzschn.-)Taf. Hrsg. von Osc. Mothes. 865. In Carton. * 1 Thlr. 10 Ngr.

" 3. Luckenbacher, Fr., die Schule der Mechanik und Maschinenkunde. Zum Selbststudium für Laien und angehende Fachgenossen ursprünglich bearb. 2., verm. Aufl., mit Rücksicht auf den Schulgebrauch zum großen Theil neu bearb. von Friedr. Kohl. (VIII und 316 S. mit 370 in den Text gedr. Abbild. in Holzschn.) 865.

Vgl. XIII. Bd. 1. Abthl. S. 287 und 238.

—— malerische. Das Buch der Reisen und Entdeckungen. Neue, illustr. Bibliothek der Länder- und Völkerkunde zur Erweiterung der Kenntniß der Fremde. Asien. 1. Bd.: Die Nippon-Fahrer oder das wiedererschlossene Japan. In Schilderungen der bekanntesten älteren und neueren Reisen insbesond. der amerikan. Expedition in den J. 1852—1854 sowie der preuß. Expedition nach Ost-Asien in den J. 1860 und 1861. Bearb. von Friedr. Steger und Herm. Wagner. Neu hrsg. von Rich. Andree. 2. verm. und umgearb. Aufl. gr. 8. (X, 454 S. mit 170 in den Text gedr. Abbild., 8 Tondrucktaf., sowie 1 chromolithogr. Karte von Japan in qu. gr. 4.) Leipzig 869, Spamer.

geb. *

Feierstunden, malerische. Das Buch der Reisen und Entdeckungen. Illustrirte Bibliothek der Länder- und Völkerkunde zur Erweiterung der Kenntniß der Fremde. Asien. 1. Bd.: Das alte und das neue Japan oder die Nippon-Fahrer. In Schilderungen der bekanntesten älteren und neueren Reisen. Ursprünglich bearb. von Friedr. Steger und Herm. Wagner. Neu hrsg. von Ed. Hintze. 3. bis auf die Gegenwart ergänzte Ausg. 8. (IX, 494 S. mit 180 Text-Abbild. in eingedr. Holzschn., 10 Tondrucktaf., sowie 1 chromolithogr. Karte von Japan.) Leipzig 874, Spamer. *

geb. *

—— dass. — Afrika. 2. Bd.: Livingstone, der Missionär II. Neueste Erforschungsreisen im Süden Afrika's und auf dem Eilande Madagascar. In Schilderungen von David Livingstone's neuesten Forschungen während der J. 1858—1864; der Universitätsmission, der Reisen von Chapman, Baines, Baldwin, Young, Roscher und Mauch, sowie der Reisen auf Madagascar in alter und neuer Zeit. Bearb. von Rich. Andree. 2 Abthlgn. 2., umgearb. und ergänzte Aufl. br. 8. (XII, 336 S. mit

80 Abbild. in Holzschn., 6 Tondrucktaf. und 1 lithogr. und color. Uebersichtskarte des südl. und mittleren Afrika sammt Madagascar in qu. Fol.) Ebendas. 869. *
geb. *

—— dass. — Afrika. 3. Bd.: Abessinien, das Alpenland unter den Tropen und seine Grenzländer. Schilderungen von Land und Volk, vornehmlich unter König Theodoros [1855—1868]. Nach den Berichten älterer und neuerer Reisender bearb. von Rich. Andree. gr. 8. (X, 300 S. mit 80 Text-Abbild. in Holzschn., 6 Tonbildern nach Orig.-Zeichn. von E. Zander, R. Kretschmer, H. Leutemann u. A. nebst 1 Uebersichtskarte von Abessinien in Holzschn.) Ebendas. 869. *
geb. *

—— dass. — 3. Serie. Praktische Handbücher. I.: Dr. L. Bergmann's Schule des Zeichners. Für Lehrer und Lernende. Praktischer Leitfaden beim Selbstunterricht, sowie für Lehrer an Bürgerschulen, Musterzeichner, Modelleure rc. Gänzlich umgearb. von Osc. Mothes. 4. Aufl. gr. 8. (VIII, 308 S. mit mehr als 300 Text-Abbild., 6 Tondruckbild. und 1 Titelbilde in Holzschn.) Ebendas. 868. (*M. 4.) *
geb. (*M. 5.) *

Mappe dazu: 500 Abbild. als Vorlegeblätter, sowie zur Veranschaulichung auf 80 (Holzschn.-)Taf. Hrsg. von Osc. Mothes. In Carton (*M. 4.) *
Vgl.: XIV. Bd. 1. Abthl. S. 351.

Feierstunden, Meine. Leipzig 1782. V: *Müchler, Carl Frdr.* (Ky) (MGT)

Feierstunden, Minnas, Deutschlands Töchtern gewidmet. Leipzig 1792. V: *Wahl, Sophie Helmine geb. Singer.* (GGr) (MGT) (schl)

— unsere. Eine Gedichtsammlg. f. Jungfrauen-Vereine. Hrsg. v. Vorstände-Verband d. evang. Jungfrauen-Vereine Deutschlands. 1.—4. Bdchn. 8. Berlin Buchh. des Ostdeutschen Jünglingsbundes. Kart. à n. — 75
1. Advents-, Weihnachts- u. Neujahrsklänge. (IV, 95 S.) 896.
2. Epiphanien-, Passions-, Ostern- u. Pfingstklänge. Confirmationsnachfeiern. (95 S.) 897.
3. Jahresfeste, kirchliche Feste. Gespräche u. kleinere Aufführgn. (IV, 104 S.) 897.
4. Gedichte z. Bußtag u. Totenfest. Gelegenheitsgedichte. Gedichte erzähl. Inhalts. Patriotische Gedichte erzähl. Inhalts. Patriot. Gedichte. (IV, 96 S.) 897.

— unsere. Eine Gedichtsammlg. f. Jungfrauen-Vereine. Hrsg. vom Vorstände-Verband der evangel. Jungfrauen Vereine Deutschlands. 1. u. 5.—7. Bdchn. 8. Berlin, Buchh. d. Ostdeutsch. Jünglingsbundes. Kart. à n. — 75
1. Advents-, Weihnachts- u. Neujahrsklänge. 2. stark veränd. Aufl. (IV, 95 S.) 899.
5. Nachtrag zu Bd. I u. II: Klänge aus den kirchl. Festzeiten u. aus der Mission. (IV, 100 S.) 899.
6. Allerlei festl. Klänge zum Gebrauch in unseren Heimathäusern u. Vereinen (besonders f. Fabrikarbeiterinnen-Vereine). (IV, 98 S.) 900.
7. Festliche Klänge f. Vereinsfeiern aller Art (besonders Weihnachten u. Jahresfest). (IV, 91 S.) 901.

— unsere. Eine Gedichtsammlg. f. Jungfrauen-Vereine. Hrsg. vom Vorstände-Verband der evangel. Jungfrauen-Vereine Deutschlands. 8. u. 9. Bdchn. 11. 8. Berlin, Buchh. des ostdeutschen Jünglingsbundes.
Kart. à n. — 75
8. Gedichte u. Gespräche f. die kirchl. Feste u. Jahresfeste. Gelegenheitsgedichte u. kleine Aufführgn. (VI, 144 S.) (903.)
9. Weihnachten. Gedichte, Gespräche u. Aufführgn. (IV, 80 S.) 905.

— unsere. Eine Gedichtsammlg. f. Jungfrauenvereine. Hrsg. vom Verband der evangel. Jungfrauen-Vereine Deutschlands. 9. Bdchn. Weihnachten. Gedichte, Gespräche u. Aufführgn. 3. Aufl. (IV, 88 S.) 11. 8. Berlin (910). Buchh. d. ostdeutschen Jünglingsbundes. Geb. — 75

— zur Veredlung des Geistes u. Herzens, u. zur Beförderung eines frohen Lebensgenusses. 5 Bde. 8. Hamb. 816—18. (Aue in Altona). 3 ₰ 8 gr

— zur Veredlung des Geistes u. Herzens rc. Jahrg. 1822. 8. Hamburg. (Cnobloch in Leipzig.)

—— (Feyerstunden), der, Weihe, s. Weihe.

Feiertag, der, u. seine fortdauernde Geltung, nach der Schrift dargelegt u. begründet v. e. Württemberg. Theologen. [Aus der „deutschen Wacht."] 8. (28 S.) Duderow 872. (Berlin, E. Beck.) n. — 20

Feiertag, Andr., Blätter eines Waldkirschbaumes. Erzählungen. gr. 8. (189 S.) Wien 888, Konegen. *

Feiertag, Andr. Das Haus Trotzenstein. Eine Erzählg. 8. (200 S.) Wien 889, Konegen. * 2 —

Feiertag, Herm., Beobachtungen üb. die sogenannten Blutplättchen [Blutscheibchen]. gr. 8. (31 S.) Dorpat 883. (Karow.) n. 1. —

Feiertag, Isaac: Ueber die Bildung der Haare. Mit 1 lithogr. Taf. Dorpat 1875. 66 S.
Dorpat, Med. Diss. v. 1875.

Feiertag, Isidor, üb. d. Verhalten d. gesunden u. kranken Magens bezügl. d. Milchsäurebildg. währ. d. Kohlehydratverdauung. Diss. Lex.-8. (71 S.) Jurjew 894. (E. J. Karow.) n. 1. 40

Feiertage, Die musikalischen, in Neuenburg. [Zürich 1829.] V: *Bürkli, Joh. Gg.* (Cat. d. Stadtbibl. Zürich. Zürich 1864—97.)

Feiertagsbeschäftigung. Berl. 1784. V: *Cranz, August Friedrich.* (Ky)

Feiertagsbeschäftigung, (v. A. F. Cranz). 16 Stück. 8. Berl. 784. Maurers B. 8 gr

Feiertagsfrage, Die, für die Katholiken des Kanton St. Gallen. Vorstellungsschrift. St. Gallen 1867. V: *Greith, Carl Johann.* (zuwzür 1912)

Feiertagspredigtbuch. Nürnberg 1770. V: *Schmidbauer, Chn Melchior.* (Ky)

Feiertagspredigtbuch. 4. Nürnb. 770. Ammermüller. 10 gr

Feiertagsturm, der. Ein Weckruf an das katholische Volk. Passau 867. (Elsäßer &) Waldbauer. 16. (62 S.) 3 ngr

Fejérváry, [Imré]. Beiträge zur Herpetologie des Rhônetales und seiner Umgebung von Martigny bis Bouveret, von Baron G. F' jun. Mit einer Tafel und drei Textfiguren. 47 S. 8. Lausanne, Imprimeries Réunies ⟨S. A.⟩ — **Aufdruck:* Genève, Georg & Cie —. 1909. [fr. 2.—]

Fejérváry de Komlós-Keresztes, Géza Baron, kais. u. königl. Feldzeugmeister, königl. ung. Honvédminister 1851—1901. (Von Edm. v. Szalay.) Lex.-8. (VI, 186 S. m. Abbildgn., 10 Portr. u. 1 Tab.) Pressburg 901. (S. Steiner). n.n. 3. 60

Fejes, Johannes

— über die Befugnisse des Staats, die Religionslehrer für die Moralität des Volks verantwortlich zu machen. 8. Pesth 809. Eggenberger. 9 gr

FEJES, Joh. v., Hat sich das männliche oder das weibliche Geschlecht um die Menschheit mehr verdient gemacht? Zum Vortheile des weiblichen beantwortet. Pesth, 1808. bey Jos. Eggenberger. 8°. 48 S. (Bibl. Gerritsen, Amsterdam.)

Fejes, Joa., de lingua, adminiculis et perfectione ejus in genere, et de lingua Hung. in specie. Commentat. hist. pol. placidae Hung. ruminationi dicata, dum linguam Hung. publ. reddere contendunt. 8. Pesth 807. Eggenberger. 5 ℛ

— Matrimonia ad vetusti et hujus temporis ration. exigit etc. Pesth 800. Eggenberger. 4 ℛ

— über das Verhältniß d. französ. Gemeinden zu ihren Religionslehrern. gr. 8. Pesth 804. Kilian. 2 ℛ

Feifalik, Julius

— Über das Bruchstück eines althochdeutschen Gedichtes vom jüngsten Gericht (Muspilli). S. 26. 51 . . . . vgr.
Separatabdruck

Feifalik, Jul., über die Königinhofer **Handschrift**. Wien 860. Gerold in Comm. gr. 8. (128 S.) n. 27 *ngr.*

Feifalik, Jul., altčechische Leiche, Lieder und Sprüche des 14. und 15. Jahrhunderts mit einer Einleitung und Anmerkungen. Lex.-8. (121 S.) Wien 862, (Gerold's Sohn.) *

Feifalik, Jul., des Priesters Wernher Driu Liet von der Maget. Nach einer Wiener Handschrift mit den Lesarten der übrigen. (XXX und 200 S.) Wien, Gerold. 2 fl. 50 kr.

— Studien zur Geschichte der althöhmischen Literatur. I—VII. (Heft.) (Aus den Sitzungsberichten der k. Akad. der Wissensch.) Ebend. 859—61. gr. 8. n. 1 *ℛ* 5 *ngr.*
I. (19 S.) n. 4 *ngr.* — II. (14 S.) n. 2 *ngr.* — III. (36 S.) n. 5 *ngr.* — IV. (16 S.) n. 3 *ngr.* — V. (78 S.) n. 10 *ngr.* — VI. (35 S.) n. 5 *ngr.* — VII. (40 S.) n. 6 *ngr.*

— Untersuchungen über altböhmische Vers- und Reimkunst. (I.) (Aus den Sitzungsber. 1858. der k. Akad. der Wissensch.) Ebend. 859. gr. 8. (18 S.) n. 4 *ngr.*

— — (II.) (Aus den Sitzungsber. 1862 der k. Akad. der Wissensch.) Ebend. 862. gr. 8. (66 S.) n. 9 *ngr.*

— zwei böhmische Volksbücher zur Sage von Reinfrit von Braunschweig. (Aus den Sitzungsber. 1858 der k. Akad. der Wissensch.) Ebend. 859. gr. 8. (17 S.) 3 *ngr.*

— — Nachtrag dazu. (Aus den Sitzungsber. 1859 der k. Akad. der Wissensch.) Ebend. 860. gr. 8. (S. 18—30.) n. 2 *ngr.*

— **Volksschauspiele aus Mähren mit Anh.: 1. Sterndreherlieder, 2. Weihnachtslieder, 3. De sancta Dorothea; Passional, 1495, und einem Nachtrage. 8. (VII und 232 S.) Olmüz 864, Hölzel.** *

Feifalik, Jul., über König Wenzel von Böhmen als deutschen Liederdichter und über die Unechtheit der altböhm. Písně milostná krále Václava I. Zwei literar.-histor. Studien. (Aus d. Sitzungsberichten d. k. Akad. d. W.) Wien 858. Gerold in Comm. gr. 8. (56 S.) n. 8 *ngr.*

Die städtische Arbeitslosenbeschäftigung im Winter 1901/02 in Düsseldorf. (Verf.: Dr. [Johannes] **Feig**. Düsseldorf 1902: L. Voß & Co.) (12 S.) 4°
— **Mitteilungen** z. Statistik d. Stadt Düsseldorf. No 1. (o8. 1832 10

Feig, Johannes, Die Betriebsformen u. Arbeitsverhältnisse in der Berliner Wäsche-Industrie. Schriften d. Ver. f. Soc.-Pol., Bd. 85. gr. 8°. Leipzig 1899.

Feig, Johannes [Referendar aus Berlin]: Die Entwicklung der Berliner Wäschekonfektion ... [Erschien vollst. u. d. T.: Hausgewerbe u. Fabrikbetrieb in d. Berl. Wäsche-Industrie, als Heft 2 d. 14. Bds von: Staats- u. socialwiss. Forsch. hrsg. v. G. Schmoller.] Leipzig, Duncker & Humblot, 1896; 3 Bl., 47 S. 8.
München, Staatswirtsch. Fak., Inaug.-Diss. v. 1896

(**Feig**, [Johs]), Erhebung von Wirtschaftsrechnungen minderbemittelter Familien im Deutschen Reiche. Berlin 1909. 4°.
(Reichs-Arbeitsblatt. Sonderh. 2.)

Die Grundstücks- und Wohnungszählung vom 1. Dezember 1905. Bearb. von Dr. Johannes **Feig**. (Düsseldorf 1907: L. Voss & Cie.) (37, 21 S.) 4°
— **Mitteilungen** z. Statistik d. Stadt Düsseldorf. No 2. (o8. 2024 3

Feig, Johs., Hausgewerbe u. Fabrikbetrieb in d. Berliner Wäsche-Industrie, s.a. **Forschungen, staats- u. socialwissenschaftl.**

Hausgewerbe und Fabrikbetrieb in der Berliner Wäsche-Industrie. Von Dr. Johannes **Feig**. *Leipzig: Duncker & Humblot 1896.* (XI, 149 S.) 8.
— **Forschungen**, Staats- u. Socialwissenschaftliche. Bd 14. H. 2.
(96. 461)

Feig, J., Statistik des Arbeitslohnes und der Lebenshaltung. Mayr-Festschrift, II, 1911.

Feig, Johs., u. Mewes, Wilh., Unsere Wohnungsproduktion und ihre Regelung. 8°. Göttingen, Vandenhoeck u. Ruprecht, 1911. (Die Wohnungsfrage u. d. Reich, Heft 9.)

Feig, Johs., s.: Zentralblatt, deutsches statistisches.

Feig, Maur. Mortier (geb. Strausberg in d. Mark 5. 9. 1833): De eclampsia puerperali. Berolini (1859). (36 S.) 8°
Berlin, Med. Diss. v. 12. Apr. 1859

Feige: Ein Besuch in Borneo, s.a. Missions-Traktate, Rheinische

Feige, e. Besuch in Borneo. Mit Bildern. 8. (48 S.) Barmen 884. Wiemann. n. — 40

Feige: Zwei Brüder, s. Missions-Traktate, Rheinische

Feige, Alfr., das lachende Schlesien. Fröhliche Weisen schles. Dichter. Ein Buch f. Freunde guten Humors. Als Vortragsgedichte gesammelt u. hrsg. 12. (XVII, 202 S.) Breslau 899. Leipzig, R. Lipinski. n. 1.75; geb. 3.—

Feige, Alfr., das lachende Schlesien. Fröhliche Weisen schles. Dichter. Ein Buch f. Freunde guten Humors. Als Vortragsgedichte gesammelt u. hrsg. 2. verb. Aufl. (203 S.) gr. 8. Leipzig (903). R. Lipinski. n. 1.75; geb. n. 3.—

Feige, Arnold

Feige, A., der Rechtsfreund. Gemeinfaßliche Darstellung des Verfahrens in bürgerl. Rechtsstreitigkeiten nach den neuen Justizgesetzen. Nebst zahlreichen Formularen. 1—4. Aufl. 8. (VI, 101 S.) Breslau 879. Kern's Verl. cart. 1.—

Feige, A., der Rechtsfreund. Gemeinfaßliche Darstellung des Verfahrens in bürgerl. Rechtsstreitigkeiten. Nebst zahlreichen Formularen. 5. Aufl. 8. (VI, 101 S.) Breslau 881, Kern's Verlag. cart. *

Feige, A., der Rechtsfreund. Gemeinfaßliche Darstellg. d. Verfahrens in bürgerl. Rechtsstreitigkeiten. Nebst zahlreichen Formularen. 5. Aufl. 8. (VI, 101 S.) Breslau 884. Kern's Verl. cart. n. 1.—

Feige, A., der Rechtsfreund. Gemeinfaßliche Darstellg. des Verfahrens in bürgerl. Rechtsstreitigkeiten, verdeutlicht durch zahlr. Formulare in Gemäßheit d. deutschen Reichsgesetze. 6. Aufl. gr. 8. (114 S.) Breslau 900. J. U. Kern's Verl. n. 1. —

Feige, A., der Rechtsfreund. Gemeinfaßliche Darstellg. d. Verfahrens in bürgerl. Rechtsstreitigkeiten, verdeutlicht durch zahlreiche Formulare in Gemäßheit der deutschen Reichsgesetze. 7. Aufl. (126 S.) 8. Breslau 911. J. U. Kern. Geb. 1. 20

Feige, Benj., die wichtigsten Momente aus dem Leben eines Pharaospielers von ihm selbst beschrieben zu Nutz u. Frommen aller derer, die nicht gern ins Elend gerathen, u. ihr Familienwohl verlieren wollen. gr. 8. Altenburg 845. (Helbig.) n. 1/3 ꝛf

Feige, Benj., der Pharaotisch, das furchtbarste Erndtefest für Tod u. Teufel. Als supplementar. Beweisergänzung auf meine ꝛc. Broschüre: „die wichtigsten Momente aus dem Leben eines Pharaospielers", nachgeliefert. 2. verm. Aufl. gr. 8. (IV u. 62 S., mit 1 Lith.) Altenburg 847. (Leipzig, Rocca.) n. 8 ngr

Feige, Curt, s. Feige, Kurt

Feige, Emilie, drittes Berliner ABC- u. Lese-Buch mit 16 illum. Bildern. Allen artigen und fleißigen Kindern zum Nutzen und Vergnügen gewidmet. 8. Berlin 841, Winckelmann u. Söhne. 1/4 ꝛf

Feige, Emilie, † (Sabina Eberhardt,) Ende gut, Alles gut. Eine Reihe unterhalt. Erzähln. u. merkwürd. Begebenheiten, guten Knaben u. Mädchen v. 8—12 Jahren gewid. M. 8 ill. Bild. 8. (14½ B.) Berlin 841, Winckelmann u. Söhne. Thlr.

Feige, Emilie, † (Sabine Eberhardt.) Festgabe in 12 ill. Bildern mit Text. 8. (1½ B.) Berlin 844, Winckelmann u. Söhne.

—— der kleine Gesellschafter f. freundl. Knaben u. Mädchen v. 5—10 Jahren. gr. 8. (3 B. u. 30 Bl. m. lith. Bign. u. erklär. Gedichten.) Berlin 836, G. Gropius. *

Feige, Emilie, gen. Sabina Eberhardt, Hebe, eine Sammlung von Erzählungen, Gedichten, Räthseln u. Charaden für die Jugend beiderlei Geschlechts. Mit Titelkpfr. br. 8. Berlin 835, Gropius. 1½ ꝛf

— Hebe, eine Sammlung v. Erzählungen, Gedichten, Räthseln u. Charaden für die Jugend beiderlei Geschlechts. Mit 6 illum. Bildern. gr. 8. Ebend. 844. geb. 5/6 ꝛf

—— Kindesfreude in 12 ill. Bildern mit Text. 8. (1½ B.) Berlin 844, Winckelmann u. Söhne.

—— und Gust. Holting, Scherz u. Ernst. Kleine Erzähln. u. Gedichte f. Kinder v. 5—8 Jahren. M. 23 ill. Bild. 16. (5¾ B.) Berlin 841, Winckelmann u. Söhne.

Feige, Gottlob Eduard Ernst [app. Arzt aus Eisleben]: Aus d. patholog. Institute zu Kiel. Ueber die Todesursachen der Säuglinge bis zum 6. Lebensmonate incl. nach d. Protokollen d. Jahre 1886—1895 ... Kiel, Druck v. P. Peters, 1896; 19 S. 8.
Kiel, Med. Fak., Inaug.-Diss. v. [27. März] 1896

Vorschriften über den Handel mit Giften und Arzneimitteln außerhalb der Apotheken im Königreich Preußen. Zum Gebrauch f. Drogenhändler, Kreisärzte u. Polizeibehörden zsgest. von Kreisarzt Dr. [Ernst August Otto] **Feige** in Hoyerswerda. *Leipzig: G. Thieme 1903.* (IV, 80 S.) 8° [03. 7478

Feige, Hermann [Dr. phil. app. Arzt aus Reichenbach i. Schl.]: Aus d. chirurg. Klinik zu Kiel. Zwei Fälle von Erkrankung des Schleimbeutels unter der Achillessehne ... Kiel, Druck v. P. Peters, 1895; 12 S., 1 Bl. 8.
Kiel, Med. Fak., Inaug.-Diss. v. [27. Juni] 1895

Feige, Hermann [aus Ernsdorf i Schlesien]: Die Geschichte des Mâr 'Abhdîšô' und seines Jüngers Mâr Quardagh. Herausgegeben und übersetzt . . . II. Theil: Uebersetzung. Kiel, C. F. Haeseler, 1889; 59 + 1 S. + 1 Bl. 8°
Kiel, Phil. Fak., Inaug.-Diss. v. 23. Nov. 1889

Feige, Herm. Die Geschichte d. Mâr 'Abhdîšô' u. seines Jüngers Mâr Qardagh. Hrsg. u. übers. Lex.-8. (59, 104 S.) Kiel 890, [Haeseler's Verlag.] Eckardt. * 6 —

(B) **Feige,** H., Gesch. d. Mâr-'Abhdîšô. 890. (KBl. 25.) Jetzt: Rixdorf, M. Umlauf.

Feige, Jul., Stilles Leben in Liedern. Stolp 855. Fritsch. 16 (VIII, 151 S.) n. 20 ngr

Feige, Karl Th. Edw., s. a. Anweisung z. Vertilgung des Blüthenwicklers.

Feige, Anweisung zur Vertilg. des Blüthenwicklers. 8. Berl. W. Wiewea. 796.

Feige, Kurt

Feige, Curt, aus Eisleben: Über **Halogen-Doppelsalze** vom fünfwertigen Antimon und eine ihnen zu Grunde liegende Säure. *München 1903: C. Wolf & Sohn.* (31 S.) 8°
München, Phil. Diss. v. 1903

Feige, L., u. C. Marggraff, die Smyrna-Arbeit, s.: Musterbücher f. weibl. Handarbeit.

Unter Winkelmass und Zirkel. Freimaurerische Gedanken in Liedern, Vorträgen und Ansprachen von Max. Feige. Leipzig: Zille [1906]. 87 S. 8°
Recens: BayrBbl. 6 (1905—1906) S. 286; BrL. 23 (1905—1906) S. 80 (F. Holtschmidt); S. 18 (1906) S. 39.
cf. Z. 36 (1905—1906) S. 396 (H. Glücksmann); Bbl. 20 (1906) S. 172 (G. Diercks); L. 29 (1906) S. 112 (P. Fischer); R. 33 (1906) S. 164 (G. Schauerhammer).

Den lieben Schwestern! (Aus meiner Amtszeit als Ceremonienmeister.) 3×3 mr. Tischreden in Dankbarkeit seiner geliebten Loge „Zur Morgenröthe des Höheren Lichtes" im Or. Stolp i. Pomm. gewidmet von Maxim. Feige. [Stolp] 1898. 15 S. 8°
Recens: FZ. 52 (1898) S. 343—344 (K. Pilz).

Feige, Otto [aus Lerchenborn in Schlesien]: Die Puerperalfieberepidemieen in der Charité seit Gusserow bis einschliesslich 1886 mit besonderer Berücksichtigung der Aetiologie . . . . Berlin, gedr. bei L. Schumacher, 1888; 32 S. 8°
Berlin, Med. Fak., Inaug.-Diss. v. 3. März 1888

Feige, Paul, Kirchengeschichtliches üb. Mannheim, s. a. Festgabe f. die 49. Generalversammlung der Katholiken Deutschlands.

Feige, Paul, Kirchengeschichtliches üb. Mannheim. 2. Aufl. (IV, 124 S. m. Abbildgn.) 8. Mannheim 903. J. Gremm. n. — 50

Feige, S. G., de morbo Lazari. Hal. 1733. 4.

Feige, Sam. Gf., († d. 9. Oct. 1788.) s. Beschäftigung in der Einsamkeit.

Feige, Walter, Referendar: Das Lagergeschäft über gestohlene Waren und der Diebstahl am Lagerschein. Berlin 1910: Pflaume & Roth. 49 S. 8°
Jena, Jur. Diss. v. 9. Aug. 1910, Ref. Fehr
[Geb. 20. Dez. 85 Berlin; Wohnort: Berlin; Staatsangeh.: Preußen; Vorbildung: Gymn. Dramburg Reife M. 06; Studium: Berlin 1, München 2, Berlin 3 S.; Rig. 19. Juli 10.] [U 10. 2235

Feige - Lafitte, E. s. a. L a f i t t e, E.

Feige-Lafitte, E., Choix de morceaux en prose et en vers, tirés des meilleurs écrivains français. gr. in-8. Dresde et Leipsic 834. Arnold. $^{5}/_{8}$ ℛ

Feigel, Mörder, zu Nürnberg. Frankf. u. Leipz. [Nürnberg] 1788. V: *Dorn, Johann Lorenz.* (ML)

Feigel, August, Rechtspraktikant aus Ansbach: Die Auflage nach dem bürgerlichen Gesetzbuche. *Ansbach 1898: C. Brügel & Sohn.* (61 S.) 8°
Erlangen, Jur. Diss. v. 4. Juni 1898

Feigel, A., Kaiserbüchlein. [Ein Anhang zu jedem Lesebuche.] 8. (16 S.) Waldenburg i/Schl. 888. Drobnig. n. — 10

Feigel, Aug., Kaiserbüchlein. Erzählungen aus dem Leben Kaiser Wilhelms II. u. der Kaiserin Auguste Viktoria, nebst e. Auswahl patriot. Gedichte. 2. Aufl. 8. (16 S. m. 2 Portr.) Breslau 891. F. Goerlich's Verl. — 15

Feigel, August, a. Bensheim: Die Stiftskirche zu Wimpfen und ihr Skulpturenschmuck. Halle a. S. 1907. (93 S.) 8°
Halle, Phil. Fak., Ref. Goldschmidt, Diss. v. 25. Sept. 1907
[Geb. 2. März 80 Bensheim a. Bergstr.; Wohnort: Halle a. S.; Staatsangeh.: Baden; Vorbildung: Gymn. Bensheim Reife O. 99; Studium: Berlin 4, Halle 3 S.; Rig. 2. März 07.]

— Tafel der vaterländischen Gedenktage. Plakat mit 7 eingedr. Holzschn.-Bildnissen. gr. Fol. Breslau 890. Goerlich. — 15

Feigel's, A., Tafel der vaterländ. Gedenktage. 3. Aufl. gr. Fol. (M. 5 Bildn.) Breslau 895. F. Goerlich. n. — 25

Feigel's, A., Tafel der vaterländischen Gedenktage. 4. Aufl. (Mit 5 Bildn.) gr. Fol. Breslau (900). F. Goerlich. n. — 25

— Tafel der vaterländischen Geschichte. 2. Aufl. Fol. (Mit 7 Bildnissen.) Ebd. 892. — 25

Feigel, F.* F e u e r b e s t a t t u n g und R e l i g i o n. Vortrag in Duisburg. 13. V. 1907. Bonn. Carl Georgi. 1907.

Feigel, Frdr. Karl, der Einfluss des Weissagungsbeweises u. anderer Motive auf die Leidensgeschichte. Ein Beitrag zur Evangelienkritik. (VIII, 122 S.) gr. 8. Tübingen 910. J. C. B. Mohr. 3. 60

Feigel, Friedr(ich), K(arl), cand. min. Oberlehrer am Realgymn. Duisburg a. Rh.: Charles Renouvier's Philosophie der praktischen Vernunft kritisch beleuchtet. Wittenberg 1905: Herrosé & Ziemsen. (63 S.) 8°
Leipzig, Phil. Fak., Ref. Heinze u. Wundt, Diss. v. 14. März 1905
[Geb. 24. Nov. 75 Altenkirchen, Rheinpfalz; Wohnort: Duisburg; Staatsangeh.: Preußen; Vorbildung: Gymn. Zweibrücken Reife Juli 92; Studium: München 2, Halle 3, Tübingen 1, Halle 2 S.; Rig. 10. Febr. 05].

Feigel, Heinrich, a. Ansbach: Verhalten von Schwermetallverbindungen gegen Polysulfide und Chlorschwefel. Erlangen 1905: E. Th. Jacob. (39 S.) 8°
München, Phil. Fak., Ref. v. Baeyer, Diss. v. 28. Nov. 1905
[Geb. 8. Aug. 77 Ansbach; Wohnort: Ansbach; Staatsangeh.: Bayern; Vorbildung: Gymn. Ansbach Juli 94 mit Berecht. z. Einj.-Freiw.; Studium: München 9 S.; Rig. 28. Nov. 05.]

Feigel, Joh. Thdr. Ant.

Feigel, J. Th. A., umfassende Abbildungen aus d. Geburtshülfe. ½ Imp.-Fol. (45 lith. Bl. u. 12½ B. Text, in 8.) Würzburg 841. (Leipzig, Fr. Fleischer.) *

Feigel, J. Th. A., chirurg. Bilder. I—XII. Collection. Roy.-Fol. (60 Stnt. u. 36 B. Text. in gr. 8.) Leipzig 845, 46, Fr. Fleischer. **

Feigel, Joh. Thdr. Ant., chirurgische Bilder zur Instrumenten- und Operationslehre auf 83 Steintaf. gez. u. mit erklärendem Texte versehen. Nach des Verf. Tode vollendet von T e x t o r, d. j. 2. unveränd. (Titel-) Ausg. (In 5 Liefgn.) Stuttgart (850) 856. Ed. Hallberger. gr. 8. (XXIV, 999 S. u. 83 lith. Taf. in gr. Fol.) 15 ℛ

Feigel, Joh. Thdr. Ant., chirurgische Bilder zur Operations- und Instrumenten-Lehre mit erklärendem Texte. (83 Stnt. theils in Tondr., theils ill. in Imp.-Fol. und Text: 999 S. in gr. 8.) Würzburg 850, (Stahel'sche Buchh.) *

Feigel, J. Th. A., vollständ. Handbuch der Anatomie auf ihrem jetzigen Standpunkte u. umfassende Abbildd. auf Stein. Nebst Anhang, enthalt. die Erklärung der Abbildd. (Mit 1 Atlas mit 56 Taf.) gr. 8. Würzburg 837. Verfasser. n. 33⅓ ℛ

Feigel, J. Th. A., vollständ. Handbuch der Anatomie auf ihrem jetzigen Standpunkte u. umfassende Abbild. auf Stein. Nebst Anhang. gr. 8. (1 Atlas mit 56 Taf.) Würzburg 837. (Leipzig, Fr. Fleischer.) Ist d. Pr. nur n. $24^{5}/_{6}$ ℛ

—— vollständiges Handbuch der Anatomie auf ihrem jetzigen Standpunkte und umfassende Abbildungen auf Stein. Verfasst und gezeichnet. Mit Anhang, enth. die Erklärung der Abbildungen. 8. (XVI und 800 S. nebst Anhang VII und 355 S. mit 64 theils ill. Stnt. in Imp.-Fol.) Würzburg 837 —50, (Stahel'sche Buchh.) Ausg. A. *
Ausg. B. *

Feigel, Karl Roman, üb. die Erziehung d. Mannes. Eine Studie. gr. 8. (III, 176 S.) Wien 884. (Seidel & Sohn.) n. 2. 80

Feigel, Theodor: Vom Wesen der Anakreontik und ihrem Verlauf im Halberstädtischen Dichterkreis mit besonderer Berücksichtigung Klamer Schmidts. Cassel 1909: Trömner. XV, 137 S. 8°
Marburg, Phil. Diss. v. 9. Nov. 1909, Ref. Elster
[Geb. 16. Nov. 84 Walsheim, Pfalz; Wohnort: Pirmasens; Staatsangeh.: Bayern; Vorbildung: Gymn. Zweibrücken Reife M. 03; Studium: München 3, Bonn 1, Berlin 1, Marburg 6 S.; Rig. 27. Febr. 09.] [U 10. 3352

Feigell, (Theod. Guil.) Aemil. (geb. Fürstenberg a. O. 10. 5. 1822): De menstruatione. Berolini (1847). (31 S.) 8°
Berlin, Med. Diss. v. 23. März 1847

Feigell, Willy (Hrsg.), s. B e z i r k s - B a u - O r d n u n g, Die, für den Regierungsbezirk Minden …

Die Entwickelung des Königlichen Polizei-Präsidiums zu Berlin in der Zeit von 1809 bis 1909. Aus Anlass d. hundertjähr. Wiederkehr d. Gründungstages d. Behörde z. 25. März 1909 auf Grund amtl. Materials zsgest. von Reg.R. [Willy] **Feigell.** (Berlin 1909: Sittenfeld.) 52 S. 4° [illegible]

Feigell, W., die Polizei-Verordnungen u. sonstigen landespolizeilichen Strafvorschriften im Reg.-Bez. Minden, nach dem Stande vom 1. I. 1900, im amtl. Auftrage hrsg. gr. 8. (VIII, 444 S.) Minden 900. W. Köhler. Geb. in Leinw. n.n. 7. 50

Feigen, Heinrich, Medizinalpraktikant a. Ems: Aus d. med. Univ.-Klinik in Bonn. Die Bacterien-Menge des Dünndarms und ihre Beeinflussung durch Antiseptica. Bonn 1908: S. Foppen. (59 S.) 8°
Bonn, Med. Fak., Ref. Schultze, Diss. v. 5. Juni 1908
[Geb. 27. März 80 Oberlahnstein; Wohnort: Ems; Staatsangeh.: Preußen; Vorbildung: Gymn. Coblenz Reife O. 99; Studium: Bonn 2, München 2, Bonn 6 S.; Coll. 8. Mai 08; Approb. 23. Mai 08.]

Feigenbaum, J., s.: A b w e i c h u n g e n d. gedruckten Textes der Jad Hächasaka v. e. Handschrift aus Anfang d. XIV. Jahrh.

Feigenbaum, R., Die sozialistische Bewegung in Russland und dortige Jiden. A. Propagandabroschüre extrageschrieben zu vertheilen zwischen die jidische Arbeiter in Russland im Allgemeinen und in Russisch-Polen besunders. (In hebräischen Lettern.) 8⁰. New York, Druck von H. Wohl, 1896.

— Einleitung. Wie kommt ein Jude zum Sozialismus? 8⁰. London 1889; Volksbibliothek in jüdisch-deutscher Sprache, hrsg. von den Vereinigten Gruppen der „Ritter der Freiheit" in England und Amerika.

— Das Gesetz der Entwickelung. 8⁰. London, The People's Library, United Groups „Knights of Liberty" of England and America, 1890.

— Woher stammt der Mensch? 8⁰. London, The People's Library, „Knights of Liberty", 1889.

Feigenberg, Berko, a. Wilna (Rußland): Eine neue Trennungsmethode des Lithiums von anderen Alkalimetallen. (Berlin 1905: E. Ebering.) (49 S.) 8°
Berlin, Phil. Fak., Ref. Landolt, Fischer, Diss. v. 18. Febr. 1905
[Geb. 30. Aug. 80 Wilna; Heimatsort: Wilna; Staatsangeh.: Rußland; Vorbildung: Realschule Wilna Reife Juni 97; Studium: Berlin 9, Karlsruhe T.H. 3 S.; Rig. 9. Febr. 05.]

Feigenblaetter. Scenen aus dem Labyrinth der Liebe. O. O. u. J. [1802]. V: *Rehkopf, Carl Wilh.* (BGF VIII³, 368)

Feigenblättern, Unter den

UNTER den Feigenblättern. Liebesabenteuer aus allen Kreisen. Hamburg, o. J. (187*). 8⁰. (75 Pfg. Gust. Klötzsch, Lpz., 1885.)

Feigenbutz, Leop., der Kraichgau u. seine Orte. Eine geschichtl. Abhandlung, verbunden m. der 2. Aufl. Sam. Frdr. Sauters alten Nachrichten von Flehingen. 8. (XXVII, 407 S.) Bretten 878. (Bruchsal, Kapff.) n. 4. —

Geschichte der Roller'schen Stenographie umfassend d. ersten 25 Jahre 1875–1900 auf Grund authent. Quellen bearb. von **Bruno Feigenspan.** Hrsg. vom Hauptverb. Roller'scher Stenographen. *Berlin: H. Roller (1900).* (71 S.) 8° [ot. 3606]

Feigenspan, Bruno, Geschichte der Roller'schen Stenographie, umfassend die ersten 25 Jahre 1875—1900, auf Grund authent. Quellen bearb. Hrsg. vom Hauptverbande Roller'scher Stenographen. gr. 8. (71 S.) Berlin (900). (Leipzig, Schäfer & Schönfelder). n. 1.—

Feigenspan, Jh. Chr., Anleitung zu einer leichten u. gründl. Erlernung der deutschen Rechtschreibung. 8. Halle 836. Waisenhaus-Buchh. 5/12 ₰

— drei Predigten. 8. Suhl 836. (Halle, Kümmel.) 1/6 ₰

Feigenwinter, E., Die Behandlung der Ausländer im Haftpflicht- u. Versicherungsrecht. Bericht, der 3. Delegiertenversammlg. der internationalen Vereinigg. f. gesetzl. Arbeiterschutz erstattet. (44 S.) 8. Basel '04. Zürich, Buchh. des schweiz. Grütlivereins. —. 60.

Feigenwinter, E., die Behandlung der Ausländer im Haftpflicht- u. Versicherungsrecht. Bericht, der 3. Delegiertenversammlg. der internationalen Vereinigg. f. gesetzl. Arbeiterschutz erstattet. (44 S.) 8. Basel 904. (Freiburg [Schweiz], Universitäts-Buchh.) n.n. — 40
Sonderabdruck aus: „Monatsschr. f. christl. Sozialreform".

Feigenwinter, Ernst, Darstellung u. Kritik der bundesrechtlichen Praxis in Konkursfällen, wo der Fallit Domizil in mehreren Kantonen hat. Von dem schweizer. Juristenverein gekrönte Preisschrift. gr. 8. (88 S.) Basel 880. Schwabe. n. 1. 60

Feigenwinter, E[rnst]. Die Stellung der Katholiken Basels zur Kirchenfrage. Rede, gehalten von Herrn Dr. E. F. in der Katholiken-Versammlung vom 24. März (1909) in der Burgvogtei. II + 21 S. 8. Basel, Buchdr. Basler Volksblatt, 1909. [fr. —. 30]

Feigenwinter, N. Birseck. Staats- und Kirchenrecht mit historischen und statistischen Beilagen. Gesammelt von *N. Feigenwinter,* Fürsprech in Arlesheim, gewesener birseckischer Aktuar. In-8⁰, 192 S. Liestal, Commissionsverlag von Gebr. Lüdin. 1887. 1 50

Feigerle, Ign., Historia vitae Sanctor. Thomae a Villanova, Thomae Aquinatis et Laurentii Justiniani, in us. cleri proposita. 8maj. (30 B.) Viennae 839, Wimmer.

Feigerle, Ign., der geistige Kampf, dargestellt in Predigten. gr. 8. (VIII u. 186 S.) Wien 850, Braumüller in Comm. n. 2/3 ₰

— Predigt, gehalten in der Kapelle zum heil. Joseph, dem Schutzpatrone des hierortigen Handlungs-Kranken-Institutes. (Mit 1 Stahlstich.) gr. 8. Wien 837. (Mechitaristen-Congregat.-Buchh.) 1/4 ₰

— Predigt, gehalt. in d. Kapelle zum heil. Joseph, dem Schutzpatrone d. hierort. Handlungs-Kranken-Institutes, am Pfingstmontage, d. 15. Mai 1837, als Patronats-Feste desselben. gr. 8. (2 B. u. 1 Stahlst.) Wien 838, (Mechitaristen-Congreg.-Buchh.)

— Predigt, gehalten in der Kirche der Versammlung des allerheil. Erlösers am Feste des sel. Alphons Maria von Liguori. gr. 8. Wien 833. Mechitaristen-Congregat.-Buchh. 1/8 ₰

— Predigt, gehalt. in d. Kirche d. Versamml. d. allerheil. Erlösers, am 12. Sonnt. nach Pfingsten, 6. Aug. 1837, als am Feste d. sel. Alph. Maria v. Liguori. gr. 8. (1⅓ B.) Wien 838, (Mechitaristen-Congreg.-Buchh.)

Feigerle, Ignaz, Predigten über die heil. Messe. Neue (Titel-) Ausg. gr. 8. (VII und 198 S.) Wien (844)61, Braumüller's Verlags-Conto. *

Feigin, Pinchas, a. Ackerman (Bessarabien): Ueber die Hippursäure-Ausscheidung beim hungernden Menschen. Berlin (1906): E. Ebering. (33 S.) 8°
Berlin, Med. Fak., Ref. Kraus, Diss. v. 28. Juli 1906
[Geb. 28. Jan. 82 Ackerman; Wohnort: Ackerman; Staatsangeh.: Rußland; Vorbildung: Richelieu-Gymn. Odessa Reife O. 01; Studium: Berlin 3, Zürich 1, Berlin 6 S.; Rig. 25. Juli 06.]

Feigl Anton: Die Stellung der Satzglieder des Vollsatzes in Notkers „Martianus Capella".
1901 PN 1445 Diss. Wien, Univ

Feigl, Ernst, unselige Seligkeiten. Novellen. (Umschlag u. Einbd. zeichnete J. Tom.) (124 S.) 8. Stuttgart (909). Berlin-Charlottenburg, A. Juncker's Verl. 2. —

Feigl Friedrich: Die Stellung der Satzglieder des Vollsatzes in Notkers Marcianus Capella. 89. 96. Melk 04. 05.
Progr.

Feigl, Hans

— s. 1) Archiv d. Hornviehseuche, 2) Fr. Hildebrandt, Krankheitslehre.

Feigl, Hans, s.: Lassalle, Ferd., Reden u. Schriften.

Feigl, Hans, das Markenschutzgesetz vom 6. Jänner 1890, Nr. 19 R. G. Bl., f. die Bedürfnisse der Praxis bearb. 12. (VII, 117 S.) Wien 894. Manz. n. 1. 80

Feigl, Johann, a. Hamburg: Über neue Verbindungen von Aminosäuren und Ammoniak. (Berlin 1907: G. Schade.) (52 S.) 8°
Berlin, Phil. Fak., Ref. Gabriel, Diss. v. 21. Dez. 1907
[Geb. 31. Mai 83 Hamburg; Wohnort: Berlin; Staatsangeh.: Hamburg; Vorbildung: Realgymn. d. Johanneums Hamburg Reife O. 02; Studium: Freiburg i. B. 2, Göttingen 1, Kiel 2, Berlin 4 S.; Rig. 21. Nov. 07.]

Feigl, Leo, vom Lieben u. Sterben. Skizzen. (135 S.) 8. Straßburg 904. J. Singer. n. 2. 50

Feigl, Vict., der Triumph der Maschinen-Technik. Festspiel m. Musik, Gesang u. Huldigungsbild f. Ingenieur- u. Maschinenfach-Vereiniggn. 2. Aufl. (24 S. m. Bildnis.) 8. Cassel (908). (A. Freyschmidt.) 5.—; m. Rollenexemplaren u. Aufführungsrecht 10. —

Feigl, Vict., die Weihe der Technik. Festspiel. (22 S.) gr. 8. Kassel (903). (G. Dufayel.) n. 1. —

Die Weihe der Technik. Festspiel von Victor Feigl. *Cassel: Techniker-Ver. [1903].* (22 S.) 8° [F.]

Feigl, Edler v. Feigelfeldt, Jos. Jh., († d. 13. Apr. 1784) institutiones juris Boëmici. P. I. 8. Prag 765.

— observationes theoretico-practicae super processu summario plurimum juri Boëmico adaptatae. 8. Prag 754.

— öffentl. Vorles, über d. k. Böhm. Staatsrechte, neue Landesordnung, Novellen &c. 4. Prag 770.

Feigler, F., Plan der Stadt Preßburg. 10. Aufl.
Pressburg: Steiner 1908. in Umschlag K —.60

Feigler, Frz., das Rettungshaus. Eine Anstalt zur Besserung sittlich-verwahrloster Jugend im Alter von 10—17 Jahren. gr. 8. (25 S.) Preßburg 884, (Stampfel.) *

Feigler, Johann Gottfried (Strassburg), Numerus liberorum a tutela hodie non excusans. Spec. jur. Präs. Johann Martin Silberrad. Strassburg (Melch. Pauschinger) 22. VI. 1746. 32 S. (5.20) 8646

— — De limitata imperatoris potestate in concedendis expectativis in feuda imperii majora. Diss. jur. Strassburg (Melch. Pauschinger) 13. VIII. 1750. 40 S., tlws. dtsch. (5.20) 8647

— — Dasselbe. 1753. 54 S. (5.—) 8648

v. Feignet, J. G. W., gründl. Gedanken von einer wahren Verbesserung der modern. Fortification. 4. Kopenh. 771. Proft. (Brummer). 10 gl.

Feigs, Anton: Die Begriffe der Existenz, Substanz und Kausalität bei Hume. *Waldenburg i. Schl. 1904: F. Domel's Erben.* (62 S.) 8°
München, Phil. Diss. v. 1904

Feihl F.: Beobachtungen üb. die belgische Feldwirthschaft, gesammelt während einem zweijährigen Aufenthalte in Westflandern. Stuttg. u. Tübing. 1826. 195 S. 5 Tvl.
(Landw. Mittheilungen. Herausg. v. J. N. v. Schwerz. Bdch. 1).

Feihl, Fr., Beobachtt. über die belgische Landwirthschaft, s. Mittheilungen, landwirthschaftliche, 16 Heft.

Feil, August [app. Arzt aus Speyer]: Fieberversuche an Kaltblütern ... Jena, Univ.-Buchdr. G. Neuenhahn, 1895; 38 S. 8.
Jena, Med. Fak., Inaug.-Diss. v. [27. Nov.] 1895

Feil, F., Das Eigentum an öffentlichen Gewässern in der Wassergesetzgebung speziell in der bayerischen vom 23. März 1907. Diss.
Speyer, 1910. 106 S.

Feil, Georg Heinrich (Hamburg), De jure adcrescendi vendita hereditate penes venditorem remanente. Diss. jur. Götting. (J. Ch. Dieterich) 13. IV. 1784. 28 S. (4.80) 8649

Feil, J., Versuche zur Gründung einer Akademie der Wissenschaften, s. Jahrbuch für vaterländ. Geschichte.

Feil, Jgn., die Bestimmungen der Jurisdictionsnorm, [74. St. d. Reichs-Gesetz-Blattes] kundgemacht m. kaiserl. Patente vom 18. Juni 1850; alphabetisch zusammengestellt. Mit tabellar. Uebersichten (auf 2 B. in gr. Fol.) von C. W. 8. (IV u. 52 S.) Olmütz 850, Hölzel. 12 ngl.

Feil, Jos. Kaiser Ferdinands I. Einzug in Wien 14. April 1558. 8. (8 Blätter). Wien, K. Ueberreuter, 1853.

Vischer. — Feil, Josef. Über das Leben und Wirken des Geographen Georg Mathias ..... Separatabzug aus dem II. Bd. der „Berichte und Mittheilungen des Alterthums-Vereines zu Wien." (Mit 1 Porträt.) 4. Wien 1857.

Feil, Josef — Friedrich Otto Edl. v. Leber. Von — —. Druck von A. Pichlers Witwe & Sohn. (14 S. 4.) Geboren zu Wien 1803, gestorben daselbst 1846.

Feil, Josef — Miszellen. A. Inschriften auf Denkmälern im Viertel unter dem Wienerwald. Mit einer genealogischen Uebersicht des Geschlechtes der Thonradl. Von — —. Druck von Anton Pichlers Witwe und Sohn. (29 S. 4.) 1856.

Feil, Josef. Die Schweden in Oesterreich 1645—1646. Ein Beitrag zur Geschichte des dreissigjährigen Krieges. 4. Wien 1849.

Feil, Jos., Wiens Umgebungen. s. Ad. Schmidl.

Feil, K., Arbeiter-Wohnungen, s.: Böklen, R.

Feil, Mor., üb. Euler'sche Polyeder. Lex.-8. (30 S.) Wien 886. (Gerold's Sohn.) n.n. — 50

Feil, Mor., über Euler'sche Polyeder. Lex.-8. (30 S.) Wien 886. (Tempsky.) **
Aus: Sitzungsberichte der k. Akademie der Wissenschaften, besonders abgedruckt.

Feiland, s.: Einteilung u. Standorte der kaiserl. deutschen Marine.

— s.: Reichsheer, das deutsche, u. die kaiserl. Marine.

Feilberg, Ludw., zur Kultur der Seele. Beiträge zu e. prakt. Psychologie. Autoris. Uebersetzg. Aus dem Dän. v. Herm. Kiy. (174 S.) 8. Jena 906. E. Diederichs. n. 4. 50; geb. n. 5. 50

Feilbogen, Benjamin: *Die Schöpfung aus Nichts [hebr.] brij'atješ mé'ajin geschichtlich dargestellt und sprachlich erläutert. 39 gez. Bl. 4°
Halle-Wittenberg, Phil. Diss. v. 2. Sept. 1852
Geb. [Kanitz (Mähren) 14. 10. 1824]

Feilbogen, Jos., d. Elemente d. Buchführung, an zahlr. prakt. Fällen (m. bes. Rücksicht auf d. Selbstuntorr.) leichtfassl. dargest. M. üb. 100 Rastren u. Formularen. 2 Tle. 8. (182 S.) Wien 897. M. Perles. à n. 1. —

Feilbogen, M., Studie üb. die Wiener Stadtbahn, unter Berücksicht. der concessionirten Wiener Gürtelbahn d. Wienfluss-Regulirungs- u. Stadtbahn-Projects d. Stadtbauamtes. Mit 1 (lith.) Situationsplan u. 4 (lith.) Taf. gr. 4. (13 S.) Wien 883. Spielhagen & Schurich. n. 1. —

Feilbogen, M. B., Baum des Lebens. Religions-Büchlein für die unteren Klassen der Volks-Schulen. Wien 868. Herzfeld & Bauer. 16. (26 S.) n. 2 ngr.

Feilbogen, M. B., Baum des Lebens. Religions-Büchlein für die unteren Klassen der Volks-Schulen. 16. (26 S.) Wien 869, Herzfeld und Bauer. [Brüder Winter.] *

Feilbogen, Siegm., Alkoholmonopol u. Spiritusexport. (18 S.) gr. 8. Wien 905. Verlag des österr. Handelsmuseums. n. — 60
Sonderabdruck aus: „Jahrb. d. Export-Akad. d. österr. Handels-Museums".

Feilbogen Dr. Siegmund: Die Nationalökonomie als Unterrichtsgegenstand an den österr. Handelslehranstalten. 61. Wien. Export Ak. 02. Progr.

Feilbogen Siegmund Dr.: Sir Robert Peel.
1882 PN 249 Diss. Wien, Univ.

Feilbogen, Sigm., unsere Rechtsstudien. gr. 8. (VII, 56 S.) Wien 887, Daberkow. *

Feilbogen, Siegm., Smith u. Turgot. Ein Beitrag zur Geschichte u. Theorie der Nationalökonomie. gr. 8. (X, 170 S.) Wien 892. A. Hölder. n. 3. 50

Feilbogen Dr. Siegmund: Werdegang der Akademie. 90. Wien Export Ak. 99. Progr.

Feilchenfeld, Alkoholgenuss b. Kindern, s.: Veröffentlichungen d. Vereins f. gesundheitsgem. Erziehg. d. Jugend.

Feilchenfeld, Alfredus [Duesseldorpiensis]: De Vergilii Bucolicon temporibus.... Lipsiae, impr. Metzger & Wittig, 1886; 48 S. + 1 Bl. 8°.
Leipzig, Phil. Fak., Inaug. Diss. v. 11. Okt. 1886.

Feilchenfeld, Alfr., de Vergilii Bucolicon temporibus. Dissertatio inauguralis philologica. gr. 8. (48 S.) Lipsiae 886. (Berlin, Mayer und Müller.) *

Feilchenfeld, F., Anleitung zum jüdischen Religionsunterricht. Für Schule u. Haus. gr. 8. (VIII, 84 S.) Breslau 881. Koebner. n. 1. 50

Feilchenfeld, F., kurzgefaßtes Lehrbuch der jüdischen Religion f. Schule u. Haus. 8. (III, 67 S.) Rostock 889. C. Meyer's Verl. geb. n. 1. —

Feilchenfeld, F., kurzgef. Lehrbuch d. jüd. Religion f. Schule u. Haus. 2., verm. Aufl. 8. (VIII, 101 S.) Berlin 895. N. M. Spaeth. Kart. n. 1. —

Feilchenfeld, F., kurz gefaßtes Lehrbuch der jüdischen Religion f. Schule u. Haus. 3. verm. Aufl. 8. (VIII, 114 S.) Frankfurt a/M. 900. J. Kauffmann. Kart. n. 1. —

—— Trauerrede zum Gedächtniß unsres hochseligen Großherzogs Friedrich Franz II. Geh. in der Synagoge zu Schwerin 22. April 1883. 8. (10 S.) Schwerin 883, Schmiedekampf. *

Feilchenfeld, F. W., die Meisterwerke der Baukunst in Portugal. Nach photograph. Aufnahmen hrsg. I. Das Kloster „Dos Jeronymos" zu Belem. 30 Taf. in Lichtdr. (8 S. Text.) 43,5×31,5 cm. Wien 908. C. W. Stern. In Mappe 30. —

(**Feilchenfeld,** Gabrielus Fabianus): *De Baconis Lockiique doctrinarum cohaerentia et necessitudine. 25 Bl. 2°
Halle-Wittenberg, Phil. Diss. v. 24. April 1856
Geb. Schlichtingsheim (Kr. Fraustadt, Posen) 1. 7. 1828. V.
Verf. erlebte die Diplomerneuerung 1906 als Landesrabbiner in Schwerin i. M.

Feilchenfeld, Hugo [app. Arzt aus Schwerin i./M.]: Aus d. Kgl. Augenklinik zu Kiel. Beitrag zur Kasuistik der Atrophia nervi optici ... Kiel, Druck v. P. Peters, 1896; 20 S., 2 Bl. 8.
Kiel, Med. Fak., Inaug.-Diss. v. [21. Apr.] 1896

Feilchenfeld, Hugo, d. Heilwert der Brille, s. a: **Sammlung zwangloser Abhandlungen aus dem Gebiete der Augenheilkunde. IV. 4. 5.**

Der Heilwert der Brille. Von Hugo **Feilchenfeld.** *Halle a. S.: C. Marhold 1901.* (78 S.) 8°
— Sammlung zwangloser Abhandlungen aus d. Geb. d. Augenheilkunde. Bd 4, H. 4. 5. [01. 8869 3

Feilchenfeld, Hugo [aus Berlin]: Über die sogenannte Tuberculosis verrucosa cutis. . . . Berlin, Buchdr. v. Gustav Schade (Otto Francke) (1889); 30 S. + 1 Bl. 8°
Berlin, Med. Fak., Inaug.-Diss. v. 12. März 1889

Feilchenfeld, Jos., e. einleitender Beitrag zum garib-al-kur'ân, nebst e. Probe aus dem Lexikon d. Segestâni. Diss. gr. 8. (29 S.) Wien 892. (Breslau, W. Koebner.) n. 1. 50

Feilchenfeld, Josef, approb. Arzt aus Frankfurt a. d. O.: Beiträge zur Statistik und Casuistik des Carcinoma. Aus d. pathol.-anat. Anstalt d. städt. Krankenhauses am Urban zu Berlin (Prof. Dr. C. Benda). *Berlin (1901): E. Ebering.* (70 S.) 8°
Leipzig, Med. Diss. v. (24. Mai) 1901

Feilchenfeld, Leop., s.: **Aufgaben, die wichtigsten, f. die erste Behandlung der versicherten Verletzten.**

Feilchenfeld, Leop. (geb. Culm 24. 6. 1861): Ueber die verschiedenen Formen chronischer Anaemie und Cachexie. Berlin (1883). (33 S.) 8°
Berlin, Med. Diss. v. 31. Juli 1883

Feilchenfeld, Leop., für den prakt. Arzt wichtige Fragen aus der Lebensversicherung, s. a. **Bibliothek, mod. ärztliche. 20. Hft.**

Für den praktischen Arzt wichtige Fragen aus der Lebensversicherung von Leopold **Feilchenfeld.** Berlin: L. Simion Nf. 1905. (42 S.) 8°
— **Bibliothek,** Moderne ärztliche. H. 20. [05. 6817

[F.] Hygiene des täglichen Lebens. In 16 populär geh. Vortr. v. Dr. L[eop.] Feilchenfeld ... *Berlin: Thormann & Goetsch 1895.* (Erschien zuerst in d. 'Dtsch. Kaufmänn. Wochenschr.') (47 S.) 1 Bd 8. [95. 6379

Feilchenfeld, Leop., Leitfaden d. ärztlichen Versicherungspraxis. Kurz gefasste Darstellg. der wichtigsten Fragen aus der vertrauensärztl. Thätigkeit bei den „Versicherungs-Gesellschaften f. Leben u. Unfall". 8. (IX, 131 S.) Wien 903. Urban & Schwarzenberg. Geb. in Leinw. n. 3. —

•— Unfall-Versicherungsmedizin im Versicherungslexikon nebst Ergänzungsband von *Manes.* Tübingen 1909 und 1913.

Feilchenfeld, Ludwig: Rabbi Josel von Rosheim. Ein Beitrag zur Geschichte der Juden in Deutschland im Reformationszeitalter. *Strassburg: J. H. E. Heitz 1898.* (IV, 211 S.) 8°
Strassburg, Phil. Diss. v. 1897

Feilchenfeld, Wilhelm

Feilchenfeld, W., der Arzt in der Schule, s.: **Sammlung klinischer Vorträge.**

Feilchenfeld, Wilh., Gesundheitspflege des Auges nebst Ratgeber zur Berufswahl f. Augenleidende. Mit 5 Orig.-Zeichngn. im Text. (79 S.) gr. 8. Berlin 903. E. Staude. n. 1. 20

Feilchenfeld, Wilhelm [aus Culm, Westpr.]: Ueber das Oertelsche Heilverfahren bei Circulationsstörungen mittelst Flüssigkeitsentziehung.... Berlin, Druck v. Albert Jacoby (1886); 27 + 2 S. 8°.
Berlin, Med. Fak., Inaug.-Diss. v. 15. März 1886.

Feilchenfeld, Wilhelm, über das Oertelsche Heilverfahren bei Circulationsstörungen mittelst Flüssigkeitsentziehung. Diss. Berlin 1886, Mayer & Müller. 8°. 27 S.

— s.: Wohlfahrtseinrichtungen, die, f. jüdische Hilfsbedürftige in Berlin u. Vororten.

Feilchenfeld, Wilh., jüdische Wohlfahrtspflege in Berlin. Vortrag, geh. am 14. XII. 1908 vor den vereinigten Berliner Logen U. O. B. B. (Beilage zum Bericht der Grossloge f. Deutschland U. O. B. B.) (8 S.) Lex. 8. Berlin 909. (M. Poppelauer.) — 50

Feilchenfeld, Wolf

Feilchenfeld, Wolf

Feilchenfeld, W., die jüdischen Gegner der Heimkehr u. d. Tempelbaus unter Cyrus. Eine exeget. Studie über Josaias Kap. 65 u. 66. [Aus: „Jubelschrift für Dr. Hildesheimer".] gr. 8. (36 S.) Frankfurt a/M. 890. (Kauffmann.) n. 1.20

Feilchenfeld, W., das Hohelied, inhaltlich u. sprachlich erläutert. gr. 8. (V, 81 S.) Breslau 893. W. Koebner. n. 3. —

Feilchenfeld, W., systematisches Lehrbuch der israelitischen Religion für die reifere Schuljugend. Berlin 867. Gerschel. gr. 8. (XVI, 142 S.) n. 12 ngr.

Feilchenfeld, W., systematisches Lehrbuch der israelitischen Religion f. die reifere Schuljugend in Religionsschulen u. höheren Lehranstalten. 2., verm. Aufl. 8. (XVI, 156 S.) Posen 878. Merzbach. n. 1. 30

— systematisches Lehrbuch der israelitischen Religion, f. die reifere Schuljugend in Religionsschulen u. höheren Lehranstalten bearb. 3., verb. Aufl. 8. (XVI, 161 S.) Ebd. 891. geb. n. 1. 30

Feilchenfeld, W., systematisches Lehrbuch der israelitischen Religion f. die reifere Schuljugend in Religionsschulen u. höh. Lehranstalten. 4. verb. Aufl. (XVI, 172 S.) 8. Frankfurt a/M. 907. J. Kauffmann. Geb. 1. 60

Feilchenfeld, Predigt geh. zur Abschiedsfeier d. Advocaten Dr. jur. L. Marcus in der Synagoge zu Schwerin. Nebst der Biographie d. Gefeierten u. den ihm gewidmeten Adressen. gr. 8. (16 S.) Bützow 876. Berg in Comm. n. — 50

Feilchenfeld, Wolf: *Quod Stoici „convenienter naturae vivere" principium ponunt, variis formulis conceptum, ex universae eorum disciplinae ratione et nexu illustretur et exponatur, expositum examinetur et dijudicetur. 92 S. 4°
Halle-Wittenberg, Phil. Diss. v. 11. Sept. 1849
Geb. Glogau 10. 6. 1827. V.
Verf. erlebte die Diplomerneuerung 1899 als Rabbiner in Posen.

Feilchenfeld, W., das stellvertretende Sühneleiden und die Exegese der Jesaianischen Weissagung Kap. 52, 13—15 und Kap. 53. gr. 8. (21 S.) Dessau 883. (Posen, Jolowicz.) *
Aus: Magazin für die Wissenschaft des Judenthums, besonders abgedruckt.

— Trauerrede zum Gedächtniß unsres hochseligen Großherzogs Friedrich Franz II. Geh. in der Synagoge zu Schwerin 22. April 1883. 8. (10 S.) Schwerin 883. Schmiedekampf. n. — 30

Feile, die. Offizielles Organ der deutschen Feilen-Industrie. Redact.: Carl Kohler. 1. u. 2. Jahrg. 1891 u. 1892. à Jahrg. 24 Nrn. (Bog.) gr. 4. Ludwigshafen, (Baumgartner). à Jahrg. ** 5 —
Erscheint nicht mehr.

Feiler, Arth., das Ende der Hochkonjunktur. Rückblicke auf das Wirtschaftsj. 1907. (39 S.) gr. 8. Frankfurt a/M. 908. Neuer Frankfurter Verlag. — 60
Sonderabdruck aus „Frankf. Zeitg."

— Die Probleme der Bankenquete. (47 S.) gr. 8. Jena 908. G. Fischer. 1. —

Feiler, Emil, das Benediktiner-Offizium, e. altenglisch. Brevier aus dem 11. Jahrh., e. Beitrag zur Wulfstanfrage, s.a. Forschungen, anglistische. 4. Hft.

Feiler, Emil, aus Langensteinbach (Baden): Das Benediktiner-Offizium, ein altenglisches Brevier aus dem 11. Jahrhundert. Ein Beitrag zur Wulfstanfrage. T. 1. *Heidelberg: C. Winter 1900.* (48 S.) 8° ¶ [Erschien vollst. 1901 als: Anglistische Forschungen, H. 4.]
Heidelberg, Phil. Diss. v. 1900

Feiler, Erich, appr. Arzt und Zahnarzt a. Breslau: Aus dem zahnärztl. Institute der Gr. Univ. Heidelberg. (Dir. Prof. Dr. med. Port.) Ueber die bei Erkrankungen der Zähne auftretenden Reflexzonen der Gesichts- u. Kopfhaut (nach Head) und ihre Beziehung zu Alopecia areata. Wien: Oestr. Zeitschrift für Stomatologie 1905. (24 S.) 8° ¶ Aus: Österr. Zeitschr. f. Stomatologie 1905. H. 4 u. 5.
Heidelberg, Med. Fak., Ref. Erb, Diss. v. 1905
[Geb. 21. Apr. 82 Breslau; Wohnort: Hamburg; Staatsangeh.: Preußen; Vorbildung: Gymn. Breslau Reife O. 00; Studium: Breslau 6, Heidelberg 4 S.; Coll. 6. März 05; Approb. 16. Febr. 04.]

Feiler, Jh., († d. 21. März 1822.) Aufruf an die sämmtl. Regierungen, Polizeibehörden u. Aerzte Deutschlands in Hinsicht auf die gelbe Pest 2c. 8. Nürnb. 805. (v. Seidel in Sulzb.) 6 gl.

— kurzgefaßte Belehrung für Bruchkranke, über den richtigen Gebrauch d. Bruchbänder 2c., mit 1 Kpf. 8. Altorf 808. (Sulzb., v. Seidel). 4 gl.

Feiler, Jh., über d. Bruch des Olecranums, nebst einer neuen Methode, denselben zu heilen, mit 2 Kpft. 8. Sulzb. 811. v. Seidel. 8 gl.

— Erfahrungen u. Grundsätze in d. Heilkunst. 1r Thl. gr. 8. Ebend. 818.

Feiler, J., Handbuch der Diätetik. gr. 8. Landshut, Krüll. 821.

— de spinae dorsi incurvationibus earumque curatione; c. tab. aeri incisa. 8 maj. Nürnb. 807. Lechner. (v. Ebner). 6 gl.

— über angeborne menschliche Mißbildungen im Allgemeinen u. Hermaphroditen. Ein Beitrag zur Physiologie 2c. Mit 2 color. Kpf. gr. 8. Landsh. 820. Krüll. 18 gl.

— Pädiatrik, oder Anweis. zur Erkennung u. Heilung der Kinderkrankheiten, mit 1 Kpft. gr. 8. Sulzbach 814. v. Seidel. 1 ₰ 16 gl.

Feiler, (Theod. Franc. Edmund) Rob. (geb. Berlin 16. 1. 1823): De morbis ostiorum et valvularum cordis. Berolini (1851). (35 S.) 8°
Berlin, Med. Diss. v. 12. Aug. 1851

Feiler, *Robert Erich* Willy: Die Moral des Albertus Magnus. Ein Beitrag zur Geschichte der Ethik des Mittelalters.... Leipzig-Reudnitz, Druck v. O. Schmidt, 1891; 38 S., 1 Bl. 8°
Leipzig, Phil. Fak., Inaug.-Diss. v. [10. Apr.] 1891

Feilgenhauer, s.: Zeitschrift f. Spiritismus.

Feilgenhauer, F., Gespenster leb. Personen, s.: Gurney, E.

Feilgenhauer, M., Liebwerda. Gedicht in 3 Gesängen. 12. Görlitz 833. (Köhler.)

Feilgenhauer, Rud., Bomben-Anarchismus. (7 S.) 8. Leipzig 906. O. Mutze. — 10

Feilhauer, Georg, a. Berlin: Über die Oberflächenformen und die geologischen Verhältnisse des Westsudan vom Atlantischen Ozean bis zum oberen Niger. Borna-Leipzig 1906: R. Noske. (81 S.) 8°
Erlangen, Phil. Fak., Ref. Pechuel-Loesche, Diss. v. 13. Juni 1906
[Geb. 4. Dez. 70 Berlin; Wohnort: Pankow; Staatsangeh.: Preußen; Vorbildung: Falk-Realgymn. Berlin Reife O. 02; Studium: Berlin 6 S.; Rig. 8. Mai 06.]

Feilinger, [Heinrich]: Katalog der Lehrer-Bibliothek des Friedrichs-Gymnasiums zu Herford. I. Teil. 60 S. 8. *II. Teil. 44 S. 8. *III. Teil. 62 S. 8.
Ev. Friedrichs-Gymn. *Herford* 1901 (385). 1903 (410). 1908 (457).
Progr.

Feilitsch, v., Dr., Eine Theorie des Diamagnetismus, Magnetismus des Wismuth, Erweiterung der Ampère'schen Theorie. (Aus Poggendorff's Annalen, Bd. LXXXII.)

Feilitsch, H. v., Das königl. sächs. Forst- u. Feldstrafgesetz, s. Handbibliothek, juristische, 405. Bd.

Feilitzen, Hjalmar von

Feilitzen, H. v: Der schwedische Moorkulturverein und seine Tätigkeit. Jönköping 1904

Feilitzen, v., das Torfstuhlverfahren in schwed. Städten, s.: Arbeiten d. deutsch. Landwirtschafts-Gesellschaft.

von Feilitzen, *Carl Axel* Hjalmar [aus Jönköping '(Schweden)']: Ueber die Zusammensetzung und die Pentosane des Torfes, über Gährungsversuche mit Torf und über die angebliche Huminbildung aus Zucker mit Kaliumpermanganat ... Göttingen, Druck d. Dieterichschen Univ.-Buchdr., 1897; 54 S., 1 Bl. 8.
Göttingen, Phil. Fak., Inaug.-Diss. v. [15. Mai] 1897

Feilitzen, Hjalmar v., üb. d. Zusammensetzg. u. d. Pentosane d. Torfes, üb. Gährungsversuche m. Torf u. üb. d. angebl. Huminbildg. aus Zucker m. Kaliumpermanganat. Diss. gr. 8. (54 S.) Göttingen 897. (Vandenhoeck & Ruprecht.) n. 1. 60

Feilitzsch, Frhr. von, Ein paar Föhnstürme auf dem Vierwaldstädter See. Vortrag am 7. April 1875. (Mittheil. des naturw. Vereins von Neuvorpommern und Rügen. 1875.) Greifswald.

v. **Feilitzsch,** die neuen Gesetze über das Gewerbswesen, die Heimath, Verehelichung u. den Aufenthalt nebst wörtlichem Abdrucke der bisher hiezu ergangenen im Regier.- u. Kreis-Amts-Blatte erschienenen königl. Verordnungen 2c. übersichtlich zusammengestellt u. zunächst bestimmt für den prakt. Gebrauch der Gemeinden u. Privaten. 2. verm. Aufl. Neustadt a. d. A. 869. Engelhardt. gr. 8. (126 S.) n. 12 *ngr.*

Feilitzsch, B. v., Gretchens Weihnachtsfest, s.: Jugendheim.

Feilitzsch, C. v., die Geschichte v. Jakob Bonneval, v. ihm selbst erz. N. d. Engl. 12. (136 S.) Basel 898. Kober. n. — 60; geb. in Leinw. n. 1. —

Feilitzsch, C. v., s.: Heron, Tom, v. Sax.

Feilitzsch, E. v., siehe: *Coape, H. C.*

Feilitzsch, Emmy

— **Dauphin, Ludwig XVII., König v. Frankreich, od.: Der kleine Gefangene,** s.a. Jugendheim. Nr. 27.

Dauphin, Ludwig XVII, König von Frankreich, oder: Der kleine Gefangene. Von Emmy v. Feilitzsch. *Cassel: J. G. Oncken [1900].* (59 S.) 8° [J.]
— Jugendheim. 27.

Feilitzsch, Emmy v., Gold u. Weihrauch, s.: Jugendheim.

— Lieschens Hauptmann, s.: Jugendheim.

— s.: Fink, Peter.

— Onkel Toms Hütte, s.: Beecher-Stowe, Harriet.

— Die Kronenhofsjugend, s.: Jugendheim.

Feilitzsch, Emmy v., s.: Naomi od. die letzten Tage v. Jerusalem.

Feilitzsch, E. v., s.: Ried, Esther.

— Esther Ried, s.: Pansy.

Feilitzsch, Emmy v., vom Weberlehrling zum Afrikaforscher. Lebensgeschichte v. David Livingstone. Für die reifere Jugend übers. 12. (128 S. m. Abbildgn.) Cassel (900). J. G. Oncken Nachf. Geb. — 75

Feilitzsch, Emmy v., von der Blockhütte zum Palast! Das Leben James (Jakob) Garfields als Pächterjunge, Lehrer, Soldat u. Präsident. Für die reifere Jugend übers. 12. (122 S. m. Abbildgn.) Cassel (900). J. G. Oncken Nachf. Geb. — 75

[J.] Wundersame Wege. Erzählg v. Emmy v. Feilitzsch. *Hamburg-Borgfelde: J. G. Oncken Nachf. (1898).* (98 S.) 1 Bd 8.

Feilitzsch, F. Frh. v. Abriß der Geschichte des ehemal. 6. Jäg.-Batl. Erlangen 1910. 48 S.

v. **Feilitzsch,** F. Die Befestigung v. Bourg-la-Reine währ. der Besetzg. durch 2 Bat. der Kgl. Bayer. 7. Inf.-Brig. v. 11. Oct. 1870 bis 27. Jan. 1871. Erlangen 1873.

Feilitzsch, Fabian Karl Ottokar

— Erklärung der diamagnetischen Wirkungsweise durch die Ampère'sche Theorie. I, II. (Poggendorff's Ann., Bd. LXXXVII, XCII.)

a **Feilitzsch,** Fabianus Carolus Ottocar (geb. am 15 Juli 1817 in Langensalza): Explicatio analytica constructionis universalis superficierum secundi ordinis quae analoga est constructioni curvae secundi ordinis per directricem et focum illi respondentem ... Bonnae, typ. C. Georgii 1841. 3 Bl., 22 S., 1 Bl. 4.
Bonn, Phil. Fak., Diss. v. 28 Aug. 1841

v. **Feilitzsch,** F., Fernewirkungen des galvanischen Stroms, s.a. Encyklopädie, allgemeine, der Physik.

Feilitzsch, F. C. O. von, Die Lehre von den Fernewirkungen des galvanischen Stromes. Elektromagnetismus, Elektrodynamik, Induction und Diamagnetismus. Mit 410 Holzschnitten und 3 Kupfertafeln. gr. 8°. XVIII u. *834 S.* Leipzig, Voss. 1865 M. 30.—
(Bildet den XIX. Bd. der Allgem. Encyklopädie der Physik.)

Feilitzsch, v., optische Untersuchungen veranlasst durch die totale Sonnenfinsterniss des 28. Juli 1851. 8. (III und 63 S. mit 3 ill. Stnt. in gr. 8. und 4.) Greifswald 851(52,) Koch's Verlag. —

Feilitzsch, Heinr., das königl. sächsische Forst- u. Feldstrafgesetz vom 26. II. 1909, s.a. Handbibliothek, juristische.

Feilitzsch, Heinr. v., das königl. sächs. Forst- u. Feldstrafgesetz, s.a. Mangoldt, L. v.

FEILITZSCH, Heinrich v.: Das königl. sächsische Forst- und Feldstrafgesetz vom 26. II. 1906. Mit Erläuterungen. - Leipzig 1906. VIII, 158 S. - 2. Aufl. ebd. 1912. VIII, 167 S. - Unveränd. Abdr. d. 2. Aufl. ebd. 1921. VIII, 167 S. - (Jurist. Handbibl. Bd. 405)

— das königl. sächsische Landesstrafrecht, s.a. Handbibliothek, Leipziger juristische.

Das Königlich Sächsische Landesstrafrecht. Zsgest. u. erl. von (Heinrich) v. **Feilitzsch,** Landger.R. in Zwickau. Bd 1–3. Leipzig: Rossberg 1899–1903. 3 Bde 8° [J.]
1. 1899. 2. 1902. 3. Zölle u. Steuern. 1903.
1 — **Handausgabe** Kgl. Sächs. Gesetze. Bd 73.
2. 3 — **Handbibliothek,** Leipziger Juristische. Bd 373.

Zur Familiengeschichte des Deutschen, insonderheit des Meissnischen Adels von 1570 bis ca. 1820. Kirchenbuch-Auszüge d. ganzen Ephorie Grossenhain sowie d. Orte Annaburg ... u. a. v. Heinrich Erwin Ferdinand v. **Feilitzsch,** 1. Diac. an d. Stadtkirche zu Grossenhain. *Grossenhain & Leipzig: H. Starke 1896.* (XII, 373 S., 1 Taf.) 1 Bd 4. (8).

Feilitzsch, Ludwig Christoph von

v. Feilitzsch, Ldw. Cph., ökonom. = prakt. Bemerkk. über d. Ackerbau. 3 Thle. 8. Hof 800—802. Grau. 2 rß 8 gr (3r Thl. Auch u. d. T.: üb. Veredlung u. bessere Benutzung d. vornehmsten Gegenstände d. Landwirthschaft rc., mit 1 Kpf. 20 gr)

— üb. Veredl. rc. d. Landwirthsch. (od. d. vorherg. 5r Thl.) 8. Ebend. 802.

— s. Zerschlagung d. Rittergüter.

Feilitzsch, M. Frhr. v., Zusammenstellung der Gesetze, Verordnungen u. Vollzugsbestimmungen üb. die Verpflichtung zum Kriegsdienste in Bayern m. Einleitg. u. Sachregister. 1. u. 2. Lfg. gr. 8. (XVI, 529 S.) Nördlingen 872. Beck. à n. 2. 10

Feilitzsch, Ph. Ern. de, de indictione belli et clarigatione. 8. Jenae. Collner. 754.

Feilitzsch, W. C. W. de, De ducibus Meraniae ex comitibus de Andechs ortis. Altorfii 1729. 4.

Feilitzsch, W. L. Frh. v., Geschichte und Genealogie der freiherrlichen Familie von Feilitzsch. Neustadt 1875. 8. Nicht im Handel.

Feilke, Otto, appr. Arzt aus Frankfurt a. M.: Aus d. Kgl. Universitäts-Klinik u. -Poliklinik f. Augenkranke ⟨Prof. Dr. Eversbusch⟩ in München. Ein Fall von Entfernung eines Eisensplitters in der Linse mit Erhaltung ihrer Durchsichtigkeit. *Wiesbaden: J. F. Bergmann 1903.* (13 S.) 8°
München, Med. Diss. v. 1903

Feill, Geschichte d. Infant.-Regts. Markgraf Ludwig Wilhelm (3. Badisches) Nr. 111 unt. bes. Berücksicht. f. Thätigkeit i. Kriege 1870/71, nebst e. kurzen Vorgeschichte d. bad. Truppen v. 1604—1850. 3. Aufl. M. Gefechtsplänen, 1 Uebersichtskarte u. 2 Skizzen im Text. gr. 8. (VI, 390 S.) Berlin 897. E. S. Mittler & Sohn. n. 7. —; geb. in Leinw. n.n. 8. 50

Feill, das 3. Badische Infanterie-Regiment Nr. 111 im Feldzuge 1870/71, nebst einer kurzen Vorgeschichte der bad. Truppen von 1604 bis 1850 und von der Errichtung des Regiments 1852 bis 1870. Auf Befehl des Königl. Regiments verf. gr. 8. (VI, 343 S. mit Gefechtsplänen, 1 Uebersichtskarte und 2 Skizzen im Text.) Berlin 884, Mittler und Sohn. geb. *

Feill, das 3. Badische Infanterie-Regiment Nr. 11 im Feldzuge 1870/71, nebst einer kurzen Vorgeschichte der bad. Truppen von 1604 bis 1850 und von der Errichtung des Regiments 1852 bis 1870. Auf Befehl des königl. Regiments verfaßt. 2. Aufl. gr. 8. (VI, 344 S. mit Gefechtsplänen, 1 Uebersichtskarte und 2 Skizzen im Text.) Berlin 885, Mittler und Sohn. *

Feill, Frz., Cardinal Salm u. seine Friedenswerke. Ein Beitrag zur Geschichte Kärntens. gr. 8. (III, 80 S.) Graz 872. Leuschner & Lubensky. n. 1. 60

Feill, Rud., zwei Rechtssätze in Bezug auf Pflichttheil u. übermäßige Schenkung nach dem österreichischen Rechte. gr. 8. (III, 38 S.) Wien 886. Manz. n. 1. 20

Feilmann, Ernest [aus Nottingham (England)]: **Beiträge zur Kenntnis des Metabrom-β-phenylhydroxylamins.** Basel 1898. 43 S. 8°.
Basel. Phil. Diss. 1898/99.

Feilmann, J., unterm Sant Ampeglio. Eine Erzählg. aus Ligurien. 8. (XII, 218 S.) Berlin 885. Stuhr. n. 4. —; geb. n. 5. 20

Feilmann, Johanna, Onkel Johns Prinzipien, s.a. Schatzkästlein, literar.

Onkel Johns Principien. E. Gesch. aus d. engl. Leben v. Johanna Feilmann. *Stuttgart, Leipzig, Berlin, Wien: Deutsche Verl.-Anst. [1896].* (2 Bl., 210 S.) 1 Bd 8.
— Schatzkästlein, Literarisches. Bd IV. [97. 3374

Feilmann, Johanna, Sturm u. Stille. Novellen. 8. (308 S.) Dresden 889. Pierson. n. 3. —; geb. n. 4. —

Feilmoser, Andreas Benedikt

— animadversiones in historiam ecclesiasticam, quas pro publica disputatione in monasterio Fiechtensi proposuit etc. 8 min. Insbr. 810.

Feilmoser, Andr. Bdkt., († d. 20. Juli 1831.) Auszug der hebräischen Sprachlehre nach Jahn, zum Gebrauch bei Vorlesungen. 8. Insbr. 813. Wagner. (Barth in Leipz.) 12 gr

Feilmoser, A. B., Einleitung in die Bücher des neuen Bundes. gr. 8. Insbruck, Wagner. 810.

Feilmoser, Andr. Bened., Einleitung in d. Bücher d. neuen Bundes, f. d. öffentl. Vorlesn. 2., verb. u. verm. Aufl. gr. 8. (45 B.) Tübingen 830, Laupp.

Feilmoser, Ben., Sätze aus der Einleitung in die Bücher des Alten Bundes und den hebräischen Altertümern. Nach den k. k. Vorlesebüchern. Innsbruck, 1803, 8°.

Feilmoser, Benedikt, Sätze aus der Einleitung in die Bücher des Neuen Bundes und der biblischen Hermeneutik. Innsbruck, 1804, 8°.

— Sätze aus d. christl. Sittenlehre f. die öffentl. Prüfung im Benediktinerstift zu Fiecht. kl. 8. Insbr. 803.

Feilmoser, A. B., die Verketzerungskunst in einem Beyspiele den kathol. Theologen zur Würdigung vorgelegt. 8. Rottweil, Herder. 820.

Feilmoser, Benedikt, s. Feilmoser, Andreas Benedikt

Feilner, Frz., General-Geschichte d. fürchterl. Giftmischerin Gesche Margar. Gottfried, geb. Timm. Aus d. besten Quellen geschöpft. (In Gemäßheit Beschlusses d. Hoh. Senats v. 17. Dec. 1830 z. Hrsgabe bestätigt.) 8. (10 B. u. 2 Stndr.) Bremen 831, (Geißler.)

Feilner, Thdr. Jean, Beiträge z. Geschichte d. Kultur u. Kunst. Philosoph. Aphorismen. gr. 8. (VIII, 160 S.) Braunschweig 899. R. Sattler. n. 2. 40

Fein, O., & E. Fein: Prospekte und Listen über elektrotechnische Maschinen und Apparate. 1901 ff. Stuttgart

Fein, C. F., Fabel v. d. Hamelschen Kindern. 4. Hameln, Schmidt. 740.

Fein, Carl Heinrich, s. Fein, Karl Heinrich

Fein, Chr., praktisches Rechenbuch für gewerbliche Fortbildungsschulen. Stuttgart 859. Metzler. gr. 8. (IV, 132 S. m. Holzschn.) n. 12 ngr.

Fein, Cph. Fr., († ...) Samml. d. Preisschr. über die Frage: wie weit d. alten Römer in Deutschland eingedrungen sind. 4. Berl. 750. 16 gr

— Samml. d. Preisschr. üb. d. Fr.: Wie weit d. alt. Römer in Deutschl. eingedr. s. 4. Berl. 751.

Fein, E s. Wildbad, Liebenzell, Teinach. Zürich ([18]93).

Fein, E. P., De detestatione sacrorum. 1729. 46 S. 4°.

Fein, Ed., Beiträge zu der Lehre v. der Novation u. Delegation. Ein Rechtsgutachten. gr. 8. (IV u. 83 S.) Jena 850, Schreiber & Söhne. ⅓ rß

Fein, Ed., Chrestomathie der Beweisstellen zu Puchta's Pandekten. Zum Gebrauche bei Pandektenvorlesungen. 1. Hft. Lex.-8. Zürich 845, Orell, Füßli u. Comp. 1 rß

Fein, Novation und Delegation. Jena 850.

Fein, C., das Recht der Codicille, s.a. Glück, Ch. F. v., ausführliche Erläuterung der Pandecten.

Fein, d. Recht d. Codizille. 3 Thle. Erlangen 851—53.

—— das Recht der Collation. Dargestellt nach den Grundsätzen des röm. Rechts. gr. 8. (28 B.) Heidelberg 842, J. C. B. Mohr.

Fein, G. F., s. Einleit. z. Aufklärung d. Offenb. Joh.

— Georg, De herede suo sub conditione instituto. Diss. jur. Götting. (Fr. Andr. Rosenbusch) 28. X. 1777. 60 S. (5.—) 8652

Fein, Georg. Jesuiten-Pillen. Worte der Warnung gegen pfäffische Finsterlinge. (SA.) 8. Cincinnati *o. J.* [ca. 1847].

Fein, Georg, Der Deutschen Rheinfest. 8°. Strassburg, Druck von G. Schuler, s. a.

— „Woher und Wohin?" von V. Schoen. Nebst einem Nachwort. 1. Ausg. 8°. Strassburg 1842. Neue mit einem 2. Nachworte verm. Aufl. 8°. Strassburg 1842.

Fein, Joh., die Abtragung der Rachenmandel m. dem bajonettförmigen Adenotom. (20 S. m. Abbildgn.) gr. 8. Wien 906. M. Perles. n. 1. 20
Sonderabdruck aus: „Wiener med. Wochenschr."

— das angeborene Kehlkopfdiaphragma. (67 S. m. 2 Abb. u. 2 Taf.) gr. 8. Berlin 904. O. Coblentz. n. 2. 40

Fein, Joh., über Vorurteile u. Irrtümer der Gesanglehrer u. Sänger in Bezug auf Hals- u. Nasenkrankheiten. (16 S.) gr. 8. Wien (908). (J. Šafář.) — 80
Sonderabdruck aus „Die Stimme".

— Rhino- u. laryngologische Winke f. prakt. Ärzte. (VI, 191 S. m. 40 Abbildgn. u. 2 Taf.) 8. Wien 910. Urban & Schwarzenberg. 4.—; geb. n 5. —

Fein, Carl Heinrich (Hannover), De indole ac sede phrenitidis et paraphrenitidis analecta. Präs. Philipp Georg Schroeder. Götting. (Joh. Alb. Barmeier) 14. VIII. 1765. 42 S. (5.—) 8651
Gewidm.: Gerl. Adolph Frh. v. Münchhausen (Strausfurth). — Widm. v. Präs.

Die entlarvte Fabel vom Ausgange der Hämelschen Kinder etc. Von L. F. Fein. Nebst Beylagen. Hannover. 1749. 4o.

Fein, Moriz — Biblische Geschichte nebst einer fortlaufenden Geschichte des Judenthums bis auf unsere Zeit. Für Schulen bearbeitet von — —. Pesth, 1856. Druck von Johann Herz. Verlag von M. E. Löwy. (71 S. 8.)

Fein Norbert: Die deutschen Nachahmer des Rüpelspieles aus Shakespeares Sommernachtstraum.
H. 1909 PN 2654 Diss. Wien, Univ.

Fein, Oskar, Referendar in Hamburg: Der Eintritt in das Handelsgeschäft eines Einzelkaufmanns als offener Handelsgesellschafter nach § 28 H.G.B. Borna-Leipzig 1907: R. Noske. (VIII, 64 S.) 8° [F.]
Leipzig, Jur. Fak., Diss. v. 9. Nov. 1907
[Geb. 9. Dez. 84 Ravensburg (Westfalen); Wohnort: Hamburg; Staatsangeh.: Hamburg; Vorbildung: Wilhelm-Gymn. Hamburg Reife O. 03; Studium: Tübingen 3, Berlin 1, Göttingen 2 S.: Rig. 26. Nov. 06.]

Fein, Otto [Hrsg.], s. M o d e, Wiener

Fein, W. E., elektrische Apparate, Maschinen u. Einrichtungen. Eine Sammlg. v. Beschreibgn. zum Gebrauch f. Techniker, Ingenieure, Industrielle, Telegraphen-Beamte, Aerzte, f. Lehrzwecke u. zum Selbstunterricht. Mit 297 in den Text gedr. Holzschn. u. e. Stahlst.-Portr. des Verf. Lex.-8. (XII, 392 S.) Stuttgart 888. J. Hoffmann. n. 8. —

Fein, W. E., Beschreibung der neuen Feuertelegraphen-Anlage in Stuttgart. Mit 20 (eingedr.) Holzschn. u. 2 lith. Plänen (in 4.). gr. 8. (52 S.) Stuttgart 880. (Metzler's Sort.) n. 3. —

Fein WE, die neue Feuertelegraphenanlage in Stuttgart. Stuttgart 1880

v. Feinaigle, Greg., Mnemonik, od. prakt. Gedächtnißkunst zum Selbstunterr.; nach seinen Vorlesungen, mit Kpf. u. Holzschn. gr. 8. Frankf. a. M. 811. Varrentrapp. 1 ₰

Feinberg, Gerson. Tobia ben Elieser's Commentar zu Koheleth (Lekach tob). Zum ersten Male hrg. nach einer Handschrift der Münchner Hof- u. Staatsbibliothek mit Vergleichung der Handschriften zu Parma u. Wien, samt Einleitung und Commentar. Diss. Phil. I. Univ. Zürich. 53 + 57 [+ 2] S. 8. Berlin, H. Itzkowski, 1904.
Teil 2: Text, mit hebr. Titel.

Feinberg, Ludwig

(Aus der 1. med. Universitätsklinik zu Berlin.) Ueber den Bau der Bakterien. Nach e. Demonstration, geh. zu Berlin 1900. Von Dr. [Ludwig] **Feinberg**. Mit 5 Taf. Jena: G. Fischer 1900. (S. 418--426.) 8°
Aus: Centralblatt f. Bakteriologie ... Abt. 1, Bd 27. [07. 7618 11

Ueber den verschiedenartigen Bau des Zellkerns bei höheren und niederen Organismen ... von Dr. Ludwig **Feinberg**, Berlin. Wien 1904: B. Bartelt. (62 S.) 8°
Aus: Wiener Klin. Rundschau. No 16--22. [04. 89 3

Feinberg, Ludw., die Erreger u. der Bau der Geschwülste insbesondere der Krebsgeschwülste. 2 Bde. Berlin, R. Friedländer & Sohn. 65. —
1. Text. (XXVIII, 422 S.) 907. Lex. 8. — 2. Mikroskopischer Atlas. (III S., 25 Taf. u. 14 Bl. Erklärgn.) 32,5×26,5 cm. 906.

Feinberg, Ludw., das Gewebe u. die Ursache der Krebsgeschwülste. Unter Berücksicht. des Baues der einzell. thier. Organismen. (VI, 231 S. m. 4 Taf.) gr. 8. Berlin 903. A. Hirschwald. n. 10. —

Feinberg, Ludwig: Aus dem Laboratorium der 1. med. Klinik (Geh.-Rath v. Leyden) und des pathologischen Instituts. Ueber das Verhalten des Klebs-Löffler'schen Diphtheriebacillus in der Milch nebst einigen Bemerkungen zur Sterilisation derselben. *Berlin 1897: L. Schumacher.* (29 S.) 8°
• [Aus: Zeitschrift für klinische Medicin, Bd 33.]
Berlin, Med. Diss. v. 14. Okt. 1897

— über die Verhütung der Infektion m. den Erregern der Krebsgeschwülste. (V, 45 S. m. 10 Abbildgn. u. 1 Taf.) gr. 8. Leipzig 905. F. C. W. Vogel. n. 2. —

Feinberg, Mina, die Verbreitung v. Pocken, Masern u. Scharlach in der Schweiz während d. J. 1878—1887 nach deren Mortalitätsverhältnissen in verschiedenen Höhenlagen u. Bevölkerungsgruppen. Diss. gr. 8. (25 S.) Bern 891. Koerber. n. — 50

Feinberg, Moritz. Über Komplexbildung bei Salzen organischer Säuren. Diss. Phil. [II.] Univ. Zürich. 67 S. 8. Zürich, Aktien-Buchdr. Z', 1909.

Feinberg, Salomon. Eine zweite Synthese des Luteolins. Diss. Phil. Bern. 32 S. 8. Bern, Gottfr. Iseli, 1910.

Feind, Der, Englands. Ein patriotisches Blatt . . . O. O. 1801. H: *Meyer, Georg Conr.* (Bruun, Bibl. Danica III, 833.) (Collin, Anonymer. Kiobenh. 1869.)

Feind, Der, Englands während des Waffenstillstandes. O. O. 1801. H: *Meyer, Georg Conrad.* (Bruun, Bibl. Danica III, 833.)

Feind, der größte, der Sittlichkeit. Von e. Pfarrer. (22 S.) 8. Barmen (907). Buchh. d. Blauen Kreuzes. — 15

Feind, der, kam, da die Leute schliefen. Eine Predigt, Herrn Domherrn Förster u. allen kathol. Priestern zur Beherzigung. Von einem römisch-kathol. Laien. 4. Aufl. 8. Hirschberg 845, Lucas. n. 2 n𝒦

Der **Feind** im Land! Erinnerungen aus dem Kriege 1870/71. Nach franz. Tagebüchern hrsg. von L. Halévy. Deutsch von Dr. H. Altona. 4. Aufl. Berlin 1898. 124 S.

Feind, Viel, viel Ehr! Ein Blick auf die militärische Lage Deutschlands und die Resultate der Würzburger Konferenz. Darmstadt 1861. V: *Streubel, Waldemar.* (KA)

Viel Feind viel Ehr! Ein Blick auf die militärische Lage Deutschlands und die Resultate der würzburger Konferenz. Vom Verfasser der militärischen Betrachtungen über einige Erfahrungen des letzten Feldzuges. Darmstadt, Jernin 1861. 61 S. 8.

Feind, Ein, der Weiber. Humoristische Solo-Scene mit Gesang. Wien [1890]. V: *Rötzer, Carl.* (EB)

Feind, Barthold

Bartholdi Feindes [Feind: Astronomia] Astrognosia, das ist: Gründliche Anweisung zur Stern-Kunst, wie nemlich einer, so d.lat.Sprache nicht kündig, ...den Himmels-Lauff...auch im Teutschen ...fassen u.begreiffen könne. 7.ed.,verm.u.verb. In 2 Th.verf. Hamburg: Brandt (1738). 149 S. 1 Bd 8°

(Feind: Cosmographia. Th.1.)

Feind, Barthold (Übers.), s. Cats, Jakob: Sinnreiche Wercke u. Gedichte.

[Cosmographia] Neue Cosmographia, das ist: Gründliche Anleitung zur Betrachtung des gantzen Welt-Kreyses. Wie man nemlich die Astronomia und Geographia...auch in teutscher Sprache...fassen u. begreiffen könne. In 2 Th.verf. In Druck gegeben von Bartholdo Feind. Hamburg: Brandt 1738. 1 Bd 8°

(Th.1:) Feind: [Astronomia] Astrognosia, das ist: Gründliche Anweisung zur Stern-Kunst. 7.ed.

(Th.2:) Feind: Geographia, das ist: Gründliche Anweisung zu d.Beschreibung des Erd-Kreyses. 6.ed.

La Costanza Sforzata Die Gezwungene Beständigkeit. Oder Die listige Rache Des Sueno [v. Barthold Feind]. An dem frohen Geburths-Tage Des Herrn Friderici IV. Königs zu Dennemarck und Norwegen, etc. etc. auf dem Hamburgischen Schau-Platz In einem Sing-Spiel aufgeführet den 11. Oktober 1706. o. O. u. J. 4° k.

Feind, B. Barth. Feindes, Lt. Deutsche Gedichte, Bestehend in Musicalischen Schau-Spielen, Lob-Glückwunschungs-Verliebten und Moralischen Gedichten, Ernst- und schertzhafften Sinn- und Grabschriften, Satyren, Cantaten und allerhand Gattungen. Sammt einer Vorrede Von dem Temperament und Gemühts-Beschaffenheit eines Poeten, und Gedancken von der Opera. Erster (= einziger) Theil. Stade, H. Brummer, 1708. 8°. *Doppelseitiges gestoch. Frontispiz,* 6 Bl. 668 (schlecht gez.) S. 9 Bl. und *7 Kupfer.* Beschädigte und etwas gelockerte alte Broschur.

FdF. 1365 (zitiert nur 6 Kupfer). Maltzahn III. 24. Schröder, Hamburger Schriftst. II, 294, 7. Erstausgabe.

Barth. Feindes, Lt. Deutsche Gedichte, Bestehend in Musicalischen Schau-Spielen, Lob-Glückwünschungs etc -Gedichten etc. Erster (u. *einziger*) Theil. *Mit Kupfern.* Stade. 1708. *Angehängt:* Hrn. Lic. Feindes aus dem Holländ. übersetzte ausbündige Satyre Vom Lobe der Geldsucht, verbessert u. vermehrt von Ferdinand Gasto von Perlensee. Cölln. 1709. 8o.

Jördens VI. S. 98. Gervinus III. S. 446 310.

* **FEIND,** Barth. (geb. 1678 zu Hamburg, † daselbst 1721). — *Barth. Feindes,* Lt. (= Licentiat) Deutsche Gedichte, bestehend in Musikalischen Schau-Spielen, Lob- Glückwünschungs- Verliebten u. Moralischen Gedichten, Ernst- u. schertzhafften Sinn- u. Grabschrifften, Satyren, Cantaten u. allerhand Gattungen. Sammt e. Vorrede von dem Temperament u. Gemühts (!)-Beschaffenheit eines Poeten, u. Gedancken von der Opera. Erster (einz.) Theil. Mit doppelblattgr. emblemat. Kupfertitel und 8 Kupffern u. e. vollständ. Register. STADE, verlegts Heinrich Brummer privilegirter Buchführer. Im Jahr 1708. — Hrn. Lic. *Feindes* Aus dem Holländ. übersetzte ausbündige Satyre vom Lobe der Geldsucht. An einigen hundert Oerthern verbess. u. vermehrt v. Ferd. Gasto von Perlensee. Mit TKupf. Cölln, bey Pierre Marteau, und Nürnberg, Hepple von Gala, 1709. (Als II. Thl. der Gedichte.) 8°. (In Berlin: Yk 1191 a, mit 2 Beibdn. — Auch in Breslau, Kgl. u. Univ.-Bibl.: Litt. Teut. II. 8° 766.) (15 Mk. Frensdorff, 1904; 24 Mk. Schaper, 1904; 30 Mk. L. Rosenthal, 1906.)

Wichtige Sammlung zur Geschichte des deutschen Theaters, besonders der Oper.

Tit. (roth u. schwarz), 5 Bll. Zuschr. an Ernst Aug. Wellingh, Frhrn. v. Fünenhof, Erbherrn auf Eckenäs u. Ninegall etc.), 678 S., 9 Bll. Reg. — Feind war der Erste, der Shakespeare lobend in Deutschland erwähnte. — S. 175—454 die 5 musikal. Schauspiele (Opern).

Der Anhang, 7 Bll., paginirt 651—786, wird von Goedeke III, 336, 14, 1 als selbständ. Werk aufgeführt (die Feind'schen Gedichte kennt er nicht): Das Lob Der Geld-Sucht. Satyre. Aus dem Holländischen Des Herrn von Deckers .... Bey Benjamin Schillern in Hamburg, und Fr. Groschuff in Leipzig zu finden. Im Jahr 1702. 8°. 5 Bll., 130 S., 1 Bl. (In Göttingen: P. 3333.)

Feind, Barthold. Barth. Feindes / Lt. // Deutsche // Gedichte /// Bestehend in // Musicalischen Schau=Spielen /// Lob= Glückwünschungs= Verliebten // und Moralischen Gedichten/ Ernst= und // schertzhafften Sinn= und Grabschrifften /// Satyren / Cantaten und allerhand // Gattungen. // Sammt einer Vorrede // Von dem Temperament und Ge= //mühts= Beschaffenheit eines Poeten / und // Gedancken von der Opera. // Erster Theil. // Mit Kupffern und einem vollständigen // Register. // STADE // Verlegts Hinrich Brummer /// privilegirter Buchführer. // Im Jahr 1708.

Inhalt:

6 Blatt (nicht paginiert) Titelblatt und Widmung. -

678 Seiten:

S. 1- 73: Vorbericht // Von dem Temperament und // Gemühts=Beschaffenheit // eines Poeten.

S. 74-114: Gedancken von der // OPERA.

S. (115)ff: Die Römische // Unruhe. // Oder: // Die Edelmühtige // OCTAVIA // Musicalisches // Schau= Spiel.

S. (175)ff: Die // Kleinmühtige // Selbst=Mörderin // LUCRETIA. // Oder: // Die Staats=Thorheit // des // BRUTUS. // Musicalisches // Trauer= Spiel.

S. (251)ff: MASAGNIELLO // FURIOSO. // Oder: // Die Neapolitanische Fischer=Empörung. // Musicalisches // Schau=Spiel.

S. (321)ff: LA COSTANZA // SFORZATA. // Die // Bezwungene // Beständigkeit. // Oder: // Die listige Rache // Des // SUENO. // An dem frohen // Gebuhrts= Tage // Des Allerdurchlauchtigsten / Groß= // mächtigsten Fürsten und Herrn /// HERRN // FRIDERICI IV. // Königs zu Dennemarck und Norwe= //gen/etc. etc. etc. / Auf dem Hamburgischen Schau=Platz // In einem Sing=Spiel aufgeführet /// den 11 Octobr. 1706.

S. (393)ff: L'AMORE AM- //MALATO. // Die // Kranckende Liebe. // Oder: // ANTIOCHUS // und // STRATONICA // Musicalisches // Schau=Spiel.

S. (455)ff: Ehren= // und // Glückwünschungs= // Gedichte.

S. (497)ff: Vermischte // Gedichte.

S. (613)ff: Ernst= und schertzhaffte // Sinn= // und // Grabschrifften.

9 Blatt (nicht paginiert) Register.

8 Blatt (nicht paginiert) Titelkupfer, Titelblatt und Widmung. - Der Titel ist:

Hrn. Lic. Feindes // Aus dem // Holländischen Übersetzte // ausbündige // Satyre // Vom // Lobe der // Geldsucht /// An // Einigen hundert Oerthern // verbessert und vermehrt // ans Licht gestellt // Von // Ferdinand Gasto von Perlensee // Norimberg. F. L. // - - rumpantur ut ilia Codro. // Cölln / bey Piere Marteau, auf Kosten der // Societät, und

Nürnberg bey Hepple von Gala // auf der Burg. 1709.
S. 651-784.
Die Widmung ist unterzeichnet:
Ferdinand Gasto von Perlensee /// Norimberg. Edelgekröhnter Dich- // und in der Hochlöblichen Frucht- //bringenden Gesellschafft der War- //haffte zubenahmt.
B. S. T. 8°.199.

Bartholdi Feindes [Feind]Geographia, das ist: Gründliche Anweisung zu der Beschreibung des Erd-Kreyses, wie nemlich einer, so d.lat.Sprache nicht kündig...derselben Beschaffenheit...in deutscher Sprache...fassen u.begreiffen könne. 6.ed.,verm.u.verb. In 3 Th.verf. Hamburg:Brandt 1738. 190 S. 1 Bd 8°
(= Feind: Cosmographia. Th.2.)

[—] Das verwirrte Haus Jacob, Oder Das Gesicht der bestrafften Rebellion An Stilcke. Schau-Spiel. Auf dem Naumburgischen Theatro in der Petri-Paul-Messe 1708. abermahl aufgeführet. Tacitus. Gaudent de turbato Reipublicae statu plerumque egeni & mala fortuna pressi. [Hamburg 1708?]. 4°. 48 S. mit Titel in Rot und Schwarz. Mod. Pergaminband.
Maltzahn p. 528 Nr. 2190. Zweite Ausgabe; die erste war 1604 erschienen (G. III. 336, 2), nachdem die Erstaufführung des Stückes in Hamburg im J. 1603 stattgefunden hatte.

Feind, Barthold. — Das Carneval der Liebe. An dem erfreulichen Vermählungs-Tage Des Hoch-Edlen, Vest- und Hochgelahrten HERRN Johan Anderßon, J. U. D. und E. Hoch-Edelg. Raths der Heil. Reichs-Stadt Hamburg Hochverordneten Secretarii, Mit der Hoch-Edelgebohrnen, Hoch-Ehr- und Tugend-begabten Jungfer Jfr. Margaretha, Sr. Hoch-Edelgeb. MAGNIFICENCE, Hn. Petrus von Lengercke, JC. und Hochansehnl. Herrn Bürgermeisters Ruhmgemeldter Stadt, Aeltesten Jungfer Tochter, Aus gehorsamer Schuldigkeit beschrieben von *Barth. Feind*. Hamburg. (Druckerst.) HALLE, Gedruckt bey Christoph Salfelden, im Monat Decembr. 1702. 4°. (In Dresden: 4°. Lit. Germ. rec. B 172, no. 1.)
Ungemein seltene Hochzeitsgratulation in dramatischer Form, meist in Versen. Eingefügt 2 Arien von 12 + 8 sieben- u. sechszeil. Strophen, 2 Heldenbriefe (Heroiden): „Leander an Hero" und „Dido an Aeneas", sowie zahlr. epigrammatische [oft derb-pikante] Reimereien. 16 unbeziff. Bll. mit Anfangs- u. Schlussornament, sowie Zier-Initiale D. — Nirgends citirt.

Das Lob Der Geld-Sucht. Satyre. Aus dem Holländischen Des Herrn von Deckers ... Bey Benjamin Schillern in Hamburg, und Fr. Groschuff in Leipzig zu finden. Im Jahr 1704.

Feind, Barthold (Hamburg), Ex prudentia morali de *ΠΟΛΥΠΡΑΓΜΟΣΥΝΗ*. Disp. philos. Präs. Christoph Heinr. Zeibich. Wittbg. (Chn. Kreusig) 7. IV. 1700. 9 Bl. (5.—) 8653

Feind, Barth.: Unstreitiges Recht ein. Fürsten, Staats od. freyen Republik, ein. Gesandten v. erst., and. od. dritt. Range, bey Schänd. sein. sonst inviolabl. Characters zu arretiren u. zurückzuschicken; od.: Befugniss Sr. Kön. Hoheit d. Reg. in Frankr., d. Span. Ambassad. jüngsthin in Versicherung zu nehmen. *Hamb.* 719. 4.

Hrn. Lic. Feindes Aus dem Holländischen übersetzte ausbündige Satyre Vom Lobe der Geldsucht, An Einigen hundert Oertern verbessert und vermehrt ans Licht gestellt Von Ferdinand Gasto von Perlensee ... Cölln, bey Piere Marteau, auf Kosten der Societät, und Nürnberg bey Hepple von Gala auf der Burg. 1709.

Feinde, die, des Arbeiterstandes. Eine social-politische Studie. Vorgetragen am 30. Jänner 1881 im Saale des nieder-österr. Gewerbe-Vereines. gr. 8. (18 S.) Wien, Seidel & Sohn. 1801. 10 kr.

Feinde, Die entlarvten, der Kirche, und des Staats ... Pressb. 1790. V: *Szeitz, Leo Maria.* (Pk)

Feinde der Fortbildungsschule. Eine Zurückweisg. der gegen die Fortbildungsschule gerichteten Veröffentlichgn. des Patakyschen Verlags. Hrsg. v. geschäftsführ. Ausschuss des preuss. Fortbildungsschulvereins. (44 S.) gr. 8. Berlin 909. F. Aschelm. nn — 50

Feinde und Freunde. Des Landmannes. Mit eingedr. Holzschn. Langensalza 1870. 8.

Feinde und Freunde des Landmannes aus dem Thier- und Pflanzenreiche. 3. verm. Aufl. 1873, und 4. Aufl. 8. (54 S. mit eingedr. Holzschn.) Langensalza 874, Schulbuchh. von Greßler.

Feinde, die geliebten. Lustsp. in 2 Akten, v. K. Klähr. 8. Meißen, Gödsche. 812.

Feinde, die, d. Lehrerberufes. Dissertation e. in der Literatur bekannten volkswirthschaftl. Schriftstellers. gr. 8. (31 S.) Nürnberg 884. (Hermann & Sallow.) n. — 30

Feinde, die versöhnten. Trauersp. von Merville. 8. Frkft. Garbe. 767.

Feinde, die, des Herrn v. Wessenberg, aus ihren Schmähschriften geschildert. 8. Ulm 819. (Wohler). 6 K

Feinde, zwei, der Union. Kritik der Abhandlung zur Verständigung über Union im Volksblatt für Stadt und Land, sowie der 95 Thesen wider die falsche Union von F. Seiler, Pastor zu St. Georgen in Halle. Ein Pastoral-Conferenz-Vortrag. 8. (32 S.) Leipzig 858, D. Wigand. *

Feindel, E., der Tic, s.: Meige, Henry.

Die CHRISTLICHE Feindesliebe oder wirft man auf dich mit Steinen, gib dafür Brot zurück. Volkserzählung übersetzt aus dem ungarischen Volksbüchlein des St. Stephan-Vereines. Szt. Gotthard 1897: Béla Wellisch. 12 S. - 165 mm

Feindeslob oder Züge der Vernunft, Menschlichkeit, Vaterlandsliebe ... Frankf. u. Leipz. 1794. V: *Lucius, Carl Friedrich.* (ML)

Feindeslob, oder Züge d. Vernunft, Menschlichkeit am französ. Volke seit 1789. 16 Bdchn. 8. Leipz. 794. Grieshammer. 8 K

Feinds, B., Florilegium sentent. proverbialium. Hamb. 734. 8. 6gr.

— florileg. sententiar. proverbial. 8. Hamburg, Herold. 734.

Feindschaft, die bittere, der Luthardt'schen sogen. Allgem. ev.-luth. Kirchenzeitung gegen die Bekenntnißtreue der evang.-luth. Synode v. Missouri, Ohio u. a. St. Nordamerikas. Mannhafte Erklärg. v. 5 Missionaren der Leipziger Mission in Ostindien, E. Schaeffer, F. Zucker, C. M. Zorn, A. Grubert, O. Willkomm. gr. 16. (15 S.) Zwickau 876. Dresden, Naumann in Comm. n. — 30

Feindschaft mit den Thieren. Ein belehrendes u. unterhaltendes Bilderbuch für Kinder. Moers 869. Spaarmann. qu. 4. (12 S. u. 6 color. Lithogr.) 3 ngr.

Feindschaft mit den Thieren. Ein belehr. u. unterhaltendes Bilderbuch f. Kinder. qu. 12. (6 farb. Taf. m. 10 S. Text.) Leipzig 889. Fr. Pfau. cart. — 15

Feindschaft, die unversöhnliche, der römischen Kirche gegen das evangelische Kaiserthum. Ein Mahnruf v. Michel. gr. 8. (60 S.) Halle 883. Niemeyer. n. 1. —

Feindt, Herm., der Registrator oder Anleitung zur Anlegung u. Fortführung amtsgerichtlicher Registraturen, nebst einem Anhang, eine geordnete Zusammenstellung sämmtliche bezüglich der Protocollführung in Civil- u. Strafproceßsachen gegebenen Vorschriften betreffend. Hildesheim 855. Gerstenberg. 12. (IV, 51 S.) n. 6 ngr.

Feindt, Rich., über die Anforderungen, die an die Kunst des Erzählens zu stellen sind. s.a. **Abhandlungen, pädagogische. IX. 12.**

Über die Anforderungen, die an die Kunst des Erzählens zu stellen sind. Von Richard **Feindt**, Lehrer. Bielefeld: A. Helmich [1904]. (7 S.) 8° [F.]
= **Abhandlungen,** Pädagogische. N. F. Bd 9, H. 12, [2.]

Feine, Georg Wilhelm (Dippoldiswalde), Dilatationes ventriculi, ex stenosi pylori natae, casum sanatum. Diss. med. Lpz. (J. Ch. Ackermann) 31. I. 1853. 18 S. mit Biogr. (M.: C. Conrad.) (4.—) 8654

Feine, P., De Aristarcho Pindari interprete. Diss. 1883. 38 S. 1.50

Feine, Paul, Bekehrung im Neuen Testament u. in der Gegenwart. (Vortrag, geh. auf der allgem. schles. Prediger-konferenz in Breslau, den 7. X. 1908.) (30 S.) 8. Leipzig 908. J. C. Hinrichs' Verl. — 60

Feine, Paul, das Christentum Jesu u. das Christentum der Apostel in ihrer Abgrenzung gegen d. Religionsgeschichte, s.a. Christentum u. Zeitgeist. 1. Hft.

Das Christentum Jesu und das Christentum der Apostel in ihrer Abgrenzung gegen die Religionsgeschichte. Von Prof. D. Paul **Feine** in Wien. Stuttgart: M. Kielmann 1904. (62 S.) 8° [F.]
— **Christentum** u. Zeitgeist. Ser. 1. H. 1. [c.c. 10244 11

— die **Erneuerung** des paulinischen Christentums durch Luther. Dekanatsrede, geh. am 31. X. 1902 in Wien. (30 S.) gr. 8. Leipzig 903. J. C. Hinrichs' Verl. n. — 50

Feine, Paul, das gesetzesfreie **Evangelium** des Paulus nach seinem Werdegange dargest. gr. 8. (IV, 232 S.) Leipzig 899. J. C. Hinrichs' Verl. n. 5. —

Feine, Paul [Dr., Oberl.]: Der Jakobusbrief nach Lehranschauungen und Entstehungsverhältnissen. Zweites Kapitel: Der biblisch-theologische Charakter des Jakobusbriefes ... [Erschien vollst. 1893 bei Wilckens in Eisenach.] Leipzig, Druck v. Breitkopf & Härtel, 1893; 38 S. 8.
Göttingen, Theol. Fak., Inaug.-Diss. u. zugl. Hab.-Schr. v. [22. Apr.] 1893

Ⓑ — Der Jakobusbrief. 893. — Das Wunder im N. Test. 894. Jetzt: Leipzig, O. Himly.

Jesus Christus und Paulus. Von D. Paul **Feine**, Prof. in Wien. *Leipzig: J. C. Hinrichs 1902.* (VII, 309 S.) 8° [c.c. 31.6

— in wiefern ist **Jesus** der Offenbarer Gottes? Dekanatsrede. (24 S.) 8. Ebd. 906. n. — 50

— Paulus als Theologe, s.a. Zeit- u. Streitfragen, biblische.

Paulus als Theologe. Von D. Dr. Paul **Feine**, Prof. Gr. Lichterfelde-Berlin: E. Runge 1906. (80 S.) 8° [F.]
—**Zeit-** u. **Streitfragen**, Bibl., z. Aufklär. d. Gebildeten. Ser. 2. H. 3.4. [c.c. 16161 11

— der **Römerbrief**. Eine exeget. Studie. (IV, 159 S.) gr. 8. Göttingen 903. Vandenhoeck & Ruprecht. n. 5. —

— **Theologie** des Neuen Testaments. (XII, 721 S.) Lex. 8. Leipzig 910. J. C. Hinrichs' Verl. 12.50; geb. in Halbfrz. n 14.50

Feine, Paul. Eine vorkanonische Ueberlieferung d. Lukas in Evangelium u. Apostelgeschichte. Eine Untersuchg. gr. 8. (X, 252 S.) Gotha 891, F. A. Perthes. * 4 —

— das **Wunder** im Neuen Testament. Akademische Antrittsvorlesg., geh. zu Wien am 29. Oktbr. 1894. gr. 8. (32 S.) Eisenach 894. M. Wilckens. n. — 60

Feine, R. A., Haga-itami. Japanische Zahnpflege. (61 S.) gr. 8. Leipzig (905). (R. F. Pfau.) n. 1.50

Feinen, Josef, aus Röhlinghausen ⟨Westf.⟩: Der muskuläre **Schiefhals**. *Greifswald 1901: J. Abel.* (34 S.) 8°
Greifswald, Med. Diss. v. 7. Febr. 1901

Feiner, Cölest., Vom Phönix in den Schriften der Väter. München 1851, Progr.

Feiner, G. C., Vom Phönix in den Schriften der Väter. München 1850, 4°, 26 S., Progr. d. Ludwig-Gymn.

Feiner, Josef

Kulturelle Bestrebungen innerhalb der deutschen Judenheit von Jos[ef] **Feiner**. Hamburg: Israelit. Familienbl. [1906]. (20 S.) 8° [F.] [c.c. 10990

Feiner, Jos., Gabriel Rießers Leben u. Wirken. Ein Buch f. jung u. alt, m. e. Bildnis Gabriel Rießers. (52 S.) 8. Hamburg 906. M. Glogau jr. Kart. n. 1. —

Feiner, Jos., Gabriel Rießers Leben u. Wirken. Ein Buch f. jung u. alt, m. e. Bildn. Dr. Gabriel Rießers. 2. Aufl. (52 S.) 8. Hamburg 906. Frankfurt a/M., J. Kauffmann. Kart. 1. —

Feiner, Rud., Handbuch der Warenverzollung. Auf Grund d. Zollgesetzes vom 13. II. 1906, d. Zolltarifs u. der Erläutergn. hiezu, f. den prakt. Gebrauch der Kaufmannschaft verf. u. nach Branchen geordnet. Lehrbehelf zum Selbststudium. Textilbranche. Mit den bisher erflossenen Zolltarif-Entscheidgn., rechtsverbindl. Auskünften u. e. Anh. üb. Textilverbindgn. anderer Tarifklassen. (VI, 223 S. m. 34 Abbildgn.) Lex. 8. Wien 909. A. Hölder. Geb. in Leinw. 7.80

Feinler, Gottfried

Feinler, G., Delicia historiae oder auserlesene Gemüthslust, das ist ein schöner Vorrath von mancherley hist., physic., ethischen, polit. wie auch theol. Sachen. Hierbey ist auch ein Bericht von einem in Langen-Roda erscheinenden, wunderbaren, mit Feuer drohenden Gespenst, welches schon würcklich ein Haus angezündet und in Brand gesteckt hat. Jena. 8°.
1706

Historischer Lust-Garten, Welcher statt fruchtbarer Bäume und wohlriechender Blumen einen schönen Vorrath an merckwürdigen Geschichten ... aus den berühmtesten Scribenten und Rednern meistens zusammen gebracht ... Nebst einem Anhange etlicher auszerlesener Poetischer Gedichte praesentiret ... Leipzig, bey Joh. Ludwig Gleditsch. Anno 1702.

— — Biblische Schaubühne bekehrter Sünder, d. i. auserlesene Buß-Exempel aus der Heil. Schrifft A. und N. Test. in 12. Betrachtungen fürgestellet. Leipz. 1704. 8°. 1 Alph. 4 Bog.
Bibl. Ludovici. Vitemb. 1705. — Selten!

Feinler, Gf., bibl. Schaubühne bekehrt. Sünder. 8. Leipz. Eurich. 704.

— Sterbensexempel a. d. heil. Schr. 8. Leipz.

* — — Wohl-geplagter und unverzagter Tobias, oder dessen Glück und Unglück etc. In hundert Madrigal-Gedichten, Nebst einem Anhang etlicher etc. Gedichte. Leipzig. 1702. 8°. (In Berlin: Yi 7721.) Rar!

Feinmann, Gg. Christian (Stuttg.), De jure principis civia ecclesiam eiusque ministros in genere et sacramenta in specie. Diss. jur. ev. eccles. Präs. Friedr. Wilh. Tafinger. Tübing. (Erhard) 22. XII. 1759. 68 S., z. T. dtsch. (5.—) 8655

Feinmann, Isidor: Über einige Aminsäuren, Imide und Isoimide zweibasischer Säuren. 1909. 36 S. 8°
Braunschweig, Dr.-Ing.-Diss. v. 12. 3. 1909

Feinmetallkunst, die. Illustrierte Zeitschrift f. das Gold-, Silber-, Feinmetall- u. Graveur-Gewerbe. Kunstgewerblicher Tl. der deutschen Goldschmiede-Zeitg. Red.: Rud. Rücklin. 8. u. 9. Jahrg. 1905 u. 1906. à 6 Hefte. (1905 IV, 220 S. m. 24 Taf.) 4. Leipzig, W. Diebener. m. Graveurzeitg. à Jhrg. n. 8. —

Feinnivellement der Aller von Celle bis zur Mündung, der Leine von Poppenburg bis zur Mündung und der Innerste von Marienburg bis zur Mündung. Mit e. schemat. Darstellung. Bur. f. d. Hauptnivellements u. Wasserstandsbeobachtungen im Min. d. öff. Arbeiten. *Berlin 1904: P. Stankiewicz.* (XI, 30 S.) 4° [04. 18316

Feinnivellement des Oberländischen Kanals. Mit e. Übersichtstaf. Bureau f. d. Hauptnivellements u. Wasserstandsbeobachtungen im Minist. d. öffentl. Arbeiten. Berlin 1905: P. Stankiewicz. (X, 22 S.) 4° [05. 11429

Feinnivellement der Küsten und Wasserstraßen in Schleswig-Holstein. Bureau f. d. Hauptnivellements u. Wasserstandsbeobachtungen im Minist. d. öffentl. Arbeiten. Mitteilung 1. Berlin 1909: Stankiewicz. 4° [10. 1990

Feinnivellement der Lahn von Dutenhofen bis zur Mündung, der Ruhr von Hohensyburg bis zur Mündung und der Lippe von Lippstadt bis zur Mündung. Mit 3 Übersichtstaf. Bureau f. d. Hauptnivellements u. Wasserstandsbeobachtungen im Minist. d. öffentl. Arbeiten. Berlin 1906: P. Stankiewicz. (XII, 84 S.) 4° [06. 9730

Feinnivellement des Rheins von Mainz bis zur niederländischen Grenze. Mit 1 Übersichtstaf. Bureau f. d. Hauptnivellements u. Wasserstandsbeobachtungen im Minist. d. öffentl. Arbeiten. Berlin: Stankiewicz 1908. XVI, 177 S. 4° [07. 2141

Feinnivellement ostpreußischer Wasserstraßen. Mit e. schemat. Darstellung. Bur. f. d. Hauptnivellements u. Wasserstandsbeobachtungen im Min. d. öff. Arbeiten. *Berlin 1904: P. Stankiewicz.* (XVI, 55 S.) 4° [04. 18319

Fein-Perl, Königliches, Das ist Unschätzbar heiliges Leben und Todt dess . . . Martyrers Colomanni . . . Wien 1724. V: *Steinhäuser, Matthias.* (EB)

Feinschmecker, Der, oder Sammlung feiner Fleischspeisen . . . Erfurt 1843. V: *Gerlach, Gottlob.* (Ky)

Feinschmecker, der, oder Sammlung feiner Fleischspeisen. Ein Geschenk für junge Damen. Von dem Verf. des eleganten Kaffee- u. Theetisches (G. Gerlach.) 12. Erfurt 843, Hennings u. Hopf. 1/3 ℛ

Feinstein, Hermann. Synthese des 3-Methoxychromons. Diss. Phil. Bern. 32 S. 8. Bern, W. Wälchli, 1904.

Feinsteins Fall, od. der Geist des Brunnens, (von Jos. Al. Gleich): 8. Wien 800.

Feirefiss, moderner Götzendienst. Tote Bildungselemente in Schule u. Haus. E. Blüthenlese v. Urteilen u. Aussprüchen moderner Schulreformer. (129 S.) gr. 8. Leipzig 909. Leipziger Verlags- u. Kommissionsbuchh. 1.50

Feirefiss, Reden u. Aufsätze e. Volkserziehers. (Moderne Kulturprobleme. Beiträge zur neueren Gesellschaftsentwicklg.) (159 S.) gr. 8. Leipzig 909. Leipziger Verlags- u. Kommissionsbuchh. 2.—

— Der Zusammenbruch der reichsdeutschen Politik u. seine Folgen. (Umschlag: Der neue Kurs u. der Zusammenbruch der deutschen Politik. (35 S.) gr. 8. Ebd. 909. —30

Feis, Jak., Eigenes u. Fremdes. Poetischer Nachlaß. 8. (72 S.) Straßburg 901. J. H. E. Heitz. Geb. i. Leinw. n 2.—

Feis, Oswald [aus Mannheim]: Beiträge zur Kenntnis des engen Beckens mit besonderer Berücksichtigung der Therapie. . . . Würzburg, Druck d. Bonitas-Bauer'schen Buchdr., 1889; 42 S. 8°
Würzburg, Med. Fak., Inaug.-Diss. v. 1889

Feis, Osw., üb. d. Komplikation v. Schwangerschaft, Geburt u. Wochenbett m. chron. Herzfehler, s.a. Sammlung klinischer Vorträge.

Über Komplikation von Schwangerschaft, Geburt und Wochenbett mit chronischem Herzfehler v. Oswald **Feis** (Frankfurt a. M.). . . *Leipzig: Breitkopf & Härtel 1898.* (30 S.) 8.
— Sammlung Klinischer Vorträge. N. F. No 213. [98. 6069

Feis, Osw., Studien zur Genealogie u. Psychologie der Musiker, s.a. Grenzfragen des Nerven- u. Seelenlebens. 71. Hft.

Studien über die Genealogie und Psychologie der Musiker von Dr. Oswald **Feis,** Arzt in Frankfurt a. M. Wiesbaden: Bergmann 1910. 97 S. 8°
(Grenzfragen d. Nerven- u. Seelenlebens. H. 71.) [10. 5027

Feis, Oswald, die Walderholungsstätten u. ihre volkshygienische Bedeutung. (V, 81 u. 18 S. m. Abbildgn. u. 5 Taf.) gr. 8. Berlin 905. O. Coblentz. n. 2.—

Feise, Ernst: Der Knittelvers des jungen Goethe. Leipzig: Roth & Schunke 1908. 87 S. 8° ¶(Ersch. auch als Buch ebd. 1909.)
Leipzig, Phil. Diss. v. 12. Dez. 1908, Ref. Köster, Sievers
[Geb. 8. Juni 84 Braunschweig; Wohnort: Braunschweig; Staatsangeh.: Braunschweig; Vorbildung: Neues Gymn. Braunschweig Reife Aug. 02; Studium: Berlin 2, München 2, Leipzig 7 S.; Rig. 13. Febr. 08.] [U 09. 2954

Feise, Ernst, der Knittelvers des jungen Goethe. Eine metr. u. melod. Untersuchg. (88 S. m. 2 Taf.) gr. 8. Leipzig 909. Röder & Schunke. 1.80

Feise, Martin, a. Hildesheim: Über einige neue Carbazolderivate. Hildesheim 1907: A. Lax. (58 S.) 8°
Göttingen, Phil. Fak., Ref. Wallach, Diss. v. 26. Juli 1907
[Geb. 22. Dez. 81 Hildesheim; Wohnort: Hildesheim; Staatsangeh.: Preußen; Vorbildung: Realgymn. Hildesheim Reife O. 02; Studium: Göttingen 2, Kiel 2, Göttingen 5 S.; Rig. 27. Febr. 07.]

Feise, O., Hülfsbuch zum Gebrauche in der Heimatskunde der Landdrostei Hildesheim, s.: Fleischhauer, W.

Zur Geschichte der Juden in Einbeck. Vortrag, geh. 1901 im Verein f. Geschichte u. Altertümer d. Stadt Einbeck u. Umgegend. Von Oberl. Wilhelm **Feise.** Einbeck (1901): Schroedter. 31 S. 8° [Umschlagt.] [09. 4001 3

Feise, W[ilhelm]: Zur Geschichte der Einbecker Ratsschule. S. 33—64. 4. **Progr.** Realgymn. *Einbeck* 1908 (414).

Die Einbecker Nachbarschaft. Vortrag, gehalten am 12. Mai 1900 im Verein für Geschichte und Alterthümer der Stadt Einbeck und Umgegend. Von Oberlehrer WILHELM FEISE in Einbeck. Hannover, Druck von Th. Schäfer. 8°.

Die Einbecker Nachbarschaften von Wilhelm **Feise.** 2. Aufl. Einbeck [um 1908]: J. Schroedter. (38 S.) 8° [Umschlagt. J.] [08. 17316 7

Feisenberger, Albert [Referendar aus Frankfurt a. M.]: Die widerrechtliche Hebung fremder Sparkassen-Guthaben . . . Frankfurt a. M., Druck v. Kornsand & C., 1895; 2 Bl., 58 S. 8.
Marburg, Jur. Fak., Inaug.-Diss. v. [20. Juli] 1895

Feisenberger, Alb., d. widerrechtl. Hebg. fremder Sparkassen-Guthaben. gr. 8. (III, 58 S.) Berlin 895. Puttkammer & Mühlbrecht. n. 1.20

Feisenberger, Alb., Reform der Untersuchungshaft u. Entwurf e. Gesetzes üb. Festnahme u. Verhaftung, s.a. Beiträge zur Reform des Strafprozesses. I, 3.

Feisenberger, Albert. Reform der Untersuchungshaft und Entwurf eines Gesetzes über Festnahme und Verhaftung. Berlin 1908. 8°.
[Beigedr.:] *Rosenberg,* Werner: Franz. Reformbestrebungen. 1908.
(Beiträge z. Reform d. Strafprozesses, hrsg. von Franz *Aschaffenburg*, Paul Felix *Aschrott* u. a. Bd I, H. 3.)

Feisenberger, Alb., s. Wulffen, Erich: Staatsanwaltschaft u. Kriminalpolizei in Deutschland.

Feiser, Marie, wie Trude e. Geschichte erlebte, s.a. Schneeflocken.

Wie Trude eine Geschichte erlebte. Erzählung von Marie **Feiser.** Gütersloh: C. Bertelsmann [1906]. (15 S.) 8° [Umschlagt. J.]
— **Schneeflocken.** 55. [06. 17394

Feiser, P., der Schreibleseunterricht. Begleitwort zur 1. Abtlg. der Büscher'schen Fibel, seit dem Tode d. Verf. hrsg. v. J. Wundt. gr. 8. (28 S.) Düsseldorf 886. Schwann. n. —40

Feiſer, P., der Schreibleſeunterricht. Begleitwort zur 1. Abtlg. der Büſcher'ſchen Fibel, ſeit dem Tode des Verf. hrsg. v. J. Mundt. 2., erweit. Aufl. gr. 8. (42 S.) Düſſeldorf 894. L. Schwann. n. — 40

Feiſer, P., der Schreibleſeunterricht. Begleitwort zur erſten Abteilg. der Büſcherſchen Fibel, ſeit dem Tode des Verf. hrsg. v. J. Mundt. 3. Aufl. (42 S.) 8. Düſſeldorf (908). L. Schwann. — 40

Feiss, J., die schweizerische Armee, s.: Estoppey, D.

— l'armée suisse. 3. éd., entièrement revue en tenant compte des prescriptions actuellement en vigueur et du projet de revision militaire du conseil fédéral du 2 mai 1895. Éd française par Alf. Audeoud. gr. 8. (306 S.) Zürich 896. Art. Institut Orell Füssli, Verl. n. 6. 50

Feiss, J., siehe a. *Exerzir-Reglement.*

— Exerzir-Reglement f. die schweizerische Infanterie vom 23. Dezbr. 1890 m. Erläuterungen. 12. (IV, 162 S.) Zürich 891. Art. Inst. Orell Füssli, Verl. Kart. n. 1. 50

Feiß, J., Grundzüge e. neuen ſchweizeriſchen Militär-Organiſation auf Grundlage der Bundesverfaſſg. v. 1848. 8. (44 S. m. e. Tab. in qu. Fol.) Baſel 872. Amberger. n. — 80

Gutachten über die militärische Bedeutung der Jurabahnen. (Von Oberst Feiss). 9 Stn. 8. Bern 1872.

Feiss, J., die schweizerische Infanterie. Ihre Entwicklg. u. Fortbildg. unter der Militärorganisation v. 1874. gr. 8. (III, 95 S.) Zürich 886. Orell Füssli & Co. Verl. n. 2. —

Feiß, Lehrbuch f. die Unteroffiziere der ſchweizeriſchen Infanterie. 8. (XIII, 171 S.) Zürich 889. Orell Füßli Verl. cart. n. 2. —

— Manuel pour les sous-officiers de l'infanterie suisse. Éd. française par S. Coutau. 8. (IX, 200 S.) Ebd. 889. cart. n. 2. —

Feiss, J. Règlement d'exercice pour l'infanterie suisse du 23 décembre 1890 avec commentaires. Trad. par *Audeoud.* In-12°. IV, 162 p. Zürich, Art. Inst. Orell Füssli. 1891. Cart. 1 50

— u. Good, das Verpflegungswesen der deutschen Armee. Bericht üb. e. militär. Mission zu der deutschen Occupations-Armee in Frankreich, erstattet an das schweizer. Militärdepartement. Novbr. 1871. gr. 8. (92 S.) Bern 872. Jent & Reinert. n. 1. 20

— das Wehrwesen der Schweiz. Lex.-8. (52 S.) Zürich 874. Orell, Füssli & Co. n. 1. 50

Feiss, J., das Wehrwesen in der Schweiz. 2., gänzlich umgearb. u. verm. Aufl. gr. 8. (263 S.) Zürich 880. Orell, Füssli & Co. n. 4. —

— d. Wehrwesen d. Schweiz. Unt. Berücksicht. der z. Z. gült. Vorschriften u. der Militärvorlage des Bundesrates v. 2. Mai 1895 gänzl. umgearb. 3. Aufl. gr. 8. (II, 300 S.) Ebd. 895. n. 4. —

Feisser, J. El., Dissertatio histor.-theolog. inaug., de vita Basilii magni, Caesar. in Cappadocia episcopi. 8 maj. (8 B.) Groningae 828, van Boekeren. (Lipsiae, Barth.)

Feisskohl, Karl (Schriftl.), s. Almanach, Heidelberger akademischer.

Feist, s. Reime eines dänischen Officiers

Feist, malendes Zeichnen, s.: Markort, Karl.

Feist, Alfred

Feist, A., die Geste des Loherains in der Prosabearbeitung der Arsenal-Handschrift, s. a. Ausgaben und Abhandlungen aus dem Gebiete der romanischen Philologie.

Feist, A. Die Geste des Loherains in der Prosabearbeitung der Arsenal-Handschrift. Diss. Marburg 1884. 48 S.

Feist, A., zur Kritik der Bertasage, s. a. Ausgaben und Abhandlungen aus dem Gebiete der romanischen Philologie.

Feist, Alfred [Dr. phil.]: Zur Kritik der Bertasage .... (Aus Ausg. u. Abh. a. d. Geb. d. roman. Philol.) Marburg, Univ.-Buchdr. (R. Friedrich), 1885; 81 S. 8°.
Marburg, Phil. Fak., Hab.-Schr. v. 18. Nov. 1885.

Feist, Andreas

— gründl. Anweiſ. zur Rechnenkunſt. 2 Thle. 8. Bresl. 754. (Gosohorsky). 18 gl

— gründliche Anweiſ. z. Rechenkunſt. 2 Thle. Breslau, Meyer. 754.

Andreas Feiſt's drey nützliche Dinge, beſtehend I. in dem in- und ausländiſchen Wechſelnegotio. II. und III. in Reduction des ausländiſchen Gewicht und Ellenmaaſses gegen ragionirenden Breſslauer Valour. 1750.
* — 2te Aufl. Breſslau. 8. 1 Alph. 18 Bog. (1 Rthlr. 4 gr.) 1764.

Feiſt, Andr., drei nützliche Dinge von Wechſelnegot., Gewicht u. Ellenmaß. 8. Bresl. 761. J. F. Korn. 1 ℔ 4 gl

— drei nützl. Dinge, oder Handbuch d. Rechnenkunſt ꝛc., umgearb. von S. G. Reiche. 2 Thle. (Auch u. d. T.: Reiche, S. G., Handbuch der Rechnenkunſt.) 8. Bresl. 803. J. F. Korn. 1 ℔ 16 gl

* *Andreas Feiſt* das in der Arithmetik wohlbeſtellte Handlungscabinet. Breslau. 8. 421 S. 1735.

Feist, Andreas: „Rechenkunst, nach jetzigem Handlungs-Stylo", 2 Teile, Breslau 1754.

Feist, August,; Dr.: Mathematische Aufgaben. Verzeichnis der mathematischen Aufgaben, die bei den Reifeprüfungen der neunstufigen höheren Lehranstalten des Herzogtums Braunschweig von Ostern 1892 bis Ostern 1903 bearbeitet worden sind. Abt. 1. Braunschweig 1904: Joh. Heinr. Meyer. (21 S.) 4° [F.]
Braunschweig, herz. G Martino-Katharineum OP 1904 (803)

Feist, August, Dr.: Mathematische Aufgaben. Verzeichnis d. math. Aufgaben, die bei d. Reifeprüfungen d. neunstufigen höh. Lehranstalten d. Herzogtums Braunschweig v. Ost. 1892 bis Ost. 1903 bearbeitet worden sind. Abt. 2. Braunschweig 1906: J. H. Meyer. (35 S.) 4° [F.] ¶[Forts. d. P-Beil. 1904.]
Braunschweig, herz. G Martino-Katharineum OP 1906 (858)

Feist, Aug., über die Schutzeinrichtung der Laubknospen etc., s. a. Acta, nova, acad. caes. Leopoldino-Carolinae.

Feist, Aug. [aus Braunschweig]: Ueber die Schutzeinrichtungen der Laubknospen dicotyler Laubbäume während ihrer Entwickelung. . . . (Sep.-Abdr. aus: Nova Acta d. Ksl. Leop.-Carol. Deutschen Akad. d. Naturforscher. Bd. LI No. 5.) Halle, Druck v. E. Blochmann & Sohn in Dresden, 1887; 1 Bl. + 44 S. + 1 Bl. u. 2 Taf. 4°.
Göttingen, Phil. Fak., Inaug.-Diss. v. 3. März 1885.

Feist, A., üb. die Schutzeinrichtungen der Laubknospen dicotyler Laubbäume während ihrer Entwickelung. [Aus: „Nova Acta d. ksl. Leop.-Carol. deutschen Akad. d. Naturforscher".] gr. 4. (44 S. m. 2 Taf.) Halle 887. (Leipzig, Engelmann.) n. 3. —

[F.] **Feist,** *August* [Dr.]: Verzeichnis der naturgeschichtlichen Sammlung des Herzogl. Realgymnasiums zu Braunschweig. 1. Tl: Die höheren Tiere ... nebst e. Vorw. v. Prof. Dr. *Eduard* Steinacker. Braunschweig, Druck v. J.H. Meyer, 1892; VII, 44 S. 8.
Braunschweig, herz. RG, OP 1892 (688)

Feist, Bernhard [aus Mainz]: Ueber die vitale Methylenblaufärbung markhaltiger Nervenstämme. . . . Strassburg, Univ.-Buchdr. v. J. H. Ed. Heitz (Heitz & Mündel), 1889; 1 Bl. + 58 S. 8°
Strassburg, Med. Fak., Inaug.-Diss. v. 1889

[Hebr.] Ha'abarat 'aṣamot miš-šetē battē-'almin bi-kefar Griezheim 'a[l] j[edē] ḥebrot haq-qabošim de Franqfurṭ de-Main. [F.] Die Ausgrabungen auf den jüdischen Begräbnisplätzen in Griesheim a. M. (Verf.: Eduard **Foist.**) *(Rödelheim [1898]: M. Lehrberger & Co.)* (V, 9 S.) 8° [os. 334

Feist, Ernst, Referendar: § 407 Abs. 1 B.G.B. Berlin 1908: J. S. Preuß. (47 S.) 8° [F.]
Heidelberg, Jur. Fak., Ref. Endemann, Diss. v. 1908
[Geb. 21. Nov. 84 Berlin; Wohnort: Berlin; Staatsangeh.: Preußen; Vorbildung: Wilhelms-Gymn. Berlin Reife O. 03; Studium: Freiburg i. B. 1, Berlin 5 S.; Rig. 6. März 07.]

Feist, F., A. Jelitto, P. Odelga, Erläuterungen zu der Mittel- u. Oberstufe (Tle. III u. IV) v. Ferdinand Hirts deutschem Lesebuche. Ausg. E. 1. u. 2. Tl. gr. 8. Breslau, F. Hirt. n. 5. —; geb. n.n. 6. —
1. Mittelstufe. (172 S.) 901. n. 1. 80; geb. n.n. 2. 20
2. Oberstufe v. F. Feist u. P. Odelga. (320 S.) 903. n. 3. 20; geb. n.n. 3. 80

Feist, Fr. S., Entwicklung, Nutzen u. Pflege der Zähne. 12. (14 S.) Offenburg 883. (Trube.) n. — 25

Feist, Franz [aus Frankfurt a/M]: Ueber Lactonsäuren aus Valeraldehyd und Brenzweinsäure .... Strassburg, Univ.-Buchdr. v. J. H. Ed. Heitz (Heitz & Mündel), 1886; 44 S. 8°.
Strassburg, Math.-Naturw. Fak., Inaug.-Diss. v. 1886.

Feist, Franz, über Lactonsäuren aus Valeraldehyd und Brenzweinsäure. Diss. Strassburg i. Els. 1886, Trübners Sort. 8°. 44 S.

Feist, Frz. Ludw., ueber die Heilquellen zu Homburg vor der Höhe. gr. 8. (3⅓ B.) Mainz 842, v. Zabern.

Feist, Frz. Ldw., über die Kopfblutgeschwulst der Neugebornen. gr. 4. Mainz 839. v. Zabern. ½ ₰

Feist, Franz Ludwig (Bensheim)
Thesen aus der gesammten Heilkunde welche den 10.7.1824 zur Erlangung der Doctorwürde in der Medicin, Chirurgie und Geburtshülfe öffentlich vertheidigen wird: Franz Ludwig Feist, aus Bensheim.
Giessen: Schröder 1824. 6 S. vorh. 7.
Dr. med. 10.7.1824.

Feist, Hermann, Referendar a. Nordhausen a. H.: Die Tätigkeit der Frau in der ehelichen Haus- und Berufsgemeinschaft im Rahmen des § 1356 B.G.B. Marburg 1906: (C. A. Kaemmerer & Co., Halle a. S.) (VIII, 58 S.) 8°
Marburg, Jur. Fak., Ref. André, Diss. v. 19. Sept. 1906
[Geb. 14. Apr. 81 Nordhausen; Wohnort: Sulzhayn; Staatsangeh.: Preußen; Vorbildung: Gymn. Nordhausen Reife M. 99; Studium: Marburg 2, Heidelberg 2, Marburg 2 S.; Rig. 14. Febr. 03.]

Feist, Isaac ⟨geb. am 16 Okt. 1813 in Koblenz⟩: De purpura haemorrhagica utrum sit sanguinis an secretionis morbus? ... Bonnae, typ. C. & F. Krüger (1842). 28 S., 2 Bl. 8.
Bonn, Med. Fak., Diss. v. 12 Febr. 1842

Feist, Karl, Dr.: Beiträge zur Kenntnis der Alkaloide und Bitterstoffe der Columbowurzel. Breslau 1907: H. Fleischmann. (87 S.) 8°
Breslau, Phil. Fak., Hab.-Schr. v. 9. Okt. 1907
(Nicht für den Austausch)

Feist, Karl, aus Nordhausen a. H.: Ueber Condensationsprodukte des α-Picolins mit Aldehyden. *Marburg 1901: J. Hamel.* (83 S.) 8°
Marburg, Phil. Diss. v. [29. Juli] 1901

Feist, Otto, Gerichtsref. aus Nordhausen: Das Prinzip der dinglichen Surrogation im Familien- und Erbrechte des Bürgerlichen Gesetzbuches für das deutsche Reich. *Halle a. S. 1903: C. A. Kaemmerer & Co.* (102 S.) 8°
Tübingen, Jur. Diss. v. 1903

Feist, Paul E. [aus Mainz]: Ueber α-Naphtylmethylketon .... Freiburg i. B., Buchdr. v. Chr. Ströcker, 1887; 60 S. + 1 Bl. 8°.
Freiburg i. B., Phil. Fak., Inaug.-Diss. v. 1887.

Feist, Paul E., über α-Naphtylmethylketon. Diss. Freiburg i. B. 1887, Fr. Wagnersche Univ.-Buchh. 8°. 60 S.

Feist, Richard [Bearb.] s. Maercker, G.: Die Nachlassbehandlung, das Erbrecht, Familienrecht und Vormundschaftsrecht . . .

Feist, Sigm., Europa im Lichte der Vorgeschichte u. die Ergebnisse der vergleich. indogerm. Sprachwissenschaft, s.a. Quellen u. Forschungen zur alten Geschichte u. Geographie. 19. Hft.

Europa im Lichte der Vorgeschichte und die Ergebnisse der vergleichenden indogermanischen Sprachwissenschaft. Ein Beitrag z. Frage nach d. Ursitzen d. Indogermanen. Von Sigmund **Feist.** Berlin: Weidmann 1910. 70 S. 8°
(Quellen u. Forschungen z. alten Geschichte u. Geographie. H. 19.) [10. 539. 2

Feist, S., Grundriss der gotischen Etymologie, s.a. Sammlung indogermanischer Wörterbücher.

Feist, Sigmund: Grundriss der gotischen Etymologie. I. Teil: A—H .... Strassburg, Verl. v. Karl J. Trübner, 1888; XIV + 61 S. 8°
Strassburg, Phil. Fak., Inaug.-Diss. v. 1888

Feist, Sigm., Lehr- u. Lesebuch der französischen Sprache f. praktische Ziele. Mit Rücksicht auf die konzentrier. Unterrichtsmethode bearb. 1. Unterstufe. gr. 8. (IX, 187 S.) Halle 895. Buchh. des Waisenhauses. n. 1. 50

Feist, Sigm., Lehr- u. Lesebuch d. französ. Sprache f. prakt. Ziele. M. Rücksicht auf d. konzentr. Unterrichtsmethode bearb. II. u. III. gr. 8. Halle, Buchh. d. Waisenhauses. n. 3. 30 (kplt. n. 4. 80)
II. Mittelstufe. (IX, 284 S.) 897. n. 1. 80
III. Oberstufe. M. e. kleinen Synonymik u. e. Verzeichnis d. gebräuchl. Fremdwörter d. französ. Sprache. (VIII, 196 S.) 898. n. 1. 50

[F.] **Feist,** Sigmund [Dr.]: Die Sage vom Binger Mäuseturm in ihren geschichtlichen, litterarhistorischen und mythischen Beziehungen. 1. Geschichtl. Tl. *Bingen, Druck v. A. J. Pennrich, 1893;* 13—22 S. 4.
Bingen a. Rh., grossh. R, P 1893 (633)

Feist, S., Lehr- u. Lesebuch der französischen Sprache f. praktische Ziele. Mit Rücksicht auf die konzentrier. Unterrichtsmethode bearb. 3 Tle. 2., unveränd. Aufl. gr. 8. Halle, Buchh. des Waisenhauses. n. 4. 80
1. Unterstufe. (IX, 187 S.) 901. n. 1. 50
2. Mittelstufe. (IX, 287 S.) 901. n. 1. 80
3. Oberstufe. Mit e. kleinen Synonymik u. e. Verzeichnis der gebräuchlichsten Fremdwörter der französ. Sprache. (VIII, 196 S.) 902. n. 1. 50

[F.] **Feist,** Sigmund [Dr.]: Die phonetische Schulung im französischen Anfangsunterricht. *Bingen, Druck v. A. J. Pennrich, 1891;* S. 14 - 16; 4°
Bingen a. Rh., grossh. R, P 1891 (629)

Feist, S., die deutsche Sprache. Kurzer Abriss der Geschichte unserer Muttersprache v. den ältesten Zeiten bis auf die Gegenwart. Mit 9 Taf., 2 Abbildgn. im Text u. 1 Karte. (XVI, 236 S.) kl. 8. Stuttgart 906. F. Lehmann. Geb. in Leinw. n. 1. —

— Etymologisches Wörterbuch der gotischen Sprache m. Einschluss des sog. Krimgotischen. Wörterverzeichnisse. (XVI, 380 S.) gr. 8. Halle 909. M. Niemeyer. 12.— ; geb. 14.—

Feist, Stef., der Wettbewerb im Handelsstande. Ratgeber f. Kaufleute u. Handlungsgehilfen. Bearb. auf Grund des neuen Wettbewerbsgesetzes v. 7. VI. 1909 m. zahlreichen Reklamebeispielen nebst dem vollständ. Gesetzestexte u. den bezügl. Bundesratsverordngn. (74 S.) kl. 8. Leipzig 910. R. Wagner & Co. Geb. 1. 20

Feistel, C. W., s. Quintessenz alles Wissenswerthen.

Feistel-Rohmeder, Bettina, das Frauenbildnis in der venezianischen Renaissance. s.a. Frau, die. 7. Bd.

Feistel-Rohmeder, Bettina. Das Frauenbildnis in der venezianischen Renaissance. Leipzig. Friedrich Rothbarth (1906).
77 S., 10 Taf. 8°.

Feistkorn [Franz], Prof.: Bericht über die Einweihungsfeier. Swinemünde 1907: W. Fritzsche. (S. 3—10.) 4° [F.]
Swinemünde, RPG P 1907 (193)

Feistkorn, Otto, appr. Arzt: Kasuistischer Beitrag zur Lehre vom Infantilismus. Leipzig 1907: B. Georgi. (39 S.) 8°
Leipzig, Med. Fak., Ref. Flechsig, Diss. v. 31. Juli 1907
[Geb. 4. Febr. 73 Merseburg; Wohnort: Oberhof i. Th.; Staatsangeh.: Sachsen-Coburg-Gotha; Vorbildung: Gymn. Ernestinum Gotha Reife O. 92; Studium: München 2, Berlin 2, Halle 5 S.; Coll. 2. Aug. 07; Approb. 15. Juli 97.]

Feistkorn, Paul *Hermann* [aus Laucha (Unstrut)]: Die Behandlung der Trigeminusneuralgie ... Halle a. S., Druck v. E. Karras, 1894; 30 S., 2 Bl. 8.
Halle, Med. Fak., Inaug.-Diss. v. 14. Aug. 1894

Feistle, Anton Dr. „Ueber Dungstoffe, welche man im Allgäu anwendet und über andere, die beachtungswerth wären". pg. 11—17. 4°. Joseph Kösel.
Kempten, Progr. 1841/42

Feistle, A. Dr. (k. Subrector) „Die Flora der hiesigen Gegend". pg. 9—20. 4°. Joseph Bernard Dorn.
Kaufbeuren, Progr. 1835/36

Feistle, Herm., Füssen u. Umgebg. Taschenbüchlein f. Natur- u. Kunstfreunde. 12. (VII, 83 S.) Füssen 898. (M. Endtor.) n. 1. 20

Feistleg, Herm., Der Parlamentarismus und die Arbeiterklasse. s. l. s. a.

Feistmandel, C., die Impfstoffe u. Sera. s.: Deutsch. L.

Feistmann, Fritz: Über Erythrodextrin IIα und Amylose. 1909. 37 S. 8°
München, Dr.-Ing.-Diss. v. 1. 7. 1909

Rudolf Ritter von Feistmantel und sein Wirken. Nekrolog aus der Feder eines Freundes und Mitarbeiters am Werke des forstlichen Fortschrittes, veranlaßt vom Österreichischen Reichsforstvereine. Wien 1871. 20 S., 1 Portr.

Feistmantel, Rit. v.: Die Declination der griechischen Eigennamen bei dem röm. Dichter P. Vergilius Maro. 22 S. —Baden, Progr. 1867

Feistmantel, Carl, s. F e i s t m a n t e l, Karl

Feistmantel, E. Ritter von: P s y c h o l o g i s c h e s in des Tacitus Annalen. 21 S. – Wien, VI., Progr. 1878

Feistmantel, Herm. Ritter v., d. Einlösungsrecht d. Staates u. d. österr. Eisenbahnconcessionen. gr. 8. (VIII, 57 S.) Wien 895. Manz. n. 1. 20

FEISTMANTEL, Hermann Ritter von
(F) Der Process der Bau- und Betriebsgesellschaft für städtische Strassenbahnen in Wien wegen Gewährung der finanziellen Begünstigungen gemäss dem Gesetze über Bahnen niederer Ordnung vom 31. December 1894, R. G. Bl. Nr. 2 ex 1895 vor dem k. k. österreichischen Verwaltungsgerichtshofe. Herausgegeben im Auftrage der Bau- und Betriebsgesellschaft für städtische Strassenbahnen in Wien von Dr. Hermann Ritter von F e i s t m a n t e l. Wien. 1900. Selbstverlag der Bau- und Betriebsgesellschaft für städtische Strassenbahnen in Wien. [In Comm. Manz.] Gr.-8°. VI, 114 S. K 1.40

Feistmantel, Jos., Gedichte. Prag 863. Mercy in Comm. 8. (VII, 325 S.) n. 1 ℛ 10 ngr

Feistmantel, Karl, s. a. F e i s t m a n t e l, Ottokar

Feistmantel, Karl, über Araucaroxylon in der Steinkohlenablagerung von Mittel-Böhmen. gr. 4. (24 S. mit 2 lithogr. Taf.) Prag 883, (Calve'sche Universitäts-Buchh.) *
Aus: Abhandlungen der k. böhm. Gesellschaft der Wissenschaften, besonders abgedruckt.

——— Ueber Baumfarne der böhmischen Steinkohlen-, Perm- und Kreideformation. (Abhandl. d. Kgl. böhm. Ges. d. Wissensch. 6. Folge. 5. Band.) Prag 1872. 4. Mit 2 Tafeln.

Feistmantel (Karl). Beitrag zur fossilen Flora der böhmischen Steinkohlenbecken. (Auszug a. d. Jahresber. d. naturhistor. Vereins „Lotos".) Prag 1879. 8.

Feistmantel, Carl, Beobachtungen über einige fossile Pflanzen aus dem Steinkohlenbecken von Radnic. gr. 4. (24 S. mit 2 lithogr. Taf. Abbild. in qu. gr. Fol.) Prag 869, (Calve'sche Universitäts-Buchh.) *
Aus: Abhandlungen der k. böhm. Gesellschaft der Wissenschaften, besonders abgedruckt.

——— Uebersichtliche Darstellung der geologisch-palaeontologischen Verhältnisse in Süd-Afrika. 1. Theil. Die Karoo-Formation und die dieselbe unterlagernden Schichten. (Abhandl. d. Kgl. böhm. Ges. d. Wissensch. 7. Folge. 3. Band.) Prag 1889. 4. Mit 4 Tafeln.

——— Ueber die fossile Flora des Hangendzuges im Kladno-Rakonitzer Steinkohlenbecken. Vorläufiger Bericht. (Sitzungsber. d. Kgl. böhm. Ges. d. Wissensch.) Prag 1880. 8.

——— Neue Fundorte von Steinkohlenpflanzen in Böhmen. (Separat-Abdruck Sitzungsber. d. Kgl. böhm. Ges. d. Wissensch.) Prag 1882. 8.

——— Ueber die Gliederung der Mittelböhmischen Steinkohlen-Ablagerung. (Sitzungsber. d. Kgl. böhm. Ges. d. Wissensch.) Prag 1881. 8.

Feistmantel, Karl: Der H a n g e n d f l ö t z z u g im Schlan-Rakonitzer Steinkohlenbecken, s.: A r c h i v der naturwissenschaftlichen Landesdurchforschung v. Böhmen.

——— Ueber einen neuen böhmischen Carpolithen. (Sep.-Abdr. Sitzungsber. d. Kgl. böhm. Ges. d. Wissensch.) Prag 1881. 8. Mit 1 Taf.

——— Ueber die Nöggerathien und deren Verbreitung in der böhmischen Steinkohlenformation. (Sep.-Abdr. Sitzungsber. d. Königl. böhm. Ges. d. Wissensch.) Prag 1879. 8.

——— Eine neue Pflanzengattung aus böhmischen Steinkohlenschichten. (Sep.-Abdr. Sitzungsber. d. Kgl. böhm. Ges. d. Wissensch.) Prag 1879. 8.

Feistmantel, C. Die Porphyre im Silurgebirge von Mittelböhmen. (Aus den Abh. d. böhm. Gesellsch. d. Wissensch.) Prag. 1859. 4.

——— Die Psaronien der böhmischen Steinkohlenformation. (Sitzungsber. d. Kgl. böhm. Ges. d. Wissensch.) Prag 1882. 8. Mit 1 Tafel.

——— Ueber die pflanzen- und kohlenführenden Schichten in Indien (bezw. Asien), Afrika und Australien und darin vorkommende glaciale Erscheinungen. (Sitzungsber. d. Kgl. böhm. Ges. d. Wissensch.) Prag 1887. 8.

——— Schotterablagerungen in der Umgebung von Pürglitz. (Separat-Abdruck Sitzungsber. d. Kgl. böhm. Ges. d. Wissensch.) Prag 1881. 8.

Feistmantel, Karl: Die mittelböhmische S t e i n k o h l e n - a b l a g e r u n g, s. a. A r c h i v der naturwissenschaftlichen Landesdurchforschung v. Böhmen.

Feistmantel, C. Die mittelböhmische Steinkohlenablagerung. Prag, 1883.

— Die Steinkohlengebilde in der Umgebung von Radnic in Böhmen. (Aus d. Abh. d. k. böhm. Ges. d. Wissensch.) Prag. 1861. 4.

——— Ueber Steinkohlenpflanzen aus Portugal. (Sep.-Abdr. a. d. Zeitschr. „Lotos".) Prag 1875. 8.

Trinkwasser und Infektionskrankheiten. Epidemiologie, Untersuchungsmethoden, Sterilisierungsverfahren. Von Dr. C[arl] Feistmantel, Regimentsarzt in Budapest. *Leipzig: G. Thieme 1904.* (VIII, 122 S.) 8°

Feistmantel, K., orographisch-geotektonische Übersicht des silurischen Gebietes im mittleren Böhmen, s. Archiv für naturwissenschaftliche Landesdurchforschung von Böhmen.

— orographisch-geotektonische Ubersicht d. silurischen Gebietes im mittleren Böhmen, s.: Kroijči, J.

——— Ueber die Verbreitung und geologische Stellung der verkieselten Araucariten-Stämme in Böhmen. (Sep.-Abdr. Sitzungsber. d. Königl. böhm. Ges. d. Wissensch.) Prag 1873. 8.

——— Ueber das Verhältniss der böhmischen Steinkohlen- zur Permformation. (Sep.-Abdr. Jahrb. d. K. K. geol. Reichsanst. 1873. Band 23.) 8. Mit 1 Tafel.

——— Die geologischen Verhältnisse des Hangendflötzzuges im Schlan-Rakowitzer Steinkohlenbecken. (Sep.-Abdr. Sitzungsber. d. Kgl. böhm. Ges. d. Wissensch.) Prag 1881. 8.

——— Vorbericht über die Perucer Kreideschichten in Böhmen und ihre fossilen Reste. (Sitzungsber. d. Kgl. böhm. Ges. d. Wissensch.) Prag 1875. 8.

Feistmantel, Ottokar, s.a. Feistmantel, Karl

Feistmantel, O. Über Baumfarrenreste der böhmischen Steinkohlen-, Perm- und Kreideformation. Prag 1872. 4.

Feistmantel, O. Beitrag zur Palaeontologie der Sphärosiderite im Kohlengebirge Böhmens. 1873.

Feistmantel, Ottokar, palaeontologische Beiträge. I. Ueber die indischen Cycadeengattungen Ptilophyllum Morr. u. Dictyozamites Oldh. II. Ueber die Gattung Williamsonia Carr. in Indien, nebst Bemerkungen üb. die Flora, mit der sie in den Schichten vergesellschaftet vorkommt. Mit 9 (lith.) Taf. Abbildungen. gr. 4. (III, 51 S.) Kassel 877. Fischer. n. 18. —

Feistmantel, O. Bemerkungen über die Gattung Nöggerathia, sowie die neuen Gattungen Nöggerathiopsis und Rhiptozamites. 1879.

Feistmantel, O. Übersichtliche Darstellung der Fundorte von böhmischen Steinkohlenpetrefacten. 1873.

FEISTMANTEL (O.). Fruchtstadien foss. Pflanzen des boehm. Steinkohlenformation. Prag, 1872. 4°.

Feistmantel, O. Über den Nürschaner Gasschiefer, dessen geologische Stellung und organische Einschlüsse. 1873.

Feistmantel, O. Kleine paläontologisch-geologische Mittheilungen. 1873–75.

Feistmantel, O. Über die Permformation zwischen Budweis und Frauenberg. 1872.

FEISTMANTEL (O.). Foss. Pflanzen der Steinkohlenbeckens von Radnitz. Prag, 1868. 4°.

Feistmantel, O. Über Pflanzenpetrefacte aus dem Nyraner Gasschiefer, sowie seine Lagerung und sein Verhältniss zu den übrigen Schichten. 1870.

Feistmantel, O. Über Pflanzenreste aus dem Steinkohlenbecken von Merklin. 1872.

——— Pflanzenversteinergungen der boehm. Kohlengebirgsablagergungen. Cassel, 1874–6. 4°.

Feistmantel, O. Über die Steinkohlenablagerung bei Brandau im Erzgebirge. 1873.

Feistmantel, O. Steinkohlen- und Perm-Ablagerung bei Prag. Prag 1873. 4.

——— (Ottokar), Steinkohlenflora von Kralup in Böhmen. (Sep.-Abdr. Abhandl. d. Kgl. böhm. Ges. d. Wissensch. 6. Folge, Bd. 5.) Prag 1871. 4. Mit 4 Tafeln.

——— Studien im Gebiete des Kohlengebirges von Boehmen. Prag, 1874–7. 4°.

Feistmantel, Ottokar, die Theekultur in Britisch-Ost-Indien. Im 50. Jahre ihres Bestandes, historisch, naturwissenschaftlich und statistisch dargestellt. gr. 8. (VIII, 104 S.) Prag 888, Calve'sche Hof- und Universitäts-Buchh. *

Feistmantel, O. Über die Verbreitung und geologische Stellung der verkieselten Araucariten-Stämme in Böhmen. 1873.

— über das Verhältniss gewisser fossilen Floren u. Landfaunen untereinander u. zu den gleichzeitigen Meeresfaunen in Indien, Afrika u. Australien. gr. 8. (38 S. m. Tab. u. 1 lith. Karte.) Calcutta 877. (Berlin, Friedländer & Sohn.) n. 1. 60

Feistmantel, O. Über das Verhältniss der böhmischen Steinkohlen- zur Permformation. 1873.

Feistmantel, Ottokar, die Versteinerungen der böhmischen Kohlengebirgsablagerungen m. theilweiser Ergänzg. der mangelhaften Formen aus dem niederschles. Becken 9 Lfgn. gr. 4. (1. Abth. XV, 204 S. u. 2. Abth. XII, 94 S. m. 63 zum Theil farb. Steintaf. in gr. 4. u. qu. Fol.) Kassel 875. 76. Fischer. n. 162. —

Feistmantel, O. Vorbericht über die Perucer Kreideschichten in Böhmen und ihre fossilen Reste. 1874.

Feistmantel, O. Über das Vorkommen von Nöggerathia foliosa im Steinkohlengebirge von Oberschlesien. 1875.

Feistmantel, Rud., die Forstwissenschaft nach ihrem ganzen Umfange u. mit besond. Rücksicht auf d. österr. Staaten, systemat. dargest. 1—4. Abthl. gr. 8. Wien, (Beck'sche Univ.-Buchh.) *
Abthl. 1. Grundzüge d. Forstnaturlehre, od. Darstell. d. Forste in Bezieh. ihrer Vegetation u. d. Einflusses v. Boden, Gebirgsarten, Clima u. schädl. Thieren. M. 3 ill. Taf. (25⅛ B.) 835. * 2 Thlr.
" 2. Grundzüge d. Forsterziehung, od. Darstell. d. Forste in Bezieh. ihrer entsprech. Anzucht u. Bewahrung geg. äußere nachtheil. Einflüsse. M. 1 lith. Taf. (15½ B.) 835. * 1 Thlr. 8 Gr.
" 3. Grundzüge d. Forstbenützung, od. Darstell. d. Forste in Bezieh. d. entsprech. Gewinnung u. Verwend. ihrer Haupt- u. Nebennutzungsgegenstände. M. (5) lith. Taf. (31 B.) 836. * 2 Thlr. 6 Gr.
" 4. Grundzüge d. Forstverwaltung, u. Darstell. d. Forstwesens als Staatsaufgabe. M. 1 lith. Karte. gr. 8. (23⅛ B. u. 2⅛ B. Tab.) 836. * 1 Thlr. 20 Gr.

Feistmantel, Rud., die politische Oekonomie mit Rücksicht auf das forstliche Bedürfniß. Für Forstwirthe, angehende Forstmänner und Freunde des Forstwesens. Lex.-8. (IV und 296 S.) Wien 835(36,) Braumüller. *

Feistmantel, Rud. R. v., der Streit üb. die Bewirthschaftung d. Wiener Waldes. Ein Wort der Erwiederg. auf die Schrift: „der Wiener Wald u. Minist.-R. Ritter v. Feistmantel." gr. 8. (44 S.) Wien 870. Gerold's Sohn. n. — 80

Feistmantel's, R. v., allgemeine Waldbestandestafeln, s.a. Rokitansky, Ant.

Feistmantel's allgemeine Waldbestandestafeln. Cubiktabellen f. runde, geschnittene u. behauene Hölzer, nebst anderen Hülfstafeln f. Waldschätzungszwecke. 2. Aufl. Für das Hectar umgerechnet u. neu bearb. v. Ant. Rokitansky. gr. 8. (IV, 162 S.) Wien 876. Braumüller. n. 3. 60

Feistner, Wilh., Geschichte der königl. Stadt Aussig bis zum J. 1547. Ein Beitrag zur Geschichte der Deutschen in Böhmen. gr. 8. (X, 282 S.) Reichenberg 884. Schöpfer's Verl. n. 5. —

(FEISTRITZER, RAIMUND:) Weg der Franziskaner in das himmlische Jerusalem, enthaltend: das Leben, die Regel und das Testament des heiligen Seraphischen Franziskus v. Assis mit Morgen-, Abend-, Beicht-, Communion- und Meßgebeten zum Gebrauche der Laienbruder. Herausgegeben von Dominik Kirchmayer. Ofen 1841. Gedr. mit kön. ung. Universitäts-Schriften. 279 S. - 150 mm

Feit: Schwerttänze und Fechtschulen in Schlesien, insbesondere in Breslau. S. 176—233. Sonderdr. aus: Zeitschr. d. Ver. f. Geschichte u. Altertum Schlesiens. Bd. 38. 1904.

Feit, A. C., Bericht der zur Berathung der Trichinen-Frage niedergesetzten Commission der medicinischen Gesellschaft zu Berlin über öffentliche Schlachthäuser. gr. 8. (IV und 34 S. mit 1 Stnt. in qu. Fol.) Berlin 864, G. Reimer. *

Feit, A. Über öffentl. Schlachthäuser. M. 1 Taf. Berlin 1864.

Feit, Adolph. Car. (geb. Berlin 4. 12. 1822): De crisiologia. Berolini (1849). (48 S.) 8°
Berlin, Med. Diss. v. 18. Mai 1849

Feit, P., Glossar u. Wortregister zum hansischen Urkundenbuch Bd. I—III. 4. (S. 535—586.) Halle 886. Buchh. d. Waisenhauses. n. 2. 80
s.a. Urkundenbuch, hansisches.

Feit, *Paul Ansprache bei dem Tode des am 23. April 1893 gestorb. Zeichenlehrers Förster.* 4 (S. 13—14). Städt. G. *Ohlau* 1894 (200).
Progr.

Feit, [Paul]: [Ansprache anläßlich des Todes des Professors Dr. Paul Scholz.] S. 28—30. 4. Kgl. Friedrichs-Gymn. *Breslau* 1903 (207).
Progr.

Feit, *Paul* [Dr., Dir.]: Antrittsrede. ([Umschlagt.:] Schulreden. [n.]) Königshütte O.-S., Druck v. R. Giebler, 1896; 5—12 S. 4.
Königshütte O.-S., k. G, P 1896 (104)

Feit, Paul, Dir. Prof. Dr.: Einiges von der ästhetischen Ausbildung der Schüler. Antrittsrede. *Breslau 1901: O. Gutsmann.* (S. 3—10.) 4°
Breslau, k. Friedrichs-G, OP 1901 (180)

Feit, *Paul* [Dr., Dir.]: *Gedächtnisrede auf Zeichenlehrer Wilhelm Förster, gest. am 8. April 1893.* Ohlau, Schnellpressendr. v. A. Bial, *1894:* 13—14 S. 4.
Ohlau, st. G, P 1894 (200)

(**Feit,** [Paul], Dir. Prof. Dr.): [Gedächtnisrede für den Oberlehrer Prof. Dr. Scholz.] *Breslau 1903: R. Nischkowsky.* (S. 28—30.) 4°
Breslau, k. Friedrichs-G, OP 1903 (207)

Feit, P., das deutsche Märchen. Ein Vortrag zum Besten d. Denkmals der Brüder Grimm aus Hanau. 4. (16 S.) Lübeck 885. (Gläser.) n. — 50

Feit, Paul, De Germanorum nominibus propriis compositis. Lübeck 1875. gr. 4.
Progr. Catharin. Lubeck.

Feit, Paul Aus Fichte's Reden an die deutsche Nation. Schulrede gehalten am Sedantage 1878. S. 39—46. G. *Lübeck* 1879.
Progr.

Feit, Paul, Jakob Ludwig Sobieśky, Prinz v. Polen, Pfandherr v. Ohlau. [Aus: „Zeitschr. d. Vereins f. Geschichte u. Alterthum Schlesiens".] gr. 8. (32 S.) Breslau 892. (Ohlau, F. Leichter.) n. — 40

Feit, *Paul* Sophonisbe, Tragödie von Giovanni Giorgio Trissino übersetzt. (Umschlagtitel: Sophonisbe, ... Trissino, eingeleitet und übersetzt.) 4 (50 S.). Katharineum *Lübeck* 1888 (692).
Progr.

— **Sophonisbe in Geschichte u. Dichtung.** Vortrag. [Aus: „Lüb. Blätter".] gr. 8. (23 S.) Lübeck 888. (Gläser.) n. — 40

Feit, Wilh., über die Darstellung des Chlorkaliums aus Hartsalz. (83 S.) 8. Halle 909. W. Knapp. 2. 40
Sonderabdruck aus „Kali".

Feit, Wilhelm [aus Lippstadt]: Über das Thallium. ... Lippstadt, Buchdr. v. E. Hegener, 1888; 1 Bl. + 81 S. 8°
Rostock, Phil. Fak., Inaug.-Diss. v. 4. Aug. 1889

Feitel, Johs. Bernard, Kommentar zu Fr. W. Webers Dreizehnlinden. Für Schule u. Haus. (90 S. m. 1 Kartenskizze.) 8. Paderborn 905. F. Schöningh. n. — 50

Feitel, Johs. Bernard, Kommentar zu Fr. W. Webers Dreizehnlinden. Für Schule u. Haus. 2. Aufl. (80 S. m. 1 eingedr. Kartenskizze.) 8. Paderborn 909. F. Schöningh. — 50

Feitel, Moritz, משיבת נפש Hauspostilla zur Belehrung u. Erbauung für Israeliten. — Meschibath Nefesch. — gr. 8. Wien 842. (Pesth, Geibel.) geb. n. 2/3 ₰

Feitel, Rudolf, aus Eschwege: **Beiträge zur vergleichenden Anatomie der Laubblätter bei den Campanulaceen des Caplandes.** Mit 25 Fig. *Cassel 1900: Gebr. Gotthelft.* (42 S.) 8° ¶ Aus: Botan. Centralblatt, Bd 81.
Kiel, Phil. Diss. v. [16. Dez.] 1899

Die Bekleidungs-Industrie. Von Dr. [David] **Feitelberg.** *Berlin 1901: (Liebheit & Thiesen).* (26 S.) 8°
— **Interesse** d. deutschen Industrie an d. Handelsverträgen. 6. (... 3

Feitelberg, D., die Einkommenbesteuerung nichtphysischer (juristischer) Personen, s.a. Studien, staatswissenschaftliche. VI. 7.

Feitelberg, David, aus Kurland: Die **Einkommensbesteuerung** nichtphysischer (juristischer) Personen. *Berlin 1900.* (40 S.) 8° ¶ [Erschien vollst. 1900 in: Staatswiss. Studien, Bd 6, H. 7.]
Berlin, Phil. Diss. v. 3. Febr. 1900

Feitelberg, Jac., über den Einfluss einiger Gifte auf die Alkalescenz des Blutes. Inaugural-Dissertation. gr. 8. (45 S.) Dorpat 883, (Schnakenburg's Verlagsh.) *

Feitelberg, Jos., der Stand der normalen untern Lungenränder in den verschiedenen Lebensaltern nach den Ergebnissen der Percussion. Inaugural-Dissertation. gr. 8. (94 S.) Dorpat 884, (Karow.) *

Feiten, Weihbischof. Ein Lebensbild. [Aus: „St. Paulinus-Blatt".] 8. (12 S.) Trier 887. Paulinus-Druckerei. — 10

Feiten, F., u. **A. Krohmann,** Dichtungen f. Volksschüler u. Präparanden, zusammengestellt nach dem Ministerialerlaß v. 15. III. 1900 u. der Rundverfügg. des Kgl. Prov.-Schulkollegiums zu Coblenz vom 11. IX. 1907, nebst kurzen Dichterbiographien. (VIII, 119 S.) 8. Neuwied 908. Heuser's Verl. Kart. 1. 20

Feith, Eberhard

Feith, Everhardus. Antiquitatum Homericarum Libri IV . . . Argentorati 1743. H: *Stöber, Elias.* (BrMm)

Feith, Ebh., antiquitat. homericar. libri IV. c. fig. 8. Argent. Stein. 743.

Feith, Eduard. (geb. Siegburg 29. 9. 1838): Physiologico-pathologica de diabete mellito commentatio. Berolini (1861). (32 S.) 8°
Berlin, Med. Diss. v. 20. Juli 1861

Feith, H. O. [Hrsg.], s. Gustave Adolphe, König von Schweden

Feith, Hermann: Über Esterbildung. *Köln 1897: Ph. Ansel.* (37 S.) 8°
Heidelberg, Naturw.-math. Diss. v. [8. Febr.] 1898

Feith, Johan Adriaan

Feith, J. A., Anleitung zum Ordnen u. Beschreiben v. Archiven, s.: Muller, Frz. S.

Feith, Joseph, aus Siegburg: Aus d. Laboratorium d. med. Klinik zu Bonn. Ueber den Einfluss einiger Arzneimittel auf die Bildung und Ausscheidung der Harnsäure und ihrer Oxydationsproducte, insbesondere auf die des Allantoins. *Bonn 1900: J. Trapp.* (21 S.) 8°
Bonn, Med. Diss. v. [28. Apr.] 1900

Feith, R., Julie, nebst einigen vermischten Aufsätzen; aus d. Holländ. übers. 8. Leipz. 788. Schwickert. 12 ₰

Feith, Julie, nebst etlichen andern Aufsätzen. 8. Manh. 797. Schwan u. G. 16 ₰

Feitler, Sigmund

Feitler, S., die Gewinnung v. Alkohol aus Holzabfällen. (19 S.) gr. 8. Wien 904. Administration des k. k. österr. Handels-Museums. n. — 50
Sonderabdruck aus: „Jahrb. d. Export-Akad. des österr. Handels-Museums."

Feitler, Sigm., leichtfaßlicher Leitfaden der Technologie der landwirtschaftlichen Gewerbe (Zucker, Bier, Spiritus, Brantwein u. Preßhefe) zum Gebrauche f. Cameralbeamte, Finanzorgane, Zucker- u. Branntweinsteuer-Controlsbeamte 2c. 2c. gr. 8. (387 S. m. 72 Abbildgn.) Wien 894. A. Hölder. n. 6.50

Feitler, Sigmund [aus Kaplitz (Böhmen)]: Ueber die Molekularvolumina einiger Substitutionsprodukte aromatischer Kohlenwasserstoffe. . . . Tübingen, Druck v. H. Laupp jr., 1889; 86 S. u. 2 Taf. 8°
Tübingen, Naturw. Fak., Inaug.-Diss. v. 1889

Feitler, Siegmund, aus Darmstadt: Zur Pathologie der Leberlues. *Würzburg 1901: Verlagsdruckerei.* (32 S.) 8°
Würzburg, Med. Diss. v. 1901

***Feitscker*, M. J.**, commentatio sistens disquisitionem, num differentia inter dominium et obligationem l. E. inter jus, quod personam afficit, quum in Codice Napoleonis expresse non tradatur, ei sit incognita? 4 maj. Götting. 815. Brose. 8 gr.

Feitscher, Matthias Friedrich (Sueco-Pomerani), Commentatio sistens disquisitionem: num differentia inter dominium et obligationem i. e. inter jus, quod rem, et jus, quod personam afficit, quum in codice Napoleoneo expresse non tradatur, ei sit incognita? Praemio ornata 1812. Götting. (Chn. Herbst) 1815. 58 S. (5.—) 8656

Feitzinger's, Eduard, Führer durch Teschen u. Umgebung. (IV, 44 S.) 12. Teschen 903. E. Feitzinger. n. — 50

Feitzinger, H., Die Wohnungsbeschaffung in den Grossstädten. gr. 8°. Wien 1890.

Feiwel, Berth., junge Harfen. Eine Sammlung jungjüd. Gedichte. Hrsg. v. F. (76 S.) 4. Berlin (903). Cöln, Jüd. Verlag. n. 1.50

(B) **Feiwel**, B., junge Harfen. 903. (KBl. 83.) Erh. Pr. 2. —

Die Judenmassacres in Kischinew von Told [d. i. Berthold **Feiwel**]. Mit e. Weiheblatt von E. M. Lilien u. Ill. [3. Aufl.] Berlin: Jued. Verl. [1903]. (102 S.) 8° [J.-A. 1903]

Feiwel, Berth., Modernes Judenthum. Tendenzrede, geh. anläßl. d. Gründgs.-Commerses d. jüdisch-academ. Vereine „Veritas" u. „Zephirah" in Brünn (19. Decbr. 1896). gr. 8. (18 S.) Brünn 897. B. Epstein & Co. n. — 30

Feiwel, B., s. Welt, die.

Felx, Heinr., u. Frdr. Jung, Anschauungs-Unterricht. Ein Beitrag zur Erweiterung d. sinnl. u. sittl. Vorstellungskreises unserer Kleinen in Schule, Haus, Garten, Feld, Wiese, Wald, Stadt, Land u. in den Jahreszeiten. 2. (Titel-)Aufl. gr. 8. (VIII, 277 S.) Wiesbaden (1867) 881. Limbarth. n. 2. 40

Felx, Heinr., u. Frdr. Jung, durch die Heimath. Umschau in Schule, Haus, Garten 2c. Ein Beitrag zur Erweiterung des sinnlichen u. sittlichen Vorstellungskreises unserer Kleinen. Wiesbaden 867. Limbarth. gr. 8. (VIII, 278 S.) n. 24 ngr.

Felx, Rud., Adjutanten-Dienst, s.: Feiér de Bück, Ant.

Feix, übersichtliche Darstellung des Munitions-Ersatzes bei sämmtlichen Truppen durch alle Linien. Lith. Tabelle. gr. Fol. Linz 889. (Mareis.) n. — 70

Feix, Rud., neue Principien zur flüchtigen Deckung der Feld-Artillerien beim Angriffe. gr. 8. (40 S.) Wien 887. (Rathenow, Babenzien.) *

— die Uebungen im Geschützplaciren, wie sie vorgenommen werden u. wie sie ausgeführt werden sollten. gr. 8. (57 S.) Ebd. 885. n. 1. 20

Fekeshazy, Geo., Entdeckung der Urkeime vieler Seuchen, näml. von Ungeziefern u. Würmern d. Hausthiere, von Schafkrankheiten u. s. w. gr. 8. Preßb. 790.

Fekete, H. Michael v. — Vesper-Andacht, wie selbe in der Pfarrkirche zur heil. Theresia und in der Hauskapelle der „Kinder Mariens" . . . abgehalten werden kann — —. Pest, 1857. Gedr. bei Josef Gyurian. (25 S. 8)

Die Ziele und Mittel der Freimaurerei. Von Ignaz Fekete, Béla v. Katona u. Mor. Gelléri. [ca. 1903.]
[Bericht d. Symb. Gr. loge v. Ungarn. 1903 S. 25.]

Fekete, Joh., Hülfsbüchlein für Alle, die in kürzester Zeit das Nothwendigste ungarisch verstehen, lesen und sprechen wollen. 8. (48 S.) Wien 847, Haas'sche Buchh.

Fekete, Joh., Vorträge üb. d. Grundzüge d. Strategie in d. k. u. k. Corps-Officiersschulen. gr. 8. (VIII, 112 S.) Agram 897. L. Hartmán's Verl. n.n. 3. —

Fekete, Dr. Jul., Kgl. Gerichtsrat. Der Einfluss der Trunksucht auf die gesellschaftliche Ordnung und die Massnahmen zu ihrer Bekämpfung. Von der Ungarischen Akademie der Wissenschaften mit dem Sztrokay-Preise gekrönte Schrift. Budapest 1893.

Fekete, Sigism., Schiffahrtskanäle m. grossen Gefällen ohne Schleussen. Neue Systeme. gr. 8. (69 S. m. Abb. u. 1 Taf.) Budapest 902. Leipzig, A. Duncker. n. 5. —

Fekete, S., Schiffahrtskanäle mit grossen Gefällen ohne Schleusen. Neue Systeme. Gr.-8°. (69 S.) K 6.—
Wien: Lehmann & Wentzel 1902.

FEKETE, Vincentius: Merita Romanorum pontificum in bellis Hungarico-Turcaicis a clade Mohácsensi usque ad reoccupationem arcis Budae, 1526—1686. — (1909) 227 S. 8° (Handschr.)
Diss. Wien, Univ.

Fekete von Galantha, Johann

BUCHSTABEN, Die. Bruchstücke über . . . was Sie wollen; kein A, B, C, weder für kleine noch für grosse Kinder; keine Wochenschrift, auch nicht ganz eine Satire, gewiss kein Libell, ex omnibus aliquid (von *Johann* Grafen ***Fekete von Galantha***). O. O. (Dessau). 1782—84. 8°. (²/₃ Rthl. Ludolph St. Goar, Frankf. a. M., vor 1870.)
Anon.-Lex. hat: „Dessau 1782—84" (nach Meusel u. Wurzburg), ferner „1782—87" (nach Kayser).

— Dass., s.a. Buchstaben, Die.

ESQUISSE d'un Tableau mouvant de Vienne tracé par un Cosmopolite (par *Jean* Comte ***Fekete de Galantha***). S. l. (Vienne) 1787.
l. c. no. 4259; Anon.-Lex. II. p. 65 (nach Wurzbach). — Rare!

***de Fekete* v. Galantha, Graf, s. a. *Rapsodies*, mes.**

Fekette, do, mes rapsodies II Tom. 8. Nürnberg. Zeh. 782.

Feland, s. General Statutes.

Felbecker, A., Konto-Korrente m. vollständiger Auflösung nach der fortschreitenden, rückschreitenden u. Staffel-Methode (Umschlag: nach 3 Methoden) zum Gebrauche f. den Lehrer bearb. (34 S.) Lex. 8. Colmar (910). M. Wettig. nn — 60

— Schülerheft f. Konto-Korrente. (Aufgaben f. Konto-Korrente, in kaufmänn. Formulare eingetragen.) (36 S.) Lex. 8. Ebd. (910). nn — 60

Felbecker, Aug., die zwölf ersten Rechenübungen nach dem Normal-Lehrplan f. die deutschen Elementarschulen in Elsaß-Lothringen. An Beispielen erläutert. 8. (39 S.) Düsseldorf 893. L. Schwann. n. — 75

Felbecker, Aug., d. 12 ersten Rechenübungen. Katechesen f. d. Rechnen auf d. Unterstufe. 2., verb. u. verm. Aufl. gr. 8. (42 S.) Düsseldorf 898. L. Schwann. n. — 75

† Felbel, Florian, (Frhr. v. Lupin,) Schulrede, gehalt. am Sylvesterabend 1837. Mit inclavirten u. unterstellten Anmerkn. d. Hrsg. Magister Wunderger n. 8. (3½ B.) Leipzig 838, Brockhaus.

Felber. Geschichte des Infanterie-Regiments Nr. 144, m. e. Rückblick auf die Geschichte seiner Stammregimenter. Im Auftrage des Regiments bearb. f. die Unteroffiziere u. Mannschaften. 8. (47 S. m. 1 Bildnis.) Berlin 901. R. Eisenschmidt. Kart. n. — 50

Felber, A., die Kalisalze, ihre Entstehung u. Verwendung in der Landwirtschaft, s.: Merkblätter, landwirtschaftliche.

Felber, Arthur [aus Dietenborn]: Beiträge zur Kenntniss der Aldehyde des Pflanzenreiches ... Halle a. S., Hofbuchdr. v. C. A. Kaemmerer & C., 1893; 40 S., 1 Bl. 8.
Halle, Phil. Fak., Inaug.-Diss. v. [29. Dez.] 1893

Felber, B., Anerbenrecht und Lebensversicherung, s.: Schneider, K.

Felber, B.: Die Bedeutung der Lebensversicherung für die ländliche Bevölkerung, s. Jenssen, Chr.

Felber Erwin, Dr.: 23. Mitteilung der Phonogrammarchivskommission der Kaiserlichen Akademie der Wissenschaften in Wien. Die indische Musik der vedischen und klassischen Zeit. Studie zur Geschichte der Rezitation. Nach den Platten des Phonogrammarchivs der Kaiserlichen Akademie. Mit Texten und Übersetzungen von Dr. Bernhard Geiger. S. 170 7 . . . . K 4.90
Separatabdruck

Felber, Georg, a. Branderoda ⟨Kr. Querfurt⟩: **Über die Bestrebungen zur Entschuldung des Grundbesitzes in Preussen.** Halle a. S. 1907: C. A. Kaemmerer & Co. (91 S.) 8°
Halle, Phil. Fak., Ref. Conrad, Diss. v. 19. Juni 1907
[Geb. 2. März 69 Branderoda; Wohnort: Halle a. S.; Staatsangeh.: Preußen; Vorbildung: Realgymn. Wiesbaden Reife O. 89; Studium: Halle 7 S.; Rig. 8. Jan. 07.]

Felber, Jacques. Die Trichopteren von Basel und Umgebung, mit Berücksichtigung der Tr'-Fauna der Schweiz. Diss. Phil. Basel. [Mit Abbildungen und 1 Tafel.] Separat-Abdruck aus dem Archiv für Naturgeschichte, Jahrg. 74, ... 1908. 90 S. 8. Berlin, Nicolai, 1908.

FELBER, JAC. FERD. Wohl-abgefaster Immerwährender Hauß- und Land-Wirthschaffts-Calender: Darinnen nicht nur ... zum Feld- und Hauß-Weesen gewieste Reguln ... zu finden, Sondern auch was zu Erhaltung ... Leibes-Gesundheit; zur Kräuter-Sammlung, Säen, Pflantzen höchst-nöthig ... anzutreffen ist. Nebst ... Verkündigungs-Zeichen des Gewitters, der Planeten Regierung [etc.] 3. Aufl. Nürnberg, J. D. Endter, 1723. 4°. 3 Bl. 174 S. 1 Bl. *Mit gestoch. Frontispiz (Jahreszeiten, Himmelsglobus etc.) u. 12 doppelseit. Monatstabellen.* Br. (Altpapierumschlag). 48.—

Felber, Jac. Ferdin., immerwährender Haus- u. Wirthsch.-Calender. 4. Nürnb. 740.

Felber, Joh., s. a. Festreden an d. Schlachtfeier in Sempach.

Felber, Johann, und Meyer, Fr(an)z X(aver). Festreden an der Schlachtfeier in Sempach vom 7. Juli 1902 von Herrn Major Johann Felber in Ettiswil und Sr. Hochw. Herrn Pfarrer Frz. X. Meyer in Cmmen (*d. i.* Emmen). Auf Anordnung des hohen Regierungsrates gedruckt. 32 S. 8. Luzern, Räber & Cie., 1902. [fr. —. 30]

Felber, M., Register, s.: Heilinger, Alois, österreichisches Gewerberecht.

Felber, O., unser Heerwesen. (186 S. m. 36 Abbildgn. u. 1 Taf.) kl. 8. Stuttgart (907). E. H. Moritz. 1.50; geb. 2. —

Felber, Theodor

Felber, Geom. Th., Anleitung zum Ausmessen u. Berechnen von Grundstücken u. deren Erträgen. Bearb. zum Gebrauch in Forstkursen u. zum Selbstunterricht für Landwirthe. 8. (69 S. m. eingedr. Fig.) Zürich 881. Schultheß. n. 1. 80; cart. n. 2. —

Felber, Th., Anleitg. z. Ausmessen u. Berechnen v. Grundstücken u. deren Erträgen. Bearb. zum Gebr. in Forstkursen u. z. Selbstunterr. für Landwirte. 2. Aufl. 8. (71 S. m. 56 Fig.) Zürich 897. F. Schultheß. n. 1. —; kart. n. 1. 20

Felber, Th. Anleitung zum Ausrechnen u. Berechnen von Grundstücken u. deren Erträgen. Bearbeitet zum Gebrauch in Forstkursen u. zum Selbstunterricht für Landwirte. Kl. in-8°. 71 S. Zürich, F. Schulthess. br. 1 —; cart. 1 20 1897.

Felber, Th. Über die schweizerische Alpwirthschaft. 1887.

Felber, Thdr., üb. Bildung v. Steinkohlen od. steinkohlenartigen Substanzen u. deren Ausbeutung in der Schweiz. gr. 8. (21 S.) Herisau 883. (St. Gallen, Huber & Co.) n. — 50

Felber, Thdr., s. a. Festreden an der Schlachtfeier in Sempach.

Felber, Th[eodor], und Schnyder, W(ilh[elm]). Festreden an der Schlachtfeier in Sempach am 10. Juli 1905. [Illustriert.] 28 S. 8. Luzern, Räber & Cie., 1905.

FELBER, Theodor: Materielle und ideelle Forderungen an den Wald. - Zürich 1897. 18 S.

Felber, Thdr., s.: Forstkalender, schweizerischer.

Felber, Th., Kranken- u. Unfallversicherung mit besonderer Berücksichtigung der Land- u. Forstwirtschaft. 8°. Aarau 1892.

Felber, Theodor. Natur und Kunst im Walde. Vorschläge zur Verbindung der Forstästhetik mit rationeller Forstwirtschaft. Für Freunde des Waldes und des Heimatschutzes. Mit 13 Figuren im Text und 23 Vollbildern (Tafeln, [und illustriertem Umschlag]). VIII + 135 S. 8. Frauenfeld, Huber & Co., 1906. [geb. fr. 4. —]

Felber, Theodor. Natur und Kunst im Walde. Vorschläge zur Berücksichtigung ästhetischer Gesichtspunkte bei der Forstwirtschaft. Für Freunde des Waldes und des Heimatschutzes. Mit 31 Vollbildern (Tafeln) und 13 Figuren im Text [sowie illustriertem Umschlag]. 2., vermehrte Aufl. VIII + 134 S. 8. Frauenfeld, Huber & Co., 1910. [geb. fr. 4. —]

Felber, Th. Was wurde seit dem Bestehen der eidg. Forstgesetzgebung erreicht und nach welcher Richtung hat sich dieselbe weiter zu entwickeln? 1892.

Felber, Wilhelm, Tierarzt a. Augsburg: **Aus d. patholog. Institut d. Kgl. Tierärztlichen Hochschule zu Dresden. ⟨Direktor: Medizinalrat Prof. Dr. E. Joest.⟩ Über lokale Eosinophilie in der Leber der Haustiere.** Zugleich ein Beitrag z. pathol. Anatomie d. zooparasitären Lebererkrankungen. Mit 5 Taf. Berlin: R. Schoetz 1908. (59 S.) 8°
Leipzig, Med. Fak., Ref. Joest, Diss. v. 9. April 1908
[Geb. 14. Dez. 82 Augsburg; Wohnort: Dresden; Staatsangeh.: Bayern; Vorbildung: Gymn. St. Stephan Augsburg Reife Juli 03; Studium: München 7 S.; Coll. 26. Juni 08; Approb. 8. Juli 07.]

Felbor-Joker, Aline = Fahlweid-Felber, A. [Autorname].

Felberg, C., Ueber die unperiodischen monatlichen Schwankungen des Barometerstandes. (Aus dem Archiv d. D. Seew., No. 3, 1878). Hamburg 1878.

Felberthal, s.: Salix de Felberthal.

Felbier, Josef, Referendar aus Auchwitz i. Ob.-Schl.: **Der Leistungsort nach gemeinem Rechte und dem Rechte des Bürgerlichen Gesetzbuches für das Deutsche Reich.** *Greifswald 1901: J. Abel.* (58 S.) 8°
Greifswald, Jur. Diss. v. [27. Apr.] 1901

Felbiger, D. H. v., Kern der bibl. Gesch. A. u. N Testam. 8. Bamberg, Göbhard. (auch Fabr. in Cöln.) 809.
vgl.: Felbiger, Johann Ignaz

— — dasselbe. 8. Würzburg, Stahel. 802.

Felbiger, D. H., Kern d. bibl. Geschichte A. u. N. Testaments. neue Aufl. 8. Würzb. Stahel. 812.

Felbiger, Johann Ignaz von

Felbiger, Jh. Ign., (†d. 17. Mai 1788.) ABC= oder Namenbüchlein z. Gebrauch d. Schulen in d. k. k. Staaten. 8. Wien 774.

(FELBIGER Johann Ignaz von). Anekdoten zur Geschichte des Angriffes und der Vertheidigung der Normalschulen in den k. k. Staaten . . . (von –). o. V., Frankfurt u. Leipzig 1784.
1 vol. 6 Bl. + 84 S.

— Anleit., Schulgebäude auf d. Lande wohl anzulegen. 8. Wien 783. (Compt. f. Litt. in Leipz.) 7 gr.

Felbiger, J. Ign. v., Anleitung, die Witterung zu beobachten. 4. Sagan. 775. Rthlr.

Felbiger, Jh. Ign., Anleit. zur Erkenntniß d. natürl. Dinge. 1r Thl. Naturlehre. 8. Wien 778.

— Anleit. zur Erkenntniß d. Landwirthschaft. 8. Wien 776.

— Anleit. zur Sittsamkeit, zum Gebr. d. Schüler in d. k. k. Staaten. 8. Wien 774.

– Verbesserte Anleitung zur deutschen Sprachlehre. Zum Gebrauch der deutschen Schulen in den kaiserl.-königl. Staaten . . . St. Anna, Wien 1777. 1 vol. 3 Bl. Inh. + 196 S.

— Beitr. z. Geschichte des harten Winters im J. 178¾. 8. Preßb. 784.

– Die Beschaffenheit und Größe der Wohltat, welche Maria Theresia durch die Verbesserung der deutschen Schulen ihren Unterthanen . . . erwiesen hat. Eine Vorlesung mit welcher . . . – 1781 endigte. Eichenberg, Frankfurt am Main 1781.
vol. 58 S. + 3 Bl. Anh.

— Briefwechsel mit Lambert, s. J. H. Lambert, deutscher gelehrte Briefwechsel.

— Eigenschaften, Wissenschaften u. Bezeuge rechtschaffner Schulleute. 8. Sagan 768. Bamb. u. Würzb. 773. Stahel. 20 gr. N. Aufl., mit 2 Kpf. 8. Bamb. (Wesché in Frankf.) 1 ß

— Eigensch. u. Wissensch. rechtschaff. Schulleute. m. K. 8. Bamberg., Göbhard. 791.

Felbiger's, Joh. Ign. v., Eigenschaften, Wissenschaften u. Bezeigen rechtschaffener Schulleute, s.a. **Sammlung d. bedeutendsten pädagog. Schriften. 25. Bd.**

Johann Ignaz v. **Felbigers** Eigenschaften, Wissenschaften und Bezeigen rechtschaffener Schulleute. Bearb. von Dr. Wilhelm Kahl, Sem.Dir. in Pfalzburg. *Paderborn: F. Schöningh 1900.* (LXV, 148 S.) 8° [F.]
— **Sammlung** d. bedeutendsten pädag. Schriften. Bd 25. [01. 2010]

Johann Ignaz v. **Felbigers** Eigenschaften, Wissenschaften und Bezeigen rechtschaffener Schulleute. Bearb. von Dr. Wilhelm Kahl, Stadtschulrat. 2. Aufl. Paderborn: F. Schöningh 1905. (LXVI, 148 S.) 8° [F.]
— **Sammlung** d. bedeutendsten pädag. Schriften. Bd 25. [06. 938]

— **dasselbe, hrsg. v. Gottfr. Lennarz, s. a. Schriften hervorragender Pädagogen. 14. Hft.**

Johann Ignaz v. **Felbigers** Eigenschaften, Wissenschaften und Bezeigen rechtschaffener Schulleute. Ausgewählt mit e. Einl. u. mit Anm. versehen von Gottfr. Lennarz. Breslau: F. Hirt 1906. (107 S.) 8° [F.]
— **Schriften** hervorragender Pädagogen. H. 14. [07. 1861]

Johann Ignaz v. **Felbigers** Eigenschaften, Wissenschaften und Bezeigen rechtschaffener Schulleute. Bearb. von Dr. Wilhelm Kahl. 3. Aufl. Mit e. Bildn. Felbigers. Paderborn: Schöningh 1909. LXVI, 146 S. 8°
(Sammlung d. bedeutendsten pädag. Schriften. Bd 25.) [10. 2796]

— Einleit. in d. Kenntniß d. Gründe d. Religion. 8. Wien 777. N. Aufl. 779.

— Entw. d. Pflichten eines schlesischen Scholzen siehe Entwurf.

— Entwurf, wie die Zeichnungsklassen der Normalschulen in d. k. k. Staaten rc. in Ordnung zu erhalten sind. 8. Wien 783. (Cpt. f. Litt. in Leipz.) 6 gr.

— Erkenntniß u. Anwendung d. verschied. Erdarten z. Verbesser. d. Ackerbaues. 4. Leipz. 770.

— Erläuter. d. Katechismus z. Gebrauch d. deutschen Stadtschulen in d. k. k. Erbländern. gr. 8. Wien 774. Trattner. 5 gr.

— Evangelien. 8. Wien, Trattner. (Göbhard in Bamberg.) 775.

— Evangelien, wie sie v. d. 4 Evangelisten geschrieben worden. 8. Wien 775. (Wesché in Frankf.) 5 gr.

Felbiger's, J. J., Fordergn. an Schulmeister u. Lehrer, hrsg. von **Ant. Weiss, s.: Neudrucke, pädagog. Schriften.**

— von dem Gebete des Herrn. 8. Wien 774. Trattner . . .

— kathol. Gebetbuch. 8. Bamberg, Göbhard. 784.

— — dasselbe. 12. Augsburg, Veith. 800.

Felbiger, J. Ign. v., kathol. Gebetbuch z. Gebr. d. wahrhaft andächt. Christen. 12. Coblenz, Huber. (Hadamar, neue Gel. Buchh.)

— Geschichte des langen Winters zu Preßburg v. J. 178¾. 8. Preßb. 785.

— Gesetze f. die Schüler in d. k. k. Staaten. 8. Wien 774.

— christl. Grundsätze. Münster, Aschendorf. 2 gr.

— christl. Grundsätze u. Lebensregeln, z. Unterricht d. Jugend. 8. Sagan 768. Augsb. 784. Rieger. 2 gr. bei Stahel in Würzb. 3 gr.

— christl. Grundsätze u. Lebensreg. 8. Bamberg, Göbhard. (Stahel in Würzb.) 786.

— über die Handwerksschulen u. Handwerksklassen in den Realschulen, v. J. C. P. 8. Wien 775. Trattner. 2 gr.

— Instruction f. d. Lehr. in Mainz. Landen. 8. Wien, Trattner. 774.

— kathol. Catechismus. 8. Münster, Aschendorff. 785.

— kathol. Katechismus. 8. Salzb. 787. Duyle. 8 gr.

— — ders. 8. Salzburg, Duyle. 788.

— kathol. Catechismus. 8. Ebend. 801.

— — derselbe (kleiner.) 12. Ebend. 809.

— kathol. Catechismus für die 1ste u. 2te Classe. 12. Ebend. 805.

Felbiger, J. J. von, katholischer Katechismus. 1ste und 2te Klasse. 10te Aufl. 12. Hadamar, Gelehrten=Buchhdl. 820.

Felbiger, Joh. Ign. v., kathol. Katechismus. 1. u. 2. Klasse. Nach Einsicht d. röm. Katechismus u. d. Katechismen v. Ontrup, Annegarn, Kühn, Batz ꝛc. bearb., mit Liederversen u. Beispielen versehen v. J. P. Mathias. 1—3. Aufl. 12. (à 5½ B. u. Ttlbild.) Köln 837, 39, 41, Mathieux. à * .

v. Felbiger, Joh. Ign., kathol. Katechismus. Für die 1e u. 2e Klasse. Nach Einsicht des röm. Katechismus u. der Katechismen v. Ontrup, Overberg, Annegarn, Kühn, Batz ꝛc. bearb., mit Liederversen u. Beispielen versehen von J. P. Mathias. 3r Thl. des Elementar-Gesammtwerkchens von Mathias. Verb. Ausg. 12. (Mit 1 Holzschnitt.) Köln 837, 2e Aufl. 840. Mathieux. n. 2² ngr

v. Felbiger, Jh. Ign., kathol. Katechismus. 1. u. 2. Klasse. Nach Einsicht des röm. Katechismus u. der Katechismen von Ontrup, Annegarn, Kühn, Batz ꝛc. bearbeitet, mit Liederversen ꝛc. versehen von J. P. Mathias. 3. Thl. des Mathias'schen Elementargesammtwerkes für die kathol. Volksschulen. 3. Aufl. (Mit Titelbild.) 12. Köln 841, Mathieux'sche Verlagsh. n. 3¼ ngr — (4. Aufl.) 12. Ebend. 844. geb. n. 3¼ ngr

v. Felbiger, Joh. Ign., kathol. Katechismus. 1 u. 2. Klasse. Verm. ꝛc. von J. P. Mathias. 5. Aufl. [3. Thl. des Mathias'schen Elementargesammtwerkes.] 12. (130 S. u. 1 Holzschn.) Köln 847, Mathieux. n. 3⅓ ngr

— kathol. Catechismus in 5 Classen eingetheilt. 8. Augsburg, Wolff. 775.

— — derselbe. 8. Münster, Coppenrath. 780.

— — 8. Würzburg. Stabel. 784.

— — derselbe. 1te–3te Classe. 12. Cöln, Haas. 785–787.

• — — dasselbe in 3 Classen eingetheilt. 8. Bamb. Göbhardt. 793.

— kathol. Catechismus in 5 Classen eingetheilt. 8. Sagan. (Lachmüller in Bamb.) 793.

— kathol. Katechismus. in 3 Classen. 12. Ebend. 813. 815.

— Derselbe, f. die 1e — 3e Klasse. 12. Köln ... 10e Aufl. 820, 21. J. G. Schmitz. 5½ kr

v. Felbiger, (J. J.,) kathol. Katechismus, 3 Classen. 16e Aufl. 12. Coblenz 827, Gelehrtenbuchh.

— kathol. Katechismus, 1e — 3e Klasse.. 12. Cobl. 785—87. ... 19e Aufl. 829. Hergt. 5 kr Lanz in Weilb. 4 kr

— ders., 3 Klassen. 26e einzig rechtmäß. Original-Ausg. 12. Coblenz 837, 29e Aufl. 840. Hergt. n. ¹⁄₆ Thlr

— ders. 3 Klassen. 30. einzig rechtmäß. Aufl. 12. Coblenz 841, Hergt. n. ¹⁄₆ Thlr

— kathol. Katechismus. 3 Klassen. [1 u. 2. Kl. 36. Orig.-Aufl., 1848; 3. Kl. 20. Aufl, 1846.] 12. (461 S. m. 1 Tab. in qu. 4.) Mit d. Anh.: Anleitung wie sich Kinder zur heil. Beichte vorbereiten sollen. Von Chrn. Neukirch. (12 S.) Coblenz, Hergt. n. 4 ngr

— — derselbe für die 3te Klasse. 6te Aufl. 12. Ebend. 821.

—— dass. — 3. Klasse. 26—29. Ausg. 12. Coblenz 837—40, Hergt. à *

— kathol. Katechismus f. d. Schlesischen u. and. kathol. Schulen Deutschlands in drei Klassen eingetheilt. gr. 8. Bamb. u. Würzburg 771. Münster 785. Aschendorf. 8 kr Ders., kl. Katech. 12. Ebd. 809. 1½ kr

— kleiner kathol. Katechismus f. die Jugend. 12. Köln 831. Mathieux. Das Dutzend. 10 kr

— röm. kathol. Katechismus f. d. erste Klasse. 8. Sagan 765. N. Aufl. 768.

— Kern d. bibl. Geschichte Alt. u. Neuen Testaments. 8. Bamb. 777. N. A. 809. (Wesché in Frkf.) 4 kr Dass. 8. Würzb. 784. N. Aufl. 812. Stabel. 4 kr Dass. 8. Bamb. 805. Lachmüller. 5 kr Dass. 12. Köln 813. J. G. Schmitz. 4 kr

Felbiger, J. Ign. v., Kern der bibl. Gesch. Alt. u. N. Test. 2 Thle. 8. Würzburg, Stabel. 784.

vgl.: Felbiger, D. H.

— — derselbe. 8. Cöln, Haas. 785.

— — derselbe. 12. Ebend. 785.

— — derselbe. 8. Bamberg, Göbhard. 799.

— — der Kern der biblischen Geschichte des alten und neuen Testaments, mit beygesetzten kurzen Sittenlehren. Einzig rechtm. verb. Originalausgabe. Ebendas. 816.

— — Ebendass. Neue Aufl. 8. Würzburg, Stabel.

— Kunst, Thürme u. and. Gebäude vor d. Wirkungen d. Blitzes zu bewahren. gr. 8. Bresl. 771. J. F. Korn. 9 kr

— die Kunst zu fragen. 8. Wien 777.

— Kunst, schön zu schreiben, mit Kpf. u. Vorschriften. Fol. Sorau 772.

— Kunst, schön, richtig u. vernünftig zu schreiben; nebst e. Anweis., Rechnungen ordentl. zu führen. 8. Sagan 767.

— Kunst schön, richt. ꝛc. zu schreiben. m. K. 8. Bamberg, Göbhard. 776.

— saganische Lehrart. 8. Bamberg, Göbhard.

— die wahre saganische Lehrart in d. niedrigen Schulen. 8. Sagan 774. gr. 8. Wien 774. Trattner. 5 kr (Wesché in Frkf.) 3 kr

— das Lesebuch f. niedrige Schulen. 8. Sagan 774.

— Lesebuch f. die Schüler d. deutschen Schulen in d. k. k. Staaten. 2 Thle. 8. Wien 774.

Felbiger's, Joh. Ign. v. Methodenbuch, s. Bibliothek der katholischen Pädagogik.

— Methodenbuch, hrsg. v. Thdr. Tupetz, s.: Schulausgaben pädagog. Klassiker.

— Methodenbuch f. die deutschen Schulen in d. k. k. Staaten. 8. Wien 775.

— ausführl. Nachr. von d. erst zu Sagan, dann aber in ganz Schlesien u. in d. Graffschaft Glatz unternomm. Verbesser. der kathol. Schulen. 8. Sagan 768.

— Naturgeschichte, mit 1 Karte. 8. Wien 780.

— Rechenbuch f. d. Schüler d. k. k. Staaten. 8. Wien 774.

Felbiger, Johann Ignaz von, s. Schmidt, Mch. Ign.: Katechetik.

— Wiener Schul- u. Christen-Almanach a. d. J. 1780 u. 81. 8. Wien.

— allgem. Schulordnung für die deutschen Normal-, Haupt- u. Trivialschulen in d. k. k. Erbländern d. d. Wien d. 6. Dec. 1774. Fol. Wien 785. Trattner. 12 kr

- ... Kleine Schulschriften nebst einer ausführlichen Nachricht von den Umständen und dem Erfolge der Verbesserung der Katholischen Land- und Stadt-Trivialschulen in Schlesien und Glatz. Erster (einziger) Theil ... Trattner, Wien 1775. 1 vol. 8 Bl. + 439 S.

— Tabelle d. Calligraphie. Fol. Bamberg, Göbhard. schwarz roth

Felbiger, Jh. Ign., Tabelle v. der Kalligraphie. (Frkf., Wesche). 3 ℛ roth gedruckt. 4 ℛ

FELBIGER, JOHANN IGNAZ: Versuch über die beste Art, die Jugend in den Wahrheiten der Religion zu unterweisen. Aus den hinterlassenen Papieren des sel. Abtes von Sagan und Domprobsten zu Preßburg Ignaz von Felbiger. Pressburg 1803: Belnay. VIII, 31 S. - 8°

— Vers. die Höhe des Riesengebirges zu bestimmen. 4. Breslau, G. Korn. 760.

— Vorlesung von d. Schuldigkeit d. Geistlichen in Absicht auf d. Pfarrschulen. 8. Wien 782.

— Vorles. üb. d. Kunst zu catechisiren. 8. Bamberg, Gobhard. 775.

— Vorlesungen über die Kunst zu katechesiren. Nebst Tangels Erläuterung über d. Katechesiren. 8. Sagan 775. (Wesché in Frankf.) 6 ℛ

— Vorschläge, wie Nordlichter zu beobachten sind. 4. Sagan 771.

Felbiger, Johann Ignaz von, s. a. W i e weit gewähren Blitzableiter Sicherheit?

(FELBIGER Johann Ignaz). Wie weit gewähren wohl Gewitterableiter Sicherheit für umstehende Gebaude? . . . (von –). Schauff, Preßburg 1786. 1 vol 38 S.

Felbinger, Ubald, die deutschen Bergnamen in den Ostalpen, s.a. Bericht üb. das XVII. Vereinsjahr. erstattet vom Vereine der Geographen an der Universität Wien.

Felbinger, Ubald M. R.: Die deutschen Bergnamen in den Ostalpen. ([S.-A.] XVII. Jahresbericht des Vereins der Geographen an der Universität Wien.) Wien 1892. 12 S. 8°.

Felbinger, Ubald M. R.: Die Eisthalerspitze (2629 m) in der Hohen Tatra. ([S.-A.] Mittheilungen des Deutschen und Oesterreichischen Alpen-Vereins. Jahrg. 1889.) Wien 1889. 15 S. 8°

Felbinger, Ubald M. R.: Die Lomnitzer Spitze (2634 Meter). ([S.-A.] Jahrbuch des Ungarischen Karpathenvereines. 15.) Iglò 1888 12 S. 8°.

Felbinger, W. R. v. Ueber Cigarren-Fabrikation, Tabak-Cultur und Handel in Havanna. 8°. Wien 1873.

Felbrig, C. G. Charte von den Hochfürstlichen und Hochgräflichen Reuss-Plauischen Herrschaften Greitz, Gera, Schleitz, Lobenstein und Ebersdorf. Gera 1796. 1 Bl. c. K. v.

Felcht, Walther, Referendar: Der Tatbestand der räuberischen Erpressung. Burgstädt 1909: Schmidt. VI, 61 S. 8°
Leipzig, Jur. Diss. v. 25. Juni 1909
[Geb. 7. Sept. 81 Dahlen; Wohnort: Zwickau i. S.; Staatsangeh.: Sachsen; Vorbildung: Fürstensch. St. Afra Meißen Reife O. 01; Studium: Leipzig 10 S.; Rig. 6. Febr. 06.] [U 09. 2497

Feld und Flur: Jahrgang 1–16, no. 10, Oct. 1898 – Sept. 1914
Agricultural monthly. Sub-title: Im Interesse des Deutschen Landwirths im Süden; and with Motto „Dem Suden, ist geweiht dies' Blatt, fur Feld und Flur, für Land und Stadt." Small folio, each issue 16 - 20 pages, illustrated. Published, 1898 –1914, with G. A. Sandell, Geschäftsleiter, Oct. 1898 - Sept. 1900, Ben Fabian, Nov 1900 - Nov. 1908, and W. C. Vogel, Dec. 1908 - Sept. 1914.
Dallas, TX

Tempelhofer Feld und Volkswohl. Eine zusammenfassende u. krit. Betrachtung ... Mit e. Kt., zahlr. Materialien usw. Berlin-Schöneberg: Ansiedlungs-Verein Groß-Berlin (1910). 64 S. 8°
(Ansiedlungsverein Groß-Berlin. Flugschrift. 7.)
(Schriften d. Ansiedlungsvereins Groß-Berlin. [9]) A 12.3379

Feld und Wald. - Essen. Jg. 1-62. 1881-1943, März. (1944 ver. m. Land u. Garten u. d. T.: Feld u. Wald, Land u. Garten; 1945-1948 n. ersch.)
Ab Jg. 68, 1949 ff. wieder u. d. T.: Feld u. Wald

Die hohe Bedeutung der beweglichen Kleinodien. Von Adolf Feld. Berlin 1898: Mittler & S. 36 S. 8° [Umschlagtit.]
Aus: BZC. 27 (1898) S. 18—36. 3.

Feld, Adolf (geb. Posen 6. 12. 1855): Ueber die operative Empyembehandlung bei Lungenkranken. Berlin (1883). (32 S.) 8°
Berlin, Med. Diss. v. 19. Juli 1883

Ueber die Ziele und Grenzen der Freimaurerei. Festvortrag gehalten am Johannisfeste 1900 der vereinigten Berliner Joh.-Logen Hamburger Lehrart von Adolf Feld. [Berlin 1900.] 12 S. 8° [Kopftit.]
Aus: BstF. 9 (1900) S. 122—127, 142—148.
Abgedr. in: Bh. 44 (1901) S. 213—215, 221 bis 224. 25.

Feld, Arthur, Referendar: Die Anstiftung und Beihilfe zum Selbstmord. Eine strafrechtl. Studie. Borna-Leipzig 1909: Noske. 43 S. 8°
Erlangen, Jur. Diss. v. 11. Jan. 1909, Ref. Allfeld
[Geb. 11. Dez. 84 Friedeberg (N.-M.); Wohnort: Berlin; Staatsangeh.: Preußen; Vorbildung: Gymn. Friedeberg Reife O. 04; Studium: Halle 2, Berlin 4 S.; Rig. 19. Dez. 08.] [U 09. 677

Feld, August

Feld, Aug. Ableitung der Reihen für trigonometrische Funktionen.
Köln, Fr. W., Progr. 1856

Feld, Aug. Ueber die Anzahl der Bilder, welche durch zwei geneigte ebene Spiegel entstehn.
Köln, Fr. W., Progr. 1856

Feld, A., und V. Serf, Leitfaden für den geometrischen Unterricht an höheren Lehranstalten. Nebst einer Sammlung von Aufgaben. 8. (142 S.) Cöln 868, J. G. Schmitz'sche Buchh. *
—— —— dass. — 2. Aufl. 8. (IV, 143 S.) Mainz 873, Kunze's Nachf. *

Feld, A., und V. Serf, Leitfaden für den geometrischen Unterricht an höheren Lehranstalten. Nebst einer Sammlung von Aufgaben. 4. Aufl. 8. (IV, 140 S.) Wiesbaden 888, Kunze's Nachf.

Feld, A.: De superficie, quae aequatione $x^4 + y^4 + z^4 = 1$ data est. 18 S.– Köln Fr. W., Progr. 1853.

Feld, August, u. V. Serf

—— —— Uebungsbuch für den Unterricht in der Arithmetik und Algebra in höheren Lehranstalten. 8. (III, 248 S.) Cöln 868, J. G. Schmitz'sche Buchh. **
—— —— dass. — 2. Aufl. (VI, 256 S.) 1871. *ℳ 1,80., und 3. Aufl. 8. (IV, 251 S.) Mainz 874, Kunze's Nachf. *

Feld, A., u. V. Serf, Übungsbuch f. d. Unterr. i. d. Arithmetik u. Algebra an höh. Lehranst. 6. Aufl. 8. (V, 240 S.) Wiesbaden 894. C. G. Kunze's Nachf. n. 2. —

Feld, F. W. H., d. Nothhelfer. Prakt. Hülfsbuch für Tuchfabrikanten, Wollhändler u. Geschäftsleute. 8. Forst 846. (Grünberg, Weiß.) n. ½ ℛ — 2. Aufl. 846. n. ½ ℛ

Feld, Frau Fanny R., häuslicher Ratgeber, s. a. Ullstein's Sammlung praktischer Hausbücher. 23. Bd.

Häuslicher Ratgeber. 400 erprobte Hausmittel f. Kleidung, Wohnung u. Gesundheits-Pflege. Von Frau Fanny R. Feld. *Berlin: Ullstein & Co. [1903].* (132 S.) 8° [F.]
— Sammlung, Ullstein's, prakt. Hausbücher. Bd 23.

Umgesattelt. Von Julius Feld. Berlin: Gose & Tetzlaff 1904. (167 S.) 8° [Umschlagt. F.] [od. 4638

Feld, Laura [wirkl. Name]
s. Jordaens, Hans [Pseud.] [10. 2276 B

Feld, Leo, Kleider machen Leute, s.: Zerrlinsky, Alex.

Feld, Leo, Fräulein Lehrerin, s.: Leon, Vict.

— der Stein v. Pisa. Lustspiel in 3 Akten. (VII, 155 S.) 8. Wien 906. Wiener Verlag. n. 2. —

Feld, Otto, s.: Kunst, die im Leben des Kindes.

Feld, Peter (geb. am 7 Febr. 1853 in Barmen): Aus d. pathol. Institute zu Bonn. — Experimentelle Beiträge zur Schluck- und Vagus-Pneumonie ... Cöln, Druck v. Th. Quos (1878). 30 S., 1 Bl. 8.
Bonn, Med. Fak., Diss. v. 9 Aug. 1878

Die Kinder der in Fabriken arbeitenden Frauen und ihre Verpflegung, mit besond. Berücks. d. Crimmitschauer Arbeiterinnen. Von Wilhelm **Feld.** Dresden: O. V. Böhmert 1906. (87 S.) 8° [F.]
— **Probleme** d. Fürsorge. Bd 3. [06. 416

Feld, Wilh., die Kinder-Armenpflege in Elsass-Lothringen u. Frankreich, s.: **Probleme** der Fürsorge. 4. Bd.

Feld, Wilhelm, Dr.: Die Mittelstädte Altpreußens in ihrer Bevölkerungsentwicklung zwischen 1858 und 1900. Mit besonderer Berücksichtigung des Verhaltens der beiden Geschlechter und mit Ausblicken auf die Methodik und die Ergebnisse der Statistik der Binnenwanderungen im allgemeinen. Dresden: O. V. Böhmert 1906. (VIII, 82 S.) 8° [F.]
Tübingen, Staatsw. Fak., Ref. v. Neumann, Diss. v. 16. Mai 1903
(Nicht für den Austausch)
[Geb. 11. Aug. 81 Altendorf b. Essen; Wohnort: Altendorf; Staatsangeh.: Preußen; Vorbildung: Realsch. Essen, Einj.-Freiw.-Zeugn. O. 96, Diplomprüfung f. Kaufleute an d. Handelshochsch. Leipzig; Studium: Leipzig 4, Heidelberg 4, Tübingen 4 S.; Rig. 16. Mai 03.]

Die Mittelstädte Altpreußens in ihrer Bevölkerungsentwicklung zwischen 1858 und 1900. Mit besond. Berücks. d. Verhaltens d. beiden Geschlechter u. mit Ausblicken auf d. Methodik u. d. Ergebnisse d. Statistik d. Binnenwanderungen im allgemeinen. Von Dr. Wilhelm **Feld.** Dresden: O. V. Böhmert 1906. (VIII, 152 S.) 8° [F.] [06. 14634

Felda-Bahn, die, schmalspurige Secundär-Bahn im Grossherzogth. Sachsen-Weimar. Hrsg. von der Locomotiv-Fabrik Krauss und Comp., München-Linz a. D., Erbauer und Betriebspächter der Felda-Bahn. gr. 4. (VI, 87 S. mit 8 lithogr. Taf. Zeichnungen.) München 882, Th. Ackermann. *

Die französische **Feldartillerie** in ihrer neuesten Organisation, Bewaffnung und Kampfart. *Berlin: A. Bath 1902.* (20 S.) 8°
— **Zeitfragen, Militärische.** H. 2. [1.] [03. 861

Feldartillerie, gepanzerte, od. nicht? Von F. S. (23 S.) gr. 8. Wien 903. L. W. Seidel u. Sohn. n. — 80

Feld-Artillerie, die, der Zukunft. Zeitgemäße Forschungen. gr. 8. (III, 80 S.) Berlin 887, F. Luckhardt. *

Feldartilleriegerät, das, 96 n/A. Auf dienstl. Veranlassg. bearb. (60 S. m. Abb. u. 1 Taf.) kl. 8. Berlin 907. Vossische Buchh. nn — 30; kart. nn — 50; geb. 1. —

Das Feldartillerie-Material C/96. T. 1. 2. Berlin 1897.

Das Feldartilleriematerial 96 n A. d. Batt. 96 u. leicht. Munitionskolonnen 96. Abt. 3 5. (Mehr nicht vorhanden.) Berlin 1904. 1905.

Die **Feldartillerien** der französ., italien., österreich., russ. u. schweizer. Armeen. Bd 1—4. H. 1 20. Jüterbog 1897—1900.

Feld-Artillerieen, die, der europäischen Grossmächte. Sammlung der wichtigsten Angaben über ihre materiellen Einrichtungen und ballist. Eigenschaften. Zusammengestellt von mehreren deutschen Artillerie-Offizieren. 16. (35 S.) Berlin 872, Mittler und Sohn. *

Feld-Artillerieen, die, der europäischen Grossmächte. Sammlung der wichtigsten Angaben üb. ihre materiellen Einrichtgn. u. ballist. Eigenschaften. Zusammengestellt v. mehreren deutschen Artillerie-Offizieren. 16. (35 S.) Berlin 873. Mittler & Sohn. n. — 75

Feldartillerie-Regiment, 1. pommersches, Nr. 2. 28 Bilder m. geschichtl. Vorwort, m. Genehmigg. des Regiments hrsg. v. der Verlagsbuchhandlg. (22 Bl. u. IV S. Text m. 1 Abbildg.) 15,5×24 cm. Oldenburg (909). G. Stalling's Verl. 1. 50

Feldartillerie-Regiment, das 2. badische, Nr. 30. Auf Grund urkundlichen Materials zusammengestellt. (16 S. m. 1 Bildnis.) 8. Berlin 905. Vossische Buchh. n. — 80

Feld-Aerzte, An die k. k., der Nord- und Süd-Armee.
4. Wien 1866.

Feldau, Freiherr v., s. **Freiherr.**

v. **Feldau,** der Freiherr, oder die Wahrheit der evangel. Kirche, vertheidigt gegen die Schrift des kathol. Dekans u. Pfarrers Götz: der Freiherr von Wiesau, oder die gemischte Ehe. gr. 12. Frankfurt a/M., Siegen u. Wiesbaden 841, Friedrich's Buchh. n. 2/3 ₰

Feld-Ausrüstung, die, des Infanterie-Offiziers zu „Pferd" u. zu „Fuß". gr. 8. (38 S.) Leipzig 894. Zuckschwerdt & Möschke. n. — 60

Die **Feld-Ausrüstung** für den Offizier des deutschen Landheeres. 2., vollst. umgearb. u. verb. Aufl. Berlin: Zuckschwerdt & Co. 1906. (39 S.) 8° [F.] [06. 14998

Feldbach, Selma. Beitrag zur Ernährung magendarmkranker Säuglinge mit Buttermilch. Diss. Med. Bern. *Kopftitel:* Aus dem Jennerschen Kinderspital in Bern. 38 S. 8. Bern, A. Benteli, 1905.

Feldbataillon, Das erste, des bayr. 2. Inf.-Reg. Kronprinz in der Schlacht von Beaugency am 8. Dec. 1870. München 1870. V: *Allweyer, von.* (Pr)

Feldbataillon, Das Erste, d. k. bayer. 2. Infanterie-Rgt. »Kronprinz« in der Schlacht von Beaugency am 8. XII. 1870. München 1880. V: *Allweyer, Bernhard von.* (Hdschr. Mitth. von Friedrich Müller, München.)

Feld-Bataillon Lauenburg, das. Aus den Papieren eines Offiziers desselben. gr. 8. (III und 76 S.) Einbeck 863. Ehlers. *

Feldbausch, Felix, approb. Arzt aus Mannheim: Der Einfluss verschiedener Stoffe auf die rothen Blutkörperchen und die Bedeutung der letzteren für die Gerinnung. *(Berlin) 1899: (G. Reimer).* (32 S.) 8° ¶ (Aus: Virchow's Archiv f. pathol. Anatomie u. Physiol., Bd 155.)
Heidelberg, Med. Diss. v. [20. Dez.] 1898

Feldbausch, Felix Sebastian

Feldbausch, Fel. Sebast., über die historische **Begründung** der deutschen Rechtschreibung. Zur Abwehr ungegründeter Neuerungen. Den Schulen des deutschen Vaterlandes gewidmet. gr. 8. (85 S.) Heidelberg 856, J. Groos Verlag. *
Aus: Pädagog. Revue. Bd. 39. mit Nachträgen und Zusätzen, besonders abgedruckt.

Feldbausch, Felix Seb., Bemerkungen zu der dritten Satire des Horaz im ersten Buche. (Zum Programm der Herbstprüfungen.) gr. 8. (2 B.) Rastatt 843. [Hanemann.]

— Bemerkungen zu der dritten Satire des Horaz im ersten Buche. (Zum Programm der Herbstprüfungen.) gr. 8. Rastatt 843, Knittel. 1/6 ₰

— u. Süpfle, griech. Chrestomathie für die zwei ersten Jahres-Curse im griech. Sprachunterricht. Neues Werk, anstatt einer 3n Aufl. von Feldbausch griech. Chrestomathie. gr. 8. Heidelberg 833. Winter. 2/3 ₰

—— und (Carl Friedr.) Süpfle, griechische Chrestomathie für die zwei ersten Jahres-Curse im griech. Sprachunterricht. 4. Aufl. 1847. und 5. Aufl. gr. 8. (VIII und 216 S.) Heidelberg 851, C. F. Winter. *

— und Süpfle, griechische Chrestomathie für die zwei ersten Jahres-Curse im griechischen Sprachunterricht. 6 Aufl. Heidelberg 853. (Leipzig,) C. F. Winter. gr. 8. (VII, 216 S.) n. 20 ngr

—— und Süpfle, griechische Chrestomathie für die zwei ersten Jahres-Curse im griechischen Sprachunterricht. 8. Aufl. gr. 8. (VIII und 228 S.) Leipzig 865, C. F. Winter'sche Verlagsh. *

Feldbausch, Felix Sebastian, s. Construction, üb. die, der Brücke.

(Feldbausch, Felix Sebast.,) über d. Construction d. Brücke, welche Julius Cäsar üb. d. Rhein schlug. Progr. 4. (4 B. u. 1 Abbild. in qu. Fol.) Rastatt 830. (Heidelberg, Winter.)

Feldbausch, Felix Sebastian, s. Cornelius Nepos.

F. S. Feldbausch. Zur Erinnerung an Gottfried Christian Lauter. Ein Vortrag am Schlussakte des Schuljahrs 1846, gedr. 1848. 15 S. Heidelberg, P 1848

— zur Erklärung des Horaz. Einleitungen in die einzelnen Gedichte nebst erklärendem Register der Eigennamen. 1. Bdchn.: Oden u. Epoden. gr. 8. (VIII u. 136 S.) Heidelberg 851, C. F. Winter. n. 16 ngr

—— Zur Erklärung des Horaz. Einleitung in die einzelnen Gedichte nebst erklärendem Register der Eigennamen. 2. Bdchn.: Satiren und Episteln. gr. 8. (VIII und 176 S.) Heidelberg 853. [und Leipzig, C. F. Winter'sche Vrlgsh.] *

—— dass. — 3. Bdchn. A. u. d. T.: Erklärendes Register der in den Dichtungen des Horaz vorkommenden Eigennamen. gr. 8. (VII und 150 S.) Ebds. 853. *
1. Bdchn. Ebendas. 1851. * 16 Ngr.

Feldbausch, Fel. Seb., griechische Grammatik z. Schulgebrauch. gr. 8. Heidelb. 823. 2e A. 826. Winter. 16 gr 3e verb. A., mit Süpfle. gr. 8. Ebd. 832. 16 gr Daraus apart: griech. Chrestomathie für Anfänger, oder Uebungen zum Uebersetzen aus d. Griechischen ins Deutsche. 2e verb. u. verm. Aufl. 823. 8 gr

Feldbausch, Felix Seb., griech. Grammatik zum Schulgebrauch. 3. verb. u. zum Theil neu bearb. Aufl. gr. 8. Heidelberg 845, C. F. Winter. n. 1 rf

—— griechische Grammatik zum Schulgebrauch. 4., in allen Theilen neu durchgesehene Aufl. gr. 8. (IV und 380 S.) Heidelberg 853. [und Leipzig, C. F. Winter'sche Vrlgsh.] *

Feldbausch, Fel. Sebast., griechische Grammatik zum Schulgebrauch. 5., in allen Theilen durchgeseh. Aufl. gr. 8. (VII und 391 S.) Leipzig 862, C. F. Winter'sche Verlagsh. *

—— Horatiana. (Beilage zu den Jahrbüchern für Philologie und Pädagogik 1861.) gr. 8. (35 S.) Leipzig 864, C. F. Winter'sche Verlagsh. *

Feldbausch, Fel. Sebast., de Q. Horatio Flacco non adulatore. 8maj. Heidelbergae 839. K. Winter. 1/4 rf

F. S. Feldbausch. De Horatio Flacco non adulatore scripsit F. S. Feldbausch, Lycei Rastadini Professor. Viro summe venerando Josepho Loreye. Sacra semisecularia agenti pie gratulantur Lycei Rastadini professores interprete Felice Sebastiano Feldbausch. Rastadii XI. Quintili anno MDCCXXXIX. 47 S. Rastatt, P 1839

Derselbe. An die studierende Jugend des Vaterlandes. Schulrede bei dem Schluss des Sommerkurses. 15 S. Heidelberg, P 1848

Feldbausch, Felix Sebast., an die studierende Jugend d. Vaterlandes. Schulrede bei dem Schlusse des Sommerkurses am Lyceum zu Heidelberg. gr. 8. (15 S.) Heidelberg 849, Groos. 3 ngr

—— deutsche Metrik nach Beispielen aus klass. Dichtern. 8. (13¾ B.) Heidelberg 841, K. Winter.

– s. Observationes crit. in Cornelium Nepotem.

(——) Observationes crit. in Cornelium Nepotem. Progr. 4. (4½ B.) Rastatt 827. (Heidelberg, Winter.)

— s. Ovidii Nas., P., Metamorphos.

—— kleine lateinische Schulgrammatik f. Gymnasien u. höh. Bürgerschulen. gr. 8. (23½ B.) Heidelberg 838, Groos.

—— kleine latein. Schulgrammatik f. Gymnasien u. höhere Bürgerschulen. 2., zum Theil neu bearb. Aufl. gr. 8. (23¾ B.) Heidelberg 846, Groos.

— kleine lateinische Schulgrammatik f. Gymnasien u. höhere Bürgerschulen. 2. zum Theil neu bearb. Aufl. gr. 12. (VIII u. 372 S.) Ebd. 847. — 3. Aufl. 8. (XII u. 376 S.) Ebd. 848. 1 rf

— lateinische Schulgrammatik für die mittlern u. obern Gymnasialklassen. gr. 8. Heidelberg 837. Groos. n. 1⅔ rf

—— lateinische Schulgrammatik für Gymnasien und höhere Bürgerschulen. 4. Aufl. (XIV und 394 S.) 1852. und 5. Aufl. gr. 8. (X und 403 S.) Heidelberg 855, J. Groos Verlag. *

Feldbausch, Fel. Sebast., lateinische Schulgrammatik für Gymnasien und höhere Bürgerschulen. 6. Aufl. gr. 8. (XVI und 407 S.) Heidelberg 858, J. Groos' Verlag. *

—— lateinische Schulgrammatik für Gymnasien und höhere Bürgerschulen. 7. Aufl. gr. 8. (VIII und 416 S.) Heidelberg 865, J. Groos' Verlag. *

Feldbausch, Felix Seb., latein. Uebungsbuch zur Einübung der Formenlehre u. der ersten syntakt. Regeln, nebst leichten zusammenhäng. Lesestücken f. Anfänger. 2. Aufl. gr. 8. (12¾ B.) Heidelberg 846, Groos. Thlr.

— Lateinisches Uebungsbuch zur Einübung der Formenlehre u. der ersten syntaktischen Regeln nebst leichten zusammenhängenden Lesestücken f. Anfänger. Ein Anh. zu der kleinen latein. Schulgrammatik. 2. Aufl. gr. 12. (IV u. 199 S.) Ebd. 847. ½ rf — 3. Aufl. 8. (IV u. 199 S.) Ebd. 848. ½ rf — 4. Aufl. gr. 8. (IV u. 225 S.) Ebd. 852. n. 18 ngr

— lateinisches Uebungsbuch zur Einübung der Formenlehre und der ersten syntaktischen Regeln nebst leichten zusammenhängenden Lesestücken für Anfänger. Ein Anhang zu der latein. Schulgrammatik. 5. Aufl. Ebend. 855. gr. 8. (VI, 227 S.) n. 18 ngr

Feldbausch, Fel. Sebast., lateinisches Uebungsbuch. Ein Anhang zur latein. Schulgrammatik. 2 Thle. 6. Aufl. gr. 8. Heidelberg 858, J. Groos' Verlag. à Thl. * 14 Ngr. Thlr. *
Inhalt:
Thl. 1. Einübung der Formenlehre und der ersten syntakt. Grundregeln nebst leichten latein. Lesestücken für Anfänger. (VII und 175 S.)
2. Einübung der syntakt. Regeln. (IV und 166 S.)

—— lateinisches Uebungsbuch. 1. Thl. zur Einübung der Formenlehre und der ersten syntakt. Grundregeln nebst leichten latein. Lesestücken für Anfänger. Ein Anh. zur latein. Schulgrammatik. 7., neu durchgeseh. und zum Theil umgearb. Aufl. gr. 8. (IV und 158 S.) Heidelberg 267, J. Groos' Verlag. *

— die unregelmäss. griech. Verba nach übereinstimmenden Formen. gr. 8. Ebd. 6 gr

— über die Latein. Vergleichungssatze mit besond. Rücksicht auf 2 Stellen des Cicero u. Ovid. (Cic. fin. IV, 8, 20. — Ovid. Met. I, 135.) Schulprogramm. gr. 8. (30 S.) Heidelberg 847, C. F. Winter. 6 ngr

— kleines deutsch-latein. Wörterbuch, mit Angabe der latein. Wortformen für die ersten Anfänger. gr. 8. Karlsruhe 833. Müller. ⅞ rf

— kleines deutsch-lateinisches Wörterbuch mit Angabe der lat. Wortformen für die ersten Anfänger. Neue Ausg. gr. 8. Karlsruhe 844, Müller'sche Hofbuchh. ⅜ rf

—— kleines deutsch-lateinisches Wörterbuch mit Angabe der latein. Wortformen für die ersten Anfänger. 3., verb. und verm. Ausg. gr. 8. (XI und 395 S.) Karlsruhe 848, Müller'sche Hofbuchh.

Feldbausch, Max, Anleitung zur doppelten Buchführung für Apotheker. gr. 8. (91 S.) Mühldorf 874. (Eichstätt, Krüll'sche Buchh.) *

Feldbausch, Max, Anleitung zur doppelten Buchführung in vereinfachter Form f. Apotheker. 2. Aufl. gr. 8. (102 S.) Eichstätt 884. Stillkrauth. n. 1. 60; Einbd. n.n. — 40

FELDBAUSCH, Otto (Karlsruhe): Über einen Fall von Mikrocephalie mit eigenthümlichen spastischen Symptomen.- München 1879.
15.7.1879 - Urk (Titel: De casu microcephaliae singulari.); Chr 1879/80,15
Diss. Ingolst.-Landsh.-Mchn.

Feldbausch, Pet. Ant., Denksprüche und Sprüchwörter. Für Haus und Schule gesammelt. 2. Aufl. 16. (147 S.) Speyer 865, (Bregenzer.)

Feldbausch, Pet. Ant., Denksprüche u. Sprüchwörter. Für Haus u. Schule gesammelt. 2. Aufl. Speyer 865. Kleeberger in Comm. 16. (147 S.) 7½ ngr.

Feldbausch, Peter Anton, Das Leben Jesu. Mit den Worten der 4 Evangelien nach ihrer Übereinstimmung u. nach der Zeitfolge der Ereignisse u. Thatsachen. Speyer, Kleeberger, gr. 8°, VI u. 286 S., 2. Ausg., 1 Mk.
Recens. von Langen, (Bonner) Theol: Litteratur-Blatt 1866, S. 537—540. (Mainzer) Katholik 1867, Bd. I, S. 110—114.

—— das Leben Jesu. Mit den Worten der 4 Evangelien nach ihrer Uebereinstimmung und nach der Zeitfolge der Ereignisse und Thatsachen. 2. Ausg. gr. 8. (VI und 286 S.) Speyer 867, Kleeberger. *

Feldbausch, Phpp., über die Nothwendigkeit und die Ausführbarkeit einer Präventiv-Therapie der Infections-Krankheiten und technische Beiträge zur Verhütung respiratorischer Infectionen und Katarrhe. gr. 8. (VII, 126 S.) Strassburg 886, Heinrich. *

Feldbausch, Phpp., üb. die Nothwendigkeit u. die Ausführbarkeit e. Präventiv-Therapie der Infections-Krankheiten u. technische Beiträge zur Verhütung respiratorischer Infectionen u. Katarrhe. gr. 8. (VIII, 126 S.) Strassburg 886. Trübner. n. 2. —

Feld-Befestigung. Wien 1887. 8°. (Technischer Unterricht für die k. k. Genie-Truppe. 11.)

Feldbefestigungsanleitung, Die neue, für die französische Infanterie. (Instruction pratique du 24 octobre 1906 sur les travaux de campagne à l'usage des troupes de l'infanterie.) [Frauenfeld] 1907. V: *Merz, Hermann.* (BBullschw 13, S. 161)

Feldbefestigungs-Vorschrift. (F. B.) 12. (VII, 84 S. m. Abbildgn.) Berlin 893. E. S. Mittler & Sohn. n. — 50; kart. n. — 70

Feldbefestigungs-Vorschrift. München 1893.

Feldbefestigungs-Vorschrift. (F. B.) Neuer Abdr. m. Einfügg. d. bis Aug. 1897 ergangenen Aenderungen. 12. (VII, 84 S. m. Fig.) Berlin 893. E. S. Mittler & Sohn. n. — 50; kart. n. — 70

Feldbefestigungs-Vorschrift. (F. B.) D. V. E. Nr. 230. Neuer Abdr. m. Einfügg. der bis April 1903 ergangenen Aendergn. (VII, 84 S. m. Abbildgn.) 16. Berlin 903. E. S. Mittler & Sohn. n. — 50; kart. n. — 60

Feldbefestigungs-Vorschrift (F. B.) vom 28. Juni 1906. Entwurf. Berlin: E. S. Mittler & Sohn 1906. (VI, 111 S.) 8° [F.]
(D. V. E. No 230.) [07. 1495]

Feld- u. Manöverbegleiter f. Unteroffiziere aller Waffen. Auszug aus der Felddienstordng. vom 1. I. 1900. gr. 16. (IV, 94 S. m. Abbildgn.) Oldenburg 900. G. Stalling's Verl. n. — 65; geb. in Leinw. n. — 85

Feldbereinigung, die, in Hessen. Geschäftsbericht der oberen landwirthschaftl. Behörde — Landes-Kommission — f. d. J. 1888 bis 1897 einschließlich. 4. (65 S. u. 104 S. Tab.) Darmstadt 899. (G. Jonghaus). n. 2. —

Feldberg [Schlagwort]

Feldberg, s.: Baden. Karte.

Feldberg, s.: Schwarzwald. Karte.

Feldberg, A., Süd und Nord. Roman. 2 Bde. 8. (165; 216 S.) Stuttgart 876, Cotta'sche Buchh. * M 5.; geb. *

Feldberg, A. A., Spazierreise nach Coppenhagen und die umliegenden Gegenden a. Seeland. 8. Coppenh. Brummer. 808. (Vgl. Feldborg, A. A.)

Feldberg, A., Spazierreise nach Copenhagen u. den umliegend. Gegenden auf Seeland. 8. Copenhag. Bonnier. 808.

Feldberg, F. M., [Taubheit ist heilbar!] Hilfe Allen die am Gehör leiden. Ein Wort über Pinter's Ohrenpillen, deren Wirksamkeit, Gebrauch u. Erlangung. Erprobt durch Gehörkranke, welche nach fruchtlosem Gebrauche anderer Mittel hier volle Genesung fanden. gr. 16. (30 S.) Leipzig 850, Spamer. — 2. durchgeseh. Aufl. gr. 16. (30 S.) Ebd. 850. — (3—9. Aufl. ?) — 10. verm. u. verb. Aufl. gr. 16. (27 S.) Ebd. 852. — 12. verm. u. verb. Aufl. 8. (31 S.) Ebd. 852. ¼ ngr

— Auszug aus Obigem. 9. Aufl. 12. (24 S.) Ebd. 851. 2 ngr

Feldberg, Clem., Berechnungs-Tabelle für die Fabrikation von Baumwolle, Wolle und Leinen. Imp.-Fol. M.-Gladbach 865, Hoster.

Feldberg, Clem., Berechnungs-Tabelle von baumwollenen und halbwollenen Stoffen. M. Gladbach. (855.) Niffarth. (1 Bgn. in qr. Fol.) 20 ngr

Feldberg, Clemens, Handbüchlein über die Fabrikation von Baumwollen-, Halbseiden- u. Seidenwaare. 8. (2 B. u. 1 Stnt.) Crefeld 844. (Elberfeld, Schönian'sche Buchh.) *

—— und R. W. Gros, der practische und vortheilhafte Manufactur-Betrieb in Baumwolle, Leinen, Wolle und Seide, mit Inbegriff einer schnellen und sicheren Voraus-Calculation sämmtl. Waaren (auch zur Arbeiter-Controle dienend). gr. 8. (228 S. mit 16 Tab.) M.-Gladbach 864, Spaarmann. *

—— dass. — 2. (Titel-)Aufl. gr. 8. (228 S. mit 16 Tab.) Düsseldorf 866, Spaarmann. *

Feldberg, Clemens, Vorwärts! Ein Wegweiser zur Vervollkommnung der prakt. Fabrikation und Waaren-Berechnung für Baumwollen-, Leinen-, Halbwollen-, Wollen- und Seiden-Waaren, mit Zugrundelegung des neuen Maßes und Gewichtes. 1. Abthl. Ueber Musterausnehmen. 16. (42 S. mit 8 Stnt. in qu. gr. 8.) M.-Gladbach 874, Schellmann. *

Feldberg, Vera, a. Starokonstantinow ⟨Süd-Rußl.⟩: Aus der Königlichen Geburtshilflichen Klinik der Charité in Berlin. Direktor: Geh. Med.-Rat Prof. Dr. Bumm. Ueber Uterusmyom als Geburtshindernis. Berlin (1907): E. Ebering. (50 S.) 8°
Berlin, Med. Fak., Ref. Bumm, Diss. v. 26. Juli 1907
[Geb. 28. Mai 82 Starokonstantinow, Rußland; Wohnort: Starokonstantinow; Staatsangeh.: Rußland; Vorbildung: Gymn. Odessa Reife O. 97; Studium: Lausanne 3, Berlin 8 S.; Rig. 17. Juli 07.]

Feldblum, Michael, aus Warschau: Ueber elementar-geometrische Constructionen. *Warschau 1899: J. Sikorski.* (48 S.) 8°
Göttingen, Phil. Diss. v. [10. Jan.] 1900

Feldblum, Mich., über elementar-geometrische Constructionen. Diss. gr. 8. (V, 48 S. m. 1 Taf.) Warschau 899. (Göttingen, Vandenhoeck & Ruprecht.) n 1. 30

Feldblumen. Gesammelt zum Besten einer Erziehungsanstalt für arme Kinder. Riga 1791. V: *Eckardt, Friedrich Samuel Lucas von.* (R-N) (MGT) (GGr) (Ky)

— auf Ungarns Fluren gesammelt von Nina u. Theone. 2 Bdchn. (Von Marie Therese v. Artner u. Mariane v. Neumann-Meissenthal, geb. v. Tiell.) 8. Jena 800. Voigt. 20 gr. 2e Aufl. 8. Ebd. 812. 20 gr.

Feldblumen. Eine Sammlung von Poesien ... Kreuznach 1808. V: *Schmitt, Stanislaus.* (Ky) (EE) (GGr)

Feldblumen. Eine Sammlung v. Poesien f. Freunde d. ländl. Natur, m. K. u. Musik. 8. Kreuznach. (Leipzig Schmidt.) 1808.

Feldblumen, gesammelt von C..d., O...s. 8. Wien, Gerold. 819.

Feldblumen, ein Taschenbuch für das J. 1826. Herausgeg. von J. Satori. Mit 1 Portr., 6 Abbildd. d. Marienburger Schlosses u. 1 Plan in Steindr. 12. Danzig 826. (Leipz., Rein.)

Feldblumen. Eine Sammlung christlicher Lieder. 8. Hamburg 843. (Perthes-Besser u. Mauke.) n. ⅔ ß — 2. Aufl. 12. Ebend. 843. n. ⅔ ß

Feldblumen. Sehr anmuthige u. lehrreiche Erzählungen f. die Jugend beiderlei Geschlechts. Aus d. „Jugendfreund." gr. 12. (5 B. u. Titlbld.) Wien 844, Grund.

Feldblumen. Sehr anmuthige und lehrreiche Erzählungen für die Jugend beiderlei Geschlechtes. 8. (111 S. mit 1 Holzschntaf.) Wien 864, Gorischek's Universitäts-Buchh. cart. *

Feld-Blumen. Gaben der Freundschaft. 8. (16 S. mit Illustr.) Leipzig 888, Baldamus, Sep.-Cto. cart. mit Goldschn. *

— Gaben der Freundschaft. 8. (16 Lith. m. eingedr. Text.) Leipzig 889. Baldamus, Sep.-Cto. cart. m. Goldschn. n. 1. 50

Feldblumen. Für den Familientisch d. deutschen Schulhauses gesammelt v. e. Lehrerfrau. gr. 8. (XII, 364 S.) Langensalza 889. Schulbuchhandlg. n. 4. —; geb. n.n. 4. 90

Feldblumen, deutsche. Erzählungen aus der Vergangenheit u. Gegenwart. Unter Red. von Ernst Evers. Nr. 1—4. 8. Berl. 891, Buchh. der Berliner Stadtmission. à Nr. * — 20
1. Feurige Kohlen v. Ernst Evers. (36 S.) — 2. Die deutschen Pächter in Rußland v. Ernst Schrill. (40 S.) — 3. 4. Die neue Sintflut v. O. Brennekam. (62 S.) (Preisgekrönt.)

Feldblumen und Disteln v. Winfried. 8. Leipzig, Sommer.

Feldborg, A. A., Spazier-Reise nach Copenhagen rc. 8. Copenhagen, Bonnier. 808.
(Vgl. Feldberg, A.A.)

Feldbrief an deutsche Soldaten vom Verf. des Kreuzzuges gegen den Welschen (Alban Stolz). 1. und 2. Aufl. gr. 8. (4 S.) Freiburg i. Br. 1871, Herder'sche Verlagsh. 20 Expl. *

Feld-Briefe e. Kriegsfreiwilligen v. 1813. Hrsg. v. Erich Janke. 8. (79 S.) Berlin 901. O. Janke. n. — 50

Feldbuch, hier fängt an ein, benannt das Waldeshorn, Gesang u. alter Weltspruch von Jäger Lebensborn. 12. Frankf. Herrmann. 814.

Felddienst, Der. Leitfaden für die Officiere des vierten Militair-Districtes der königlich Schwedischen Armee ... A. d. Schwed. Von Udo Waldemar Dieterich. Leipz. 1842. V: *Oscar I., König v. Schweden.* (Bygdén, Svenskt anon. och pseud. lex. Upsala 1898 ff. I.)

Felddienst, der, Leitfaden f. die Officiere des 4. Militair-Districtes der kgl. schwedischen Armee. Entworfen v. dem hohen commandirenden Generale des Districtes. Aus d. Schwed. v. Udo Waldem. Dieterich. gr. 8. (11¼ B. u. 3 Pläne.) Stockholm 842, Bonnier.

—— der. Ein Hülfs- und Handbuch für den Infanteristen bei dem theoret. Unterricht und der prakt. Ausübung. Bearb. nach der Felddienst-Ordnung vom 23. Mai 1887 von T. 12. (VIII, 157 S.) Hannover 887, Helwing's Verlag. *

Felddienst. Zur Benutzung für die Instruction der Unteroffiziere und älteren Soldaten der Infanterie, unter besond. Berücksicht. der neuesten Felddienst-Ordnung. Von M. v. A. 1. und 2. Aufl. 12. (55 S. mit Fig.) Rathenow 887,88, Babenzien. *

Felddienst. Für Unteroffiziere u. Mannschaften der deutschen Cavallerie bearb. v. e. Cavallerie-Offizier. 2. auf Grund der neuen Felddienstordng. umgearb. Aufl. 12. (35 S. m. Fig.) Borna (902). R. Noske. n. -- 60

Felddienst, der, der französischen Armee. Nach amtl. Quellen übers. u. bearb. v. C. H. E. 1. u. 2. (Titel-)Aufl. 12. (XVI, 378 S.) Hannov. 890, Helwing. ‹ 2 50

Felddienst, der, der französischen Armee. Nach amtl. Quellen übers. u. bearb. v. C. H. E. 2. (Titel-)Ausg. 12. (XVI, 378 S.) Hannover 891. Helwing's Verl. n. 2. 50

Felddienst, der, in der französischen Armee basirt auf Grundsätze Napoleon's I. Nach verläßl. Quellen übersichtlich dargestellt. gr. 8. (34 S.) Wien 862, Leo. *

Felddienst, der, mit besond. Berücksicht. der den Unteroffizier und Soldaten betreffenden Verhaltungen im Vorposten- und Patrouillendienste, im Sicherheitsdienste während des Marsches, dann in Angriff und Vertheidigung der Oertlichkeiten. Als Leitfaden in den Compagnie-Unteroffiziersschulen und zum Selbstunterrichte der Unteroffiziere und der dazu heranzubildenden Individuen. Mit 1 Plane R....r. gr. 8. (VII und 186 S. mit 1 Stnt. in qu. Fol.) Graz 858, Kienreich's Verlag. (Leipzig, Haessel.) *

Felddienst, Der, in der Eskadron. 8. Wien 1891.

—— der, und die Felddienst-Uebungen nach dem königl. preußischen System. Von einem süddeutschen Offizier. 8. (VII, 79 S. mit 3 Stnt. in 4. und qu. 4.) Mannheim 868, Bensheimer. *

Feld- und Garnisonsdienst, Der, in Fragen und Antworten ... Kopenh. 1821. V: *Winther, Chn Frdr. R. v.* [?] (Bruun, Bibl. Danica II, 344.)

Feld-Dienst für das k. k. Heer. T. 1. 2. Wien 1870—71. 8°.

Felddienst insbes. f. Infanterie u. Cavalerie, siehe d. Maillinger, J. M.

Felddienst insbesondere für Infanterie und Cavalerie. 1. Heft: Dienst des Soldaten. Neu bearb. von J. M. Maillinger. 3. Aufl. 16. (IV und 76 S.) München 849, Kaiser. *

—— dass. — 2. Heft: Dienst des Unteroffiziers. Bearb. von Dems. 2. Aufl. mit den neuesten Abänderungen und Zusätzen 16. (78 S.) Ebds. 848. *

—— dass. — 3. Heft. 1. Abthl.: Dienst des Offiziers. Marsch-, Vorposten-, Gefechts-Dienst, Kriegsgefangenschaft, Feldbefestigung ꝛc. Bearb. von mehr. Offizieren, zunächst von Dems. 16. (159 S. und 5 Stnt.) Ebds. 848. *

—— dass. — 3. Heft. 2. Abthl.: Dienst des Offiziers. Kriegsrüstung, innerer Dienst im Felde, Lager, Angriff und Vertheidigung von Festungen ꝛc. Bearb. von Dems. 16. (S. 160—398 mit 6 Tab. und 3 Stnt.) Ebds. 849. *

Felddienst, der, der Cavallerie. Zum Gebrauche für Offiziere der Waffe. 8. (185 S. mit 1 chromolithogr. Karte in qu. 4.) Bonn 874, Cohen und Sohn. *

Felddienst, Der, des Kavalleristen . . . Berlin 1888. V: *Wenninger, Carl.* (KA)

—— der, des Kavalleristen. Leitfaden für den Unterricht des Kavalleristen im Felddienst. 1. und 2. Heft. Mit Skizzen und Beilagen. 8. Berlin 888, Mittler und Sohn. [1. Heft. (57 S.) * 90 Pf.; 2. Heft. (40 S.) * 50 Pf.] *

—— der, d. Kavalleristen. Leitfaden f. den Unterricht d. Kavalleristen im Felddienst. 1. Heft. 2. Aufl. 8. (54 S. m. Skizzen u. Beilagen.) Berl. 889, Mittler u. Sohn. * — 90
2. Heft. Ebd. 1888. * — 50.

Felddienst, der, des Kavalleristen. Für Unteroffiziere u. Mannschaften dargestellt v. e. Eskadronchef. 12. (IV, 46 S. m. 17 Abbildgn.) Berlin 902. E. S. Mittler & Sohn. n.n. — 60

Felddienst zur Leitung für Rekruten der Infanterie. 8. Schleswig. 1819. Koch.
Dass. Dänisch.

Felddienst, Der neue. Wien 1896. V: *Kurz, Carl Friedrich.* (EB)

Felddienst, Der neue, für Unteroffiziers- und Mannschaftsschulen bearbeitet . . . Wien u. Teschen 1870. V: *Khoss v. Kossen Ritt. v. Sternegg, Joh.* (KA)

—— der neue, für Unteroffiziers- und Mannschaftsschulen bearb. von Hauptm. K. v. St. 16. (94 S. mit 4 Taf. Abbild., wovon 3 in Holzschn.) Teschen 870, Prochaska. *

Felddienst, der neue, für Unteroffiziers- und Mannschaftsschulen bearb. von Hauptm. K. v. St. In ungar. Sprache. 16. (92 S. mit 4 Taf. Abbild., wovon 3 in Holzschn.) Teschen 871, Prochaska.

Felddienst, der, f. Offiziere u. Unteroffiziere der Infanterie zum Manöver- u. Feldgebrauch nach dem Exerzier-Reglement, dem Entwurf zur Felddienst-Ordng., der Schieß-Instruktion ꝛc., zusammengestellt. 12. (III, 75 S.) Minden 886. Keiser & Co. n. — 60

der preußische. Für Unteroffiziere u. Soldaten zusammengestellt von H. v. F. 2 Hefte. 1—3. unveränd. Aufl. Berlin 867, 68. Mittler & S. 16. n. 6 ngr
1. Das zerstreute Gefecht. (34 S.) n. 2 ngr — 2. Vorpostendienst, insbes. der Feldwachen u. Patrouillen. (61 S. m. Holzschn.) n. 4 ngr

—— der preußische. Für Unteroffiziere und Soldaten von H. v. F. 2 Hefte. 4. verb. Aufl. 16. Berlin 873, Mittler und Sohn. *
Inhalt:
Heft 1. Das zerstreute Gefecht. (23 S.) * 25 Pf.
" 2. Vorposten-Dienst. (63 S.) * 30 Pf.
3. Heft: Gesundheits- und Krankenpflege. Ebendas. 1867. * 40 Pf.

Der Felddienst der Reiterei. Gegründet auf die Vorschrift für den Felddienst der bayer. Truppen. 2. Aufl. Bamberg 1851. 8°. (1. Aufl. 1846.)

—— der, der Reiterei. Gegründet auf die Vorschriften für den Felddienst der königl. bayr. Truppen. 2., verb. Aufl. 12. (VI und 279 S.) Bamberg 851, Buchnersche Buchh.

—— der russische, und das russische Exercierreglement in gedrängter Form. Von B. M. B. 8. (III, 52 S. mit 2 Taf.) Wien 888, Perles. *

Feld- und Vorposten-Dienst in Fragen und Antworten für die k. k. Infanterie und Kavallerie. Zum Selbstunterrichte für Offiziere und für Kompagnie- und Eskadrons-Schulen besonders geeignet, nebst einem Anhang, enthaltend alle Aenderungen und Neuerungen dieses Dienstes aus der Allerhöchst sanktionirten provisorischen Instruktion für die Uebungen im Felddienste. Brünn, 1856. Gedruckt bei Franz Gastl in Brünn. (123 S. 8)

— der, der drei Waffen. 1. Thl. Infanterie. Kavallerie. Artillerie. Ueber Führg. u. Aufstellg. grösserer Körper. Vom Gefecht. Mit 29 Fig. im Texte. 8. (VII, 170 S.) Iglau 884. Lohmann. geb. n. 2. 50

Felddienst-Instruction für die Cavalleristen, zur Selbstbelehrung. Von einem preussischen Cavallerie-Officier. 8. Berlin und Posen 1823.

Felddienst-Instruction für d. Cavalleristen, zur Selbstbelehrung entworfen u. gesammelt von einem königl. Preuß. Cavallerie-Offizier. 8. Berlin 824. Mittler.

Felddienst-Instruktion für Schützen und Reiter der württ. Reiterei. Stuttgart 1820. 78 S.

Felddienst-Instructionen f. Offiziere u. Unteroffiziere der Infanterie. 16. (80 S.) Potsdam 876. Döring. n. — 40

Felddienst-Instructionen f. Offiziere u. Unteroffiziere der Infanterie. 2., verm. Aufl. 16. (88 S.) Potsdam 878. Döring. n. — 40

Felddienst-Instruktionen für Offiziere und Unteroffiziere der Infanterie. 3. umgearb. und verm. Aufl. 16. (88 S.) Potsdam 883. Döring. *

Felddienst-Instructionen für Offiziere und Unteroffiziere der Infanterie. 4. umgearb. und verm. Aufl. 16. (92 S.) Potsdam 886, Döring. *

Felddienst-Instruktionen f. Offiziere u. Unteroffiziere der Infanterie. Auf Grund der Felddienst-Ordng. vom 23. Mai 1887 bearb. 5. Aufl. 16. (80 S.) Potsd. 889, Döring. * — 40

Felddienst-Lectionen, die acht, des k. k. General-Major Johann Freiherr v. Appel in Fragen und Antworten. 12. (96 S.) Wien, Seidel & Sohn. 1868 20 kr.

Felddienst-Ordnung. Entwurf. 16. (VI, 88 S. mit 2 Taf.) Berlin 886, Mittler und Sohn. *

Felddienst-Ordnung. (Entwurf.) (Mit 2 Taf.) 8. Berlin 1886.
— — (Mit 3 Taf.) 8. Berlin 1887.
— — (Neuauflage.) 8. Berlin 1890.

Felddienst-Ordnung. München 1887—1900.

Felddienst-Ordnung. Neuer Abdr. unter Einfügg. der Tekturen 1—89 u. e. Sachregister. 12. (218, 16 S. m. 4 farb. Anlagen, 4 S. Erklärgn. u. 8 Mustern.) Berl. 890, Mittler u. Sohn. * 2 —; geb. * 2 50; Sachregister (16 S.) allein * — 15

Felddienst-Ordnung. (Vom 20. Juli 1894.) 12. (230 u. 16 S. m. 6 farb. Taf. u. 3 Tab.) Berlin 894. E. S. Mittler & Sohn. n. 2. 15; geb. in Leinw. n. 2. 70

Ergänzungsheft z. Felddienst-Ordnung v. 20. 7. 1894. Berlin 1894.

— (Nach der gleichnamigen preuß. Vorschrift.) 12. (224 S. m. Abbildgn, 5 farb. Taf. u. 4 Bl. Erklärgn.) München 894. (Literar.-artist. Anstalt.) Kart. n.n. 1. 60

Felddienst-Ordnung. (Vom 1. Jan. 1900.) (D. V. E. No 438.) *Berlin: E. S. Mittler & Sohn 1900.* (230, 18 S.) 8° [F.] [00. 7494

— dasselbe. (Nach der gleichnam. preuß. Vorschrift.) 12. (230 S. m. 7 Taf.) München 900. (Th. Ackermann). Kart. n. 1. 40

Felddienst-Ordnung. (D. V. E. Nr. 267.) (176 u. 30 S. m. Abb. u. 7 farb. Taf.) kl. 8. Berlin 908. E. S. Mittler & Sohn. Geb. 1.20; m. den Bestimmgn. f. d. größ. Truppenübgn. (Manöver-Ordng.) 1.90; m. Sachregister (16 S.) 1.40; m. den Bestimmungen f. die größ. Truppenübgn. 2. —

Felddienst-Ordnung. (F. O.) (D.V. 327.) (178 u. 30 S. m. Fig. u. 5 farb. Taf.) kl. 8. München 908. (Th. Ackermann). Geb. nn 1.50

Felddienst-Ordnung d. französ. Armee, s.: Reglement üb. d. Dienst d. Armeen im Felde.

Felddienst-Ordnung f. d. schweizerische Armee. Bern 1904.

— d. französ. Artillerie. Entwurf d. Kriegsministeriums v. 24. XII. 1896. Uebersetzg. v. W. Stavenhagen. M. 26 Abb. 12. (157 S.) Berlin 898. H. Peters. n. 1.50

—— in Frage und Antwort. Ein Handbuch für jüngere Offiziere und Unteroffiziere bei der Instruction von A. 8. (40 S.) Dresden 888, Höckner. *

Felddienstordnung, die französische, réglement sur le service des armées en campagne, Ausg. 1905, in den wesentlichen Punkten übers., erläutert u. m. den deutschen Vorschriften verglichen v. Immanuel. (134 S. m. Fig.) 8. Berlin 906. Liebel. n. 2.40

— d. französ. Infanterie. Entwurf d. Kriegsministeriums v. 24. XII. 1896. Uebersetzg. v. W. Stavenhagen. M. 4 Abb. 12. (111 S.) n. 1.50
Bln.: H.Peters 1898.

Felddienst-Ordnung der französischen Kavallerie. Entwurf d. Kriegsministeriums v. 24. Dez. 1890. Uebs. v. W[illibald] Stavenhagen. M. 50 Abb. *Berlin: H. Peters 1897.* (1 Bl., 191 S.) 1 Bd 8. [98. 318

— kleine. Handbuch f. Offiziere u. Unteroffiziere (Aspiranten 2c.) der Infanterie, beim Ausbilden der Mannschaften. Von W. H. 16. (72 S. m. e. Taf.) Köln 890. Warnitz & Co. n. — 40

Felddienst- u. Manöver-Ordnung, kleine, f. Offiziere, Unteroffiziere u. Mannschaften aller Waffen auf Grund der Felddienst-Ordnung u. der Bestimmungen f. die größeren Truppenübungen (Manöver-Ordnung) 1908. (IV, 84 S. m. 10 Abb.) 16. Berlin 908. Liebel. p — 50

Kleine **Felddienst-** und Manöver-**Ordnung** für Offiziere, Unteroff. u. Mannschaften aller Waffen auf Grund der Felddienst-Ordnung und der Bestimmungen für die größeren Truppenübungen (Manöver-Ordnung) 1908. Mit Abb. 2. verb. Aufl. Berlin: Liebel 1908. IV, 84 S. 2° [10. 2051

— vom 23. Mai 1887. 12. (216 S. m. 3 Taf.) Berlin 887. Mittler & Sohn. n.n. 1.25; geb. n.n. 1.60

— dasselbe. (Ausgabe f. Bayern.) [Nach der gleichnam. preuß. Vorschrift.] 12. (216 S. m. 2 Taf. u. 1 Tab.) Ebd. 887. — München, Th. Ackermann's Verl. n.n. 1.25; geb. n.n. 1.60

Die neue **Felddienst-Ordnung.** Berlin: E. S. Mittler & Sohn 1908. (S. 104 –214.) 8° [Umschlagt. F.]
— **Militär-Wochenblatt.** 1908, Beih. 4. [08. 7348

— russische, u. Vorschrift f. das Gefecht v. Abtheilungen aller Waffen. Als Entwurf erschienen im Sommer 1901, in der russ. Armee gültig an Stelle der bisher einschläg. Vorschriften. Uebers. v. Reichardt. 8. (XIV, 130 S. m. Abbildgn. u. 1 Taf.) Berlin 901. E. S. Mittler & Sohn. n. 2.25; geb. in Leinw. n. 3. —

Felddienst-Reglement für das 10. Armeecorps des Deutschen Bundesheeres. o. O. (1843.) 8°.

Felddienst-Reglement f. d. Großhrzgl. Badischen Truppen. 8. (29¾ B. u. 1 Tab. gr. 4.) Karlsruhe 834, Müller.

— für die Großherzogl. Hessischen Truppen. Mit 12 Steintaf. 8. Darmstadt 834. (Heyer's Buchh.: Jonghaus.) 1⅓ ℔

Felddienst-Übungen, 20, in der Escadron. Skizzirt an e. stufenweisen systemat. Vorgange v. — E. — gr. 8. (VII, 58 S. m. 1 Karte.) Wien 898. L. W. Seidel & Sohn. n. 2.50

Felddienst-Verordnungen für die russische Armee vom J. 1881. Aus dem Russ. übersetzt von Bichler. 2. Aufl. 12. (VIII, 135 S. mit 6 Holzschn. und Beilagen.) Hannover 886, Helwing's Verlag. *

Felddienst-Vorschrift, russische. (Nastawljénije dla polewój słúžby.) 1. Thl. Dienst der Truppen. Erschienen Juni 1899. Vollinhaltlich übers. von Vict. Grzesicki. Mit 11 Beilagen u. 10 Taf. 8. (XXIII, 175 S.) Wien 899. L. W. Seidel & Sohn. n. 3. —

Felddüngungsversuche über die Wirkung des schwefelsauren Ammoniaks gegenüber dem Chilisalpeter. Berichte d. Versuchsstationen Bonn, ⟨Dr. [Friedrich] Kretschmer⟩... [1.] Berlin: Deutsche Landwirtsch.-Gesellsch. 1906. 8° [F.]
— Versuche d. Dünger-Abteilung in Verbindung mit landwirtschaftl. Versuchsstationen. 3.
— **Arbeiten** d. Deutschen Landwirtschafts-Gesellschaft. H. 121. [07. 617

Felddüngungsversuche über die Wirkung der wichtigsten Kalidüngesalze. Berichte d. Versuchsstationen Weihenstephan ⟨Prof. Dr. [Ernst] Wein⟩, Bonn ⟨Dr. Kretschmer⟩, Köslin ⟨Prof. Dr. Baeßler⟩, Kaiserslautern ⟨Dr. Prove⟩, Jena ⟨Prof. Dr. Immendorff⟩. Berlin: Deutsche Landwirtsch.-Gesellsch. 1907. (159 S.) 8° [F.]
— Versuche d. Dünger-Abteilung in Verbindung mit landwirtschaftl. Versuchsstationen. 4.
— **Arbeiten** d. Deutschen Landwirtschafts-Gesellschaft. H. 127. [07. 13364

„Im Felde." Erinnerungen eines einjährig Freiwilligen vom Füsilier-Bataillon des Kaiser Franz Garde-Grenadier-Regiments aus dem Feldzuge in Böhmen und Mähren. (Ein Beitrag zur Geschichte des Regiments.) 8. Berlin 1867.

Felde, Alb. zum

Felde, A. zum, de cultu imaginum antichristiano. Kilon. 1710. 4.

— De cultu imaginum anti-Christiano ex Habacuc Cap. II. 18—19. Kilonii. U. A. [1712]. 4. P. [Resp. Ad. Flor. Sigismundi].

— anal. disquisit. de rebus liter. sacris et eccles. 4. ibid. 719.

Felde, Alb. zum, Meditatio *περὶ τοῦ καθήκοντος* qua ad audiendas prælectiones publicas de officio theologorum ac ministrorum elenchtico S. Theologiæ cultores invitat. Kilonii. (1709). 4. P.

— Politica sana sive de imperio Dei ejusque juribus liber commentarius. Kiliæ. 1720. (U. B.).

Felde, Alb. zum, politica sacra. 8. Kilon. 720.

— et Joann. Laur. Mosheim, Pontificios salis apostolici expertes, in re fidei fluctuare ad Matth. V. 13 in memoriam festi secul. evang. II demonstrabunt. Kiliæ. 8. Nov. 1717. 4.

— De simplicitate dictionis theologicæ. Kilonii. 1710. 4. [Resp. Jo. Wilde].

— De simplicitate theologica diss. I. qua simplicitas dictionis S. S. exponitur. Kilonii. 1709. 4. [Resp. Bernh. Chr. Gentzel].

— Stricturæ Anti Bossvetianæ Jo. Benigni Bossveti expositioni fidei catholicæ oppositæ, in usum suorum auditorum conscriptæ. Kilonii. 1711. 4. P.

Felde, C., die nöthige Reform der Jugenderziehung od. d. physische u. geistige Untergang d. Jugend, herbeigeführt durch die gewöhnl. Volks-, insb. Volksschulerziehung, u. die natürl. Mittel z. einer allseitigen Entwickelung. gr. 8. (11 B.) Wolfenbüttel 846, Holle'sche Buchh. *

—— die Sache der Volksschullehrer u. der Volksbildung. Ein Beitrag zur Lösung einer Zeitfrage. gr. 8. (4½ B.) Magdeburg 844. [Berlin, Rubach.]

Felde, Johann von, s. F e l d e n , Johann von

Felde, L. zum, Bibelsprüche z. Gebrauche beim Religionsunterrichte. 12. (31 S.) Neu-Ruppin (902). P. Howe. n.n. — 15

[Umschlagt.:] [F.] Kurze Geschichte des Lüneburger Lehrervereins von 1848—1898. Z. 50j. Jubelfeier d. Vereins in dessen Auftr. nach d. Akten zsgest. v. L. zum Felde u. E. Reinstorf. Im Selbstv. d. Lüneburger Lehrervereins. *Lüneburg: Buchdr. v. H. König 1898.* (32 S.) 1 Bd 8. [98. 7035 Go

Felde, Ludw. zum, Bilder aus der Mark Brandenburg, Richter-Rheinsberg, Wilh.

Felde, Max (Joh. Kaltenböck): A b d u r Rahman, der Muzlime. Eine Erzählg. aus den letzten Tagen v. Granada. Mit 23 Abbildgn. v. L. Berwald. (III, 271 S.) 8. Stuttgart 1909. Union.

Felde, Max (Joh. Kaltenbock), Addy, der Rifleman. Eine Erzählung aus den nordamerikan. Befreiungskämpfen. (Kamerad-Bibliothek.) 2. Aufl. 8. (V, 323 S. m. Abb.) Stuttgart (902). Union. Geb. in Leinw. 3. —

Max Felde. Addy, der Rifleman. Eine Erzählung aus d. nordamerikan. Befreiungskämpfen. 4. Aufl. *Stuttgart, Berlin, Leipzig: Union [1902].* (323 S.) 8° [F.]
— Kamerad-Bibliothek. [8.] [03. 1544

— Addy, der Rifleman. Eine Erzählg. aus den nordamerikan. Befreiungskämpfen. (Kamerad-Bibliothek.) 6. Aufl. (III, 323 S.) kl. 8. Ebd. (908). Geb. in Leinw. 3. —

— der Arrapahu, s.a. Kamerad-Bibliothek. 8.

Max Felde. Der Arrapahu. 2. Aufl. *Stuttgart. Berlin. Leipzig: Union [1900].* (326 S.) 8° [F.]
— Kamerad-Bibliothek. 3. [00. 533

— Der Arrapahu. (Kamerad-Bibliothek.) 7. Aufl. (III, 326 S. m. Abb.) kl. 8. Ebd. (908). Geb. in Leinw. 3. —

Felde, Max (Joh. Kaltenböck), Villa Biberheim. Ernste u. heitere Jagderlebnisse an den kanad. Seen. (V, 307 S. m. Abbildgn.) 8. Stuttgart (903). Union. Geb. in Leinw. n. 3. —

Max Felde. Villa Biberheim. Ernste u. heitere Jagderlebnisse an d. kanad. Seen. 4. Aufl. *Stuttgart, Berlin, Leipzig: Union [1903].* (307 S.) 8° [F.]
— Kamerad-Bibliothek. [9.] [04. 588

— Villa Biberheim. Ernste u. heitere Jagderlebnisse an den kanad. Seen. (Kamerad-Bibliothek.) 6. Aufl. (V, 307 S. m. Abbildgn. u. Titelbild. kl. 8. Ebd. (909). Geb. in Leinw. 3. —

Der Sohn der Wälder. Von Max Felde. Mit 26 Abb. von W. Zweigle. 1.-4. Aufl. Stuttgart, Berlin, Leipzig: Union [1907]. (308 S.) 8° [F.] [08. 2330

v. F e j d e c k , Joseph: „Wohlerfahrner Böhmisch- und Oesterreichischer Haushalter", Leipzig (bey Johann Theodor Boetio) und Brünn 1736.

FELDECK, Joseph v.: Kern einer vollständigen Haus- und Landwirthschaft, oder wohlerfahrner Böhmischer und Oesterreichischer Haußhalter. - Leipzig 1717. Wien 1730

Feldegg, s. a.: Fellner v. Feldegg.

Feldegg, E. v: Allgemeine Constructionslehre des Ingenieurs. Nach Vorträgen von R. Baumeister. Bd 1. 2. Karlsruhe 1878. (4 Bde Ms. autogr.)

Feldegg, Ed. v., die Rentabilität projectirter Eisenbahnen. Nach der Methode des Ingenieurs Jul. Michel berechnet, mit Anwendung auf das Project der mähr. Transversal-Bahn. Unter Mitarbeit von Otto v. Bauer. gr. 8. (81 S. mit 1 lithogr. Karte.) Wien 880, [Lehmann und Wentzel.] Spielhagen und Schurich. *

Feldegg, Ferd. Ritter v., Beiträge zur Philosophie des Gefühls. Gesammelte kritisch-dogmat. Aufsätze üb. zwei Grundprobleme. gr. 8. (VI, 122 S.) Leipzig 900. J. A. Barth. n. 2. 50

Feldegg, F. Ritter v. (Ferd. Fellner, Ritter v. Feldegg), Benedek. Ein österreich. Soldatendrama in 5 Aufzügen. (XVI, 116 S.) 8. Wien 905. C. Konegen. n. 2. —

Fellner v. Feldegg, F., Entwurf zu einer Kirche, s.: Studien aus der Special-Schule von Th. R. v. Hansen.

— der neue Faust. Drama in 3 Aufzügen, e. Vor- u. e. Nachspiele. (157 S.) 8. Linz (903). [Österreich. Verlagsanstalt.] Wien, C. Konegen. n. 3. —; geb. n. 4. —

Feldegg, Ferd. Ritter v. Das Gefühl als Fundament der Weltordnung. gr. 8. (VIII, XII, 234 S.) Wien 890, Hölder. * 5 —

Feldegg, Ferd. Ritter v, Grundlegung e. Kosmobiologie. gr. 8. (X, 79 S.) Wien 891. A. Hölder. n. 3. —

Feldegg, Ferd. Ritter v., Grundriss der kunstgewerbl. Formenlehre. Mit Unterstützung des k. k. Ministeriums für Cultus und Unterricht hrsg. gr. 8. (III, 205 S. mit 122 Abbild.) Wien 887, Pichler's Wwe. und Sohn. *

— Grundriss der kunstgewerblichen Formenlehre. 2. Aufl. [Stor.-Abdr.] gr. 8. (IV, 205 S. m. 122 Abbildgn.) Wien 891. A. Pichler's Wwe. & Sohn. Kart. n. 4. —

- Theophilos Hansen u. seine Werke, s.: Niemann, Geo.

Feldegg, Ferd. Ritter von (Hrsg.), s. K i r c h e n - D e c o r a t i o n e n , Moderne.

— moderne Kirchen-Decorationen. Ein Vorlagewerk f. ornamentale Kirchenmalerei. Nach Orig.-Aufnahmen aus den Kirchen Wiens u. der Umgebg. hrsg. (In 4 Hftn.) 1. Hft, gr. Fol. (8 Farbendr. m. 4 S. Text.) Wien 890. Schroll & Co. In Mappe. n. 14. —

— moderne Kirchen-Decorationen. Ein Vorlagewerk f. ornamentale Kirchenmalerei. Nach Orig.-Aufnahmen aus den Kirchen Wiens u. der Umgebg. hrsg. 2.—4. Hft. gr. Fol. (à 8 Farbendr., m. 1 Bl. Text.) Wien 891. 892. A. Schroll & Co. à n. 14. — (kplt. in Mappe: n. 56. —)

— moderne Kirchen-Decorationen. Ein Vorlagewerk f. ornamentale Kirchenmalerei. Nach den Originalen hrsg. Neue Folge. gr. Fol. 32 farb. Bl. m. 3 S. Text. Wien (899. 900) A. Schroll & Co. In Mappen. 40. —
Erschien auch in 4 Lfgn. à n. 10. —.

— Moderne Kirchen-Decorationen. Ein Vorlagewerk f. ornamentale Kirchenmalerei. Nach den Originalen hrsg. 3. Folge. (40 z. Tl. farb. Taf. m. III S. Text.) 46×31 cm. Wien 907. A. Schroll & Co. In Mappe 50. —

— Concurrenz f. die neu zu erbauende Universität in Berkeley, Californien, v. Rudolf Dick, s.: Architekt, der. 4. Suppl.-Hft.

-- Wiener Kunst-Buchbinder- u. Lederarbeiten. (In 6 Hftn.) 1.—3. Hft. Fol. (à 6 Lichtdr.-Taf. m. 2 Bl. Text.) Ebd. 889. 890. à Hft. n. 5. —

— Wiener Kunstbuchbinder- u. Lederarbeiten. 4.–6. Lfg. gr. Fol. (à 6 Lichtdr.-Taf. m. 1 Bl. Text.) Ebd. 891—894. à n. 5. — (kplt in Mappe: n. 30. —)

Feldegg, Ferd. v. (Fellner v. Feldegg), mit seinem Gotte allein. Schauspiel in 4 Aufzügen. (108 S.) 8. Wien 908. P. Knepler. 2. —

Feldegg, Ferd. v., s.: Ohmann's, Frdr., Entwürfe u. ausgeführte Bauten.

— Die Platz- u. Strassenanlage v. Salzburg. Mit 21 Lichtdr., 15 Illustr. im Texte u. 1 Plane v. Salzburg. (20 S.) Lex. 8. Ebd. (909). Geb. 10. —

— moderne Profan-Decorationen. Ein Vorlagenwerk f. ornamentale Zimmermalerei u. Innendecoration. Nach Orig.-Aufnahmen aus Wiener Monumental- u. Privatbauten, sowie Entwürfen. (In 4 Lfgn.) 1. u. 2. Lfg. gr. Fol. (à 8 Farbendr.) Ebd. 893. 894. à n. 14. —

Feldegg, Ferd. Ritter v., Moderne Profan-Decorationen. E. Vorlagenwerk f. ornament. Zimmermalerei u. Innendecoration. Nach Orig.-Aufn. a. Wiener Monumental- und Privatbauten, sowie Entwürfen hrsg. 3. u. 4. (Schluss-)Lfg. Fol. (à 8 Farbdr.) Wien 898. A. Schroll & Co. à n. 10. — (Kplt. in Mappe: n. 40. —)

—— Italienische Renaissance-Architekturen in moderner constructiver Durchbildung. Ein Vorlagenwerk f. baugewerbl. Schulen u. die Baupraxis. Nach den Arbeiten seiner Schüler hrsg. Portale u. Fenster. 12 (farb.) Taf. Imp.-Fol. Mit Text. gr. 8. (4 S.) Wien 890, Pichler's Wwe. u. Sohn. In Mappe * 20 —

Feldegg, Fr. Ritter v., Italienische Renaissance-Architekturen in moderner constructiver Durchbildung. 12 Tafeln. Portale und Fenster. Wien 1891. A. Pichler's Witwe und Sohn. (Min.-Erl. 13. März 1891. Z. 22084 ex 1890) 10.—

— italien. Renaissance-Architekturen in mod. Durchbildg. E. Vorlagenwerk f. baugewerbl. Schulen u. d. Baupraxis. 12 (farb.) Taf. II. Serie: Bogenstellgn. u. Gesimse. gr. Fol. Wien 895. A. Pichler's Wwe. & Sohn. In Mappe n. 20. —

— „Retter". Vier Lebensbilder. (99 S.) 8. Wien 908. Akadem. Verlag. 1. 50

— der Schleier der Maja. 3 ernste Szenen. (99 S.) 8. Wien 904. C. Konegen. n. 2. —; geb. n. 3. —

Feldegg F. Studien und Entwürfe zur Wiener Stadterweiterung. (Architekt. Supplement 3) fol Wien 1899

— letzte Stunden. 8 Geschichten aus dem Liebesleben. — Das Geschlecht Edelmaier. Eine Satire in Dialogform. (VII, 200 S.) 8. Ebd. 904. n. 2. 50; geb. n. 3. 50

— Letzte Stunden. 8 Geschichten aus dem Liebesleben. — Das Geschlecht Edelmaier. Eine Satire in Dialogform. 2. [Titel-]Aufl. (VII, 200 S.) 8. Wien [904] 909. C. Konegen. 2. 50

— das Verhältnis der Philosophie zur empirischen Wissenschaft v. der Natur. Beantwortung der v. der philosoph. Gesellschaft in Berlin gestellten Preisfrage. Nebst e. Anh.: Widerlegung v. Cl. Baeumker's immanenter Kritik des Gefühls als metaphys. Princips. gr. 8. (III, 48 S.) Wien 894. A. Hölder. n 1. 24

Feldegg, Viktor, s. F e l g e l - Feldegg, Viktor

Feldeinrichtg u. Ausrüstg d. Kriegs-Heil-Wesens. (Juli 1842.) Fol.

v. Felden, Plan von Leipzig u. Umgegend in 60 lithogr. Bl. n. 1 ill. Musterbl. Roy.-Fol. Nebst 1 Uebersichtsbl. in kl. Fol. Berl, 828. Schropp u. C. 10 ß

Felden, C., drei vom Theater, s. Liebhaber-Bühne, neue.

Felden, Edwin Alex., Azur. gr. 8. (86 S.) Naumburg (901). (E. Schöler). n. 1. —; geb. n.n. 1. 30

Felden, Emil, im Gebirgsdorf u. andere Geschichten. 8. (166 S.) Saarburg 899. G. Morin. n. 2. —

Felden, Emil, die Kaninchenzucht, s.: Landmann's, des, Winterabende. 78. Bdchn.

Felden, Emil, euer Kinderland, s.a. Zeitfragen, soziale. 39. Hft.

Euer Kinderland. Eine Predigt, geh. in Bremen von Emil Felden, Pastor. Berlin: Bodenreform [1900]. 16 S. 8°
(Soziale Zeitfragen. H. 39.) 109. 15472

— Kirche, Religion u. Sozialdemokratie. Vortrag, geh. am 2. VII. 1909 im Gewerkschaftshause zu Bremen. (39 S.) 8. München (909). G. Birk & Co. nn — 30

Felden, Emil, protestantische Kirchen in Deutschland, s.: Flugschriften des neuen Frankfurter Verlags. VII.

— kirchlicher Liberalismus u. Radikalismus, s.: Flugschriften, Bremer, aus dem Geisteskampf der Gegenwart. 3. Hft.

Felden, Emil, der naschhafte Peter u. a. Erzählungen. Neue Ster.-Ausg. (32 S.) kl. 8. Reutlingen (905). Enßlin & Laiblin. — 15; kart. — 20

— D'r Steinbür. E-n-elsassisch Volkssteck. (60 S.) 8. Colmar i/E. (906). Straßburger Druckerei u. Verlagsanstalt, Filiale Colmar. (Nur direkt.) n. 1. —

— der Ultramontanismus im Reichsland am Ende des 19. Jahrh. 8. (71 S.) Heidelberg 900. Evangel. Verl. n. — 40

Joan. a Felden ars geometrica figuris in prioribus editionibus omiſſis et problematibus hac IV. edit. aucta a *B. Dav. Reumanno.* Jenae, Cröcker. 12. 1712

Joh. von Felden Geometria theils mit Figuren, theils mit Aufgaben, theils mit völlig ausgearbeiteten Exempeln, ſonderlich aber mit denen Elementen der Lehre von den Logarithmis, und der ſphärischen Trigonometrie, vermehrt von M. *Friedrich Seideln.* Altenb. 8. 1718
— Jena bey H. C Cröcker. 8. 1718
— ebend. 8. (6 gr.) 1724

— de scientia interpretandi etc. leges roman. 4. Hamb. 737.

Felden, Karl, Dora, s.: Unterhaltungsbibliothek. moderne.

— Eine aristokratische Ehe, s.: Adels-Bibliothek. Bd. 8.

Felden, Karl, gelöste Fesseln, s.: Weichert's Wochen-Bibliothek.

— der Hüttendirektor, s.a. Kaufmann's moderne Zehnpfennig-Bibliothek. III, 9.

Der Hüttendirektor. Roman von Karl Felden. Neurode i. Schl.: Zehn-Pfennig-Bibliothek 1905. (119 S.) 8° [F.]
— Zehnpfennig-Bibliothek, Kaufmann's moderne. Jg. 3, Bd 9. 105. 6186

Felden, Karl, Liebe u. Ehre, s.a. Welt, alte.

Liebe und Ehre. Erzählung von Karl Felden. *Berlin: A. Weichert [1901].* (48 S.) 8° [S.]
- Wolf Alle. Bd. 48. [os. 1909

— Schicksale e. Mädchenliebe, s.: Weichert's Wochen-Bibliothek.

— Die beiden schönen Schwestern, s.: Weichert's Wochen-Bibliothek.

Abendlied von Lena Felden. Für 1 Singstimme u. Klavier. Op. 7[II]. Königsberg: Bon [1906]. (3 S.) 4° [F. u. Ant.] [s.d. 1906] 10

Felder, Frz. Mich., „Einer der bedeutendsten Männer unseres Heimathlandes"; zugleich e. Andenken an den 1. Septbr. 1889. Zur Aufklärg. f. das Volk entnommen aus F. M. F.'s Leben u. Schriften. Hrsg. vom Volks- u. Wahrheitsfreunde Homobon. gr. 8. (43 S.) Bregenz 890. (Teutsch.) n. — 24

Felder's, F. M., Leben, s. Sander, H.

Felder und Nascha, mehr als Roman. Leipzig 1782. V: *Albrecht, Johann Friedrich Ernst.* (Ky) (MGT)

Felder u. Nascha, (von Jh. Fr. Er. Albrecht). 2 Thle. 8. Leipz. 782. (Endbloch). 1 ₰ 12 gr.

Felder u. Nascha, mehr als Roman. 2 Thle. 8. Lpz. Böhme. 782.

Felder, elisäische, d. neuentdeckt. 5 Thle. ꝛc. 4. Leipzig. 735—741.

Felder, Die neu-entdeckten Elisäischen, Und was sich in denenselben sonderbares zugetragen, Als . . . Frdr. Wilh. Freyh. v. Kyau Und . . . Jac. Paul v. Gundling daselbst einander angetroffen. I.—V. Theil. Franckfurt u. Leipz. 1735—42. V: *Fassmann, David.* (CLZür Forts. I)

FELDER, Die neuentdeckten elysäischen, undwas sich in denenselben sonderbares zugetragen, als .... Friedrich Wilhelm Freyherr v. Kyau und der durch seine Avanturen bekannt gewordene Geh. Rath u. Freyherr Jacob Paul v. Gundling daselbst einander angetroffen etc. 5 Thle. Mit Kpfrn. Franckfurt und Leipzig (Leipzig, Deer) 1735—42. 4°. (In Zürich, Bibl. d. Cantonal-Anstalten; in München cplt.?) (7 Mk. W. H. Kühl, Berlin, c. 1882; 7 Mk. 50 Pfg., nur Th. 2—3, ebd. „1736", mit 2 Kpfrn., Bangel u. Schmitt, Heidelb., 1909.)
Stellenweise derb u. frei. Selten vollständig.

Felder, ..., s. Jahresbericht, 17., d. Gesellschaft z. Beförder. der evangel. Missionen.

Felder, Bruno, aus Köslin i. Pomm.: Kann das Deutsche Reich seinen Getreidebedarf selbst decken? Eine agrarpolit. Studie unter Zugrundelegung d. Reichsstatistik. *Bonn 1901: J. F. Carthaus.* (2 Bl.) 8° ¶ [Nur Titelblatt, Vita u. Thesen.]
Bonn, Phil. Diss. v. 19. März 1901
(Nicht für den Austausch)

Felder, Cajetan, s. Felder, Kajetan

Felder, Erich (Wilderich Rheinfelder). Kaiserin Maria Theresia, s.: Frau, die.

— Die Wienerin. Mit 20 Reproduktionen nach Originalen Wiener Meister. (V, 130 S.) 8. Wien (909). K. Graeser & Co. Geb. 2. 40

Felder, Erich, vom entnüchternden Zauber der Frau, s. Frau, die.

FELDER, E., Vom entnüchternden Zauber der Frau. Mit Bild. Leipzig 1905. 8°. (Mk. 1,50.) (1 Mk. Ottomar Schönhuth, München, 1909.)

Felder, Franz Karl

Felder, Frz. Karl v. Borromäo, (†d. 1. Juni 1818.) der Christenlehrer; eine Primizpredigt. 8. Landsh. 800. Thomann. 2 gr.

— die Feier des 50jähr. Priesterthums. Eine Jubelpredigt. 8. Landsh., Thomann. 2 gr.

Felder, F. K., Festpredigten. 1s u. 2s Bdch. 8. Ulm, Wohler. 805.

Felder, F. K., Gelehrten- und Schriftsteller-Lexikon der kathol. Geistlichkeit Deutschlands und der Schweiz. 1r Bd. gr. 8. Landshut, Thomann. 817.

— — 2r Bd. herausgegeben v. F. J. Waitzenegger. gr. 8. Ebendas. 820.

Felder, (F. K.,) Gelehrten- u. Schriftsteller-Lexicon d. deutschen kathol. Geistlichkeit; fortgesetzt von F. J. Weitzenegger. 3r Bd. gr. 8. Landshut 822, Thomann.

— Litter.-Zeitung f. kathol. Religionslehrer. 1r Jahrg. 2 Bde. gr. 8. Landshut, Thomann. 810.

— Literaturzeitung f. kathol. Religionslehrer. 2r — 6r Jahrg. à 2 Bde od. 12 Hefte. (à 3 Rthlr.). Landshut, Thomann. 811 — 15.

— s. 1) Literaturzeitung f. kathol. Religionslehrer. 2) Magazin f. kathol. Religionslehrer.

— kleines Magazin f. kathol. Religionslehrer. 1806, 807 u. 808. jeder Jahrg. à 6 Hefte. 8. Freyburg, Herder. (à 2 Thlr. 16 gr.)

— — dass. 1809 u. 1810. (zu 6 Heft. d. Jahrg.) 8. Landshut, Weber. (à 2 Rthlr. 12 gr.)

— neues Magazin für kathol. Religionslehrer. 1r, 2r u. 3r Jahrg. 1809, 10 u. 11. 8. Gmünd, Ritter.

— — dasselbe. Jahrg. 1812—15. à 2 Bde od. 6 Hfte. Landsh. Thomann. (à 2 Rthlr. 6 gr.)

— die heil. Märtyrer d. thebäischen Legion. Eine Predigt. 8. Landsh. 809. Thomann. 2 gr.

— Predigten oder christl. Reden, gehalten an Sonntagen. 2 Bde. gr. 8. Ulm 808 u. 9. Wohler. 2 ₰ 16 gr.

— der Priester als Diener des Staats. Dargestellt in einer Secundizrede. 8. München 807. Giel. 3 gr.

Felder, F. K., der Priester als Diener des Staats. Dargestellt in einer Secundizrede. 8. München, Giel. 817. Rthl. —

— christl. Reden, gehalten an Sonntagen. 2 Bde. gr. 8. Ulm 808, 9. Wohler. 2 ₰ 6 gr.

— Joseph Wendelin Karrers zu Argensee Vermächtniß an seine hinterlassenen Kinder. 8. Landshut, Thomann. 813.

Felder, F. K., ein Wort d. Belehrung u. d. Trostes, in Predigten. 8. Landshut, Weber. 808.

— Worte d. Belehrung u. d. Trostes, in Predigten. 8. Isny 808. (Wohler in Ulm). 6 gr.

Aus meinem Leben. Von Fr(anz) M(ichael) Felder. Hrsg. u. eingel. von Anton E. Schönbach. Wien: Lit. Verein 1904. (XXXVI, 423 S.) 8° [F.]
— Schriften d. Literar. Vereins in Wien. 2. [s.d. 937 11

Felder, Frz. Mich., Nümmamüllers und das Schwarzokaspale. Ein Lebensbild aus dem Bregenzerwalde. 8. (231 S.) Lindau 863, Stettner.

Felder, Frz. Mich., Nümmamüllers u. das Schwarzokaspale. Ein Lebensbild aus dem Bregenzerwalde. Neue (Titel=)Ausg. 8. (231 S.) Dornbirn 879. Rusch. geb. n. 3. 50

Felder, Frz. Mich., Reich und arm. Eine Geschichte aus dem Bregenzerwalde. 8. (IV, 503 S.) Leipzig 868, Hirzel.

—— Reich u. Arm. Eine Geschichte aus dem Bregenzerwalde. Neue (Titel-)Ausg. 8. (503 S.) Dornbirn 891, Rusch. * 3 60; geb. * 5 60

Sonderlinge. Bregenzerwälder Lebens- und Charakterbilder aus neuester Zeit. Von Franz Mich. Felder. Bd 1. 2. Leipzig: Hirzel 1867. 8°
1. IV, 272 S. 2. IV, 314 S.
TB. 356. 342.

Felder's, Frz. Mich., sämtliche Werke. Hrsg. im Auftrage des Franz-Michael-Felder-Vereins zu Bregenz. 1. Bd. Aus meinem Leben. Mit e. Einleitg. v. Ant. E. Schönbach. Hrsg. v. Herm. Sander. (XXXV, 330 S. m. Bildnis.) kl. 8. Leipzig 910. Hesse & Becker Verl. 2.—; geb. in Leinw. 2. 50

Felder, Gottfried, med. pract. in Rorschach [von Kappel. Kt. St. Gallen]: Aus der medicinischen Klinik des Herrn Professor Eichhorst in Zürich. Über die Ausscheidung von Jod- & Salicylpräparaten in Ex- & Transsudate. Rorschach W. Koch Dr. 1891. 22 S., 1 Bl. 8°.
Zürich, Med. Diss. [v. 27. Oct. 1891].

Felder, Gottlieb. Die Burgen der Kantone St. Gallen und Appenzell. Teil 1. Mit einer Karte und zahlreichen Illustrationen [auf 8 Tafeln]. ([Nebst:] St. Galler Chronik für... 1906 [sowie:] St. Gallische Literatur aus... 1906.) II + 94 S. 4. St. Gallen, Fehr, 1907. [fr. 3.—]
(Neujahrsblatt. Hrg. vom Historischen Verein des Kantons St. Gallen.)

Die Burgen der Kantone St. Gallen und Appenzell. Von Gottlieb Felder, Reallehrer. T. 1. St. Gallen 1907: Zollikofer & Co. 4°
— Neujahrsblatt d. Hist. Vereins in St. Gallen. 1907. [07. 6501 3

Felder, Hilarin. Geschichte der wissenschaftlichen Studien im Franziskanerorden bis um die Mitte des 13. Jahrhunderts. Von P. Dr H' F' O. Cap., ... (Freiburg i. d. Schweiz). XII + 557 S. 8. Freiburg im Breisgau, Herder, 1904. [M. 8. —, geb. 10. —]

— dasselbe. s.: Klambt's Bücherschatz. 21. Bd.

Felder, Hilarin, O. M. Cap., s.: Julian v. Speier, die liturgischen Reimofficien.

— im Kampf des Lebens, s.: Abels-Bibliothek. Bd 7.

— die Krisis des religiösen Judentums zur Zeit Christi. Ein Vortrag. (30 S.) gr. 8. Stans 903. H. v. Matt & Co. n. — 50

— Liebesflammen, s.: Weichert's Wochen-Bibliothek. 192. Bd.

Jacopones Marienminne. Ein Essay von Dr. P. Hilarin Felder, O. Cap. Stans: v. Matt 1903. 22. S. 8° [Umschlagt.]
Aus: Schweiz. Rundschau. [Jg. 2.] A 12.7536

— Memoiren der Gräfin Dora, s.: Abels-Bibliothek. Bd. 3.

— Schloß u. Pfarrhof, s.: Abels-Bibliothek. Bd. 5.

Felder, Hilarin. Das Studienprogramm der Franziskanerschulen im 13. Jahrhundert. Mit Berücksichtigung des allgemeinen Lehrprogrammes jener Zeit. Diss. Dokt. Theol. Freiburg in der Schweiz ... von P. Dr H' Felder O. Cap. VIII + 167 S. 8. Freiburg im Breisgau, Herder, 1904.
(Unveränderter Abzug des letzten Kapitels [von:] »Geschichte der wissenschaftlichen Studien im Franziskanerorden bis um die Mitte des 13. Jahrhunderts«.)

Felder, Jakob: Die lateinische Kirchensprache nach ihrer geschichtlichen Entwicklung. S. 3—47. 8. K. k. Staatsgymn. *Feldkirch* 1905.
Progr.

Felder, Jak., die lateinische Kirchensprache nach ihrer geschichtlichen Entwicklung. Progr. (47 S.) gr. 8. Feldkirch 905. F. Unterberger. n.n. — 40

Felder, J(oh)ann D. Chronik der Gemeinde Gossau. Erstellt und veröffentlicht im Auftrage der Mittwochs-Gesellschaft. 8. Gossau 1893.

Felder, Cajetan, die Gemeinde-Verwaltung der Reichshaupt- und Residenzstadt Wien in den J. 1867—1870. Vorgelegt dem Gemeinderathe in der Sitzung vom 12. Dezbr. 1871. 2. Aufl. hoch 4. (X, 610 S. mit 6 lithogr. und chromolithogr. Plänen in gr. und qu. Fol. und 103 Tab. in hoch 4., gr. und qu. Fol.) Wien 872, Gerold's Sohn. *

—— dass. — in den J. 1871—1873. Bericht, vorgelegt dem Gemeinderathe im Novbr. 1874. Lex.-8. (X, 774 S. mit 8 chromolithogr. Plänen in gr. Fol., 30 Taf. in Lithogr. und Stahlst. in Lex.-8. und 4. und 202 Tab.) Wien 874, (Manz.) geb. *

Felder, Cajetan, die Gemeindeverwaltung der Reichshaupt- u. Residenzstadt Wien in den J. 1874 bis 1876. Bericht, vorgelegt dem Gemeinderathe im Decbr. 1877. Mit 8 (lith., chromolith. u. phototyp.) Plänen u. 221 Tabellen. Lex.-8. (VI, 879 S.) Wien 878. Manz in Comm. cart. n. 24. —

Felder, Kajetan, Handbuch d. seit 1840 erflossenen auf das gerichtl. Verfahren sich beziehenden Deklaratorien u. d. einschlägigen Gefällsgesetze für sämmtl. nicht ungarische Provinzen, d. Monarchie. 1. u. 2. Liefg. gr. 8. Wien 846, Kaulfuß Wittwe, Prandel u. Comp. (ä) n. 2/3 ₰

Felder, Kajetan, Handbuch der seit 1840 erflossenen auf das gerichtl. Verfahren in und außer Streit sich beziehenden Deklaratorien und einschlägigen Gefällsgesetze für sämmtl. nicht ungar. Provinzen der österr. Monarchie und das k. k. österr. Militair. 2 Thle. gr. 8. (791 S.) Wien 847, Kaulfuß Witwe, Prandel und Comp.

Felder, C. und R., Lepidoptera, s. Reise der österreichischen Fregatte Novara.

Felder, Cajetan, ein neues Lepidopteron aus der Familie der Nymphaliden und seine Stellung im natürlichen Systeme, begründet aus der Synopse der übrigen Gattungen. gr. 4. (50 S. mit 1 ill. Stat.) Jena 861, Frommann. *
Aus: Verhandlungen der k. Leop.-Carol. d. A., besonders abgedruckt.

Felder, R., Leitfaden für den ersten Unterricht in der Mineralogie besonders an Realschulen und zur Selbstbelehrung. Luzern 860. Bertschinger. gr. 8. (2 Bl., 137 S.) 18 ngr.

Felder, R.: Über Spiritus- und Branntweinfabrikation. Luzern. 1861.

Felder, R., Lepidoptera, s. Reise der österreich. Fregatte Novara um die Erde.

Felder, Robert M.

Felder, (d'), der Deutsche in Spanien, od. Schicksale e. Würtembergers während sein. Aufenthalt in Italien, Spanien u. Frankreich. 3 Thle. 8. (29¼ B.) Stuttgart 832. (Leipzig, Leich.)

Felder, Rob. M.: Der Deutsche in Spanien oder Schicksale eines Württembergers etc. [1805—1816]. 4 in 1 Bde. Stuttgart: 1832, 35.

Felder, R. M., des Buchdruckers Erdenleben mit seinen Licht- u. Schattenseiten. Ein schöner Traum u. das Erwachen. Im Zeitbilde dargest. 16. (16 B.) Stuttgart 839, [Gärtner.]

Felder, R. M. Der schwarze Jäger oder Württembergs Krieger in den Jahren 1805—1816. T. 1—3. Cannstatt 1839.

Felder, R. M., der Soldatenfreund. Ein nützliches Handbuch für junge Krieger des achten deutschen Bundesarmee-Corps. 16. Gmünd 841. (Dillenius.) n. 1/3 ₰

— Zeitbilder der Vergangenheit u. Gegenwart. I. A. u. d. T.: Der Carlist. Ein Gemälde trüber Färbung aus dem spanischen Bürgerkriege. Mit beigefügten Notizen über des Verf. letzte Reise nach Barcellona. 16. Stuttgart 839. Friz. 1/2 ₰

—— Zeitbilder d. Vergangenheit u. Gegenwart. I. — A. u. d. T.: Der Carlist. Ein Gemälde trüber Färbung aus d. span. Bürgerkriege. Mit beigefügten Notizen üb. d. Verf. letzte Reise nach Barcellona. 16. (16 B.) Stuttgart 839 [Gärtner.]

Felderer, P. Hieronymus (Professor in Sarnen). Anleitung zum praktischen Rechnen für Mittelschulen und zum Selbstunterrichte mit mehr als 1600 Uebungsaufgaben. 2. verb. Aufl. In-8°, 820 S. Stans, C. v. Matt. 1879 3 —

— Die Elektrizität in der Atmosphäre. Sarnen 1888. Progr.

Felderer, P. Hieronymus, Der Erdmond. Sarnen 1881. Progr.

Feldermann, Otto, appr. Arzt a. Radevormwald: Aus der hygienischen Abteilung des Instituts für Hygiene und experimentelle Therapie zu Marburg. Agglutinationsversuche mit Meningococcen. Marburg 1905: Köster & Schell. (31 S.) 8°
Marburg, Med. Fak., Ref. Bonhoff, Diss. v. 12. März 1906
[Geb. 28. Jan. 79 Radevormwald, Rheinprovinz; Wohnort: Radevormwald; Staatsangeh.: Preußen; Vorbildung: Gymn. Barmen Reife O. 99; Studium: Marburg 5, Gießen 1; Leipzig 1, Marburg 5 S.; Coll. 22. Aug. 05; Approb: 22. Febr. 06.]

FELDERN, K., Der Dämon der Rache. Roman aus dem Wiener Volksleben. Mit Illustr. Wien, o. J. 8°. 576 S. (1 Kr. 50 H. A. H. Huber, Salzburg, c. 1905.)

Feldern-Rolf, Mathilde, vaterländ. Lesebuch f. Kinder d. österreich. Kaiserstaates. (Mit viel. eingedr. Holzschn.) gr. 8. (13½ B.) Wien 811, Mechitaristen-Congregat.-Buchh.

Feldfortification, Die, aus theoretischen und praktischen Gründen hergeleitet . . . Halle 1804. V: *Reiche, W. von.* (BrMm)

Feldfortification, die, aus theoret. u. prakt. Gründen hergeleitet, mit 22 Kpf. in qu. Fol. gr. 8. Halle 804. Schimmelpfennig. 4 ₰

Feldgen, Ludwig, Dipl.-Ing.: Über die städtische Arbeiterwohnungsfrage in Deutschland und ihre Lösungsversuche in ihren wichtigsten Erscheinungsformen. Erlangen 1906: Junge & Sohn. (VI, 58 S.) 8°
Erlangen, Phil. Fak., Ref. v. Eheberg, Diss. v. 21. Jan. 1907
[Geb. 14. Sept. 79 Barmen; Wohnort: Erlangen; Staatsangeh.: Preußen; Vorbildung: Realgymn. Barmen Reife O. 99; Studium: T.H. Berlin 9, Hannover 1, Karlsruhe 1, München 1, Univ. München 1, Berlin 4, Bonn 2, Erlangen 1 S.; Rig. 18. Dez. 06.]

Feldgen, Ludw., Ueber die städtische Arbeiterwohnungsfrage in Deutschland und ihre Lösungsversuche in ihren wichtigsten Erscheinungsformen. Diss. 8°. Erlangen 1908.

Feldgensdarmerie-Ordnung. (Fgd. O.) gr. 16. (59 S.) Berlin 890. Mittler & Sohn. n. — 40; cart. n. — 55

Feldgendarmerie-Ordnung. (Fgd. O.) Vom 10. VI. 1890. Unter Einarbeitung der bis März 1903 ergangenen Ändergn. u. Deckblätter. (D. V. E. No. 181.) (67 S.) 12. Berlin 903. E. S. Mittler & Sohn. n. — 50; kart. n. — 60

— — für den Divisions-Auditeur einer Division bezw. bei dem Commandeur der Artillerie eines Armee-Corps. München 1876. 8.

— — für das Feld-Bäckerei-Amt eines Armee-Corps. München 1876. 8.

— — für die Feldgeistlichkeit einer Division bezw. bei dem Commandeur der Artillerie eines Armee-Corps. München 1876. 8.

— — für das Feldgericht eines Armee-Corps. München 1876. 8.

— — für das Feld-Hauptproviant-Amt eines Armee-Corps. München 1876. 8.

— — für die Feld-Intendantur eines Armee-Corps. München 1876. 8.

— — für die Feld-Intendantur einer Division bezw. bei dem Commandeur der Artillerie eines Armee-Corps. München 1876. 8.

— — für das Feld-Proviantamt einer Division bezw. bei dem Commandeur der Artillerie eines Armee-Corps. München 1876. 8.

Feldgeräthe-Etat für den kommandirenden General mit Generalstab und Adjutantur eines Armee-Corps. München 1876. 8.

— — für Infanterie. München 1876. 8.

— — für ein Kavallerie- oder Reserve-Kavallerie-Regiment zu 4 Escadrons. München 1876. 8.

— — für den Commandeur mit Adjutantur einer Infanterie-, Reserve-Infanterie-, oder Kavallerie-Brigade. München 1876. 8.

— — für den Commandeur mit Generalstab und Adjutantur einer Infanterie- oder Reserve-Division. München 1876. 8.

— — für den Commandeur mit Generalstab und Adjutantur einer Kavallerie-Division. München 1876. 8.

— — für die Kriegs-Kasse eines Armee-Corps. München 1876. 8.

— — eines Marode-Depots. München 1876. 8.

— — für das dirigirende ärztliche Personal eines Armee-Corps. München 1876. 8.

— — für die Stabswache mit Feldgendarmerie eines Armee-Corps. München 1876. 8.

Feldgeräte-Etats bezw. Ausrüstungs-Nachweisungen f.: höhere Stäbe — Stabswachen u. Feld-Verwaltungs-Behörden — Inf. — Kav. — Feld-, Fuß- u. schwere Art. d. Feldheeres — Munitions-Kolonnen — Parks u. Depots — Pionier-, Eisenbahn-, Telegraphen- u. Train-Formationen — Sanitäts-Anstalten. Berlin 1873—1901. 8° u. 4°

Feldgeräte-Etats bezw. Ausrüstungs-Nachweis. für: höhere Stäbe — Stabswachen, Feldgendarmerie u. Feld-Verwaltungs-Behörden — Inf. u. Masch.-Gew. — Kav. — Feld-, Fuß- u. schwere Art. d. Feldheeres — Munit.-Kolonnen — Parks u. Depots — Pionier-, Eisenbahn-, Telegraphen- u. Train-Formationen — Sanitäts-Anstalten. München 1874—1906.

Die Feldgerichte in Hessen-Nassau in Beziehung auf allgemeine Taxämter. Spandau 1910. 8°

Feldges, Wilh., Anleitung zur Kenntniß der Seidenstoffe. Kurzgefaßtes Lehrbuch zum Gebrauche des Fabrikanten, Werkmeisters und Webers, sowie auch des Manufakturisten. Frei nach dem Dufour'schen Werke bearb. gr. 4. (IV, 104 S. mit in den Text gedr. Zeichnungen in Holzschn.) Crefeld 868. Berlin, (Weber.) *

Feldges, W., und Beyssell, Lehrbuch der Weberei, s. Beyssell

Feldgesang eines deutschen Grenadiers in Nord-Amerika. Bayreuth 1778. V: *Krauseneck, Joh. Christoph.* (ML) (Fiker) (JL) (Ky) (MGT)

Feldgesangbuch für die beyden . . . Jägerkorps. Schwerin [1814]. H: *Riemann.* (MGT)

Feldgeschütz contra Infanterie. Von C. M. und H. gr. 8. (49 S. mit 1 autogr. Taf.) Berlin 880, (Mittler und Sohn.) *

Feldgeschütze, die neuen, Oesterreichs, Uchatius-Kanonen. Einrichtung, Gebrauch u. Anwendung der 8 u. 9 Centimeter Feldgeschütze, Munition etc. von e. k. k. Artillerie-Offizier. gr. 8. (IV, 37 S. m. 1 Steintaf. in qu. Fol.) Wien 876. (Seidel & Sohn.) n.n. 3. —

Feldgeschütze, Die neuen, Oesterreichs, Uchatius-Kanonen. Einrichtung, Gebrauch und Anwendung der 8cm und 9cm Feldgeschütze, Munition, etc. von einem k. k. Artillerie-Officier. (Mit 1 Taf.) 8. Wien 1877.

Feldgeschütze, Die österreichischen. Im Auftrage des k. k. Reichs-Kriegs-Ministeriums zusammengestellt aus dem Berichte der im Jahre 1870 zur Berathung artilleristischer Fragen einberufenen Commission. 8. Wien 1871.

Feldgeschützfrage in Oesterreich, zur, — von einem k. k. Offizier. Teschen 1874. 8.

Feldgeschützfrage, die, in Österreich-Ungarn. (47 S.) 8. Wien 903. (Hof- u. Staatsdruckerei.) n. 1. 60

Bei zwei **Feldgottesdiensten** auf dem Truppenübungsplatz zu Altengrabow im Sommer 1900. *Magdeburg: R. Wapler 1900.* (11 S.) 8° [F.] [00. 11353

Feldhahn, Charl., s. Schatz, der, in Waldburg.

Feldhahn, Fr. Ludwig, s. Clavis capitum.

Feldhahn, Fr. Ldw., der Grund des menschl. Unglücks. 8. Halle 781. Heller. 12 gl.

— s. Herodianus: Historiae.

Feldhahn, J. G. Gust., († im Juli 1822.) s. G. Feldham.

Feldham, (G.,) Kreuz- u. Querzüge, od. Abentheuer eines Freiwilligen, der mit dem General Normann nach Griechenland zog. 8. Leipzig 822, Hartmann.

Feldham, G., (J. G. Gust. Feldhahn,) Kreuz- u. Querzüge, oder Abentheuer eines Freiwilligen, der mit dem General Normann nach Griechenland zog. 8. Leipz. 822. Lehnhold. 12 gl.

Feldhams, Gustav, Kreuz- u. Querzüge, od. Abentheuer eines Freiwilligen, der mit dem General Normann nach Griechenland zog, (von G. W. Becker). 8. Leipz. 826. (Lehnhold). 12 gl.

Feldhandbuch für Infanterie, Cavallerie und Artillerie. Zusammengestellt von einem k. k. Hauptmann. 2., bericht. Ausg. 16. (IV und 160 S.) Wien 861, Pichler's Wwe. und Sohn. (Leipzig, Liebeskind.)

Feldhaus, Franz Maria

Feldhaus, Frz. M., Bezwinger der Lüfte. Was die reife Jugend üb. die Luftschiffahrt wissen muß. Mit 4 Taf. u. 49 Abbildgn. nach den Originalen. 2. verm. u. verb. Aufl. (146 S.) 8. Reutlingen (910). R. Bardtenschlager. Geb. in Leinw. 3. —

Feldhaus' Buch der Erfindungen. Unterhaltende Belehrungen aus d. Geschichte d. Technik. Mit 550 Abb. u. 9 Taf. Von Franz Marie **Feldhaus**. Berlin: Oestergaard 1907. XII, 439 S. 4°
(Wissen. Jg. 1, Beil.) [10. 13569

Feldhaus' Buch der Erfindungen. Unterhaltende Belehrungen aus d. Geschichte d. Technik. Mit 536 Original-Abb. u. 9 Taf. Von Franz Marie **Feldhaus**. 2. durchges. Aufl. Berlin: P. J. Oestergaard 1908. (XVI S., 456 Sp.) 4°(8°) [F.] [08. 2025

Deutsche Erfinder, s. a. Lohmeyer's, Jul., vaterländ. Jugendbücherei.

Deutsche Erfinder. Bilder aus d. Vergangenheit heimatl. Handwerke u. Industrien. Von Franz M[aria] **Feldhaus**. Mit 73 Abb. von Anni Oppenheim. 1. Aufl. München: G. W. Dietrich [1908]. (210 S.) 8° [F.]
= **Jugendbücherei**, Julius Lohmeyer's Vaterländische, f. Knaben u. Mädchen. Bd 19. [08. 13239

Feldhaus, Frz. M., die Erfindung der elektrischen Verstärkungsflasche durch Ewald Jürgen v. Kleist. Zur Geschichte der Funkentelegraphie. (29 S.) gr. 8. Heidelberg 903. C. Winter, Verl. n. — 80

Zur Geschichte der Elektrizität. Die Begründung der Lehre von Magnetismus u. Elektrizität durch Dr. William Gilbert (†1603). Eine Säkularschrift von Franz M[aria] **Feldhaus**. *Heidelberg: C. Winter 1904.* (35 S.) 8° [F.] [04. 1789

— Geschichte der grössten technischen Erfindungen, s. a. Bücherei, kulturgeschichtliche. Nr. 6.

Geschichte der grössten technischen Erfindungen. Von Franz Marie **Feldhaus**. Mit zahlr. Abb. Kötzschenbroda & Leipzig: H. F. A. Thalwitzer [1906]. (68 S.) 8° [06. 13398

Zur Geschichte der Funkentelegraphie. Die Erfindung der Elektrischen Verstärkungsflasche durch Ewald Jörgen von Kleist. Von Franz M[aria] **Feldhaus**. *Heidelberg: C. Winter 1903.* (29 S.) 8° [F.] [03. 13678

Feldhaus, F. M.: Hinauf zur Höh'! Ein historischer Rückblick auf die Entwicklung der Luftfahrzeuge. Hannover 1909

— s.: Ingenieur, der.

— **Lexikon der Erfindungen u. Entdeckungen auf den Gebieten der Naturwissenschaften u. Technik in chronologischer Übersicht mit Personen- u. Sachregister.** (VIII, 144 S.) gr. 8. Heidelberg 904. C. Winter, Verl. n. 4. —; geb. in Leinw. n. 5. —

— Luftfahrten einst u. jetzt. Mit 44 Abb., darunter 14 Bildertaf. 1 bis 4. Taus. (III, 104 S.) 8. Berlin 908. H. Paetel. Kart. 2. —

— dasselbe, s.: Sammlung belehrender Unterhaltungsschriften f. die deutsche Jugend. 28. Bd.

Feldhaus, Frz. M., Ruhmesblätter der Technik von den Urerfindungen bis zur Gegenwart. Mit dem Bildnis Leonardo da Vincis u. 231 Abb. u. Taf. nach den Originalen. (VIII, 631 S.) gr. 8. Leipzig 910. F. Brandstetter. 8.—; geb. in Leinw. 10. —

Feldhaus, Johann Martin (Arnstadt/Thür.), De jure ex pactione tertii quaestio. Präs. Heinrich Ernst Floercke. Jena (Gollner) o. J. 56 Seiten. (5.20) 8657
Widm. v.: Präs., Joh. Jacob Freyesleben (Remda/Thür.), Johann Christoph Heße (dtsch.).

Feldhaus, Julius, Apotheker aus Mülheim a. d. Ruhr: **Quantitative Untersuchung der Verteilung des Alkaloides in den Organen von Datura stramonium L.** *Marburg 1903: H. Bauer.* (94 S.) 8°
Marburg, Phil. Diss. v. [12. Aug.] 1903

Feldhaus, Rob., deutsche Aufsätze, Begriffs-Bestimmungen u. erklärende Umschreibungen, nebst e. Auswahl v. Citaten. Ein Handbuch f. Lehrende u. Lernende. gr. 8. (VI, 245 S.) Hannover 882. Hahn. n. 2. 40

Bücherverzeichnis der Städtischen Bibliothek in Hildesheim. Ausgearb. von Robert Feldhaus. *Hildesheim 1900: Gebr. Gerstenberg.* (Getr. Pag.) 8° [F.] (09. 3794

Feldhaus, Sigismund

Feldhaus, S., die Apotheker-Gesetze in Preußen. Zusammengestellt zum Gebrauch f. Apotheker, Revisoren u. Studierende der Pharmazie, nebst Bemerkgn. üb. die Visitationen der Apotheken. gr. 8. (V, 120 S.) Münster i/W. 891. Coppenrath. Kart. n. 2. —

— dasselbe. Ergänzung, enth. die im J. 1891 erlassenen Verordngn., sowie e. Schema e. Revisions-Protokolles. gr. 8. (20 S.) Ebd. 892. n. — 40

Feldhaus, S., die Apotheker-Gesetze in Preussen. Zusammengestellt zum Gebrauche f. Apotheker, Revisoren, Physiker u. Studierende der Pharmazie. 2., verm. Aufl. gr. 8. (V, 202 S.) Münster 894. Coppenrath. Geb. in Leinw. n. 3 —

Feldhaus, S., die Apothekergesetze in Preussen. Nachtrag, enth. d. wichtigsten d. seit Anfang d. J. 1894 b. Ende 1896 erschien. amtl. Verordngn. d. Centralbehörden. Zusammengest. v. O. Borgstette. gr. 8. (71 S.) Münster 897. Coppenrath. Kart. n. 1. 25 (Hauptwerk u. Nachtrag: n. 4. 25)

Feldhaus, S., die Apotheker-Gesetze in Preussen, zusammengestellt zum Gebrauche f. Apotheker, Revisoren, Kreisärzte u. Studierende der Pharmazie. Neu bearb. u. hrsg. v. O. Borgstette. 3. verm. Aufl. gr. 8. (VI, 325 S.) Münster 902. Coppenrath. Geb. in Leinw. n. 4. 80

Feldhaus, Theodor [aus Stoppenberg (Rheinprovinz)]: Über membranöse Verwachsungen der Stimmbänder. . . . Würzburg, Becker's Univ.-Buchdr., 1889; 46 S. + 1 Bl. 8°
Würzburg, Med. Fak., Inaug.-Diss. v. 1889

Feldhausen, G., der Geschichtsunterricht in der Volksschule, s. Hesse's, M., Lehrer-Bibliothek.

Feldhausen, G. Geograph. Unterr., s. Hesse's, Max, Lehrer-Biblioth.

Feldhausen, Johs., einige Mittheilungen über die vom 1. Apr. 1877 bis zum 1. Apr. 1879 in der medicinischen Klinik in Göttingen beobachteten crupösen Pneumonieen. Inaugural-Dissertation. gr. 8. (27 S.) Göttingen 879. (Vandenhoeck & Ruprecht.) n. — 60

Feldhaeußer, Carl, Gebühren-Tabelle f. Notare d. Preuß. Monarchie n. d. Gebührenordng. vom 25. Juni 1895. 37×39 cm. Frankfurt a/M. 896. (Gebr. Knauer.) n. — 80

Feldhaeusser, C., Tabelle A. der Gebühren f. Rechtsanwälte n. d. Gebühren-Ordnung v. 7. VII. 1879, B. der Gerichtskosten n. d. Gerichtskosten-Gesetz vom 8. VI. 1878 u. d. Novelle v. 29. VI. 1881 in bürgerl. Rechtsstreitigkeiten u. i. Concursverfahren. Neue verb. Aufl. 4. (1 Bl.) Frankfurt a/M. (890). Gebr. Knauer. n. — 50

Feldhaeusser, C., die in der Preußischen Monarchie geltenden Verjährungs-Gesetze in Betreff der Forderungen u. Ansprüche d. täglichen Verkehrs, nebst den Gewährleistungsfristen bei Viehhändeln. Mit e. Anh.: Verjährungs-Ausschluß- u. sonst. Fristen nach den Reichsgesetzen. gr. 8. (37 S.) Frankfurt a/M. 886. (Rommel.) n. — 60

Feldheim, Heinrich von, oder der Offizier, wie er sein sollte. Ein Beitrag zur militärischen Pädagogik. Jena 1801. V: *Pölitz, Carl Heinrich Ludwig.* (Russell VI, 102)

v. Feldheim, Hnr., oder der Offizier wie er sein sollte, (v. K. H. L. Pölitz). 2 Thle. 8. Jena 801. Frommann. 2 ₰ 16 gr. 2r Thl. Auch u. dem T.: der Offizier als Mensch u. Staatsbürger. 1 ₰ 8 gr.

Feldheim, Julius [aus Warendorf]: Ueber die Aetiologie der Tabes dorsalis. . . . Brüssel, Buchdr. v. Ad. Mertens, 1888; 21 S. 8°
Würzburg, Med. Fak., Inaug.-Diss. v. 1888

Der sterbende Feldherr und sein treues Ross. Oelfarbendruck (31" breit, 23⅟₂" hoch) nach Löffler. Olmütz. Eduard Hölzel. Auf Leinwand gespannt 1864 18 fl.

Feldherr, der, nach Vorbildern der Alten. s. Bismark, von.

Feldherr, Der, nach Vorbildern der Alten. Karlsruhe 1820. V: *Bismark, Frdr. Wilh. Graf von.* (Ky) (MGT) (Pr)

Feldherr, der, nach Vorbildern d. Alten, (v. Graf. v. Bismark). 12. Karlsr. 820. Müller. 1 ₰

Feldherren, die, auf d. Throne, od. d. kriegskundigen Fürsten. 8. (2 B.) Bayreuth 829, (Grau.)

Feldherrn, die, auf d. Throne, oder die kriegskundigen Fürsten. 8. Bayr. 830. (Grau). 4 gr.

Feldhof, F., s. Reise nach Leipzig z. Messe.

Reise, Die, nach Leipzig zur Messe. . . . (von *F. Feldhof*). Leipzig 1818.
Anon.-Lex. III. p. 361 (nach Kayser u. Meusel).

Feldhoff, August

Feldhoff, A., Antrittspredigt (in Nymwegen) gehalten. 8. Elberf. ... 2e Aufl. 824. Hassel. 2 gr.

— s. 1) W. D. Bilderdyck, die Buchstabenschrift. 2) Feier d. Eintritts d. Pastor Feldhoff.

Feldhoff, A., christliche Gedichte. 8. Barmen 840. Langewiesche. $^5/_{12}$ ₰

—— Gnomen zur Geschichte d. vier Weltalter, (v. Sündenfall bis z. Weltgericht) od. histor. Parallelen (mit Blicken in die Zukunft d. Reiches Gottes). Lex.-8. (1 B., 1 Karte, u. 2 Tab.) Barmen 840, Langewiesche.

Feldhoff, Aug., die Hochzeit zu Kana. Zwei Predigten, ausgesprochen d. 16. u. 30. Jan. 1831. 8. (1¼ B.) M. Gladbach 831, [Schmachtenberg u. Comp.]

—— über d. Jahre d. Geburt u. Auferstehung unsers Herrn u. Heilandes, so wie: üb. d. Verhältniß d. Aeonen zu d. Chronen. gr. 8. (4 B.) Frankfurt a. M. 832, Schmerber.

— zwei Predigten (in Nymwegen) gehalten. 8. Elberf. 825. Hassel. 5 gr.

(——) unsre Unsterblichkeit, s. Unsterblichkeit.

—— die Völkertafel d. Genesis, in ihrer universalhistor. Bedeutung erläutert. gr. 8. (9 B. u. 1 ill. Karte.) Elberfeld 837, Schönian'sche Buchh.

—— die Zeitenlinie d. h. Schrift v. Adam bis auf's Pfingstfest in ununterbroch. Folge. gr 8. (11½ B.) Frankfurt a. M. 831, Brönner.

— die Zeitenlinie heil. Schrift. v Adam bis aufs Pfingstfest in ununterbrochener Folge. gr. 8. Frkf. a. M. 831. Schmerber. 16 gℓ

Worte der Liebe gesprochen nach der Weihe des Tempels, Hermann zum Lande der Berge [in Elberfeld], am 27. Juni 5819 von Friedr. Feldhoff. Elberfeld [1819]: Eyrich. 7 S. 8°
Eine Ermahnung nach Liebe, Eintracht u. Selbstveredlung zu streben. 25.

Feldhoff, J. Jak., s. H. Hamilton's Lehre v. d. Kegelschnitten.

Feldhohn, Pet. Jos., Märchensammlung f. den Gebrauch in der Volksschule. 100 Märchen, nach pädagog. Grundsätzen ausgewählt, bearb. u. nach Altersstufen geordnet. 8. (XII, 268 S.) Paderborn 900. F. Schöningh. n. 2.—

Feldhügel, Karl Friedrich

Feldhügel, C. F. Kritische Abhandlung über Cicero's Bücher de legibus. (Lat.) 22 S. . . . .

Progr. Zeitz 1841

Feldhügel, C.F. Commentatio critica de M. Tullii Ciceronis de legibus libros. 20 S. . . . .

Zeitz, Progr. 1848

Feldhügel: Dissertatio, qua cum aliorum scriptorum Romanorum, tum maxime Ciceronis loci aliquot vel explicantur vel emendantur. 32 S. – Magdeburg Paed., Progr. 1871.

Feldhügel, Car[olus] Fr[idericus]: Exercitationum criticarum in quosdam Ciceronis libros particula. Halis Saxonum (1832): Ruff. 46 S. 8°
Halle-Wittenberg, Phil. Diss. v. [19.] Mai 1832
Geb. [Sachsa (Kr. Grfsch. Hohenstein) 2. 10. 1810]
Verf. hat einige der in der Diss. behandelten Stellen auch kommentiert in seinen 2 späteren Arbeiten: Kritische Abhandlung über Cicero's Bücher De legibus. [Lat.] Zeitz 1841: Webel. 22 S. 8° (4°) Gymn.-Progr. und Commentatio critica de M. Tulli Ciceronis De legibus libris. Zeitz 1848: Webel. 20 S. 8° (4°) Gymn.-Progr. — Verf. erlebte das goldene Dr.-Jubiläum 1882 als Professor u. D. am Pädagogium zum Kloster U. L. Frauen in Magdeburg.

Feldhus, Friedrich Elimar, appr. Tierarzt: Aus d. Pathol.-anat. Inst. d. Tierärztl. Hochsch. zu Hannover. Dirig.: Rievel. Untersuchungen über das Fibroma nervorum der Haustiere. Westerstede 1909: Ries. 47 S. 8°
Gießen, Veterinär-Med. Diss. v. 17. Sept. 1909, Ref. Olt
[Geb. 6. Mai 85 Westerstede; Wohnort: Westerstede; Staatsangeh.: Oldenburg; Vorbildung: Gymn. Oldenburg Reife O. 05; Studium: Tierärztl. Hochschulen Hannover 4, München 1, Hannover 3 S.; Rig. 9. Juli 09.] [U 10. 1195

Feldhusen, Moritz, a. Warschau: Ueber die Einwirkung des Daboiagiftes auf die Nieren. Berlin (1907): E. Ebering. (29 S.) 8°
Berlin, Med. Fak., Ref. Orth, Diss. v. 18. März 1907
[Geb. 7. Juni 81 Warschau, Rußland; Wohnort: Warschau; Staatsangeh.: Rußland; Vorbildung: Gymn. Warschau Reife O. 01; Studium: Warschau 5, Bern 1, Berlin 5 S.; Rig. 15. März 07.]

Feldhuß, Frdr., Im Hüttenrauch u. Sonnenschein. Gedichte. 2. Aufl. 16. (160 S.) Gleiwitz 895. F. Feldhuß. n. 1. 20; kart. n. 1. 50; geb. n. 2.—

Feldjäger, der junge, s. v. Göthe.

Feldjäger, Der junge, in französischen und englischen Diensten während des Spanisch-Portugiesischen Kriegs von 1806–16. Eingeführt durch J. W. von Goethe. 3 Bde. Leipzig 1826. 2. Aufl. Leipzig 1846. V: *Mämpel, Joh. Chr.* (Hirzel) (Meyer, Friedrich, Verzeichnis einer Goethe-Bibliothek. Leipzig 1908. S. 152. Nr. 1573.)

Feldjäger, der junge, in französ. u. engl. Diensten während des span.-portugies. Krieges von 1806—16. Eingeführt durch J. W. v. Göthe. 2 Bdchn. 825. 2 Rß 3s Bdchn. Auch u. d. Titel: Des jungen Feldjägers Kriegskamerad, gefangen u. strandend, immer getrost u. thätig. 826. 1 Rß 4s Bdchn., d. jungen Feldjägers Landsmann, gefangen u. strandend. 1 Rß 12. Lpz. 825—27. Fr. Fleischer. 4 Rß 5s u. 6s Bdchn. Auch u. d. T.: Des jungen Feldjägers Zeitgenosse in preuß., französ., engl. u. sardin. Diensten. 2 Bdchn. 12. Braunschw. 831. Verlags-Expt. 1 Rß 16 gℓ

Feldjäger, der junge, in franz. u. engl. Diensten, während d. span.-portugies. Kriegs. Eingeführt durch J. W. v. Göthe. 5. u. 6. Bdchn. — A. u. d. T.: Des jungen Feldjägers Zeitgenosse in preuß., franz., engl. u. sardin. Diensten. Nach dess. Tagebuche erzählt. 2 Bdchn. 12. (22 B.) Braunschweig 831. [Leipzig, Fr. Fleischer.] Thlr.
1–4. Bdchn. Leipzig, Fr. Fleischer. 1825—27. 4 Thlr.

Das königlich preussische reitende Feldjäger-Corps. Eine Erinnerungsschrift bei Gelegenheit der hundertjährigen Jubelfeier am 24. November 1840. - Berlin 1840. 128 S.

Die Feldjägerfrage im Lichte der Vergangenheit und Gegenwart. - Leipzig 1895. 54 S. - 2. Aufl. ebd. 1896. 74 S.

Feldjägerfrage, die, im Lichte d. Vergangenheit u. Gegenwart. Erwiderg. auf d. Artikel d. Oberforstmeisters Guse i. d. „Tägl. Rundschau" Nr. 15, 1. 1895 m. d. Verhandlgn. d. Abgeordnetenhauses v. 1893—1896. Von ein. höh. Forstbeamten. 2., verm. Aufl. 8. (74 S.) Leipzig 896. (E. Rust) n. n. 1. 50

Feldigl, Ferd., zur Abendrast. Lustige u. traur. Geschichten. Mit e. Umschlagbild von M. Zeno Diemer. gr. 8. (III, 179 S.) Partenkirchen (902). L. Wenzel. n. 1. 80

Feldigl, Ferd., Drehbilder-A-B-C. — } s.: Meggendorfer, Loth.
— neues Einmaleins, }

Feldigl, Ferd., fromm' u. fröhlich' Jahr. Sammlung v. Kinder- u. Volksreimen, Volkssprüchen u. Volksspielen in 4 selbständ. Tln. hrsg. (Farbig) Illustriert v. Jos. Mauder. 1. Buch: Winter. (71 S.) kl. 8. München (905). C. A. Seyfried & Co. Kart. n. — 65

Feldigl, Ferd., Fromm' u. fröhlich' Jahr. Sammlung v. süddeutschen Kinder- u. Volksreimen, Volkssprüchen u. Volksspielen, in 4 selbständ. Tln. hrsg. (Farbig) illustriert v. Jos. Mauder. 2. Buch: Frühling. (55 S.) kl. 8. München (907). C. A. Seyfried & Co. Kart. — 65

— Prinz Liliput, s.: Meggendorfer, L.

— Maria Magdalena. Freie ep. Dichtg. (VII, 332 S.) 8 Bruck b. München (903). A. Sighart. n. 2. —; geb. n. 2. 50

Oberammergau u. sein Passionsspiel 1910. Nach offiziellen Quellen u. eigener Anschaug. verf. Führer m. vielen Illustr. u. Textproben. (VIII, 194 S. m. 4 farb. Taf., 1 eingedr. Plan, 1 weiteren Plan u. 1 farb. Karte.) 8. Oberammergau (910). L. Rutz. 1.80; engl. Ausg., translated from the German by Laurence Gibson, M. A. (IV, 191 S.) 2.—

Feldigl, Ferd., Ober-Ammergau u. sein Passionsspiel in Vergangenheit u. Gegenwart. Nach eigener Anschaug. u. offiziellen Quellen bearb. Führer m. vielen Illustr. u. Textproben. 8. (168 S.) Partenkirchen (900). L. Wenzel. n. 1. --; engl. Ausg. (III, 111 S.) n. 1. 50

Die Oberammergauer Passionsmusik. Führer durch dieselbe mit mehr als 100 Notenbeisp., zugl. Entgegnung auf d. Broschüre: 'Das Passionsspiel in Oberammergau v. Cyrill Kistler', verf. von Ferdinand Feldigl, Lehrer in Oberammergau. *München & Oberammergau: C. A. Seyfried & Co. [1900].* (79 S.) 8°

-- Die Uhr, s.: Meggendorfer, Loth.

Feldingenieur, Der, ein Handbuch für Offiziere . . . Wien 1811—12. V: *Avril, Johann.* (Ky) V: *Avril, Joh.* (MGT)

Feldingenieur, der, ein Handbuch f. Offiziere, die sich zu Feldingenieurs bilden wollen, nach Tielke neu bearbeitet u. vermehrt von einem Offizier (Joh. Avril.) Mit 21 Kpf. 2 Thle. 8. Wien 811—12. Geistinger. Landsh., (Krüll). 3 ₰ 8 ℳ

Feldingenieur, der, ein Handb. f. Offiziere, die sich zu Feldingenieurs bilden, od. doch den Feldzügen mit Nutzen beiwohnen wollen. Nach Tielke, neu bearb. von einem Offizier, mit 21 K. 2 Bde. gr. 8. Wien, Geistinger. (Lpz. Weygand) 812.

Feld-Instruction für die k. k. Infanterie, Kavallerie und Artillerie. Innsbruck 1835. V: *Radetzky von Radetz, Joseph Wenzel Graf.* (Russell XII, 1, 979)

Feld-Instruction für die k. k. Infanterie, Kavallerie u. Artillerie. Mit Plänen. gr. 4. Insbruck 835. Wagner. $3^1/_3$ ₰ Jetziger Preis, da die Pläne fehlen, $1^2/_3$ ₰

Feld-Instruction für die Infanterie, Kavallerie und Artillerie. 2. Aufl. 847. * 3 Thlr. 10 Ngr. und 3. Aufl. gr. 8. (VIII und 499 S. mit 18 lithogr. Plänen in Fol.) Olmütz 852. (Neugebauer.) *

Feld-Instruktion für die Infanterie, Kavallerie und Artillerie. Mit acht Plänen. Vierte Auflage. Olmütz. 1855. Druck von Anton Halauska. Verlag von Johann Neugebauer. (VIII, 464 S. und 8 Tafeln. 8.)

Feld-Instruktion für die Infanterie, Kavallerie und Artillerie. (Von Graf Radetzky.) 5. Aufl. gr. 8. (VIII und 464 S. mit 8 lithogr. Plänen in gr. 4. und qu. Fol.) Olmütz 858. [Grosse.]

Feldkaiser [Schlagwort]

Feldkaiser, s.: Sachsen. Karte. Messtischblätter.

Feldkamm, Jak., Geschichte u. Urkundenbuch der St. Laurentii-Pfarrkirche in Erfurt. gr. 8. (IV, 219 S. m. 2 Taf.) Paderborn 899. Bonifacius-Druckerei. Kart. n. 2. 50

Feldkanone, die, nach dem Bedürfniß der Zeit. gr. 8. (20 S.) Berlin 855, G. Reimer. *

Die Feldkanonen nach dem Bedürfniß der Zeit. Berlin 1855. 8°.

Feldkanonen (System Ehrhardt) mit unabhängiger Visierlinie M. 1901. Mit Taf. ec. Berlin 1905. 7 S.

Feldkirch und seine Umgebung. Ein Wegweiser . . . Innsbruck 1875. V: *Tschavoll, Joseph Andreas Ritter von.* (Margr)

Feldkirch und seine Umgebungen. Ein Wegweiser für Fremde bei einem Besuche und einem längeren Aufenthalte dieser herrlichen Gegend. Mit (lithogr.) Titelbilde, einem (lithogr.) Plane der Stadt (in qu. 4.) und nächster Umgebung, einer Uebersichtskarte der vorzüglichsten Ausflüge und einer Reiseroute-Karte (Chromolithogr. in qu. gr. Fol.) von Feldkirch aus. 8. (45 S.) Innsbruck 875, Wagner'sche Universitäts-Buchh. *

Feldkirch in Vorarlberg. Feldkirch [1890]. V: *Fischer, Jos.* (Hr)

Feldkirch in Vorarlberg und seine Umgebung . . . Feldkirch 1897. [2. Aufl.] 1900. V: *Fischer, Gebhard.* (Margr)

Feldkirch in Vorarlberg u. s. Umgebg. Hrsg. v. Feldkircher Verschönerungs-Verein. 8. (21 S. m. 4 Abb. u. 1 farb. Karte.) Feldkirch 897. (Wagner.) n.n. — 20

Feldkirch in Vorarlberg u. seine Umgebung. (29 S. m. Abbildgn., 1 farb. Plan u. 1 farb. Karte.) 8. Feldkirch 905. (F. Unterberger.) n.n. — 50

Feldkirche, die. Illustrirte Wochenschrift für alle Freunde der Natur. Von Ludw. Würkert. 1. Jahrg. 1856. 52 Nrn. (Bog. mit eingedr. Holzschn.) gr. 4. Leipzig, O. Wigand. *

Feldkircher, Joseph. — Der junge Bregenzerwälder. Gedicht in der Andelsbucher Mundart von — —. 8. (12 S.) Bregenz. Druck von J. N. Teutsch. 1853.

Feldkirchers, Jos., Gedichte in der Mundart v. Andelsbuch [im hintern Bregenzerwalde]. Mit biograph. Einleitung u. Worterklärungen hrsg. v. Herm. Sander. 8. (VII, 177 S. mit Portr. in Tondr.) Insbruck 877. Wagner. n. 2. —

Feldkircher, Jos. Sophoclis de philosophiae morumque praeceptis. 20 S. 8. Progr. *Oberhollabrunn* 1877.

Feldkircher, Joseph. — Die Stickerin. Gedicht in der Andelsbucher Mundart von — —. 8. (12 S.) Bregenz. Druck von J. N. Teutsch. 1853.

Feld-Kochgeschirr, ein neues, für Soldaten, Arbeiter und Reisende. Mit Vorschlägen für Ersparung an Zeit, Mühe und Brennmaterialien bei dem Feldküchenwesen. [Erweit. Sonder-Abdr. aus der Allgem. Militär-Zeitung.] gr. 8. (VII, 30 S. mit 21 Holzschn.) Darmstadt 886, Zernin. *

Feldcommunionbuch f. die Preuß. Armee. 8. Berl. 778. Nottmann. 6 ℳ

Feld-Communionbuch nebst einigen Betrachtungen über Gott, die Vorsehung, Erlösung und Pflichten des Christen. 1758. N. A. 1787. V: *Sack, Frdr. Sam. Gfr. & C. R. Hering.* H: *Küster, Carl Daniel.* (Stat I, 199)

Feld-, Jagd- und Reiseküche oder Beschreibung zweier tragbaren Küchen . . . Leipzig 1800. V: *Gürnth, Christiane Dorothea geb. Hentschel.* (Ky) (MGT) (Call)

Feld-, Jagd- u. Reiseküche, oder Beschreib. zweier tragbaren Küchen, nebst e. Anweis., wie man sich auf Märschen, auf d. Jagd ec. seine Speisen selbst bereiten kann, mit Kpf. 8. Leipz. 800. Mittler. 16 ℳ

Feldküchen-Vorschrift. Berlin 1910.

Feldkümmel, s. Wachter.

Feldlager u. Kaserne, ob. die britische Armee wie sie ist. Aus dem Engl. v. A. Kretzschmar. 2 Thle. 8. (206 u. 214 S.) Grimma 847, Verlags-Comptoir. n. 2⅔ ℛ

Feldlager, das östreichische, ein militär. Gemälde mit Gesang, nach Wallensteins Lager v. Heinrich Schmidt. 8. Wien, Doll d. jüng. 814.

Feldlazareth, Das königl. Preussische, nach seiner medicinal- und ökonomischen Verfassung ... Leipz. 1780. V: *Fritze, Joh. Gottlieb.* (Ky) (Pr) (ML) (EngM)

Das Königlich Preussische Feldlazareth, nach seiner Medicinal- und ökonomischen Verfassung der zweiten Armee, im Kriege von 1778 und 1779, und dessen Mängel aus Dokumenten erwiesen. Nebst dem Dispensatorio, das bey der in Schlesien gestandenen Preussischen Armee eingeführt war. 432 S., gbd., 4 Tab.

Leipzig: Weygand 1780

JB 3.620

Kgl. preuß. Feldlazarett-Gebet- u. Gesangbuch. Magdeburg 1778.

Feld-Lazareth-Gebete und Gesänge für die Verwundeten und Kranken der kön. preußischen Armee, nebst einer Verordnung, daß eine Morgen- u. Abendandacht in d. Feld-Lazareth-Stuben soll gehalten werden. Leipz. 1758. N. A. 1760. 1762. 1779. 1794. 1795. V: *Sack, Frdr. Sam. Gfr.* & *C. R. Hering.* H: *Küster, Carl Daniel.* (StAt I, 199)

Feldlazareth-Reglement, Preußisches. gr. 8. Berl. 787. Rottmann. 12 ℊℊ

Feldlechner, Müller, Hesse, Bericht über d. Untersuchung d. Mosquitolandes, s. **Bericht.**

Feldlied für die zum dritten Mahle zur Gränzenbewachung abgehende Truppen des Hohen Standes Zürich. Im Januar 1793. Samt Anhang. Der Patriotische Greis am Zürichersee an seinen Enkel nach Basel. 8. *o. O.* 1793.

Feld-Lied für die Truppen der Hochlöbl. Schweizerischen Eidgenossenschaft bey ihrem Auszug nach Basel. im Französisch-Oestreichischen Kriege 1792. 8. Basel.

Feldlied für die wakern Truppen des hochlöbl. Kantons Zürich beym zweyten Auszug an die baselschen Gränzen Im Herbstmonat 1792. Dem Hhh. Obrist und Hh. Offiziers wie auch sämtlicher Mannschaft geweyht. 8. Zürich.

Feld-Lieder, Bärenholds lustige, von der Seisser Action und Villmerger-Schlacht. O. O. 1712. V: *Kuhn, Joh. Jos.* (Cat. d. Stadtbibl. Zürich. Zürich 1864—97.)

Bärenholds (12 histor.) Lustige Feld-Lieder. Gedruckt im Jahr 1712.
Lied 3—12 mitgetheilt von Dr. K. Braunemann im Archiv für das Studium der neueren Sprachen und Literaturen. Hrsg. von Ludw. Herrig. Bd. XXXVII. Braunschweig, Westermann, 1865. 8°. S. 440—477.

Feldlieder, Phileons und Bärenholds vier vermehrte lustige, ... O. O. [1712]. V: *Kuhn, Joh. Jos.* (Cat. d. Stadtbibl. Zürich. Zürich 1864—97.)

Phileons und Bärenholds vier lustige Feld-Lieder. Mit Musik. O. O. u. J. (1712). 8°. 1 Bogen. (5 Mk. O. Richter, Lpz., vor 1885:)
Sehr seltener Schweizerdruck aus der Zeit des Toggenburger Krieges (1709—13).
1. Die in die Cur genommene Jungfrau Badanella.
2. Der Jungfrau Badanella Buhlschaft.
3. Die Abstrafung des stolzen Füchsleins.
4. Die verlohrene Abbts-Kappen.

FELD-LIEDER, Zwey Tapffere Nagl-Neue und frische. D. E. Mit was Helden-Muth unnd (!) Curaschy ein jedwederer disen so grossen Feld-Zug disz 1705. Jahr mit Freuden solte beywohnen. Das Andere: Der gemeinen Menscher Lamentiren, dasz so viel junge Bursch ins Feld ziehen. 1. He lustig ihr Bursch etc. (14 Str.). 2. Menscher was für grosses Leyd etc. (13 Str.). Crembs 1705. 4 Bll. 8°. Sehr rar!
Haydinger's Bibl. I. 1. No. 1947.

Feld-Magazindienstordnung. München 1901.

Feld-Magazindienstordnung (F. Mag. D. O.) v. 3. III. 1910. (D.V.E. Nr. 79.) (VIII, 128 S.) 8. Berlin 910. E. S. Mittler & Sohn.) Geb. in Leinw. 1.20

Feldmaier, Hugo, approb. Arzt aus Cannstatt: Aus d. geburtshilfl. Klinik in Tübingen. Ein Beitrag zur Lehre vom Hermaphroditismus im Anschluss an einen Fall von Pseudo-Hermaphroditismus masculinus externus. *Tübingen: F. Pietzcker 1901.* (18 S.) 8°
Tübingen, Med. Diss. v. 1901

Feldmann und Marzroth. Der Biberhof. Eine Dorfgeschichte mit Gesang und Tanz in 3 Akten von — — 8. (32 S.) Wien. Druck von J. P. Sollinger's Witwe. 1854.

Feldmann, de comparatione plantar. et animal. 8. Berl. Fleischer. 782.

Feldmann, 94 bisher geheimgehaltene Mittel und Recepte. Eine Reichthumsquelle für den Bürger und Landmann, mit besond. Berücksichtigung der deutschen und amerikan. Verhältnisse. 8. (75 S.) Altona 854, Verlags-Bureau.

—— Pesth u. Ofen. Neuester u. vollständ. Wegweiser durch beide Städte u. ihre Umgebungen. Für Fremde u. Einheimische. 8. (9 B., 6 Stahlst. u. 1 Plan.) Pesth 844. [Leipzig, Händel.]

Feldmann, Raumberechnungen f. Volksschulen, s.: Magnus, K. H. L.

Feldmann, Rechenbuch, s.: Heuer, Ferd.

— Übungsbuch f. den Rechenunterricht, s.: Heuer, Ferd.

Feldmann's Wegweiser durch Pesth und Ofen und deren Umgebungen für Fremde und Einheimische. Zweite, ganz umgearbeitete Auflage von Dr. Joh. Christ. Seiz. Mit 5 Stahlstichen und 2 Plänen. (In Fol. und 4.) Pesth. 1855. Druck von Landerer und Heckenast. Verlag von Gustav Heckenast. (VIII. 206 S. 8.) geh.

Feldmann's Wegweiser durch Pest u. Ofen und deren Umgebungen für Fremde und Einheimische. Dritte Aufl. von Dr. Joh. Christ. Seiz. *Pest* 1859. Verl. v. *G. Heckenast.* VIII, u. 205 S., kl. 8°. Mit 5 Stahlst. und 2 Plänen (von Pest u. Ofen u. Umgebung.)
Die Stahlstiche stellen Ansichten dar von Pest, dem Stadthaus, dem Comitatshaus, dem Museum, dem Redoutengebäude.

Feldmann, A., die gezwungenen Anleihen d. freien Hansestadt Lübeck ꝛc. No. 1. u. 2. gr. 8. Lübeck 835, 36, (v. Rohden'sche Buchh.) *

Feldmann, A., ein Steckenpferd, s. Bloch's, E., Dilettanten-Bühne.

Feldmann, Adf. Ateliergeheimnisse. Licht- u. Schattenbilder aus dem Künstlerleben. Schilderungen. Mit Zeichngn. v. A. Mandlick. 4. (54 S.) Dresd. 891, Verlag d. Universum. 2 —

FELDMANN, A., Ateliergeheimnisse. Licht- und Schattenbilder (zahme) aus d. Künstlerleben. Mit Zeichnungen v. A. Mandlick. Dresden 1896. 4°. (2—.) (1 Mk., Expl. im Orig.-Umschl., Frdr. Klüber, 1904.)

Feldmann, Adolf, appr. Arzt: (Aus d. pathol. Inst. zu Rostock.) Ueber die Entstehung der Hasenscharten. Ein litter. Überblick unter Zugrundelegen e. eigenen Untersuchung. Rostock 1910: Bremer. 32 S. 8°
Rostock, Med. Diss. v. 17. Jan. 1910, Ref. Schwalbe
[Geb. 19. Sept. 73 Bremen; Wohnort: Rostock; Staatsangeh.: Bremen; Vorbildung: Gymn. Bremen Reife O. 93; Studium: Theol. u. Jura Berlin, Göttingen, Med. Greifswald, Göttingen, Berlin, Rostock; Coll. 29. Juni 09; Approb. 31. Dez. 09.] [U 10. 3899

FELDMANN, ALFRED. Ueber das Laserpitin, den Bitterstoff der Wurzel von *Laserpitium latifolium.* Göttingen, 1865.

Feldmann, Anton (geb. am 29 Juni 1851 in Solingen): Ueber Entzündungen des Afters, Mastdarmes und dessen Umgebung ... Bonn, Druck v. J. F. Carthaus (1874). 27 S., 1 Bl. 8.
Bonn, Med. Fak., Diss. v. 15 Aug. 1874

Feldmann, C. F., kaufmänn. Briefe u. Handelsberichte in deutscher Sprache, mit untergelegten Wendungen zur Uebersetz. ins Französische. 8. (17 B.) Bremen 839, Kaiser.

Feldmann, C. F., Grammatik der französischen Sprache. 1. Aufl. (VII und 334 S.) 848. und 2. Ausg. gr. 8. (VIII und 267 S.) Bremen 850, Kühtmann und Comp. Thlr.

Feldmann, Carl, s. Feldmann, Karl

Feldmann, Christian

Feldmann, Chr., die Mäßigkeits-Vereine in Deutschland; ihre Gefahren und ihr Nutzen. Erörtert aus Anlaß meines beabsichtigten Austrittes aus dem Kieler Verein. 8. Hamburg 845, Verlags-Comptoir. n. 4 ngl

— Symboltvangen eller Følgerne af en mulig Ophævelse af Forpligtelsen paa Protestanternes symbolske Bøger i kirkelig, politisk og sædelig Henseende. Kiel. 1839.

FELDMANN, CHR. [NIC. LUDW.], Der Symbolzwang oder die Folgen einer etwanigen Aufhebung der Verpflichtung auf die symbolischen Bücher der Protestanten in kirchlicher, politischer und sittlicher Hinsicht. Kiel. 1839. P.

Feldmann, Ch., der Symbolzwang od. d. Folgen e. etwanigen Aufhebung d. Verpflichtung auf d. symbol. Bücher d. Protestanten, in kirchl., polit. u. sittl. Hinsicht. 8. (2 B.) Kiel 840. [Hamburg, Schuberth u. Comp.] *

—— der Symbolzwang, od. die Folgen ein. etwanigen Aufhebung der Verpflichtung auf die symb. Bücher der Protestanten in kirchl., polit. u. sittl. Hinsicht. 1. u. 2. Aufl. 8. (à 2 B.) Hamburg 842, 45, Schuberth u. Comp. à *

Feldmann, Chr., Was bedingen die Worte: Deutschlands künftiger Friede mit Dänemark wird ein ehrenvoller sein? 8. (12 S.) Kiel 848, Schröder & Co. n. 1/12 ß

Feldmann, Clarence (Paul)

Feldmann, Clarence, die Berechnung elektrischer Leitungsnetze, s.: Herzog, Jos.

Feldmann, Clarence, Ingenieur: Asynchrone Generatoren für ein- und mehrphasige Wechselströme. Ihre Theorie und Wirkungsweise. Berlin: Springer 1903. VI, 134 S. 8° ¶ Auch als Buch.
Darmstadt Te. H., Hab.-Schr. v. 19. 11. 1902

Feldmann, Clarence, Handbuch d. elektr. Beleuchtung, s.: Herzog, Jos.

— Ströme u. Spannungen in Starkstromnetzen, s.: Herzog, J.

— d. elektr. Transformationsmethoden, s.: Sammlung elektrotechn. Vorträge.

Feldmann CP, die elektrischen Transformationsmethoden. (Sammlung elektrotechnischer Vorträge I, 9) Stuttgart 1898

— Vortheilg. d. Lichtes u. d. Lampen b. elektr. Beleuchtungsanlagen, s.: Herzog, Jos.

Wirkungsweise, Prüfung und Berechnung der Wechselstrom-Transformatoren. F. d. Praxis bearb. v. Clarence Paul **Feldmann**, Ing. ... zu Köln am Rh. Tl 1. 2. *Leipzig: O. Leiner 1894. 95.* 2 Bde 8.
1. M. 103 Abb. 1894. (XII, 228 S.)
2. M. 176 Abb. 1895. (1 Bl., VI—4, 229—514 S.) [p. 8906

Feldmann, Emil, approb. Arzt aus Seelze: **Aus d. chirurg. Universitätsklinik zu Kiel. Gastro-Enteroplastik nach vorausgegangener Gastrotomie. Ein neues Verfahren zur Erweiterung narbig verengter Gastro-Enteroanastomosen.** *Kiel 1903: Schmidt & Klaunig.* (34 S.) 8°
Kiel, Med. Diss. v. [22. Okt.] 1903

Feldmann, Ewald, theoretisch-praktischer Lehrgang der deutschen Stenographie. gr. 8. (32 S.) Hörde 893. May & Co. n. 1.—

Feldmann, Felix: Ueber eine Synthese aromatisch disubstituierter Essigsäuren. Marburg 1898. O. Ehrhardt. (40 S. mit Tab.) 8°
Marburg, Phil. Diss. v. 9. Aug. 1898.

Feldmann, Fr., theolog. Miscellen, m. Bezugnahme auf d. neuern Erscheinungen in d. christl. Kirche. 8. (13½ B.) Cottbus 837. Meyer.

Feldmann, Fr., Moira, od. üb. d. göttl. Vorsehung. Für gebild. Verehrer d. Religion Jesu. gr. 8. (16 B.) Landsberg a. d. W. 830, Ende. [Wilmsen.]

Feldmann, Fr., kirchliche Zeit- und Lebensfragen beantwortet. gr. 8. Cottbus 843, Meyer. 3/4 ß

F. Feldmann üb. d. Zulänglichk. d. Vernunft z. Erkenntn. d. göttl. Dinge; e. Briefwechsel. *Berl.*, **L. Oehmigke. 827. gr 8° 18 gl**

Feldmann, Franc. (geb. Solingen 27. 2. 1818): De decocto Zittmanni. Berolini (1842). (44 S.) 8°
Berlin, Med. Diss. v. 8. Aug. 1842

Feldmann, Frz., über die operative Entfernung einer doppelseitigen Pyosalpinx. Inaugural-Dissertation. gr. 8. (29 S.) Göttingen 879, (Vandenhoeck und Ruprecht's Verlag.) *

Geschichte der Offenbarung des Alten Testamentes z. Gebr. bei Vorlesungen von Franz **Feldmann**, Prof. Als Ms. gedr. Bonn: Hanstein 1910. VII, 163 S. 8° [11. 4551 B

Der Knecht Gottes in Isaias Kap. 40—55. Von Dr. Franz **Feldmann**, Prof., Bonn. Freiburg im Br.: Herder 1907. (VIII, 205 S.) 8° [07. 14621

Feldmann, Frz., textkritische Materialien zum Buch der Weisheit, gesammelt aus der sahidischen, syrohexaplarischen u. armenischen Übersetzung. gr. 8. (VII, 84 S.) Freiburg i. B. 902. Herder. n. 1. 20

Feldmann, Frz., syrische Wechsellieder, s.: Narses.

— Die Weissagungen über den Gottesknecht im Buche Jesaias, s.a. Zeitfragen, biblische. II, 10.

Die Weissagungen über den Gottesknecht im Buche Jesaias. Von Dr. Franz **Feldmann**, Prof. 1. u. 2. Aufl. Münster i. W.: Aschendorff 1909. 41 S. 8°
(Biblische Zeitfragen. Folge 2. H. 10.) [10. 724 2

Feldmann, Franz Friedrich

Feldmann, F. F., Aeschyli Choëphori, Sophoclis Euripidisque Electra, idem argumentum tractantes, inter se comparatae. Simul exam. Christianei regii publico . . a J. H. C. Eggers. Altona (Hammerich & Lesser) 1839. 34 S. (4.50) 8658

Feldmann, F. F., Liber memorialis in amicorum carissimorum discipulorumque dilectissimorum memoriam. Carmen elegiacum. gr. 8. (89 S.) Hamburg 858, Perthes-Besser und Mauke.

Vorstudien zu den Kreuzzügen. ein Gemälde orientalischer Welt des Mittelalters. Abth. 1. Das Chalifat, die Ghasnaviden, die Seldschucken bis 1096, v. Franz Friedrich **Feldmann**. Altona. 1852. 4°. Gymn.-Progr.

Feldmann, Friedrich, appr. Arzt a. Griesheim: Aus der Universitäts-Augenklinik zu Gießen. Über den Frühjahrskatarrh. Halle a. S.: C. Marhold 1908. (30 S.) 8°
Gießen, Med. Fak., Ref. Vossius, Diss. v. 16. April 1908
[Geb. 29. Juli 72 Griesheim; Wohnort: Gießen; Staatsangeh.: Hessen; Vorbildung: Realgymn. Darmstadt Reife O. 90; Studium: Marburg 7, Gießen 3 S.; Coll. 2. Dez. 07; Approb. 14. April 08.]

Über den Frühjahrskatarrh. Von Friedrich **Feldmann**, Gießen. Halle: C. Marhold 1908. (30 S.) 8° [*F*.]
— **Sammlung** zwangloser Abhandlungen aus d. Geb. d. Augenheilkunde. Bd 7, H. 6. [08. 8087 3

Feldmann, G. L., Greenwood's Baumheber. Dessen Methode Bäume umzupflanzen und Physiologie der Bäume. Neue (Titel-) Ausg. 8. (56 S. nebst 1 lithogr. Abbild. in Tondr. in 4.) Leipzig (844)65, Händel.

— s. Greenwood, G., der Baumheber.

Feldmann, G. L., der Kunstfreund u. Kunstkenner, oder Anleitung, wie Kunstgegenstände, insbesond. Cartons, Gemälde u. Statuen betrachtet werden müssen u. wie man sich ein Urtheil darüber aneignen kann. Nach dem Handbook of taste. 8. Pesth 844, Verlags-Magazin. 1/2 ₰

Feldmann, G. L., der Kunstfreund u. Kunstkenner, oder Anleitung, wie Kunstgegenstände, insbesondere Kartons, Gemälde rc. 8. Pesth 844, jetzt C. A. Haendel in Leipzig. 1/2 ₰

— der Kunstfreund und Kunstkenner. Anleitung wie [illegible] gegenstände, insbesondere Cartons, Gem[illegible] u. [illegible] betrachtet werden müssen u. wie man [illegible] darüber aneignen kann. Nach den Ansichten [illegible], Lessing's, Mengs' rc. bearb. 2. Aufl. Ebend. 863. 8. ([illegible]) 12 ngr.

Feldmann, Gerh., s. Feltmann, Gerh.

Feldmann, Gustav [aus Kriegshaber in Bayern]: Über Wachstumsanomalien der Knochen ... (Aus: Beitr. z. pathol. Anat. u. z. allg. Pathol., Bd. XIX.) Jena, G. Fischer, 1896; 2 Bl., 82 S., 1 Taf. 8.
Freiburg i. B., Med. Fak., Inaug.-Diss. v. 1896

Feldmann, H., Baukonstruktion, s.a. Bibliothek der gesamten Technik.

Baukonstruktion. Von H. **Feldmann**, Oberl. Bd 1–3. Hannover: Jänecke 1907–09. 8°
1. Konstruktionselemente in Stein, Holz u. Eisen. 1907.
2. Die Gebäudemauern. 1907. 3. Die massiven Holzbalkendecken. 1909.
(Bibliothek d. gesamten Technik. Bd 60. 63. 119.) [09. 14443 7

— **Die Gebäude zur Aufbewahrung v. Halmfrüchten, Wagen u. Ackergerät.** (III, 74 S. m. 155 Abb.) Lex. 8. Leipzig (910). C. Scholtze. Geb. 2. 50

— **Schuppenartige Gebäude. Eine Sammlg. v. landwirtschaftl. Schuppengebäuden aller Art. Getreideschuppen, Wagenschuppen, Karren- u. Geräteschupp. u. dergl. 33 Entw. m. Darstellg. aller Einzelheiten. Zum Gebrauch f. ländl. Bauunternehmer u. selbstbauende Landwirte.** 34 Taf. u. erläut. Schriftsatz. (IX S.) gr. 8. Breslau (I, Taschenstr. 9) 909. Verl. der ostdeut. Bauztg. 1. 25
Sonderabdruck aus „Ostdeut. Bau-Ztg."

Feldmann, Hans, der Erbprinz als Stromer, s.: Theaterbibliothek.

Feldmann, H., Itzig Hirsch als Rekrut, s.: Kühling's, A., Album f. Solo-Scenen.

— Paul u. Fritz, e. Schusterjungenstreich, s.: Heidelmann's, A., Theaterbibliothek.

— dasselbe, s.: Theaterbibliothek.

Feldmann, Heinr., Gebetbüchlein für fromme Verehrer Jesu im hochheiligen Sakramente u. der allerseligsten Jungfrau Maria, enthltd. die nothwendigsten Gebete e. kathol. Christen. Mit Illustr. Regensburg 866. Manz. 32. (432 S. u. 1 Stahlst.) 10 ngr; Ausg. Nr. 3. 13 1/2 ngr.

—— **das tägliche Manna. Ein Gebet- und Erbauungsbuch für kathol. Christen.** 16. (480 S. mit Illustr. in Stahlst. und Chromolithogr.) Regensburg 866, Manz.

Feldmann, Henricus (geb. am 22 Jan. 1810 in Elberfeld): De statu normali functionum corporis humani animadversiones quaedam ... Bonnae, typ. C. Georgii (1833). 2 Bl., 35 S., 2 Bl. 8.
Bonn, Med. Fak., Diss. v. 20 Dez. 1833

Feldmann, H.: „Des klugen Schweizerbauers Heinrich Feldmann lehrreicher Unterricht, worin probate Mittel vorkommen, wie man reich werden kann", Aarau 1831 (Christen), (Leipzig, Kummer).

Feldmann, Heinr., lehrr. Unterricht f. wißbegier. Landleute, worin probate Mittel vorkommen, wie man reich werden kann. 8. (7 1/4 B.) Aarau 831, Christen.

Feldmann, Hermann, pr. Arzt: Aus der Provinzial Heil- und Pflegeanstalt zu Bonn. Beiträge zur Casuistik der traumatischen Epilepsie. Berlin: Trenkel 1908. 30 S. 8°
Gießen, Med. Diss. v. 2. Okt. 1908, Ref. Sommer
[Geb. 18. Aug. 77 Recklinghausen i. W.; Wohnort: Oberhausen (Rhld.); Staatsangeh.: Preußen; Vorbildung: Gymn. Burgsteinfurt Reife O. 98; Studium: München 2, Kiel 3, Bonn 10, Gießen 1 S.; Coll. 4. Juni 08; Approb. 26. Juli 07.] [U 09. 1107

FELDMANN, Hermann: Eine sarkoide Geschwulst der Ohrmuschel.- Herrnhut: Winter 1898. 20 S.
10.3.1898 - Chr 1897/98,20; Jv 1897/98,210
Diss. Ingolst.-Landsh.-Mchn.

Feldmann, Herm., s.: Mission, die ärztliche.

Feldmann, Hermann. Die ärztliche Mission unter Heiden und Mohammedanern. Hrg. mit Unterstützung des Vereins für ä'M'. 176 S. 8. Basel, Missionsbuchh., 1904 (*Umschlag:* 1905). (fr. 2.—)
Basler Missions-Studien. Heft 25.

Feldmann, Hugo, 525 Schornsteinköpfe. gr. 8. (51 Taf. m. IV S. Text.) Hannover (902). Helwing. In Mappe n. 4. —

Feldmann, J., die eingeschriebenen Hülfskassen in Preußen. Ein Handbuch für die Behörden und Wegweiser für die Vorstände eingeschriebener Hülfskassen. gr. 8. (VIII, 76 S.) [Eisenach 877]. Kassel, Bacmeister. *

— der Waisenrath, s. Bibliothek für Staats- und Gemeinde-Verwaltungs-Angelegenheiten.

Feldmann, Jacob, aus Leschnitz i. Schl.: **Ein Fall von Narbencarcinom, entstanden auf der Basis einer alten Brandverletzung.** *Würzburg 1903: C. J. Becker.* (33 S.) 8°
Würzburg, Med. Diss. v. 1903

Feldmann, Jakob: Ueber einige neue substituirte Ketone. 1892. 36 S. 8°
Karlsruhe, Dipl.-Diss. v. 23. 6. 1892

— **Jo. Christian Gotth.** (Grevismolae/Meckl.), De privilegiata jurisdictione splendido nobilitatis immediatae corpori in ejus officiales, salvo alias cujuscunque jure territoriali, privative competente. Diss. jur. Götting. (Hager) 10. VIII. 1758. 11 S. u. Appendix continens responsum facultatis jurid. Goettingensis de eodem argumento. Götting. (Hager) 1758. 24 S. dtsch. (5.50) 8659

— — Dasselbe. Ohne Anhang. (5.—) 8660

Feldmann, Joh., s.: Agrander, J.

Feldmann, Joh. Ed., Ergebnisse einer mehrjährigen medizinischen Praxis. Für jüngere Aerzte gesammelt. 1. Mit 1 lithograph. Tafel. gr. 8. Wien 836. (Gerold.) 1/2 ꝛc.

Feldmann, Josef

Feldmann, Jos., die Körper-Uebungen in den Volksschulen als Mittel zur Militär-Erziehung, mit Bezugnahme auf das Wehr-System in Oesterreich-Ungarn. Ein Beitrag zur Armee-Reduktion. 8. (31 S.) Wien 879, (Seidel und Sohn.) *

Feldmann, Jos., Leitfaden zum Unterrichte im Rappier-, Säbel-, Bajonnet- u. Stockfechten. gr. 8. (VII, 103 S. mit 61 eingedr. Holzschn.) Wiener-Neustadt 882. Lentner. n. 3. —

Feldmann, Jos., Leitfaden zum Unterrichte im Stock-, Rapier-, Säbel- und Bajonnett-Fechten. (2. Aufl.) Lex.-8. (VI, 116 S. mit Taf.) Wien 886, Seidel und Sohn. *

Feldmann, Joseph Observationes ad L. A. Senecam criticae. 4 (26 S.). **Progr.** G. *Ostrowo* 1887 (147).

Feldmann, Jos., lateinische Syntax. In den Hauptregeln m. Rücksicht auf die Ergebnisse der vergleich. Sprachwissenschaft übersichtlich zusammengestellt. gr. 8. (XII, 68 S.) Hannover 882. Hahn. n. 1. 20

Blüten und Früchte. Poet. Versuche von Carl **Feldmann.** Dresden, Leipzig & Wien: E. Pierson 1895. (206 S.) 8° [F.] 1ᵉ⁴. ⁴⁴⁴⁰

Feldmann, Karl, Vinzenz Fettmilch der Lebküchler v. Frankfurt. Ein Trauerspiel. [Mscr. den Bühnen gegenüber.] gr. 8. (119 S.) (Frankfurt a. M. 850, Auffarth.) n. 12 ꝛc.

— in guter Stunde. Neue gesell. Lieder u. and. 12. (104 S.) Frankfurt a/M. 898. Gebr. Knauer. n. 1. 50

Feldmann, Karl, der Wald, s.: Scholz, Bernh.

Feldmann, Leon, aus Odessa ⟨Rußl.⟩: **Diazoessigester und Toluol.** *Berlin (1903): E. Ebering.* (36 S.) 8°
Berlin, Phil. Diss. v. 2. Dez. 1903

Feldmann, Leopold —. Die selige Gräfin. Lustspiel in 2 Akten. (Bühnenmanuscript) 8. (Falz. 24 S.) Wien. Druck von U. Klopf sen. und Alex. Eurich. 1855.

Feldmann, Leop., Höllen-Lieder. gr. 12. (2½ B. u. Titvign.) München 835, [Kgl. Hofbuchh.] *

Feldmann, Leopold, Höllen-Lieder. gr. 12. München 835. Weber. 1/3 ꝛc.

Feldmann, Leopold —. Immer zu vorschnell! Original-Lustspiel in drei Akten von — —. 8. (42 S.) Wien. Druck von U. Klopf sen. und A. Eurich. 1854

Feldmann, Leopold —. Des Glückes und des Unglücks Launen. Posse mit Gesang und Tanz in drei Akten von Leopold Feldmann. Als Manuscript gedruckt. Wien. 1855. Gedruckt bei Leop. Grund. (30 S. 8.)

Feldmann, Leopold: Die Macht der Einbildung, s. Theater-Repertoir, Wiener.

– Nur Wahrheit, s. Theater-Repertoir, Wiener.

Feldmann, L., deutsche Original-Lustspiele. gr. 12. 1. u. 2. Bd. Wien, Wallishausser. à Bd.

Inhalt,

Bd. 1. Der Sohn auf Reisen. Die Kirschen. Das Portrait der Geliebten. Die freie Wahl. Die schöne Athenienserin. (12½ B.) 845.
" 2. Der Pascha u. sein Sohn. Ein Freundschafts-Bündniß. Ursprung des Korbgebens. Eine unglückl. Physionomie. Drei Candidaten. (15 B.) 846.

Feldmann, L., deutsche Original-Lustspiele. 3—6. Bd. gr. 12. Wien, Wallishausser. à Bd. 2 Thlr.

Inhalt:

Bd 3. Ein höflicher Mann. — Der 30. November. — Ein Mädchen vom Theater. — Baron Beisele und sein Hofmeister, Doktor Eisele, in München. — Der Lebensretter. (237 S.) 849.
" 4. Der Rechnungsrath und seine Töchter. — Der deutsche Michel, oder Familien-Unruhen. — Kern und Schale. — Ahnenstolz in der Klemme. — Bekenntnisse eines Brautpaares. — Das Narrenhaus. (263 S.) 849.
" 5. Faustin I., Kaiser von Haiti. — Ein altes Herz. — Die beiden Kapellmeister. — Das Gastmahl zu Luxenhain. — Der neue Robinsen, oder das geldene Deutschland. (304 S.) 851(52.)
" 6. Die beiden Faßbinder, oder Reflexionen und Aufmerksamkeiten. — Die Schicksals-Brüder. —! Die Industrie-Ausstellung, oder Reiseabenteuer in London. — List und Dummheit. (341 S.) 852.

1. und 2. Bd. Ebendas. 1845—46. 4 Thlr.

Feldmann, L., deutsche Original-Lustspiele. 7. und 8. Bd. (oder) Neue Folge. 1. und 2. Bd. 8. Berlin 855—56, Stage. *

Inhalt:

Bd. 7. Ein Filz als Prasser. Die Heimkehr von der Hochzeit. Ein Prozeß zwischen Eheleuten. Immer zu vorschnell. Die selige Gräfin. (III und 308 S.)
" 8. Die Schwiegertochter. Des Glückes und des Unglücks Launen. Warum traut er einem Doctor? Der Biderhof. Ein freigebiger Mann. (III und 339 S.)

1—6. Bd. Wien 1845—52, Wallishausser. à Bd. 2 Thlr.

– Das Portrait der Geliebten, s. Theater-Repertoir, Wiener.

Feldmann, L. — Ein Prozeß zwischen Eheleuten. Original-Lustspiel in 3 Akten. Als Manuskript gedruckt. 8. (43 S.) Wien, Dr. von U. Klopf sen. und Alex. Eurich 1853.

– Sogleich, s. Theater-Repertoir, Wiener.

– Der Sohn auf Reisen, s. Theater-Repertoir, Wiener.

Feldmann, Ludwig [approb. Arzt]: Ueber die Entwicklung organischer Erkrankungen des centralen Nervensystems bei Personen welche lange an schwerer Hysterie gelitten haben .... Leipzig, Commissionsverl. v. Otto Klemm, 1887; 37 S. 8°
Strassburg, Med. Fak., Inaug.-Diss. v. 1887

Feldmann, Ludwig: Festschrift zum 50jähr. Best. d. Charlottenb. Turngemeinde, s. Wegener, Emil.

Feldmann, Ludw., die Feuerversicherung in d. Praxis. Lehr u. Handbuch f. Assureure, Agenten, Personen des Richterstandes, Advokaten, Baumeister, Fabrikanten u. Gewerbetreibende, Ökonomen, Kaufleute u. a. (404 S.) gr. 8. Budapest 909. (F. Kiliáns Nachf.) 10. —

Feldmann, Ludwig. Fünfzig Jahre Jugendturnen in der Charlottenburger Turngemeinde, gegr. 1858, Charlottenburg 1909, 15 S., Gr.-8°.

Feldmann, Ludwig, approb. Arzt aus Leschnitz, Ob.-Schl.: **Einfaches und multiples Primärsarkom des Dünndarms.** *Leipzig 1901: B. Georgi.* (27 S.) 8°
Leipzig, Med. Diss. v. (15. Juni) 1901

Feldmann, M[arcus]. Die Schlacht bei Grandson. Ein Beitrag zur Kriegsgeschichte der Burgunderkriege. Von der Schweizerischen Offiziersgesellschaft mit einem ersten Preis bedachte Arbeit. Mit zwei Kartenbeilagen. Sonderabdruck aus der «Schweiz. Monatschrift für Offiziere aller Waffen.» IV + 66 S. 8. Frauenfeld, J. Huber, 1902. [fr. 1. 50]

Feldmann, Marcus. Studien zur Geschichte des Feldzuges Napoleons in Deutschland im J. 1813. Diss. gr. 8. (84 S.) Bern 893. (H. Koerber.) n.a. 1. 30

Feldmann, Masius Johann

Feldmann, Mas. Jh., († d. 8. Aug. 1823.) der Zeiten Geist, Gedicht. 4. Altona 793. Hammerich. 8 gl

— s. Geschichte Frankreichs.

Rede bei der frohen Feier des Königlichen Geburtsfestes am 29. Januar 1806 im grösseren Hörsaale des Christianei gehalten v. Masius Johann **Feldmann.** (Altona. 1806.) 8°.

Feldmann, Max [aus Berlin]: Zur Casuistik der Mediastinal-Tumoren. . . . Berlin, Buchdr. v. G. Schade, *1891;* 41 S., 1 Bl. 8°
Berlin, Med. Fak., Inaug.-Diss. v. 14. Aug. 1891

Feldmann, Oscar, Gerichtsreferendar a. Mülheim-Ruhr-Broich: **Die Haftung des Mitdelinquenten nach gemeinem Recht und dem B.G.B.** Borna-Leipzig 1906: R. Noske. (IX, 53 S.) 8°
Greifswald, Jur. Fak., Ref. Stampe, Diss. v. 15. Dez. 1900
[Geb. 28. Nov. 76 Broich a. d. Ruhr; Wohnort: Mülheim; Staatsangeh.: Preußen; Vorbildung: Gymn. Mülheim Reife O. 98; Studium: Freiburg i. B. 1, München 2, Berlin 1, Greifswald 7 S.; Rig. 8. Juli 02.]

Feldmann, Oscar *Wilhelm Ferdinand* [aus Bremen]: Beitrag zur Kenntniss der congenitalen Sacraltumoren . . . Berlin, Buchdr. v. G. Schade, *1895;* 30 S., 1 Bl. 8.
Berlin, Med. Fak., Inaug.-Diss. v. 23. Juli 1895

Feldmann, Otto, Referendar: **Die Zweigniederlassung.** Mülheim a. d. Ruhr [1905]: J. Bagel. (75 S.) 8°
Göttingen, Jur. Fak., Ref. Ehrenberg, Diss. v. 7. März 1905
[Geb. 14. Mai 80 Broich b. Mülheim a. d. Ruhr; Wohnort: Mülheim; Staatsangeh.: Preußen; Vorbildung: Gymn. Mülheim Reife O. 98; Studium: Bonn 2, Freiburg i. B. 1, Berlin 1, Göttingen 3 S.; Rig. 25. Jan. 05.]

Feldmann, Paul, Frau Directorin Striese. Orig.-Schwank in 3 Acten. gr. 8. (33 S.) Berlin (889). M. Böhm. 2.—

Feldmann, Siegfried, appr. Arzt a. Bremen: **Über die Wirkung der Quarzglas-Quecksilberlampe.** Göttingen 1905: L. Hofer. (40 S.) 8°
Göttingen, Med. Fak., Ref. Schreiber, v. Esmarch, Diss. v. 30. Aug. 1905
[Geb. 4. Febr. 79 Bremen; Wohnort: Bremen; Staatsangeh.: Bremen; Vorbildung: Gymn. Bremen Reife O. 98; Studium: Göttingen 4, Straßburg 1, Freiburg i. B. 1, Göttingen 3 S.; Coll. 26. Juni 05; Approb. 21. Juli 05.]

FELDMANN, Sigmund (München): Beiträge zur Diagnose der partiellen Encephalitis.- München: Franz 1838. 16 S.
14.8.1838 - Urk (Titel: De diagnosi encephalitidis partialis.); F 64
Diss. Ingolst.-Landsh.-Mchn.

Feldmann, Siegm., Paris gestern u. heut. Kulturporträts. (283 S.) 8. Berlin (909). Concordia. 3.—; geb. 4. —

Feldmann, Theodor Christian

Feldmann, T. C., der wahre Christus und sein rechtes Symbol. Ein vernünft. Wort zur Förderung einer christlich-menschl. Union. gr. 8. (IV und 176 S.) Altona 865, (Haendcke und Lehmkuhl.)

Feldmann, T. C., die Reform d. schleswig-holsteinischen Gelehrtenschulen. 8. Altona 830, (Blatt.) *

Feldmann, T. C., die Reform der Schleswig-Holsteinischen Gelehrtenschulen. Altona (?) 840. Blatt. 5 gl

Feldmann, T. C., der vierte Stand — was ist er? Ein Wort zur Beruhigung. gr. 8. (7 S.) Altona 878, Schlüter'sche Buchh. *

Feldmann, W., aus Bremen u. Umgegend, s.: Heimat. 6.

— Lüneburg u. Lauenburg, s.: Heimat. 8.

— im Sachsenwald, s.: Heimat. 8.

Feldmann, Wilh., Analecta epigraphica ad historiam synoecismorum et sympolitiarum graecorum, s. Dissertationes philologicae Argentoratenses selectae.

Feldmann, W., Analecta epigraphica ad historiam synoecismorum et sympolitiarum Graecorum. Diss. 1885. 60 S. 2.—

Feldmann, Wilh., Ananke, s.: Deva-Roman-Sammlung.

Feldmann, Wilh., Beiträge z. Kenntnis d. Individualität d. Saatkorns b. Weizen, Gerste u. Erbsen. M. 1 Taf. u. Abb. im Text. gr. 8. (98 S. m. 7 Tab.) Bonn 897. F. Cohen. n. 2. 80

Feldmann, (*Hermann August*) Wilhelm [aus Redecke]: Beiträge zur Kenntnis der Individualität des Saatkorns bei Weizen, Gerste und Erbsen . . . Bonn, Druck v. J. Trapp, *1897;* 99 S., 5 Bl. Taf., 3 Bl. Tab. 8.
Heidelberg, Naturw.-math. Fak., Inaug.-Diss. v. [17. Juli] 1897

Feldmann, Wilhelm, aus Wilhelmshaven: **Friedrich Justin Bertuch.** *Saarbrücken 1902: (Pecher, St. Johann a. d. Saar).* (VII, 120 S.) 8° [Umschlagt.]
Freiburg i. B., Phil. Diss. v. 1902

Friedrich Justin Bertuch. Ein Beitrag z. Gesch. d. Goethezeit von Dr. Wilhelm **Feldmann.** Mit d. Rede d. Kanzlers Friedr. v. Müller auf Bertuch. *Saarbrücken: C. Schmidtke in Komm. 1902.* (VII, 120 S.) 8°

Feldmann, Wilhelm, approb. Arzt aus Herne i. W.: **Über Bindegewebsschwielenbildung** bei Hydronephrose. *Würzburg 1902: H. Stürtz.* (21 S.) 8°
Würzburg, Med. Diss. v. 1902

Feldmann, W[ilhelm], et Strub, E[mil]. Chemins de fer du Mont-Blanc: Funiculaires Chamonix-Aiguille du Midi-Vallée Blanche; Ascenseurs à câbles ⟨fun'aériens⟩ brevet F". Brevet français: 323 884.... Projet élaboré et présenté par MM. les ingénieurs W. F", Berne, et E. St', Zurich, au nom de la «Société anonyme des Ascenseurs à câbles, brevet Feldmann». Relevés topographiques par M. X[aver] Imfeld, ingénieur, Zurich. [Avec 11 planches.] 20 p. fol. Berne Rösch & Schatzmann, 1905.

Feldmann, Wilh., die schöne Jüdin. Eine sozial-psycholog. Skizze. Nach der 2. Aufl. aus dem Poln. übers. v. Sylvester Miznerowicz. 8. (251 S.) Amsterdam 894. A. Dieckmann. n. 3. —

[F.] Die schöne Jüdin. E. sozial-psycholog. Skizze v. Wilhelm **Feldmann.** Nach d. 2. Aufl. a. d. Poln. übs. v. Sylvester Miznerowicz. *Amsterdam: A. Dieckmann [1895].* (2 Bl., 251 S.) 1 Bd 8.

Feldmann, Wilhelm [pr. Zahnarzt aus Lüneburg (Prov. Hannover)]: Über chronische katarrhalische Pneumonie . . . Würzburg, P. Scheiner's Buchdr., 1894; 33 S. 8.
Würzburg, Med. Fak., Inaug.-Diss. v. 1894

Feldmann, Wlh., Versuch einer kurzen Geschichte des Dortmunder Convents, von seiner Entstehung (1776) an bis jetzt 1830. 8. Dortmund 830. Krüger.

(Feldmann-Habicht, R[udolf].) Auf den Heimgang des... Hausvater [Johann] Friederich Dändliker-Schnell. Geboren den 16. Oktober 1821. Gestorben den 7. Dezember 1900.... [Gedicht.] 8. (Bern [1900].)

Feldmanöver, Die, in Anreihung an Übungen gemischter Truppenkörper . . . Stuttgart 1861. V: *La Roche du Jarry, L. Freih. v.* (KA)

Feldmanöver, die, in Anreihung an Uebungen gemischter Truppenkörper, behufs der kriegsgemäßen Ausbildung der Mannschaft und Chargen. gr. 8. (40 S.) Stuttgart 861, Aue. *

Feld-Manöver, die, und die großen Kavallerie-Uebungen bei Berlin, im Septbr. 1853. Mit 9 Beilagen. (Beiheft zum Militair-Wochenblatt für Juli, Aug. und Septbr. 1853.) gr. 8. (VI und 80 S. mit 4 Tab. in hoch 4. und 5 lithogr. Karten in Fol.) Berlin 854, (Mittler und Sohn.) **

Feld-Manöver, die, und die großen Kavallerie-Uebungen bei Berlin, im September 1853. Mit 9 Beilagen. Beiheft zum Militair-Wochenblatt für Juli, August und Septbr. 1853. Redig. von der histor. Abtheilung des Generalstabes. Berlin, (855.) Mittler u Sohn in Comm. gr. 8. (VI, 80 S. m. 4 Beilagen u. 5 lith. Plänen in gr. Fol.) nn. 10 ngr.

Feld-Manöver vom 5.–20. September 1824 bei Nürnberg. Mit Krt. (Lithogr.) o. O. 1824. 24 S. 4°

Feldmarschall Derfflinger, s.: Derfflinger.

Feldmarschall Rückwärts, der, Commandeur des ABC-Schützen-Corps. Oder d. zum Schullehrer avancirte Unterofficier. I. Antwortschreiben auf das „Sendschreiben e. rhein. Schullehrers an seine Collegen in Schlesien." II. Gedichte über den Unterofficier als Schullehrer rc. gr. 8. Linz a/R. 846. (Neuwied, Steiner.) 1/3 ℛ

Feldmaß, das bayerische und metrische. 14 zuverläss. und prakt. Tabellen zur Umrechnung und Preisberechnung des Grundbesitzes, nebst Erläuterungen und einem Anhang für jeden Grund- und Hausbesitzer. Ster.-Ausg. 1.—25. Tausend. 16. (64 S.) [Würzburg 877,78.] München, Keller.

Feldmaus, die, u. die Mittel zu ihrer Vertilgung, s. Unterricht z. Vertilgung d. Feldmaus.

Feldmaus, die, u. die Mittel zu ihrer Vertilg. ein Noth- u. Hülfsbuch f. d. Landmann. 8. Erfurt, Weyer u. Maring. 802.

Feldmedicamenten-Catalog nebst Taxe. gr. 8. Wien, Mößl. 796.

Feld-Medicamenten-Katalog [Feld-Medikamenten-Katalog] mit beygesetzter neuen Taxe vom Jahre 1795. Wien: Schaumburg 1800. 20 S. 8°

Feldmesser. *Potsdam & Leipzig: Bonneß & Hachfeld [1897].* (S. 163–239.) 8° [5.]
— Baugewerbe. Das gesamte. Bd 5. [2.]

Richtiger und bewährter Feldmesser, wie auch Sonnenuhrenmacher und Abwäger der Höhen und Wasserfälle ohne Lehrmeister und Instrument. Sechste verbesserte Auflage, mit Kupf. Ulm, bey Joh. Konr. Wohlern. 8. 1780

Feldmesser-Reglement, allgemeines, vom 1. Dezember 1857. Nebst allerhöchstem Erlaß vom 9. Januar 1858. 8. (16 S.) Berlin 858, Decker'sche geheime Ober-Hofbuchdruckerei.

Hannoverscher Feldmesser(-)Verein.
5te Lokalversammlung, . . . den 5e Mai 1883 . . . (Autographirt. — Ohne bes. Titelblatt.) 4°.*)
6e Lokalversammlung, . . . den 26e Mai 1883, . . . (Autographirt. — Ohne bes. Titelblatt.)
7te Versammlung, . . . den 8ten Juli 1883 zu Hildesheim. (Autographirt. — Ohne bes. Titelblatt.)
8te Lokalversammlung, . . . den 4ten August 1883, . . . (Autographirt. — Ohne bes. Titelblatt.)
9e Lokalversammlung, . . . den 7 Oktober 1883 . . . (Autographirt. — Ohne bes. Titelblatt.)
10. Lokalversammlung, . . . den 3. November 1883 . . . (Autographirt. — Ohne bes. Titelblatt.)
11te Lokalversammlung, . . . den 1. December 1883 . . . (Autographirt. — Ohne bes. Titelblatt.)

Hannoverscher Feldmesser-Verein. — Bericht über die XII Hauptversammlung des Deutschen Geometer-Vereins vom 15 bis 18 August (1883) in München. (Autographirt. — Ohne bes. Titelblatt.) 4°.

Feldmeßkunst, s. Ozanam.

Feldmühle, die; e. Lstspl. in 2 Aufz. (von Jos. Richter). 8. Wien 777. Kurzböck. 2 gr

Feldmühle, die, Lustsp. von Richter. 8. Wien, Kurzböck. 778.

Cellulose-Fabrik Feldmühle, Breslau; Cellulose-Fabrik in Cosel O.-S.; Papierfabriken in Cosel O.-S. und Liebau i. Schl.; Holzschleiferei in Cosel O.-S.; Papier- und Halbstoff-Fabriken an der Odermündung unterhalb Stettin <im Bau>. [Erinnerungsschrift aus Anlaß des 25jähr. Bestehens, 1885—1910.] — (Berlin: Eckstein 1910.) 39 S. quer-8°

Stickerei Feldmühle (Feldmühle Embroidery Co.), Rorschach, Switzerland. Articles of Association. (... 1899 September 15th.) II + 14 p. 8. Zurich, Art. Institut Orell Füssli, 1901.

[J.] Feldner, Adolf [Referendar]: Die falsche Anschuldigung ... Lübbecke, Druck v. F. Werneburg, 1896; 1 Bl., v, 92 S. 8.
Göttingen, Jur. Fak., Inaug.-Diss. v. [7. Okt.] 1896

Feldner, C[arolus] A[ugustus]: *Sebastiani Francki Woerdensis de Deo sententia. 15 Bl. 4° (2°)
Halle-Wittenberg, Phil. Diss. v. 4. Nov. 1871
Geb. [Münster i. W. 17. 10. 1840]
Vom Verf. ersch. deutsch: Die Ansichten Sebastian Franck's v. Woerd nach ihrem Ursprunge u. Zusammenhange dargestellt. Berlin: Calvary 1872. 37 S. 4° Dorotheenst. Realsch., Progr.

Feldner, Ed., kleine deutsche Sprachlehre als Handbuch für Schüler deutsch-amerikanischer Schulen. 12. (72 S.) New-York 855, Schmidt.

Feldner, Elise, die zehn Gebote der Ehe für die Frau. 8. (4 S.) Berlin 883, Internationale Buchhandlung. *
—— dass. — für den Mann. 8. (4 S.) Ebendas. 883. *

Feldner, Fr. Gundislav. Die Lehre d. heil. Thomas üb. den Einfluss Gottes auf die Handlungen der vernünftigen Geschöpfe. Dargelegt v. Jos. Pecci. Kritisch beleuchtet. gr. 8. (103 S.) Graz 889, Moser. * 1 40

—— Die Lehre d. hl. Thomas v. Aquin üb. die Willensfreiheit der vernünftigen Wesen. Eine philosoph. Studie. gr. 8. (VIII, 274 S.) Ebd. 890. * 4 —

Feldner, Friedrich Wilhelm Paul Ludwig

Feldner, Fr. W. P. L., Abendmahls-Gemeinschaft und Kirchen-Gemeinschaft. Ein Wort zur Verständigung über die schwebenden kirchl. Fragen. gr. 8. (44 S.) Halle 859, (Fricke.) *

Feldner, L., die gegenwärtigen politischen Bewegungen im Lichte des Evangelii. Eine Abendpredigt gehalten am Sonnt. Invocavit 1848. gr. 8. (15 S.) Elberfeld 848, (Hassel.)

—— Grundzüge einer christlichen Armenpflege, nach Anleitung der „kirchl. Armenpflege von Chalmers, übers. von O. v. Gerlach." gr. 8. (26 S.) Elberfeld 848, Hassel.

Feldner, Grundzüge einer christlichen Armenpflege, nach Anleitung der „Kirchlichen Armenpflege von Chalmers, übersetzt von O. v. Gerlach". gr. 8°. Elberfeld, Hassel, 1850.

Feldner, die Kirchenordnung der evang.-lutherischen Kirche in Preußen rc., auf Grund ihrer Synodalbeschlüsse, amtl. Bestimmungen und in ihr geltender alter Kirchenordnungen zusammengestellt. 12. (III, 111 S.) Kottbus 882, Gotthold-Expedition. cart.

— Preußens Ländererwerb u. die lutherische Kirche. Essen 866. Radke in Comm. 8. (16 S.) 3 ngr

Feldner, (Frdr. Wilh. Paul Ludw.), die schriftgemäße Lehre der lutherischen Kirche auf Grund des kleinen Katechismus Luthers, u. unter Zurückweisung der entgegenstehenden Lehren dargelegt. Stuttgart 868. S. G. Liesching. (Gütersloh, Bertelsmann.) 16. (VIII, 72 S.) 6 ngr

Feldner, L., die schriftgemäße Lehre von der Taufe dargestellt. gr. 16. (IV und 60 S.) Elberfeld 852, Hassel. *

— Predigt bei Eröffnung der General-Synode der ev.-luther. Kirche in Preußen. Am St. Michaelistage 1864 geh. in der St. Katharinen-Kirche zu Breslau. Breslau 864. Dülfer in Comm. gr. 8. (16 S.) n. 2 ngr.

Feldner, Friedr. Wilh. Paul Ludw., Predigt bei Eröffnung der General-Synode der evangel.-luther. Kirche in Preußen. Am St. Michaelistage 1864 gehalten in der St. Katharinen-Kirche in Breslau. gr. 8. (16 S.) Breslau 865, (Dülfer.) *

Feldner, F. W. P. Ludw., Predigt, gehalt. am Sonnt. Sexages. 1839, nach Aufhebung seiner Suspension in d. evangel. Kirche zu Schreiberhau. Nebst histor. Vorw. u. erläut. Nachwort. gr. 8. (2 B.) Oels 839. (Berlin, Wohlgemuth's Buchh.)

—— Predigten über die augsburgische Confession. 1. und 2. Heft. gr. 8. Halle, (Petersen.) * –

Inhalt:

Heft 1. Zwölf Predigten über Artikel 1—9. (120 S.) 860. * 13⅓ Ngr.
» 2. Acht Predigten über Artikel 10—16. (S. 121—207.) 861. * 8 Ngr.

Feldner, Friedr. Wilh. Paul Ludw., Predigten über die Augsburgische Confession. gr. 8. (VI und 306 S.) Leipzig 864, Naumann. *

—— das Recht des lutherischen Bekenntnisses in Rheinland und Westphalen, dargelegt in einer Beleuchtung der drei Paragraphen über den Bekenntnißstand dieser Provinzen. Mit einem Vorwort von Sander. gr. 8. (30 S.) Elberfeld 856, Hassel. *

—— die staatsrechtliche Stellung des preußischen Abgeordnetenhauses. Eine Ansprache gehalten bei einer Versammlung des preuß. Volksvereins in Elberfeld. 2. Aufl. (Als Mscr. gedr.) gr. 8. (16 S.) Elberfeld 863, Hassel's Sortiment. *

Feldner, e. Wort üb. die Kirchenzucht. [Aus: „Palmblätter". Organ f. christl. Mittheilgn. 1848.] 8. (16 S.) Witten a/d. Ruhr 889. Fries & Co. — 8

Feldner, Hch., Brauerei- u. Mälzerei-Betriebsbücher. (III, 225 S.) 8. Würzburg (Bibrastr.) (908). (Verlagsdruckerei Würzburg.) Geb. 8. —

— Das technische Rechnen im Brauerei- u. Mälzereibetriebe. Praktisches Lehr- u. Handbuch f. alle im Mälzerei- u. Brauereibetriebe vorkomm. Rechngn. u. Berechngn., durch kurzgefasste Grundbegriffe und durch Beispiele erläutert. (VIII, 65 S. m. Fig.) 8. Ebd. (908). Geb. 5. —

Feldner, Hermann, aus Leipzig: **Die Flußdichte und ihre Bedingtheit im Elbsandsteingebirge und in dessen nordöstlichen Nachbargebieten.** *Leipzig 1903: C. G. Naumann.* (55 S.) 8°
Leipzig, Phil. Diss. v. [5. März] 1903

Feldner, L., s. Feldner, Friedrich Wilhelm Paul Ludwig

Feldner, Lvdovicvs (geb. am 2 Mai 1837 in Münster Westf.): Qvaestiones de sectionibvs conicis . . . Bonnae, form. C. Georgi (1865). 2 Bl., 29 S., 1 Bl., 2 Taf. 8. ¶ Die S. 29 in Aussicht gestellte Forts. erschien 1873 als Progr. d. Wilh.-Gymn. in Höxter: Analytische Beiträge zur Theorie d. Kegelschnitte.
Bonn, Phil. Fak., Diss. v. 30 März 1865

Feldner, Low., s. Spener's, Ph. Jak., Pia desideria.

Feldner, Otto, pr. Arzt: Aus d. pathol. Inst. d. Univ. Göttingen. Krebsstatistik nach den Sektionsprotokollen des pathologisch-anatomischen Instituts zu Göttingen vom Jahre 1852—1908. Lübbecke 1908: Werneburg. 37 S. 8°
Göttingen, Med. Diss. v. 23. Sept. 1908, Ref. Kaufmann
[Geb. 17. Mai 73 Höxter; Wohnort: Isselhorst; Staatsangeh.: Preußen; Vorbildung: Gymn. Höxter Reife M. 94; Studium: Göttingen 8, Würzburg 3, Bonn 2 S.; Coll. 15. Juli 08; Approb. 18. Juni 03.] [U 09. 1304

Feldner, Reinhold

Feldner, R., moderne Decorations-Malereien. Farbige Entwürfe f. Decken, Wände, Friese, Zwickelfelder etc. 5 Lfgn. Fol. (à 7 Chromolith. m. 3 Detailsbog.) Berlin 888. 889. Claesen & Co. In Mappe. à Lfg. n. 12. —

Feldner, Rhold. Moderne Decorations-Malereien. Farbige Entwürfe f. Decken, Wände, Friese, Zwickelfelder etc. 2. Aufl. 5 Lfgn. gr. Fol. (à Lfg. 7 Farbentaf. u. 3 Bog. Details.) Berl. 891,92, Hessling u. Spielmeyer. à Lfg. * 12 —; * 60 —

Feldner, Rhold., moderne Decorations-Malereien. Farb. Entwürfe f. Decken, Wände, Friese, Zwickelfelder etc. 3. [Titel-] Aufl. 35 Farbentaf. gr. Fol. Berlin (892) 896. B. Hessling. In Mappe n. 60. —

(von Feldner, Wilhelm Christ. Gotthelf): Wilhelm Christ. Gotthelf von Feldner's Reisen durch mehrere Provinzen Brasiliens. Aus seinen nachgelassenen Papieren. Th. 1. Allgemeine Uebersicht. Th. 2. Reisebemerkungen. Liegnitz 1828. 1 Bd. XXVIII, 182; 260 S. 8°.

Feldner, W. Chr. G. v., Reisen durch mehr. Provinzen Brasiliens. Aus seinen nachgelass. Papieren. 2 Thle. 8. (29½ B) Liegnitz 828, (Leonhardt.)

Feldnonnen. Die F' bei St. Leonhard. Njbl. St. Gallen 1868 s. [Götzinger, Ernst].

Feldordnung zur Abstellung der bei dem Ackerbau im Fürstenthum Halberstadt, u. dazu gehörigen Graf- u. Herrschaften zum Nachtheile desselben, auch der Huthe und Weide, eingeschlichenen Mißbräuche, Inconvenientien u. Unordnungen. De Dato Berlin, den 27. Julius 1759. 8. Nordhausen 827. Müller. n. ⅓ ß

Feldow-Bechly, Henry, Suse vor Gericht, s. a. Danner's, G., Herren-Bühne. Nr. 39.

Suse vor Gericht. Schwank in 1 Akt von Henry Foldow-Bechly. *Mühlhausen i. Th.: G. Danner [1903].* (28 S.) 8° [F.]
— Herren-Bühne, G. Danner's. No 39.

Feldpausch, Eberh., die Konkordanzgesetze der französischen Sprechsprache u. ihre Entwicklung. (Diss.) gr. 8. (80 S.) Marburg 901. N. G. Elwert's Verl. n. 1.50

Feldpausch, Eberhard, aus Niederklein: Die **Konkordanzgesetze** der französischen Sprechsprache und ihre Entwicklung. *Marburg 1901: R. Friedrich.* (78 S.) 8°
Marburg, Phil. Diss. v. [28. Juni] 1901

Feld-Pharmacologie, Russ. kaiserl., Auf Befehl und mit Genehmigung des Reichs-Medicinal-Collegiums. Stendal 1802. H: *Uden, Conr. Frdr.* (Ky) H: *Ellisen, G.* (MGT)

Feld-Pharmakologia, Russ. Kaiserl., (von K. Fr. Uden). 8. Stendal 802. Franzen u. Gr. 16 gr

Feldpionier-Vorschrift d. Inf. München 1874 1895.

Feldpionier-Vorschrift f. die Infanterie. 12. (100 S. m. 62 Abbildgn.) Berl. 890, Mittler u. Sohn. * — 50; cart. * — 70

Feldpionier-Vorschrift f. die Infanterie. 12. (97 S. m. 78 Abbildgn.) Berlin 894. E. S. Mittler & Sohn. n. — 50; kart. n. — 70

Feld- u. Forst-Polizeigesetz. Vom 1. Apr. 1880.

mit Erläuterungen von:

Bülow-Sterneberg. 3. Aufl. Berlin 883. 2 —
Daude. 3. Aufl. Berl. 885. 2 —
Fry. Limburg 880. 1 —
Günther. Breslau 880. 3 —
Hasford. Königsberg 884. 1 —
Höinghaus. Berlin 880.
Rotering Textm. Anm. Berl. 892.
– – Kommentar. Berlin 887.
Stahl u. Mücke. Berlin 880.
Zander. 2. Aufl. Leipz. 881.

— — dasselbe. Forstdiebstahlsgesetz. Vom 15. Apr. 1878. Mit Anmerkungen u. ausführlichem Sachregister. 16. (III, 141 S.) Berlin 880. v. Decker. cart. n. 1. 60

Feld- und Forstpolizeigesetz. Vom 1. April 1880. Mit Sachregister. 2. unveränd. Aufl. gr. 8. (30 S.) Berlin 880, C. Heymann's Verlag.

— — dasselbe. gr. 8. (32 S.) Berlin 880. Springer. n. — 40

— — dasselbe. 12. (32 S.) Breslau 880. Kern's Verl. — 30

—— —— dass. — gr. 8. (24 S.) Neuwied 880, Strüder'sche Buchh.

—— —— dass. — Mit den Ausführungsbestimmungen und einem Sachregister. 4. verm. Aufl. gr. 8. (40 S.) Berlin 881, C. Heymann's Verlag.

— — dasselbe. Mit den Ausführungsbestimmungen u. e. Sachregister. 5. Aufl. gr. 8. (40 S.) Berlin 881. C. Heymann's Verl. n. — 50

—— —— dass. — Gesetz, betr. den Forstdiebstahl vom 15. April 1878. 1.—7. Aufl. gr. 8. (32 S.) Berlin 881—84, Burmester und Stempell.

Feld- u. Forstpolizei-Gesetz, das, vom 1. April 1880. Gesetz, betr. den Forstdiebstahl vom 15. April 1878. gr. 8. (32 S.) Berlin 882. Burmester & Stempell. — 25

Feld- und Forstpolizei-Gesetz, das, vom 1. April 1880. Gesetz betreffend den Forstdiebstahl vom 15. April 1878. 9.—18. Aufl. gr. 8. (32 S.) Berlin 885—88, Burmester und Stempell.

—— dass. — Mit Sachregister. 2. Aufl. 12. (31 S.) Breslau 885, Kern's Verlag.

—— dass. — Mit poln. Uebersetzung von Benedykt Michatek. 8. (53 S.) Oppeln 886, Franck. *

Feld- u. Forstpolizei-Gesetz, das, vom 1. April 1880. Gesetz betr. den Forstdiebstahl vom 15. Apr. 1878. 14. Aufl. gr. 8. (32 S.) Berlin 886. Burmester & Stempell. — 25

Feld- u. Forst-Polizei-Gesetz, das. Gesetz vom 1. Apr. 1880. [11. Aufl.] 8. (31 S.) Czarnikau 890. Düring. n. — 15

Feld- u. Forst-Polizeigesetz. Vom 1. April 1880. — Forstdiebstahlsgesetz. Vom 15. April 1878. (Neudr.) 16. (50 S.) Berl. 892, v. Decker. * — 40

[F.] Das Feld- und Forstpolizei-Gesetz v. 1. April 1880 m. Erläut. hrsg. v. K[arl] Frh. v. Bülow, Reichsgerichtsr., u. F[ranz] Sterneberg, ... Ministerialdir. 4. verm. Aufl. *Berlin: J. Springer 1895.* (3 Bl., 182 S.) 1 Bd 8.

= Forst- u. Jagd-Gesetze, Die preussischen, m. Erläut. Bd III. [94. 167

Das Feld- und Forstpolizeigesetz vom 1. April 1880. Mit Erl. von Dr. P[aul] Daude, Geh. Reg.R. 4., verm. Aufl. *Berlin: H. W. Müller 1900.* (VIII, 212 S.) 8° [F.] [00. 3507

Feld- u. Forst-Polizei-Gesetz. Vom 1. IV. 1880. Mit Sachregister. (Preußische Gesetze.) 8. Aufl. (31 S.) 12. Breslau 904. J. U. Kern. n. — 30

Das Feld- und Forstpolizeigesetz. Vom 1. April 1880. Mit Kommentar von F[ritz] Rotering, Landger.Dir. 2. durchges. Aufl. Berlin: F. Siemenroth 1908. (106 S.) 8° [F.] [08. 7670

—— —— dass. — und das Gesetz betr. den Forstdiebstahl vom 15. April 1878, nebst der Verordnung vom 30. Juni 1839, betr. die Kontrole der Hölzer, welche unverarbeitet transportirt werden, und der vorläufigen Verordnung über die Ausübung der Waldstreu-Berechtigung vom 5. März 1843, soweit sie in Kraft geblieben ist, nebst der allgemeinen Verfügung, betr. die Aufstellung und die Einreichung der Forstdiebstahlsverzeichnisse vom 29. Juli 1879. Mit vielen Anmerkungen und Ergänzungen, sowie mit einem Sachregister versehene Ausg. 12. (75 S.) Neuwied 880, Heuser's Verlag. cart.

— — dasselbe u. das Gesetz betr. den Forstdiebstahl vom 15. Apr. 1878, nebst der Verordnung vom 30. Juni 1839, betr. die Kontrole der Hölzer, welche unverarb. transportirt werden u. der vorläufigen Verordnung üb. die Ausübung der Waldstreu-Berechtigung v. 5. März 1843, soweit sie in Kraft geblieben ist, nebst der allgem. Verfügung, betr. die Aufstellung u. die Einreichung der Forstdiebstahlsverzeichnisse vom 29. Juli 1879. Mit viel. Anmerkungen u. Ergänzungen, sowie mit einem Sachregister versch. Ausg. 12. (75 S.) Neuwied 881. Heuser's Verl. cart. — 80

Das Feld- und Forst-Polizei-Gesetz vom 1. April 1880 u. d. Gesetz, betr. d. Forstdiebstahl v. 15. Apr. 1878. Mit Erl. u. d. Bestimmungen über Uniformierung ... sowie Anzeigen-Muster von F. Retzlaff, Polizei-Insp. a. D. (Recklinghausen): Selbstverl. [1905]. (63 S.) 8° [F.] [06. 13386

Feldpolizeigesetz

— vom 6. März 1894 f. das Fürstenth. Lippe. Mit ausführl. Register. 8. (31 S.) Detmold 894. Hinrichs. — 50

Feld- und Forstpolizeigesetz, das neue. 8. (31 S.) Landsberg a. W. 880, Volger und Klein. *

—— —— dass. — 12. (54 S.) Trier 880, Lintz'sche Buchh. *

—— —— preußisches, vom 1. April 1880. Gesetzliche Text-Ausg. für Jedermann. Als Anhang ist beigegeben: Das preuß. Forstdiebstahlsgesetz vom 15. April 1878, die Verordnung vom 5. März 1843 über die Waldstreuberechtigung, die Verordnung vom 30. Juni 1839 über die Kontrole der Hölzer, welche unbearbeitet transportirt werden, sowie das Gesetz vom 31. März 1837 über den Waffengebrauch der Forst- und Jagdbeamten. 1.—4 Aufl. 8. (32 S.) [Wiesbaden 880.] Frankfurt a. M., Gestewitz' Verlag. 50 Pf.; cart.

Feldpolizei-Ordnung des Kantons Freiburg. I. Buch. In-8°, 59 S. Freiburg, Druck v. L. Fragnière. 1880

— f. alle Landestheile, in denen das Allgem. Landrecht Gesetzeskraft hat, mit Ausschluß der Kreise Rees u. Duisburg. Vom 1. Nov. 1847. br. 8. (23 S.) Berlin 848, Decker. 3 ngl

— dies. 8. (23 S.) Nordhausen 847, Büchting. 3 ngl

— dies. mit Bemerkgn. praktischer Juristen u. Landwirthe hrsg. 8. (30 S.) Eisleben 848, Reichardt. 1/6 ß

— dies. 12. (21 S.) Minden 848, Eßmann. n. 2 ngl

— dies. 12. (30 S.) Neisse 848, Müller. 1/12 ß

— dies. gr. 8. (16 S.) Quedlinburg 848, Basse. 1/12 ß

Feldpolizei-Ordnung, die, für alle königl. preuß. Landestheile in denen das allgem. Landrecht Gesetzeskraft hat, mit Ausschluß der Kreise Rees und Duisburg vom 1. Novbr. 1847 nebst den dieselben erläut. und ergänz. Bestimmungen etc., bearb. für Polizeibeamte, Einzelrichter und Landwirthe von einem prakt. Polizeibeamten. 8. (34 S.) Herzberg 851, J. C. B. Mohr. *

Feldpolizei-Ordnung vom 1. Novbr. 1847. gr. 16. (18 S.) Breslau 852, Kern. 1½ ngl

—— vom 1. Novbr. 1847, nebst den dieselbe abändernden und ergänzenden Gesetzen und der Instruktion des Justiz-Ministers etc. vom 1. Juli 1856. Amtl. Ausg. gr. 8. (31 S.) Berlin 856, Deckersche geheime Ober-Hofbuchdr.

Feldpolizei-Ordnung vom 1. Novbr. 1857; nebst dem Gesetz, betreffend die Abänderung der §§ 41 bis 46, vom 13. April 1856. gr. 16. (22 S.) Breslau 858. Kern.

—— dass. — mit den Abänderungen vom 13. April 1856, der Ministerial-Instruction vom 1. Juli 1856 und den landrechtl. Bestimmungen über Pfändungen, Jagd-Polizeigesetz vom 7. März 1850. gr. 16. (44 S.) Brandenburg 861, Müller.

Feldpolizei-Ordnung vom 1. Novbr. 1847; nebst dem Gesetz, betr. die Abänderung der §§ 41 bis 46, vom 13. April 1856. (3. Aufl. 1863. und 4. Aufl.) gr. 16. (22 S.) Breslau 868, Kern.

—— für das Fürstenthum Schwarzburg-Sondershausen. Vom 1. April 1854. 8. (47 S.) Sondershausen 854, Eupel's Verlag.

Aus: Gesetzsammlung für das Fürstenthum Schwarzburg-Sondershausen J. 1854, besonders abgedruckt.

Feldpolizeistrafgesetz. Vom 9. Juli 1888. 8. (24 S.) Straßburg 888, Straßburger Druckerei und Verlags-Anstalt. cart. *

—— dass. — Deutscher Text mit französ. Übersetzung und Anmerkungen. — Code pénal rural du 9. Juillet 1883. Texte allemand avec traduction française et annotations. — Nach amtlichen Quellen bearb. 12. (88 S.) Straßburg 888, Trübner. cart. *

—— dass. — Deutsche Ausg. [ohne Uebersetzung]. 12. (45 S.) Ebendas. 888. *

Feldpolizeistrafgesetz. Vom 9. Juli 1888. 2. Aufl. 8. (24 S.) Straßb. 889, Straßburger Druckerei u. Verlagsanstalt. cart. * — 60

Das **Feldpolizeistrafgesetz** für Elsaß-Lothringen vom 9. Juli 1888. Erl. von Dr. A[loys] Stieve, Gerichtsass. Straßburg: K. J. Trübner 1907. (VIII, 100, 8 S.) 8° [F.]

Feldpost, s. a. Dito u. Idem.

Feldpost. Roman von Dito und Idem (Königin Elisabeth von Rumänien und Mite Kremnitz). 1.—3. Aufl. [1.—3. Tausend.] 8. (432 S.) Bonn 886,87, Strauß. * geb. *

Feldpost, Die Norddeutsche, während des Krieges mit Frankreich in den Jahren 1870—71. Mit 1 Karte. Berlin 1871. 4.

Feldpostbriefe eines vermissten ehemaligen Afraners aus dem Kriege 1870... Leipzig 1893. V: *Türk, Friedrich Adolph.* (Berl)

Feldpostbriefe aus Bosnien... Wien [1878]. V: *Neidl, Julius.* (KB)

Feldpostbriefe aus Bosnien. Von einem 27er Jäger. 8. (40 S.) Wien 878, Neidl. *

—— aus Bosnien und der Herzegowina von Sebast. Stöpsel, Reservist des 28. Jägerbataillons, früher als Kellner bedienstet, an seinen Freund und Collegen Ant. Kletzenbauer, Kellner in Linz. gr. 16. (47 S.) Urfahr-Linz 879, Kraußlich.

Feldpost-Briefe im Kriege gegen Frankreich, zur Wiederherstellung von Deutschlands Unabhängigkeit 1870. Auszüge, Gedichte, Bilder, Landkarten ꝛc. von einem Bürger Hamburg's an Alle, die es angeht! gr. 8. (64 S. mit 1 Chromolithogr. und 2 chromolithogr. Karten.) München 871, (Fritsch.) **

Feldpost-Dienstordnung. Berlin 1873.
1880: Ausführungs-Bestimmungen hiezu.
2. Aufl.

Feldpost-Dienstordnung (Preuß.). Mit Bemerk. u. Anlagen f. d. Gebrauch i. d. bayer. Armee. München 1873—1880.

Feldpost-Dienstordnung. Abgeänderte Anlagen zur — München 1876. 8.

— — Ausführungsbestimmungen zur — für das Königreich Bayern. München 1876. 8.

Feldpost-Dienstordng v. 12. 6. 1889. Hierzu Ausführgsbest. Berl. 1889. 2 Bde.

Feldpost-Dienstordnung. (Fp. D. O.) Vom 30. IV. 1907. (D. V. E. Nr. 161.) (VIII, 85 S.) 8. Berlin 907. (E. S. Mittler & Sohn.) Kart. — 60

Feldpostkarte v. 18. November, 10. Dezember 1870 und 18. Januar 1871. Berlin. Je 1 Bl. c. 1.

Feld-Post-Karte des Occupations-Gebiets nach dem Stande vom 16. November 1871. Berlin. 1 Bl. 1.

Feldpost-Verordnung. (Vom 15. Juni 1901.) 8 S. 8. [Bern, Stämpfli & Cie.,] 1901.

Feldpost-Vorschriften f. den Postbetriebsdienst. — Fp. V. — (Auszug aus der Feldpost-Dienstordng. — Fp. D. O. — u. d. Ausführungs-Bestimmgn. — A. B. z. Fp. D. O. —. (VIII, 70 S.) Ebd. 907. Kart. — 50

Feldpredigermagazin für die, welche jetzt Feldprediger sind, ehemals waren, und künftig werden wollen . . . Stendal 1793—94. H: *Küster, Carl Daniel.* (MGT) (Adel) »1793—97« (winer)

Feld-Prediger-Magazin, (herausgeg. von K. Dn. Küster u. A.) 3 Thle. gr. 8. Stend. 793—97. Franzen u. Gr. 2 ₰ 6 gl

(Probeheft.) Feldpredigten für den praktischen Landmann vom „Angler Feldprediger" der „Flensburger Norddeutschen Zeitung". Flensburg. 1870. 8° [Umschlagt.]

Landwirthschaftliche Feldpredigten vom „Angler Feldprediger" der „Flensburger Norddeutschen Zeitung". H. 1—7. Flensburg. o. J. 8° [Umschlagt.]

Feldpredigten, landwirthschaftliche, vom „Angler Feldprediger" der Flensburger Norddeutschen Zeitung. 1.—5. Heft. 16. (1. Bd. 288 S.; 2. Bd. S. 1—192.) Flensburg 873—75, Expedition der Flensburger Norddeutschen Zeitung. à Heft * 30 Pf. *

Feld- u. Garten-Produkte, über, 2 Thle. (v. H. C. Moser). 8. Leipz. 791 u. 94. (W. Vogel). 1 ₰ 2 gl

Feld-, Saat-, Düngung-, Pflügart-, Erndte ꝛc. Register f. das ganze Jahr. gr. Fol. Leipz., Exp. f. Litt. Dass. für 1 Monat. gr. Fol. Ebd. 20 gl

Feld-Reglement für die königl. sächsischen Truppen. I. Th. Verwaltungs-Angelegenheiten. 8. Dresden 1848.

Feldröntgenwagen-Vorschrift. (F. R. V.) vom 20. II. 1909. (D. V. E. Nr. 379.) (X, 244 S. m. 39 Taf.) 8. Berlin 909. E. S. Mittler & Sohn. 2.50; kart. 2. 80

Feldröschen für den Kranz des Frohsinns, in Erzählungen mit e. lithogr. Ansicht von Frauenberg. 12. Prag 821. ... 20 gl

Feldrosen, in Erzählungen von K. G. Prätzel. 2 Bdchn. 8. Leipzig, Hinrichs. 819.

Feldruf. Stuttgart 1861. V: *Güntherl, Julius.* (Tübz 18, 35)

Feldruf. Patriotische Lieder eines deutschen Officiers. Stuttgart 861. Fischhaber. 16. (62 S.) 10 ngr.

Feldschutzgesetz. Gesetz vom 28. März 1875, Landesgesetzblatt Nr. 22, X. Stück, S. 25, wirksam für das Herzogth. Kärnten, betr. den Schutz des Feldgutes. gr. 8. (16 S.) Klagenfurt 877, Bertschinger und Heyn. *

Feldschwamm, Freyherr von, ein komischer Roman. Berlin 1788. V: *Schulz, Joachim Christoph Frdr.* (Ky) (R-N)

v. Feldschwamm, Freiherr; ein kom. Roman, (v. Fr. Schulz). 8. Berl. 788. Kunze. 12 gl

Feldschwamm, Freyherr von, ein komischer Roman, 8. Berlin, 791. Kunze. 15 sgl.

Feldsegen z. Gebrauch b. gewöhnlichen Antlaß-Prozession. 8. Landsh. Weber. 794.

Feldsoldat, der, als Referent interessanter Lehr- u. Erfahrungssätze aus d. Kriegskunst, insbesond. a. d. Artilleriewissenschaft; u. wissenswerther Begebenheiten a. d. Kriegsgeschichte. Nebst gelegentl. Betrachtn. üb. einige folgenschwere Erscheinungen am polit. Himmel uns. Zeit. Ein Taschenb. f. Deutschlands Landwehroffiziere u. gebild. Zeitungsleser. 2 Bde. M. 4 Tab., u. 2 Stnt. (in qu. Fol.) gr. 12. ($26^1/_4$ B. incl. Tab.) Fürth 833. (Nürnberg, Riegel u. Wießner.)

Feldstein, Georg. a. Rußland: Prostatatuberkulose und ihre chirurgische Behandlung. Berlin (1908): A. Knickmeyer. (27 S.) 8°

Berlin, Med. Fak., Ref. Hildebrand, Diss. v. 30. Juni 1908

[Geb. 7. Jan. 81 Kischinew; Wohnort: Berlin; Staatsangeh.: Rußland; Vorbildung: Gymn. Kischinew Reife M. 01; Studium: Berlin 10 S.; Rig. 22. Juni 08.]

Feldstrafgesetz für das Großherzogthum Hessen. gr. 8. Darmstadt 841. (Leske.) n. $^1/_6$ ℛ

Feldstrafgesetz, das, f. das Großherzogth. Hessen u. die Instruction f. die Feldschützen, auf Veranlaßg. d. großherzogl. Ministeriums des Innern u. der Justiz hrsg. u. m. einigen durch neuere Gesetze u. Verordngn. bedingten Zusätzen u. Anmerkgn. versehen v. dem Secretariat des großh. Ministeriums des Innern u. der Justiz, Section f. Justizverwaltg. gr. 8. (IV, 66 S.) Darmstadt 887. (G. Jonghaus.) n.n. — 60

Feldstrafgesetz, nebst der Instruction f. die Feldschützen, mit ein. historischen Notiz, ein. Uibersicht d. landständ. Verhandlgn. u. ein. alphabet. Register. — Mit Ermächtig. d. großhrzgl. Ministeriums d. Innern u. d. Justiz abgedruckt. gr. 8. ($4^1/_2$ B.) Mainz 842, Kirchheim, Schott u. Thielmann. Thlr. *

Feldt, A. F., immerwährender Geschäfts-Kalender für jeden Feld- und Gartenbesitzer, Obst-, Wein- und Hopfenbautreibenden ꝛc. In tabellarischer Ueberſicht nach den neuesten Erfahrungen und festgestellten Grundsätzen bearb. und hrsg. gr. 4. (28 S.) Neubrandenburg 862, (Krüger.) *

Geschichte des Infanterie-Regiments Freiherr v. Sparr ⟨3. Westfälisches⟩ Nr. 16. Auf Grund der im J. 1880 von Offizieren d. Regts hrsg. Geschichte im Auftr. d. Regts neubearb. u. vervollst. von **Feldt** ⟨Hans⟩, Oberlt. Berlin-Schöneberg: Meisenbach, Riffarth & Co. in Komm 1905. (X, 532 S.) 8° [F.] (06. 5616

Feldt, J. F., über die Kreis-Schullehrer-Wittwen-Kassen des Frankfurter Regierungs-Bezirks. Crossen 853. Range in Comm. (Ehrlich u. Co.) 12. (31 S.) n. 5 ngr.

Feldt, Lorenz

Feldt, L., Dr., Beobachtung eines Nordlichts am 7. Febr. 1855.

Feldt, L. De Gaussii formula Paschali. Brunsbergae 1852. 4.

Feldt, Laur., Dr., Formulae conditionalis Gaussianae de lineis in superficie curva brevissimis evolutio. Brunsbergae 1844.

Feldt, Lorenz: De F u l m i n i b u s cum tonitribus.
2 Tle. Braunsberg 1863/64.
Schul-/Univ.-Schrift.

Feldt, L., Dr., De transitu nonnullarum stellarum fundamentalium per primum circulum verticalem tabula. Adjectae adhuc sunt de electricis in atmosphaera phenomenis i. e. de fulminibus cum tonitribus observationes.
(Im Index lectionum in Lyceo Regio Hosiano Brunsbergensi per hiemem anni MDCCCXLIV—XLV a die XII Octobris instituendarum).
Brunsbergae 1844.

Feldt, Vict., der Kohlensäuregehalt der Luft in Dorpat, bestimmt in den Monaten Februar bis Mai 1887. Inaugural-Dissertation. gr. 8. (48 S.) Dorpat 887, (Karow.) *

Ostpreußische Grünlandsmoore. Gemeinverständl. dargest. von Dr. [Waldemar] **Feldt**, Königsberg i. Pr. (Königsberg i. Pr.: [aufgestempelt: Gräfe & Unzer] 1905.) (31 S.) 8° [F.] (05. 13400 10

Feldt, Woldemar [aus Libau in Kurl.]: Über das Verhalten von Hydroxylamin zu einigen Metallsalzen ... Berlin, Buchdr. v. J. Becker, 1893; 47 S. 8.
Berlin, Phil. Fak., Inaug.-Diss. v. 20. Dez. 1893

Feldt, Wold., üb. das Verhalten v. Hydroxylamin zu einigen Metallsalzen. Diss. gr. 8. (46 S.) Berlin 893. (J. L. V. Laverrenz.) n. 1.50

Feld-Taschenbuch. Eine Sammlung militär. Notizen und Croquis, Grundsätze, Anordnungen und Verhaltungsmassregeln aus dem Gebiete der Feldbefestigung, des Vorposten- und Marschsicherungs-Dienstes, des Truppentransportes auf Eisenbahnen und der Diätetik sowie aus der Gefechtslehre des kleinen Krieges. 16. (VI und 74 S. mit 12 Stnt. in Farbendr. in 4.) Nürnberg 863, Lotzbeck. geb. *

Feld-Taschenbuch für Genie- und Pionier-Offiziere. Verf. von mehreren Offizieren der k. k. Genie-Waffe und des k. k. Pionier-Regiments. 12. (XXIV, 541 S. mit 172 lithogr. Plan-Taf. und mehreren Text-Fig.) Wien 881, (v. Waldheim.) * ℳ 12.; geb. *

Feld-Taschenbuch f. Officiere des Geniestabes u. der Pionnier-Truppe. 4 Hfte. 12. Wien 902. (L. W. Seidel & Sohn.) In Leinw.-Mappe u.n. 10.—
1. Organisatorische u. militärdienstl. Angaben. (VII, 154 S. m. Fig.) — 2. Erd-, Bekleidungs- u. Zimmermannsarbeiten; Strassen-, Eisenbahn-, Telegraphen- u. Telephon-Bau; Lagerarbeiten; Befestigung; Festungskrieg; Sprengarbeiten. (XV, 574 S. m. Fig.) — 3. Pionnier-Wasserdienst. (III, 121 S. m. Fig.) — 4. Technische Notizen. (59 S. m. Fig.)

Feldtaschenbuch für den Sanitätsdienst im Kriege. II. Heft. Sanitäts-operativer und sanitäts-taktischer Dienst. I. [Militärärztliche Publikationen. Nr. 117.] 8°. (154 S.) K 3.—
Wien: Safar 1908

Das Feldtelegraphen-Netz in Schleswig-Holstein während des Feldzuges 1864. 1 Bl. Berlin.

Feld-Telegraphen-Reglement für die Königlich Hannoversche Armee. Hannover 862. Helwing. 12. (IV, 56 S. u. 2 lith. Taf. in 4.) n. 10 ngr.

Feldtelegraphen-Verordnung. ⟨Vom 15. Juni 1901.⟩ 8 S. 8. [Bern, Stämpfli & Cie.,] 1901.

Feldtenstein, C. J. von [Pseud.], s.a. S e i l e r, G.

Feldtenstein, C. J. († 1784.) Erweiterung d. Kunst, nach der Choreographie zu tanzen, Tänze zu erfinden ꝛc., mit Kpf. 8. Braunschw. 776. Schulbuchh. 1 ℛ

Feldtmann, Ed., Anthropologie u. Gesundheitslehre z. Benutzung in Schule u. Haus. gr. 8. (IV, 75 S. m. 40 Abbildgn.) Berlin (902). Gerdes & Hödel. n. 1.—

— Geschichte Hamburgs u. Altonas. Mit e. Beitrag von H. Busch, e. Titelzeichng. von O. Schwindrazheim, 20 Abbildgn. u. 3 Karten. gr. 8. (VIII, 255 S.) Hamburg (Bornstr. 32) 902. Selbstverlag. — (Leipzig, H. Haessel, Comm.-Geschäft.) Kart. n. 3.—

Feldtmann, Ed., der Naturfreund im Walde. Charakterbilder aus der heim. Tier- u. Pflanzenwelt f. Freunde der Natur, sowie f. die reifere Jugend zum Gebrauch in Haus u. Schule dargestellt. (Neue [Titel-]Ausg. v. „Der Wald".) (XI, 326 S. m. Abbildgn. u. 6 Taf.) gr. 8. Ravensburg [900] (904). O. Maier. n. 4.80; geb. in Halbleinw. n. 5.50

— der Wald. Für Freunde der Natur, sowie f. die reifere Jugend zum Gebrauch in Haus u. Schule dargestellt. (Charakterbilder aus der heim. Tier- u. Pflanzenwelt.) gr. 8. (XI, 326 S. m. Abbildgn.) Ravensburg (900). O. Maier. n. 4.80; geb. n. 5.50; auch in 8 Lfgn. à n. — 60

Feldtmann, Levi, (Schuhmacher,) poet. Gedanken üb. d. Kriegsvorfälle u. polit. Veränderungen, welche sich im Kanton Glarus v. J. 1798 bis 1803 zugetragen haben. 8. Glarus 810.

Feldtmeyer, E. Schiller's Wallenstein und Shakespeare's Macbeth. Krotoschin, G., 1865. 10 S. 4. Progr.

Feldtrompeter, der; od. Wurst wieder Wurst. Posse in 1 Aufz. v. Hensler. 8. Wien, Wallishäußer. 798.

— der; od. Wurst wieder Wurst. Singsp. in 1 Aufz. v. Hensler. 8. Ebend.

Feldtrompeter, Der, oder Wurst wider Wurst von K. F. Hensler als Singspiel in 1 Aufzug bearbeitet. Wien 1808. V: *Perinet, Joachim.* (GGr)

Feldübungen. Praktisches Hilfsbuch für die Uebungsleiter bei Ausbildung des Soldaten im Felddienste. [Nach Waldersee's Methode.] Hrsg. von der Redact. der Militär-Zeitschrift „Die Vedette". 16. (87 S.) Wien 871, (Seidel und Sohn.) ** .

Felduniform, die graue, der deutschen Armee. 2 Hfte. Mit Abbildgn. in lith. Farbendr. (in Leporelloform) u. erläut. Text. 8. Leipzig (910). M. Ruhl. 8.—; in 1 Bd. geb. 3.50
I. Offiziersuniformen. 1—3. Aufl. (4 Taf. m. 14 S. Text.) 1.—
II. Mannschaftsuniformen. (16 Taf. m. 16 S. Text.) 2.—

Feld-Verhaltungen, Die, für die Rangstufen vom Hauptmann und Rittmeister abwärts ... Wien 1867. V: *Barrault, Sigm.* (KA)

Feldverpflegungs-Tabellen. Berlin 1900.

Feldverpflegungs-Tabellen. München 1903.

Feld-Verpflegungs-Tabellen (F. V. T.) vom 8. VIII. 1910. (D. V. E. Nr. 61.) (II, 180 u. III S.) 8. Berlin 910. E. S. Mittler & Sohn. 1.20; geb. in Leinw. 1.50

Feld-Verpflegungs-Tabellen für die Kompagnien, Eskadrons und Batterien vom 8. Aug. 1910. Berlin: Mittler 1910. 83 S. 8°
(D. V. E. Nr 61a.) [10. 1190]

Feldwörterbuch deutsch-italienisch. (III, 238 S. m. 1 Karte.) kl. 8. Wien 908. L. W. Seidel & Sohn. Geb. in Lw. 3.—

Feldwörterbuch, deutsch, polnisch, ruthenisch, russisch. Mit Angabe der Aussprache. 8. (VI, 124 S.) Wien 888, Seidel und Sohn. * 80 Pf.; geb. *

Feld-Wörterbuch für den österreichisch-russischen Kriegsschauplatz. (Mit 1 Taf.) 8. Wien 1884.

Feldzeichen und Fahnen, Die deutschen, von der Urzeit bis zur Gegenwart. Hannover 1896. V: *Knobelsdorff, Wilh. v.* (Berl)

Feldzeitung.
(5) 6. 10. 1813—29. 4. 1814 (6) 4° (7) unregelmäßig (8) Teplitz, Kommotau, Leipzig, Weimar, Eisenach, Frankfurt, Freiburg i. Br., dann Basel: Nr. 46—49, v. 16., 18., 21. und 23. 1. 1814, dann Altkirch, Langres, Chaumont, Troyes, Chaumont, Bar sur Aube, Dijon, Paris (10) Preußisches Hauptquartier (11) Hofrat Heun, dann Friedrich Lange (13) Czygan, Paul: Zur Geschichte der Tagesliteratur während der Freiheitskriege 1. Bd. (Leipzig 1911), p. 355—365; Eine Feldzeitung vor 130 Jahren. »Die Tat« 1944, Nr. 31 (14) Wien: Kriegsarchiv (15) Die Feldbuchdruckerei besorgte der Berliner Buchdrucker Gottfried Hayn (v. über ihn: Eugen Baumeister: Beiträge zur Geschichte der Berliner Buchdruckereien. Berlin 1927, besonders p. 26—35).

Feld-Zeitung. No. 2 vom 11. October 1813 bis No. 72 (Schluss) vom 29. April 1814. [Officielles Organ des Hauptquartiers des Fürsten Hardenberg unter der Redaktion von Carl Heun (pseudo. Heinr. Clausen) der als Civilbeamter die Feldzüge 1813 und 1814 im Hauptquartier mitmachte. Die einzelnen Nummern sind aus verschiedenen Städten datirt und wahrscheinlich dort auch hergestellt. Inhalt: Verordnungen, Berichte, Personal-Anzeigen, Lieder etc.]
Komotau, Frankfurt a/M., Freyburg i/B., Basel, Chaumont, Paris 1813—1814.

Feld- u. Garten-Zeitung f. Jedermann. Hrsg. v. Nefflen, Hertz u. Schmidlin. 1. Jahrg. 1834. März — December. 87 Nrn. (½ B.) Mit Titvign. gr. 4. Stuttgart, Metzler.

Feld- u. Garten-Zeitung f. Jedermann. Redig. v. Ed. Schmidlin. 2. u. 3. Jahrg. 1835 u. 36. Mit Titvign. gr. 4. Stuttgart, Metzler'sche Buchh. [835. 104 Nrn. (⅓ B.) * 1⅔ Thlr., 36. 52 Nrn. (½ B.) * 1 Thlr.] *
1. Jahrg. 1834. Ebendas. * 1 Thlr. 16 Gr.

Feldzug, s.a. Feldzüge.

Feldzug, der, e. Roman, im Fieldingischen Geschmack. 2 Thle. 8. Lpz. Fritsch. 768.

— der, ein Roman im Fieldings Geschmack. 2 Thle. 8. Leipz. 768. (Hahn. 18 Gr)

Feldzug, Abentheuerlicher und wunderbarer, eines jungen Kosakenofficiers. Hamb. 1816. V: *Müller, Heinrich August.* (Ky) (MGT)

Feldzug, abentheuerlicher und wunderbarer, eines jungen Kosakenoffiziers. 8. Quedlinburg, Basse. 817.

Feldzug, Der, von 1800; militärisch-politisch bearbeitet ... Berlin 1801. V: *Bülow, Adam Dietrich Heinrich Freih. v.* (Ky) (MGT) (BrMm)

— — von 1800 mil.-pol. betrachtet v. d. Verfasser des Geistes des neuern Kriegssystems (H. v. Bülow). Berlin 1801. 628 S.

Feldzug, der, von 1800, vom Verf. d. n. Kriegssystems (H. v. Bülow.) gr. 8. Berl. 801. Duncker u. H. 2 ℛ 12 Gr

Feldzug, Der, von 1813 bis zum Waffenstillstand. Leipzig 1813. V: *Gneisenau, Neidhart Graf von.* (Ky) (Pr) »Glatz 1813. Leipzig 1813. 1814« V: *Clausewitz, Carl von.* (MGT) (BrVV) (Pr) (Ky)

— — dasselbe (vom General-Lieut. Gneisenau.) 8. Leipz. Brockhaus. 813.

— der, von 1813, bis zum Waffenstillstand, (v. N. v. Gneisenau). 8. Leipz. 1e u. 2e Aufl. 813. Fr. Fleischer. 8 Gr

— Derselbe, (v. ... v. Clausewitz). 8. Leipz. 814. Brockhaus. 9 Gr

Feldzug, der, von achtzehnhundert u. dreizehn bis zum Waffenstillstand. Von einem Augenzeugen (General Lieutenant Gneisenau.) 8. Leipz. Benj. Fleischer. 814.

Feldzug, Der, von 1805 militairisch-politisch betrachtet ... Berlin 1806. V: *Bülow, Adam Dietrich Heinrich Freih. v.* (MGT) (Pr) (Ky) (BrMm)

— d. v. 1805 milit.-polit. betrachtet v. d. Verf. d. Geistes d. neuen Kriegssystems u. d. Feldzügen v. 1800. 2 Bde. 8. Lpz. G. Fleischer. (à 2 Rthlr. 12 gr.)

Feldzug 1815, Der. Aufmarsch, Operationspläne in grossen Verhältnissen. Hiezu Skizze 1 u. 2. Für den ausschliesslichen Gebrauch der Frequentanten der k. und k. Kriegsschule als Manuskript gedruckt. (Mit 2 Karten.) 8. Wien 1903.

Feldzug, Der, von 1859. Das Vorspiel zu den Ereignissen von 1866—70. Berlin 1871. V: *Pindter, Emil Friedrich von.* (Scheffer, die Preuss. Publizistik i. J. 1859. Berlin 1902 S. 167.) (Friedjung, Österreich von 1848—1860. Stuttg. 1908. Bd. I S. 14.)

— der, von 1859. Das Vorspiel zu den Ereignissen von 1866 bis 1870. gr. 8. (83 S.) Berlin 871, Mittler und Sohn. (*M 1,50.) *

Feldzug, Der, von 1859 in Italien, bearbeitet von einem preussischen Offfizier. Thorn 1863—65. V: *Otto.* (KA) (Scheffer, die Preuss. Publizistik i. J. 1859. Berlin 1902 S. 167.) (Pr)

— der, von 1859 in Italien, bearb. von einem preuss. Offizier. 3 Thle. gr. 8. Thorn 863—65, Lambeck.

Inhalt:
Thl. 1. Die Armeen. — Die Kriegsereignisse bis zum Schlusse des Treffens von Palestro am 31. Mai 1859. (VIII und 288 S. mit 2 lithogr. Plänen in qu. Fol.) * 1 Thlr. 20 Ngr.
" 2. Die entscheidende Krisis des Feldzugs in den Tagen vom 1. bis zum 8. Juni. (VI und 318 S. mit 3 lithogr. Plänen in qu. Fol.) * 2 Thlr.
" 3. Oesterreichischer Rückzug, neue Wendung des Feldzugs und Schlussepoche. (X und 647 S. mit 2 lithogr. Plänen in gr. Fol.) * 3 Thlr.

Feldzug 1859, Der, in Italien. Für den ausschliesslichen Gebrauch der k. und k. Kriegsschule als Manuscript gedruckt. 2., stellenweise ergänzte Ausgabe des Behelfes vom Jahre 1898. Mit 9 Skizzen. (Studienbehelf der k. und k. Kriegsschule.) (Mit 9 Karten.) 8. Wien 1901.

Feldzug 1849, Der, in Italien. Als Muster einer kühn und entschieden durchgeführten Offensive. Mit 1 Ordre de bataille und Skizzen. Für den ausschliesslichen Gebrauch der Frequentanten der k. und k. Kriegsschule als Manuskript gedruckt. (Mit 6 Karten.) 8. Wien 1904.

Feldzug 1806. Der. Überraschendes Eingreifen der Offensive zur Vernichtung des nächsten Gegners bei Unterbleiben weitgehender Aufklärung durch die Kavallerie; Schwierigkeiten der Operationen unter solchen Verhältnissen für Entscheidung und Verfolgung; völliges Ausnützen des Erfolges. Für den ausschliesslichen Gebrauch der Frequentanten der k. u. k. Kriegsschule als Manuscript gedruckt. (Mit 11 Karten.) Zum Behelf: Der Feldzug 1806. Jena und Auerstedt. Für den ausschliesslichen Gebrauch der Frequentanten der k. u. k. Kriegsschule als Manuscript gedruckt. (2 Bde.) 8. Wien 1903.

Feldzug, Der, von 1806 in Deutschland. Leipzig 1807. V: *Voigt, Bernhard Friedrich.* (Ky) (MGT)

— d. v. 1806 in Deutschland. 8. Leipzig, Friedr. Bruder. 807.

— der, vom J. 1806 in Deutschland. 8. Lpz. 807. (Lauffer). 16 gl

Feldzug 1866, Der, in Böhmen. Für den ausschliesslichen Gebrauch der Frequentanten der k. und k. Kriegsschule als Manuscript gedruckt. Neuauflage. (1 Bd. Text und 1 Mappe mit Karten.) 8. u. 4. Wien 1901.

Feldzug, der, von 1866 in Deutschland. Redig. von der kriegsgeschichtl. Abtheilung des Großen Generalstabes. 5 Hefte. Lex.-8. (XIII und 729 S. und Anlagen 56 S. mit 39 Tab. und 8 lithogr. Karten in 4., gr. 4. und gr. Fol.) Berlin 867,68, Mittler und Sohn. *

Feldzug 1866, Der, in Italien. Mit 3 Beilagen. Für den ausschliesslichen Gebrauch der k. u. k. Kriegsschule als Manuscript gedruckt. 3. Auflage. (Mit 2 Karten.) 8. Wien 1902.

Feldzug 1807, Der. Operationsstillstand und Abwehr feindlicher Angriffe während desselben; Übergang aus der Defensive in die Offensive; Verfolgung und Rückzug. Für den ausschliesslichen Gebrauch der Frequentanten der k. und k. Kriegsschule als Manuscript gedruckt. (Mit 3 Karten.) 8. Wien 1903.

Feldzug, der, 1870. Bilderbuch für Knaben. 4. (24 color. Stnt.) Ohrdruff 870, Stadermann jun. geb. *

Feldzug 1834, Der, in Russisch-Polen. Mit 8 Skizzen. Für den ausschliesslichen Gebrauch der Frequentanten der k. und k. Kriegsschule als Manuscript gedruckt. 3. durchgesehene Auflage. (Mit 13 Karten.) 8. Wien 1902.

Feldzug von 1814. Berlin 1846—50. V: *Schütz, v. & Schulz.* (Pr)

Feldzug von 1812. Berlin 1839. V: *Schütz, von & Schulz.* (Pr)

Feldzug 1812, Der, in Russland. Nach der „Skizze der an der Kriegsschule gehaltenen Vorträge des Obersten im Generalstabs-Corps Adolf von **Horsetzky** über den gleichen Feldzug". Für den ausschliesslichen Gebrauch der Frequentanten der k. u. k. Kriegsschule als Manuscript gedruckt. 8. Wien 1896.

— — (Neuer Behelf.) (Mit 11 Karten.) 8. Wien 1901.

— der alliirten Armee 1757—62, nach d. Tageb. des Feldmarschall v. Reden herausgeg. vom Obr. v. d. Osten. 1r-5r Th. 8. Hamb. Hoffmann, 804—5. (1r 1 Rthlr. 8 gr. 2r u. 5r à 1 Rthlr.)
Velinpap. (1r 2 Rthlr. 16 gr. 2r und 5r à 2 Rthlr. 4 gr.)

Feldzug, Ueber den, der deutschen und französischen Armee in Deutschland. Im Sommer und Winter des Jahres 1800. Von einem Officier der alliirten Armee. 8. 1801.

— über den, der französ. u. deutschen Armee im Sommer u. Winter 1800, (v. F. v. Varnbüler). 8. Stuttg. 801 .v. Cotta. 10 gl

Feldzug der Kaiserlich Russischen Armee von Polen in den Jahren 1813 und 1814 . . . Hamburg 1843. V: *Müffling, Frdr. Carl Ferd. Baron von.* (BrMm)

Feldzug der kaiserlich Russischen Armee von Polen in den Jahren 1813 und 1814 . . . Hamburg 1843. V: *Wedell, Leopold Heinrich von.* (KA)

Feldzug der kaiserl. russischen Armee von Polen in d. Jahren 1813 u. 1814. Von e. Augenzeugen beschrieben. Nebst authent. Beilagen. gr. 8. (10¾ B. u. 1 Tab.: Marsch-Plan aus Böhmen nach Sachsen.) Hamburg 843, Hoffmann u. Campe.

— der, der K. Preuss. Armee am Rhein 1793, s. a. Wagner, A.

— der, d. Preuß. Armee am Rhein im J. 1793. Aus d. Papieren d. Herzogs v. Braunschweig zusammengestellt von A. Wagner. Mit 1 Karte. gr. 8. Berl. 831. Reimer. 2 ℔

— der, der österreichischen Armee in Italien im J. 1848, s. a. Kriegsbegebenheiten.

Feldzug, Der, der österreichischen Armee in Italien im Jahre 1848. I.—IV. Abschnitt. (1 Bd. mit Karten.) 4. Wien 1850—1852.

— der, der österreichischen Armee in Italien im J. 1848. (Ein wortgetreuer Abdr. der offiziellen Ausg.) 4 Abschnitte. A. u. d. T.: Kriegsbegebenheiten bei der kaiserl. österreichischen Armee in Italien. 4 Abschnitte. gr. 8. Wien 854, Hölzl.

Inhalt:
Abschn. 1. Vom 18. März bis 6. Mai 1848. (IV und 176 S.) 18¼ Ngr.
- 2., 3. Vom 7. Mai bis 13. Juni 1848. (171 S.) 1 Thlr.
- 4. Im Venetianischen, im Küstenlande und auf dem adriat. Meere vom 1. April bis Ende Octbr. 1848. (155 S.) 18½ Ngr.

— dass. — im J. 1849. (Ein wortgetreuer Abdr. der offiziellen Ausg.) 3 Abschnitte. A. u. d. T.: Kriegsbegebenheiten bei der kaiserl. österreichischen Armee in Italien. 3 Abschnitte. gr. 8. Ebds. 854.

Inhalt:
Abschn. 1. Vom 20. März bis 1. April 1849. (99 S.)
- 2. In Mittel-Italien und in der Romagna im J. 1849. (109 S.)
3. Vor Venedig von Anfange Novbr. 1848 bis Ende Aug. 1849. (VI und 188 S.)

Feldzug der verbündeten Armeen gegen Frankreich. [Leipzig 1817.] V: *Leonhardi, Chn Glob.* (MGT)

Feld-Zug. Der zur trefflichsten Avantage ausgeschlagne, des 1706ten Jahrs. Nürnberg. Joh. Ernst Adelbulner. o. J. (1706). Mit 1 Tafel Porträts und 1 Tafel mit 2 Ansichten. 62 S. 4°. Kart. 25.—
Erfolge der kaiserlichen Heere unter Marlborough, Victor Amadeus und Eugen v. Savoyen, und Heinrich v. Overkerke (Nassau) 1706 in den Niederlanden, in Spanien, Flandern und Italien. Mit den Porträts der vier Feldherren und Karls III. (auf 1 Bl.) und den Ansichten von Barcelona und Roses (auf 1 Bl.).

Bonaparte's Feldzug nach Aegypten. I. Besitznehmung v. Malta. 8. Strasburg (1798). 1,50.

Feldzug, Bonapartes, nach Egypten; a. d. Franz. Paris u. Strassburg 1800. V: *Berthier, Alexandre.* (Pr)

Feldzug des Gen. Bonaparte in Italien . . . 1796—1797. A. d. Franz. v. Frey. Leipz. 1798. V: *Pommereul, François René Jean Baron de.* (Pr)

Feldzug des Generals Buonaparte in Italien 1796/97. A. d. Franz. übs. von Julius Frey. Mit Abb. u. 1 Krt. Paris 1798. 500 S.

— d. Gen. Buonaparte in Ital, 1796, 97. a. d. Fr. gr. 8. Leipz. Baumgärtner. 798.

— — dass. n. and. Uebers. m. Kupf. gr. 8. Leipz. Meysel. 798.

— s. auch Campagne.

Bonapartes ruhmvoller Feldzug in Italien 1796—1797. 8. Altona (1797). 0,75.

— des Generals Dabrowski, s. Dabrowski, Jh. Hnr.

—— des Generals Joh. Heinr. Dabrowski nach Grosspolen. Als Beitrag z. Geschichte d. poln. Revolution 1794 von ihm selbst beschrieb. Aus der poln. Bearbeitg. d. Eduard Raczynski ins Deutsche übers. durch v. Kreckert I. Nebst 1 Karte v. Grosspolen. gr. 8. (7½ B.) Berlin 845. (Mittler, Verl.) *

—— der deutsche, gegen Frankreich unter dem Könige Wilhelm. Ein Beitrag zur Kriegsgeschichte der Gegenwart von einem preußischen Stabsoffizier. 1. und 2. Thl. gr. 8. Berlin, Janke. *

Inhalt:

Thl. 1. Die Ereignisse bis zum 8. Aug. 1870. (VIII, S. 1—183 mit 3 Beilagen und 4 lithogr. Karten in qu. und gr. 4.) 871. *M 3.

Thl. 2. Die Ereignisse vom 8. August bis zur Einschließung von Metz. (VII, S. 184—443 mit 3 Beilagen und 3 lithogr. Karten in qu. Fol.) 872. *M 4.

Feldzug, Auch etwas über den, in Deutschland, im Jahre 1796. 8. Leipzig 1817.

Feldzug, der, Deutschlands gegen Rußland und Frankreich in den J. 1880—81. Geschrieben 1931 zum 50. Gedenktag der Schlacht bei Warschau. 8. (16 S.) Berlin 880, (Steinitz und Fischer.)

Ueber den Feldzug in Deutschland 1778. A. d. Tagebuche e. Offiziers. (45.) 8. Frankfurt u. Leipzig 1779.

Feldzug, Der erste, im 4ten Preussischen Kriege. Wien 1779. V; *Bourscheid, J. W. v.* (weber)

— über den ersten, des Russischen Kriegsheeres gegen die Preußen 1757. 8. Riga 794. Hartknoch in Leipz. 20 Gr.

Feldzug, Der, des k. preussischen Generals H. A. Baron de la Motte Fonqué in Schlesien 1760 . . . Cassel 1862. V: *Sodenstern, E. von.* (KA) (Pr)

—— der, des königl. Preussischen Generals der Infanterie Heinr. Aug. Baron de la Motte Fouqué in Schlesien 1760. Nach den besten Quellen zusammengestellt und bearb. von E. v. St. gr. 8. (XI und 179 S. mit 2 lithogr. Plänen in qu. 4. und gr. Fol.) Cassel 862, Freyschmidt. *

Feldzug, Der, in Frankreich 1870 bis zur Schlacht bei Sedan. (Mit 9 Skizzen.) Für den ausschliesslichen Gebrauch der k. u. k. Kriegsschule als Manuscript gedruckt. 2. unveränderte Auflage. (Mit 10 Karten.) (Studienbehelf der k. und k. Kriegsschule.) 8. Wien 1899.

Feldzug, Der, in Frankreich 1870 bis zur Schlacht bei Sedan. (Mit 10 Skizzen.) 3. Auflage. — Anhang 1 und 2. Auszug aus: „Studien zur Kriegsgeschichte und Taktik.“ Berlin 1901. (2 Bde.) 8. Wien 1903.

Feldzug, Der, Frankreichs und seiner Verbündeten gegen Oesterreich, im Jahre 1809. Eine historische Uebersicht der Kriegsereignisse in Deutschland, Ungarn, Italien und Polen. Von einem unbefangenen Beobachter. 8. Meissen 1810.

— Frankreichs u. s. Verbündeten gegen Oestreich im Jahre 1809. 8. Meißen, Gödsche. 810.

W., Officier beim Generalstab. Feldzug der Franzosen in Italien im Jahre 1800 unter Anführung der Generale Bonaparte und Berthier. Mit Portrait, militärischen Karten, Märschen und Stellungen der Armeen, Demarcations-Linien, Planen der Angriffe und Schlachten, besonders der Bataille bey Marengo; alles mit historischen und kritischen Anmerkungen, und mit einer vorhergehenden Erzählung des Uebergangs der französischen Reservearmee über die Alpen begleitet von ..... Als eine Fortsetzung des Feldzuges der Russen und Oesterreicher in Italien im Jahre 1799. 4. Leipzig 1801.

— der Franzosen in Italien im J. 1800 rc. m. Chart. und Pl. gr. 4. Leipz. Hinrichs. 801.

Feldzug der vereinigten Franzosen und Nordamerikaner in Virginien im Jahre 1781. nebst einer Karte des Kriegstheaters und Sieben Original Beylagen Wien: Trattner. [1782 ?]. 122 S. 8°.
Boston Atheneum
Baginsky 708. Palmer.

Feldzug, der französische, nach Italien im J. 1849. Von einem Offizier des Generalstabes. gr. 8. (VI und 91 S. mit 2 lithogr. Plänen in Fol. und 1 Tab. in qu. 4.) Freiburg im Br. 853, Wangler.

Feldzug, Garibaldi's, in beiden Sicilien. Bericht eines Augenzeugen. Aus dem Engl. von J. Seybt. Neue Ausg. Leipzig 1865. V: *Forbes, Charles.* (Russell VII, 2, 722)

Feldzug, geistlicher, der Katholiken. Vom Verf. der „Eisenbahn zum Himmel“. 4. Aufl. 8. (33 S.) Sigmaringen 886, (Tappen.) *

Feldzug der Hanseaten 1813 u. 14 od. authent. Geschichte der von Hamburg, Lübeck u. Bremen errichteten Legion. 8. Hamburg 1815.

Feldzug der Hanseaten in den Jahren 1813 und 1814 . . . Hamb. 1815. V: *Boye, Philipp.* (Schr)

— ein, gegen das Heidenthum der jetzigen Zeit. Herzberg 854. (Großenhain,) Mohr in Comm. gr. 8. (32 S.) n. 5 Ngr

—— ein, gegen das Heidenthum der jetzigen Zeit. gr. 8. (32 S.) Herzberg 854. [Wittenberg,] (Mohr.) *

Feldzug, Der, des Jahres 1809 in Süddeutschland. Wien 1862—63. V: *Heller v. Hellwald, Frdr.* (ADB 18, 609)

Feldzug, der, des Jahres 1809 in Süddeutschland. Nach österreichischen Originalquellen. Bd. 2. Wien 1864.

d. Feldzug des 1758er Jahres od. Tagebuch von d. k. k. Armee. Warschau 1758.

— über den, im Jahre 1778. gr. 8. Frankfurt, Kraus. 780.

Feldzug, Der, gegen die badisch-pfälzische Insurrection im Jahre 1849 . . . Darmstadt 1850. V: *Pabst, Chn.* (Ky)

Feldzug, der, gegen die badisch-pfälzische Insurrection im J. 1849, mit besond. Beziehung auf das Neckarcorps, namentlich die großh. hess. Armeedivision. Nach authent. Quellen, mit geschichtl. Darstellung der pfälzisch-bad. Revolution, bearb. von einem ehemal. Offizier als Augenzeugen. gr. 8. (VI und 418 S. mit einer lithogr. Uebersichtskarte des Kriegsschauplatzes in Fol.) Darmstadt 850, Pabst. *

—— der, in Italien 1859. gr. 8. (219 S. mit 5 lithogr. Schlachtplänen in gr. 8. und 4. und 4 Tab. in gr. 8., gr. 4. und gr. Fol.) Leipzig 867, O. Wigand. *

Feldzug, der, in Italien 1796, 97, s. Geschichte, allgem., der Kriege der Franzosen und ihrer Alliirten. 27s u. 28s Bdchn.

Der italienische Feldzug von 1859 und Napoleon III. als Heerführer. (Aus:) „Schweizerische Monatsschrift für Officiere aller Waffen." 14. Jahrg. Oktober-December Heft. (Mit 3 Karten.) 8. Frauenfeld 1902.

Feldzug, Der italienische, des Jahres 1859. Redigiert von der historischen Abtheilung des Generalstabes . . . Berlin 1862. 2. Aufl. 1863. 3. Aufl. 1870. MV: *Moltke, Helmuth Carl Bernhard Gräf.* (Scheffer, die Preuss. Publizistik i. J. 1859. Berlin 1902. S. 166.)

Der italienische Feldzug des Jahres 1859. Redigiert von der historischen Abtheilung des Generalstabes der Kgl. Preuß. Armee. Berlin 1862. 8°. (Bh. z. M. W. B.)
Dass. 2. Aufl. 1863.
Dass. franz. u. d. T.: La campagne d'Italie en 1859. Berlin 1862.

— der italienische, des Jahres 1859. Redig. von der historischen Abtheilung des Generalstabes der Königl. Preuß. Armee. Mit 6 (lith.) Plänen u. 7 Beilagen (in 4. u. Fol.) 862. (IV, 172 S.) n. 1 ⁄ 3½ ngr. — 2., verm. Aufl. Berlin 863. Mittler & Sohn. gr. 8. (VI, 186 S.) 1 ⁄ 24 ngr.

—— der italienische, des J. 1859. Redig. von der histor. Abtheilung des Generalstabes der königl. preuß. Armee. 3. Aufl. gr. 8. (VI, 186 S. mit 5 lithogr. Plänen in 4. und Fol. und 7 Beilagen auf 4 Tab. in 8., 4. und qu. Fol.) Berlin 870, Mittler und Sohn. *

— des Königs. 2 Thle. 8. Hannov. 764. Richter. 8 gl.

Feldzug und Sieg, K. Constantin I. Salzburg o. J. V: *Drümel, Johann Heinrich.* (Hr)

Feldzug, Der, des Corps des Generals Grafen Ludwig von Wallmoden-Gimborn . . . in den Jahren 1813 u. 1814. Altenb. 1848. H: *Pierer, H. A.* (JStBbII)

— der, des Corps des Generals Grafen Ludwig v. Wallmoden-Gimborn an der Nieder-Elbe u. in Belgien, in den J. 1813 u. 1814. gr. 8. (VI u. 76 S.) Altenburg 848, Pierer. 12 ngl.

— der, in der Krim 1854 von der Landung der Verbündeten bis zur Schlacht von Inkerman dargestellt in einer Sammlung von fast ausschließlich officiellen Berichten beider kämpfenden Parteien. (1. Heft.) Leipzig 855. Herbig. 8. (160 S.) 20 ngl.

Feldzug, der, in der Krim 1854—55 dargestellt in einer Sammlung von fast ausschließlich officiellen Berichten beider kämpfenden Parteien. 2. und 3. Heft. 8. (XVII und 302 S. mit 2 lithogr. Planskizzen der Stürme vom 7. und 18. Juni.) Leipzig 855, Herbig. à Heft 20 Ngr. Thlr.

—— dass. — 4. (letztes) Heft. Enthaltend die Monate Juli, Aug. und Septbr. 1855 bis zur Erstürmung Sebastopols. 8. (XI und 207 S. mit 2 lithogr. Planskizzen der Schlacht an der Tschernaja und der Erstürmung Sebastopols in 4.) Ebds. 855.

Der Feldzug in der Krim. (1—3.) Leipzig 1855. 8°.
Dass. (N. Ausg. 1—4.) 1856.

Der Feldzug des Kronprinzen von Schweden im Jahre 1813 und 1814 bis zum Frieden mit Dänemark mit Hinsicht auf die dadurch herbeigeführten Ereignisse i. Norddeutschland u. Holland. Leipzig 1814. 269 S.

— des Kronprinzen v. Schweden, im Jahr 1813 u. 1814 bis zum Frieden mit Dänemark; mit Hinsicht auf d. dadurch herbeigeführten Ereignisse in Norddeutschland und Holland. 8. Leipz. Peul. Vogel. 814.

— des Marschall v. Luxemburg in Holland; drei Feldzüge. Aus d. Französ. (v. K. F. Trost). 2 Thle. gr. 4. Potsd. 787. Horvath. 2 ⁄ 16 gl.

Feldzug, der, in Mähren, s. Zum Säcular-Gedächtniss von 1758.

Feldzug, der, in Mähren oder die Belagerung u. der Entsatz von Ollmütz. Nach Quellen- u. anderen Schriften zusammengestellt u. bearb. von E. v. St. Mit 2 (lith.) Plänen (in 4. u. Fol.) Frankfurt a. M. 858. Sauerländer's Verlag. 8. (VII, 263 S.) n. 1 ⁄

Feldzug. Der Mailändische, in welchem neben dem kurzgefassten Leben des tapfern Prinzens Eugenii von Savojen vermittelst dreyer Absätze gewiesen werden. Gedanke über den Theilungs-Traktat der Spanischen Monarchie u. des Testamentes Carl II. Unrichtigkeit etc. Mit (Portraits) Zeichnungen und Karten. 8. Frankfurt und Leipzig 1702.

Feldzug, Der, der preussischen Mainarmee im Sommer 1866. Biel 1867. V: *Hiltl, Georg.* (EB)

Feldzug, der, der preußischen Main-Armee im Sommer 1866. Bielefeld 1867. 8.

MARIANISCHER Feldzug nach der gnadenreichen Vestung Maria-Zell. o. O. o. J. o. Dr. 4 f. - 170 mm

— in Mecklenburg und Holstein im Jahr 1813. Ein Beytrag zur Kriegsgeschichte. gr. 8. Berlin, Reimer. 817.

Der Feldzug der Meklenburger nach Bayern 1866. Ludwigslust 1867. 8°.

Feldzug, Der, am Mittelrhein im Mai, Juni und Juli 1794. Karlsruhe 1870. V: *Lufft, Alexander W.* (Kat. d. Hof- u. Landesbibl. Carlsruhe 1876—77.) (Pr)

— — am Mittelrhein in den Monaten Mai, Juni u. Juli 1794. Von A. Lufft. Mit Pl. u. 1 Anh. Karlsruhe 1870. 185 S. 4°

Feldzug, Der nächste. Antwortschreiben an Herrn L. Seguin. Berlin 1881. V: *Effen.* (KA)

—— der nächste. Antwortschreiben an Hrn. L. Seguin. gr. 8. (25 S.) Berlin 881, Baensch. *

—— der nächste, von L. Seguin und das deutsche Antwortschreiben. gr. 8. (27 S.) Hannover 881, Helwing'sche Verlagsh. *

Feldzug des Kaisers Napoleon III. in Italien im Jahre 1859. Im Auszuge übs. Aus der Österr. milit. Zeitschr. 1862–1864. Mit Krt. u. Pl. Wien 1865.

Feldzug, Napoleons, in Russland 1812. A. d. Franz. ... durch L. Blesson. Berlin 1824. V: *Chambray, Georges Marquis de.* (Ky) (ABJP)

Feldzug, Napoleons, in Sachsen im Jahre 1813. Eine treue Skizze dieses Krieges, des französischen Kaisers und seiner Umgebung entworfen von einem Augenzeugen in Napoleons Hauptquartier. Enthaltend eine ausführliche Darstellung der Ereignisse in Dresden, vom Anfange des Märzes bis zur Übergabe der Stadt im November. Dresden 1816. V: ***Odeleben, Ernst Otto Innocenz Freih. von.*** **(HHBD IX, 27)**

Feldzug, Napoleon's, in Sachsen; eine treue Skizze dieses Krieges ... Dresden 1816. V: *Odeleben, Ernst Otto Vincenz Freiherr von.* (MGT) (Ky)

Feldzug, der, in d. Niederlanden unt. d. Befehle d. K. K. österr. Reichsfeldmarschalls Prinzen Friedrich Josias v. Sachsen-Coburg-Saalfeld in d. J. 1793, aus Originalpapieren gesammelt v. e. sächs. Stabsofficiere. gr. 8. (2¾ B.) Leipzig 830, Hartmann.

— der Nordarmee und ihre Kämpfe vom 28. Juni bis 22. Juli 1866. Nach allen vorhandenen Quellen bearb. von einem Fachmanne. 8. (111 S.) Wien 866, (Gerold's Sohn.) *

Der Feldzug der Nordarmee u. ihre Kämpfe v. 28. Juni bis 22. Juli 1866. 1.—12. Aufl. (111.) 8. Wien 1866. 1.20.

A. H. Der Feldzug in Ober-Italien. Nach amtl. Quellen. Wien 1849.

Feldzug, Der, in Ober-Italien im Jahre 1848 ... nach amtlichen Quellen bearbeitet ... Wien 1867. V: *Hilleprandt, Anton von.* (margr)

— der, der Oesterreicher in der Lombardei unter dem G.-Feldmarschall Graf Radetzky im J. 1848 u. 1849. Mit dem (lith.) Bildn. Radetzky's u. einer Karte der Lombardei (in qu. Fol.) 1. Lfg. gr. 8. Stuttgart 848, H. Köhler. 8 ng — 2. Ausg. (emplt.) gr. 8. (IV u. 212 S. m. d. lith. Bildn. des Kaisers Franz Joseph u. des F.-M. Grafen Radetzky u. einer lith. u. color. Karte in qu. Fol.) Ebd. 849. 1½ ₰

— der, der Oesterreicher in der Lombardei unter dem General-Feldmarschall Grafen Radetzky in den J. 1848 und 1849. Mit dem lithogr. Bildniß des Kaisers Franz Joseph und des F.-M. Grafen Radetzky. 1. und 2. Ausg. gr. 8. (IV und 212 S. mit einer lithogr. und ill. Karte des lombard.-venetian. Königreichs in qu. Fol.) Stuttgart 850, H. Köhler.

Feldzug, Der, der Österreicher in der Lombardei unter dem GFM Grafen Radetzky ... 2. Ausg. Stuttgart 1850. V: *Sporschil, Johannes.* (KA)

— der, der Oesterreicher in der Lombardei unter dem General-Feldmarschall Grafen Radetzky in den J. 1848 und 1849. Neue (Titel-)Ausg. gr. 8. (212 S. mit dem lithogr. Bildniß des Kaisers Franz Joseph und des Feldmarschalls Grafen Radetzky nebst 1 lithogr. und ill. Karte des lombardisch-venetian. Königreichs in qu. Fol.) Stuttgart 854, H. Köhler.

— der Oesterreicher u. Russen in Italien 1799, mit Kart. u. Plän. 3 Hefte. gr. 4. Leipz. 800. Hinrichs. 3 ₰ 8 ℊ

Feldzug, Der, in Piemont im Jahre 1849 ... [Wien 1864.] V: *Hilleprandt, Anton.* (KA)

Feldzug von Portugal in den J. 1811 u. 1812 in historischer u. medizinischer Hinsicht, beschrieben von einem Arzte der französ. Armee von Portugal. Stuttgart 1816. 166 S.

— von Portugall, der, in den Jahren 1811 und 12, in hist. und med. Hinsicht beschrieben von einem Arzte der fran. Armee von Portugal. gr. 8. Tübingen, Cotta. 817.

Feldzug der Potomac-Armee vom März bis Juli 1862. Naumburg 1863. V: *Paris, Graf von.* (Kat. d. Bibl. d. k. Preuss. gr. Generalstabes. Berlin 1878.)

Feldzug, Preussens, 1866 vom militärischen Standpunkte ... Berlin 1866. 3. Aufl. 1866. V: ***Glasenapp, Reinhold Chph. Hnr. Carl Ant. v.*** **(PT) (KA)**

Ueber den Feldzug der Preußen gegen die Nordarmee der Neufranken i. J. 1793. Von einem Beobachter, welcher die jetzigen Feldzüge der verbündeten deutschen Heere mitmacht. Stendal 1795. 406 S.

— üb. den, der Preußen gegen die Nordarmee, (v. Sam. Cph. Wagener). 1794, 8, Stend. 795. Franzen u. Gr. 1 ₰ Schrbp. 1 ₰ 4 ℊ

Über den Feldzug der Preußen gegen die Nordarmee der Neufranken, im Jahre 1793. Stendal 1795. 8°.
Dass. 2. Aufl. 1797.

Feldzug, Der, von Regensburg 1809. Schwierigkeiten für Berthier, gegenüber der überraschenden österreichischen Offensive, die der Lage und dem Kaiser passenden Massnahmen zu treffen. Raschheit im Erkennen der Lage, Ausnützen der eingetretenen Verhältnisse, oft wechselnde operative Entschlüsse Kaiser Napoleons, Schnelligkeit in Durchführung operativer Massnahmen auf französischer Seite. Erschwernisse für eine rasche Entschlussfassung des Erzherzogs Karl, Ursachen des langsamen Operierens auf österreichischer Seite. Für den ausschließlichen Gebrauch der Frequentanten der k. und k. Kriegsschule als Manuskript gedruckt. (Mit 8 Karten.) 8. Wien 1903.

— des Herzogs von Rohan in Veltlin 1635; nebst e. Betrachtt. üb. d. Gebirgskrieg; aus d. Französ. v. Hoyer. 8. Dresd. 789. Walther. 6 ℊ

Feldzug des Herzogs von Rohan im Veltlin, im Jahr 1635, mit einer vorausgehenden Abhandlung Ueber den Gebirgskrieg. Von einem französischen General. Uebersetzt von einem Stabs-Offizier [Carl von Elgger]. Mit einem Plan des Operationstheaters. (SA.) 8. Luzern 1882.

— des Herzogs v. Rohan im Veltlin im J. 1635, mit einer vorausgeh. Abhandlung über den Gebirgskrieg. Von einem französ. General. Uebers. von einem Stabs-Offizier. Mit 1 (lithogr.) Plan des Operations-Theaters. 8. (VIII, 99 S.) Luzern 882, Doleschal's Buchh. *
Aus: Allgemeine schweizerische Militärzeitung, besonders abgedruckt.

Feldzug, Der, der Russen und Polen zwischen Bug und Narew. Glogau u. Berlin 1832. V: *Brandt, Hnr. v.* (PT)

— der, der Russen u. Polen zwischen Bug u. Narew im J. 1831. Nach d. besten bis jetzt vorhand. Materialien. M. 2 (lith.) Planen (in gr. Fol., mit Marginalien). gr. 12. (4 B.) Glogau 832, Heymann.
Die Pläne apart 12 Gr.

—— der russische, v. 1829 u. Russlands einstiger Welthandel. — Die Mauern v. Constantinopel u. d. Sultan Mahmud II. 8. (3½ B, u. 1 Karte.) Dresden 829, (Schumann.)

—— der, in Schleswig im J. 1864. Eine nach authent. Quellen verfaßte Darstellung der glänzenden Waffenthaten der österreich. Armee und der Betheiligung des preuß. Armeecorps an der Kriegsoperation, mit einem Anh. von biograph. Skizzen der hervorragenden Führer der verbündeten Armee und den Verzeichnissen über die Decorirten, vor dem Feinde Gebliebenen und Verwundeten. gr. 8. (87 S.) Wien 864, (Herzfeld und Bauer.) *

Über den Feldzug von 1796 und das gegenwärtige dringende Bedürfnis des Friedens für Europa. Frankfurt 1796. 8°.

— über den, von 1796. 8. Frankf. Zeßler. 796.

Feldzug von 1796 in Italien. 2 Bd. 8. St. Petersburg 1876.

Feldzug. Der F' in Sizilien, im April 1849. Bern s. [Stürler, August von].

Feldzug sägen d'e Trichinen. Humoreske. (Ei schläs'scher Schproche.) 8. (18 S.) Leobschütz 864, Bauer.

—— sägen d'e Trichinen. Humoreske [ei schläs'scher Schprache.] 2. Aufl. 8. (13 S.) Leobschütz 869, Schiffmann.

Feldzug der Braunschweig-Lüneburg. Truppen gegen die Türken in Morea, in d. J. 1685–1689. 8. Lüneburg 1822.

Feldzug, Der, in Ungarn und Siebenbürgen im Sommer des Jahres 1849. Pest 1850. V: *Ramming von Riedkirchen, Wilhelm Freiherr*, nicht: *Geibel, H.* (Doubletten-Anzeiger. 1903. Nr. 6.)

—— der, in Ungarn und Siebenbürgen im Sommer des J. 1849. Lex.-8. (VII und 551 S. mit einer lithogr. Uebersichtskarte des Kriegsschauplatzes in gr. Fol.) Pesth 850, (H. Geibel.) **
Mit einem Atlas von 6 lithogr. und ill. Schlachtplänen in Imp.-Fol. **

— d. Verbündeten gegen Napoleon 1814. 1ste u. 2te Abthl. 8. Erlangen, Palm. 1815. (à 1 Rthlr. 4 gr.)

— über den 4ten, gegen die Franken. 8. Bayr. 795. (Grau). 7 gr

— üb. den vierten, gegen die Franken. 8. Bayreuth, Lübeck. 795.

Ueber den vierten Feldzug gegen die Franken. 8. Bayreuth 1796. 0,90.

Feldzug. Der F' der Züricher nach der Grafschaft Baden, Belagerung der Stadt B' und deren Uebergabe im Jahre (*Nachtitel:* Badische Kriegs Operationes Anno) 1712. Getreuer Abdruck eines Manuscriptes, verfasst von einem Augenzeugen. 8. Baden 1846.

—— der, der Züricher nach d. Grafschaft Baden, Belagerung d. Stadt Baden u. deren Uebergabe im Jahre 1717. Getr. Abdr. e. Manuscripts, verf. v. e. Augenzeugen. 16. (2½ B.) Baden 846, Zehnder.

Feldzuge. – Aus dem Feldzuge 1866 in Österreich, s. François, von.

Feldzüge, s. a. Feldzug.

Feldzüge von 1813. Berlin 1841—44. V: *Schütz, v. & Schulz.* (Pr)

Feldzüge von 1815. Berlin 1851—53. V: *Schütz, Frdr. Wilh. von & Carl Gust. Schulz.* (Pr)

Feldzüge, Die, von 1806 und 1807. In einer Historisch-politisch-militärischen Darstellung. Nebst den officiellen Aktenstücken. (2 Bde.) 8. 1807—1808.

Die Feldzüge von 1806 und 1807. In einer historisch-politisch-militärischen Darstellung. T. 1. 2. o. O. 1807—09. 8°.

Feldzüge, die, von 1806 u. 7, in histor.-polit.-militärischen Darstellungen. 2 Bde. 8. Stuttg. 807 u. 10. Steinkopf. 2 Rthlr

Feldzüge, Die beiden letzten, des Marschalls v. Turenne in Teutschland, in den Jahren 1674 und 1675 ... Leipzig 1762. V: *Deschamp.* (Kat. d. Bibl. d. k. Preuss. gr. Generalstabes. Berlin 1878.)

— der beyden merkwürd., d. Marsch. v. Türenne. 8. Lpz. Jacobäer. 762.

— der beiden merkwürdigen, des Marschall Türenne. 8. Leipz. 762. Aue in Altona. 16 gr Dies., aus ächten Urkunden übers. v. Fr. Wlh. v. Zanthier. gr. 4. Lpz. 779. Weidmann. 3 Rthlr 20 gr Holl. P. 5 Rthlr

Feldzüge, Bonaparte's, in Italien, a. d. Französ. ... Leipzig 1798. V: *Pommereul, Franç. René Jean de.* (KA)

— die drei, der Franzosen gegen die Spanier in d. West-Pyrenäen, in d. J. 1793—95; aus d. Französ. v. J. Keßler. Mit 1 Karte. gr. 8. Leipz. 804. Hinrichs. 1 Rthlr 8 gr

Feldzüge, Die, der Franzosen gegen die Spanier in den Westpyrenaen 1793—1795. A. d. Franz. von Kessler. Leipzig 1804. V: *Beaulac.* (Pr)

Eugen's, Prinz, Feldzüge. Aus dem Lateinischen. 8. Carlsruhe 1807.

Feldzüge d. Prinzen Eugen v. Savoyen. Nach den Feld-Acten u. anderen authent. Quellen hrsg. v. der Abtheilg. f. Kriegsgeschichte d. k. k. Kriegs-Archives. 1. Serie. 1. u. 3. Bd. Lex.-8. Wien, Gerold's Sohn in Comm. n. 50. —
1. Einleitung zur Darstellg. der Feldzüge d. Prinzen Eugen v. Savoyen. Schilderung der polit., geographisch-statist. u. militär.-geograph. Verhältnisse, der Streitmittel der an den Kriegen betheiligten Staaten; Charakteristik der Kriegführg. u. d. Befestigungswesens am Ende d. 17. u. zu Beginn d. 18. Jahrh.; Notizen üb. das Münzwesen u. die Preisverhältnisse d. Verpflegungs- u. Kriegsmateriales [Mit 26 (lith. u. chromolith.) Kartenbeilagen (in qu. gr. Fol. u. Carton-Mappe).] (XVI, 744 S. m. 4 Tab. in qu gr. Fol.) n. 30. —
3. Spanischer Successions-Krieg, Feldzug 1701. Bearb. v. Leander Heinr. Wetzer. [Mit 6 (lith.) Kartenbeilagen (in qu. gr. Fol u. Carton-Mappe).] (VII, 531 u. 108 S.) n. 20. —
Der 2. Bd. erscheint später.

Feldzüge des Prinzen Eugen v. Savoyen. Nach den Feld-Acten u. anderen authent. Quellen hrsg. v. der Abtheilung für Kriegsgeschichte des k. k. Kriegs-Archives. 1. Serie. 2—8. Bd. gr. 8. Wien 876—82. Gerold's Sohn in Comm. n. 190. — (1—8.: n. 220. —)
2. Feldzüge gegen die Türken 1697—1698 u. der Karlowitzer Friede 1699. Bearb. v. Mor. Edlen v. Angeli. Mit 7 (lith.) Kartenbeilagen (in Imp.-Fol.). (IX, 515 u. 105 S.) n. 20. —

3. Spanischer Successions-Krieg. Feldzug 1701. Bearb. von L. H. Wetzer. Mit 6 (lith.) Kartenbeilagen. (639 S.) n. 20. —
4. Spanischer Successions-Krieg. Feldzug 1702. Nach den Feld-Acten u. anderen authent. Quellen bearb. in der Abtheilung f. Kriegsgeschichte v. Leander Heinr. Wetzer. [Mit 10 (lith.) Kartenbeilagen.] (X, 740 u. 302 S.) n. 30. —
5. Spanischer Successions-Krieg. Feldzug 1703. Nach den Feld-Acten u. anderen authent. Quellen bearb. in der Abtheilung f. Kriegsgeschichte v. Alph. Danzer. [Mit 6 (lith.) Kartenbeilagen (in Fol.).] (XXVI, 728 u. 172 S.) n. 30. —
6. Spanischer Successions-Krieg. Feldzug 1704. Nach den Feld-Acten u. anderen authent. Quellen bearb. in der Abtheilung f. Kriegsgeschichte v. Gust. Ratzenhofer. (XXIII, 908 u. 300 S. mit 8 Kartenbeilagen.) n. 30. —
7. Spanischer Successions-Krieg. Feldzug 1705. Nach den Feld-Acten u. anderen authent. Quellen bearb. in der Abtheilung f. Kriegsgeschichte v. Jos. Rechberger Ritter v. Rechkron. (XIX, 542 S. m. 6 Kartenbeilagen.) n. 30. —
8. Spanischer Successions-Krieg. Feldzug 1706. Nach den Feld-Acten u. anderen authent. Quellen bearb. in der Abtheilung f. Kriegsgeschichte v. Emil Frhrn. Mayerhofer v. Grünbühl u. Camillo Frhrn. Komers v. Lindenbach. [Mit 7 (lith.) Kartenbeilagen.] (XIV, 526 u. 342 S.) n. 30. —

Feldzüge d. Prinzen Eugen v. Savoyen. [Geschichte der Kämpfe Oesterreichs.] Hrsg. v. der Abtheilg. f. Kriegsgeschichte d. k. k. Kriegs-Archivs. 9—11. Bd. [Mit 5 Kartenbeilagen.] gr. 8. Wien, (Gerold's Sohn). à n. 30. — (1—11.: n. 310. —)
9. Spanischer Successions-Krieg. Feldzug 1707. Nach den Feld-Acten u. anderen authentischen Quellen bearb. in der Abtheilg. f. Kriegsgeschichte von Carl Frhrn. v. Hipssich u. Camillo Frhrn. Komers v. Lindenbach. (XII, 380 u. 222 S.) 883.
10. Spanischer Successionskrieg. Feldzug 1708. Bearb. in der Abtheilg. f. Kriegsgeschichte v. Alex. Kirchhammer. (XVIII, 561 u. Suppl.-Hft.: Militärische Correspondenz d. Prinzen 1708, 417 S. m. 7 Kartenbeilagen.) 885.
11. Dasselbe. Feldzug 1709. Bearb. in der Abtheilg. f. Kriegsgeschichte v. Jos. Ritter Rechberger v. Rechkron. Mit 5 Kartenbeilagen. (XVI, 336 u. Suppl. 311 S.) 886.

Feldzüge d. Prinzen Eugen v. Savoyen. Hrsg. v. der Abtheilg. f. Kriegsgeschichte d. k. k. Kriegs-Archivs. 12.—14. Bd. [2. Serie, 3.—5. Bd.] Lex.-8. Wien, (Gerold's Sohn). à n. 30. — (1—14.: n. 400. —)
12. Spanischer Successions-Krieg. Feldzug 1710. Nach den Feld-Acten u. anderen authent. Quellen bearb. von Carl Frhrn. v. Hipssich. [Mit 5 Kartenbeilagen.] (XVIII, 631 u. Suppl. 467 S.) 887.
13. — dasselbe. Feldzug 1711. Bearb. v. Frdr. Frhrn. Mühlwerth-Gärtner. [Mit 6 Kartenbeilagen.] (IX, 550 u. Suppl. 168 S.) 887.
14. — dasselbe. Feldzug 1712. Nach den Feld-Acten u. anderen authent. Quellen bearb. v. Heinr. Siegler Edlen v. Eberswald. [Mit 5 Kartenbeilagen.] (XI, 424 u. Suppl. 335 S.) 889.

Feldzüge d. Prinzen Eugen v. Savoyen. [Geschichte der Kämpfe Österreichs.] Hrsg. v. der kriegsgeschichtl. Abtheilg. d. k. u. k. Kriegs-Archivs. 15.—20. Bd. [2. Serie, 6.—11. Bd.] Lex.-8. Wien, (C. Gerold's Sohn). à n. 30. — (1—20.: n. 580. —)
15. Spanischer Successions-Krieg. Feldzug 1713. Nach den Feld-Acten u. anderen authent. Quellen bearb. v. Ottokar Machalicky. (XVI, 602 u. 358 S. m. 2 Tab. u. 2 Kartenbeilagen.) 89..
16. Der Türken-Krieg 1716—18. Feldzug 1716. Nach den Feldacten u. anderen authent. Quellen bearb. v. Ludw. Matuschka. (VIII, 374 u. Suppl. 1.. S.) 891.
17. — dasselbe. Feldzug 1717/1718. Nach den Feldacten u. anderen authent. Quellen bearb. v. Ludw. Matuschka. (X, 490 u. Suppl. 273 S.) 891.
18. Die Kämpfe der Kaiserlichen in Sicilien u. Corsica 1717—1720 u. 1730—1732. Nach den Feldacten u. anderen authent. Quellen bearb. in der kriegsgeschichtl. Abtheilg. v. Raimund Gerba. (VIII, 357 u. 223 S. m. Tab. u. 5 Kartenbeilagen zum 18.—20. Bd.) 891.
19. Polnischer Thronfolge-Krieg. Feldzug 1733 u. 1734. Nach den Feldacten u. anderen authent. Quellen bearb. in der kriegsgeschichtl. Abtheilg. v. Raimund Gerba. (X, 461 u. 257 S.) 89..
20. — dasselbe. Feldzug 1735. Nach den Feldacten u. anderen authent. Quellen bearb. v. Raim. Gerba. (VII, 330 u. 218 S. m. 2 Tab.) 891.

— dasselbe. Register-Bd. Lex.-8. Ebd. 892. n. 30. —
Orts-, Namen- u. Sach-Register, nebst e. Verzeichnisse der benutzten Quellen, sowie der graph. Beilagen. Bearb. v. Alf. Frhr. v. Wrede. (V, 1021 S.)

Feldzüge des Prinzen Eugen in Ungarn . . . Wien u. Leipz. 1788. V: *Mauvillon, Eleazar.* (weber)

— des Prinzen Eugen in Ungarn. 1r Thl. 8. Wien 788. Krauß. 1 ℛ

Feldzüge des Prinzen Eugen in Ungarn 1683—1711 u. 1716—18. Leipzig 1788. 8°.

Feldzüge des Königs Friedrichs II von Preussen. A. d. Franz. Hannover 1762. V: *Stille, Chph Ludw. von.* (Pr)

Feldzüge, Geistige. ... Berlin 1857. H. *Gubitz, Friedrich Wilhelm.* (Gubitz, Erlebnisse 2, 11) (Zeitschr. f. Büch. 1923, S. 84)

Feldzüge, geistige. Bedeutsam bleibende literar-geschichtliche Kämpfe von Achim v. Arnim, Helmina v. Chezy, J. Ellendorf, C. J. Th. Gantzer, F. W. Gubitz, L. Heinsius, H. Herrmann, F. L. Jahn, Verus Momus, Wilh. Müller, A. Müllner, Carl Rosenberg, F. v. Schönholz, F. Schuchard, Wilh. Waiblinger und Ernst Woldemar. gr. 12. (IV und 352 S.) Berlin 857, Vereins-Buchh.

Feldzüge des Jahres 1809. Berlin 1837. V: *Schütz, v. & Schulz.* (Pr)

Feldzüge Karls XII. Königs von Schweden. A. d. Franz. Hamb. 1709—12. V: *Grimarest, Jean Leon Le Gallois Sieur de.* (Pr)

— des Königs. 2 Thle. 8. Hannov. Richter. 764.

Feldzüge, Die, des deutsch-dänischen Krieges in den Jahren 1848 und 1849. Leipzig 1853. V: *Fuchs-Nordhoff, Rich. Freih. v.* (Pr) (Ky)

Feldzüge, die, des Deutsch-Dänischen Krieges in den Jahren 1848 und 1849. Von F.-N. (Fuchs-Nordhoff). Mit (5 lith.) Karten u. Planskizzen (in gr. 8. u. gr. 4.). Leipzig 853. G. Schäfer. Lex.-8. (VI, 1 Bl., 183 S.) n. 1 ℛ

Ludwigs von Baden Feldzüge in die Türkey und nach Frankreich. 8. Karlsruhe 1815.

Feldzüge des Prinzen Ludwig von Baden in Ungarn und am Rhein. Aus dem Französischen (übersetzt von Anton August Königsdörffer). Dresden 1799. V: *Ligne, Charles Jos. Prince de.* (Des Fürsten von Ligne Erinnerungen und Briefe a. d. Franz. übers. u. hgbn. von Victor von Klarwill. Wien 1920. S. 396) (BIBLPORT)

Feldzüge des Marschalls von Luxemburg . . . A. d. Franz. Potsdam 1784. Ü: *Trost, Carl Friedrich.* (KY) (MGT) »1783—87« V: *Boisgelin, Comte de.* (EB)

— des Marsch. v. Luxemburg, oder Militairgesch. von Flandern 1690—94. 5 Thle. m. K. a. d. Franz. d. Ritters von Beauvain. m. Anm. v. Tempelhof. gr. 4. Potsd. Horvath. 783—86.

— d. Marsch. v. Luxemburg nach Holland. 2 Thle. gr. 4. Ebend. 787.

Feldzüge, Napoleons, Historisch und kritisch bearbeitet . . . Leipzig 1815. V: *Michaud de Vilette, Josephe François.* Ü: *Becker, Gfr. Wilh.* (MGT) (KY)

— der Oesterr. u. Russ. in Ital. 1799. m. Plan. 3 Thle. gr. 4. Leipz. Hinrichs. 800.

Feldzüge, Philosophische, oder Geschichte des Herrn von Montial, General-Adjutant des Marschalls von Schomberg, worin sowohl dessen merckwürdige Liebes-Händel und ungemeine Glücks- und Unglücksfälle als auch die Begebenheiten des irrländischen Krieges enthalten. Aus dem Frantzös. Franckfurt 1744. V: *Prévost d'Exiles.* (BGE I[3], 247/248)

Feldzüge, Pichegrus, oder chronologische Geschichte der Operationen der Nord-Sambre und Maas-Armee im Jahr 1794. A. d. Franz. von Venturini. Leipz. 1798. V: *David, Pierre.* (PR)

— über die, d. Preußen gegen die Nordarmee 1793. 8. Stendal, Franzen. 795.

Schreibp.

Feldzüge, Die, der Preußen wider die Sachsen und Oesterreicher; wider die Franzosen und Reichstruppen; wider die Russen und Schweden. Vom Jahre 1756 bis 1761. Als eine Einleitung in die Beyträge zur Staats- und Kriegsgeschichte. Frankfurt und Leipzig 1760—1763. V: *Naumann, Gottlob.* (HHBD IX, 114)

— der Preußen wider Sachsen, Oesterr. von 1756—60, (vom Regimentsquart. Mstr. Glo. Naumann). 6 Thle. 8. Berl. 763. Voß. 3 [illegible] 8 [illegible]

Feldzüge, die, des Feldmarschalls Grafen Radetzky in Italien und die Kriegsmagazine Napoleon I. Eine militärische Studie von E. v. S., k. k. Major. (Separat-Abdruck aus der „Neuen Militär-Zeitung".) 8. (55 S.) Wien, Seitler. 1869 30 kr.

Feldzüge, Die, der Russen in Livland und der Livländer in Rußland um das Jahr 1480. [Riga 1849]. V: *Napiersky, Carl Eduard v.* (R-N)

Feldzuege der mit Österreich verbündeten Russen in Italien unter den Befehlen des Generalfeldmarschalls Fürst Alexander Suworow Rimnisky. H. 1—3. Mit Krt., Pl. u. Portr. Leipzig 1800.

Feldzüge, Die, der Sachsen in den Jahren 1812 und 1813; aus den bewährtesten Quellen gezogen . . . Dresden 1821. V: *Zeschwitz, Joh. Adolph von.* (KA)

Feldzüge, Die, der Sachsen in den Jahren 1812 und 1813; aus den bewährtesten Quellen gezogen und dargestellt von einem Stabsoffizier des königl. Sächs. Generalstaabes. Dresden 1821. V: *Cerrini de Monte Varchi, Clemens Franz Xaver von.* (MGT) (PR) (KY)

Feldzüge, die, der Sachsen, in den Jahren 1812 und 1813. Aus den bewährtesten Quellen gezogen und dargestellt von einem Staabsoffizier. Mit 4 Karten und Planen. gr. 8. Dresden, Arnold. 821.

Feldzüge, Sachsens sieben, gegen Oesterreich . . . Leipzig 1810. V: *Dyk, Joh. Gfried.* (PR)

Feldzüge des Grafen Veterani wider die Türcken in Ungarn . . . 1683—1694. A. d. Ital. [durch den Fürsten von Waldeck]. Dresden 1788. V: *Veterani, Federigo.* (PR)

Feldzüge, zwei, aus der Geschichte Deutschlands. 8. (71 S. mit vielen Illustr. in Holzschn.) Wien 866, Markgraf und Müller. *

Moltkes Feldzugs-Entwurf 1866 und die Lage Benedecks am 30. Juni und 1. Juli 1866. Kritisch beleuchtet von ***. Sonderabdruck aus der „Deutschen Heeres-Zeitung". 8. Berlin 1892.

Feldzugs-Erinnerungen e. Kriegsfreiwilligen d. 25. hess. Division. Aus Tagebuchblättern u. Briefen zusammengest. u. hrsg. v. M. 8. (VII, 168 S. m. 2 Karten.) Augsburg 895. (Gebr. Reichel.) Geb. in Leinw. n. 3. —

Feldzugserinnerungen aus dem Kriegsjahre 1809. Bearb. von Friedrich M[ax] Kircheisen, Genf. (Buchschmuckleisten von Theodor Herrmann, Hamburg.) 1.—3. Tausend. [Ausg. A.] IV + 387 S. 8. Hamburg, Gutenberg-Verlag, 1909.

([Ausg. A:] M. 6.—, geb. 7.—; [Ausg B geb. 12.—, Ausg. C geb. 20.—]) Bibliothek wertvoller Memoiren. Lebensdokumente hervorragender Menschen aller Zeiten und Völker. Hrg. ... von Dr. Ernst Schultze. Band 10.

Feldzugsgeschichte, Die oesterreichische, des Jahres 1866. Wien 1869. V: *Fischer, Friedrich von.* (KA) (Mitth. Dr. H. Friedjung.)

Feldzugs-Journal des Oberbefehlshabers des 8. Deutschen Bundes-Armee-Korps im Feldzuge a. d. Jahre 1866 in Westdeutschland. Darmst. u. Leipz. 1867. H: *Alexander, Prinz v. Hessen.* (DD) (Cat. d. Stadtbibl. Zürich. Zürich 1864—97.)

Feldzugs-Journal des Oberbefehlshabers des 8. deutschen Bundes-Armee-Corps im Feldzuge des J. 1866 in Westdeutschland. (Im Auszug mitgetheilt.) 1. und 2., unveränd. Aufl. gr. 8. (59 S.) Darmstadt 867, Zernin. *

Feldzugs-Tagebuch, 1870/71er, für das II. mobile Bataillon 6. Thüringischen Infanterie-Regiments Nr. 95. gr. 8. (32 S. mit 1 Stnt.) Hildburghausen 886, Gadow und Sohn. **

Felegyhazy, August (Hrsg.), s. B u c h, Das, der Budapester Börse,

Félegyházy, Aug., d. Buch d. Budapester Börse. Vollst. Sammlg. sämmtl. auf d. Organisation d. Budapester Waaren- u. Effectenbörse bezügl. Vorschriften u. Gesetze, sämmtl. in Kraft besteh. Börsenusancen, sow. d. d. Börsenverkehr berühr. Gesetze. 12. (470 u. IV S.) Budapest 895. C. Grill. Geb. in Leinw. n. 8. —; in Ldr. n. 9. 60

Félegyházy, Aug., das Buch der Budapester Börse. Vollständ. Sammlg. sämmtl. auf die Organisation der Budapester Waaren- u. Effectenbörse bezügl. Vorschriften u. Gesetze, sämmtl. in Kraft besteh. Börsenusancen, sowie der den Börsenverkehr berühr. Gesetze. 2., vollst. umgearb. Ausg. 12. (490 u. IV S.) Budapest 900. C. Grill. Geb. in Leinw. n. 5. —

Félegyházy, Aug., die neuen Waaren-Usancen der Budapester Waaren- und Effectenbörse. [Allgem. und besond. Bestimmungen.] Im Anhang: I. Die auf das Börsenschiedsgericht bezügl. Gesetze. II. Das Verfahren vor dem Schiedsgerichte der Budapester Waaren- und Effectenbörse. Mit Anmerkungen versehen. 2. wesentl. verm. und verb. Aufl. 8. (VIII, 270 S.) Budapest 886, (Singer und Wolffner.) *

Feleki, Hugo, üb sogenannte latente Gonorrhoe u. die Dauer der Infektiosität der gonorrhoischen Urethritis.

[Aus: „Internat. Centralbl. f. d. Phys. u. Path. d. Harn- u. Sexualorgane".] gr. 8. (25 S.) Leipzig 893. E. Besold. n. 1. —

Feleton polityczno-literacki napisal K. Libelt, Dr. Fil. gr. 8. Poznan 846, Zupanski. 1 ℳ

Felgel, Rob., Bahnbestimmung des Planeten Galatea (74). Lex.-8. (15 S.) Wien 865, (Gerold's Sohn.)
Aus: Sitzungsberichte der k. Akademie der Wissenschaften, besonders abgedruckt.

Felgel, R.: Über den Einfluss der Erdrotation auf Bewegungen an der Erdoberfläche. 18 S. 8°.– Wien OR Inn. St., Progr. 1863.

Felgel, R.: Ueber die G e s t a l t einiger Beugungs-Erscheinungen, wenn dieselben mittelst einer Linse auf einen ebenen Schirm projiciert werden. 40 S. 8° – Wien, OR. Jos., Progr. 1866.

Felgel, R.: Über Sternschnuppen. 42 S. 8°.– Wien OR. Inn. St., Progr. 1867.

Scolarenlieder. Von Victor **Feldegg** [d. i. Viktor Felgel-Feldegg]. Dresden & Leipzig: E. Pierson 1895. (VII, 83 S.) 8° [F.] [07. 8685

Felgenauer, *Paul Georg* Josef [aus Langenbielau, (Schles.)]: Ueber doppelseitige Ovario-Salpingotomieen... Berlin, C. Vogt's Buchdr., *1893*; 30 S., 1 Bl. 8.
Berlin, Med. Fak., Inaug.-Diss. v. 4. Aug. 1893

Felgenhauer I., v., die Militär-Bildungsanstalten der Türkei und ihre jüngsten Reformen [durch v. der Goltz], s. Beiheft zum Militär-Wochenblatt.

Felgenhau(e)r, Karl Heinrich Friedrich von

FELGENHAUR, K. H. F. v., Psychologische Briefe zur geheimen Jugendgeschichte der Grafen von Erlsbach. Boston und Philadelphia (Troschel in Danzig). 1798. Rar!
Weller, fing. Druckorte.

v. Felgenhauer, Karl Hnr. Fr., psycholog. Briefe zur Jugendgeschichte des Grafen von Erlsbach. 8. Boston 798. (Troschel in Danzig). 1 ℳ

— s. Lehndorf, Graf, üb. ungleiche Ehen.

AMORS Rhapsodien, ein authentisshes Sittengemälde (zahmes Drama), nach d. Italiän. (des *Aug. Adolf Leop.* Grafen *von Lehndorf-Bandels*) (von *Karl Heinr. Friedr. v. Felgenhauer*). Mit 1 Kpf. Danzig, Troschel, 1795. 4°.
5 Bll. Vorst. u. 135 SS. incl. 8 SS. Vorr., wonach das Original f r a n z ö s i s c h. — Anon.-Lex. III. p. 383 (nach Goedeke).

Felgentraeger, Johannes, prakt. Arzt in Berlin: Die gerichtsärztliche Bedeutung der Schädelverletzungen bei Neugeborenen. Leipzig 1905: B. Georgi. (36 S.) 8°
Leipzig, Med. Fak., Ref. Zweifel, Diss. v. 28. Febr. 1905
[Geb. 31. März 68 Heiligenstadt; Wohnort: Berlin; Staatsangeh.: Preußen; Vorbildung: Gymn. Helmstedt Reife M. 90; Studium: Leipzig 5, Berlin 1, Greifswald 3 S.; Coll. 8. März 05; Approb. 16. Mai 96.]

Felgentraeger, Wilhelm

—— und Wilh. Beyschlag, Festpredigten bei der am 23. und 24. Juli 1872 in Heiligenstadt gehaltenen Jahresfeier des Gustav-Adolf-Vereins der Provinz Sachsen. gr. 8. (20 S.) Halle 872, Schwabe.

Felgentraeger, Wilh., die kirchenpolitische Lage in Beziehung auf die neuen Kirchengesetze und auf die bevorstehende Reform der Kirchenverfassung. 8. (50 S.) Halle 873, Schwabe. *

Felgentraeger, Wilhelm *Gottlieb Karl* [Assist. am erdmagnet. Observat. zu Göttingen]: Die längste nachweisbare säkulare Periode der erdmagnetischen Element. Tl 1: Deklination ... Göttingen, Buchdr. v. L. Hofer, 1892; 64 S., 1 Bl., 2 Taf. 8.
Göttingen, Phil. Fak., Inaug.-Diss. v. [29. Juli] 1892

Felgentraeger, Wilh. Die längste nachweisbare säkulare Periode der erdmagnetischen Elemente. 1. Tl.: Deklination. Diss. gr. 8. (65 S. m. 2 Taf.) Gött. 892, (Vandenhoeck u. Ruprecht). * 2 40

Theorie, Konstruktion und Gebrauch der feineren Hebelwage. Von Dr. W(ilhelm) **Felgentraeger**. Mit 125 Fig. Leipzig & Berlin: B. G. Teubner 1907. (VI, 310 S.) 8° [07. 4190

Felgentreu, M., illustriertes Handbuch der Bienenzucht, s. Witzgall, J.

Felgentreu, R., das Wesen der deutschen Poesie in ihrer geschichtlichen Entwickelung, s. Sammelmappe, pädagogische.

Felgentreu, R., das Wesen der deutschen Poesie in ihrer geschichtlichen Entwickelung. Ein Beitrag zum Verständnis unserer Nationallitteratur in 6 Vorträgen. gr. 8. (72 S.) Leipzig 882. Siegismund & Volkening. n. 1. 20

Felger, G., Zusammenstellung lokaler und regiminaler Polizei-Verordnungen für den Stadtbezirk Essen, s. Achterrath.

(Felgermann.) Biographie des Generals J. W. v. Krauseneck. (VIII. 276) 8. M. 6 Plän. Berlin 1851. 5,00.

Felgner, Gust. Über Eigentümlichkeiten der Ronsardschen Phraseologie. 9 S. **Progr.** *Gotha* 1880.

Felgner, G[ustav]: La fable de Huon de Bordeaux en France, en Angleterre et en Allemagne. 51 S. 2°
Halle-Wittenberg, Phil. Diss. v. 23. Dez. 1872
Geb. [Vetschau (Kr. Kalau) 15. 5. 1849]

Felgner, Gustav: Eine unbekannte englische politisch-literarische Korrespondenz Ernsts II. von Sachsen-Gotha-Altenburg. S. 27–45. 8.
In: Festschrift Albert von Bamberg zum 1. Oktober 1905 gewidmet vom Lehrerkollegium des Gymnasium Ernestinum *Gotha* 1905.
Progr.

Felgner, K. W., wie treibt man Blaukreuzarbeit? Referat, geh. bei dem mitteldeutschen Bundesfest des Blauen Kreuzes, den 15. X. 1905 zu Leipzig. In erweiterter Form in Druck gegeben. (20 S.) 8. Dresden 906. Buchh. der Stadtmission. n. — 20

Felgner, Carolus: * De Platonis dialogo, qui inscribitur Protagoras, commentatio. 55 S. 4° (2°)
Halle-Wittenberg, Phil. Diss. v. 17. März 1870
Geb. Vetschau (Kr. Kalau) 28. 5. 1847. V.

Felgner, *Wilhelm* Paul [aus Halle]: Welchen Werth hat die mikroskopische und chemische Untersuchung des Eiters für die Diagnose der Caries des Schläfenbeins? ... Halle a. S., Buchdr. v. K. Pritschow, 1893; 19 S., 1 Bl. 8.
Halle, Med. Fak., Inaug.-Diss. v. 13. Juli 1893

Felgner, Robert

— Heimatkunde als Mittelpunkt des gesamten Unterrichts im 8. Schulj. Mit 4 Bl. Wandtafelskizzen. (XII, 124 S.) gr. 8. Ebd. 903. n. 2. —; geb. in Leinw. n. 2. 40

— Heimatkunde als Mittelpunkt des gesamten Unterrichts im 8. Schuljahre. Mit 4 Bl. Wandtafelskizzen. 2. verb. Aufl. (135 S.) gr. 8. Ebd. 907. 2. —; geb. in Leinw. 2. 40

— Heimatkunde im 4. u. 5. Schulj. Die Heimat in geograph. u. geschichtl. Beziehg. 12 Lektionen. M. Wandtafelskizzen (auf 2 Taf.) (60 S.) 8. Ebd. 907. 1. —

— Heimatkunde im 8. Schulj. Geologischer Aufbau. 6 Lektionen. Mit (2) Wandtafelskizzen. (86 S.) gr. 8. Ebd. 905. n. — 90

— Merkbuch f. d. Heimatkunde. 3., 4., 5. u. 8. Schulj. (8 S. m. Abb. auf d. Umschlag.) gr. 8. Ebd. 907. p — 12

Felgner, Rob., was ich in der Geometrie-Stunde gelernt habe. Wiederholungsbuch f. Schüler einfacher Volksschulen. Mit vielen Zeichngn. (40 S.) 8. Dresden 906. A. Huhle. n. — 30

Felgner, Rob., was ich in der Geometrie-Stunde gelernt habe. Wiederholungsbuch für Schüler einf. Volksschulen. 2. — durch Aufgaben erweit. — Aufl. (44 S. m. Fig.) 8. Dresden 910. A. Huhle. — 30

Felheim, Emanuel. Ueber die Einwirkung von Königswasser und Bromkönigswasser auf Salol und Salithymol. Diss. Phil. (= Sci.) Lausanne. 50 S. 8. Fontaines, Ed. Sack, 1903.

Felibien. Historie u. Leben der berühmtesten Europäischen Baumeister / so sich vor u. nach Christi Geburt biss auff diese unsere Zeiten / durch ihre vortreffliche Gebäude u. verfertigte sonderbahre Werke bekand gemacht / biss zum 15. Seculum beschrieben. Nunmehro ins Teutsche übersetzt u. mit denen dreyen hinterstelligen Seculis u. vielen remarquablen Begebenheiten ihres Lebens ausgeführt von P. J. Marperger. Hamburg 1711. 12.

Felibien, chronolog. geord. Nachrichten v. d. Leben u. d. Werken d. berühmtest. Architecten. A. d. Franz. v. J. Jac. Helfft. 8. (17 B.) Berlin 828, Natorff u. Comp.

Félice, de

— s. Code de l'humanité.

Félice, de, Code de l'humanité ou la législation universelle, naturelle, civ. et politique. XIII Tom. gr. 4. Leips. F. C. W. Vogel. 778.

— Dictionn. univers. rais. de justice nat. et civ. etc. XIII Vol. 4. Strasb. Acad. 778.

— — le même. X Tom. gr 4. Yverdon. (Stage, Augsb.) 777—78.

Félice, de, u. F. E. Feller, Uebungen im Uebersetzen aus d. Deutschen ins Französ., in grammat. Reihenfolge. Eine Zugabe zu jeder französ. Sprachlehre. 8. (9 B.) Leipzig 830. [Berlin, Klemann.]

de Félice, Dr. u. F. E. Feller, Uebungen im Uebersetzen aus d. Deutschen in's Französische, in grammatischer Reihenfolge. Eine Zugabe zu jeder französ. Sprachlehre. 8. Leipzig 836. G. Wigand. 1/2 ₰

— s. Voleur.

Félice, D. de. Essai sur la langue française considérée dans ses origines et ses développements. Leipzig, Handelslehranstalt, 1837. 30 S. 4. Progr.

de Félice, Fortunat., (†...) Leçons de droit de la nature et des gens. IV Vols. 8. Bern 770. Typogr. Soc. 2 ₰ 8 gr
le même. II Vols. 8. Lyon 789. Kupferberg in Mainz. 20 gr

— Leçons de logique. II Pties. 8. Bern 770. Typogr. Soc. 1 ₰ 8 gr

— — le même. XIII Tom. gr. 4. Basel. Flick. 778.

— Tableau philosophique de la religion chrétienne. III Vols. gr. 12. Leipz. 779. (W. Vogel). 3 ₰ 12 gr

(Félice, G[uillaume] de.) Betrachtungen über die Verhältnisse der christlichen Religion zur gegenwärtigen Lage Frankreichs. [Aus dem Französischen übersetzt.] 8. Bern 1831.

Felice, G. de. Betrachtungen über die Verhältnisse der christlichen Religion ... A. d. Franz. übers. von H. Hilliger ... Berlin 1834. H: *Brühl, E. Graf v.* (zu;

Felice, G. de, Betrachtungen üb. d. Verhältnisse d. christl. Religion zur gegenwärt. Lage Frankreichs. A. d. Franz. übers. v. H. Hilliger. Mit e. Vorw. u. einigen Anmerkn. vers. u. hrsg. v. C. Gr. v. B. gr. 8. (5 B.) Berlin 834, Duncker u. Humblot.

Felice, G. De, Geschichte der Protestanten Frankreichs, seit dem Anfang der Reformation bis zur Gegenwart. Aus dem Franz. übertr. von Carl Thdr. Pabst. gr. 8. (XXII und 514 S.) Leipzig 855, Fr. Fleischer.

—— über d. christl. Religion in ihren Beziehungen zu uns. gegenwärt. Lage. A. d. Franz. übers. durch R. v. L. gr. 8. (1½ B.) München 831, Literar. Artist.-Anstalt.

de Felice, über die christl. Religion in ihren Beziehungen zu unserer gegenwärtigen Lage. Aus d. Französ. übersetzt durch R. v. L. gr. 8. München 831. v. Cotta. 3 gr

de Felice, G., Zuruf eines Christen an die Schriftsteller des französ. Volks. Ein Spiegel auch für die deutsche Schriftstellerwelt. Aus dem Französ. von Karl Dielitz u. mit einem Vorworte v. Jul. Ed. Hitzig. 8. Berlin 843, Dehmigke's Buchh. 2/3 ₰

Felices **Gonopterides, s. D. H. *Hoppe*.**

Felices Gonopterides et Hydropterides in usum Botanophilorum colleg. et exsiccav. D. H. Hoppe. Dec. I. fol. Ratisbonae. (Monath in Nürnb.) 808.

Felicetti, M. v., Th. Unger u. A. Kapper, Katalog der Lehenbücher u. Acten d. steiermärk. Landesarchives, s. a. Publikationen aus dem steiermärk. Landesarchive. Abth. 2a.

[G.] Katalog der Lehenbücher und Acten (des Joanneumsarchives). Für d. Archiv bearb. v. M. v. Felicetti u. Th[eodor] Unger, für die Herausgabe v. A[nton] Kapper. *Graz & Leipzig: U. Moser 1898.* (3 Bl., 13 S.) 1 Bd 8.
= Publicationen aus d. Steiermärk. Landesarchive. Abth. A. Kataloge [No] 1, 2a.

Felici, Giov. Sante, die religionsphilosophischen Grundanschauungen des Thomas Campanella. Diss. Halle 1887, Lippertsche Buchh. 8°. 51 S.

Felici, Giov. Sante [aus Rom]: Die religionsphilosophischen Grundanschauungen des Thomas Campanella .... Halle a. S., Plötz'sche Buchdr. (R. Nietschmann), 1887; 51 + 1 S. 8°.
Halle, Phil. Fak., Inaug.-Diss. v. [2. Aug.] 1887.

Felici, Riccardo, über die mathematische Theorie der elektrodynamischen Induction, s.a. Ostwald's, W., Klassiker der exakten Wissenschaften.

Ueber die mathematische Theorie der elektrodynamischen Induction von Riccardo Felici, Assist. an d. k. k. toscan. Univ. Uebers. von Dr. B[ernhard] Dessau (Bologna). Hrsg. von E[ilhard] Wiedemann (Erlangen). *Leipzig: W. Engelmann 1899.* (121 S.) 8°
— Klassiker, Ostwald's, d. exakt. Wissenschaften. No 109. (99. 32) 11

Felicia, oder Natur u. Sitten in der Geschichte eines adeligen Frauenzimmers. 8. Leipz. 753. Gleditsch. (Brockhaus). 12 gr

Felicia, ou mes fredaines. IV Vol. 8. Mayence, Kupferberg. 792.

FELICIA, das Freudenmädchen. Jugenderinnerungen aus meinem 16.—24. Lebensjahre, von *A. M.* 3 Bde. (zus. ca. 375 S.) (6 Mk., eine böhm. Firma, 1901.)
Wirklich erschienen?

Dynamit. Schauspiel in 5 Aufz. von Br. Felician, O. S. F. Aachen: I. Schweitzer [1905]. (84 S.) 8° [Umschlagt. J.]
— Theater, Neues. H. 24. (06. 64)

Friede und Heil. Mysterienspiel zu Ehren d. unbefleckten Empfängnis in 5 Abt. von Br. Felician, O. S. F. Aachen: I. Schweitzer 1905. (36 S.) 8° [J.]
— Theater, Neues. H. 25. (06. 64)

Alfons von Ringbergen. Schauspiel aus d. Zeit d. franz. Revolution in 5 Aufz. von Br. Felician, O. S. F. Aachen: I. Schweitzer [1905]. (64 S.) 8° [Umschlagt. J.]
— Theater, Neues. H. 26. (06. 64)

Die Taufe am Waldbrunnen. Lyrisch-dramat. Gedicht in 1 Handlung. Von Br. Felician, O. S. F. Aachen: I. Schweitzer [1904]. (32 S.) 8° [Umschlagt. J.]
— Theater, Neues. H. 21. (06. 64)

— ein Weihnachtsmärchen, dramatisches Spiel in 3 Handlgn. (52 S.) 12. Aachen 904. J. Schweitzer.
Geb. in Leinw. m. Goldschn. n. 1. 80

— dasselbe, s.: Theater, neues. 20. Hft.

Felician, Gttfr., der junge Weltmann, od. vollständiges Handbuch des feingesitteten Umgangs, des Welttons und der Convenienz. Nach dem neuesten Geschmacke bearbeitet. gr. 12. Prag 842, Haase Söhne. 3/4 ℛ

Feliciens, merkwürdige Reise zu K. Karl in Untersberg nächst Salzburg, (v. F. X. Huber). 8. Salzb. 787. Mayr. 6 gr
Vgl. Felizian's...

Félicine, Lydia. Ueber die Beziehungen zwischen dem Blutgefässsystem und den Zellen der Nebenniere. Diss. Med. Bern. (... genehmigt ... 22. Februar 1905. Hierzu Tafel XI und XII. [Sep.-Abdr. aus:] Archiv f[ür] mikroskop[ische] Anatomie. Bd. 63 [1903].) II + 30 S. 8. [Bonn, F. Cohen.]

Felicitas. Ein Roman ... Berl. 1825. V: *Ahlefeld, Charlotte Sophie Luise Wilhelmine von.* (Ky) (MGT)

Felicitas; e. Roman vom Verf. der Erna (Charl. v. Ahlefeld). 8. Berl. 825. Duncker u. H. 1 ℛ 12 gr

Felicitas, Academiae. XIV. Jan. 1704. Helmstadii. V: *Koch, Cornelius Dietrich.* (Erman & Horn, Bibliogr. d. dtsch. Universitäten. 2. Leipz. u. Berl. 1904.)

Felicitas seculi sub Carolo VI... S. l. et a. V: *Dobner, Seb. Ferd.* (Pk)

Felicitas, Saeculi, in numis. Gottingae 1786. V: *Heyne, Chn Glob.* (MGT)

Felicitas Styriae et ceterarum interioris Austriae Provinciarum ... Graecii 1729. V: *Steizinger, Anton.* (So) (Jes)

de la Félicité publique considérée dans les pays sans cultivateurs etc. 8. Lausanne 770. Pott. 8 gr

Feliński, Aloizy, Dzieła. Wydanie nowe. II Tom. (Mit Portr. u. Facsim.) gr. 8. (37 1/4 B.) Wroclawiu 840, Schletter.

Felipe, von San, Geschichte von Spanien. 4 Bde. 8. Mietau, (Sommer in Leipz.) 772—73.

Felippe, s. Phelippe.

Felis, Emmo, e. Liebesdrama. Soziales Zeitbild in 3 Akten. 8. (120 S.) Leipzig 898. R. Friese, Sep.-Cto. n. 2. —

Unentbehrlich für jeden Violinisten! Practischer Führer m. Anh. über d. Klaviertechnik. Verf. von Paolo Felis. Berlin W.-Schöneberg: Neue Reform [1910]. 31 S. 8° (10. 13412)

Felisch, Strafrecht u. Strafprocess im J. 1891. Systematisch geordnete Uebersicht üb. die diesbezügl. Gesetze u. Verordngn. im deutschen Reiche u. in Preussen, sowie die Entscheidgn. d. Reichs- u. Kammergerichtes. gr. 8. (IV S. u. 59 Bl.) Berlin 892. C. Heymanns Verl. n. 2. —

— dasselbe im J. 1892. gr. 8. (IV, 74 S.) Ebd. 893. n. 1. 50

Felisch, Bernhard

Felisch, B., s.: Berlin u. s. Arbeit.

Felisch u. Biebendt, Lehrlingsschulen der Baugewerbe. 8°. Berlin 1877.

Felisch, Bernh., zur Reorganisation der Baugewerkschulen. Im Auftrage des geschäftsführenden Ausschusses des Verbandes deutscher Baugewerksmeister bearb. Nebst statist. Nachrichten, bearb. von Gramberg. 8. (37 S. mit 2 Tab. in qu. Fol.) Berlin 877, (F. Schulze's Verlag.) **

— s.: Rezeptbuch d. Baugewerkszeitung.

Felisch, Ernst Eberhard, Kammergerichtsrefer.: Rechte des bei Vertragsschluss vom Vertreter getäuschten Käufers. Berlin [1908]: Kuhz. 90 S. 8°
Heidelberg, Jur. Diss. v. 1908, Ref. Bekker
[Geb. 3. Febr. 86 Carolath; Wohnort: Kyritz; Staatsangeh.: Preußen; Vorbildung: Luisen-Gymn. Berlin Reife M. 04; Studium: Berlin 1, Genf 1, Berlin 1, Heidelberg 2, Berlin 1 S.; Rig. 27. Mai 08.] [U 09. 1788

Felisch, G., Gesundheitspflege und Heilkunde der landwirtschaftlichen Haussäugetiere, s.: Rohlwes.

Felisch, G., das Reichs-Gesetz betr. die Schlachtvieh- u. Fleischbeschau vom 3. VI. 1900, nebst dem preuß. Ausführungsgesetze vom 28. VI. 1902 u. den Ausführungsbestimmgn., soweit sie die Inlandsfleischbeschau u. den Reg.-Bez. Merseburg betreffen, einschl. der Trichinenschau. Zum Gebrauch f. Behörden, Fleischbeschauer u. Trichinenschauer zusammengestellt u. m. Anmerkgn. versehen. (X, 228 S.) 8. Merseburg 904. F. Stollberg. Kart. n. 3. 50

Felisch, J., was in der Luft vorgeht. Populäre Vorträge über Luftdruck, Luftschifffahrt und Meteorologie mit Berücksichtigung der Höhenverhältnisse der verschied. Länder. 8. (XII und 260 S. mit 1 lithogr. Regen- und Windkarte.) Berlin 866, Springer's Verlag. *

[J.] Die Fürsorge für die schulentlassene Jugend. Bericht erstattet im Auftr. d. Vereins v. Dr. [Paul] Felisch, Landgerichtsr. in Berlin. *Leipzig: Duncker & Humblot 1897.* (2 Bl., 37 S.) 1 Bd 8.
— Schriften d. deutschen Vereins f. Armenpflege u. Wohlthätigkeit. H. 33. (97. 3317)

Die Fürsorge für die schulentlassene Jugend. Vortrag geh. 1906 von Dr. P[aul] Felisch, Geh. Admiralitätsr. Langensalza: H. Beyer & Söhne 1907. (17 S.) 8°
— Beiträge z. Kinderforschung u. Heilerziehung. H. 30.

Geh. Admiralitätsrat Dr. [Paul] Felisch. Die Fürsorge für die schulentlassene Jugend. Langensalza: Beyer 1907. 15 S. 8°
Aus: Protokoll d. Kongresses f. Kinderforschung u. Jugendfürsorge.
(Schriften d. Freiwilligen Erziehungsbeirates f. Schulentlassene Waisen. Bd 5.)

Die Rechtsprechung des deutschen Bühnenschiedsgerichts. Auf Veranlassung d. Deutschen Bühnenvereins u. d. Genossensch. deutscher Bühnenangehöriger hrsg. von Dr. [Paul] Felisch, Geh. Admiralitätsr., u. Dr. [Alexander] Leander, Rechtsanw. in Berlin. Berlin: H. Kuhz [1906]. (XV, 339 S.) 8° [F.]

Felish, Bernh., s. Barthollet, E., keine Kopfschmerzen mehr.

Felitier, die, geschichtl. Entwickelung e. Urvolks. Aus vorliegenden Urkunden geschöpft v. H. G. u. herausg. von D. Al. Benda. 1r Thl. gr. 8. Leipz. 827. Fr. Fleischer. 20 gl.

Feliu, Carlos, spanische Handelskorrespondenz. Sammlg. v. Orig.-Geschäftsbriefen f. den Handelsverkehr m. den Ländern span. Zunge. (VIII, 96 S.) 8. Stuttgart 909. Muth. Geb. 2.—

Felix [Sachl. OW]

Felix von Freudenfels, eine Geschichte menschlicher Freuden und Leiden. Leipzig 1787—88. V: *Thilo, Friedrich Theophilus.* (NN) (Ky)

Felix v. Freudenfels; e. Geschichte menschlicher Leiden u. Freuden, (von Fr. Thphl. Thilo). 4 Thle. 8. Leipz. 787, 788. (Nauck). 3 ß

Felix von Fröhlichsheim. Katzensprung von Frankfurt a. M. nach München . . . Leipz. 1821. V: *Fischer, Chn August.* (MGT)

Felix u. Hannchen. Lustsp. v. Bretzner 8. Leipz. Jacobäer. 798

FELIX, Ritter Don, Der mit seiner Donna Charmante herumirrende. Mit (5) Kpfrn. Franckfurt u. Leipzig (Breslau) 1754. 8°. Sehr selten! (Auch in Frankfurt a. M., Stadtbibl.; besitzt ferner Dr. Ullrich in Brandenb. a. Havel.)
TKpf., 527 SS. (incl. roth u. schwarz gedr. Titel u. S. 5—8 Vorrede), 4 Kpfrn. im Texte. Darin viele episodische, zum Theil erotische Erzählungen.

— Don, der mit seiner Donna Charmanta herumirrende Ritter, in Briefen. 8. Lpz. Meyer. 754.

Felix von der Insel. Autobiographie aus dem Engl. 8. (129 S.) St. Gallen 860, Huber und Comp.

Felix u. Leonore, od. die unglückl. Colonisten; aus d. Französ. v. Keßler. 2 Bde. 8. Karlsr. 808. (Braun). 2 ß Schreibp. 2 ß 8 gl.

Felix u. Leonore, od. d. unglückl. Colonisten, a. d. Franz. 2 Bde. 8. Carlsruhe, Macklot. 808. Schreibpap.

Felix mit der Liebesgeige, von Hegrad, 2 Theile, neue Aufl. mit Kupf. 8. Prag, 794. Neureutter. 1 Rthl.

— — dasselbe m. K. 2 Bde. 8. Prag. (Hinrichs in Lpz.) 794

— — dasselbe m. K. 2 Bde. 8. Leipzig, Joachim.

Felix mit der Liebesgeige. Prag 1804. V: *Hegrad, Fch.* (BGE[2] III/114) (Ky 8/60) (GGr V/506, Nr. 8/8) (Hdschr. Mitth. von Gustav Gugitz, Wien.) (Biblport)

— mit d. Liebesgeige; e. Roman v. Hegrad. 2 Thle. 8. Prag, Schönfeld. (Sommer in Lpz.) 804.

Felix, der Robinson von 12 Jahren. Eine merkwürd. u. für die Jugend sehr lehrreiche Geschichte eines auf einer unbewohnten Insel verschlagenen jungen Matrosen. Nach d. Franz. v. Karl Dielitz. Mit 8 ill. Bild. 8. Berlin 836. Winckelmann u. Söhne. 1 ß

— Don, u. Seraphine, s. Aredo.

Felix [Verfasser]

Felix of Crowland: Das angelsächsische Prosa-Leben des hl. Guthlac (Vita S. Guthlaci presbyteri et anachoretae Crulandiae in Anglia. Auctore Felice monacho Girwensi) Mit Einl., Anm. u. Miniaturen. Hrsg. von Paul Gonser. Heidelberg: Winter 1909. VII, 200 S. 8°
(Anglistische Forschungen. H. 27.)

Felix, die Abenteuer des Herrn v. Schweinach, } s.: Dilettantenbühne, kathol.

Felix (I.), Arkolay's Appell an die Denker in den Heeren. Beiträge zu einem Gegen-Appell. gr. 8. (IV, 167 S.) Wien 869, Seidel und Sohn. *

Rentner Bitterlich und seine Pfeife oder d. Macht d. Einbildung. Posse in 1 Akt. Nach d. Franz. von Felix. *Essen (Ruhr): Fredebeul & Koenen 1900.* (23 S.) 8° [F.]
— Vereinstheater, Neues. No 28.

Felix: Der Geizhals, s. Dilettantenbühne, Kathol.

— Haus zu verkaufen, nach Duval bearb. } s.: Vereins-
— Rentner Bitterlich u. seine Pfeife, } theater, neues.

— Scapin's Schurkenstreiche, s.: Dilettantenbühne, kath.

Felix, s. Sorget f. die Gesundheit der Schüler!

Verloren und wiedergefunden oder Vom Vater verflucht. Schauspiel in 3 Aufz. Nach d. Franz. von Felix. *Essen (Ruhr): Fredebeul & Koenen 1900.* (42 S.) 8° [F.]
— Vereinstheater, Neues. No 25.

Felix, Versuch e. systemat. Begründung d. deutschen Rechtschreibung, z. Schulgebrauche. 8. (14 B.) Darmstadt 829, Leske.

—— Wort und Buch. Rede. Deutsch mit Genehmigung des Verf von J. Molzberger. gr. 8. (80 S.) Mainz 867, (Giani.) *

Felix A. und Friedländer P.: Über indigoide Farbstoffe. 6. Mitteilung: Aliphatisch-aromatische Verbindungen (mit 1 Textfigur). S. 118. Hb. 75 . . . . vgr.
Separatabdruck

Felix, Alb., die Excesse der Jugend im physischen Lebensgenusse, oder die sichersten Mittel zur Wiederherstellung der in Folge von Unmäßigkeit im Essen u. Trinken, im Genusse der physischen Liebe 2c., so wie überhaupt in Folge einer frivolen Lebensweise zerrütteten Körper- u. Geisteskraft. Nach einer praktisch bewährten Methode 2c., mit besond. Berücksichtigung unserer gewerbtreibenden jungen Leute dargestellt. gr. 12. Prag 841, Haase Söhne. 1 1/6 ß

Felix, Cornelis Henricus. Ueber Luftinsufflationen in die vordere Augenkammer, eine neue Methode zur Behandlung der Iris- und Corneatuberkulose. Diss. Med. Bern. Mit 4 Zeichnungen. ... genehmigt ... 4. Juni 1902. [Separatabdruck aus: Zeitschrift für Augenheilkunde. Jahrg. 1902.] 48 S. 8. [Berlin, S. Karger.]

Felix, Ernst, Baufieber. Volksstück in 5 Aufzügen. (IV, 96 S.) 8. Dresden 905. E. Pierson. n. 2.—

— der dunkle Punkt. Schauspiel in 5 Aufzügen. (IV, 135 S.) 8. Ebd. 905. n. 2.—

Felix, Ernst (Fel. Strüwing), das Sonntagskind. Geschichte e. Maientraums. (148 S.) 8. Dresden (907). E. Pierson. 2.—; geb. n 3. —

Felix, Eugen, Katalog der Kunstsammlung von E. F., s. Eye, A. v., und P. E. Boerner.

Felix, Eug., die Schleimpolypen der Nase. gr. 8. (16 S.) Halle 902. C. Marhold. n. — 50

Die adenoiden Vegetationen. Von Dr. Eugen Felix, Bucarest. *Berlin: Fischer 1901.* (19 S.) 8°
— Klinik, Berliner. H. 155. [... 3109

Felix, Florian. Beitrag zur Kasuistik und Therapie des Hautanthrax beim Menschen. Diss. Med. Univ. Zürich. 47 S. 8. Zürich, Juchli & Beck, 1905.

Felix, G., die großen Lügen des Zeitgeistes vor dem Richterstuhle der Wahrheit. gr. 8. (IV, 335 S.) Regensburg 883. Manz.

Felix, G., Die großen Lügen des Zeitgeistes vor dem Richterstuhle der Wahrheit. Regensburg, Verlagsanst., 1883, gr. 8°, IV, 335 S., 4 Mk.
Linzer Quartalschrift 1886, S. 342.

Felix, G. Die französische Revolution, 1789—1795. 1. u. 2. (Titel-) Aufl. Mit 15 Textabbildgn. u. 1 Titelbilde. gr. 8. (III, 90 S.) Lpz. 889.92. Spamer. * 2 —; geb. * 2 50

Felix, G., ein Wort an die Arbeiter. [Lösung der sozialen Frage.] 16. (64 S.) Regensburg 871, Pustet.

Felix, G., Ein Wort an die Arbeiter. (Lösung der socialen Frage.) 16°. Regensburg, Pustet, 1874.

—— ein Wort über den Staat-Gott. gr. 8. (44 S.) Regensburg 871, Pustet.

—— drei Worte an das deutsche Volk. gr. 8. (96 S.) Regensburg 871, Pustet.

Felix, Geo., deutsche Lyrik. 8. (VIII, 192 S. m. 4 farb. Bildern.) Berlin 894. C. Georgi. Geb. in Leinw. m. Goldschn. n. 4. —

Felix, Gottlob Benjamin (Dresden), De medicina nonnumquam ex animi commotionibus capienda. Diss. med. Präs. Christian Friedrich Nürnberger. Wittbg. (Tzschiedrich) 13. III. 1790. 28 Seiten. (4.80) Gew.: Johann Christoph Raedler. 8662

Felix, Gust., Moskau 1812. Schauspiel in 5 Aufzügen. 8. (115 S.) Berlin 886, Steinthal. *

Felix, *Hans* [wiss. Hilfsl. Dr.]: Eilhart von Oberge u. Heinrich von Veldeke. Stendal, Druck v. Franzen & Gross. Verl., 1895; 22 S. 4.
Stendal, G, OP 1895 (256)

Felix, Hans [aus Halle a. S.]: Quaestiones grammaticae in Velleium Paterculum .... Halle a. S., Hof-Buchdr. v. C. A. Kaemmerer & Co., 1886; 60 S. + 1 Bl. 8°.
Halle, Phil. Fak., Inaug.-Diss. v. [4. Jan.] 1887.

Felix, Hans, quaestiones grammaticae in Velleium Paterculum. Diss. Halle 1887, Lippertsche Buchh. 8°. 60 S.

Der Stein der Weisen und Der güldene Trunk ... hrsg. von Hans Felix. *Berlin: Diringshofen [1901].* (IV, 79 S.) 8° [F.] [... 30778

Felix, Hedera, s.: Bargmann, Bernh. Alex.

Felix, H[einrich]: Festbüchlein auf das eidgen. Freischießen in Stans pro 1861. Luzern, 1861.

Felix, Heinrich: Festbüchlein auf das eidgen. Schützenfest in Zug 1869. Zug, 1869.

Felix, H(einrich). Lebensbild oder Schicksale, Leiden und Freuden des Alt-Lehrers H. F' ([geb.] 1814) in Luzern. Wahrheitsgetreu ...dargestellt.... Hochachtungsvoll seinen Gönnern gewidmet vom Verfasser H. F'.... 8. Luzern 1865.

Felix, Hugo [Pseud.], s. a. Moser, Felix Hugo [wirkl. Name]

Felix, Hugo, das Buch vom Geldverdienen. Ratschläge aus der Praxis f. allerlei Erwerb u. Nebenerwerb m. u. ohne Kapital, in u. außer dem Hause, in Stadt u. Land, für Herren u. Damen aller Stände. (284 S.) kl. 8. Berlin (909). R. Oesler. 3. —

Felix, Hugo, Heilmittel gegen Unfrieden und Untreue zwischen Ehegatten und Liebenden, ingleichen, wie eine vermuthete Treulosigkeit aufzudecken, abzuwenden, oder von der hintergangenen Person auf das Empfindlichste zu bestrafen ist. Berlin 862. Klänfoth in Comm. 8. (32 S.) 5 *ngr.*

Rhodope. Eine Operette aus d. Antike in 2 Acten nach e. Motive d. Augier von Alexander Engel. Verse und Musik von Hugo Felix. Vollst. Clav.Ausz. mit Text. *Wien & Leipzig: A. Robitschek [1900].* (123 S.) 4° [... 7870

Madame Sherry. Operette in 3 Akten von M[aurice] Ordenneau. In freier deutsch. Bearb. von Benno Jacobsen. Verse u. Musik von Hugo Felix. [Textbuch.] Berlin: Schlesinger; Wien: Haslinger [1903]. 47 S. 8° [11, 11034

Felix, J., die Arbeit als Gesetz des Lebens und der Erziehung. (Aus dem Französ.) Stuttgart 857. Scheible. 16. (70 S.) 3 *ngr.*

— — (Aus dem Französ. von Silvester Hester.) Paderborn 857. Schöningh. 12. (III, 43 S.) 3 *ngr.*

Felix, J., das neue Branntweinsteuer-Gesetz als Mittel zur Regelung des Staats-Haushaltes. Ein offenes Wort. gr. 8. (14 S.) Wien 888, Konegen. *

Felix, die drei Entwicklungsperioden im Leben der Kirche. Rede gehalten auf dem allgemeinen Katholiken-Congresse zu Mecheln am 8. Septbr. 1864. gr. 8. (39 S.) Augsburg 864, Kranzfelder'sche Buchh. *

Felix, J., Der Fortschritt durch das Christentum. Konferenzreden, gehalten in der Notre-Dame-Kirche zu Paris. Nach der 2. Aufl. des Originals bearbeitet von L. Müllergroß. 3 Jahrgänge. (2. Jahrgang mit dem Vortrage: Die Arbeit als Gesetz des Lebens und der Erziehung.) Regensburg, Manz (jetzt Verlagsanst.), 1858, 8°, 5,40 Mk.
—— Dasselbe. 1. Jahrg. 1856, Mainz, Kirchheim, 1858, 8°, XIII, 180 S., 1,50 Mk.
(Wiener) Kath. Littztg. 1859, S. 74.
—— Dasselbe. Deutsch von Heinrich Schiel. 1.—3. Jahrgang, 1856—58. Wien, Mayer u. Co., 1858, X, 309, 263, 276 S., à Jahrg. 1,80 Mk.
(Wiener) Kath. Littztg. 1858, S. 266 und 306. Sion, Littblätt. 1863, S. 125.

—— dass. — Conferenzreden, gehalten in der Notre-Dame-Kirche in Paris. Nach der 2. Aufl. des Orig. bearb. von Leop. Müllergroß. 3 Jahrgänge. Nebst einem Vortrag: Die Arbeit als Gesetz des Lebens und der Erziehung. gr. 8. (XV und 539 S.) Regensburg 858,59, Manz. à Jahrg. 18 Ngr.

—— Der Fortschritt durch die Religion. Fastenbetrachtungen im J. 1868 in der Notre-Dame-Kirche in Paris gehalten. Mit Genehmigung des Verfassers übersetzt von Anton Reichensperger. Augsburg, Kollmann, jetzt Regensburg, Verlagsanst., 1869, gr. 8°, 270 S., 2,25 Mk.

Felix (II.), der Fortschritt durch die Religion. Fastenbetrachtungen im J. 1868 in Notre-Dame in Paris gehalten. Mit Genehmigung des Verf. übersetzt von Ant. Reichensperger. gr. 8. (240 S.) Augsburg 870, Kollmann'sche Buchh. [Regensburg, Manz.]

Felix, J., Glaube und Unglaube im Kampfe, s. a. Compaß für das katholische Volk.

Felix, J., Glaube und Unglaube im Kampfe. Würzburg, Woerl, 1876, 8°, 34 S., 0,20 Mk.

—— der Krieg gegen die Jesuiten oder die Jesuiten und die Verfolgung. Mit besonderer Gutheißung aus dem Französ. übers. von St. Dosenbach. gr. 16. (87 S.) Regensburg 878, Pustet.

Felix, J., sur la prophylaxe de la Pellagre. Rapport au 4. congrès international d'hygiène, Genève, Septbre. 1882. gr. 8. (52 S.) Genève 882. (Wien, Seidel & Sohn.) n. 1. —

—— Recepte zur Rettung aus socialer Noth, s. Broschüren, social-politische.

—— der Socialismus und die Gesellschaft. Sechs Vorträge. Autoris. Uebersetzung von F. L. W. B. gr. 8. (XVI, 200 S.) Mainz 879, Kirchheim.

—— über die sanitären Zustände Rumäniens, s. Vorträge über Gesundheitspflege und Rettungswesen.

Felix, Johannes

— u. H. Lenk, Beiträge zur Geologie u. Paläontologie der Republik Mexico. 1. Thl. Mit 1 Lichtdr.-Taf. u. 3 Taf. in Farbendr. gr. 4. (VIII, 114 S. m. 3 Bl. Taf.-Erklärgn.) Leipzig 890. Felix. n. 10. —

Felix, J., u. H. Lenk, Beiträge zur Geologie u. Paläontologie der Republik Mexico. II. Thl. 1. Hft. gr. 4. (54 u. LV S. m. 5 Taf. u. 5 Bl. Erklärgn.) Leipzig 893. A. Felix. n. 15. — (I u. II, 1.: n. 25. —)

—— dasselbe. 3. Thl [Aus: „Palaeontographica".] gr. 4. Stuttgart 891. E. Schweizerbart. n. 20. —
1. J. Felix u. H. Lenk, Uebersicht üb. die Geologie des Staates Puebla. 2. J. Felix, Versteinerungen aus der Jura- u. Kreide-Formation v. Mexico. (78 S. m. 9 Taf. u. 9 Bl. Erklärgn.)

Felix, J., u. H. Lenk, Beiträge z. Geologie u. Paläontologie d. Republik Mexico. II. Thl. 2. Hft. gr. 4. Leipzig 898. A. Felix. n. 7. — (I.—II., 2.: n. 32. —)
Studien an Gesteinen aus d. mexican. Staat Oaxaca. Von H. Lenk. M. 4 Lichtdr.-Taf. u. 1 Holzschn. im Text. (S. 51—142 m. 4 Bl. Erklärgn.)

Felix, J., u. H. Lenk, Beiträge zur Geologie u. Paläontologie der Republik Mexico. II. Thl. 3. Hft. gr. 4. (III u. S. 143—210.) Leipzig 899. A. Felix. n. 11. —; (I—II. n. 43. —)

Felix, Johs., Beiträge zur Kenntniss der fossilen Hölzer Ungarns. Paläophytolog. Studien. [Mitteilungen aus dem Jahrbuche der königl. ungar. geolog. Anstalt, 8. Bd. 5. Heft.] Lex.-8. (20 S. mit 2 photolithogr. Taf. und 2 Bl. Erklärungen.) Budapest 887, (Kilián.) *

Felix, J. (I.), die fossilen Hölzer Westindiens, s. Sammlung palaeontologischer Abhandlungen.

——— Die fossilen Hölzer Westindiens. (Sammlung palaeontolog. Abhandlg. Serie I, Heft 1.) Cassel 1883. Mit 5 Tafeln. 4.

Felix (J.), Ueber die versteinerten Hölzer von Frankenberg in Sachsen. (Sep.-Abdr. Berichte der Naturforscher-Gesellschaft zu Leipzig. Jahrgang 1882.) 8.

—— die Holzopale Ungarns in palaeophytologischer Hinsicht. gr. 8. (43 S. mit 4 Stnt. und 4 Bl. Tafelerklärungen.) Budapest 884. (Berlin, Friedländer und Sohn.) *
Aus: Jahrbuch der k. ungar. geologischen Anstalt, besonders abgedruckt.

Felix, Johs., über einige fossile Korallen aus Columbien. (S. 85—93 m. 2 Abbildgn.) gr. 8. München 905. (G. Franz' Verl.) n. - 20
Sonderabdruck aus: „Sitzungsber. d. bayer. Akad. d. Wiss."

Über die fossilen Korallen der Snow Hill-Insel und der Seymour-Insel. Von Johannes Felix. Mit 1 Taf. Stockholm 1909: Lith. Inst. d. Generalstabs; Berlin: Asher 1909. 15 S. 4°(8°) [Umschlagt.]
(Wissenschaftliche Ergebnisse d. schwed. Südpolar-Expedition 1901—1903. Bd 3, Lfg 5.) [illegible]

Felix, Johs., über eine untertertiäre Korallenfauna aus der Gegend v. Barcelona. (S. 113—130 m. 1 Taf. und 1 Bl. Erklärgn.) Lex. 8. Stuttgart 909. E. Schweizerbart. 7. —
Sonderabdruck aus „Palaeontographica".

Felix, Johannes: Tertiäre Laubhölzer. 1883.

Die Leitfossilien aus dem Pflanzen- und Tierreich in systematischer Anordnung von Dr. Johannes Felix, Prof. Mit 626 Abb. Leipzig: Veit & Co. 1906. (X, 240 S.) 8° [illegible] 10

——— Ueber structurzeigende Pflanzenreste aus der oberen Steinkohlenformation Westphalens. (Sep.-Abdr. Berichte der Naturforscher-Gesellschaft zu Leipzig. Jahrgang 1885.) 8.

Felix, Johannes: Reiseskizzen aus Nordamerika. Mit 1 Tafel. ([S.-A.] Földtani Közlöny. Bd. 25. (1895).) (Budapest 1895.) 27 S., 1 Tf. 8°.

FELIX, Johannes: Studien über fossile Hölzer. - Leipzig 1882. 81 S., 1 Taf. Diss.

Felix, Joh., Studien über die korallenführenden Schichten der oberen Kreideformation in den Alpen und den Mediterrangebieten. Th. 1, Hälfte 1. *Stuttgart: E. Schweizerbart 1903.* 4°
— Palaeontographica. Bd 49, Lfg 4. 5. [illegible]

—— Untersuchungen über den inneren Bau westfälischer Carbon-Pflanzen, s. Abhandlungen zur geologischen Specialkarte von Preussen und den Thüringischen Staaten.

Felix, Johannes, und Hans Lenk: Ueber die tektonischen Verhältnisse der Republik Mexico. Mit 2 Tafeln. ([S.-A.] Zeitschrift der Deutschen Geologischen Gesellschaft. Jahrg. 1892. S. 303—323.) (Berlin 1892.) 21 S., 2 Tf. 8°.

Félix, Jules, les plages et les stations minérales de la Belgique, s.: Bibliothèque balnéologique.

Felix, Karl Heinr., das Recht auf Glück. Lebensbilder in lyrisch-dramat. Form. (110 S.) 8. Leipzig 905. Modernes Verlagsbureau. n. 2. —

FELIX, LORENZ. Recherches sur l'acide para-thiooxybenzoïque et l'acide para-thiophenol sulfurique. (Genève) Hamburg, 1894.

Felix, Ludw., die Arbeiter und die Gesellschaft. Eine culturgeschichtl. und volkswirthschaftl. Studie. gr. 8. (IV, 300 S.) Leipzig 874, O. Wigand. *

Der Einfluß der Natur auf die Entwicklung des Eigenthums. Von Ludwig Felix. *Leipzig: Duncker & Humblot 1883.* (VI, 308 S.) 8°
— Felix: Entwicklungsgeschichte d. Eigenthums. Th. 1. [illegible]

Der Einfluß der Religion auf die Entwicklung des Eigenthums. Von Ludwig Felix. *Leipzig: Duncker & Humblot 1889.* (IX, 388 S.) 8°
— Felix: Entwicklungsgeschichte d. Eigenthums. Th. 3. [illegible]

Der Einfluß der Sitten und Gebräuche auf die Entwicklung des Eigenthums. Von Ludwig Felix. *Leipzig: Duncker & Humblot 1886.* (XI, 462 S.) 8°
— Felix: Entwicklungsgeschichte d. Eigenthums. Th. 2. [illegible]

Der Einfluß von Staat und Recht auf die Entwicklung des Eigenthums. Von Ludwig Felix. Hälfte 1. 2, Abth. 1. 2. *Leipzig: Duncker & Humblot 1896—1903.* 3 Bde 8°
1. 1896. 2, Abt. 1. ⟨Das Mittelalter.⟩ 1899.
2, Abt. 2. ⟨Die neue Zeit, d. französ. Revolution.⟩ 1903.
— Felix: Entwicklungsgeschichte d. Eigenthums. Th. 4. [illegible]

Entwicklungsgeschichte des Eigenthums unter culturgeschichtlichem und wirthschaftlichem Gesichtspunkte. Von Ludwig Felix. Th. 1—4. *Leipzig: Duncker & Humblot 1883—1903.* 6 Bde 8°
1 — Der Einfluß d. Natur auf d. Entwicklung d. Eigenthums. 1883.
2 — Der Einfluß d. Sitten u. Gebräuche … 1886.
3 — Der Einfluß d. Religion … 1889.
4 — Der Einfluß von Staat u. Recht … Hälfte 1. 1896. 2, Abth. 1. 1899. 2, 2. 1903.
[illegible]

Felix, Ludw., Entwicklungsgeschichte d. Eigenthums unter culturgeschichtlichem u. wirthschaftlichem Standpunkte. 1. u. 2. Thl. gr. 8. Leipzig, Duncker & Humblot. n. 16. —
1. Der Einfluss der Natur auf die Entwicklung d. Eigenthums. (VII, 308 S.) 883. n. 7. —
2. Der Einfluss der Sitten u. Gebräuche auf die Entwicklg. d. Eigenthums. (XI, 462 S.) 886. n. 9. —

Felix, Ludw. Entwicklungsgeschichte d. Eigenthums unter culturgeschichtlichem u. wirthschaftlichem Gesichtspunkte. 3. Thl. gr. 8. Lpz. 889, Duncker u. Humblot. * 8 —
Der Einfluss der Religion auf die Entwicklung d. Eigenthums. (IX, 388 S.) 1. u. 2. Thl. Ebd. 1883,86. * 16 —.

Felix, Ludw., Entwickelungsgeschichte des Eigenthums unter culturgeschichtlichem u. wirtschaftlichem Gesichtspunkte. IV. Thl. Der Einfluss v. Staat u. Recht auf die Entwicklg. des Eigenthums. 2. Hälfte. 1. Abth. (Das Mittelalter.) gr. 8. (XII, 776 S.) Leipzig 899. Duncker & Humblot. n. 15. —; (I—IV, 2I. n. 48. 60)

Felix, Ludw., Entwickelungsgeschichte des Eigenthums unter culturgeschichtlichem u. wirtschaftlichem Gesichtspunkte. IV. Thl. Der Einfluss v. Staat u. Recht auf die Entwicklg. des Eigenthums. 2. Hälfte. 2. Abth. (Die neue Zeit, die französ. Revolution.) (IX, 623 S.) gr. 8. Leipzig 903. Duncker & Humblot. n. 13. 40 (Kplt. n. 62. —)

Felix, Ludw., Kritik des Sozialismus. gr. 8. (VIII, 117 S.) Leipzig 893. Duncker & Humblot. n. 2. 40

Der moderne Reichtum. Von Ludwig **Felix**. Berlin: O. Haering 1906. (IV, 176 S.) 8° [J.] (ed. 3077 6

—— Währungs-Studien m. besond. Rücksicht auf Österreich-Ungarn. gr. 8. (40 S.) Ebd. 890. * 1 —

Felix, Paul [Pseud.], s. a. Schlesinger, Paul [wirkl. Name]

Felix, Paul, Fernand's Flitterwochen. Parodist. Roman. E. Fortsetzg. v. Feydeau's Schwank „Fernand's Ehekontrakt". 8. (159 S.) Berlin 895. J. Gnadenfeld & Co. n. 1. —

Felix, P[eter]. Andreas Hofer und der Tirolerkrieg von 1809. Einfach und anschaulich erzählt von Pfr. P. F'.... (Sonderabdruck aus den »Glarner Nachrichten« .... [Jahrg. 1910, Nr. 64—121.]) 100 S. 8. Glarus, Komm. J. Büschlin, (1910). [fr. —.70]

Felix, Rich., Saul und David. Biblisches Trauerspiel in 5 Akten. gr. 8. (103 S.) Köln 872. (Roemke und Comp.) *

Felix, Th., Der Protestantismus und die soziale Frage. 1. Theil. 8°. Strassburg 1884.

Felix, Dr. Walther: Die erste Anlage des Excretionssystems des Hühnchens. Mit vier Tafeln. S.A. [Festschrift z. Feier d. 50jähr. Doctor-Jubil. K. W. v. Nägeli u. A. v. Kölliker gewidm...., S. 89—122]. Zür. J. Schabelitz Dr. [A. Müller Verl.] 1891. 33 S., 4 Taf. f°.
Zürich, Med. Fac., Habilitationsschrift.

Felix, Walther, die Länge der Muskelfaser bei dem Menschen und einigen Säugethieren. gr. 4. (9 S. mit 1 Abbild. im Text.) Leipzig 887, Engelmann. *
Aus: Festschrift für A. v. Kölliker, besonders abgedruckt.

Felix, Walther: Über Wachsthum der quergestreiften Muskulatur nach Beobachtungen am Menschen. . . . (Aus: Zeitschr. f. wiss. Zool. Bd. 48.) Leipzig, Wilhelm Engelmann, 1889; 88 S. u. 2 Taf. 8°
Würzburg, Med. Fak., Inaug.-Diss. v. 1889

Felixens Abentheuer u. Liebschaften; aus d. Französ.; (v. Chr. Fr. Glo. Kühne). 8. Gera 800.

Felixens Bild, a. d. Russ. d. Derschawin, übers. v. A. v. Kotzebue. 4. Reval. (Dyk in Leipz.) 792. -

Felizian's, Frater, *merkwürdige Reise zum Kaiser Karl im Untersberg nächst Salzburg.* (Vignette, Radirung in Braundruck, darunter die Worte:) Er lächelt im Traume. O. O. (München) 1787. 8°. Ppb.
Humorist. Roman mit allerhand satyr.-polit. Anspielungen. Tit., 1 Bll. Vorb. (unterz.: München, d. 1. May 1787. Elis Zus.) u. 149 S. (52 Cap.). — Selten!
Vgl. F e l i c i e n s...

Felizitas, s.: Manöver-Küche.

Felizitas, Manöverküche. 8°. (93 S.) K 2.—
Wien: Seidel 1906.

Felke, obgleich — dennoch. 9 Betrachtgn. üb. den 18. Psalm. Nach stenograph. Aufzeichngn. hrsg. v. Andres Müller. gr. 8. (VII, 147 S. m. Bildnis.) Homberg 900. E. Hadtstein. n. 1. 75

Felke, Pastor, u. seine Heilmethode. 2. Bd. 8. (VIII, 305 S. m. Abbildgn. u. Bildnis.) n. 2. 75; geb. in Leinw. n. 3. 50; (1 u. 2. n. 3. 35; geb. n. 5. 75)
Homberg: E. Hadtstein 1900.

Das Hohe Lied Salomonis und der 27. Psalm ausgelegt von Emanuel **Felke**, Pastor. Crefeld: Worms & Lüthgen 1908. (105 S.) 8° [J.] (ed. 1737

Felke, E., Salomo's Unterricht vom bösen Mann und fremden Weib. Sprüche Salomo's 2, 12—22. Abschiedspredigt, gehalten am Sonntag Misericordias Domini 1885 in der Kirche zu Beeck. gr. 8. (15 S.) Ruhrort 885. (Bonn, Schergens.) +

Felke, Fritz: Die mittelhochdeutsche Übersetzung der vier Evangelien in der Augsburger Handschrift. Greifswald: Kunike 1909. 77 S. 8°
Greifswald, Phil. Diss. v. 16. März 1909, Ref. Reifferscheid †-Stosch
[Geb. 9. Juni 87 Charlottenburg; Wohnort: Charlottenburg; Staatsangeh.: Preußen; Vorbildung: Realgymn. Charlottenburg Reife O. 05; Studium: Berlin 5, Greifswald 2 S.; Rig. 16. Jan. 09.] [U 09. 1520

Felke. V., De Sallustii Catilina I. Diss. 1894. 76 S.

Felkel Adolf: Über Formgebung und künstlerische Ausstattung von Gegenständen, mit bes. Berücksichtigung des griechischen Akanthus und seiner Anwendung bis in die Neuzeit. 15. Stockerau 91.
Progr.

Felkel, Anton

— s. 1) Beschaffenheit d. Donners. 2) Gli. Denkerecht.

Neueröfnetes Geheimnifs der Parallellinien, enthaltend verfchiedene wichtige Zufätze zur Proportion - und Körperlehre, von *Anton Felkel*, Liebhaber der mathematifchen und phyfikalifchen Wiffenfchaften. Nebft einer dreyfachen vorläufigen Nachricht, von den dazu dienenden neuerfundenen mechanifchen Kunftgriffen. Wien, in der Ghelenfchen Buchhandlung. 8. 6 Bog. 2 Kupf.
1781.

— Tabellen zum Gebr. der Normalschule in Wien. Fol. Wien 771.

Felkel, A. Tabula omnium factorum simplicium numerorum per 2. 3. 5 non divisibilium ab 1 usque 10000000. Pars I (1—144000). Vindob. 1776. fol. Vollst.

— Tafeln aller einfachen Factoren der durch 2, 3, 5 nicht theilbaren Zahlen, von 2 bis 10,000,000. 1r Thl. gr. Fol. Wien 776. Gräffer. 1 ℛ

— Tafeln der Faktoren von 1 bis 10 Millionen, fertig bis 5 Millionen. Fol. Wien 1776.

A. Felkel's Arithmetifche Ueberzeugung für grundforfchende Liebhaber, aus einfachen Quellen hergeleitet. Wien, Ghelen. 8. (7 gr.) 1782

Felkel Gustav: Zum Fall des zwischensilbigen „d" und „t" im Französischen nach lateinischen Urkunden. II. 1909 PN 2821 **Diss.** Wien, Univ.

Felkel, Johann Nepomuk

— Fastenpredigten. 8. Bresl. 799.

Felkel, Johann Nepomucen, Gedächtniss-Predigt bei dem Tode Ihro Majestät der Allerdurchlauchtigsten Königinn-Wittwe von Preussen Elisabeth, Christine gebohrne Herzoginn von Braunschweig-Wolffenbüttel. Gehalten den 29. Januar 1797 in der Kirche bei Sanct Jacob am Sande. Breslau, Hirschberg und Lissa in Süd-Preussen. 1797. 8. 22 S.

Felkel, Jh. Nep., († d. 30. März 1803.) Predigten auf alle Festtage. gr. 8. Bresl. 788. J. Fr. Korn. 1 ℛ

— Predigten üb. die heil. Geschichte des Leidens u. Sterbens Jesu. gr. 8. Bresl. 796. J. Fr. Korn. 8 gl

— Predigten über das Leiden u. Sterben Jesu. gr. 8. Bresl. 790. J. Fr. Korn. 8 gl

— Predigten auf alle Sonntage des Jahres. 2 Thle. gr. 8. Bresl. 791. J. Fr. Korn. 1 ℛ 16 gl

— Samml. einiger Reden üb. verschied. Gegenstände der Religion u. Sittenlehre, für einige Sonn- u. Festtage. gr. 8. Bresl. 788. J. Fr. Korn. 10 gl

Felkel, Johann Nepomucen, Trauer-Rede bei dem Tode Seiner königlichen Majestät Friedrich des Zweiten König von Preussen glorwürdigsten Andenkens. Breslau 1786. 8.

Felkin, Mrs. Alfr. Laurence, s.: Fowler, Ellen-Thorneycroft.

Felkin, Rob. W., über Lage und Stellung der Frau bei der Geburt auf Grund eigener Beobachtungen bei den Neger-Völkern der oberen Nil-Gegenden. gr. 8. (32 S. mit 2 Taf.) Marburg 885, Ehrhardt's Universitäts-Buchh. *

Felkin, Robert W.: Uganda und sein Herrscher Mtesa. Vortrag gehalten in der Geographischen Gesellschaft zu München am 26. März 1885. (Jahresbericht der Geographischen Gesellschaft in München für 1884. S. 81—103) München 1885. 23 S. 8°.

Felkin, Robert W.: Uganda und der ägypt.Sudan. s. Wilson, C.T.

Felkl, J., Anweisung zum Gebrauche der Erd- u. Himmelsgloben. Prag 856. André in Comm. 16. (40 S.) n. 4 ngr

Felkl J. Die Erde. Herausgegeben von . . . 12 Theile auf zwei Karten zum Aufziehen auf einen Globus von 9″ Durchmesser. Steindruck von E. Kutschera in Prag, gravirt von Liebisch und Wagner. 1856

Felkl, J., der Globus und seine Anwendung in Schule und Haus. Ein unentbehrl. Hilfsbuch für Lehrer und Laien. gr. 8. (29 S.) Roztok 877, Felkl und Sohn. *

Felkl J. Himmelsglobus herausgegeben von — — 12 Theile auf einem Blatt zum Aufziehen auf eine Kugel von 6 Zoll Durchmesser. Steindruck von Kutschera in Prag. Lith. von Liebisch und Wagner. 1856

(Felkl.) — Probeheft der Felkl'schen Globen. Leipzig 861. Hinrichs' in Comm. 4. (8 lith. Bl.) 15 ngr.

Felkl Raoul: Satiren und Schmähgedichte gegen Gebrechen der römischen Kurie aus der Zeit des Kampfes zwischen Kaisertum und Papsttum.
1908 PN 2601 Diss.Wien, Univ.

Fell: Reise durch die batavische Republik. Aus d. Engl. übers. u. m. Anmerk. begl. v. K. Murhard. Leipz. 1805. 428 S.

Fell, ..., Reise durch die Batavische Republik; aus d. Engl., mit Anmerkk. v. J. K. A. Murhard. 8. Leipz. 805. Reclam. 1 ₰ 16 gr

Fell, Geo., Antonio Baldinucci. Ein Bild aus dem Leben der Kirche zu Beginn d. 18. Jahrh. Zur Feier der Seligsprechg. gr. 8. (VIII, 184 S. m. Bildnis.) Regensburg 893. F. Pustet. n. 1. 60

Fell, Geo., S. J., der Mailänder Dom u. seine Sehenswürdigkeiten. (IX, 132 S. m. 25 Abbildgn. u. 1 Bildn.) kl. 8. Regensburg 910. F. Pustet. 1. 20

Fell, Geo., S. J., treu zu Kirche u. Papst. Vorträge u. Erwäggn. Weiteren Kreisen aller christl. Bekenntnisse dargeboten. (VII, 170 S.) gr. 8. Freiburg i/B. 903. Herder. n. 1. 50

Fell, Geo. Die Unsterblichkeit der menschlichen Seele, s. Stimmen aus Maria-Laach, Ergänzungshefte.

Fell, Georg, Die Unsterblichkeit der menschlichen Seele philosophisch beleuchtet. Freiburg, Herder, 1892, gr. 8°, IV, 136 S., 1,70 Mk.

Fell, H., Reichsgesetz üb. den Versicherungsvertrag, s.: Lindner, E.

Fell, Hermann, a. Niederbexbach: Das Durchsuchungsrecht im Seekrieg. Würzburg 1908: H. Braunwarth. (130 S.) 8°
Würzburg, Jur. Fak., Ref. Meurer, Diss. v. 29. Febr. 1908
[Geb. 12. Febr. 82 Niederbexbach; Wohnort: Zweibrücken; Staatsangeh.: Bayern; Vorbildung: Gymn. Zweibrücken Reife Juli 04; Studium: Würzburg 8 S.; Rig. 10. Juli 07.]

Fell, J., Zuruf an Christen aller Bekenntnisse, nach meinem Austritte aus d. röm. zur evangel. Kirche. gr. 12. (8½ B.) Frankfurt a. M. 827, Sauerländer.

Fell, J., Zuruf an Christen aller Bekenntnisse, nach meinem Austritte aus der röm. zur evangel. Kirche. gr. 12. Frankf. 828. Sauerländer. 16 gr

Fell, John

[FELL & ALLESTRY ?]. Das Muster Eines rechtschaffenen Edelmanns In den Pflichten gegen Gott, gegen den Nächsten, und gegen sich selbst; In Englischer Sprach beschrieben, Durch den Auctorem Von der gantzen Pflicht des Menschen. Und nunmehro In das Teutsche übersetzet. Nürnberg, P. C. Monath, 1721. 8°. *Schönes allegor. Frontispiz*, 18 Bl. 272 S. Pgt. d. Z. 55.—
Erste deutsche Ausgabe von „The Gentleman's Calling" (1659—1660), eines etwas erbaulich gefärbten „Cortegiano" des Barock, vom „Author of the Works of the Whole Duty of Man" (cf. Lowndes V. 2912). Die Verfasserschaft wird dem Bischof John Fell und Richard Allestree zugeschrieben, doch werden auch Erzbischof Sancroft, oder William Chapel, Abraham Woodhead und einige andere als mutmaßliche Urheber bezeichnet.

Fell, Josef, cand. med. aus Krefeld: Aus d. pharmakol. Institute zu Würzburg. Schicksale der Bromsalze im tierischen Organismus. *Würzburg: B. Cramer 1899.* (24 S.) 8°
Würzburg, Med. Diss. v. 1899

Fell, Winand, Indices ad Beidhawii commentarium in Coranum. gr. 4. (VI, 71 S.) Leipzig 878, F. C. W. Vogel. *
Beidhawii Commentarius in Coranum. 1844—48. Mit Indices. *M 50.

Lehrbuch der Allgemeinen Einleitung in das Alte Testament. Von Dr. Winand Fell, Prof. Paderborn: F. Schöningh 1906. (IX, 244 S.) 8° [F.]
— Handbibliothek, Wissenschaftliche. Reihe 1, 25. geb. 6

Fell, W. Über den Ursprung und die Entwicklung des höheren Unterrichtswesens bei den Muhammedanern. 35 S. Marz. G. *Cöln* 1883. Progr.

Fella, J., praktische Anleitung zur Behandlung des Etats-, Cassa- und Rechnungswesens der Gemeinden und Stiftungen. gr. 8 (IV und 295 S.) Schweinfurt 867, Wetzstein.

Fella, J., die Wehrverfassung und die Socialgesetzgebung des Königr. Bayern. Eine Zusammenstellung der bezügl. neuen Gesetze mit leichtfaßl. auf die betr. Kammer-Verhandlungen sich gründ. Anmerkungen, dann je eine prakt. Anleitung für die Gemeindebehörden zur Behandlung der einzelnen Gesetze, mit Formularen zu allen bei diesen Behörden nur immer vorkomm. Handlungen. (In 5 Abthlgn.) 1.—3. Abthl. 8. (S. 1—356.) Würzburg 868, (Staudinger.) à Abthl. *M 1,20. *

Fellbaum, Friedrich, a. Peterwitz: Beitrag zur Frage der kompensatorischen Hypertrophie der Nebennieren. Würzburg 1907: F. Staudenraus. (38 S.) 8°
Würzburg, Med. Fak., Ref. Borst, Diss. v. 25. April 1907
[Geb. 4. Febr. 79 Peterwitz; Wohnort: Würzburg; Staatsangeh.: Preußen; Vorbildung: Gymn. Groß-Glogau Reife O. 98; Studium: Breslau 4, Marburg 1, Würzburg 5 S.; Coll. 13. März 07; Approb. 23. Dez. 05.]

Fellberg, Joh. Aug., der vollkommene Seiler (Repschläger); oder Beschreibung der in der Fabrikation der Seile, Taue ꝛc. gemachten neuesten Erfindungen u. Verbesserungen. Nebst Belehrung über zweckmäß. Befestigung der Taue auf Schiffen. Nach d. Engl. bearb. und mit deutschen Zusätzen vermehrt. Mit 1 Taf. Abbildd. 8. Quedlinburg 833. Basse. 1/3 ₰

Felle, Eug., s.: Radtourist, der, i. Algäu.

(Fellechner, Müller und Hesse): Bericht über die im höchsten Auftrage Seiner Königlichen Hoheit des Prinzen Carl von Preussen und Sr. Durchlaucht des Herrn Fürsten von Schönburg-Waldenburg bewirkte Untersuchung einiger Theile des Mosquitolandes, erstattet von der dazu ernannten Commission. Mit zwei Karten und drei Abbildungen. Berlin 1845. (II). 275 S. 8°.

Fellegger, Max Erzeugungsarten developpabler Flächen. 26 S. 8.
Progr. G. *Wiener-Neustadt* 1876.

Felleisen. Nördlingen 1778. H: *Wekhrlin, Wilhelm Ludwig.* (ML) (GGr)

Felleisen
① Organ der zentralisierten deutschen Arbeitervereine in der Schweiz. Organ der deutschen Arbeiterbildungsvereine in der Schweiz (1872). Organ für die Interessen des arbeitenden Volkes. Eigentum der deutschen Arbeiterbildungsvereine in der Schweiz (1874) ⑤ Juli 1862—1874 ⑥ 2° ⑦ Monatsblatt (bis 1869), Wochenblatt (1870), Monatsblatt (1871), alle 14 Tage (1872—1874) ⑧ Zürich: wahrscheinlich Genossenschafts-Buchdruckerei (Juli 1862—März 1867); Genf: (April 1867—1869): Zürich: Genossenschafts-Buchdruckerei (Januar 1870—1873); Weinfelden: Genossenschafts-Buchdruckerei (Hans Wörlein) (1874) ⑩ deutsche Arbeitervereine in der Schweiz ⑪ Amand Gögg ⑫ für die deutschen Arbeiter in der Schweiz ⑬ BGSZ: 52: Gridazzi: Entwicklung der sozialistischen Ideen in der Schweiz ⑭ Zh: Z (einige Nummern der Jahrgänge 1872—1874).

Felleisen, das verwechselte, oder so täuscht ein Bruder den andern. Nach d. Französ. von J. F. L. Menzel. 8. Bayr. 797. Lübeck. 8 gr.

Felleisen, das verwechselte; oder: So täuscht ein Bruder den andern. Lustsp. nach d. Franz. v. Menzel. 8. Bayreuth, Lübeck. 797.

Felleisen, das verwechselte, od. so täuscht rc., ist jetzt Verlag v. Schnupphase in Altenburg.

Fellenberg, Ludwig Rudolph von. [Bern 1878.] V: *Valentin, Ad.* (Zuwachsverz. d. Bibliotheken in Zürich 1898 ff.)

Fellenberg, A., Potsdam u. Umgegend, s.: Grieben's Reiseführer.

Fellenberg, Adolphus (Julius) *(geb. Oels 21. 7. 1812)*: De effectu, quem rheumatismus uteri in partum exercet. Vratislaviae (1838). (22 S.) 8°
Breslau, Med. Diss. v. 27. Nov. 1838

Fellenberg, E., die Beurtheilung der Zeichen der Zeit. Ein bei Anlaß einer Conferenz christl. Freunde ausgearb. Vortrag. 8 (36 S.) Basel 863, Spittler.

Fellenberg, Daniel

FELLENBERG, Dn.: Jurisprud. antiqua contin. opuscc. et dissertatt., quibus leges antiquae, praesertim Mosaicae, Graecae et Rom. illustr. *Bern*. Tscharner. 760. 2 T. gr. 4. (4 Thl. 16 Gr.)

Fellenberg, Dn., (+ im Jan. 1801.) Jurisprudentia antiqua. II Tom. 4. Bern 760 u. 61. Typogr. Soc. 4 ₰ 6 gl

— Philosophia juris antiqui selectiss. dissertationib. illustrata. Francof. et Lips. 776. 2 Tom. 4. Ist das vorige Buch.

von Fellenberg, Edmund: Ein Abstecher in die Hohe Tátra. Reise-Erinnerungen. ([S.-A.] Jahrbuch des Schweizer Alpen-Club. Jahrg. 11.) Bern 1876. 49 S., 2 Tf. 8°.

Fellenberg. Edmund v[on]. Bericht an die Tit. Direction der Entsumpfungen über die Ausbeutung der Pfahlbauten des Bielersees in den Jahren 1873 und 1874. (Mit einer Profiltafel.) [SA.] 8. Bern 1875.

Geologische Beschreibung des Westlichen Theils des Aarmassivs, enthalten auf dem nördlich der Rhone gelegenen Theile des Blattes XVIII der Dufour-Karte von Dr. Edmund v. Fellenberg u. Dr. Casimir Moesch. 1 [nebst] Atlas. 2. *Bern: Schmid, Francke & C°. in Comm. 1893.* 2 Bde 4°, 1 Bd quer-4°
1. Beschreibung desjenigen Theiles von Blatt 18, welcher zw. dessen Nordrand, dem Südabsturz d. Blümlisalpkette (von Gasteren bis in's Lauterbrunnenthal) u. d. Rhone liegt. Von Dr. E. v. Fellenberg, mit petrogr. Beiträgen von Prof. Dr. Carl Schmidt, [Basel].
Atlas, (enth. 4 Profil-, 5 Lichtdrucktaf., 9 Taf. geolog. Landschaftsbilder u. Detailskizzen u. 1 Excursionskarte im Maßst. von 1:100,000).
2. Beschreibung d. Kalk- u. Schiefergebirge d. nordwestl. Kartengebietes von Blatt 18, umfassend d. Kienthaleralpen, d. Schilthorn- u. Jungfraugruppe u. d. Blümlisalpkette vom Lauterbrunnenthal bis z. Oeschinensee. Von Dr. Casimir Moesch.
— Beiträge z. geolog. Karte d. Schweiz. Lfg 21.

—— und A. Roth, Doldenhorn und Weisse Frau, s. Roth, A

—— und B. v. Cotta, die Erzlagerstätten, s. Cotta, B. v.

Fellenberg. Edm[und] von. Ueber den Flussspath von Oltschenalp und dessen technische Verwerthung. Ein historisch-naturwissenschaftliches Memorandum für spätere Zeiten. SA. 2. Aufl. Bern 1891.

Fellenberg, E. v., das Gräberfeld bei Elisried, s. a. Mittheilungen der antiquar. Gesellschaft in Zürich.

Fellenberg, Edmund von. Das Gräberfeld bei Elisried (Brünnen). Amts Schwarzenburg (Canton Bern). über dessen und analoge Funde der Westschweiz. [Mit Figuren, Titelbild, 10 Tafeln und 1 Plan.] (Mittheil. Ant. Ges. Zürich. Band 21, Heft 7.) 4. (Zürich 1886.)

Fellenberg, E., die Grabhügel bei Allenlüften, s. a. Mittheilungen der antiqar. Gesellschaft in Zürich.

Fellenberg. Edmund (v[on]). und Jahn. A[lbert]. Die Grabhügel bei Allenlüften (Cts. Bern). [Mit Figuren und 3 Tafeln.] (Mittheil. Ant. Ges. Zürich. Band 17, Heft 1.) 4. Zürich 1870.

Fellenberg, Edm. v.: Das Hochgebirge von Grindelwald, s. Aeby, Christoph u.: Hochgebirge, Das, v. Grindelwald.

von Fellenberg, Edmund: Itinerarium für das Excursionsgebiet des S. A. C. für die Jahre 1882 und 1883. Die westlichen Berner Kalkalpen und der westliche Theil des Finsteraarhorn-Centralmassivs. Bearbeitet und durch geologische und mineralogische Notizen vervollständigt. Nebst geologischen und botanischen Notizen von J. Bachmann und O. Wolf. Dazu eine Uebersichts-Excursionskarte in 1:100,000, enthaltend das betreffende Gebiet auf den Blättern 17 und 18 des Dufour-Atlasses. Bern 1882. VI, 224 S. 8°.

Fellenberg. Edmund von s. Keller, Ferdinand. (Die) Pfahlbauten Siebenter Bericht. Zurich 1876 — Lötschbergtunnel. Lötschberg- und Wildstrubel-Tunnel. Geologische Expertise. Bern 1900.

Fellenberg. Edmund v[on]. Der Meteorit von Rafrüti. Vorläufige Mitteilung. SA. 8. Bern 1900.

Fellenberg, Edm[und] v[on]. Der Meteorit von Rafrüti im Emmenthal, Canton Bern. Vorläufige Mittheilung. Mit 3 Figuren. (SA.) 8. ([Stuttgart] 1900.)

Fellenberg. Edmund v[on]. Neues aus Ober-Wallis, den Berner Alpen und dem Simplon-Gebirge. Als Erläuterungen zu der Karte von R[udolf] Leuzinger, Tafel 11. [A.] 4. (Gotha 1866.)

Fellenberg. Edmund von. Die Petersinsel zur prähistorischen und römischen Zeit. Vortrag, gehalten an der Jahresversammlung des bernischen historischen Vereins den 24. Juni 1888 auf der St. Petersinsel. ([Mit] 2 Nachträgen.) SA. 8. [Bern 1889.]

Fellenberg. Edm[und] v[on]. Alte und neue Pfade und Abenteuer in Goms. [Mit 1 Illustration, 1 Karte und 2 Panoramen.] SA. 8. [Bern 1884.]

Fellenberg, E. de, Résultat des recherches exécutées dans les lacs de la Suisse occidentale depuis l'année 1866, s. Mittheilungen der antiquarischen Gesellschaft in Zürich.

Fellenberg. Edm[und] v[on], und Schmidt, C[arl]. Neuere Untersuchungen über den sogen. Stamm im Gneise von Guttannen Mit 7 Tafeln. SA. 8. Bern 1899.

von Fellenberg, Edmund: Geologische und topographische Wanderungen im Aare- und Rhonegebiet in den Jahren 1877, 1878 und 1879. ([S.-A.] Jahrbuch des Schweizer Alpen-Club. Bd. 14 u. 15.) Bern 1880. 53, 76 S., 3 Tf. 8°. [E 10052

Fellenberg, Emanuel von, 1771 – 1844,
s. Fellenberg, Philipp Emanuel von

[Fellenberg, Emanuel Ludwig.] Glaube und Unglaube in Betreff der Bibel und ihres Inhaltes. In Briefform. 2. unveränderte Aufl. VI + 230 S. 8. Herzogenbuchsee, U. Dürrenmatt, 1904. [fr. 1. 50]
([Gratis-]Beilage zur »Berner Volkszeitung«.)

(Fellenberg, G[ottfried] v[on].) Die volkstümlichen Gebräuche bei Taufe, Hochzeit und Beerdigung. 8 S. 8. ([Bern, Buchdr. »Berner Tagblatt«,] 1904.)

Fellenberg, G. v., die Geburt Jesu Christi in Wort u. Lied. Liederkranz um das Haupt unseres hochgelobten Heilandes geflochten u. Sonntagsschulen u. geistl. Chören zu Stadt u. Land dargeboten. gr. 8. (20 S.) Konstanz (900). C. Hirsch. — 60

Fellenberg, G. v., der Herr ist mein Psalm. (Psalm 118, 14.) Geistl. Gesänge f. gem. Chor. Kirchenchören, Vereinen, Schule u. Haus dargeboten. gr. 8. (VI, 64 S.) Bern 896. K. J. Wyß. n. 1. 50

Fellenberg, G[ottfried] v[on]. Gottes Lamm! Gemischter Chor aus »Schöpfung und Erlösung«, Kantate für Kirchenchöre. Komponiert von G. v. F', Pfarrer in Oberbalm. 4 S. kl.-4. Emmishofen (Kt. Thurgau), Evangelische Buchh., [1906]. fr. —. 15, 25 Expl. à —. 12, 50 Expl. à —. 10

— d Kindes Liederlust. Zweistimm. Lieder. gr. 16. (VII, 87 S.) Konstanz 898. C. Hirsch. — 40

Fellenberg, G[ottfried] von. Das Programm des Christenthums. Vortrag, gehalten im V[erein] C[hristlicher] G[emeinschaft] in Bern am 14. Juni 1907. II + 12 S. 8. Allmendingen, J. Zuber-Bigler, 1907.

Fellenberg, G. v. Der 27. Psalm u. Vertraue völlig deinem Heiland. Für gemischten Chor componiert u. Kirchenchören u. Familien dargeboten. 4. (24 S.) Basel 889, [Spittler.] Jaeger u. Kober. * — 80

Fellenberg, G[ottfried] von. Psalm 32. Predigt, gehalten am 13. Januar 1901 in der Evangelischen Kapelle zu Baden und den dortigen Freunden gewidmet. II + 6 S. 8. Allmendingen, J. Zuber-Bigler, 1901.

— s.: Testament, das Neue, unseres Herrn u. Heilandes Jesu Christi.

Fellenberg, G[ottfried] von. Für meine Unterweisungskinder. Hülfsbuch zum Heidelberger Katechismus. X + 148 S. 8. Bern, Buchdr. des « Berner Tagblatt », 1903. [cart. fr. 5. —]

Fellenberg, G. v., über das Verhältniß von Offenbarungs- und Vernunftreligion bei Kant und Lessing. gr. 8. (82 S.) Erlangen 883, Deichert. *

Fellenberg, G. v., die Versöhnung der Welt in Christo Jesu. Ein Beitrag zur Lösg. der sozialen Frage nach ihrer religiösen Seite. Vortrag. gr. 8. (28 S.) Bern 893. K. J. Wyß. — 15

— die Wahrheit u. Herrlichkeit der Bibel. Ein Beitrag zur Lösg. der sozialen Frage nach ihrer religiösen Seite. gr. 8. (31 S.) Ebd. 893. n. — 40

Fellenberg, Karl von

Fellenberg, Car. (Julius Henr.) (geb. Berlin 30. 12. 1837): De oculi angulo distinctionis minimo aetate progrediente augendo sive de visus acie diminuenda. Berolini (1862). (32 S.) 8°
Berlin, Med. Diss. v. 11. März 1862

[Fellenberg. Ludwig von.] Die Berufung des Dr. [Eduard] Zeller (nach Bern). 8. Bern 1847.

Fellenberg. L[udwig] R[udolf] von. Analyse de l'eau minérale de Blumenstein, près Thoune… par M. le Dr L.-R. de F'…. [Avec 1 planche.] 8. Berne 1852.

Fellenberg, Ludwig Rudolf von (Bern)
Analyse des Eisenperidots, eines neuen vulkanischen Minerals von den Azoren.
[In: Poggendorfs Annalen Bd 50, 1840, S. 61-80.]
Dr. phil. Giessen 16.2.1841.

Fellenberg. L[udwig] R[udolf] v[on]. Analyse des Mineralwassers von Blumenstein <im Canton Bern>, ausgeführt im Jahre 1851 von Dr. L. R. v. F'…. Vorgelesen in der Sitzung der Bernerischen naturforschenden Gesellschaft vom 1. November 1851. [Mit 1 Tafel. SA.] 8. Bern 1851.

Fellenberg. L[udwig] R[udolf] v[on]. Analyse der Schwefelquellen in der Lenk <Obersimmenthal, Kanton Bern>, ausgeführt im Jahre 1856 von Dr. L. R. v. F'. Vorgelesen in der Sitzung der Berner Naturforschenden Gesellschaft vom 24. Januar 1857. [SA.] 8. Bern 1857.

Fellenberg. L[udwig] R[udolf] v[on]. Analyse des Wassers des Schnittweyer-Bades bei Steffisburg. [A.] 8. [Schaffhausen] 1859.

Fellenberg. L. R. v. Analyse des Wassers des Soles auf Rosenbühl bei Bern. 1867.

Fellenberg. L. R. v. Analysen einiger neuer Mineralien. 1866.

Fellenberg. L[udwig] R[udolf] v[on]. Ueber die Braunkohle von Blappbach bei Trubschachen im Emmenthal…. [A.] 8. [Bern 1862.]

de Fellenberg, L. R., Fragmens de recherches comparées sur la nature constitutive de différentes sortes de fibrine du cheval dans l'état normal et pathologique. gr. in-8. Berne 841. (Huber & Comp.) n. 1/2 ₰

Fellenberg, L[udwig] R[udolf] v[on]. Ueber Die Jodhaltige Therme von Saxon im Wallis. <Vorgelesen in der Sitzung der Bernerschen naturf. Gesellschaft vom 5. März 1853.> [SA.] 8. Bern 1853.

Fellenberg. L[udwig] R[udolf] v[on]. Chemische Untersuchung der Schwefelwasser des Gurnigelbades <im Canton Bern>, ausgeführt im Jahre 1848 von Dr. L. R. v. F'…. Vorgelesen in der Sitzung der Bernerischen naturforschenden Gesellschaft vom 3. März 1849. [SA.] 8. Bern 1849.

Potsdam und Umgebungen. Prakt. Wegweiser. 36. Aufl., neu bearb. von O[tto] Fellenberg, Oberl. Mit neuem Plan. *Berlin: A. Goldschmidt 1901.* (46 S.) 8° [F. u. Ant.]
— Reisebücher, Griebens. Bd 10. [02. 11171]

Potsdam und Umgebung. Prakt. Reiseführer. 38. Aufl., neu bearb. von Prof. O[tto] Fellenberg. Mit Pl. von Potsdam u. Umgebung. Berlin: A. Goldschmidt 1908–09. (53 S.) 8°
— Reiseführer, Griebens. Bd 10. [08. 1336]

Fellenberg, O.: Potsdam und Umgebung. Prakt. Reiseführer. 39. Aufl. Mit 2 Kten. Berlin 1910. 1911. 8°
(Griebens Reiseführer. 10.)

Fellenberg, O., Potsdam u. Umgebgn., s.a. Grieben's Reisebücher.

Fellenberg, Philipp Emanuel von

Fellenberg. Ph. E. v. Ankündigung eines Journals für schweizer. Landwirthschaft von Hofwyl. 1807.

v. Fellenberg, Ph. Em., Ansichten d. Schweizerischen Landwirthschaft u. der zweckmäß. Mittel, sie zu vervollkommnen. 8. Bern 807.

Fellenberg. Emanuel von s. Baumgartner, Heinrich I, und Fellenberg, Emanuel von.

Fellenberg. Ph. E. v. Bemerkungen, Berichtigungen und Zusätze zu den Briefen über die Fellenbergische Landwirthschaft zu Hofwyl. Aarau 1808.

Fellenberg, Ph. E. v. Bericht an den Landammann und die Tagsatzung über die landwirthschaftlichen Anstalten des Emanuel Fellenberg zu Hofwyl. Zürich 1808.

— Die providentielle Bestimmung der Schweiz. 1841.

Fellenberg, Phil. Eman. (v.), der dreimonatl. Bildungskurs, d. neulich in Hofwyl hundert Schullehrern ertheilt worden ist, in seinen Verhältnissen zu d. Dorfschule, zu d. häusl. Kreise, zum Staate u. zu d. Kirche; Christmonat 1832. gr. 8. (21 1/2 B. u. 1 Tab. in qu. gr. Fol.) Bern 833, [Jenni, Sohn.]

Fellenberg, Philipp Emanuel von, s. Blätter, landwirthschaftl., v. Hofwyl.

Fellenberg, Phil. Em. von (Herausgeber): „Landwirthschaftliche Blätter von Hofwyl", 5 Hefte, Aarau 1808—1817 (Sauerländer).

Fellenberg, Ph. E. v. Briefe über die Fellenbergische Landwirthschaft zu Hofwyl. Zürich 1808.

Fellenberg, Ph. Em. v., Darstellung der Armen-Erziehungs-Anstalt in Hofwyl. (Aus d. 4. Hefte der Landwirthschaftl. Blätter.) 8°. Aarau, Sauerländer, 1813.

— Darstell. des religiösen Bildungsganges d. Erziehungs-Anstalten in Hofwyl. 8. Aarau 822. Sauerländer. 8 ggr.

– s. Notizen üb. Entstehung d. Erziehungsanlagen.

Fellenberg, Ph. E. v. Erstes Sendschreiben an die Mitglieder des Grossen Raths der Republik Bern. 2. A. Bern 1835. 4.

Fellenberg. Emanuel [von]. Sendschreiben an den Verfassungsrath des Kantons Bern. April 1831. ([Mit Anhang:] Vorschlag zu einer Erklärung des Verfassungsraths des K. Bern an das Bernervolk.) 8. Bern.

Fellenberg, Ph. E. v. Vorstellung an den Grossen Rath der Republik Bern. 1833. 4.

Fellenberg, Rudolf von. Zehn Fälle von Tubentuberkulose. Ein Beitrag zur Kenntnis der tuberkulösen Salpingitis. Diss. Med. Bern. [Mit 1 Abbildung.] 42 S. 8. Bern, J. Fischer-Lehmann, 1901.

Fellenberg, R(udolf) von. Rudolf Abraham Schiferli, 1775—1836. Beitrag zur Festschrift bei Anlass der Jahrhundert-Feier der medizinisch chirurgischen Gesellschaft des Kantons Bern, dargeboten von Dr. R. von F'.... Separat-Abzug der Gynaecologia Helvetica [Jahrg.] IX. Herbstausgabe. [Mit Porträt-Tafel.] 10 S. 8. Genf, [Kündig,] 1909.

Fellenberg, Theodor von. Application de la Réaction de Grignard à quelques Cétones. Diss. Sci. Genève par Théodore de F'. 73 p. 8. Berne, N. Dürrenmatt-Egger, 1905.

Fellenberg, Wilh., Ansichten üb. Volksbild., s. Girard.

v. Fellenberg, W., Ideen u. Grundzüge zu einem Plane für die Verbesserung der Landescultur. Eine Denkschrift an die Regierungen und landwirthschaftl. Vereine Deutschlands. (2. verm. u. verb. Aufl.) gr. 8. Düsselthal 844, Rettungs-Anstalt. (Leipzig, Barth.) n. 1/4 ₰

Fellenberg-Egli, F[riedrich]. Die gebräuchlichsten Anwendungen des Naturheilverfahrens für den Hausgebrauch. Vortrag... gehalten auf Veranlassung des Vereins für Naturheilkunde Bern am 17. Dezember 1902 ⟨Nach stenogr. Aufnahme⟩. II + 22 S. 8. [Herzogenbuchsee, U. Dürrenmatt, 1903.] fr. —. 30

Fellenberg-Egli, Friedr[ich]. Blutarmut, Bleichsucht und Fettleibigkeit. Ein Vortrag. 39 S. 8. Erlenbach-Zürich, Verlag der Naturheilanstalt, 1902. [fr. —. 50]

Fellenberg-Egli, Friedr[ich]. Licht-, Luft- und Sonnen-Bäder. Ein Vortrag. [Illustriert.] 31 S. 8. Erlenbach-Zürich, Verlag der Naturheilanstalt, 1902. [fr. —. 50]

Fellenberg-Egli, Friedr[ich]. Lungentuberkulose. Ihr Wesen, ihre Verhütung und naturgemässe Behandlung. Ein Vortrag. II + 16 S. 8. Erlenbach-Zürich, Verlag der Naturheilanstalt, 1901. fr. —. 30

Fellenberg-Egli, Friedr[ich]. Die Pflichten der Männer in der Ehe. Ein Vortrag. 2. erweiterte Aufl. 48 S. 8. Erlenbach-Zürich, Verlag der Naturheilanstalt, 1901. [fr. —. 50]

Fellenberg-Egli, Friedr[ich]. Das goldene Zeitalter. 28 S. 8. Zürich, Buchdr. J. Rüegg (Verlag der Naturheilanstalt Erlenbach-Zürich), 1902. [fr. —. 50]

Fellenberg-Riviera, L. R. v. Analysen gefärbter römischer Gläser. Aus dem Nachlass. gr. 4. (6 S.) Königsb. i. Pr. 892, (Koch). * — 20
Aus: Schriften der physikal.-ökonom. Gesellschaft zu Königsberg i. Pr., besonders abgedruckt.

Fellenberg-Ziegler, Albert von

Fellenberg-Ziegler, A. v., kurze homöopathische Arzneimittellehre oder charakterist. Skizzenbilder der wichtigsten homöopath. Arzneimittel als Anhang zu den gebräuchlichsten homöopath. Hand- und Lehrbüchern für Nichtärzte. 8. (VIII, 58 S.) Leipzig 872, Dr. Schwabe. *M 1.; geb. *

—— dass. — oder charakterist. Skizzenbilder von 130 der wichtigsten homöopath. Arzneimittel als Anhang zu den gebräuchlichsten homöopath. Hand- und Lehrbüchern zur Behandlung der Krankheiten der Menschen und Thiere. 2. verb. und bedeutend verm. Aufl. 8. (XII, 131 S.) Ebendas. 874. geb. *

Fellenberg-Ziegler, A. v., kleine homöopathische Arzneimittellehre oder kurzgefasste Beschreibung von 160 der gebräuchlichsten homöopathischen Arzneimittel zum Gebrauch für Nichtärzte. Hülfsbuch zu den homöopath. Hand- und Lehrbüchern zur Behandlung der Krankheiten der Menschen und Thiere. 3. abermals bedeutend verm. Aufl. (XVI, 222 S.) 1877; 4. verm. und verb. Aufl. 8. (XXVIII, 250 S.) Leipzig 879, Dr. Schwabe's Homöopath. Buchh. * geb. *M 2,40.; geb. und durchschossen *

Fellenberg-Ziegler, A. v., kleine homöopathische Arzneimittellehre od. kurzgefasste Beschreibg. der gebräuchlichsten homöopath. Arzneimittel zum Gebrauch f. Nichtärzte. Hilfsbuch zu den homöopath. Hand- u. Lehrbüchern zur Behandlg. der Krankheiten der Menschen u. Thiere. 5. Aufl. 8. (XXV, 294 S.) Leipzig 886. Dr. W. Schwabe. n. 2. —; geb. n. 2. 40

Fellenberg-Ziegler, A. v., kleine homöopathische Arzneimittellehre od. kurzgefasste Beschreibg. der gebräuchlichsten homöopath. Arzneimittel zum Gebrauch f. Nichtärzte. Hilfsbuch zu den homöopath. Hand- u. Lehrbüchern zur Behandlg. der Krankheiten der Menschen u. Thiere. 6., verb. Aufl. 8. (XVII, 313 S.) Leipzig 892. Dr. W. Schwabe. n. 3. —; geb. n.n. 3. 75

Fellenberg-Ziegler, A v., kleine homöopathische Arzneimittellehre od. kurzgef. Beschreibg. der gebräuchlichst. homöopath. Arzneimittel z. Gebrauch f. Nichtärzte. Hilfsbuch zu den homöopath Hand- u. Lehrbüchern zur Behandlg. d. Krankheiten d. Menschen u. Thiere. 7. Aufl. 8 (XXVII, 315 S.) Leipzig 898. Dr. W. Schwabe. n. 3. —; geb. in Leinw. n.n. 3. 75

Fellenberg-Ziegler, A[lbert] v[on]. Kleine homöopathische Arzneimittellehre oder kurzgefasste Beschreibung der gebräuchlichsten homöopathischen Arzneimittel zum Gebrauch für Nichtärzte. Hilfsbuch zu den hom' Hand- und Lehrbüchern zur Behandlung der Krankheiten der Menschen und Tiere. Bearb. und hrg. von A. v. F'-Z'.... 8. Aufl. ([Mit illustriertem Anhang:] Kleine Preis-Liste der Homöopathischen Central-Apotheke von Dr. Willmar Schwabe in Leipzig....) XXVIII + 316 + *Anhang* 44 S. 8. Leipzig, Dr. Willmar Schwabe, 1909. [M. 3. 50]

Fellenberg-Ziegler, A. v., kurze Bewässerungslehre, s. Volksbücher, landwirthschaftliche.

Fellenberg-Ziegler Alb. v., s.: Blätter, bernische.

—— über Blitzableiter und die rationelle Anlage derselben, sowie Betrachtungen über den Bericht der Blitzableiter-Commission der Bernischen naturforschenden Gesellschaft. gr. 8. (16 S.) Bern 888, Büchler. *

Fellenberg-Ziegler, A. v., drei Hauptstücke f. den schweizerischen Bauer. gr. 8. (VI, 60 S.) Aarau 890. Wirz-Christen. n. — 80

—— Pläne und Beschreibungen von Scheunen und Ställen nach dem v. Im-Hoff'schen System. Ein Beitrag zur Lösung der landwirthschaftl. Baufrage. gr. 8. (34 S. mit 21 Plänen.) Bern 887, Schmid, Francke und Comp. cart. *

(Fellenberg-Ziegler A. v.): Guter Rath an die Landwirthe u. Bauern bei der gegenwärtigen Futternoth. (Bern 1865). 8 S. P.

Fellenberg-Ziegler, A. von. Siehe: *Schreib- u. Hülfskalender.*

Fellenberg-Ziegler, A. v. Offenes Sendschreiben a. d. Tit. Direction d. Innern d. Cant. Bern, betreff. ihren Bericht u. Gesetzesentwurf über öffentl. Gesundheitspflege u. Lebensmittelpolizei. 8°. 16 S. Bern, Wyss. 1878

Fellenberg-Ziegler, Albert v. (Hrsg.), s. Volksarzt, Schweizer.

Fellenberg-Ziegler, Ferd. Alb. v., über den Geist in der Materie oder Anleitung zur Conservirung des Stickstoffs im festen u. flüssigen Stalldünger, sowie zur rationellen Behandlung u. Aufbewahrung desselben. Bern 856. Huber u. Co. in Comm. gr. 8. (24 S.) n. 1 ngl

Fellenberg's Klage gegen Pestalozzi. Gewürdigt u. beleuchtet von diesem; hinterlassene Schriften. gr. 8. (5½ B.) Karlsruhe 827. (Frankfurt a. M., Andreä.)

Fellenberg's Klage gegen Pestalozzi. Gewürdigt u. beleuchtet von diesem; hinterlassene Schriften. gr. 8. Karlsr. 827. Macklott. 8 gl

Fellengahr. A., Die technische Chronologie der Römer in ihrer Entwickelung vom Anfange bis zur Gregorian. Kalenderreform. Pr. 1881. 24 S. 4°. 2.—

FELLENS, Karl (= *Fellens, Charles*, rédacteur de la Tribune), Die Schrecken der Feudal- und Herrenrechte des Adels und der Pfaffen. Historisch-romantische Schilderung der qualvollen Leiden und Martern der Leibeigenen durch grausame Despotie und Naturgewalt, durch Wollustbefriedigung, unerhörte Bedrückungen, Erpressungen und Schandthaten der Feudalherren. Nach archivalischen Quellen von — —, deutsch von Ludwig von Alvensleben (geb. 1800). 2 Bde. Weimar, Voigt, 1851. Gr. 8°. ($2^1/_2$ Rthl.)
Cat. Büchting, Nordhausen 1860; Schmidt, Dr. Karl Jus primae noctis .... Freiburg i. Br. 1881. p. XXIII.

Fellens, Karl, die Schrecken der Feudal- u. Herrenrechte des Adels u. der Pfaffen. Historisch-romantische Schilderung der qualvollen Leiden u. Martern der Leibeigenen durch grausame Despotie u. Torturgewalt, durch Wollustbefriedigung rc. Nach archivalen Quellen. Deutsch m. histor. Erläutergn. v. Ludw. v. Alvensleben. 2 Bde. Mit 16 (lith.) illustr. Schreckensscenen. gr. 8. (XIV u. 453 S.) Weimar 851, Voigt. $2^1/_2$ ₰

Fellens, Johann Anton, approb. Arzt aus Cochem a. d. Mosel: Ueber **Xerostomie**. *Heidelberg 1903: J. Hörning*. (23 S.) 8°
Heidelberg, Med. Diss. v. 1903

Feller, s.: Collection Feller.

Feller's diätetische Führer. Nr. 3. 8. Karlsbad 894. H. Feller. n. 1.50; geb. n. 2. — (1—3.: n 6.50)
Die Karlsbader Diät vor, während u. nach der Kur m. einleitenden Bemerkungen üb. Diät u. Krankenpflege im Allgemeinen. Von J. Ruff. (IV, 120 S.)
Den 1. u. 2. Bd. s. 1884 Hertzka, Emerich, die Zuckerharnruhr; u. 1880 Hirsch, Sigm., Rathgeber f. Magen- u. Darmkranke.

— Leitfaden für den Unterricht im Terrain-Aufnehmen, s. Grundriss f. d. Vorträge auf der kgl. Artillerie-Schule zu Berlin.

— — Leitfaden für den Unterricht im Terrain-Aufnehmen für milit. Zwecke. Mit Taf. Berlin 1856. 84 S.

Feller, Leitfaden für den theoretischen Unterricht im Planzeichnen, s. Grundriss für die Vorträge auf der königl. vereinigten Artillerie- und Ingenieur-Schule zu Berlin.

Feller. Leitfaden für den theoret. Unterricht im Planzeichnen. Berlin 1855. 60 S.

Feller, A., gut Dänisch durch Selbst-Unterr. in wenigen Tagen richtig u. gewandt lesen, sprechen u. schreiben zu lernen. Enth.: Aussprache, Conversation, Grammatik, Wörterbuch, Übungsstücke rc. Alles m. beigef. Aussprache. 8. (78 S.) [Berlin 896. Aug. Schultze's Verl.] Braunschweig, Friedr. Euler's Verlag. n. 1. —

Feller, A., gut Dänisch-Norwegisch durch Selbst-Unterricht. In wenigen Tagen richtig u. gewandt lesen, sprechen u. schreiben zu lernen. Enth.: Aussprache, Conversation, Grammatik, Wörterbuch, Übungsstücke etc. Alles m. beigesetzter Aussprache u. Übersetzg. 8. Aufl. (78 S.) 8. Berlin 910. F. Euler. 1. —

— gut Englisch durch Selbst-Unterr. in wenigen Tagen richtig u. gewandt lesen, sprechen u. schreiben zu lernen. Enth.: Aussprache, Conversation, Grammatik, Wörterbuch, Übungsstücke rc. Alles m. beigef. Aussprache. 3. Aufl. gr. 8. (VIII, 72 S.) Ebd. 895. n. 1. —

— Gut Englisch durch Selbst-Unterricht. Englisch in wenigen Tagen richtig u. gewandt lesen, sprechen u. schreiben zu lernen. Enth.: Aussprache, Conversation, Grammatik, Wörterbuch, Übungsstücke etc. Alles m. beigesetzter Aussprache u. Übersetzg. 12. Aufl. (80 S.) 8. Ebd. 910. 1. —

— gut Französisch durch Selbst-Unterr. in wenig. Tagen richtig u. gewandt lesen, sprechen u. schreiben zu lernen. Enth.: Aussprache, Conversation, Grammatik, Wörterbuch, Übungsstücke rc. Alles m. beigef. Aussprache. 3. Aufl. gr. 8. (80 S.) Ebd. 895. n. 1. —

— Gut Französisch durch Selbst-Unterricht in wenigen Tagen richtig u. gewandt lesen, sprechen u. schreiben zu lernen. Enth.: Aussprache, Conversation, Grammatik, Wörterbuch, Übungsstücke etc. Alles m. beigesetzter Aussprache. 14. Aufl. (95 S.) 8. Ebd. 910. 1. —

— dasselbe, s.: Müller, A., Handbuch f. Militär-Anwärter.

— dasselbe, s.: Übelacker, M., d. Fortbildungsschule.

— gut Italienisch durch Selbst-Unterr. in wenig. Tagen richtig u. gewandt lesen, sprechen u. schreiben zu lernen. Enth.: Aussprache, Conversation, Grammatik, Wörterbuch, Übungsstücke rc. Alles m. beigef. Aussprache. 3. Aufl. gr. 8. (80 S.) [Berlin 895. Aug. Schultze's Verl.] Braunschweig, Friedr. Euler's Verlag. n. 1. —

— Gut Italienisch (Italienischer Notbehelf) durch Selbst-Unterricht. Prakt. Anleitg., um Italienisch in wenigen Tagen richtig u. gewandt sprechen u. schreiben zu lernen. Enth.: Aussprache, Conversation, Grammatik, Wörterbuch, Übungsstücke, Briefe etc. Alles m. beigesetzter Aussprache u. Übersetzg. 11. Aufl. (80 S.) 8. Ebd. 910. 1. —

— gut Polnisch durch Selbst-Unterr. in wen. Tagen richtig u. gewandt lesen, sprechen u. schreiben zu lernen. Enth.: Aussprache, Conversation, Grammatik, Wörterbuch, Übungsstücke etc. Alles m. beiges. Aussprache. 8. (71 S.) Ebd. 1896 n. 1. —

— Gut Polnisch durch Selbst-Unterricht. Polnisch in wenigen Tagen richtig u. gewandt lesen, sprechen u. schreib. zu lernen. Enth.: Aussprache, Convers., Grammat., Wörterbuch, Übungsstücke etc. Alles m. beigesetzter Aussprache u. Übersetzg. 12. Aufl. (71 S.) 8. Ebd. 910. 1. —

— gut Russisch durch Selbst-Unterricht in wenigen Tagen richtig u. gewandt lesen, sprechen u. schreiben zu lernen. Enth.: Aussprache, Conversation, Grammatik, Wörterb., Übungsstücke, Briefe rc. Alles m. beigesetzter Aussprache u. Übersetzg. 8 (89 S.) Braunschweig (899) F. Euler. n. 1. —

Feller, A., gut Spanisch durch Selbst-Unterr. in wen. Tagen richtig u. gewandt lesen, sprechen u. schreiben zu lernen. Enth.: Aussprache, Conversation, Grammatik, Wörterbuch, Übungsstücke etc. Alles m. beiges. Aussprache. 8. (79 S.) [Berlin 896. Aug. Schultze's Verl.] Braunschweig, Friedr. Euler's Verl. n. 1. —

— Gut Spanisch (Umschlag: Spanischer Notbehelf) durch Selbst-Unterricht (Umschlag: Praktische Anleitg., um Spanisch) in wenigen Tagen richtig u. gewandt lesen, sprechen u. schreiben zu lernen. Enth.: Aussprache, Conversation, Grammatik, Wörterbuch, Übungsstücke etc. Alles m. beigesetzter Aussprache (Umschlag: u. Übersetzg.). (79 S.) 8. Ebd. (910). 1. —

— dänischer Not-Behelf. Dän. durch Selbst-Unterr. in wenigen Tagen richtig u. gewandt sprechen u. schreiben zu lernen. Enth.: Aussprache, Conversation, Grammatik, Wörterbuch, Übungsstücke, Briefe rc. Alles m. beigef. Aussprache u. gegenüberstehl. Übersetzg. 16. (104 S.) Ebd. 896. 1. —

Feller, A, englischer Not-Behelf. Englisch durch Selbstunterr. in wen. Tagen richtig sprechen u. schreiben zu lernen. Enth.: Aussprache, Conversation, Grammatik, Wörterb., Übungsstücke, Briefe etc. Alles m. beigesetzter Aussprache. 3. Aufl. 16. (96 S.) Berlin 893. [Aug. Schulze's Verl.] Braunschweig, F. Euler. 1. —

Feller, A., französischer Not-Behelf. Französisch durch Selbstunterricht in 8 Tagen richtig sprechen u. schreiben zu lernen. 16. (80 S.) Berlin 890. Aug. Schultze's Verl. — 60

Feller, A., französischer Not-Behelf. Französisch durch Selbstunterricht in wenigen Tagen richtig sprechen u. schreiben zu lernen. Enth.: Aussprache, Conversation, Grammatik, Wörterbuch, Uebungsstücke, Briefe etc. 16. (96 S.) Berlin 891. Aug. Schultze's Verl. 1. —

—— Italienischer Not-Behelf. Italienisch etc. (wie vorstehend.) 16. (104 S.) Ebd. 891. 1 —

— poln. Not-Behelf. Polnisch durch Selbst-Unterr. in wenigen Tagen richtig u. gewandt sprechen u. schreiben zu lernen. Enth.: Aussprache, Conversation, Grammatik, Wörterbuch, Übungsstücke, Briefe etc. Alles m. beiges. Aussprache u. gegenüberst. Übersetzg. gr. 16. (96 S.) Ebd. 896. 1. —

— russischer Not-Behelf. Russisch durch Selbstunterricht in wenigen Tagen richtig sprechen u. schreiben zu lernen. 16. (100 S.) Ebd. 893. 1. —

-- spanischer Not-Behelf. Spanisch durch Selbstunterricht in 8 Tagen richtig sprechen u. schreiben zu lernen. 16. (96 S.) Ebd. 891. 1. —

— d. gewandte Sprachen-Kenner. Lehrbücher z. Selbst-Erlerng der engl., französ., italien., span., dän., poln., russ. Sprache. Enth.: Grammatik, Wörterbuch, Conversationsübgn. Alles m. beigesetzter Aussprache u. gegenübersteh. Übersetzg. 8. (III, 80, 80, 80, 79, 78, 71 u. 90 S.) Berlin 899. Aug. Schultze's Verl. 3. —; kart. n. 3.60

Der gewandte Sprachen-Kenner. Lehrbücher z. Selbst-Erlernung d. engl., franz., italien., span., dän., poln., russ. Sprache. Enth.: Grammatik, Wörterbuch, Conversationsübungen. Mit Aussprache u. Übers. Von A. Feller. 6. Aufl. *Berlin: A. Schultze 1899.* (Getr. Pag.) 8° [5.]

Feller, Alfred, aus Havelberg: Zur Kenntnis der Verdauungsprodukte des Fibrins. *Würzburg 1897: A. Boegler.* (15 S.) 8° Würzburg, Med. Diss. v. 1897

Feller, Camillo, alle Lande sind Seiner Ehre voll! Eine Predigt-Sammlg. gr. 3. (190 S.) [Karlsbad 896. (C. Feller.)] Leipzig, H. G. Wallmann. n. 4. —; erm. Pr. n. 3.50

Feller, Camillo, ein feste Burg auf Einerlei Weise! (121 S.) gr. 8. Leipzig 908. P. Eger. 2. —

Feller, Camillo: Das Evangelium in Karlsbad. Ein Blick in vergangene, gegenwärtige u. zukünftige Tage beim 40j. Bestehen d. ev. Kirchengemeinde A. B. daselbst. Karlsbad '02. VI, 137 S.

Feller, Camillo. Kirchliche Musik u. ihre Bedeutg. f. das kirchl. Leben unter besond. Berücksicht. d. prakt. Teiles derselben. Konferenz-Vortr. gr. 8. (28 S.) Plauen i. V. 889, F. E. Neupert. * — 50

Feller, Christian Gotthold: Vasorum lacteorum atque lymphaticorum anatomico-physiologica descriptio. Fasc.1. Lipsiae: 1784

s.: Werner, Paul Christian Friedrich

De Methodis suffusionem oculorum curandi, a Casaamata et Simone cultis. ... Autore Christian Gotthold Feller. Lipsiae: Crusius 1782. 29 S. 8°

Feller, Chr. Gotthld., († d. 14. Sept. 1788.) Diss. de methodis suffusionem oculorum curandi a Casaamata et Simone cultis, cum II tabb. aeri incisis. 8 maj. Leipz. 782. (W. Vogel). 2 gr.

Christian Gotthold Feller: Quaedam de enematibus, atque nova fumum tabaci inflandi methodus. Lipsiae (1781:) Büschel. XII S. 8°

[Glückwunsch zur Dr.med.- Promotion von Beniamin Gotthelf Kanthe, Gottlob Friedrich Richter, Johann Jacob Billing, Leipzig, 25. Juni 1781.]

Feller, Christian Gotthold, De therapia per electrum quaedam proponuntur. Diss. phys.-med. Präs. Johann Gottlob Haase. Lpz. (Jacobäer) 25. II. 1785. 24 S. (4.80) 8663

Feller, F. Im Circus. Reime v. Emil Wolff. Leporello-Album. qu. Fol. (6 farb. Taf.) [München. 889.] Nürnb., Stroefer. * 1 20

Feller, Fr., s. Campo-Santo.

[Feller, Franç. Xav.]: Véritable état du différent élevé entre le nonce apostolique résident à Cologne, et les trois électeurs ecclesiastiques. Düsseldorff 1787.

v. Feller, Frz. Xav., († d. 23. Mai 1802?) philosophischer Katechismus; aus d. Französ. 2 Bde. gr. 8. Augsb. 807. Rieger. 1 rℓ 8 gr.

[Feller, Franç. Xav.]: Wahrer Zustand des Zwistes zwischen dem apostol. Nuntius zu Köln u. den dreyen geistl. Kurfürsten. Aus d. Franz. Düsseldorf 1789.

Feller, Friedrich August

Feller, Fr. A., kurzgefaßter Unterricht in d. Pferdewissenschaft 2c., nebst e. Anleit., die gesunden u. kranken Hufe d. Pferde, Esel u. des Rindviehes zweckmäßig zu beschlagen. Mit 10 lithogr. Tafeln. 8. Eisenb. 830. Schöne. 16 gr.

Feller F. A.: Kurzgefasster Unterricht in der Pferdewissenschaft ... Nebst einer Anleitung die gesunden u. kranken Hufen ... zu behandeln u. zu beschlagen ... 2. Ausg. Eisenberg 1840. 136 S. 10 Tvl.

Feller, Frdr. Aug., kurzgefaßter Unterricht in der Pferdewissenschaft, oder Kenntniß der äußern u. innern Theile des Pferdes, um über dessen Gesundheit u. Brauchbarkeit urtheilen, auch das Alter durch die Zähne bestimmen zu können 2c. 2e Ausg. Mit 10 lithogr. Taf. 8. Eisenberg 840. Schöne'sche B. ½ rℓ

Feller, Friedr. Aug., kurzgefaßter Unterricht in der Pferdewissenschaft, oder Kenntniß der äußern und innern Theile des Pferdes 2c. Ein Hülfsbuch für angehende Hufschmiede und Oekonomen. 3. Aufl. 8. (VIII und 136 S. mit 10 Stnt.) Eisenberg 847, Schöne.

Feller, F(riedr.) E(rnst), Actien-Archiv, od. Handb. f. die Actien-Börse. Enthalt. das Nöthige üb. den Ursprung u. Bestand der bekanntesten Actien-Unternehmungen. No. I. 12. (2⅓ B.) Leipzig 844, Müller.

Feller, Friedrich Ernst, s. Anderson, W.: Pract. mercantile Correspondence.

Feller, F. E., Archiv d. Staatspapiere f. Banquiers, Kaufleute u. Kapitalisten. gr. 8. Leipz. 830. Müller. 1 rℓ 6 gr. Hdg. Pr. 18 gr.

Feller, F. E., Archiv d. Staatspapiere, enthalt. den Ursprung, die Einrichtung u. den jetzigen Zustand der Staats-Anleihen, nebst den nöthigen Notizen über die Berechnung der Staats-Effecten u. den darin vorkommenden Geschäften. 2e gänzlich umgearb. Aufl. Mit 8 Tabb. gr. 12. Leipzig 834. Imman. Müller. 1 rℓ

—— Archiv der Staatspapiere, enthalt. d. Ursprung, die Einrichtg. u. den jetzigen Zustand der Staats-Anleihen, nebst d. nöthigen Notizen üb. d. Berechnung der Staats-Effecten u. den darin vorkommend. Geschäften. 3., umgearb. Aufl. 12. (16⅓ B.) Leipzig 843, Müller.

—— Auswahl franz.-deutscher Gespräche, s. Auswahl.

Feller, Friedrich Ernst, s. Banken, Über die.

Feller, F. E., s. Collection Feller.

Feller, F(riedr.) E(rnst), new mercantile **Correspondence** embracing in a systematic manner all the principal transactions, viz. banking business, purchasing and selling of goods, commission business, insurances, averages, and a great variety of other matters connected with commerce. To which is added an appendix containing an english-german and german-english mercantile terminology and a collection of forms, indispensable to the man of business. gr. 8. (VII und 285 S.) Leipzig 851, Baumgärtners Buchh.

Feller, F. E., new mercantile **correspondence** embracing in a systematic manner all the principal transactions, viz. banking business, purchasing and selling of goods, commission business, insurances, averages, and a great variety of other matters connected with commerce. To which is added an appendix cont. an english-german and german-english mercantile terminology and a collection of forms, indispensable to the man of business. 2., revised Edition. gr. 8. (VII und 296 S.) Leipzig 856(57,) Baumgärtners Buchh.

Feller, F. E., new mercantile correspondence embracing in a systematic manner all the principal transactions, viz. banking business, purchasing and selling of goods etc. To which is added an appendix containing an English-German and German-English mercantile terminology and a collection of forms, indispensable to the man of business. 3. revised edit. gr. 8. (VI und 272 S.) Leipzig 868, Baumgärtner's Buchh.

Feller's new mercantile correspondence, embracing in a systematic manner all the principal transactions, viz. banking business, purchasing and selling of goods, commission business, forwarding of goods, insurances, averages, and a great variety of other matters connected with commerce, to which are added three appendices, containing two essays, a German-English mercantile terminology and an English-German dictionary to this „Correspondence" with pronunciation given. 5th edit., revised and much enlarged by F. H. Schneitler. gr. 8. (XV, 542 S.) [Leipzig 886, Baumgärtner's Buchh.] Dresden, Kühtmann. geb.

— — nouveau et complet dictionnaire de poche français et anglais. Edit. stéreot. Vol. II. Français-Anglais. gr. 8. (544 S.) 3/4 ℛ

— nouveau dictionnaire de poche. Français-allemand-anglais. Contenant tous les mots indispensables à la conversation familière, ainsi qu'aux voyageurs et touristes. Vol. III. Français-allemand-anglais. 2. édit. 32. (512 S.) Ebd. 847. — 4. édit. 32. Ebd. 852. 12 ngr; in Engl. Einb. 17 ngr (1—3: 1 ℛ 6 ngr In Engl. Einb. 1 ℛ 21 ngr)

— nouveau **dictionnaire** de poche français et allemand. cont. tous les mots indispensables à la conversation familière, ainsi qu'aux voyageurs et hommes d'affaires. 2 Vols. (Français-allemand. — Deutsch-französisch.) 1. Édit. 1848, und 2. Édit. 32. (735 S.) Leipzig 852, Teubner. à Vol. * 10 Ngr. *

— nouveau **dictionnaire** de poche français et allemand, cont. tous les mots indispensables à la conversation familière, ainsi qu'aux voyageurs et hommes d'affaires. 2 vols. (Français-allemand. — Deutsch-französisch.) 3. édit. 853. — 4. édit. 856. — 5. édit. 857. — 6. édit. Leipzig 858. Teubner. 32. (381; 306, 48 S.) Jeder Bd. 10 ngr

— nouveau **dictionnaire de poche français et allemand** cont. tous les mots indispensables à la conversation familière, ainsi qu'aux voyageurs et hommes d'affaires. 2 vols. [Français-allemand. — Deutsch-Französisch.] 7—12. édit. Ebend. 859—62. 32. (735 S.) Jeder Theil n. 10 ngr; in 1 Bde. 15 ngr; geb. 22½ ngr; in 2 Bde. geb. n. 1 ℛ

—— nouveau dictionnaire de poche français et allemand. — Neuestes Taschen-Wörterbuch französisch und deutsch. 2 Vol. 12.—17. édit. 32. (735 S.) Leipzig 863—68, Teubner. à Vol. * 10 Ngr. *
In 1 Bd. geh. 15 Ngr.; geb. - In 2 Bde. geb. mit Etui *

—— nouveau Dictionnaire de poche français et allemand, contenant tous les mots indispensables à la conversation familière, ainsi qu'aux voyageurs et hommes d'affaires. — Neuestes Taschenwörterbuch französisch und deutsch, enthaltend alle zur täglichen Unterhaltung, zu Hause und auf Reisen erforderlichen Wörter, eine Sammlung von Gesprächen, eine Münz- und Meilentafel. 2 vol. 18e—26e édit. 16. (381; 354 S.) Leipzig 868—75, Teubner.
geb. in 1 Bd.
geb. in 2 Bde. mit Etui *

Feller, F. E., nouveau Dictionnaire de poche français et allemand, contenant tous les mots indispensables à la conversation familière, ainsi qu'aux voyageurs et hommes d'affaires. — Neuestes Taschenwörterbuch französisch und deutsch, enthaltend alle zur täglichen Unterhaltung, zu Hause und auf Reisen erforderlichen Wörter, eine Sammlung von Gesprächen, eine Münz- und Meilentafel. 2 vol. 27e—30e édit. et 31e—33e édit. refondue et considérablement augmentée. 16. (II, 381; II, 306, 47 S.) Leipzig 876—78, Teubner.
In 1 Bd. geh. ℳ 1,50.; geb.
Einzeln à Bd. geh.
geb. in 2 Bde. mit Etui *

Feller, Dr. F. E., nouveau dictionnaire de poche *français* et *allemand*. 2 vols. 35. édition. Leipzig, Teubner, 1880. 16°. Roth. Orig.-Lwdbde., gebr.
1: (Franç.-Allem.) 1 f., 543 et 44 pp. 2: (Allem.-Franç.) 1 f., 377 pp.

—— nouveau Dictionnaire de poche français et allemand, contenant tous les mots indispensables à la conversation familière, ainsi qu'aux voyageurs et hommes d'affaires. — Neuestes Taschenwörterbuch französisch und deutsch, enthaltend alle zur täglichen Unterhaltung, zu Hause und auf Reisen erforderlichen Wörter, eine Sammlung von Gesprächen, eine Münz- und Meilentafel. 2 vol. 45e édit. 16. (II, 542; II, 377, 43 S.) Ebendas. 887. In 1 Bd. ℳ 1.50.; geb.
Einzeln à Bd.
geb. in 2 Bde. mit Etui *

— s. Dinarbasa tale.

Feller, F. E., Dizionario italiano-tedesco e tedesco-italiano. Composto sui migliori dizionarii ed arricchito dei termini proprii del commercio e dell' industria. — Handwörterbuch der italienischen und deutschen Sprache. Nach den besten Quellen mit Berücksichtigung der kaufmänn. und technischen Terminologie bearb. 2 Thle. (Italiano-tedesco. — Deutsch-italienisch.) 8. (IV und 1003 S.) Leipzig 855, Teubner. Thlr.

—— Dizionario italiano-tedesco e tedesco-italiano. Composto sui migliori dizionarii ed arricchito dei termini proprii del commercio e dell' industria. — Handwörterbuch der italienischen und deutschen Sprache. 2 Thle. 2. Aufl. 8. (IV und 1003 S.) Leipzig 859, Teubner.

—— Dizionario italiano-tedesco e tedesco-italiano. Composto sui migliori dizionarii ed arricchito dei termini proprii del commercio e dell' industria. — Handwörterbuch der italienischen und deutschen Sprache. 2 Thle. 3. Aufl. 8. (VI und 1003 S.) Leipzig 866, Teubner.

—— Dizionario italiano-tedesco e tedesco-italiano. Composto sui migliori dizionarii ed arricchito dei termini proprii del commercio e dell' industria. — Handwörterbuch der italien. und deutschen Sprache. Nach den besten Quellen mit Berücksicht. der kaufmänn. und techn. Terminologie bearb. 4. Aufl. 2 Bde. 8. Leipzig 873, Teubner.

Inhalt:
Bd. 1. Italiano-tedesco. (IV, 418 S.)
» 2. Deutsch-italienisch. (IV, 585 S.)

Feller, F. E., nuovo dizionario portatile italiano-inglese e inglese-italiano compilato sui migliori e più recenti vocabolarj italiani ed inglesi e sui vocabolarj di F. E. Feller. 2 parti. Ed. ster. I. 16. (513 u. 392 S.) Leipzig 883. Teubner. 2. 25; in 2 Bde. geb. à 1. 20; in 1 Bd. geb. 3. —

—— nuovo **dizionario** portatile italiano-tedesco, tedesco-italiano. Arricchito d'una gran quantità di vocaboli relativi al commercio, alle strade ferrate e ai vapori. 2 Vol. (Italiano-tedesco. — Deutsch-italienisch.) 32. (941 S.) Lipsia 851, Teubner. à Vol. 13½ Ngr.

—— nuovo dizionario portatile italiano-tedesco, tedesco-italiano. Arricchito d'una gran quantità di vocaboli relativi al commercio, alle strade ferrate e ai vapori. 2 Vol. (Italiano-tedesco. — Deutsch-italienisch.) 3. Edizione. 32. (941 S.) Leipzig 855, Teubner. à Vol. 13⅓ Ngr.

—— nuovo dizionario portatile italiano-tedesco, tedesco-italiano. Arricchito d'un gran quantità di vocaboli relativi al commercio, alle strade ferrate e ai vapori. 2 voll. [Italiano-tedesco. Deutsch-italienisch.] 4—7. ediz. Ebend. 859—63. 32. (941 S.) Jeder Thl. 13⅓ ngr.; in 1 Bde. 22½ ngr.; geb. 1 ℛ; in 2 Bde. geb. 1 ℛ 7½ ngr.

—— nuovo dizionario portatile italiano-tedesco, tedesco-italiano. Arricchito d'un gran quantità di vocaboli relativi al commercio, alle strade ferrate e ai vapori. 2 Voll. (Italiano-tedesco. Tedesco-italiano.) 5. Ediz. 32. (941 S.) Leipzig 861, Teubner. —
geb. mit Etui 1 Thlr. 7½ Ngr.; in 1 Bd. geb.

Feller, F. E., nuovo dizionario portatile italiano-tedesco, tedesco-italiano. — Neuestes Taschen-Wörterbuch der italienischen und deutschen Sprache für Reisende und zum Schulgebrauch. 2 Vol. 6.—8. ediz. 32. (941 S.) Leipzig 863—65, Teubner. à Vol. 13⅓ Ngr.
In 1 Bd. geh. 22½ Ngr.; geb.
In 2 Bde. geb. mit Etui

— nuovo Dizionario portatile italiano-tedesco, tedesco-italiano. Neuestes Taschen-Wörterbuch der italienischen u. deutschen Sprache für Reisende u. zum Schulgebrauch. 2 vols. 8—10. ediz. Ebend. 865—69. 32. (532; 409 S.) Jeder Bd. 13⅓ ngr.; in 1 Bd. 22½ ngr.; geb. 1 ℛ; in 2 Bde. geb. 1 ℛ 7½ ngr.

—— nuovo Dizionario portatile italiano-tedesco, tedesco-italiano. Arricchito d'una gran quantità di vocaboli relativi al commercio, alle strade ferrate e ai vapori. — Neuestes Taschenwörterbuch der italien. und deutschen Sprache für Reisende und zum Schulgebrauch. Mit Berücksichtigung der gesammten kaufmännischen Terminologie, sowie der neuesten Ausdrücke in Bezug auf Eisenbahnen, Dampfboote &c. 2 vol. 9a—16a ediz. 16. (532; 409 S.) Leipzig 868—75, Teubner.
geb. in 1 Bd.
geb. in 2 Bde. mit Etui

Feller, F. E., nuovo dizionario portatile italiano-tedesco, tedesco-italiano. Arricchito d'una gran quantità di vocaboli relativi al commercio, alle strade ferrate e ai vapori. — Neuestes Taschen-Wörterbuch der italienischen u. deutschen Sprache. 2 voll. 17. ed. 32. (532 u. 409 S.) Ebend. 876. à 1. 35.; in 1 Bd. geh. 2. 25.; in 1 Bd. geb. 3. —.; in 2 Bde. geb. 3. 75

—— nuovo Dizionario portatile italiano-tedesco, tedesco-italiano. Arricchito d' una gran quantità di vocaboli relativi al commercio, alle strade ferrate e ai vapori. — Neuestes Taschenwörterbuch der italienischen und deutschen Sprache für Reisende und zum Schulgebrauch. Mit Berücksichtigung der gesammten kaufmännischen Terminologie, sowie der neuesten Ausdrücke in Bezug auf Eisenbahnen, Dampfboote &c. 2 vol. 18a—22a ediz. 16. (532; 409 S.) Ebendas. 877—83. In 1 Bd. geh. ℳ 2,25.; geb.
Einzeln à Bd.
geb. in 2 Bde. mit Etui

—— nuovo Dizionario portatile italiano-tedesco, tedesco-italiano. Arricchito d'una gran quantità di vocaboli relativi al commercio, alle strade ferrate e ai vapori. — Neuestes Taschenwörterbuch der italienischen und deutschen Sprache für Reisende und zum Schulgebrauch. Mit Berücksichtigung der gesammten kaufmännischen Terminologie, sowie der neuesten Ausdrücke in Bezug auf Eisenbahnen, Dampfboote &c. 2 vol. 24a ediz. 16. (532; 409 S.) Leipzig 885, Teubner. In 1 Bd. ℳ 2.25.; geb.
Einzeln à Bd.
geb. in 2 Bde. mit Etui

—— Exercices du génie de la langue françoise. — Ein Uebungsbuch f. diejen., welche sich mit d. Geiste d. franz. Sprache vertraut machen u. in d. Regeln d. Grammatik befestigen wollen. In Bezug auf d. Hirzel'sche Grammatik bearb. gr. 8. (18½ B.) Aarau 850, [Sauerländer, Brtsch.]

—— nouveaux exercices sur le génie de la langue française. Zur Vorbereit. auf freie stylist. Arbeiten. 1. Aufl. (13½ B.) 841. ⅔ Thlr., 2., mit e. dramat. Zugabe verm. Aufl. 8. (17¾ B.) Leipzig 843, O. A. Schulz.

Feller, F(riedr.). E(rnst)., Exercises on the genius of the english language. — Ein Uebungsbuch f. höh. Schulclassen u. zur selbstständ. Fortbild. nach genossenem Unterricht. gr. 12. (11 B.) Leipzig 838, Baumgärtners Buchh.

Feller, F. E., Exercises on the Genius of the English Language. Ein Uebungsbuch für höhere Schulklassen und zur selbständigen Fortbildung nach genossenem Unterricht. 2. verb. u. verm. Aufl. Leipzig 853. Baumgärtner. 8. (143, 143 S.)
18 ngr.

—— und C. G. Odermann, das Ganze d. kaufmännischen Arithmetik. Zum Gebrauche f. Handels-, Real- u. Gewerbschulen, so wie zum Selbstunterr. überhaupt. gr. 8. (23 B.) Leipzig 842, O. A. Schulz.

—— u. C. G. Odermann, das Ganze d. kaufmänn. Arithmetik. Für Handels-, Real- u. Gewerbschulen, sowie z. Selbstunterr. f. Geschäftsmänner überhaupt. 2., verm. u. verb. Aufl. gr. 8. (26⅝ B.) Leipzig 846, O. A. Schulz.

— u. C. G. Odermann, das Ganze der kaufmännischen Arithmetik. Für Handels-, Real- u. Gewerbschulen, so wie zum Selbstunterricht f. Geschäftsmänner überh. 3. verm. u. verb. Aufl. gr. 8. (VI u. 450 S.) Leipzig 851, O. A. Schulz. 1⅓ ℛ

— und C. G. Odermann, das Ganze der kaufmännischen Arithmetik. Für Handels-, Real- u. Gewerbschulen, so wie zum Selbstunterricht für Geschäftsmänner überhaupt. 4. Aufl. 853. (VIII, 468 S.) 1 ℛ 15 ngr. — 5. Aufl. 855. (VI, 474 S.) 1 ℛ 15 ngr. — 6. Aufl. 857. (VI, 510 S.) n. 1 ℛ 18 ngr. — 7. verm. u. mit genauer Berücksichtigung der im deutschen Münz- u. Gewichtswesen eingetretenen Veränderungen verb. Aufl. Leipzig 858. O. A. Schulz. gr. 8. (VI, 516 S.) n. 1 ℛ 18 ngr.

—— und C. G. Odermann, das Ganze der kaufmännischen Arithmetik. Für Handels-, Real- u. Gewerb-Schulen, so wie zum Selbstunterricht für Geschäftsmänner überhaupt. Herausg. von Carl Gust. Odermann. 8. Aufl. 860. (XII, 527 S.) — 9., verm. u. verb. Aufl. Leipzig 864. O. A. Schulz. gr. 8. (X, 533 S.) n. 1 ℛ 18 ngr.

—— und C. G. Odermann, das Ganze der kaufmännischen Arithmetik. Für Handels-, Gewerb- und Real-Schulen, sowie zum Selbstunterricht für Geschäftsmänner. Zum vierten Male verm. und verb. hrsg. von Carl Gust. Odermann. 11. um 100 Uebungsaufgaben verm. Aufl. gr. 8. (XII, 544 S.) Leipzig 870, O. A. Schulz. *ℳ 5,40.; geb. *
—— —— dass. — Zum fünften Male bearb. von Carl Gust. Odermann. 12. mit Rücksicht auf die Umgestaltung des deutschen Münzwesens umgearb. Aufl. gr. 8. (VIII, 554 S.) Ebendas. 874. *ℳ 6.; geb. *

—— und C. G. Odermann, das Ganze der kaufmännischen Arithmetik. Zum 6. Male bearb. von Carl Gust. Odermann. 13. in Folge der Umgestaltung des deutschen Münzwesens durchaus umgearb. Aufl. gr. 8. (VIII, 541 S.) Leipzig 876, Schulz. *

— u. C. G. Odermann, das Ganze der kaufmännischen Arithmetik. Zum 7. Male bearb. v. Carl Gust. Odermann. 14. wesentl. umgearb. u. verm. Aufl. gr. 8. (XII, 491 S.) Leipzig 882. O. A. Schulz. n. 5. —;
geb. n. 6. —

— u. C. G. Odermann, das Ganze der kaufmännischen Arithmetik. Zum 8. Mal bearb. v. Carl Gust. Odermann. 15. Aufl. gr. 8. (VIII, 495 S.) Leipzig 886. O. A. Schulz. n. 5. —; geb. n. 6. —

Feller, F. E., u. C. G. Odermann, das Ganze der kaufmännischen Arithmetik. Zum 9. Male bearb. v. Carl Gust. Odermann. 16., verb. Aufl. gr. 8. (X, 493 S.) Leipzig 891. O. A. Schulz. n. 5. —;
geb. in Leinw. n.n. 6. —

Feller, F. E., u. C. G. Odermann, das Ganze d. kaufmänn. Arithmetik. Zum 10. Male bearb. v. Carl Gust. Odermann. 17., verb. Aufl. gr. 8. (X, 467 S.) Leipzig 897. O. A. Schulz Verl. n. 4. 50; geb. n.n. 5. 40; Auflösgn. d. Übungsaufgaben. (20 S.) n. — 60

Feller u. Odermann, das Ganze der kaufmännischen Arithmetik. 18. Aufl. völlig neu bearb. v. A. Adler u. Br. Kümpfe. (XII, 575 S.) gr. 8. Leipzig 906. O. A. Schulz Verl. n. 5. 20; geb. n. 6. —

Feller u. Odermann, das Ganze der kaufmännischen Arithmetik. 19. Aufl., neubearb. von A. Adler u. Br. Kämpfe. (1. Hälfte. 272 S.) gr. 8. Leipzig 908. O. A. Schulz Verl. Für vollständig 5. 20

—— Handbuch der englischen Sprache. Nach einem neuen Plane bearb. 8. (IV und 252 S.) Leipzig 850, Teubner.

—— Handbuch der englischen Sprache. Nach einem neuen Plane bearb. 2., verb. und verm. Aufl. 8. (VI und 280 S.) Leipzig 853, Teubner.

—— Deutsch-Engl. Handwörterbuch f. Correspondenten, enthalt. kaufmänn. Wörter u. Redensarten, an 400 verschied. Wendungen, Briefe anzufangen u. zu schliessen, u. d. nöth. geograph. Notizen. 16. (14 B.) Leipzig 832, Müller.

—— Deutsch-Franz. Handwörterbuch f. Correspondenten, enthalt. kaufmänn. Wörter u. Redens-Arten. 16. (9½ B.) Leipzig 831, Müller.

—— englisch-deutsches und deutsch-englisches Handwörterbuch für Reisende, Auswanderer und Schulen sowie für Deutsche in Amerika. Nebst einer kurzgefaßten engl. Grammatik, den nothwend. Gesprächen und Nachweisungen über Münzen, Maaße und Gewichte. Mit durchgäng. genauer Angabe der Aussprache des Englischen. 2 Thle. gr. 16. (XXXI und 378 S.) Gera 849, Kanitz. *

—— Handwörterbuch der englischen und deutschen Sprache für den Kaufmann und Fabrikanten. Nebst kurzer engl. Grammatik, einer Auswahl von Gesprächen, Angaben über Münzen, Maaße und Gewichte und einem besond. Verzeichniß der Geschäftsausdrücke der Handelswelt. Mit durchgäng. genauer Angabe der Aussprache des Englischen. 2 Thle. gr. 16. (XXXI und 409 S.) Gera 849, Kanitz. * –

—— Handwörterbuch der italienischen und deutschen Sprache. Nach den besten Quellen mit Berücksicht. der kaufmänn. und techn. Terminologie bearb. 5. und 6. Aufl. 2 Thle. in 1 Bd. 8. (III, 418; III, 585 S.) Ebendas. 877,82.

—— petit manuel du voyageur contenant une collection de dialogues, une table de monnaies et de milles. Supplément au dictionnaire de poche. A. s. l. t.: Kleines Reisehandbuch enth. eine Samml. von Gesprächen etc. 32. (48 S.) Leipzig 848, Teubner.
Aus des Verfassers nouveau dictionnaire de poche franç. et allemand, besonders abgedruckt.

Feller, Friedrich Ernst (Bearb.), s. Nelkenbrecher, J. C.: Allg. Taschenbuch d. Münz-, Maaß- u. Gewichtskunde . . . 18. Aufl.

—— new Pocket-Companion for travelers; containing a collection of dialogues, a geographical vocabulary and a comparative list of currency. — Kleines Reisehandbuch enth. eine Sammlung von Gesprächen etc. 32. (48 S.) Leipzig 849, Teubner.
Aus des Verfassers new Pocket-Dictionary. 2 Vols., besonders abgedruckt.

Feller, F(riedr.) E(rnst), and J. H. Kaltschmidt, new and complete pocket-dictionary of the english and french languages. Stereot.-edition. 2 Vols. English-French. — Français-Anglais. gr. 8. Leipzig 848, Baumgärtners Buchh. [Vol. 1. (928 S.) 1 Thlr., 2. (544 S.) 22½ Ngr.] 1

Feller, F. E., a new English and French Pocket Dictionary. Containing all the words indispensable in daily conversation; admirably adapted for the use of travellers. — Nouveau dictionnaire de poche français et anglais. 2 vols. 16. (294; 312 S.) Leipzig 879, Teubner. ℳ 1,50.; geb. in 1 Bd.

Feller, F. E., a new English and French Pocket Dictionary. Containing all the words indispensable in daily conversation; admirably adapted for the use of travellers. — Nouveau dictionnaire de poche français et anglais. 2e édit. 2 vols. 16. (294; 312 S.) Leipzig 882, Teubner. geb. in 1 Bd.

—— new Pocket-Dictionary english and german, to which is added a pocket companion for travelers, cont. a collection of conversations, a geographical vocabulary and a table of coins, etc. 2 Vols. (English-german. — Deutsch-englisch.) 1. Edit. 1849. und 2. Edit. 32. (977 S.) Leipzig 852, Teubner. à Vol. 13⅓ Ngr.

—— new pocket dictionary english and german, to which is added a pocket companion for travellers, cont. a collection of conversations, a geographical vocabulary and a table of coins, etc. 2 Vols. (English-german. — Deutsch-englisch.) 3. Edition 1854. und 4. Edition. 32. (977 S.) Leipzig 856. Teubner. à Vol. 13⅓ Ngr.

Feller, F. E., new pocket dictionary English and German, to which is added a pocket companion for travellers, cont. a collection of conversations, a geographical vocabulary and a table of coins etc. 2 vols. [English-German. - Deutsch-Englisch.] 5—9. edit. Leipzig 859—63. Teubner. 32. (977 S.) Jeder Thl. 13⅓ ngr; in 1 Bde. 22½ ngr; geb 1 ℛ; in 2 Bde. geb. 1 ℛ 7½ ngr.

—— new pocket dictionary English and German. — Neuestes Taschenwörterbuch deutsch und englisch. 2 Vols. 9.—15. edit. 32. (977 S.) Leipzig 863—68, Teubner. à Vol. 13⅓ Ngr.
In 1 Bd. geb. 22½ Ngr.; geb. In 2 Bde. geb. mit Etui

—— new pocket Dictionary English and German etc. — Neuestes Taschen-Wörterbuch deutsch u. englisch. 2 vols. 12—17. edit. Leipzig 865—70. Teubner. 32. (504; 472 S.) Jeder Bd. 13⅓ ngr; in 1 Bd. 22½ ngr; geb. 1 ℛ; in 2 Bde. geb. 1 ℛ 7½ ngr.

Feller, F. E., new pocket Dictionary English and German, to which is added a Pocket-Companion for travellers, containing a collection of conversations, a geographical vocabulary and a table of coins etc. — Neuestes Taschen-Wörterbuch, deutsch und englisch. Enthaltend alle zur täglichen Unterhaltung zu Hause und auf Reisen erforderlichen Wörter, nebst einer Sammlung von Gesprächen, einem geograph. Vocabularium und einer Vergleichung der couranten Münzen. 16th—23d edit. 2 vols. 16. (506; 425, 48 S.) Leipzig 869—75, Teubner. à Bd.
In 1 Bd. geb.
geb.
geb. in 2 Bde. mit Etui

—— new Pocket Dictionary English and German, to which is added a Pocket-Companion for travellers, containing a collection of conversations, a geographical vocabulary and a table of coins etc. — Neuestes Taschen-Wörterbuch, deutsch und englisch. Enthaltend alle zur täglichen Unterhaltung zu Hause und auf Reisen erforderlichen Wörter, nebst einer Sammlung von Gesprächen, einem geograph. Vocabularium und einer Vergleichung der couranten Münzen. 24th—27th edit. 2 vols. 16. (II, 506; II, 425, 48 S.) Ebendas. 876—78.
In 1 Bd. geh. ℳ 2 25.; geb.
Einzeln à Bd. geh. ℳ 1,35.; geb. in 2 Bde. mit Etui

—— new Pocket Dictionary English and German, to which is added a Pocket-Companion for travellers, containing a collection of conversations, a geographical vocabulary and a table of coins etc. — Neuestes Taschen-Wörterbuch, deutsch und englisch. Enthaltend alle zur täglichen Unterhaltung zu Hause und auf Reisen erforderlichen Wörter, nebst einer Sammlung von Gesprächen, einem geograph. Vocabularium und einer Vergleichung der couranten Münzen. 28th—32d edit. 2 vols. 16. (II, 506; II, 425, 48 S.) Ebendas. 879—82. In 1 Bd. geb. ℳ 2,25.; geb. Einzeln à Bd. geb. ℳ 1,35.; geb. in 2 Bde. mit Etui

Feller, F. E., new Pocket Dictionary English and German, to which is added a Pocket-Companion for travellers, containing a collection of conversations, a geographical vocabulary and a table of coins etc. — Neuestes Taschen-Wörterbuch, deutsch und englisch. Enthaltend alle zur täglichen Unterhaltung zu Hause und auf Reisen erforderlichen Wörter, nebst einer Sammlung von Gesprächen, einem geograph. Vocabularinm und einer Vergleichung der couranten Münzen. 34th edit. 2 vols. 16. (II, 506; II, 425, 48 S.) Leipzig 884, Teubner. In 1 Bd. ℳ 2.25.; geb. Einzeln à Bd. ℳ 1.35.; geb. in 2 Bde. mit Etui

— a new Pocket-Dictionary, english, german and french, containing all the words indispensable in daily conversation: admirably adapted for the use of travellers, Vol. I. english, german and french. 32. Leipzig 844, Teubner. 12 ngl — Vol. 2. Deutsch, englisch u. französisch. 32. Ebend. 845. 12 ngl — Vol. 3. Français-allemand-anglais. 32. Ebend. 845. 12 ngl Alle 3 Bdchn. geb. 1 ꝑ 21 ngl

—— a new Pocket-Dictionary english, german and french, cont. all the words indispensable in daily conversation: admirably adapted for the use of travelers. 3 Vols. (English, german and french. — Français-allemand anglais. — Deutsch, englisch und französisch.) 2. Edit. 1847. und 4. Edit. 32. (IV und 1318 S.) Leipzig 852, Teubner. à Vol. 12 Ngr. Thlr.

—— a new pocket dictionary english, german and french, cont. all the words indispensable in daily conversation: admirably adapted for the use of travellers. 3 Vols. (English, german and french. — Français-allemand-anglais. — Deutsch, englisch und französisch.) 5. Edition. 32. (IV und 1318 S.) Leipzig 855, Teubner. à Vol. 12 Ngr.

Feller, F. E., a new pocket dictionary english, german and french, containing all the words indispensable in daily conversation: admirably adapted for the use of travellers. 3 Vols. (English, german and french. — Français, allemand et anglais. — Deutsch, englisch und französisch.) 6. Edit. 1857. and 7. enlarged Edit. 32. (IV und 1340 S.) Leipzig 858, Teubner. à Vol. 12 Ngr. cplt. geb.

— a new pocket dictionary English, German and French. — Nouveau dictionnaire de poche français-allemand-anglais. — Neuestes Taschen-Wörterbuch deutsch, englisch u. französisch. 3 vols. 8—10. édition. Ebend. 860—62. 32. (IV, 1340 S.) 1 ꝑ 6 ngr.; geb. 1 ꝑ 21 ngr.; einzelne Theile à 12 ngr.

—— a new pocket dictionary English, German and French. — Nouveau dictionnaire de poche français-allemand-anglais. — Neuestes Taschen-Wörterbuch deutsch, englisch und französisch. 3 Vol. 10.—14. edit. 32. (IV und 1340 S.) Leipzig 862—68, Teubner. à Vol. 12 Ngr. cplt. geb. mit Etui

— a new pocket Dictionary English, German and French. — Nouveau dictionnaire de poche français-allemand-anglais. — Neuestes Taschen-Wörterbuch deutsch, englisch u. französisch. 3 vols. 11—15. edit. Ebend. 864—68. 32. (454; 354; 532 S.) Jeder Bd. 12 ngr.; in 1 Bd. geb. 1 ꝑ 21 ngr.

Feller, F. E., a new Pocket Dictionary English, German, and French, containing all the words indispensable in daily conversation; admirably adapted for the use of travellers. — Nouveau Dictionnaire de poche français-allemand-anglais, contenant tous les mots indispensables à la conversation familière, ainsi qu'aux voyageurs et touristes. — Neuestes Taschenwörterbuch, deutsch, englisch und französisch. Enthaltend alle zur täglichen Unterhaltung, zu Hause und auf Reisen erforderlichen Wörter. 3 vols. 15th—19th edit. 32. (IV, 376; IV, 510; IV, 454 S.) Leipzig 868—74, Teubner. à Bd. geb. in 3 Bde. mit Etui

— a new pocket dictionary english, german a. french, containing all the words indispensable in daily conversation. Admirably adapted for the use of travellers. — Dictionnaire de poche français-allemand-anglais. — Neuestes Taschen-Wörterbuch deutsch, englisch u. französch. 3 vols. 19. ed. 32. (376, 510 u. 454 S.) Ebend. 875. à 1. 20.; geb. in 3 Bde. m. Etui. 5. 10

—— a new Pocket Dictionary English, German and French, containing all the words indispensable in daily conversation; admirably adapted for the use of travellers. — Nouveau Dictionnaire de poche français-allemand-anglais, contenant tous les mots indispensables à la conversation familière, ainsi qu'aux voyageurs et touristes. — Neuestes Taschenwörterbuch, deutsch, englisch und französisch. Enthaltend alle zur täglichen Unterhaltung, zu Hause und auf Reisen erforderlichen Wörter. 3 vols. 20th—22d edit. 32. (IV, 376; IV, 510; IV, 454 S.) Ebendas. 875—79. à Bd. ℳ 1,20. geb. in 3 Bde. mit Etui

—— a new Pocket Dictionary English, German and French, containing all the words indispensable in daily conversation: admirably adapted for the use of travellers. — Nouveau Dictionnaire de poche français-allemand-anglais, contenant tous les mots indispensables à la conversation familière, ainsi qu'aux voyageurs et touristes. — Neuestes Taschenwörterbuch, deutsch, englisch und französisch. Enthaltend alle zur täglichen Unterhaltung, zu Hause und auf Reisen erforderlichen Wörter. 3 vols. 23d—25th edit. 32. (IV, 376; IV, 510; IV, 454 S.) Ebendas. 880—82. à Bd. ℳ 1,20. geb. in 3 Bde. mit Etui

—— a Now Pocket Dictionary English, German and French, containing all the words indispensable in daily conversation; admirably adapted for the use of travellers. — Nouveau Dictionaire de poche français-allemand-anglais, contenant tous les mots indispensables à la conversation familière, ainsi qu'aux voyageurs et touristes. — Neuestes Taschenwörterbuch, deutsch, englisch und französisch. Enthaltend alle zur täglichen Unterhaltung, zu Hause und auf Reisen erforderlichen Wörter. 3 vols. 27th edit. 32. (IV, 376; IV, 510; IV, 454 S.) Ebendas. 887. à Bd. ℳ 1.20. geb. in 3 Bde. mit Etui

— s. Shakespeare: Romeo and Juliet.

— kurze Englische Sprachlehre in Beispielen, umfassend das Nöthigste über Aussprache, Formen- und Satzlehre. gr. 8. Leipzig 842, Hinrichssche Buchh. 5/12 ꝑ

— die Staatspapier- u. Actien-Börse. Enthalt. Auskunft über alle bekannte Staats-Provinzial-Stadt- u. standesherrl. Anlehen, über Pfandbriefe und Actien aller Art, nebst den neuesten Aufstellungen der Staatsfinanzen. 12. (Mit 21 Tab.) Leipzig 846, Müller. 1 2/3 ꝑ

— s. Straffort.

— s. Taschenwörterbuch, neues engl.-deutsches.

—— neuestes Taschen-Wörterbuch, deutsch, engl. u. französ., enthalt. alle zur täglichen Unterhaltung, zu Hause u. auf Reisen, erforderl. Wörter. 3 Vol. 32. Leipzig, Teubner. à

Vol. 1. English, german and french. (360 S.) 844.
- 2. Deutsch, englisch u. französisch. (456 S.) 845.
- 3. Français-allemand-anglais. (512 S.) 845.

— neuestes Taschen-Wörterbuch, deutsch, englisch u. französisch, enth. alle zur täglichen Unterhaltung, zu Hause und auf Reisen, erforderl. Wörter. Vol. II. Deutsch, englisch u. französisch. 2. Aufl. 32. (454 S.) Ebd. 847. — 4. Aufl. 32. Ebd. 852. 12 ngl; in Engl. Einb. 17 ngl

— neuestes deutsch-franz. Taschenwörterbuch enth. alle zur tägl. Unterhaltg., zu Hause, in Geschäften u. auf Reisen erforderlichen Wörter; eine Sammlg. v. Gesprächen, eine Münz- u. Meilentaf. 32. (354 S.) Ebd. 848. n. 1/3 ℛ

— Neuestes Taschenwörterbuch französisch und deutsch, enthaltend alle zur täglichen Unterhaltung, zu Hause und auf Reisen erforderlichen Wörter, eine Sammlung von Gesprächen, eine Münz- und Meilentafel. 2 vol. 34e—40e édit. 16. (II, 381; II, 306, 47 S.) Leipzig 879—83, Teubner.
In 1 Bd. geh. ℳ 1,50; geb.
Einzeln à Bd. geh.
geb. in 2 Bde. mit Etui *

—— Uebungen im Französischen, s. Courvoisier.

— Uebungen im Uebersetzen aus dem Deutschen ins Französ., s. Courvoisier, F.

—— Uebungen im Uebersetzen aus d. Deutschen ins Französ., s. Félice, de.

—— Uebungsbuch für deutsch-englische Handels-Correspondenz. Eine Sammlung von 20 Serien über zusammenhängende Geschäfte. gr. 8. (VII und 176 S.) Leipzig 853, Baumgärtners Buchh.

—— und F. Courvoisier, Uebungsbuch zum Uebersetzen in's Französische, s. Courvoisier.

— s.: Woerl's Reise-Lexicon.

—— einige Worte üb. Lebensversicherungen. gr. 8. (1 B.) Leipzig 839, Barth.

— einige Worte über Zettel-Banken. Gotha 856. Scheube. gr. 8. (16 S.) n. 2 ngl

Feller, Fritz, Konstantinopel. Kriegs- und Figurenspiel. [Vorstufe zum Schachspiel.] Für Alt und Jung entworfen. Erläuterungen. Nebst einem Anhang, über die Erweiterung der Regeln dieses Spieles beim späteren Uebergange zum Schach. 1. und 2. Aufl. gr. 8. (15 S.) Leipzig 887,88, Baldamus. *
Mit Schachbrett und Figuren in Holzkasten *

Feller, Hans

Feller's Conducteur. Fahrpläne der wichtigsten Eisenbahnen im nordwestlichen Böhmen nebst Anschlüssen. Sommer 1899. Karlsbad. 1899. Feller. Quer-16°. fl. —.10

Feller's Conducteur. Fahrpläne der wichtigsten Eisenbahnen im nordwestlichen Böhmen nebst Anschlüssen. Winter 1899/1900. Karlsbad. Feller. Quer-16°. K —.20

Feller's Conducteur. Fahrpläne der wichtigsten Eisenbahnen im nordwestlichen Böhmen nebst Anschlüssen. Sommer 1900. Karlsbad. 1900. Feller. Quer-16°. Unpaginirt. K —.20

Feller's Conductur. Fahrpläne der wichtigsten Eisenbahnen im nordwestlichen Böhmen nebst Anschlüssen. Winter 1900/1901. Karlsbad. [1900.] Feller. Quer.-16°. K —.20

Feller's Conducteur. Fahrpläne der wichtigsten Eisenbahnen im nordwestl. Böhmen nebst Anschlüssen. Sommer 1901. qu. 12. (36 S.) Karlsbad, H. Feller. n. — 20

Feller's Conducteur. Fahrpläne der wichtigsten Eisenbahnen im nordwestl. Böhmen nebst Anschlüssen. Sommer 1905. (36 S.) qu. 16. Karlsbad. H. Feller. n. — 20

Feller's Conducteur. Fahrpläne der wichtigsten Eisenbahnen im nordwestl. Böhmen nebst Anschlüss. Sommer 1908. (36 S.) 10,5×15,5 cm. Karlsbad. H. Feller. -20

Feller, Hans (Hrsg.), s. Fremdenblatt.

Feller, H. Prof. Koch's Heilung der Schwindsucht [Tuberculose]. Gemeinverständlich dargestellt. 1.—2. Zehntausend. gr. 8. (40 S. m. Portr.) Berl. 890, Friedrichs u. Comp. * 1 —
—— dass. — Mit Anh., enth. die nach Prof. Koch's System durch die Herren v. Bergmann, Osk. Fräntzel, William Levy ꝛc. erzielten bisher. Resultate. 3. Zehntausend. gr. 8. (58 S. m. Bild.) Ebd. 890. * 1 —

Feller's illustrirter Kalender für das Egerland 1891—1893. gr. 8. (XXXVI, 32, 108; XLVIII, 96, 32; LII, 72, 54 S.) Karlsbad, Feller. à Jahrg. * — 80

— illustr. Kalender f. Stadt u. Land 1895. gr. 8. (48, 96 u. 12 S.) Ebd. n. — 80
Früher u. d. T.: Kalender f. das Egerland.

Feller's Illustrirter Kalender 1896. Für Stadt und Land. VI. Jahrg. 8. (96 u. 12 S.) Ebda.

Feller's Illustrirter Kalender 1897 für Stadt u. Land. VII. Jahrg. Gr.-8. (96 u. 16 S.) Ebda.

Feller's illustrirter Kalender 1899 f. Stadt u. Land. 9. Jahrg. gr. 8. (LVI, 96 u. 16 S.) Karlsbad, H. Feller. n. — 80

(F) Feller's Illustrirter Kalender 1900 für Stadt und Land. X. Jahrgang. Karlsbad. Feller. Gr.-8°. 96; 16; XXXII S. mit 1 Tafel. K —.80

(F) Feller's Illustrirter Kalender 1901 für Stadt und Land. XI. Jahrgang. Karlsbad. Feller. Gr.-8°. 96, 16, XXXII S. mit 1 Tafel. K —.80

— illustrierter Kalender 1903 f. Stadt u. Land. 13. Jahrg. gr. 8. (III, XLVIII, 96 u. 18 S.) Ebd. n. — 80

— illustrierter Kalender 1906 f. Stadt u. Land. 16. Jahrg. (III, XLVIII, 96 u. 16 S.) gr. 8. Ebd. n. — 80

Feller's illustrierter Kalender 1908 f. Stadt u. Land. 18. Jahrg. (III, XLVIII, 96 u. 16 S.) gr. 8. Karlsbad, H. Feller. — 80

Feller's Karlsbad. Railway-guide for english and american travellers. Summer 1895. 16. (58 S.) Cart. —.25
Karlsbad: H.Feller 1895

– Karlsbad railway and steam navigation guide for English and American travellers. Most direct and shortest routes from Karlsbad to the principal and most frequented places of Central-Europe, together with a list of hotels. Summer 1897. 16. (IV, 63 S.) Ebd. 897. n. — 60

Feller, Hans, s.: Leuchtkugeln.

Feller's (H.) Carlsbader Omnibus. Verkehrs-, Lokal-, Personal- und Cur-Anzeiger. Unentbehrlich für jeden Besucher Carlsbads. Zugleich Supplement zu allen Handbüchern über diesen Curort. 1. und 2. Aufl. 16. (109 S.) Carlsbad 871, (Dominicus.) *
—— dass. — oder ganz Carlsbad für 30 xr. Verkehrs-, Lokal-, Personal- und Cur-Anzeiger. Unentbehrlich für jeden Besucher Carlsbads. 3. Aufl. 1872, und 4. bedeutend verm. Aufl. 16. (96 S.) Carlsbad 873, Feller. *
—— dass. — Mit (lithogr.) Situations- und Promenadenplan der Stadt Carlsbad und Umgebung (in gr. Fol.) 16. Ebendas. 873. *

Feller, Hans (Hrsg.), s. Spiel u. Sport.

Feller, Herm., Kirchhofsstimmen. gr. 16. (VII und 120 S.) Berlin 866, F. Schulze's Buchh. * 10 Ngr.; geb. **

Feller, Herm., Predigt-Dispositionen zu d. alten u. neuen Perikopen d. preuß. Landeskirche. 1. Tl.: Alttestamentl. Perikopen gr. 8. (40 S.) Berlin 898. G. Nauck. n. — 80

Feller, J., de fatis stili N. T. Viteb. 1739. 4.

Feller, J. D., de Paulo philosopho plane divino. Viteb. 1740. 4.

Feller, Joachim

— Generalhistorie v. Grosbritt. u. Braunschw.-Luneb. Stammväter. 8. Leipz. 717.

Feller, Joach., dreyfach. Leitstern d. Reisenden. 12. Lpz. Geßner. 767.

— monumentorum ineditor. fasc. XII. 4. Ien. 718.

— — Oratio de bibliotheca academiae Lipsiensis Paulina in solenni XIX phil. baccalaur. renunc. Cui duplex subjunctus est catalogus, alter manuscriptorum membranaceorum, alter manuscriptorum chartaceorum, in eadem bibliotheca extantium. Lpz. (Chph. Enoch Buchta) 15. IV. 1676. 32 Bl. mit Namen d. Baccal. (5.50) 8665
Gew.: Theophil Spizel (Augsburg).

— — Dasselbe. Ohne Katalog. Lpz. (Joh. Friedr. Gleditsch). 28 S. Ohne Widm. u. Christian Gottlieb Joecher, Oratio de bibliotheca academiae Lipsiensis Paulina in solenni XXI philos. magistror. renunc. 18. II. 1744. (S. 29—60.) Mit Namen. (5.50) 8666

Feller, Joachim & Christian Gottlieb Joecher. Orationes de Bibliotheca Academiae Lipsiensis Paulina. Lipsiae 1744. H: *Joecher, Christian Gottlieb.* (BrMm)

— otium Hannoveran. etc. 8. Lps. 737.

— — Der Andächtige Student ... vermehrt. Leipzig, J. L. Gleditsch, 1708. Klein-Schmalhochoktav. 18 Bl. 536 S. *Mit doppelseit. gestoch. Titel, 9 Kupfertafeln und Musiknoten.* Leicht benutzter Kalbldbd. d. Z., Schließen fehlen.
Die erstmals erweiterte Ausgabe des interessanten Büchleins. Sie ist um einen 9. Teil: „Der bey den 3 Haupt Festen Andächtige Student" (der auch 3 neue Lieder und eine weitere Melodie enthält) und um ein Kupfer vermehrt.

— Johann David (Luckau/Laus.), Observationes juris Romani et Saxonici. Präs. Georg Stephan Wiesand. Spec. V & VI. Wittbg. (C. Ch. Dürr) 8. XII. 1777. 26 S. (4.50) 8668

Feller, Joh. Friedr. Christian (Wetzlar)
Theses inaugurales.
Giessae 29. Oct. 1787.

— Johann Gottlieb (Ronneburg), De juribus et obligationibus praefectorum Saxonicorum in viis publicis. Disp. jur. Präs. Christian Gottlieb Hommel. Wittbg. (Gerdes) 23. IX. 1768. 18 Seiten. (4.50) 8669

Feller, Josef

Feller, J., Bau- u. Kunst-Schmiede-Arbeiten. Neue Entwürfe in mod. Empire- u. Biedermeier-Stil. (100 Taf. m. IV S. Text.) 32×22 cm. Ravensburg (907). O. Maier. In Mappe 12.50; auch in 12 Lfg. à 1. —

Feller, Jos., die Bautischlerei. Vorlagen für Bautischlerarbeiten in verschied. Stylarten, zum. i. Charakter d. deutschen Renaissance, nebst zahlr. Details. 4. u. 5. Lfg. Fol. (à 8 Lichtdr.-Taf.) Berlin 897, 98. M. Spielmeyer. à n. 4. —

— dasselbe. 1. Viertelbd. Fol. (24 Lichtdr.-Taf. m. 2 Bl. Text.) Ebd. (896). In Mappe n. 12. —

Feller, Jos., Buffet- u. Salonschränke. Vorlagen f. Möbeltischler u. Möbelhändler in verschied. mod. Stilarten (bess. Genres). I. Serie. Fol. (10 autogr. Taf.) Leipzig (Südstr. 28, 1) 897. Selbstverl. n. 10. —

Feller, Jos., Donaubatzerln. Bayerische Gedichte. (166 S.) 8. Chemnitz 908. J. Feller. Geb. in Leinw. 2.50

Feller, Jos., 88 Drahtgewebe, Gitter u. Tore, s.: Schlosser, der moderne. VIII.

Feller, Jos. (II.). Frisch o'zapft! Neue G'sangeln in altboar. Mundart. 16. (175 S.) Chemnitz 892, Feller. 2 —; geb. * 2 50

[F.] Frisch o'zapft! Neue G'sangeln in altboarischer Mundart v. Josef Feller, Vf. v. 'Viel G'fühl'. 2. Aufl. M. d. Bildn. d. Vfs. *Chemnitz: J. Feller 1896.* (176 S., 1 Portr.) 1 Bd 8. [94. 1388

Feller, Jos., 100 Füllungsgitter, s.d. Schlosser, der moderne. III.

Feller J, 100 Füllungsgitter. (31 T) (Ehlerding W, d. mod. Schlosser 3) Ravenburg 1904

Feller, Jos., viel G'fühl. Gedichtln und G'schichtln in altbair. Mundart. 1. Aufl. (VII, 120 S.); 2. Aufl. 16. (IX, 132 S.) Leipzig 886, Findel. *M 1.60; geb. **

Feller, Jos., im ersten Jahrzehnt des neuen Reiches. Patriotische Zeit- u. Gelegenheits-Gedichte. 12. (112 S.) Chemnitz 881. Feller. 1. —

Feller, Jos. (I.), der Krankenfreund. Ein christkathol. Unterweisungs- und Gebetbuch für Kranke, zugleich ein Hilfsbuch beim Krankenbesuche für Priester und alle, welche Kranken beistehen. Im Anh.: Ritus sacramentorum et benedictiones. Mit 3 Bildern (2 Stahlst. und 1 Chromolithogr.). 8. (XXIV, 747 S. und Anh. 51 S.) Augsburg 875, Kranzfelder'sche Buchh. *

Feller, Jos., der Krankenfreund. Ein kathol. Unterweisungs- und Gebetbuch für Kranke, zugleich ein Handbuch für alle, welche Kranken beistehen. 2. Aufl. 8. (XXIV, 747 S. mit 1 Stahlst.) Augsburg 879, Kranzfelder'sche Buchh.

— der modorne Kunst-Schlosser. Vorlagen leicht ausführbaror Kunstschmiedearbeiten im neuen Stil, nebst Stärke- u. Gewichtsangaben. 12 Lfgn. (80 Taf. m. 1 Bl. Text.) hoch 4. Ravensburg (904). O. Maier. à n. 1. —; Mappe dazu n. — 50

— u. P. Bogus, moderne Kunstschmiede-Arbeiten. E. Sammlg. ausgef. prakt. Arbeiten aus d. Gebiete d. Kunstschlosserei m. Preisberechngn., Gewichtsangaben u. techn. Erläutergn. 10 Lfgn. Fol. (à 4 Lichtdr.-Taf. m. 4 S. Text in hoch 4.) Ebd. 896—898. Mit Mappe à n. 1. 80

— moderne Kunstschmiedearbeiten in gothischem u. roman. Style. Eine Sammlung v. Orig.-Entwürfen, enth. Thore, Front-, Balkon-, First-, Treppen-, Grab- u. Altar-Gitter, Kirchen- ꝛc. Leuchter, Wandarme, Kandelaber, Beschläge ꝛc. mit genauen Preis- u. Gewichtsberechngn. 1.—5. Lfg. 4. (à 10 Taf. m. 4 S. Text.) Düsseldorf 897—898. F. Wolfrum. à 1. 50

Feller, Jos., moderne Kunstschmiedearbeiten in gothischem u. romanischem Style. Eine Sammlg. v. Orig.-Entwürfen, enth. Thore, Front-, Balkon-, First-, Treppen-, Grab- u. Altar-Gitter, Kirchen- ꝛc. Leuchter, Wandarme, Kandelaber, Beschläge ꝛc. m. genauen Preis- u. Gewichtsberechngn. 6. Lfg. 4. (10 Taf. m. 16 S. Text.) Düsseldorf 899. F. Wolfrum. 1. 50; (kplt. in Mappe 10. —)
Jetzt: Leipzig: Baumgärtner.

Feller, Jos. (II.), Kutschke in Nanzig und Dresden. Zeitgemälde in 2 Aufzügen. 8. (IV, 50 S.) Chemnitz 871, (Ernesti.) *

Feller, Jos., Kutschke in Nanzig u. Dresden. Zeitgemälde in 2 Aufzügen. 2. Aufl. gr. 16. (55 S.) Chemnitz 895. J. Feller. — 60

Feller, Jos., Manuale der Kranken-Seelsorge. Ein Hilfsbuch beim Krankenbesuche für Priester. Im Appendix: Ritus sacramentorum et benedictiones. 8. (XVIII, 403 u. 51 S.) Augsburg 879. Kranzfelder. 3. —

— Musterbuch, enth. einfache Schmiede-Arbeiten. Z. Gebr. f. Stadt u. Land. 1.–8. Lfg. hoch 4. (à 8 Taf. m. 1 Bl. Text in Fol.) Ravensburg 897—898. O. Maier. à n. 1. —

— Musterbuch, enth. einfache Schmiede-Arbeiten. Zum Gebrauche f. Stadt u. Land. 9.—12. Lfg. hoch 4. (à 8 Taf. m. 1 Bl. Text in Fol.) Ravensburg 899. O. Maier. à n. 1. —; (kplt. in Mappe n. 12. 50)

Feller, Jos., Muster-Buch v. couranten bürgerlichen Zimmer-Einrichtungen in verschiedenen Stilarten m. Inhalts-Verzeichnis u. Preis-Courant f. die Detail-Zeichnungen, f. Möbel-Fabrikanten, Tischler, Tapezierer u. Möbel-Händler entworfen, gezeichnet u. hrsg. (In 2 Lfgn.) 1. Lfg. qu. Fol. (12 Taf. m. 2 S. Text.) Dresden 894. J. Feller. n. 6.

Feller, Jos., der Schlosser. 100 Tafeln prakt. Vorbilder meist ausgeführter Schlosserarbeiten. Gitter, Thore, Füllgn., Geländer, Träger u. Bausachen aller Art. 10 Lfgn. Fol. (20 S. Text.) Ravensburg 894. O. Maier. à n. 1.20 (1. Bd. kplt. in Mappe: n. 13. —)

— dasselbe. II. Bd. (In 10 Lfgn.) 1. Lfg. Fol. (10 Taf. m. 4 S. Text.) Ebd. 894. n. 1.20

— der Schlosser. 100 Taf. prakt. Vorbilder meist ausgef. Schlosserarbeiten: Gitter, Thore, Füllgn., Geländer, Träger u. Bausachen all. Art. II. Bd. 2.—10. (Schluß-) Lfg. hoch 4. (à 10 Taf. m. 4 S. Text.) Ebd. 895—897. à n. 1.20

— allerlei Schlosser- u. Schmiede-Arbeiten einfachster Ausführung f. Stadt u. Land. 100 Taf. m. ca. 290 Entwürfen, Preisberechngn. m. Gewichtsangabe u. Bezugsquellen-Liste, enth.: Thürfüllgn., First-, Fenster-, Keller-, Brüstungs-, Balkon-, Front- u. Grabgitter, Thore, Zieranker, Fahnenhalter, Grab- u. Turmkreuze, Wetterfahnen etc. hoch 4. (10 S. Text.) Düsseldorf 894. F. Wolfrum. In Mappe. n. 15. —
Jetzt: Lpz.: Baumgärtner.

Feller, Jos. (I.). Die Schmiedekunst. Zum prakt. Gebrauch für Schlosser u. Schmiede. 3 Bde. Lex.-8. Düsseld., Wolfrum. * 35 —
1. Thürfüllungen. 100 Taf. m. Preisberechngn. 3. Aufl. (2 Bl. Text.) 889. In Mappe * 10 —.
2. Thore, Balkone, Front-, Treppen-, First- u. Grabgitter etc. 100 Taf. mit Preisberechngn. u. Bezugsquellenliste. 1. u. 2. Aufl. (III, 8 S. Text.) 890,91. In Mappe * 12 50.
3. Veranden. Vordächer, Firmenschilder, Thüren u. Thore, Beleuchtungsgegenstände etc. 100 Taf. m. Preisberechngn. u. Bezugsquellenliste. (10 S. Text.) 892. * 12 50.

Feller, Jos., die Schmiedekunst zum praktischen Gebrauche f. Schlosser u. Schmiede. 3 Bde. à 100 Taf. m. Preisberechnungen u. Bezugsquellenliste. Lex.-8. Düsseldorf (900). F. Wolfrum. In Mappe n. 35. —
1. Thürfüllungen. 4. Aufl. (IV S. Text.)
2. Thore, Balkone, Front-, Treppen-, First- u. Grabgitter, Consolen, Wetterfahnen etc. 3. Aufl. (II, 7 S. Text.)
3. Veranden, Vordächer, Firmenschilder, Thüren u. Thore, Beleuchtungsgegenstände, Blumen-, Lampen- etc. Ständer, Feuergeräthe, Grabkreuze etc. (II, 10 S.)

— dasselbe. 1. Bd. Thürfüllungen. 5. vollst. umgearb. u. durch Entwürfe im mod. Stil bedeutend verm. Aufl. 100 Taf., enth. 220 Entwürfe. Mit Preisberechngn. u. Angabe der Eisendimensionen. Lex.-8. (4 S. Text.) Ebd. 902. In Mappe n. 12. 50
Jetzt: Lpz.: Baumgärtner.

— moderne Schmiedekunst im neuen Stil. 100 Taf. m. prakt. leicht ausführbaren Vorlagen u. ausführl. Gewichts- u. Stärkeangaben. hoch 4. (39 Bl. Text.) Ravensburg (900. 901). O. Maier. In Mappe n. 12. —
Erschien auch in 12 Lfgn. à n. 1. —.

Feller, Josef, u. P. Bogus

— — eiserne Treppen. Schmiedeeiserne Treppenkonstruktionen m. Beschreibg., Eisenangaben, Gewichts- u. Preisberechngn. 10 Lfgn. Fol. (40 Taf. m. 3 Detailbog. u. 40 S. Text in Lex.-8.) Ebd. 895—898. à n. 3. — (kplt. in Mappe: n. 30. —)

FELLER, Joseph Aloys (Aschaffenburg): Ueber die Einrichtung einer Hausapotheke mit Erläuterungen über den Gebrauch, Gabe und Mischungsform der in einem solchen Apotheken-Etui enthaltenen Arzneistoffe.- München: Deschler 1839. 20 S.
29.8.1837 - Urk; F 63
Diss. Ingolst.-Landsh.-Mchn.

Feller, Louis, u. Max Kuttner, Lehrb. d. französischen Sprache. E. Anleitg. z. Korrespondenz u. Konversation z. Gebr. in Handels- u. kaufmänn. Fortbildungsschulen, sow. z. Selbststud. Hrsg. i. Auftr. d. Kuratoriums „d. kaufmänn. Fortbildungsschulen zu Berlin". Subvent. durch d. Aeltesten-Kollegium d. Kaufmannschaft v. Berlin. gr. 8. (VIII, 295 S.) Berlin 895. H. Spamer. n. 3. 60; kart. n. 4. —

Feller, Louis, u. Max Kuttner, Lehrbuch der französischen Sprache. Eine Anleitg. zur Korrespondenz u. Konversation zum Gebrauch in Handels- u. kaufmänn. Fortbildungsschulen sowie zum Selbststudium. 3., verb. Aufl. gr. 8. (VIII, 292 S.) Berlin (902). H. Spamer. Geb. in Leinw. n. 3. —

Lehrbuch der Französischen Sprache. Eine Anleitung z. Korrespondenz u. Konversation z. Gebr. in Handels- u. Kaufmänn. Fortbildungsschulen, sowie z. Selbststud. von Louis Feller u. Dr. Max Kuttner. 4., verb. Aufl. *Berlin: H. Spamer (1903).* (VIII, 291 S.) 8° [F.] (04. 3336

Feller, Louis, u. Max Kuttner, Lehrbuch der französischen Sprache. Eine Anleitg. zur Korrespondenz u. Konversation zum Gebrauch in Handels- u. kaufmänn. Fortbildungsschulen, sowie zum Selbststudium. 5., verb. Aufl. (X, 293 S.) 8. Berlin (904). H. Spamer. Geb. in Leinw. n. 3. —

Feller, Louis, u. Max Kuttner, Lehrbuch der französischen Sprache. Eine Anleitg. z. Korrespondenz u. Konversation zum Gebrauch in Handels- u. kaufmänn. Fortbildungsschulen, sowie z. Selbststudium. 9., verb. Aufl. (X, 292 S.) 8. Berlin (910). H. Spamer. Geb. in Leinw. 3. —

— — dasselbe, verkürzte Ausg., s.: Kuttner, Max, kl. Leitfaden f. den Unterricht der französ. Sprache.

Feller, Louis. De la ponctuation française. Aperçu à l'usage des classes supérieures des écoles allemandes. 12. (31 S.) Lpz. 892. Teubner. — 30

Feller, Louis, was ist Realismus? Eine in dem Litterar. Verein zu Dresden am 8. Febr. 1887 gehaltene Rede. gr 8. (24 S.) Genf 887, (Stapelmohr.) *

FELLER, Ludwig (Zweibrücken): De angina maligna.- 1837. 14 S.
15.5.1834 - Urk; F 61
Diss. Ingolst.-Landsh.-Mchn.

Feller, Ludw. Rob., die Kirchenvorstands- und Synodal-Ordnung für die evangelisch-lutherische Kirche des Königr. Sachsen nach ihrer Entstehung und Bedeutung dargestellt und praktisch erläutert. 1. Aufl. 1868, und 2. verm. und verb. Aufl. gr. 8. (IX, 148 S.) Leipzig 869, B. Tauchnitz.

Feller, Luise, singende Gratulanten. Kinderglückwünsche, nach Volksliedermelodien zu singen u. auch zum Gedichtsvortrag geeignet. 8. (116 S.) Leipzig 901. [R. Wöpke.] Berlin, L. W. Siedenburg. n. — 80

Feller, M. L., nützliches u. unterhalt. Allerlei. Eine Aehrenlese d. Nützlichsten u. Interessantesten f. Jedermann, besond. f. d. Bürger u. Landmann. 1. Bdchen. M. 1 Stahlst.: „Friedrich d. Gr. Tod" darstell. (Volkskalender 1836.) 8. (9½ B.) Glogau 836, Flemming.

Feller, M. L., das Buch der Unterhaltung. Eine Aehrenlese des Nützlichsten und Interessantesten für Jedermann, besonders für den Bürger und Landmann. IV. Serie. 12 Bde. 8. (183; 185; 187; 188; 186; 186; 188; 188; 192; 176; 174; 186 S. mit je 7 Holzschntaf.) Glogau 875, Flemming. cart. à Bd. 60 Pf.

Feller, M. L., das Buch der Unterhaltung. Eine Aehrenlese d. Nützlichsten u. Interessantesten f. Jedermann, besonders für den Bürger- u. Landmann. 4. Serie. 13—18. Bd. 8. (à ca. 183 S. m. je 7 Holzschntaf.) Glogau 877—81. Flemming. cart. à — 60

Feller, *Oswald* Theodor Carmen saeculare. 4 (S. I—VIII).
In: Festschrift z. 300jähr. Jubelfeier d. G. *Zittau* 1886
Progr.

Feller, Th., De Sophoclis Oedipo Coloneo commentatio. Pr. 1869. 26 S. 4°. 2.—

Feller, *Oswald* Theodor: Gedichte antiker Elegiker und Lyriker im Versmafs der Urschrift. 8 (S. 4—11).
Zur Gedächtnisfeier mehrerer hochverd. Männer G. *Zittau* 1896.
Erinna. Auf dem Grabe der Braut. Mimnermos. Menschenlos. Solon. Rüge an die Athener. Archilochos. Mannesmut im Unglück. Alkäos. Tischlied. Nach Anakreon. Eros und der Bienenstich. Horas. An Dellius.
Nicht im Tauschverkehr.
Progr.

Feller, *Oswald* Theodor De locis duobus Homeri Odysseae. [IV 280—289. XIII 200—216]. 8 (S. 3—8).
Z. Gedächtnisfeier mehrerer hochverd. Männer G. *Zittau* 1887.
Nicht im Tauschverkehr.
Progr.

Feller, T., De Q. Horatii Flacci I, Od. 28. Pr. 1874. 9 S.

Feller, *Oswald* Theodor Proben von Übersetzungen Horazischer Gedichte im Versmafs der Urschrift. [Epod. I. II. IV. VI. VII. Od. IV. 7. III. 13]. 8 (S. 5—12).
Z. Gedächtnisfeier mehrerer hochverd. Männer G. *Zittau* 1890.
Nicht im Tauschverkehr.
Progr.

Feller, *Oswald* Theodor Proben von Übersetzungen aus griechischen Lyrikern im Versmafs der Urschrift. [Alcman. Tyrtäos. Sappho. Alkaeos. Anacreon. Nach Anakreon. Simonides. Archilochos]. 8 (S. 4—11).
Z. Gedächtnisfeier mehrerer hochverd. Männer G. *Zittau* 1893.
Nicht im Tauschverkehr.
Progr.

—, Horat. Satir. I. 9. Der zudringliche Streber. (Aus Horaz, Satiren). 8 (S. 3—7).
Progr. Z. Gedächtnisfeier für Ph. F. A. Just G. *Zittau* 1891.
Nicht im Tauschverkehr.

Feller, Rhold., deutsche Sprachlehre, s.: Müller, R.

Feller, Richard. Das savoyische Bündnis: 1577. [Aus: Festgabe zur 60. Jahresversammlung ... 1905 Der Allgemeinen Geschichtforschenden Gesellschaft der Schweiz....] II S. + S. 51—96. 8. Bern, Gustav Grunau, [1905].

Feller, Richard. Ritter Melchior Lussy von Unterwalden, seine Beziehungen zu Italien und sein Anteil an der Gegenreformation. 2 Bände. 8. Stans, Hans von Matt & Co., 1906—1909.
Band 1. ([Mit Akten-]Anhang) IV + IV + 233 + *Anhang* X S. 1906. [fr. 3. 75] — Band 2. IV + 155 S. 1909. [fr. 2 50]

Feller, Theodor, s. Feller, Oswald Theodor

Feller, Wilh., das christliche Bekenntniß. Ein ernster Versuch zur Verständigung. gr. 8. (7 S.) Neuwied 874, Heuser's Verlag. *

Feller, Wilh(elm), Prof.: Über Schillers Entwicklungsgang. Duisburg 1905: Joh. Ewich. (26 S.) 4°
Duisburg, k. G P 1905 (510)

Feller, *Wilhelm* Die tragische Katharsis in der Auffassung Lessings. 4 (XXIV S.). Progr. G. u. Vorsch. *Duisburg* 1888 (407).

Feller, Wilh., die tragische Katharsis in der Auffassung Lessings. 4. (24 S.) Duisburg 888. (Leipzig, Fock.) *

Feller, Wilh. Die Principien der Ethik Kants und Schleiermachers in ihrem Verhältnis zu einander. 21 S. Progr. G. *Duisburg* 1877

FELLERER, Johann Nepomuk (München): De blennorrhoea aegyptiaca. (Titel nach der Urkunde)
18.8.1847 - Urk; F 66
Diss. Ingolst.-Landsh.-Mchn.

Fellerer, Carl [aus Freising]: ... Beiträge zur Anatomie und Systematik der Begoniaceen ... (Gekr. Preisarb.) München, Buchdr. v. V. Höfling, 1892; XII, 239 S., 3 Taf. 8.
München, Phil. Fak., Inaug.-Diss. v. 1893

FELLERER, Leopold: De sanctorum ecclesiae patrum auctoritate praesertim in rebus fidei atque morum. — (1841) 150 S. 8° (Handschr.) Diss. 138
Diss. Wien, Univ.

FELLERER, Otto (Freising): Histologischer Beitrag zur Kenntnis der Hirntumoren.- München: Kastner & Lossen 1900. 42 S.
20.7.1900 - Chr 1900/01,18; Jv 1900/01,235 Diss. Ingolst.-Landsh.-Mchn.

FELLERMEYER, Carl Rudolf (Ingolstadt): Ueber die Bleichsucht.- München 1868.
31.10.1863 - Urk (Titel: De chlorosi.); F 70
Diss. Ingolst.-Landsh.-Mchn.

Fellgentreff, Carl, Gerichtsassessor in Bernburg: Das Rechtsverhältnis zwischen Vorerben und Nacherben in geschichtlicher Entwicklung unter besonderer Berücksichtigung der heutigen Gestaltung nach dem Bürgerlichen Gesetzbuch für das Deutsche Reich. Borna-Leipzig 1906: R. Noske. (VIII, 58 S.) 8°
Leipzig, Jur. Fak., Diss. v. 27. Juli 1906
[Geb. 21. Juli 78 Bernburg; Wohnort: Bernburg; Staatsangeh.: Anhalt; Vorbildung: Karls-Gymn. Bernburg Reife O. 97; Studium: Heidelberg 1, München 2, Berlin 1, Halle 3 S.; Rig. 15. Juli 05.]

Fellger, Friederike, Kochbuch oder theoretisch-praktische Anweisung zur bürgerlichen und feineren Kochkunst. Stuttgart 863. Koch. gr. 8. (VIII, 543 S.) 1 *ℛ* 10 *ngr.*; geb. 1 *ℛ* 18 *ngr.*

Fellger, Friederike, Kochbuch oder theoretisch-prakt. Anweisung zur bürgerl. und feineren Kochkunst. 1. Aufl. 7 Lfgn. 1863. 1 Thlr. 10 Ngr. und 2., verb. und verm. Aufl. 8. (VIII und 455 S.) Stuttgart 868, Koch. 1 Thlr.; geb.

Fellger, Friederike, Kochbuch oder theoretisch-prakt. Anweisung zur bürgerl. oder feineren Kochkunst. 3. verb. und verm. Aufl. Sämmtliche 2089 Recepte sind sowohl im alten wie im neuen Maß- und Gewichtssystem angegeben. gr. 8. (VIII, 482 S.) Stuttgart 874, Bruchmann. *M* 3.; geb. *

Fellger, Friederike, Kochbuch od. theoretisch-prakt. Anweisung zur bürgerl. u. feineren Kochkunst. 4. verb. u. verm. Aufl. gr. 8. (VIII, 482 S.) Stuttgart 877. Bruchmann. geb. 3. 75

Fellger, Friederike: Kochbuch od. theoretisch-prakt. Anweisg. zur bürgerl. u. feineren Kochkunst. Neue vollständig umgearb. Ausg. 76 – 80. Taus. Zirka 1900 Rezepte. (VIII, 493 S.) 8. Stuttgart 1910. K. Daser.
(m. zum Tl. farb. Taf.)

Fellger, Friederike: Neues süddeutsches Kochbuch oder theoretisch-prakt. Anweisg. zur bürgerl. u. feineren Kochkunst. Umgearb. v. R. Zäch. Neue, verm. u. verb. Ausg. Circa 2200 Rezepte. gr. 8. (IV, 614 S.) Stuttgart 1900. Zeller & Schmidt's Verl.
Reich illustr. Ausg. (VII, 624 S. m. z. Tl. farb. Taf.)

Felling, Wilhelm: Die Fleischversorgung der Stadt Wien unter besonderer Berücksichtigung der ersten Wiener Grossschlächterei-Aktien-Gesellschaft und des Städtischen Übernahmsamtes. Aschaffenburg 1909: Werbrun. 81 S. 8°
Jena, Phil. Diss. v. 7. Aug. 1909, Ref. Pierstorff
[Geb. 26. Mai 82 Waltrop; Wohnort: Waltrop; Staatsangeh.: Preußen; Vorbildung: Landwirtsch. Schule Lüdinghausen bis O. 01; Studium: Bonn Landw. Hochsch. 5, Jena 6 S.; Rig. 27. Juli 08.] [U 09. 2174

Fellinger, A., Taschen-Lexikon zur kaufmännischen Korrespondenz in englischer Sprache für Deutsche. 12. (IV, 88 S.) Berlin 887, Herbig. *

Fellinger, Emerich

Fellinger, Em., der moderne Bautischler. Orig.-Entwürfe in neuer Richtg. f. den prakt. Gebrauch. I. Serie. 5 Lfgn. (60 [20 farb.] Taf.) Fol. Wien (903. 904.) F. Wolfrum & Co. à Lfg. n. 9. —

— dasselbe. II—IV. Serie. (In à 3 Lfgn.) Je 1. Lfg. (à 12 Taf.) Fol. Ebd. (906). à Lfg. n. 12. 50
II. Tore u. Türen. — III. Innerer Ausbau. — IV. Geschäftseinrichtungen u. Schaufenster.

Fellinger, Emerich, d. moderne Bautischler. Farb. Orig.-Entwürfe in neuer Richtg. f. d. prakt. Gebrauch. II—IV. Serie. Je 2. u. 3. Lfg. (Je 12 Taf.) 45×34 cm. Wien (907). F. Wolfrum & Co. à Lfg. 12. 50
II. Tore u. Türen. — III. Innerer Ausbau. — IV. Geschäftseinrichtungen u. Schaufenster.

Fellinger, Em., moderne praktische Bautischlerarbeiten. 1. Serie. Geschäfts-Portale u. Hausthore sowie andere Bautischlerarbeiten in einfacher Ausführg. u. in allen Stilarten. 48 Taf. Orig.-Entwürfe. 2.—6. Lfg. Fol. (à 8 lith. Taf.) Wien (899). F. Wolfrum & Co. à n. 5. —; kplt. in Mappe n. 30. —

— dasselbe. II. Serie. Hausthore, Thüren, Fenster, Treppen, Geschäftseinrichtgn., decorativer Holzbau, innerer Ausbau, kirchl. u. alle anderen vorkomm. Bautischlerarbeiten in einfacher Ausführg. u. in allen Stilarten. 48 Taf. Orig.-Entwürfe. gr. Fol. Ebd. (900). In Mappe n. 30. —

Fellinger, Emerich, Bürgermöbel. Prakt. Orig.-Entwürfe f. bürgerl. Wohnungseinrichtg. in allen mod. Stilarten. I. Serie. 60 Taf. 5 Lfgn. 45,5×34 cm. Wien (907. 08). F. Wolfrum & Co. In Mappe à Lfg. 9. —

Fellinger, Em., Geschäfts-Portale u. Hausthore. Mod. prakt. Bautischlerarbeiten in einf. Ausführg. u. in allen Stilarten. Enth. Ladenvorbaue, Schaufenster, Waaren-Auslagen u. Hausthore f. alle vorkomm. Bedürfnisse. Orig.-Entwürfe. (In 6 Lfgn.) 1. Lfg. Fol. (8 lith. Taf.) Wien 898. F. Wolfrum & Co. n. 5. —

Fellinger, Em., moderne prakt. Möbel in einf. Ausführg. u. in allen Stilarten. Vollst. Wohnungseinrichtgn. als Schlafzimmer, Speisezimmer, Salons u. s. w. in modernem u. engl. Stil, in Empire-, Barock-, Rococo-, Louis XVI.-, Renaissance-, maur. etc. Stil. Orig.-Entwürfe. (In 6 Lfgn.) 1. Lfg. Fol. (8 lith. Taf.) Ebd. 898. n. 5. —

— moderne praktische Möbel in einfacher Ausführung u. in allen Stilarten. Vollständige Wohnungseinrichtungen, als Schlafzimmer, Speisezimmer, Salons u. s. w. in modernem u. engl. Stil, in Empire-, Barock-, Rococo, Louis XVI., Renaissance-, maur. etc. Stil. 1. Serie. Orig.-Entwürfe. 2.—6. Lfg. Fol. (8 lith. Taf.) Ebd. (898. 899.) à n 5. —; (kplt. in Mappe n. 30. —)

— dasselbe. 2. Serie. Enth. Möbel einfachster Art. Fol. (48 lith. Taf.) Ebd. (900). In Mappe n. 30. —

— das moderne Zimmer. Vollständige Wohnungs-Einrichtgn. in modernem Stil. I. Serie. 4 Lfgn. gr. Fol. (à 12 farb. Taf.) Ebd. (901). In Mappe n. 50. —; einzelne Lfgn. n. 15. —

— dasselbe. II. Serie. Farbige Orig.-Entwürfe vollständ. Zimmereinrichtgn. 4 Lfgn. gr. Fol. (à 12 Taf.) Ebd. (902). In Mappe n. 50. —

— das moderne Zimmer. III. Serie. Farbige Orig.-Entwürfe vollständ. Zimmereinrichtgn. (60 Taf.) Fol. Ebd. (905). In Mappe n. 60. —

— der moderne Zimmermann. Farbige Orig.-Entwürfe in neuer Richtg. f. den prakt. Gebrauch. I. Serie. (60 Taf.) Fol. Ebd. (905). In Mappe n. 60. —

Das Kind in der altfranzösischen Literatur. Von Ferd. **Fellinger**, Dr. phil. Göttingen: Vandenhoeck & Ruprecht 1908. (X, 258 S.) 8° [08. 5380

Fellinger, Ferd(inand), a. Emmerich: Schwangerschaft und Geburt in der altfranzösischen Literatur. Göttingen: Vandenhoeck & Ruprecht 1907. (VIII, 80 S.) 8° ¶ (Erscheint vollst. u. d. T.: „Das Kind in der altfranzösischen Literatur".)
Göttingen, Phil. Fak., Ref. Stimming, Diss. v. 30. Nov. 1907
[Geb. 1. Dez. 82 Emmerich; Wohnort: Emmerich; Staatsangeh.: Preußen; Vorbildung: Gymn. Emmerich Reife O. 01; Studium: Göttingen 2, Besançon 1, Göttingen 5 S.; Rig. 31. Juli 07.]

FELLINGER, Franciscus: De miraculorum cognoscibilitate. — (1896) 147 S. 4° (Handschr.) Diss. 500
Diss. Wien, Univ.

Fellinger, (Heinrich), Prof.: Katalog der Lehrer-Bibliothek des Friedrichs-Gymnasiums zu Herford. T. 1. *Herford 1901: Gebr. Heidemann.* (60 S.) 8°
Herford, ev. Friedrichs-G, OP 1901

Fellinger, (Heinrich), Prof.: Katalog der Lehrer-Bibliothek des Friedrichs-Gymnasiums zu Herford. T. 2. *Herford 1903: Gebr. Heidemann.* (44 S.) 8° ¶ [Forts. d. P-Beil. 1901.]
Herford, ev. Friedrichs-G, OP 1903

Fellinger, Heinrich: Katalog der Lehrerbibliothek des Friedrichs-Gymnasium zu Herford. T. 3. Herford 1908: Heidemann. 62 S. 8° ¶ [Forts. d. P-Beil. 1901. 03.]
Herford, Friedrichs-G OP 1908 [S 08. 87

Fellinger, Johann Georg (vgl. Fellinger, Joh. Gustav)

Fellinger, Joh. Geo., Inguo. Dramatisches Gedicht in 4 Akten. Hrsg. von Sim. Mart. Mayer. gr. 16. (VIII und 176 S.) Klagenfurt 863, Leon's Buchh.

Fellinger, Johann Georg. Poetische Schriften. Hg. v. J. G. Kumpf. Klgft., v. Kleinmayr, 1819—21. 2 Bde.

Fellinger's, J. G., poetische Schriften herausgeg. von J. G. Kumpf. 1r und 2r Thl. gr. 8. Klagenfurt. (Leipzig, Kummer in Comm.) 821.

Fellinger, Johann Gustav (vgl. Fellinger, Joh. Georg.)

— Gedichte, herausg. von J. G. Kumpf. 2 Thle. gr. 8. Klagenf. 822. (Kummer in Leipz.) 2 ₰ 16 ℊ

— der Kampf d. Rechts. Ein Gedicht. gr. 8. Salzb. 813. Mayr. 1 ℊ

Fellinger, Jh. Gust., († d. 27. Nov. 1816.) abgerissene Scenen aus d. Geschichte der Menschheit. Ein Versuch. Mit 1 Kpf. 8. Grätz 808. Ferstl. 8 ℊ

Fellinger, M., geschichtliche Bedeutg. d. Hohenzollern. Eine Darstellg. d. vaterländ. Geschichte in pragmat. Form. F. reif. Schüler, f. Lehrer u. and. Freunde e. tief. Einsicht in d. Vaterlandsgeschichte. gr. 8. (VII, 184 S.) Hannover 897. Hahn. Geb. in Leinw. n. 2. —

FELLINGER, RICHARD. Ueber Azoxybenzoësäure und Azobenzoësäure. Elberfeld.

Ein Feiertag. Schauspiel in 3 Akten von Richard **Fellinger**. 2., umgearb. Aufl. Berlin: Vita (1908). 118, 45 S. 8°
[Sonderl.:] Der Zeuge. Drama in 1 Akt von Fellinger. 2. Aufl. 1908.
(Bibliothek moderner Dramen Bd 29.) [09. 6632

— **Die Pfarrerin.** Schauspiel in 8 Akten. (Bibliothek mod. Dramen.) (138 S.) 8. Ebd. (908). 2. —

Der Unsichere. Schauspiel in 4 Akten von Richard **Fellinger**. 2. Aufl. Berlin: Vita (1907). (105 S.) 8° [F.]
(Bibliothek moderner Dramen.) [08. 4840

Fellinger, Robert: **Bestimmung der Dielektricitätsconstanten von Krystallen im homogenen elektrischen Felde.** *Leipzig: J. A. Barth 1899.* (45 S.) 8°
München, Phil. Diss. v. 1900

Fellinghaus, Th. Das völlige gegenwärtige Heil durch Christum. 2 Thle. in 1 Bde. 4. Aufl. Gr. 8°. 776 S. Basel, P. Kober. 6 —; geb. 7 50
1898

Fellmann. Aloys F., Kunstmaler (1855–1892). Njbl. s. [Schnyder, Michael].

Fellmann, Basil., Festrede an der Schlachtfeier in Sempach, s.: Erni, Ant.

Fellmann, Basilius. Abt Anselm Villiger von Engelberg. Gedenkblätter für die Freunde und Zöglinge der Stiftsschule von P. Basilius Fellmann, O. S. B. Prior und Professor. [Mit Porträt.] S. 31—85. kl.-4. [Separat fr. 1. —]
Anhang zu: 50. Jahresbericht über das Gymnasium des Benediktiner-Stiftes Engelberg im Studienjahre 1900-1901. Luzern, Räber & Cie., 1901.

Fellmann, Dominik, s.: Festreden an der Schlachtfeier in Sempach.

Fellmann, Dominik, und **Segesser,** Franz. Festreden an der Schlachtfeier in Sempach vom 11. Juli 1910 von ... Fürsprech D[r] F[.] ... in Sempach und Sr. Hochw. ... Dr. F[.] S[.] in Luzern. [Mit Vignetten.] 28 S. 8. Luzern, Räber & Cie., 1910. [fr. —. 30]

Fellmann, Martin. Die Kondensation von Benzilsäure mit Salicylaldehyd — Abspaltung von Kohlenoxyd aus Aldehyden. Diss. Math.-Naturw. Freiburg, Schweiz. [Mit 1 Figur.] 71 S. 8. Freiburg ‹Schweiz›, St.-Paulus-Druckerei, 1910.

Fellmann, Maximilianus (Otto Julius Hermannus) *(geb. Zieserwitz bei Neumarkt in Schles. 27. 8. 1858)*: De ὡς, ὥστε particulis consecutivis earumque apud tragicos Graecorum poetas vi et usu. Vratislaviae (1883). (80 S.) 8° *[Im Buchhandel 1883 bei Köhler in Breslau.]*
Breslau, Phil. Diss. v. 3. Febr. 1883

Fellmer, s. Experimente üb. Hin- u. Rückflug d. Milit.-Brieftauben.

Fellmer, Der persönliche Fehler: ein Gebiet der Naturforschung. Magdeburg 1877.

Fellmer, Ueber die Vermehrung unserer astronomischen Kenntnisse durch die Beobachtung der Sternschnuppen. Magdeburg [1879.]

Fellmer, Wie sind die vulkanischen Aschenfälle zu erklären? Magdeburg 1878.

Fellmer, Julianus (Augustus) (geb. Hamburg 26. 1. 1823): De epilepsia. Berolini (1847). (32 S.) 8°
Berlin, Med. Diss. v. 8. Mai 1847

Fellmer, Caspar (Zittau), De cithara Davidica. Präs. Johann Gabriel Drechßler (Wolckenst./Misn.) 21. XII. 1670. Lpz. (Coler) 1712. 38 S. mit 1 Abb. (1.—) 8670
Widm. v.: Val. Alberti, Joach. Feller, Christ. Wittig, Präs., Gottfr. Vopel (Zittau).

Fellmer, L., englisches Lesebuch f. Navigationsschulen. (V, 126 S. m. 3 Formularen.) gr. 8 Altona 906. H. Lorenzen. Geb. n. 3. 60

Fellmer, L., englisches Lesebuch f. Navigationsschulen. 2. Aufl. (IV, 143 S. m. 3 Taf.) gr. 8. Altona 909. H. Lorenzen. Geb. 3. 60

Fellmer, R., Wörterbuch der Dampfmaschinenkunde mit Einschluss der See- und Fluss-Schiffs-Dampfmaschinen, der Locomotiven und Locomobilen. In kurzgefassten Erklärungen mit Hinzufügung der französ. und engl. Bezeichnungen. Ein Handbuch für Besitzer von Dampfmaschinen und Dampfkesseln, für Techniker, Maschinenbauer, Gewerbeschulen, Lehrer etc. 6 Lfgn. gr. 8. (379 S.) Cottbus 860—62, Heine. à Lfg. * 8 Ngr. Thlr. 1

Fellmer, R., Wörterbuch der practischen Mechanik und des Maschinenbaues in deutsch-französisch-englischer Sprache, mit kurzen Erklärungen und Tabellen für den Gebrauch von Dampfmaschinen und Dampfkesseln, für Techniker und Maschinenbauer etc. 2. (Titel-)Aufl. gr. 8. (VI und 379 S.) Berlin (862)66, Th. Grieben.

Fellmer, T., Register, s.: Zeitschrift f. Hygiene u. Infectionskrankheiten.

Fellmeth, Adolf

Fellmeth, Adf., das kirchliche Finanzwesen in Deutschland. (VIII, 210 S.) gr. 8. Karlsruhe 910. G. Braun'sche Hofbuchdr. 6. 40

Fellmeth, A., Grundzüge der Finanzwissenschaft. Zur Einführg. in das Studium der Finanzwissenschaft. (Dr. Ludw. Huberti's moderne kaufmänn. Bibliothek.) gr. 8. (IX, 121 S.) Leipzig (900). Dr. L. Huberti. Geb. in Leinw n. 2. 75

Fellmeth, Adolf: Der kirchliche Haushalt in Deutschland. Karlsruhe i. B.: Braun 1909. 20 S. 8° ¶ (Ersch. vollst. ebd. als Buch u. d. T.: Das kirchliche Finanzwesen in Deutschland.)
Heidelberg, Phil. Diss. v. 29. Nov. 1909, Ref. Gothein
[Geb. 30. Sept. 55 Mühlburg b. Karlsruhe; Wohnort: Karlsruhe i. B.; Staatsangeh.: Baden; Vorbildung: Gymn. Mannheim Reife M. 73; Studium: Heidelberg 2, Berlin 2, Heidelberg 4 S.; Rig. 11. Nov. 09.] [U 10. 2125

Fellmeth, Adf., die Kirchensteuer in ihrem Einfluß auf das kirchliche u. religiöse Leben. Vortrag, geh. am 25. Oktbr. 1890 in Dinglingen. gr. 8. (45 S.) Karlsruhe 891. Evang. Schriftenverein. n. — 40

Fellmeth, Adf., zur Lehre von der internationalen Zahlungsbilanz, insbesondere über den Einfluss der nicht durch Tauschverkehr bewirkten Werthübertragungen auf die Gestaltung der Handelsbilanz, namentlich über die Wirkungen der 5 Milliarden. Von der philosoph. Facultät der Universität Heidelberg gekrönte Preisschrift. Mit einem Vorwort von Adph. Wagner. gr. 8. (VIII, 139 S.) Heidelberg 877, C. Winter's Universitäts-Buchh. *

— die staatlichen Sonntagsvorschriften im Großherzogt. Baden. Hrsg. im Auftrag der Kommission f. christl. Sonntagsfeier. gr. 8. (23 S.) Ebd. 893. n. — 20

Plan der Städte Ulm u. Neu-Ulm. Gefertigt: **G. Fellmeth,** Arch. Masst. 1 : 7,000. *Ulm [1901]: D. Walcher.* (1 Kartenbl. 67 × 44 cm.) 8° [kol.]

Fellmeth, Heinr., die dopp. Buchhaltung n. amerikan. u. italien. System f. Bierbrauereien z. Gebrauch in Brauer-Akademien u. Brauerschulen, sow. z. Selbstunterr. gr. 8. (115 S.) München 898. J. Lindauer. n. 1. 40

Fellmeth, Heinr., Handwerker-Buchführung. gr. 4. (8 S. u. 7 S. Formulare.) München 891. Münch. Handelsdruckerei u. Verlagsanstalt, M. Poeßl. n. — 60

Fellner, ..., s. Chargenverkauf.

Fellner, kleiner Sittenspiegel. Ein moral. Bilderbuch für die liebe Jugend. 6 feine Farbendr.-Bilder nach Orig.-Zeichnungen mit erklärenden Versen. gr. 4. (6 Bl. Text.) Eßlingen 877, Schreiber. cart. *

Fellner Dr. A.: **Über den Isomorphismus im weiteren Sinne. (23.) Wien R. V. 79.**
Progr

Fellner, A.: Uebersicht der Atomgewichtsbestimmungen der Grundstoffe. 30 S. 8° – Baden, RG., Progr. 1871.

Fellner, Alois: F i b e l nach der analytisch-synthetischen Lesemethode. . . , s. F r ü h w i r t h , Anton.

—— die Formenarbeiten. 1.—4. Heft. gr. 8. Wien, Pichler's Wwe. und Sohn.

Inhalt:

Heft 1. Das Stäbchenlegen in Verbindung mit der elementaren Formenlehre, dem Zeichnen und Rechnen. (16 S. mit 49 Stnt.) 874. ℳ 1,20.

" 2. Das Flechten in Verbindung mit der elementaren Formenlehre, dem Zeichnen und Rechnen. (7 S. mit 13 Chromolithogr.) 874. ℳ 1,20.

" 3. Das Falten in Verbindung mit der elementaren Formenlehre und dem Zeichnen. (V S. und 40 Stnt. mit eingedr. Texte.) 875. ℳ 1,60.

" 4. Das Verschnüren. (VIII S. mit 24 Stnt.) 875. ℳ 1,40.

— die Formenarbeiten. 5—7. Hft. gr.8. Wien 876—79. Pichler's Wwe. & Sohn. à — 80 (1—7.: 7. 80)

5. Das Stäbchenstecken. [Erbsenarbeiten.] (14 S. m. 12 Steintaf.)

6. Die Papparbeiten im Kindergarten u. in der Schule. (15 S. m. 11 Steintaf.)

7. Das Ausnähen geradlin. Figuren in dem Kindergarten u. in der Schule. (16 S. m. 12 Steintaf.)

Fellner, Alois, und Frz. Steigl, Formensammlung für den Unterricht im Zeichnen. 1. Heft. gr. 8. (33 Stnt. mit 5 S. Text.) Wien 878, Pichler's Wwe. und Sohn.

— [.]: Kindergarten, der.

Fellner Alois, Der Kindergarten. Erziehungslehre und Kindergartentheorie für Kindergärtnerinnenbildungsanstalten. 3., nach der neuen Rechtschreibung hergestellte, sonst im wesentlichen unveränderte, daher gemäß Min.-Erl. vom 23. Juli 1901, Z. 18871, zulässige Auflage. Wien 1906. A. Pichlers Witwe und Sohn. Geb. K 3.20.

— Der Kindergarten. Erziehungslehre u. Kindergartentheorie f. Kindergärtnerinnen-Bildungsanstalten. Unter Mitwirkg. v. Emma Klausberger, Jos. Kopetzky, Jos. Kraft, Jos. Kugler u. Adf. Kunka. 4. Aufl. Unveränd. Abdr. der 3. Aufl. (VII, 223 S. m. 36 Fig. u. 20 Taf.) 8. Wien 910. A. Pichler's Wwe. & Sohn. Geb. in Leinw. 3. 20

— u. Franz Steigl, Methodik d. Zeichenunterrichtes an Volks- u. Bürgerschulen. (Der Zeichenunterricht und seine Hilfswissenschaften. VI. Theil.) 8. (VIII u. 108 S. mit 47 Textfig.) Wien, Alfred Hölder. 80 kr. 1883

—— f. Rechnungs-Aufgaben für Schüler der Volks- und Bürgerschulen.

Fellner, A.. Schnittbuch. Maßstäbe 1:4, 1:6. 1:8, 1:10
Wien: Pichler 1910 K —.08

— Neues Schnittbuch, s.a.Hübel, Amalie.

Fellner, A., Neues Schnittbuch für allgemeine Volks- und Bürgerschulen. 2. bis 3. Aufl. Gr.-8°. (32 S.) K —.40
Wien: Pichler 1910.

Fellner, A., Neues Schnittbuch für allgemeine Volks- und Bürgerschulen. 4.—7. Aufl. Lex.-8°. (32 S.) K —.40
Wien: Pichler 1910.

— Ausgeführte Schnittmuster, s.: Hübel, Amalie.

Fellner, Alois, u. Fr. Steigl

— — Schule des Freihandzeichnens. Auf Grund der gesetzl. Bestimmungen f. österreich. Schulen in concentr. Kreisen bearb. 1—7. Schulj. gr.8. Wien 882. (Sallmayer'sche Buchh.) n.n. 17. 30

1. (XII, 36 lith. S.) n.n. 1. 80. — 2. (XII, 42 lith. S.) n.n. 2. —. — 3. (XII, 43 lith. S.) n.n. 2. —. — 4. (XVI, 46 lith. S.) n.n. 2. 50. — 5. (XVI, 47 lith. S.) n.n. 2. 60. — 6. 7. (XX, 76 u. XX, 62 lith. S.) à n.n. 3. 20

— u. Frdr. Steigl, Schule d. Freihandzeichnens. Auf Grund der gesetzl. Bestimmgn. f. österreich. Schulen in concentr. Kreisen bearb. 8 Hfte. gr. 8. u. (8. Hft.) qu. gr. 4. Ebend. 885. n. 17. —

1. (XII., 36 lith. S.) n. 1. 20
2. 3. (XII, 42 u. XII, 43 lith. S.) à n. 1. 40
4. 5. (à XVI, 46 lith. S.) à n. 1. 60
6. 7. (XX, 76 u. XX, 62 lith. S.) à n. 2. 40
8. (8 S. m. 28 z. Thl. farb. Steintaf. in 4.) In Mappe. n. 5. —

— u. Fr. Steigl, Schule d. Freihandzeichnens. Auf Grund der gesetzl. Bestimmgn. f. österreich. Schulen in concentr. Kreisen bearb. 8 Hfte. 2., verb. Aufl. gr. 8. u. (8. Hft.) qu. gr. 4. Wien 887. Pichler's Wwe. & Sohn. n. 17. 60

1. (X, 36 lith. S.) n. 1. 20. — 2. 3. (X, 42 u. X, 43 lith. S.) à n. 1. 40. — 4. 5. (X, 47 u. XIV, 48 lith. S.) à n. 1. 60. — 6. (XV, 67 lith. S.) n. 2. 40. — 7. (XXII, 71 lith. S.) n. 3. —. — 8. (8 S. m. 28 z. Thl. farb. Steintaf. in 4.) In Mappe. n. 5. —.

— u. Fr. Steigl, Schule des Freihandzeichnens. Auf Grund d. gesetzl. Bestimmgn. f. österr Schulen in concentr. Kreisen bearb. 1.—10. Hft. Wien 895. A. Pichler's Wwe. & Sohn. n. 32. 10

1. 1. Schulj. 1. Classe. 3. Aufl. gr. 8. (X, 30 S. m. Fig. u. 1 Taf.) n. 1. 20
2. 3. 2. u. 3. Schulj. 3. Aufl. (XI, 42 u. X, 43 S.) à n. 1. 40
4. 5. 4. u. 5. Schulj. 3. Aufl. (XIV, 47 u. XIV, 48 S.) à n. 1. 60
6. 6. Schulj. 1. Bgschlcl. 3. Aufl. gr. 8. (XVI, 67 S. m. z. Tl. farb. Fig.) n. 2. 40
7. 7. Schulj. 2. Bgschlcl. 3. Aufl. gr. 8. (XXII, 71 S. m. Fig.) n. 3. —
8. 8. Schulj. 8. Classe. 2. Aufl. qu. gr. 4. (28 Taf. m. 8 S. Text in gr. 8.) In Mappe n. 5. —
9. Neue Zeichenvorlagen f. Bürgerschulen u. f. d. ob. Classen d. Volksschulen, sowie f. gewerbl. Fortbildungsschulen. Gezeichn. u. hrsg. v. Frz. Steigl. 1. Hft. Fol. (24 Bl. m. 1 Bl. Text.) In Mappe n. 7. —
10. Dasselbe. 2. Hft. Fol. (20 farb. Bl. m. 1 Bl. Text.) In Mappe 7. 50

— Unterricht in den weiblichen Handarbeiten, s.: Hübel, Amalie.

—— der Volkskindergarten und die Krippe. Wegweiser bei Gründung und Führung dieser Kleinkinder-Erziehungsanstalten. gr. 8. (130 S. mit 19 Illustr.) Wien 884, Pichler's Wwe. und Sohn. *

— der Volkskindergarten u. die Krippe. Wegweiser bei Gründg. u. Führg. dieser Kleinkinder-Erziehungsanstalten. 3., verb. Aufl. (IV, 144 S. m. 19 Abbildgn.) 8. Wien 906. A. Pichler's Wwe. & Sohn. n. 2. —

— Vorlagen für Kindergärten. 1—32. Gabe. gr. 8. (Autogr. Taf. m. Text.) Ebend. 880. n. 17. 40

1. Ballspiel. 7 Taf. m. 35 Fig. (4 S.) n. — 20
2. Kugel, Walze, Würfel, Kegel. 6 Taf. m. 35 Fig. (4 S.) n. — 50
3. Der 1. u. 2. Baukasten. 12 Taf. m. 147 Fig. (3 S.) n. — 60
4. Der 3. Baukasten. 9 Taf. m. 56 Fig. (2 S.) n. — 50
5. Der 4. Baukasten. 10 Taf. m. 34 Fig. (2 S.) n. — 50
6. Der 5. Baukasten. 11 Taf. m. 21 Fig. (2 S.) n. — 50
7. Legetäfelchen. [Quadrate.] 6 Taf. m. 74 Fig. (2 S.) n. — 40
8. Legetäfelchen. [Rechtwinkelige gleichschenkel. Dreiecke.] 9 Taf. m. 171 Fig. (2 S.) n. — 50
9. Legetäfelchen. 3. Abth. [Rechtwinkelige ungleichschenkel. Dreiecke.] 7 Taf. m. 171 Fig. (2 S.) n. — 50
10. Legetäfelchen. [Gleichseitige Dreiecke.) 8 Taf. m. 56 Fig. n. — 40
11. Legetäfelchen. 5. Abth. [Quadrate u. Rhomben.] 6 Taf. m. 22 Fig. (2 S.) n. — 50
12. Das Stäbchenlegen. 11 Taf. m. 351 Fig. (2 S.) n. — 60
13. Das Verschränken. 10 Taf. m. 40 Fig. (2 S.) n. — 50
14. Das Ringelegen. 13 Taf. m. 106 Fig. (2 S.) n. — 60
15. Das Flechten. 1. Abth. 8 Taf. m. 48 Fig. (4 S.) n. — 50
16. Das Flechten. 2. Abth. 14 Taf. m. 35 Fig. (4 S.) n. — 60
17. Das Fadenspiel. 9 Taf. m. 51 Fig. (2 S.) n. — 50
18. Das Steinchen- u. Muschellegen. 8 Taf. m. 91 Fig. (2 S.) n. — 50
19. Das Ausstechen. 16 Taf. m. 38 Fig. (2 S.) n. — 70
20. Das Ausnähen. 1. Abth. 11 Taf. m. 28 Fig. (4 S.) n. — 60
21. Das Ausnähen. 2. Abth. 11 Taf. m. 20 Fig. (3 S.) n. — 60
22. Das Netzzeichnen. 1. Abth. 8 Taf. m. 149 Fig. (3 S.) n. — 40

23. Das Netzzeichnen. 2. Abth. 12 Taf. m. 104 Fig. (2 S.) n. — 60
24. Das Falten. 9 Taf. m. 54 Fig. (4 S.) n. — 50
25. Das Freiflechten. 6 Taf. m. 17 Fig. (2 S.) n. — 50
26. Das Flechten v. Nippsachen. 11 Taf. m. 11 Fig. (3 S.) n. — 60
27. Das Ausnähen auf Canevas-Papier. 4 Taf. m. 12 Fig. (2 S.) n. — 40
28. Das Ausschneiden u. Aufkleben. 12 Taf. m. 121 Fig. (4 S.) n. — 60
29. Das Ausmalen. 16 Taf. (3 S.) n. 1. 30
30. Die Erbsenarbeiten. 8 Taf. m. 61 Fig. (2 S.) n. — 50
31. Das Verschnüren. 14 Taf. m. 56 Fig. (2 S.) n. — 60
32. Das Thonformen. 10 Taf. m. 88 Fig. (4 S.) n. — 60

— Wandfibel. Im Anschlusse an die Fibel nach der analytisch-synthet. Lesemethode v. Ant. Frühwirth u. Alois Fellner hrsg. 31 Taf. je 63,5×47,5 cm. Ebd. 903. In Mappe n. 10. —; m. Leinw.-Rand u. Oesen n.n. 15. —; auf 16 Deckel gespannt n.n. 15. —

Fellner, Alois, s.: Wandtafeln, Wiener, f. den Unterricht in weibl. Handarbeiten.

—— praktischer Wegweiser für den Unterricht in der Elementarklasse, s. Frühwirth, A.

Fellner, Alois (Hrsg.), s. Zeichenunterricht, Der, u. seine Hilfswissenschaften.

Fellner August: Fluggedanke und Luftschiff im Spiegel der schwäbischen Literatur.
II. 1910 PN 3089 Diss. Innsbruck, Univ.

Fellner jun., Bruno, Franzensbad u. Umgebg., s.: Grieben's Reiseführer.

Fellner, Bruno, verkauft! Lebensbild in 4 Aufzügen. (137 S.) 8. Leipzig 906. Modernes Verlagsbureau. n. 2. —

Fellner, E.

— Hugo Schenk und seine Verbrechen, oder der Frauenmörder und seine Opfer. Illustrirter Criminal-Roman aus der jüngsten Zeit. 8. Liefg. 1—18. (S. 1—432.) Wien, *Gebrüder Rubinstein. à 10 kr. 1884

Fellner, Dr. E., Hugo Schenk u. seine Verbrechen od. d. Frauenmörder und seine Opfer. Illustr. Criminalroman aus d. jüngsten Zeit. 8. Lief. 19—54. (S. 433—1296), Wien, *Gebr. Rubinstein. à 10 kr. 1884

Fellner, Dr. E., Hugo Schenk u. s. Verbrechen, od. d. Frauenmörder u. s. Opfer. Illustr. Criminal-Roman aus d. jüngst. Zeit. 8. Lief. 55—62. (S. 1321—1468). Wien, *Gebr. Rubinstein. à 10 kr. 1885

Fellner, Eduard, die Münzen v. Frankfurt a. M., s.: Joseph, Paul.

Fellner, F., s. Bibliothek des litterarischen Vereins in Stuttgart V.

Fellner (F.). Ueber die Keimung der Sporen von Riccia glauca. Graz, 1875. 8°.

Fellner, F. v., animalischer Magnetismus und moderner Rationalismus. Eine kultur-histor. Betrachtung. 8. (76 S.) Leipzig 880, Mutze. *

Fellner, Ferd., Wie soll Wien bauen? Zur Beleuchtung des „bürgerlichen Wohnhauses" des Herrn Prof. R. v. Eitelberger u. Architekt Heinr. Ferstel, mit einigen Bemerkungen über die Wiener Baugesetze. Mit 4 Steindr.-Taf. (in gr. 4. u. Fol.) Wien 860. Typograph.-literar.-artist. Anstalt. Lex.-8. (37 S.) n. 20 ngr.

Fellner, Frd., s. Testament, das neue.

Internat. statist. Institut ... Die Schätzung des Volkseinkommens. Von Dr. Friedrich Fellner, Prof. Berlin 1903: J. Sittenfeld. (47 S.) 8° [03. 1983 3

Fellner, Frdr., die Schätzung des Volkseinkommens. Vorgelegt der in Berlin abgeh. IX. Tagg. des internationalen statist. Institutes. (46 S.) gr. 8. Berlin 904. Puttkammer & Mühlbrecht. n. 1. 60

— Das System der Rentengüter und dessen Anwendung in Ungarn. Mit einem Vorwort von Karl Hieronymi. 8°. Budapest, Franklin, 1900.

Das System der Rentengüter und seine Anwendung in Ungarn. Von Friedrich Fellner, Doz. in Budapest. Mit e. Vorw. von Karl Hieronymi. Berlin: Puttkammer & Mühlbrecht 1905. (VII, 177 S.) 4°
Aus: Zeitschrift f. ungar. öff. u. Privatrecht. [05. 8807 6

Die Zahlungsbilanz Ungarns. Ein Beitrag z. Lehre von d. internat. Zahlungsbilanz im Allgemeinen. Von Dr. Friedrich Fellner. Wien & Leipzig: F. Deuticke 1908. (162 S.) 8°
— Studien, Wiener Staatswissenschaftliche. Bd 8, H. 1. [08. 7673

Fellner, Gust., der Angelsport, s.a. Bibliothek f. Sport u. Spiel.

Fellner (G.). Der Angelsport. 1905. Leipzig. 8°. (336 S. m. Abb.) M. 4 30 geb. 5.30

Fellner, Gust., d. prakt. Angler, s.a. Miniatur-Bibliothek f. Sport u. Spiel.

Fellner (G.). Der praktische Angler. 1908. Leipzig. 8°. (112 S. m. Abb.) M. —.60

Fellner, Ignaz, s. Felner, Ignaz

Fellner, Johann

Fellner, (J.) neuer Faullenzer für Capitalisten, oder vollständ. tabellar. Interessen-Schlüssel zu 1½. 2, 2½, 3, 3½, 4, 5 u. 6%, von 1 bis 100,000 Gulden. 2e Aufl. qu. 8. Wien 823, Haas.

Fellner, Joh., neuer schneller Interessenrechner, od. vollständig. tabellar. Schlüssel zur Berechnung der Interessen zu 1¾, 2, 2½, 3, 3½, 4, 5 u. 6 pro Cento v. 1 Gulden bis 100,000 Gulden. 3., durchgeseh. Aufl. qu. 16. (14¼ B.) Wien 842, Haas'sche Bh. -

Fellner, Jh., vollständig tabellar. Interessenschlüssel zu 1½ p. C., v. 1 Fl. bis 100,000 Fl. auf alle Monate u. Tage berechnet. qu. 8. Wien 811. Rehm. 1 ₰ 18 Kr. N. Aufl. unter folg. Titel: neuer Faullenzer f. Kapitalisten, oder vollständ. tabellar. Interessen-Schlüssel zu 1½, 2, 2½, 3, 3½, 4, 5 u. 6%, von 1 bis 100,000 Fl. 2e Aufl. qu. 8. Wien 823. Haas. 1 ₰

Fellner, Jos., Lehrgang f. den chemisch-mineralogischen Unterricht in der Volksschule. gr. 8. (IV, 32 S. m. 22 Fig.) München 893. R. Oldenbourg, Abteilg. f. Schulbücher. Kart. n. — 50

Fellner, Leopold

—— Die Thure Brandt'sche Behandlung der weiblichen Sexual-Organe, s.a. Zeit- u. Streitfragen, klinische.

Fellner, Dr. L., Die Thure-Brandt'sche Behandlung der weiblichen Sexual-Organe. (Klinische Zeit- und Streitfragen. III. Band. 4. Heft.) 8. (36 S.) —.60
Wien: Braumüller 1889.

Beitrag zur mechanischen und balneotherapeutischen Behandlung der chronischen Herzkrankheiten. Vortrag geh. 1904 von Dr. Leopold Fellner. Mit 9 Textfig. Berlin & Wien: Urban & Schwarzenberg 1905. (S. 41–76.) 8°
— Klinik, Wiener. 1905, H. 2. [05. 5810

Fellner, Leop., Beitrag zur Lehre v. der Entwicklung der Kloake. [Aus dem embryolog. Institute d. Prof. Schenk in Wien.] [Aus: „Sitzungsber. d. k. Akad. d. Wiss."] Lex.-8. (11 S. mit 1 Steintaf. in qu. 4.) Wien 875. Gerold's Sohn.) n. — 60

Fellner, Leop. Klinische Beiträge zur Thure-Brandt'schen Behandlung der weiblichen Sexualorgane. gr. 8. (87 S. m. 48 Abbildgn.) Wien 890, Braumüller. * 2 50

—— les eaux des bains de boue minérale de Franzensbad et leur action dans les maladies des femmes. (Bade-Bibliothek Nr. 47.) 8. (III, 123 S.) Wien 872, Braumüller. *

Fellner, Leop., Franzensbad u. seine Heilmittel. 2. verm. u. vollständig umgearb. Aufl. Mit 8 Ansichten, 1 Plane u. 2 Karten. (Braumüller's Bade-Bibliothek.) 8. (VII, 105 S.) Wien 900. W. Braumüller. In Leinw. kart. n. 1. 40

Fellner, Leop., Franzensbad und seine Heilmittel in den Krankheiten des Weibes. Für gebildete Frauen. (Bade-Bibliothek Nr. 38.) 8. (127 S.) Wien 871, Braumüller. *

— Franzensbad, her mineral waters and baths. (Braumüller's Bade-Bibliothek.) (VII, 93 S. m. 10 Abbildgn. u. 3 Karten.) 8. Wien 904. W. Braumüller. In Leinw. kart. n. 1. 40

Fellner, L., neuere Untersuchung über die Wirkung der Moorbäder. Vortrag, gehalten in der fünften öffentl. Versammlung der balneolog. Sektion der Gesellschaft für Heilkunde in Berlin am 18. März 1883. gr. 8. (16 S.) Berlin 883, Grosser. *
Aus: Deutsche Medicinal-Zeitung, besonders abgedruckt.

Fellner, O. A., Franz Schneider, der Rabe des Wiener Waldes. 60 Hfte. gr. 8. (à 24 S. m. 1 Illustr.-Taf.) Dresden 891. 892. A. Wolf. à — 10

Fellner, Otfried Otto, die Beziehungen innerer Krankheiten zu Schwangerschaft, Geburt u. Wochenbett. Nebst e. Vorwort v. Frdr. Schauta. (VIII, 275 S.) gr. 8. Wien 903. F. Deuticke. n. 8. —

Die wechselseitigen Beziehungen der innersekretorischen Organe, insbesond. z. Ovarium. Zugleich e. Beitrag z. Lehre von d. Menstruation von Dr. Otfried O. Fellner. Leipzig: J. A. Barth 1908. (34 S.) 8° [Umschlagt.]
— Sammlung klinischer Vorträge. N. F. No 508. [08. 16696

— Neuere Methoden bei Behandlung des Puerperalfiebers, s.a. Klinik, Berliner.

Neuere Methoden bei Behandlung des Puerperalfiebers. Von Frauenarzt Dr. Otfried O. Fellner, Wien. Berlin: Fischer 1909. 24 S. 8° [Umschlagt.]
(Berliner Klinik. H. 258.) [10. 474

Fellner, Otfried Otto, physikalische Therapie der Erkrankungen d. weiblichen Sexualorgane. s.: Foges. Arth.

Fellner, Otfried Otto (Hrsg.), s. Therapie, Die, der Wiener Spezialärzte.

Fellner, Otto: Die rechtliche Natur der Inhaberpapiere.... Frankfurt a. M., Druck v. Gebr. Knauer, 1888; 2 Bl. + 64 S. 8°
Göttingen, Jur. Fak., Inaug.-Diss. v. 4. Sept. 1888.

Fellner, Rich., Geschichte einer deutschen Musterbühne. Karl Immermanns Leitung des Stadttheaters zu Düsseldorf. gr. 8. (XVI, 526 S.) Stuttgart 888, Cotta'sche Buchh. *

Fellner. R., s.: Immermann, Karl.

Fellner, Rich., Hans Homma u. Heinr. Kadelburg, aus dem Reich der Schminke u. der Tinte. Aphorismen u. Karikaturen. (IV, 108 S. m. eingedr. Bildnissen u. Taf.) 34,5×26,5 cm. Wien 907. (G. Szelinski.) Geb. in Leinw. 5. —

FELLNER, Robert: Beitrag zur Geschichte des Stadtwaldes von Frankfurt am Main.- Frankfurt a.M.: Knauer 1893. 93 S.,1 Kart.
31.5.1893 - Chr 1894/95,18; Jv 1893/96,217
Diss. Ingolst.-Landsh.-Mchn.

Fellner, Robert, Dr. oecon. publ. a. Frankfurt a. M.: Die fränkische Ritterschaft von 1495—1524. Mit einer Einleitung. Hauptsächlich nach Quellen aus dem Hochstift Würzburg. (T. 1 u. Schluß.) (Berlin 1904: E. Ebering.) (Getr. Pag.) 8° [F. u. Ant.] ¶(Erschien vollst. 1905 als: Historische Studien, H. 50.)
Berlin, Phil. Fak., Ref. Lenz, Schäfer, Diss. v. 8. Nov. 1904
[Geb. 13. Apr. 67 Frankfurt a. M.; Heimatsort: Berlin; Staatsangeh.: Preußen; Vorbildung: Realgymn. Frankfurt a. M. Reife O. 85; Studium: Marburg 2, Berlin 6 S. Rig. 25. Juli 04.]

Die fränkische Ritterschaft von 1495–1524. Mit e. Einleitung. Hauptsächl. nach Quellen aus d. Hochstift Würzburg. Von Dr. Robert Fellner. Berlin: E. Ebering 1905. (312 S.) 8°
— Studien, Historische. H. 50. [05. 9063 2

Fellner, Stef. Albertus Magnus als Botaniker. 90 S. 8. Schott. G. *Wien* 1881. Progr.

Fellner, Steph., Albertus Magnus als Botaniker. gr. 8. (III, 90 S.) Wien 881, Hölder. *

Die homerische Flora. Von Stephan Fellner. *Wien: A. Hölder 1897.* (84 S.) 1 Bd 8. [97. 3375

— Compendium der Naturwissenschaften an der Schule zu Fulda im IX. Jahrh. gr. 8. (VI, 241 S.) Leipzig 879. Grieben. n. 4. —

Fellner, Stef. Die geographische Verbreitung der Pflanzen und Thiere. Zum Gebrauche für Gymnasialschüler. 66 S. u. Karte. 8. Progr. Schott. G. *Wien* 1885.

Fellner, Thomas, Forschung u. Darstellungsweise d. Thukydides, gezeigt an einer Kritik d. 8. Buches, s.: Untersuchungen aus der alten Geschichte.

Fellner, Thomas, zur Geschichte der attischen Finanzverwaltung im 5. und 4. Jahrh. Lex.-8. (64 S.) Wien 879, (Gerold's Sohn.) **
Aus: Sitzungsberichte der k. Akademie der Wissenschaften, besonders abgedruckt.

Fellner Thomas: Thukydideische Studien. Untersuchung über das achte Buch des thukydideischen Geschichtswerkes.
1877 PN 75 Diss. Wien, Univ.

Fellner, Thom., u. Heinr. Kretschmayr, die österreich. Zentralverwaltg., s.: Veröffentlichungen d. Kommission f. neuere Geschichte Österreichs.

Fellner, Ritter v. Feldegg, Ferd., s.: Feldegg, F. Ritter v.

Fellner v. Feldegg, Pet. Frhr. v., u. Camillo Edler v. Ohmeyer, die österreichische Exekutionsordnung vom 27. V. 1896 in der Spruchpraxis des Wiener Landes- als Berufungs- u. Rekursgerichtes, m. Verweisg. auf die Rechtsprechg. des obersten Gerichtshofes. gr. 8. (VII, 446 S.) Wien 902. Manz. n. 11. 20; geb. n. 12. 40

Fellöcker, Sigmund

Fellöcker, (P.) Siegm., Anfangsgründe der Mineralogie. Für Gymnasien und Realschulen bearb. gr. 8. (XII und 180 S. mit eingedr. Holzschn.) Wien 851(52,) Gerold, Verlag.

Fellöcker, Sigm., Anfangsgründe der Mineralogie, bearb. für Unter-Realschulen. Mit vielen in den Text gedruckten Holzschn. 853. — 2. Aufl. 855. — 3. Aufl. Wien 858. Gerold. gr. 8. (IV, 90 S.) 10 ngr.

Fellöcker, Sigm., Anfangsgründe der Mineralogie, bearb. für die Unter-Realschulen. Mit vielen in den Text gedr. Holzschn. 4. Aufl. Wien 862. Gerold. gr. 8. (90 S.) n. 10 ngr.

Fellöcker, Sigm., Anfangsgründe der Mineralogie bearb. für Unter-Gymnasien und Unter-Realschulen. 6. Aufl. 8. (IV, 99 S. mit vielen in den Text eingedr. Holzschn.) Wien 871, Gerold's Sohn. *

Fellöcker, P. Sigmund — Anschauungsunterricht in der Mineralogie. Für die k. k. österreichischen Untergymnasien und Unterrealschulen bearbeitet von — —. (Mit vielen in den Text eingedruckten Holzschnitten.) Wien, 1857. Druck und Verlag von Karl Geroldś Sohn. (IV. 64 S. 8.)

— Anschauungsunterricht in der Mineralogie. Für die k. k. österreichischen Untergymnasien und Unterrealschulen bearb. 2., verb. Aufl. gr. 8. (52 S. mit vielen in den Text gedr. Holzschn.) Wien 861(62), Gerold's Sohn. *

Fellöcker, Sigm., Anschauungsunterricht in der Mineralogie. Für die k. k. österreich. Untergymnasien und Unterrealschulen bearb. 3. verb. Aufl. gr. 8. (52 S. mit vielen in den Text gedr. Holzschn.) Ebendas. 876. *

Fellöcker, Siegm., die Feier der ersten heil. Kommunion in Verbindung mit der feierlichen Erneuerung des Taufbundes. 8. Linz 845, Haslinger. 4 ngl

Fellöcker, Siegm., die chemischen Formeln der Mineralien in geometrischen Figuren dargestellt. gr. 8. (XXXII, 158 S. m. eingedr. Fig.) Linz 879. Quirein. n. 3. —

— katechetische Formulare f. d. heil. Sakramente der Firmung, des Altars u. der Buße. 8. (6¼ B.) Linz 845, Haslinger. — 7½

— Gedanken u. Empfindungen d. wohlunterrichteten u. frommen Katholiken beim Empfange d. allerheil. Sakramentes des Altars. 8. (3¼ B.) Linz 845, Haslinger.

— dieselben beim Empfange d. heil. Sakramentes der Buße. 8. (1½ B.) Ebdſ. 845.

— dieselben beim Empfange d. heil. Sakramentes der Firmung. 8. (1 B.) Ebdſ. 845.

Fellöcker: Geschichte der Sternwarte der Benediktiner-Abtei zu Kremsmünster. Zs. 300 S. 4°–Kremsmünster, Progr. 1864–1869

Fellöcker P. Sigmund, Aller'lai christligs Gsanger und Gspiel in der obersteierischen Volksmundart. 1. Bändchen. 8. (256 S.) geh. 1 fl. Linz: Haslinger 1882

— Kripplgsángl u. Kripplspiel in der oberösterreichischen Volksmundart. Gesammelt u. hrsg. 1—3. Bdchn. 12. (VIII, 120, VI, 122 u. VII, 124 S.) Linz 880. 81. Haslinger. à n. — 80

Fellöcker, Sigm., Kripplgsángl u. Kripplspiel in der oberösterreichischen Volksmundart. Gesammelt u. hrsg. 4—6. Bdchn. 8. (IV, 128, V, 128 u. VI, 128 S.) Linz 883—85. Haslinger. à n. — 80

Fellöcker, Sigm., Kripplgsángl und Kripplspiel in der oberösterreichischen Volksmundart. Gesammelt und hrsg. 6.—8. Bdchn. 8. (VIII, 128; XXXII, 96 S. mit Ed. Zöhrer's Portr. in Lichtdr.; VIII, 128 S.) Linz 885—87, Haslinger.
6. Bdchn. *
7. und 8. Bdchn. à * M 1.—. *
1.—5. Bdchn. Ebendas. 1880—84. à * 80 Pf.

Fellöcker Sigmund P. Lehrbuch der Mineralogie und Geognosie. Für Obergymnasien und Oberrealschulen bearbeitet von — —. Wien. Verlag und Druck von Karl Geroldś Sohn. 1855. (S. VI. 337, mit vielen in den Text eingedruckten Holzschnitten. 8.)

Fellöcker, P. Sigmund —. Lehrbuch der Mineralogie und Geognosie. Für Obergymnasien und Oberrealschulen bearbeitet von — —. 2. Auflage. Mit vielen in den Text eingedruckten Holzschnitten. Wien. 1855. Druck und Verlag von Karl Gerold's Sohn. (IV, 337 S. 8.)

Fellöcker, Sigm., Lehrbuch der Mineralogie und Geognosie. Für Obergymnasien und Oberrealschulen bearb. 3. Aufl. gr. 8. (IV und 309 S. mit vielen in den Text eingedr. Holzschn. und 1 Stnt.) Wien 864, Gerold's Sohn.

— Leitfaden der Mineralogie und Geognosie. Für Ober-Gymnasien bearb. 1. Aufl. (IV und 180 S.) 1857. und 2. Aufl. gr. 8. (IV und 184 S. mit vielen in den Text gedr. Holzschn. und 1 lithogr. Kärtchen.) Wien 860, Gerold's Sohn.

— Leitfaden der Mineralogie und Geognosie. Für Ober-Gymnasien bearb. 3. Aufl. gr. 8. (IV, 180 S. mit vielen in den Text gedr. Holzschn. und 1 lithogr. Kärtchen.) Wien 869, Gerold's Sohn.

— Principj di mineralogia per le classi inferiori dei ginnasj delle scuole reali. Con molte incisioni in legno. gr. 8. (VIII und 100 S.) Wien 855, Gerold's Sohn. *

— principî di mineralogia per le classi inferiori dei ginnasî e delle scuole reali. 8. (VIII und 92 S. mit vielen in den Text gedr. Holzschn.) Wien 861, Gerold's Sohn. *

— principî di mineralogia per le classi inferiori dei ginnasi e delle scuole reali. Con molte incisioni in legno. Ebend. 862. 8. (VIII, 92 S.) n. 10 ngr.

— Principî di mineralogia per le classi inferiori dei ginnasî e delle scuole reali. Ediz. 3. Con molte incisioni in legno. 8. (VIII, 92 S.) Wien 872, Gerold's Sohn. *

— erstes Religions-Büchlein für kathol. Schulen u. Familien. 2. umgearb. Aufl. gr. 12. (103 S.) Linz 849, Haslinger. 4 ngl

Fellöcker, P. Sigmund —. Religionsbüchlein für den ersten Unterricht in katholischen Schulen und Familien. Von — —. 3. umgearbeitete Auflage. 8. (VI, 112 S.) Linz. Gedruckt bei Joseph Wimmer. Verlag von Quirin Haslinger. 1854.

— Religions-Büchlein für den ersten Unterricht in katholischen Schulen und Familien. 4. umgearb. Aufl. gr. 16. (VI, 108 S.) Linz 872, Haslinger. *

— die barmherzigen Schwestern der christl. Mildthätigkeit empfohlen. Eine Predigt. 1. Aufl. 842. u. 2., verb. Aufl. gr. 8. (1½ B. u. 1 Stahlst.) Linz 843, Haslinger. à

Programm des k. k. akad. Gymnasiums zu Kremsmünster für das Schuljahr 1855. Linz. 1855. Druck von Jos. Feichtinger's sel. Erben. (43 S. 4.)
Inhalt: Die Theorie der dreiseitigen Pyramide analytisch dargestellt. Von Sigmund Fellöcker.

— Weihnachtskränze aus Dichtungen aller christl. Jahrhunderte, s. a. Weihnachtskränze.

— Weihnachtskränze aus Dichtungen aller christlichen Jahrhunderte. Gesammelt u. geordnet. Neue (Titel-) Ausg. Münster (848.) 856. Aschendorff. gr. 8. (XL, 495 S.) 1 ℳ

Felloplastik oder die Kunst, Modelle von antiken Gebäuden in Kork darzustellen. Gotha 1804. V: *Arnold, Ignaz Ferd. (Theod. Ferd. Cajetan).* (MGT) (Ky)

Felloplastik, oder die Kunst, Modelle von antiken Gebäuden in Kork darzustellen, (v. Th. F. K. Arnold). Mit 3 Kpf. 8. Gotha 804. Ettinger. 1 ℳ

Fellows, Charles, ein Ausflug nach Kleinasien und Entdeckungen in Lycien. Uebers. von Jul. Thdr. Zenker. Mit 63 Kpfrtaf. u. 3 Karten (in 8., 4. u. Fol.). Leipzig 853. Dyk. gr. 8. (XIII, 482 S.) 10 ℳ

Fellrath, Ernst: Einwirkung von Phenylisocyanat auf Stickstoff-Benzylbenzaldoxim ... *Leipzig, gedr. bei E. Polz*, 1892; 34 S., 1 Bl. 8.
Giessen, Phil. Fak., Inaug.-Diss. v. 1892

Fells, J. M. Vide: Garcke, E.

Felmer, Carl Siegfried Benjamin (Loebau/Laus.), An ob sterilitatem in reservatis ad alimenta vulgo den Auszug remissio danda sit. Quaestio jur. controv. Präs. Christian Heinr. Breuning. Lpz. (Langenheim) 26. IX. 1775. 8 S. (3.50) 8671

Felmer, Martin (Resp.): De Efficacia S. Scripturae naturali et supernaturali, s. Baumgarten, Siegm. Jakob

***Felmer*, Mart., (+ d. 28. März 1767.) primae lineae M. Principatus Transilvaniae historiam antiqui, medii et recentioris aevi exhibentes et illustrantes (J. F. v. Rosenfeld). 8. Cibini 780. (Wien, Heubner). 18 gr**

Felmer, Mart., primae lineae historiae Transilvaniae antiqui, medii et recentioris aevi. Accesserunt observatt. crit. Opera J. C. Eder... Wien ... M. v. Hochmeistersche B. 1½ fl

Felmer, M., **primae lineae Transilvaniae hist. 8. Norimb.** Hauffe. 780.

Felmy, F., die Landwirthschaft eine Kunst und Wissenschaft, f. Sammlung landwirthschaftl. Vorträge.

Felmy F.: Die Landwirthschaft eine Kunst u. Wissenschaft. Vortr. 3. unveränd. Aufl. Wurzen [1874]. 32 S. P.
(= Samml. landw. Vorträge. Ser. 1 H. 1).

Felmy, Martin [prakt. Arzt aus Topper, Kr. Krossen]: Über Encephalopathia saturnina .... Berlin, Buchdr. v. Gustav Schade (Otto Francke) (1888); 30 S. + 1 Bl. 8°
Berlin, Med. Fak., Inaug.-Diss. v. 10. Jan. 1888

Felner, J. K., deutsche Sekretairkunst, f. Spaten.

Felner, Ignaz (Andreas Anton)

Abschied, Ankunft und Willkomm der ehrwürdigen Benediktiner St. Blasii in Klagenfurt u. St. Paul. Klagenfurt, Leon, 1809. Quart. 35 S. (Verf.: Ignaz Felner und Matthias Halla.)

Felner, Ign. (Andr. Ant.) Andachtsbuch für kathol. Christen, mit Kpf. 8. Augsb. 809. 2e A., mit 5 Kpf. 8. Ebd. 824. Kranzfelder. 10 gr

— Antimonachismus oder Belehrung d. Volks in kirchl. Sachen, 8. Kehl 783. Gelehrten B. 2 gr

Felner, Ignaz, s. Aphorismen, od. Fragen.

Felner's Aphorismen, od. Fragm. z. Denken u. Handeln. 8. Bas. Schweighäuser. 789.

— Aphorismen über den Menschen. 8. Basel 792. Schweighäuser. 12 gr

Felner, Ign. (Andr. Ant.), Schulmeister Arnolds e. Sittengemälde in 3 A. 8. Frburg, Fr. Wagner.

Felner, Ignaz (Hrsg.), s. Aufsätze, Kleine rednerische, von Jünglingen f. Jünglinge.

— kl. Redner. Aufsätze v. Jüngl. f. Jüngl. 8. Ebend. 790.

— über Ausbildung der Jünglinge auf Gymnasien. 8. Basel 792. Schweighäuser. 3 gr

(Felner, Ignaz): „Beherzigungen für Deutsche. Gewidmet seinen Mitbürgern in Deutschland, von einem Deutschen", Freiburg i. B. 1793. — Vorh.: (Lieferung 1, 2, 3 und 5) Bücherei der Industrie- und Handelskammer Leipzig.

— Betrachtt. oder Ermahnungen an meine Pfarrkinder, auf alle Tage d. heil. Fastenzeit. 8. Coblenz 824, Neue Gelehrt. B.

— Betrachtt. oder Ermahnungen an meine Pfarrkinder, auf alle Tage der heil. Fastenzeit. 8. Coblenz 824. (Lanz in Weilb.) 15 gr

— s. Cicero: Briefe.

— etwas über den Briefstyl f. Gymnasien. 8. Freiburg 812. Fr. Wagner. 3 gr

— etwas über Sitten und Höflichkeit, der Schuljugend gewidmet. 12. Mainz, Müller. (Leipzig, Hinrichs in Comm.) 821.

— Feierstunden. 2 Bde. 8. Freiburg 179.. Wagner. 16 gr

FELNER, Jgnaz (Andr. Ant.), (geb. zu Freyburg i. Br. d. 17. Aug. 1754, ehemal. Prof. am akadem. Gymnas. das., wo er 1802 privatisirte), Fragment eines Glossariums. Eine unterhaltende und belehrende Lektüre, mitunter Etwas zur Erschütterung des Zwerchfells. Hadamar, neue Gelehrtenbuchhandlung, 1808. 8°. (½ Rthl.) (In Berlin: Yz 6351.)

— Fragmente e. Glossariums. 8. Hadamar 808. (Lanz in Weilburg). 8 gr

— Gebetbuch f. denkende u. empfindsame Christen. 8. Frburg 800.

Felner, Ignaz, Gebetbuch f. d. Jugend, m. 1 K. 16. Frankf. Hermann. 815.
Mellin.

— Gedanken u. Empfindungen auf dem Gottesacker. 8. Hadam. 808. (Lanz in Weilb.) 6 gr

— Gedichte. 8. Frburg 797. Wagner. 16 gr

— neue allemann. Gedichte. 8. Basel, Flick. 803.

— neue allemannische Gedichte, mit 1 Kpf. 8. Basel 803. (Neukirch). 18 gr

— s. Gregor d. Gr.: Pastoralvorschriften.

Fellner, J., Handbibel. 12. Augsburg, Kranzfelder. 820.

— kl. Handbibel f. die Jugend. 12. Augsb. 829. Kranzfelder. 4 gr

Felner, Jgn., f. Katechismus, der römische.

LAUNEN zu haben beim Verfasser *(Ign. Andr. Ant. Felner,* 1754 — nach 1802). Gedrukkt bei Satron, zu Freiburg im Breisgau 1787. 8°. Mit TVign. u. Melodieen.
Gradmann, gelehrtes Schwaben, S. 141; W. v. Maltzahn S. 432.

— geistl. Lieder, herausg. v. Weißenbach. 8. Basel 784. Schweighäuser. 8 gr

Felner, Ign. (Andr. Ant.), Palmblätter aus den heil. Büchern Gottes gesammelt. 12. Augsb. 806. Kranzfelder. 6 gr

— s. Philosophie e. Mannes.

PHILOSOPHIE eines Mannes, ein Gegenstück zur Philosophie eines Weibes (von *Ign. Andr. Ant. Felner*). Basel, Schweighäuser, 1785. 8°.
l. c. (nach Hayn, Kayser, Goedeke).

— preces christianae ad usum juvent. 12. Hadamar, Gel. Buchh. 808.

— preces christianae ad usum juvent. 12. Hadamar 808. (Lanz in Weilb.) 5 gr

— Predigtkritik. 2 Bdchn. 8. (Kehl) 783.

— Samml. latein. Briefe aus alten Schriftstellern zum Besten d. studir. Jugend. 8. Augsb. 784. Rieger. 20 ℛ

— s. Stosch: Auszug.

Karl Felner: Bibel und Bühne. Ein Programm. (Berlin: C. A. Schwetschke & Sohn 1907.) (29 S.) 8°
— Deutschland. Febr.-H. 1907. Sonderschrift. [07. 11908 10

Felner, Karl, Gerhard. Ein Schauspiel in 4 Akten. (VII, 147 S.) 8. Jena (905). H. Costenoble. n. 2. —

Karl Felner. Biblische Impressionen. Stueck 1. u. 2. Berlin & Leipzig: Schuster & Loeffler 1906. 8° [06. 11033

— biblische Impressionen. I. u. II. Stück. Vor Sonnenuntergang. Der Farisäer u. die Ehebrecherin. (Buchschmuck v. Rud. Junk.) (105 S.) 8. Ebd. 906. n. 2. 50

Karl Felner. Meier Helmbrecht. Schauspiel in 1 Akt. Nach d. alten deutschen Dorfgeschichte Wernhers d. Gärtners. Berlin & Leipzig: Schuster & Loeffler 1906. (59 S.) 8° [06. 11063

— vor Sonnenuntergang. Dramatische Dichtg. in 1 Akt. (VIII, 34 S.) 8. Jena 904. H. Costenoble. n. — 75

Felner, Paul, Aphorismen. Bücherschmuck v. Aurel Reinitz. (56 Bl.) 18×18 cm. Wien 908. G. Szelinski. 2. —

— Satandämmerung. Kapitel aus d. Leben d. Teufels. Umschlagzeichng. v. Aurel Reinitz. (V, 91 S.) 8. Dresden 909. E. Pierson. 3.—; geb. n 4. —

Felonie, Die bestrafte, oder avthentique Relation, welcher gestalt die Republik Venedig den Banditen Graf della Torre . . . verbannet hat. Leipzig 1722. V: *Pommer, Gottfried Rudolph gen. Bugenhagen.* (ML)

Fels [Sachl. Ordnungswort]

Fels, der. 16. (32 S.) Straßburg 878. (Hannover, Schulbuchh.) — 30

Fels, Der Leukadische. [Leipzig 1792.] V: *Wolzogen, Carol. von, geb. von Lengefeld, später von Beulwitz.* (MGT)

Fels, der, im Meer, s. Broschüren-Cyclus.

Fels, Der roemische. Einem Hirtenbriefe des Kardinals von Grissel entnommen . . . Münster 1870. V: *Kreutzkamp, Joseph.* (Gla I/2 542) (Rass)

Fels oder Sand. Allen Christen zur Betrachtung vorgelegt von Dan. Schenkel. Betrachtet von einem kathol. Dorfpfarrer in der Nähe von Heidelberg (Wilh. Frank). 8. (25 S.) Heidelberg 851, Rieger's Universitäts-Buchh. *

Der unbesiegbare Fels Petri. Paderborn, Bonif.-Druckerei, 1876, 16°, 10 Pf. (Bonif.-Brosch. Jahrg. 7, Heft 8.)

Fels [Verfasser]

Fels, das Einjährig-Freiwilligen-Examen mit besond. Berücksicht. der Uebergangs-Bestimmungen. 8. (15 S.) Hamburg 869, W. Oncken.

Fels, A., Frau Johanna. Erzählung. Mit einem Vorwort von Friedr. Gerstäcker. 8. (IV, 218 S.) Schwerin 870, Hildebrand.

Fels, A. The Life and Poems of William Wordsworth. Part. I. The Life of William Wordsworth. Hamburg, R. des Johanneums, 1875. 23 S. 4. Progr.

Fels, A., das Wörterbuch der französischen Akademie. I. Die erste Ausg. d. Wörterbuchs der französ. Akademie. gr. 4. (26 S.) Hamburg 884. (Nolte.) n. n. 1. 50

Fels, Alb., de codicum antiquorum, in quibus Plini naturalis historia ad nostra tempora propagata est, fatis, fide atque auctoritate. Commentatio philologica. Göttingen 861. (Vandenhoeck & Ruprecht.) 4. (VIII, 114 S.) n. 1 ℛ 5 ngr

Fels, Albert, a. Leipzig: Studien über die Bildung isocyklischer und heterocyklischer Fünfringe aus α, β-Diacylkarbonsäureestern. Hildesheim 1906: A. Lax. (100 S.) 8°
Göttingen, Phil. Fak., Ref. Wallach, Diss. v. 4. Aug. 1906
[Geb. 19. Juli 81 Leipzig; Wohnort: Stuttgart; Staatsangeh.: Sachsen; Vorbildung: Realgymn. Leipzig Reife O. 00; Studium: Heidelberg 1, Leipzig 3, Göttingen 8 S.; Rig. 23. Febr. 06.]

Fels, Arth. v., der gute Ton. Ein Führer im gesellschaftl. Leben. 8. (VII, 182 S.) Oberhausen (Styrum) 887, Spaarmann.

Fels, Aug., Prov. Brandenburg, s.: Weigand, H., u. A. Tecklenburg, Deutsche Geschichte.

Fels, Bruno, aus Berlin: Zur Kenntnis einiger Derivate der Cinchomeronsäure und Chinolinsäure. *Berlin 1903: E. Ebering.* (93 S.) 8°
Berlin, Phil. Diss. v. 1. Aug. 1903

Fels, Ch., die deutsche Tanzkarte. 82. (30 S.) Düsseldorf 888. F. Bagel. geb. n. — 50

Fels, Charlotte, s.: Aus dem Briefwechsel m. einer Besinnlichen.

Aus dem Briefwechsel mit einer Besinnlichen. Hrsg. von Charlotte **Fels**. Berlin: Deutsche Sonntagsschulbuchh. 1910. 30 S. 8°
(Handreichung f. d. Kindergottesdienst. H. 4.) [10. 7132

Fels, Christian Friedrich (St. Gallen/Schweiz), Quid debito pecuniario contracto, praesertim mutationibus circa pecuniam interim factis, solvendum sit? Diss. jur. Präs. Eduard Schrader. Tübing. (Reis) Aug. 1814. 96 S. mit Widm. v. Präs. (5.—) 8676

***Fels*, C. F., Dissert. inaug. jur. —** quid debito pecuniario contracto, praesertim mutationibus circa pecuniam interim factis, solvendum sit? 8 maj. Tübing. 814. Osiander. 8 ℛ

Lustiges aus Bädern und Sommerfrischen von E. Rochus v. **Fels**. Jauer: O. Hellmann [1908]. (44 S.) 8° [F.] [08. 14217

Fels, E. Rochus v., und die Liebe kam . . . Novellen. (150 S.) 8. Leipzig 910. Modernes Verlagsbureau. 3. —

Fels, Edgar, Rechtsprakt.: Das Ausscheiden aus einer gesamthänderischen Gemeinschaft des bürgerlichen Rechts und Handelsrechts. Borna-Leipzig 1909: Noske. VI, 32 S. 8°
Heidelberg, Jur. Diss. v. 29. Nov. 1909, Ref. Schröder
[Geb. 20. Sept. 85 Mannheim; Wohnort: Mannheim; Staatsangeh.: Baden u. Bayern; Vorbildung: Gymn. Mannheim Reife Juli 03; Studium: Heidelberg 2, Berlin 1, München 1, Heidelberg 4 S.; Rig. 16. Juni 09.] [U 10. 1861

Fels, Egon [Pseud.]
s. a. Herbert, Johanna [Wirkl. Name]

Fels, Egon, Adriana. Roman. 3 Bde. 8. (338; 306; 363 S.) Jena 887, Costenoble. *

Fels, Egon, Dornröschen. Roman. 3 Bde. 8. (VIII, 291; 300 u. 266 S.) Jena 891. Costenoble. n. 12. —

Fels, E., Dorothea, } s. Bibliothek, europäische.
—— zwei Ehen, }

Fels, Egon, der Erbe des Herzogs. Roman. 3 Bde. 8. (240, 240 u. 260 S.) Jena 882. Costenoble. 13. 50

— die weiße Frau vom Greifenstein. Roman in 3 Bdn. 8. (207, 207 u. 208 S.) Ebend. 881. 12. —

Fels, Egon, das Geheimniß der vier Tage. Roman. 4 Bde. 8. (III, 237; 243; 239; 298 S.) Jena 871. Costenoble.

—— der Glücksstern. Roman. 3 Bde. 8. (389; 391; 359 S.) Ebendas. 888. *

Fels, Egon: Die Kinder des Kaufmanns, s. Bibliothek, Europ.

Fels, Egon, e. Convenienzehe Roman. 3 Bde. 8. (280, 247 u. 255 S.) Jena 876. Costenoble. 13. 50

—— ein Küchendragoner, s. Theater-Album, militairisches.

—— Loreley. Roman. 4 Bde. 8. (III, 297; III, 275; III, 260; III, 258 S.) Jena 870, Costenoble.

—— Die Millionenbraut. Roman. 3 Bde. 8. (VII, 303; 275; 431 S.) Ebd. 889. * 12 —

— s.: Volzer, A.

—— die Rose von Delhi. Roman aus der Zeit des ind. Aufstandes unter Nena Sahib im J. 1857. 4 Bde. 8. (1030 S.) Jena 866, Costenoble.

—— Titania. Roman. 4 Bde. 8. (VIII, 260; VIII, 269; III, 240; III, 246 S.) Jena 872, Costenoble.

— Tropfen im Meere. Novellen. 3 Bde. 8. (204, 200 u. 221 S.) Ebend. 875. 9. —

Fels, Egon, Viola. Roman. 4 Bde. 8. (235, 244, 238 u. 272 S.) Jena 883. Costenoble. 15. —

— Wandlungen, s. Bibliothek, europäische.

—— Die Zwillingsschwestern. Roman. 3 Bde. 8. (291; 285; 250 S.) Ebd. 890. * 13 50

Fels, Erich, Wehr und Waffen, s. Hagen, A.

Fels, F., nähere Erörterung d. Krankheit u. d. organ. Fehlers d. am 17. Febr. 1828 verstorb. Domhrn. Dr. Tzschirner. M. 1 v. J. F. Schröter nach d. Natur gez., ill. Abbild., nebst ausführl. Erklär. ders. u. Sectionsbericht. gr. 4. (2½ B.) Leipzig 828, Vogel.

Fels, F., auf der Jagd. Genrebild aus dem steier. Oberlande m. Gesang u. Tanz in 2 Akten. Musik m. theilweiser Benützg. v. Volksliedern v. F. X. Blümel. gr. 8. (40 S.) Graz 893. H. Wagner. n. 1. —

Fels, Fel., Glück im Unglück. Bekenntnis eines Glücklichen. (72 S.) 8. Leipzig-Gohlis 909/10. B. Volger. 1. —

— **Friedrich Ferdinand** (Leipzig), De gastromalacia infantum. Diss. med. Lpz. (F. Ch. W. Vogel) 3. VIII. 1827. 40 S. (4.50) 8677
Gew.: Christian David Sachsse.

Fels, G., die Bestimmtheit des Kaufpreises im gemeinen Recht, unter Vergleichung neuerer Gesetzgebungen, namentlich des französ., preuss. und sächs. Rechts. gr. 8. (VIII, 96 S.) Berlin 878, Puttkammer und Mühlbrecht. *

Fels, Geo., Erinnerungen e. sächsischen Lümmels. (147 S.) 8. Altmittweida (908). H. Roscher. 1. —

Fels, Guido von [Pseud.], s. a. Walter, Paul [wirkl. Name]

Fels, Guido v., Räuberhauptmann Georg Brandmüller, genannt d. Höllenknappe, seine u. seiner Gefährten Taten u. Abenteuer im Vogtlande u. sächs. Erzgebirge. Nach Chroniken, authent. Berichten u. mündl. Überliefergn. 100 Hefte. (778, 810 u. 806 S. m. 100 Vollbildern.) gr. 8. Neusalza (907. 08). H. Oeser. à Heft — 10

Fels, Guido v. (Paul Walter), Louis Dominik Cartouche, der tollkühnste Räuberhauptmann aller Zeiten. Seine Taten, Raubzüge u. Liebesabenteuer nach Akten, Chroniken u. mündl. Ueberliefergn. geschildert. 100 Hefte. (2400 S. m. je 1 Vollbild.) gr. 8. Berlin (904. 905.) Verlagshaus f. Volkslitteratur u. Kunst. à — 10; auch in Bdn. à — 50

[F.] Die Doppelgängerin oder das bürgerliche Mädchen auf d. Thron. Roman von Guido v. **Fels**. Bd 1. 2. *Berlin: Berl. Roman-Verl. [1897].* 2 Bde 8.
1. '(S. 1 bis 1198)'. (1 Bl., 1198 S., 50 Taf.)
2. '(S. 1199 bis 2396)'. (1 Bl., 1199—2396 S., 50 Taf.) [97. 4877

Fels, Guido v. (Paul Walter), die Erbschleicherin od.: Die Opfer e. schönen Weibes. Roman nach den Tagebüchern des Geheimpolizisten R. Samson. (In 100 Hftn.) 1.—35. Hft. gr. 8. (1. Bd. 776 S. u. 2. Bd. S. 1—64 m. je 1 Vollbild.) Neusalza (902). H. Oeser. à — 10

— die Erbschleicherin od.: die Opfer e. schönen Weibes. Roman nach den Tagebüchern des Geheimpolizisten R. Samson. 36.—100. Hft. (2. Bd. S. 65—822 u. 3. Bd. 798 S. m. je 1 Vollbild.) gr. 8. Neusalza (903). H. Oeser. à — 10

— die Freimaurer. Enthüllte Geheimnisse der Freimaurerlogen. Roman. 100 Hfte. gr. 8. (2396 S. m. je 1 Bild.) Ebd. 898. à — 10; auch in Bdn. à — 50

Fels, Guido v., Räuberhauptmann Robert Geißler, die Geißel der Tyrannen. Historischer Roman. 100 Hefte. (774, 834 u. 798 S. m. 100 Vollbild.) gr. 8. Neusalza (910). H. Oeser. à Heft — 10

— d. Millionenräuber Grünenthal. Sensations-Roman. (In 20 Bdn.) 1.—7. Bd. gr. 8. (S. 1—840 m. je 5 Bild.) Ebd. 898. à — 50; auch in 100 Hftn. à — 10

— der Millionenräuber Grünenthal. Sensations-Roman. 8.—20. (Schluß-)Bd. gr. 8. (S. 481—2396 m. je 5 Bildern.) Berlin 899. Berliner Roman-Verlag. à — 50; auch in 100 Hftn. à — 10

— Räuberhauptmann Franz Hartmann, genannt der Höhlenwolf. Historischer Roman. 100 Hefte. (708, 786 u. 830 S. m. 100 Vollbild.) gr. 8. Ebd. (909. 10). à Heft — 10

— der „Fliegende Holländer“ od. d. Würfelspiel um die neuvermählte Gattin. Roman. 100 Hfte. gr. 8. (2396 S. m. je 1 Bild.) Ebd. 897—898. à — 10; auch in 20 Bdn. à — 50

— Räuberhauptmann Jaromir Holzer od.: Das Zeichen d. blut. Hand. Histor. Roman. 52 Hefte. (772 u. 462 S. m. je 52 Vollbild.) gr. 8. Ebd. (909. 10). à Heft — 10

— Jack, d. geheimnißvolle Mädchenmörder. Sensations-Roman. 100 Hfte. gr. 8. (2398 S. m. je 1 Bild.) Ebd. 897. à — 10; auch in Bdn. à — 50

FELS, Guido v. (ps.?), Jack, der geheimnisvolle Mädchenmörder. Sensations-Roman. 2 Bde. Mit Illustrationen. Berlin, o. J. (190*). 8°. (Mk. 12—.) (8 Mk. O. Rauthe, Berlin, 1909.)

— Räuberhauptmann Hans Jagenteufel, gen. d. rote Satan, u. d. schwarze Marie, d. Tochter d. Scharfrichters v. Prag. Histor. Roman. 100 Hefte. (774, 844 u. 778 S. m. 100 Vollbild.) gr. 8. Ebd. (907. 08). à Heft — 10

— Räuberhauptmann Heinr. Klaproth, gen. d. wilde Heinz, od.: Ilse, die Fürstenbraut. Histor. Roman. 33.—100. Heft. (1. Bd. S. 769—800; 2. Bd. 764 S. u. 3. Bd. 834 S. m. je 1 Vollbild.) gr. 8. Ebd. (906.07). à Heft — 10

Lfg. 1—32 s.: Klaproth, Räuberhauptmann Heinrich.

— der Mädchenhändler. Roman, auf Grund wahrer Thatsachen u. nach authent. Berichten. 1.—97. Hft. gr. 8. (1. Bd. 704 S., 2. Bd. 712 S. u. 3. Bd. S. 1—544 m. je 1 Vollbild.) Neusalza (901. 902). H. Oeser. à — 10

— der Mädchenhändler. Roman, auf Grund wahrer Thatsachen u. nach authent. Berichten. 98.—100. (Schluß-) Heft. (3. Bd. S. 545—602 m. je 1 Vollbild.) gr. 8. Ebd. (903). à — 10

— Räuberhauptmann Gustav Nessel (der Schädelspalter), u. seine schwarze Bande. 100 Hfte. (784, 812 u. 802 S. m. je 1 Vollbild.) gr. 8. Ebd. (905. 906.) à — 10

— die Rosenkreuzer. Enthüllte Geheimnisse der größten Freimaurer-Logen od. Cagliostro u. Schrepfer, die großen Zauberer, Freimaurer u. Geisterbeschwörer. Historischer Roman 50 Hfte. gr. 8. (1200 S. m. je 1 Vollbild.) Leipzig (901). Leipziger Volksschriften- u. Romanverlag F. Abshoff & Co. à — 10

— Räuberhauptmann Richard Schönknecht, d. Schrecken d. böhm. Wälder. Histor. Roman. 100 Hefte. (774, 816 u. 806 S. m. 100 Vollbild.) gr. 8. Ebd. (908. 09.) à Heft — 10

— Stülpner & Karaseck, die verwegenen Wildschützen u. Räuberanführer der sächsisch-böhmischen Grenzlande u. Gräfin Charlotte Kielmannsegge, e. Geliebte Napoleon I. Historischer Roman. 100 Hfte. gr. 8. (1. Bd. 810 S.; 2. Bd. 758 S. u. 3. Bd. 710 S. m. je 1 Vollbild.) Neusalza (899. 900). H. Oeser. à — 10

— Räuberhauptmann Arthur Melchior Vogelsang, genannt der Nebelreiter, der Volksheld v. Sachsen u. Böhmen. Historischer Roman. 100 Hfte. (782, 800 u. 806 S. m. je 1 Vollbild.) gr. 8. Ebd. (904. 905.) à — 10

— Rudolf Hans Zimmermann, genannt der Kornett, der furchtbarste u. gewaltigste Räuberhauptmann von Deutschland u. Oesterreich, der Volksheld v. Sachsen. Roman nach Berichten aus alten Tagebüchern u. Chroniken. In 100 Heften. (828, 740 u. 830 S. m. je 1 Vollbild.) gr. 8. Ebd. (904. 905). à — 10

Fels, Gustav, aus Leipzig: Ueber die Frage der isomorphen Vertretung von Halogen und Hydroxyl. *Leipzig: W. Engelmann 1900.* (S. 359—417.) 8° ¶ (Aus: Zeitschrift f. Krystallogr. u. Mineralogie, Bd 32, H. 4.)
München, Phil. Diss. v. 1900

Fels, Gust., Revisionsrecht u. Sonderrecht. Ein Beitrag zur Lehre v. der Begründg. der Revision in bürgerl. Rechtsstreitigkeiten nach der Civilprozessordng. f. das Deutsche Reich vom 30. Jan. 1877. gr. 8. (135 S.) Leipzig 884. (Hinrichs' Verl.) n. 2. 50

Fels, Gust. Ludw. Gerh. (geb. Vechta 8. 4. 1833): Das pretium certum des römischen Rechts. Berlin (1878). (98 S.) 8°
Berlin, Jur. Diss. v. 7. Aug. 1878

Fels, Heinr., Elsterperlen. Ein Lebenslauf. Allen großen u. kleinen, glänz. u. einfachen Elsterperlen erzählt. 8. (IV, 143 S.) Leipzig 881. (Greiz, Teich.) n. 2. 40

Fels, Hermann. Ein Fall von kongenitaler Cystenniere mit pararenalem Haematom bei einem Luetiker. Diss. Med. Univ. Zürich. *Kopftitel:* Aus dem pathologischen Institut der Universität Zürich. — [Separatabdruck aus: Münchener medicinische Wochenschrift. Jahrg. 49, Nr. 42 und 43.] II + 16 S. 8. München, J. F. Lehmann, 1902.

Fels, J. G., s. Aschenbrödel, Prinzessin.

Fels, J. G., Bilder und Scenen aus deutschen Landen. Zur Beförderung der Vaterlandskunde für die Jugend ausgewählt und bearb. 1. Thl.: Die süddeutsche Staatengruppe. 8. (IV und 239 S.) Chur 857, [Gsell.]

Fels, J. G. Bilder und Scenen aus deutschen Landen. Zur Beförderung der Vaterlandskunde für die Jugend ausgewählt und bearbeitet. 1. [einziger] Theil: Die süddeutsche Staatengruppe. 8. Chur und Leipzig 1858.

Fels, J. G., die jungen Insulaner od.: die neuen Robinsone. Eine Erzähl. aus d. letzten Jahrhundert d. reiferen Jugend dargeboten. 8. (14¾ B. u. 6 Bild. in Farbendr.) Chur 846, Grubenmann'sche Buchh.

Fels, J. G. *Länder und Völker Europa's.* In charakteristischen Darstellungen zur bildenden Lektüre für die reifere Jugend und Freunde der Länder- und Völkerkunde bearbeitet von J. G. Fels. Mit 24 [hand]colorirten [lithogr.] Charakterbildern von J. Nisle. Chur und Leipzig, Grubenmannsche Buchh. [c. 1845]. VIII, 384 S. 8°. Roter Or.-Halbleinenbd. mit Rv. u. blauen Deckeln. Der lithogr. illustr. Or.-Umschlagsdeckel beigeb. 48.—
Prachtvoll illustriertes Werk, von Rümann nicht zitiert. Die figurenreichen Tafeln zeigen Kostüme, meist mit architekton. Hintergrund, aus allen Ländern Europas. Die Schweiz ist durch ein Schwingerfest vertreten. Der Text stellenweise leicht fleckig, sonst gutes Ex. in etw. ben. Einband.

Fels, J. G., Länder und Völker Europa's. In charakterist. Darstellungen zur bildenden Lektüre für die reifere Jugend und Freunde der Länder- und Völkerkunde bearb. gr. 8. (VIII und 384 S. mit 24 lithogr. und ill. Charakterbildern von J. Nisle.) Chur 853, Grubenmann'sche Buchh.

Fels, J. G., neue Reisebilder. In anziehenden Gemälden und Skizzen für die reifere Jugend bearb. Mit 8 (lith. u.) color. Bildern. br. 8. (VI u. 312 S.) Chur 851, Grubenmann. 1 ℛ 6 ngr

Fels. *Neue Reisebilder.* In anziehenden Gemälden und Skizzen für die reifere Jugend bearbeitet von J. G. Fels. Mit 8 kolorirten Bildern. Chur und Leipzig, Grubenmann, [ca. 1865]. 3 Bll. 312 SS. u. 8 Taf., lithogr. v. F. Malte. 8°. Lithogr. grüner Or.-Pappbd. Vereinz. winz. Fl. 22.—

Fels, J. G., Rufe mich an in der Noth. Ein Büchlein für Alle, welche nach Stärkung von oben begehren. 16. (106 S.) Chur 880, Gsell. cart. **
geb. mit Goldschn. *

Fels. *Rundgemaelde.* Neue Reisebilder, Natur- und Völkergemälde aus allen Erdtheilen. Von J. G. Fels. Mit 8 [hand]col. Bildern [Lithogr. auf getöntem Grund] von Th. Rothbart. Chur u. Leipzig, Grubenmann, [c. 1850]. IV, 380 S. 8°. Zweifarbig lithogr. brauner Or.-Pappbd. 28.—
Reise- und Jagderlebnisse aus Amerika (Kentucky, St. Louis usw.) Afrika, Asien, Ozeanien etc. Hie u. da etw. fleckig, Einbandrücken ganz leicht läd.

Fels, J. G., Rundgemälde. Neue Reisebilder, Natur- u. Völkergemälde aus allen Erdtheilen. Mit 8 color. (lith.) Bildern von Th. Rothbart. Chur 861. Grubenmann. 8. (IV, 380 S.) 1 ℛ 10 ngr

—— Rundgemälde. Neue Reisebilder, Natur- und Völkergemälde aus allen Erdtheilen. br. 8. (IV und 380 S. mit 8 ill. Stnt. in Tondr. von Th. Rothbart.) Chur 861, [Gsell.]

Fels, J. G., Rundgemälde. Neue Reisebilder, Natur- und Völkergemälde aus allen Erdtheilen. Mit 8 (lithogr. und) color. Bildern von Th. Rothbart. 8. (IV, 380 S.) Chur 878, Gsell. geb. *

— s. Saint-Pierre: Paul und Virginie.

Fels, Jakob

Fels, Jak., († d. 27. Dec. 1773.) erster Beitr. z. deutschen Reichstagsgeschichte ꝛc. 2 Thle. 4. Lindau 767—69. Otto. 2 ℛ

Fels, Jac.: Beytr. zu d. deutschen Reichstagsgeschichten; bestehend in d. Handl. u. Abschiede des a. 1496—97 zu Lindau fürgewesenen Reichstages u. in Auszügen solcher Reichs- und Deputationstägen v. 1400 bis 1578, welche nicht in d. gedr. Samml. d. Reichsabschiede vorkommen. *Lindau*, Otto. 767—69. 2 Thle. 4. (2 Thl.)

— — De confoederationibus liberarum S. R. I. civitatum. Diss. jur. Präs. Heinrich Brokes. Jena (Schill) 27. III. 1752. 48 S. mit Appendix praecipuorum foederum S. R. I. civitatum (1198 bis 1711). (4.80) 8679

— Jacob (Lindau a. B.), De retractu praecipue secundum statuta S. R. I. liberae civitatis Lindauiensis competente. Diss. jur. German. Präs. Johann Andreas Hoffmann. Jena (J. Fr. Schill) 18. IV. 1750. 32 S. (4.80) 8678
Widm. v.: Präs., Lorenz Sembeck (dtsch.), Fried. Daniel Schlichtegroll (Gotha), Melch. Egenolph Sayler v. Pfersheim (Memmingen; dtsch.), A. O. V. Troschel (Berlin), David Wolfgangus, Langensee (!), Joh. Joach. Somius, Joh. Merk (Ravenspurg/Schwaben; dtsch.).

— s. Jh. R. Wegelin, thesaurus diss.

Fels, Johann

Fels, Jh., s. Beweis, daß d. wahre Geburtsort etc.

— Johann Heinrich (Lindau a. B.), De Asinii Pollionis bibliotheca Romae publicata oratio. Jena (Schill) 1753. 16 S. (3.—) 8680
Gew.: Elisa u. Joh. Matth. Fels.

(Fels, J[ohann] M[ichael].) Biographie des Herrn Jacob von Daniel Wegelins (1721–1791), Professors der Geschichte … in Berlin, von einem Ihn verehrenden Mitbürger. ([Mit Porträt-Tafel und] Anhänge[n].) 8. St. Gallen 1792.

— s. Biographie Wegelin's.

Fels, J[ohann] M[ichael]. Denkmal schweizerischer Reformatoren. Ein Beytrag zur Feyer des Jubiläums, von der höhern Lehranstalt der Stadt St. Gallen. In Vorlesungen von J. M. F'…. Nebst dem Bildniss Vadians. 8. St. Gallen 1819.

Fels, Jh. Mch., Denkmal schweizer. Reformatoren. gr. 8. St. Gallen 819. Huber u. C. 16 Kr Schrbp. mit Vadians Portr. 22 Kr

— Gemälde d. menschl. Lebens nach d. Cebes frei bearb.; e. Neujahrsgeschenk f. die Jugend. 8. St. Gallen 799.

— Handbüchlein zum Lehren, Lernen u. Ueben d. Anfangsgründe d. Rechenkunst. 8. St. Gallen 812. Huber u. C. 8 Kr

— Lehr- u. Lesebuch d. latein. Sprache f. die latein. Klassen des Gymnas. zu St. Gallen. 8. St. Gallen 789.

— die Lehre von der göttl. Vorsehung. In e. Predigt. gr. 8. St. Gallen 791. Huber u. C. 2 Kr

— Rede am Säcularfeste der Reformation am 3. Jan. 1819. gr. 8. St. Gallen 819. Huber u. C. 2 Kr

— die kirchliche Trennung der Confessionen, im Bunde mit religiöser Vereinigung der Gemüther, in paritätischen Staaten. Vier Abhandlungen. gr. 8. St. Gallen 829. (Huber u. C.) 9 Kr

(Fels, J[ohann] M[ichael].) (Die Wichtigkeit des Lehrstandes für das Wohl des Staats. [Im Hinblick auf die st. gallische Geschichte. Mit 1 Tafel.] Njbl. v. Erz.-Rath St. Gallen 1813. 4. (St. Gallen.)

Fels, Karola, zwei Blüten. Erzählung. (48 S.) 8. Straßburg 909. J. Singer. 1.—

Fels, M.

— Jugendlust. Bewegungsspiele f. kleine u. größ. Knaben u. Mädchen n. d. neueren Bestimmgn. üb. das Turnen. (47 S.) 11. 8. Breslau (910). F. Goerlich. —60

Fels, M., Hansel u. Gretels Weihnachten, s.: Volksbühnenwerke.

Fels, Martin, Referendar: Der Einredebegriff nach dem B.G.B. und sein Verhältnis zum Anfechtungsbegriff. *Berlin: Liebheit u. Thiesen 1903.* (107 S.) 8°
Rostock, Jur. Diss. v. [12. Jan.] 1904

Fels, Osc., die Millionen-Räuber vom Panama-Kanal u. ihre Blutopfer od. die Theaterprinzessin u. der Judenkönig v. Paris. Reich illustr. Roman aus der Gegenwart. Sensationelle Enthüllgn. aus den Aufzeichngn. e. Selbstmörderin, Opfer d. Panama-Schwindels. 1.—3. Hft. gr. 8. (48 S.) München 893. J. M. Schneider's Nachf. à —10
Erschien nicht weiter.

Fels, Petrus *(geb. Schreckendorf bei Glatz 11. 3. 1814)*: De ratione polari in organismo animali et praecipue humano. Vratislaviae (1839). (26 S.) 8°
Breslau, Med. Diss. v. 22. Nov. 1839

Fels, Richard: Über den Symptomenkomplex der primären Inkohärenz mit Erregung. Berlin: S. Karger 1906. (13 S.) 8°
Jena, Med. Fak., Diss. v. 16. März 1906.

Hofrath Braun. Eine Beamtengeschichte von Robert Fels. *Berlin: M. Pasch [1901].* (248 S.) 8° [F.] [os. 9970 11]

(B) Fels, Rob., Hofrath Braun. 901. Jetzt: Potsdam, A. Stein. erm. Pr. 1.—; geb. 1.50

Fels, Robert

Die Entscheidung des Augenblicks. Ein Roman. Leipzig: Kollmann 1826. 2o2 S. 8°

Fels, Rochus von

Fels, R. v., und doch — abergläubisch! Roman. 8. (207 S.) Dresden 891. E. Pierson. n. 2.—

— — das äußerste Mittel. Roman. 8. (229 S.) Ebd. 893. n. 3.—

Fels, R. v., Agramer Schreckenstage. — „Jour Fixe" der Resignirten. — Hans Heiling. Novellen aus der Gegenwart. 8. (253 S.) Dresden 890. Pierson. n. 3.—

Fels, Rochus v., wer trug die Schuld? Roman e. Familie. (151 S.) 8. Dresden (907). [E. Pierson.] Berlin, Verl. Berlin-Wien. 2.50; geb. n 3.50
Auch die übrigen Fels'schen Schriften aus E. Pierson's Verl. gingen an obige Firma über.

Fels, Roderich v., aus alten Akten. Kriminalgeschichten. 8. (209 S.) Leipzig 882, A. Krüger. *

—— Contraste. Novellen. [Liebe und Leid. — Ehescheidungsgrund. — Verschollen.] 8. (310 S.) Breslau 881, Schottländer. *M 4,50.; geb. *

Fels, R. v., Neidoscha. Roman. 8. (309 S.) Breslau 886, Schottländer. *M 4.—.; geb. *

—— Olaf, } s. Universal-Bibliothek
—— der Schelm von Bergen, } Nr. 1655 und 1546.

—— Wilhelm von Oranien. Große romant. Oper in 3 Aufzügen. Dichtung von R. F. Musik von Heinr. Hofmann. 8. (54 S. mit 1 lithogr. Plan.) Leipzig 882, Breitkopf und Härtel.
—— dass. — s. Breitkopf und Härtel's Text-Bibliothek Nr. 155.

Fels, Rupert, poetische Versuche. 12. (199 S.) Meran 899. F. Plant. Geb. in Leinw. n. 2.66

Fels, S., Feierstunden. Erzählungen. Mit 6 Farbendr.-Bildern von P. Wagner. gr. 4. (12 S.) Stuttgart 882, G. Weise. *

Fels, Sebastian: D i s h a r m o n i a doctrinae protestantium et rom.-catholicorum . . . , s. M a y , Joh. Heinrich d. Ä. (Präs.)

Fels, W., Lehrg. d. Schaltungsschemata elektr. Starkstrom-Anlagen, s.: T e i c h m ü l l e r , J.

Fels, Wilhelm

— der Reichstag zu Augsburg im J. 1530. Nebst d. Glaubensbekenntniß d. Protestanten u. d. Kurfürstl. Sächs. Verordnn. zur Jubelfeier d. Festes in d. J. 1630 u. 1730. Ein Volksbuch. 8. Leipz. 830.

Fels, Wlh., (K. W. Schiebler,) Spinoza der große Philosoph, als er römisch-kathol. werden sollte. gr. 8. Leipz. 829. Glück. 6 gr.

— **Wolffgang Jacob** (Kempten), De sale ammoniaco ejusdemque usu medico, chymico ac curioso. Diss. med.-chym. Präs. Martin Gotthelff Loescher. Wittbg. (Schroeder) Jan. 1726. (5.—) 8681

Felsach, Herbert, heitere Geschichten. 8. (III, 175 S.) Braunschweig 891. B. Goeritz. n. 2. —

Felsberg, G., der Lenker im Himmel, s. Abend-Unterhaltungen, lehrreiche.

F e l s b e r g , G. Der Lenker im Himmel od. Wohlthun trägt Zinsen. Erzählg. für die reifere Jugend u. das Volk. 2. Aufl. 8. (138 S. m. 1 Bild.) Straubing 889, Volks- u. Jugendschr.-Verlag. cart. 1 —

F e l s b e r g , G., Stadt und Land, oder alter und neuer Glaube. Eine Erzählung für die reifere Jugend und das Volk. 2. verb. Aufl. 8. (166 S. mit 1 color. Titelkpfr.) [Regensburg 879.] Straubing, Volks- und Jugendschriften-Verlag. cart.

F e l s b e r g , Mathilde. Die chemische Kunstwäscherin in der Haushaltung. 6. Aufl. v. Pelouze's Kunstwäscherin, in völl. Neubearbeitg. hrsg. 8. (VIII, 54 S.) Weimar 891, Voigt. * 1 —

Felsberg, Mathilde, die Kunstwäscherin in der Haushaltung. Gründliche Anleitg. zur chem. Reinigg. aller Stoffarten u. zur Behandlg der Hauswäsche nach den neuesten erprobten Methoden, ferner das Auffärben von getragenen Stoffen. 7. verm. u. verb. Aufl. 8. (X, 77 S. m. 10 Abbildgn.) Leipzig 902. B. F. Voigt. 1.20

Felsberg, O., „nur auf Schläger". Novelle. 8. (III, 56 S.) Berlin 886. v. Decker. — 60

Felsberg, Otto: Beiträge zur Geschichte des Römerzuges Heinrichs VII. I. Innere- und Finanzpolitik Heinrichs VII. in Italien . . . . (Coburg, Druck d. Dietz'schen Hofbuchdr.) (1886); 2 Bl. + 80 S. 8°.
Freiburg i. B., Phil. Fak., Inaug.-Diss. v. 1886.

Felsberg, Otto, Beiträge zur Geschichte des Römerzuges Heinrichs VII. I. Innere u. Finanzpolitik Heinrichs VII. in Italien. gr. 8. (80 S.) Leipzig 886. Fock. n. 1. 50

Felsberg, Otto Die Ermordung Herzog Friedrichs von Braunschweig im Jahre 1400, und ihre Folgen. Ein Beitrag zur Reichsgeschichte des XV. Jahrhunderts. (Umschlagtitel: . . . des Herzogs Friedrich von Braunschweig im Jahre 1400. (Ein Beitrag . . .).) 4 (S. 3—32). Ernestinum (Rsch.) *Coburg* 1888 (660).
Progr.

F e l s b e r g , Otto. Die Ermordung d. Herzogs Friedrich v. Braunschweig im J. 1400. Ein Beitrag zur Reichsgeschichte d. XV. Jahrh. gr. 4. (32 S.) Lpz. 889, Fock. ** 1 50

Felsberg, Otto, Heimatkunde d. Prov. Brandenburg, s.: P l ü m e r , H a u p t u. B a c h m a n n , deutsches Lesebuch f. höh. Mädchenschulen.

Felsberg, [Otto]: Die Neuordnung des höheren Mädchenschulwesens. Brandenburg a. H. 1909: Alterthum. S. 1—16. 8°
Brandenburg a. H., st. HM u. st. Lehrerinnen-Sm P 1909 [33] [S 09. 95

Felsberg, [Otto]: Welche Berechtigungen verleiht der erfolgreiche Besuch einer anerkannten Höheren Mädchenschule und eines Höheren Lehrerinnenseminars? Brandenburg a. H. 1910: Alterthum. S. 1—6. 4°
Brandenburg a. H., HM u. st. L P 1910 [32] [S 10. 103

Felsberg, P., das Glückskind, — der Sonderling, | s.: Goldschmidt's Bibliothek f. Haus u. Reise.

Felsberg, R., gothaisches Kirchen- u. Pastoralrecht, s.: R u d l o f f , G.

Felsberg, R. A., wie man energisch wird od. die Macht d. Energie. (87 S.) 8. Dresden (907). Leipzig, M. Wendel. 1. 50

[F.] Ein Beitrag zur Berichtigung der Herbart-Zillerschen wissenschaftlichen Pädagogik v. Dr. phil. Carl **Felsch**, Rektor in Magdeburg. Inhalt: D. Verhältnis d. transscendent. Freiheit bei Kant z. Möglichkt moral. Erziehg. *Hannover: C. Meyer 1894.* (2 Bl., 88 S.) 1 Bd 8.
= **Bibliothek, Pädagogische.** Bd 17. [56. 3 . .

F e l s c h , C., Einführung in die philosophische Ethik. gr. 8. (64 S.) Leipzig 884, Siegismund und Volkening.

Felsch, Erläuterungen zu H e r b a r t s Ethik m. Berücksicht. d. gegen sie erhob. Einwendgn. gr. 8. (XIV, 146 S.) Langensalza 899. H. Beyer & Söhne. n. 2.50

Felsch, die Hauptpunkte der Psychologie m. Berücksicht. der Pädagogik u. einiger Verhältnisse des gesellschaftlichen Lebens. (VIII, 478 S.) gr. 8. Cöthen 904. O. Schulze, Verl. n. 6.50; geb. n. 7. 60

Felsch, Ernst, ihr Gottlieb, s.: A l b u m f. Liebhaber-Bühnen.

Felsch, Erwin, Referendar in Danzig, Westpr.: Die Rechtstellung der Gemeindevolksschullehrer in Preussen. Sind sie Staats- oder Gemeindebeamte? Diesdorf b. Gäbersdorf, Kr. Striegau [1908]: Buchdr. d. Schreiberhau-Diesdorfer Rettungsanstalten. (56 S.) 8°
Greifswald, Jur. Fak., Ref. Sartorius, Diss. v. 15. Febr. 1908
[Geb. 27. Sept. 83 Marienburg (Westpr.); Wohnort: Danzig; Staatsangeh.: Preußen; Vorbildung: Gymn. Marienburg Reife O. 01; Studium: Halle 3, Marburg 1, Göttingen 1, Greifswald 2 S.; Rig. 19. Jan. 05.]

Felsch, Hildegard, appr. Ärztin a. Grätz ⟨Posen⟩: Aus der Universitäts-Augenklinik zu Marburg. Anatomische Beiträge zur Kenntnis des Spindelstars, des Kernstars, des Lenticonus posterior und der colobomartigen Bildungen der Linse. Mit 5 Abbildungen auf Taf. I—III. Marburg a. L. 1907: (C. Ritter, Wiesbaden). (51 S.) 8° ¶ (Erscheint gleichzeitig im: Archiv f. Augenheilkunde Bd 58.)
Marburg, Med. Fak., Ref. Bach, Diss. v. 29. Mai 1907
[Geb. 20. März 80 Grätz (Prov. Posen); Wohnort: Magdeburg; Staatsangeh.: Preußen; Vorbildung: Maturitäts-Commission Zurich O. 99; Studium: Zurich 5, Freiburg i. B. 2, Marburg 5 S.; Coll. 9. Febr. 07; Approb. 1. Febr. 07.]

F e l s c h , Hugo, und Herm. H e i n z e , Schulandachten. gr. 8. (VIII, 170 S.) Berlin 881, [Chun.] Klinkhardt. *
geb. *

Felsch (Joh.), Ein Erdfall bei Blankenhain in Thüringen. Beitr. z. Kenntn. d. Einfl. unterird. Auslaugung auf die Bodengestaltung in d. Umgeg. v. Jena. M. 2 Abb.
Aus: Mitteil. d. Geogr. Gesellsch. (f. Thüringen) zu Jena. Bd 27. 1909.

Felsch, Karl: Die Augenheilkunde des A l c o a t i m ⟨1159⟩ zum ersten Male ins Deutsche übersetzt und mit Anmerkungen begleitet. *Berlin (1898): G. Schade.* (29 S.) 8°
Berlin, Med. Diss. v. 2. Aug. 1898

Felsch, Moritz: Ein Fall von Purpura rheumatica nach Mittelohreiterung. *Berlin (1898): G. Schade.* (30 S.) 8°
Berlin, Med. Diss. v. 5. Juli 1898

Felsch, Otto: Die Weissagungen vom Gottesknecht. Buch Jesaja 40—66. Culmsee 1909: Geisel. 19 S. 8°
Kulmsee, k. RPG P 1909 (59) [S 09. 96

Felsch, Rud. (Benj.) (geb. Neustadt a. d. Dosse 13. 5. 1824): De hepatis morborum symptomatibus et diagnosi. Berolini (1848). (30 S.) 8°
Berlin, Med. Diss. v. 30. Sept. 1848

Felsch, Wilhelm

Felsch, Guilelm., quibus artificiis adhibitis poetae tragici graeci unitates illas et temporis et loci observaverint, s.a. Abhandlungen, Breslauer philologische. IX. 4.

Felsch, Guilelmus, Borussus: Quibus artificiis adhibitis poetae tragici Graeci unitates illas et temporis et loci observaverint. Vratislaviae: M. & H. Marcus 1906. (44 S.) 8° ¶(Erscheint vollst. in „Breslauer Philologische Abhandlungen" Bd IX H. 4.)
Breslau, Phil. Fak., Ref. Foerster, Diss. v. 3. Okt. 1906
[Geb. 26. Febr. 82 Konitz (Westpr.); Wohnort: Konitz; Staatsangeh.: Preußen; Vorbildung: Gymn. Konitz Reife M. 02; Studium: Berlin 1, Breslau 7 S.; Rig. 13. Juli 06.]

Felsch, Wilh., neues System der Stenographie, erfunden und hrsg. 1. Aufl. (8 S. mit 1 Stat. in qu. gr. Fol.) 1860. und 2., verm. und verb. Aufl. gr. 8. (15 S. mit 1 lithogr. Karte in gr. Fol.) Halle 861, (Anton.)

Felsche, Dem 25jähr. Maurer Br. C. H. W. Felsche am 5. November 1850. (Loge Minerva) Leipzig. 8. 2 Bl.

Felsche, Carl, u. H. d'Orbigny, Coprophagen der Ausbeute des Hrn. Prof. Dr. Yngve Sjöstedt. (S. 399—409 m. 1 Fig.) gr. 8. Stockholm 904. (Berlin, R. Friedländer & Sohn.) n.n. — 70
Sonderabdruck aus: „Arkiv f. zoologi".

Felsche, Carl, Verzeichniss der Lucaniden, welche bis jetzt beschrieben sind. gr. 8. (89 S.) Leipzig 898. E. Heyne. n. 3. —

Ⓑ **Felsche,** Carl, Verz. d. Lucaniden. 898. Jetzt: Berlin, E. A. Böttcher. Erm. Pr. 1. 50

Felscher, Hugo, Referendar: Das Erfordernis einer causa detentionis bei Besitz- und Eigentumserwerb durch constitutum possessorium im gemeinen und heutigen bürgerlichen Rechte. Borna-Leipzig 1909: Noske. VIII, 74 S. 8°
Rostock, Jur. Diss. v. 20. Mai 1909, Ref. Matthiaß
[Geb. 21. Mai 82 Hamburg; Wohnort: Hamburg; Staatsangeh.: Hamburg; Vorbildung: Wilhelm-Gymn. Hamburg Reife O. 01; Studium: Kiel 1, Leipzig 2, Kiel 3 S.; Rig. 24. März 09.] [U 09. 3055

v. Felseck, Rudolph, oder d. Schwarzthaler Mühle. Rittersp. (v. J. Korompay). 8. Wien 794. Al. Doll. 8 gr.

FELSECK, Rud. v. (ps? — Nicht bei Weller.), Aureliano der furchtbare Räuber-Hauptmann oder der Zaubertrank und seine schrecklichen Folgen. 2 Bdchn. Mit Titelkpf. Ludwigsburg, Nast, 1831. 8°.
164 u. 141 Seiten. Zum Theil anstößig.

v. Felseck, Rudolph, Aureliano der furchtbare Räuberhauptmann, od. der Zaubertrank u. seine schreckl. Folgen. 2 Bde. 8. Ludwigsb. 832. Nast. 1 ♃ 12 gr.

v. Felseck, R., Aureliano, der furchtbare Räuberhauptmann ꝛc. 2 Bde. .. Ludwigsburg 832. (Hamb., Berendsohn.) 1½ ♃

Felseck, Rudolf, s. Tagebuch einer andern Verlorenen.

Felsecker, F. J., s. J. G. Bayl, poetischer Nachlaß.

Felsecker, F. J., Palästina u. eines Pilgers Wege dahin. Aus meinem Reisetagebuche. Bamberg, Zilberlein, 1844—1845, gr. 8°, 3 Abteilungen, 6,75 Mk

Felsecker, F. J., Das Papstthum die unüberwindliche Grundveste der Christuskirche. Aus Veranlassung der von Prof. Krug in Leipzig in Druck gegebenen Schrift: Das Papstthum in seiner tiefsten Erniedrigung aus dem Standpunkte der Politik betrachtet. Bamberg, Dederich, 1832, 8°, XII, 89 S., 1,50 Mk.
Recens. Katholik 1833, Bd. 48 S. 251—3.

Felsecker, F. J., Reise nach Rom mit Berührung der Orte Loreto und Assisi in Italien und den Besuchen der beiden Jungfrauen Maria von Mörl zu Kaltern und Domenica Lazzari zu Capriana in Tirol. 8. (XII und 382 S.) Sulzbach 817, v. Seidel'sche Buchh.

Felsecker, F. J., Worte an Bayern, betreff. d. Abschaffung d. Todesstrafe. Eine Kritik d. vor Kurzem erschien. Schrift: Die „Todes-Strafe." (Vom Graf. J. v. Soden.) Nürnberg 831. Nebst e. Versuche d. Feststellung e. Strafrechtstheorie. 8. (5¼ B.) Fürth 831, Kern.

Felseisen, G., de civili Judaeorum die. Lips. 1702. 4.

Felsen, Gerh. v., historisch. Roman, a. d. Franz. d. Mercier. 8. 2 Tl. Gräff. Rthlr.

Auf dem **Felsen** und andere Geschichtchen von F. F. *Witten a. d. R.: Stadtmission [1900].* (16 S.) 8° [F.]
— Blütenzweige. No 5. [09. 3034]

Felsen, der schwarze, od. die Kinder der Liebe. 2 Bde. 8. Leipz., Joachim. 20 gr.

FELSEN, Der schwarze, oder die Kinder der Liebe. Eine romantische (zahme) Geschichte. 2 Bdchn. Mit Kpfrn. Prag u. Leipzig 1800. 8°. (⅘ Rthl.) 178 u. 101 SS.

Felsen, Fedor

Felsen, Fed., der Indigo u. seine Konkurrenten. Eine krit. Zusammenstellg. (IV, 75 S. m. eingeklebt. Stoffmustern.) Lex. 8. Berlin 909. Verl. f. Textilindustr. Geb. in Leinw. 10. —

Felsen, Fr. Schöns Denkschrift: Woher und Wohin? Ein Dokument zur Würdigung des gestürzten Systems sowie zum Verständniß der März-Revolution. Berlin 1848. 14 S. 8.

Felsen, H., das Buch d. deutschen Arbeiters. Betrachtungen üb. Zeitfragen. 1.—9. Aufl. 8. (VIII, 72 S.) Altenburg 890. Geibel. n. — 60

Felsen, Hans, das Buch des deutschen Arbeiters. Betrachtungen üb. Zeitfragen. 10. Aufl. gr. 8. (VIII, 72 S.) Altenburg 890. St. Geibel. n. — 60

Felsen, Vikt., Räuberhauptmann Christoph Natter od.: das Blutgericht u. seine Vergeltung. 50 Hfte. (1198 S. m. je 1 Vollbild.) gr. 8. Neusalza 906. H. Oeser. à — 10

Felsenbewohner, d., Scenen des Schreckens u. der Freude. 8. Leipz. 802. Joachim. 22 gr.

Felsenbrunn, Carl Fontaine v., s. Fontaine v. Felsenbrunn.

Felsenbrunn, Karl Fontaine von — Fortsetzungs- und Supplement-Band der praktischen Anleitung zur Vollziehung der Allerhöchsten Gebühren-Gesetze vom 9. Februar und 2. August 1850 und der Sammlung der zu diesen Gesetzen nachträglich erflossenen Verordnungen und Erläuterungen. Herausgegeben von — —. Zum Gebrauche für Finanz-, Steuer-, Gerichts- und Grundb[...]-Beamte, Auditore, Advokaten, Notare, Agenten ꝛc. ꝛc. Das Recht der Uebersetzung wird sich vorbehalten. Wien, 1856. Aus der k. k. Hof- und Staatsdruckerei. (XIV. 406 S. 8.)

Felsenbrunn, Karl Fontaine v., Sammlung, s. Sammlung.

Felsenburg, ein sittlich unterhaltendes Lesebuch. Gotha 1788—89. V: *Schnabel, Johann Gottfried.* (MGT) (EE) (Ky) II: *André, Christian Carl.* (Ullrich, Robinson u. Robinsonaden. Weimar 1898) (Ebert)

Felsenburg, ein sittl. unterhaltendes Lesebuch, (v. Chr. K. André). 3 Thle. 8. Gotha 788, 89. Ettinger. 2 ♃

Felsenburg, Ritter von, d. Geisterverlöser, od. d. Abenteuer dreyer Nächte, Sage d. Vorzeit, m. Kpf. 8. Prag, Barth. 800 — 10.

— die Insel, s. a. Lappe, Carl, altes, verjüngt, 1r Thl.

Felsenburg, die Insel, oder wunderliche Fata einiger Seefahrer. Eine Geschichte aus d. Anfange d. 18. Jahrh. Eingeleitet v. L. Tieck. 6 Bdchen. gr. 16. Breslau 827, Max u. C.

Felsenburg, Die Insel, oder wunderliche Fata einiger Seefahrer . . . Breslau 1828. V: *Schnabel, Johann Gfried.* (Mn) (GGr) (EE) (BrMm)

Felsenburg, Edgar v. (Hrsg.), s. Almanach für die k.k. Gendarmerie der im Reichsrathe vertretenen Königreiche und Länder.

v. Felseneck, Raspo, od. der Gottesgerichtskampf, s. a. Raspo.

Felseneck, Raspo von, oder der Gottesgerichtskampf aus dem eilften Jahrhunderte, 2 Theile, mit 1 Kupfer, 8. Berlin, 795. Akademie. 1 Rthl. 15 sgl.

Felseneck, Raspo von, od. d. Gottesgerichtskampf, v. Verf. des Konr. von Kauffungen, m. K. 2 Thle. 8. Berlin, Akad. Buchhdl. 800.

v. Felseneck, Raspo, oder der Gottesgerichtskampf aus d. 11. Jahrh. 2 Thle. Mit Kupf. Neue Aufl. 8. Berlin 800, Mauck.

Felseneck, Marie von [Pseud.], s. a. Mancke, Maria

Felseneck, Marie v., s. a. Forster, William. —

— bis an d. Nordpol. Aus d. Tagebuch e. Seemanns. gr. 8. (164 S. m. 4 Farbdr.) Ebd. 898.
Geb. in Halbleinw. 2. —; in Leinw. 2. 20

— Fürst Bismarck. Ein Lebensbild, nach authent. Quellen bearb. gr. 8. (164 S. m. 4 Farbdr.) Berlin (899). A. Weichert. Geb. 2. —

Felseneck, Marie v. (Frl. Marie Mancke), Elternlos. Eine Erzählg. f. junge Mädchen. Titelbild nach e. Aquarell v. J. Schlattmann. Innen-Vollbilder v. H. Susemihl. (160 S.) 8. Berlin 904. A. Weichert. Geb. in Leinw. 5. —

— dasselbe. Försters Töchterlein. Zwei Erzählgn. f. junge Mädchen. Mit 8 Vollbildern in Autotyp. v. Heinr. Susemihl. Titelzeichnung v. Jul. Schlattmann. (160 u. 159 S.) 8. Ebd. (904). Geb. in Leinw. 6. —

— drei Freundinnen. Erzählung. Mit 5 Autotyp.-Vollbildern nach Originalen v. J. Schlattmann. 1.—3. Tausend. (256 S.) gr. 8. Ebd. (903). Geb. in Leinw. 6. —

— Friedrich III. deutscher Kaiser u. König v. Preußen. Ein Lebensbild, nach authent. Quellen bearb. gr. 8. (163 S. m. 4 Farbdr.) Ebd. (899). Geb. 2. —

Felseneck, Marie v. (Marie Mancke), Frühlingsstürme. Unsern Töchtern erzählt. Mit 5 Autotypie-Vollbildern. (216 S.) 8. Berlin (908). A. Weichert.
Geb. in Leinw. (urspr. Pr. 6. —)

— Heidekomteßchen. Erzählung. Mit Illustr. v. Heinr. Susemihl. (324 S.) 8. Ebd. (905). Geb. in Leinw. 6. —

Felseneck, Marie v. (Marie Mancke), Heideröschen. Erzählung f. d. Mädchenwelt. — Liesa u. Lieschen. Eine Mädchenerzählg. v. Anna Brentano-Banck. gr. 8. (160 S. m. 4 Farbendr.-Bild.) Berlin 896. A. Weichert.
Geb in Halbleinw. 2. —; in Leinw. 2. 20

— Heimatlos. Erzählung f. d. reifere Jugend. gr. 8. (264 S. m. 5 Abb.) Ebd. 898. Geb. in Leinw. 3. 50

— Heimgefunden. Erzählung nach dem Leben. Mit Illustr. v. Jul. Schlattmann. (328 S.) 8. Ebd. (905).
Geb. in Leinw. 6. —

— Onkel Tom's Hütte, s.: Beecher Stowe, Harriet.

Felseneck, Marie v. (Marie Mancke), aus d. Wunderlande Indien. Ind. Sagen u. Märchen, f. d. Jugend erzählt. gr. 8. (160 S. m. 4 Farbendr.-Bild.) Berlin 896. A. Weichert. Geb. in Halbleinw. 2. —; in Leinw. 2. 20

— Fräulein Kobold. Ihren lieben Freundinnen erzählt. Neueste Rechtschreibg. Mit (4 farb.) Autotypie-Vollbild. nach Orig. v. Herm. Tischler. (220 S.) 8. Ebd. (910).
Geb. in Halbleinw. (urspr. Pr. 3. —)

[F.] Aus eigener Kraft. Erzählg aus d. Leben e. Tyroler Knaben f. d. liebe Jugend. Nach e. wahren Begebenht v. Marie v. **Felseneck.** M. Buntbildern. *Berlin: A. Weichert [1896].* (159 S., 4 Taf.) 1 Bd 8. [97. 1628

— Königin Luise, s. a. Aus bewegter Zeit.

Felseneck, M. v., Königin Luise. Ein Lebensb. (160 S. m. 5 Farbdr.) Berlin 1897. A. Weichert. Geb.

— Marienglück. Erzählung nach dem Leben. Mit Illustr. v. Heinr. Susemihl. (328 S.) 8. Ebd. (905).
Geb. in Leinw. 6. —

— Die blonde Monika. Eine Pensionsgeschichte. Mit 5 Vollbild. v. Heinr. Susemihl. (237 S.) gr. 8. Ebd. (907).
Geb. in Leinw. 6. —

[F.] Muttersegen baut den Kindern Häuser. Erzählg f. d. liebe Jugend v. Marie v. **Felseneck.** M. Buntbildern. *Berlin: A. Weichert [1896].* (152 S., 3 Taf.) 1 Bd 8. [97. 1629

— ein Recht auf Glück. Erzählung. Mit Illustr. v. Heinr. Susemihl. (280 S.) 8. Ebd. (905). Geb. in Leinw. 6. —

— Rose vom Waldsee. Erzählung. Mit Illustr. v. Heinr. Susemihl. (311 S.) 8. Ebd. (906). Geb. in Leinw. 6. —

[F.] Schuld und Sühne. Das Vermächtnis. Zwei Erzählgn f. d. reifere Mädchenwelt v. Marie v. **Felseneck.** M. 5 Bild. in Autotypie. *Berlin: A. Weichert [1896].* (232 S., 5 Taf.) 1 Bd 8. [97. 1630

— die Schwestern. Erzählung. Mit Illustr. v. Heinr. Susemihl. (290 S.) 8. Ebd. (905). Geb. in Leinw. 6. —

Felseneck, Marie v. (Frl. Marie Mancke), des Hauses Sonnenstrahl. Erzählg. Mit Illustr. v. Heinr. Susemihl u. dem Portr. der Verf. (283 S.) 8. Berlin (905). A. Weichert. Geb. in Leinw. 6. —

— Fräulein Studentin. Erzählg. Mit Illustr. v. Heinr. Susemihl. Neueste Rechtschreibg. (336 S.) 8. Ebd. (910).
Geb. in Leinw. (urspr. Pr. 6. —)

— Ohne Talent. Eine Erzählg. f. ihre jungen Freundinnen. Titelpressg. u. Illustr. (4 Vollbild.) nach Orig. v. Th. R. Grünberg. (232 S.) 8. Ebd. (909).
Geb. in Leinw. (urspr. Pr. 4. —)

— Försters Töchterlein. Erzählung f. junge Mädchen. Mit 4 Autotyp.-Vollbildern v. H. Susemihl. Titelzeichnung v. J. Schlattmann. (159 S.) 8. Ebd. (904).
Geb. in Leinw. 5. —

Für das deutsche Vaterland. 2 Lebensbilder. Der deutschen Jugend gewidmet von Maria v. **Felseneck.** Mit 8 Chromobild. Kaiser Friedrich III. Furst Bismarck. *Berlin: A. Weichert [1900].* (162, 163 S.) 8° [F.] [00. 607

[F.] Was das Leben bringt. Erzählg f. d. Mädchenwelt v. Marie v. **Felseneck.** Liesa u. Lieschen. E. Mädchenerzählg v. Anna Brentano-Banck. *Berlin: A. Weichert [1896].* (159 S., 4 Taf.) 1 Bd 8. [97. 1631

— was Gertrud erlebte. Eine Erzählg. f. die reifere Jugend. gr. 8. (248 S. m. 4 Vollbildern. Ebd. (900).
Geb. in Leinw. 6. —

— Der Weg ins Leben. Erzählg. Mit Illustr. v. Heinr. Susemihl. Neueste Rechtschreibg. (320 S.) 8. Ebd. (910). Geb. in Leinw. (urspr. Pr. 6. —)

v. Felseneck, Oscar, die Tochter des Emigranten. Novelle. (Neue Titelaufl. v. „Amélie" rc.) 8. (205 S.) Leipzig (845) 848, C. F. Schmidt. 1/2 ℛ

Felsenecker, Seb., Etw. allgem. d. l. christkathol. Catechism. in Predisten. 4. Ausgb. 731.

Felsenegg. Anstalt für Alpenluft-, Milch-... und Bade-Kuren auf dem Zugerberg. ⟨Schweiz.⟩ [Mit 1 Tafel.] 8.
Ausg. A. Zug) 1869. — *Ausg. B.* Zug 1870.

Felsenegg, Die Kuranstalt, auf dem Zugerberg. Zug 1856. V: *Landwing, N.* (Bibliogr. d. Schweiz. Landeskunde. Bern 1892 ff. III.)

Felsenegg. Die Molkenkur- & Badheilanstalt F' auf dem Zugerberg. ⟨Schweiz.⟩ [Mit 1 Tafel.] 8. Zug 1861.

Felsenegg. Station balnéaire F' sur la Montagne de Zoug, Suisse.... [Avec 3 planches.] 8. Zurich 1894.

Felsenegg auf dem Zugerberge ⟨Schweiz⟩. Alpenluft, Milch-... & Bade-Kuren.... [Mit 1 Tafel.] 8. Zug 1878.

Felsenegg auf dem Zugerberge. ⟨Schweiz.⟩ Alpenluft, Milch-... und Bade-Kuren.... [Mit 1 Tafel.] 8. Zug 1887.

Felsenegg [Schlagwort]

Felsenegg, s.: Westentasche-Karten-Collection.

»Felsenfest«, Vereinigung. Festgesänge zum 32jährigen Stiftungsfest am 14. Febr. 1905, dargebracht von F. K. Hamburg 1905. V: *Kneisner* (?), *Friedr.* (wolfstieg II, 711)

Felsenfesten, Die, Mallorcas. Geschichte und Sage. Prag 1910. H: *Ludwig Salvator, Erzherzog.* (Berl 1910, S. 1047)

Felsengrab, das, s.: Verein f. Verbreitung guter Schriften, Zürich Nr. 44.

Felsengrab, das, am Gotthardsberge; e. Gesch. aus d. Zeiten d. letzt. Schweizerunruhen, m. K. 8. Lpz. Hinrichs. 802.

— — dasselbe, m. K. 8. Wien, Anton Doll. 802.

Felsenheld, H.: Über Delirium tremens. D. Würzburg. 1834.

Felsenjungfrau, Die. [Leipz. 1818.] V: *Naubert, Christiane Benedicte Eugenia geb. Hebenstreit.* (MGT) (schl)

Felsenkapelle, die unterirdische, bei Bamberg, das heil. Loch genannt. Entdeckt d. 4. Febr. 1819. Mit 2 Holzschn. u. 1 Grundriß. 4. Bamb. 819. (Drausnick). 3 ℊℊ.

Felsenkind, Das. Eine Erzählung für Christenkinder. Stuttg. 1851. 2. Aufl. 1867. V: *Barth, Chn. Glob.* (KY)

Felsenkind, das. Eine Erzählung für Christenkinder. Vom Verf. des „Armen Heinrich" (C. G. Barth). 12. (156 S.) Stuttgart 851, J. F. Steinkopf'sche Buchh. *

Felsenkind, das. Eine Erzählung für Christenkinder. Vom Verfasser des „Armen Heinrich." (C. G. Barth.) 2. Aufl. 16. (141 S.) Stuttgart 867, J. F. Steinkopf. *

Felsenkluft, Die, von Stormcliff. Hamburg 1828. V: *Mayer, Sophie.* (GGR X, 273) (Zeitschr. f. Büch. 1923, S. 85)

Felsenreich, die Behandlung der Placentarperiode, s. Klinik, Wiener.

Felsenriff, das, s.: Indianer- u. Volksbibliothek.

[F.] Das Felsenriff oder auf einsamer Fährte. E. Erzählg a. d. Seemannsleben. *Berlin: A. Weichert [1896].* (64 S., 3 Taf.) 1 Bd 8. [97. 1631]

Felsenschloß, das, von Sommerau, od. Gesch. ein. relegirt. Studenten; e. Arabeske, von K. L. Nicolai, m. K. 8. Prag, Volt. (Joachim in Lpz.) 801.

Felsentaube, die indische. Von Marie-Madeleine. 3.—5. Taus. (Neue [Titel-]Ausg.) (120 S.) 8. Bremerhaven [902.] 904. L. v. Vangerow. n. 2. —; geb. in Leinw. n. 3. 50

FELSENTHAL, Ferdinand v., und Alwine Lindenhain. Eine Geschichte aus der letzten Hälfte des vorigen Jahrhunderts. Braunschweig, Frdr. Vieweg, 1817. 8°.
Tit. u. 456 SS. Liederlich.

FELSENTHAL, Adolph (Hersbach): Ueber Asthma thymicum.- München: Deschler 1842. 18 S.
25.2.1841 - Ort (Titel: De asthmate thymico.); F 65
Diss.Ingolst.-Landsh.-Mchn.

Felsenthal, B., jüdische Fragen. Beiträge z. Klärg. derselben. 8. (40 S.) (Chicago 896. Koelling & Klappenbach.) Frankfurt a/M., J. Kauffmann. n. — 80; f. Amerika 20 cts.

--Zur Proselytenfrage im Judentum. Chicago. 1878.

Felsenthal, B., jüdisches Schulwesen in Amerika. Ein Vortrag, gehalten am 18. Decbr. 1865 in der „Ramah" Loge zu Chicago. 8. (40 S.) Chicago, Ill., 1866. (Philadelphia, Schäfer und Koradi.) *

Felsenthal, Köpp v., Gebrüder, hist. mal. Darstellungen von Oesterreich. 10 Hefte. gr. Fol. Wien, Mayer u. C. (in Comm.) à Heft mit schwarzen Kupfern. 6 Rthlr. 12 Gr. 6
Mit illum. Kupf. à 10 Rthlr. 16 Gr. 10

Felsenthal, s. Köpp.

Felsenthal, Rud. v., Aus der Praxis eines österreichischen Polizeibeamten. 1. Bd.: Der Banknotenfälscher Peter v. B***. gr. 8. (XLVII und 257 S.) Wien 852(53,) Manz.

Felsenthal, Simon [app. Arzt aus Münchweiler (Rheinpfalz)]: Die Myomotomie und die Versorgung des Stumpfes nach derselben. . . . Strassburg i. E., Buchdr. C. Goller, [illegible]; [illegible] 8°
Strassburg, Med. Fak., Inaug.-Diss. v. [illegible]

Felser, F., das Tabacks-Monopol u. die amerikanische Taback-Steuer. Eine staatswirthschaftliche Untersuchung der Tabackbesteuerungssysteme, zugleich eine Entgegnung auf den G. M.-Artikel der Allgemeinen Zeitg.: „Vorbereitende Studien zur Einführung des Tabackmonopols in Deutschland". (Aus: „Annalen d. deutschen Reichs".) gr. 8. (55 S.) Leipzig 878. Hirth. n. 1. —

Felser, F., d. Tabaks-Monopol u. die amerikan. Tabak-Steuer. gr. 8. (55 S.) Leipzig 878. [Hirth.] München, F. Schweitzer, Sort. n. 1. —

— zur Tabaksteuer-Frage. Abwehr gegen die „kritischen Nachträge zu den Mayr'schen Studien über das Tabak-Monopol". [Aus: „Annalen d. deutschen Reichs".] gr. 8. (14 S.) Ebend. 878. — 30

Felser, Hans L[udwig]: Der Einfluss der Seigerung auf die Festigkeit des Flusseisens. 1910. 25 S., 8 Bl. Taf. 4⁰ ¶ Auch in: Metallurgie. Jg. 7 u. in: Mitteilungen aus d. Eisenhüttenmänn. Institut d. Kgl. Techn. Hochschule Aachen. Bd. 4. 1911 [Nr 99].
Aachen, Dr.-Ing.-Diss. v. 24. 11. 1910

Felser, Heinrich, a. Riga: Zur Kenntnis der Oxyproline und über die Synthese von N-Methyloxyprolinen (Oxyhygrinsäuren). (Berlin 1908: E. Ebering.) (43 S.) 8°
Berlin, Phil. Fak., Ref. Fischer, Diss. v. 14. März 1908
[Geb. 16. Febr. 81 Riga; Wohnort: Riga; Staatsangeh.: Preußen; Vorbildung: Gymn. Steglitz Reife O. 02; Studium: Berlin 11 S.; Rig. 27. Febr. 08.]

Felser, Wilh., Hippagretos. Schauspiel in 3 Akten. (135 S.) kl. 8. Dresden (908). R. Kraut. 2. —

Felsheim,

— die Freyherren v., komischer Roman, v. Pigault le Brun. 2 Thl. 8. Lpz. Hinrichs.

Felsheim, les Barons de, histoire allemande, qui n'est pas tiré de l'allemand par Pigault-le-Brun. II Part. 8. Münst. Koppenrath. 798.

v. Felsheim, der Herr von, kom., satyr., histor., militär. Roman, (v. Dusable). 2 Thle. 8. Goslar 799, 800. Lohmann. 1 ♯ 12 ℊ

Felsheim, der Herr von, ein komisch-satyrisch, historisch-militärischer Roman, aus d. Franz. 2 Thle. 8. Goslar, Lohmann. 810.

Felsheim, Rosalie von: od. Lilliput. Lustsp. v. Sod.n. 8. Berlin, Maurer. 790.

— — dass. 8. Hof, Grau. 794.

— — dess. 2r Thl., s. d. Regerin.

Felsheims Jugend und seine Fragmente, 8. Mannheim, 783. Schwan. 13 sgl.

Felsheims Jugend u. Fragmente. 8. Menh. 784. Schwan u. G. 10 ℊ

Felshof, E., das Weib als Krankenpflegerin. Praktische Winke. 16. (40 S.) München 891. Literar. Institut Dr. M. Huttler. Kart. n. — 60

Felsing, die Familie; od. d. Abend des alten u. d. Morgen des neuen Jahrhund. Ein Schauspiel in 3 Aufz. 8. Gera, Haller. (Joachim in Lpz.) 801. Rthlr.

Felsing, Fräulein Kunigunde v., Stifterin d. Ordens zum Wachtelnest; e. komischer Rom. v. C. Bornschein. 2 Thle. 8. Camburg, Rößler. 803.

Felsing. Das Lied vom Reissbrett. Zürich 1871.

Felsing. Plan von Bitsch, wie die Festung in der Nacht des 16.—17. Nov. 1793 von den Preussen gestürmt worden.

Felsing. Situationskarte von den französischen u. deutschen Positionen um Trier u. Saarburg 1793 u. 94.

Felsing, Aug., Walhalla. Ein deutsches Heldenbuch, historisch-romantisch bearbeitet. 1—3. Bd. (à 5 Lfgn.) 8. (1087 S.) Berlin 817—18, Tacco. (à Lfg. 5 Ngr.)

Felsing, Helene, s.: Pichler, Helene.

Felsing, Frau Helene, s.: Pichler-Felsing.

Felsing, J., der literarische Streit über die beiden Bilder in Dresden und Darmstadt, genannt: Die Madonna des Bürgermeisters Meyer. gr. 8. (28 S.) Leipzig 872, H. Vogel. *

Felsing, Carl Eduard Friedrich (Giessen)
Die Resectionen des Schulterblattes.
Giessen: W. Keller 1863. 30 S.
Diss. med. 31.1.1863.

Felsing O, 100 Jahre im Dienste der Kunst. Erinnerungsgabe der Firma aus Anlass des 100jährigen Bestehens der Kupferdruckerei. Text von W Franke (163 S 56 T) fol Berlin 1897

Felsing, Otto, mit Büchse u. Falle. Kriegs- u. Jagdzüge durch Kamerun zum Tschad-See. Reich illustr. v. R. Hellgrewe. Mit 13 Vollbildern u. zahlreichen in den Text gedr. Illustr. (VII, 528 S.) Lex.-8. Elberfeld (904). S. Lucas. Geb. in Leinw. 5. —

— Gert Janssens China-Fahrten, s.: Lohmeyer's, Jul., vaterländische Jugendbücherei. 14. Bd.

Felsing, Otto, der blaue Diamant. Streifzüge u. Abenteuer eines jungen Deutschen in Deutsch-Ostafrika. Mit 12 Vollbildern, zahlr. in den Text gedr. Illustr. u. nach Orig.-Aufnahmen angefertigten Ansichten u. Bildern. gr. 8. (VII, 473 S.) Elberfeld (902). S. Lucas. Geb. in Leinw. 5.—

Felsing, Otto, gefahrvolle Fahrten. Kolonialerzählg. aus Deutsch-Ostafrika. Mit 11 Vollbild. u. zahlr. in d. Text gedr. Illustr. v. H. Tiedemann. (VIII, 568 S.) gr. 8. Elberfeld (909). S. Lucas. Geb. in Leinw. 5. —

— Wilde Gewalten. Erlebnisse auf See u. in Kamerun. Mit 12 Vollbild. u. zahlr. in d. Text gedr. Illustr. v. H. Tiedemann. (XI, 517 S.) gr. 8. Ebd. (910). Geb. in Leinw. 5. —

Rote Männer in Ruanda. Abenteuer im Riesen- u. Zwergenlande Deutsch-Ostafrikas. Von Otto **Felsing.** Reich ill. von H. Tiedemann. Mit 13 Vollbild. u. zahlr. Ill. Elberfeld: S. Lucas (1905). (VI, 548 S.) 8° [F.] [04. 1918]

Die goldene Schlange. Eine Geschichte aus d. ostafrik. Aufstande. (1905/1906.) Von Otto **Felsing.** Reich ill. von H. Tiedemann. Mit 12 Vollbild. u. zahlr. Ill. Elberfeld: S. Lucas [1907]. (VI, 476 S.) 8° [F.] [06. 8056]

Felsing, Otto, Streifzüge durch d. Theaterwelt. gr. 8. (95 S.) Dresden 895. Dresdener Verlagsanstalt (B. W. Esche). n 1. 50

— In Sturm u. Wettern. Kolonialerzählg. Mit 12 Vollbildern u. zahlr. i. d. Text gedr. Illustr. v. H. Tiedemann. (IV, 516 S.) gr. 8. Ebd. (908). Geb. 5. —

Felsing, Otto, in Sturmesbrausen. Ein Künstler-, Liebes- u. Streik-Roman vom Nord-Ostsee-Kanal. 8. (374 S.) Berlin 893. Freund & Jeckel. n. 4. —

Sturmvogel. Fahrten u. Abenteuer in d. Südsee. Von Otto **Felsing.** Mit 12 Vollbildern, zahlr. Ill. u. Bildern. *Elberfeld: S. Lucas [1903].* (VIII, 480 S.) 8° [F.] [04. 6804]

Felsing, Otto, die Tochter des Präsidenten. Schauspiel in 4 Acten. 8. (114 S.) Braunschweig 882. Wagner's Verl. n. 1. 50

Felsingen, Curt, der Hass der Polin. (121 S.) 8. Leipzig (906). Leipziger Verlag. n. 3. —

FELSINGEN, Curt (ps.?), Der Hass der Polin. Roman. Mit künstlerischem Umschlagbild von Raph. Kirchner, Paris. Leipziger Verlag, G. m. b. H., o. J. (c. 1907). 8⁰, 121 S. (Mk. 3—.) (1 Mk. 50 Pfg. Adolf Weigel, 1908.) Confiscirt anfangs 1912.

Felsinger, Hans (R. Manz u. B. Rauchenegger), der Amerika-Seppl. Bauern-Posse m. Gesang u. Tanz in 3 Akten. 16. (86 S.) München (898). Rubinverlag. n. 1. 50; Erläutergn. dazu. 32. (16 S. mit 5 Bildn.) n. — 20

Felsmann, Johannes, Referendar: Die Verpfändung von Inhaberpapieren und indossabeln Papieren. Breslau 1906: Breslauer Genoss.-Buchdr. (50 S.) 8°
Breslau, Jur. Fak., Ref. Dahn-Fischer, Diss. v. 24. Juli 1906
[Geb. 5. März 83 Wüstegiersdorf i. Schles.; Wohnort: Konitz W./Pr.; Staatsangeh.: Preußen; Vorbildung: Friedr. Wilhelmsgymn. Posen Reife O. 02; Studium: Breslau 4, Berlin 2, Breslau 2 S.; Rig. 30. Mai 06.]

Felsmann, Jos., Német Olvasó-könyv. — Deutsches Lesebuch f. Mittelschulen m. deutschen u. ungar. Anmerkgn. 3 Thle. gr. 8. Budapest 872—75. Lampel. n. 5. 60
1. Für die unteren Klassen. 2. Aufl. (VIII, 177 S.) n. 1. 40
2. Für die unteren Klassen. 2. Aufl. (VIII, 200 S.) n. 1. 40
3. Für die Mittelklassen. (VIII, 359 S.) n. 2. 80

Felsmann, Jos., Német Olvasó-könyv. — Deutsches Lesebuch für Mittelschulen mit deutschen und ungar. Anmerkungen. 4 Thle. gr. 8. Budapest, Lampel's Verlag. *
Inhalt:
Thl. 1. Für die unteren Klassen. 3.—6. Aufl. (VIII, 177 S.) 873—77. *ℳ 1,60.
" 2. —— dass. — 3. und 4. Aufl. (VIII, 200 S.) 875,78. *ℳ 1,60.
" 3. Für die Mittelklassen. 2. und 3. Aufl. (216 S.) 875,78. *ℳ 1,80.
" 4. —— dass. — 1. und 2. Aufl. (267 S.) 875,78. *ℳ 2.

Felsmann, Jos., deutsches Lesebuch für Mittelschulen mit deutschen und ungarischen Anmerkungen. 1., 2. und 4. Thl. 8. Budapest, Lampel. [1. Thl. 7. und 8. durchgeseh. Aufl. (IV, 187 S.) 880,82. *ℳ 1,60.; 2. Thl. 4. und 5. Aufl. (184 S.) 880,81. *ℳ 1,60.; 4. Thl. 3. Aufl. (268 S.) 883. *ℳ 2.] *
3. Thl. Ebendas. 1878. *ℳ 1,80.

Felsmann, Karl, vollständ. Spruchbuch zu Luthers kleinem Katechismus für Lehrer beim Religionsunterrichte und für Schüler der Mittel- und Oberklassen zum Auswendiglernen. 8. Dresden 844, Naumann. n. 1/6 Thlr

Felsner, Charlotte, kleine poetische Versuche. 16. (IV und 128 S.) Trier 862, Lintz' Verlag. *

Felsner, Jos., Pettau u. s. Umgebung. Topograph.-histor.-statist. Skizzen. Illustr. v. Alois Kasimir. 8. (IV, 157 S.) Pettau 895. W. Blanke. n. 2. 80

Felson, Elit (Emma Feibelsohn), höhere Töchter. Humoresken aus d. Schulleben. 8. (III, 133 S. m. Bild.) Breslau 896. F. Goerlich. n. 1. 25; geb. in Leinw. n. 2. —

Felspfaffe, Der. Gedruckt für Herm. Hartung zum 14. Januar 1861. [Leipzig.] V: *Diezmann, A.* (GGr IV³, V 108) (Zeitschr. f. Büch. 1923, S. 85)

Felß, Br., Mauersteine, s. Mauersteine.

Felsschlipf. Über den F' im Lammgraben (zu Brienz). Berichte der technischen Beamten der Direktionen der öffentlichen Bauten und Forsten sowie über die geologische Expertise. [Mit Illustrationen und 1 Tafel.] 4. Bern 1896.

v. **Felsthal,** Edmund, des deutschen Volkes Sagenschatz. 8. Schwäb. Hall 846, Haspel. 1 3/4 Thlr

Felsthal, Max, Siebenbürger Blätter aus dem Tagebuche eines Journalisten. 8. (III, 48 S.) Karlsburg 870, (Frank und Dreßnandt.)
Aus: Kronstädter Zeitung, besonders abgedruckt.

Felswangen, Karl Friedrich [Pseud.], s.a. H o f f m a n n , Karl Friedrich

Felswangen, Karl Fr., (Karl Fr. Hoffmann) u. F. W. Hempel, die Familie Hellwig; e. belehr. u. unterhalt. Lesebuch f. Deutschlands Söhne u. Töchter. Mit ill. Kpf. 8. Leipz. 803 u. 4. N. Aufl. 811. (Schönian in Elberf.) 1 Thlr 12 gr

Felswangen, C. F., und F. W. Hempel, die Familie Hellwig rc. Ist Verlag von Büschler in Elberfeld.

Felswangen, Karl Fr., (Karl Fr. Hoffmann), Heraldo der Unergründliche. 2 Bde. 8. Leipz. 803. Hinrichs. 2 Thlr

Felswangen, Karl Friedrich, u. F. W. Hempel

— — alphabet. **Kinderbedarf,** m. ill. K. gr. 8. Chemnitz, Maukе. 804.

— Dies., alphabet. Kinderbedarf. (Auch u. dem T.: Allerneuestes belehrendes Bilderbuch.) Mit 22 ill. Kpf. gr. 8. Chemnitz 804. Unveränd. Abdr. 806. 2e Aufl. 821. Starke. 1 Thlr 12 gr

— — alphabet. **Kinderbedarf,** in einer Auswahl der gemeinnützigsten Gegenstände aus dem gemeinen Leben. Mit 22 color. Kpfrn. 2te Aufl. gr. 8. Chemnitz, Starke. 821.

Chronik der unter Constitution der Grossen National-Mutter-Loge der preussischen Staaten gen. Zu den drei Weltkugeln arbeitenden Johannis-Freimaurer-Loge zu den drei weissen Felsen im Or. zu Weissenfels 1820—1895. Zur Jubel-Feier des 75jährigen Bestehens zsgest. von [Gust. Adolf] **Felsz.** [Weissenfels 1895: Kell.] 90 S. 8°
Recens: Bbl. 9 (1895) S. 202—203 (A. W. S e l l i n).
cf. L. 18 (1895) S. 56 (P. F i s c h e r).
Nebst Verzeichn. der Mitgl. 23.

Felsz, R: Nebenfächer des Uhrmachers. Berlin 1909

Felsz, R., der Uhrmacher als Kaufmann. Anleitung zur Erlerng. der einfachen Buchführg. f. Uhrmacher m. Berücksicht. e. neuen u. zweckmäss. Methode. Nebst Anh.: Das Wechselwesen in seinen Hauptzügen. gr. 8. (V, 56 S.) Berlin 884. Kühl. n. 1. 50

Felsz, R., der Uhrmacher als Kaufmann. Anleitung zur Erlernung der einfachen Buchführung für Uhrmacher, unter Berücksicht. verschiedener Methoden. Nebst einem Anhang: Das Mahnverfahren und das Wechselwesen in seinen Hauptzügen. 2. verm. und verb. Aufl. gr. 8. (71 S.) Berlin 888, Kühl. *

Felsz, R., d. Uhrmacher als Kaufmann. Anleitg. z. Erlerng. u. Anwendg. d. einf. Buchführung f. Uhrmacher. Nebst Anh.: Steuererklärg., Mahnverfahren u. Wechselwesen in d. Hauptzügen. 3., umgearb. u. verb. Aufl. gr. 8. (III, 90 S.) Berlin 897. W. H. Kühl. n. 2. —

Felsz, R., der Uhrmacher als Kaufmann. Anleitung zur Erlerng. u. Anwendg. der einfachen Buchführg. f. Uhrmacher. Nebst Anh.: Steuererklärung, Mahnverfahren u. Wechselwesen in den Hauptzügen. 4., umgearb. u. verb. Aufl. gr. 8. (III, 99 S.) Berlin 901. W. H. Kühl. n.n. 1. 20

Felten, J: Zur Unfallverhütung für das Dachdeckergewerbe. Köln 1889

Felten, Joseph, Die Apostelgeschichte übersetzt und erklärt. Freiburg, Herder, 1892, gr. 8°, XII u. 486 S., 8 Mk.
Recens. von K. J. Müller, Litt. Handw. 1892, S. 625—629; von Rösler, Litt. Rundsch. 1893, S. 37—41.

Felten, Jos., Gedichte. (41 S.) 8. Straßburg 910. J. Singer. 1. —

Felten, Jos., Papst Gregor IX. gr. 8. (XII, 409 S.) Freiburg i/Br. 886. Herder. n. 6. —

Felten, Jos., Robert Grosseteste, Bischof von Lincoln. Ein Beitrag zur Kirchen- und Culturgeschichte des 13. Jahrh. gr. 8. (VIII, 112 S.) Feiburg i. Br. 887, Herder'sche Verlagsh. *

Felten, Jos., neutestamentl. Zeitgeschichte od. Judentum u. Heidentum zur Zeit Christi u. d. Apostel. 2 Bde. (VIII, 622 u. IV, 580 S.) gr. 8. Regensburg 910. Verlagsanstalt vorm. G. J. Manz. 22.—; geb. in Halbfrz. 26. —

Felten, N. Ueber die Behandlungsweise der physischen Wissenschaften bei den Griechen. 14 S. . . . .

Progr. Cleve 1841

Felten, N.: Meteorologische Beiträge zu den Jahren, 1848, 1849 und 1850. 40 S. – Progr. Cleve 1851.

— Ueber das Klima am Niederrhein. (Im Jahresb. des Kgl. Gymn. zu Cleve vom Jahre 1863.) Cleve 1863. (Von den der Abhandlung beigegebenen 25 Tafeln enthalten Tafel 1—14: Uebersicht der hydro- und anderer meteorischer Erscheinungen von 1848—62. Taf. 15: Monats- und Jahresmittel der Periode 1849—62. Taf. 16—19: Werthe der Jahreszeiten für die Periode 1849—62. Taf. 20: Vergleichung der Werthe der Jahreszeiten für die Periode 1849—62. Taf. 21, 22: Zahl der Tage mit Regen und Schnee von 1849—62. Taf. 23, 24: Niederschlagshöhe für die Periode von 1849—62. Taf. 25: Regenmenge etc. der einz. Jahresz.) (311, 9816)

— und Tietz, Die Clever Landschaft. (Festschr. für die XVII. Vers. deutsch. Land- u. Forstw. zu Cleve.) Bonn 1855.

Felten, N. Rede am Geburtstage des Königs. 6 S. . . . . . .

Progr. Cochem 1829

Felten, N.: Ueber die klimatischen Verhältnisse am Niederrhein. 32 S. – Progr. Cleve 1854.

Fn. [Felten, N.], Ueber die Witterungs-Verhältnisse des Winters 1874 und der Monate Januar bis August 1875, nach Beobachtungen an der meteorologischen Station zu Cleve. (Abdr. a. d. Kreisbl. f. d. Kr. Cleve.) Cleve 1875,

Felten, Peter [aus Köln]: Aus d. medizin. Klinik in Bonn. Ueber Pupillendifferenz bei Ausschluss von Nerven- und Augenleiden ... Köln, Druck v. H. J. Breuer, *1895;* 32 S. 8.
Bonn, Med. Fak., Inaug.-Diss. v. [22.] Febr. 1895

Felten, Richard, a. Woserin (Mecklenburg-Schwerin): Aus d. Königl. Psychiatr. u. Nerven-Klinik zu Kiel. Über Dementia paralytica und Diabetes mellitus. Kiel 1907: H. Fiencke. (20 S.) 8°
Kiel, Med. Fak., Ref. Siemerling, Diss. v. 10. Juli 1908
[Geb. 22. Juni 82 Woserin; Wohnort: Woserin; Staatsangeh.: Mecklenburg-Schwerin; Vorbildung: Gymn. Wismar Reife O. 02; Studium: Heidelberg 1, Greifswald 4, Kiel 5 S.; Coll. 30. Mai 07; Approb. 25. Juni 08.]

Felten, W(ilhelm), Gymn.-Oberl. in Neuss: **Forschungen zur Geschichte Ludwigs des Bayern.** *Neuss 1900: L. Schwann.* (63 S.) 4° [F.] ¶ [— Progr. Neuss, Gymn. 1900.]
Heidelberg, Phil. Diss. v. 1900

Geschichte des Mittelalters. Von Christi Geburt bis z. Entdeckung Amerikas. Von Dr. W[ilhelm] **Felten**, Gymn.Prof. (In 10 Lfgen.) Mit 292 Textabb., 34 Tafelbild. u. Beil. München: Allg. Verl.-Ges. [1907]. 528 S. 4°(8°)
(Widmann, S., P. Fischer, W. Felten: Illustrierte Weltgeschichte. Bd 2.) [o. 11,63

Geschichte des Mittelalters. Von Christi Geburt bis z. Entdeckung Amerikas von Dr. W[ilhelm] **Felten**, Gymn.Prof. 2. Aufl. Mit 300 Textabb. u. 35 Tafelbild. u. Beil. München [& Berlin]: Allg. Verl.-Gesellsch. [1908]. VII, 528 S. 4°(8°)
(Widmann: Illustrierte Weltgeschichte. Bd 2.) [o. 15010

Geschichte des Mittelalters. Von Christi Geburt bis z. Entdeckung Amerikas. Von Dr. W[ilhelm] **Felten**, Gymn.Prof. Mit 292 Textabb., 34 Tafelbild. u. Beil. München: Allg. Verl.-Ges. (1909). 528 S. 4°(8°)
(Widmann, S., P. Fischer, W. Felten: Illustrierte Weltgeschichte. Bd 2.) [o. 4325

Felten, Wilh., Grundriß d. brandenburgisch preußischen Geschichte, s.: Tücking, Karl.

Felten, Wilh., die Bulle Ne pretereat und die Reconciliations-Verhandlungen Ludwigs des Bayers mit dem Papste Johann XXII. Ein Beitrag zur Geschichte des 14. Jahrh. Mit einem Anhang von Urkunden aus Trier, Koblenz und dem Vatican. Archive. 2 Tle. gr. 8. Trier, Paulinus-Druckerei. [1. Tl. (IX, 70 S.) 885. *M 1.20.; 2. Tl. (VI, 287 S.) 887. *M 3.80.] *

Der hl. Martyrer und Tribun Quirinus, Patron der Stadt Neuss. Zur 850jähr. Jubelfeier d. Uebertragung s. Reliquien in s. Stadt Neuss. Von W[ilhelm] **Felten**. (2. Aufl.) *Neuss 1900: Gesellsch. f. Buchdr.* (78 S.) 8° [F.] [o. 10130 B

— Illustr. Weltgeschichte, s.: Stragand, P. Max.

— dasselbe, s.: Widmann, Sim. Pet.

Felten und Guilleaume. Streckenförderung mit endlosem Drahtseil. Mülheim a/Rh., 1874.

Felten & Guilleaume Carlswerk A.-G. Kataloge über Drahtseile, Leitungen usw. 1903 ff. Köln-Mülheim

Felten & Guilleaume Carlswerk, A.-G.: Kataloge und Veröffentlichungen betr. elektrische Anlagen usw. 1907 ? ff. Mülheim a. Rh.
Bd 1. Preisliste A. 1907 ?
Bd 2. Preisliste B. 1907 ?
Bd 3. Das Carlswerk ... und seine Anlagen. 1907
Bd 4. Sonstige Veröffentlichungen usw. 1907 ? ff.

Felten & Guilleaume: Mittheilungen über die Erzeugnisse der Firma Felten und Guilleaume, Carlswerk, Mülheim am Rhein. Mülheim a. Rh. 1898

Felten & Guilleaume-Lahmeyerwerke A.-G.: Anweisung für die Inbetriebsetzung und Behandlung von Oeltransformatoren. Frankfurt a. M. 1908

Felten & Guilleaume-Lahmeyerwerke A.-G: Ausführungsformen der normalen Gleichstrom- und Drehstrom-Motoren. Frankfurt a. M. 1909

Felten & Guilleaume-Lahmeyerwerke A.-G: Elektrische Bahnen. Frankfurt a. M. (1909 ?)

Felten & Guilleaume-Lahmeyerwerke A.-G.: Allgemeiner deutscher Bergmannstag Eisenach 9.—12. Sept. 1907. Frankfurt a. M. (1907)

Felten & Guilleaume-Lahmeyerwerke A. G.: Betriebsvorschriften für Dynamo-Maschinen und Motoren. Frankfurt a. M. 1907

Felten & Guilleaume-Lahmeyerwerke A. G.: Betriebsvorschriften für kompensierte Wechselstrom-Kollektor-Motoren, Modell DG. (Osnos-Motoren) Frankfurt a. M. 1908

Felten & Guilleaume-Lahmeyerwerke A.-G: Dampfturbinen-Dynamos System Zoelly-F. G. L. Frankfurt a. M. 1909

Felten & Guilleaume-Lahmeyerwerke A.-G: Neue Einphasen-Kollektor-Motoren mit hoher Anzugskraft. (Doppelschluß-Motoren.) Mühlheim a. Rh. und Frankfurt a. M. 1906

Felten & Guilleaume-Lahmeyerwerke A.-G, Die Elektrizität im Bergbau und Hüttenwesen. Frankfurt a. M., 1905. 78 S. mit 77 Abb.

Felten & Guilleaume-Lahmeyerwerke A.-G.: F. G. L.-Fahrkarten-Druckapparate. Frankfurt a. M. 1910

Felten & Guilleaume-Lahmeyerwerke A.-G.: F. G. L.-Karten-Druckapparate für Schlachthöfe und ähnliche Zwecke. Frankfurt a. M. 1910

Geschäftsbericht der Felten & Guilleaume-Lahmeyerwerke, A.-G., in Mülheim a. Rh. Jg. 1905—1907. Mülheim a. Rh., 1906—1908.

Felten & Guilleaume-Lahmeyerwerke A. G: Elektrisch angetriebene Gruben-Ventilatoren. Frankfurt a. M. (1909 ?)

Felten & Guilleaume-Lahmeyerwerke A.-G.: Das Kraftwerk Heimbach an der Urfttalsperre. Frankfurt a. M. (1903 ?)

Felten & Guilleaume-Lahmeyerwerke A.-G: Mitteilungen aus dem Arbeitsgebiet. 1903 ff. Mülheim a. Rh. und Frankfurt a. M.

Felten & Guilleaume-Lahmeyerwerke A.-G. Das Carlswerk Mülheim am Rhein und seine Anlagen. 1907. — (Frankfurt a. M. 1907: Schirmer & Mahlau.) 59 S. quer-8°

Felten & Guilleaume-Lahmeyerwerke A.-G: Ozon-Hausapparate zur Sterilisierung des Trinkwassers. Frankfurt a. M. 1910

Felten & Guilleaume-Lahmeyerwerke A.-G: Elektrische Schacht- und Streckenförderung. Frankfurt a. M. 1907

Felten & Guilleaume-Lahmeyerwerke A. G: Schaltanlagen. Frankfurt a. M. (1909 ?)

Felten & Guilleaume-Lahmeyerwerke A.-G.: Deutsche Schiffbau-Ausstellung Berlin 1908. Mülheim a. Rh. und Frankfurt a. M. (1908)

Felten & Guilleaume-Lahmeyerwerke: Veröffentlichungen betr. elektrische Maschinen usw. 1910 ff. Frankfurt a. M.

Felten & Guilleaume-Lahmeyerwerke A.-G: Vorortbahnen Heddernheim—Homburg und Heddernheim—Oberursel—Hohe Mark. Frankfurt a. M. 1910 (Aus: Elektrische Kraftbetriebe u. Bahnen. 1910 H. 22)

Felten & Guilleaume-Lahmeyerwerke A.-G: Das Elektrizitätswerk Wangen a. d. Aare. Frankfurt a. M. (1910?)

Felten & Guilleaume-Lahmeyerwerke A.-G.: Über die Wirkungsweise der Wechselstrom-Kollektormotoren. Frankfurt a. M. 1909

Feltgen, Eberard. (geb. Ahrweiler 27. 10. 1831): De ulcere ventriculi chronico corrosivo. Berolini (1855). (30 S.) 8°
Berlin, Med. Diss. v. 15. Aug. 1855

Feltgen, Ernst, Beginn der Schulpflicht. Vortrag, geh. auf dem I. internationalen Kongreß f. Schulhygiene in Nürnberg, April 1904. (13 S.) 8. Luxemburg 904. L. Schamburger. n.n. — 50

— populäre Beiträge zur allgemeinen Gesundheitslehre. (VII. 247 S.) 8. Ebd. 904. n.n. 1. 50

— Führer durch das Eischthal. Zum Gebrauch f. Ausflügler im Luxemburger Land. (125 S. m. 4 Taf. u. 1 Karte.) 8. Ebd. 903. n.n 1. —

Feltgen, Ernst: Die einheimischen Heilpflanzen, medicinisch-pharmaceut. Flora des Luxemburger Landes. Mit verschied. Zeichngn. v. Edm. J. Klein u. A. van Werveke. (251 S.) gr. 8.
Luxemburg: L. Schamburger 1903.

Landhygiene. Ein Beitrag z. Hygiene d. ackerbautreibenden Bevölkerung von Dr. med. Ernst **Feltgen**, Luxemburg. Luxemburg 1907: J. Beffort [übergeklebt: G. Soupert] 1907. (174 S.) 8° (07. 1951

— u. Georges **Traus**, Leitfaden der Schul-Hygiene. (140 S. m. 3 Taf.) gr. 8. Ebd. 902. n.n. 1. 50

Feltgen, Ernest, Mersch, sowie nächste u. weitere Umgebung, zum Gebrauch f. Naturfreunde m. besond. Berücksicht. der lokalen Pflanzen- u. Thierwelt. Mit Federzeichngn. von Aug. v. Werveke. gr. 8. (260 S.) Luxemburg 902. (L. Schamburger.) n. 2. 40

— der Tabak, Botanik, Chemie, Cultur u. physiologische Einwirkung auf den menschlichen Organismus. 2., verb. Aufl. (27 S.) 8. Ebd. 902. n.n. — 50

— Vademecum des Luxemburger Fischerei-Liebhabers. 8. (XII, 148 S. m. Abbildgn. u. 1 farb Karte.) Ebd. 902. n. 2. 40

Feltgen, Joh., Vorstudien zu e. Pilz-Flora des Grossherzogth. Luxemburg. Systemat. Verzeichniss der bis jetzt im Gebiete gefundenen Pilzarten, m. Angabe der Synonymie, der allgem. Stand- u. der Special-Fundorte, resp. der Nährböden, u. m. Beschreibg. abweich., resp. neuer, sowie zweifelhafter u. krit. Formen 1. Thl. Ascomycetes. gr. 8. (XI, 417 S.) Luxemburg 899. (Berlin, R Friedländer & Sohn.) n. 8. —

— dasselbe. Nachträge II. gr. 8. (IV, 243 S.) Ebd. 901. n. 6. —
Sonderabdruck aus: „Recueil des mémoires et des travaux publiés par la société botanique du grandduché de Luxembourg".

Feltgen, Joh., Vorstudien zu e. Pilz-Flora des Grossherzogth. Luxemburg. Systematisches Verzeichnis der bis jetzt im Gebiete gefundenen Pilzarten, m. Angabe der Synonymie, der allgemeinen Stand- u. der Spezial-Fundorte, resp. der Nährböden, u. m. Beschreibg. abweich., resp. neuer, sowie zweifelhafter u. krit. Formen. 1. Thl. Ascomycetes. Nachträge III. (328 S.) gr. 8. Luxemburg 903. (Berlin, R. Friedländer & Sohn.) n. 7. 20
Sonderabdruck aus: „Recueil des mémoires et des travaux publiés par la société botanique du Grand-Duché de Luxembourg".

— dasselbe. Nachträge IV. Hrsg. von Ernst Feltgen. (91 S.) gr. 8. Luxemburg 905. (L. Schamburger). n. 2. — (Hauptwerk u. Nachträge I—IV. n. 23. 20)

Feltgen, Joh., Vorstudien zu e. Pilz-Flora des Grossherzogth. Luxemburg. Systemat. Verzeichnis d. bis jetzt im Gebiete gefundenen Pilzarten, m. Angabe d. Synonyme, der allgem. Stand- u. der Spezialfundorte, resp. der Nährböden, u. m. Beschreibg. abweich., resp. neuer, sowie zweifelhafter u. krit. Formen. II. Thl. Basidiomycetes et Auricularieі. Hrsg. v. Ernst Feltgen. (235 S. m. Bildn.) gr. 8. Luxemburg 906. (Berlin, R. Friedländer & Sohn.) 6. —

Feltkamp, *Theodor* E. W. [aus Amsterdam]: Zur Behandlung der Speiseröhrenverengerung ... Heidelberg, Univ.-Buchdr. v. J. Hörning, 1892; 18 S. 8.
Heidelberg, Med. Fak., Inaug.-Diss. v. [20. Mai] 1891

Feltl, F. D. Desinfektion d. Königgrätzer Schlachtfeldes u. d. Feldlazarette im J. 1866. Teplitz 1867.

Feltl, Petrus Vitus, Herz-Jesu-Büchl zur Verehrung des göttlichen Herzens Jesu u. des unbefleckten Herzens Mariä. 2., m. e. Mai- u. Kreuzweg-Andacht verm. Aufl. 8. (IV, 55 S.) Korneuburg 889. J. Kühkopf. — 40

FELTMANN, Gerh. et Theod.: Opp. juridica. Edid. et praef. est J. J. van HASSELT. T. I—VII. *Arnh.* 764—69. Fol. (10 Thl.)

Feltmann, fratrum, opera omnia iurid. V Tmi. Fol. Arnh. Motternich. 767.

FELTMAN, Gerh.: Tract. de juramento perhorrescentiae vulgo sic dicto, s. de ejuratione bonae spei ex variis causarum figuris. *Groning.* 669. 4. — cur. Alex. Arn. PAGENSTECHER. *Colon.* 702. 4.

FELTMANN, G.: Tr. de jure in re et ad rem. *Duisburg.* 666. 8. i. e. introductio ad jpdtiam veterem et novam. *Amstel.* 672. 8. *Leov.* 700. *Colon.* 737. 4.

Feltone, Eduard, Isoliermaterialien u. Wärme-(Kälte-)Schutzmassen. 8. (XIV, 317 S. m. 38 Abbildgn.) Wien 903. A. Hartleben. n. 4. 50; geb n. 5. 30

Feltone E, Isoliermaterialien und Wärme-(Kälte-)Schutzmassen. (317 S) (Bibliothek Chemisch-technische 263) Wien 1903

Feltz, Johann Heinrich [Praes.], s. Brunck, Franz Gervasius: Controv. aliquot circa successionem ab intestato quoad descendentes.

Feltz, Johann Heinrich [Praes.], s. Brunck, Franz Gervasius: Excerpta controv. illustr. de testamento inofficioso.

Feltzius, Joh. Heinr.: Commentatio iuris publici et feudalis de feudis oblatis, lingua vernacula: Von aufgegebenen oder aufgetragenen Lehen. (Rec.) Jenae 1750.

Feltzius, Joh. Heinr.: De dignitate nobilitatis immediatae sacri Rom. imperii vulgo der freyen ohnmittelbaren Reichs-Ritterschaft opuscula. Lipsiae 1747.

Felz, I. H., de dignitate nobilitatis immediatae S. R. I. 4. Lps. Langenheim. 747.

— Superioritas territor. nobilitati immed. adserta. 4. Argent. 725.

Feltz, Ortwin Reimut, e. psychische Frauenkrankheit u. and. Novellen. 12. (139 S.) Großenhain 896. H. Starke. n. 1. —

— die Welt, wie sie ist, nicht wie Du sie träumst! Ein Büchlein f. „Idealisten". 12. (76 S.) Ebd. 895. n. — 60; kart. n. 1. —

Felz, Johann Heinrich, s. Feltz, Johann Heinrich

Fembera, Alois, böhmische Rechtschreibung. gr. 8. (1 B.) Olmütz 841. (Brünn, Winiker's Buchh.)

Fembo, Christoph

Fembo, C. und **Kellermann**, J. L. Charte von Kur-Hessen. Nürnberg 1823. 1 Bl. c. K. v.

Fembo, Ch. Charte vom Herzogthume Nassau. Nürnberg 1818. 1 Bl. c. K. v.

Fembo, Ch. Charte von Spanien und Portugal. Nürnberg 1823. 1 Bl. c. K. Ff.

Fembo, Chrph, Postkarte von Deutschland. Nürnberg 1815. Kupf., schw.

Femel, A. G., de catacombis Romanorum. I—II. Lips. 1710—13. 4.

Feminis, Justus, Ambiferia, s. Justus.

Femme, la jolie, ou la femme en jour. II Part. 8. Berl. 770. Himburg. 1 rℓ

Femme, la, qui a Raison. Com. p. Voltaire. 8. *Dresden*, Walther. 770.

Femmer, Theodor, approb. Arzt aus Dielingen i. Westf.: Aus d. Kgl. Augenklinik d. Universität Greifswald. ⟨Direktor: Prof. Dr. Schirmer.⟩ Zur **Kenntnis** der Sehnervenentzündung während der Laktation. *Greifswald 1901: J. Abel.* (36 S.) 8°
Greifswald, Med. Diss. v. 25. Febr. 1901

Femmes, les trois, Nouvelle par de la Tour. II Vol. 8. Paris, (Sommer à Leipz.) 797.

Neue Amalgam-Untersuchungen und ihre Bedeutung für die zahnärztliche Praxis. Von Dr. Ad[olf] **Fenchel**, Zahnarzt. Mit 8 Taf. Berlin: H. Meusser 1908. (20 S.) 8° [08. 13386

Fenchel, Ad., die Entwicklung u. Degeneration der Hartgebilde im Tierreich in ihrer Bedeutung f. die Degeneration d. menschlichen Gebisses (Hygiene als Prophylaxis der Caries). gr. 8. (85 S.) Hamburg 893. (Gassmann's Sort.) n. 1. —

Fenchel, d. Zahnverderbnis u. ihre Verhütg. gr. 8. (32 S. m. 26 Fig.) Hamburg 896. L. Voss. n. — 40

Fenchel, Albert: Ueber Tubularia larynx Ellis (J. coronata Abildgaard.) Mit 3 Tafeln. Genève 1905. 75 p. 8°. Extr. de la Revue suisse de zoologie T. 13, 1905. [25. XI. 04.]
Bern, Phil. Diss. 1904/1905.

Fendall, Percy. Margaret Byng. — A daughter's sacrifice. — „My face is my fortune", s. Philips, F. C.

Fendall, Percy, Disciples of Plato, s.: Philips, F. C.

— A honeymoon — and after, s.: Philips, F. C.

Fende, Christ., Epistel Pauli an die Epheser, übers. und erläut. 4. Frankf. Röbr. 727.

— gründl. Gegenbeweis d. wahr. Christ. Zusammenkunft. 8. Büding. 736.

FENDERL, Ettore
Hauptmomente der Acetylen- und Carbid-Industrie. Vortrag des dipl. Ingenieurs Ettore Fenderl, gehalten im Steiermärkischen Gewerbeverein in Graz, am 26. März 1900. (Sonder-Abdruck aus dem „Fachblatt für Gas-, Wasser-, sowie für das gesammte Beleuchtungswesen und Maschinen-Industrie".) Wien. 1900. In Comm. Spielhagen & Schurich. 8°. 40 S. K 1.60

Fenderl, Karl Jos(eph): Über das Eigentumsrecht der von Herrn Professor v.Walther zu Bonn im Jahre 1826 aufgestellten Grundsätze, Wunden, Abscesse, Geschwüre und Fisteln zu behandeln. 44 S., gbd.

Wien: typ.Mechitaristen 1827

Fenderl, (C. J.,) über das Eigenthums-Recht der von v. Walther in Bonn im J. 1826 aufgestellten Grundsätze: Wunden, Abscesse, Geschwüre u. Fisteln zu behandeln. 8. Wien 827, Beck.

Fenderl, C. J., über das Eigenthums-Recht der von v. Walther in Bonn im J. 1826 aufgestellten Grundsätze: Wunden, Abscesse, Geschwüre u. Fisteln zu behandeln. 8. Wien 827. (Volke). 4 gl

[Fenderlin, Luk.]: Gedanken über die Verabfassung eines allgemeinen Gesetzbuches zur Verbesserung der Justitz-Verfassungen. Stück 1 — 4. [Breslau] 1770—73.

Fenderlin, Luk., († d. 20. Juni 1791.) s. 1) Gedanken über die Verfassung eines Gesetzbuches. 2) Versuch e. Auszugs d. Röm. Gesetze.

[Fenderlin]: Versuch eines Auszuges der römischen Gesetze in einer freyen Uebersetzung zum Behuf der Abfassung eines Volks-Codex. Buch 1—50 nach Ordnung der Pandecten. Breslau 1783—87. 6 Bde

FENDI, Peter. Vierzig erotische Aquarelle. In Faksimilereproduktion. Mit einem Porträt Peter Fendis von Josef Danhauser und einer Einführung von Karl Merker. Gr. Folio. 1 Bl. weiß, 1 S. Titel (nur: Peter Fendi), Rückseite Verlags-Notiz (1910 in Leipzig als Privatdruck des Verlegers in 600 numer. Expl. gedruckt), Titelblatt (der Name des Malers braun gedruckt), 1 Blatt mit Fendis Porträt. 7 S. (unbezeichnet!) Einleitung, 1 S. weiß, 40 Tafeln mit aufgeklebten kolorierten Bildern. In Orig.-Ganzleinenmappe mit Goldverzierungen.

Fendi's, Pet., Gewitter, s. Kunstschätze, die, Wiens.

Fendius, Aug., code des droits de succession et de mutation par décès contenant les lois, arrêtés, ordonnances, décisions judiciaires et autres dispositions sur la matière, suivie d'un formulaire des déclarations et actes auxquels l'application de la loi du 27. décbr. 1817 peut donner lieu. Luxemburg 860. Gebr. Heintze. 12. (155 S.) n. 20 *ngr.*

— code des droits de timbre, cont. les lois, arrêtés, ordonnances et autres dispositions sur la matière, en vigueur dans le Grand-Duché de Luxembourg. Luxemburg 855. Brück. gr. 8. (108 S.) 1 rℓ

Fendius, Aug., Code des droits de timbre, cont. les lois, arrêtés, ordonnances et autres dispositions sur la matière, en vigueur dans le Grand-Duché de Luxembourg. gr. 8. (108 S.) Luxemburg 858, Brück.

Fendius, G., und Ed. Bolger, die neue Wunderwelt. Märchen für Kinder. Mit (2 Holzschn.- und 1 chromolithogr.) Illustr. von L. A. Lamche. 8. (III, 120 S.) Kattowitz 881, Siwinna. geb.

Fendius, Gust., Geist, Kraft und Stoff, oder: Die Naturwissenschaft ist die natürliche Grundlage einer allgemeinen Religionsphilosophie. Zwölf Betrachtungen eines alten Arbeiters aus dem Volke. gr. 8. (19 S.) Landsberg a. W. 876, (Schaeffer und Comp.) *

Fendler, Aemil, s.: Böcklin, Arnold, 15 Holzschnitte n. Gemälden.

Fendler, Aemil, s.: Bossard, Joh., decorat. Malereien.

Fendler, Aemil, s. Mannfeld, B., durch's deutsche Land.

— s.: Meister, moderne.

— s. Nationaldenkmal, das, auf dem Niederwald von Johs. Schilling.

— s.: Schneider, Sascha, Zeichnungen.

Fendler, Aemil, Text, s.: Stuck, Franz.

— s.: Worpsweder, die.

Fendler, G., u. O. Kuhn, neue Studien üb. Kautschuk u. Kautschuk-Untersuchg. Mitteilg. a. d. pharmazeut. Institut d. Universität Berlin. (42 S.) 8. Dresden 907. Berlin, Union, Zweigniederlassg. 1. —
Sonderabdr. a.: „Gummi-Zeitg."

Fendler, G. A., Commentar zu der Verordnung vom 26. September 1842. (Justiz-Ministerial-Blatt S. 324 pro 1842) betreffend die Behandlung des Erbschaftsstempelwesens, enthaltend die gedachte Verordnung sowie die in derselben in Bezug genommenen und später ergangenen Gesetze und Ministerial-Rescripte nebst Tabellen über die Berechnung des Erbschaftsstempels. Berlin (857). C. Heymann. 8. (64 S. u. 2 Tab. in 4. n. 10 ℳ

Fendler, Georg, aus Berlin: Über die **Bestandteile des Cascarillöles und Beiträge zur Kenntnis der Undecylensäuren.** *Berlin 1900: L. Simion.* (74 S.) 8°
Rostock, Phil. Diss. v. [30. Juni] 1900

Fendler, J., die Aufnahme der Kinder in Jesu Namen. Predigt über Evangelium Marci 9, 36. 37 gehalten am Tage der Eröffnung des rüdersdorfer Rettungshauses am 12. Septbr. 1852 zu Rüdersdorf. gr. 8. (16 S.) Berlin 853, W. Schultze. *

Fendler, Jacob. — Chansierges (?) Staats-Roman, Welcher unter dem Leben des Neoptolemi, Printzens von Thessalien und Sohnes des Achillis, in einer schönen Morale anmuthig vorstellet. Wie Ein junger Printz, und folglich ein Jeder über seine Gemüths-Neigungen herrschen solle, Von Mr. Chansierges in der Frantzösischen Sprache beschrieben; Nunmehro ... ins Teutsche übersetzet von einem der zu seinem Symbol führet: Wohl dem, der sIch auF den Herren veRlaßT. Breslau, Mich. Hubert, 1723. 8 Bl. 207 S. HPgt. vom Anfang des 19. Jahrh.
Möglicherweise handelt es sich bei dieser interessanten Nachahmung von Fénélons Télémaque gar nicht um eine Übersetzung, sondern um eine Schrift Fendlers, da wir den Namen „Chantierges" nicht feststellen konnten; auch einen französischen Titel, der entsprechen würde, fanden wir nicht.

Fendler, Karl, Wie man die Kleinen leicht, schnell und doch gründlich, lesen lehrt. Mit einem ABC- und ersten Lesebüchlein. 8. (Mit vielen Vignetten.) Wien 841, Beck's Universitäts-Buchh. 3/8 ℛ

Fendrich, A.: Der Skiläufer. Ein Lehr- u. Wanderbuch. Stuttgart um 1908. 96 S. m. Abb.

Fendrich, A., der Skiläufer. Ein Lehr- u. Wanderbuch. Mit 8 Taf. u. zahlr. Textbild. v. R. Biehler. 2. Aufl. (96 S.) 8. Stuttgart (910). Franckh. 1.40; geb. 2.25

Fendrich Benedikt: Robert Brownings Christmas Eve and Easter Day.
H. 1909 PN 2764 Diss. Wien, Univ.

Fendt, Ant., (†...) Nucleus principiorum in compendio. 8. Ulm 751. Stettin. 2 ℊ

Fendt, Heinrich: **Über die medianen Dermoidcysten des Mundbodens und des Zungengrundes.** *Mainz 1898: A. Wenglein.* (39 S.) 8°
Freiburg i. B., Med. Diss. v. 1898

Fendt, Leonhard, Kaplan: Die Christologie des Nestorius. Kempten 1910: Kösel. VIII, 119 S. 8° ¶(Ersch. auch als Buch ebd.)
Straßburg, Kath.-theol. Diss. v. 15. Jan. 1910, Ref. Ehrhard
[Geb. 2. Juni 81 Baiershofen; Wohnort: Krumbach, Schwaben; Staatsangeh.: Bayern; Vorbildung: Gymn. Dillingen a. D.; Studium: München, Straßburg 3 S.; Rig. 10. 14. Jan. 10.] [U 10. 4000

Die Dauer der öffentlichen Wirksamkeit Jesu von Leonhard **Fendt**, Stadtkaplan. München: J. J. Lentner 1906. (VIII, 148 S.) 8°
— **Veröffentlichungen** aus d. kirchenhist. Seminar, München. Reihe 2. No 9. [06 7003

Feneberg, Johann Michael

— s. Fragen an Kinder üb. Begebenheiten.

Feneberg, Jh. Mich., († d. 12. Oct. 1812.) Gedanken über das Schulwesen. 8. Dilling 789.

Feneberg, Jos., († d. 24. Mai 1812.) Abschiedsrede in Ulm am Ostersonntage 1808 gehalten. 8. Ulm 808. Wohler. 1½ ℊ

Feneberg, Jos., Trauerrede auf d. Grafen Phil. v. Arco. 8. Ulm 806. Wohler. 2 ℊ

Feneberg, J., Trauerrede auf Arko, nebst Trauergedicht v. Müller. 8. Ulm, Wohler. 806.

Freimaurerlieder zum Gebrauch der ger. und vollk. Loge zum [!] drey H[ammern in Naumburg a. S.], aufgesetzt von E[rnst] Joh. Georg S[chmid?], hrsg. von F[riedr. Gotthilf] F[reitag ?] [Mit Melodien von Fenee]. Leipzig: Breitkopf & S. 1774. 47 S. 4°
Kl. 1527. 6 Lieder. Der Komp. ist kein Frmr.

Fenella, Fächersprache, s. Fächersprache.

Fenella (ps.), Faechersprache der Königin Isabella. Nach spanischem Original bearbeitet. 1874. (2 Auflagen.)

Fenella, d. Sprache mit d. Fächer, s. a. Wallners kleines Universum.

Fenella, die Sprache mit dem Fächer. Nach span. Orig. bearb. 3., durch 24 Cotillon-Touren verm. Aufl. 16. (31 S.) Erfurt 880. Bartholomäus. n. — 50

Fenella, die Sprache mit dem Fächer. Nach span. Orig. bearb. 2. durch 24 Cotillon-Touren verm. Aufl. 16. (IV, 31 S.) Erfurt 881, Bartholomäus.

Fenelon, Bischof, der rettende Engel in höchster Noth. Ein Familiengemälde in dramat. Form. Für Jung u. Alt bearb. v. d. Verf. der Glocke der Andacht. Mit 1 Kpfr. 8. (98 S.) München 849, Fleischmann. n. 1/6 ℛ

Fenelon, Erzbischof v. Cambrai, s. Bibliothek f. d. Jugend.

— Leben, s. Bausset.

Fenelons Lebensgeschichte, verfaßt nach Originalhandschriften v. F. L. von Bausset, nach d. 2ten Ausg. aus dem Franz. übers. v. M. Feder. 3 Thle. gr. 8. Würzb. Stahel. 811 u. 12.

—— und die Litteratur der weiblichen Bildung in Frankreich, s. Bibliothek pädagogischer Klassiker.

— vie de Fénelon 12. Berne. Soc. Typ. 801.

Fénélon, Bertrand de Salignac de la Mothe. Correspondance diplomatique. Publiée pour la première fois sur les manuscrits conservés aux Archives du Royaume. Tome I à IV. Année 1568 à 1572. gr. in-8. (Mit 1 Holzschn. Vign.) Paris et Leipz. 838, 40. Brockhaus et Avenarius. n. 10 2/3 ℛ

Fénelon, François de Salignac de la Mothe

Fénelon, die Abenteuer d. Telemach, s.: Hausbibliothek ausländischer Classiker.

— dasselbe, ins Deutsche übersetzt, mit Anmerkk. v. J. W. Meigen. 2e Aufl. 8. Aachen 827, La Ruelle.

— Dass., ins Deutsche übers., mit Anmerkk. v. J. W. Meigen. 8. Aachen ... 2e Aufl. 827. (Mayer). 1 rß

— Abenteuer Telemach's. Aus dem Franz. von G. Fink. 16. Stuttgart 839. Erhard. 1 rß

—— die Abenteuer des Telemach [Prinz auf Ithaka]. Klassische Ausg. Neueste deutsche Ausg. Uebertragen in's Deutsche von Herm. Kollmann. 8. (VII, 523 S.) Augsburg 878, Rieger'sche Buchh. *

Fénelon, François de Salignac de la Mothe. Abhandlung über die Freiheiten der französischen Kirche übersetzt, den Oesterreicherinnen gewidmet. Linz 1782. Ü: *Heinze, Wenzel Sigismund.* (MGT) (Ky) (GGr) (Kn) (Jes)

— Abhandl. von d. Freiheit der franzöſ. Kirche. Aus d. Französ. (v. W. A. Heinze). 8. Linz 782. Frenner. 8 gl

— the adventures of Telemachus, s.: Collection of British authors fitted for instruction by Leutbecher. Nr. I.

— the Adventures of Telemachus, the Son of Ulysses, with the adventures of Aristonus. Done into english from the last ed. Paris etc. by Littlebury and A. Boyer. 8. Jena, Acad. Buchh. 796.

— the same. Done into english from the last ed. Paris etc. by Littebury and A. Boyer. 8. Jena 796. (Hennings in Neisse). 16 gl

— the Adventures of Telemachus. II Vols. 18. Wien 796. Sammer. 2 rß the same. II Vols. 8. Kopenh. 796. Brummer. 16 gl (Central-Cpt. in Leipz.) 2 rß

— — Engl. 2 Vol. 8. Coppenh. Brummer. 797.

— the Adventures of Telemachus, the Son of Ulysses. transl. by J. Hawkesworth. 12. Paris. (Hinrichs, Leipz.) 804.

Fenelon, Fr. Salignac de la Motte, Adventures of Telemachus the son of Ulysses. By Hawkesworth. 8. Paris. (Leips. Sommer.) 814.

— the adventures of Telemachus. (Neue Ausg.) 8. Gotha 826, Hennings.

Fenelon, F. Salignac de la Motte, Ansichten über den Katholicismus. Aus d. Französ. 8. Luzern 816. Anich. 8 gl

Fénelon, Frz. v. Salignac de Lamotte, Anweisung f. Christen in verschiedenen Lagen d. Lebens. A. d. geistl. Schriften d. Erzbisch. gezogen u. übers. v. Carol. Pichler, geb. v. Greiner. 12. ... Wien 831, Mechitar.-Congregations-Buchh. 8 Gr., Vlnp. mit Ttlkpfr.

— Anweis., das Gewissen eines Königs zu leiten u. zu prüfen. 8. Berl. 750. — 3 gl

— Aventuras de Telemaco. 12. Lpz. 804. (W. Nauck). 1 rß

— Aventuras de Telemaco. 12. Lps. Sommer. 804.

— — de Telemaco. 12. Paris. (Hinrichs, Leipz.) 804.

— — Aventuras de Telemaco, hijo de Ulisses. Traducido del original frances. 8. Ebend. 814.

Fénelon, aventures de Télémaque, hrsg. v. G. Jaep, s.: Prosateurs français.

— dasselbe. s.: Bibliothek gediegener u. interessanter französischer Werke.

— le même, Poëme, s. *de Pelz.*

Fénelon, aventures de Télémaque, s.: Sammlung französ. u. engl. Textausgaben z. Schulgebrauch.

— — le même franç. allemand. 8. Bregenz, Brentano.

— le même. 2 Vol. 18. Edition stéréotype. Paris, Didot. (Leipz., Fr. Fleischer.)

— — le même, p. François. 12. Paris. (Hinrichs à Leipz.)

— les Avent. de Télémaque, orn. de Gravures. 12. Paris. (Sommer à Lpz.)

— — av. remarq. p. M. Plat. 8. Francf. Brönner. 732.

Fénélon, Fr. de Salignac de la Mothe. Les Avantures de Télémaque, fils d'Ulysse ... Nouvelle édition corrigée, & enrichie de belles remarques allemandes par JOSEPH ANTOINE d'EHRENREICH. [Ulm?] Aux dépens de Jean Conrad Wohler, 1732. 8°. 5 Bl. 344 & 296 S. 23 Bl. *und 24 hübsche Kupfer.* Etwas fleckiger Pgtbd. d. Z.

Die erste Ausgabe mit den deutschen Anmerkungen J. A. von Ehrenreichs, Professors am Stuttgarter Gymnasium; er gab auch eine deutsche Vorrede bei. Die späteren Drucke dieser Ausgabe erschienen mit französ.-deutschem, oder nur deutschem Titel, in Ulm. Die Kupfer sind verkleinerte gute Nachbildungen der Pariser Illustrationen von 1730.

— le même, verbessert u. mit deutschen Anmerkk. verm. von J. A. v. Ehrenreich, mit Kpf. 8. Ulm 732. 2e Aufl. 8. 745. 3e Aufl. 8. Ebd. 751. N. Aufl., mit verb. deutschen Noten u. e. Chrestomathie, (v. J. Köhler). 8. Ebd. 769. N. Aufl., mit deutschen Anmerkk. u. e. Chrestomathie v. Jh. Ldw. Köhler. 8. Ulm 805 u. 811. Wohler. 20 gl

— — franç. et lat. 8. Ulm, Wohler. 755.

— le même, mit deutscher Uebersetz. v. Jak. Schultes. gr. 8. Ulm 771. Wohler. 1 rß 16 gl mit Kpf. 2 rß

Fénélon, Franç. de Salignac de la Motte de, les Aventures de Télémaque etc. franç. et allem. av. fig. gr. 8. Ulm, Wagner. 772. Rthlr.

— le même, avec fig. gr. 12. Basel 773. Schweighäuser. 1 rß le même, av. fig. 12. Bern 804. Typogr. Soc. 1 rß 8 gl le même. 8. Trier, Lintz. 15 gl

— — le même. 12. Venice. (Tournevsen. Basel.) 777.

FENELON, F. DE SALIGNAC. Les avantures de Telemaque, oder wunderbare Begebenheiten Telemachs, worinnen zum Nutzen der Jugend durch deutsche Anmerkungen schwere Wörter, Redensarten u. Constructionen, Gallicismen, Antiquitäten, Mythologie, Historie u. Geographie ... erklärt u. erläutert werden. Mit [25] Kupfern *(inkl. Frontispizporträt)* und 1 accuraten Landkarte. Zuerst v. J. A. v. Ehrenreich, jetzo aber ... vermehrter ans Licht gestellt von J. L. K[OEHLER]. Ulm, Frankf. u. Lpzg., J. C. Wohler, 1778. Kl. 8°. 14, 605 & 9 S. (Register); 64 S. 1 Bl. HPgt. d. Z. M. leichten Gebrauchsspuren u. einigen Flecken. 35.—

— — m. Anm. u. K. 8. Wien. Tendler. 795.

— — av. fig. 12. Bern, Soc. Typ. 804.

— le même. 8. Bresl. ... N. Ed. 804. J. F. Korn. 18 gl

— — mit deutsch. Anm. v. Ehrenreich, verm. von Köhler. 8. Ulm, Wohler. 805.

— le même. 3 Vol. 12. Vienne 805, Rehm.

— — le même. 8. Halle, Waisenh. 808.

— le même, avec un Vocabulaire franç.-allem. et un Dictionn. de mythologie et de géographie ancienne, en langue allem. 8. Köln 808. Rommerskirchen. 1 rß le même, sans Vocabul. 8. le même. 808. 20 gl

— le même, avec une explic. - française - danoise des mots les plus difficiles. 8. Kopenh. 809. Brummer. 16 gl.

— — le même, av. une explic. - franç. - danoise des mots les plus difficiles. 8. Coppenh. Brummer. 810.

— — le même. 8. Hannov. Hahn. 810.

— — les Aventures de Télémaque, nouvelle édition revue et corrigée. 8. Vienne, Doll sen. 814.

— — le même, avec la traduction allemande a. côte. II. Vol. 8. la même. 814.

— — le même. 8. Halle, Waisenhausbuchh. 816.

— le même. 3e Aufl. Herausgeg. v. Martin. gr. 8. Hannover 823. Hahn.

Fénélon, (F. Salignac de la Motte,) les Aventures de Télémaque, fils d'Ulysse. Neue Aufl. 8. Coburg 825, Sinner. Rthlr.

— le même. Nouv. Edition. 8. Halle 826, Waisenhausb.

— le même. Mit deutschen Anmerkk. u. Erklär. schwerer Wörter u. Redensarten v. A. Schulze. 2e Aufl. gr. 8. Wien 827, Tendler u. v. M.

— les Aventures de Télémaque, fils d'Ulysse. Coburg Sinner. N. Aufl. 8. Ebd. 830. 14 gl.

— le même. (Avec un Vocabulaire.) 16. Leipz. 830 u. 32. Volckmar. 16 gl.

—— le même. Edit. stéréotype. gr. in-12. (13½ B.) Francfort a. M. 832, Brönner.

— le même. Nouv. édition, d'après celle donnée par M. J. F. Adry, collationnée sur les manuscrits et les imprimés; augm. d'un Dictionnaire mythologique. gr. in 12. Mit Fénélon's Bildniß. Louvin. 832. Aachen, Cremer. 16 gl.

—— le même. (Imprimé d'après l'Edition stéréotype de Firmin Didot.) — Mit deutschen Anmerkn. u. Erklärung schwerer Wörter u. Redensarten versehen durch Aug. Schulze. 3., sorgfältig durchgeseh. Aufl. gr. 8. (35½ B.) Wien 832, Tendler.

— les aventures de Télémaque, fils d'Ulysse. Avec un Vocabulaire à l'usage des écoles, revue et augm. par Charl. Schiebler. 3e édit. 8. Leipzig 833. Volkmar. ⅝ ₰

—— le même. — II Ts. Nouv. édit. 8. (26½ B.) Deux-Ponts 835, Ritter.

Fénélon, Franç. de Salignac de la Mothe, les aventures de Télémaque, fils d'Ulysse. 1. édit. (24 B.) 835., nouv. édit. 16. (21⅛ B.) Stuttgart 838, Erhard. à
Mit Wörterverzeichniss. (31 B.)

— le même. Avec un Vocabulaire. 8. Bielefeld 839. Velhagen et Klasing. ½ ₰

— le même. Mit deutschen Anmerkk. und Erklärung schwerer Wörter u. Redensarten versehen durch Aug. Schulze. 4e nach der neuen Orthographie verb. Aufl. 8. Wien 839. Tendler u. Schäfer. 1 ₰

— le même. A l'usage de l'enseignement universel revues par Ch. E. Lossnitzer. gr. in-12. Chemnitz 840. Goedsche et Comp. ¾ ₰

— le même. A. u. d. T.: Die Begebenheiten des Telemach, Sohn des Ulysses. Verbesserter Abdruck aus der Pariser Polyglotten-Ausg. bei C. Baudry 1837. 4. (Französ. u. Deutsch.) 2 Bde. gr. 12. Wien 840. Klang. 1⅔ ₰ — Blos Franz. 2 Thle. Ebd. ⅔ ₰ — Blos Deutsch. 2 Thle. Ebd. ⅔ ₰

—— le même. A l'usage de l'enseignement universel rev. p. Ch. E. Lossnitzer. 2. édit. stéréot. 12. (13⅓ B.) Chemnitz 843. [Schneeberg, Goedsche'sche Buchh.]

— les aventures de Télémaque, fils d'Ulysse. Mit einem vollständ. Wörterbuche von Fr. Aug. Menadier. 8. Quedlinburg 843, Basse. ⅔ ₰

Fénélon, (Franç. de,) les aventures de Télémaque, fils d'Ulysse. Nouv. édit. stéréot. 12. (15⅓ B.) Francfort a. le M. 845, Brönner.

—— le même. Avec un vocabulaire. A l'usage des écoles, par Charles Schiebler. 7. édit. 8. (22 B.) Leipsic 845. [Renger'sche Buchh.]
Vgl.: France, la, classique.

— le même. Edit. stéréot. 8. Lpz. 845, B. Tauchnitz jun. 9 ngl

— les aventures de Télémaque, fils d'Ulysse. Avec un vocabulaire. A l'usage des écoles, par Charles Schiebler. 7. édit. 8. Leipsic 845, Volckmar. ½ ₰

Fénelon, (Franç. de Salignac de la Mothe,) Aventures de Télémaque. Schulausg. mit Wörterbuch. 8. (490 S.) Leipzig 847, Brauns.

—— dass. — Schulausg. mit Wörterbuch von A. de Saules. 1. Aufl. (449 S.) 847. und 2. Aufl. gr. 16. (419 S.) Ebds. 847.

Fénélon, (Franc. de Salignac de la Mothe), les aventures de Télémaque, fils d'Ulysse. 4. édit. gr. 12. (362 S.) Francfort a. M. 850, Bronner. 12 ngl

—— les Aventures de Télémaque, fils d'Ulysse. Enrichies d'un vocabulaire à l'usage des écoles par Charles Schiebler. 10. Édition. 8. (IV und 342 S.) Leipsic 854, [Graul.]

Fénélon (Franç. de Salignac de la Mothe), Aventures de Télémaque. Schulausg. mit Wörterbuch von A. de Saules. 4. Aufl. 8. (449 S.) Leipzig 855, Brauns.

—— dass. — Enrichies d'un vocabulaire à l'usage des écoles par Charles Schiebler. 11. Édition. gr. 16. (IV und 342 S.) Berlin 857, Renger'sche Buchh.

—— dass. — Schulausgabe mit Wörterbuch von A. de Saules. 5. Aufl. 8. (449 S.) Leipzig 858, Brauns.

Fénélon, (Fr. de Salignac de la Mothe-), les aventures de Télémaque fils d'Ulysse. Avec des notes grammaticales et un vocabulaire par Ed. Hoche. A l'usage des écoles. 11. édit. Leipzig 858. E. Fleischer. 16. (2 Bl., 367 S.) 15 ngl

Fénélon (Franç. de Salignac de la Mothe), les aventures de Télémaque, fils d'Ulysse. Avec des notes grammaticales et un vocabulaire par Ed. Hoche. A l'usage des écoles. 11. Édition. (III und 367 S.) 1858. und 12. Édition. gr. 16. (367 S.) Leipzig 860, E. Fleischer.

— — Enrichies d'un vocabulaire à l'usage des écoles par Ch. Schiebler. 12. et 13. édit. Berlin 860, 64. Renger. 8. (IV, 342 S.) 15 ngr.

— — Schulausgabe mit Wörterbuch von A. de Saules. 6—9. Aufl. Leipzig 860—64. Brauns. 8. (449 S.) n. 10 ngr.

Fénélon, Aventures de Télémaque. Schulausg. mit Wörterbuch von A. de Saules. 8.—11. Aufl. 8. (449 S.) Leipzig 862—67, Brauns. *

—— les aventures de Télémaque, fils d'Ulysse. Enrichies d'un vocabulaire à l'usage des écoles par Charles Schiebler. 13. édit. 1864. et 14. édit. 8. (VI und 342 S.) Berlin 868, Renger'sche Buchh.

—— les aventures de Télémaque, fils d'Ulysse. Avec des notes grammaticales et un vocabulaire par Ed. Hoche. A l'usage des écoles. 13me édit. gr. 16. (376 S.) Leipzig 868, E. Fleischer.

— — Schulausg. m. Wörterbuch von A. de Saules. 10—12. Aufl. Leipzig 865—70. Brauns. 16. (440 S.) n. 10 ngr.

— dasselbe. Mit e. vollständ. Wörterbuche v. Frdr. Aug. Menadier. 2. Aufl. gr. 8. (413 S.) Quedlinburg 870. Basse. 2. —

— dasselbe. Schulausgabe m. Wörterbuch v. A. de Saules. 15. Aufl. 16. (449 S.) Leipzig 874. Brauns. n. 1. —

— les aventures de Télémaque, fils d'Ulysse. Avec des notes grammaticales et un vocabulaire par Ed. Hoche. A l'usage des écoles. 14. éd. revue et augmentée par F. Dénervaud. 8. (377 S.) Leipzig 874. E. Fleischer. 1. 50

— dasselbe. Schulausgabe mit Wörterbuch von A. de Saules. 16. Aufl. gr. 16. (449 S.) Leipzig 878. Brauns. n. 1. —

Fénélon, Aventures de Télémaque. Erklärt von Heinr. Vockeradt. 2 Thle. gr. 8. Berlin 879, Weidmann'sche Buchh. [1. Thl. Livre I—VIII. (XXXVIII, 116 S.) *M* 1,50.; 2. Thl. Livre IX—XVI (128 S.) *M* 1,20.]

— les aventures de Télémaque, fils d'Ulysse. Mit einer kurzen biograph. Einleitung u. m. grammat. u. sachl. Anmerkungen, nebst einem vollständigen Wörterbuche f. den Schul- u. Privatgebrauch hrsg. v. Ed. Hoche. 15., verb. Aufl. Besorgt von F. Dénervaud. 8. (X, 377 S.) Berlin 881. Friedberg & Mode. 1. 50

Fénélon, les aventures de Télémaque, fils d'Ulysse. Enrichies d'un vocabulaire à l'usage des écoles par Charles Schiebler. 17. éd. 8. (VI, 342 S.) Leipzig 884. Renger. n. 1. —

Fénelon, aventures de Télémaque. Schulausg. mit Wörterbuch von A. de Saules. 18. Aufl. 12. (449 S.) Leipzig 887, Brauns. *

Fénélon. Les aventures de Télémaque fils d'Ulysse. Enrichies d'un vocabulaire à l'usage des écoles par Charles Schiebler. Neue Ster.-Ausg. 8. (VI, 308, 34 S.) Lpz. 890, Renger. 1 50
— dass. — s. Prosateurs français, 38. Lfg. — Sammlung französischer u. englischer Textausgaben.

Fénelon, les aventures de Télémaque, fils d'Ulysse. Mit e. kurzen biograph. Einleitg. u. m. grammat. u. sachl. Anmerkgn., nebst e. vollständ. Wörterbuche f. den Schul- u. Privatgebrauch hrsg. v. Ed. Hoche. 16., verb. Aufl. Besorgt v. F. Dénervaud. gr. 8. (X, 319 u. 58 S.) Berlin 893. Friedberg & Mode. 1. 50

Aventures de Télémaque par (François de) Fénelon. In 3 Teilen. In Ausz. mit Anm. z. Schulgebr. hrsg. von Prof. Dr. G. Jaep. T. 1. *Bielefeld & Leipzig: Velhagen & Klasing 1901.* 8°
— Sammlung Velhagen & Klasings, franz. u. engl. Schulausgaben. Prosateurs franç. Lfg 10 B. [illegible]

— le Avventure di Telemacco. II Vols. 12. Bern, Typogr. Soc. 1 ℛ

— — trad. da Moretti. 8. Siena. 726.

— — trad. dal Ehrenreich, colle annot. tedesche. 8. Stuttg. Erhard. 747.

— — Le avventure di Telemaco figliuolo d'Ulisse ... tradotte ... nell' Italiano. Edizione nova megliorata ed inricchita di annotazioni tedesche da G. A. Ehrenreich. Stuttgart, Erhard, 1757. 8°. 4 Bl. 840 S. HPgt. d. Z. 30.—

— il medis., traduzione da J. Toscana. II Vols. 8. Frkf. 759. Varrentrapp. 1 ℛ 8 gr

— il medisimo, tradotto da Deschnero. 8. Wittenb. 773. Kühne. 16 gr

— — ital. gr. 12. Bas. Schweighäuser. 792.

— il medis., trad. nell' idioma puro ital. da G. B. de Pagani. 8. Wien 807. Al. Doll. 1 ℛ

— il medis., colla traduzione nuova tedesca acconta. II Voll. 8. Wien 807. Al. Doll. 1 ℛ 16 gr

Fénelon, F. de S. de la M. Die Begebenheiten des Prinzen von Ithaca oder: Der seinen Vater Ulysses suchende Telemach. A. d. Franz. . . . Neukirch Onolzbach 1727—39. H (Th. 2. 3): *Hirsch, Joh. Christoph.* V (Vorrede, Th. 2): *Weissmüller, Sigmund Ferdinand* [?]. (Dorn, Benj. Neukirch. Weimar 1897. S. 23, 33.)

— — in deutsche Verse gebr. m. Anm. von Neukirch. 3 Thle. m. K. Fol. Ansp. Haueisen. 734—39.

— Ders., in deutsche Verse gebracht von Benj. Neukirch. 3 Thle., mit Kpf. gr. 8. Nürnb. 727—39. N. A. 767. Stein. 3 ℛ 8 gr

FÉNELON, F. DE SALIGNAC DE LA MOTHE. Die seltsame Begebenheiten des Telemach, In einem auf die wahre Sitten- und Staats-Lehre gegründeten, angenehmen und sinnreichen Helden-Gedichte durch den Herrn von Fenelon abgefast, In zwey Theile abgetheilet [in 1 Band gebunden]. Mit nöthigen Anmerckungen erläutert, und ins Teutsche übersetzt von LUDWIG ERNST von FARAMOND [d. i. Sinold]. Frankfurt und Leipzig, P. C. Monath, 1741. 8°. *Frontispiz*, 15 Bl. 872 S.; *eine gefaltete gestoch. Karte (rechter Rand abgeschnitten) und 24 Kupfer A. J. Kösel fec.* Ld. d. Z. Rücken beschädigt, Ecken bestoßen.

Diese kommentierte Prosaübersetzung des berühmten Buches war viel beliebter als die Neukirchsche Versübersetzung (s. Nr. 659/63), sie erschien (erstmals 1733) in etwa 10 Ausgaben bis zum Ende des 18. Jahrh. (cf. Fromm 8925 ff., der aber unsere Ausgabe nicht zitiert). Die Kupfer, mit deutschen und französischen Legenden versehen, sind Nachbildungen der bekannten Illustrationen von Debrie, Picart u. a. (Paris 1734 u. später). — Sinold gen. von Schütz (1657—1742), Hofmeister, Soldat, Regierungsrat usw. an verschiedenen Fürstenhöfen, lebte von 1727 an als Geheimrat zu Solms-Laubach. Er verfaßte unter dem Namen Faramond (einem seiner zahlreichen Pseudonyme) einige satyrische Schriften gegen Torheiten seiner Zeitgenossen, ist aber hauptsächlich als Dichter vieler geistlicher Lieder bekannt, von denen einige sich auch in neueren Gesangbüchern finden (cf. Koch, Gesch. des Kirchenlieds 3 V. S. 404 ff.). — Name a. d. Titel, hie und da leichtere Flecken und Gebrauchsspuren, einige Bräunungen.

Fenelon, F. de Salignac de la Motte. Die Begebenheiten des Telemachs ... Mit schicklichen und notwendigen Anmerckungen ... ganz neu aus dem Französischen in das Deutsche übersetzt. — Les Avantures de Télémaque ... Nouv. éd. Ulm, C. U. Wagner, 1771. 6 Bl. 16, 821 S., 33 Bl. *Mit Porträt, 1 gefalt. Karte, 24 Kupfern und mehreren originellen Schmuckvignetten in Holzschnitt.* Etwas berieb. HLd. d. Z.

Fromm III, 21? (zitiert als Verleger „Wohler"). Hübsch gedruckte französ.-deutsche Paralleltextausgabe. Die in Kursiv gedruckte Übersetzung ist nach Fromm von Jakob Schultes. In der Vorrede erwähnt er frühere Übersetzungen v. Sinold, Behse u. a.

[Ehrenreich, J. A. von?]. — Fenelon, F. de Salignac de la Motte. Die Begebenheiten Telemachs, des Sohnes des Ulysses ... Italiänisch und deutsch. Mit nöthigen Anmerkungen begleitet. 2 Bde. in 1. Basel, J. Schweighauser, 1772. 8°. 2 Bl. 380 S.; 339 S. 8 Bl. *Mit einigen Ziervignetten.* HLnbd. von ca. 1840.

Fromm 8937. Paralleldruckausgabe. Aus der Vorrede ist ersichtlich, daß für die deutsche Fassung eine Ulmer Ausgabe von 1771 benutzt wurde; es handelt sich also wahrscheinlich um die (von J. L. Koehler überarbeitete?) Übersetzung Ehrenreichs, oder um die etwas frühere von Jakob Schultes.

Fenelon, F. Salignac de la Motte, die Begebenheiten des Telemach; aus d. Französ. mit Anmerkk. v. Faramond. Mit Kpf. 8. Nürnb. 788. Aufs Neue aus d. Französ. übers. mit Anmerkk. 8. Ebd. 798. 1 ℛ N. A. 805. Ebd. Monath u. K. 1 ℛ 4 gr

— — neu verdeutscht, m. Portr. d. Verf. 8. Wien, Doll. 807.

— die Begebenheiten d. Telemach, Sohn d. Ulysses. In das Deutsche übers. 5. Aufl. 8. (20 B.) Ludwigsburg 829, Nast.

— die Begebenheiten Telemach's, Sohn d. Ulysses. In's Deutsche übersetzt u. mit Anmerkungen versehen v. Jh. Wlh. Meigen. 2e Aufl. 8. Aachen 837. Mayer. (Brüssel, Mayer u. Sommerhausen. 1 ℛ

— die Begebenheiten Telemach's, Sohn des Ulysses. In's Deutsche übers. und mit Anmerkungen versehen von Joh. Wilh. Meigen. 3. Aufl. 8. (600 S.) Leipzig 834, E. H. Mayer.

— dass., s. Uebersetzungs-Universal-Unterricht. Bgl. Weckers, P. J.

— christliche Betrachtungen. Ins Deutsche übertr. von Carl Stehmann. 16. (44 S.) Berlin 847, Besser's Vrlgsb.

Fenelon, François Salignac de Lamothe. Christliche Betrachtungen. Drei kleine geistliche Schriften nebst einem Briefe über die Liebe. Münster 1854. Ü: *Rolinck, Franz Arnold.* (RASS)

— christliche Betrachtungen. Drei kleine geistliche Schriften nebst einem Briefe über die Liebe. Ins Deutsche übertr. von einem Priester der Diöcese Münster. 16. (136 S.) Münster 854, Aschendorff'sche Buchh. *

—— fromme Betrachtungen für alle Tage des Monats. Ins Deutsche übersetzt von Herm. Weber †. Mit einem Vorwort von Fr. Meyer. gr. 16. (76 S.) Nördlingen 888, Beck'sche Buchh. cart. *

—— Betrachtungen auf alle Tage d. Monaths, aus deſſ. geiſtl. Schriften überſ. v. Caroline Pichler, geb. v. Greiner. 12. (4 B.) Wien 829, Mechitariſten-Congregat.-Buchh.

— zwei geiſtl. Betrachtt., ſ. Blüthen u. Blumen heil. Andacht.

Fénelon, Franz. Salignac de la Motte, Über das Bibelleſen in der Mutterſprache und Bemerkungen über verbotene Bücher. Köln, Imhoff-Schwarz. 1817, 12°.

— Brief an den Biſchof v. Arras über die Leſung der heil. Schrift in der Volksſprache. Ueberſetzt nach der Wiener Ausg. 815. 8. Eger 819. Kobrtſch. 3 gr

— Briefe an die Gräfin Gramont. Herausg. von C. A. Scharling. Gotha 855. F. A. Perthes. 16. (1 Bl., 70 S.) n. 20 ngr

— u. Boſſuet, Bruchſtücke aus deren Betrachtungen über Religion und Kirche. Nach d. Franz. 8. Luzern 836. (Augsburg, Kollmann.) 1/2 rthlr

Fenelon u. Boſſuet, Bruchſtücke aus deren Betrachtungen über Religion u. Kirche. Nach d. Franzöſ. Luzern, Räber, 1836, 8°, 1,50 Mk.

— das erſte Buch des Telemach und deſſen: die 3 erſten Bücher, ſ. Buch und Bücher.

—— der andächtige Chriſt. Katholiſches Gebet- und Erbauungsbuch mit Betrachtungen auf jeden Tag des Monats. Ueberſ. durch einen kathol. Geiſtlichen. 2. (Titel-)Aufl. gr. 16. (IV und 192 S. mit 1 Stahlſt.) Reutlingen 856, Fleiſchhauer und Spohn.

— Contes et fables, augm. de remarques touchant la mythologie et l'histoire ancienne etc. traduit de l'Allem. p. H. F. Roux. 8. Jena 762. Cröcker. 6 gr

Fenelon, Franz de Salignac de la Mothe, Über das Daſein Gottes und verſchiedene Gegenſtände der Metaphyſik u. Religion. Überſetzt von J. P. Silbert. (Sämtliche Schriften, Bd. 1.) Regensburg, Manz (jetzt Verlagsanſt.), 1837, gr. 8°, 4,50 Mk.

— demonstr. dell' Esistenza di Dio etc. 8. Jena, Cröcker. 766.

— démonstrat. de l'Existence de Dieu, p. Trapp. gr. 12. Braunschw. Schulbuchh. 792.

— démonstrat. de l'existence de Dieu. II Vols. 8. Jena 798. Cröcker. 8 gr

Fénelon, Franç. de Salignac de la Motte de, Dialogen üb. die Beredſamkeit im Allgem. ꝛc. überſ. von J. C. Schlüter. 8. Münſter, Waldeck. (a. Doll in Augsburg.) 803.

— Dialogen über die Beredtſamkeit im Allgemeinen ꝛc. Aus dem Franzöſ. überſ. von J. C. Schlüter. 8. Münſter 803. Mit n. Titel 819. Theyſſing. 12 gr

— Dialogues, voyez Dialogue.

— Dialogues nouv. des Morts etc. II Tom. 8. Leips. Eurich 773.

— Dialogues nouv. de Morts anciens modernes. Todtengeſpräche aus alten u. neuen Zeiten. Franz. u. Deutſch. 8. Mainz ... N. Aufl. 815. Kupferberg. 1 rthlr Schrbp. 1 rthlr 8 gr

— le même, french and english. 8. Mainz ... N. Aufl. 815. Kupferberg. 1 rthlr Schrbp. 1 rthlr 8 gr

— Directionen f. d. Gewiſſen e. Königs z. Unterr. Ludw. XIV. 8. Baſ. Serini. 777.

v. Fénélon, Frz. v. Salignac, de la Mothe, Erbauungsbuch, oder der treue Anbeter, mit Betrachtungen für jeden Tag des Monats und einem Anhange. Ins Deutſche überſetzt von Catharine Flinois. 16. Paſſau 843, Puſtet. 1/3 rthlr

— Erlebniſſe d. Telemach, } ſ.: Sammlung der bedeutendſten pädagog. Schriften aus alter u. neuer Zeit.
— über die Erziehung der Mädchen, }

—— die Erlebniſſe des Telemach, Sohn des Ulyſſes, ſ. Univerſal-Bibliothek Nr. 1327—1330.

—— kleine Erzählungen. 4. Bdchn. 64. (123 S. mit ill. Etnt.) Guben 850. (Leipzig, E. Schäfer.) *

—— über die Erziehung der Mädchen, ſ. Sammlung der bedeutendſten pädagogiſchen Schriften aus alter und neuer Zeit.

Fénélon, über die Erziehung der Mädchen. Herausgegeben von F Schieffer. (Sammlung pädagogischer Schriften 2) Paderborn 1892

Fénelon, Über die Erziehung der Mädchen. Bearbeitet von F. Schieffer. (103 S.) Paderborn 1894. F. Schöningh.

[François] Fénelon. Über die Erziehung der Mädchen [De l'éducation des filles]. Für d. Schulgebr. u. d. Privatstudium bearb. u. mit e. Einl. u. erl. Anm. versehen von Fr[anz] Schieffer, Schulrat. 3. Aufl. *Paderborn: F. Schöningh 1904.* (XX, 102 S.) 8° [F.]
— Sammlung d. bedeutendsten pädag. Schriften. Bd 2. [04. 3673

(François de) Fénelon. Über die Erziehung der Mädchen [Éducation des filles]. Für d. Schulgebr. u. d. Privatstudium bearb. u. mit e. Einl. u. erl. Anm. vers. von Fr[anz] Schieffer, weil. Schulrat. 4. Aufl. Mit 1 Bildnis Fénelons. Paderborn: F. Schöningh 1905. (XX, 95 S.) 8° [F.]
— Sammlung d. bedeutendsten pädag. Schriften. Bd 2. [06. 938

(François) Fénelon. Über die Erziehung der Mädchen [De l'éducation des filles]. Für d. Schulgebr. u. d. Privatstud. bearb. u. mit e. Einl. u. erl. Anm. versehen von Fr[anz] Schieffer, Schulrat. 5. Aufl. Mit 1 Bildn. Fénelons. Paderborn: Schöningh 1908. XIX, 93 S. 8°
(Sammlung d. bedeutendsten pädag. Schriften. Bd 2.) [09. 9173

(François de) Fénelon. Über die Erziehung der Mädchen [De l'Éducation des filles]. Für d. Schulgebr. u. d. Privatstudium bearb. u. m. e. Einl. u. erl. Anm. vers. von Fr[anz] Schieffer. Mit 1 Bildn. 6. Aufl. Paderborn: Schöningh 1910. XX, 93 S. 8°
(Sammlung d. bedeutendsten pädag. Schriften. Bd 2.) [10. 15133

— von Erziehung der Töchter. a. d. Frz. 8. Lüb. Böttemann. 740.

— über die Erziehung d. Töchter, ſammt e. Schreiben deſſelben Verfaſſers an e. Dame v. Stand, über die Erziehung ihrer einzigen Tochter. Ueberſetzt von W. Sendtner, geb. Wolf. gr. 12. München 828. Fleiſchmann. 14 gr

—— über die Erziehung der Töchter. In neuer Bearbeitung den deutſchen Müttern und Erziehern gewidmet von W. Cramer. 8. (IV, 121 S.) Donauwörth 876, Buchh. des kathol. Erziehungsvereins.

Fénelon, François de Salignac de la Mothe. Fata Telemachi filii Ulyssis regis Ithacae Latino carmine reddita. Berolini 1743. Ü: *Cherisius.* (Seebodes Archiv 1830, Nr. 15, Sp. 116.) (Mitth. A. Rosenbaum.)

— — carm. lat. redd. II Vol. c. fig. med. 8. Berl. Voss. 743.

Fenelonі, Fata Telemachi, latino carmine reddita. Cum figg. Norimb. 743. 2 Vol. 8. 2 rthlr.

— — nitidiori latinitate donat. a Greg. Trautwein. 8. Frft. 744.

— — lat. vers. a Trautwein. 8. Ulm, Wohler. 749.

— — idem liber. c. not. Sinceri. 8. Stuttgard, Löflund. 758.

— — s, exercitatio ethica. auct. Destouches. 4. Augsb. Stage. 764.

— fata Telemachi. c. not. germ. Sinceri. 8. Stuttg. Erhard. 788.

— fata Telemachi, cum notis german. Sinceri. 8. Stuttg. 788 Hoffmann. 16 gl

— ead. latin. donata a Greg. Trautwein. 8. Wien 807. Al. Doll. 1 fl

— ead. traduct. nova german. ad latus posita. II Tom. 8. Wien 807. Al Doll. 1 fl 16 gl

— s. Feenbuch, das.

— v. d. ächten Frömmigkeit, s. Blüthen u. Blumen heil. Andacht.

Fénelon, François de Salignac de la Mothe. Von der wahren und ächten Frömmigkeit und von dem Gebete. Zwei geistliche Betrachtungen. Zum ersten Male aus dem Französ. übers. und mit einer Lebensgeschichte des Verfassers begleitet . . . Regensburg 1832. Ü: *Dätzl, Georg Anton.* (Russel IX, 414)

Fénelon, Frz. v. Salignac de Lamotte, kathol. Gebetbuch. Uebers. v. W. Unschuld. 12. (11⅓ B. u. Ttlkpfr.) Coblenz 829, Hölscher.

—— dass. in gr. 12. Ebds. 12 Gr., Postp. Ohne Titelkupfer kostet jede Ausgabe 2 Gr. weniger.

— moralische Gedanken auf jeden Tag des Monats, auf die vornehmsten Feste des Jahres u. für Kranke. 8. Augsburg 792. M. Rieger. 5 gl

— Gespräche von der Beredsamkeit insgemein rc. a. d. Fr. 8. Halle, Hemmerde. 734.

— Gespräch üb. d. Beredsamkeit insgemein rc. 8. Tübingen, Heerbrand. 809.

— Gespräch über die Beredtsamkeit insgemein u. über d. Kanzelberedtsamkeit insbesondere rc. Aus d. Französ. übers. von J. B. Schaul. Mit e. Vorr. von K. M. v. Werkmeister. 8. Tübing. 809. (Osiander). 1 fl

— Gespräche d. Todten rc. a. d. Fr. 2 Thle. 8. Frankf. Fleischer. 745.

—— Gott in der Natur, s. Gott.

—— Homiletik. Hrsg. von St. M. A. Franke. A. u. d. T.: Anleitung um mit Erfolg zu predigen. Besonders für den jüngern Clerus hrsg., und mit sehr vielen Erläuterungen und Zusätzen versehen von St. M. A. Franke. 8. (222 S.) Augsburg 850, Kollmann'sche Buchh.

— über Kirche u. Staat gr. 8. Landsh. 820. Weber. 4 gl

— Kunst, glücklich zu regieren. Aus dem Französ. 8. Ulm 751. Stettin. 2 gl

Fénelon, F. de S. de la M. Kurze Lebensbeschreibungen und Lehrsätze der alten Weltweisen . . . Frankf. u. Leipz. 1748. V: *Loen, Johann Michael von.* (ML)

— kurze Lebensbeschreibung u. Lehrsätze der alten Weltweisen, mit Anmerkk. 8. Frankf. 762. (Fr. Fleischer in Leipz.) 12 gl

— Lebensbeschreibung u. Lehrs. d. alt. Weltweisen, m. einigen Anmerk. rc. 8. Frankf., Fleischer. 763.

Fénelon, F. de S. de la M. Lebensbeschreibungen der berühmtesten Philosophen Griechenlands . . . Leipz. u. Schneeberg 1796. Ü: *Gruber, Johann Gfr.* (Ky)

— Lebensbeschreibb. der berühmt. Philosophen Griechenlands rc.; (aus d. Französ. von J. G. Gruber). 8. Leipz. u. Schneeb. 796. Baumgärtner. 12 gl

— de la liberté de l'église gallicane. 8. Bern 791. Typogr. Soc. 8 gl

— über Mädchen-Erziehung, nebst einem Briefe des Verf. an eine hohe Dame über die Erziehung ihrer einzigen Tochter. 8. Wien 823. Grund. (Leipz., Fr. Fleischer). 14 gl

— über Mädchen-Erziehung, nebst einem Briefe des Verf. an eine hohe Dame über die Erziehung ihrer einzigen Tochter. 8. Wien 824. (Leipz., Fr. Fleischer.)

— über Merkmale d. Frömmigkeit. 8. Mainz 820. Müller. 4 gl

—— Morgen- u. Abend-Betrachtungen f. alle Tage d. Monats. A. d. Franz. v. Verf. d. „Zachäus" gr. 16. (7½ B.) Berlin 838, Stackebrandt. (Leipzig, Wienbrack.)

— Morgen- u. Abendbetrachtungen für alle Tage des Monats. Aus d. Französ. vom Verf. des „Zachäus" u. des „Karl Pilger." (Karl Dielitz.) 8. Halle 838, Coldiß'sche B. ¼ fl

Fenelon, (Frz. v. Salignac de la Mothe,) Morgen- und Abend-Betrachtungen für alle Tage des Monats. Aus dem Französ. vom Verf. des „Zachäus" rc. (Carl Dielitz.) 16. (VIII und 111 S.) Halle 848. [Leipzig,] Coldiß. Thlr.

— Nomenclature pour la jeunesse sur les Aventures de Télémaque. Altona 791. (Göthe in Leipz.) 10 gl

— oeuvres, av. les caractères et de l'imprimerie de Didot. IX Tom. 4. Paris. (Tourneysen in Basel in Commiss.) 787 —797.

— Oeuvres spirituels. V Vols. 12. Bern 801. Typogr. Soc. 3 fl 8 gl

—— Perlen christlicher Weisheit, s. Perlen.

— Perlen christlicher Weisheit. Aus dessen religiösen Schriften gesammelt von Aug. Gebauer. breit 8. Stuttgart 846, Cast. n. 12 ngl

— s. Perlenschnur.

Fénelon, Franç. de Salignac de la Motte de, placita sanct. exulic. 8. Francof. Rthlr. -

Dass., ins Deutsche übersetzt. 2 Thle. 8. Lpz. 782. Schwickert. 20 gl

—— Rede, als e. Neubekehrte ihr Ordensgelübde ablegte. A. d. Franz. gr. 8. ... Würzburg 832, Stahel.

— geistl. Schrift. a. d. Frz. 3 Thle. 8. Frankf. Eßlinger. 743. -

— Geistliche Schrifften, Wegen ihrer Bekannten Vortreflichkeit aus dem Frantzösischen ins Teutsche übersetzet; Nebst der Lebens-Beschreibung, und einer Vorrede . . . Frankfurt a. M., J. D. Jung. 1743. 8°. *Frontispizporträt Fenelons, A. E. Reinhardt sc.*, 19 Bl. 110 S. 1 Bl. 274 S. 1 Bl.; 280 S. 3 Bl. Fleckiger und etwas benutzter Pgtbd. d. Z., 1 Rükkenbindung geplatzt.

Fromm 8907 (kennt den Namen des Übersetzers nicht und gibt als Verleger Eßlinger an). Drei Teile und eine sehr ausführl. Biographie in 1 Bde. — Diese Übersetzung, wahrscheinlich nochmals in Mainz um 1820 gedruckt, scheint die einzige vor der Claudius'schen gewesen zu sein.

Fenelon's [Frz. v. Salignac de la Mothe], geistliche Schriften. Geordnet u. durchgesehen v. Aug. Arndt. 1. u. 2. Bd. 2. Aufl. Mit dem (Stahlst.-)Bildnisse d. Erzbischofes Fenelon. gr. 8. Regensburg, Verlags-Anstalt. 7. 50

1. Glaube d. Christen. (XXVIII, 409 S.) 885. n. 3. 60
2. Die Vollkommenheit der Christen. (VIII, 483 S.) 886. n. 3. 90

— geistliche Schriften. Geordnet u. durchgesehen v. A. Arndt. 3. (Schluß-)Bd.: Geistliche Briefe. 2. Aufl. gr. 8. (XVI, 496 S.) Regensburg 887. Verlags-Anstalt. 3. 90 (cplt.: 11. 40)

Fénelon, F. de S. de la M.
Aus [dessen] Schriften religiösen Inhalts . . . München 1817. H: *Buchfelner, Simon.* (Ky)

Fenelon, Schriften, aus, religiös. Inhalts, nach Math. Claudius, (v. S. Buchfelner). 8. München 817. Giel. 10 Gr.

— sämmtliche geistliche Schriften. A. d. Franz. übers. v. J. P. Silbert. 4 Bde. gr. 8. Regensburg, Manz. à 1½ Thlr.
A. u. d. Tteln.:

Bd. 1. Ueber d. Daseyn Gottes, u. üb. verschiedene Gegenstände d. Metaphysik u. d. Religion. (28 B.) 837.
: 2. Dogmat. Abhandlungen, Predigten, geistl. Anreden u. Betrachtn. (25½ B.) 837.
: 3. Christl. Gedanken u. Belehrungen, Betrachtungen auf heil. Zeiten d. Jahres u. religiöse Zuschriften. (27½ B.) 838.
: 4. Briefe üb. d. innerl. Geistesleben u. andere religiöse Gegenstände. (27½ B.) 839.

— Telemach. Deutsch-englisch, s. Peyrot.

— Telemach, s. Sammlung der bedeutendsten pädag. Schriften.

— Telemach, französ. u. deutsch, s. Universal-Unterricht.

— Telemach, neu verdeutscht mit Portr. des Verf. 8. Wien 807. N. Aufl. 815. Al. Doll. 1 Thlr.

— Telemach übers. nach Fenelon. 8. Stuttgard, Erhard. 808.

— Ders., ins Deutsche übersetzt. 8. Stuttg. 808. N. Aufl. 815. Sattler. 3e Aufl. 8. Ludwigsb. 829. Nast. 16 Gr.

— Telemach übersetzt. Neue Aufl. 8. Stuttgart, Sattler. 815.

Fenelon, Frz. v. Salignac de la Mothe, Telemach. In das Deutsche übers. 5., sorgfält. corrig. Aufl. 8. (20 B.) Ludwigsburg 840, Nast'sche Buchh. Thlr.

— Telemach. In das Deutsche übers. 6., sorgfältig corrig. Aufl. Ludwigsburg 857. Riehm. gr. 8. (X, 318 S.) 24 Ngr.

— Télémaque, petit, ou abrégé des aventures de Télémaque, fils d'Ulysse. Dédié à la jeunesse et publié par un Instituteur. Nouv. Edit. 8. Tübing. 828. Osiander. 8 Gr.

— über Töchtererziehung, s. Bibliothek, pädagogische.

Fénélon (Franz de la Salignac de la Mothe), über Töchtererziehung. Deutsch bearb., mit einem Anhang über die Erziehung des weibl. Geschlechts in unserer Zeit. 8. (VII und 158 S.) Leipzig 859, Voigt und Günther. Thlr. *

— Traité de l'éducation des filles, s.: Collection pédagogique à l'usage des séminaires de jeunes filles.

— le traité de l'éducation des filles, hrsg. v. R. Weniger. s. a. Prosateurs francais.

Le traité de l'éducation des filles. Par (François de) Fénelon. Für d. Gebr. in Lehrerbildungsanst. bearb. mit Anm. u. e. Wörterbuch versehen von R[obert] Weniger, Oberl. zu Plauen i. V. [Nebst] Anm. [&] Wörterbuch. *Bielefeld & Leipzig: Velhagen & Klasing 1902.* 3 Bde. 8°
= Sammlung, Velhagen & Klasings, franz. u. engl. Schulausgaben. Prosateurs franç. Lfg 133 B. [03. 105,0]

— Werke religiösen Inhalts; aus d. Französ. von Math. Claudius. 2 Thle. gr. 8. Hamb. 800—11. Fr. Perthes. 3 Thlr. 16 Gr. Dass., 3 Bde., wohlf. Ausg. gr. 8. Ebd. 823. 2 Thlr. 16 Gr.

— Werke religiösen Inhalts. Aus dem Französ. übers. von Matth. Claudius. 3. (Titel-)Aufl. 3 Thle. in 1 Bde. gr. 8. (X, 248; XXXVIII, 317; XVI, 342 S.) Leipzig (823)78, Siegismund und Volkening. M 8.; geb.

— religiöse Werke; aus d. Französ. übersetzt. 3 Thle. 8. Mainz, Müller. 2 Thlr. 8 Gr.

— sämmtl. Werke; aus d. Französ. 5 Thle. 8. Leipz. 781 u. 82. Schwickert. 1 Thlr. 16 Gr.

Fenema, G., Oratio de verissimo Q. Horatii Flacci effato: Quem fors dierum cumque dabit, lucro „Appone". Hab. 1842. 47 S. 1.—

Fener, Richard, aus Welzheim: Über den Keuper im oberen Neckarthal. *Tübingen 1901: H. Laupp Jr.* (37 S.) 8°
Tübingen, Naturw. Diss. v. 1901

Fenge, Ludwig [aus Felsberg]: Sprachliche Untersuchung der Reime des Computus .... (Aus: Ausg. u. Abh. a. d. Geb. d. roman. Philol.) Marburg, Univ.-Buchdr. (R. Friedrich), 1886; 54 S. 8°.
Marburg, Phil. Fak., Inaug.-Diss. v. 18. Dez. 1886.

Fenge, L., sprachliche Untersuchung der Reime d. Computus, s. a. Ausgaben u. Abhandlungen aus dem Gebiete der romanischen Philologie.

Fenger, C. F., de erysipelate ambulanti disquisitio. 8 maj. Havniae 842. (Reitzel.) n. 1 Thlr.

Fenger, Franz [aus Aurich '(Prov. Hannover)']: Die Entfernung von Blasentumoren durch die sectio alta ... Aurich, Druck v. H. W. H. Tapper & Sohn, 1895; 40 S. 8.
Würzburg, Med. Fak., Inaug.-Diss. v. 1895

Fenger, J. Ferd., Geschichte d. Trankebarschen Mission nach den Quellen bearb. Aus d. Dän. übers. v. Emil Francke. gr. 8. (19¾ B.) Grimma 845, Gebhardt.

Fenger, L., dorische Polychromie. Untersuchungen üb. die Anwendg. der Farbe auf dem dor. Tempel. Mit e. Atlas v. 8 Taf. in Farbendr. (Imp.-Fol. in Mappe.) Fol. (46 S.) Berlin 886. Asher & Co. n. 64. —

Fenger, Leopold (Oberpfarrer zu Wengeleben): Gedanken über Aufgaben allgemeiner Volksbildungsarbeit. S. 156—165. 8.
In: Festschrift zum 50jähr. Jubiläum II. Teil. Kgl. Gymn. u. Progr. Realschule *Landsberg a. W.* 1909.

Fenger, Ricardus, Crefeldensis: De metonymiae in epigrammatis Martialis usu. Jenae 1906: G. Neuenhahn. (41 S.) 8°
Jena, Phil. Fak., Ref. Goetz, Diss. v. 15. Febr. 1906
[Geb. 24. Aug. 81 Crefeld; Wohnort: Crefeld; Staatsangeh.: Preußen; Vorbildung: Gymn. Crefeld Reife O. 00; Studium: Münster 1, Jena 10 S.; Rig. 9. Dez. 05.]

Fenger, Th., angeführt od. Die zwei Exzellenzen, s.: Theater-Bibliothek.

— Die beiden Brüder, s.: Theater-Bibliothek.

Fenger, Th., der Burggraf v. Nürnberg, s.: Heidelmann's, A., Theaterbibliothek 206. Heft.

Chlodwig. Schauspiel in 4 Akten von Th. **Fenger.** Paderborn: F. Schöningh [1906]. (46 S.) 8° [F.]
= Dilettanten-Theater. H. 77. [07. 14371]

— Christenglauben u. Tyrannenwut, s.: Theater-Bibliothek.

— Doppelt vermietet, s.: Theater-Bibliothek.

— Der Freiheit Morgenrot bricht an, s.: Theater-Bibliothek.

— Grävenhorst u. Rabenstein, s.: Theater, kleines.

— deutsche Helden in schlichtem Gewande, s.: Theater-Bibliothek.

— Ein Stündchen Kasernendienst beim Herrn Unteroffizier Schnanzig, s.: Theater-Bibliothek.

— Unteroffizier Kümmel, s.: Theater-Bibliothek.

— Der neue Leibkoch, s.: Theater-Bibliothek.

Fräulein Leutnant. Militär. Lustspiel in 2 Akten von Th. **Fenger**. Paderborn: F. Schöningh [1906]. (20 S.) 8° [F.]
— **Dilettanten-Theater**. H. 76. [07. 14970

— Mein ist die Rache, s.: Theater-Bibliothek.

— noch nicht zu spät, s.: Theater-Bibliothek.

— Der Offiziersbursche als Ehestifter, s.: Theater, kleines.

— Rekrutenleid od. die erste Strafinstruktionsstunde, s.: Theater-Bibliothek.

— Der Sohn der Zigeunerin od. „Mein ist die Rache", s.: Heidelmann's, A., Theaterbibliothek.

— Kritische Tage od. Zwei Tage Künstlerleben, s.: Theater-Bibliothek.

— Taubstumm, s.: Theater-Bibliothek.

— Vergib uns unsere Schuld, s.: Theater-Bibliothek.

— Versöhnt, od. Edel sei der Mensch, s.: Heidelmann's, A., Theaterbibliothek.

— Das Versöhnungsopfer auf Golgatha, s.: Theaterbibliothek.

— Die Vorstecknadel od. Der überlistete Jude, s.: Theater, kleines.

— Drei Weihnachten, s.: Theater-Bibliothek.

— Frohe Weihnachten od. Wer auf den lieben Gott vertraut, s.: Heidelmann's, A., Theaterbibliothek.

— dasselbe, s.: Theaterbibliothek Nr. 285.

Rentner Wuppdich oder Wenn man zerstreut ist. Lustspiel in 1 Akt von Th. **Fenger**. Paderborn: F. Schöningh [1907]. (23 S.) 8° [F.]
— **Dilettanten-Theater**. H. 80. [07. 14974

— Zimmer zu vermieten, s.: Liebhaber-Bühne, neue.

Fenger, W[enceslaus] H(ubertus) ⟨geb. am 20 Mai 1838 in Wevelinghoven (Stadt)⟩: De hymenopterorum aculei anatomia et physiologia ... Additae sunt figurae XXVIII ... Bonnae, form. Carthausianis (1863). 34 S., 1 Bl., 1 Taf. 8. ¶ Deutsch im Arch. f. Naturgesch. XXIX (1) 1863 S. 139 ff.: Anatomie u. Physiologie d. Giftapparates bei den Hymenopteren.
Bonn, Phil. Fak., Diss. v. 10 Jan. 1863

Fengler, Albert [pr. Arzt aus Schlesien]: Ueber den Vorfall der Extremitäten bei Kopflagen ... Greifswald, Druck v. J. Abel, 1896; 27 S. 8.
Greifswald, Med. Fak., Inaug.-Diss. v. 11. Febr. 1896

Fengler, Bruno (Car. Osc. Hugo) (geb. Grünberg in Schles. 13. 5. 1825)
De operationum obstetriciarum indicationibus. Berolini (1849). (28 S.) 8°
Berlin, Med. Diss. v. 16. Mai 1849

Der Konfirmanden-Unterricht im Anschluß an den kleinen Katechismus Dr. M. Luthers dargest. von C. **Fengler**, Pastor in Wandsbeck. *Leipzig: F. Richter 1893.* (101 S.) 8° [F.] [04. 11330 10

Fengler, Chr., Bericht über seine Thätigkeit und Erlebnisse in den Lazarethen von Landshut, Liebau, Trautenau rc. gr. 8. (15 S.) Breslau 866, (Dülfer.) *

Fengler, Chr., der innere Gang der heiligen Geschichte in der Zeit des Alten Testaments. Zum Gebrauch beim Unterricht in der bibl. Geschichte. 8. (VI, 134 S.) Hamburg 877, Koch. *

Fengler, G., liturgische Christnachtfeier u. Christnachtpredigt. 2. Aufl. 8. (24 S.) Kottbus 882. Gotthold-Expedition. — 15

Fengler, G., s.: Gotthold.

—— Confirmandenbüchlein mit vorgesetztem kleinem Katechismus Dr. Martin Luthers und einem Anhang von Katechismusgeschichten. 1.—3. verm. Aufl. gr. 16. (96 S.) Ebendas. 875—77. cart. **

Fengler, G., Confirmandenbüchlein oder kurzgefaßter Leitfaden für den Confirmandenunterricht mit einem Anhang von Katechismusgeschichten. 2. und verm. Aufl. 16. (48 S.) Kottbus 876, Gotthold-Expedition. *

Fengler, G., Confirmandenbüchlein od. kurzgefaßter Leitfaden f. den Confirmandenunterricht m. e. Anh. v. Katechismusgeschichten. 2. verm. Aufl. 16. (48 S.) Cottbus 876. (Leipzig, Böhme & Drescher.) n. — 15

— **Confirmandenbüchlein mit vorgesetztem kleinen Katechismus Dr. Martin Luthers. 4. Aufl. 12. (48 S.) Ebend. 1880. — 20; m. e. Anh. v. Erzähign. (S. 49 — 96.) geb. — 40**

—— sechs Passionsbetrachtungen. Den Gottholdlesern gewidmet. gr. 16. (94 S.) Ebendas. 878. geb.

—— Predigten über die Episteln des Kirchenjahres. 16 Lfgn. gr. 8. (VII, 1008 S.) Ebendas. 879. à Lfg. * 50 Pf. *

Fengler, G., Predigten über die Evangelien des Kirchenjahres. gr. 8. (IV, 828 S.) Cottbus 888, Gotthold-Expedition. ℳ 5.—; geb. *

—— die kleine Sündfluth. Feurige Kohlen. Gottes Führen und Regieren. Das zerbrochene Herz. Vier Erzählungen aus dem illustr. Sonntagsblatt „Gotthold". Revid. Sep.-Abdr. 8. (52 S.) Ebendas. 876. *

Fengler, Hugo, prakt. Arzt aus Betsche: Aus d. Kgl. chirurg. Klinik zu Breslau. Die Tumoren der Harnblase. *Breslau 1903: Bresl. Genoss.-Buchdr.* (60 S.) 8°
Breslau, Med. Diss. v. 4. Mai 1903

Fengler, Martinus [Loewenbergensis]: De Graecorum epigrammatum quae in lapidibus exstant, dialecto ... Kiliae, typ. expr. C. Boldtius Rostochiensis, 1892; 30 S. 8.
Kiel, Phil. Fak., Inaug.-Diss. v. [25. Nov.] 1892

Fenigstein, Berthold. Leonardo Giustiniani ⟨1383?—1446⟩. Diss. Phil. I. Univ. Zürich. VIII + 151 S. 8. Halle a. S., Ehrhardt Karras, 1909.

Fenigstein, Berth., Leonardo Giustiniani (1383?—1446), venetianisch. Staatsmann, Humanist u. Vulgärdichter. (VII, 150 S.) gr. 8. Halle 909. M. Niemeyer. 4. —

Fenini, Caes., Manzoni und Guerrazzi. Kritische Studien. Deutsch von Heinr. Kitt. 8. (X, 199 S.) Mailand 876, Hoepli. *

Fenkner, A., Adrastos. Trauerspiel in 3 Akten. 8. (68 S.) Blankenburg 851, Brüggemann. ⅓ ℔

Fenkner, A. Ein Dompfaff. 12. (15 S.) Osterode a. H. 889, Selbstverlag d. Verfassers. — 20

Fenkner, Arth., Osteroder Erzählungen aus alter Zeit. 12. (94 S.) Osterode a/H. 892. A. Sorge. n. 1. 25

Fenkner, Arth., Agnes Greven u. andere Osteroder Erzählungen. 2., illustr. Aufl. (94 S.) kl. 8. Osterode 905. A. Sorge. Kart. n. 1. 50

Fenkner, Emil: Catalog der reichhaltigen Kunst-Sammlungen des Herrn Emil Fenkner in Goslar. (Vorr.: Franz Jäger.) Th. 1. Goslar: F. Jäger 1898. 4°

Fenkner, Hugo

Fenkner, H., arithmetische Aufgaben. Mit besond. Berücksicht. v. Anwendgn. aus dem Gebiete der Geometrie, Trigonometrie, Physik u. Chemie. Ausg. A.: Für Gymnasien, Realgymnasien u. Oberrealschulen. Pensum der Tertia u. Sekunda. gr. 8. (VII, 342 S.) Braunschweig 890. Salle. n. 3. —

Fenkner, Hugo, arithmetische Aufgaben. Mit besond. Berücksicht. v. Anwendgn. aus dem Gebiete der Geometrie, Trigonometrie, Physik u. Chemie, zum Schulgebrauch, sowie zum Selbstunterricht bearb. Ausg. A.: Für Gymnasien, Realgymnasien u. Oberrealschulen. Pensum der Prima. gr. 8. (127 S.) Braunschweig 893. O. Salle. n. 2. —; geb. n.n. 2. 40

— dasselbe. Unter besond. Berücksicht. v. Anwendgn. aus dem Gebiete der Geometrie, Physik u. Chemie. Für den mathemat. Unterricht an höheren Lehranstalten bearb. Pensum der Unter-Tertia, Ober-Tertia u. Unter-Sekunda der 9 stuf., bezw. der Tertia, Sekunda u. Prima der 6 stuf. Anstalten. 2., auf Grund der preuss. Lehrpläne vom Jan. 1892 umgearb. Aufl. gr. 8. (VIII, 247 S.) Ebd. 894. n. 2. 20; geb. n.n. 2. 60

Fenkner, Hugo, arithmet. Aufgaben. Unter bes. Berücksicht. v. Anwendgn. a. d. Gebiete d. Geometrie, Physik u. Chemie. F. d. mathemat. Unterricht an höh. Lehranst. Pensum d. Ober-Sekunda d. 9 stuf. Anst. 2., auf Grund d. preuss. Lehrpläne v. Jan. 1892 umgearb. Aufl. gr. 8. (III, 75 S.) Braunschweig 895. O. Salle. n. 1 —

Fenkner, Hugo, arithm. Aufgaben. Ausg. A. Vornehml. f. d. Gebr. in Gymnasien, Realgymnasien u. Ober-Realschulen. I. Tl.: Pensum d. Unter-Tertia, Ober-Tertia u. Unter-Sekunda. 3., m. bes. Berücksicht. d. Anfordergn. bei d. Abschlussprüfg. umgearb. Aufl. gr. 8. (VIII, 258 S.) Braunschweig 898. O. Salle. n. 2. 20; geb. n n. 2. 60

Fenkner, Hugo, arithmetische Aufgaben. Unter besond. Berücksicht. v. Anwendgn. aus dem Gebiete der Geometrie, Physik u. Chemie. Für den mathemat. Unterricht an höh. Lehranstalten. bearb. Ausg. A. Vornehmlich f. den Gebrauch in Gymnasien, Realgymnasien u. Oberrealschulen. I. Tl.: Pensum der Unter-Tertia, Ober-Tertia u. Unter-Sekunda. 4. durchgeseh. Aufl. gr. 8. (VIII, 256 S.) Berlin 901. O. Salle. n. 2. 20

Fenkner, Hugo, Arithmetische Aufgaben. Unter besond. Berücksicht. von Anwendgn. aus dem Gebiete der Geometrie, Physik u. Chemie. Für den Unterricht an höheren Lehranstalten bearb. Ausg. A. Vornehmlich f. den Gebrauch in Gymnasien, Realgymnasien u. Ober-Realschulen. Tl. I u. IIa. gr. 8. Berlin, O. Salle. n. 3. 40
- I. Pensum der Untertertia, Obertertia u. Untersekunda. 5. verb. Aufl. (VIII, 256 S.) 905. n. 2. 20
- IIa. Pensum der Obersekunda. 3. verm. Aufl. (III, 114 S.) 905. n. 1. 20

Fenkner, Hugo, arithmetische Aufgaben. Unter besond. Berücksicht. v. Anwendgn. aus dem Gebiete der Geometrie, Physik u. Chemie, sowie v. Aufgaben üb. graph. Darstellgn. Ausg. A. Vornehmlich f. den Gebrauch in Gymnasien, Realgymnasien u. Ober-Realschulen. I. Tl. u. II. Tl. a u. b. gr. 8. Berlin, O. Salle. 6. 30
- I. Pensum der Untertia, Obertertia u. Untersekunda. 6. verb. u. verm. Aufl. (VIII, 274 S. m. Fig.) 909. 2. 20
- IIa. Pensum der Obersekunda. 4., verm. Aufl. (IV, 143 S. m. Fig.) 910. 1. 50
- IIb. Pensum der Prima. 2. umgearb. Aufl. (III, 219 S.) 907. 2. 60

— dasselbe. Ausg. B.: Für Realschulen u. höh. Bürgerschulen. gr. 8. (VII, 230 S.) Ebd. 890. n. 2. —

Arithmetische Aufgaben. Unter bes. Berücks. v. Anwendgn aus d. Gebiete d. Geometrie, Physik u. Chemie. Bearb. v. Oberl. Dr. Hugo **Fenkner.** Ausg. B. vornehml. f. d. Gebr. in 6 klass. höh. u. mittl. Lehranst., sowie in Semin. u. gewerbl. Fachschulen. 2. verb. Aufl. *Berlin: O. Salle 1898.* (XI, 222 S.) 1 Bd 8. [98. 11070

Arithmetische Aufgaben. Unter besond. Berücks. von Anwendungen aus d. Geb. d. Geometrie, Physik u. Chemie. Für d. Unterr. an höh. Lehranst. bearb. von Prof. Dr. Hugo **Fenkner.** Ausg. B. Vornehml. f. d. Gebr. in 6 klass. höh. Lehranst. ... 3. verb. Aufl. Berlin: O. Salle 1905. (VI, 226 S.) 8° [06. 1080]

— dasselbe. Ausg. C. Für den Anfangsunterricht in mittleren Lehranstalten. (IV, 124 S.) gr. 8. Ebd. 904. n.n. 1. 10

— dasselbe. Ausg. C. Für den Anfangsunterricht in mittleren Lehranstalten. 2. verb. Aufl. (IV, 123 S.) gr. 8. Ebd. 908. 1. 10

Fenkner, Hugo, Lehrbuch der Geometrie für den mathematischen Unterricht an höheren Lehranstalten. Mit einem Vorworte von W. Krumme. 2 Tle. gr. 8. Braunschweig 888, Salle. *

Inhalt:
- Tl. 1. Ebene Geometrie. (X, 168 S.) * ℳ 2.—.
- » 2. Raumgeometrie. (IV, 87 S.) * ℳ 1.20.

—— Lehrbuch der Geometrie f. den mathematischen Unterricht an höheren Lehranstalten. Mit e. Vorworte v. W. Krumme. In 2 Tln. 1 Tl.: Ebene Geometrie. 2. verb. u. verm. Aufl. gr. 8. (VII, 178 S. m. Fig.) Ebd. 892. * 2 —
2. Tl. Ebd. 1888. * 1 20.

— Lehrbuch d. Geometrie f. d. mathemat. Unterr. an höh. Lehranst. M. e. Vorworte v. W. Krumme. In 2 Tln. gr. 8. Ebd. n. 3. 40
- 1. Ebene Geometrie. 3., verb. u. verm. Aufl. (VIII, 200 S. m. Fig.) 897. n. 2. —
- 2. Raumgeometrie. Nebst e. Aufgaben-Sammlg., bearb. m. bes. Berücksicht. d. Anfordergn. bei d. Abschlussprüfg. 2., verm. Aufl. (IV, 109 S. m. Fig.) 896. n. 1. 40; geb. n.n. 1. 75

Lehrbuch der Geometrie für den mathematischen Unterricht an höheren Lehranstalten von Prof. Dr. Hugo **Fenkner.** Mit e. Vorw. von Dr. W[ilhelm] Krumme, weil. Dir. in Braunschweig. In 2 T. T. 1. *Berlin: O. Salle 1903.* 8° [04. 179

— Lehrbuch der Geometrie für den Unterricht an höheren Lehranstalten. Mit e. Vorworte v. W. Krumme. 2 Tle. gr. 8. Ebd. n. 3. 80
- 1. Ebene Geometrie. 5. verb. u. verm. Aufl. (VIII, 216 S. m. Fig.) 906. n. 2. 20
- 2. Raumgeometrie. Nebst e. Aufgaben-Sammlg., 3. umgearb. u. verm. Aufl. (IV, 131 S. m. Fig.) 904. n. 1. 60

— Lehrbuch der Geometrie f. den Unterricht an höh. Lehranstalten. Mit e. Vorwort v. W. Krumme. Ausg. A. Für Gymnasien, Realgymnasien u. Oberrealschulen. (In 4 Tln.) 1. u. 3. Tl. gr. 8. Ebd. 910. 2. 20
- I. Ebene Geometrie. 6. verb. Aufl. (VIII, 216 S. m. Fig.) 910. 3. 80
- III. Ebene Trigonometrie. Nebst e. Aufgabensammlg. (IV, 102 S. m. Fig.) 908. 1. 60

— dasselbe. Ausg. B. Für Realschulen. 2 Tle. 8. Ebd. 910. 3. 40
- 1. Ebene Geometrie. (VI, 178 S. m. Fig.) 2. —
- 2. Raumgeometrie u. Trigonometrie. Nebst e. Aufgabensammlg. (IV, 88 S. m. Fig.) 1. 40

— Lehrbuch d. Physik, s.: Krumme, Wilh.

Fenkner, Hugo: Über die Verallgemeinerung eines Poisson'schen Problems aus der analytischen Wärmetheorie. 1879. 8.
Diss. Marburg.

Fenkner, Hugo Wärmebewegung in Stäben. 10 S. *Goslar* 1882.
Progr.

Fenkner, J. Aug., Anweisung zum Violinspielen. 4. Halle 803. Hendel. 1 ß

Fenkner, J. Ch., Anweisung z. Violine. 4. Halle, Hendel.

Fenkner, Walter, Medizinalprakt.: Aus d. path. Inst. d. Univ. zu Kiel. Über das Verhalten von Fremdkörpern in der Lunge. Kiel 1908: Schmidt & Klaunig. 20 S. 8°
Kiel, Med. Diss. v. 30. Juni 1909, Ref. Heller
[Geb. 18. Sept. 81 Marienwerder Wpr.; Wohnort: Braunschweig; Staatsangeh.: Preußen; Vorbildung: Gymn. Nordhausen Reife O. 02; Studium: Göttingen 2, Berlin 1, München 1, Kiel 6 S.; Coll. 9. Sept. 08; Approb. 21. Mai 09.] [U 09. 2258

Fenkohl, Karl Friedrich, s. a. Regiomontanus, Karl Friedrich [Pseud.]

Fenkohl, Karl Fr., s. 1) Addreßbuch f. die Fränk. Fürstenthümer u. f. den Rezatkreis in Baiern. 2) Isis u. Osiris. 3) Isid. Regiomontanus.

— — Ida von Hardenstein. Erlangen 1818. 8°. 164 S.

— — Edmund v. Horst und Eugenie v. Steinfels. Mit TKpf. u. TVign. Frankfurt a. M., Wilmans (Bremen), 1816. 8°. (60 Pfg. Erras, Frf. a. M., vor 1890.)

REGIOMONTANUS, Carl Friedr. (d. i. *Carl Friedr. Fenkohl*). Liana, Gräfin von Wallberg und Carl Wernsdorf. Nürnberg, bei Joh. Leonh. Schrag. 1811. Gr. 8°. (2 Mk. 50 Pfg. Südd. Antiqu., München, 1907.)
Tit., 2 Bll. Dedic. (an den bekannten Dramatiker Friedr. Lud. Zach. Werner), 481 S. u. 1 S. Druckf. —

Fenn, Geo. Manville, ein Beutel voll Diamanten, s.: Romans u. Novellenschatz.

Fenn, G. M., Eli's children, s.: Asher's collection of English authors.

Fenn, G. M., the Clerk of Portwick, s. Collection of British Authors.

Fenn, G. Manville, nurse Elisia, s.: Library, the English.

—— the Parson O' Dumford, s. Collection of British Authors.

von de Fenn, P. J., Lehrbuch u. Vorlegeblätter zum Zeichnen, oder Anleitung das Zeichnen nach Regeln zu erlernen und zu lehren. Ein zweckmäß. Leitfaden beim Unterricht, nach geometr. u. perspektiv. Regeln bearbeitet u. praktisch geübt beim gewöhnl. Zeichenunterricht u. in der Bau- u. Handzeichnenschule. 16 Hft. Mit 16 Steintafeln. qu. 4. Crefeld 833. (Funke.) 2/3 ₰

Fenneberg, Fenner von, s. Fenner von Fenneberg

v. Fenneberg, Jul. Fr. Wilh. Allgemeiner Prospektus für das gesamte Sparkassen- und Versicherungswesen, insbesondere Zweck, Einrichtung und Benutzung aller in Deutschland bestehenden Lebensversicherungs- und Versorgungsanstalten. (Enthält im Abschnitt 2 auch Angaben über Feuer-, Hagel-, Vieh- und Transportversicherung.) Weimar 1848.

Fennel, ..., Entthronung Ludwig XVI.; aus dem Engl. gr. 8. Berl. 793. Unger. 1 ₰

Fennel, Adf., geodät. Instrumente. 1. Heft. Nivellierinstrumente. (VI, 56 S. m. 60 Abbild.) Lex. 8. Stuttgart 910. K. Wittwer. 2. —

Fennel, Adf., die Wagner-Fennel'schen Tachymeter der Fabrik geodätischer Instrumente v. Otto Fennel Söhne in Cassel. 3. verb. Aufl. m. 61 Fig. im Text. (IV, 48 S.) hoch 4. Stuttgart 904. K. Wittwer. n. 2. —

Fennel, Fr., Alt-Heidelberg. 10 (farb.) Orig.-Steinzeichngn. 41,5×31,5 cm. Cassel (908). C. Vietor. In Umschlag 5. —

— Hessische Burgen. 8 (farb.) Orig.-Steinzeichngn. 40,5×31 cm. Ebd. (909.) In Umschlag 3. —

— Cassel. Orig.-Steinzeichnungen. (10 farb. Bl.) 42×30,5 cm. Ebd. (907.) In Umschlag 4.

— Marburg im Bild. Orig.-Steinzeichnungen. (10 farb. Bl.) 42×32,5 cm. Ebd. (907.) In Umschlag 4. —

— Waldeck u. Pyrmont im Bild. (10 farb.) Orig.-Steinzeichngn. 41,5×31,5 cm. Ebd. (908.) In Umschlag 4. —

— Wilhelmshöhe. 10 (farb.) Orig.-Steinzeichngn. 42,5×32,5 cm. Ebd. (908.) In Umschlag 4. —

Fennel, K., prakt. Aufgaben f. das Rechnen f. Sattler u. Tapezierer, bezw. f. Schuhmacher, s.: Gewerbetreibende, der rechnende.

Fennel, Ludwig [aus Cassel]: Ueber die Bewegung eines festen Körpers in einer tropfbaren Flüssigkeit .... Marburg, *Druck v. Weber & Weidemeyer in Cassel*, 1888; 1 Bl. + 13 S. 4°
Marburg, Phil. Fak., Inaug.-Diss. v. [27. Febr.] 1888

Fennel, Ludwig Ueber die Bewegung eines festen Körpers in einer tropfbaren Flüssigkeit. 4 (S. 3—32). Rsch. *Cassel* 1888 (378). Progr.

Fennel, Ludw., über die Bewegung eines festen Körpers in einer tropfbaren Flüssigkeit. 4. (43 S.) Marburg 888. (Kassel, Freyschmidt.) *

Fennel, O., Söhne: Catalog der Fabrik geodätischer Instrumente. Cassel 1901

Fennel, Otto, die Wagner-Fennel'schen Tachymeter des mathematisch-mechanischen Instituts von O. F. in Cassel. gr. 8. (43 S. mit 7 Stnt.) Cassel 882, (Freyschmidt.) *

Fennel (O.). Die Wagner-Fennel'schen Tachymeter. Cassel 1883. 8.

Fennel, O., s.: Tachymeter, die Wagner-Fennel'schen.

Festrede zur Jahrhundertfeier der Wetterauischen Gesellschaft für die gesamte Naturkunde in Hanau 1908 v. Kgl. Forstmeister **Fenner** zu Wolfgang b. Hanau. Hanau (1908): Waisenhaus. 38 S. 8° [U. 8795 4

Fenner, über eine neue Gebüren-Ordnung für die deutschen Rechtsanwälte. Ein im Auftrag des Vorstandes des Deutschen Anwaltsvereins erstatteter Bericht veröffentlicht von dem Vorstand des Deutschen Anwaltsvereins. gr. 4. (74 S.) Berlin 874, Moeser. *

Fenner und R. Höinghaus, allgem. Landrecht, s. Höinghaus.

Fenner, Leptomeningitis basilaris tuberculosa e. 1½-jährigen Kuhkalbes. [Aus: „Rundschau auf d. Gebiete d. Thiermed."] gr. 8. (4 S.) Osterwieck 888. (A. W. Zickfeldt.) — 50

Fenner, A., der Weltpostschalter. Handbuch für den Postversendungs- und Telegrammverkehr des In- und Auslandes. gr. 8. (XI, 231 S.) Gartz a. O. 888, Forche. geb. *

Fenner, A. Der Weltpostschalter. Handbuch f. den Postversendungs- u. Telegrammverkehr d. In- u. Auslandes. Besondere Ausg. d. ersten Abschnitts: Postbezirke, Postgebiete u. Posttarife. 2. u. umgearb. Aufl. Lex.-8. (VIII, 184 S.) Neustrelitz 890. (Lpz., Streller.) geb. * 2 50

Fenner, Aug., der Tatbestand der Aussetzung nach § 221 des deutschen Reichsstrafgesetzbuches. Diss. (55 S.) gr. 8. Hanau 905. (Clauss & Feddersen.) n. 1. —

Fenner, August, Referendar am Königlichen Landgericht zu Hanau a. Main: Der Tatbestand der Aussetzung nach § 221 des deutschen Reichsstrafgesetzbuches. Hanau a. M. 1905: Döring & Huning. (54 S.) 8°
Marburg, Jur. Fak., Ref. Traeger, Diss. v. 9. Jan. 1905
[Geb. 5. Nov. 80 Spielberg, Kr. Gelnhausen; Wohnort: Hanau; Staatsangeh.: Preußen; Vorbildung: Gymn. Hanau Reife O. 99; Studium: Marburg 2, München 1, Berlin 1, Marburg 2; Rig. 25. Juli 02.]

Fenner, August Friedrich Casimir (Marburg)
Diss. phys. med. sistens ferri historiam eiusque virtutes med. et physices.
Diss. med. & chir. Giessen 12.3.1802.
(wurde lt.Prom.-Akten versprochen, liegt nicht bei den Akten. Das Diplom wurde auf 1802 rückdatiert!)

Fenner, C. (Hrsg.), s. Audran, Girard: Die Proportionen des menschlichen Körpers.

Fenner, C., die Ersteigung der Zugspitze durch den Verfasser des Zeichenunterrichts durch mich selbst (F.). Humoreske. gr. 8. (16 S. m. Abbildgn.) München 892. [Literar. Institut Dr. M. Huttler.] Fenner's Selbstverl., Linprunstraße 89. n. — 30

— 10 estampes. qu. gr. 8. Zürich 893. Art. Institut Orell Füssli, Verl. In Umschlag. n. 6. —

— gezeichnete u. geschriebene Gedichte. 1. Thl. Auch 3 Singspiele. Auch Aufschlüsse f. Anfänger u. Künstler im Zeichnen. gr. 8. (100 S. m. Abbildgn.) Ebd. 893. n. 2. —

— Kalender f. 1895. gr. 8. (16 S. m. farb. Bildern.) München 894. Fenner's Selbstverl., Linprunstraße 89. — 50

Fenner's, C., Kalender f. 1896. (2. Jahrg.) hoch 4. (16 S. m. farb. Bild.) München, Fenner's Selbstverlag. — 50

— die Landschaft od. die Jagd nach der Stimmung, geflossen aus der Feder u. dem halbnassen Pinsel d. Verfassers vom „Zeichenunterricht durch mich selbst" u. a. Enthält auch 2 längere Kapitel v. den Schatten u. der Wahl d. Motives, welche Kapitel schon im Zeichenunterricht durch mich s. hätten erörtert werden müssen. gr. 8. (94 S. m. Abbildgn.) München 892. [Literar. Institut Dr. M. Huttler.] Fenner's Selbstverl., Linprunstrasse 89. n. 2. —

— 12 Züricher Lieder. Gesang u. Clavier v. Ign. Tannzweig, Worte u. 60 Zeichngn. v. F. qu. 8. (56 S.) München 892. [Literar. Institut Dr. M. Huttler.] Fenner's Selbstverl., Linprunstrasse 89. n. 1. 50

— Monatshefte. 1. Jahrg. 1895. 12 Nrn. (à ca. 10 S. m. Abb.) gr. 8. Ebd. n. 6. —

— motifs pour dessinateurs et peintres. Tome I. 200 dessins. gr. 8. (93 S.) Zürich 893. Art. Institut Orell Füssli, Verl. n. 2. —

— Poetik. Jedermann ist Dichter. Mit 10 schönen Bildern. gr. 8. (48 S.) München 894. [Literar. Institut Dr. M. Huttler.] Fenner's Selbstverl., Linprunstraße 89. n. 1. —

— die Proportionen des menschlichen Körpers, s: Audran, Girard.

— Vignetten. I. Thl. 500 Zeichngn. gr. 8. (80 S.) Zürich 893. Art. Institut Orell Füssli, Verl. n. 1. 40

Fenner. Zeichen-Unterricht durch mich selbst u. andere. gr. 8. (84 S. m. Illustr.) Zürich 891, Art. Institut Orell Füßli, Verlag. * 2 40

Fenner, C. W. H., de Anatomia comparata et naturali philosophia commentatio, sistens descriptionem et significationem cranii, encephali et nervorum encephali in piscibus. Cum tab. aen. 8maj. Jenae, Schmid. 820. •

Fenner, (C. W. H.,) über Harnsteinkrankheit in patholog., therapeut., geschichtl., chem. u. analyt. Hinsicht. Mit 1 Kpf. 8. Eisenberg 821, Schöne.

Fenner, C[arl] A[lbert]. Beiträge zur Kenntnis der Anatomie, Entwicklungsgeschichte und Biologie der Laubblätter und Drüsen einiger Insektivoren. Diss. Phil. [II.] Univ. Zürich. [Mit 16 Tafeln.] Sonderabdruck aus «Flora oder Allgem. Botan. Zeitung» 1904, Bd. 94, Heft 4. *Kopftitel:* Mitteilungen aus dem Botanischen Museum der Universität Zürich. [Heft] 23. 104 S. 8. München. Val. Höfling, 1904.

Fenner, Franz, appr. Arzt: Ueber Duodenalverletzungen. Leipzig 1909: Georgi. 39 S. 8°
Leipzig, Med. Diss. v. 9. Febr. 1909, Ref. Trendelenburg
[Geb. 5. Sept. 80 Schleswig; Wohnort: Torgau; Staatsangeh.: Lübeck; Vorbildung: Gymn. Lübeck Reife O. 02; Studium: Leipzig 6, Marburg 1, Leipzig 3 S.; Coll. 17. Febr. 09; Approb. 1. Juli 08.] [U 09. 3774

Fenner, Friedrich: Die Ortslage von Bethanien. Straßburg i. E. 1906: M. DuMont-Schauberg. (29 S.) 8°
Tübingen, Phil. Fak., Ref. Seybold, Diss. v. 29. März 1906
[Geb. 26. Aug. 71 Gartz a. O.; Wohnort: Straßburg; Staatsangeh.: Preußen; Vorbildung: Gymn. Gartz Reife O. 90; Studium: Erlangen 2, Halle 5 S.; Coll. 9. März 06.]

Fenner, G., und H. Mecke. Civilrechtliche Entscheidungen der obersten Gerichtshöfe Preussens für die gemeinrechtlichen Bezirke des preussischen Staates. Jahrgang I—IV, V. Heft 1—3. Berlin. 1870—1873 und 1874.

Fenner, G(erhard) Gottfried, aus Hannover: [I.] Über 2-Methylpyrrolidin. [II.] Über abnorm zusammengesetzte Golddoppelsalze organischer Basen. *Würzburg 1899: Becker.* (60 S.) 8°
Würzburg, Phil. Diss. v. 1899

Fenner, H., die Aesthetik Kants und seiner Vorgänger. 4. (36 S.) Bützow 875. (Berlin, Calvary und Comp.) *

Fenner, Hans, Die Befreiung der Waldstätte. Aarau, städtische Schulen 1877.
Progr.

Fenner, H. Befreiung der Waldstätte. 4°. Frauenfeld, J. Huber. 1878
*** Im Programm der Thurgauischen Kantonsschule für 1877/78.

Fenner, Hans, Königsfelden und seine Glasgemälde. Aarau. städt. Schulen 1875.
Progr.

Fenner, Hans, med. pract., von Dübendorf (Kt. Zürich): Kryoskopische Resultate der Züricher chirurgischen Klinik. ⟨Aus der chirurgischen Universitäts-Klinik Zürich. Direktor Prof. Krönlein⟩ Tübingen 1907. II + 45 S. 8°. S.-A. aus den Beiträgen zur klinischen Chirurgie. Band 56. Heft 3. [8. II. 08.]
Zürich. Med. Diss. 1907/08.

Fenner, Hans. Kryoskopische Resultate der Züricher chirurgischen Klinik. Diss. Med. Univ. Zürich. (Sonderabzug aus Beiträge zur klinischen Chirurgie. Band 56. Heft 3.) *Kopftitel:* Aus der chirurgischen Universitäts-Klinik zu Zürich. ⟨Direktor: Prof. Dr. (U[lrich]) Krönlein.⟩ II + 45 S. 8. Tübingen, H. Laupp Jr, 1907.

— Vorgeschichte zum Sturze der alten Eidgenossenschaft. Frauenfeld 1889.
Progr.

Fenner, H[ans]. [Ulrich] Zwingli als Patriot und Politiker. (Progr.) 4. Frauenfeld 1884.

Fenner, H., Zwingli als Patriot u. Politiker. 4. (38 S.) Frauenfeld 884. (Huber.) n. 1. 60

Fenner, Heinr. Heinrich Leuthold. Eine kritisch-biograph. Skizze. gr. 8. (41 S.) Basel 889, Schwabe. * — 80

Fenner, Jo. Jakob: Dissertatio theol. de gratia convertente Judaeis serio oblata ..., s. Roll, Reinh. Heinr. (Präs.)

Fenner, Johann Jacob (Marburg), Juris Germanorum navigandi in Indias prima fundamenta. Präs. Johann Julius Surland. Marburg (Ph. Cas. Müller) April 1751. 32 S. (5.—) 8683

Freimüthige Briefe über Schwalbach, dessen Quellen und Umgebungen. ...von Justus Fenner. Frankfurt a. M.: Jäger 1807. 84 S. 8°
(Vgl.Fenner v.Fenneberg, Joh.Hnr.Chr.M.)

Fenner, Karl, approb. Arzt aus Neukirchen bei Ziegenhain: **Über Hinterscheitelbeineinstellung.** *Münster i. W. 1898: Theising.* (36 S.) 8°
Giessen, Med. Diss. v. 1898

Fenner, Ludwig: Quaestiones Catullianae. 8 (53 S., 1 S. unp.). *Progr.* G. *Barmen* 1896
De Lesbia-Clodia. Observationes criticae-exegeticae in Catulli carmen LXVIII.

Fenner, Richard [Dr., pr. Arzt in Hofheim a. Taunus]: Ueber eine eigenthümliche Form von Gallertkrebs des Magens ... Würzburg, F. Scheiner's Buchdr., 1893; 27 S. 8.
Würzburg, Med. Fak., Inaug.-Diss. v. 1893

Fenner, Rud., die französische Gesetzgebung gegen Bettel u. Vagabondage bis auf Napoleon. (69 S.) gr. 8. Leipzig 906. A. Deichert Nachf. n. 1.20

Fenner, Rud., die Oberförsterei Wolfgang m. besond. Berücksicht. der Bulau, u. angrenz. Waldungen. Ein Führer f. Touristen, Naturfreunde, Fachleute, Holzhändler etc. gr. 16. (72 S. m. 12 Abbildgn. u. 1 Karte.) Hanau 902. Clauss & Feddersen. n. 1.—

Fenner, W., Puls d. Seele. 8. Augsb. 713.

Fenner von Fenneberg, Christoph Heinr. Math., s. Fenner von Fenneberg, Johann Heinrich Christoph Math.

v. Fenner v. Fenneberg, Dan., s.: Galgenlieder. —

Fenner v. Fenneberg, Dn., belletristische Schriften. 3 Bdchen. 16. Cassel 811, Fischer. n. 3/4 ß

(——) Zeitungsleser, s. Zeitungsleser.

Fenner v. Fenneberg, F. Frhr., s. Alfieri von der Tyrannei. — Aula der schönen Literatur, 26.—31. Bdchen. — Chronik, die Ulmer.—

Fenner v. Fenneberg, F., An seinen Freund u. Landsmann Ph. J. Fallmerayer. Bei seiner Reise nach Amerika gewidmet. 8. (23 S.) Zürich 850, Kiesling. 1/8 ß (Gratis für die Abnehmer der 2. Aufl. des Werkes „Zur Geschichte der rheinpfalz. Revolution.")

— Geschichte der Wiener Oktobertage. Geschildert u. mit allen Aktenstücken belegt. 1. Thl. 8. (XXIV u. 268 S.) Leipzig 849, Verlagsbureau. 1 1/8 ß

Fenner v. Fenneberg, F. Zur Geschichte der rheinpfälzischen Revolution und des badischen Aufstandes 1849. 2. verm. Aufl. (219) 8. Zürich 1849. 1,80.

—— zur Geschichte der rheinpfälzischen Revolution und des badischen Aufstandes. 2., verm. und verb. Aufl. 8. (219 S.) Zürich 850, Kiesling's Vrlgsh.

Fenner von Fenneberg, Fr. Oesterreich und seine Armee. Leipzig, Keil (1847). IV 338 S. 8.

Fenner von Fenneberg, F. Frh., s. Sand, G.: Der Müller v. Angibault.

Fenner v. Fenneberg, F., transatlantische Studien. br. 8. (V und 243 S.) Stuttgart 861, Sonnewald'sche Buchh.

Fenner von Fenneberg, F. Frh., s. Thiers, A.: Gesch. d. Consulats ...

Fenner (von Fenneberg), J(ohann) H(einrich) Christ(oph Mathias): Abhandlung von den Nachwehen und ihrer Heilart. 150 S.(S.51 - 200).

s.: Vetter, Gottfr(ied): Zwo Abhandlungen aus der Geburtshülfe...von G.Vetter und J.H.Ch.(M.) Fenner (von Fenneberg). (Abh.) II. Leipzig: 1796

— Abhandl. aus der Geburtshülfe, s. Archiv f. prakt. Aerzte, 3s Stück.

Fenner (von Fenneberg), J(ohann) H(einrich) Christ(oph Mathias): Zwo Abhandlungen aus der Geburtshülfe, über die Wehen vor und nach der Geburt. Leipzig: 1796

s.: Vetter, Gottfr(ied)

Fenner v. Fenneberg, Chrph. Heinr. Math., über d. Bäder in Schwalbach. gr. 12. (7 2/3 B.) Darmstadt 839, Leske.

— freimüthige Briefe über Schwalbach, dessen Quellen u. Umgebungen; zur Unterhaltung f. Aerzte u. Laien. 8. Frankf. 807. Jäger. 9 gr (Vgl.Fenner, Justus!)

Fenner v. Fenneberg, Cph. Hnr. Math., das Gebet des Herrn in Gesängen. gr. 8. Wiesb. 816. Schellenberg. 4 gr

Fenner v. Fenneberg, Cph. Hnr. Math., über den innerlichen Gebrauch der Kohlensauren Stahlwasser von Langen-Schwalbach. 12. (Mit 1 Tabb.) Darmst. 840. Leske. 5/12 ß

— zur Geschichte Schwalbachs, oder Schwalbach sonst u. jetzt. 12. Ebd. 836. 5/12 ß

— Jahrbücher d. Heilquellen Deutschlands, s. Jahrbücher.

Fenner von Fenneberg, H., und Dr. Peez, Jahrbücher der Bäder und Heilquellen Deutschlands, insbesondere des Taunus, in medizinisch-historischer Hinsicht. gr. 8. mit einem Titelkupfer. Wiesbaden. Schellenberg. 821.

—— Hnr. Chr. Matth., siehe: Gemeinnütz. Journal ü. d. Bäder. 1799—1802.

— gemeinnütz. Journal über die Bäder u. Gesundbrunnen Deutschlands. 2 Hefte. 8. Marb. 800 u. 802. Krieger. 14 gr

— Kurgeschenk f. Badegäste, m. K. 12. Darmst. Heyer u. Leske. 815.

Fenner v. Fenneberg, Cph. Hnr. Math., über Nachkuren. 8. Wiesbaden 836. Ritter. 5/12 ß

— über den Nutzen u. Gebrauch d. Heilbäder v. Schlangenbad. 8. Wiesb. 816. Schellenberg. 3 gr

— über die Pfuscherei in der Medizin. 8. Gießen 804. (Fr. Fleischer in Leipzig.) 1/4 ß

Fenner, üb. d. Pfuscherey in d. Medicin. 8. Gieß. Tasché u. Müller. 804.

— über Schwalbachs heilsame Quellen; ein Versuch der Stahlbrunnen. 8. Marb. 800. Krieger. 6 gr

— Schlangenbad u. seine Heiltugenden. 8. Darmst. 824. Leske. 10 gr

— Schlangenbad u. sein Heilwerth. 2e umgeänd. u. verm. Aufl. 12. Darmstadt 840. Leske. 5/12 ß

— das Schlangenbad in medicin. Hinsicht. 8. Marb. 806. Krieger. 6 gr

—— Schwalbach et ses environs, suivi d'observations sur le caractère de ses eaux minérales et la maniere de s'en servir. Avec la vue de Hohenstein près Schwalbach. 12. (2 3/4 B.) Darmstadt, 836, Leske.

Schwalbach und seine Heilquellen. Von H[einrich] Fenner [von Fenneberg]. Darmstadt: Heyer & Leske 1817. VIII, 117 S. 8°

— Schwalbach u. seine Heilquellen. 2e Ausg. mit 1 Kpfr. 8. Darmstadt 823, Leske.

Fenneberg, H. Fenner v., Schwalbach u. seine Heilquellen. 3., verm. Ausg. (M. 2 Kpfrt.) 12. (5½ B.) Darmstadt 834, Leske.

— Selters u. seine Heilkräfte. 8. Darmst. 824. Leske. 14 gr

—— sieh: Taschenbuch f. Gesundbrunnen u. Bäder 1816—18.

— Taschenbuch für Gesundbrunnen u. Bäder auf d. Jahr 1816 bis 18. 12. Darmst., Leske. (à 14 gr) 1 ₰ 18 gr (J. 1816. Auch u. d. Tit.: Kurgeschenk für Badegäste. 14 gr)

— tabellar. Unterricht f. Hebammen. 2 Tabb. Fol. Marb. 800. Krieger. 2 gr

— Winterblumen. (Gedichte). 8. Wiesb. 819. Schellenberg. 12 gr

Fenner v. Fenneberg, Ludw., Untersuchungen über die Längen-, Feld- und Wegemaasse der Völker des Alterthums, insbesond. der Griechen und der Juden. gr. 8. (VIII und 136 S.) Berlin 859, Dümmler's Verlagsh. *

Fenner v. Fenneberg, L. F., Ueber die Verschiedenheit der griechischen Stadien und und Fussmaasse. Diss. 1858. 136 S. 3.50

Fenners-Feuerlein, Frz., Sonnenkinder. Zwanglose Gedichte. (116 S.) 12. Zürich 903. Fäsi & Beer.
Geb. in Leinw. m. Goldschn. n. 3. —

[FENNING, Daniel]
Neue Erdbeschreibung von Amerika.
Aus dem Englischen.
[Hrg.] von August Ludwig Schlözer ...
Erster [- Vierter] Band.
Bern: Walthard. 1777. 8°.
Universitätsbibliothek Wien
Nachdr. d. Ausg. Göttingen-Leipzig 1777,
Sabin 77659: ohne Verfasser. Palmer: mit Verfasser.
August Ludwig Schlözer, 1735-1809

[FENNING, Daniel]
Neue Erdbeschreibung von ganz Amerika.
Erster [- Sechster] Theil
Aus dem Englischen
Hrg. v. August Ludwig Schlözer ...
Göttingen-Leipzig: Weygand. 1777. 2 Bde. 8°.
Staats- und Universitätsbibliothek Göttingen
Übers. v. A. New System of Geography, Bk. IV, [4]1773
Übers. nicht von Schlözer selbst.

Ausg. Göttingen 1787 [Palmer] konnte nicht gefunden werden.
Sabin 77659: ohne Verfasser. Baginsky 545 u. Palmer: mit Verfasser.
August Ludwig Schlözer, 1735-1809

v. Fenoil, Aebtissin, der Kelch des Heils. Eine Sammlung von Gebeten. Verb., neu geordnet u. bedeutend verm. von A. M***. 10. Aufl. Deutsch von J. L. Becqueray. 8. (Mit 1 Stahlst.) Koblenz (846) 847, Hölscher. 24 ngr

v. Fenoil, der Kelch des Heils. Eine Sammlung von Gebeten. Nach der 10. Aufl. verb., neu geordnet u. bedeutend verm. von A. M***. Neue wohlfeilere Ausg. m. 1 Titelkpfr. Coblenz 861. Hölscher. 8. (VI, 611 S.) 15 ngr

Fenolis, Jos. Ces., de Blenno-Pyodermagia Syphilitica. 8maj. Mediolani. (Viennae, Volke.)

Fenrost, Martin von, 3 Theile. 8. Berlin, Unger. 802. (Reimer.)

Christophorus Godofredus Fensch: De Hydrocephalo chronico. Halae (1814:) Schimmelpfennig. 19 S. 8°

Halle, Med. Diss. v. 17. Aug. 1814

Fensch, Ferdinandus: De sequelis commotionis cerebri serotinis. Halae (1823): Grunert. 22 S. 8°

Halle-Wittenberg, Med. Diss. v. 5. Aug. 1823

Geb. Eisleben [9. 6. 1797]. [V. in Dzondi's Progr.]

Bedeutung der Mecklenburgischen Büdnereien für die Einschränkung des Arbeitermangels auf dem Lande. Bevölkerungsabnahme im Gebiet d. Mecklenb. Ritterschaft 1850—1905. (Verf. Amtmann [Friedrich] Fensch-Bützow.) Rostock i. M.: C. Boldt 1908. (S. 293—370.) 8° [F.]
— Landarbeit u. Kleinbesitz. H. 5. [illegible]

47. Jahres-Versammlung des Vereins deutscher Freimaurer. Ansprache des Brs. Ludw. Fensch am Schiller-Denkmal in Marbach 27. Sept. 1909. [Leipzig 1909: Zechel.] 4 Bl. 8° [Umschlagtit.]
Aus: MitthVdF. 1909—1910 S. 177—179.
Abgedr. in: H. 20 (1909) Nr 41.
Auszug in: BZC. 38 (1909) S. 532—534.
cf. L. 32 (1909) S. 384 (P. Fischer).
Üb. einige der markantesten geistigen Züge Schillers, dessen Geist auch der Geist des Frmrtums ist. Beigefügt die Abb. des Schiller-Denkmals in Marbach. 358 a.

Der Liebe Band. [Unterz.:] L[udw.] Fensch. o. O. u. J. 1 Bl. 8° [Kopftit.]
Lied ohne Noten: „Willkommen uns, wenn nicht mit Wahn umnachtend, . . .“ 430.

Fensch, Ludw., Feßler, sein Leben u. seine maurerische Wirksamkeit, s. a. Bücherei f. Freimaurer.

Feßler. Sein Leben u. s. maurerische Wirksamkeit, dargest. von Dr. Ludwig Fensch, Oberpfarrer a. D. Mit e. Bildn. Feßlers. Berlin: Wunder [1909]. 142 S. 8°
(Maurerische Klassiker. 5.)
(Bücherei f. Freimaurer. 21. 22.) [illegible]

Freimaurerthum und Christenthum. Eine Beleuchtung der gleichnamigen Schrift des [Friedr.] Nielsen und ein Beitrag zur maurerischen Reform von einem deutschen Freimaurer [d. i. Ludw. Fensch.] [Forst i. L.: Janssen 1886.] 126 S. 8°

[Dasselbe.] 2. Aufl. Ebendas. 1886. 124 S. 8°
FZ. 39 (1885) S. 313—317, 321—323, 337—342, 347—351, 365—368, 389—392, 405—410, 412 bis 422.

Glaube, Liebe, Hoffnung. [Unterz.:] L[udw.] Fensch. Guben o. J.: Euchler. 1 Bl. 8° [Kopftit.]
Lied ohne Noten: „Nach ew'gem Urbildnis...“ 430.

Die Gründung der Johannis-Freimaurer-Loge zum Licht im Walde im Or. Forst i. L. im Auftr. der Loge nach den Akten dargest von Ludw. Fensch. Als Ms f. d. Bbr. gedr. und denselben in br. Liebe gewidmet. Cottbus [1883]: Heine. 17 S. 8° [Umschlagtit.] 3.

Fensch, L., Hilfsbuch für den Unterricht im kleinen Katechismus Luthers. 8. (57 S.) [Forst 880.] Borna, Harschan. *
—— dass. — 2. verb. Aufl. In der für preuß. Schulen angeordneten Rechtschreibung. 8. (61 S.) Ebendas. 881. cart. *

Fensch, L. Hilfsbuch f. den Unterricht im kleinen Katechismus Luthers. 4. neubearb. Aufl. 8. (70 S.) Borna 889, [Harschan]. cart. * — 50

Fensch, L., Hilfsbuch f. d. Unterr. im kleinen Katechismus Luthers. 5., neubearb. Aufl. 8. (63 S.) Forst 898. O. Kunze. Kart. n.n. — 60

Fensch, Ludw., Leben u. Weben. Lieder u. Gedichte. 8. (VII, 174 S.) Borna 884. Harschan. n. 1. 20; cart. n. 1. 60; geb. m. Goldschn. n. 3. —

Lied.] Zur Trauer-Loge am 8. Sept. 1887. [Unterz.:] L[udw.] Fensch. [Guben 1887: Euchler.] 1 Bl. 8⁰ [Kopftit.]
Ohne Noten: „Brüder, unsre Lebenszeit . . .“ 430.

Ritual zu einer Arbeit mit den Schwestern, entworfen von L[udw.] Fensch. Forst i. L.: Selbstverl. 1892. 4 Bl. 4⁰ [Umschlagtit.]
Abgedr. in: FZ. 46 (1892) S. 36—38. 25a.

Fensch, Ludw., s.: Toland, John, d. Pantheistikon.

Über das Verhältnis der Freimaurerei zu Glauben und Wissen. Von Ludw. Fensch. Leipzig 1908: Zechel. 14 S. 8⁰ [Umschlagtit.]
Aus: MitthVdF. 1907—1908 S. 171—184. 358a.

24. Juni 1884. Deutsche Volkslieder im Maurerschurz. Arbeit für das Johannis-Fest 1884, seiner lieben Loge z[um] L[icht] i[m] W[alde in Forst i. L.] gewidmet von Ludw. Fensch. Cottbus [1884]: Heine. 4 Bl. 8⁰ [Umschlagtit.]
7 Lieder nach Volksliedermelodien. 134.

Wie können die Freimaurer auf die Sittigung des Volkslebens durch die Kunst hinwirken? Von Ludw. Fensch. Leipzig 1909: Zechel. 13 S. 8⁰ [Umschlagtit.]
Aus: MitthVdF. 1908—1909 S. 126—138. 25a.

Fenscky: Ueber gegenwärtige Fragen u. Ziele bei der Schafzucht. Ein kurzes Programm. Berl. (1869). 10 S. P.

Fenselau, *Ludwig* Hermann Albert [aus Gr. Schiemanen]: Die Quantität der End- und Mittelsilben einschliesslich der Partikeln und Präfixe in Notker's althochdeutscher Übersetzung des Boethius: „de consolatione philosophiae“. Tl 1. Darstellg u. tabellar. Übersicht. (Abschn. 1 u. 2.) . . . Halle a. S., Hofbuchdr. v. C. A. Kaemmerer & C., 1892; 44 S., 1 Bl. 8.
Halle, Phil. Fak., Inaug.-Diss. v. [8. März] 1892

Fenselau, Otto. Grüße aus Südbrasilien. Gedichte. 8. (VII, 175 S.) Berl. 889, [Ißleib.] Schubr. * 2 —: geb. * 3 —

Fensohn, J. N. B., Erlernen des Schwimmens außerhalb des Wassers, m. Abb., Hamburg 1856, 5 S., 8°.

Fenster, das zugemauerte, kom. Operette nach A. v. Kotzebue. 8. Wien, Wallishauser. 811.

Neuester Londner, Pariser, Wiener und Berliner Fenster= Bett und Meubel Decorateuer, ein Modell und Taschenbuch für Gardinensteckerinn, Tapezierer und Schreiner. [Von Marius Wölfer.]
Gotha: Lith.-techn. Inst. 1829. 54 lith. Bl. 12°
[Lith. Tit.]

Fensterladen, Der, eine Erzählung für Christenkinder . . . Stuttgart 1834. V: *Barth*, *Chn Glob.* (Ky)

Fensterladen, der, eine Erzählung für Christenkinder vom Verf. d. „armen Heinrich.“ 12. Stuttg. 834. Steinkopf. 1/6 Rthlr.

Fensterladen, der. Eine Erzähl. f. Christenkinder v. Verf. des „armen Heinrich“. (Chr. Gtl. Barth.) 2., verb. Aufl. 12. (5 B.) Stuttgart 839, J. F. Steinkopf. *

Fensterladen, der. Eine Erzählung für Christenkinder vom Verf. des „armen Heinrich.“ (C. G. Barth.) 8. Aufl. gr. 16. (102 S.) Stuttgart 862, J. F. Steinkopf. *

Fensterscheibe, d. zerbrochene, s.: Immergrün.

FENT, Franciscus: Narrationes evangelicae de resurrectione et de apparitionibus Christi chronologicae ordinatae et exegetice illustratae. — (1890) 173 S. 8° (Handschr.) Diss. 543
Diss. Wien, Univ.

Leitfaden für die technische Behandlung von Bergschäden. Hrsg. von A[rnold]&E[duard] Fenten. Essen-Ruhr 1906: H. L. Geck. (60 S.) 8° (08.3381)

Fenten, A., und E. Fenten, Leitfaden für die technische Behandlung von Bergschäden. Essen-Ruhr, 1908. 60 S. mit 13 Abb. [Fh 19

Fenten, Joseph: Untersuchungen über Diluvium am Niederrhein. Bonn 1909. S. 163—199. 8° ¶ (Aus: Verhandlungen d. Naturhist. Vereins d. preuß. Rheinl. u. Westf. Jg. 65. 1908.)
Bonn, Phil. Diss. v. 16. Dez. 1908, Ref. Brauns
[Geb. 6. Mai 83 Goch; Wohnort: Goch; Staatsangeh.: Preußen; Vorbildung: Gymn. Emmerich Reife O. 03; Studium: Würzburg 1, Lausanne 1, Bonn 4, Berlin 1, Bonn 2 S.; Rig. 8. Juli 08.] [U 09. 394

Fenten, W., Anleitung für den Stations- und Expeditions-Dienst zur Veranschlagung der erforderlichen Arbeitskräfte und Materialien. 8. (VIII, 115 S. mit 3 Fig. und 1 lithogr. Taf.) Wiesbaden 886, Bergmann. cart. *

Fenton, de Lucie, histoire. III Vol. 12. Leipz. Sommer.

Fenton, der Lady Lucie, Geschichte in drey Theilen. aus dem Engl. 8. Eisenach, 775. Krumbhaar. 1 Rthl. 5 sgl.

— der Lady Lucie, Gesch. 3 Thle. a. d. Engl. 8. Eisenach, Wittekind. 775.

— — dieselbe. 3 Thle. a. d. Engl. 8. Leipz. Hinrichs. 798.

Fenton, Charles Ducker (Sheffield)
On intermittent fewer. Inaug. Diss.
[lt. Dekanatsbuch handschriftlich eingereicht.]
Dr. med. Giessen 10.5.1843.

Fentsch, Eduard, s. a. Hilarius, Frater [Pseud.]

Fentsch, Ed., (Fr. Hilarius), Erzählungen. 1. Bdchn. A. u. d. T.: Lichtes und Dunkles. Erzählungen. Stuttgart 855 Scheitlin. 8. (2 Bl., 252 S.) 1 Rthlr. 10 Ngr.

Fentsch, E., s.: Franz u. Anna.

— Gedenkbuch der Jubiläumsfeier Münchens im September 1858. Herausg. vom Jubiläumsvereine. München 858. (Kaiser.) 16. (2 Bl., 218 S. u. 9 Holzschn.) n. 20 Ngr.

Hilarius, Frater (d. i. Eduard *Fentsch*), Maipredigten. 5. Aufl. m. biogr. Vorwort von *L. Steub*. Berlin 1878. 12°. Hfrzb.
XVI—308 S.

Fentsch, Eduard

Non possumus. Roman von Fr. Hilarius [d.i. E.Fentsch]. Bd. 1 - 3.
Leipzig: Günther. New-York: Schmidt 187o. 8°

Hilarius, Frater (d. i. *Eduard Fentsch*), Südliche Rache. Fresko-Abenteuer in 1 Akt von — (den Theatern gegenüber Manuskript). München, bei Leonhard Henzel. 1848. 8°. 37 Seiten.

— aus der Tiefe. Novelle. 16. (146 S.) München 870. Gradinger. 1. —

Vortrag des Herrn Regierungsraths (Ed.) Fentsch in München bei einer zu Ehren der Schleswig-Holsteinischen Landesdeputation veranstalteten Feier. o. O. (1864.) 8° [Kopft.]

Fentzling, Karl [aus Schopfheim]: Morphologische und anatomische Untersuchungen der Veränderungen, welche bei einigen Pflanzen durch Rostpilze hervorgerufen werden ... Freiburg i. B., Buchdr. v. Chr. Ströcker, 1892; 32 S., 1 Bl. 8.
Freiburg i. B., Phil. Fak., Inaug.-Diss. v. 1892

Fenwick's, Ed. Dominik, Lebensbild, s. Hammer, Bonaventura. Der Apostel v. Ohio.

Fenwick, ..., elementare Sätze aus d. Coordinaten-Geometrie, s. Rutherford.

Fenwick, W. Soltau [M. B. Lond.]: Ueber den Zusammenhang einiger krankhafter Zustände des Magens mit anderen Organerkrankungen. . . . London, Druck u. Verl. v. Adlard & Son (1880); 1 Bl. + 31 S. 8°
Strassburg, Med. Fak., Inaug.-Diss. v. 1880

Fenwick de Porquet, L. P. R., neue wichtige Erfindung wohlfeilster Pferdernährung. Wie ernährt man 1 Pferd für wenige Groschen täglich und 2 Pferde mit den Kosten eines Einzigen? Nebst Angabe vieler Vortheile über wohlfeile Rindviehfütterung und den Anbau und Verwendung des Stechginsters als Ersatzmittel für den Haber. 12. (23 S.) Ulm 857, Ebner'sche Buchh.

Fenwick de Porquet, L. P. R., neue wichtige Erfindung wohlfeilster Pferdeernährung. Wie ernährt man 1 Pferd für wenige Groschen täglich und 2 Pferde mit den Kosten eines Einzigen? Nebst Angabe vieler Vortheile über wohlfeile Rindviehfütterung und den Anbau und Verwendung des Stechginsters als Ersatzmittel für den Haber. Ulm (858). Fr. Ebner. 12. (23 S.) 10 ngl

Fenyéry, J., u. Frz. Toldy, Handbuch d. ungrischen Poesie, s. Handbuch.

Fenyéry, J., u. Frz. Toldy, Handbuch d. ungrischen Poesie, oder: Auswahl interessanter, chronolog. geordneter Stücke aus d. vortreffl. ungrischen Dichtern, begleitet mit gedrängten Nachrr. von deren Leben u. Schriften; nebst e. Geschichte d. ungrischen Poesie rc. 2 Bde. Lex.-8. Pesth u. Wien 828. (Gerold; Berl., L. Oehmigke). 3 ₰

Fényes, A., d. Winter-Kurort u. Schwefelthermen in Holouan Les-Bains bei Cairo (Egypten). 2., verb. Aufl. 8. (20 S. m. Abb. u. 4 Taf.) Cairo 895. F. Diemer. n. 1. 50

Fényes, Alexius v., Statistik d. Königr. Ungarn. 3 Thle. gr. 8. (1. Thl. 21½ B. 2. u. 3. Thl. ... B.) Pesth 843. (Emich.) *

Fényes, Alexius v., Landes-Advokat etc. Statistik des Königreichs Ungarn. (2 Bde.) 8. Pesth 1843—1844.

Fényes, Alexius v., Ungarn's Statistik, Besitzverhältnisse und Topographie. Ausführliche und erschöpfende Beschreibung der einzelnen Comitate, Verzeichniß aller Derjenigen, welche in denselben mehr als 100 Joch besitzen, nebst Specificirung ihrer Güter und nach Stuhlrichteramts-Bezirken eingetheilte Beschreibung der Städte, Märkte, Dörfer rc. (In 6 Bdn.) I. Bd. 1. Heft. Szolnoker Comitat. gr. 8. (76 S.) Pest 860, (Ráth.) *

Fényes, Alexius, Ungarn im Vormärz. Nach Grundkräften, Verfassung, Verwaltung und Kultur dargestellt. Aus dem Ungar. 8. (VIII und 326 S.) Leipzig 851, Herbig.

Fényl J.: Ergebnisse der Beobachtungen der Temperatur und des Luftdruckes in Boroma (Südafrika) (mit 4 Textfiguren). S. 121. IIa. 863 . . . . —.70
Separatabdruck

Fenyvessy, Adolf: Die fünfzigjährige Geschichte des Pester Ersten Vaterländischen Sparcassa-Vereines. 1840—1889. Im Auftr. der Direction verf. (Aus dem Ungar.) [Mit Tab.] Budapest: Selbstverl. 1890. VIII,101 S. 4°

Fenyvessy, Adf. Die 50jährige Geschichte d. Pester ersten vaterländischen Sparcassa-Vereines 1840—1890. Im Auftrage der Direction verfasst. [Aus dem Ung.] Lex.-8. (VIII, 103 S. m. 18 Beilagen.) Budapest 890, (Kilián). * 5 —
Französ. Ausg. (VIII, 94 S. m. 18 Beilagen.) * 5 —

Fenyvessy, Adf., a magyar gyorsirászat kimeritö tankönyve. Stolze elvei útan. 8. (VI, 64 und 28 lithogr. S.) Berlin 863, F. Lobeck. *

Fenzl, Dr. Eduard, Denkrede auf ihn, s. Haynold, Ludw.

Fenzl, Ed., Abbildung und Beschreibung seltener Thiere, s. Kotschy, Th.

Fenzl, Eduard

Fenzl, Ed.(Hrsg.), s. Abbildungen und Beschreibungen neuer u. seltener Thiere u. Pflanzen in Syrien. . .

— s. Abhandlungen, phytologische, aus den Annalen des Wiener Museums.

——— Adversaria botanica. Id.

Fenzl, Ed., Arctocalyx, eine neue Gesneraceengattung, siehe: Denkschriften der k. Akademie der Wissenschaften. Mathem.-naturw. Classe, 1. Bd.

FENZL (E.). Artocalyx. Wien, 1849. fol.

Fenzl, E. Beitrag zur näheren Kenntniss einiger Sedum-Arten aus der Gruppe von S. acre. Wien 1856.

— Bericht über Dr. J. Lorenz' Abhandlung, betitelt: Die Stratonomie von Aegagropila Sauteri. S. 17. 54 . . . . , —.10
Separatabdruck

Fenzl, Eduard, *Dr., Prof. und Dir.* Aemtlicher Bericht über die 32. Ausstellung der k. k. Gartenbau-Gesellschaft im k. k. Augarten vom 9.—17. Mai 1857. *Wien* 1858. *K. k. Hof- u. Staatsdruckerei.* 17 S. gr. 8°.

Fenzl, Ed., Bericht über einige der wichtigsten botanischen Ergebnisse der Bereisung der portugiesischen Colonie von Angola in Westafrika in den J. 1850 — 1860 durch Herrn Dr. Friedr. Welwitsch. Lex.-8. (12 S.) Wien 863, (Gerold's Sohn.) *
Aus: Sitzungsberichte der k. Akademie der Wissenschaften, besonders abgedruckt.

— Bericht über die von Herrn Bergmeister C. W. Gümbel in München eingesendeten Mitteilungen über die neue Färberflechte Lecanora ventosa Achar. nebst Beitrag zur Entwicklungsgeschichte der Flechten. S. 18. 149 . . . . vgr.
Separatabdruck

Fenzl, Ed., Bericht über die von Hrn. Dr. Constantin Reitz, k. k. österreich. Vice-Consul für Inner-Africa auf seiner Reise von Chartum nach Gondàr in Abyssinien gesammelten geographisch-statist. Notizen. gr. 4. (16 S. mit 1 lithogr. Karte in qu. Fol.) Wien 855, (Gerold's Sohn.) *

— Über die Blütezeit der *Paulownia imperialis*. S. 6. 551 . . . . vgr.
Separatabdruck

Fenzl, Ed., illustrirte Botanik oder Naturgeschichte des Pflanzenreiches in Umrissen nach seinen wichtigsten Ordnungen dargestellt. Lex.-8. (XIV und 307 S. mit 16 ill. Stut.) Wien 857, Hartleben's Verlagsexpedition.

—— Cyperus Jacquini Schrad., Prolixus Kunth. und Comostemum montevidense N. ab Es. Ein Beitrag zur näheren Kenntniss des relativen Werthes der Differential-Charaktere der Arten der Gattung Cyperus. gr. 4. (20 S. mit 3 Stnt.) Wien 855, (Gerold's Sohn.) *
aus: Denkschriften der k. Akademie der Wissenschaften 8. Bd., besonders abgedruckt.

— Darstellungen und Beschreibungen neuer Gattungen und Arten von Gefäßpflanzen (Auszug.) S. 2. 53 . . . . vgr.
Separatabdruck

Fenzl (E.), & J. Dieffenbach. Delectus seminum in horto bot. Univ. Vindob. 1850. Vindob. 1851. 4°.

——— Delect. sem. . . . 1851. Vindob. 1852. 4°.

— *Diagnoses praecius Prodromi stirpium aethiopicarum novarum.* S. 51. I. 136 . . . . vgr.
Separatabdruck

Fenzl Eduard, Dr.: Erklärung der Mißbildung einer Rosenblüte (mit 2 Taf.). S. 1. 283 . vgr.
Separatabdruck

Fenzl, E., der Gartenbau, s. Ausstellungs-Bericht, officieller.

— nova quaedam genera et species plantarum vascul, siehe: Denkschriften der k. Akademie d. Wissenschaften. Mathem.-naturw. Classe, 1. Bd.

Fenzl (E.). Nova quaedam genera et species pl. vascularium. Wien, 1849. fol.

—— bildliche Naturgeschichte des Pflanzenreiches, s. Naturgeschichte, bildliche, der drei Reiche.

—— Paradisius Vindobonensis, s. Paradisius.

Fenzl (E.). Pemptas stirpium novarum capensium. Halis ad Salam, 1843. 8°.

Fenzl, Ed., Pugillus plantarum novar. Syriae et Tauri occidentalis primus. 8 maj. (1¼ B.) Vindobonae 842, libr. Beck.

Fenzl, Eduard (Hrsg.), s. Reise d. österreich. Fregatte Novara um die Erde . . . Botan. Theil.

Fenzl, Felix (Denkenreuth): De inhalatione substantiarum aromaticarum in phthisicis adhibita. (Titel nach der Urkunde)
3.8.1861 – Urk: Chr 1861/82.7
Diss.Ingolst.-Landsh.-Mchn.

Fenzl, Johann, die Stunde der Erbauung für Geist und Herz. Christkatholisches Gebet- und Andachtsbuch. 8. (158 S. mit 1 Stahlst.) Neuhaus 863, Landfraß und Sohn. *

Fenzl, Karl, Hand-Katalog für österr. Volksschullehrer. Schuljahr 1884/85. I. Jahrg. Taschenformat. (103 S.) Waidhofen a. d. Thaya, F. M. Kargl. Geb. 50 kr.

Fenzl, Karl, Handkatalog für österr. Lehrer. Schuljahr 1887/88. IV. Jahrg. 16. (103 S. mit Notizblättern.) Waidhofen, Kargl. In Leinwand geb. fl. —.50.

Fenzl's Hand-Katalog für Lehrer. XXI. Jahrg. (79 S.) kl. 8. Waidhofen (904). F. M. Kargl's Wwe. Geb. in Leinw. n. — 85
Erschien früher u. d. T.: Hand-Katalog f. Lehrer.

Fenzl's Hand-Katalog f. (Einbd.: österr.) Lehrer. XXI. Jahrg. (Mit Kalendarium f. 1909/1910.) (79 S.) kl. 8. Waidhofen, F. M. Kargl's Wwe. Geb. in Leinw. 1. —

Feodor oder Pflicht und Edelmuth. 12. (163 S.) Aachen 857, Cremer'sche Buchh.

Feodor oder Pflicht und Edelmuth. Aachen 859. Cremer. 12. (163 S.) 12½ ngr.

Feodora, ein Roman, von Caroline de la Motte Fouqué. 3 Bde. mit 1 Kupfert. 8. Leipz. Gerh. Fleischer. 815.

Feodora, die unglückliche Großfürstin v. Rußland, s.: Falk. Bilt. v.

Feodora, Prinzessin v. Schleswig-Holstein, s. a. Hugin, F.

Hahn Berta. Erzählung v. F. Hugin [d. i. Feodora Prinzessin zu Schleswig-Holstein]. Berlin. 1907. 8°

— Gedichte. Aus dem Nachlaß hrsg. (XVI, 125 S. m. Bildnis.) Lex. 8. Berlin 910. G. Grote. 2.50; geb. 3.50; Vorzugsausg. auf holländ. Bütten, geb. in Ldr. 15. —

(Grote'sche Sammlung von Werken zeitgenössischer Schriftsteller. Bd. 94.)

Durch den Nebel. Roman v. F. Hugin [d. i. Feodora Prinzessin zu Schleswig-Holstein]. Berlin. 1908. 8°

F. Hugin [d. i. Feodora Prinzessin zu Schleswig-Holstein]. Wald. 4 Erzählungen mit eigenem Buchschmuck. Berlin: M. Warneck 1904. (109 S.) 8° [F.] 105. 10498

Feodoroff, Serbie v., Das Schicksal. Modernes Lebensbild. 1868. 8. (394 S.) Prag. Steinhauser. 2 fl. 40 kr.

Feodorow, A., russisch-deutsches Conversationsbuch, s. Haag, F.

Feoktistow, A. E., eine vorläufige Mittheilung über die Wirkung des Schlangengiftes auf den thierischen Organismus, s. Mémoires de l'Académie impériale des sciences de St.-Petersbourg.

—— experimentelle Untersuchungen über Schlangengift. Inaugural-Dissertation. gr. 8. (45 S.) St. Petersburg 888. (Dorpat, Karow.) *

Fer, Jean Pierre: Specimen jurisprudentiae alpinae (Alpverträge, nam. la commande, le chedal). 19 S.–
Basel, Jur.Diss.v. 13.Nov.1789.

Feral, Adolph Gottlob

— — De arbitrio patris et jure matris in nuptias filiarum. Diss. jur. Präs. Tobias Jacob Reinharth. Erfurt (Hering) 3. XI. 1732. 47 S. mit Widm. v. Präs. (5.—) 8687

Feral, Adolph Gottlob ö (Dresden), De imputatione facti alieni circa delicta. Präs. Georg Christian Gebauer. Lpz. (Imm. Titius) 26. IV. 1726. 34 S. (4.80) 8685
Gew.: Andreas Wagner.

— — Dasselbe. Ohne Widmung. Götting. (Vict. Bossiegel) 1755. 40 S. (4.80) 8686

— Franz Conrad ö (Dresden), De testamento ad pias causas ob voluntatem imperfectam nullo. Präs. Thomas Wagner. Lpz. (Joh. Chn. Langenheim) 8. XII. 1735. 36 S. (5.—) 8688
Gew.: Andreas Wagner.

Ferane, R., Hand-Reisebuch f. junge Künstler u. Handwerker, die das erste Mal eine Reise antreten und sich dabei auf ihren Wanderjahren zu verhalten haben 2c. Mit Vorsichts- und Klugheitsregeln, dann verschied. and. schriftl. Aufsätzen 2c. herausgeg. u. eingerichtet. Mit einer verläßl. Postkarte von Deutschland. 16. Wien 846, Wenedickt'sche B. ⅜ ß

Féraud Dictionnaire critique de la langue française. III Vol. 4. Par. et Strasb. König. 787.

Feraut, Raymon, s. Kley, Friedrich.

Ferber, Geschichte der Familie Schenk von Nydoggen. Mit Portr., geneal. Tfln. etc. Köln 1860. 8.

Ferber, A., Leitfaden über die gesammte Eisenbahn-Betriebs-Organisation, zum Gebrauch für Actionäre, Verwaltungsraths- und Directions-Mitglieder, Revisoren 2c., namentlich aber für Eisenbahn-Betriebsbeamte und für Personen, welche sich als solche vorzubilden wünschen. Lex.-8. (VIII und 232 S.) Arnsberg 849, (Grote.)

v. Ferber, A. C., († d. 24. März 1816.) s. J. Arduino, Samml. 2) Venel, Unterricht.

Ferber, Adf., Beiträge zur Symptomatologie u. Diagnose der Kleinhirntumoren, auf Grund klin. Beobachtungen. gr. 8. (50 S.) Marburg 875. Elwert's Verl. n. 1. 20

Ferber, Adf., Situsphantom der Organe der Brust und oberen Bauchgegend. Chromolithogr. gr. 4. Mit Text. gr. 8. (VI, 60 S.) Bonn 877, Cohen und Sohn. *

—— die physicalischen Symptome der Pleuritis exsudativa. Eine klinisch-experimentelle Studie. gr. 4. (63 S. mit 5 lithogr. Taf.) Ebendas. 876. *

Ferber, Alexander

Ferber, Geschichte des 1. badischen Feldartillerie-Regiments Nr. 14. Mit Zustimmung des Regiments zum 50jähr. Chef-Jubiläum Sr. königl. Hoh. des Großherzogs Friedrich v. Baden bearb. 1856. 20. IX. 1906. (VI, 371 S. m. eingedr. Skizzen, Taf. u. 1 Karte.) gr. 8. Karlsruhe 906. C. F. Müller. Geb. in Leinw. n. 6. —

Ferber, Aug. Wlh., († d. 26. Jan. 1784.) Dissert. inaug. de scholiis graecis in Homerum, quae Didymo vulgo tribuuntur. 4. Helmst. 770.

Ferber, August Wilhelm, De Sophoclis Oedipo Coloneo quaedam praefat. examen in schola senat. Helmstad. atque simul discessum ad gymnas. Magdeburgense. Helmstedt (Mich. Gunth. Leuckart) 28. IX. 1772. 12 S. (—.80) 8690

— kurzer Versuch üb. die Natur biblischer Predigten. Helmst. 787.

Ferber, C., ABC- od. erstes Lesebüchlein, beim Gebr. d. Lesetabellen. 12. (1 B. u. 16 eingedr. lith. Abbild.) Straßburg 834, Levrault.

Ferber, C., ABC- oder erstes Lesebüchlein, beim Gebrauche der Lesetabellen. 8. (24 S. mit eingedr. Holzschn.) Straßburg 861, Wwe. Berger-Levrault und Sohn.

— Arithmétique élémentaire à l'usage des écoles, principalement pour l'étude du Système décimal. 1e Partie. gr. in-12. Strasbourg 840. Levrault. 1/4 ℛ︀

Ferber, C., Enseignement du calcul mental. Mit 2 Steintaf. gr. in-12. Paris et Strasbourg 833. Levrault. 1/2 ℛ︀ — 2e Edit. 840. 1/2 ℛ︀

— le guide de l'instituteur primaire pour l'enseignement du calcul, et plus particulièrement du système métrique. 3e Edit., corr. et augm. gr. in-12. Paris et Strasbourg 834. Levrault. 1/2 ℛ︀ — le même livre. Problèmes. 2e Edit., revue, corr. et augm. 8. le même 832. 3/4 ℛ︀

— der kleine Rechenschüler. 1r Thl. gr. 12. Straßburg 840. Levrault. 1/6 ℛ︀

Ferber, C. W., Beiträge zur Kenntniß d. gewerbl. u. commerciellen Zustandes d. preuß. Monarchie. A. amtl. Quellen. gr. 8. (19 1/2 B. u. 3 1/4 B. Tab. in 4.) Berlin 829, Trautwein.

—— neue Beiträge z. Kenntniß d. gewerbl. u. commerc. Zustandes d. preuß. Monarchie. A. amtl. Quellen. M. 13 Tab. (auf 4 1/2 B.) gr. 8. (13 B. excl. Tab.) Berlin 832, Duncker u. Humblot.

— Gedanken üb. Niebuhrs Ansicht der Europa drohenden nächsten Zukunft. gr. 8. Berl. 831. Trautwein. (Briefe in Petersb.) 4 ℊℊ Vgl. Ferber, E.W.

Ferber, C. W., Publicanda d. Königl. Sächs. Erzgebir. Kreisdeputat. d. Abtrag. d. Kontribut., Ausgleich. d. Verpfleg. 2c. v. 806—808. 7 Stck. gr. 8. 4. u. Fol. Freyberg, Craz u. G. 807. 808.

— s. Publicanda d. Königl. Sächs. Erzgebirg. Kreisdeputation. 2) üb. die Zuziehung d. geistl. Standes z. Contribution.

Zuziehung (Ueber die) des geistlichen Standes zur Kriegscontribution (v. C. W. Ferber). Hrsg. von Jh. Cph. Fr. Gerlach. gr. 8°. Freiberg, Craz u. G., 1807.

Ferber, Carl, s. Ferber, Karl

Gedanken über Niebuhrs Ansicht der Europa drohenden nächsten Zukunft. Von E. W. **Ferber**. — Berlin: Trautwein 1831. 35 S. 8° Vgl. Ferber, C.W.

Ferber, *Carl* Eduard [aus Hamburg]: Zur Kenntnis einiger der Chinolinreihe angehörigen Derivate des m-Phenylendiamins.... Halle a. S., Hofbuchdr. v. C. A. Kaemmerer & Co., 1891; 38 S. 8°
Halle, Phil. Fak., Inaug.-Diss. v. [5. März] 1891

Ferber, *Eduard* recte O. [cand. phil.]: Der philosophische Streit zwischen I. Kant und Johann Aug. Eberhard ... Berlin, Druck v. H. Itzkowski, 1894; 51 S. 8.
Giessen, Phil. Fak., Inaug.-Diss. v. 1894

Ferber, F., die Kunst zu fliegen, s. a. Bibliothek f. Luftschiffahrt u. Flugtechnik. 4. Bd.

Die Kunst zu fliegen, ihre Anfänge – ihre Entwickelung. Von F. **Ferber**, Hauptm. Berechtigte Übers. mit Nachtr. von A[rthur] Schöning, Oberl. Mit 103 Abb. Berlin: R. C. Schmidt 1910. 215 S. 8°
(Bibliothek f. Luftschiffahrt u. Flugtechnik. Bd 4.) [10. 11. 10]

Ferber, F., Wie kann man f. jedes beliebige Datum in kaum e. halben Minute ohne Tabelle den Wochentag desselben bestimmen? (8 S.) 8. Aachen (907). (Cremer.) — 20

FERBER, FERDINAND ANTON. Vergleichende Untersuchung des Cymols aus römisch Kümmelöl und des aus Camphor dargestellten. Göttingen, 1865.

Ferber, Friedrich Wilhelm Frh. von

de Ferber, Frhr. Fr. Wlh., († d. 25. Oct. 1800.) l'Esprit et le Système du Gouvernement de la Saxe depuis la mort du feu Roi Auguste III. jusqu' à l'année 1765. 8. Leipz. 784. (W. Nauck.) 12 ℊℊ

Ferber, C. de, l'Esprit et le Système du Gouvernement de la Saxe. 8. Leipz. Sommer.

— **Friedr. Wilhelm**, De praerogativa ordinis inter legatos. Disp. jur. gentium. Präs. Christian Gotthelf Gutschmid. Lpz. (Langenheim) 31. XII. 1755. 42 S. (4.80) 8700
Gewidmet: Graf v. Ocleszyno Brühl (Forst, Pfoerthen).

Rede, bey der Aufnahme des Br. [W. R.] v. T[royen] gehalten in den vereinigten Logen zu den 3 Schwerdtern und zu den wahren Freunden zu Dresden vom [Friedr. Wilh. Frh.] v. F[erber] den 5. Dec. 1778. [Dresden 1778.] 16 S. 8° [Umschlagtit.]
Kl. 1006. Selten. Üb. die Pflichten u. Vorteile eines Frmrs. Zum Schluss Aufforderung, das Dresdner Frmr-Armen-Institut zu unterstützen. 23. 215.

Rede bey einer feyerlichen Versammlung der Freymaurer zu Dresden, gehalten den 30sten May 1772 von F[riedr.] W[ilh. Frh. v.] F[erber. Dresden 1772.] 4 Bl. 4⁰ [Umschlagtit.]

cf. Peuckert, F. A.: Die Johloge z. d. drei Schwertern u. Asträa, Dresden. 1883 S. 72—73.

Kl. 894. Selten. Aus Anlass des bevorstehenden Konvents zu Kohlo in Anwesenheit Herzogs Karls v. Kurland gehalten; spiegelt die auch unter den begeisterten Anhängern v. Hunds herrschende Stimmung wieder.

Vorlesung, gehalten in den beyden vereinigten Logen zu Dresden, den 3ten May, 1773. [Von Friedr. Wilh. Frh. v. Ferber.] [Dresden 1773.] Gedruckt mit Schriften eines Maurers. 23 S. 8⁰

Abgedr. in: Gesammlete Nachrichten von d. Armen-Einrichtungen d. Frmr in Chur-Sachsen. 1776 S. 88—101.

Engl. Übers. in: Smith, G.: The Use and abuse of frmry. 1783 S. 384—389.

Kl. 887. Betr. die Errichtung einer Armenschule in Dresden-Friedrichstadt. Kl. gibt fälschlich 1772 an.

Vorlesung, gehalten in den Logen zu D[resden] den 28. Oct. 1773. [Von Friedr. Wilh. Frh. v. Ferber.] o. O. [1773]. 19 S. 8⁰ [Umschlagtit.]

Abgedr. in: Gesammlete Nachrichten von den Armen-Einrichtungen der Frmr in Chur-Sachsen. 1776 S. 135—146.

Kl. 388. Selten. Aufforderung zur 3ten Subskription für die frmrische Armenschule zu Dresden. 23. 193.

Ferber, G. O. F. R. Vide: Betrachtungen über die Finanzen.

Ferber, Geo. Wlfg., s. Dresden, z. Kenntn. sr. Häuser ꝛc.

Ferber, H., das Landsteuerbuch Düsseldorf's vom J. 1632, mit erläut. Anmerkungen versehen und hrsg. gr. 8. (IV, 64 S.) Düsseldorf 881, (Deiters.) **

Ferber, H. Über die Schwankungen innerhalb der Arten im Pflanzenreiche. 23 S. Progr. Vard 1878.

Ferber, H. Historische Wanderung durch die alte Stadt Düsseldorf. Hrsg. vom Düsseldorfer Geschichtsverein. 2 Lfgn. gr. 8. (III; 135 S. m. 2 Stadtplänen; 113, XXVII S.) Düsseld. 889,90, [Kraus.] Lintz. à Lfg. * 1 —; 2 —

Ferber, Heinrich, approb. Arzt aus Rhynern in Westfalen: Ein seltener Fall von Bronchiektasie mit nachweisbarer Aetiologie. *Leipzig (1898): A. Edelmann.* (33 S.) 8°
Leipzig, Med. Diss. v. 22. Okt. 1898
(Nur in beschränkter Zahl für den Austausch)

— **Heinr. Friedr. Erdmann** (Camenz), Dos profectitia praemortua uxore extantibus liberis redeat ad patrem. Quaestio jur. controv. Präs. Christian Heinr. Breuning. Lpz. (Rumpf) 11. I. 1772. 8 S. (—.50) 8702

Ferber, J. B., polit. Betrachtung über die Bevölkerung in England. gr. 8. Dresd. 783. Gerlach. 4 gr.

Ferber, J. Jakob

— philosophia juris naturalis. 4. Vitb. 709.

Ferber, Joh., geistl. Ministerium im Herzogth. Würtemb. ꝛc. 8. Tüb. 723.

FERBER, Johann Anton (Weilheim): De corporibus peregrinis viis respirationis.- Monachii 1834. 11.7.1834 - Urk; F 61
Diss.Ingolst.-Landsh.-Mchn.

— **Johann Bernhard** (Naumburg), De concurrentia diversae jurisdictionis competente. Dissert. jur. Präs. Christian Wildvogel. Jena (Müller) 2. V. 1725. 40 S. (5.—) 8706

Ferber, Joh. Chr.: „Wohlunterrichteter Kaufmann", Hamburg 1712.

Ferber, Johann Jakob

Physikalisch-metallurgische Abhandlungen über die Gebirge und Bergwerke in Ungarn von Johann Jakob Ferber. Nebst e. Beschreibung des Steirischen Eisenschmelzens und Stahlmachens von e. Ungenannten. Berlin & Stettin: Nicolai 1780. 328 S. 8

— Anmerk. z. Phys. Erdbeschr. v. Curland, s. J. B. Fischers Zusätze.

— Anmerkk. zur physischen Erdbeschreibung von Kurland, nebst J. B. Fischers Zusätzen zu seiner Naturgeschichte v. Livland, mit 1 Kpf. gr. 8. Riga 784. Hartknoch. 20 gr.

— Beyträge z. Mineralgesch. v. Böhmen. m. K. gr. 8. Berlin, Himburg. 774.

— Beitrr. z. Mineralgeschichte v. Böhmen, mit 1 Karte u. 1 Kpfr. 8. Berl. 774. (Reimer; a. W. Rauck in Leipz.) 18 gr.

Ferber, J. J., Beiträge z. Mineralgeschichte v. Böhmen, m. K. gr. 8. Leipz. Sommer. 774.

Ferber, J. Jac., n. Beyträge z. Mineralgesch. verschied. Länder. 1r Bd. gr. 8. Berl. (Breitkopf, Leipz. a. Sommer.) 778. Rthlr.

Ferber, Jh. Jak., neue Beitrr. z. Mineralgeschichte verschied. Länder. 1r Bd, mit 3 Kpft. gr. 8. Mitau 778. (W. Rauck in Leipz.) 1 Rthl. 4 gr.

— mineralog. u. metallurgische Bemerkk. in Neufchatel, Franche Comté u. Bourgogne im J. 1788, mit 6 Kpf. gr. 8. Berl. 789. Mylius. 16 gr.

— Beschr. d. Quecksilberbergwerks z. Idria. m. K. gr. 8. Berlin, Himburg. 774.

— Beschreib. des Quecksilberbergwerks zu Idria in Mittel-Crayn, mit 3 Kpf. gr. 8. Berl. 774. (Reimer; a. W. Rauck in Leipz.) 16 gr.

— drei Briefe, mineralog. Inhalts an den Frhr. von Racknitz. 8. Berl. 789. Mylius. 5 gr.

Ferber, Johann Jakob: Briefe aus Wälschland über natürliche Merkwürdigkeiten dieses Landes an den Herausgeber derselben, Ignaz Edlen von Born. 408 S., gbd., Abb.

Prag: Gerle 1773

— Briefe aus Wälschland über natürl. Merkwürdigkeiten dieses Landes an den Herausgeber derselben Ign. Edlen v. Born. gr. 8. Prag 773. Gerle. 1 Rthl. Französ.: Lettres sur la minéralogie etc., mit Anmerkk. u. Beobachtt. v. Frhrn. v. Dieterich. gr. 8. Straßb. 776. Treuttel u. W. 1 Rthl. 4 gr.

— Diss. de prolepsi plantarum, 4. Upsal 763.

— ist es vortheilhafter, die silberhaltigen Erze u. Schmelzhüttenprodukte anzuquicken, als sie zu schmelzen? Beantwortet von einigen Berg- u. Schmelzverständigen (Charpentier, d'Elhuyar, Ferber, Hawkins, Henkel, v. Trebra u. Weber); gesammelt u. herausg. 8. Leipz. 787. (Gräffer in Wien). 7 Gr.

— Lettres sur la minéralogie, s. oben Briefe üb. Wälschland.

Ferber, J. J.: „Nachrichten von dem Anquicken der gold- und silberhaltigen Erze, Kupfersteine und Speisen in Ungarn und Böhmen, nach eigenen Erfahrungen 1786 entworfen", Berlin 1787. — Vorh.: Preuß. Oberbergamt Dortmund — F. k. 3.

Ferber, Jh. Jak., († d. 17. Apr. 1790.) Nachricht von dem Anquicken der gold- u. silberhaltigen Erze, Kupfersteine u. Speisen in Ungarn u. Böhmen, mit 2 Kpf. 8. Berl. 787. Mylius. 18 Gr.

Bergmännische Nachrichten von den merkwürdigsten mineralischen Gegenden der herzog-zweibrückischen, chur-pfälzischen, wild- und rheingräflichen und nassauischen Länder. Mietau. 1776. 8.

— bergmänn. Nachrichten von den merkw. mineral. Gegenden d. Zweybrück., Kurpfälz. rc. Länder, mit Kpf. gr. 8. Mitau 776. (W. Nauck in Leipz.) 12 Gr.

— Bergmänn. Nachrichten. m. K. gr. 8. Mietau, Somme. 776.

FERBER, JOHANN JAKOB.

Nachrichten und Beschreibungen einiger chemischen Fabriken, nebst Joh. Chr. Fabricius' mineralogischen und technologischen Bemerkungen auf einer Reise durch verschiedene Provinzen in England und Schottland, mit Anmerkungen und Zusatzen von J. J. Ferber. Mit Kupfern. Halberstadt, 1793. pp. [iv]–166, 8vo. 2 plates.

— Nachrr. u. Beschreib. etlicher chem. Fabriken; nebst J. Chr. Fabricius mineralog. u. technolog. Bemerkk. auf e. Reise durch verschied. Provinzen in England u. Schottland. (Nach d. Verfass. Tode herausg.) Mit 2 Kpft. 8. Halberst. 793. (W. Nauck in Leipz.) 16 Gr.

— Nachrichten u. Beschr. etl. chem. Fabriken rc. 8. Halberst. (Sommer, Leipz.) 793.

— Relation von der ihm aufgetragenen mineralog. Berg- u. Hüttenmännischen Reise durch einige polnische Provinzen. Nach seinem Tode herausg. von J. K. W. Voigt. 8. Rudolst. 804. (Hildebrandt in Arnst.) 12 Gr. Hbg. Pr. 9 Gr.

— Relation v. d. mineral. Berg- u. Hüttenmännisch. Reise durch einige polnische Provinzen, herausg. v. J. C. W. Voigt. 8. Rudolst. Klüger. 804.

FERBER, JOHANN JAKOB.

Untersuchung der Hypothese von der Verwandlung der mineralischen Körper in einander. Aus den Akten der kaiserlichen Akademie der Wissenschaften zu St. Petersburg übersetzt, mit einigen Anmerkungen vermehrt und herausgegeben von der Gesellschaft naturforschender Freunde zu Berlin. Berlin, 1788. pp. [viii]–72, 12mo.

Herrn J. J. FERBERs, ... Untersuchung der Hypothese von der Verwandlung der mineralischen Körper in einander. Aus den Akten der Kaiserl. Akademie der Wissenschaften zu St. Petersburg übersetzt, mit einigen Anmerkungen vermehrt und herausgegeben von der Gesellschaft naturforschender Freunde zu Berlin. Berlin, 1788. Bey Friedrich Maurer. 8°.

— Vers. e. Oryktographie, v. Derbyshire in Engl. m. K. gr. 8. Mietau. (Sommer in Leipz.)

Ferber (J. J.), Versuch einer Oryctographie von Derbyshire in England. Mietau 1776. 8.

Ferber, Johann Karl Christoph

— der würdige Bürger d. Academie; e. Rede. 4. Helmst. 769.

Ferber, Jh. Karl Cph., († d. 3. Nov. 1786.) disquisitio atheismi ejusdemque argumentorum. 4. Jena 757.

— **Johann Carl Christoph** (Gonna/Thüring.), Atheismi sceptici ejusque argumentorum. Jena (Gg. Mich. Marggraf) 1759. 20 S. (4.—) 8707
Gew.: Christian Moritz Eberhard (Riestad).

— die academische Freundschaft; e. Rede. 8. Helmst. 770.

— die Gefahr d. academ. Verführung; e. Rede. 8. Helmst. 775. Fleckeisen. 2 Gr.

— Grundriß d. Vernunftlehre. 8. Helmst. 774. (Fleckeisen). 8 Gr.

— Grundr. d. Vernunftlehre, 8. Helmst. Kühnlin. 774.

— v. e. Hindernissen d. academ. Fleißes; e. Rede. 8. Helmst. 773.

— meditationes, quibus jus naturae theologo maxime esse necessarium comprobatur. 4. Helmst. 766.

— de ostentatione ad Plin. I. Epist. 22, 4. Helmst. 767.

— Rede über d. academ. Freiheit. gr. 8. Helmst. 779. Fleckeisen. 2 Gr.

— Rede üb. die Ursachen, warum jetzo nicht so viele geschickte Jünglinge von Academien gehen, wie ehemals? 8. Helmst. 780. Fleckeisen. 2 Gr.

— Rede üb. die Wahl u. Mäßigung des Vergnügens beim Studiren. gr. 8. Helmst. 797. Fleckeisen. 2 Gr.

Ferber, J. C. C., fünf einzelne Reden. gr. 8. Helmst. Kühnlin (à 2 gr.)

— die guten Sitten auf Academien; e. Rede. 8. Helmst. 771.

— die Sorge f. die Gesundheit auf Academien; e. Rede. 8. Helmstädt 772.

— wider die Spielsucht auf Academien. 8. Helmst. 786. Fleckeisen. 2 Gr.

— über d. Studium d. Moral; e. Rede. 8. Helmst. 782. Fleckeisen. 2 Gr.

— die Vernunftlehre. 8. Magdeb. 770. Hechtel. 14 Gr.

— von den Vortheilen d. Ehre auf Academien; e. Rede. gr. 8. Helmst. 770. Schulbuchh. in Braunschw. ...

— **Joh. Ludwig** (Liebstad/Thür.), De eo, quod circa executionem in bona feudali justum est. Von Vollstreckung der Hülffe in Lehn=Güther. Diss. jur. Präs. Tobias Jac. Reinharth. Erfurt (Grosch) 19. VIII. 1729. 24 S. (5.—) 8708

Ferber, Jos., St. Pankratius. Drama in 5 Aufzgn. gr. 16. (125 S.) Steyl 897. Missionsdruckerei. n. — 80

— **Justus Benedict** (Meissen), De numero non pondere spectando in materiasignata. Disp. jur. Präs. Fried. Gottlieb Zoller. Lpz. (Wwe. Langenheim) 5. VIII. 1766. 22 S. (4.80) 8709

— **Carl Adolph Ludw.** (Camenz), Prohibitio patris in testamento de non dividenda hereditate cum matre coherede impediat divisionem. Quaestio jur. controv. Präs. Christian Heinr. Breuning. Lpz. (Rumpf) 10. I. 1772. 8 S. (2.20) 8692

— **Carl Christian** (Zwickau), An donatio inter vivos legitimo facta ob supervenientiam liberorum revocari possit? Exercit. jur. Präs. Fried. Gottlieb Zoller. Lpz. (Breitkopf) 22. VIII. 1767. 12 Seiten. (3.—) 8693

Ferber, Karl Christian Friedrich von

Ferber, C. C. F. v., Bruchstücke aus den Unterhaltungen mit meinem Geiste über mannichfaltige Gegenstände unsers Glaubens, Wissens und Wirkens. 8. Berlin, Albanus. 820.

Ferber, Karl Chr. Fr., Bruchstücke aus den Unterhaltungen mit meinem Geiste über mannichfaltige Gegenstände unsers Glaubens, Wissens u. Wirkens. 8. Berl. 823. Maurers B. 16 Gr.

ÜBER die Ehe u. Ehelosigkeit, in moralisch-politischer Hinsicht. Ein Versuch, die ehelichen Verbindungen zu befördern (von *Karl Chrn. v. Ferber* Berlin, In der Haude u. Spenerschen Buchhandlung, 1796. Kl. 8°. (12 gr.) VI—170 S. (In Berlin, Magistratsbibl.) (60 Pfg. Heinr. Lesser, Breslau, c. 1875.)
Ersch II. 1. 1823. Nr. 1160; Anon.-Lex. IV, 216 (nach dem Neuen Nekrolog) hat „Ferber".

v. FERBER, K. Ch. F.: Grundzüge zur Werthschätzung d. Landgüter in Mecklenb. *Berlin*, Unger. 796. 8. (1 Thl.)

Ferber, K. C. F. von: „Grundzüge zur Werthschätzung der Landgüter in Mecklenburg", Rostock 1796 (Stiller), Schwerin 1797 (Bödner).

—Grundzüge d. Werthschätzung der Landgüther in Mecklenburg. gr. 8. Schwerin 796. (Stiller in Rostock; a. Rein in Lpz.) 1 ₰

Ders.: Ueb. landwirthschaftl. Contracte u. der. Cautelen, besond. in ökonom. Rücks.; m. näh. Bezieh. auf Mecklenburg. 3 Thle. *Schwerin* u. *Wismar*, Bödner. 800—817.. gr. 8.

—über landwirthschaftl. Kontracte u. Kautelen. 1r u. 2r Thl. gr. 8. Schwerin 800—3. (Stiller in Rostock). 2 ₰ 10 ℊ

— — 3r Theil. 1ste Abtheil.
Auch unter dem Titel:
Formulare zu landw. Zeit-Pachtcontracten. gr. 8. Ebendas. 817.

— Unterhaltungen mit meinem Geiste, üb. mannigfalt. Gegenstände unsers Glaubens, Wissens u. Wirkens. 8. Rostock 826, Stiller.

— Unterhaltungen mit meinem Geiste. Fortsetzung. 8. Rostock 826, Stiller.

Ferber, Karl Theodor

— — De inventione rerum casu amissarum. Disp. jur. Präs. Jacob Born. Lpz. (Chn. Göz) 3. IV. 1685. 14 Bl. (5.—) 8695

— — Dasselbe. Lpz. (Brandenburger) 1704. 31 S. (5.—) 8696

— Carl Wilhelm (Zwickau), Imaginem ingenii morumque Lutheri in emendatione sacrorum conspicuam. Präs. Christian Friedrich Francke. Wittenbg. (Jo. Tzchidrich) 30. III. 1789. 28 S. (4.80) 8698

Ferber, Konstantin

Ferber, Dienstkenntniß d. kaiserl. Marine. Auf Veranlassg. d. Inspektion d. Bildungswesens d. Marine bearb. gr. 8. (XII, 165 S.) Berlin 896. E. S. Mittler & Sohn. n. 2. —; geb. in Leinw. n.n. 2. 25

Organisation und Dienstbetrieb der Kaiserlich deutschen Marine. Auf Veranl. d. Inspektion d. Bildungswesens d. Marine als Leitf. f. d. Unterr. in Dienstkenntniss bearb. von [Konst.] Ferber, Korvetten-Kap. z. D. 2. Aufl. *Berlin: E. S. Mittler & Sohn 1899.* (X, 205 S.) 8° [F.] [99. 394

Organisation und Dienstbetrieb der Kaiserlich deutschen Marine. Auf Veranlassung d. Insp. d. Bildungswesens d. Marine als Leitfaden f. d. Unterr. in Dienstkenntniss bearb. von [Konst.] Ferber, Korv.-Kapit. z. D. 3. Aufl. *Berlin: E. S. Mittler & Sohn 1901.* (XII, 243 S.) 8° [F.] [01. 10914

Organisation und Dienstbetrieb der Kaiserlich deutschen Marine. Auf Veranlassung d. Insp. d. Bildungswesens d. Marine als Leitfaden f. d. Unterr. in Dienstkenntnis bearb. von [Konstantin] Ferber, Korv.Kap. z. D. 4. neu bearb. Aufl. *Berlin: E. S. Mittler & Sohn 1903.* (XII, 308 S.) 8° [F.] [04. 9516

Ferber, Organisation u. Dienstbetrieb der kaiserl. deutschen Marine. Auf Veranlassg. der Inspektion des Bildungswesens der Marine als Leitfaden für den Unterricht in Dienstkenntnis bearb. 5. neu bearb. Aufl. (XII, 328 S. m. 2 Tab.) 8. Berlin 905. E. S. Mittler & Sohn. n. 4. 40; geb. n. 4. 80
4. Aufl. (XII, 308 S.) 903. n. 4. 20; geb. n. 4. 50.

Ferber, Organisation u. Dienstbetrieb der kaiserl. Marine. Auf Veranlassg. der Inspektion des Bildungswesens der Marine als Leitfaden f. den Unterricht in Dienstkenntnis bearb. 6., neubearb. Aufl. (XVI, 358 S. m. 1 Tab.) 8. Berlin 908. E. S. Mittler & Sohn. 4.40; geb. 4. 80

Ferber, internationale Rechtsverhältnisse der Kriegs- u. Handelsschiffe in Krieg u. Frieden. 4. (23 S.) Kiel 895. H. Eckardt. n. 1. 20

Ferber, Kurt, Dr.: Die hamburgischen Lotsenordnungen. Cuxhaven 1904: G. Rauschenplat. (32 S.) 4°
Cuxhaven, höh. Staatsschule P 1904 (848)

Ferber, Kurt: Das hamburgische Lotswesen auf der Unterelbe bis zum Jahre 1810. 28 S., 16 ungez. S. Anlagen. 4.
Progr. Höhere Staatsschule *Cuxhaven* 1901 (797).

Ferber, Kurt, das hamburgische Lotswesen auf der Unterelbe bis zum J. 1810. Progr. gr. 4. (28 u. 16 S.) Cuxhaven 901. (A. Rauschenplat.) n. 2. —

Ferber, Curtius. Utrum moluerit Tiberius Germanicum necne quaeritur. Diss. gr. 8. (50 S.) Hamburgi 890. (Lpz., Fock.) * 1 —

Ferber, Curtius [Hamburgensis]: Utrum moluerit Tiberius Germanicum necne quaeritur. . . . Hamburgi, ex offic. G. F. Thiele, 1890; 2 Bl. + 50 S. + 1 Bl. 8°
Kiel, Phil. Fak., Inaug.-Diss. v. 11. Aug. 1890

Ferber, Louis, der Rund- und Bogensatz. Praktische Anleitung zur Ausführung einer neuen Methode. Mit in den Text eingedr. und angehängten Satzbeispielen. gr. 8. (43 S. mit 6 Taf. in gr. 4.) Offenbach 876. (Leipzig, Waldow.) *

Ferber, Ludov. Franc. (geb. Torgau): De emeticorum vi atque usu. Berolini (1841). (31 S.) 8°
Berlin, Med. Diss. v. 2. Aug. 1841

Villen-Terrains am Kitzeberg. adl. Gut Schrevenborn an der Kieler Föhrde. 1 : 2000. gez. v. M. E. Ferber. Hamburg. 1901. Lithogr. Buntdruck. 1 Bl. Gr.-Fol., 66/85 cm.

Ferber, Otto, †(Rob. Ferette,) Eduard, od.: die sieben Bräute. 8. (14 B.) Berlin 829, Schüppel.

Ferber, Otto (pseudon. Rob. Ferette), Heideblümchen. Eine Sammlung humoristischer Erzählungen. 8. Berlin 828. (A. Förstner.) 1⅓ ₰

—— Heideblümchen. (9 Erzählungen.) 8. (17 B.) Berlin 828, Schüppel.

FERETTO, Robert (d. i. *Otto Ferber*), Hieronymus. Nachklänge einer spanischen Romanze. (Zahmer Roman.) Berlin, Maurer, 1821. — *A. E.:* Berlin, gedruckt bei G. Hayn. 8°. 283 S., 1 Bl. Druckf.

Ferber, Rudolf [aus Züllichau]: Das Trauma als directe Entstehungsursache des Glaucoms . . . . Berlin, Nicolaische Verl.-Buchh. R. Stricker, 1887; 32 S. 8°
Berlin, Med. Fak., Inaug.-Diss. v. 12. Nov. 1887

— Wolffgang Andreas (Zwickau), De statu excommunicatorum civili ex mente protestantium. Diss. jur. Präs. Just. Henning Böhmer. Halle (J. Ch. Grunert) 31. VII. 1727. 74 S. (6.—) 8710
Widm. v.: Christian Thomasius, Präs., Joh. Christoph Vogel.

Ferbers, J. H., und H. Rienhaus, Anleitung, in 10 Stunden jede, auch die schlechteste Handschrift gründlich zu verbessern und bei Kindern und Erwachsenen eine feste Grundlage zu einer fließenden Currentschrift zu legen. Für Lehrer, Schulen und für den Selbstunterricht bearb. qu. 4. (15 S. mit 8 Stut.) Köln und Neuß 860, (Schwann'sche Verlagsh.) *

Ferbers, J. H., und H. Rienhaus, Anleitung zur Ertheilung eines gründlichen Unterrichts im Schön- und Schnellschreiben der deutschen und engl. Currentschrift nach der Taktschreib-Methode. 2. umgearb. und vervollst. Aufl. Mit (4) lithogr. Beilagen. 4. (18 S.) Köln und Neuß 873, (Schwann'sche Verlagsh.) *

Ferbers, J. H., und H. Nienhaus, Anleitung zur Ertheilung eines gründlichen Unterrichts im Schön- und Schnellschreiben der deutschen und englischen Currentschrift nach der Taktschreib-Methode. 3. (Titel-)Aufl. Mit lithogr. Beilagen. 4. (18 S. mit 9 Stnt.) Berlin 879, Schwarz. *

Ferbers, J. H., u. H. Nienhaus, Anleitung zur Ertheilung eines gründlichen Unterrichts im Schön- und Schnellschreiben der deutschen u. lateinischen Kurrentschrift nach der Taktschreibe-Methode. Auch zum Selbstunterricht geeignet. Mit den beiden Gratisbeilagen: Deutscher u. latein. Schreib-Kursus. 4., umgearb. u. vervollständ. Aufl. 8. (32 S. m. 2 Beilagen à 8 Steintaf.) Berlin 881. Schwartz. à 1. 20

—— —— deutsche Schönschrift-Uebungen für die Mittel- und Oberklasse der Elementarschule als Vorübung zu einer fließ. Handschrift. 4. Aufl. qu. 8. (8 S.) Köln und Neuß 873, Schwann'sche Verlagsh. *

—— —— deutsche Schönschrift-Uebungen für die Mittel- und Oberklasse der Elementarschule als Vorübung zu einer fließenden Handschrift. 5. (Titel-)Aufl. qu. gr. 16. (8 Stnt.) Ebendas. 879. *

—— —— deutscher Schreib-Kursus für die Mittel- und Oberklasse der Elementarschule als Vorübung zu einer fließenden Handschrift. 4. Aufl. qu. 8. (8 Steintaf.) Ebend. 881. n. — 10

—— —— englischer [lateinischer] Schreib-Cursus für die Mittel- und Oberklasse der Elementarschule. qu. 8. (8 S.) Köln und Neuss 873, Schwann'sche Verlagsh. *

Ferbers, J. H., und H. Nienhaus, englischer [lateinischer] Schreib-Cursus für die Mittel- und Oberklasse der Elementarschule. 2. (Titel-)Aufl. qu. gr. 16. (8 Stnt.) Berlin 879, Schwarz. *

—— lateinischer Schreib-Kursus für die Mittel- und Oberklassen der Elementarschulen als Vorübung zu einer fliessenden Handschrift. 2. Aufl. gr. 8. (8 Stnt.) Ebendas. 881. *

Ferbers, Klothilde: Die Aufgabe der höheren Mädchenschule in ihrem Unterschiede von Knabenschulen. — Donauwörth: Auer 1884. 35 S.

Ferbitz, C. W., kurze Anweisung zu den im gewöhnl. Leben vorkomm. Rechnungsarten ohne Brüche, nebst e. großen Menge geord. Beispiele f. jede Regel bearb. 2 Thle. 8. Berlin, Verf. (Oehmigke's Buchh.) [1. 9. Aufl. (8 B.) 842. * 1/4 Thlr., 2. 8. A. (11 B.) 841. * 1/3 Thlr.] *

Ferbitz, C. W., Lieder u. Gesänge, s. K. G. H. Böhme.

Ferch [Schlagwort]

Ferch, s.: Mark. — Wanderkarten.

Ferche, Josef [aus Neisse]: Über einige physikalische Eigenschaften des Benzols. . . . Halle a. S., Hofbuchdr. v. C. A. Kaemmerer & Co., 1890; 65 S., 2 Taf. 8°
Halle, Phil. Fak., Inaug.-Diss. v. [26. Aug.] 1890

[F.] Der Mittelland-Kanal u. die Provinz Schlesien. Nach dem Beschlusse des Provinzial-Ausschusses v. 3. Februar 1897 u. im Auftr. des Landeshauptmanns von Schlesien bearb. von [Paul] Forche, Landesrath. *Breslau: Dr. v. O. Gutsmann 1897.* (27 S., 1 Kt.) 1 Bd 8. [97. 7440

Ferchel, Jos., prakt. Sonnenuhren-Kunst f. Jedermann. Sammt ein. Anweisung zur allerleichtesten Art der Konstruirung v. Horizontaluhren, vermittelst Zahltafeln ꝛc. Neue verm. Ausg. Lex.-8. (2 7/8 B. u. 9 Figurent.) Passau 844. (Pustet'sche Bh.) *

Ferchel, Jos., praktische Sonnenuhren-Kunst f. Jedermann, od. Anleitung zur Verfertigung von Sonnenuhren an Gebäuden nach e. leicht faßlichen u. vermittelst e. neuen, einfachen, mechanisch. Vorrichtung eben so leicht ausführbaren Verfahren. Sammt e. Anweisung zur allerleichtesten Art der Konstruirung v. Horizontaluhren vermittelst Zahltafeln, enthalt. die Winkel f. alle ganzen, halben u. Viertel-Stunden, berechnet v. 10 zu 10 Minuten geogr. Breite vom 44—46. Grad einschlüssig. Neue verm. Ausg. Mit 9 (lith.) Fig.-Taf. (in 4.) gr. 8. (46 S.) Passau 847, Pustet. — Neue verm. Ausg. gr. 8. (46 S.) Ebd. 849, in Comm. 3/4 ℳ

Ferchel, Jos., praktische Sonnenuhren-Kunst für Jedermann, oder Anleitung zur Verfertigung von Sonnenuhren an Gebäuden nach einem leicht faßlichen und vermittelst einer neuen, einfachen, mechan. Vorrichtung eben so leicht ausführbaren Verfahren. Sammt einer Anweisung zur allerleichtesten Art der Konstruirung von Horizontaluhren vermittelst Zahltafeln ꝛc. 1. Ausg. 847. und neue verm. Ausg. gr. 8. (46 S. und 9 Stnt. in 4.) Passau 850, (Pustet.) —

Ansprache bei der Einweihung des neuen Blindenheims in Kiel v. W[ilhelm] Ferchen. Kiel. 1896. 8°

Bericht der Kommission für Veranschaulichungs-Mittel im Blinden-Unterricht, erstattet v. W[ilhelm] Ferchen. Kiel. 1891. 8°

Die Provinzial-Blinden-Anstalt zu Kiel. Ein Gedenkblatt zur Feier des 25jährigen Bestehens derselben. Im Auftrage des Fürsorge-Vereins v. W. Ferchen. Kiel. 1887. 8°.

Rede bei der Feier des 25jährigen Bestehens der Blinden-Anstalt zu Kiel, gehalten am 10. Mai 1887 v. W. Ferchen. Kiel. 1887. 8°.

Fercher von Steinwand, Johann

— Briefe. Hrsg. von Jos. Fachbach, E. v. Lohnbach, (261 S. m. Bildnis.) kl. 8. Wien (905). Th. Daberkow. Geb. in Leinw. n. 2. 50

— dasselbe, s.: National-Bibliothek, allgemeine.

Fercher v. Steinwand, Dankmar. Eine Tragödie in 5 Aufzügen. 8. (III und 124 S.) Wien 867, Beck'sche Universitäts-Buchh. *

(F) Fercher von Steinwand, Dankmar. [Allgem. National-Bibliothek. Nr. 340—341.] 8°. (94 S.) K —.20
Wien: Daberkow 1904.

Fercher v. Steinwand, Johannisfeuer, s.: National-Bibliothek, allgem. Nr. 181-183.

(F) Fercher von Steinwand, Deutsche Klänge II. [Allgem. National-Bibliothek. Nr. 342.] 8°. (Pag. 194—240) K —.20
Wien: Daberkow 1904.

Fercher v. Steinwand, deutsche Klänge aus Oesterreich. 12. (VII, 303 S.) Wien 881. Rosner. 3. 60

Fercher v. Steinwand, Gräfin Seelenbrand. Ein Gedicht. 8. (80 S.) Hamburg 874, Richter. *

(F) Fercher von Steinwand, Gräfin Seelenbrand. [Allgem. National-Bibliothek. Nr. 343—344.] 8°. (Pag. 370—460) K —.20
Wien: Daberkow 1904.

(Johann) Fercher v. Steinwand's sämtliche Werke in 3 Bden. Hrsg. von Josef Fachbach E[dler] v. Lohnbach. Mit 2 Einl. von Franz Christel u. Dr. Wolfgang Madjera. Bd 1—3. *Wien: Th. Daberkow [1903].* 3 Bde 8° [F.]
1. Deutsche Klänge aus Österreich (1. u. 2. T.). Johannisfeuer. Gräfin Seelenbrand. 2. Dramen.
3. Der Geisterzögling. Epische Gedichte. Kryptofloren. Abhandlungen. Aphorismen.
[03. 13070

Fercher v. Steinwand's sämtliche Werke in 3 Bdn. Hrsg. von Jos. Fachbach, E. v. Lohnbach. Mit 2 Einleitgn. v. Frz. Christel u. Wolfg. Madjera. (460, 443 u. 456 S. m. Bildnis.) 8. Wien (903). Th. Daberkow. Geb. in Leinw. n. 9. —

— dasselbe u. Einzelausgaben, s.: National-Bibliothek, allgemeine.

Ferchl, Franz Maria (Prof. in München), Geschichte der Errichtung der Ersten Lithograph. Kunstanstalt bei der Feiertags-Schule f. Künstler u. Techniker in München. Aus Auftrag d. hohen Magistrates von München bei Gelegenheit d. 90. Geburtstages des Erfinders d. Lithographie *Joh. Aloys Senefelder* (1771—1834) verfasst, u. mit e. kurzen Geschichte dieser ruhmvollen Münchener Erfindung (1796), nebst e. Uebersicht der einzig bestehenden, vollständ. *Incunabeln-Sammlung der Lithographie* begleitet u. hrsg. von des Erfinders lebenslängl. Hausfreunde —. Mit Abbildgn. d. seltensten lithogr. Incunabeln (dabei Facsim. Senefelder's). München, 1862. Im Selbst-Verlag d. Vf. Residenzstr. Nro. 6 im Laden Bullinger. Gr. 8⁰. Orig.-Ppb.
3 Bll. (incl. Titel-Portr. Herm. Jos. Mitterer's, 1762—1829) u. 162 S., nebst 6 Taf. (z. Th. gefalt.).

Ferchl, Frz. Maria, Geschichte der Errichtung der ersten lithographischen Kunstanstalt bei der Feiertags-Schule für Künstler und Techniker in München. gr. 8. (IV und 162 S. mit Abbild. der seltensten lithogr. Incunabeln auf 7 Stnt. in gr. 8., gr. 4. und qu. gr. Fol.) München 862, (Kaiser.) cart. *

Ferchl, Frz. Maria (Prof.), Uebersicht der *einzig bestehenden Incunabeln-Sammlung der Lithographie* u. der übrigen *Senefelder*'schen Erfindungen, als Metallographie, Papyrographie, Papierstereotypen u. Oelgemälde-Druck (ohne Presse). Mit e. Vorwort begleitet zur 60jähr. Gedächtniss-Feier der Münchener-Erfindung der Lithographie, vom Sammler u. lebenslängl. Hausfreund des Erfinders — — —
Mit vielen Abbildgn. der seltensten lithogr. Incunabeln (auf 2 Taf., deren 2. fehlt). München 1857. In Commiss. der v. Montmorillon'schen Kunsthandl. Druck von Dr. C. Wolf & Sohn. 8⁰. Sisb. m. Goldtit. auf Deckel u. eigenh. Widm. *Ferchl's* an Dr. *Halm*, Direktor d. k. Hof- u. Staatsbibl. (in welcher die Sammlung aufbewahrt wird).
Frontisp. (Steindr.) u. 91 S.

Ferchl, Geo., bayerische Behörden u. Beamte 1550—1804, s.a. Archiv oberbayerisches, f. vaterländische Geschichte.

Bayerische Behörden und Beamte 1550—1804. Von Georg **Ferchl.** [Nebst] Erg.-Bd. — München 1908—1925: Kastner & Callwey (Erg.-Bd.: Wolf). 8°
(Oberbayer. Archiv f. vaterländ. Geschichte. Bd. 53 u. 64.)

Ferchl, Georg. Beiträge zur Geschichte des Schlosses Karlstein bei Reichenhall vom 16. Jahrhundert an. gr. 8. (60 S. m. 2 Abbildgn. in Zinkätzung.) Reichenhall 892. Bühler. * 1 20

Ferchl, G. Das Gefecht bei Melleck am 17. Oktober 1800. München 1900. 5 S. 4°

FERCHL, Georg Johannes (Grubhof b. Lofer): De fecunditate.- Monachii: Wolf 1836. 14 S.
12.8.1835 - Urk; F 62
Diss.Ingolst.-Landsh.-Mchn.

Ferchl, Joh., Flora von Berchtesgaden. gr. 8. (91 S.) Landshut 878. (Salzburg, Dieter.) *
Aus: Siebenter Bericht des botanischen Vereines zu Landshut, besonders abgedruckt.

Ferchland, E., sächsisches Wassergesetz vom 12. III. 1909 nebst Ausführungs-Verordnung vom 21. IX. 1909. Mit e. Einleitg., kurzen Erläutergn. u. ausführl. Sachregister. (176 S.) kl. 8. Dresden (909). C. Heinrich.
Geb. in Leinw. 3. —

Ferchland, Natalie, Ärztin aus Halle a. S.: Über Vergiftungen durch Leuchtgas und Kohlenoxyd. *Halle a. S. 1903: Plötz.* (29 S.) 8°
Halle, Med. Diss. v. 6. Nov. 1903

Elektrochemie. Von Dr. P[aul] **Ferchland**. Mit 55 Abb. Hannover: M. Jänecke 1908. (VIII, 143 S.) 8°
— **Bibliothek** d. gesamten Technik. Bd 85. (08. 11078 7

Grundriß der reinen und angewandten Elektrochemie. Von P[aul] **Ferchland**. Mit 59 Fig. *Halle a. S.: W. Knapp 1903.* (VII, 271 S.) 8° (03. 11630 3

Die elektrochemische Industrie Deutschlands. Von P[aul] **Ferchland**, Dr. phil. Mit 4 Fig. u. Tab. *Halle a. S.: W. Knapp 1904.* (VIII, 66 S.) 8°
— **Monographien** über angewandte Elektrochemie. Bd 12.

Die englischen elektrochemischen Patente. Auszüge aus d. Patentschriften ... von Dr. P[aul] **Ferchland**. Bd 1. Halle a. S.: W. Knapp 1907. 8°
— **Monographien** über angewandte Elektrochemie. Bd 29. (07. 16438 3

— Die elektrochemischen Patentschriften der Vereinigten Staaten v. Amerika, s.a. Monographien üb. angewandte Elektrochemie.

Die elektrochemischen Patentschriften der Vereinigten Staaten von Amerika. Auszüge aus d. Patentschriften zsgest. u. mit ausf. Sach- u. Namenreg. vers. von Dr. P. **Ferchland**, Patentanw. Bd 1. Halle a. S.: Knapp 1910. 8°
(Monographien über angewandte Elektrochemie. Bd 35.) (10. 2930

Die elektrochemischen Deutschen Reichspatente. Auszüge aus d. Patentschriften gesammelt, geordnet u. mit Hinweisen versehen von Dr. P[aul] **Ferchland**, Elektrochem., Berlin, [&] Dr. P[aul] Rehländer, Elektrochem., Charlottenburg. Mit 124 Fig. Halle a. S.: W. Knapp 1906. (X, 230 S.) 8°
— **Monographien** über angewandte Elektrochemie. Bd 24. (06. 13938 3

Ferchland, Paul: Über die Synthese eines tetrahydrierten substituierten Miazins aus Diacetonamin. Über einige Derivate des Metaoxybenzylamins ... Würzburg, Druck v. F. Borgmeyer, Hildesheim, 1895; 54 S., 1 Bl. 8.
Würzburg, Phil. Fak., Inaug.-Diss. v. 1895

Ferchland, Wilhelm [aus Pr. Friedland]: Ein Fall von Synkephalus symmetros ... Greifswald, Druck v. C. Sell, 1892; 25 S. 8.
Greifswald, Med. Fak., Inaug.-Diss. v. 25. Juni 1892

Ferchlandt, Hans, a. Cöthen i. A.: Molière's Misanthrop und seine englischen Nachahmungen. Halle a. S. 1907: Wischan & Burkhardt. (88 S.) 8°
Halle, Phil. Fak., Ref. Suchier, Diss. v. 4. Nov. 1907
[Geb. 22. Okt. 85 Cöthen; Wohnort: Halle a. S.; Staatsangeh.: Anhalt; Vorbildung: Karls-Gymn. Bernburg Reife O. 04; Studium: Freiburg i. B. 3, Halle 4 S.; Rig. 5. Aug. 07.]

FERCKEL, Adam: Verhalten des Haemoglobingehaltes im Blute gegenüber der Eisenmedication bei Chlorose.- München: Ernst 1892. 16 S.
27.7.1892 - Chr 1892/93,15; Jv 1892/93,203
Diss. Ingolst.-Landsh.-Mchn.

FERCULA maccaronica, hrsg. von Oskar Schade, 2 Hefte. Hannover, Rümpler, 1855—56. 8⁰. 58+30 S.
Besonderer Abdruck aus dem zweiten Bande des Weimarischen Jahrbuchs. Enth. auch derb-pikante maccaron. (lat.-deutsche) Gedichte.

Ferda, J., die Praxis des Journal-Lese-Zirkels. Anleitung zur Einrichtg. u. Führg. e. Journal-Lese-Zirkels. Das einfachste u. lukrativste System, nach eigenen Erfahrgn. der Praxis entnommen. (III, 48 S.) gr. 8. Leipzig 903. J. Ferda. Geb. in Leinw. n. 4. —

Ferdermann Siegfried: Ueber das Verhältnis des mittel-englischen Epos: „Lyfe of Alissaunder" zu seinen Quellen.
1906 PN 2041 Diss. Wien. Univ. 1966

Ferdinand [Sachl. OW]

Ferdinand, ein Original-Roman ... Altona 1802. V: *Müller, Johann Gottwerth.* (FE) (Ky)

— ein Originalroman, vom Verf. des Siegfried v. Lindenberg (J. G. Müller). 2 Bde. 8. Altona 802. Hammerich. 2 ℛ︀ 20 ℊ︀
— Dass. wohlf. Ausg. 2 Bde. 809. 2 ℛ︀

FERDINAND oder die drei Bräute. — Elise Wildenau oder geheime Geschichte einer Unglücklichen. Zwey romantische Begebenheiten. Bremen, bey Joh. Heinr. Müller, o. J. (1807). 8⁰.
Tit. u. 319 S., nebst 1 unbez. S. Druckf.

— ein Roman, von August v. Thümmel. 2 Thle. 8. Leipz. (Baumgärtner.) 809.

Ferdinand. Die Geschichte eines jungen Grafen, siehe a. von Schmid, Chr.

Ferdinand. Die Geschichte eines jungen Grafen aus Spanien, für Aeltern u. Kinder erzählt v. Verf. der Ostereier (Jh. Cph. Schmid IV.) Mit Titelkpfr. 8. Augsburg 834. (Kollmann.) (Landshut, Krüll.) 1/3 ℛ︀

Ferdinand. Die Geschichte e. jungen Grafen aus Spanien, f. Aeltern u. Kinder erzählt v. Verf. d. Ostereier (Chrstph. Schmid). Mit Ttlkpfr. 8. (12 B.) Augsburg 834, (Kollmann; Regensburg, Manz.)

Ferdinand. | Die Geschichte | eines jungen Grafen | aus Spanien, | für | Aeltern und Kinder | erzählt | von dem Verfasser der Ostereier. | Mit einem Titelkupfer. | Reutlingen. in der J. J. Mäcken'schen Buchhandlung. | 1834.
156 S., 178 × 105, Titel-Fig.: *Pedro will Ferdinand erstechen*, 117 × 70.
Priv.-Bes.
Verfasser: Christoph von Schmid. – Vgl. auch Schenda 1000 FVb Nr. 379.

Ferdinand, Alcides, Herzog zu Braunschweig und Lüneburg ... Braunschweig 1793. V: *Ecker von Eckhofen auf Berg, Johann Janus Joseph Carl Freiherr von.* (BB) »V: *Ecker von Eckhofen, Joh. Jac.*« (PR) »V: *Ecker und Eckhoffen, Hans Carl Freih. von.*« (Ky) (MGT)

Ferdinand-Alcides Herzog zu Braunschweig und Lüneburg von Einem seiner Diener. Braunschweig: Schulbuchh. 1793. VI, 118 S. 8°
Kl: 4064. In Briefen. Brief 6 u. 7 handeln auch von Beziehungen Ferdinands zur Frmrei. 215.

Ferdinand u. Elise, Rückkehr der Schwärmerey zur Vernunft. Schausp. von Braun. 8. Heidelb. Pfähler. 789.

—u. Elwina, od. das heiml. Verlöbniß, e. Familiengeschichte. 8. Magdeb. 816. (Lauffer in Leipz.) 1 ℛ 8 gℊ

— — und Elwina. Eine (zahme) Familiengeschichte. (2 Thle. in 1 Bde.) Magdeburg, bey Adolph Friedr. v. Schütz. 1816. — *A. E.:* Gedruckt in .... Brandenburg a. d. Havel. 8°. 328 S. (incl. Tit.).
Kayser p. 37 hat irrig: „Alwina".

—u. Emma, oder treue Liebe überwindet alles. 8. Leipz. 819. (W. Rauck) 1 ℛ

Ferdinand und Emma, oder treue Liebe überwindet Alles. Mit 1 Kupfer. 8. Leipzig, Sommer. 819.

Ferdinand und die Engel. Vision am 15. März 1848. (Gedicht.) 1—3. Aufl. gr. 8. (15 S.) Wien 848, Beck'sche Universitäts-Buchh.

Ferdinand und Ernst, Die Milchbrüder, oder Geschichte zweyer Freunde ... Berl. u. Wettin 1798—99. V: *Follenius, Emanuel Friedrich Wilhelm Ernst.* (Ky) (MGT)

Ferdinand I. und Maria Anna Carolina im Küstenlande. Album zur Erinnerung an die Anwesenheit des Kaisers und der Kaiserin von Oesterreich in Triest im Herbste 1844. Mit 17 lithogr. Ansichten in Thondruck. gr. Fol. (Mit 17 lith. Tafeln u. Prachttitel.) Triest 845. (Favarger.) In Carton n. 8 ℛ 27 ngℊ — color. n. 17 ℛ 24 ngℊ

Ferdinand dem Fünften, König von Ungarn, Sr ... Majestät bey Gelegenheit der feyerl. Krönung ... Ofen [1830]. V: *Greschner, Alexius Innocens.* (GGr)

Ferdinand Günther, oder: Das suchende Jünglingsherz. Ein Roman in Briefen. 8. Dortmund 833. Krüger. 1 ℛ

Ferdinand, Herzog zu Braunschweig u. Lüneburg, s. Gedenkblatt.

Ferdinand, Herzog zu Braunschweig, s. Wagner, A.: Der Feldzug ...

Ferdinand und Karoline, ein neues Fragment zur Geschichte der Zärtlichkeit ... Frankf. u. Leipz. 1780. V: *Günderode gen. von Kellner, Frdr. Justinian Freiherr von.* (ML) (Ky) (Adel)

Ferdinand und Caroline, ein neues Fragment zur Geschichte der Zärtlichkeit in Briefen, 8. Frankf. 780 Fleischer. 8 sgl.

—u. Karoline, ein neues Fragment zur Geschichte der Zärtlichkeit, in Briefen, (v. Frhrrn. Fr. Just. v. Günderode). 8. Frkf. u. Leipz. 781. Fleischer. 6 gℊ

— — und Caroline, oder Wiedererscheinung meines betrogenen Mädchens. Eine (pikante) Geister-Geschichte aus den Bekenntnissen eines vornehmen Wüstlings. Berlin, bei Pater (sic!) Hammer (Erfurt, Hennings) 1805. 8°. 217 S. (2 Mk. Scheible; jetzt theurer!)
— — Dasselbe. Zofingen (Leipzig, Joachim) 1805. 8°.

— vormals König v. Neapel. Züge aus s. öffentl. u. Privatleben. 8. Cöln. (Hennings in Erfurt.) 808.

Ferdinand, vormals König von Neapel. Züge aus seinem öffentlichen und Privatleben. Amsterdam und Cölln [Erfurt] 1809. V: *Schiede, H. C.* (BGE V², 344)

— und Luise eine wahre Geschichte, 8. Leipzig, 785. Lincke. 5 sgl.

— — und Louise. Eine wahre Geschichte. Leipzig, Schneider, 1785. 8°.
Neue Original-Romane der Deutschen, Bd. XVI, No. 2.

— — und Louise, oder die Opfer der Leidenschaften. Eine (zahme) Geschichte aus den Zeiten der Sclaven-Erlösung durch die P. Trinitarier in der Türkey. Mit Titelkpf. Leipzig (Wien, Bauer), 1804. 8°. Tit. u. 179 S.

— u. Louise, od. die Opfer der Leidensch. Eine Gesch. aus d. Zeiten der Sclavenerlösung durch die P. Trinitarier in der Türkey, m. K. 8. Wien, Bauer. (Joachim in Lpz.) 804.

Ferdinand und Louise oder Liebe, Betrug und Mord. Eine nach dem Schillerschen Trauerspiel Kabale und Liebe treu dargestellte, sehr rührende Geschichte. Mit 8 illuminirten Bildern. Berlin. Druck und Verlag von Trowitzsch und Sohn. O. J. (c. 180*). 8°. 55 S. (12 Mk. Auction Deneke, no. 767.)
Bei Goedeke V. 174 j ist eine andere Ausgabe von 63 S. citirt.

Ferdinand von Löwenhain, ein Büchlein, welches wünscht gelesen zu werden. Leipzig 1781. V: *Schulz, Joachim Christoph Friedrich.* (ML) (Ky) (R-N)

—Malchen u. Julchen, eine ländl. Geschichte. 8. Altenb. 782. (Hennings in Neisse). 8 gℊ

— Malchen u. Julchen; e. ländl. Gesch. 8. Altenb. Richter. (Academ. Buchhdl. in Jena.) 782.

— —, Malchen und Julchen. Eine ländliche Geschichte (zahmer Roman). (Hübsche Ornament-Vignette.) Altenburg, in der Richterischen Buchhandlung. 1792. 8°. 144 S. (incl Tit. u. 2 Bll. Vorber.). (1/2 Rthl. Lippert, Halle.)

Ferdinand VII., König v. Spanien, s. Denkwürdigkeiten der Zeitgenossen, 4r Bd.

Ferdinand VII. König v. Spanien. Vom Herausg. d. Denkwürdigkeiten d. General Riego. gr. 8. Stuttg. 824, Frankh.

Ferdinand und Wilhelmine oder die wunderbare Entdeckung; ein Original-Lustspiel in fünf Aufzügen. Prag 1775. V: *Möller, Heinrich Ferdinand.* (Ky)

Ferdinand II., Kaiser, als Erzherzog v. Steiermark od. Eine kathol. „Reformation" im 16. Jahrh., s.: Flugschriften, katholische, zur Wehr u. Lehr'.

Ferdinand der Zweite, König v. Ungarn u. Böhmen. Histor. Schausp. in 5 Aufz. v. Caroline Pichler. 816. Rtblr.

Ferdinand [Verfasser]

FERDINAND (ps.? — Nicht bei Weller). — Elise oder Gesetz und Natur. Ein (zahmer) Roman aus der neuesten Zeitgeschichte von *Ferdinand* ***. Stuttgart, J. Wachendorf, 1840. 8°. Tit. u. 330 S.

Ferdinand, Herzog zu Braunschweig. Ferdinand, Herzog zu Braunschweig während des siebenjährigen Krieges. (Briefwechsel) hrsg. von E. v. dem Knesebeck. Bd 1. 2. Hannover 1857—58. 8°.

Ferdinand, Hertzog zu Braunsch. u. Lüneb. Declaration dererjenigen Gründe welche Se. Königl. Maj. in Preussen bewogen, mit Dero Armee in Sr. Königl. Maj. in Pohlen u. Churf. Durchl. zu Sachsen Erb-Lande einzurücken. Berlin 1756. 4.

Ferdinand, Herzog zu Braunschweig, s. Denkwürdigkeiten.

[Ehrenerklärung von Hans Heinr. Frh. v. Ecker und Eckhoffen durch Herzog **Ferdinand von Braunschweig-Lüneburg.** Dat.:] Braunschweig 1786. 1 Bl. 2°
Abgedr. in: FZ. (Neuwied) 1787 S. 225—227; Schröder, F. L.: Materialien z. Gesch. d. Frmrey seit d. Wiederherst. d. gr. L. i. London 4 (o. J.) S. 352—354.
Veranlasst durch die dem Konvent zu Wilhelmsbad von der altschottischen Loge Friedrich z. goldnen Löwen in Berlin gesandte Warnung vor Eckhoffen. 282.

Ferdinand, Prinz v. Braunschweig, réflexions et anecdotes vraies, mais hardies sur la campagne de 1756, s. a. Beiträge u. Forschungen, urkundliche, zur Geschichte des preuß. Heeres. II. 4.

Ferdinand, Prinz v. Braunschweig. Réflexions et anecdotes vraies, mais hardies sur la campagne de 1756. Berlin 1902. 8°. (Pc 200—4)

[Zirkular des Herzogs **Ferdinand von Braunschweig-Lüneburg** den künftigen General-Ordens-Konvent betr. Dat.:] Braunschweig 1780. [Nebst den darauf eingegangenen Antworten. Braunschweig 1780—1782: Kolb.] getr. Pag. 2°

Ferdinand Erzherzog von Oesterreich-Este: Kreisschreiben des k.k.galizischen Landesguberniums. Womit die allerhöchst genehmigte neue Pest-Polizei-Ordnung für die k.k.österr. Staaten kund gemacht wird von Ferdinand Erzherzog von Oesterreich-Este, Franz Freyherrn Krieg von Hochfelden, Alois Ritter von Stutterheim und Franz Edlen von Neuhauser. (Dt. u.Poln.) 71 S., gbd.

Lemberg: 1837

Ferdinand III., Römisch-dt. Kaiser

Ferdinand III., Kaiser, einige Briefe aus dem 30jähr. Kriege. Hrsg. v. Joh. Nedoma. (35 S.) Lex. 8. Prag 906. (F. Řivnáč.) — 50
Sonderabdr. a. „Sitzungsber. d. böhm. Gesellsch. d. Wiss."

Ferdinand III., Leopold I. und **Joseph I.** Musikalische Werke der Kaiser.... Im Auftrage des k. k. Ministeriums für Cultus und Unterricht herausgegeben von Guido Adler. I. Bd. Kirchenwerke. II. Bd. Gesänge aus Oratorien und Opern. Instrumental-Compositionen. (2 Bde.) Fol. Wien 1892—1893.

Ferdinand della Scala, P., O. Cap., d. hl. Fidelis v. Sigmaringen, Erstlingsmartyrer d. Kapuzinerordens u. d. Congregatio de propaganda fide. E. Lebens- u. Zeitbild a. d. 16. u. 17. Jahrh. N. Quellen bearb. gr. 8. (XVI, 255 u. 56 S. m. 19 Abb. u. 1 Stahlst.) Mainz 896. F. Kirchheim. n. 3. —; geb. n. 4. —

Ferdinand II. v. Tirol, Erzherzog. Speculum vitae humanae, s. Neudrucke deutscher Litteraturwerke d. XVI. u. XVII. Jahrh.

Ferdinand Maximilian Markgraf von Baden-Baden. Zwei Instruktionen des ..... für die Erziehung seines Sohnes Ludwig Wilhelm. Mitgeteilt von Albert Krieger. (Aus:) „Zeitschrift für Geschichte des Oberrheines." Neue Folge IV. 1.
8. Freiburg i. B. 1889.

Ferdinand, And., s. Handbuch über d. Reitkunst.

Ferdinand, C., die Geschichte von den fünf Schweinchen oder Jedem nach Verdienst. Ein lehrreiches Geschichtchen in Versen und Bildern. qu. 4. (12 ill. Stat.) Stuttgart 861, Schreiber und Schill.

Ferdinand, C., die Geschichte von den fünf Schweinchen oder Jedem nach Verdienst. Ein lehrreiches Geschichtchen in Versen und Bildern. (2. Aufl.) qu. 4. (12 ill. Stat.) Eßlingen 866, Schreiber. cart.

—— dass. — s. Schreiber's lustige Thierbilder.

Ferdinand, E. L., ein Wort zur Verteidigung der Kronprinzessin Luise v. Sachsen. Liebe, Familienleben u. Moral an Fürstenhöfen. (18 S.) 8. Zürich 903. (C. Schmidt.) n. — 50

Ferdinand, E L . Ein Wort zur Verteidigung der Kronprinzessin Luise von Sachsen.... (2. [Titel-]Aufl. 3. bis 6. Tausend.) 18 S. 8. Zürich, Komm. Cäsar Schmidt, 1903. [fr. —. 50]

Ferdinand, Franz, Cuno v. Falkenstein als Erzbischof von Trier etc., s. a. Beiträge, Münsterische, zur Geschichtsforschung.

Ferdinand, Franz [aus Wildberg in Rheinpreussen]: Cuno von Falkenstein als Erzbischof von Trier, Koadjutor und Administrator von Köln bis zur Beendigung seiner Streitigkeiten mit der Stadt Trier 1377. ... Paderborn, Druck v. Ferd. Schöningh, 1885: 2 Bl., 100 S. 8°.
Münster, Phil. Fak., Inaug.-Diss. v. 1885.

Ferdinand, Friedr., s. Offenherzigkeiten aus der Armee.

Ferdinand, F. Offenherzigkeiten aus der Armee. Berlin 1887. 8°. (Verm. Jähns.)

Ferdinand, Johannes B., Rechtspraktikant a. Haus-Leppe (Kr. Gummersbach, Rheinland): Das Rechtsmittel der Beschwerde im heutigen deutschen Strafprozeß unter Berücksichtigung des Militärstrafprozesses. Abt. 1: Grundlegende Erörterungen. Karlsruhe i. B. 1907: G. Braun. (101 S.) 8° ¶ [Erscheint vollst. in: Freiburger Abhandlungen aus d. Gebiete d. öffentl. Rechts H. 15.]
Freiburg i. B., Rechts- u. staatsw. Fak., Ref. v. Rohland, Diss. v. 1908
[Geb. 10. Jan. 80 Haus-Leppe (Reg.-Bez. Cöln); Wohnort: Freiburg i. B.; Staatsangeh.: Baden; Vorbildung: Gymn. Freiburg i. B. Reife M. 99; Studium: Freiburg i. B. 2, Berlin 1, Freiburg i. B. 6 S.; Rig. 12. Dez. 04.]

Das Rechtsmittel der Beschwerde im heutigen deutschen Strafprozeß, unter Berücks. d. Militärstrafprozesses. Von Dr. Joh. B. **Ferdinand.** Karlsruhe i. B.: G. Braun 1908. (XII, 276 S.) 8°
— **Abhandlungen**, Freiburger, aus d. Geb. d. öffentl. Rechts. H. 15. 1908. 3843

Beschreibung der Pfarrkirche zum h. Nikolaus in Aachen. Von Pfarrer Johann Pet. **Ferdinand**. Aachen [1905]: La Ruelle. 48 S. 8° [11. 3867 B

Ferdinand, Joh. Pet., s.: Handbuch d. Erzdiözese Köln.

Die Wahlen der kirchlichen Vermögensverwaltungs-Organe. In übersichtl. Weise dargest. von Joh. P[eter] **Ferdinand**, Pfarrer in Aachen. *Köln: J. P. Bachem 1899.* (31 S.) 8° [F.] [10. 1899 B

Das Geheimnis des Häuptlings. Erzählung aus d. Indianerleben von Karl **Ferdinand**. *Styrum: A. Spaarmann [1899!].* (32 S.) 8° [F.]
— Jugend-Bibliothek, Kleine. No 190. [10. 1907

Ferdinand, Karl, s.: Volks- u. Jugend-Erzählungen.

Ferdinand, M. (M. F. Sebaldt), s. a.: Herman, G.

Ferdinand, Max, Friedrich III., deutscher Kaiser u. König. Ein Lebensbild f. das deutsche Volk. 8. (32 S.) Berlin 888. J. Becker. n. — 50

Ferdinand, Max. (M. Sebaldt), „Wanidis". D. Triumph d. Wahnes. 3. Bd. D. I. S. Die arische „Sexual-Religion" als Volks-Veredelg. in Zeugen, Leben u. Sterben. Bilder v. Fidus. M. e. Anh. üb.: „Menschenzüchtg." v. Carl du Prel. gr. 8. (512 S.) Leipzig 897. W. Friedrich. n. 9. —
Bd. 1 u. 2 erscheinen später.

— Wanidis, neue Ausg., s.: Herman, G., Analogien d. Sgadrasil; Mythologie der Diaphethur; Xenologie des Saeming.

Ferdinand, Max Alfr., s. a. Wundtke, Max.

Ferdinand, Max Alfr. Liebesweben. Gedichte u. Märchen. 12. (VIII, 178 S.) Dresd. 889, Pierson. * 2 —; geb. * 3 —

Ferdinand, M. A., s. Zur Psychologie der Liebe.

(**Ferdinand**, Valentin): Valentin Ferdinand's Beschreibung der Serra Leoa, mit einer Einleitung über die Seefahrten nach der Westküste Afrika's im vierzehnten Jahrhunderte von Friedrich Kunstmann. ([S.-A.] Abhandlungen der k. bayer. Akademie der Wissenschaften. III. Classe. Bd. 9. Abth. 1.) München 1861. 32 S. 8°. [A 1617

(**Ferdinand**, Valentin): Valentin Ferdinand's Beschreibung der Westküste Afrika's bis zum Senegal mit Einleitung und Anmerkungen von Friedrich Kunstmann. ([S.-A.] Abhandlungen der k. bayer. Akademie der Wissenschaften. III. Classe. Bd. 8. Abth. 1.) München 1856. 65 S. 8°. [A 1615

(**Ferdinand**, Valentin): Valentin Ferdinand's Beschreibung der Westküste Afrika's vom Senegal bis zur Serra Leoa im Auszuge dargestellt von Friedrich Kunstmann. ([S.-A.] Abhandlungen der k. bayer. Akademie der Wissenschaften. III. Classe. Bd. 8 Abth. 3.) München 1860. 45 S. 8°. [A 1616

Ferdinanda, oder: Wunderbar sind Gottes Fügungen. Eine belehrende Geschichte für reifere Mädchen. Als Gegenstück zur Erzählung des Chp. Schmid: Ferdinando. Vom Verf. „der tugendhaften Mädchen, Eustachia zc." Mit Titelkpfr. gr. 12. Wien 836. Wimmer. 3/8 ⅌

Ferdinanda. Oder: Wunderbar sind Gottes Fügungen. Eine belehrende Geschichte für Mädchen. Als Gegenstück zur Erzählung des Herrn Canon. Chrph. Schmid: „Ferdinando." Vom Verf. der „Tugendhaften Mädchen" zc. Mit 1 Titelkpfr. (in Holzschn.) 2. Aufl. Wien 860. Leo. 8. (143 S.) 9 ngr.

Ferdinande als Gegenstück zu Schmids Fernando. Wien 1836. V: *Wimmer, Franz.* (Mitth. Prof. H. Fr. Wagner-Klosterneuburg.)

Ferdinandeum. 23. Jahresbericht des Verwaltungsausschusses. 1846. gr. 8. (64 S.) Innsbruck 847, (Wagner'sche Buchh.) *

Ferdinandeum. Fünfundzwanzigster Jahres-Bericht des Verwaltungs-Ausschusses vom Jahre 1851 — 1852. 8. (72 S.) Innsbruck. Wagner'sche Buchdruckerei. 1853.

Ferdinandeum. Sechsundzwanzigster Jahresbericht des Verwaltungs-Ausschusses über die Jahre 1853/54. Innsbruck, 1856. Gedr. in der Wagnerschen Buchdruckerei. (76 S. 8.)

Ferdinandine von Gibraltar bey der Belagerung unter Elliot; eine Geschichte. Leipzig 1784. V: *Kirsten, Johann Adam Gotthard.* (Adel) (Ky) (MGT) (BrMm)

Ferdinandine in Gibraltar, bei der Belagerung unter Elliot, (v. Jh. Adm. Gtthrd. Kirsten). 8. Leipz. 784. Müller. 16 ℊℊ

Ferdinands Leben, Wanderungen u. Schicksale. 8. Leipz. 810. Hinrichs. 12 ℊℊ

Ferdinands u. Juliens erstes Lehr- u. Lesebuch n. d. natürl. u. besten Methode, Kindern das Schreiben u. Lesen zugleich zu lehren zc. 8. Leipz. Leo. 811.
Auch unt. d. Titel:
Handbuch f. Mütter zc.

Ferdinands, Carl (Carl Ferd. v. Bleuten), Graf Allotria. Eine lust. Autogeschichte in Versen. Mit bunten Bildern v. Else Rehm-Vietor. (32 S.) gr. 8. Leipzig (910). R. Hahn. Geb. 2. 20

— s.: Aus der goldenen Schmiede.

Ferdinands, C., Frauenlob. (Dichtungen.) 1. Ilst. 1898. 12. (32 S. m. Vignetten.) Köln 898. K. Geerling. n. 1. —

— Die Himmelfahrt des Heinz Sausebraus. Bilder v. Arpad Schmidhammer. (12 S. m. z. Tl. farb. Abbild.) 23×38 cm. Mainz (908). J. Scholz. Ausgestanzt 1. —

— Bruder Lustig. Kinderlieder, m. bunten Bildern von Hans v. Volkmann. (34 S.) Lex. 8. Köln (907). H. & F. Schaffstein. Kart. 3. —

— Mit Sang u. Klang das Jahr entlang! Neue Kinderlieder. Mit bunten Bildern von Hans v. Volkmann, Else Rehm-Vietor u. Rhold. Hansche. (40 S.) 30,5×23 cm. Leipzig (909). A. Hahn. Geb. 3. —

— Normannensturm, s.: Volks- u. Jugendbücher, Mainzer.

— Die Pfahlburg, s.: Volks- u. Jugendbücher, Mainzer. 1.

Ferdinands, Carl (Carl Ferd. van Bleuten), Ri-Ra-Rutsch! Kinderlieder. Reime v. F. Bilder von H. R. v. Volkmann. 1. u. 2. Aufl. 1.—6. Taus. (44 S.) qu. kl. 8. Berlin 904. 906. B. Behr's Verl. Geb. n. 1. 60

— im Sommergarten. Lieder u. Märchen. Bildschmuck v. Ernst Liebermann. (78 S.) Lex.-8. Nürnberg (906). E. Nister. Geb. n. 3. 50

— Vernichter u. Vernichtete. 7 Erzählgn. Buchschmuck von Hans v. Volkmann. (VII, 202 S.) 8. Berlin 906. E. Fleischel & Co. n. 3. —

Ferdinandsbrunnen, der, zu Marienbad. 4. (1/2 Bog.) Eger, J. Kobrtsch und Gschihay 1853.

Ferdinandus Bischof von St. Gallen s. Rüegg, Ferdinand.

Ferdinandy, Gejza v., Staats- u. Verwaltungsrecht des Königr. Ungarn, s. a. Bibliothek des öffentlichen Rechts.

Staats- und Verwaltungsrecht des Königreichs Ungarn und seiner Nebenländer. Von Prof. Dr. Gejza v. **Ferdinandy**. Übers. von Dr. Heinrich Schiller. Hannover: Jänecke 1909. XVI, 318 S. 8°
(Bibliothek d. Öffentlichen Rechts. Bd 16.) [09. 13038

Ferdiner, Carl, von Dusch, 3 Theile mit Kupf. 8. Breslau, 776-80. Meyer. 6 Rthl. 15 sgl. Dasselbe Buch neue Aufl. oder der Verlobte zweyer Bräute, 3 Theile, 8. Daselbst. 3 Rthl.

— — dasselbe, neue Aufl. od. d. Verlobte zwey. Bräute. 3 Thle. (a.) Verlobte.

FERDUSI, Olympos (ps.), Unser Parnass oder die gepflückten Sirenen. Altona, Hammerich, 1838. 4 Bogen. 16°.
A. G. Schmidt, Gallerie etc. — Sehr selten!

Ferdy, Hans [Pseud.], s. a. Meyerhof, A. [wirkl. Name]

Ferdy, Hans, die künstliche Beschränkung der Kinderzahl als sittliche Pflicht. 2. Aufl. gr. 8. (32 S.) Neuwied 886, Heuser's Verlag. *

—— die künstliche Beschränkung der Kinderzahl als sittliche Pflicht, deren Beziehungen zur preuss. Bevölkerungspolitik und die Ziele malthusian. Propaganda in Deutschland. 3. vollständig umgearb. Aufl. gr. 8. (III, 95 S.) Ebendas. 888.

Ferdy, Hans, die künstliche Beschränkung der Kinderzahl als sittliche Pflicht. 4., umgearb. Aufl. gr. 8. (123 S.) Neuwied 894. Heuser's Verl. 2. 40

Die künstliche Beschränkung der Kinderzahl als sittliche Pflicht v. Hans **Ferdy** ... 5. vollst. umgearb. Aufl. *Berlin [&] Neuwied a. Rh.: Heuser 1897.* (2 Bl., 141 S.) 1 Bd 8. [98. 5069

Ferdy, Hans, d. künstliche Beschränkung d. Kinderzahl als sittl. Pflicht. 5., vollst. umgearb. Aufl. gr. 8. (141 S.) Neuwied. Leipzig 897. M. Spohr. n. 3. —

Ferdy, Hans. Der Congressus interruptus als ätiologische Basis nervöser Störungen in der Genitalsphäre. gr. 8. (8 S.) Neuwied 891, Heuser's Verlag. — 45
Aus: Frauenarzt, besonders abgedruckt.

—— der Malthusianismus in sittlicher Beziehung. gr. 8. (32 S.) Ebendas. 885. *

—— die Mittel zur Verhütung der Conception, nebst einem Versuche zur krit. Entscheidung eines streit. Punktes der Conceptionstheorie. Gynäkologische Studie für prakt. Aerzte und Geburtshelfer. gr. 8. (38 S.) Ebendas. 886. *

—— Die Mittel zur Verhütung der Conception. Eine Studie für prakt. Ärzte u. Geburtshelfer. 3. neu bearb. Aufl. (46 S.) 889. * 1 50; 4. neu bearb. Aufl. (51 S.) 890. * 1 60; 5. neu bearb. Aufl. gr. 8. (62 S.) Ebd 892. * 1.80

— d. Mittel z. Verhütg. d. Conzeption. E. Studie f. prakt. Aerzte u. Geburtshelfer. 6., neu bearb. Aufl. gr. 8. (76 S.) [Neuwied 895. Heuser's Verl.] Ebd. n. 1. 80

Ferdy, Hans, die Mittel zur Verhütung der Conception. Eine Studie f. prakt. Aerzte u. Geburtshelfer. 7. neu bearb. Aufl. gr. 8. (100 S.) Leipzig 899. M. Spohr. n. 2. 40

Ferdy, Hans, die Mittel zur Verhütung der Conception. Eine Studie f. Aerzte u. Geburtshelfer. 8. neu bearb. Aufl. (In 2 Thln.) 1. Thl. Die Mittel. (122 S.) gr. 8. Leipzig 907. M. Spohr. n. 2. 40

Ferdy, Hans, die Mittel zur Verhütung der Conception. II. Thl. Die Stellungnahme des Arztes gegenüber dem Verlangen nach Conceptions-Verhütg. im Volke. (52 S.) gr. 8. Leipzig 907. M. Spohr. 1. —

— sittliche Selbstbeschränkung. Behagliche Zeitbetrachtgn. e. Malthusianers üb. die begriffl. Wandlg. des „moral restraint" in dem Jahrhundert 1803—1903 u. die Ausbreitg. des Neo-Malthusianismus. (204 S.) Lex.-8. Hildesheim 904. (J. Gude.) n. 5. —

Die Stellungnahme des Arztes gegenüber dem Verlangen der Conceptions-Verhütung im Volke von Hans **Ferdy**. Leipzig: M. Spohr 1907. (52 S.) 8°
— **Ferdy**: Die Mittel z. Verhütung d. Conception. T. 2. [08. 7225

Féré, Charles, d. Epilepsie. Autor. Übersetzg v. Paul Ebers. Mit e. Vorwort von F. Tuczek. gr. 8. (VI, 601 S. m. 65 Fig. u. 1 Taf.) Leipzig 896. W. Engelmann. n. 11. —; geb. n. 12. 20

Nervenkrankheiten und ihre Vererbung. Von Ch[arles] **Féré**, Arzt am Bicêtre. In's Deutsche übertr. (a. d. Umschl.: Autoris. deutsche Uebs. v. 'La Famille névropathique') v. Dr. med. Hubert Schnitzer. M. 20 Abb. im Text. *Berlin: Fischer 1896.* (VI, 284 S., 1 Bl.) 1 Bd 8. [95. 5970

Féré, Ch., moderne Nervosität u. ihre Vererbung. 2. unveränd. Abdr. v. „La famille névropathique" (Nervenkrankheiten u. ihre Vererbg.) durch Hub. Schnitzer. 8. (IV, 284 S. m. 20 Abbildgn.) Berlin 898. Fischer's medicin. Buchh. n. 3. —

Féré, Octave, et D. Saint-Yves, le baron de Trenck. 10 Vols. (Bibliothèque choisie. Vol. 802—811.) 16. (1559 S.) Naumburg 865, Pätz.

Féré, Octave, Doctor Vampyr. Roman. Aus dem Französ. übersetzt von Rob. Springer. Autorif. deutsche Ausg. 2 Bde. 8. (III, 268; III, 199 S.) Berlin 872, Janke.

Féréal, M. V. von [Pseud.], s. a. Suberwick, Mme. de [wirkl. Name]

Féréal, V. v., Geheimnisse d. Inquisition u. anderer geheim. Gesellschaften Spaniens. Mit histor. Anmerkungen u. ein. Einleit. v. Manuel v. Cuendias. Aus d. Franz. v. A. Diezmann. 11 Lfgn. 16. (43¾ B., 6 Abbild. u. 2 Holzschnt.) Leipzig 845, Teubner. à Lfg. 3 Ngr.

—— die Geheimnisse d. Inquisition. A. d. Franz. v. L. Meyer. 8 Bdchn. in 12 Thln. 1. u. 2. Aufl. 8. (à 73 B.) Leipzig 845, 46, Otto Wigand. (1. Aufl. 2 Thlr. 20 Ngr.)

Féréal, V. v., Geheimnisse der Inquisition und anderer geheimen Gesellschaften Spaniens. Mit historischen Anmerkungen und einer Einleitung von Manuel v. Cuendias. Aus dem Französ. übers. von A. Diezmann. 2. Aufl. gr. 16. (686 S. und 11 Holzschn.) Leipzig 848, Teubner.

—— dass. — **Mit histor. Anmerkungen von Manuel v. Cuendias. Aus dem Französ. übers. von A. Diezmann. 3. Aufl. gr. 16. (VI und 698 S. mit 10 Holzschn.) Leipzig 862, Teubner.**

Féréal, M. V. v., die Geheimnisse der Inquisition und anderer geheimen Gesellschaften Spaniens. Mit histor. Anmerkungen und einer Erklärung von M. v. Cuendas. Deutsch von L. v. Alvensleben. 10 Lfgn. Lex.-8. (VIII und 584 S. mit eingedr. Holzschn. und 23 Holzschntaf.) Brünn 862,63, Karafiat. à Lfg. 7½ Ngr.

Féréal, M. V. v., die Geheimnisse der Inquisition und anderer geheimen Gesellschaften Spaniens. Mit historischen Anmerkungen u. einer Einleitung von M. v. Cuendias. Deutsch von L. v. Alvensleben. 862. (VIII, 584 S. m. Holzschn. im Text u. 23 Holzschntaf.) 2 ₰ 15 ngr. — (Neue Aufl.) Brünn 864. Karafiat. gr. 8. (VIII, 544 S. m. Holzschn. im Text u. 12 Holzschntaf.) 1 ₰

Die Geheimnisse der Inquisition und anderer geheimen Gesellschaften Spaniens. Von V. v. Féréal. Mit histor. Anm. und einer Einl. von v. Cuendias. Deutsch von L. v. Alvensleben. Brünn: Karafiat [ca 1865]. 544 S., 12 Taf. 8°

v. **Féréal**, M. V., die Geheimnisse der Inquisition. Deutsch von L. v. Alvensleben. 3. Aufl. (In 10 Liefgn.) 1. Liefg. Brünn 867. Karafiat. Lex.-8. (S. 1—64 m. Holzschn.) 5 ngr.

FÉRÉAL, M. V. von. Die Geheimnisse der Inquisition und anderen geheimen Gesellschaften Spaniens. Mit historischen Anmerkungen und Einleitung von M. v. Cuendias. Deutsch von Alvensleben. II. Auflage. Budapest o. J. (ca. 1875). Gr. 8°. VII, 490 S.

[Dasselbe.] 2. Aufl. Budapest o. J.: Márkus. VII, 490 S. 8°
TB. 354.

Féréal, M. V. v., die Geheimnisse der Inquisition u. anderer geheimen Gesellschaften Spaniens. Mit histor. Anmerkgn. u. e. Einleitg. von M. v. Cuendias. Deutsch von L. v. Alvensleben. 2. Aufl. gr. 8. (VII, 490 S. m. Abbildgn.) Budapest 899. (Wien, J. Deubler.) 4. —

Féréal, M. V. v., die Geheimnisse der Inquisition u. anderer geheimen Gesellschaften Spaniens. Mit histor. Anmerkgn. u. e. Einleitg. von M. v. Cuendias. Deutsch von L. v. Alvensleben. 3. Aufl. (VII, 490 S. m. Abbildgn.) 8. Budapest (904). (Wien, J. Deubler.) n. 5. —

— az inquisitió és egyéb spanyol titkos társulatok titkai. Történelmi jegyzetekkel és bevezetéssel ellátta Cuendias. Franciából: Huszár Imre. Brünn 864. Karafiat. Lex.-8. (XXX, 547 S. m. Holzschn. im Text u. 23 Holzschntaf.) 3 ℛ 10 ngr.

— tajnosti inkvizice a jiných tajných společností ve Španělích. S dějepisnými poznámkami a úvodem od M. z Cuendias. Ebend. 864. Lex.-8. (VII, 515 S. m. Holzschn. im Text u. 23 Holzschntaf.) 3 ℛ 10 ngr.

—— Mysterien der Inquisition, s. Aula d. schön. Literatur. — Mysterien.

Feremont, S. F. A., Auguste von Lilienfels. Ein Ldndl. Gedicht. M. Kupf. 8. Göttingen. Rosé.

Ferenczy, Miklos, der ungarische National-Tanz „Kör". Gründliche und leichtfaßl. Beschreibung für Tanzlehrer und zum Selbstunterricht. Nebst erklär. Zeichnungen (auf 6 Stnt.) und 1 Musikbeilage. 16. (88 S.) Wien 869, Wenedikt.

Ferencz, József, kleiner Unitarier-Spiegel. Kurzer Inbegriff der Geschichte, der Dogmen, der Kirchenverfassung und der Ceremonien der Unitarier-Kirche. Uebersetzt und mit den zuzüglichen Religions-Gesetzen anhangsweise versehen durch Rob. Léhmann. gr. 8. (VIII, 149 S.) Wien 879, (Gerold's Sohn.) *

Ferenczi, Emerich, die Hausindustrie in Ungarn u. die Budapester Heimarbeit, s. a. Schriften der ungarischen Vereinigung f. gesetzlichen Arbeiterschutz. 3. Hft.

Ferenczi, Emerich: Die Hausindustrie in Ungarn und die Budapester Heimarbeit. — Jena: Fischer 1908. 94 S. 8° (Schriften d. ungar. Vereinigung f. gesetzl. Arbeiterschutz. 3.)

Ferenczi, Emerich, Heimarbeit. Bericht an die VI. Delegierten-Versammlung auf Grund des Fragebogens erstattet. 8°. Jena, G. Fischer, 1910. (Schriften der ungar. Vereinigung f. gesetzl. Arbeiterschutz, Heft 7.)

Ferenczi, S., Introjektion u. Ubertragung. Eine psychoanalyt. Studie. I. Die Introjektion in der Neurose. II. Die Rolle der Übertragg. bei der Hypnose u. Suggestion. (38 S.) gr. 8. Wien 910. F. Deuticke. 1. —
Sonderabdruck aus „Jahrb. f. psychoanalyt. u. psychopatholog. Forschgn."

Ferenczi, Sigm., s.: Fachkalender m. Vormerkblättern f. Papier-Industrie u. Papier-Handel.

Ferenczy A.: Über das β-Acetacetylpyridyl. S. 106. IIb. 677 . . . .
Separatabdruck

Ferentheil, M. v., bergab. Agrar. Zeitbild in 3 Akten. 8. (79 S.) Leipzig 895. W. Friedrich. n. 1. —

Feret, Ed., Bordeaux u. seine Weine, s. a. Cocks, Ch.

Féret. E.: Bordeaux und seine Weine nach ihren Lagen und Klassen geordnet. Deutsch von P. Wendt. Stettin und Bordeaux. 1893.

Feret, R., Abhängigkeit der Haftfestigkeit v. Beton u. Eisen v. der Menge des zum Anmachen verwendeten Wassers. (Deutsch u. französisch.) (9 S.) 31,5×23,5 cm. Stuttgart (906). (Freiburg i/B., J. Bielefeld.) 1. 50

— Doit-on pulvériser les pouzzolanes? (7 S. m. 6 Fig.) 31,5×23,5 cm. Ebd. 900. 1. 50

— Die Mörtel m. Tanninzusatz. (Deutsch u. französ.). (9 S.) 31,5×23,5 cm. Ebd. (906). 1. 50

— Programme d'expériences relatives aux méthodes d'essai des pouzzolanes. (16 S. m. 1 Fig.) 31,5×23,5 cm. Ebd. 902. 2. —
4 Sonderabdrucke aus „Baumaterialienkde."

Feret, R., Untersuchungen üb. den elektrischen Widerstand der hydraulischen Mörtel. (Deutsch u. französisch.) (6 S.) gr. 4. Stuttgart 902. Freiburg i/B., J. Bielefeld. n. 1. —
Sonderabdruck aus: „Baumaterialienkunde".

Feretto, Bern. de, Diarium de Murbach (1671—1746). Publié par Angel & Auguste Ingold. gr. 8. (107 S.) Colmar 894. H. Hüffel n. n. 1. 60

†(Ferette, Rob.), s. Ferber, O.

Feretto, Robert [Pseud.], s. Ferber, Otto

Fereus, Zdenko, Stimmen des Weltleids. Eine neue Anthologie. 12. (XV, 496 S.) Leipzig 887, O. Wigand. geb. mit Goldschn. *

Ferëus-Grison, Frauenspiegel. Aphorismen über Frauen, Frauennatur und Frauenleben. 16. (V, 182 S.) Wien 888, Hartleben. geb. mit Goldschn. *

Fergar, (F. E.), kleiner poet. Hand-Apparat; oder d. Kunst in 2 Stunden ein Dichter zu werden. gr. 12. Pesth 823, Hartleben.

Fergar, F. E.: Das Schlittschuhfahren. Eine prakt. Anl. Wien 1827. 69 S.

— das Schlittschuhfahren. Eine prakt. Anleit. z. schnellen u. richtigen Selbstlernen der Kunst. 8. Wien 827, Haas.

Ferge, Alfred, Medizinalpraktikant: ⟨Aus d. pathol. Inst. d. Univ. Freiburg.⟩ Über den Aufbau und die Entstehung des autochthonen Thrombus. Berlin & Wien: Urban & Schwarzenberg 1909. 60 S. 8° ¶ (Aus: Med.-naturwiss. Archiv. Bd 2.)
Freiburg i. B., Med. Diss. v. 1909, Ref. Aschoff
[Geb. 5. Dez. 83 Braunschweig; Wohnort: Freiburg i. B.; Staatsangeh.: Braunschweig; Vorbildung: Gymn. Braunschweig Reife O. 03; Studium: Freiburg i. B. 5, München 2, Freiburg i. B. 3 S.; Coll. 26. Febr. 09.] [U 09. 917

Ferge, E., Bericht üb. 100 Staar-Extractionen, nebst einigen anderen Mittheilgn. aus der Praxis. gr. 8. (20 S.) Braunschweig 883. J. H. Meyer. n. — 50

Ferger, Alfred, prakt. Arzt aus Wiesbaden: Über einen eigenthümlichen Fall von intermittirendem Herzgeräusch. *Würzburg 1899: Becker.* (22 S.) 8°
Würzburg, Med. Diss. v. 1899

Ferguson, Adam, Abhandlung üb. die Geschichte der bürgerl. Gesellschaft, s. a. Sammlung sozialwissenschaftl. Meister. 2. Bdchn.

Abhandlung über die Geschichte der bürgerlichen Gesellschaft [An Essay on the history of civil society]. Von Adam Ferguson. Aus d. engl. Orig., u. zwar der Ausg. letzter Hand (7. Aufl. 1814) ins Deutsche übertr. von Valentine Dorn u. eingeleitet von Prof. Dr. Heinr. Waentig. Jena: Fischer 1904. VIII, 394 S. 8°
(Sammlung sozialwiss. Meister. Bdch. 2.)

Ad. Ferguson's ausführl. Darstell. d. Gründe d. Moral u. Politik; a. d. Engl., m. e. Abhandl. üb. d. Geist d. Ferguson. Philosophie v. K. Gf. Schreiter. 1r Th. Zür., Orell u. C. 796. 8° 2 ℔

— Essai sur l'histoire de la Société civile, trad. de l'Anglais par Bergier. II Vols. gr. 12. Frankf., Varrentrapp. 1 ℔ 8 gr

Ferguson, A. Geschichte des Fortgangs und Untergangs der römischen Republik; a. d. Engl. . . . Leipz. 1784—86. Ü: *Beck, Christian Daniel.* (Gi) (ErschDL) (Ky) (MGT) (AarF)

— Geschichte des Fortganges u. Unterganges d. römischen Republik; aus d. Engl. frei übers. u. mit Anmerkk. u. Zusätzen begl (v. Chr. Dan. Beck). 4 Thle., in 3 Bden. Mit 2 Kart. gr. 8. Leipz. 784—87. Weidmann. 4 ℔ 22 gr

Ad. Ferguson's Grundsätze d. Moral-Philosophie, a. d. Engl. v. Ch. Garve. Lpz., Dyk. 772. 8° 1 ℔

— history of the progress and termination of the roman republic. VI Vols. 8 maj. Basel 791. Thurneysen. 6 ℔

— history of the civil society. 8. maj. Basel, Ettinger. (Tourneysen à P. et Cassel.) 791.

Ferguson, A., Institutes of moral philosophy, a new Edition. gr. 8. Mainz, Kupferberg. 815.
Schreibp.

— Recherches sur les causes, les progrès et la Chute de la Républ. Rom. 5 Vol. 12. Frft. Varrentrapp.

Ferguson, A. Versuch über die Geschichte der bürgerlichen Gesellschaft; a. d. Engl. Leipzig 1768. Ü: *Jünger, Chn Friedrich.* (ML)

Ferguson, Adm., Versuch über d. Geschichte der bürgerl. Gesellschaft. Aus d. Engl. gr. 8. Leipz. 768. Gleditsch. 18 gr

Ferguson, Adam. Versuch über die Geschichte der bürgerlichen Gesellschaft. Aus dem Englischen übersetzt. Leipzig, J. F. Junius, 1768. 8°. 4 Bl. 437 S. Etwas abgegriff. Pbd. d. Z. m. 2 Rsch.
Wohl das bekannteste Werk des Edinburger Moralphilosophen; die Originalausgabe erschien 1767 („a truly philosophical work" Lowndes). Der Übersetzer dieser 1. deutschen Ausgabe war nicht zu ermitteln. Besonders interessant ist der letzte Abschnitt: „Von der Verderbniß und politischen Sklaverey".

Ferguson, Charles, Diesseits-Religion. Eine Denkschrift üb. die Prinzipien der Moderne. Aus dem Engl. v. Cecilie Mettenius. (IV, 147 S.) gr. 8. Leipzig 903. Jena, E. Diederichs. n. 2.50; geb. n. 3.50

Charles Ferguson. Lebensbejahung [Affirmative intellect]. Eine Darstellung d. Ursprunges u. d. Mission d. amerikan. Geistes. (Übers. von Cecilie Mettenius.) *Leipzig: E. Diederichs 1903.* (140 S.) 8°
— Leben u. Wissen. Bd 3.

Ferguson, James

— Anfangsgr. der Sternseherkunst f. die Jugend; aus d. Engl. Mit Kpf. gr. 8. Leipz. 771. Schwickert. 12 gr

Ferguson, Jak., die Astronomie nach Newtons Grundsätzen erklärt; aus d. Engl. von R. A. J. Kirchhof, mit Kpf. 8. Berl. 783. 2e Aufl. 785. 3e Aufl. 793. Nicolai. 1 ℔ 4 gr

Ferguson, John, die Epilepsie, s.: Gabitto, Clemens.

Ferguson, Meade, aus Appomattox, Va., U. S. Am.: Wie vollzieht sich die spontane Zersetzung der Milch bei 40 bis 44° C., besonders bei 42°, und welche Organismen sind dabei betheiligt? *Göttingen 1902: Dieterich.* (46 S.) 8°
Göttingen, Phil. Diss. v. [12. Apr.] 1902

Ferguson, Meade, wie vollzieht sich die spontane Zersetzung der Milch bei 40—44° C., besonders bei 42°, u. welche Organismen sind dabei betheiligt? Diss. gr. 8. (46 S.) Göttingen 902. (Vandenhoeck & Ruprecht.) n. 1.—

Ferguson, Robert: Das Kindbettfieber. (Essays on the most important diseases of women. Part 1: Puerperal fever. Dt.) Übers. und mit Noten begleitet von Kolb. 253 S., gbd., 10 Tab.

Stuttgart: Ebner & Seubert 1840

Ferguson, R., Leute und Berge, s. a. Weber's illustrirte Reise-Bibliothek.

Ferguson, Robert. Leute und Berge: Reisebilder aus der Schweiz. Von R. F. Aus dem Englischen von J. Seybt. Mit Titelbild [Tafel] und 35 in den Text gedruckten Abbildungen. 8. Leipzig 1855.
Weber's Illustrirte Reise-Bibliothek.

Fergusson, James, das Erechtheion und der Tempel der Athene Polias in Athen. Hrsg. von Heinr. Schliemann. gr. 4. (V, 30 S. mit 4 Taf., davon 3 in Aubeldr. und 1 lithogr., und 2 eingedr. Holzschn.) Leipzig 880, Brockhaus. *

Fergusson, Th., aperçu de la situation en Chine 1861—1873. gr. 8. (52 S.) Bruxelles 874. Muquardt. n. 1.20

Fergusson, William

Fergusson, W., Handbuch der prakt. Chirurgie u. chirurgischen Anatomie. Mit steter Berücksichtigung der neuesten in- und ausländ. Leistungen deutsch bearbeitet von S. Frankenberg. 2 Bde. gr. 8. Leipzig 844, 45, Kollmann. (1. Bd. 2⅔ ℔ 2. Bd. 2⅓ ℔) 5 ℔

—— dass. I. Bd. s. a. Handbibliothek d. vorzügl. Werke d. Auslandes.

Fergusson, William, Handb. d. pract. Chirurgie u. chirurg. Anatomie. Mit steter Berücksichtigung d. neuesten in- u. ausländ. Leistungen. Deutsch bearb. v. Sigm. Frankenberg. 2. Bd. gr. 8. (37¼ B.) Leipzig 846, Kollmann.

Ferhengi Reschidi Grammatica persica, s. Grammatica.

Feria sexta, oder wöchentliche Betrachtung des großen Versöhnungsopfers auf Golgatha. Nach den Stationen des heil. Kreuzweges in Jerusalem, und nach den Bedürfnissen des kathol. Priesters. Von M. S. Pfarrer. gr. 8. München 842, Fleischmann. ¼ ℔

Feria VI. post Dominicam II. Quadragesimae. In festo sacratissimae sindonis d. n. Jesu Christi. Fol. (2 S.) Kempten 872, Kösel'sche Buchh.

Feriae Aestivae Rhetorum Viennensium . . . Viennae Austriae 1725. V: *Kaschutnig, Anton.* (Jes) (SO)

Feriae aestivales. Hamburgi 1726. V: *Arpe, P. Frdr.* (Collin, Anonymer. Kiobenh. 1869.)

Ferid Bey, Mehmed, die Schlacht bei Domokos am 17. V. 1897, s. a. Beiheft z. Militär-Wochenblatt. 1901. Hft. 12.

Die Schlacht bei Dhomokos am 17. Mai 1897, bes. d. Verhalten d. Avantgardenbrigade, nach meinen eigenen Erlebnissen. Von **Mehmed Ferid** Bey, Oberlt. (Mit 1 Kartenskizze.) *Berlin: E. S. Mittler & Sohn 1901.* (S. 501–608.) 8° [F.]
— **Militär-Wochenblatt.** 1901, Beiheft 12. [2.] [09. 5596

Ferió, C., Die Gewerbegerichte vom Standpunkte ihrer historischen Entwickelung und prakt. Nothwendigkeit unter besonderer Berücksichtigung der dem deutschen Reichstage vorgelegten Novelle, betreffend den § 108 der Gewerbe-Ordnung v. 21. Juni 1869. Barmen 1873.

Ferié, C., die Gewerbegerichte vom Standpunkte ihrer historischen Entwickelung und prakt. Nothwendigkeit unter besond. Berücksicht. der dem deutschen Reichstage vorgelegten Novelle, betr. den §. 108 der Gewerbe-Ordnung vom 21. Juli 1869. gr. 8. (79 S.) Barmen 874, Wiemann. *

Ferié Fritz [Apotheker aus Ahaus, Westfalen]: Zur Kenntnis der Fette. (Mit zwei Tabellen.) Bonn 1903. 64 S. 8°. [16. VII. 03.]
Bern. Phil. Diss. 1903/1904.

Ferien; eine Herbstgabe. Basel 1849. V: *Burckhardt, Jac.* (Cat. d. Stadtbibl. Zürich. Zürich 1864—97.)

Ferien, deutsche. Erlebtes und Erdachtes, auch in Reime Gebrachtes, von Wem? — Was macht es? (III, 166 S.) [Berlin 875, Rauh.] Halle, Strien Verlag. *

Ferien, Lina's, oder Sammlung verschiedener Aufsätze zur nützlichen und angenehmen Unterhaltung. Leipzig 1797. V: *Becker, Wilhelm Gottlieb.* (MGT) (StAt)

Ferienausmarsch 1909 des Jugendsport Schaffhausen *s.* [Ziegler, Carl].

Ferien-Bilderbuch v. Ueber Land u. Meer. Mit 150 Abbildgn. v. L. Wain. (96 S.) 4. Stuttgart (903). Deutsche Verlags-Anstalt. Kart. n. 1. 50

FERIEN-CALENDER, Ganz funkel-nagelneuer schwäbischer lustiger, in welchem alles zu finden, was zu einer vollständigen Calender Materie gehört. Mit grossem Fleiss zusammengetragen nach dem Horizon (!) der bösen Weiber. O. O. u. J. (17**). 8°. 8 Bll. Rar!

Marburger **Ferien-Kurse** Juli–August 1900. *(Marburg 1900: J. A. Koch.)* (2 Bl.) 4° [00. 11334 4

Ferien-Liebe; e. Roman v. Emmerich Morus. 8. Coblenz, Pauli u. Comp. 810.

Ferien-Monathe, die, im Schlosse Stromeck. Erzählungen für die Jugend. Mit 6 color. Bildern. gr. 8. Wien 844, Bermann u. S. geb. 1 ₰

Ferienreise. Von der F' unserer Kantonsschüler. Schaffhausen (1910) *s.* [Schwarz, Gottlieb].

Ferienreise, meine, nach Rom. Nach seinem Tagebuche, unter besond. Berücksicht. der latein. Schulklassiker hrsg. v. e. Primaner. (XII, 157 S. m. 4 Plänen u. 9 Abbild.) gr. 8. Gütersloh 909. C. Bertelsmann. 2.40; geb. 3. —

Ferienreise, Eine, in den Orient 1898. [Innsbruck 1898.] V: *Schwertling, Berta von.* (MARGR)

Ferienreisen, Joseph Zippleins. Coburg 1812. V: *Wendel, Johann Andr.* (MGT)

Ferientage. 6 Erzählgn. f. die reifere Jugend. Von Th. Messerer, F. Kühn, E. Weber, P. Schanz u. A. 2 Thle. in 1 Bde. Mit 1 bunten u. 5 schwarzen Bildern. 8. (122 u. 134 S.) Dresden 883. Meinhold & Söhne. geb. n. 1. —

Fidele **Ferientage** in der 'alten Kanone' zu Groß-Dumbach. Studentenstreich in 2 Akten u. 4 Aufz. von F. D. M. Paderborn: B. Kleine [1906] (32 S.) 8° [F.]
— **Theater,** Kleines. H. 368.

Ferientage, heitere. Ein Bilderbuch f. brave Kinder. gr. 4. (16 S. m. z. Tl. farb. Abbildgn.) Eßlingen 894. J. F. Schreiber. Kart. n. 1. —

Ferientage, lustige. Ein Bilderbuch. qu. 4. (6 Chromolithogr. mit 8 S. Text.) Eßlingen 877, Schreiber. cart. *

Ferien-Wanderungen Berliner Gemeindeschüler und -Schülerinnen i. J. 1906, Bericht d. Kommiss. f. Wanderfahrten d. Ortsgruppe Berlin d. dtsch. Vereins f. Volkshygiene, Berlin 1906, 26 S., 8°.

Ferienzeit auf dem Lande. gr. 4. (9 S. m. z. Tl. farb. Abbildgn. u. 4 ausgestanzten Buntbildern zur Aufstellen.) Konstanz (900). C. Hirsch. — 75

Die schöne **Ferienzeit** und andere Geschichtchen von F. F. *Witten a. d. R.: Stadtmission [1900].* (16 S.) 8° [F.]
— **Blütenzweige.** No 4. [09. 5033

Feriere, A., Clef de la langue française. III Tomes. 8. Leips. auteur. 812. Rühl.

***Ferière,* A., Clef de la langue française. III Tom. 8. Lpz. 812. (Grieshammer). 4 ₰ 12 gr**

Feriere, A., Clef de la langue française, ou entretiens philosophiques et littéraires propres à développer les principes de cette langue, et à en faire connoître le génie. III Tomes. Nouv. édit. gr. in-8. Leipz. 835. Fischer et Fuchs. 1½ ₰

Feriere, A., Clef de la langue franç., ou entretiens philosophiq. et littér. propres a développer les principes de cette langue, et a en faire connoître le génie. III Ts. Nouv. édit. gr. in-8. (51½ B.) Leipsic 835. [Serig.]

Feriet, Jo. Benj., De paralysi. 12 pp. Bas. 4°. **1700**

Ferina Lisàk z Kuliferdy a na Klukove čili Kratická historye zlopověstnych kousků starého Reineke jiz vydal dle mnohých rukopisů slovanskýck J. P. Jordan. 8. (18 B.) Leipzig 845. [Slawische Buchhandl.] *

Ferina Lišak z Kuliferdy a na Klukově čili kratička historye zlopověstnych kousků starého Reineck. 2. vydání, okráslil 12 pěknými obrázky Wilim Storck. 8. (283 S.) Leipzig 848, Slawische Buchh. (Pönicke.)

Ferk, der abgetrumpfte Herr, od. Was ist der Altkatholizismus?, s. a. Sammlung zeitgemäßer Broschüren.

(F) Der abgetrumpfte Herr Ferk oder was ist Altkatholicismus? Separatabdruck aus dem „Grazer Volksblatt" vom 10. Juli 1901. (Sammlung zeitgemässer Broschüren, Nr. 7.) Graz. 1901. Styria. 8°. 26 S. K—.10

Ferk, Frz., über Druidismus in Noricum, mit Rücksicht auf die Stellung der Geschichtsforschung zur Keltenfrage. Lex.-8. (50 S. mit 2 Stnt.) Graz 877, (Leuschner und Lubensky.) *
Aus: Erster Jahresbericht der k. k. Lehrerbildungs-Anstalt zu Graz, besonders abgedruckt.

Ferk, Frz.: Erläuterungen zu Schillers Cassandra. 32. Pettau 1875. Progr.

Ferk, Frz., vorläufige Mittheilungen üb. das römische Strassenwesen in Untersteiermark. [Aus: „Mittheilgn. des histor. Vereines f. Steiermark" 41. Jahrg. 1893.] gr. 8. (27 S.) Graz 893. (P. Cieslar.) n.n. — 50

Ferk, Josef

Ferk, Jos., Anfänge u. Entwicklung des Christentums, nach Ergebnissen der modernen voraussetzungslosen Religionswissenschaft. 3 Vorträge, geh. im wissenschaftl. Verein Kosmos in Mähr.-Schönberg. (48 S. m. 1 Fig. auf dem Umschlag.) gr. 8. Mähr.-Schönberg (909). (J. Emmer) — 50

Ferk, J., der Beichtstuhl, s.: Leander.

— Die geforderte katholische Kirchen-Reformation. Unzufriedenen, Denkenden, Suchenden gewidmet. 3. umgearb. Aufl. (24 S.) 8. Ebd. 910. — 30

FERK, Josef. Des hl. Alfons v. Liguori »Moral-Theologie«. Wortgetreue Übersetzung einzelner Teile derselben nach der vom Autor selbst verbesserten 5. Ausgabe seiner Theologia moralis, erschienen in Bologna 1763. Leipzig-Stötteritz o. J. (1909). Gr. 8°. 24 S.

— Don Quixote u. Sancho Pansa in neuer Auflage, s.: Abwehrschriften Nr. 1.

— sind wir romfreie Christen bodenlos dumm?, s.: Abwehrschriften Nr. 2.

Ferk, Jos., was ist altkatholisch? Kurze Erläuterg. des Wesens u. der Ziele der altkathol. Beweg., Klarlegg. u. kurze Begründg. der durchgeführten Reformen zur Belehrg. f. Altkatholiken u. solche, die es werden wollen, m. e. Anh. üb. die Rechte u. Pflichten der Altkatholiken in ihrer Kirchengemeinschaft. 2., teils verkürzte, teils erweit. Aufl. (19 S.) 8. Graz (Schulgasse 1), 903. Verlag der altkathol. Seelsorge. n.n. — 20

Ferkel, Andreas [Pseud.], s.a. Oemler, K. W.

Ferkel, Andr., (K. W. Oemler), die heimlichen Gemächer, ein Lobgedicht. 8. Stendal 805. Franzen u. Gr. 12 ℳ

Ferkelregister. (Nach Entwurf v. Hoesch-Neukirchen.) 12. (324 S.) Leipzig (902). R. C. Schmidt & Co.
Geb. in Leinw. n. 2. —

Ferke, Max [aus Leipzig]: Beiträge zur Kenntniss des Phenylhydrazins .... Freiburg i. B., Univ.-Buchdr. v. Chr. Lehmann, 1888; 46 S. + 1 Bl. 8°
Freiburg i. B., Phil. Fak., Inaug.-Diss. v. 1888

Ferle, Frdr. R., praktische od. angewandte Meteorologie f. Landwirte. Für Studierende der Landwirtschaft, Landwirte, Förster etc. sowie zum Selbstunterricht. (VIII, 92 S. m. Fig.) gr. 8. Riga 906. (Jonck & Poliewsky.) n. 2. —

Ferle Leopold: Die Einfälle der Alamannen in Italien.
1908 PN 2489 Diss. Wien, Univ. 994

Ferler, J., Gebetbuch. 8. Augsb. Wolff.

Ferler, Joh., Licht u. Schatten, d. i. gründliche Auslegung aller Artikel der hl. röm.-kath. Glaubensbekanntnus (gegen die augsburgische Konfession). Augsburg 1730, 8°.

Ferling, Max, der Humorist. Eine genaue u. prakt. Anleitg. zur Erlerng. der Vortragskunst, sowie neuer, erprobter Couplets u. Vorträge. Mit e. Vorwort des Verf. (16 S.) 8. Leipzig (907). J. Schirmer. — 50

Ferlo, Christian Theophil, De re argentaria veteris et medii aevi. Dissert. histor.-crit. Präs. Carl Dietrich Hüllmann. Königsberg, 2. VII. 1811. 23 S. (4.50) 8713
Oppon.: Eduard Wilhelm Anderson (Litauen), Joh. Theoph. Wilh. Maass (Pommern).

Formähtnis, das neue. Aus dem Grih. der, im Kloster am Sinai fon Tishendorf aufgefundenen Urkunde, in seinem Nov. Test. Gr. ex Sinait. Cod. Lips. 1865, mit benuzung seines Nov. Test. Vat. Lips. 1867, seines Nov. Test. Gr. edit. oct. crit. maj. Lips. 1869, der Polyglotten-Bibel, Bilefeld 1863, der Lutter-Emsershen übersezung, Köln 1529, und andrer spätrer deutsher und auh niht deutsher übersezungen Matthäus und Johannes. (Ausg. in Corpus-Schrift.) 8. (99 und 94 S.) Leipzig 875, F. Fleischer. à * 48 Pf. *
Ausg. auf Velinpap. à * 60 Pf. *

—— dass. — (Ausg. in Nonpareille-Schrift.) 16. (99 und 94 S.) Ebendas. 876. à * 36 Pf. *
Ausg. auf Velinpap. à * 50 Pf. *

Fermat, Petr. de, varia opera mathematica. Accesserunt selectae quaedam ejusdem epistolae, vel ad ipsum a plerisque doctissimis viris gallice, latine, vel italice de rebus ad mathematicas disciplinas aut physicam pertinentibus scriptae. Tolosae 1679. Fol. (XII und 213 S. mit 5 Stnt.) Berlin 861, Friedländer und Sohn. *

Fermendžin, P. Euseb., acta Bosnae potissimum ecclesiastica cum insertis editorum documentorum regestis ab a. 925 usque ad a. 1752, s.: Monumenta spectantia historiam Slavorum meridionalium.

Fermendzin, Euseb., O. F. M., s.: Annales Minorum.

Fermi, Dr. med. Claudio, aus Monticelli d'Ongina (Italien): Die Leim und Fibrin lösenden und die diastatischen Fermente der Mikroorganismen. [S. A. aus: Archiv für Hygiene, Bd X, S. 1—54]. München, Oldenbourg Dr. 1889. 54 S. 8°.
Zürich, Med. Diss. [v. 5. Aug. 1889].

Fermiers, les trois,. Comedie en 2 A. en prose p. Monvel. 8. Berl. Rottmann.

Philipp Fermin [Fermin: Dissertation sur le fameux crapaud de Surinam nommé Pipa. Deutsch:] Abhandlung von der Surinamischen Kröte oder Pipa, u. dem völlig entdeckten Geheimniß ihrer Erzeugung aus d. Franz. übers. u. mit der Beschreibung eines sehr schönen Exemplars des herzogl. Naturalienkabinets in Braunschweig, wie auch e. kurzen Geschichte der Pipa begl. von Johann August Ephraim Goeze. Braunschweig: Waisenhaus-Buchh. 1776. 75 S. 8°

Fermin, Philippe. Ausführliche historisch-physikalische Beschreibung der Colonie Surinam. A. d. Franz. . . . Berlin 1775. Ü: *Martini, Friedrich Heinr. Wilhelm.* (EngG) (CBH)

— histor.-geograph. Beschreib. der Kolonie Surinam; aus d. Französ. 2 Thle., mit Kpf. gr. 8. Berl. 782. Horvath in Potsd. 1 ℛ 16 ℳ

— histor.-polit. Uebersicht des Zustandes der Kolonie Surinam; aus d. Engl. von F. G. Canzler. 8. Götting. 788. Vandenhöck u. R. 8 ℳ

Fermin, Philipp: Höchstnöthiger Unterricht an das Landvolk von der thierischen Haushaltung ... Thl 1. 2. Aus d. Franz. übers., mit Anm. erl. von M. F. A. Frankfurt u. Leipzig 1773. XIV, 215 S.

— Unterr. an das Landvolk von dem thierischen Haushalt; aus d. Französ. übers. (v. M. F. Alexis). 2 Thle. 8. Frankf. u. Leipz. 773. Hertel. 16 ℳ

Fermond, der Tabak, s. Schauplatz der Künste 2c. 238. Bd.

Fermond, Ch., die Blutegelzucht, oder die Anlegung künstlicher Blutegelsümpfe und die äusserst gewinnbringende Vermehrung dieser Thiere in denselben nach den neuesten in Frankreich gemachten Erfahrungen. Nach der Monographie des sangsues médicinales deutsch bearb. von Chrn. Heinr. Schmidt. Mit 18 erläuternden Fig. Weimar 855. Voigt. gr. 8. (VIII, 260 S. u. 2 lith. Taf.) 1 ₰ 5 ngr

Fermond, Ch., die Blutegelzucht, oder die Anlegung künstlicher Blutegelsümpfe und die äusserst gewinnbringende Vermehrung dieser Thiere in denselben nach den neuesten in Frankreich gemachten Erfahrungen. Nach der Monographie des sangsues médicinales deutsch bearb. von Chr. H. Schmidt. 2. verm. Aufl. Mit 18 erläuternden Fig. (auf 2 lith. Taf.) Weimar 859. Voigt. gr. 8. (VIII, 267 S.) 1 ₰ 5 ngr

Fermont, Emilie, oder d. traurige Wirkung o. Liebe ohne Tugend. 8. Leipz. 775. Hilscher. 4 gr

Fermosini, Nic. Roder., opera omn. canonica civ. et criminal. XIV Vol. fol. Lausannae Pott. 741.

Fermum, G., die Legierungen, s.a. Bibliothek der gesamten Technik.

Die Legierungen, ihre Herstellung u. Verwendung f. gewerbl. Zwecke. Von G. Fermum. Mit 29 Abb. Hannover: Jänecke [1910]. VII, 158 S. 8°
(Bibliothek d. gesamten Technik. Bd 137.)

Fern u. Nah. Illustrirte Wochenschrift. 1. u. 2. Jahrg. April 1889—März 1891. à Jahrg. 52 Nrn. (Bog.) Imp.-4. Berl., Schwerin. à Jahrg. * 4 —; in 24 Halbheften à — 15; in 12 Ganzheften à — 30

Fern u. Nah. Illustr. Wochenschrift Red.: Frdr. Ramhorst. Jahrg. 1893. 52 Nrn. Fol. (à 4 S.) Berlin, J. Schwerin. n. 4. —; in 24 Halbhftn. à — 15; in 12 Ganzhftn. à — 30

Fern, Stephan, s.a. Saat u. Ernte.

Fern, Stephan. Eine Erzählg. v. der Verf. v. „Jessika's erstes Gebet" xc. Frei nach dem Engl. Autoris. Ausg. m. 5 Bildern (Holzschntaf.) gr. 16. (224 S.) Basel 875. Spittler. n. 1. —

Fern, A. E., Friedrich der Große, dargestellt nach d. besten Quellen. Zur Jubelfeier des Jahres 1740 allen Preußen gewidmet. In 18 Lfrgg. Jede 2 schöne Kunstblätter. 1e—14e Lfrg. gr. 8. Magdeburg 839,40. Rubach. (Fabricius.) (à n. 1/3 ₰) 4 2/3 ₰

Fern, A. E., Friedrich der Große, dargestellt nach den besten Quellen. Zur Jubelfeier des Jahres 1740 allen Preußen gewidmet. 15.—17. (Schluß-) Liefg. à 3 Bogen u. 2 schöne Kunstblätter. gr. 8. Magdeburg 841, Rubach'sche Buchh. (Fabricius u. Sch.) (à) n. 1/3 ₰

† **Fern**, A. E., (Rud. Aefner), Friedrich der Große. Dargestellt nach den besten Quellen. 2. Aufl. Hrsg. und mit Plänen der vornehmsten Schlachten und Schlachtordnungen verm. von A. Strähle. 2 Bde. gr. 8. (I. VIII und 424 S.) 2. (382 S. mit 24 Stnt. und 2 Stahlst.) Magdeburg 848, [Fabricius.] *

Fern, Athanasius, die jüdische Moral u. das Blut-Mysterium. gr. 8. (47 S.) Leipzig 893. H. Beyer. n. — 50

Fern, Edna. Gesammelte Schriften. 4 Bände. 8. Zürich und Leipzig (*Bd. 3 u. 4:* Leipzig), Th. Schröter. (pro Band M. 2.—)
[Band 1] *u. d. T.:* Aus einer anderen Welt. Geschichten und Märchen. VIII + 162 S. 1900.
Band 2 *a. u. d. T.:* Gentleman Gordon und andere Geschichten. VIII + 166 S. 1901.
Band 3 *a. u. d. T.:* Der Selbstherrliche und andere Geschichten. VIII + 170 S. 1901.
Band 4 *a. u. d. T.:* Leben — Liebe — Gestalten. Dichtungen. IV + VIII + 148 S. 1901.

Fern, Edna, Venusmärchen. Geschichten aus e. andern Welt. 8. (VII, 161 S.) Zürich 899. Verlags-Magazin. n. 2. 40

-- Wohltätigkeit v Staatswegen; ein Vortrag. St.L. 1896.

Fern, Fanny, Rose Clark, s. Bibliothek, amerikanische.

Fern, Fanny, Fanny Ford und Ruth Hall. Zwei Erzählungen aus dem häuslichen Leben. In's Deutsche übertragen von G. Cleeves. Leipzig 856. Einhorn. (Wien, Hartleben.) 8. (V, 394 S.) 1 ₰

Fern, Ludw., die Alchemisten, s. Schmidt's, F., deutsche Jugendbibliothek.

Fern, L., die Alchemisten, — arabische Erzählungen, — Manfred v. Tarent, — die sicilianische Vesper, } s.: Jugend-Bibliothek.

—— arabische Erzählungen. Für die Jugend ausgewählt. 2. Aufl. 12. (256 S. mit 4 Illustr.) Kreuznach 884, Voigtländer's Verlag. geb.

—— dass. — —— Manfred von Tarent, —— die sicilianische Vesper, } s. Schmidt's, F., deutsche Jugendbibliothek.

Arabische Erzählungen. Für d. Jugend ausgewählt von Ludwig Fern. Mit 8 Abb. 3. Aufl. *Berlin: Neufeld & Henius [1902].* (256 S.) 8° [F.]
= [Jugendbibliothek, Deutsche. Bd 58. 59.]

Fern, Valentin (J. O. Hansen)

Fern, V., Erzählungen, s. Volks-Erzählungen, kleine.

Fern, V., die Goldschlucht; der Millionär v. St. Louis, s.: Volks-Erzählungen, kleine.

Fern, Val. (J. O. Hansen), s.: Volks-Erzählungen, kleine.

Fernan, Fritz, unter russischen Verschwörern. Eine Nihilisten-Erzählg. — Donovan, D., ein geheimnisvoller Mord. Kriminalgeschichte. Autoris. Uebersetzg. aus dem Engl. v. Mathilde Beck. (142 S.) 8. Erfurt (904). F. Bartholomäus. n. — 60

Fernand [Pseud.], s.a. Stamm, Ferdinand

Fernand

— Anleitung unter die Haube zu kommen. Ein Talisman für Mädchen. 18. Wien 843, Gerold u. Sohn. geb. 5/6 ₰

Fernand, ..., Leben u. Lieben, Dichten u. Trachten des Amtschreibers Mich. Häderlein. gr. 12. Wien 846, Karl Gerold. 1 ₰

Fernand, K., wirklicher Nothstand der evangel. Kirche in Baden von Seiten des modernen Pietismus. Ein Wort an das evangel. Volk. gr. 8. (47 S.) Karlsruhe 847, Macklot.

Fernand, Karl, Feier-Stunden. Gedichte. 8. (8 3/4 B.) Lörrach 839, [Gutsch.]

Fernand, Karl, die Schlacht bei Wimpfen. Ein vaterländisches Heldenlied. Mit 1 Portrait u. 1 Schlachtplan. gr. 12. Carlsruhe 838. Artistisch. Institut. (Gebr. Gutsch in Lörrach.) 5/8 ₰

Fernand, Ludw., Selma Levy. Berliner Roman. 12. (325 S.) Berlin 899. W. Baensch. n. 2. —

Fernand, Max., die Brandenburger vor Ofen. Drama in 5 Acten. gr. 8. (VIII, 117 S.) Berlin 883, Puttkammer und Mühlbrecht. *

Fernand, Max., feindliche Gewalten. Vaterländisches Schauspiel in 4 Akten. gr. 8. (III, 70 S.) Berlin 886, Puttkammer und Mühlbrecht. *

Fernandes, Geo., Frauenrecht, s.a. Theater d. Gegenwart.

[F.] Frauenrecht. Drama in 3 Akten v. Georg Fernandes. *Berlin: E. Ebering [1898].* (65 S.) 1 Bd 8.
= Theater d. Gegenwart. No 1.

Fernandes, Geo., die große Krippe. Eine Komödie in 5 Akten. 2. Aufl. (122 S.) 8. München 903. [C. Haushalter.] Verlag der süddtsch. Bauhütte. n. 1. 60

Fernandez, Leo u. Orlasko, od. d. unterbrochne Autodafé; e. Gesch. d. heil. Inquisition zu Madrit, v. F. Moll. 3 Thle. 8. Lpz. Solbrig. (à 20 gr.) unbstr.

Fernandez, I. Bapt., relatio hist. de apostolicis mission. P. S. Iesu etc. 4. Augsb. 734.

[Fernandez, Juan Patricio]: Erbauliche und angenehme Geschichten derer Chiquitos, und anderer von denen Patribus der Gesellschafft Jesu in Paraquaria neubekehrten Völcker: samt einem ausführlichen Bericht von dem Amazonen-Strom, wie auch einigen Nachrichten von der Landschaft Guiana, in der neuen Welt. Alles aus dem Spanisch- und Französischen in das Teutsche übersetzet von einem aus erwehnter Gesellschaft. Wienn 1729. 798 S., 1 Tf. 8°. [M 132

Fernandes, Miguel. Zur mikroskopischen Anatomie des Blutgefässsystems der Tunikaten. Nebst Bemerkungen zur Phylogenese des Blutgefässsystems im allgemeinen. Diss. Phil. [II.] Univ. Zürich. Mit 4 Tafeln und 12 Figuren im Text. [Sep.-Abdr. aus: Jenaische Zeitschrift für Naturwissenschaft, Band 39, Heft 2.] II + 100 S. 8. Jena, Gustav Fischer, 1904.

Fernandez y Chávarri, Pedro [aus Puerto Rico]: Ueber Arsen-Vanadinsäure .... Halle a. S., Plötz'sche Buchdr. (R. Nietschmann). 1886; 34 S. 8°.
Halle, Phil. Fak., Inaug.-Diss. v. 17. Jul. 1886.

Fernandes y Chávarri, Pedro, über Arsen-Vanadinsäure. Diss. Halle 1886. Lippertsche Buchh. 8°. 34 S.

Derecho comercial, de cambio y de quiebras de Bolivia. Das Handelsrecht, Wechselrecht u. Konkursrecht von Bolivien. Bearb. u. erl. von Arturo Fernández Pradel u. Benigno Lara. Übers. von Paul Gundelfinger. Berlin: v. Decker (19[07–]08). 166, 166 S. 4°(8°)
(Die Handelsgesetze d. Erdballs. Ausg. D. Bd 5, [3.]) A 12.4017

El derecho de comercio, de cambio, de quiebra y marítimo de Chile. Das Handelsrecht, Wechselrecht, Konkursrecht u. Seerecht von Chile. Bearb. u. erl. von Arthur Fernandez Pradel, Rechtsanw. in Santiago, u. Dr. Julius Philippi, Rechtsanw. in Santiago, übers. von Ernst Eisenmann, Rechtsanw. in Paris. [1.] Berlin: R. v. Decker 1907. 4°(8°)
— Handelsgesetze, Die, d. Erdballs. Ausg. D. Chile. 1. 07. 13961

Fernando, ein historischer Beytrag zur sittlichen Charakteristik des Menschen, 3 Theile, mit 1 Kpf. 8. Leipzig, 793. Voß. 3 Rthl.

Fernando, ein histor. Beytrag ... 1793/4. (II, 3222.) — *Seebass* ist der Übers.; V: *Moore, John.* Vgl. Ersch II, 2 (1840), Nr. 2727a. (DARP)

Fernando; e. histor. Beitr. zum sittl. Charakter der Menschen, (v. Chr. Ldw. Sebas). 3 Bde. 8. Leipz. 793 u. 94. Voß, 3 Thlr

Fernando, od. d. Kunstweihe, e. dramat. Idylle, herausg. v. Bohlendorf. 8. Frankf. Willmanns. 802.

Fernando. Wiesbaden 1820. V: *Schmitthenner, Friedrich Jac.* (HS) (NN)

Fernando, histoire d'un jeune Espagnol, par l'auteur des Oeufs de pâques (Jh. Cph. Schmid IV.) Mit 7 Steindr. 12. Strassb. 835. Levrault. 5 gr ill. 1/2 Thlr

Fernando, Don. Eine erbauliche und rührende Geschichte von einem jungen Grafen aus Spanien. Dem Volke erzählt von G. und B. Dom. 8. (56 S.) Urfahr-Linz 878, Kraußlich.

— u. Bianka, od. Thomsens Findlinge; e. genuesische Novelle. 8. Magdeb. Bauer. 800.

Fernando und Kaliste. Ein spanischer Roman. Zittau 1792. V: *Vulpius, Christian August.* (Ky) (EE)

— und Calliste, ein spanischer Roman, mit 1 Kupf. 8. Zittau, 792. Schöps. 18 gl.

— u. Caliste, ein span. Roman, (v. Chr. A. Vulpius). 8. Zittau 805. Schöps. 14 gr

Fernando, Don, Infant von Portugal oder dem Dulder Sieg. Romant. Tragödie in 5 Aufz. Nach d. Span. des de la Barca bearb. von C. A. Mämminger. 8. Sulzbach, Seidel. 820.

Fernando Lomelli . . . Verf.: C. Hildebrandt.

Fernando Lomelli, der kühne Räuber, oder die Hölen der Rache, Roman v. Hildebrandt. 1r — 3r Theil. 8. Quedlinburg, Basse. 821.

Fernando von Toledo, Don. Doppel-Novelle ... Halle 1829. V: *Genthe, Friedrich Wilhelm.* (Ky) (EE)

Fernando, Don, v. Toledo. Doppel-Novelle. Mit e. Vorw. begl. vom Verf. des Don Enrique v. Toledo (F. W. Genthe). 2 Thle. 8. Halle 829. (Fr. Fleischer in Leipz.) 1 Thlr 12 gr

— — und Wilhelmine. (Stellenw. freier Roman.) In drei Theilen. 2. Auflage. Mit TKupfern. Leipzig, Voss u. Comp., 1799. 8°. Cplt. rar!
Zuerst gedr. ebd. 179°?

Fernando u. Yariko. Singsp. v. Eckartshausen. 8. München, Lindauer. 784.

Fernando [Ps.]. Der Welt-bekannten Madame de Maintenon Liebes- und Lebens-Avanturen, Aus dem Französischen ins Teutsche übersetzet von Fernando. Freyburg (?), Anno 1710. 4°. 24 S. In Umschlag.
H.-G. IV. 374: „Zahme Biographie von großer Seltenheit. Original: Les Amours de Madame de Maitenon, épouse de Louis XIV. Villefranche (Holl.) 1694." Auch die polit. Machenschaften der Maintenon werden aufgedeckt.

Fernau und Th. Heydefuß, die gesammten Vereinigten Staaten von Nord-Amerika. Vollständiges Hand- und Reisebuch für Alle, welche sich für Amerika interessiren, nebst einer speciellen Anweisung für Auswanderer. Aus eigener Anschauung und den neuesten Berichten zusammengestellt. Mit 1 (lith. u. color.) Karte von Nord-Amerika (in Roy.-Fol.). Berlin (854.) Sacco. 8. (1 Bl., 532 S.) 1 Thlr 10 ngr

Fernau Albert: Über Isocarbostyril. S. 102. IIb. 20 . . . .
Separatabdruck

Fernau, Alb., praktische Pharmazie. Kurzer Leitfaden der Rezeptur u. Defektur f. Studierende der Pharmazie. (VI, 125 S.) 8. Wien 910. F. Deuticke. 2. 50

Fernau, F., nur e. Scherz, s.: Album f. Liebhaber-Bühnen.

Fernau, H(einrich) Fr(iedrich): Studien zur Konstitution von Bleisalzen in wässerigen Lösungen. *Leipzig 1898: Metzger & Wittig.* (37 S.) 8°
Göttingen, Phil. Diss. v. [30. Juli] 1898

Fernau, Herm., wie man m. Kindern v. der Liebe redet. Eine pädagog. Erzählg. (80 S.) 8. Leipzig 909. M. Spohr. 1. —

Fernau, Karl (d. i. Seb. Franz v. Daxenberger) (Hrsg.), s. Charitas.

† Fernau, Carl, (S. Daxenberger,) Edgar, od. Blätter aus d. Leben e. Dichters. gr. 8. (3 1/8 B.) München 838, Franz. *

† Fernau, Carl, (S. Daxenberger) das Fest der Musen. Ein lyrisches Spiel. Dargestellt auf d. kgl. Hoftheater zu München den 2. Mai 1844 zur Feier d. Doppelfestes der Vermählungen Sr. K. K. Hoheit des Erzherzogs Albrecht v. Oesterr. mit Ihrer K. Hoheit d. Prinzessin Hildegarde v. Bayern, u. Sr. K. Hoheit des Prinzen Luitpold v. Bayern mit Ihrer K. K. Hoh. Auguste, Erzherzogin v. Oesterreich. gr. 8. (1 B.) München 844. (Franz.) *

Fernau, Karl, Gedichte. 16. Regensburg 845, Manz. 1 1/8 Thlr
— geb. 1 5/12 Thlr

— die Sendlinger Schlacht am Christtage 1705. Romantisches Gedicht. 2. mit einem Anhange: Die Schlacht bei Aydenbach verm. Aufl. gr. 12. München 842, Franz. 1/8 Thlr

Fernau, Paul. Mein Wanderbuch. Gedichte. [Mit Vignetten.] 160 S. 8. Bern, Komm. A. Francke, 1908. [fr. 2. 80, geb. 3. 40]

Fernau, R., das Goldfieber. Ein Vortrag, gehalten im Verein „Museum" zu Fulda am 15. Dezbr. 1876. gr. 8. (15 S.) Fulda 877. (Berlin, Grieben.) *

Fernau, R., Zoologia humoristica oder grundgelehrte und wahrhaftige Mittheilungen aus dem Thierreich. 1. Bd.: Wirbelthiere. 8. (III, 145 S.) Leipzig 882, Grieben's Verlag. *
Nicht weiter erschienen.

Fernau, R., Zoologia humoristica od. grundgelehrte u. wahrhaftige Mittheilungen aus dem Thierreich. 2. Aufl. 8. (X, 344 S.) Gotha 884. Gläser. n. 3. —

Fernau, Rud., das A und das O der Vernunft. gr. 8. (VIII, 583 S.) Leipzig 870, O. Wigand. *

Fernau, Rud. (Bernh.) (geb. Wriezen 11. 12. 1818): De causis monstrorum. Berolini (1844). (44 S.) 8°
Berlin, Med. Diss. v. 5. Sept. 1844

Fernau, Rud. (Bernh.) de causis monstrorum. Dissert. inaug. crit. 8. (3 B.) Berolini. (Lipsiae 845, Voigt u. Fernau.) *

— das Christenthum und das praktische Leben. 1. Aufl. (VII, 272 S.) 868. * ℳ 3,60., und 2. Aufl. gr. 8. (XII, 179 S.) Leipzig 869, O. Wigand. *

— das Christenthum u. das praktische Leben. 868. n. 1 Thlr 6 ngr.
— 2. Aufl. Ebend. 870. gr. 8. (XII, 179 S.) n. 20 ngr.

Fernau, Rud. (Bernh.), entschleierte Geheimnisse eines Vielgeprüften aus der Liebe und Ehe. Ein wohlmeinender Rathgeber für junge Eheleute und Verlobte in Bezug auf körperl. und geistige Eigenschaften zur Begründung einer glücklichen und gesegneten Ehe. Mit einem Anhange das Geschlechtsleben des Weibes. Aufs Neue geprüft und mit einem Schwangerschaftskalender versehen. 4. Aufl. 16. (VI und 93 S.) Leipzig 850, Voigt. Thlr.

Fernau, Rud., entschleierte Geheimnisse eines Vielgeprüften aus der Liebe und Ehe. Ein wohlmeinender Rathgeber für junge Eheleute und Verlobte ꝛc. Mit einem Anhange das Geschlechtsleben des Weibes. Aufs Neue geprüft und mit einem (lith.) Schwangerschaftskalender versehen. 5. u. 6. (Titel-)Aufl. Leipzig (850.) 853. Voigt. 16. (VI, 90 S.) 10 ngr.

Fernau, Rud. (Bernh.), entschleierte Geheimnisse eines Vielgeprüften aus der Liebe und Ehe. Ein wohlmeinender Rathgeber für junge Eheleute und Verlobte in Bezug auf körperl. und geistige Eigenschaften zur Begründung einer glückl. und gesegneten Ehe. Mit einem Anhange das Geschlechtsleben des Weibes. Aufs Neue geprüft und mit einem (lithogr.) Schwangerschaftskalender versehen. 5. Aufl. 1852. und 6. Aufl. gr. 16. (VI und 90 S.) Leipzig 854, Fr. Voigt.

— Geheimnisse aus der Liebe und Ehe für Verlobte und Neuvermählte. Nebst Anhang: das Geschlechtsleben des Weibes. Mit (lithogr.) Schwangerschaftskalender. 17. Aufl. 1869, und 18. Aufl. 16. (96 S.) Leipzig 872, F. Voigt. *

Fernay, Jacques, Pierre-Paul Riquet et le canal du midi. Für den Schulgebrauch hrsg. v. Schmidt. (IV, 92 S. m. 1 Karte.) 8. Leipzig 904. G. Freytag. Geb. in Leinw. n. 1. 10; Wörterbuch (28 S.) n. — 40

Fernbach, Franz Xaver

Fernbach, Frz. X., über Kenntniß u. Behandlung der Oel-Farben. Eine zeitgemäße Schrift für Künstler u. Kunstfreunde. 8. München 834. Weber. ½ Thlr

Fernbach, Fr. Xav., die enkaustische Malerei. Ein Lehr- u. Handb. f. Künstler u. Kunstfreunde. gr. 8. (21⅓ B.) München 845, Literar.-artist. Anstalt. *

Fernbach, Fr. Xav., die Oelmalerei. Lehr- u. Handbuch für Künstler und Kunstfreunde. gr. 8. München 843, literar.-artist. Anstalt. n. 1⅙ Thlr

Fernbach, L.

Fernbach's Journal für Leihbibliothekare, Buchhändler und Antiquare. 1—6. Jahrg. 1853—58. à 24 Nrn. (à 1—1½ Bgn.) Berlin, Fernbach jun. gr. 4. Jeder Jahrg. n. 1 Thlr

— — Register zu Jahrg. 1853. Ebend. gr. 4. (23 S.) 10 ngr.

Fernbach's Journal für Leihbibliothekare, Buchhändler und Antiquare. 5—9. Jahrg. 1857—61: à Jahrg. 24 Nrn. (à 1—1½ Bog.) gr. 4. Berlin, Fernbach jun. à Jahrg. *

Fernbach's Journal für Leihbibliothekare, Buchhändler und Antiquare. 10.—15. Jahrg. 1862—67. à Jahrg. 24 Nrn. (à 1—1½ Bog.) gr. 4. Berlin, Fernbach jun. à Jahrg. *

Fernbach's Journal für Leihbibliothekare, Buchhändler und Antiquare. Redact.: L. Fernbach jun. 16.—22. Jahrg. 1868—1874. à Jahrg. 24 Nrn. (à ½—1 Bog.) gr. 4. Berlin, Fernbach jun. à Jahrg. *

— der Theaterfreund. Handbuch für Theater-Directoren, Schauspieler, Theaterfreunde, Buchhändler und Leihbibliotheken. 1—3. Thl. in 1 Bde. Enthaltend die dramatischen Erscheinungen des Buchhandels bis zum Jahre 1848. Nach den Titeln der Stücke (und Sammlungen) alphabetisch geordnet und mit allen näheren Bezeichnungen, wo nöthig auch mit Hinweis auf Gesammtausg. ꝛc. versehen. Berlin 860. Lassar. 8. (V, 630 S.) n. 2 Thlr

— — 4. Bd. Enth. die dramat. Erscheinungen von 1849—59 ꝛc. Ebend. 860. 8. (71 S.) n. 20 ngr.

Fernbach jun., L., der wohl unterrichtete Theaterfreund, s. a. Theaterfreund.

Fernbach jun., L., der wohlunterrichtete Theaterfreund. (Verzeichniß der v. 1740 bis 1830 erschienenen Theaterschriften, nebst Verlegern u. Preisen.) Ein unentbehrl. Handbuch f. Buchhändler, Leihbibliotheken ꝛc. gr. 8. Berl. 830. Cosmar u. Kr. 1 Thlr

Fernbach, L., der wohlunterrichtete Theaterfreund. Ein unentbehrl. Handbuch f. Buchhändler, Leihbibliotheken, Theaterdirektoren, Schauspieler u. Theaterfreunde. gr. 8. (23½ B.) Berlin 830, [Zesch.]
Ist eine nach dem Hauptworte der Sammlung od. d. Stückes geordnete alphabet. Zusammenstellung aller seit 1740—1830 in Deutschland, theils einzeln, theils in andern Werken, erschienenen Theaterschriften, mit Angabe d. Verf., Verleger, Druckorte, Formate, Jahrzahlen u. Preise.

Fernbach, L., der wohl unterrichtete Theaterfreund. Ein unentbehrliches Handbuch f. Buchhändler, Leihbibliothekare, Theaterdirektoren, Schauspieler u. Theaterfreunde. Enthaltend ein Verzeichniß von sämmtl., seit 1700 bis Ende 1839 erschienenen, deutschen dramat. Schriften, nach den Titeln alphabetisch geordnet. Nebst Angabe der Verfasser, Verleger, Druckorte, Formate u. Preise. 2r Bd. (Enth. die Erscheinungen von 1830 bis 1839, so wie Ergänzungen u. Berichtigungen des 1n Bandes.) gr. 8. Berlin 840. Fernbach jun. n. ⅔ Thlr

Fernbach, Leo [aus Berlin]: Die Bewegung einer homogen mit Masse belegten starren Geraden auf einer geradlinigen Fläche.... Halle a. S., Druck v. Carl Koepsel, Berlin, 1887; 25 + 1 S. 8°.
Halle, Phil. Fak., Inaug.-Diss. v. [2. Apr.] 1887.

Fernbach, Leop., die Bewegung einer homogen mit Masse belegten starren Geraden auf einer geradlinigen Fläche. gr. 8. (25 S.) Berlin 887, (Mayer und Müller.) *

Fernbach, Leo, 500 Jahre Berliner Geschichte, s.: Streckfuß, Adf.

Fernbach, Leo, u. Willy Lehmann, Lehrbuch der englischen Sprache, s. a. Sammlung kaufmännischer Fach- u. Lehrbücher.

Lehrbuch der Englischen Sprache. Eine Anleit. z. Korrespondenz u. Konversation z. Gebr. in Handels- u. Kaufm. Fortbildungsschulen sowie z. Selbststud. Von Dr. Leo Fernbach u. Wilhelm Lehmann. 3. Aufl. *Berlin: H. Spamer (1901).* (VI, 258 S.) 8° [F.]
— Sammlung Kaufmännischer Fach- u. Lehrbücher. No 6.

Fernbach, Leo, u. Wilh. Lehmann, Lehrbuch der englischen Sprache. Eine Anleitg. zur Korrespondenz u. Konversation zum Gebrauch in Handels- u. kaufmänn. Fortbildungsschulen sowie zum Selbststudium. 4., umgearb. Aufl. (VI, 261 S.) gr. 8. Berlin (903). H. Spamer. Geb. in Leinw. n. 3. —

Fernbach, Leo, u. Wilh. Lehmann, Lehrbuch der englischen Sprache. Eine Anleitg. zur Korrespondenz u. Konversation zum Gebrauch in Handels- u. kaufmänn. Fortbildungsschulen sowie zum Selbststudium. 7. Aufl. (VI, 261 S.) gr. 8. Berlin (910). H. Spamer. Geb. in Leinw. 3. —

Fernbach, Leo [Dr.]: Die Violine als akustischer Apparat. Berlin, R. Guertner, 1896; 26 S. 4.
Berlin, Siebente R '(HB)', OP 1896 (121)

Fernbach, Ludw., Heinrich Dieter. Eine litterar. Studie. (12 S.) 8. Wetter 903. (Salzburg, H. Dieter.) n. — 20
Sonderabdruck aus: „Im Strom der Zeit".

Fernbach, Ludw., zur Dogmatik des Meineides nach österreichischem Rechte. (24 S.) gr. 8. Wien 909. Manz. — 50
Sonderabdruck aus „Jurist. Blätter".

Fernbach, Nathan (geb. Gleiwitz 25. 6. 1830): De pertussi. Berolini (1856). (27 S.) 8°
Berlin, Med. Diss. v. 10. Nov. 1856

Fernbach, Wilhelm *(geb. Nicolai in Schles. 12.6.1844)*: Ueber die Genese der Eierstockscysten. Berlin [1867]. (30 S.) 8°
Breslau, Med. Diss. v. 5. Nov. [1867]

Fernbacher, Predigt, D. XIV. p. Trin. nach der Einäscherung Uttewaldes am 11. Septbr. 1884 geh. Lex.-8. Dresden 884. (J. Naumann.) n n. — 25

Fernbacher, Johannes, aus Seifersbach, Kgr. Sachsen: Ueber den Einfluss der schwefligen Säure auf verschiedene Heferassen in Saccharoselösung. *Dresden (1900): J. Pässler.* (57 S.) 8°
Erlangen, Phil. Diss. v. 25. Juli 1900

FERNBACHER, JOHANNES. Ueber den Einfluss der schwefligen Säure auf verschiedene Heferassen in Saccharoselösung. Erlangen, 1901.

FERNBACHER, Theodor (Wohlen): Ein Fall von Schwefelsäure-Vergiftung. Tod durch croupöse Pneumonie.- Wohlau Schulze 1890. 17 S.
1.3.1890 - Chr 1889/90,28; Jv 1889/90,222
Diss. Ingolst.-Landsh.-Mchn.

Fernberg, Jos., u. Aug. Salberg, Einführung in das Rechnen nach der neuen Reichswährung. Ein Handbüchlein zum Selbstunterrichte, sowie zum Gebrauche in Schulen u. bei öffentl. Vorträgen. gr. 8. (120 S.) München 875. k. Central-Schulbücher-Verl n.n. 1. 14

Fernberg, Jos., die Münchener Straßennamen und ihre Bedeutung. Ein Beitrag zur Heimatkunde. 8. (X, 125 S.) München 879 Lindauer'sche Buchh. *

Fernberg, Josef, u. Aug. Salberg
— — Uebungen zur Einführung in das Rechnen nach der neuen Reichswährung. Ein Aufgabenbüchlein f. die Mittel- u. Oberklassen der Elementar- u. f. Fortbildungsschulen. 8. (38 S.) München 875. Central-Schulbücher-Verl. n.n. — 20

Ferne, Albert, Betrachtungen über die Nothwendigkeit und Möglichkeit e. preuß. Ostbahn u. deren Folgen in nationalökon. u. polit. Hinsicht. gr. 8. Königsb. 842, Theile. 1/4 ℛ

Ferne, A.: „Betrachtungen über die Möglichkeit und Nothwendigkeit einer preussischen Ostbahn und deren Folgen in nationalökonomischer und politischer Hinsicht", Königsberg 1842. — Vorh.: Com. Bibl. Hamburg.

Ferneck, s.: Hold v. Ferneck.

Ferneckß, Karl: Die Haferrispe nach Aufbau und Verteilung der Kornqualitäten ⟨Korngewichte und Spelzengehalte⟩. 1908. 106 S., 5 Taf. 8° ¶ Referat in: Fühlings landw. Zeitung. Jg. 58. 1909.
München, Dr.-Ing.-Diss. v. 7. 8. 1908

Ferner, Ignaz. Lob- und Dank-Red Vor dem Erhaltenen allgemeinen Frid. Klgft., Kleinmayrin, Wittib, 1749. Folio. 19 S.

Fernfeuer, das, der Infanterie, s.a. Zeit- u. Streitfragen, militair.

Das **Fernfeuer** der Infanterie u. die Militär-Schießschule i. Verbindung mit d. Reorganisation d. Feldart. Leipzig 1872. 38 S.

Fernglas, mein, über 100 Jahre hinaus. Was sieht man nicht Alles? 8. Leipz. 803. Weygand. 18 ℊ

Fernglas, Dr., (pseud.), s. Guckkästner Grebecke.

FERNGLAS (ps.), Guckkästner Grebecke. Komische Gespraeche im berliner Dialekte. 1846.
Weller, Lex. Ps. p. 193.

Ferngrüße, poetische, f. Ansichtspostkarten. 12. (32 S.) Hainichen 899. G. E. Hoffmann. — 10

Fernhagel, D. T., die Wahrheit üb. das Mormonenthum. Blätter aus Utah. gr. 8. (IV, 112 S.) Zürich 889. Verlags-Magazin. n. 1. 60

Fernhain, Elise v., Bilder aus dem Alltagsleben. Novellen. 8. (147 S.) [Berlin 882, L. R. Schwarz.] Hannover, Norddeutsche Verlagsanstalt. *ℳ 2,25.; geb. **

Fernhain, E. v., bis jenseits d. Weltmeeres. Eine Erzählg. für's Volk. gr. 16. (314 S.) Eisleben 887. Christl. Verein im nördl. Deutschland. Geb. 1. 20

Fernhain, Elise v., Saat und Erndte. Eine Erzählung aus der Gegenwart. 8. (192 S.) Breslau 879, Dülfer's Verlag. *

—— zur elften Stunde. Eine Erzählung fürs Volk. Gekrönte Preisschrift des internationalen Vereins für Sonntagsheiligung in Genf. 12. (250 S.) Eisleben 881, Christl. Verein im nördl. Deutschland. geb.

Fernhain, Elise v. Ungetauft, s. Hausbibliothek christl. Erzählgn.

—— Ungetauft. Ein Bild aus der Vergangenheit für die Gegenwart. 8. (248 S.) Norden 880, Soltau's Verlag. *

Fernheim, E. v., zwischen Elbe und Weichsel. Eine histor. Erzählung aus der Reformationszeit 1548—1578. gr. 8. (VII, 320 S.) Anklam 886. (Leipzig, Buchh. des Vereinshauses.) *
geb. *

Fernholz, Johannes ⟨geb. am 5 Okt. 1855 in Beukenbeul Westf.⟩: Beiträge zur quantitativen Analyse des Harnes ... Bonn, Univ.-Buchdr. v. C. Georgi 1880. 30 S., 1 Bl. 8. ¶ In erweiterter Bearb. zusammen mit Louis Habel veröff. in Pflügers Arch. f. d. ges. Physiol. XXIII 1880 S. 85 ff. *u. d. T.:* Neue Methode d. quantitativen Analyse der Chloride im Harne.
Bonn, Med. Fak., Diss. v. 14 Aug. 1880

Fernholz, *Friedrich Wilhelm Karl* Kuno [aus Beckum i. Westf.]: Zur Lehre von der Dystrophia muscularis progressiva ... Berlin, C. Vogts Buchdr., *1896;* 33 S., 1 Bl. 8.
Berlin, Med. Fak., Inaug.-Diss. v. 17. März 1896

[F.] Wald- oder Seeröslein. Von Robert **Fernitz**. *Breslau: S. Schottlaender 1897.* (132 S.) 1 Bd 8.
(Unterwegs u. Daheim.) [97. 633]

Fernkorn, s.: Ausbildung, die, des einzelnen Mannes m. dem Gewehr 98.

— Geschichte des Infanterie-Regiments v. Alvensleben (6. Brandenburg.) Nr. 52. Auf Befehl des Regiments bearb. Mit 8 Gefechtsskizzen im Text, 2 (farb.) Marschkarten in Steindr. u. 11 Bildern auf Kunstdr.-Pap. (116 S.) 8. Berlin 908. R. Eisenschmidt. Kart. 1. —

Fern leaves from Fanny's portfolio, s. Library, the english.

Ferno, Lord, od. die erfüllte Ahnung. 8. Glogau 797. Chr. Fr. Günther. 12 gl

Ferno's Rathgeber für Nerven- und Magenleidende. Die einzige und naturgemäße Grundlage zur Erreichung und Erhaltung einer ungestörten Gesundheit. 3. Aufl. 8. (20 S.) Berlin 878, (Bohne.) *

Ferno, Hermann, Berlin: Ein Beitrag zur Darstellung des kaufmännischen Lehrvertrages. *Berlin 1904: Paß & Garleb.* (66 S.) 8°
Leipzig, Jur. Diss. v. 1904

Ferno, M., das Glück der Schwestern Halbenhorst, s. a. Kürschner's Bücherschatz.

Das Glück der Schwestern Halbenhorst. Von M. Ferno. Berlin, Leipzig: Hillger [1909]. 92 S. 8°
(Kürschners Bücherschatz. Nr 691.) (10. 7330

Ferno-Tanner, ein Gegendienst. Einsames Veilchen, s.: Vittoria-Bibliothek.

Fernow, Arthur

Fernow, A. Bin ich richtig eingeschätzt od. soll ich Berufung einlegen? Eine Anleitung für den Steuerpflichtigen zur Prüfung der Richtigkeit seiner Einkommensteuerveranlagung u. zugleich e. Belehrung über die zuläss. Rechtsmittel. gr. 8. (VIII, 83 S.) Frankf. a. O. 892, Trowitzsch u. Sohn. * 1 —

Fernow, A., Einkommensteuergesetz, s. a. Meitzen, R.

– dasselbe, s.: Guttentag's Sammlung preußischer Gesetze.

Fernow, A[rth.], Einkommensteuergesetz. Text-Ausg. m. Anmerk. u. Sachreg. 6. Aufl. Berlin 1907. 8°. *[1. Aufl. 1891.]*
(Guttentag'sche Sammlung Preuss. Gesetze. Nr 10.)
[Dasselbe.] 7. Aufl. [nebst] Nachtr. Berlin 1908. 8°.

Fernow, A., Einkommensteuergesetz. 7. Aufl. Nachtrag. 1. Gesetz, betr. die Abänderg. des Einkommensteuergesetzes u. des Ergänzungssteuergesetzes vom 26. V. 1909. 2. Gesetz, betr. die Bereitstellg. v. Mitteln zu Diensteinkommensverbessergn. vom 26. V. 1909. 3. Doppelsteuergesetz vom 22. III. 1909. (S. 549—560.) 16. Berlin (909). J. Guttentag. — 15

— Ergänzungssteuergesetz, s. a. Guttentag's Sammlung preußischer Gesetze.

Fernow, A.: Ergänzungssteuergesetz. Vom 14. Juli 1893. Text-Ausg. mit Anm. u. Sachreg. Berlin 1893.

Fernow, A. Ergänzungssteuergesetz. Text-Ausgabe mit Anmerkungen und Sachregister 4. Auflage. Berlin 1907. (Guttentagsche Sammlung.)

—— Gewerbesteuer-Gesetz, s. a. Guttentag's Sammlung preußischer Gesetze.

Fernow A, Gewerbesteuergesetz vom 24.6.91. Text mit Anmerkungen. Berlin 1891

Gewerbesteuergesetz [für die Preussische Monarchie]. Vom 24. Juni 1891. Text-Ausg. mit Anm. u. Sachreg. bearb. von A[rthur] Fernow, Ober-Reg.R. zu Breslau. 3., verm. u. verb. Aufl. *Berlin: J. Guttentag 1899.* (182 S.) 8° [15]
= Sammlung, Guttentag'sche, Preussischer Gesetze. No 11. (o. 36,6

Fernow, A., Gewerbesteuergesetz. Vom 24. Juni 1891. Textausg. mit Anmerkungen und Sachregister. 4. Aufl. Berlin, 1905. 264 S.

Fernow, A. Gewerbesteuergesetz. Vom 24. Juni 1891. Textausgabe mit Anmerkungen und Sachregister. 5. Auflage. Berlin 1909. (Guttentagsche Sammlung.)

Fernow, A[rth.], Gewerbesteuergesetz vom 24. Juni 1891. Text-Ausg. m. Anmerk. u. Sachreg. 5. verm. u. verb. Aufl. Berlin 1910. 8°.
(Guttentagsche Sammlung Preuss. Gesetze Nr 11.)

—— Wie schätze ich mich ein? Ein allgemein verständl. Ueberblick über die für den Steuerpflichtigen wichtigsten Bestimmgn. des neuen Einkommensteuer-Gesetzes vom 24. Juni 1891. 1.—90. Taus. gr. 8. (31 S.) Frankf. a. O. 891,92, Trowitzsch u. Sohn. * — 50

Fernow, Hans

Fernow, H., das Royal College of Physicians in London. Ein Beitrag zur engl. Kulturgeschichte. Den Teilnehmern der 48. Versammlg. deutscher Philologen u. Schulmänner zu Hamburg 1905 als Festgabe dargeboten v. dem Ortskomitee. (19 S.) Lex.-8. Hamburg 905. (Herold.) n. 1. —

Fernow, H. Romanische Elemente im Prosper Aquitanus. Diss. Rostock 1869. 28 S.

Fernow, H., s. Gurcke, Gfr., engl. Schulgrammatik.

Fernow, Hans [Dr.]: Hamburg und England im ersten Jahre der englischen Republik. Hamburg, gedr. bei Lütcke & Wulff, *1897*; 2 Bl., 24 S. 4.
Hamburg, R vor d. Holstenthore, OP 1897 (762)

Fernow, Hans, Hamburg u. England im 1. Jahre d. engl. Republik. Progr. gr. 4. (24 S.) Hamburg 897. (Herold.) n. 1. —

Fernow, H(ans), Prof. Dr.: Milton's letters of state. *Hamburg 1903: Lütcke & Wulff.* (51 S.) 8°
Hamburg, OR vor d. Holstentore, OP 1903 (837)

Fernow, Hans The three lords and three ladies of London by R(obert) W(ilson). London 1590. Ein Beitrag zur Geschichte des englischen Dramas. 29 S. Joh. Rg. *Hamburg* 1885.
Progr.

Fernow, Hans, the three Lords and three Ladies of London. By R[obert] W[ilson]. London 1590. Ein Beitrag zur Geschichte des engl. Dramas. gr. 4. (29 S.) Hamburg 885, (Herold'sche Buchh.) **

Fernow, Hans, the three Lords and three Ladies of London. By R[obert] W[ilson]. London 1590. Ein Beitrag zur Geschichte d. engl. Dramas. gr. 4. (29 S.) Hamburg 885. (Nolte.) n.n. 1. 50

Fernow, Carl Ludwig (Hrsg.), s. Ariosto, Lodovico: Orlando furioso.

— üb. den Bildhauer Canova u. dessen Werke, mit 1 Portr. 8. Zürich 806. Geßner. 18 gl

Fernow, K. L., Carstens, Leben und Werke. Hrsg. und ergänzt von Herm. Riegel. Lex.-8. (XII und 404 S. mit 2 Bildnissen, wovon 1 lithogr. und in Tondr. und 1 in Kpfrst., und der Handschrift von Carstens.) Hannover 867, Rümpler. *

Fernow, Karl Ludwig, s. Dante: Commedia.

Fernow, Karl Ldw., Leben d. Künstlers A. J. Carstens, mit Carstens Bildn. 8. Leipz. 806. Hartknoch. 1 ₰ 12 gl Velinp. 3 ₰

Fernow, Karl Ldw., († d. 3. Dec. 1808.) Ariosto's, des göttlichen, Lebenslauf. 8. Zürich 809. Geßner. 2 ₰ 6 gl

– s. Petrarca.

Fernow, Carl Ludwig. Francesko Petrarca dargestellt. Altenburg und Leipzig 1818. V. *Merian, Hans Bernhard.* (GGr VI, 311)

Fernow, Franzesko Petrarka, nebst dem Leben des Dichters und ausführlichen Ausgaben-Verzeichnissen (von Ebert). Herausg. von L. Hain. Altenb. und Leipz. 818. 8. 1 rthl. 12 gr.

— Francesko Petrarka. Nebst d. Leben d. Dichters. Herausg. v. L. Hain. 8. Leipz. 818. Brockhaus. 1 ß 12 gr

— Sitten- u. Kulturgemälde von Rom, s. Gemälde d. merkwürd. Hauptstädte v. Europa.

SITTEN- und Culturgemälde von Europa (von *Carl Ludw. Fernow*). Gotha 1803.
Anon.-Lex. IV. p. 89 (nach Jördens); Engelmann hat „1802".

— italien. Sprachlehre f. Deutsche. 2 Thle. gr. 8. Tübing. 804. 2e Aufl. 815. v. Cotta. 2 ß 8 gr

Fernow, C. L., römische Studien. 3 Thle., mit Canovas Bildn. v. Lips. 8. Zürich 806–808. (Leipzig, Fr. Fleischer.) $6^3/_4$ ß

– s. Tasso: Jerusalem.

– s. Winckelmann, Jh.: Werke.

Fernow, Ludw., Australien, seine Goldfelder und Heerden, s. a. Australien.

Fernow, L., Australien, seine Goldfelder und seine Heerden. Mit besonderer Rücksichtsnahme auf die deutsche Auswanderung. Eine gründliche Unterweisung in der Anlage lohnender Niederlassungen u. in der Beschäftigung der Goldsucher. Nach dem Englischen. Erfurt (854.) Bartholomäus. gr. 8. (IV, 115 S. u. 1 lith. Taf.) 12 ngr

Fernow, Ludw., das Buch vom alten Fritz. Geschichte Friedrichs des Großen, der Jugend erzählt. 3. von neuem durchgeseh. und verb. Aufl. 8. (III, 204 S. mit 4 Abbild. nach Camphausen.) Erfurt 887, Bartholomäus. geb.

Fernow, Ludw. Das Buch vom alten Fritz. Geschichte Friedrichs d. Großen, der Jugend erzählt. 3. Aufl. 8. (III, 204 S. m. 4 Abbildgn. nach Camphausen.) Erfurt 889, Bartholomäus. geb. 1 50

Fernow, Ludw., das Buch vom alten Fritz. Geschichte Friedrichs des Großen, der Jugend erzählt. 4., v. neuem durchgeseh. u. verb. Aufl. 8. (IV, 204 S. m. 6 farb. Bildern.) Erfurt 894. F. Bartholomäus. Kart. 1. 50

Fernow, Ludw., d. Buch v. alten Fritz. Geschichte Friedrichs d. Großen, d. Jugend erz. 5., v. neuem durchgeseh. u. verb. Aufl. M. 6 bunten Bildern. 8. (IV, 204 S.) Erfurt 898. F. Bartholomäus. Geb. 1. 50

Fernow, Ludw., das Buch vom alten Fritz. Geschichte Friedrichs des Großen, der Jugend erzählt. 6. von neuem durchgeseh. u. verb. Aufl. Mit 6 bunten Bildern. 8. (IV, 204 S.) Erfurt (899). F. Bartholomäus. Geb. 2. —

Fernow, L., die Tante Fabula, ein Leseb. m. Bildern, zum Nutzen u. Vergnügen f. fleiß. Kinder. 1. Aufg. 12. (3 B. u. 18 ill. Bild.) Erfurt 840, Hennings u. Hopf.

Fernow, L., die Tante Fabula, ein Lesebuch mit Bildern, zum Nutzen und Vergnügen für fleißige Kinder. 2. verb. Aufl. gr. 16. (Mit 18 Lith.) Erfurt 844, Bartholomäus. geb. $^1/_2$ ß

Fernow, Ludw., die Tante Fabula. Ein Lesebuch m. Bildern zum Nutzen u. Vergnügen für fleißige Kinder. Neue Ausg. gr. 8. (42 S. m. 15 lith. u. color. Taf.) Erfurt 852, Bartholomäus. 18 ngr

—— die Tante Fabula. Ein Lesebuch mit Bildern zum Nutzen und Vergnügen für fleißige Kinder. Neue Ausg. 1852. und 2. Aufl. gr. 8. (40 S. mit 15 ill. Stnt.) Erfurt 853, Bartholomäus.

Fernow, Ludw., die Tante Fabula. Ein Buch zur Unterhaltung und Belehrung für Kinder. Mit 16 Bildern in Oelfarbendruck nach Originalzeichnungen von Gust. Süs. 4. Aufl. Erfurt 863. Bartholomäus. 4. (2 Bl., 46 S.) 1 ß 15 ngr

Fernow, Ludw., die Tante Fabula. Ein Buch zur Unterhaltung und Belehrung für Kinder. 4. Aufl. 4. (46 S. mit 16 Bildern in Oelfarbendr. nach Orig.-Zeichnungen von Gust. Süs.) Erfurt 865, Bartholomäus. cart.

— d. „Tante Fabula", m. 12 Bild. in Buntdr. u. zahlr. Vignetten v. Wilh. Süs. 20. Aufl. gr. 4. (57 S.) Ebd. 896. Kart. 3. 50

(B) Fernow, Ludw., d. Tante Fabula. 896. Jetzt: Leipzig, Serig.

Fernrohr, das. Eine Allegorie. Aus dem Engl. 16. (61 S.) Cleveland 871. (Philadelphia, Schäfer & Koradi.) geb. n. 1. —

Fernschau. Jahrbuch der mittelschweizer. geographisch-commerciellen Gesellschaft in Aarau. 1. Bd. gr. 8. (XXXII, 78 S.) Aarau 886, Sauerländer's Verlag. *
—— dass. — 2. Bd. gr. 8. (XLVI, 242 S. mit 120 Abbild. und 1 Lichtdr.-Taf.) Ebendas. 888. geb. *

Fernschau. Jahrbuch der mittelschweizer. geographisch-commerciellen Gesellschaft in Aarau. 3. Bd. gr. 8. (LXIV, 224 S. m. ca. 50 Abbildgn. u. 1 Lichtdr.-Taf.) Aarau 889, Sauerländer u. Comp. geb. * 8 —

—— dass. — 4. u. 5. Bd. gr. 8. Ebd. geb. à Bd. * 8 —
4. Mit 50 Abbildgn. u. 1 Lichtdr.-Taf. (LVI, 236 S.) 890.
5. Brinckmann, Justus. Ein Beitrag zur Kenntniss d. japanischen Kunstgewerbes. Mit 48 Taf. in Farbendr. u. 5 Orig.-Vignetten. (VIII, 86 S.) 892.
1. u. 2. Bd. Ebd. 1886,88. [* 10 —.] geb. * 11 —.

Fernschau. Jahrbuch d. mittelschweizer. geograph. kommerz. Gesellschaft in Aarau. 6. Bd. gr. 8. (V, 160 S. m. 11 Taf.) Aarau 894. J. J. Christen's Sort. Geb. in Leinw. n. 10. — (1.—6.: n. 44. —)

Fernsemer, Balth., Abschiedswort an meine liebe Pfarrgemeinde Dietershofen. (Abdr. aus dessen aktenmäßiger Inquisitionsgeschichte.) Ulm 857. Müller. (Krick.) gr. 8. (28 S.) 3 ngr

—— aktenmäßige Inquisitionsgeschichte, s. a. Inquisitionsgeschichte.

(—) aktenmäßige Inquisitionsgeschichte des Balthasar Fernsemer, excommunicirten Priesters u. ehemal. Pfrs. zu Dietershofen im Bisth. Augsburg. Nebst einer histor.-dogmat. Abhandlung über die Kirche. Von ihm selbst herausg. Ebend. 857. gr. 8. (294 S.) n. 28 ngr

FERNSEMER, Josef (Günzburg): Zur conservativen Behandlung der Oberschenkelschussfrakturen.- München: Straub 1868. 19 S.
30.7.1867 - Urk (Titel: De vulnerum femoris sclopetariorum curatione, quae "Conservans" dicitur.); F 71; Chr 1867/68,13
Diss. Ingolst.-Landsh.-Mchn.

Der **Fernsprecher.** Organ f. d. Interessen d. Beamtinnen d. Post, Telegraphie, Telephonie u. d. Eisenbahn Deutschlands u. Oesterreichs. Jg. 2–8. [Mehr nicht ersch.] — Breslau: Förster 1906–1912. 4°

Fernsprecher, der. Offizielles Organ f. die Gesamt-Interessen der Post- u. Telegraphenbeamtinnen. Red.: Geo. Förster. 6. Jahrg. 1910. 24 Nrn. (484 S.) Lex. 8. Breslau, P. Förster. 4. —

Fernsprechgebühren-Ordnung v. 20.12.99. (Gareis, Reichsges. 293) Giessen 1900

Fernsprechkarte von Württemberg. Herausgegeben von der Königl. Generaldirektion der Posten und Telegraphen. Wandkarte. Stuttgart 1907

Fernsprech-Controllbuch. 12. 500 S.) Berlin 889, Globig & Crüger. geb. n. 1. 50

Fernsprechregeln oder der Angeschlossene, wie er sein soll. Eine Schrift zur Abwehr und Belehrung in Gedächtnißversen von einem Postmann. 16. (16 S.) Berlin 883, Expbd. des Berliner Fremdenblatts. *
Aus: Berliner Fremdenblatt, besonders abgedruckt.

—— dass. — Zugleich Winke für Anschlußlustige. Von einem Postmann. Mit Illustr. von einem Andern. 2. verm. und verb. Aufl. 8. (26 S.) Berlin 884, v. Decker's Verlag. *

Fernsprechwesen, das, s.: Miniatur-Bibliothek.

[F.] Astronom und Bergmann. Dichtg, angelehnt an geschichtl. Ereignisse in Schweden a. d. 15. Jh. v. Albert Fernthal. *Halle a. S.: F. Starke [1896].* (190 S.) 1 Bd 8.

— Erwin, d. Sänger v. Sedin. Dichtg., aufgebaut auf geschichtl. Thatsachen a. d. 10. Jahrh. 12. (V, 197 S.) Berlin (W. 41., Mauerstr. 80) 895. F. Weber. n. 3. 25; geb. n. 4. —

Ferntheil, Otto (Carl) (geb. Spandau 28. 9. 1851): Historisch-kritische Darstellung der Lehre von den congenitalen Hernieen am nervösen Axengebilde. Berlin (1880). (48 S.) 8°
Berlin, Med. Diss. v. 23. März 1880

Fernwald, s.: Bräun v. Fernwald.

Fernwalder, Ludw., der Freigeist vom Winterberg, s.: Volksschriften, Münchener. Nr. 6. 7.

Fernwalder, Ludw., das Glück in der Stadt. Halte an der Heimat fest. Der Andres vom Kapellenhof, s.: Volksschriften, Münchener.

— Lucian, s.: Volksschriften, Münchener. Nr. 31.

— düstere Wolken, s.: Volksschriften, Münchener, Nr. 10.

Fero, Karl s. dramatische Ephemeren,

Fero, Karl, (Karl Gf. Klähr), dramat. Ephemeren. 8. Meißen 809. Goedsche. 1 ℛ 12 𝔤𝔤

Feronce, Johann Baptist, Comment. de principio cognoscendi emblemata Triboniani. Präs. Christian Fried. Georg Meister. Götting. (Joh. Friedr. Hager) 11. IX. 1745. 48 S. (5.—) 8714
Gewidm.: Gerlach Adolph v. Münchhausen (Strausfurth).

Feronia. Ein Toilettengeschenk f. gebildete Frauenzimmer. Hg.: D. C. A. Buchholz.
(1806). VIII, 287 S.
Hildesheim. Goed. VIII, 64, 95.

Feronia. Ein Wochenblatt für alle Stände. Leipzig 1822. H: *Ebers, Carl Friedrich.* (Ky) (GGr)

Feronia; ein Wochenblatt für alle Stände. 1r Jahrg. 104 Blätter. 4. Leipz. 822, Reclam.

Feronia. Auswahl schöner Stellen aus Deutschen Schriften. M. 1 Stndr. 8. (10½ B.) Lüneburg 829, Herold u. Wahlstab.

Feronia. Auswahl schöner Stellen aus deutschen Schriften, vom Oberamtm. Dr. Wedekind. 2. stark verm. Aufl. 8. Lüneburg 833. (Herold u. Wahlstab.) n. ⅔ ℛ

Feronelle, René. Mémoire sur les travaux d'Émile Hubner, ses peigneuses pour le coton, la soie et la laine. Lex.-8. (97 S. m. 20 Taf.) Mülhausen i. E. 891, (Detloff. — Petry.) * 3 20
Aus: Bulletin de la société industrielle de Mulhouse, besonders abgedruckt.

Ferrades, E., u. E. C. Fr. Langeheldt, kleines spanisches Lesebuch f. Handelsakademien u. Handelsschulen. „Gelernt, gekonnt". Geschichte e. Auswanderers. (Methode Gaspey-Otto-Sauer.) (VII, 146 S. m. 2 Karton.) 8. Heidelberg 905. J. Groos. Geb. n. 2. —

Ferrand, Maréchal, Op. com. en 1 Acte. p. Quétant. 8. Berl. Rottmann.

Ferrand, Ant., l'Esprit de l'histoire, ou lettres politiques et morales d'un père à son fils, sur la manière d'étudier l'histoire en général et particulièrement l'histoire de France. IV Vols. Nouv. édit. gr. 8. Braunsch. u. Petersb. 809. Pluchart. 7 ℛ Schrbp. 10 ℛ

Ferrand, Eduard [Pseud.], s.a. Schulz, Eduard

† Ferrand, E., (Eduard Schulz,) Babiolen, s. Babiolen.

—— Erlebnisse d. Herzens. Liebes-Novelletten. gr. 12. (5⅚ B.) Berlin 839, Krause.

Ferrand, E., Gedichte. gr. 12. Berlin 834. Stuhrsche B. 1 ℛ

—— Gedichte. Neue Samml. gr. 12. (13 B. u. 1 Musikbeil.) Berlin 835, Stuhr'sche Buchh.

—— Lyrisches. gr. 12. (12⅙ B.) Berlin 839, Krause.

—— Nachklänge. Lieder, s. Nachklänge.

— Novellen. gr. 12. Berlin 835. Stuhrsche Buchh. ¾ ℛ

Essai de phonétique comparée du Malais et des dialectes malgaches par Gabriel Ferrand. Paris: Geuthner; Leipzig: Harrassowitz 1909. XLVII, 347 S. 8° (09. 8324

Ferrando Ferrandini, s. Rinaldo Rinaldini 4r bis 6r.

Ferrandino; Fortsetzung der Geschichte Rinaldinis. Leipzig 1799. V: *Vulpius, Christian August.* (MGT)

Ferrandino. Schausp. in 4 Aufz. v. Hensler. in 3 Thln. 8. Wien Wallishäuser. 800.

Ferrandiz, Don José, das heutige Spanien unter dem Joch des Papsttums. Autoris. Übertragg. v. Don Ibero. (205 S.) 8. Frankfurt a/M. 909. Neuer Frankfurter Verlag. 2.50; geb. 3. 50

Ferrando, Francisco. Monita salutaria pro instituenda Christiana vita militari . . . Viennae 1714. H: *Panigalli, Ludwig.* (Jes)

Ferrante, Gaetano, Piani e memorie dell' antica basilica di Aquileja con i capolavori d'arte che in essa si trovano nonchè del campanile, chiesa e battisterio dei Pagani e la pianta della città ristabilita da Popone. Coll' aggiunta dei più importanti cenni basilicografici sulle antiche chiese, battisterj, cimiterj e campanili, e modelli dei medesimi. Fol. (104 S. mit eingedr. Holzschn. und 24 Stnt. in Fol. und gr. Fol.) Trieste 853, (Schimpff.) *

Ferrara, Joa., s.: Poematis latini rell. ex vol. Herculanensi.

Ferrara, Thdr., Warnung für Pfandbriefbesitzer! Ueber Pfandbriefe, Actien und Geschäfte der Hypotheken-Banken in Berlin. Speciell über Geschäftspraktiken, Bilanz und Rechenschaftsbericht der Preuß. Hypotheken-Actien-Bank [Spielhagen] in Berlin, Behrenstraße 47. gr. 8. (35 S.) Luxemburg 878, Brück. *

Ferrard, Paul, les aventures de Robinson Crusoé. Édition illustrée de 100 gravures coloriées. gr. 8. (180 S.) Paris 889. (Berlin, H. J. Meidinger.) Geb. in Leinw. n. 5. —

Ferrard, Paul. Robinson Crusoë. Avec 100 grav. color. 8. (180 S.) Berl. 889, Meidinger. geb. ! 5 –

Ferrari: Der Krieg des Agathokles gegen Carthago nach Quellen dargestellt. 1. Hälfte. 30 S. – Brilon, Progr. 1872.

Ferrari. Der Krieg des Agathokles gegen Karthago. 4. 1. und 2. Hälfte. (..,27) Brilon 1872. 1876.

Ferrari's Sommer-Fahrplan f. Tirol, Vorarlberg u. Liechtenstein. Nach amtl. Quellen bearb. Gültig vom 1. V. 1910. (56 S.) 16,5×18 cm. Bozen, F. Moser. — 30

Ferrari, A., Gettysburg, s. Album, Bibl. deutscher Orig.-Romane.

Ferrari, A

Gettysburg. Erzählung.
Leipzig: Günther 1869. 194 S. 8°

Ferrari, A., Gettysburg. Erzählung. 8. (194 S.) Leipzig 870, E. J. Günther.

—— Man to! Historischer Roman. 4 Bde. 8. (III, 246; III, 245; III, 208; III, 182 S.) Hannover 870, Rümpler.

Ferrari, Bartholomäus Carl (Paderborn), De vestitu humano. Diss. med. Bln. (Aug. Petsch) 6. III. 1829. 24 S. mit Biogr. (4.—) 8715
Oppon.: A. Blumensath, F. Puellenberg, L. Vagedes. — Gew.: And. Ferrari (Vater).

Ferrari, C., Summa institutionum canonicarum. Ed. novissima. 2 vol. 8. (LX, 818; 532 S.) Parisiis 872. (Berlin, Calvary und Comp.)

Ferrari, Eug. v., die Hemipteren-Gattung Nepa Latr. [sens. natur.]. Monographisch bearb. Lex.-8. (34 S. mit 2 lithogr. Taf.) Wien 888, Hölder. *
Aus: Annalen des k. k. naturhistorischen Hofmuseums, besonders abgedruckt.

Ferrari, Friedrich: Die geometrische Lösung der Aufgaben dritten und vierten Grades mittels des Lineals und einer festen Kurve dritter Ordnung mit Rückkehrpunkt oder reellem Doppelpunkte. Münster i. W. [1909]: Buschmann. 48 S. 8°
Münster, Phil. Diss. v. 26. Nov. 1909, Ref. Killing
[Geb. 13. Sept. 84 Lippstadt; Wohnort: Berlin; Staatsangeh.: Preußen; Vorbildung: Gymn. Paderborn Reife O. 03; Studium: Münster 4, Berlin Univ. 1, Techn. Hochsch. 2 S.; Rig. 31. Juli 09.] [U 10. 3771

Ferrari, Giannino, I documenti greci medioevali di diritto privato dell' Italia meridionale, s. Archiv, byzantinisches.

I documenti greci medioevali di diritto privato dell'Italia meridionale e loro attinenze con quelli bizantini d'oriente e coi papiri greco-egizii per Giannino **Ferrari.** Leipzig: Teubner 1910. VIII, 148 S. 8°
(Byzantinisches Archiv. H. 4.) [10. 8131 2

Ferrari, Giuseppe

Ferrari, Grammatica della lingua tedesca, s.: Sauer, Carl M.

Ferrari, Gius., nuova grammatica tedesca, s. Sauer, Ch. M.

Ferrari, Giuseppe, grammatica tedesca della lingua parlata, s.: Sauer, C. M.

Ferrari, Herm. Albert. (geb. Lichtenau in Westf. 31. 5. 1836): De hydrovarii symptomatis et diagnosi. Berolini (1861). (32 S.) 8°
Berlin, Med. Diss. v. 8. Aug. 1861

Ferrari, J. A. Graf, die forst- und baumzuchtschädlichen Borkenkäfer (Tomicides Lac.) aus der Familie der Holzverderber (Scolytides Lac.), mit besond. Berücksichtigung vorzüglich der europ. Formen, und der Sammlung des k. k. zoolog. Kabinetes in Wien. gr. 8. (IV und 96 S.) Wien 867, Gerold's Sohn. *

Ferrari, Lucius, s. Ferraris, Lucius

Ferrari, Otto [app. Arzt aus Fürstenberg i/W.]: Über mangelhafte Entwickelung der weiblichen Genitalien. (Nach 21 Fällen aus d. gynäkolog. Klinik zu Marburg a/L.) . . . Marburg, Buchdr. O. Ehrhardt, 1891; 87 S., 1 Bl. 8°
Marburg, Med. Fak., Inaug.-Diss. v. [14. Jul.] 1891

Ferrari, P., die beiden Damen, s. Universal-Bibliothek Nr. 1132.

Ferrari, Paolo, Medizin f. e. krankes Mädchen, s.: Meyer's Volksbücher.

Ferrari, Ugo: Zur Kenntnis der Ketoneigenschaften des Diacetonhydroxylamins, Triacetonhydroxylamins und seiner Oxydation zu Nitroisopropylaceton durch Salpetersäure. *Berlin 1903: A. W. Schade.* (37 S.) 8°
Berlin, Phil. Diss. v. 7. Aug. 1903

Ferrario, Geo. Otto, deutsches Kochbuch f. feine u. bürgerl. Küche. Auf Grund 50jähr. eig. Erfahrg bearb. u. hrsg. 8. (VIII, 381 S.) Dresden 896. A. Köhler.
Geb. in Leinw. n. 5. —

Ferraris, Carlo F., s.: Festgaben f. Adolph Wagner.

Ferraris, Galileo, die Fundamental-Eigenschaften der dioptrischen Instrumente. Elementare Darstellung der Gauss'schen Theorie u. ihrer Anwendungen. Autoris. deutsche Ausg. Uebers. u. m. e. Anh. versehen von F. Lippich. Mit 74 Fig. im Text. gr. 8. (XXIII, 221 S.) Leipzig 879. Quandt & Händel. n. 5. 20

Ferraris, Galileo, wissenschaftliche Grundlagen der Elektrotechnik. Nach den Vorlesgn. üb. Elektrotechnik, geh. in dem R. Museo Industriale in Turin, deutsch hrsg. v. Leo Finzi. gr. 8. (XII, 358 S. m. 161 Fig.) Leipzig 901. B. G. Teubner.
Geb. in Leinw. n. 12. —

Ferraris, G., et R. **Arnò:** Ein neues System zur elektrischen Vertheilung der Energie mittelst Wechselströmen. Deutsch von C. Heim. Weimar 1896

Ferraris, Galileo, u. Riccardo **Arnò,** E. neues System zur elektrischen Vertheilung d. Energie mittelst Wechselströmen. Autor. deutsche Uebersetzg. v. Carl Heim. 2. (in d. Abb. bericht.) Aufl. gr. 8. (31 S. m. 14 Abb.) Weimar 897. C. Steinert. n. 1. 35

Ferraris, Lucius

Ferrari, Lucius, prompta bibliotheca canon.-jurid. moral.-theologica nec non ascetica, polemica, rubristica, historica etc. VIII Tom. 4maj. Frankf. 781—84. Jäger. Hbg Pr. 9 ß 18 ϗ id. lib. VIII Tom. ibid. 781—84. Hermann 13 ß 8 ϗ

FERRARI, Luc.: Promta bibliotheca canonica, jurid. moral., theol. nec non ascetica, polemica, rubristica, historica ex utroque jure, pontificiis constitutionibus, conciliis sacr., congreg. decretis ac probatissimis auctoribus collecta et in VIII. tomos distributa. Ed. nova. *Francof.*, Kettembeil. 781—84. 4. (6 Thl. 16 Gr.)

Ferraris, F. Lucii, prompta bibliotheca canonica juridica moralis theologica nec non ascetica polemica rubricistica historica. Editio novissima mendis expurg. etc. opera et studio monachorum ord. S. Benedicti abbatiae Montis Casini. Vol. I. et II. 4maj. (XXIV und 1771 S.) Romae 844,45. (Monachii, Franz.) **

Ferrarius, Frz. Bhrd., de antiquo ecclesiasticarum epistolarum genere libri III. 8maj. Ofen 772. Univers.-B. 16 ϗ

— orationes actionesque Academicae habitae Mediolani. 8. maj. Ofen, Univ. Buchh. 773.

— — idem. VIII Tmi. 4. *Frcf.* Brönner. (et. Hermann.) 781—783.

Ferrarius, Guidon, de bello Italico. Lib. IV. 8. Ofen 773. Univers.-B. 4 ϗ

— opusculorum collectio. 4maj. Frkf. 777. Hermann. 2 ß

Ferrarius, G Commentarius de vita Austriae quinque imperatorum, qui floruerunt secundo bello Prussico. 8. Viennae 1775. 1,25.

— de vita austriacor. quinque Imper. etc. 8 Wien 775. Kurzböck. 10 ϗ

Ferrarius, G. S. J. De rebus gestis Eugenii Principis a Sabaudio bello italico libri IV. Augustae Vind. 1754. 192 S.

— de rebus gestis Eugenii principis a Sabaudia in bello Panonico. Lib. III. 8. Ofen 765. Univers.-B. 3 ℳ

— res bello gestae ausp. M. Theres. Augustae etc. 8. maj. Vien. Tendler. 773.

— res bello gestae ausp. M. Theres. Augustae ab ejus regni initio ad ann. 1763 inscriptionibus explicatae. 8maj. Wien 773. Trattner. 12 ℳ

Ferrarius, Jon. Alex., (Jh. Ldw. Fabricius), Euclides catholicus, seu demonstratio romanae fidei ex primis certis et evidentibus principiis mathematica methodo et connexis continua serie propositionibus deducta. 4. Par. 767.

Ferrarius, Miles, s.: Anforderungen, die, der Strategie u. Taktik an die Eisenbahnen.

Ferrarius, Miles. Die Anforderungen der Strategie und Taktik an die Eisenbahnen. Zwei Vorträge. 8. Berlin 1894.

Ferrarius M, d. Eisenbahnen u d. Kriegführung. (Zeit- u Strfr. N F 66) Hamburg 1890

Ferrarius, Miles, s. Studien über die Eisenbahnen im Kriege.

Octavian. Ferrarius diss. de balneis et gladiatoribus. Ed. Jo. Fabricius. Helmst. 1720. 8. — *Etiam in* Jo. Poleni supplem. ad Gronov. et Graevii thesaur. antiquitatt. Roman. Voll. III.

Ferrarius, Octavius. De pantomimis et mimis dissertatio . . . Wolffenbuttelii [1714]. H: *Fabricius, Joh.* (BrMm)

Ferrarii, Octav.,
— Opera varia. Ed. J. Fabricius. Wolfenb. 711. 2 Vol. 8. 20 gr.

Ferrars, Max, Handcamera u. Momentphotographie. Eine Beschreibg. der wichtigsten Verfahren. Mit 47 Kunstbeilagen, incl. Heliograv. u. Lichtdr., u. zahlr. Textillustr. gr. 8. (XVI, 266 S.) Düsseldorf 901. Leipzig, E Liesegang. n. 5. —

Ferrars, Max Henry, B. A., Greater Britain, s.: Authors, English.

Ferrars, Max Henry, s.: Rambles through London streets.

Rambles through London streets. Rewritten, with Ann. for the use of schools by Max Henry Ferrars, B.A., Reader, Freiburg i. B. With 17 Ill. and 1 Map. [Nebst] Appendix. *Bielefeld & Leipzig: Velhagen & Klasing 1904.* 2 Bde 8°
= Sammlung, Velhagen & Klasings, franz. u. engl. Schulausgaben. Reform-Ausgaben. No 7.

— dasselbe, s.: Velhagen & Klasing's Sammlung französ. u. engl. Schulausgaben.

Ferrata, A., über die verschiedenen lymphoiden Zellformen des normalen u. pathologischen Blutes, s: Pappenheim, A.

Ferraz, Mario de, neuer Zierrat f. das gesamte Kunst-Gewerbe, insbesondere f. Stickerei-, Druckerei- u. Weberei-Zeichner- u. Fabrikanten f. die Bijouterie- u. Möbel-Branche, f. Dekorations- u. Glas-Maler. Intarsien etc. (20 Taf.) 51×33,5 cm. Zürich (910). M. Kreutzmann. In Halbleinw.-Mappe 20. —

Ferrell, *Chiles Clifton* [M. A.]: Teutonic antiquities in the Anglosaxon Genesis . . . Halle, E. Karras, printer, 1893; 2 Bl., 51 S. 8.
Leipzig, Phil. Fak., Inaug.-Diss. v. [6. Juli] 1893

Ferrenbach, Virgil *Joseph:* Die Amici populi Romani republikanischer Zeit . . . Strassburg, Druck d. Strassb. Neuesten Nachr., 1895; 2 Bl., 76 S., 1 Bl. 8.
Strassburg, Phil. Fak., Inaug.-Diss. v. 1895

Ferrenbach, Virgil, die amici populi romani republikan. Zeit. Diss. gr. 8. (76 S.) Strassburg 895. (Leipzig, G. Fock.) n. 2. —

Ferreng an öömreng stacken, ütjdenn fan Otto Bremer. II. 8. Halle 896. M. Niemeyer. n. 1. 20; geb. n 1. 80 (I. u. II.: n. 3. 20)
A. J. Arfsten ain dünntjis, ütjednn fan Otto Bremer. (76 S.)

Ferrer im Lichte der Wahrheit. Ein internationaler Feldzug von Freimaurerei und Anarchismus gegen Altar und Thron. Aktenmässig dargest. Berlin: Germania 1909. 84 S. 8° [Umschlagtit.]
cf. FZ. 63 (1909) S. 363; °Regensburger Anzeiger v. 26. Okt. 1909, abgedr. in: FZ. 63 (1909) S. 364; L. 32 (1909) S. 407—408 (P. Fischer); O. 34 (1909) S. 240—241; BZC. 38 (1909) S. 450—451.
Betr. die Hinrichtung Ferrers u. die dadurch entstandene Bewegung. 215.

Ferrer im Lichte der Wahrheit. Ein internationaler Feldzug von Freimaurerei und Anarchismus gegen Altar und Thron. Aktenmässig dargestellt. Mit 5 Abbild. 21. bis 26. Tausend. Berlin: Germania 1910. 87 S. 8°. 21.

de Ferrer, Jacquin, s. Nonne=Fähnrich, die.
u.: F e r r e s, Joaquin de

Ferrer, St. Vinc., opera, a. sermones etc. Fol. Augsb. 729.

Ferreras, Juan de. Allgemeine Historie von Spanien, mit den Zusätzen der französischen Uebersetzung; nebst der Fortsetzung bis auf gegenwärtige Zeit; unter der Aufsicht und mit einer Vorrede des Hrn D. Siegm. Jac. Baumgarten an das Licht getreten. Halle 1754—72. V (1754—56): *Schröter, Johann Friedrich.* (ML) V (Zusätze): *Bertram, Philipp Ernst.* (EB)

v. Ferrera, J., allgemeine Historie von Spanien, nebst Zusätzen d. Hrn. d'Hermilly; bearb. u. herausg. v. S. J. Baumgarten, Semler u. Ph. E. Bertram. 13 Bde. gr. 4. Halle 754—72. Gebauer. 30 *xf* 8 ℳ

Physiolog.-med.-theol. Studie. P. J(uan) B. Ferreres, S. J., u. Prof. Dr. J. B. Geniesse. Der Wirkliche Tod und der Scheintod in Beziehung auf d. 3 Sakramente, auf d. Häufigkeit d. voreiligen Begräbnisse, auf d. Mittel zur Wiederbelebung d. angebl. Toten u. z. Vermeidung d. Gefahr d. Lebendig Begrabenwerdens (La muerte real y la muerte aparente). Deutsche Übers. nach d. franz. Ausg. besorgt durch Dr. J. B. Geniesse. 1. bis 3. Taus. Coblenz: Central-Auskunftstelle d. Kath. Presse 1908. (XX, 423 S.) 8°

Ferreres, J. B., S. J., u. J. B. Geniesse, der wirkliche Tod u. der Scheintod in Beziehung auf die hl. Sakramente, auf die Häufigkeit der voreiligen Begräbnisse, auf die Mittel zur Wiederbelebung der angeblich Toten u. zur Vermeidung der Gefahr des lebendig Begrabenwerdens. (Physiologisch-medizinisch-theolog. Studie.) Deutsche Übersetzg., nach der französ. Ausg. besorgt durch J. B. Geniesse. 1—8. Taus. (XX, 424 S.) gr. 8. Coblenz 908. (Regensburg, F. Pustet.) 4. —; geb. in Halbfrz. 5. 80

Ferrero, A., rapport sur les triangulations, s. Verhandlungen der vom 21. bis zum 29. Oktbr. 1887 auf der Sternwarte zu Nizza abgehaltenen Conferenz der permanenten Commission der internationalen Erdmessung.

Ferrero, E., Di alcune iscrizioni romane della valle di Susa. S. A. 1888. 11 S. u. 1 Dopp.-Taf.

Ferrero, E., La strada romana da Torino al Monginevro. Ak. 1888. 17 S. u. 1 Kte. 4°. 1.—

Ferrero, G., das Weib als Verbrecherin u. Prostituirte, s.: Lombroso, C.

Ferrero, Guglielmo, Größe u. Niedergang Roms. 6 Bde. 8. Stuttgart, J. Hoffmann. à Bd. 4.—; geb. 5.—
1. Wie Rom Weltreich wurde. (Berechtigte Übersetzung v. Max Pannwitz). (XXIV, 890 S.) (908.)
2. Julius Caesar. (Berechtigte Übersetzung v. Max Pannwitz). (XV, 420 S.) (908.)
3. Das Ende des alten Freistaats. (Berechtigte Übersetzg. v. Ernst Kapff.) (XII, 344 S.) (909.)
4. Antonius u. Kleopatra. (Berechtigte Übersetzg. v. Ernst Kapff.) (VII, 321 S.) (909.)
5. Der neue Freistaat des Augustus. (Berechtigte Übersetzg. v. Ernst Kapff.) (VIII, 300 S.) (909.)
6. Das Weltreich unter Augustus. (Berechtigte Übersetzg. v. Ernst Kapff.) (VIII, 307 S.) (910.)

Ferrero

— H., Iscrizioni scoperte al passo del Furlo. 1887. 6 S. u. 1 Taf.

Ferrero, H., La patria dell' imperatore Pertinace. S.-A. 1887. 15 S.

Ferrers, Sylvius. Der Blick in Nichts. s. Unterwegs.

Ferrers, Sylvius, der Blick in's Nichts. Roman. 8. (293 S.) Leipzig 887, Werther. +

FERRES, Joaquin de. — Die Nonne-Fähnrich, oder Geschichte der Donna Catalina de Erauso, von ihr selbst geschrieben. Herausg. von D. *Joaquin de Ferres* und ins Deutsche übers. von Oberst v. Schepeler. Aachen u. Leipzig 1830. 8°. (In Berlin: Xl 4915.) 231 S. Selten! (8 Mk. Hugo Streisand, Berlin, 1907.)

Ferrer, J. de, die Nonne-Fähnrich, s. Nonne-Fähnrich.

Verfehlte Ehe. Roman nach franz. Motiven mit Autorrecht bearb. von Richard Heinrich **Ferres**. Berlin: D. Dreyer & Co. 1907. (156 S.) 8° [J.]
— **Roman-Bibliothek**, Neue. No 5. [07. 10609]

Francine. Frei nach d. Franz. von Richard Heinrich **Ferres**. Berlin: D. Dreyer & Co. [1907]. (150 S.) 8° [J.]
— **Roman-Bibliothek**, Neue. No 7. [07. 10631]

— Kämpfende Frauen. Eine Geschichte aus gähr. Zeit. (171 S.) kl. 8. Ebd. (907). —45

'Halbwelt'. Frei nach d. Franz. von Richard Heinr. **Ferres**. Berlin: D. Dreyer & Co. [1907]. (153 S.) 8° [J.]
— **Roman-Bibliothek**, Neue. No 9. [07. 10633]

Fleißige Hände. Frei nach d. Franz. von Richard Heinr. **Ferres**. Berlin: D. Dreyer & Co. [1907]. (140 S.) 8° [J.]
— **Roman-Bibliothek**, Neue. No 6. [07. 10630]

— Ein unverschämter Herr. Roman nach gegebenen Motiven. (153 S.) kl. 8. Ebd. (907). —45

— Vornehme Leute. Roman. (165 S.) kl. 8. Ebd. (907). —45

Marguerite. Frei nach d. Franz. von Richard Heinr. **Ferres**. Berlin: D. Dreyer & Co. [1907]. (167 S.) 8° [J.]
— **Roman-Bibliothek**, Neue. No 10. [07. 10634]

Susanne. Nach d. Franz. von Richard Heinrich **Ferres**. Berlin: D. Dreyer & Co. [1907]. (146 S.) 8° [J.]
— **Roman-Bibliothek**, Neue. No 8. [07. 10632]

Ferrette, B. de, prieur de Murbach, et son diarium. (Moines et religieuses d'Alsace.) (In 3 Bdn.) I. u. II. (VIII, 175 u. 208 S. m. je 1 Titelbild.) 8. Colmar 902. H. Hüffel. à n. 2.—

Ferrette, Jul., Ulysses Panhellen, poema heroicum, graecas radices universas, ut 3150 censas, jucundissime discendas in versibus 617 continens. Omnium gratia graecae linguae studiosorum Mirandum Gyrodi perfecit artificium J. F. gr. 8. (XII, 92 S.) Leipzig 886, Matthes. *

Ferrette, Jul., Ulysses Panhellen, poema heroicum, graecas radices universas, ut 3150 censas, jucundissime discendas in versibus 617 continens. Omnium gratia graecae linguae studiosorum Mirandum Gyrodi perfecit J. F. Ed. II. (titul.). gr. 8. (XII, 94 S.) Leipzig 894. Genf, H. Stapelmohr. n. 1.60

Ferretti, Aug. Schutzengel-Büchlein für unsere liebe Jugend. Frei aus dem Ital. übers. von Carl Knoedgen. 16. (VIII, 230 S. m. 1 Bild.) Heiligenstadt 889, Cordier. cart. * — 75; geb. * 1 —

Ferretti, Franc., Unterricht im Zeichnen nach d. Natur, m. K. gr. 8. Leipz. Kummer. 815.

Ferretti, Frz., Unterricht im Zeichnen nach d. Natur. Mit 8 Kpf. gr. 8. Leipz. 816. Kummer. 20 gr.

FERRETTICH, A. Franciscus: Relatione s. scripturae ad traditionem. — (1845) 104 S. 8° (Handschr.) Diss. 104

Diss. Wien, Univ.

Ferri, **Arnold** [prakt. Arzt aus Lugano]: Beiträge zur Kasuistik der Laparotomie bei Peritonitis tuberculosa nebst Bemerkungen über zwei nachgewiesene anatomische Heilungen. Zürich-Oberstrass 1900. 76 S. 8°.
Zürich. Med. Diss. 1899/1900.

Die revolutionäre Methode [Il metodo rivoluzionario]. Von Enrico **Ferri**. Aus d. Ital. übers. u. mit Anm. versehen von Dr. Robert Michels. Mit e. einl. Abh.: 'Die Entwicklung d. Theorien im modernen Sozialismus Italiens' von Dr. Robert Michels. *Leipzig*: L. C. Hirschfeld 1908. (92 S.) 8° [J.]
— **Hauptwerke** d. Sozialismus u. d. Sozialpolitik. H. 9. [08. 916]

Ferri, Enrico, die positive kriminalistische Schule in Italien. Autoris. Übersetzg. aus dem Ital. v. E. Müller-Röder. gr. 8. (64 S.) Frankfurt a/M. 903. Neuer Frankfurter Verlag. n. 1.20

Socialismus und moderne Wissenschaft v. Enrico **Ferri**, Mitgl. d. ital. Deputiertenkammer. M. Genehmigg d. Vfs übs. u. ergänzt v. Dr. Hans Kurella. *Leipzig: G. H. Wigand 1895.* (XV S., 1 Bl., 169 S.) 1 Bd 8.
— **Bibliothek f. Socialwissenschaft.** Bd 5. [95. 6738]

Ferri, E., das Verbrechen in seiner Abhängigkeit von dem jährlichen Temperaturwechsel. [Aus: „Zeitschr. f. d. ges. Strafrechtswiss."] gr. 8. (41 S. m. 2 graph. Steintaf.) Berlin 882. Guttentag. n. 2.—

Das Verbrechen als sociale Erscheinung. Grundzüge d. Kriminal-Sociologie v. Enrico **Ferri**. Autoris. deutsche Ausg. v. Dr. Hans Kurella. *Leipzig: G. H. Wigand 1896.* (XV S., 1 Bl., 497 S., 2 Tab.) 1 Bd 8.
— **Bibliothek f. Socialwissenschaft.** Bd 8. [96. 6738]

Ferri, Giovanni. Il clima di Lugano nei venticinque anni dal 1864 al 1888. Riassunto.... [Con 1 tavola.] 8. Berna 1889.

(Ferri, Gio[vanni].) Notizie sul clima di Lugano nell' anno 1871. 8. *s. l.* (1872).

Ferri, Mario, aus Lugano: Die Begründung der Kulturstaatstheorie (Rechts- oder Culturstaat?). *Erlangen 1899: E. Th. Jacob.* (VI, 37 S.) 8° [J.]
Erlangen, Jur. Diss. v. 19. Mai 1899

Ferri, P. Nerino, neuentdeckte Michelangelozeichnungen, s.: Jacobsen, Emil.

Ferri de St. Constant, J. L.: London und die Engländer. Ein statistisch-moralisches Gemälde. Aus dem Französischen mit vergleichenden Anmerkungen begleitet von T. F. Ehrmann. Mit einem Plan von London und einer Charte von den Environs von London. Weimar 1805. 2 Bde. X, 626 S., 1 Krt.; VIII, 618 S., 1 Krt.
= Bibliothek der neuesten und wichtigsten Reisebeschreibungen. Bd. 20 u. 27. 8°.

Ferriani, Cav. Lino, Entartete Mütter. E. psychisch-jurid. Abhandlg. Deutsch v. Alfr. Ruhemann. Autoris. Ausg. gr. 8. (XVI, 197 S.) Berlin 897. S. Cronbach. n. 3.—

Ferriani, Cav. Lino, minderjähr. Verbrecher. (Versuch e. strafgerichtl. Psychologie) m. Orig.-Gutachten v. Borunini — Brusa — Colajanni — Negri — Nordau — Pierantoni. Deutsch v. Alfr. Ruhemann. Autoris. Ausg. gr. 8. (XV, 500 S.) Berlin 896. S. Cronbach. n. 8. —

Ferriani, Cav. Lino, schlaue u. glückliche Verbrecher. Ein Beitrag zur gerichtl. u. gesellschaftl. Psychologie. Deutsch v. Alfr. Ruhemann. Autoris. Ausg. gr. 8. (XXXI, 492 S.) Berlin 899. S. Cronbach. n. 8. —

— schreibende Verbrecher. Ein Beitrag zur gerichtl. Psychologie. Deutsch v. Alfr. Ruhemann. Autoris. Ausg. gr. 8. (III, 292 S.) Ebd 900. n. 6. —

Ferriar, Jh.

— neue Bemerkk. über d. Hundswuth, d. häutige Bräune, den Keuchhusten, d. Lustseuche ɛc., nebst Angabe d. besten Heilarten. Aus d. Französ. v. Chr. Fr. Michaelis II. 8. Leipz. 801.

Ferriar, Jh., neue Bemerkk. über Wassersucht, Wahnsinn ɛc. Aus d. Engl. 3 Thle. gr. 8. Lpz. 793—99. (Brockhaus). 1 ℛ 12 ℊ

Ferriars, J., neue Bemerk. üb. Wassersucht, Wahnsinn ɛc. a. d. Engl. 3 Thle. gr. 8. Leipz. Gledittsch. 793—99. (1r 10 gr. 2r 14 gr. 3r 12 gr.)

Ferrillm, Frau de, mein geistiges Schauen in die Zukunft. Meine Erlebnisse u. Erfahrgn. auf okkultem Gebiete. (IX, 113 S.) 8. Berlin (905). Leipzig, J. Püttmann. Geb. n. 3. —

Ferrier, das Seidenhaspeln. A. d. Franz. übers. v. Theod. Möglich. M. 1 lith. Zeichn. 8. (5 B.) Tübingen 811, Fues.

Ferrier, G., Gesänge und Gebete, s. Gerbracht, G.

Ferrier, G. H., St. Vincenz-Buch. Zum Gebrauche im Hause, in den Conferenzen und beim gemeinschaftl. Gottesdienste für die Mitglieder des Vereins vom h. Vincenz von Paul zusammengestellt. 24. (VIII und 312 S.) Köln 866, Bachem.

Ferrier, Dav., die Functionen des Gehirnes. Autorisirte deutsche Ausgabe. Uebersetzt von Heinr. Obersteiner. Mit 68 in den Text eingedr. Holzst. gr. 8. (XV, 354 S.) Braunschweig 879. Vieweg & Sohn. n. 8. —

Ferrier, Dav., die Localisation der Hirnerkrankungen. Autoris. deutsche Ausg. Uebers. von R. H. Pierson. gr. 8. (IX, 171 S. mit 62 in den Text eingedr. Holzst.) Braunschweig 880, Vieweg und Sohn. *

Ferrier, Dav., Vorlesungen üb. Hirnlocalisation. Deutsche autoris. Ausg. v. Max Weiss. gr. 8. (168 S. m. 35 Abbildgn.) Wien 892. F. Deuticke. n. 5. —

Ferrieres, Pauline von, od. d. geraubte Mädchen, a. d. Frz. frey übers. v. Fr. v. Oertel. 8. Lpz. Beygang. 802.

Ferrieres, Pauline von, oder das geraubte Mädchen. 8. Leipzig, Beygang. 802. (Beygand.)

Mémoires du Marquis (Charles Elie) de Ferrières sur la révolution franç. et sur l'assemblée constituante (livre X (Juni bis Oct. 1791). Mit 1 Pl. von Paris v. J. 1793. Hrsg. u. erkl. von Dr. Friedrich Perle, Oberl. *Halle a. S.: M. Niemeyer 1891.* (VI, 107 S.) 8°
— Sammlung geschichtl. Quellenschriften z. neusprachl. Lektüre. Bd 6.

v. Ferrières-Sauveboeuf, Graf ..., Reisen durch d. Türkei, Persien u. Arabien, in d. J. 1782—89. Aus d. Französ. 2 Thle. 8. Leipz. 790. (W. Vogel). 1 ℛ

— Reisen in d. Türkei ɛc. in d. J. 1782—89. Aus d. Französ. von J. R. Forster. gr. 8. Berl. 791. Voß. 18 ℊ

Ferrini, E. C., s.: Basilicorum libri LX.

— s.: Instutionum graeca paraphrasis Theophilo Antecessori vulgo tributa.

Ferrini, Eug. Contardus, quid conferat ad juris criminalis historiam Homericorum Hesiodorumque poematum studium. gr. 8. (48 S.) Berlin 881. Calvary & Co. n. 1. 80

Ferrini, Rinaldo, Technologie der Electricität u. des Magnetismus. Zum Gebrauche für Techniker, Ingenieure, bei Vorlesungen u. zum Selbstunterricht. Unter Mitwirkung des Verfassers aus dem Italienischen von M. Schröter. Mit 153 in den Text gedr. Holzschn. gr. 8. (XIII, 576 S.) Jena 879. Costenoble. n. 18. —

— Technologie der Wärme, Feuerungsanlagen, Kamine, Oefen, Heizung u. Ventilation der Gebäude ɛc. ɛc. Unter Mitwirkung des Verfassers aus dem Italienischen von M. Schröter. Mit einem einleitenden Vorwort von Gust. Zeuner. Mit 123 in den Text gedr. Holzschn. Lex.-8. (XVIII, 514 S.) Ebend. 878. n. 15. —

Ferriol. Wahreste und neueste Abbildung des Türckischen Hofes. Nürnberg 1719. 4°.

Ferriol, wahre Abbild. d. türkisch. Hofes. m. K. 4. Nürnb Weigel. 788.
m. ill. K.

Ferriol, v., Abbildung des türkischen Hofes nach den Gemälden des niederländischen Malers *van Mour* in 77 Kupferstichen. Neue Auflage. Nürnberg 1789. 4°. (5 Mk., 2 Tafeln fehlten, Wilh. Scholz, Brnschw., 1909.)
Interessantes Costümwerk. (Ed. I. c. 1780?)

Ferriol, ..., wahre Abbildung d. türkischen Hofes; aus d. Französ., mit 71 Kpf. 4. Nürnb. 789. Schneider u. W. 2 ℛ Mit ill. Kpf. 3 ℛ 12 ℊ

Samuel Ferris [A Dissertation on milk. Deutsch:] Ueber die Milch. Aus d. Engl. übers. u. mit einigen Anm. begleitet von Christian Friedrich Michaelis [1727-1804]. Leipzig: Jacobäer 1787. XIII,178 S. 8°

Ferris, Sam., über d. Milch, e. Preisschrift d. Aerzte zu Edinburg; aus d. Engl., mit Anmerkk. v. Chr. Fr. Michaelis II. 8. Leipz. 787. (Aue in Altona). 12 ℊ

Ferrius, Pet., eine Erfrischung od. Ein Dümpelkirchener Schildbürgerstreich. s. a. Heidelmann's, A., Theaterbibliothek 141. Hft.

Eine Erfrischung oder Ein Dümpelkirchner Schildbürgerstreich. Schwank in 2 Akten von Peter Ferrius. Bonn: A. Heidelmann [1904]. (11 S.) 8° [F.]
— Theaterbibliothek, A. Heidelmann's. H. 141.

Ferro, Euphemia von. Erzherzog Ferdinand Maximilian von Oesterreich, Kaiser von Mexico, als Dichter und Schriftsteller. Diss. Phil. Lausanne. [Mit 1 Porträt-Tafel.] 182 [+ 2] S. 8. Lausanne, Charles Pache, 1910.

Ferro, L. v., Hochzeitsglocken, s.: Moór, Eman.

Ferro, Pascal Joseph: Von der Ansteckung der epidemischen Krankheiten und besonders der Pest. 161 S., gbd.

Leipzig: Hertel 1782

Ferro, P. Jos., v. d. Ansteckung in epidem. Krankh. 8. Wien; Camesina. 782.

v. Ferro, Paskal Jos., († d. 21. Aug. 1809.) von d. Ansteckung d. epidem. Krankheiten u. besond. d. Pest. 8. Wien 782. (Heubner). 4 ℊ

— Anzeige d. Mittel, d. Ungesundheit d. Wohnungen zu vermindern, die d. Ueberschwemmung ausgesetzt gewesen. 8. Wien 787.

Ferro, Pascal Joseph (Übers.u.Hrsg.):

s.: Collin, Heinrich Joseph: Wahrnehmungen von den heilsamen Kräften der bittern Kreuzblumenwurzel (Radix polygalae amarae) in der Eiterung der Lungen; und von den Wirkungen des Kampfers. Aus dem Lateinischen. Wien: 1780

— Einrichtung d. medicin. Fakultät zu Wien rc. 8. Wien 785. Blumauer. 12 gr

(Ferro, Pascal Joseph): Einrichtung der medizinischen Fakultät zu Wien. Ihre Gesezze, Lehrart, und Prüfungen in den dahin gehörigen Wissenschaften, der Arzenei, Wundarzenei, Entbindungskunde und Pharmaceutik. 115 S., gbd.

Wien: Gräffer 1785

Ferro, Pascal Joseph: Medicinische Ephemeriden. (Ephemerides medicae. Dt.) Übers.von August Christoph Rosenbladt. 264 S., gbd.

Jena: Academische Buchhandlung 1795

v. Ferro, Paskal Jos.; medicin. Ephemeriden; aus d.Latein. v.A. Chr.Rosenblatt. gr.8. Jena 796. (Hennings in Neisse). 16 gr

— Ephemerides medicae. 8maj. Wien 791. (Heubner). 1 rß

Ferro, Pascal Joseph: Ephemerides medicae. 289 S., gbd.

Vindobonae: typ.de Kurzbeck 1792

Ferro, Pascal Joseph: Vorläufige Erläuterung über den Gebrauch der kalten Bäder. 16 S., gbd.

Wien: v.Kurzbeck o.J.

— vorläufige Erläuterung über d. Gebrauch d. kalten Bäder. 8. Wien 787. (Heubner). 1 gr

Ferro, Pascal Joseph: Vom Gebrauche der kalten Bäder. 277 S., gbd., Abb.

Wien: v.Kurzbeck 1781

— vom Gebrauch d. kalten Bäder. gr. 8. Wien 781. N. A. 790. (Heubner). 1 rß

Ferro, P. J., Nutzen u. Gebrauch d. kalten Bäder, s.: Bleile, J., Beiträge.

Ferro, Pascal Joseph: Über den Nutzen der Kuhpocken-Impfung. 192 S., gbd., Abb.

Wien: Hraschanzky 1802

— üb. d. Nutzen d. Kuhpocken-Einimpfung. gr. 8. Wien, Kaulfuß. 802.

— über d. Nutzen d. Kuhpocken-Einimpfung. gr. 8. Wien 802. Schaumburg. 1 rß Hbg. Pr. 16 gr

Ferro, Pascal Joseph von (Hrsg.):

s.: Sammlung der Sanitätsverordnungen für das Erzherzogthum Österreich unter der Enns... Bd 1 - 2. Wien: 1798 - 1807

Ferro, Sammlung aller Sanitäts-Verordnungen im Erzherzogthum Oestreich unter der Ens, während d. Regierung Sr. Maj. Kaiser Franz II. 2 Thl. gr. 8. Wien, Gerold. 807.

— näh. Untersuch. v. d. Pestansteckung. gr. 8. Wien, Camesina. 787.

— nähere Untersuchung von d. Pestansteckung, nebst 2 Aufsätzen von d. Schädlichkeit d. Contumazen, von Dr. Lange u. Fronius. gr. 8. Wien 787. (Heubner). 12 gr

Ferro, Pascal Joseph: Nähere Untersuchung der Pestansteckung, nebst zwey Aufsätzen von der Glaubwürdigkeit der meisten Pestberichte aus der Moldau, und der Wallachey, und der Schädlichkeit der bisherigen Contumazen, von (Martin) Lange und (Michael Traugott) Fronius. 208 S., gbd.

Wien: v.Kurzbek 1787

— Versuche mit neuen Arzneimitteln. 1r Thl. 8. Wien 793. (Heubner). 9 gr

Ferro, Pascal Joseph: Versuche mit neuen Arzeneymitteln. Th.1, 168 S., gbd., 1 Taf.

Wien: mit v.Kurzbeckschen Schriften 1793

– über die Wirkungen der Lebensluft . . . Schmidt, Wien 1793. 1 vol. 52 S.

— über d. Wirkungen d. Lebensluft. 8. Wien 795. Schaumburg. 4 gr

Ferro, Pascal Joseph: Zirkulare von der k.k. n.ö.Landesregierung im Erzherzogthume unter der Enns. Wien: 1801

s.: Wöber, Jakob Freyherr von

Ferrol oder Es geht manch Einem so! Ein Burschengemälde in fünf Aufz. Hamburg 1783. V: *Schnorr, Heinr. Theod. Ludwig.* (MGT) (Ky) (BGE) (NN)

Ferrol; od. es geht manch einem so; Burschengemälde. 8. Hamb. Neuß. 783.

Ferrol, Paul, s. Collection of British authors.

Ferrol, F., Das Ferrol'sche neue Rechnungsverfahren. 8 Briefe. Dresden-Strehlen, [ca. 1907]. 217 S. [Ef 24

Ferron, Franz J., Neu-Wien. Ein Rückblick auf die Geschichte der am 21. December 1891 zur Commune Wien einverleibten Vororte-Gemeinden. 8 (382 S.) 1.50, geb. 2.25
Korneuburg: Kühkopf 1892.

Ferron, J.-P., Essai d'un système du droit coutumier luxembourgeois, précédé d'une introduction. gr. 8. (II und 290 S.) Luxembourg 853. (Francfort s. M., Lizius.) *

Ferroni, P., de calculo integralium exercitatio math. 4. maj. Flor. (Rabenh. Lips.) 792. Rthlr.

— magnitudinum exponential. logarithm. etc. theoria. 4. maj. ibid. 782.

Ferrotypie. Ein amerikan. Verfahren, direct positive Collodionbilder auf Blechplatten anzufertigen. Von einem amerikanischen Ferrotypisten. 1.—7. Aufl. (29 S.) 1872—75. * ℳ 2.; 8. verm. Aufl. gr. 8. (44 S.) Düsseldorf 875. (Berlin, Grieben.)

Ferrotypie. Ein amerikanisches Verfahren, direct positive Collodionbilder auf Blechplatten anzufertigen. Von einem amerikanischen Ferrotypisten. 8., verm. Aufl. 8. (44 S.) Düsseldorf 879. Liesegang. n. 1. 50

Ferrotypie. Anleitung zur Anfertigung von Photographien auf Blechplatten. 9. Aufl. 8. (48 S.) Düsseldorf 886, Liesegang's Verlag. *

Ferrotypie. Ein amerikan. Verfahren, direct positive Collodionbilder auf Blechplatten anzufertigen. 10. verm. Aufl. gr. 8. (51 S. m. Abbildgn.) Düsseld. 890. Liesegang. * 1 50

Ferrotypie. Ein amerikan. Verfahren, direct positive Collodionbilder auf Blechplatten anzufertigen. Von e. amerikan. Ferrotypisten. 11., verm. Aufl. gr. 8. (51 S. m. Abbildgn.) Düsseldorf 893. E. Liesegang. n. 1. 50

Ferrotypie. Ein amerikan. Verfahren, direct positive Collodionbilder auf Blechplatten anzufertigen. Von e. amerikan. Ferrotypisten. 12. Aufl. gr. 8. (53 S. m. Abb.) Düsseldorf 898. E. Liesegang. n. 1. 50

Ferroviarius s.: Eisenbahn-Verkehrssünden.

Eisenbahn-Verkehrssünden. Krit. Betrachtungen z. neuen Personentarif von Ferroviarius. Berlin: Concordia [1907]. (52 S.) 8° [07. 11939

Ferroviarius (Frhr. Geo. v. Wöllwarth-Lauterburg), s.: Eisenbahnvertrag, der preußisch-hessische.

Ferroviarius, s.: Fort mit der Eisenbahnreform!

Ferrucci, Aloisii Chrysostomi, civis Romani, Electa carmina ingenuarum artium studiosis dicata. 8. (IV, 241 S.) Leipzig 872, Brockhaus. *

Ferrus, M. G., über Gefangene, Gefangenschaft und Gefängnisse, ins Deutsche übertr. von S. Klein. gr. 8. (XII und 400 S.) Ratibor 853. [Breslau,] Jacobsohn. *

Ferry, der Hauptmann v. Kapernaum im Olymp. Humoristische Erzählg. (239 S.) 8. Dresden 906. E. Pierson. n. 3. —; geb. n. 4. —

(G) Ferry, d. Hauptmann v. Kapernaum. 906. — Fräulein Oberleutnant. 903. — Tagebuch d. Forstmeisters Brummeisen. 904. Jetzt: Berlin, Verlag Berlin-Wien.

— Fräulein Oberleutnant u. andere Erzählungen. (III, 153 S.) 8. Ebd. 903. n. 2. —

— aus dem Tagebuche des Forstmeisters Brummeisen. (145 S.) 8. Ebd. 904. n. 2. —; geb. n. 3. —

Ferry, Gabriel [Pseud.]
s.o. Bellemarre, Louis de [Wirkl. Name]

Ferry, Gabr., der weiße Adler. Erzählung aus dem fernen Westen. Für die Jugend bearb. durch Br. Hoffmann. Mit (5) Farbendr.-Illustr. nach Orig.-Zeichngn. v. C. Koch. 8. (224 S.) Berlin 883. Drewitz. geb. 2. 50

Ferry, Gabr., der weiße Adler. Erzählung aus dem fernen Westen. Für die Jugend bearb. durch Br. Hoffmann. 4. Aufl. 8. (224 S. mit 5 Farbendr.-Illustr. nach Orig.-Zeichnungen von Karl Koch.) Berlin 887, Drewitz Nachf. cart. *

—— Aventures au Mexique, s. Collection d'auteurs français.

v. Ferry, Gabriel, neue transatlantische Bilder, s.: Bibliothek, Europäische, 472—475 u. 490. Bd.

— die Blume der Prairie, s.: Bibliothek, Europäische, 646 u. 647. Bd.

Ferry, Gabr., Cayetano, der Schmuggler, s.: Erzählungen, 1001, f. Jung u. Alt.

— Cayetano, der Schmuggler. Mit e. Lebensbilde v. A. Geyer u. e. Titelbilde v. Eduard Fiedler. — Gerstäcker, Frdr., aus dem Matrosenleben. Für d. Jugend bearb. v. Wilh. Lehr. Mit e. Titelbilde v. Eduard Fiedler. — Nieritz, Gust., das Strandrecht. Mit e. Lebensbild des Verf. v. A. F. Rohmeder. — Biernatzki, J. C., die Hallig od. Die Schiffbrüchigen auf der Nordseeinsel. Bearb. v. Rud. Kleinecke. Mit e. Titelbilde v. E. Fiedler. (80, 94, 96 u. 78 S.) kl. 8. Berlin (908). H. Hillger. Geb. 1. 20

Gabriel Ferry: Contes choisis. F. d. Schulgebr. bearb. u. erkl. v. Dr. Johannes Péronne, Oberl. ... zu Berlin ... [Nebst] Wörterb. *Berlin: R. Gaertner 1897.* 2 Bde 8.
Contes. (VII, 112 S.) Wörterb. (53 S.)
— Schulbibliothek französ. u. engl. Prosaschriften aus d. neueren Zeit. Abt. I. Bdch. 28. [98. 1776

Ferry, Gabr., Costa der Indianer, s. Bibliothek, amerikanische.

Ferry, Gabr., Costal, der Indianer, s.: Dasbach's, G. Frdr., Novellenkranz. 11. u. 12. Bdchn.

—— Costal, der Indianer, s. Novellenkranz.

—— le coureur des bois. Für den Schul- und Privatgebrauch eingerichtet und erklärt von Heinr. Loewe. 8. (VI, 426 S.) Leipzig 883, Baumgärtner's Buchh. geb.

— Vier Erzählgn., s.: Schulbibliothek französ. u. engl. Prosaschriften.

— die Helden des Südens, s. Novellen-Sammlung.

— die Kosakenjagd, s. Ausland, das belletristische.

— — s. Romanbibliothek, neue, des Auslandes.

— Matasiete, d. Siebentöter, s.: Erzählungen, 1001, f. Jung u. Alt.

Ferry, Gabriel, Nouvelles mexicaines, s. Collection d'auteurs français.

— le pêcheur de perles, s. Collection d'auteurs français.

— Amerikanische Reisenovellen, s.: Welt, die belletristische.

v. Ferry, Gabriel, (Pseud. F. Bellemare), Amerikanische Reisenovellen. Nach d. Franz. v. A. Diezmann. (Besond. Abdr. aus d. belletr. Welt.) 16. (398 S.) Leipzig 847, Teubner. 1/3 ₰

—— Scènes de la vie mexicaine, s. Sammlung französ. Lesestücke.

—— scènes de la vie sauvage au Mexique. 1. und 2. Bdchn. Erklärt von Hub. Wingerath. gr. 8. Berlin 887, Weidmann'sche Buchh. cart. à Bdchn. 50 Pf.
Inhalt:
Bdchn. 1. Le pêcheur de perles. (41 S.)
» 2. Une guerre en Sonora. (45 S.)

— der Schwur, s. Novellen-Sammlung.

Ferry, Gabr., Aus dem Soldatenleben in Mexiko. Ins Deutsche übertragen von L. Th. Fort. 2 Thle. Halle 860. Heynemann. 8. (320 S.) 1 ₰

—— die Squatter oder Erlebnisse eines jungen Auswanderers in Virginien und Californien. 2 Thle. 16. (239 S.) Sondershausen 860, Neuse. *

— der Waldläufer, s.: Ausland, das belletristische, 1572—1574. Bdchn.

— der Waldgänger, s. Bibliothek, amerikanische.

— dasselbe, s.: Fogowitz, A. H.

— der Waldläufer f. die Jugend bearb. v. J. Hoffmann, s.: Hoffmann, J.

— der Waldläufer, s. Hummel, A.

— dasselbe, s.: Im Lande d. Rothäute.

— dasselbe, s.: Moritz, Paul.

— dasselbe, s.: Pajeken, Frdr. J.

—— dass. — s. Universal-Bibliothek für die Jugend.

—— der **Waldläufer**. Scenen aus dem mexican. Waldleben. Aus dem Französ. von G. Füllner. (8 Bde.) 8. (III und 1448 S.) Halle 851, Knapp's Sortimentsh.

— der **Waldläufer**. Erzählungen aus dem amerikanischen Waldleben. Für die Jugend bearb. von Jul. **Hofmann**. 2 Bde. Mit 12 (lith.) Kpfrn. 2. Aufl. 854. — 3. Aufl. Breslau 856. E. Trewendt. br. 8. (IV, 308; 1 Bl., 259 S.) 2 ₰ 7½ ngr

—— der **Waldläufer**. Erzählungen aus dem amerikan. Waldleben. Für die Jugend bearb. von Jul. Hoffmann. 2 Bde. Mit 12 (color.) Kpfrn. 7. Aufl. 1871, und 8. Aufl. br. 8. (IV, 304; 256 S.) Breslau 875, Trewendt. geb.

—— dass. — Für die reifere Jugend bearb. von Osk. Höcker. Mit 6 Farbdr.-Bildern von G. Bartsch. gr. 8. (V, 233 S.) Stuttgart 877, Nitzschke. geb.

Ferry, Gabr., der Waldläufer. Erzählungen aus dem amerikan. Waldleben. Für die Jugend bearb. von Jul. Hoffmann. 9. Aufl. 8. (559 S. mit 12 Bildern in lithogr. Farbendr.) Breslau 878, Trewendt. geb.

—— dass. — Für die Jugend bearb. von Carl May. 8. (563 S. mit 8 Bildern in Farbendr.) [Stuttgart] Nürnberg 879, Neugebauer's Verlag. geb.

—— dass. — Erzählung aus dem fernen Westen. Für die Jugend bearb. von Br. Hoffmann. Mit Farbendr.-Illustr. nach Orig.-Zeichnungen von C. Koch. (223 S.) 1880; 2. Aufl. gr. 8. (224 S.) Berlin 882, Drewitz. geb.

—— der **Waldläufer**. Erzählungen aus dem amerikan. Waldleben. Für die Jugend bearb. von Jul. Hoffmann. Mit 12 Chromolithogr. nach Motiven von F. Koska, gezeichnet von W. Schäfer. 10. Aufl. gr. 8. (407 S.) Breslau 883, Trewendt. geb. *

—— dass. — Für die Jugend bearb. Mit 8 Bildern in Farbendr. Neue Ausg. 8. (563 S.) Nürnberg 884, Neugebauer's Verlagsh. geb.

— der **Waldläufer**. Bilder u. Scenen aus dem fernen Westen. Nach G. F. der reiferen Jugend erzählt von A. **Hummel**. Mit 6 Vollbildern in Holzschn. nach Originalen v. Fritz Bergen. 4. Aufl. gr. 8. (IV, 467 S.) Leipzig 888. Gebhardt. geb. 7. 50

Ferry, Gabr. Der Waldläufer. Für die Jugend bearb. v. Carl May. 2. Aufl. Lex.-8. (208 S. m. 4 Farbendr.) [Reutlingen, 889.] Stuttg., Bardtenschlager. geb. 4 50

Ferry, Gabr., der Waldläufer. Für die reifere Jugend bearb. v. Osk. **Höcker**. 2. Aufl. Mit 5 farb. Bildern nach Aquarellen v. G. Bartsch. gr. 8. (V, 234 S.) Berlin 893. H. J. Meidinger. Geb. in Leinw. n. 3. —

— dasselbe. Erzählung aus dem fernen Westen. Für die Jugend bearb. durch Br. **Hoffmann**. Mit Farbendr.-Illustr. nach Orig.-Zeichngn. v. C. Koch. 7. Aufl. gr. 8. (224 S.) Leipzig 893. O. Drewitz Nachf. Kart. 4. 50

— dasselbe. Für die Jugend bearb. v. Carl **May**. 3. (Titel-) Aufl. 4. (208 S. m. 4 farb. Bildern.) Stuttgart 893. R. Bardtenschlager. Geb. 4. 50

— der **Waldläufer**. Für die Jugend bearb. v. Carl May. 4. Aufl. 4. (208 S. m. 4 Farbdr.) Reutlingen (902). R. Bardtenschlager. Geb. in Leinw. 4. 50

Ferry, Gabr., der Waldläufer. Für die reifere Jugend bearb. v. Osk. Höcker. 3. Aufl. Mit 5 Farbendr.-Bildern nach Aquarellen v. G. Bartsch. (240 S.) gr. 8. Berlin (903). Meidingers Jugendschriften-Verlag. Geb. in Leinw. 4. —

Ladenpreis aufgehoben.

Der Waldläufer [Le coureur des bois]. Erzählungen aus d. amerikan. Waldleben von Gabriel **Ferry** [d. i. Louis de **Bellemarre**]. Für d. Jugend bearb. von Julius **Hoffmann**. Mit 8 Bild. nach Zeichn. von F. Koska. 11. Aufl. Berlin: E. Trewendt [1905]. (577 S.) 8° [F.] [07. 3139]

— **Der Waldläufer**. Eine Erzählg. a. d. Lande d. Goldsucher u. Pelzjäger. Für d. Jugend bearb. v. Walt. Heichen. Mit Chromobildern u. Federzeichngn. nach Orig. v. Jul. Schlattmann. Große Ausg. (239 S.) 8. Berlin (908). A. Weichert. Geb. in Leinw. (urspr. Pr. 6.—); kleine Ausg. (159 S.) Geb. (urspr. Pr. 5. —)

Ferry, Georges, das Rodeln, e. Wintersport. Illustriert v. Ant. Marussig. (40 S.) 8. Graz 906. P. Cieslar. n. — 75

Ferry, G., in der **Prärie**. Eine Indianer-Geschichte. (80 S. m. 3 Farbdr.) 8. Reutlingen (906). R. Bardtenschlager. Geb. n. — 75

— die **Skalpjäger**. Eine Indianer-Erzählg. aus Neu-Mexiko. (80 S. m. 3 Farbdr.) 8. Ebd. (906). Geb. n. — 75

— unter mexikanischen **Verrätern**. Eine Erzählg. (80 S. m. 3 Farbdr.) 8. Ebd. (906). Geb. n. — 75

Fersch, H. Die Wehrsteuer. Stuttgart 1910. 44 S.

Ferschke, Herm., der **Bienenjäger**. Eine Erzählg. aus der Wildnis Nordamerikas. Frei nach Cooper f. die Jugend bearb. Mit 5 Farbdr.-Bildern v. W. Zweigle. 8. (III, 105 S.) Stuttgart (899). Loewe. Geb. n. 2. —

[F.] Des Seekadetten Hans Leichtfuss Fahrten und Abenteuer. Nach Kapitän Marryat f. d. reif. Jugend bearb. v. Hermann **Ferschke**. M. 8 Abb. v. A. Richter. *Stuttgart, Berlin, Leipzig: Union [1896].* (248 S.) 1 Bd 8.
= Universal-Bibliothek f. d. Jugend. [No] 345. 348. [97. 773]

Ferschke, Herm. Fanfaro! Kriegsgeschichten. Illustrirt v. H. Albrecht. 8. (98 S.) Stuttg. 892. Krabbe. * 1 —

[F.] Fern von Madrid. Humorist. Erzählg aus d. Offizierleben v. Hermann **Ferschke**. Ill. v. Carl Zopf. *Stuttgart: C. Krabbe (1895).* (139 S.) 1 Bd 8. [98. 1006] [illegible]

Ferschke, Herm., Soolbad Frankenhausen am Kyffhäuser in Vergangenheit u. Gegenwart. Im Auftrage des Vereins zur Hebg. des Fremdenverkehrs verf. (82 S. m. 12 Abbildgn. u. 1 Plan.) 8. Frankenhausen 903. C. Wernsburg. n. — 60

— Führer durch das Kyffhäusergebirge. s.: Grieben's Reisebücher.

Ferschke, H., Garnison-Geschichten, s. a. Marnet-Bibliothek.

Ferschke, Herm., **Garnison-Geschichten**. Mit 78 Illustr. v. Chr. Speyer. 8. (III, 146 S.) Stuttgart 890. Krabbe. n. 2. —; geb. n. 3. —

— der **Kyffhäuser** u. das Kaiser Wilhelm Denkmal. Ein Wanderbüchlein. Mit e. Wegekarte. 4. Taus. 12. (51 S.) Frankenhausen 900. C. Werneburg. — 30

Ferschke, Herm., in Reih' und Glied. Soldatenlieder. 8. (III, 175 S. mit 100 Illustr. von H. Albrecht.) Stuttgart 888, Krabbe. * M 2.—.; geb. *

Ferschke, Herm., im Rock des Königs. Erinnerungen u. Geschichten aus dem Soldatenleben. 8. (V, 193 S.) Hamburg 881. Nolte. n. 2. —; cart. n. 2. 50

[F.] Papa Wrangel. Heitere Geschichten aus seinem Leben v. Hermann **Ferschke**. M. Ill. v. H. Albrecht. '(Z. Erinnerg an seinen hundertj. Diensteintritt.)' *Stuttgart: C. Krabbe (1896).* (2 Bl., 120 S.) 1 Bd 8. [96. 1616]

Ferse, Hermann, Ref. a. Gelsenkirchen i. W.: Die Offerte an eine nicht bestimmte Person. Borna-Leipzig 1906: R. Noske. (VIII, 38 S.) 8°
Leipzig, Jur. Fak., Diss. v. 19. Jan. 1906
[Geb. 15. Jan. 81 Braubauerschaft; Wohnort: Gelsenkirchen; Staatsangeh.: Preußen; Vorbildung: Gymn. Burgsteinfurt i. W. Reife O. 00; Studium: Freiburg i. B. 1, München 1, Berlin 1, Kiel 1, Münster 2 S.; Rig. 9. April 04.]

Fersen, A. C., s. J. H. Crohn, Rechenbuch.

Fersen, Comte Jean Axel de, s.: Klinckowström, Baron R. M. de.

Ferstel, Heinrich Freiherr v. Festschrift bei Gelegenheit der feierl. Enthüllg. seines Denkmals im k. k. österreich. Museum f. Kunst u. Industrie. (Hrsg. v. dem letzteren.) gr. 4. (V, 54 S. mit eingedr. Zincogr. u. rad. Portr.) Wien 884. (Gerold & Co.) n.n. 5. —

Ferstel, Heinr. Ritter v., der Bau des chemischen Instituts der Wiener Universität. Mit 10 (lithogr.) Taf. Fol. (4 S.) Wien 874, v. Waldheim. *
Aus: Allgemeine Bauzeitung, besonders abgedruckt.

Ferstel, Heinr. Frhr. v., der Dom v. Parenzo. Gutachten an die k. k. Central-Commission f. Kunst- u. histor. Denkmale u. durch diese an das k. k. Ministerium f. Cultus u. Unterricht. (10 S.) gr. 8. Wien 881. (A. Schroll & Co.) n.n. — 60

Ferstel, H. v., s.: Innen-Decorationen, Wiener.

Ferstel, Heinr. v., s.: Museum, das k. k. österreichische, f. Kunst u. Industrie in Wien.

—— s. Neubauten, Wiener, Serie B.

Ferstel, Heinr. v., die k. k. Universität in Wien. 64 Taf. in Kpfrst. Gezeichnet von J. Niedzielski. Gestochen von Ed. Obermayer etc. Fol. (1. Hälfte 32 Kpfrtaf.) Wien 888, Ad. Lehmann. In Mappe * 1

— die k. k. Universität in Wien. Gezeichnet v. J. Niedzielski, gestochen v. Ed. Obermayer etc. Text von Max v. Ferstel. [Wiener Monumental-Bauten, IV. Abth.] gr. Fol. (64 Taf. m. 3 S. Text.) Wien 892. A. Lehmann. In Mappe. n. 160. —; französ. od. engl. Ausg. zu gleichem Preise.

— dasselbe, s.: Monumental-Bauten, Wiener.

— die Votivkirche in Wien. 28 Taf. in Kpfrst. Gezeichnet vom Atelier Ferstel etc. Gestochen v. H. Bültemeyer. Fol. (1. Hälfte 14 Kpfrtaf.) Ebd. 888. In Mappe. n. 70. —

— die Votiv-Kirche in Wien. Gezeichnet von H. v. Riewel etc., gestochen v. H. Bültemeyer etc. Text von H. v. Riewel. [Wiener Monumental-Bauten, V. Abth.] gr. Fol. (28 Taf. m. 8 S. Text.) Wien 892. A. Lehmann. In Mappe. n. 70. —; französ. od. engl. Ausg. zu gleichem Preise.

— dasselbe, s.: Monumental-Bauten, Wiener.

Ferstel, H., und R. v. Eitelberger, das bürgerliche Wohnhaus, s. Eitelberger, R. v.

Ferstl, Ant., die Alkoholfrage der Gegenwart vom christlichen Standpunkt aus betrachtet. 6 Vorträge. (IV, 95 S.) gr. 8. Regensburg 906. Verlagsanstalt vorm. G. J. Manz. n. 1. 20

Verlags-Katalog der Franz Ferstl'schen Buchhandlung. (Tendler & Wendelin) in Grätz. 1856. Aus der C. Tanzer'schen Buchdruckerei. (18 S. 8.)

Ferstl, Edler von Förstenau Jos. Die Bade-, Trink- und Molkenkur-Anstalt zu Luhatschowitz in Mähren. Monographie nach Untersuchungen und Erfahrungen. 8. (38 S.) Wien, C. Gerold und Sohn 1853.

Ferstl v. Förstenau, Jos., die Bade-, Trink- und Molkenkur-Anstalt zu Luhatschowitz in Mähren. Monographie nach Untersuchungen und Erfahrungen. gr. 8. (38 S. mit 1 Holzschnt.) Wien 853, (Gress.) *

Ferstl, J. v. Förstenau. Geognostische Betrachtung der Nikolsburger Berge. (Inaug. Dissert.) Wien. 1845. 8.

Fert, J., Grundzüge der Heeres-Administration, s. Reich, A.

Fertig, Sammlung von Ministerialentschließungen und Auszügen oberstrichterlicher Erkenntnisse zu dem neuen Strafverfahren für das Königr. Bayern, s. Sammlung.

Fertig, Eduard: Ueber Benzoylessiganilid und α-Phenyl-γ-chinolon. *Jena 1897: A. Kämpfe.* (40 S.) 8°
Jena, Phil. Diss. v. [2. Juni] 1897

Fertig, Hans: Neues aus dem literarischen Nachlasse des Humanisten Johannes Butzbach (Piemontanus). 94 S. 8. Progr. K. Neues Gymn. *Würzburg* 1907.
I. Butzbachs Lern- und Wander-Jahre. II. Butzbachs klösterliche und schriftstellerische Tätigkeit. III. Neu-Veröffentlichungen.

Fertig, Hans, Prof. Dr.: Neues aus dem literarischen Nachlasse des Humanisten Johannes Butzbach ⟨Piemontanus⟩. Würzburg 1907: H. Stürtz. (94 S.) 8°
Würzburg, k. Neues G P 1907*

Spanien, Land und Leute in den letzten Jahrhunderten vor Christus. — Von Dr. Hans Fertig, G.-L. — 1902, Bamberg, W. Gärtner. — P. 3—68.
Progr. Bamberg, K. Lyceum und K. Altes Gymnasium

Fertig, Joannes [Dr.]: De Philostratis sophistis ... Bamberg, F. Humann'sche Buchdr., 1894; 54 S. 8.
Würzburg, Phil. Fak., Inaug.-Diss. v. 1894

De Philostratis sophistis — scrips. Dr. Joannes Fertig. — 1894, Bamberg, ebenda. — S. 3—54. (Festschrift zur Begrüssung des deutschen Gymnasialvereins und des bayer. Gymnasiallehrervereins).
Progr. Bamberg, K. Neues Gymn.

Fertig, Julius [aus Worms]: Ueber Osteomalacie und deren Heilung durch Castration ... Worms, Druck v. A. K. Boeninger, 1895; 31 S. 8.
Heidelberg, Med. Fak., Inaug.-Diss. v. [21. Okt.] 1895

Fertig, M., s. Raub, der, der Draupad.

Fertig, Michael

Fertig, Mich., Magnus Felix Ennodius und seine Zeit. 1. Abth. Passau 855. Elsässer u. Waldbauer. gr. 4. (30 S.) n. 10 ngr

Magnus Felix Ennodius und seine Zeit. Nach seinen Werken dargestellt. (I.) Von Dr. Michael Fertig, G. P. — 1855. Ebend. — S. 8—30.
Progr. Passau.

Magnus Felix Ennodius und seine Zeit (II. A. Vita S. Epiphanii) von Dr. M. Fertig. — 1860. Ebend. — S. 1—16.
Progr. Landshut

Fertig, M., Magnus Felix Ennodius und seine Zeit. 3. Abthl.: Lobrede auf Theodorich den Grossen. gr. 4. (17 S.) Landshut 858, (Krüll'sche Universitäts-Buchh.)
1. Abthl. Passau 1855. Elsässer und Waldbauer * 10 Ngr.

Magnus Felix Ennodius' Lobrede auf Theodorich den Grossen, König der Ostgothen, von Dr. M. Fertig, G. P. u. Stdr., corr. Mitgl. der k. b. Ak. d. W. — 1858. Landshut, Zabuesnig. — S. 3. Ihrem hochverehrten Lehrer Herrn Geheimerath Fried. v. Thiersch am 18. Juni 1858 als dem Tage des goldenen Doktorjubiläums zum Zeichen dankbarster Erinnerung und tiefster Verehrung dargebracht von dem Collegium des k. Gymnasiums zu Landshut Dr. M. Fertig, Joh. E. Schuster, Dr. M. Fuchs und M. Brozner. — S. 5—19.
Progr. Landshut

Feier des allerhöchsten Geburts- u. Namensfestes Seiner Majestät unsers allergnädigsten Königs Ludwig am 25. Aug. 1843 zu Münnerstadt. — Schweinfurt, Morich. — 4 S. in 8. — Ludwig I. König von Bayern im Familienkreise. 4 achtzeilige Strophen v. Stdl. Dr. Fertig.
Progr. Münnerstadt.

Proben einer Uebersetzung der Metamorphosen Ovid's [in 68 Stanzen] von Dr. M. Fertig. — 1857. Ebend. — S. 23—28.
Progr. Landshut

Fertig, Mich., Cajus Sollius Apollinaris Sidonius und seine Zeit, nach seinen Werken dargestellt. 1—3. Abthl. gr. 4. (108 S.) Würzburg und Passau 845—48, (Elsässer und Waldbauer.) à Abthl. * 10 Ngr. *

Cajus Sollius Apollinaris Sidonius und seine Zeit, nach seinen Werken dargestellt von Dr. Michael Fertig. Erste Abtheilung. — 1845. Ebend. — S. 3—84.
Progr. Münnerstadt.

Cajus Sollius Apollinaris Sidonius und seine Zeit, nach seinen Werken dargestellt von Dr. Michael Fertig. Zweite Abtheilung. — 1846. Ebend. — S. 3—48.
Progr. Münnerstadt.

Cajus Sollius Apollinaris Sidonius und seine Zeit. Nach seinen Werken dargestellt. Von Dr. Michael Fertig, G. P. — 1848. Passau, Dietenberger und Dr. Bressl. — S. 1—26.
Progr. Passau.

Fertig, M.: Metrische Übersetzung einiger Stellen aus Ovid's Metamorphosen. 15 S.– Landshut, Progr. 1869.

Fertig, Sebastian (Bensheim)
Ueber das specifische Gewicht des Urins.
Giessen: W. Keller 1866. 31 S. u. 2 Bl. Thesen.
Diss. med. 3.3.1866.

Fertsch, Ferd. Friedr., das Beichtgeld in d. protestant. Kirche, seine Entstehung u. d. Nothwendigkeit seiner Abschaffung. Ein Versuch. gr. 8. (5 B.) Gießen 830, [Heyer, Vater.]

Fertsch, F. Fr., Handbuch des besonderen Kirchenrechts der evangelischen Kirche im Großherzogth. Hessen. Hrsg. nach dem Tode des Verf. von dessen Sohne F. Fr. Fertsch. gr. 8. (IV und 389 S.) Friedberg 853, Scriba's Buchh. *

Fertsch, Fr. Fd., Katechismus d. christl. Lehre, zum Gebrauch d. Friedbergschen Kirchen u. Schulen. 8. Friedberg 803.

Fertsch, Friedr. Ferd., Katechismus d. christl. Lehre, zum Gebr. d. Burg-Friedbergischen Kirchen u. Schulen. 3. Aufl. 12. (6 B.) Friedberg in d. Wetterau 836, (Bindernagel.) *

Fertsch, Friedrich Karl [aus Butzbach in Oberhessen]: Ueber die Reductionsproducte einiger äthoxylirter und halogenirter Azoverbindungen ... Heidelberg, Univ.-Buchdr. v. J. Hörning, 1893; 63 S., 1 Bl. 8.
Heidelberg, Naturw.-math. Fak., Inaug.-Diss. v. [10. Nov.] 1892

Fertsch, G., die landwirthschaftlichen Betriebe d. Grossherzogth. Hessen am 5. Juni 1882,
— die Bewegung der Bevölkerung im Grossherzogth. Hessen,
— die Gewerbebetriebe im Grossherzogth. Hessen,
— die Zwangsveräusserungen v. Liegenschaften u. die Zu- u. Abnahme des auf dem Grundbesitz ruhenden, in den öffentlichen Büchern eingetragenen, Schuldenstandes im Grossherzogth. Hessen,
s.: Beiträge zur Statistik des Grossherzogthums Hessen.

Fertsch, G., d. Volkszählung im Grossherzogthum Hessen, s.: Beiträge zur Statistik d. Grossherzogthums Hessen.

Fertsch, Carl (Friedberg)
Über den gerichtsärztlichen Begriff "neugeboren" mit besonderer Berücksichtigung der im Grossherzogthum Hessen vorkommenden gesetzlichen Bestimmungen, worin vom "neugeborenen" Kinde die Rede ist.
Giessen: Merck 1853. 29 S.
Diss. med. 11.5.1853.

Ferbens, Frider., der thönerne Papst in den evangelischen Kirchen. Ein Kampfruf an das deutsche Volk. gr. 8. (84 S.) Leipzig 902. E. Fiedler. n. 1.—

Fervers, Adolf

Fervers, A., das sogenannte internationale Strafrecht in der Schweiz. Ein Beitrag zu den Vorarbeiten zur Vereinheitlichung des schweizer. Strafrechts. 1. Tl. [Aus: „Ztschr. f. Schweiz. Strafr."] gr. 8. (63 S.) Bern 891. (Berlin, H. Bahr's Sort.) n. 1.60

Das neue Wasserstraßengesetz. Entstehung, Zweck u. Nutzen d. Gesetzes. Von Dr. [Adolf] Fervers, Reg.R. Mit Uebersichtskarte u. Gesetzestext. Berlin: Germania 1905. (67 S.) 8° [F.]

Fervers, Bernhard [aus Kempen]: Über die Behandlung des Keuchhustens mit Chinin speciell mit subcutanen Chinininjectionen .... Leipzig, Druck v. B. G. Teubner, 1888; 2 Bl. + S. 117—137 + 1 Bl. 8°
Bonn, Med. Fak., Inaug.-Diss. v. 28. Jun. 1888

Ferwall-Gruppe [Schlagwort]

Ferwall-Gruppe, s.: Alpen. Paasche. — Tirol. Thöni.

Ferwallgruppe. Becker, Karte der Ferwallgruppe. Nach den Aufnahmen des k. k. österr. militärgeograph. Instituts u. des eidg. topograph. Bureau bearb. Hrsg. v. deutschen u. österr. Alpenverein. 1 : 50,000. 46×79 cm. Farbdr. München 899. (J. Lindauer.) n. 4.—

Ferwer, J. On Shakespeare's Troilus and Cressida. Diss. Freiburg 1869. 27 S.

Ferwer, J., chemisch-technische Untersuchung des trier'schen Baukalkes und Auffindung eines hydraulischen Kalkes. 8. (12 S.) Trier 860, (Lintz' Verlag.)

Ferwer, Rich. Die politischen Anschauungen des Cassius Dio.
15 S. Progr. Kath. G. *Glogau* 1878.

Ferwer, Rich. Der Senat und die Thronfolge in Rom von Commodus bis Aurelian. 16 S. Progr. Kath. G. *Glogau* 1883.

Ferwer, Rich., die politischen Wirren im römischen Reiche von Maximin bis Decius. gr. 4. (22 S.) Neisse 875, Graveur's Verlag. *

Fes Tschako
Fes und Tschako. Erzählungen.
Leipzig: (um 1845) Andrä. 380 S. 8°
Inhalt: Türkische Schiffe. Aus den ersten Tagen der österreichischen Flotte.- Tyrols Erhebung 1809.- Das Ende der Tortur. Aus der Zeit des siebenjährigen Krieges.-

Fesågomi. 8. (177 S. auf blauem Papier.) Berlin 886, Simion. geb. in Seide *

Fesca [Pseud.], s. Nicolai, Carl

Fesca, F. A., Handbuch der Befestigungskunst für die jüngeren Officiere der Infanterie und Cavallerie und die Officier-Aspiranten beider Waffen. (2 Thle.) 1. Thl.: Feldbefestigung. gr. 8. (XII und 288 S. mit 7 Kpfrt. in qu. Fol.) Berlin 852, Herbig.

Fesca, F. A., Handbuch der Befestigungskunst für die jüngeren Officiere der Infanterie 2c. 2. (letzter) Thl.: permanente Befestigung und Angriff und Vertheidigung der Festungen. gr. 8. (X und 368 S. mit 11 Kpfrt. in gr. 4. und Fol.) Berlin 853, Herbig. Thlr.

Kolonial-Wirtschaftl. Komitee. Anatolien. Über d. landwirtschaftl. Verhältnisse. Von Prof. Dr. M[ax] Fesca. *(Berlin [1899]: E. Mittler & Sohn.)* (37 S.) 4°(8°) [Kopft. F. u. Ant.]

Prof. Dr. M[ax] Fesca: Anatolien. Über d. landwirtschaftl. Verhältnisse. *Berlin: (E. S. Mittler & Sohn) 1902.* (35 S.) 8°
= Tropenpflanzer, Der. Beihefte. Bd 3, No 1.

Fesca, Max, Beiträge zur agronomischen Bodenuntersuchung und Kartirung, s. Journal für Landwirthschaft.

Fesca, M., Beiträge zur Kenntniss der japanischen Landwirthschaft. Hrsg. v. der kaiserl. geolog. Reichsanstalt. 2 Thle. gr. 8. Berlin, P. Parey. à n. 15.—
1. Allgemeiner Thl. (IX, 277 S. m. 2 Taf. u. Karten.) Mit e. (geb.) Atlas v. 23 Karten. 40,5 × 42,5 cm. 890.
2. Specieller Thl. (IX, 929 S. m. 12 Taf.) 893.

Fesca, Max, die agronomische Bodenuntersuchung und Kartirung auf naturwissenschaftl. Grundlage, s. Journal für Landwirthschaft.

Fesca M.: Die agronomische Bodenuntersuchung u. Kartirung auf naturwissenschaftl. Grundlage. Berl. 1879. 160 S. 1 Kt.
(= Journal f. Landwirthsch. Jahrg. 27. Supplem.).

Fesca, Max, der Pflanzenbau in den Tropen u. Subtropen, s.a. Süsserott's Kolonialbibliothek. 7. Bd.

Der Pflanzenbau in den Tropen und Subtropen. Von Prof. Dr. Max **Fesca**. Bd 1–3. Berlin: Süsserott 1904–11. 8°
1. 1904. 2. 1907. 3. 1911.
(Süsserotts Kolonialbibliothek. Bd 7. 8. 20.) A 12. 5368

Fesca, Max, landwirthschaftliche Studien in England u. Schottland. gr. 8. (V, 96 S. m. 1 Tab. in qu. Fol.) Göttingen 876. Deuerlich. n. 2. —

FESCA, MAX. Agriculturchemische Untersuchungen. Göttingen, 1873.

Fesch, Joh. Jacob (Basel), De factis officialium quatenus dominus teneatur. Diss. jur. Basel (Jac. Bertsch) 25. X. 1695. 24 Bl. (5.50) 8719

— — Dasselbe. Ob, und wie weit ein Herr für die Thaten seiner bey ihme in Pflichten stehenden Beammten und Bedienten zu stehen und zu hafften verbunden? Recusa o. O. 1746. 62 S. (5.20) 8720

— Lucas, De Cyro, monarchiae Persicae auctore. Disp. histor. Präs. Joh. Ludwig Frey. Basel (Emanuel König) 13. VII. 1706. 14 Bl. (5.—) 8721

Fesch, Milosch, s.: **Centralblatt f. das gewerbl. Unterrichtswesen.**

Fesch

— **Sebastian** (Basel), Dissertatio de insignibus eorumque jure. — Bartoli a Saxoferrato (Perusin). Tractatus de insigniis et armis. Neudruck Altdorf (Pruckner) 1727. 191 S. (11.—) 8723

Feschen, A., Wiener Reise-Lecture. Pikant! Amusant! Interessant! Zehn humorist. Erzählungen aus dem Wiener Leben und der höheren Gesellschaft. gr. 16. (68 S.) Wien 875, (Brüder Winter.) **

Feschtschpili. E guetgmeints F' zuer Erinnerig a ... üserem Sanggaller Kunscht-Verein ... sa(D[iem], U[lrich]).

Feschtschpili, E guetgmeints, zuer Erinnerig a de achzgischt Geburtstag vo üserem Sanggaller Kunscht-Verein im Wentermonet ano nünze-e-hondert ond-sibe. St. Gallen 1907. V: *Diem, Ulrich.* (Bibl. Bull. d. Schweiz 1907.)

Fesel, Christoph

Fesel, C., Malertheorie, od. Leitfaden z. hist. Malerey. 8. Würzb. Kienner. 792.

Fesel, Cph., († d. 25. Oct. 1805.) Malertheorie, oder kurzer Leitfaden zur histor. Malerei. 8. Würzb. 792. Mit n. Titelbl. 812. (Wesche in Frkf.) 4 gr.

Fesel, C., Malertheorie, od. kurzer Leitfaden z. histor. Malerei. 8. Bamb. Göbhardt. 812. 4 ℔.

Fesenbeckh, Ludwig Friedrich. Das Programmeninstitut im Grossherzogthum Baden, nebst einer Zusammenstellung sämmtlicher, seit 1837 von den badischen Lyceen und Gymnasien veröffentlichten Programm-Beilagen. Beilage zum Programm des Gymnasiums zu Lahr 1863. Lahr. Druck von J. H. Geiger. Progr.

Fesenmair, J., Anleitg. z. Übersetzen aus d. Deutschen ins Griechische, s.: Halm, Karl.

Fesenmair, J., s.: **Bibliothek, spanische.**

D. Diego Hurtado de Mendoza, ein spanischer Humanist des XVI. Jahrhunderts. — Von J. Fesenmair, G. P. — 1882, München, ibid. — S. 3–54*.
Progr. München, Wilhelms-Gymnasium

D. Diego Hurtado de Mendoza, ein spanischer Humanist des XVI. Jahrhunderts. Schluss. — Von J. Fesenmair, G. P. — 1884, München, ibid. — S. 3–47*.
Progr. München, Wilhelms-Gymnasium

Fesenmair, J., Lehrbuch der spanischen Sprache. 2., vielfach veränd. u. verm. Aufl. des J. G. Braun'schen Lehrbuches der spanischen Sprache. gr. 8. (VIII, 232 S.) München 879. Lindauer. n. 3. —

Fesenmaier, J., Lehrbuch der spanischen Sprache. 3., verm. Aufl. gr. 8. (VII, 260 S.) München 884. Lindauer. n. 3. 40

Fesenmair: Sparta von der Schlacht bei Leuctra bis zum Verschwinden des Namens I. Th. 32 S.–München W., Progr. 1865

Fesenmair, J. C., Uebungsbuch zum Uebersetzen aus dem Deutschen in das Griechische. 1. Thl.: Deklination und regelmäßige Conjugation. München 861. Lentner. gr. 8. (VI, 169 S.) n. 10 ngr.

— — 2. Thl.: Unregelmäßige Conjugation. Ebend. 861. gr. 8. (IV, 112 S.) n. 9 ngr.

Fesenmair, J. C., Uebungsbuch zum Uebersetzen aus dem Deutschen in das Griechische. 1. Thl. 2., durchaus verb. Aufl. gr. 8. (VI und 136 S.) München 865, Lentner'sche Buchh. *

Feser, Albert: Aus dem physiolog. Institute der Universität Würzburg. Über den Einfluss der Spannung auf den zeitlichen Verlauf der Contractionswelle des Muskels. *Würzburg 1896: P. Scheiner.* (18 S.) 8°
Würzburg, Med. Diss. v. 1896

Feser, Armin. Beobachtungen über vermeintliche Kainitvergiftungen bei Rehen und experimentelle Untersuchungen ⟨Fütterungsversuche⟩ über den Einfluss des Kainits auf den tierischen Organismus. Diss. Vet.-Med. Bern. 30 S. 8. München, G. Franz, 1903.

Feser, Arnim, die Entwicklg. der Rindvieh- u. Kleinviehzucht in Niederbayern während d. letzten 10 Jahre. Zugleich Bericht f. d. J. 1909. Festschrift zur 45. Wanderversammlg. bayer. Landwirte in Straubing 1910. (Hrsg. v. Zuchtverband f. Fleckvieh in Niederbayern.) (148 S. m. eingedr. Diagr., 1 Taf. u. 2 Karten.) gr. 8. Landshut 910. (M. J. Kummer.) 1. 80

— s.: Rottal, das untere.

Unteres Rottal. (Mit besond. Würdigung seiner Pferdezucht u. Rindviehzucht.) Von Dr. A(rmin) **Feser** u. A(ndreas) Pfab. (Mit Kt.) Landshut 1910: Thomann. 79 S. 4° [Umschlagt.] (11. 278)

Feser, Johann

Feser, J., gemeinverständliche Anleitung zur Aufzucht d. Rindes. Zur Förderg. der Rindviehzucht verf. 8. (51 S.) Bremen 883. Heinsius. n. 1. —

—— über Einrichtung und Betrieb von Molkereigenossenschaften auf dem Lande, s. Brönner, A., die Milchwirthschaft im Bauernhofe.

Feser, J., die polizeiliche Controle der **Markt-Milch**, s. a. Vorträge für Thierärzte.

— Die polizeil. Kontrolle der Markt-Milch. Zwei Vortr. Mit 17 Holzschn. und 1 Tabelle. (97 S.) Jena 78. Dege & Hänel. M. 3.--

Feser J.: Das neue Lactoscop (Milchprüfer). (Münch.). U. A. 13 S. 1 Tab. P.

Feser, Joh., Lehrbuch der theoretischen und praktischen Chemie für Aerzte, Thierärzte und Apotheker. Nach den neuesten Ansichten der Wissenschaft und mit Berücksicht. der für's gesammte deutsche Reich gelt. „Pharmacopoea Germanica". Mit 172 in den Text eingedr. Abbild. und 1 farb. Spectraltaf. 2 Hälften. gr. 8. Berlin 873, Hirschwald. [1. Hälfte (IV, S. 1—368.) 872. *ℳ 6.; 2. Hälfte (XII, S. 369—1050.) *ℳ 11.] *

Feser J.: Der Milzbrand auf den oberbayerischen Alpen ... Berl. 1876. 226 S. 1 Tvl. 3 Kt. 4°.

—— der Milzbrand auf den oberbayerischen Alpen. Beobachtungen darüber an Ort und Stelle mit experimentellen Untersuchungen und geschichtl. und statist. Notizen. Lex.-8. (V, 226 S. mit 4 lithogr. Taf. in gr. 8., qu. gr. 4. und qu. Fol.) München 877, Th. Ackermann. *

Feser: Das Molkereiwesen u. die landwirthschaftliche Thierzucht in Dänemark, Schweden u. Norddeutschland ... Münch. 1882. 83 S.

—— die Nothwendigkeit der Reform des thierärztlichen Unterrichts in Deutschland, bewiesen durch die Geschichte der Münchener Thierarzneischule. Vortrag, gehalten bei der Schlussfeier der königl. bayer. Central-Thierarzneischule am 6. Aug. 1878. gr. 8. (84 S.) Berlin 878, Hirschwald. *

Feser, [Johann]: Zur Reform des thierärztlichen Unterrichts in Bayern. Referat. München 1874. 14 S.

Feser, Johann: Reinzucht des rotgelben Franken- oder Scheinfelderviehes, begründet und erläutert für den fränkischen Viehzüchter. O. O. u. J.

Feser: Wahrnehmungen üb. das rothbraune Oberpfälzerrind. Vortr. (1884). 16 S. (Sartr.). P.

Feser, Joh., der Werth der bestehenden Milchproben für die Milchpolizei, erläut. nach meist eigenen Untersuchungen und besond. Berücksichtigung der neuen Vogel'schen Methode. Für Juristen, Verwaltungsbeamte, Landwirthe und Thierärzte bearb. gr. 8. (58 S. mit 9 in den Text gedr. Abbild. in Holzschn.) München 866, Fleischmann's Buchh.

Feser, Johann: Die für die oberpfälzischen Rinderschläge geeignetste Zuchtmethode.
Vortrag v. d. 1. Verein f. d. Oberpfalz.
Regensburg 1888.

Freymüthige Bemerkungen über das Verbrechen und die Strafe des Garde-Obristleutenant Székeli. (Von Joh. Jak. Feser.) (Wien) 1786. 22 S. 8°.
Zit. in Katalog Nr. 72 der Firma J. Franks Antiquariat Ludwig Lazarus in Würzburg.

Feser, Josef, approb. Arzt aus Würzburg: Ueber die chronische sklerosierende Gastritis (Linitis plastica Brintons) und ihre Beziehungen zur Syphilis. (Aus d. Privatklinik d. Hrn Prof. Dr. Johannes Müller.) *Würzburg 1903: A. Boegler.* (33 S.) 8°
Würzburg, Med. Diss. v. 1903

Feska, (Karl Nicolai), Hulder u. Prascha, od. der Bund für Fürstenglück. 3 Thle. 8. Leipz. 800. Liebeskind. 4 ₰ 8. Hamb. 802. (Herold jun.) 2 ₰ 12 gr

Feske, Osc., Leitfaden f. den Selbst-Unterricht üb. einfache, doppelte u. amerikanische Buchhaltung in leicht verständlicher, anschaulicher Form. (Wissen ist Macht!) (102 S. m. 2 Taf.) 8. Dresden (903). B. Sturm. n. 1.—

— dasselbe. (Neue Aufl.) (102 S. m. 4 Formularen.) 8. Hannover (906). W. Ottens. n. 1.—

Fessj, O., Umrechnungs-Tabelle von Meter in Yards (100 Yards = 91,44 Meter) von 1 Meter bis 130 Meter, in Zwischenräumen von je 10 cm berechnet. gr. 8. (8 S.) Hamburg 898. (C. Kloss.) n. — 50

Fessel, über Nachweis u. Bestimmung des Quecksilberdampfes in der Luft, s.: Kunkel.

Fessel, C., die Schiffbarmachung der Oder. gr. 8. (VII, 112 S. m. eingedr. Holzschn.) Oppeln 872. Berlin, Klönne & Müller. n. 2. —

Fessel, C., die Schiffbarmachung der Oder. gr. 8. (VII, 112 S. mit eingedr. Holzschn.) Oppeln 872, Reisewitz'sche Buchh. *

Fessel, Franz: Über jodometrische Säurebestimmung. *Würzburg 1898: Becker.* (35 S.) 8°
Würzburg, Phil. Diss. v. 1898

Fessel, G., Turnlehrer-Bildung u. Fortbildung. Vortrag, geh. am 26. Juni 1891. 8. (30 S.) Halle a/S. 891. M. Niemeyer. n. — 50

Fessel, Gottf., Liederandachten üb. d. Evangel. 12. Wien, Kurzböck. 721.

Fessel, Gumal, aus Halle a. Saale: Beitrag zu Kupfermetall-Ammoniakverbindungen, im speziellen Aethylendiamin- und Pyridinverbindungen. Zürich 1906. 69 S. 8°. [8. IX. 06.]
Zürich. Phil. Diss. II. S. 1906/1907.

Fessel, Gumal. Beitrag zu Kupfermetall-Ammoniakverbindungen, im speziellen Aethylendiamin- und Pyridinverbindungen. Diss. Phil. [II.] Univ. Zürich. 69 S. 8. Zürich, Gebr. Leemann & Co., 1906.

Fessel, Joh. Christian. Gottl(ob) (geb. Güstrow 11. 5. 1801): De somni vigiliarumque notione et discrimine. Berolini (1826). (32 S.) 8°
Berlin, Med. Diss. v. 30. Dez. 1826

Fessel, Karl, Gedichte. 8. (96 S.) Konitz 897. W. Dupont. 1. 50

Fessel, Karl, Mädchenprofile. 8. (41 S.) Berlin (N.W. 52), (902). Lyrik-Verlag (K. Fessel). (Nur direkt.) n. 1. 25

Mädchenprofile. Entworfen von Karl Fessel. *Berlin: U. S. Fessel [1903].* (46 S.) 8° [F.]
— Novellenbibliothek, Fessels moderne. Bd 1. [03. 11900

Sein und Schein. Ein Band Lyrik von Karl Fessel. Berlin: Lyrik-Verl. [1906]. (63 S.) 8° [F.] [06. 6303

Fessel, Leberecht, Gedichte. 3. Ausg. 8. (52 S.) Waren i/M. 888. (Neustrelitz, Jacoby.) n. — 70

Fessel, Leberecht. Gedichte. 3. Ausg. 8. (52 S.) Waren i. M. 889. (Neustrelitz, Jacoby.) * — 70

Fessel, Leber., Gedichte. 4., verm. Ausg. 8. (56 S.) Waren, 894. (Neustrelitz, R. Jacoby, Verl.) n. — 80

FESSEL Thaddaeus. Abhandlung von dem Pflichttheil, welchen Eltern bürgerlichen Standes ihren Kindern nach den mährischen Stadtrechten im Testament zu verschaffen schuldig sind von –. Gerold, o. O. (Wien) o. J. (1785). 1 vol. 39 S.

Ringelreihe. Herzige Kinderlieder von Udo Siegfried Fessel. Mit d. Kinderbildnis d. Verf. Hannover: O. Tobies [1907]. (30 S.) 8° [F.] [08.67487

Fessel-Ballon, Der, im Dienste des höheren Führers im Feldkriege ... Wien 1898. V: *Schön, Joseph.* (KA)

Fessel-Ballon, der, im Dienste des höheren Führers im Feldkriege. (Zur Frage der Organisation v. Feld-Luftschiffer-Abtheilgn.) Von e. k. u. k. Generalstabs-Officier. gr. 8. (29 S.) Wien 898. W. Braumüller. n. — 70
Sonderabdruck aus: „Organ d. militär.-wiss. Vereine".

Fesselballon, der, auf d. sächs.-thüring. Industrie- u. Gewerbe-Ausstellg. zu Leipzig 1897, erbaut u. geleitet v. Louis Godard u. Edouard Surcouf. gr. 8. (16 S. m. 6 Abb.) Leipzig 897. (A. Opetz.) — 15

Fesselius, Dan., Christus mysticus, verm. v. Gladow. 4. Wittenb. 716.

— regnum christi mystic. II Tmi. 4. Frcf. 705.

— regnum diaboli mystic. 3 Tmi. 4. Berl. Haude. 717.

Fessenmair, G., Gesammt-Inhalts-Verzeichniss, s. Bauzeitung, allgemeine.

Fesser, Vincent *(geb. Sohran in Oberschles. 27. 2. 1851)*: Die Gewichts- und Längenverhältnisse der menschlichen Früchte in verschiedenen Schwangerschaftsmonaten. Breslau (1873). (17 S.) 8°
Breslau, Med. Diss. v. 1. Aug. 1873

Fessl Rudolf: Die Gründung der deutschen Liga. H. 1909 PN 2678 Diss. Wien, Univ. 1014

Feßler, Bischof Dr., von St. Pölten, u. die neue Aera, s. Stimmen, katholische, aus Oesterreich.

Fessler, Geschichtliches üb. den thierärztlichen Kreisverein in Oberfranken. [Aus: „Rundschau auf d. Gebiete d. Thiermed."] gr. 8. (6 S.) Osterwieck 889. A. W. Zickfeldt. — 50

— Schlachtungsergebniss m. Fleischconsum in dem Stadtbez. Bamberg f. d. J. 1887. [Aus: „Rundschau auf d. Gebiete d. Thiermed."] gr. 8. (11 S.) Ebd. 888. — 50

Feßler, Übungsstoff z. deutschen Sprach- u. Rechtschreibeunterricht. s.: Rick. W.

Fessler, Alois, das Klima v. Innsbruck. (96 S.) 8. Innsbruck (908). (Wagner.) 1. 50
Sonderabdr. a.: „Berichte d. naturwiss.-med. Ver. in Innsbruck".

Feßler, Bened., Betrachtungen über die Werke Gottes, insbesond. des Thierreichs, nebst einem Anhange üb. Thierquälerei für Stadt- und Land-Schulkinder. 8. Neuburg a. D. 844, Prechter. 3 ngl

Fessler, Ferdinand, appr. Arzt a. Göttingen: Zweiundzwanzig Kaiserschnitte aus der Göttinger Universitäts-Frauenklinik. Göttingen 1905: Dieterich. (33 S.) 8°
Göttingen, Med. Fak., Ref. Runge, Diss. v. 23. Juni 1905
[Geb. 28. Apr. 81 Göttingen; Wohnort: Göttingen; Staatsangeh.: Preußen; Vorbildung: Gymn. Göttingen Reife O. 99; Studium: Freiburg i. B. 1, Göttingen 5, Berlin 1, Göttingen 3 S.; Coll. 22. Mai 05; Approb. 13. Febr. 04.]

Feßler, Frz. Carl, Bausprüche, besteh. in Maurer-, Zimmermanns-, Dach- u. Schieferdecker-Reden rc. Mit e. Anh., welcher e. Rede bei Vollendung e. Fahrzeuges auf Binnen-Gewässern enthält. 8. (11½ B.) Quedlinburg 833, Basse.

Feßler, Frz. Carl, Bausprüche, bestehend in Maurer-, Zimmermanns-, Dach- u. Schieferdecker-Reden, bei Legung eines Grundsteins, Versetzung des Schlußsteins, nach vollendetem Richten eines Gebäudes, Aufsetzen eines Thurmknopfes u. s. w. Mit einem Anhange, welcher eine Rede bei Vollendung eines Fahrzeuges auf Binnengewässern enthält. Neue (Titel-) Ausg. Quedlinburg (833.) 853. Basse. 8. (2 Bl., 174 S.) 12½ ngl

Feßler, Frz. Carl, Bausprüche, bestehend in Maurer-, Zimmermanns-, Dach- und Schieferdecker-Reden, bei Legung eines Grundsteins, Versetzung des Schlußsteins, nach vollendetem Richten eines Gebäudes, Aufsetzen eines Thurmknopfes rc. Mit einem Anhang, welcher eine Rede bei Vollendung eines Fahrzeuges auf Binnen-Gewässern enthält. 2. Aufl. Quedlinburg 860. Basse. 8. (IV, 174 S.) 12½ ngr

Fessler, Gustav

Fessler, G., alphabetisches Register zum Advokaten-Tarif, sammt Gesetz vom 26. März 1890 u. Verordng. d. Justizministeriums vom 25. Juni 1890, m. e. Beispiele e. vollständ. Expensnote f. alle 3 Tarif-Kategorien. (III, 28 S.) Wien 890. Perles' Verl. n. — 60

Fessler, Gust., alphabetisches Register zum Advokaten-Tarif, sammt Gesetz vom 26. März 1890 u. Verordng. d. Justizministeriums vom 25. Juni 1890 m. e. Beispiele e. vollständ. Expensnote f. alle drei Tarif-Kategorien. 12. (28 S.) Wien 891. M. Perles. n. — 60

Feßler, J., Briefsteller für Liebende beiderlei Geschlechts. Enth. Musterbriefe jeder Art. 8. (VIII und 80 S.) Millisau 864. (Leipzig, H. Schmidt jun.) *

Feßler, J., unter dem roten Kreuz in Transvaal. gr. 8. (III, 314 S. m. 80 Abbildgn.) München 902. Seitz & Schauer. n. 3. —; geb. in Leinw. n. 4. —

Abälard und Heloisa von I[gnaz] A[urel.] Fessler. Th. 1. 2. Berlin: Maurer 1806. 8° [Kupfertit.]
1. VI, 461 S. 1 Kpfr.; 2. XII, 634 S. 1 Kpfr.
TB. 101. Histor. Roman mit frmrischen Ideen.
Th. 1 in 480; Th. 1. 2 in 109.

Feßler, Ign. Aurel., Abälard u. Heloise. 2 Thle. 8. Berl. 807. Maurers B. 4 Thlr. Velinp. 5 Thlr. 8 gr.

— Alexander d. Eroberer, (oder Fortsetz. d. Gesch. v. Altgriechenland in Anacharsis Reise. 1r Thl.) mit 2 Kpf. u. 1 Titelkpf. u. 1 Karte. gr. 8. Berl. 797. (Köchly). 1 Thlr. Engl. P. 1 Thlr. 12 gr. Schweiz. P. 2 Thlr. 12 gr.

— Alexander d. Eroberer (od. Fortsetz. d. Gesch. v. Altgriechenl. in Anacharsis Reise. 1r.) m. Karte. gr. 8. Berl. Lagarde. 797.
Engl. Pap.

Feßler, Ign. Aurel., Alexander der Eroberer. 1r Thl. Fortsetz. der in Anarchas. Reisen enthalt. Geschichte von Alt-Griechenland. gr. 8. Berlin 797. (Leipzig, Fr. Fleischer.) 1 Thlr. Engl. Med.-Druckp. 1½ Thlr.

Fessler, I. A. Alexander der Eroberer. 8. Berlin 1797. — 8. ib. 1800. 3,00.

Alonso von I[gnaz] A[urel.] Fessler. Th. 1. 2. Leipzig: Gräff 1808. 8°
1. XXIII, 278 S. 1 Kpfr.; 2. 258 S.
TB. 194. Histor. Roman mit frmrischen Ideen.
[N. Aufl. u. d. Tit.:]
Alonso oder Der Wanderer nach Montserrat. Von I[gnaz] A[urel.] Fessler. Th. 1. 2. Karlsruhe: 1810. 8°
1. XXIV, 295 S. 1 Taf.; 2. 247 S. 1 Taf.
Fehlt bei Taute.

— Alonso. 2 Thle. gr. 8. (Leipz.) 808. (Wienbrack) 3 Thlr.

[Ankündigung des Br. Fessler.] [Dat.:] Berlin, den 24. Juni 1800. 2 Bl. 8°.
Betr. die Herausgabe von Fesslers gesammelten Schriften. 21.

— Ansichten von Religion u. Kirchenthum. 3 Thle. 8. Berl. 805. Sander. 4 Thlr. 8 gr. Velinp. 6 Thlr. 8 gr.

Fessler, Anthologia Hebraica e sacris Hebraeorum libris deprompta. Leopoli, Piller. 1787. 4°.

— Anthologia hebraica. 4. Lemb. 787. Rötzl in Wien. 1 ₰ 12 ℊ

Feßler, Ignaz Aurelius, s. Archiv, Berliner, d. Zeit.

Fessler, Dr. I. A. Aristides und Themistokles. 2 Bde. 8. Berlin 1792. 3,00. — 2. Aufl. 8. Karlsruhe 1809. — 3. Aufl. 8. ib. 1818.

— Aristides u. Themistokles. 2 Thle, mit Kpf. gr. 8. Berl. 792. 2e A. 818. Maurers B. 4 ₰

Fessler, I. A. Attila, König der Hunnen. 8. Breslau 1794. — 8. Augsburg 1803. — 8. Breslau 1809.

Actenmässige Aufschlüsse über den Bund der Evergeten in Schlesien. Hrsg. von [Ignaz Aurel.] Fessler. Freyberg: Craz & Gerlach 1804. XII, 345 S. 8°
Recens: AJ. 1 (1804) S. 626—641.
Kl. 2729, Tt. 891. Dieser von Staat und Kirche getrennte u. auf mrische Formen gestützte Bund war ein Versuch durch eine neue Verbindung das zu leisten, was dem Br Fessler die Frmrei damals nicht leisten zu können schien. Es blieb indessen bei dem Versuch und der Bund löste sich 1795 wieder auf.

— d. Nachtwächter Benedikt. Mit Kpf. 8. Berl. 809. Maurers B. 2 ₰ 16 ℊ

Fessler, J. A. Matthias Corvinus, König der Hungarn und Grossherzog von Schlesien. 2 Th. 8. Breslau 1793. 94. — 2. Aufl. 2 Bde. 8. ib. 1806. — 3. Aufl. Carlsruhe 1819.

— Mathias Corvinus, König v. Hungarn u. Großherz. v. Schlesien. 2 Bde. gr. 8. Breslau, G. Korn. 806.
Velinp.

— s. Eunomia.

— Gemälde aus den alten Zeiten d. Hungarn. 4 Bde, mit 6 Kpf. u. 4 Vign. gr. 8. Bresl. 806 u. ff. W. G. Korn. 7 ₰ 12 ℊ Velinp. 11 ₰ (A. unt. folg. Tit.: Attila, König d. Hunnen. 794. N. A. 806. 1 ₰ 12 ℊ — Matthias Corvinus, König d. Hungarn. 2 Thle. 793, 94. 2e A. 806. 3 ₰ Velinp. 5 ₰ Könige d. Hungarn, aus d. Arpadischen Stamme. 2 ₰ 12 ℊ Velinp. 4 ₰)

— Gemälde a. d. alten Zeiten d. Hungarn. 4 Bde. m. K. u. Vign. gr. 8. Breslau, G. Korn. 808. (1r enth. Attila. 2r d. 3 großen Könige. 3r u. 4r Mathias Corvinus.)

— s. v. Genlis: Abhandl. über Erziehung.

Fessler, Ignaz, Aurelius, Geschichte der Entlassung des gewesenen Pastors in Saratow, Carl Limmer, aus den Original-Acten. Dorpat und Riga 1823 UBT

— Geschichte d. Entlassung d. gewes. Pastors in Saratow, Karl Limmer. Aus d. Original-Acten u. wahrhafte Darstell. seiner Verirrungen, als Seitenstück zu Limmers Libell, betitelt: meine Verfolgung in Rußland. gr. 8. Riga 824. Hartmann. (Serig in Leipz.) 21 ℊ Hbg. Pr. 12 ℊ

— die Geschichte d. Ungarn u. ihrer Landsassen 1r—4r Thl. mit Vignetten u. color. Landcharten. gr. 8. Leipzig, Gleditsch. 815. weiß Druckp.
Velinp.
(Druckp. 1r 3 Rthlr. 8 gr. 2r 4 Rthlr. 16 gr. 3r 4 Rthlr. 12 gr. 4r 5 Rthlr. 12 gr.)
(Velinp. 1r 5 Rthlr. 8 gr. 2r 6 Rthlr. 16 gr. 3r 6 Rthlr. 16 gr. 4r 8 Rthlr.)

— d. Geschichten d. Ungarn u. deren Landsassen. 10 Thle. gr. 8. Leipz. 815—25. (Brockhaus). 30 ₰ weiß Druckp. mit gestochenem Tit. 46 ₰ Velinp. 66 ₰

— die Geschichten d. Ungern. 10 Thle. gr. 8. Leipz. 815—25, Gleditsch. 30 Rthlr. weiß Druckpap. mit gestochenen Titeln 46 Rthlr. Velinpap.

Fessler, Ign. Aurel., die Geschichte der Ungern und ihrer Landsassen. (Neue Ausg.) 10 Bde. gr. 8. Leipzig, Brockhaus. [1. (XXXVIII und 728 S. mit 3 Karten in Kpfrst., in gr. 4. und 3 Tab. in qu. Fol.) 847. 2. (1076 S.) 3. (XXIV und 1083 S. mit 1 ill. Karte in Fol.) 4. (1272 S. und 1 Karte in gr. Fol.) 848., 5. (XII und 940 S.) 6. (XXXII und 943 S.) 7. (XVI und 751 S.) 849., 8. (VIII und 624 S.) 9. (XVI und 648 S.) 10. (XX und 771 S.) 850.] *
Wurde in 40 Heften à * 10 Ngr. ausgegeben.

Fessler, Ign. Aurel, Geschichte von Ungarn. 2. verm. und verb. Aufl., bearb. von Ernst Klein. Mit einem Vorwort von Mich. Horváth. (In 4—5 Bdn. oder 16—20 Lfgn.) 1.—14. Lfg. oder 1.—3. Bd. 8. Leipzig, Brockhaus.
à Lfg. * M 2. *
geb. *

Inhalt:
Bd. 1. Die Urgeschichte und die Zeit der Herzoge und Könige aus Arpad's Stamme bis 1301. (XXI, 501 S.) 867. * M 8.; geb. * M 9.
» 2. Die Zeit der Könige aus verschiedenen Häusern von 1301 bis 1457. (VI, 586 S.) 869. * M 9.; geb. * M 10.
» 3. Die Zeit der Könige von Matthias I. bis Maximilian. 1457 bis 1576. (XV, 663 S.) 874. * M 11.; geb. * M 12.

Fessler, Ign. Aurel., Geschichte von Ungarn. 2. verm. und verb. Aufl., bearb. von Ernst Klein. Mit einem Vorwort von Mich. Horváth. 15.—21. Lfg. gr. 8. (4. Bd. XVIII, 592 S.; 5. Bd. S. 1—288.) Leipzig 875—79, Brockhaus.
à Lfg. * M 2. *

Fessler, Ign. Aurelius, Geschichte von Ungarn. 2. verm. und verb. Aufl., bearb. von Ernst Klein. Mit einem Vorwort von Mich. Horváth. 22.—24. (Schluss-)Lfg. gr. 8. (5. Bd. XXVII, S. 289—675.) Leipzig 880, Brockhaus.
à Lfg. * M 2.; compl. 4 Bde. * M 50.; geb. *
1.—21. Lfg. Ebendas. 1875—79. à * M 2.

Fessler, Ign. Aurelius, Geschichte v. Ungarn. 2. verm. u. verb. Aufl., bearb. v. Ernst Klein. Mit e. Vorwort v. Mich. Horváth. 24. (Schluss-) Lfg. gr. 8. (5. Bd. XXVII u. S. 545—675.) Leipzig 883. Brockhaus. 2. —
(cplt.: n. 50. —; geb. n. 55. —)

— die Gesinnung Jesu Christi. gr. 8. St. Petersburg 817., hat Kummer in Leipzig, u. d. Pr. 1/3 ₰

— liturg. Handbuch z. belieb. Gebrauch evangel. Liturgen u. Gemeinden. gr. 8. Riga 823. Hartmann. (Serig in Leipz.) 1 ₰ 16 ℊ Hbg. Pr. 1 ₰

Fessler, Institutiones linguarum orientalium Hebraeae, Chaldaicae, Syriacae et Arabicae.
Pars I. introductionem in studium linguarum orientalium et linguae Hebraicae complectens. Breslau (Halle u. Jena). Korn. 1787, 8°.
Pars II. institutiones linguarum Chaldaicae, Syriacae et Arabicae complectens. Ebendas. 1789, 8°.
Recens. Schwarz, a. a. O. S. 116.

— Institut. linguar. oriental. hebr., chald., syriacae et arabicae. Chrestomathiam addidit J. G. Eichhorn. II Tom. 8maj. Bresl. 789. W. G. Korn. 20 ℊ

Klugheit und Gerechtigkeit die Grundfesten einer Loge. Eine Vorlesung. Vorgetragen den 15ten Jun. 1800 bey der zweyten Stiftungsfeyer der Grossen Freymaurer-Loge Royale York zur Freundschaft [in Berlin] von [Ignaz Aurel.] Fessler. [Berlin] 1800. 26 S. 8° [Umschlagtit.]
Abdr. in: Eleusinien des 19. Jhs. 1 (1802) S. 207—220.
cf. BayrBbl. 6 (1905—1906) S. 136—138.
Kl. 2725. Diese Rede war die Veranlassung zu Fesslers Streit mit J. G. Fichte.

— drey großen Könige d. Hungarn, a. d. Arcadischen Stamme. m. K. gr. 8. Ebend. 808.

Velinp.

Fessler, I. A. Die drey grossen Könige der Ungarn. (VIII. 480) 8. Carlsruhe 1809.

– d. Groß-, Hof- u. Staats-Epopt Lotario 8. Berl. 808. Maurers B. 2 rℓ 12 gr Velinp. 3 rℓ

— Mark-Aurel. 3 Bde. gr. 8. Bresl. 790—92. N. A. 4 Bde. 791—93. 3e A. 4 Bde, mit Kpf. gr. 8. Bresl. 799. W. G. Korn. 6 rℓ

Bonaventura's mystische Nächte von I[gnaz] A[urel.] Fessler. Berlin: Maurer 1807. VIII, 568 S. 1 Kpfr. 8°

TB. 193. Histor. Roman mit frmrischen Ideen.

Feßler, J. A., zwey Predigten gehalten im Saale der Brüdergemeine zu Sarepta. Zum Besten der Waisenkinder. gr. 8. St. Petersburg. (Leipzig, Kummer in Comm.) 816.

— christl. Reden. 2 Thle. 8. Riga 822. Hartmann. (Leipz., Serig). 2 rℓ 8 gr Hbg. Pr. 1 rℓ 16 gr

Fessler's Resultate seines Denkens und Erfahrens als Anhang zu seinen Rückblicken auf seine 70jährige Pilgerschaft. Breslau: Korn 1826. VIII, 384 S., 1 Kupferstich. 8°. 358.

Revision des Maurerischen Taschenbuches auf das Jahr 5802 bis 5803 und männliche Abfertigung seiner Hrsg. X. Y. Z. [d. i. C. Friedr. Wilh. Cosmann u. v. Held]. Vom Br. [Ignaz Aurel.] Fessler. Berlin: Frölich 1803. 66 S. 8°

Und in: Eleusinien d. 19. Jh. 2 (1803) S. 61 bis 128.

cf. Mrisches Taschenbuch. 1803—1804 S. 145 bis 164 (v. Held).

Kritik der Artikel, die das mrische Taschenbuch gegen Fessler gerichtet.

[Ignaz Aurel.] **Fessler's Rückblicke auf die letzten sechs Jahre seiner Logenthätigkeit. Hrsg. von Friedr. Mossdorf. Abth. 1. 2. Dresden 1804: Meinhold. 8°**

1. XXXIV, 386 S.; 2. XVI, 333 S.

(Fessler, I. A.: Sämmtl. Schriften üb. Frmrey. Berlin. Dresden. 2.)

Kl. 2727, Tt. 276. Enth. die Streitigkeiten Fesslers mit der Loge Royal York von 1796 bis 1802. Verf. spricht sich pessimistisch u. abfällig üb. Frmrei und Logenwesen aus. 25. 193.

[Ignaz Aurel.] **Fessler's Rückblicke auf seine siebzigjährige Pilgerschaft. Ein Nachlass an seine Freunde und an seine Feinde. Breslau: Korn 1824. X, 518 S. 8°**

[Dasselbe.] Ein Nachlass. Hrsg. und mit einem Vorw. eingel. von Friedr. Bülau. 2. Aufl. Leipzig: Geibel 1851. XVI, 318 S. 8°

Auszug in: A. 5 (1830) S. 85—100.

Kl. 2736, Tt. 931. S. 150—151: Fesslers Ansicht üb. Frmrei, S. 177—180: seine Reform der Frmrlogen. 1. Aufl. in 358; 2. in 23.

— Rückblick auf seine 70jähr. Pilgerschaft. Ein Nachlaß an seine Freunde u. an seine Feinde. gr. 8. Breslau 826, W. G. Korn.

[Rundschreiben des Br. Fessler] [Dat.:] Berlin den 20. August 1802. 1 Bl. 8°.

Betr. die Herausgabe seiner sämtlichen Schriften über Frmrei. 21.

Fessler, Ignaz Aurelius: **[Rundschreiben des Br. Fessler, [Dat.:] Berlin, den 1sten des J. 5800. 1 Bl. 8°.**

Betr. die Herausgabe von Fesslers gesammelten Werken. 21.

– s. Sache, D. gute. d. Freimaurerei.

[Autogr.] Der Schlüssel zu [Ignaz Aurel.] Fessler. (Fesslers sämtliche Schriften (Bd 1:) Berlin 1801) soweit als möglich vervollständigt und neu hrsg. von der Vermittlungs-Stelle. [Von Emil Reinhold.] (Ms. f. Frmr.) [Brieg] 1900. 23 S. 8°.

Abt. 1 enthält die von Fessler gebrauchten Abkürzungen nebst ihren Erklärungen; Abt. 2 d. zahlreichen Abkürzungen f. Namen von Brrn, Städten, Logen usw.

[Ignaz Aurel.] **Fessler's sämmtliche Schriften über Freymaurerey. Wirklich als Ms. f. Brr. [Bd 1]—3. Berlin, [1804:] Dresden: Meinhold, [1807:] Freyberg: Gerlach 1801—1807. 8°**

1. XX, 409 S. 3 Taf. 1801.
   2. verb. Aufl. [Nebst] Anh. [d. i. Bd. 3]. Freyberg: Gerlach 1805. XII, 391 S. 1 Kpfr.
2. Fessler's Rückblicke auf d. letzten sechs Jahre seiner Logenthätigkeit. Hrsg. von F. Mossdorf. 1804. Abth. 1. 2.
   1. XXXIV, 386 S.; 2. XVI, 333 S.
3. Anh. z. Bd. 1, 2. Aufl.: Fessler's Freym. Briefe aus Kleinwall. VIII, 256 S. 1 Taf. 1807.

Recens f. Bd. 1: Taschenbuch f. Frmr. 1802 S. 415–461; AJ. 1 (1804) S. 111—140; f. Bd. 1, 2. Aufl.: Neues JfFr. 1812—1820 S. 152—153; f. Bd. 2: AJ. 1 (1804) S. 626—641; f. Bd. 3: Neues J f Fr. 1812—1820 S. 142—152.

cf. f. Bd. 1—3: E z ALZ. 1811 Nr 117; f. Bd. 2: HZC. 143 (1863) S. 16—36 d. 3. Pag.

Kl. 2726–2728, Tt. 276.

Zusätze und Verbesserungen zu dem ersten Bande sämmtlicher Schriften über Freymaurerey des Br. [Ignaz Aurel.] Fessler. Freyberg: Gerlach 1807. XXIV S. 8°
Kl. 2726, Tt. 277.

Feßler, Ignaz, s. Sidney.

— d. alten u. d. neuen Spanier, e. Völkerspiegel. (A. u. d. T.: Versuch e. Geschichte v. Spanien. 2 Thle.) gr. 8. Berl. 810. Maurers B. 3 ℛ 8 gl. Mit Kpf. u. 1 Karte v. Span. 4 ℛ 8 gl.

Fessler, Dr. J. A. Die alten und neuen Spanier. (Mit 1 Titelbild.) (2 Bde.) 8. Carlsruhe 1813—1814.

— s. Therese.

Theresia oder Mysterien des Lebens und der Liebe von I[gnaz] A[urel.] Fessler. Th. 1. 2. Breslau: Korn 1807. 8°
1. 352 S. 1 Kpfr.; 2. 344 S. 2 Kpfr.

[Dasselbe.] Th. 1. 2. Carlsruhe: 1810. 8°
1. 247 S. 1 Kpfr.; 2. 239 S. 2 Kpfr.
TB. 192. Die Ausg. von 1810 ist ein rechtswidriger Nachdruck.

Unions-Acte der vereinigten Freymaurer und vertrauten Brüder. [Entworfen von Ignaz Aurel. Fessler.] [Dresden] 1803: Meinhold]. 4 Bl. 8° [Umschlagtit.]
Abgedr. in: Constitution d. gr. Bundes scientif. Frmr. 1805 Bl. 6—7; Bh. 5 (1862) S. 388—390.
Kl. 2732, Tt. 1008. In diesen Akten verpflichten sich die Mitglieder des scientifisch. Bundes, durch Forschung die Geschichte der Frmrbrrschaft zu bearbeiten. 193. 358a.

Versuch einer Geschichte der Spanischen Nation. Von J. A. Fessler. (A. u. d. T.: Die alten und die neuen Spanier. Ein Völkerspiegel. Von J. A. Fessler.) Th. 1—2. Berlin. 1810. 8°.

Versuch eines allgemeinen Maurer- und Logenrechtes. [Von Ignaz Aurel. Fessler. Berlin 1801.] 84 S. 8°
Abgedr. in: Fessler, I. A.: Sämmtl. Schriften über Frmrey. Berlin. Dresden. 1 (1801) S. 1—84; 2. verb. Aufl. Freyberg. 1805 S. 1 bis 74; Taschenbuch f. Frmr. 1802 S. 131—202; Signatstern. 8 (1811) S. 14—68.
Auszug in: Constitions-Buch d. L. Archimedes, Altenburg. 1803 S. 1—4; HZC. 140 (1860) S. 1—5 der 3. Pag.
Tt. 1009. Enth. das absolute u. bedingte Maurer- u. Logenrecht. Zusätze des Verf. hierzu in dem 1. seiner frmrischen Briefe aus Kleinwall. 3 (1807) S. 1—16.

— was ist d. Kaiser? gr. 8. Wien 782.

Fessler, J. A.,. Zusätze und Verbesserungen zu dem ersten Bande sämmtlicher Schriften über Freymaurerey des Br. Fesslers. Für die Besitzer der ersten Auflage besonders abgedruckt. Freiberg, Gerlach, 1807. 8. Fesslers Portrait. XXIV S. 2 Bl.
Kloss 2726.

Feßler, Josef

Feßler, Jos., Abhandlung über den Ablaß insbesondere über den Jubiläums-Ablaß. Verfaßt bei Gelegenheit des Jubiläums im J. 1850. gr. 8. (40 S.) Innsbruck 850, Wagner'sche Buchh. *
Aus: Katholische Blätter aus Tyrol rc., besonders abgedruckt.

Feßler, Jos., Abschiedspredigt, gehalten in Feldkirch am Ostermontag den 17. April 1865. Zugleich Abschiedswort an das ganze Vorarlberg. gr. 8. (12 S.) Einsiedeln 865, Gebr. Benziger.

Feszler, Jos., *Dr., k. k. Hofkapl. u. Prof. d. Dekretalen-Rechtes a. d. Univ. in Wien.* Das kirchliche Bücherverbot. Mit zwei kleinern einleitenden Aufsätzen: Ueber die kirchliche Freiheit u. über das Studium des Kirchenrechtes. *Wien* 1858. *C. Gerold's S.* VIII u. 96 S., 8°.

FESSLER, JOSEPH: Das Vaticanische Concilium, dessen äußere Bedeutung und innerer Verlauf. Dargestellt von Dr. Joseph Feßler, Bischof von St. Pölten. Wien, Gran, Pest 1871: Carl Sartori. V, 112 S. - 210 mm

Fessler, Jos., dějiny církve chrestovy pro vyšší gymnasia. Přeložil Matěj Procházka. Díl 1. Prag 865. Kober. gr. 8. (192 S.) n. 23 ngr.

—— über die abgeschafften Feiertage und die Mess-Application an denselben. Lex.-8. (81 S.) Innsbruck 860, (F. Rauch.) *
Aus: Archiv für kathol. Kirchenrecht, besonders abgedruckt.

Feßler, Jos., s. Galura, B., die christkathol. Theologie.

Feßler, Jos., Geschichte der Kirche Christi, als Religionslehrbuch zum Gebrauche für das Obergymnasium bearb. 2 Abthlgn. Lex.-8. (1. Abthl. VIII und 196 S.) Wien 856(57,) Auer. *

— Geschichte der Kirche Christi, als Religions-Lehrbuch zum Gebrauche für das Ober-Gymnasium bearb. 2. neu durchgeseh. Aufl. Wien 860. Gerold.' gr. 8. (XII, 459 S.) n. 20 ngr.

—— Geschichte der Kirche Christi als Religions-Lehrbuch zum Gebrauche für das Ober-Gymnasium bearb. 3. Aufl. gr. 8. (VIII, 384 S.) Wien 868, Gerold's Sohn. *

Feßler, Bischof Jos., Geschichte der Kirche Christi, als Religions-Lehrbuch zum Gebrauche für das Ober-Gymnasium bearb. 4. Aufl. gr. 8. (VIII, 384 S.) Wien 877, Gerold's Sohn. *

—— Hirtenbrief an alle Gläubigen des Bisthums St. Pölten beim Antritte seines oberhirtlichen Amtes erlassen. gr. 4. (20 S.) Einsiedeln 865, (Gebr. Benziger.)

—— Institutiones patrologiae, quas ad frequentiorem, utiliorem et faciliorem SS. patrum lectionem promovendam concinnavit. Tom. I. 2 Partes et Tom. II. 8maj. Oeniponte, (libr. Wagner.) [I. (XXX und 762 S.) 850. * 2 Thlr. 15 Ngr., II. (XII und 1071 S.) 851. * 3 Thlr. 10 Ngr.] *

Fessler, Jos. Institutiones patrologiae, quas denuo recensuit, auxit, ed. Bern Jungmann. Tom. I et II pars I. gr. 8. Innsbruck, Rauch. [Tom. I. (XXIII, 718 S.) 890. * 6 —; Tom. II, pars I. (VI, 447 S.) 892. * 8 60.] * 9 60

Fessler, Josephi, institutiones patrologiae, quas denuo recensuit, auxit, ed. Bern. Jungmann. Tomi II, pars II. gr. 8. (X, 711 S.) Innsbruck 896. F. Rauch. n. 5.40 (I. u. II.: n. 15. —)

—— der Kirchenbann und seine Folgen. 1. Aufl. und 2. Aufl. mit 2 Beilagen: dem Excommunications-Breve P. Pius IX. vom 26. März 1860 und dem authent. Formular einer namentl. Excommunication. gr. 8. (71 S.) Wien 860, Gerold's Sohn. *

Feßler, Jos., Das letzte u. das nächste allgemeine Konzil. Freiburg, Herder, 1869, gr. 8°, VI, 190 S., 2 Mk.
Verf. spricht 1. über Grundlage u. Bedeutung der allgem. Konzilien in d. Kirche Christi; führt 2. eine gedrängte Gesch. aller bisherigen ökum. Konzilien, ihrer Veranlassung u. ihrer Erfolge vor; erörtert 3. eingehend die Beschlüsse des Tridentinums (S. 50—167), woran sich 4. Reflexionen über Zweck u. Aufgaben des bevorstehenden Konzils schließen. Chilianeum N. F. Bd. 1 (1869), S. 228—9. Allgem. Littztg 1869, S. 137. Ökum. Konzil. Stimmen 2c. Bd. 2 (1869), S. 61—4. Ökum. Konzil v. Scheeben Bd. 1 (1870), S. 77—9. Theol. Littbl. 1869, S. 125—8.

—— zur Orientirung über die gemischten Ehen in Oesterreich und andere damit verwandte Fragen. 8. (44 S.) Wien 861, Gerold's Sohn. *

—— die Protestantenfrage in Oesterreich. 8. (48 S.) Wien 861, Gerold's Sohn. *

—— über die Provincial-Concilien und Diöcesan-Synoden. gr. 18. (VI und 268 S.) Innsbruck 849, (Wagner'sche Buchh.) *

—— der kanonische Proceß nach seinen positiven Grundlagen und seiner ältesten historischen Entwickelung in der vorjustinianischen Periode dargestellt. gr. 8. (V und 178 S.) Wien 860, Gerold's Sohn. *

—— die Revision des Concordates. gr. 8. (44 S.) Wien 861, Gerold's Sohn. *

—— Sammlung vermischter Schriften über Kirchengeschichte und Kirchenrecht. (IV, 284 S.) Freiburg im Br. 869, Herder'sche Verlagsh. *

FESSLER, JOSEF: Stand der Frage wegen der pfarrlichen Tauf-, Trauungs- und Sterbebücher in Österreich. Wien u. Gran 1869. Verlag v. Carl Sartori. 23 S. - 205 mm

Fessler, Jos., Storia della chiesa di Cristo, proposta qual libro d'istruzione religiosa ed uso del ginnasio superiore. Traduzione dal Tedesco. gr. 8. (XII und 404 S.) Wien 858, Gerold's Sohn. Thlr. *

Feßler, Jos., Die wahre u. die falsche Unfehlbarkeit. Zur Abwehr gegen Herrn v. Schulte. Wien, Sartori (jetzt Regensburg, Verlagsanst.), 1871, gr. 8°, VIII, 92 S., 1.—3. Aufl., 1 Mk.
Recenss. Katholik 1871, Bd. 1 S. 304—43. Münchener Pastoralbl. 1871, S. 62—4. Linzer Theol.-pr. Quartalschr. 1871, S. 366—9 (Sprinzl). Litt. Handw. 1871, S. 234—5 (Hülskamp). Archiv f. k. KRecht 1871, Bd. 26, N. F. Bd. 20, S. XXVIII—XXIX. — Vgl. auch das Hirtenschreiben Feßlers vom 24. April 1871 an die Gläubigen seiner Diöcese. In der Beilage zur Diöcesan-Currende vom J. 1871, Nr. 3.

Die operative Behandlung des Wurmfortsatzdurchbruches. ⟨Appendicitis perforativa.⟩ Von J[ulius] Feßler, München. *Leipzig: Breitkopf & Härtel 1904.* (20 S.) 8°
= Sammlung Klinischer Vorträge. N. F. No 366. [4 3498]

Fessler, Julius, ein Beitrag zur Behandlung der Knochenbrüche und Gelenkerkrankungen durch ziehende Verbände. Diss. München 1886, A. Buchholz. 8°. 32 S. mit 8 Taf.

FESSLER, Julius: Ein Beitrag zur Behandlung der Knochenbrüche und Gelenkerkrankungen durch ziehende Verbände.- München: Wolf 1886. 32 S.,8 Taf.
6.3.1886 - Chr 1885/86,17; Jv 1885/86,164
Diss. Ingolst.-Landsh.-Mchn.

Fessler, Julius [Dr. med.]: Festigkeit der menschlichen Gelenke m. bes. Berücks. d. Bandapparates '(m. 5 Taf. u. 22 Abb. im Text)' ... München, M. Rieger'sche Univ.-Buchh., 1894; VIII, 266 S., 5 Taf. 8.
München, Med. Fak., Hab.-Schr. v. 1894

Nothilfe bei Verletzungen. Von Dr. Jul. Fessler, Privatd., München. Mit 20 Fig. 1. Aufl. *München & Berlin: R. Oldenbourg 1902.* (69 S.) 8° [ſſ.]
= Veröffentlichungen d. Deutschen Vereins f. Volks-Hygiene. H. 3. [03. 304

Fessler, Jul. Klinisch-experimentelle Studien über chirurgische Infectionskrankheiten, insbesondere über die Wirkg. d. Ichthyols bei Erysipel u. verwandten Krankheiten. gr. 8. (176 S.) Münch. 891, Lehmann. * 4 —

— Taschenbuch der Krankenpflege. Mit e. Vorwort von O. v. Angerer. 8. (XI, 332 S m. Abbildgn.) München 902. Seitz & Schauer. Geb. in Leinw. n. 3. —

— Taschenbuch der Krankenpflege. Mit e. Vorwort von O. v. Angerer. 2. neubearb. Aufl. (XV, 395 S. m. Abbildgn.) kl. 8. München 904. Seitz & Schauer. Geb. in Leinw. n. 3. —

Feßler, Jul., Taschenbuch d. Krankenpflege. Mit e. Vorwort v. Othm. v. Angerer. 3. neubearb. Aufl. (XV, 460 S. m. Abb.) kl. 8. München 909. Verl. d. ärztl. Rundschau. Geb. in Leinw. 4. —

— erster Unterricht in der Krankenpflege (für Haus u. Beruf). In Frage u. Antwort bearb. (127 S.) 12. Ebd. 903. Geb. in Leinw. n. 1. 25; kart. n. 1. —

— Erster Unterricht in der Krankenpflege. Für Haus u. Beruf in Frage u. Antwort bearb. (Neue [Titel-]Ausg.) (127 S.) kl. 8. Ebd. [903] (910). 1.—; geb. n 1. 25

— Die Wirkung der modernen Spitzgeschosse auf Menschen u. Tiere. Nach Versuchen m. d. deutschen 8 mm-S-Munition auf 10 bis 1500 m. Mit Bewillig. d. kgl. preuss. u. kgl. bayer. Kriegsministeriums bearb. Mit 20 Bildern u. 3 Doppeltaf. (S. 439—621.) gr. 8. München 909. J. J. Lentner. 6. —
Sonderabdr. a.: „Deut. Ztschr. f. Chirurgie".

FESSLER, Mark Aurel (Scheffau): De tetano ac praecipuis sub ejusdem cura momentis respiciendis.- Landishuti: Storno 1820. 24 S.,4 Bl.
14.9.1815 - Pe 331; F 57
Diss. Ingolst.-Landsh. Mchn.

Fessler, Othmar, Referendar: Die Entwicklung des sächsischen Staatsdienerrechts im 19. Jahrhundert. (T. 1.) Berlin & Leipzig: Rothschild 1910. VI, 102 S. 8° ¶(Ersch. vollst. als: Rechtseinheit. H. 6.)
Leipzig, Jur. Diss. v. 25. Juli 1910
[Geb. 4. Mai 84 Cöln; Wohnort: Dresden; Staatsangeh.: Sachsen u. Preußen; Vorbildung: Städt. Gymn. Cöln Reife O. 03; Studium: Freiburg i. B. 2, Bonn 1, Leipzig 5 S.; Rig. 12. Jan. 07.] [U 10. 2694

Die Entwicklung des sächsischen Staatsdienerrechts im 19. Jahrhundert von Dr. Othmar Fessler. Berlin & Leipzig: Rothschild 1910. XI, 198 S. 8°
(Die Rechtseinheit. H. 6.) [11. 18934 11

FESSLER, Richard: Ueber zwei Fälle von sekundärer Nervennaht.- München: Kastner & Lossen 1897. 25 S.,1 Taf.
8.3.1897 - Chr 1896/97,20; Jv 1896/97,231
Diss. Ingolst.-Landsh.-Mchn.

Feßler, Siegmund

Fessler, Siegm., Gedächtniss-Rede, gehalten anlässlich der Trauerfeier für den hochseel. Kaiser Friedrich III. am 24. Juni 1888 in der Synagoge zu Landsberg a. W. gr. 8. (8 S.) Landsberg a. W. 888, Vogler und Klein.

Fessler, Sigmund: Mar Samuel, der bedeutendste Amora. Beitrag zur Kunde des Talmud. Halle a. d. S. 1879: o. Dr. 68 S. 8°
Halle-Wittenberg, Phil. Diss. v. [9. Okt.] 1879
Geb. Möor (Ungarn) 29. 9. 1847. V.
Im Buchhandel Breslau: Schletter 1879.

Feßler, Siegm., Rede anläßl. d. Jubelfeier z. 25. Wiederkehr d. Sedantages, geh. in d. Synagoge z. Halle a/S. gr. 8. (8 S.) Halle 895. A. Neubert. n. — 20

Feßler, Sigismund

Feßler, Sigism., Juvenes dum sumus. Humoresken aus dem Gymnasium. 12. (V, 127 S.) Wien 892. C. Konegen. n. 1. 60

Feßler, Sigism., die letzten Tage von Carthago. Historisches Trauerspiel in 5 Aufzügen. 8. (IV und 124 S.) Wien 868, Pichler's Witwe und Sohn.

Feßler-Closquet, Charles, kurzes Handwörterbuch d. wichtigsten techn. Ausdrücke der französ. u. österreich. Gesetzgebung. (63 S.) kl. 8. Wien 909. Manz. — 85

Feßmaier, Johann Georg

— rechtl. Aussichten u. Wünsche d. oberpfälzigen Nation, s. Aussichten

Feßmaier, Jh. Geo., über d. Entstehen u. Aufblühen d. oberdeutschen Städtebundes u. dessen Bekämpfung u. Vernichtung durch Friedrich von Landshut, Pfalzgrafen bei Rhein, Herzogen in Baiern. gr. 4. Münch. 819. (Franz). 5 Gr.

Fessmaier, Dr. Joh. Geo. (k. Ministerialrath u. Mitglied d. Akad. zu München), über (!) das Entstehen u. Aufblühen des oberteutschen Städtebundes u. dessen Bekämpfung u. Vernichtung durch *Friederich von Landshut*, Pfalzgrafen bei Rhein, Herzogen in Baiern (✝ 4. Dez. 1393). München, Lentner, 1819. 4°. Beibd. 34 S. — S. 7–9 geht [illegible] über die italien. Freistaaten voran.

Feßmair, (J. G.,) über d. Entstehen u. Aufblühen d. oberdeutschen Städtebundes u. dess. Bekämpfung u. Vernichtung durch Friedrich von Landshut, Pfalzgrafen bei Rhein, Herzog in Baiern. Academische Vorlesung. gr. 4. 819. (München, Lindauer.) Rthlr.

Fessmaier (Hofrath u. Prof. J. G.). Geschichte von Baiern. Landshut, bei Phil. Krüll, Universitätsbuchhändler. 1804. 8°. Hldrb.
544 S., 1 Bl. Err., 2 Bll. Krüll'sche Verlagsbücher. — Lat. Lettern.

— Grundlinien zum baierischen Staatsrecht. gr. 8. Landsh. 803. Krüll. 3 Gr.

FESSMAIER, J. G.: Grundlinien z. Staatsrechte v. Baiern. *Landshut*, Manz. 803. gr. 8. (3 Gr.)

— Grundriß d. histor. Hülfswissenschaften, vorzügl. nach Gatterer. gr. 8. Landsh. 802. Weber in Münch. 1 Thlr.

— Grundriß d. bayrisch. Staatsrechts. gr. 8. Ingolst. (Krüll in Landsh.) 801.

— Grundzüge zur Lebensbeschreib. d. K. S. Edlen v. Hellersberg. gr. 8. Landsh. 819. Krüll. 8 Gr.

— diplomat. Skizze von d. alten Vitzthum-Amt Lengenfeld. 8. Landsh. 800. Weber in Münch. 6 Gr.

— Staatsgesch. d. Oberpfalz ꝛc. 2 Bde. 8. Landsh. Thomann. 803.

Fessmaier, Joh. Geo. Stephan der Ältere, Herzog von Baiern, wegen des Verlustes der Grafschaft Tyrol gegen Johannes v. Müller vertheidigt. 8. München 1805.

Fessmaier, Joh. Geo. (Ministerialrath im k. bayer. Finanzministerium, geb. 1775), Stephan d. Aeltere, Herzog von Baiern, *wegen dem Verlurste* (sic!) *der Grafschaft Tirol* gegen *Johannes v. Müller vertheidiget*. München, Jos. Lindauer, 1817. 8°. Hfrzb.
VIII—216 S.

— Versuch e. pragmat. Staatsgesch. d. Oberpfalz. 2 Bde. 8. Münch. 799—805. Thomann. 1 Thlr. 20 Gr.

Feßmann, S., bayerisches Gesetz über den Malzaufschlag mit den im Gesetzeswege ergangenen abändernden Bestimmungen auf Grund des Gesetzes zur Ausführung der Reichs-Strafprozeßordnung, des Malzaufschlag-Gesetzes vom 31. Oktbr. 1879 u. der Vollzugsvorschriften hiezu. Mit Anmerkungen u. ausführlichem Register für Aufschlagsbedienstete, Bierbrauer, Hefenfabrikanten u. Mühlenbesitzer. 8. (VIII, 104 S.) Nördlingen 879. Beck. cart. n. 1. 20

Feßmann, S., Handbuch zum Forst-Gesetz für das Königr. Bayern mit Erläuterungen aus der Gemeinde- und Proceß-Ordnung, dem Gesetze über den Vollzug der Einführung des Strafgesetzbuches für das deutsche Reich in Bayern, dem Polizeistrafgesetz, dem Strafgesetz für das deutsche Reich und allen seit 1852 ergang. Verordnungen und oberstrichterl. Entscheidungen. Zum prakt. Gebrauche bearb. 2. durchgeseh. Aufl. gr. 8. (IV, 212 S.) Nördlingen 874, Beck'sche Buchh. *

—— die Jagd-Gesetze für das Königr. Bayern in ihren Beziehungen zu der neuesten Gesetzgebung und mit den an die Stelle des aufgehobenen Gesetzes über die Bestrafung der Jagdfrevel getretenen Bestimmungen des Reichsstrafgesetzbuches. 16. (IV, 116 S.) Ansbach 874. (München, J. A. Finsterlin.) *

Feßmann, S., die Jagd-Gesetze für das Königr. Bayern in ihren Beziehungen zu der neuesten Gesetzgebung und mit den an die Stelle des aufgehobenen Gesetzes über die Bestrafung der Jagdfrevel getretenen Bestimmungen des Reich-strafgesetzbuches. 2. Ausg., verm. mit den ergänzenden Nachträgen. 16. (IV, 116 S., Nachträge 36 S.) Ansbach 880, (Junge.) * Nachträge allein

—— alphabetischer Leitfaden zum Malzaufschlag-Gesetze vom 16. Mai 1868. Mit besond. Berücksicht. für Aufschlagsbedienstete, Bierbrauer und Mühlenbesitzer ꝛc. [Mit Tab. zur Berechnung und Resolvirung des Malzaufschlages.] 8. (24 S.) Ansbach 868, Brügel und Sohn.

—— das Wechselstempelsteuergesetz im deutschen Reich mit sachlichen, hauptsächlich aus den bestehenden Ausführungs-Bestimmungen und den instruktiven Vorschriften für Bayern geschöpften Erläuterungen. Zum prakt. Gebrauche bearb. Mit Wechselstempel-Tarif und einem ausführl. Register. 8. (34 S. mit 1 Tab. in Fol.) Ansbach 871, (Brügel und Sohn.)

Feßmann, S., systematische Zusammenstellung der gebilligten Lehrmittel im Königr. Bayern. Vollständiges Verzeichnis der für den Gebrauch der Lehrer und Schüler an den deutschen Schulen und Lehrerbildungsanstalten, dann zur Fortbildung des Lehrerpersonals und zur Anschaffung für die Lehrerbibliotheken genehmigten, beziehungsweise empfohlenen Bücher, Leitfäden und Lehrmittel. Mit Autoren-Katalog. gr. 8. (V, 279 S.) Ansbach 883, Seybold. *

Fest [Sachl. OW]

Fest, Das, ein Schäferspiel von einem Aufzuge. O. O. [1743]. V: *Uhlich, Adam Gottfried.* (Heitmüller, Uhlich. Hamburg u. Leipzig 1894.)

Fest, das, der Abgeordneten von Rheinland-Westphalen gehalten zu Köln am 18. und 19. Juli 1863. Vollständiger Festbericht. gr. 8. (48 S.) Leipzig 863, O. Wigand. *

Brunswiga's Fest. Fest-Spiel zum 225j. Jubiläum der Brunswiker Schützengilde (E. V.). Prolog v. A. Cronau. — Gewidmet v. Chr[istian] Schulte. Kiel. [1908.] 4 Bl. 8°

Fest, das, auf d. Dorfe: kom. Operette. 8. Amsterd. 791. Jülllicher in Lingen: 3 Gr.

Fest der Einweihung der neuen Festräume des Logenhauses zu Dresden-Altstadt am 6. Jan. 1890. Dresden [1890]: Pässler. 4 Bl. 8° [Umschlagtit.]
5 Lieder ohne Noten. 3.

Das **Fest** der Einweihung des neuen Tempels der ger.·. und vollk.·. St.·. Johannis ▭ Carl zum Lindenberg, gehalten in der ihr eigenthümlich gehörenden Behausung zu Frankfurt am Main, am 9. Oct. 5864. Frankfurt a. M. [1864]: Köbig. 32 S. 8°
Bericht. Festzeichnung von J. P. Jung: Glaube, Liebe, Hoffnung; Rede von H. Geisow: Wozu jetzt noch Mrtempel?
25. 140. 193.

Das Fest der Einweihung des neuen Tempels d. g.·. u.·. v.·. St. Johannis ▭ Sokrates zur Standhaftigkeit im Or. von Frankfurt am Main am 9. Sept. 5832. Als Ms. f. Mrbr.·. [Frankfurt a. M. 1832]: Naumann. 50 S. 8°
Kl. 3009. 25.

Fest, d. eleusische, Schillers Dichtung, bildl. dargestellt v. J. M. Wagner, gestochen (in Umrissen) v. F. Ruschewеyh. (21 Blätt.) Fol. Stuttg. 819. v. Cotta. 3 Thlr. 12 Gr.

Fest ▭ Emanuel und Ferdinande Caroline. Den 23. April 1863. [Hamburg 1863.] 1 Bl. 8⁰ [Kopftit.]

Lied ohne Noten: „Die schöne Stunde, heut' verlebt, . . ."

Fest, Das, wahrer Freundschaft und Liebe, ein Schauspiel in 2 Aufzügen, mit Gesang. Frankfurt a. M. 1782. V: *Claudius, Georg Carl.* (GGr) (Ky) V: *Günderode gen. v. Kellner, Frdr. Justinian Freih.* (ML)

— das, wahrer Freundschaft u. Liebe; Schspl. (von G. K. Claudius). 8. Frankf. 782. Eichenberg. 2 ℳ

Fest, Friedrichs. 1779. Halberstadt. *Fischer, Gottlob Nathanael.* (Bresl. 31, S. 221)

Fest, Das, Germaniens; Vorspiel mit Gesang und Tanz. Neustrelitz 1789. V: *Bonin, Chn Friedrich von.* (Ky) (MGT)

— das, Germaniens, Vorspl., mit Gesang u. Tanz. (von Chr. Fr. v. Bonin). 8. Neustrel. 789. Michaelis.

Fest, das, der Glockenweihe zu Oschatz, am 15. August 1848. Text: Psalm 19, V. 4. 5. gr. 8. (15 S.) Oschatz 848, Oldecop's Erben.

Fest, Das, der Grazien. [Tübingen 1795.] V: *Herder, Johann Gottfried.* (MGT)

Fest, Dat grote, van Peter un Pagel . . . Rostock 1793. V: *Babst, Diederich Georg.* (ML)

—— ein hohes, der Glaubenstreue. (Von Fr. Hofmann.) (Abdr. aus der Gartenlaube.) gr. 8. (8 S. mit 1 Abbild. in Holzschn. in 4.) Augsburg 864, v. Jenisch und Stage'sche Buchh.

Fest der Humanität gefeyert den 1. Jan. 1801 in dem Hause der Gr. Freymaurerloge Royale York zur Freundschaft in Berlin. Berlin [1801]: Dieterich. 43 S. 8⁰

Abgedr. in: Taschenbuch f. Frmr. 1802 S. 319 bis 360.

Auszug in: "Berlin. Eine Zeitschrift f. Freunde der schönen Künste. 2 (1801) S. 227--234, abgedr. in: BZC. 30 (1901) S. 8--12.

Kl. 1127. Schilderung eines Schwesternfestes. Rede von I. A. Fessler üb. Bestimmung u. Bildung des weibl. Geschlechts, von J. G. Rhode üb. häusl. Glück; Kantate von F. F. Hurka u. Th. Heinsius. KB.

Fest in's Schwarze! Zeitgedichte. 16. (45 S.) Stuttgart 872, Kirn.

Fest, Das, der heil. drei Könige. Erzählung . . . Augsb. 1846. V: *Lautenschlager, Othmar.* (Th)

Fest, das, der heil. 3 Könige. Eine Erzählung für die christl. Jugend u. d. christl. Volk. Von d. Verf. „des Priesters Ottmar ꝛc." Mit 1 Stahlst. gr. 8. Augsburg 846, Rieger'sche Buchh. ½ ℳ

Fest, Das landwirthschaftliche, in Bürglen den 1. und 2. Weinmonat 1846. Bürglen 1848. V: *Bion, Johann Jakob;* (ZürKL)

— das landwirthschaftliche zu Kannstadt. Zum erstenmal gefeyert den 28. Septbr. 1818. M. ein. Umriß ꝛc. 8. Stuttgart, Steinkopf. 819.

Fest, Das, der Laune, gegeben zu Weimar nach der ersten Vorstellung der Jungfrau v. Orleans. [Fürth] 1802. V: *Merkel, Salomon Friedrich,* nicht: *Kotzebue.* (Justi, Grundlage 1831, S. 448) (Zeitschr. f. Büch. 1923, S. 85)

— das, der Laune. Gegeben zu Weimar, nach der ersten Vorstell. der Jungfrau von Orleans. Mit Prolog, Epilog. u. Dialog ꝛc. 8. Fürth, Bur. f. Lit. (Campe in Nrnb.) 802.

Fest, das, d. freien Presse zu Weinheim an d. Bergstraße, gefeiert v. Männern aus Baden u. d. beiden Hessen, Baiern, Frankfurt u. v. einig. Polen u. Griechen ꝛc. am 1. April 1832. Beschr. v. e. Augenzeugen. gr. 8. . . . Heidelberg, (Winter.) Thlr.

Fest St. Johannes in der drei Kronen-Loge zu Königsberg, den 24ten Juni 1787. Königsberg 1787. 8⁰

[Reysen, P. v.: Beschryving d. versamelingen. 1884 S. 67.]

Das Fest der Schützenbrüder von Bielefeld und Osnabrück, beschrieben von einem Festgenossen. Münster, 1836.

Fest und treu! Lieder für den Hoffnungsbund. [Mit Melodien.] VIII + 152 S. 8. Born, (2. *Aufl.:* Schweiz.) Agentur des Blauen Kreuzes.
[1. Aufl.] 1904. [geb. fr. —. 80]
2., unveränderte Aufl. 1907. [geb. fr. —. 90]

Fest, Das, der Treue und Zärtlichkeit. Danzig 1767. V: *Glummert, Joh. Daniel.* (ML)

Fest der Wiesaer Turner-Feuerwehr 18. 8. 1867, Chemnitz 1867, 4 S., Gr.-8⁰.

—— das, des Wettrennens zu Breslau am 30. u. 31. Mai 1834. Humoreske v. Pickelhäring. 16. (1 B. u. 1 Abbild. in qu. ½ Fol.) Breslau 834, Aderholz.

Fest zur Fahne. (Von Rocholl.) Hrsg. vom luther. Bücherverein. gr. 8. (IV, 165 S.) Elberfeld 892. (Baedeker.) n. 1.20

— dasselbe. 2., verm. Aufl. gr. 8. (VI, 143 S.) Ebd. 894. n. 1.20

Fest zur Fahne! (Von Rud. Rocholl.) 2. Tl. Hrsg. vom luther. Bücherverein. (VI, 192 S.) gr. 8. Elberfeld 903. Luther. Bücherverein. n. 1.20

Fest, das zweite landwirthschaftliche. im Kt. Thurgau, abgehalten in Weinfelden 1858. Frauenfeld 1859.

Fest [Verfasser]

Fest, A., Schloß und Gefängniß. Eine Erzählung. Berlin 861. Kastner & Co. (Prausnitz.) 8. (128 S.) 15 ngr.

Fest, Alfr., Fiume zur Zeit der Uskokenwirren. Ein Beitrag zur Geschichte d. österreichisch-ungar. Küstenlandes. Nach dem Ung. neu bearb. Lex.-8. (88 S.) Triest 893. (J. Dase.) n. 3. —

Fest, Anton [stud. med.]: Zur Kenntnis der Fleischvergiftung . . . München, *Druck d. Verl.-Anst. vorm. G. J. Manz,* 1892; 26 S., 1 Bl. 8.

München, Med. Fak., Inaug.-Diss. v. [11. Febr.] 1892

Fest, Bruno

Fest B. Ueber die Bewegung eines irgend welchen Kräften unterworfenen, materiellen Punktes auf einer um eine feste Axe rotirenden Curve, im spec. Falle auf einer rotirenden Geraden. 1880. 8.
Diss.Jena.

Fest, Bruno [Dr.]: Das Ohm'sche Gesetz in der Schule. Northeim, gedr. bei W. A. Röhrs, 1890; S. 8—12; 4°
Northeim, RPG, OP 1890

Fest, Ernst, im Fluge der Zeit. Dichtungen. 8. (VIII, 166 S.) Leipzig 887, C. H. Mayer. *
geb. mit Goldschn. *

Fest, Ernst (Ed. Heinr. Mayer), im Fluge der Zeit. Dichtungen. 2. [Titel-]Ausg. 8. (VIII, 166 S.) Köln [887.] 899. P. Neubner. n. 1.80; geb. n. 2.80

— Herbstblätter. Neue Dichtgn. 8. (VII, 118 S.) Ebd. 899. n. 1.80; geb. in Leinw. m. Goldschn. n. 2.80

Johann Gottfried Herder. [Unterz.:] Ernst Fest. o. O. [1903]. 1 Bl. 8°. [Kopftit.]
Gedicht: „Ein Unsterblicher war's, dem schon vor einem Jahrhundert" ...

Fest, Ernst, Hinz, Hans u. Heinz, s.: Gebrts, Frz.

— im Kreislauf des Lebens. Dichtungen. 8. (VIII, 130 S.) Düsseldorf 892. F. Bagel. Geb. in Leinw. m. Goldschn. n. 3.—

Fest, Ernst (Ed. Heinr. Mayer), im Kreislauf d. Lebens. Dichtungen. 2. Ausg. 12. (VIII, 130 S.) Köln 896. J. G. Schmitz. Geb. in Leinw. n. 2.—

Fest, Flor. Gttl. (Resp.): De natura somni ejusque causis, s. Buechner, And. El. (Praes.)

Fest, Franz, a. Höxter: Über den zeitlichen Verlauf der Nährstoffaufnahme und Trockensubstanzproduktion bei der Buschbohne unter verschiedenen Düngungs- und Witterungsverhältnissen. Merseburg 1907: F. Stollberg. (47 S., 5 Taf.) 8° ¶ (Aus: Die landwirtschaftl. Versuchs-Stationen Bd 68.)
Göttingen, Phil. Fak., Ref. von Seelhorst, Diss. v. 1. Okt. 1907
[Geb. 2. März 80 Markowitz; Wohnort: Höxter; Staatsangeh.: Preußen; Vorbildung: Gymn. Höxter Reife O. 04; Studium: Breslau 2, Göttingen 4 S.; Rig. 1. Mai 07.]

Fest, Fr. Wlh., s. 1) A. C. Baudelocque, Abhandl. 2) H. Scoutetten, d. Ovulair-Methode.

Fest, Frid. Guil. (geb. Grossmonra): De fractura patellae. Berolini (1827). (32 S.) 4°
Berlin, Med. Diss. v. 4. Mai 1827

Fest, Hermannus *(geb. Liegnitz 17.3.1824)*: De typho. Vratislaviae (1850). (28 S.) 8°
Breslau, Med. Diss. v. 8. Mai 1850

Fest, Johann Samuel, s. Auswahl d. besten Trostgesänge.

Fest, Johann Samuel. Beiträge zur Beunruhigung und Aufklärung über unangenehme Dinge. Leipzig 1788—97. II: *Kindervater, Christian Victor.* (Ky)

Fest, J. Sam., Beyträge z. Beruhig. u. Aufkl. üb. unangenehme Dinge xc. 5 Bde. 8. Leipz. Weidmann. 788—97. (I. 1s u. 2s St. à 10 gr. 3s 12 gr. II. 1s 14 gr. 2s 12 gr. 3s 14 gr. III. 1s 12 gr. 2s 14 gr. 3s 16 gr. IV. 1s 20 gr. 2s u. 3s 1 Rthlr. 4 gr. V. 1s 16 gr. 2s 14 gr. 3s 16 gr.)

— acht Erndte-Predigten. gr. 8. Leipz. 793. Weidmann. 14 gr.

— über Fleiß u. Thätigkeit. 8. Leipz. 797. Weidmann. 10 gr.

— an meine Gattin, am Grabe unserer einzigen Tochter. 8. Lpz. 786. Weidmann. 4 gr.

— biograph. Nachrr. u. Bemerkk. über sich selbst, herausg. von C. V. Kindervater. 8. Leipz. 797. Weidmann. 1 Rthlr. Schrbp. 1 Rthlr. 4 gr.

— hinterlassene Predigten. Mit e. Vorrede v. J. G. Rosenmüller. gr. 8. Leipz. 798. (Cnobloch). 16 gr.

— hinterl. Predigten. gr. 8. Leipzig, Märtini. 798.

– s. Reinhard, Frz. B.: Geist d. Christenthums.

— Samml. einiger Predigten in Rücksicht auf Leidende. gr. 8. Lpz. 786. Weidmann. 18 gr.

Fest, Jo. Sam., Versuch üb. d. Vortheile der Leiden u. Widerwärtigkeiten des menschl. Lebens. 2 Th. 234 u. 220 S. Lpz. 1784. 8°. Weidmann.

Fest, J. S., Versuch üb. d. Vortheile d. Leiden u. Widerwärtigkeiten des menschl. Lebens. 2 Bd. Carlsruhe. 8°.
1786

Versuch über die Vortheile der Leiden und Widerwärtigkeiten des menschlichen Lebens zur Beruhigung meiner Brüder von Joh. Samuel Fest. Verb. u. verm. Aufl. Th. 1. 2. Leipzig: Weidmanns Erben & Reich 1787. 8°
1. LXXXII, 276 S. 1 Kpfr.
2. 262 S. 1 Kpfr.

— über d. Vortheile u. Gefahren d. Armuth für Jünglinge auf d. Academie. 8. Leipz. 787. Weidmann. 6 gr.

— Winke, aus d. Geschichte e. Augenkranken, zur bessern Behandlung d. Augen. 8. Leipz. 793. Weidmann. 10 gr.

Fest, Jos., hie Bacon! Ein Beitrag zur Bacon-Shakespeare-Frage. (VII, 188 S.) gr. 8. Nürnberg 911. C. Koch. 3.—

Fest, Joseph, a. Außernbrünst: Othello in Frankreich. Eisenach 1906: H. Kahle. (30 S.) 8°
Erlangen, Phil. Fak., Ref. Pirson, Diss. v. 10. Febr. 1906
[Geb. 12. März 72 Außernbrünst; Wohnort: Salzungen; Staatsangeh.: Bayern; Vorbildung: Gymn. Passau Reife Juli 93; Studium: München 10 S.; Rig. 4. Juli 04.]

Fest, Karl August David (Leipzig)
De aphthis. Inaug. Diss. med.
[lt. Dekanatsbuch vorgelegt.]
Dr. med. Giessen 6.12.1820.

Fest, Otto: Einiges über Französischen Chauvinismus und dessen Beziehungen zum französischen Nationalcharakter. Erster Teil. 79 S. 8.
Kgl. Kreis-Realschule I u. verb. gewerbl. Fortbildungsschule
Nürnberg 1907.
Progr.

Fest, Otto Dr. „Einiges über Französischen Chauvinismus und dessen Beziehungen zum Französischen Nationalcharakter". Erster Teil. pg. 2—32. 8°. J. L. Stich.
Nürnberg, Progr. 1906/07

Fest, Otto Dr. „Einiges über Französischen Chauvinismus" etc. Zweiter Teil. pg. 34—79. 8°. J. L. Stich.
Nürnberg, Progr. 1907/08

Fest, O[tto]: Der Miles gloriosus im Drama des klassischen Altertums und des französischen Mittelalters. *Naumburg a. S. 1897: Lippert & C.* (41 S.) 8° ¶ (Erscheint vollständig als H. 13 von: Münchener Beiträge zur romanischen und englischen Philologie.)
München, Phil. Diss. v. 1898

Fest, O., der Miles gloriosus in d. französ. Komödie v. Beginn d. Renaissance b. zu Molière, s.: Beiträge z. roman. u. engl. Philologie.

Fest, Otto, aus Guben: Über Surrey's Virgilübersetzung. T. 1. *Weimar 1903: R. Wagner Sohn.* (46 S.) 8° ¶ (Erscheint vollst. als: Palaestra, H. 34.)
Berlin, Phil. Diss. v. 22. Juli 1903

Über Surrey's Virgilübersetzung, nebst Neuausgabe des vierten Buches nach Tottel's Originaldruck u. d. bisher ungedruckten Hs. Hargrave 205 (Brit. Mus.) von Dr. Otto **Fest**. *Berlin: Mayer & Müller 1903.* (IX, 128 S.) 8°
— Palaestra. 34. (03. 1904) 10

Fest, Paul, offenes Trost- u. Vertheidigungsschreiben an Hrn. K. F. W. Wander, Lehrer zu Hirschberg in Schlesien. Nach Lesung zweier Kritiken seiner Broschüre: Die Volksschule als Staatsanstalt. gr. 8. Leipzig 843, O. Wigand. 6 *ngl*

***Festa*, seu missa minor. Conventualium pro missalibus.** Fol. Köln 781. Haas. 9 *gl*

Festa nova breviario romano a summis pontificibus ab anno 1750 usque ad annum 1857 addita. Herbipoli 858. Stahel. gr. 8. (38, 32, 56, 32 S.) n. 10 *ngl*; Ausg. in 4. n. 12 *ngl*

Festa nova Breviario Romano a summis pontificibus noviss. temporibus addita una cum officiis propriis festorum dioecesis Herbipolensis. 12maj. Würzb. 833. Stahel. 1/3 *ß*

— — breviario romano a summis pontificibus novissimis temporibus addita unacum officiis propriis festorum dioecesis Herbipolensis. Ebend. 858. 32. (72 S.) n. 8 *ngl*

— nova et novissima breviario romano inserenda. 8. Bamb. (Wesché in Frankf.) 12 *gl*

Festa propria dioecesis Luxemburgensis. Appendix ad Graduale romanum. 8. (21 S.) Luxemburg 873, Brück.
—— dass. — Appendix ad Vesperale romanum. 8. (29 S.) Ebendas. 873.

Festa bis saecularia Academiae Juliae Wirceburgensis carmine celebravit B. A. Herbip. 1782. V: *Andres, Bonaventura.* (MGT)

Festa, Karl Joach., Baadenbad in Oesterr., wie es zu gebrauchen u. was dabei zu beobachten ist. 8. Baaden 788.

1848—1898. Großer Patriotischer **Festabend** nebst Ball zur Feier der 50j. Erhebung Schleswig-Holsteins arrangirt vom Schleswig-Holsteinischen Verein v. Long Island. G. A. Kuempffer. Praesident am Sonntag, den 20. Maerz 1898. (Brooklyn.) 1898. 4°.

46. Versammlung deutscher Philologen u. Schulmänner Strassburg i. E. 1.–4. Okt. 1901. **Festabend** in der Orangerie. Donnerstag d. 3. Okt. 1901. *(Strassburg 1901:) F. Heiligenstein.* (2 Bl.) 8° (01. 1903) 3

Festakt der Universität Basel zur Feier des zweihundertsten Geburtstages Leonhard Eulers. Festbericht erstattet im Auftrage E. E. Regenz der Universität von dem Rektor Professor Dr. John Meier. Basel 1907. 21 S. 4°.
Basel. Univ.-Schr. 1906/1907.

FESTAKT zur Feier des siebenzigjährigen Geburtstages Seiner Königlichen Hoheit des Prinz-Regenten Luitpold von Bayern als des erhabenen Protektors, gehalten von dem Historischen Vereine von Oberbayern in einer Festversammlung am 9. März 1891. (Mit Beilage: Geheimschriften des sechzehnten Jahrhunderts, vorzugsweise in Zeichen.) München 1891. Kgl. Hof- und Universitäts-Buchdruckerei von Dr. C. Wolf & Sohn. 8°.

Fest-Album. Hrsg. zur Erinnerung an die Uebergabe von Paris im J. 1871. Portraits von Kaiser Wilhelm I. und Kronprinz Friedrich Wilhelm nebst 12 Stahlst., Ansichten von Paris. 8. [Frankfurt 871, Erras.] (*M* 4.) *
Prachtausg. in gr. 4. (*M* 8.) *

Festalbum. Festzug zur Feier d. goldenen Ehejubiläums des Großherzogs Carl Alexander u. der Frau Großherzogin Sophie v. Sachsen, gez. v. Hans W. Schmidt, G. Heil, O. Herrfurth u. H. Flintzer. qu. 4. (49 autogr. Bl. m. 4 S. Text.) Weimar 892. A. Huschke. Kart. 3. —

(F) **Fest-Album** zur Erinnerung an die vierte Jahrhundertsfeier der Uebertragung der hl. Reliquien aus Rettenberg in die hl. Kapelle U. L. Frau zu Hall i. T. Lex.-8°. (Ill. 17 S.)
Bozen: "Tyrolia" Murr & Co. 1902.

Fest-Album für die Königl. Hannov. Garde-Jäger, s. Zur Erinnerung an die 50jährige Jubelfeier rc.

Fest-Album für die königl. hannov. Garde-Jäger. 1803—1853. Zur Erinnerung an die 50jähr. Jubelfeier des Stiftungstages der königl. hannov. Garde-Jäger, 1. und 2. leichtes Bataillon der königl. deutschen Legion am 22. Decbr. 1853 zu Hannover (von G. G. Otto Rieper). Imp.-4. (9 S. mit 2 Stnt. in Tondr.) Hannover 854, (Hahn'sche Hofbuchh.) *

Festalbum, illustr., der Schles. Zeitg. z. VII. deut. Sängerbundesfest in Breslau v. 27. bis 31. VII. 1907. Ausführl. Darstellg. d. Festes n. d. Ber. d. Schles. Zeitg. m. 70 Illustrat., darunter 15 Textzeichngn. u. Umschlagzeichng. v. Arnold Busch. (56 S.) 22,5×30 cm. Breslau 907. W. G. Korn. 1.60

1880—1905. **Festalbum** des siebenbürgischen Karpathenvereins. Hrsg. v. Ausschuss d. Vereins. Hermannstadt '05. 2 Bl., 20 Taf.

Fest-Album für das fünfte badische Männergesang-Fest in Freiburg am 27., 28. und 29. Mai 1860. Lex.-8. (82 S.) Freiburg im Br. 860, Poppen's Verlag. *
mit 3 Stnt. *

Fest-Album, Marienbader, zum funfzigjährigen Jubiläum im August 1868. 16. (VIII, 221 S. mit 1 photogr. Titelbilde der Gründer, Aerzte und um Marienbad verdienter Männer.) Marienbad 868, Götz. *

Festalbum, Officielles, zur Basler Gedenkfeier, 9. 10. u. 11. Juli 1892, nach den Originalcostümbildern componirt u. gezeichnet von *E. Beurmann.* Farbendruck. In-8°. Basel, H. Georg. 1892 2 —

Offizielles **Fest-Album** vom Eidgenössischen Schützenfest in Luzern 1901. Hrg. von E. A. Wüthrich, Art. Institut, Zürich. [Mit Illustrationen und 30 Tafeln.] II + 69 S. fol. [geb. fr. 22. —]

Fest-Album, offizielles, der aargauischen Centenarfeier in Aarau, 5. u. 6. VII. 1903. (16 Lichtdr.-Taf. mit 3 S. Text.) qu. gr. 4. Aarau (903). A. Trüb & Co. In Leinw.-Mappe n. 10. —

— offizielles, d. historischen Zuges zur Gründungsfeier der Stadt Bern 1191—1891. Nach Programm v. K. Howald gezeichnet von Rob. v. Steiger. qu. schmal Fol. (8 Bl.) Bern 891. Nydegger & Baumgart. n.n. 1.75; geb. n.n. 3. —

Fest-Album f. die IV. Säkularfeier der Schlacht bei Murten, 22. Juni 1876. Historischer Zug. Nach den Original-Kostümzeichnungen von A. Bachelin und G. Roux. Komponirt und gezeichnet von C. Jauslin. Bern, J. Dalp'sche Buchh. 1876

—— schweizerisches. Histor. Beschreibung der Haupt-Begebenheiten und der Volksfeste in der Bundesstadt Bern. 1857. In Beiträgen von C. Morel, Rud. Schärer, Scheut rc. 8 Lfgn. gr. 8. (400 S. mit 6 Stnt. und Stndr.-Titel.) Burgdorf 858, Langlois. à Lfg. * 8 Ngr. *

Fest-Album zum dritten Stiftungs-Feste des Katholischen Gesellen-Vereins ... in Racine ... Milwaukee 1860. V: *Sailer, Franz Xaver.* (MARGR)

[Fest-Album.] Hrsg. vom literarischen Studenten-Verein zum 50jährigen Jubiläum der Universität zu Breslau den 3. August 1861. Breslau 861. Trewendt. 16. (VIII, 168 S.) 22½ *ngr.*

Festalbum des 11. Deutschen Turnfestes Frankfurt a. M. 18.—22. 7. 1908, 39 S., Quer-8°.

Fest-Almanach Bernischer Studenten. Hrg. zur Einweihung der neuen Universität. Bern 1903. 35 S. 8. Bern, A. Benteli. [fr. 1. —]

Fest-Andachten, liturgische, gehalten in der königl. Hof- und Domkirche. Nebst Erläuterungen und Vorschlägen, die Ausführung betreffend. gr. 8. (III und 60 S. und 2 S. Notendr.) Berlin 850, Hertz.

Fest-Anzeiger des IV. internationalen alpinen Congresses und der IX. General-Versammlung des deutschen und österreichischen Alpenvereines in Salzburg vom 11. bis 15. Aug. 1882. gr. 4. (66 S.) Salzburg 882, (Kerber.) *

Fest-Arbeit zur Feier des 150jährigen Bestehens der Loge Minerva zu den drei Palmen. Leipzig, am 22. März 1891. [Leipzig 1891: Lciner.] 2 Bl. 8⁰ [Umschlagtit.]

2 Lieder ohne Noten. 1. Gebet von J. V. Carus u. E. Elssig. 2. Fest-Hymnus von J. V. Carus u. H. Reinecke. 109. 281.

Fest-Arbeit zur Feier des hundertjährigen Bestehens der Freimaurerloge zur Harmonie Or. Chemnitz am 11. Mai 1899. Chemnitz [1899]: Tetzner & Zimmer. 2 Bl. 8⁰.

Festordnung und Liedertexte. 358.

Festarbeit der Loge „Die Freunde zur Eintracht" im Or.·. zu Mainz zu Ehren Sr. Königl. Hoheit des Prinzen von Preussen am 20. April 1857. Ms. f. Brr. Mainz [1857]: Kupferberg. 12 S. 8⁰ [Umschlagtit.]

cf. FZ. 11 (1857) S. 326—328.

Tt. 2016. Bericht. Festrede von Keller: Was erwarten Sie von der Loge für Ihren Geist, für Ihr Herz u. für Ihr zeitliches Glück? 100.

Festarbeit der Loge „Die Freunde zur Eintracht" im Or.·. zu Mainz am 12. Okt. 5855. Ms. f. Brr. Darmstadt [1855]: Kichler. 19 S. 8⁰ [Umschlagtit.]

Loge Friedrich zur Gerechtigkeit. **Fest-Arbeit** im 1. Grade am Sonntag, den 19. Okt. 1902. Feier der Lichteinbringung in den neu erbauten Tempel. Feier des 9. Stiftungs-Festes. 25 jähriges MaurerJubiläum der Bbr. Herm. Sachs, Mor. Wolffenstein und Charles Levy. [Berlin 1902]: Denter & Nicolas. 2 Bl. 8⁰ [Umschlagtit.]

Programm, Text der Kantate u. Kettenspruch. 140.

Festarbeit der ◻ „Humanitas" [in Pressburg] zur Feier der Vermählung des Br.·. Hugo Warmholz. Mittwoch, 3. Mai 1899. [Wien 1899: Schlenker.] 6 Bl. 8⁰ [Umschlagtit.]

Programm; Hochzeitshymnus ohne Noten, gedichtet von H. Glücksmann, komp. von K. Frühling; Brudergruss von H Glücksmann; Kettenspruch.

Im Besitz des Brs P. Fischer, Gera.

Festarbeit der Loge zur Einigkeit bei Schliessung des alten Tempels. Am 26. März 1864. Gedr. als Festschrift zum fünfundzwanzigjährigen Jubiläum des Br.·. Anton Dietr. Klattenhoff am 6. Nov. 1864 und an demselben Tage eingelegt in den Grundstein des neuen Logengebäudes. Frankfurt a. M. 1864: Krebs-Schmitt. 39 S. 8⁰ [Umschlagtit.]

Bericht. Festvortrag von H. Weismann: Gesch. der Loge, Rede von A. Buddeus: Mahnung zur Bruderliebe, Treue, Einigkeit.

°[Dasselbe.] 4⁰

Abgedr. in: FZ. 10 (1856) S. 97—103.

Tt. 2015. Bei Gelegenheit des Besuches des Prinzen Wilhelm von Preussen u. dessen Sohnes Friedrich Wilhelm. Bericht. Festrede von Keller: Es ist keiner unter uns, der nicht seinen Lohn an der Säule J. empfangen hätte.

Festarbeits-Loge. o. O. u. J. 3 Bl. 8⁰ [Kopftit.]

Kantate (von A. Grebe) und 2 Lieder ohne Noten; beigefügt sind 2 Lieder ohne Noten zur Festtafel-Loge. 142.

Fest-Arbeitsloge zur Feier des 125 jährigen Bestehens der Loge „Emanuel zur Maienblume". Donnerstag, 23. Nov. 1899. [Hamburg 1899.] 4 Bl. 8⁰

Programm u. 2 Liedertexte. 193.

Festarbeitloge am 10. Oct. 1880 zu Ehren des goldenen Freimaurerjubiläums des Brs. Carl Heinr. Wilh. Goetz. [Leipzig 1880: Naumann.] 4 Bl. 8⁰ [Umschlagtit.]

Tt. 2426. 5 Lieder ohne Noten, 3 von O. Marbach, 1 von W. Blumenhagen, 1 von H. Goetz. 430.

Fest-Archiv, häusliches, für die Jugend, enth. Glückwünsche zu Neujahrs-, Namens- und Geburtstagsfesten &c. Nebst einem Anhange passender Gelegenheitslieder und Angabe der dazu gehör. Melodien. Eigenes und Fremdes. Von C. F. Kinderfreund. 8. (64 S.) M.-Gladbach 847. (Leipzig, Wengler.) **

Fest-Archiv, häusl., f. die Jugend, enth. Glückwünsche zu Neujahrs-, Namens- u. Geburtstags-Festen &c. Nebst e. Anh. passender Gelegenheitslieder u. Angabe d. dazu gehör. Melodien. Eigenes u. Fremdes. Von C. F. Kinderfreund. 8. (64 S.) M.-Gladbach 849. (Leipzig, Wengler.) baar 1 ℳ

Fest-Aufführungen f. Kriegervereine, vaterländ. Gedenktage u. Soldatenfeste. Hrsg. v. Vaterlands-Verein. 1.—6. Hft. 8. Berlin, Verl. d. christl. Zeitschriften-Vereins. 2. 70
1. Vor Saarbrücken od. Er hat Courage. Von A. v. L. (16 S.) 896. — 30
2. Bilder, leb., zu patriot. Festfeiern von A. v. L. (16 S.) 896. — 30
3. Auf Posten am Siegesdenkmal zu Berlin. Zum 27. I. 1897. Von v. Frankenberg. (7 S.) 897. — 30
4. Lebensbild, das, Wilhelms d. Großen in 10 leb. Bild. von A. v. L. (30 S.) 897. — 60
5. Fürs Vaterland. Volkslustsp. in 2 Aufzgn. von A. v. L. (24 S.) 897. — 60
6. Ferdinande v. Schmettau. Eine Erinnerg. an d. Freiheitskriege. Von E. v. Schöning. (54 S.) 897. — 60

Fest-Aufführungen f. Kriegervereine, vaterländische Gedenktage u. Soldatenfeste. Hrsg. vom Vaterlands-Verein. 7. Hft. 8. Berlin, Schriftenvertriebsanstalt. — 30
Dem Kaiser treu. Festspiel in 3 Auftritten. Von Otto Glodl. (16 S.) 899.
1—6 jetzt Ebd. 896. 897. 2. 70.

Deutscher Sänger bund von Nordamerika. Festausgabe für das 21. Gesangfest. Cincinnati 1879.

Penninger, Robert (ed). Festausgabe z 50-jhr Jub d Gründung d Stadt Friedrichsburg. Eine kurzgefaßte Entws-Gesch d v Mainzer Adelsverein gegründeten dten Colonien in Texas, nebst Chronik ... Friedrichsburg, 1896.

Fest-Balle zur Feier des 350jähr. Jubiläums der Kgl. priv. Schützen-Gesellschaft Abensberg. Abensberg 1898. 408

Festband zum 25jährigen Professoren-Jubiläum des Herrn Geheimen Hofrat Prof. Dr. Richard Hertwig in München. Mit 19 Taf. u. 56 Textfig. Jena: G. Fischer 1907. (293 S.) 8°
— Archiv f. Protistenkunde. Suppl. 1. [07. 10997

Festband (d. 'Beiträge zur Klinischen Chirurgie') für A(nton) Wölfler. Tübingen: Laupp 1910. VII, 687 S. 8°
Beiträge zur Klinischen Chirurgie. Bd 67.) [10. 6290

Festband der Biochemischen Zeitschrift, H(artog) J(akob) Hamburger gewidmet zur Feier seiner vor fünfundzwanzig Jahren erfolgten Doktorpromotion von seinen Freunden und Verehrern. Mit einer [biographisch-bibliographischen] Einleitung von Ernst Cohen. Mit 22 Textfiguren und 5 Tafeln und 1 [Porträt-Tafel in] Heliogravüre. + XXXIV + 448 S. 8. Berlin, Julius Springer, 1908. [M. 12.—]
Biochemische Zeitschrift.... Redigiert von C[arl] Neuberg-Berlin. Festband für H. J. Hamburger.

Festbauten des 8. Allgemeinen Deutschen Turnfestes Breslau 1894, Breslau, 12 Photogr., 8°.

Festbegleiter am Musikfeste in Zürich. 8. Zürich, Druck v. Orell Füssli & Co. 1874 1. —

[Festbericht.] Die St. Johannis-Loge Louise zur Unsterblichkeit im Or. zu Meseritz, am 24. Juni 1856. [Meseritz 1856: Lorenz.] 2 Bl. 4° [Kopftit.]
Enth. ein zum 50jährigen Mrjubiläum von Ch. W. Spieker von A. Gäbel verf. Gedicht u. eine Rede von Boretius bei Gelegenheit der Einweihung der Bilder von W. v. Zychlinski, F. W. Schneider, G. A. Fuss, E. H. F. Fuss. 193.

Festbericht der Abteilung für Tier- und Pflanzenschutz der Gesellschaft von Freunden der Naturwissenschaften in Gera, Reuss. Im Auftrage des Vorstandes herausgegeben von EMIL FISCHER. (Mit 1 Tafel.) Gera 1900. Druck von Theodor Hofmann. 8°.

Fest-Bericht über Ankunft und Thronbesteigung des hochwürdigsten Hrn. Dr. Philippus Krementz, Erzbischof von Köln. gr. 8. (32 S.) Köln 886, Theissing.

Festbericht vom Armenerziehungsverein im Bezirk zur Feier seines 25jährigen Bestehens. In-8°, 28 S. Aarau, Sauerländer. 1885

Fest-Bericht anläßlich des 50jähr. Bestehens der Mechanischen Baumwoll-Spinn- u. Weberei Kempten. (1852—1902.) — Kempten 1902 (: Bruckmann in München). 15 S., 4 Tab. 4° [Umschlagt.:] Die Mechan. Baumwoll-Spinn- u. Weberei Kempten. Festschrift. 1852—1902.

Festbericht zum 20jährigen Bestehen der Damenabteilung des Turnvereins „Wedding" Berlin, 1910, 11 S., 8°.

Festbericht zum 50jähr. Dankfest 1899, enth. e. Überblick üb. die Geschichte der Hermannsburger Mission u. d. Bericht üb. d. J. 1898, s.a. Missionsschriften, kleine Hermannsburger.

Festbericht zum fünfzigjährigen Dankfest 1899 und Jahresbericht über das Jahr der Gnade 1898. [Hermannsburg 1899.] V: *Haccius, Gg.* (Berl)

Festbericht über die Einweihung der Johannisloge „Armin zur Treue u. Einigkeit" im Or. Altona/Elbe am 9. Jan. 1910 durch die Gr. Loge von Preussen gen.: „Royal York zur Freundschaft". Hamburg [1910]: Rougemont. 44 S. 8° [Umschlagtit.]
S. 15—16: die Vorgesch. der Loge von H. Tartsch, S. 25–30: Festrede von E. Schwarz: Aufgabe der Loge; Festbericht. 25.

Festbericht zur Einweihung des Kaiser Wilhelm-Denkmals auf der hohen Acht am 23. Juni 1909. o. O. (1909). 12 S. 4° [09. 18633 5

Festbericht über die Einweihung der Johannisloge „Roland" im Or. Hamburg am 1. Mai 1892 durch die Grosse Loge von Preussen, gen. Royal York zur Freundschaft. Hamburg [1892]: Rademacher. 63 S. 8° [Umschlagtit.]
Recens: Bh. 35 (1892) S. 304 (C. Gotthold). 23. 25.

—— über den feierlichen Empfang Sr. Durchlaucht des Fürsten Wilhelm zu Wied und Ihrer königl. Hoheit der Frau Fürstin Marie zu Wied, geb. Prinzessin der Niederlande bei ihrem Einzuge in Neuwied am 26. Juli 1871, nebst Beschreibung der Vermählungsfeier zu Wassenaar am 18. Juli 1871. gr. 8. (17 S.) Neuwied 871, Heuser's Verlag.

Festbericht üb. d. Enthüllungs-Feier d. zu Ehren d. 1870/71 Gefallenen v. rhein. Jägerbataillon Nr. 8 erricht. Denkmals b. St. Hubert. 18. VIII. 1897. gr. 8. (64 S. m. 1 Taf. u. 1 Karte.) Metz (897). (Deutsche Buchh.) n.n. 1. 30

Festbericht der Enthüllungs-Feier des Raiffeisen-Denkmals zu Heddesdorf-Neuwied am 10. Juli 1902. *Neuwied (1902): Raiffeisen Dr.* (82 S.) 8° [J.] [02. 13397 9

Festbericht zur Eröffnung der rechtsufrigen Zürichseebahn. M. 5 Illustr. In-8°. 16 S. Zürich, Hofer & Burger. 1894 — 50

Festbericht über die Fahnen-Weihe des Veteranen-Bezirks-Vereins von Hall in Tirol am 16. Mai 1875. Innsbruck 1875. V: *Perzager, J.* (Margr)

Festbericht *über die Feier des 50jährigen Amtsjubiläums des Dir. Dr. Eduard Schauenburg* '(aus der Feder eines Kollegen)'. Crefeld, Druck v. G. A. Hohns, *1893;* 57—59 S. 4.
Crefeld, RG, P 1893 (474)

Festbericht zur Feier des 75jährigen Bestehens (der Naturforschenden Gesellschaft in Bamberg) 1834–1909. Mit 6 Taf. u. 1 Textfig. Bamberg 1910: Reindl. Getr. Pag. 8°
(Bericht d. Naturforschenden Gesellschaft in Bamberg. 21.)

Festbericht z. Feier des 50jährigen Bestehens der Taubstummenanstalt Aarau. In-8°, 28 S. Aarau, H. R. Sauerländer. 1886.

— üb. d. Feier d. 50jähr. Bestehens d. großh. Realschule zu Oppenheim a/Rh., vormal. höh. Bürgerschule, a. 2. u. 3. V. 1897. Mit Beilagen. Hrsg. v. Otto Schneider, d. Lehrerkollegium u. d. Festausschuß. gr. 4. (45 u. Jahresbericht 1896/97. 22 S.) Mainz 897. (H. Quasthoff.) n. 1. —

[**Festbericht.**] Zur Feier des 150jährigen Bestehens der Johannisloge „Zur Eintracht" Or. Berlin. 4. Dez. 1904. Als Ms. gedr. [Berlin 1904: Denter & Nicolas.] 38 S. 8°
cf. Bbl. 19 (1905) S. 155 (G. Diercks).

Fest-Bericht über die Feier des 25jährigen Bischofs-Jubiläums Sr. Eminenz des Hochw. Hrn. Johannes Cardinal-Priesters v. Geissel, Erzbischofs von Köln 2c. am 13. Aug. 1862. gr. 8. (69 S.) Köln 862, (Bachem.) *

Festbericht über die Feier der Grundsteinlegung der Auferstehungskirche zu Klostergrab am 12. Dec. 1900. *Leipzig: C. Braun 1900.* (16 S.) 8° [Kopft. F.]

Festbericht über die **Feier** des 50jährigen **Jubiläums** der Realschule ⟨Ernestinum⟩ zu Coburg am 18. und 19. Juni 1898. (Von dem Hauptfestausschuss der alten Realschüler.) *Coburg 1898: Dietz.* (40 S.) 8°
Coburg, herz. R ⟨Ernestinum⟩, Festschr. 1898

1707. **Festbericht** über die Feier am 1. Sept. 1907 bei der Enthüllung des Denkmals zur Erinnerung an König Karl XII. von Schweden und den Abschluss der Convention von Altranstädt. 1907. (Leipzig & Berlin 1907: Giesecke & Devrient.) (47 S.) 8° [Umschlagt. F.]

—— über die Feierlichkeiten vom Empfang und zur Inthronisation des hochwürdigsten Hrn. Erzbischofs von Köln Dr. Philippus Krementz am 14. und 15. Decbr. 1885. 12. (72 S.) Köln 885, Bachem. *

Festbericht über die zu Ehren des hochw. Herrn Dr. Valent. Thalhofer, d. geistl. Raths, o. ö. Professors an der Universität München, Director des königl. Georgianum aus Anlaß seines 25. Priester-Jubiläums am 9. und 10. Juli 1873 in den Räumen des Georgianum veranstalteten Festlichkeiten. gr. 8. (50 S.) Kempten 873, Kösel'sche Buchh.

Fest-Bericht über das Frühlingsfest der verb. Logen und die Säkular-Erinnerungsfeier des Wilhelmsbader Maurerkonvents 1782 am 14. Mai 1882 in Wilhelmsbad bei Hanau. Leipzig, Druck v. Fiedel. 1882. 8. 66 S.
Separatabdruck aus der Bauh. 1882 Nr. 28–32.

Fest-Bericht über den **Nationalen Gesangwettstreit** aus Anlass des Jubelfestes zum 75jähr. Bestehen d. 'Musikverein Liedertafel' zu Dülken am 12., 13. u. 14. Aug. 1899. *Dülken: W. Kugelmeier [1899].* (16 S.) 8° [Umschlagt. F.]

Festbericht über die 700 jährige Gründungsfeier der Stadt Bern, 1191—1891. Hrsg. vom Organisations-Comité. Mit Illustr. u. Beilagen. Gr. in-8°. X, 256 S. Bern, Schmid, Francke & Co. 1892 Cart. 5 —

— üb. die Haller-Feier in Bern am 15. u. 16. X. 1908. (123 S.) gr. 8. Bern 908. K. J. Wyss. 2. —

Fest-Bericht zur XXV. Hauptversammlung u. Jubelfeier des Kärnt. Forstvereines am 18. u. 19. Sept. 1897 in Klgft. Klgft., Leon, 1897. 41 S.

Festbericht über die Jahrhundert-Feier der Königlichen Regierung in Liegnitz am 31. März 1909. Liegnitz (1909): Krumbhaar. 78 S. 8°

Festbericht über die Jubelfeier des 25jährigen Bestandes der Kärntner Ackerbauschule am 16. März 1892. Klgft., v. Kleinmayr, 1892. 33 S.

Festbericht über die 350j. Jubelfeier des K. Gymnasiums zu Quedlinburg . . . Quedlinburg 1890
s. Kleemann, Selmar [Verf.]

Festbericht über die ... sechzigjährige Jubelfeier der „Erziehungsanstalt am Graben" ... Jena 1893
s. **Pfeiffer,** Ernst [Vf.]

Festbericht über die am 2.—5. September 1869 stattgehabte fünfundzwanzigjährige Jubelfeier der Magdeburger Feuerversicherungs-Gesellschaft erstattet ... vom litterarischen Bureau der Gesellschaft. Magdeburg 1869: (Haenel). 84 S. 8°
[Umschlagt.:] Die Magdeburger Feuerversicherungs-Gesellschaft am 2. September 1869.

Fest-Bericht über das 25jährige Jubiläum des Stuttgarter K. Realgymnasiums am 23. Juli 1892. Erstattet von d. Festausschuß. Stuttgart: R. Roth in Comm. 1892. (65 S.) 8°

50jähriges Jubiläum d. Bukarester Dt. Liedertafel. ⟨7.—10. Nov. 1902.⟩ **Festbericht.** Bukarest '02. 78 S.

Das 150jährige Jubiläum der Herzoglichen Technischen Hochschule Carolo-Wilhelmina zu Braunschweig im Juli 1895. **Festbericht** veröff. vom Allgemeinen Jubiläumsausschusse. Mit 11 Taf. 1896. 118 S., 11 Taf. 8°

Festbericht üb. die 50jähr. Jubiläumsfeier d. Pfarrwaisenhauses zu Windsbach. Zur Erinnerg. an den 2. Aug. 1887. 1. u. 2. Aufl. gr. 8. (40 S.) Nürnberg 887. Raw. n. — 50

Fest-Bericht [über das 75jährige Jubiläums- und Stiftungs-Fest der Loge zur deutschen Burg am 27. Okt. 1895]. Duisburg [1895]: Ewich. 9 S. 8° [Umschlagtit.]
Anderer Bericht in: L. 19 (1896) S. 18—20. 193. 358.

Fest-Bericht der Jubiläums-Loge zur 150jährigen Stiftungs-Feier der Loge Absalom und zur 100 jährigen Stiftungs-Feier der Loge Ferdinand zum Felsen in Hamburg am Dienstag, den 6. Dez. 1887. Hamburg [1887]: Rademacher. 23 S. 4° [Umschlagtit.]
cf. BN. 12 (1888) S. 82—85.
Mit Angabe des Rituals. Festzeichnung von H. Söder: Üb. die Pflichten des Frmrs, von W. J. van Bebber: Geschichtl. Rückblick der fünf vereinigten Hamburger Logen, 1737—1887.

Festbericht der XIV. internationalen Konferenz der christlichen Jünglingsvereine vom 6.—10. Juli 1898. Gr. 8°. IX, 385 S. m. Abbildgn. u. 1 Taf. Basel, Ad. Geering. 1899 4 —

Festbericht über das 7. Oberrheinische Kreisturnen zu Neustadt a. H. 5.—7. 8. 1899, Freiburg i. Br. 1899, 99 S., 8°.

Festbericht üb. die Krönungsfeier der Immakulata-Statue im neuen Dome zu Linz am 1. V. 1905. (54 S. mit Abbildungen.) 8. Linz 905. Preßverein. n. — 85

Festbericht [die Lichteinbringung der Loge zum goldnen Kreuz betr.]. [Bützow 1894: Buhr.] 4 S. 4⁰ [Kopftit.]
Aus: ML. 22 (1893—1894) S. 104—108. 3.

Fest-Bericht über die in der Loge Carl und Charlotte zur Treue im Or.·. Offenbach a. M. zu Ehren ihres Br.·. Herm. Weber am 13. März 1881 abgehaltene 25-jährige Maurer-Jubiläums-Feier. Offenbach a. M. [1881]: Forger. 27 S. 8⁰
Festrede von Meissinger: Wahre Religiösität, echte Sittlichkeit, aufrichtige Bruderliebe — die Zierden eines wahren Frmrs; Festgruss in Versen von H. Kares.
143. 193. 358 a.

Offizieller Fest-Bericht der Basler Bundesfeier 1901. ([Mit] Zeichnungen von Burkhard Mangold, Franz Baur, Adolf Völlmy [vielen Vignetten im Text und 37 Tafeln].) VIII + 277 S. gr.-8. (Basel, Fr. Reinhardt, 1901.)

Festbericht über d. 150. Stiftungsfeier d. Großloge „Zur Sonne" in Bayreuth am 3. Mai 1891, s. Fischer, G. H.

Festbericht des Vereins für Landwirtschaft und Gartenbau des Kanton Zürich (1843—92). Zürich 1892. V: *Kramer*, *Glieb.* (Cat. d. Stadtbibl. Zürich. Zürich 1864—97.)

Festbericht und Verhandlungen des 3. Allgemeinen [österreichischen] Bergmannstages in Teplitz, 1899. Hrsg. vom Verein für die bergbaulichen Interessen im nordwestlichen Böhmen. Teplitz, 1900. 251 S. mit 5 Taf.

Festbericht und Verhandlungen des 4. Allgemeinen deutschen Bergmannstages in Halle 1889. Hrsg. von O. Taeglichsbeck. Halle, 1890. 328 S. mit 10 Abb. und 22 Taf.

Vollständiger Festbericht üb. das 3. Allgemeine Turnfest in Leipzig. Leipzig 1863, 2°.

Festbericht über die Aargauische Centenarfeier 1903. Hrg. vom Organisationskomitee (*Umschlag: A' C' Juli 1903. Fest-Bericht erstattet vom O'-K'). [Mit Illustrationen, 1 Plan und 5 Tafeln.] IV + 166 S. 8. Aarau, Emil Wirz, 1904. [fr. 2.—]

Festbericht üb. die IV. Centenarfeier des Georgianums in München vom 5.—7. Juni 1894. [Erweit. Abdr. aus: „Augsb. Postzeitg."] gr. 8. (37 S.) Augsburg 894. (Literar. Institut v. Dr. M. Huttler.) n. — 40

Fest-Bilder, 50, mit Liedern für's christliche Volk. 16. (50 Holzschnt. in Tondr. mit Text.) Dresden 861. Leipzig und Dresden, Naumann. *

Fest-Bilder, kathol., Bearb. v. B. G. Bayerle, u. illustr. v. J. B. Sonderland. 1. Bd. (od. 1. Jahrg.) u. Lfg. 25—38. od. 2. Bd. gr. 8. Düsseldorf 846, Arnz u. Comp. [1. Bd. (24 B. u. 25 Bl. in Gold- u. Buntdr.) * 2 Thlr. 10 Ngr., 2. od. Lfg. 25—38. (14 B. u. 14 Bl. in Gold- u. Buntdr.) à Lfg. * 5 Ngr.]*

Fest-Bilder, katholische. Bearb. von B. G. Bayerle. Illustrirt von J. B. Sonderland. 39—48. Lfg. (Schluß des 2. Jahrg.) gr. 8. (128 S. und 8 Blätter in Farbendruck.) Düsseldorf 847, Arnz und Comp. à Lfg. * 2⅓ Ngr. Thlr. *
1. Jahrg. 24. Lfgn. und 2. Jahrg. 1—38. Lfg. Ebendas. 1846—47. à Lfg. * 2⅓ Ngr.

—— mit Liedern für's christliche Volk. 16. (40 Holzschntaf. in Tondr.) Hamburg 864, Agentur des Rauhen Hauses. In Couvert *

Festbilder m. Liedern für's christliche Volk. 16. (40 Tondr.-Bilder m. eingedr. Text.) Hamburg 876. Agentur d. Rauhen Hauses. In Umschlag. n. 1. 20

Fest-Bilder mit Liedern für's christliche Volk. 16. (40 Holzschntaf. u. Text.) Hamburg 877. Agentur des Rauhen Hauses. n. 1. 20

Festbilder, 26, deutscher Meister. Nach den Original-Compositionen des Dir. Schnorr v. Carolsfeld etc. hoch 4. Gera 873, F. E. Köhler. cart. (*M.* 3.) *

Festbilder, die Transparents der Festhalle des ersten deutschen Sängerbundesfestes zu Dresden 22.—25. Juli 1865, nach den Orig.-Compositionen von Schnorr v. Carolsfeld und der Künstler tom Dieck, Gerlach, Gey etc. und die Apollo-Quadriga von Brossmann. Mit erläut. Texte von F. L. Bösigk. 8 Lfgn. gr. 4. (III und 18 S. mit 42 Holzschntaf. in Tondr.) Dresden 855,66, Meinhold und Söhne. à Lfg. 7½ Ngr. **
Pracht-Ausg. in Buntdr. à Lfg. * 20 Ngr. *

Fest-Blatt. Officielles Organ für das III. Deutsche Bundesschießen in Wien. Nr. 1—35. Wien, Central- und Preß-Comite, 1868.

Festblatt. Organ für das 200jähr. Jubiläum der Schützengesellschaft zu Reichenberg. 6 Nrn. Fol. Reichenberg 871, Schöpfer. *

Festblatt. Der Generalversammlung der Schweizer. Offiziersgesellschaft gewidmet vom « Zuger Volksblatt » 13., 14. und 15. August 1904. (Redaktion: Dr. H[ermann] Stadlin-Graf.) [Illustriert.] 12 S. 4. (Zug, J. Kündig.) [fr. —. 30]

Festblatt des 2. deutschen Bundesschießens. Hrsg. unter Verantwortlichkeit des Preß-Comité's. 16 Nrn. (Bog.) gr. 4. Bremen 865, (Kaiser.) *

Festblatt für das 2. österreichische Bundes-Schießen 1885. Redact.: Engelbert Heim. gr. 4. (Nr. 1—9, 64 S.) Innsbruck 885, Wagner'sche Universitäts-Buchh. *

Fest- und Erinnerungsblatt zur 25jähr. Stiftungsfeier des Schweriner Männerturnvereins, Nr. 1, 18. 10. 1884: Rückblick auf d. Geschichte d. Schweriner M. T. V., Nr. 2, 6. 11. 1884: Ber. üb. d. Stiftungsf., Schwerin, 14 S., 4°.

Fest-Blatt zur Feier d. 25jähr. Bestehens d. deutschen Turnerverbindung Tafelrunde in Prag, 10. u. 11. Scheidings 1898. Fol. (12 S. m. Abb.) Prag 898. (H. Dominicus.) n. — 80

Fest-Blatt zum dritten Freischießen der Schützengesellschaft Winterthur 1877. Winterthur, 1877.

Festblatt der 51. Generalversammlung d. Katholiken Deutschlands zu Regensburg vom 21. bis 25. VIII. 1904. Hrsg. von der Preßkommission des Lokalkomitees. Red.: Otto Denk. 15 Nrn. (Nr. 1—10 u. 13 je 8 S., Nr. 11 u. 12 je 12 S. u. Nr. 14 u. 15 je 4 S.) gr. Fol. Regensburg 904. (J. Habbel.) n. 1. —; geb. in Leinw. n.n. 2. 80

Fest-Blatt zur 2. Haupt-Versammlung des Verbandes schweizerischer Zither-Vereine am 23., 24. und 25. April 1904 in Luzern. Redigiert von Adolf Arnold, Strassburg i. E. [Illustriert.] 8 S. 4. (Strassburg, Gebr. Riedel.) fr. —. 25 = M. —. 20

Fest-Blatt zur 3. Hauptversammlung — (des) Verband(es) Schweizerischer Zither-Vereine — am 1., 2. und 3. April 1905 in Basel. Redigiert von Adolf Arnold, Strassburg i. E. [Illustriert.] 8 S. 4. (Strassburg, Gebr. Riedel.) fr. —. 25 = M. —. 20

Festblatt zur 1150jähr. Jubelfeier des Todestages des heil. Bonifatius v. 4. bis 11. Juni 1905 in Fulda. No 1-8. (Hrsg.: J. Parzeller, Fulda.) Fulda: Actiendr. 1905. (160 S.) 4° [Kopft. F.] [«5. 9191 4

Festblatt des Aargauischen Kantonalschützenfestes 1882 in Aarau. 12 No. gr. in-4⁰. Aarau, H. R. Sauerländer. 1882 1 20

3tes **Kantonal-Schützenfest** beider Basel in Liestal 1903, 26. Juli bis 2. August. (Festblatt,) Einmalige Ausgabe. Offiziell. [Illustriert.] 8 S. fol. (Liestal, Gebr. Lüdin.) fr. —. 30

Fest-Blatt zum 13. Deutschen Kongress für Knaben-Handarbeit. Kiel, den 29. bis 31. Mai 1896. Kiel. 1896. 4°.

Festblatt des 2. badischen Landesschießens. Nr. 1—16. Karlsruhe, Macklot, 1867, 91 S.

Fest-Blatt zum 11. schlesischen Musikfest zu Görlitz. Organ d. Fest-Comités. Im Auftrage d. Fest-Comités red. u. hrsg. von v. d. **Velde**. 3 Nrn. gr. 4. (Nr. 1: 16 S. m. Abbildgn.) Görlitz 891. (A. Finster.) n.n. — 50; einzelne Nrn. à n. — 20

Festblatt für Tirols Schützen und Jäger bei des Kaisers Anwesenheit am 4. 1. 1871. Innsbruck, 1871.

—— ein, zum Silber-Jubiläums-Kranze (für Bischof Ludw. Forwerk in Dresden von Ed. Machatschek.) gr. 4. (47 S.) Braunschweig 864. (Leipzig, Jackowitz.) *

810 — Itzehoe — 1910. **Festblatt** zum Stadt-Jubiläum hrgg. von den Itzehoer Nachrichten. (Itzehoe. 1910.) 2 Bl. Groß-Fol.

Festblatt zum 10. Stiftungsfest der 8. Männerabteilung des Turnvereins „Fichte", 3. 5. 1908, Berlin, 4°.

Festblatt für das Eidgenössische Turnfest in Aarau vom 29. Juli bis 1. Aug. 1882. 3 Nrn. gr. 4. (18 S.) Aarau 882, Sauerländer's Verlagsh. **

Festblätter

—— Bayreuther, in Wort und Bild. Gesammelte Beiträge deutscher, französ., belg., schweizer., span., engl., amerikan. und italien. Schriftsteller und Künstler mit Facs. aus den Orig.-Partituren Rich. Wagners. Zum Besten der Bayreuther Festspiele hrsg. von der Central-Leitung des Allgemeinen Richard Wagner-Vereines. München 1884. Redact.-Comité: Karl Frhr. v. Ostini, Max v. Baligand, Alfr. Schmid, Jul. Hey [verantwortlich für den literar. Theil], Jos. Ritter v. Schmaedel [verantwortlich für den artist. Theil]. Fol. (60 S. mit autotyp. Illustr.) München 884, Verlag der Autotype-Company. *

Festblätter, Bayreuther, in Wort und Bild. Gesammelte Beiträge deutscher, französ., belg., schweizer., span., engl., amerikan. und italien. Schriftsteller und Künstler mit Facs. aus den Orig.-Partituren Rich. Wagners. Zum Besten der Bayreuther Festspiele hrsg. von der Central-Leitung des Allgemeinen Richard Wagner-Vereines. München 1884. Redact.-Comité: Karl Frhr. v. Ostini, Max v. Baligand, Alfr. Schmid, Jul. Hey, Jos. Ritter v. Schmaedel. 2. Aufl. Fol. (60 S. mit autotyp. Illustr.) [München 886, Verlag der Autotype-Company.] Leipzig, Fock. [*M 3.50.] *

Festblätter, illustrirte, von dem ersten deutschen Bundesschießen zu Frankfurt a. M. im Juli 1862. Hrsg. von J. A. Hammeran. gr. 4. (IV und 60 S. mit 5 Stul., wovon 2 in Buntdr.) Frankfurt a. M. 862, (Jäger'sche Buchh.) *

Heine-Denkmal-Bazaar, 1895 [NY]. Fest-Blätter u Prog. NY, 1895.

Festblätter zum 10. steirischen Sängerbundesfeste in Marburg 1908. Hrsg. v. Festausschusse d. 10. steir. Sängerbundesfestes in Marburg. Geleitet v. Heinr. Wastian. 2 Hefte. (1. Heft. 24 S. m. Abb.) Lex. 8. Marburg a/D. 908. (C. Scheidbach.) 1. —

—— stenographische. Toaste und Reden, gehalten bei den Festbanketten in der Festhalle an den Tagen vom 13.—22. Juli während des ersten deutschen Bundesschießens in Frankfurt a. M. 1862. Hrsg. von J. A. Hammeran. gr. 4. (23 S.) Frankfurt 862, (Jäger'sche Buchh.) *

Festblätter zum VIII. Verbandstage der Schleswig-Holsteinischen freiwilligen Feuerwehren in Elmshorn am 22., 23. und 24. Juli 1882, 8. (59 S.) Elmshorn 882, (Groth.) *

Festblumen. Ein Gebet- und Erbauungsbuch für kathol. Christen von J. A. Z. Hrsg. von der Marian. Gesellschaft zur Verbreitung guter Schriften. Mit Approb. des f. b. Ordin. Brixen. 8. (VIII und 287 S.) Innsbruck 863, Vereinsbuchh. *

Festblumen, den holden Schwestern geweiht vom Redner der Loge. Erlangen: [ca 1907?]
[Will, F.: Gesch. d. L. Libanon, Erlangen. 1907 S. 290.]

Festblüten. Für d. Feierstunden d. Frauenhülfe. H. 1. Potsdam: Stiftungsverl. [1906]. 8° [11. 10777

Festblüten. Für die Feierstunden der Frauenhülfe. 2. u. 3. Heft. 8. Potsdam, Stiftungsverlag. p 1. 20
2. Dank der Kaiserin! Spiel in 1 Aufzug. Von S. **Pflug**. (81 S.) (910.) — 60
3. Das Walten der Frau. Lebende, sprech. u. sing. Bilder f. Frauen u. Kinder. Von Elisab. **Postler**. (28 S.) (910.) — 60
Vgl. **Jung**, Frieda, Festblüten.

Fest-Brevier, das Syrische, oder Festkränze aus Libanons Gärten. Aus d. Syrischen v. Pius Zingerle. 2 Abthl. (in 1 Bde.) gr. 8. Villingen 846, Förderer. 1½ ℳ

Festbuch

— zum 4. deutschen **Bach-Fest** in Chemnitz, 3—5. X. 1908. (Hrsg. v. d. neuen deutsch. Bach-Gesellsch.) (166 S. m. 1 Taf.) gr. 8. Ebd. (908). 1. —

Festbuch für das 54. Bundes-Sängerfest der Vereinigten Norddeutschen Liedertafeln in Quedlinburg am 10., 11. u. 12. Juli 1903. (Quedlinburg 1903: Gessler & Strauss.) (32 S.) 8° [F.]
[Umschlagt.:] Erinnerung an d. 54. Bundessängerfest in Quedlinburg 1903. [67. 2187

Festbuch f. das 54. Bundes-Sängerfest der vereinigten norddeutschen Liedertafeln in Quedlinburg am 10., 11. u. 12. VII. 1903. (32 S.) 8. Quedlinburg (903). (H. Schwanecke). n.n. — 30

Festbuch zum 6. Bundes-Sängerfest des hessischen Sängerbundes am 7., 8. u. 9. Juli 1906 zu Hersfeld. Mit zahlr. Ill. Hersfeld 1906: F. Hoehl. (53 S.) 8° [07. 8433 4

Festbuch des Bürger-Schützen-Vereins zu Moers zum 303-jährigen Jubelfeste am 4.—7. September 1903 in Mörs. Moers, 1903.

Fest-Buch zur Einweihung der Turnhalle der Turngesellschaft Coblenz 14. u. 15. 6. 1884 u. 8. 6. 1890, Coblenz 1884 u. 1890, 8°. 2 Bde.

Fest-Buch für die 1100-Jahrfeier der Stadt Itzehoe vom 18.—21. Juni 1910. Hrgg. vom Press-Ausschuss. Itzehoe. (1910.) 8°

Festbuch zur Eröffnung des historischen Museums. Basel 1894. H: *Burckhardt-Finsler, Alb.* (Berl)

Festbuch zur Eröffnung des historischen Museums (in Basel). Mit 9 Taf. u. 2 Portr. In-4°. V, 257 S. Basel, R. Reich. 1894 10 — *Dümmler, Ferd.* Einige eleusinische Denkmäler. — *Stückelberg, E. A.* Die Palmsonntagsfeier im Mittelalter. — *Schmid, H. A.* Mathias Grünewald. — *Riggenbach, B.* Die Barfüsserkirche als Geburtsstätte der Reformation. — *Burckhardt, D.* Studien zur Geschichte der Baslerischen Malerei des späteren Mittelalters. — *Wölflin, H.* Das Grabmal der Königin Anna im Münster zu Basel. — *Wackernagel, R.* Geschichte des Barfüsserklosters zu Basel.

Festbuch zur Feier der Enthüllung eines Denkmals für Carl Maria von Weber in Eutin am 1. Juli 1890. Eutin. 1890. 8°

Festbuch zur Feier des 40. Stiftungsfestes der Turngemeinde in Berlin, 16.—17. 6. 1888, Berlin 1888, 24 S., Kl.-8°.

Festbuch zum 16. Gaufest des Sieg-Rheingaues, veranstalt. zu Ehren d. am 19.—20. 7. 1888 in Köln tagenden Aussch. d. D. T., Köln 1888, 35 S., 8°.

Festbuch für das am 5.—6. 6. 1886 in Hoerde stattfindende Gaufest des Hellweg-Märkischen Turngaues u. 25jähr. Jubelf. d. T. V. zu Hoerde, Hoerde 1886, 31 S., Kl.-8°.

Festbuch für das 14. Märkische Gauturnen, verbunden mit der 50jähr. Jubelfeier der Turngemeinde Witten 2.—4. 7. 1898 zu Witten a. d. Ruhr, Witten 1898, 115 S., 8°.

Festbuch zum 19. Osterländischen Gauturnen 24.—26. 7. 1897 in Weida, Weida 1897, 56 S., 8°.

Festbuch für das 21. Osterländische Gauturnen in Gera, Gera 1901, 76 S., 1 Bl., Kl.-8°.

Festbuch für das 25. (Jubel-)Gauturnen des Osterländischen Gaues der Deutschen Turnerschaft in Schmölln, Schmölln 1909, 48 S., 8°.

Festbuch zu dem am 30. 6., 1.—2. 7. 1906 stattfindenden Gauturnfest des Turnvereins Eltville a. Rh., Eltville 1906, 72 S., 8°.

Festbuch zum 19. Gauturnfest des Harzgaues 20.—22. 6. 1908 in Osterode am Harz u. 50jähr. Stiftungsf. d. M. T. V. Osterode a. Harz, 27 S., 8°.

Fest-Buch zum 14. Gauturnfest des Leine-Weser-Gaues (6. Kreis) zu Elze. Am 23., 24. und 25. August 1902 . . . Elze 1902. V: *Gernhard, Robert.* (Berl)

Festbuch zum XI. markgräfler Gauturnfest, verbunden m. d. 25. Stiftungsfest d. markgräfler Turngaues u. des Turnvereins Waldshut am 20./21. VII. 1907. (35 S. m. 1 Abb. u. 1 Plan.) kl. 8. Waldshut 907. (H. Zimmermann.) — 30

Festbuch für das 12. Markgräfler Gauturnfest, verb. m. Turnhallen- u. Gedenksteinweihe in Fahrnau 1. 8. 1909, m. Abb., Schopfheim 1909, 23 S., 1 Bl., Kl.-8°.

Festbuch zum 14. Gauturnfest des Saalegaues am 10.—12. 7. 1909 zu Rudolstadt, Rudolstadt 1909, 64 S., 8°.

(Deutsche Turnerschaft. VI. Kreis ⟨Norden⟩ Ostholsteinischer Gau.) **Fest-Buch** für das XVI. Gauturnfest am 13., 14. und 15. Juli 1907 in Lütjenburg. (Lütjenburg. 1907.) 8°

Festbuch für das 17. Gauturnfest in Plön am 15. u. 16. August 1908. (Plön. 1908.) 8°

Festbuch z. 2. Gauturnf. d. Sollinggaues in Verbind. m. d. 10jähr. Stiftungsf. d. Stadtoldendorfer M. T. V. am 17.—19. 7. 1897 zu Stadtoldendorf, Stadtoldendorf 1897, 14 S., 8°.

Festbuch zum 18. Gauturnfeste des Braunschweiger Turngaues 20. bis 22. 6. 1891 zu Goslar, Goslar 1891, 16 S., 8°.

Festbuch zum Gesang-Wettstreit Deutscher Männergesangvereine um den von S. M. d. Kaiser u. König gestifteten Wanderpreis. [1.] 1899 in Cassel. Cassel: Haasenstein & Vogler (1899). 8° [07. 17128

Festbuch, historisches, zur Basler Vereinigungsfeier 1892. Ler.-8. (VII, 336 S. m. Abbildgn. u. farb. Plan.) Basel 892. R. Reich. n. 8. —

Festbuch, das, unsers Herrn Jesu Christi v. Nazareth. Ein Gebeth-, Betrachtungs- u. Erbauungsbuch für alle Verehrer des Heilandes. Mit Titelkpfr. 8. u. 12. Linz 834. (Haslinger.) 1/2 ß

— zur Jubelfeier d. 600jähr. Bestehens der Stadt Celle am 25. Mai 1892. Hrsg. vom Preßausschusse. 8. (32 S. m. 1 Fksm., 1 Stammtaf. u. 1 Plan.) Celle 892. (Schulze.) n. — 40

Festbuch zu der ... 75jährigen Jubel-Feier des Männer-Gesang-Vereins 'St. Castor', verbunden mit Wettstreit Deutscher Männer-Gesang-Vereine u. Fahnen-Weihe am 29. u. 30. Juni 1901 in Coblenz. *Coblenz: Kindt & Meinardus (1901).* (184 S.) 8° [01. 8494 8

Fest-Buch für die 25jährige Jubelfeier d. Männer-Gesang-Vereins 'Constantia' zu Münster i. W. verbunden mit Gesang-Wettstreit am 2., 3. u. 4. Sept. 1899. Münster: Selbstv. d. Ver. (1899). (100 S.) 8°

Festbuch zur fünfzigjährigen Jubelfeier des königlichen Gymnasiums zu Bochum am 8., 9. und 10. Oktober 1910. 1860—1910. Bochum 1910: Stumpf. 40 S. 8° [Umschlagt.]
Bochum, k. G P 1910 (465)** [S 10. 104

Festbuch zur 50jährigen Jubelfeier der 'Coblenzer Schützengesellschaft' am 2., 3., 4., 10., 14. u. 17. Juli 1898. *Coblenz: H. L. Scheid (1898).* (49 S.) 1 Bd 8. [98. 6338

Festbuch, hrsg. zur 50jährigen Jubelfeier des Allgemeinen Hagener Turnvereins, gegr. 1860, Juli 1910, enth.: Rückblick auf die 50jährige Vergangenheit des A. H. T. V., v. Heinrich Scheidt, m. Abb., Hagen i. W. 1910, 147 S., 8°.

Festbuch, Kaiser-Friedrich-Fest d. Verbandes Aachener T. V. (D. T.) am 18. 10. 1903, Aachen 1903, 24 S., 8°.

Festbuch. Kleines Festbuch der Basler Bundesfeier 1901. (Fest-Programm *etc.*) Zu haben in der Koechler'schen Buch- und Postkarten-Handlung Basel.... [8 S.] 8. Basel, Verlags-Druckerei.

Festbuch zum 5. Thüringischen Kreisturnen (XIII.) 16.—18. 7. 1892 in Gera, hrsg. v. Preßaussch., Gera 1892, 96 S., 1 Bl., 8°.

Festbuch für das 29. Mittelrheinische Kreisturnfest zu Bad Kreuznach, 30. 7.—3. 8. 1910, m. Abb., hrsg. v. Preßaussch., Bad Kreuznach 1910, 126 S., 1 Bl., 8°.

Festbuch für das 38. Schwäbische Kreisturnfest in Heilbronn a. N. 31. 7., 1.—2. 8. 1909, hrsg. v. Preßaussch., 122 S., 8°.

Festbuch zum 11. Kreisturnfeste des Turnkreises IIIa (Pommern) 6.—8. 7. 1907 in Stralsund, Stralsund 1907, 77 S., 8°.

Festbuch zum 4. Kreisturnfest des IV. Turnkreises Norden zu Altona 23. bis 25. 7. 1881, 2. Aufl., Altona 1881, 36 S., 8°.

Festbuch zum 6. Kreisturnfest des IV. Turnkreises „Norden" zu Kiel 31. 7., 1.—2. 8. 1886, Kiel 1886, 60 S., Kl.-8°.

Festbuch zum 18. Kreisturnfest des V. Kreises der Deutschen Turnerschaft in Osnabrück, 3.—5. 7. 1897, hrsg. v. Preßaussch., Osnabrück 1897, 52 S., 8°.

Festbuch zum 20. Kreisturnfest des V. Kreises der Deutschen Turnerschaft in Emden am 5.—7. 7. 1902, hrsg. v. Preßaussch., m. Abb., 64 S., 8°.

Festbuch zum 21. Kreisturnfest des V. Kreises der Deutschen Turnerschaft, 23.—25. 6. 1906 in Oldenburg, hrsg. v. Preßaussch., Oldenburg i. Gr. 1906, 88 S., 8°.

Festbuch zum Kreisturnfest des VI. Deutschen Turnkreises (Hannover), 1. Hildesheim 8.—10. 6. 1876, 2. Hannover 21.—23. 6. 1879, 4. Lüneburg 7.—9. 7. 1883, Hildesheim, Hannover, Lüneburg, 8°. 2 Bde.

Festbuch zum 8. Kreisturnfest des VI. Turnkreises (Hannover) zu Hannover, 15.—17. 6. 1895, hrsg. v. Festaussch., Hannover 1895, 80 S., 8°.

Festbuch zum 9. Kreisturnfest des VI. Turnkreises zu Braunschweig, 26. bis 28. 6. 1897, hrsg. v. Festaussch., Braunschweig 1897, 75 S., 8°.

Festbuch zum 10. Kreisturnfest des VI. Turnkreises (Hannover) in Goslar a. Harz, 24.—26. 6. 1899, hrsg. v. Festaussch., Goslar 1899, 72 S., Abb., Kl.-8°.

Festbuch zum 11. Kreisturnfest des VI. Turnkreises (Hannover-Braunschweig) zu Lüneburg am 3.—5. 8. 1901, hrsg. v. Preßaussch., Lüneburg 1901, 80 S., 8°.

Festbuch zum 14. Kreisturnfest des VI. Deutschen Turnkreises (Hannover u. Braunschweig), 3.—5. 7. 1909 in Hameln, hrsg. v. Preßaussch., Hameln 1909, 103 S., 8°.

Festbuch zum 8. Kreisturnfest des VII. Deutschen Turnkreises (Oberweser), 19.—21. 7. 1890 zu Eschwege, 25 S., Kl.-8°.

Festbuch für das am 2.—4. 6. 1883 in Dortmund stattfindende 7. Kreisturnfest des VIII. Deutschen Turnkreises (Rheinland-Westfalen u. Lippe-Detmold), zsgest. v. Kreisaussch., Dortmund 1883, 104 S., 8°.

—— für das vom 5. bis 8. Juli 1890 in Essen stattfindende V. Kreisturnfest des VIII. deutschen Turnkreises. [Rheinland, Westfalen u. Lippe-Detmold.] gr. 8. (96 S.) Essen 890, (Baedeker). ** — 30

Festbuch für das vom 17.—19. 6. 1893 in Bielefeld stattfindende 6. Kreisturnfest des VIII. Deutschen Turnkreises, Bielefeld 1893, 16°. 2 Bde.
Nachtr. z. —.
(Angeb.): Aurel v. Jüchen, Deutschlands Turnerei.

Festbuch für das 3. Kreisturnfest in Bielefeld, 15.—17. 6. 1907, des Kreises VIIIa (Westfalen u. Lippe) der Deutschen Turnerschaft, hrsg. v. Preßaussch., 144 S., Kl.-8°.

Festbuch für das 4. Kreisturnfest des Kreises VIIIa der Deutschen Turnerschaft zu Hamm (Westfalen), 6.—8. 8. 1910, hrsg. v. Preßaussch., 144 S., Kl.-8°.

Festbuch für das vom 15.—17. 7. in Köln stattfindende 2. Kreisturnfest des Kreises Rheinland (VIIIb), hrsg. v. Festaussch., Köln 1905, 97 S., Kl.-8°.

— zum 10. Kreisturnfest des 10. deutschen Turnkreises zu Heidelberg, s.: Festschrift.

Festbuch für das 3. Kreisvorturnerturnen des XIV. Turnkr. in Zittau, 16.—18. 7. 1910, 8 S., Kl.-8°.

Festbuch für die Deutsche Lehrerversammlung in Königsberg i. Pr. 1904. Den Teilnehmern überreicht v. Ortsausschuß. Königsberg i. Pr.:
(Haasenstein & Vogler) 1904. (VIII, 196, 24 S.) 8°

Fest- und Liederbuch für das am 7.—9. 6. 1879 in Bielefeld stattfindende Rheinisch-Westfälische Kreisturnfest des VIII. Deutschen Turnkreises, Bielefeld 1879, 26 S., 8°.

Max-Reger-Fest, Dortmund 7. 8. 9. Mai 1910. Festbuch. (Dortmund: Crüwell.) 185 S. 8° [10. 9165

— zur 1900jahr-Feier d. Schlacht im Teutoburger Walde, s.: Festschrift.

Officielles Fest- (u. Legitimations-)Buch zum 1. Gaufest des Gau 3 (Westf.) des D. R. B. verbunden mit d. 10. Stiftgsfest d. Radfahrer-Ver. 'Mark' 1888 in Hamm i. W. v. 4. bis 7. Juni 1898 . . . (Hamm in W.: E. Griebsch 1898.) (48 S.)

Offizielles Festbuch für das 25. Mittelrheinische Jubiläumskreisturnfest zu Offenbach a. M., 13.—16. 7. 1901, Offenbach a. M. 1901, 32 S., 8°.

XIII. Deutscher Philatelisten-Tag. (5. Bundestag.) Berlin. Festbuch ...Giltig f. d. Festlichkeiten v. 7.–10. Sept. 1901. *(Berlin 1901: M. Driesner.)* (16 S.) 8° [01. 11864

Fest- u. Programmbuch zum Bach-Fest anläßlich der Enthüllg. d. Bach-Denkmals in Leipzig. 16. bis 18. V. 1908. (174 S. m. 1 Taf.) gr. 8. Leipzig (908). (Breitkopf & Härtel.) 1. —

— zum 31. westfäl. Provinzial-Lehrertag am 1. u. 2. VI. 1909 in Bielefeld. Hrsg. v. Presseausschuß. (222 S. m. Abbildgn.) 21,5×11,5 cm. Bielefeld 909. (A. Helmich). 1. 40

— zur 29. Posener Prov.-Lehrerversammlung in Rawitsch, am 4—7. X. 1909. (80 S. m. Abb. u. 1 Bildnis.) 8. Lissa (909). O. Eulitz. 1. —

Festbuch zu dem am 7.—9. 7. stattfindenden 18. Rhein-Mosel-Gauturnfest zu Niederlahnstein, Coblenz-Neuendorf 1894, 48 S., 8°.

Festbuch für das Ruhr-Gauturnfest 16.—18. 7. 1910 in Duisburg-Beeck (Enth.): Kurze Übersicht der Turngeschichte u. d. Geschichte d. Beecker T. V., v. Stein, 100 S., 8°.

Festbuch für das 7. Deutsche Sängerbundesfest zu Breslau vom 27. Juli bis 1. Aug. 1907. Hrsg. v. Pressausschuss. Breslau: Th. Schatzky (1907). (168 S.) 8° [07. 16708 2

Festbuch für das 12. Niedersächsische Sänger-Bundesfest ⟨Jubiläumsfest des Schleswig-Holsteinliedes⟩ zu Schleswig am 21.—23. Juli 1894. Schleswig. 1894. 8°.

[F.] Fest-Buch für das XIII. Niedersächsische Sänger-Bundesfest in Itzehoe am 11., 12. u. 13. Juli 1896. M. 1 Grundriss d. Festhalle u. 1 Pl. v. Itzehoe. Zsgest. v. Press-Ausschuss. *Itzehoe: (Dr. v. G. J. Pfingsten) 1896.* (1 Bl., 94 S., 1 Bl., 1 Pl.) 1 Bd 8. [98. 3376

Festbuch für das Heider Sängerfest im Anschluß an den 29. ord. Sängertag des Niedersächsischen Sängerbundes am 20.—22. Juni 1891. Heide. 1891. 8°

Speyergau-Sängerbund. Fest-Buch zum 2. Sängerfeste zu Iggelheim am Sonntag, d. 19. Juni 1904. Speyer (1904): Jäger. 86 S. 8° [11. 9680

— zum VI. bad. Schwarzwaldgau-Sängerfest verb. m. d. 60. Stiftungsfest u. der Fahnenweihe der Liedertafel Donaueschingen 12. VI. 1910. (54 S.) 8. Donaueschingen 910. (O. Mory.) — 75

Festbuch z. V. Stenographentage d. deutschen Gabelsberger-Stenographenbundes. Den Theilnehmern a. Stenographentage u. all. Bundesangehörigen gewidmet. J. Austr. d. Wiener Festausschusses hrsg. v. Carl Weizmann u. Max Fischer. gr. 8. (178 S.) [Wien 895. (Bermann & Altmann.)] Dresden, W. Reuter. n.n. 2. —

Festbuch zum 25jähr. Stiftungsfeste des Männerturnvereins „Jahn" e. V. Wilhelmshaven, 37 S., 8°.

Festbuch zum 25jähr. Stiftungsfest des Turnvereins zu Mülheim a. Rh., Mülheim a. Rh. 1875, 14 S., 8°.

Festbuch zum 25. Stiftungsfest der Berliner Turnerschaft, 20.—25. 10. 1888, Berlin 1888, 29 S., 8°.

Festbuch für das 25. Stiftungsfest des Turnvereins zu Viersen in Verbindung mit dem 17. Gauturnen des Gladbacher Turngaues im 20. Jahre seines Bestehens 23.—25. 6. 1883, 48 S., 8°.

Festbuch zum 4. Allgemeinen Deutschen Turnfest zu Bonn 3.—6. 8. 1872, Bonn 1872, 21 S., 8°.

Festbuch für das 11. Deutsche Turnfest in Frankfurt a. M. 18.—22. 7. 1908, m. Abb., hrsg. v. Preßaussch., Unteraussch. f. d. Festbuch, Frankfurt a. M. 1908, 208 S., Kl.-8°.

Festbuch-Buch. 1876–1907. Festbuch zum Nationalen Gesangs-Wettstreit deutscher Männergesangvereine am 13., 14. u. 15. Juli 1907 in Windecken veranst. v. Männer-Gesangver. Liederkranz z. Feier s. 30j. Stiftungsfestes. Hanau: Liederkranz (1907). (96 S.) 8° [F.] [08. 4941 4

Festbüchlein. 19. Jahrgang. I. Heft.: Blüthenlese, für Kinder von 6—9 Jahren. II. Heft: Aehrenlese, mit 22 Bildern, für Kinder von 10—12 Jahren. Herausggb. von einem Verein Zürcher Lehrer. in 16. Zürich, J. R. Müller. 1871 à —. 20
Im II. Hefte befindet sich die Biographie u. Portrait des verstorb. Seminardirektor Dr. Thomas Scherr.

Fest-Büchlein, das christl., od. Erklär. d. Feste in d. christl. Kirche, von e. Freundin d. Kinder, mit e. Vorr. v. Ed. Kuntze. M. 4 Bildn. gr. 16. (3¾ B.) Berlin 840, Wohlgemuth's Buchh. ¼ Thlr., ill.

Festbüchlein, christl., z. Unterr. f. d. Jugend. 7. Aufl. 12. (2 B.) Zürich 829, Schultheß.

Festbüchlein, zur Erinnerung an d. Feier d. 29. Nov. 1823 in Cöln am Rhein. gr. 8. Cöln, Du Mont-Schauberg.

Festbüchlein zur Erinnerung an die 50jähr. Jubelfeier der Schützengesellschaft zu Bielefeld am 31. Juli und 1. August 1881. Bielefeld, 1881.

1852. Festbüchlein zur Erinnerung an das 50jährige Jubiläum des Eik'schen Gesang-Vereins für gemischten Chor am 30. u. 31. Mai 1902. *(Berlin 1902: H. Blanke.)* (20 S.) 8° [Umschlagt. F.] [02. 7647

Festbüchlein z. Feier d. Reformationstages in d. Volksschule. Zusammengest. v. e. evang. Lehrer. 8. (III, 32 S.) Langensalza 895. Schulbuchh. n. — 35

Festbüchlein auf das eidgenössische Freischiessen in Stans pro 1861. Luzern 1861. V: *Felix, H.* (BSCHWL V, 5, S. 345)

Fest=Büchlein zum Gebrauche der Wallfahrer nach Welehrad. 8. (51 S.) Brünn 863, Nitsch.

Festbüchlein auf die Geburt und Kindheit, das Leiden und Sterben, die Auferstehung und Himmelfahrt unseres Herrn und Heilandes Jesu Christi, nach den vier Evangelisten zusammengestellt mit erläuternden Ueberschriften und Parallelstellen und den auserlesensten Liederversen für Schule und Haus. Nürnberg 854. Raw. 8. 6 ngl

Inhalt: 1. Die Geburt und Kindheit unseres Herrn und Heilandes Jesu Christi ꝛc. 1853. (2 Bl., 73 S.) — 2. Das Leiden und Sterben unseres Herrn und Heilandes Jesu Christi ꝛc. Eine Gabe für die Fastenzeit. 4., verb. Aufl. 1854. (2 Bl., 58 S.) — 3. Die Auferstehung u. Himmelfahrt unseres Herrn und Heilandes Jesu Christi ꝛc. Eine Gabe für die Osterzeit ꝛc. 3. verb. u. verm. Aufl. 1854. (38 S.)

Fest- und Nachtmahl-Büchlein, Geistreiches, Begreiffend Die Gottselige Prüffung zu diser Heiligen Geheimnuß, nöthige Vorbereit- und Dancksagungen, die H. Handlung bey demselbigen ... Auß Hr. DRELINCOURTS Französischem theils übersetzt, theils mit etlichen Gebättern und eingründigen Herzens-Seufzen vermehrt. Samt einem Anhang. Begreiffend einen Underricht zum Gebrauch des H. Nachtmahls: Die Histori von Christi Menschwerdung ... Gedruckt zu Zürich, In der Gessnerischen Truckerey, durch David Mayer, A. 1706. Schmal-12°. *Frontispiz (Abendmahl Christi)* und 456 S. *(mit) Musiknoten*. Ld. d. Z. mit 6 Bünden und hübschen Silberschließen, deren Ränder vergoldet sind.

Charles Drelincourt, „célèbre ministre protestant", lebte 1595—1669. — Der letzte Teil des Buches (S. 367—456) trägt den Sondertitel „Fest-Gesänge und Psalmen" und enthält 21 altprotestantische Choräle mit vierstimmigem Satz.

Festbüchlein zum 1000jährigen Jubiläum zu Ehren der heil. Walburga. Neuntägige Andacht und Meßgebete unter Anrufung der heil. Walburga, geschöpfet aus ihrem himml. Gnadenbrunnen. Nebst einer kurzen Beschreibung des Lebens und Oelflusses dieser wunderthät. Nothhelferin. gr. 16. (64 S. mit 1 Holzschntaf.) Eichstätt 871, Krüll'sche Buchh.

Festbüchlein, das, der Jugend. Eine sorgfält. Sammlung von Glückwünschen u. Sprüchen in Versen, von Liedern für feierl. Gelegenheiten, von Gratulations=Briefen u. kleinen dramat. Festspielen. Zur Erweckung u. Bethätigung der Liebe u. Dankbarkeit gegen Eltern, Lehrer, Wohlthäter ꝛc. ꝛc. gr. 12. Köln 836. Du Mont=Schauberg. 5/12 ℛ

Festbüchlein, kleines, für Christenkinder. Herausgeg. v. dem Calwer Verlags=Verein. Mit Abbild. 64. Calw 844. (Stuttgart, J. F. Steinkopf.) geb. n. 1/3 ℛ

Fest=Büchlein für untere Primarschüler. Hrsg. von einem Vereine züricherischer Lehrer. Mit (eingedr.) Holzschn. von C. Bachmann. (1. Abthl.) 6 Jahrge. 2. Aufl. gr. 16. (204 S.) Zürich 860, Meyer und Zeller's Verlag. 12 Ngr.; cart.

—— dass. — Für obere Primarschüler. (2. Abthl.) 6 Jahrge. 2. Aufl. gr. 16. (204 S.) Ebendas. 860. 12 Ngr.; cart.

Festbüchlein für obere Primarschüler. Herausgegeben von einem Vereine zürcherischer Lehrer. Mit Holzschnitten von C. BACHMANN in Zürich. 2. Auflage. 2 Bände mit je 6 Jahrgängen, jeder Jahrgang bestehend aus Titel, 32 S. 1 Bl. und vielen Textholzschnitten. Zürich, Meyer & Zeller [c. 1870]. Kl.-8°. Hübsche illustr. Or.-Kartons von Rud. Leemann gezeichnet. 38.—

Sammlung von meist histor. Erzählungen, von Gedichten, davon viele im Dialekt, Anekdoten, Rätseln etc. Die Verf. sind J. Boßhard, F. Weiße, Chr. v. Schmid, Hebel, Corrodi, Bechstein, Reinick u. v. a. Sehr schön illustriert teilw. v. LUDW. RICHTER. Gutes Ex., nur etwa 8 Bll. am oberen Rand etw. beschäd.

[F.] Festbüchlein zur Reichsjubelfeier. *Berlin: Buchh. d. Ostdeutschen Jünglingsbundes 1896.* (16 S.) 1 Bd 8. [96. 1617

Fest- u. Schulbüchlein des evangel. Kirchengesangvereins f. Deutschland. 40 Choralmelodien zum Gebrauch bei d. deutschen evangel. Kirchenfesten sowie in den Seminaren u. Schulen. (Neue Ausg.) (V, 28 S.) kl. 8. Berlin 908. E. S. Mittler & Sohn. — 30

Festbüchlein für das am 17.—19. 6. 1865 zu Bielefeld stattfindende 5. Rhein.-Westf. Verbandsturnfest, Bielefeld 1865, 35 S., 1 Bl., 8°.

Festbüchlein für das am 27.—29. 6. 1868 zu Barmen stattfindende 6. Rhein.-Westf. Verbandsturnfest, Barmen 1868, 45 S., 1 Kt., 8°.

Festbüchlein für das am 26.—28. 6. 1869 zu Aachen stattfindende 7. Rhein.-Westf. Verbandsturnfest, Aachen 1869, 45 S., 1 Tab., 8°.

Festbüchlein für die heil. Zeiten, s. Auferstehung und Himmelfahrt, die.

Fest-Cantate. Aufgeführt am Johannisfeste, den 24. Juni 5836. [Hamburg 1836: Menck.] 4 Bl. 8° [Kopftit.]

[Dasselbe.] Ebendas. [1837]. 4 Bl. 8°

[Dasselbe.] Ebendas. [1838]. 4 Bl. 8°

Ohne Noten: „Auf nahet, theure Brüder, unsern Hallen!" 193.

Fest-Cantate. Aufgeführt am Johannisfeste, [der Prov. Loge von Niedersachsen in Hamburg.] am 24. Juni 5839. [Hamburg 1839: Appel.] 4 Bl. 8° [Kopftit.]

Ohne Noten: „Auf nahet, theure Brüder, unsern Hallen!" Rekt. Kneisner, Hamburg.

[Dasselbe.] [Hamburg 1840: Appel.] 4 Bl. 8° [Kopftit.]

Ohne Noten: „Auf nahet, theure Brüder, unsern Hallen, . . ."

Festcantate zum zweyten Februar. Weimar 1827. 1828. V: *Goethe, Johann Wolfgang von.* (BrMm)

Fest-Cantate zur Feier der silbernen Hochzeit des Meisters vom Stuhl [der Loge Leopold zur Treue i. O. Karlsruhe] Friedrich Kühn und dessen Gattin Katharina Kühn am 9. März 1856. Gedicht von Rudolph. — Musik von Strauss. o. O. [1856]. 2 Bl. 8°. [Umschlagtit.]

Ohne Noten: „Zu des heut'gen Tages Feier" . . . 21.

Fest-Cantate zur maurerischen Jubelfeier des Br. Joh. Heinr. Bartels am 17. Dec. 1831. Hamburg [1831]: Nestler & Melle. 2 Bl. 8° [Umschlagtit.]

Ohne Noten: „Zu des Meisters Ehr' und Preise. . ." 193. 358 a.

Fest-Cantate zur fünfzigjährigen Maurer-Jubelfeier des Br. A. v. Rennenkampff in der Loge zum goldenen Hirsch in Oldenburg am 25. März 1852 comp. »Zu des Meisters Ehr' und Preise . . .« Oldenburg 1852. V: *Prätzel, Karl Gottlieb.* (wolfstieg I, 904)

Fest-Cantate zur Säcularfeier der g. u. v. Freimaurerloge Friedrich zum weissen Pferde am 29. Jan. 1846 [komp. von Stowielzek]. [Hann. 1846.] V: *Voigts, Fch.* (wolfstieg I, 548)

Fest-Cantate zur 50jährigen Stiftungs-Feier der Provinzial-Gross-Loge von Schlesien u. dem 54. Stiftungs-Tage der Loge Horus zu Breslau. Breslau [1867]: Storch & Co. 2 Bl. 8⁰.
„Dem einzigen, dem grossen Gott" ... 358a.

Fest-Cantate zum Stiftungs-Feste der Loge „Zu den drei Seraphim". Berlin, den 16. Sept. 1862. [Berlin 1862: Büxenstein.] 2 Bl. 8⁰ [Umschlagtit.]
Ohne Noten: „Der Du Erd' und Himmel schufest, ..."

Fest-Cantate zum Stiftungs-Feste der Loge Pegase. [Berlin] o. J.: Decker. 2 Bl. 8⁰ [Umschlagtit.]
Ohne Noten: „Der Du Erd' und Himmel schufest, ..."

Fest-Choral zur hundertjährigen Stiftungs-Feier der Loge zu den drei Degen im Or. Halle. Am 14. Dec. 5843. [Halle 1843.] 1 Bl. 8⁰ [Kopftit.]
Ohne Noten: „Zu Dir, o Weltenmeister, ..."

Festchöre. Fest-Chöre. № 4. Gebet für das Vaterland (Gedicht von Joh[annes] Stauffacher, [komponiert für sechsstimmigen Chor]) von J[ohann] G[ustav] E[duard] Stehle. Partitur *und* Stimmen. 7 *und 4mal* 2 S. gr.-8. St. Gallen, Zweifel-Weber, [1901]. Partitur fr. 1.25, Stimmen fr. 1.—

Fest-Chöre. № 5 *u.* 6. gr.-8. St. Gallen, Zweifel-Weber (*5:* Leipzig, Breitkopf & Härtel), [1904]. (*zus.* fr. [1.80] *u.* 2.50)
s. Haug, Gustav — Sturm, Wilh[elm].

Fest-Chronik zur 3. Säcularfeier der Alma Julia vom 1. bis 5. Aug. 1882. gr. 8. (155 S.) Würzburg 882. Stahel. n. 1. 40

Fest-Chronik des 1200jährigen St. Kilians-Jubiläums. Redact.: J. B. Stamminger. 8 Nrn. m. Illustr. Lex.-8. (192 S.) Würzburg 889, Woerl. à Nr. * — 25; * 2 —; geb. * 3 —

Fest-Commers, s. Fest-Kommers.

Fest-Cyklus, der christliche, auf den deutsch-nationalen Gesichtspunkt erhoben, in 5 Reden an das deutsche Volk. 8. Karlsruhe 843, Macklot. $^1/_8$ ₰

Festdichter, eine Sammlung von Gedichten u. Wünschen zum neuen Jahr, zu Geburtstagen und Vermählungen ꝛc. nebst e. Anhange v. Stammbuchsversen. 8. Leipzig 845, Ovlz. $^1/_2$ ₰

Festdichter, Der patriotische. Festgedichte, Prosa-Vorträge, Declamationen und Inschriften. Herausgegeben zum 50jährigen Regierungs-Jubiläum Sr. Majestät des Kaisers Franz Josef I. (Fest- und Gelegenheits-Gedichte. 4. Bändchen) Mit Porträt. 8. (98 S.) —.50
Linz-Urfahr: Kath. Preßverein 1898.

(F) **Der patriotische Festdichter.** Festgedichte, Prosa-Vorträge etc. 2. Aufl. [3. Bd. der Fest- und Gelegenheits-Gedichte.] 8°. (105 S.)
Linz-Urfahr: Kath. Preßverein 1902.

Fest-Diner (bei der Einweihung des neuen Universitätsgebäudes in Kiel) Hôtel Bellevue den 25. October 1876. Menu. (Kiel. 1876) 8°.

Die **alte Feste** bei Zirndorf oder möglichst gedrängte Erzählung der Geschichte der Schauenburg und der bei ihr im 30jährigen Kriege vorgefallenen Kriegsbegebenheiten. Von einem ehem. k. bayer. Artillerieoffizier. Mit Ans. u. 1 Pl. des Wallensteinischen Lagers. Fürth 1830. 36 S.

Feste, die christlichen. Für Kinder. 16. (60 S.) Berlin 867, (Beck.) *

Feste, die christlichen. Gespräche aus der Gegenwart, hrsg. v. Irenäus. 1. u. 2. Abdr. 8. (VI, 120 S.) Berl. 889, Reuther u. Reichard. * 2 —

Die drei vereinigten **Feste** am 26. VIII. 5818. Darmstadt: Stahl 1818. 72 S. 8⁰ [Umschlagtit.]
Recens: AZ. 1 (1823) S. 507.
Kl. 2981. Ritual u. Festreden, gehalten bei Einweihung des neuerbauten Tempels der Loge Joh. d. Evang., bei Feier des Geburtstages des Grossherzogs v. Hessen u. des 50jährigen Mrjubiläums des Landgrafen Ludwig von Hessen. 358.

[F.] Für **Feste** und Freunde der Inneren Mission. H. 1 10. *Berlin: Buchh. d. Ostdeutschen Jünglingsbundes [1897].* 8. [98. 9874

Feste, d. galanten. Sgspl. 8. Berl 767. Haude u. Sp. 6 ₰

Feste, die, der kathol. Gemeinde Crefelds im Jahr 1844. 12. Crefeld 844. (Gehrich u. Comp.) n. $^1/_6$ ₰

Feste, die, des Herrn u. ihre Feier in d. kathol. Kirche, s. a. Butler, A.

Feste, die, des Herrn u. ihre Feier in d. kathol. Kirche (v. J. Butler). Aus d. Franz. übers. v. A. Räß u. N. Weis. 1r Bd. 1e—5e Abthl. 2e verm. u. bericht. Aufl. gr. 8. Mainz 834—36. Kirchheim, Schott u. Thielmann. $3^1/_3$ ₰

Feste, die, der katholischen Kirche. Nach dem Franz. des Abbé Casimir bearb. von Adf. Henze. Leipzig 854. Schäfer. Lex.-8. (IX, 306 S. u. 8 Lithogr. in Farbendr.) n. 2 ₰ 15 ℊ

Für die kleinen **Feste** des Kindergartens. *Berlin: E. Bloch [1902].* (62 S.) 8° [F.]
— Kinder, Frau Garimènes deklamierende. Bd 15. [03. 11830

Feste, die, Mariens, in heil. Liedern besungen von D. P. Nebst einem Anhange von Wallfahrtsliedern. 8. (46 S.) Landshut 849, (Krüll'sche Universitäts-Buchh.) *

Unsere **Feste.** H. 1. Barmen: Wuppertaler Traktat-Gesellsch. [1905]. 8° [F.] [07. 10778

Feste Courbière [Schlagwort]

Feste Courbière, s.: Preussen. Messtischblätter.

Festenberg, s. Ritter, die.

Festenberg, die Ritter von, eine Geschichte aus den Zeiten des heimlichen Gerichts und der Ritterbunde, 8. Leipzig, 795. Feind. 13 gl.

Festenberg, die Ritter von, eine wahre Geschichte aus den Zeiten des heimlichen Gerichts ꝛc. 8. Eßlingen, Fixdorff u. K. 812.

Festenberg, die Ritter von, eine Gesch. aus den Zeiten des heiml. Gerichts u. der Ritterbunde. 2e verb. Aufl. mit Kpfr. 8. Leipz. 823, Gleditsch.

Festenberg, Adam v., Francesca von Rimini. Novelle. 8. (209 S.) Leipzig 883, Grunow. * ℳ 3.; geb. **

Festenberg, G. A., Friedrich II., Preußens Ruhm und Ehre, als Erinnerung an den 31. Mai 1851, mit einer Erklärung des Denkmals zu Berlin. gr. 16. (40 S.) Berlin 851, Hayn. *

Festenberg, G. A., Luther's kleiner Catechismus für Elementarschulen bearb., s. Luther.

Festenberg, G. A., Dr. M. Luther's kleiner Catechismus zur Elementarschulen, auf Grund der in den Preuß. Regulativen vom 1. 2. u. 3. Octbr. 1854 über Einrichtung des evangel. Seminar-, Präparanden- u. Elementarschul-Unterrichts enthaltenen Grundzüge bearb. Fraustadt 855. Neustadt. 8. (IV, 61 S.) n. 2½ ℳ

Festenberg, (Gustav Heinr.) Georg (geb. Barwalde in d. Neum. 16. 12 1862): Ueber gesundheitsschädliche Milch, mit specieller Berücksichtigung der Kinderernährung. Berlin (1885). (59 S.) 8°
Berlin, Med. Diss. v. 31. Jan. 1885

Festenberg, Hermann von, s. Festenberg-Packisch, Hermann von

Festenberg, Jo., sibyll. Blätter, s. Blätter.

Festenberg-Packisch, Herm. v., die Annahme der Doppelwährung eine staatswirthschaftliche Nothwendigkeit für Deutschland, in Form eines gemeinfasslichen Vortrages erläutert. gr. 8. (69 S.) Berlin 880. Springer. n. 1. 20

Bausteine zur Geschichte des deutschen Bergbaues. Von Hermann v. Festenberg-Packisch, Kgl. Bergrat. *Braunschweig & Leipzig: R. Sattler 1901.* (86 S.) 8° [F.] [01. 20779

Festenberg-Packisch, Herm. v., der deutsche Bergbau. Ein Gesammtbild seiner Entstehung, Entwickelung, volkswirthschaftl. Bedeutung und Zukunft mit Benutzung bester Quellenwerke zusammengestellt. gr. 8. (V, 186 S.) Berlin 886, Walther und Apolant. *
geb. *

—— der metallische Bergbau Niederschlesiens, unter Benützung amtl. Quellen in geognost., histor. und techn. Beziehung dargestellt. Mit 1 Uebersichtskarte der Erzvorkommnisse Niederschlesiens in Farbendr. gr. 8. (III, 117 S.) Wien 881, Perles. *

[Festenberg-Packisch, H. v.,] Betrachtungen und Erinnerungen eines alten Bergknappen. [Gedicht. 1. Aufl.] Lissa i. P., 1906. 38 S.
Dasselbe. 2. Aufl. Ebd., 1907. 38 S.

Festenberg-Packisch, Herm. v., Betrachtungen u. Vorschläge betreffs Reorganisation der sozial-politischen Gesetzgebung des Deutschen Reiches. Lex.-8. (55 S.) Berlin 894. F. Luckhardt. n. 1. —

Festenberg-Packisch, H. v., Hie Brandenburg! od. Aus der Jugendzeit d. großen Kurfürsten. Ein Gedenkblatt an den 9. Mai 1688, den Todestag d. großen Kurfürsten, in dramat. Form gekleidet. 8. (VII, 97 S.) Breslau 888. Woywod. cart. n. 2. 60; geb. n.n. 3. 60
Jetzt: Breslau: Goerlich.

Festenberg-Packisch, H. v., Der Brautschleier. Bergmännisches Schauspiel in fünf Aufzügen mit Gesang. 2. Aufl. Waldenburg, 1906. 48 S.

— zwei deutsche Eichen. Ein Gedenkblatt f. das deutsche Volk. Aus Anlaß d. 70. Geburtstages d. Reichskanzlers Fürst Bismarck. 8. (71 S.) Breslau 885. Woywod. — 60

Festenberg-Packisch, Herm. v. Entwickelung u. Lage des deutschen Bergbaues, m. besond. Berücksichtg. d. Arbeiterverhältnisse in Preußen. gr. 8. (VII, 120 S.) Bresl. 890, Woywod. 1 50
Jetzt: Breslau: Goerlich.

— Entwickelung, Lage u. Zukunft d. niederschlesischen Steinkohlenbergbaues, technisch, statistisch u. volkswirthschaftl. beleuchtet u. m. Bewilligg. u. Unterstützg. Seitens d. Vereins f. die bergbaul. Interessen Niederschlesiens hrsg. 4. (III, 88 S. m. 2 Karten.) Ebend. 886. n. 3. —

Festenberg-Packisch, H. v., Die Entwicklung des niederschlesischen Steinkohlenbergbaues. Ein Gesamtbild, zugleich als 2. Aufl. der im Jahre 1886 erschienenen Schrift: „Der Steinkohlenbergbau Niederschlesiens". Waldenburg, 1892. 120 S.

Festenberg-Packisch, Herm. v., Geschichte des Zollvereins mit besond. Berücksicht. der staatlichen Entwickelung Deutschlands. gr. 8. (VII, 457 S.) Leipzig 869, Brockhaus. *

Festenberg, Herm. v., Groß-Friedrichsburg. Erzählendes Gedicht. 2. Aufl. Buchschmuck v. Curt Topel. (120 S.) 8. Lissa 907. O. Eulitz. (Ebbecke) 2. —

— Aus König Heinrichs Jugendtagen. Erzählendes Gedicht. (111 S.) 8. Leipzig-Gohlis 910. B. Volger. 3. —

Ritter Kuno und sein Knappe. Erzählendes Gedicht von Hermann v. **Festenberg.** Berlin: Deutsches Druck- & Verlagshaus [1908]. 132 S. 8° [11. 433

— Graf Rothenburg. Vaterländisches Schauspiel in 6 Akten u. 1 Vorspiel. Zur Erinnerg. an die 150jähr. Vereinigg. Schlesiens m. der preuß. Monarchie am 17. Mai 1892. gr. 8. (160 S.) Breslau 892. M. Woywod.
Jetzt: Breslau: Goerlich. n. 3. —

Festenberg-Packisch, Herm. v., Deutschland's Zoll- u. Handelspolitik 1873—1877. Die zoll- u. handelspolitischen Debatten im deutschen Reichstage während der drei ersten Legislaturperioden. Nach den stenographischen Berichten zusammengestellt u. erläutert. gr. 8. (XV, 959 S.) Berlin 879. Puttkammer & Mühlbrecht. n. 20. —

Fester, H(ans), Gerichtsref.: **Das Recht des Mannes am Frauengut bei dem Gütersysteme der Verwaltungseinheit nach dem Sachsenspiegel und den neueren Rechten ‹einschliesslich des bürgerlichen Gesetzbuches für das deutsche Reich›.** *Frankfurt a. M. 1900: (C. Adelmann.)* (150 S.) 8°
Marburg, Jur. Diss. v. [24. Febr.] 1900

Fester, Johann Georg Frankfurt / M.), De jure salarii advocatorum in concursu creditorum. Diss. jur. Präs. Franz Justus Kortholt. Giessen, 28. VII. 1764. (Joh. Jac. Braun) 1770. 40 S. (5.—) 8725

Fester, Jul.: Nur wer an Gott glaubt, kann ein wahrer Freimaurer sein, s. Weismann, Heinrich: Die Deutschen sollen national zu werden trachten, aber vor allem human . . .

Fester, Jul., über die Wirkung der Sendung Christi. Predigt über Luc. 2, 8—14, gehalten am 1. Weihnachtstage 25. Decbr. 1851. gr. 8. (16 S.) Frankfurt a. M. 852, Auffarth. *

[F.] **Fester,** Richard [Dr. phil.]: **Die Augsburger Allianz von 1686 . . . [Erschien vollst. 1893 bei M. Rieger in München.] München,** *J. P. Himmer'sche Buchdr. in Augsburg,* **1893; 32 S. 8.**
München, Phil. Fak., Hab.-Schr. v. 1893
(Nicht für den Austausch)

Fester, Rich., die Augsburger Allianz v. 1686. gr. 8. (VIII, 187 S.) München 893 M. Rieger. n. 5. —

— Beiträge zur Geschichte der Universität Erlangen. Mit 1 Heliograv. nach e. Portr. des Markgrafen Friedrich v. Bayreuth. gr. 8. (26 S.) Leipzig 901. A. Deichert Nachf. n. 1. 20
Sonderabdruck aus: „Festschr. d. Univ. Erlangen f. Prinzreg. Luitpold".

[F.] Markgraf Bernhard I. und die Anfänge des badischen Territorialstaates v. Richard **Fester.** *Karlsruhe: G. Braun 1896.* (IV, 138 S.) 1 Bd 5.
= Neujahrsblätter, Badische. Bl. 6. [96. 1008

— Festrede zur Säkularfeier der Regierung der wittelsbachischen Linie Zweibrücken—Birkenfeld, im Auftrage des akadem. Senates der k. b. Friedrich-Alexanders-Universität Erlangen am 11. III. 1899 geh. in der Aula der Universität. gr. 4. (19 S) Erlangen 899. (Th. Blaesing.) n. 1. 20

Fester, Richard, Dr., kgl. a. o. Prof. d. Gesch.: **Festrede zur Säkularfeier der Regierung der wittelsbachischen Linie Zweibrücken-Birkenfeld im Auftrage d. Akadem. Senates d. k. b. Friedrich-Alexanders-Univ. Erlangen am 11. März 1899 gehalten.** *Erlangen 1899: F. Junge.* (19 S.) 4°

Franken und die Kreisverfassung von Richard **Fester.** Würzburg: H. Stürtz 1906. (VI, 77 S.) 8° [F.]
= **Neujahrsblätter.** Hrsg. von d. Gesellsch. f. Fränk. Geschichte. 1. [06. 5053

— „der Universitäts-Bereiser" Friedrich Gedike u. sein Bericht an Friedrich Wilhelm II., s.a. Archiv f. Kulturgeschichte. 1. Ergänz.-Heft.

Fester, Rich., „Der Universitäts-Bereiser" Friedrich Gedike und sein Bericht an Friedrich Wilhelm II. Mitget. Berlin 1906. 8°.
(Archiv f. Kulturgesch., hrsg. von Georg Steinhausen. Erg.-H. I.)

Fester, Rich. Eine vergessene Geschichtsphilosophie, s.a. Sammlung gemeinverständlicher wissenschaftlicher Vorträge.

Fester R, eine vergessene Geschichtsphilosophie zur Geschichte des jungen Deutschlands. (Slg wiss. Vorträge NF 98) Hamburg 1890

— Machiavelli, s.: Politiker u. Nationalökonomen. I.

— s.: Regesten d. Markgrafen v. Baden u. Hachberg.

Religionskrieg und Geschichtswissenschaft. Ein Mahnwort an d. deutsche Volk aus Anlaß von Denifles 'Luther'. Von Richard Fester, Prof. in Erlangen. *München: C. H. Beck 1904.* (50 S.) 8° [F.]

— Rousseau u. die deutsche Geschichtsphilosophie. Ein Beitrag zur Geschichte des deutschen Idealismus. gr. 8. (X, 340 S.) Stuttg. 890, Göschen. * 5 50

Rousseau und die deutsche Geschichtsphilosophie. Ein Beitrag z. Gesch. d. deutschen Idealismus von Richard Fester. *Leipzig: G. H. Meyer [1890].* (X, 340 S.) 8° [F.] 11

Fester, Rich., die Saekularisation der Historie. Ein auf dem internationalen Historikerkongress am 11. VIII. 1908 in Berlin geh. Vortrag, m. e. Nachwort. (19 S.) gr. 8. Leipzig 909. B. G. Teubner. 1. —
Sonderabdruck aus „Histor. Vierteljahrschr."

— s.: Schoepflin's, Joh. Dan., brieflicher Verkehr usw.

Fester, Rich., die Bayreuther Schwester Friedrichs des Großen. Ein biograph. Versuch. 8. (227 S.) Berlin 902. Gebr. Paetel. n. 4. —; geb. in Leinw. n. 5. —

Fester, Rich., Kurfürstin Sophie v. Hannover, s.a. Sammlung gemeinverständl. wissenschaftlicher Vorträge.

Fester R, Kurfürstin Sophie von Hannover. (Sammlung gemeinverständlicher wissenschaftlicher Vorträge Neue Folge 179) Hamburg 1893

Fester, Rich., die armirten Stände u. die Reichskriegsverfassung. [1681—1697.] gr. 8. (IX, 170 S.) Frankfurt a/M. 886. Jügel's Verl. n. 3. —

Fester, Richard: Die armirten Staende und die Reichskriegsverfassung (1681 1697) .... Frankfurt a. M., Druck v. Gebr. Kauer, 1886; 10 + 170 S. 8°.
Strassburg, Phil. Fak., Inaug.-Diss. v. 1886.

— s.: Studien, historische.

Festerhand, Friedr. Wie es im sozialdemokratischen Zukunfts-Staate aussehen würde, s.a. Flugschriften, volksthümliche.

Festerhand, Frdr., Wie es im socialdemokratischen Zukunftsstaate aussehen würde. Gespräche über den Bebel'schen Staat und über Zustände im gegenwärtigen Deutschland für Jedermann dargestellt. (Volksthümliche Flugschriften, Nr. 1.) gr.-8°. Leipzig. Osterwitz Nachf., 1890.

1100-Jahrfeier der Stadt Itzehoe. Festessen am Sonntag, 19. Juni 1910 im „Ständesaal". o. O. [1910.] 2 Bl. 8°

Festetics, Graf G. A., s. C. v. Kisfalud, Sitbor

Festetics, Leo Graf, die Ozoraer Hochjagden des Fürstenhauses Esterházy. Illustr. mit 10, nach J. G. Prestel's Orig. photograph. Jagdbildern, 1 Portraittableau, 2 Landkarten und Jagdmusikstücken. qu. Fol. (41 S. mit 11 Photographien und 2 chromolithogr. Karten in Imp.-Fol.) Pest 872, Lauffer. In Mappe **

Festfahrt, die officielle, nach Jerusalem. Eine Erinnerungsschrift an die Einweihg. der Erlöser-Kirche. Hrsg. v. Frz. Goorke. Text von G. Frhrn. v. Scherr-Thoss. Gedichte v. G. Wühlisch. Imp.-4. (85 S. m. Abbildgn. u. Heliograv.) Berlin 899. Graph. Gesellschaft. Geb. in Halbldr. 60. —

Festfeier der Beatifikation des heiligen Clemens Maria Hofbauer bei Maria am Gestade in Wien vom 14. bis 17. Oktbr. 1888. 8. (VIII, 120 S. mit 2 Bildern.) Wien 888, Kirsch. *

Festfeier anlässlich d. 20jährigen Bestehens d. Allgemeinen deutschen Buchhandlungs-Gehilfen-Verbandes, am 16. Juli 1892 im Deutschen Buchhändlerhause veranstaltet vom Kreise Leipzig. gr. 8. (16 S.) Lpz. 892, (R. Hintzsche i. H. Gressner u. Schramm.) — 40
Zum Besten der Hilfskassen des Verbandes.

Festfeier am 2. December 1898. 8 (S. VII—XX).
Progr. G. d. k. k. Theresianisch. Akademie *Wien* 1899.

Loge Apollo [in Leipzig]. Festfeier zu Ehren des 50jährigen Maurerjubiläums des geliebten und hochverehrten Brs Karl Hase. Leipzig, den 14. Oct. 1878. [Leipzig 1878: Engelhardt.] 2 Bl. 8⁰ [Umschlagtit.]
Gebet v. K. Pilz u. Festgesang ohne Noten. — Üb. K. v. Hase s. Herzog's Realencyclopädie 3. Aufl. Bd 7 1899 S. 453—461 (G. Krüger).

Festfeier zur Einweihung des neuen Logengebäudes und des fünfundzwanzigjährigen Jubiläums Seiner Hoheit des Brs Ernst II., regierenden Herzogs von Sachsen-Coburg und Gotha als hammerführender Meister der St. Johannis-Freimaurerloge Ernst zum Compass i. O. zu Gotha am 3. Sept. 1882. [Gotha 1882: Engelhard-Reyher.] 4 Bl. 8⁰ [Umschlagtit.]
Festprogramm u. 5 Gesänge ohne Noten.
358 a

Festfeier der Einweihung des neuerbauten Logenhauses und des 25 jähr. Jubiläums Sr. Hoheit des Herzogs Ernst II von Sachsen-Coburg und Gotha als hammerführender Mstr. v. St. der St. Joh. Loge Ernst zum Compass im Or. Gotha am 3. September 1882. Leipzig, Druck v. Vollrath. 8. 56 S.
Ausführliche Beschreibung des seltenen Festes, verfasst von Carl Aug. Demuth, der auch eine Geschichte dieser Loge schrieb.

Festfeier zur Grundsteinlegung der evangelischen Jubiläums-Filial-Kirche in Korschen, Kirchspiel Leunenburg, Sonntag d. 17. Mai 1903. *(Königsberg 1903: Ostpr. Dr.)* (4 Bl.) 8° [F.] 10

Festfeier z. 25jähr. Jubil. d. Vorsitzenden Herrn Wilhelm Holst als Vorstandsmitglied d. M. T. V. zu Güstrow am 19. 10. 1890, Güstrow 1890, 10 S., kl.-8°.

Festfeier, die, des 50jährigen Regierungs-Jubiläums unseres Durchlauchtigsten Fürsten und Herrn Herrn Friedrich Günther zu Schwarzburg etc. in Rudolstadt und anderen Städten und Orten des Schwarzburg-Rudolstädter Landes am 6. Novbr. 1864. Ein Erinnerungsbuch. gr. 8. (90 S.) Rudolstadt 865, Scheitz [Schwabe.] *

Festfeier anläßlich der Übergabe des Franz-Joseph-Ordens an den k. k. Prof. Theol. Dr. Cand. Laurenz Hafenrichter, . . . 8 (S. 3—15).
K. k. Neustädter deutsch. Staats-Ober-G. am Graben *Prag* 1891.
Progr.

Festfolge und Lieder zum Fest-Commerse der Bismarck-Feier 1900 im grossen Saale des 'Centralhofes'. 31. März 1900. *Münster i. W. (1900): L. Espagne.* (16 S.) 8° [Umschlagt. F.] 6

Fest-Fragen, s.a. Stiller, Heinr. Theod.

Festfragen eine Beylage zum Katechismus. Erlangen 1786. V: *Seiler, Georg Friedrich.* (Fiker)

— am 300jähr. Gedächtnißtage der Bibel-Uebersetzung Dr. M. Luthers, d. 2. Nov. 1834. 8. Nürnb., Raw. 25 Exempl. 1/4 ß

Festfragen für das ganze Kirchenjahr zum Gebrauch in den Kinderlehren bearbeitet von der Kadolzburger Prediger-Conferenz. 8. (Leipzig 835. Fr. Fleischer.) 1/12 ß

Festfragen für das ganze Kirchenjahr, zum Gebrauch in den Christenlehren, bearb. von der Kadolzburger Prediger-Conferenz. 2. Aufl. 8. (64 S.) Nürnberg 856. (Leipzig, Fr. Fleischer.) *

Festfragen über die Augsburgische Confession. Zur Feier des jährlichen Gedenktages ihrer Uebergabe und als Zugabe oder Anhang zu allen andern bisherigen Festfragen oder Fest-Katechismen für öffentliche Kinderlehren. 2. Aufl. Nürnberg 861. Raw. 8. (26 S.) 1⅓ ngr.

Fest-Freuden der Kinderwelt. Stuttgart (858). Schreiber u. Schill. 4. (2 Bl., 15 S. u. 8 color. Lithogr.) 15 ngr

Fest-Freuden der Kinderwelt. 4. (III und 15 S. mit 8 ill. Stnt. in Tondr.) Stuttgart 859, Schreiber und Schill.

Fest-Freuden der Kinderwelt. Acht Compositionen von Otto Falken in Kreide- und Farbendr. nebst vielen sinnreichen Reimen. 2. Aufl. gr. 4. (9 S. Text.) Eßlingen 871, Schreiber. geb.

Fest-Freuden der Kinderwelt. 6 prächt. Bilder in Kreide- und Farbendr. von Otto Falken nebst vielen sinnigen Reimen. 3. Aufl. gr. 4. (7 S.) Eßlingen 876, Schreiber. cart. *

Festführer durch die freie Hansestadt Bremen und deren Umgegend. Zum 2. deutschen Bundesschiessen unseren Gästen gewidmet. gr. 16. (VIII und 27 S. mit vielen Illustr. auf 5 Stnt. und 1 lithogr. Orientirungsplane von Bremen, sowie dem Festplatze für das Bundesschiessen versehen.) Bremen 865, Hampe.

Fest-Führer zum vierten deutschen Bundes-Schiessen in Hannover. Für Einheimische und Fremde. gr. 16. (XVI, 80 S. mit 1 Holzschntaf. in qu. gr. 4. und 1 Stnt. in gr. Fol.) Hannover 872, Störmer und Woeltge.

—— durch ganz Dresden, zu seinen Kunstschätzen, seinen Umgebungen sowie in die sächsische Schweiz. Mit besond. Berücksichtigung des im J. 1865 in Dresden stattfindenden 1. deutschen Sängerbundesfestes und der übrigen Versammlungen. 1. und 2. Aufl. 8. (89 S. mit 1 lithogr. Plane von Dresden in qu. Fol., dem Grundrisse des Ausstellungsplatzes deutscher Land- und Forstwirthe und vielen anderen Illustr. in Holzschn.) Dresden 865, Meinhold und Söhne.

Festführer durch Hamburg u. seine Umgebung zum XVI. deutschen Bundesschiessen. Nebst: Wegweiser durch Hamburg u. Umgebung. 6. verb. u. verm. Aufl. (100,000—120,000). Hrsg. v. Verein zur Förderg. des Fremden-Verkehrs in Hamburg. (XXIX, 168 S. m. Abbildgn., 1 Karte u. 2 Plänen.) kl. 8. Hamburg 909. (O. Meissner's Verl.) Kart. 1. —

Festführer für das 8. deutsch-österreichische Kreisturnfest in Linz a. D. 19.—21. 7. 1902. Linz, Tv. 1902. 64 S., 8°. (Angeb.): Turnplan f. d. 8. Kreisturnen.

Festführer für das erste Schleswig-Holsteinische Musikfest in Kiel. (Kiel.) 1875. 8°

Festführer. Offizieller F' für die Besucher des Eidgenössischen Schützenfestes in St. Gallen vom 16. bis 28. Juli 1904. [Mit Illustrationen und 1 Plan.] 16 S. 8. St. Gallen, Zollikofer, 1904. fr. —. 30

Festführer. Offizieller Festführer [zur] Basler Bundesfeier 1901. Hrg. vom Press-Komite. [Mit illustriertem Umschlag.] II + 31 S. 8. (Basel, Emil Birkhäuser, 1901.) fr. —. 40

Festführer, Officieller, der Basler-Gedenkfeier, 9. 10. u. 11. Juli 1892. Hrsg. vom Organisations-Comité. In-8°. 16 S. Basel (H. Georg). — 20

Festführer. Offizieller F'-F' für das Gordon Bennett-Wettfliegen und die Internationalen Wettfahren. Veranstaltet vom Schweizerischen Aero-Klub vom 30. September bis 3. Oktober 1909 in Zürich. Hrg. vom Press-Komite. [Mit Illustrationen und] Anhang: a) Plan des Startplatzes; b) Plan des oberen Limmattales; [sowie 1 Beilage] c) Programm. 64 + *Beilage* II + 24 S. + *Inserate*. 8. [Zürich,] Buchdr. Züricher Post. [fr. 1. —]
Beilage u. d. T.: Programm für die Internat. Wettfliegen und das G' B'-Wettfahren vom 1.—3. Oktober 1909 in Zürich. [Mit Illustrationen und 2 Tafeln.]

Schweiz. Grütli-Centralfest in Winterthur 1.-4. August 1902. Offizieller Festführer. Hrg. vom Presskomite. (Redaktion: Jakob Herter.) [Illustriert.] IV + 54 [+ 16] S. 8. Zürich, Buchdr. des Schweizerischen Grütlivereins, 1902. fr. —. 30

Festführer, officieller, für das erste allgemeine deutsche Kriegerfest in Hamburg vom 1. bis 3. Juli 1883, nebst (chromolithogr.) Plan und Führer durch Hamburg. 8. (X, 18 S.) Hamburg 883, Nestler und Melle. *

Festführer. Offizieller F' zum Internationalen Musikfest in Basel 17. und 18. Juni 1905 anlässlich des 25jährigen Jubiläums des Feldmusikvereins Basel. [Illustriert.] 52 S. 8. Basel, J. Frehner.

Fest-Führer, officieller, für das 3. deutsche Sängerbundesfest in Hamburg vom 10. bis 13. Aug. 1882. Im Auftrage des Central-Ausschusses zusammengestellt von L. Friederichsen. Mit einem (lith.) Plan u. Straßenverzeichniß von Hamburg u. einem (lith.) Grundriß der Festhalle. gr. 8. (72 S.) Hamburg 882. Friederichsen & Co. 1. —

Festführer. Offizieller F' für das Eidg. Schützenfest (17.—31. Juli) 1910 in Bern. [Mit Illustrationen und 1 Plan.] 48 S. 8. Bümpliz, Benteli A.-G. (fr. —. 40)

Festführer. Offizieller Fest-Führer für das Eidgen. Schützen-Fest in Luzern 1901. Hrg. vom Publikationskomitee. [Mit illustriertem Umschlag und 3 Plänen auf 2 Tafeln.] IV + 32 S. 8. (Luzern, Räber.) fr. —. 30

Festführer. Offizieller Fest-Führer für das Eidg. Turnfest in Bern, 14.—17. Juli 1906 = Guide officiel de la Fête fédérale de gymnastique à Berne ... 1906. [Mit Illustrationen und 1 Plan.] IV + 56 S. 8. Bern, Bühler & Werder. fr. —. 50

Offizieller Festführer f. d. Eidgenöss. Turnfest in Lausanne 9.—13. 7. 1909. m. Abb., Lausanne 1909. 70 S., 1 Bl., 8°.

Festführer. Offizieller Fest-Führer für das Eidg. Turnfest Zürich, 18.—21. Juli 1903. [Mit Illustrationen und 1 Plan.] 96 S. 8. Zürich, Gottl. Hürlimann, 1903.
Darin S. 49—68: Vom Turnen in Zürich. Von J[ohann] J[acob] Müller-Cramer.

Festführer. Offizieller Festführer zur Aarg. Centenarfeier. Hrg. vom Presskomitee. [Mit illustriertem Umschlag.] IV + 16 S. 8. (Aarau, Buchdr. Aargauer Nachrichten,) 1903. fr. —. 50

Festführer für das III. deutsche Sängerbundesfest in Leitmeritz. Führer durch Leitmeritz u. Umgebung m. dem neuesten Plane v. Leitmeritz. Herausgeg. vom Musikverein. Leitmeritz, F. Martin. 40 kr. 1883

Fest-Führer (Fest-Buch — Offizielle Fest-Zeitung) für das . . . Niedersächsische Sängerbundesfest in . . . 8°
4. in Kiel vom 20. bis 23. Juli 1872. Kiel. 1872.
9. in Kiel vom 26. bis 29. Juli 1884. Kiel. 1884.
11. in Rendsburg am 2.—5. Juli 1892. (Rendsburg. 1892.)
12. ⟨Jubiläumsfest des Schleswig-Holsteinliedes⟩ zu Schleswig am 21., 22. und 23. Juli 1894. Schleswig. 1894.
14. in Oldesloe am 2., 3. u. 4. Juli 1898. o. O. (1898.)
16. in Heide ⟨Holst.⟩ am 21. bis 23. Juni 1902. (Heide. 1902.) Fol.
17. in Neumünster am 17., 18. und 19. Juni 1905. (Neumünster. 1905.)
18. in Solbad Segeberg am 20., 21. und 22. Juni 1908. (Segeberg. 1908.)

Festgabe. Worte heiliger Schrift mit beigefügten Liederversen auf jeden Tag des Jahres. qu. kl. 16. (185 Blätter.) Basel 841, 43. Schneider. geb. in Futteral mit Pap. durchschossen 2 ₰ ngr broch. 12 ngr — ohne Pap. geb. ⅜ ₰

Festgabe. Worte heiliger Schrift mit beigefügten Liederversen auf jeden Tag des Jahres. 2. Aufl. qu. 32. (367 S.) Basel 855. Schneider. *

Festgabe für 1860, 1862 und 1863. Für die reifere Jugend von 11 bis 15 Jahren. Aus den Manuscr. der Verlagshandlung sorgsam ausgewählt von Gust. Harrer. Mit (8 lith. u.) color. Bildern. Nach Zeichnungen von Ant. Breith. Stuttgart, Chelius. 8. (222; 228; 216 S.) Jeder Jahrg. 1 ₰ 7½ ngr.
Für 1861 nicht erschienen.

FESTGABE DES SCHWÄBISCHEN ALB-VEREINS („Ansichten aus der Schwäb. Alb"). Text von STRÖHMFELD und NÄGELE. September: Generalkarte der Schwäb. Alb 1 : 150 000 Blatt 1. 2. 3. 4. 6.

Festgabe zum 50jährigen Amtsjubiläum Eduard Simson am 22. Mai 1883 überreicht. Leipzig 1883.
s. **Schulz, K.:** Zur Literärgeschichte des Corpus iuris civilis.

Festgabe der Greifswalder Juristenfakultät für Ernst Immanuel Bekker zum 17. Febr. 1899 . . . *Greifswald: J. Abel 1899.* (2 Bl., 154 S.) 1 Bd 8. [illegible]
Stampe, E[rnst]: Der letzte Regulirungsprozess auf Rügen. *Greifswald 1899.*
in: Festgabe d. Greifswalder Juristenfakultät f. E. I. Bekker. [illegible]
Stoerk, Felix: Das Bürgerl. Gesetzbuch u. d. Gesetzgebungsapparat d. Deutschen Reiches. *Greifswald 1899.*
in: Festgabe d. Greifswalder Juristenfakultät f. E. I. Bekker. [illegible]

— z. 30 jähr. Best. d. Akadem. Architekten-Vereins z. Stuttgart. (55 T) fol Stuttgart 1899

DER LITERARISCHE VEREIN AN DER MEISENBURG. FESTGABE zum 50jähr. Bestehen des Vereins. 1859—1909. (Mit 2 Tafeln.) Kettwig, Essen, Kupferdreh. Kommissionsverlag von F. Flothmann, G. m. b. H. 8°.

Festgabe, biblische. 8. (16 S. mit 12 Chromolithogr.) Barmen 870, Klein.
—— dass. — 8. (19 S. mit 8 Chromolithogr.) Ebendas. 874. cart. *

Festgabe in Bildern für Jung u. Alt. Samml. v. zwölf Genre-Bildchen in Stahlstich v. d. besten Meistern. breit 16. Carlsruhe 837. Creuzbauer. 1 ₰

Festgabe der Stadt Bistritz. Den Mitgl. d. Ver. f. siebenbürg. Landesk. gewidm. anlässl. d. . . 1897 in Bistritz abgeh. 49. Generalvers. dieses Ver. *Bistritz: Verl. d. Stadt Bistritz: Dr. v. Th. Botschar 1897.* (100 S.) 1 Bd 8. [illegible] 5
Kisch, Gustav: Bistritzer Familiennamen. E. Beitrag z. deutschen Namenkunde. *Bistritz 1897.*
in: Festgabe d. Stadt Bistritz. [illegible]
Kointzel, Georg: Nösner Idiotismen. *Bistritz 1897.*
in: Festgabe d. Stadt Bistritz. [illegible]

Festgabe an Johann Caspar Bluntschli zum Doktorjubiläum. Leipzig 1880.
s. **Bekker,** Ernst Imm.: Das Recht des Besitzes bei den Römern.

Festgabe zum Bonifatius-Jubiläum 1905. 1. Beiträge z. Geschichte d. Grabeskirche d. hl. Bonifatius in Fulda. Von Dr. Gregor Richter, Prof. Mit 1 Lichtdrucktaf. u. 6 Abb. 2. Die Codices Bonifatiani in d. Landesbibliothek zu Fulda. Von Dr. Carl Scherer, Biblioth. Mit 3 Lichtdrucktaf. u. 5 Abb. Fulda: Fuldaer Actiendr. 1905. (LXXVI, 37 S.) 4°
— [Quellen u. Abhandlungen z. Geschichte d. Abtei u. d. Diözese Fulda. 3.] [07. 7621

Festgabe für Johannes Conrad. Z. Feier d. 25-j. Bestehens d. staatsw. Sem. zu Halle a. S. . . . überreicht v. ehemal. Mitgl. d. Sem. Hrsg. v. H(ermann) Paasche. *Jena: G. Fischer 1898.* (1 Bl., IV S., 1 Bl., 461 S.) 1 Bd 8.
— Sammlung nationalökon. u. statist. Abhandlungen d. staatswiss. Seminars zu Halle. Bd 20. [98. 7976
Diehl, Karl: Ueb. d. Verhältnis v. Wert u. Preis im ökon. System v. Karl Marx. *Jena 1898.*
in: Festgabe f. Joh. Conrad
— Sammlung nationalökon. u. statist. Abhandlungen d. staatswiss. Seminars zu Halle. Bd 20.
Hampke, Thilo: Die Hamburgischen Innungen. *Jena 1898.*
in: Festgabe f. Joh. Conrad
— Sammlung nationalökon. u. statist. Abhandlungen d. staatswiss. Seminars zu Halle. Bd 20. [98. 7976
Schneider, Fritz: Ist die Statistik e. Wissenschaft? *Jena 1898.*
in: Festgabe f. Joh. Conrad
— Sammlung nationalökon. u. statist. Abhandlungen d. staatswiss. Seminars zu Halle. Bd 20. [98. 7976
Sommerlad, Theo: Ueb. d. Studium d. Wirtschaftsgeschichte. *Jena 1898.*
in: Festgabe f. Joh. Conrad
— Sammlung nationalökon. u. statist. Abhandlungen d. staatswiss. Seminars zu Halle. Bd 20. [98. 7976
Köhler, Wilhelm: Die Entwickelung d. staatswiss. Unterr. an d. Univ. Halle. *Jena 1898.*
in: Festgabe f. Joh. Conrad
— Sammlung nationalökon. u. statist. Abhandlungen d. staatswiss. Seminars zu Halle. Bd 20. [98. 7976
Borght, R[ich.] van der: Die soziale Bedeutung d. deutschen Arbeiterversicherg. *Jena 1898.*
in: Festgabe f. Joh. Conrad
— Sammlung nationalökon. u. statist. Abhandlungen d. staatswiss. Seminars zu Halle. Bd 20. [98. 7976
Wirminghaus, A[lexander]: Die nationalökon. Wissenschaft u. d. deutsche Kaufmannsstand. *Jena 1898.*
in: Festgabe f. Joh. Conrad
— Sammlung nationalökon. u. statist. Abhandlungen d. staatswiss. Seminars zu Halle. Bd 20. [98. 7976
John, Victor: Quetelet bei Goethe. *Jena 1898.*
in: Festgabe f. Joh. Conrad
— Sammlung nationalökon. u. statist. Abhandlungen d. staatswiss. Seminars zu Halle. Bd 20. [98. 7976
Joesting, H.: Die deutsche Landwirtschaft, ihre Gegenwart u. Zukunft. *Jena 1898.*
in: Festgabe f. Joh. Conrad
— Sammlung nationalökon. u. statist. Abhandlungen d. staatswiss. Seminars zu Halle. Bd 20. [98. 7976
Holdefleiss, Friedrich: Die Preise d. künstl. Düngemittel im Verlaufe d. letzten 25 Jahre u. ihr Einfluss auf d. landw. Produktion. *Jena 1898.*
in: Festgabe f. Joh. Conrad
— Sammlung nationalökon. u. statist. Abhandlungen d. staatswiss. Seminars zu Halle. Bd 20. [98. 7976
Stieger, Georg: Zur landwirtsch. Arbeiterfrage. Erfahrgn u. Ansichten aus d. Praxis. *Jena 1898.*
in: Festgabe f. Joh. Conrad
— Sammlung nationalökon. u. statist. Abhandlungen d. staatswiss. Seminars zu Halle. Bd 20. [98. 7976

—— für Wilhelm Crecelius zur Feier der 25jährigen Lehrthätigkeit in Elberfeld. Lex.-8. (VI, 303 S.) Elberfeld 881, (Lucas.) *

Festgabe f. Felix Dahn zu seinem 50jährigen Doktorjubiläum, gewidmet von gegenwärt. u. früheren Angehörigen der Breslauer jurist. Fakultät. 3 Tle. gr. 8. Breslau 905. M. & H. Marcus n. 22 —
1. Deutsche Rechtsgeschichte. (III, 382 S.) n. 10. —
2. Römische Rechtsgeschichte. (III, 106 S.) n. 3. —
3. Recht der Gegenwart. (III, 341 S.) n. 9. —
Hieraus einzeln:
Bolling, Ernst, die Beschimpfung v. Religionsgesellschaften, religiösen Einrichtungen u. Gebräuchen, u. die Reformbedürftigkeit des § 166 StGB. (35 S.) n. 1. 20
Beyerle, Konr., Ergebnisse einer alamannischen Urbarforschung. (S. 65—128.) n. 2. —
Brie, Siegfr., die Stellung der deutschen Rechtsgelehrten der Rezeptionszeit zum Gewohnheitsrecht. (S. 129—164.) n. 1. 20
Fischer, Otto, Vollstreckbarkeit. (S. 37—98.) n. 1. 80
Gretener, X., die Religionsverbrechen im Strafgesetzbuch f. Russland vom J. 1903. (S. 99—131.) n. 1. —
Hedemann, Just. Wilh., die Fürsorge des Gutsherrn f. sein Gesinde (brandenburgisch-preussische Geschichte.) (S. 165—220.) n. 1. 60
Heymann, Ernst, die dingliche Wirkung der handelsrechtlichen Traditionspapiere (Konnossement, Ladeschein, Lagerschein). (S. 133—241.) n. 3. 20
Jacobi, Ernst, die Pflicht zur Berufung der Generalversammlung e. Aktiengesellschaft. (S. 243—267.) n. — 80
Kleineidam, Feod., Beiträge zur Kenntnis der lex Poetelia. (30 S.) n. 1. —
Klingmüller, Fritz, Über Klagenverjährung u. deren Wirkung. (S. 31—63.) n. 1. —
Leonhard, Rud., die Replik des Prozessgewinns (replica rei secundum me judicatae). Ein Beitrag zur Lehre von den beiden Funktionen der exceptio rei judicatae. (S. 65—106.) n. 1. 20
Meyer, Herb., die rechtliche Natur der nur scheinbaren Bestandteile eines Grundstücks (§ 95 BGB.) (S. 269—301.) n. 1. —
Naendrup, Hub., Dogmengeschichte der Arten mittelalterlicher Ehrenminderungen. (S. 221—382.) n. 5. —
Schott, Rich., Über Veräusserungsverbote u. Resolutivbedingungen im bürgerlichen Recht. (S. 303—312.) n. 1. 20
Schultze, Alfr., Gerüfte u. Marktkauf in Beziehung zur Fahrnisverfolgung. (63 S.) n. 2. —

Festgabe des Damen-Comités [der 66. Versammlung deutscher Naturforscher u. Aerzte zu Wien 1894] an die deutschen Frauen. qu. 4. (13 Photozinkogr. m. eingedr. u. 3 S. Text.) Wien 894. (W. Frick.) n. 2. 40

— d. Tübinger Juristenfakultät f. Heinrich Degenkolb zum 50jährigen Doktorjubiläum am 18. VII. 1905. (VI, 50 u. 828 S.) gr. 8. Tübingen 905. 906. J. C. B. Mohr. n. 8. —
Hieraus einzeln:
Gelb, Otto, die Pfändung eingebrachter im Besitz des Mannes befindlicher Mobilien. (60 S.) n. 1. —
Rümelin, Max, zur Lehre von den Schuldversprechen u. Schuldanerkenntnissen des BGB. (VIII, 328 S.) n. 7. —
Sonderabdrucke aus: „Archiv f. d. civilist. Praxis".

Festgabe der Giessener Juristenfakultät für Dr. Heinrich Dernburg zum 4. April 1900. *Berlin: H. W. Müller 1900.* (157 S.) 8° [J.] [oo. 8037
Hieraus einzeln:
Biermann, Johs., zur Lehre v. der Vertretg. u. Vollmacht. (42 S.) n. 1. 20
Jung, Erich, von der „logischen Geschlossenheit" des Rechts. (27 S.) n. — 80
Leist, Alex., Schiedssprüche gegen zwingendes Recht. (40 S.) n. 1. 20
Schmidt, Arth. B., Ehescheidg. u. richterliches Ermessen. (47 S.) n. 1. 20

— der juristischen Fakultät in d. vereinigten Friedrichs-Universität Halle-Wittenberg f. Heinrich Dernburg zum 4. IV. 1900. gr. 8. (V, 213 S) Halle 900. M. Niemeyer. n. 6. —
Hieraus einzeln:
Fitting, Herm., liegt in der Processvollmacht die Ermächtigung z. Abgabe u. z. Empfange e. Aufrechnungserklärg.? (16 S.)
Heck, Phpp., die Biergelden. (72 S.) n. 2. 20
Lastig, Gust., die Auflösung der kaufmännischen Gesellschaften. (45 S.) n. 1. 60
Stammler, Rud., die Einrede aus d. Rechte eines Dritten. (IV. 78 S.) n. 2. 40

Festgabe f. Heinrich Dernburg zum Doktor-Jubiläum, überreicht v. der rechts- u. staatswissenschaftl. Fakultät Würzburg. gr. 8. (VII, 191 S.) Leipzig 900. A. Deichert Nachf. n. 4. 80
Hieraus einzeln:
Burckhard, Hugo, zu Fragmenta Vaticana 269. Ein Beitrag zur Lehre v. der Schenkg. u. Dos. (72 S.) n. 2. —
Mayer, Ernst, Hansa u. Hasbannus im nordfranzösischen Recht. (47 S.) n. 1. 60
Oetker, Frdr., Strafprozessbegründung u. Strafklagerhebg. bei Erlass u. bei Wegfall e. Eröffnungsbeschlusses. (70 S.) n. 2. —

— f. Heinrich Dernburg z. 50jähr. Doktorjubiläum am 4. IV. 1900. Verf. von Alb. Frdr. Berner. — Conr. Bornhak. — Heinr. Brunner. — Johs. Burchard. — Otto Gierke. — Leonard Jacobi. — Wilh. Kahl. — Jos. Kohler. — Thdr. Mommsen. — Paul Oertmann. — Alfr. Pernice. — Paul Rehme. — Joh. Chrph. Schwartz. — Emil Seckel. Ueberreicht v. der Juristenfakultät der Universität Berlin. gr. 8. (VIII, 395 S.) Berlin 900. H. W. Müller. n. 9. —
Hieraus einzeln:
Berner, Alb. Frdr., wie kommt es, daß Adolf Merkel im Strafrecht den Determinismus vertritt? (10 S.) n. — 40
Bornhak, Conr., die Ausweisung fremder Staatsangehöriger v. völkerrechtl. u. staatsrechtl. Standpunkte. (10 S.) n. — 50
Brunner, Heinr., Beiträge zur Geschichte des germanischen Wartrechtes. (22 S.) n. — 50
Burchard, Johs., Theil-Schuldverschreibgn. m. Realsicherheit. (14 S.) n. — 40
Gierke, Otto, Vereine ohne Rechtsfähigkeit nach dem neuen Rechte. (38 S.) n. 1. —
Jacobi, Leonard, die sittliche Pflicht im bürgerlichen Gesetzbuch. (22 S.) n. — 50
Kahl, Wilh., die Errichtung von Handelsgesellschaften durch Religiose. (37 S.) n. 1. —
Kohler, Jos., das germanische Notherbrecht u. seine Geschichte in den Coutumes. (52 S.) n. 1. 50
Mommsen, Thdr., das ägyptische Gesetzbuch. (8 S.) n. — 40
Oertmann, Paul, der Schadenersatzanspruch der obligatorisch Berechtigten. (29 S.) n. — 80
Pernice, Alfr., d. sogenannten res communes omnium. (25 S.) n. — 80
Rehme, Paul, zur Geschichte des Münchener Liegenschaftsrechtes. (27 S.) n. — 80
Schwartz, Johs. Chrph., Absolute Rechtskraft u. heutiges deutsches Recht. (39 S.) n. 1. —
Seckel, Emil, die Aufhebung u. die Wiederherstellung der ehelichen Gemeinschaft nach dem bürgerl. Gesetzbuch. (47 S.) n. 1. 20

Festgabe schweizerischer Dichter für den Bazar zu Gunsten der Jugendfürsorge und Kostkinderpflege [in] Basel, 28. April bis 1. Mai 1909. [Mit 1 Musikbeilage und illustriertem Umschlag.] 48 S. 8. (Basel, Buchdr. Walz & Miéville, [Comm. Basler Buch- & Antiquariatshandlg.].) [fr. 1. 50]

— zum Doctor-Jubiläum d. Herrn Hofraths u. Prof. Dr. Ludwig Arndts Ritter v. Arnesberg im Auftr. der Juristenfacultaet zu München überreicht. gr. 8. München 875. Kaiser. n. 3. —
Das Alter d. Gesetzsprecher-Amtes in Norwegen v. K. Maurer. (V u. S. 1—69.)
Zum Rechte der bonae fidei possessio v. Alois v. Brinz. (S. 71—138.)

Festgabe zum 50jährigen Doktorjubiläum [3. Aug. 1879] des Hrn. Geh. Rath Prof. Dr. J. C. Bluntschli, dargebracht von den Docenten der Universität Heidelberg: Jul. Amann, Heinr. Buhl, Geo. Cohn, Eman. Leser, Rich. Loening, Herm. Strauch. gr. 8. (III, 35; 51, 144, 75; XV, 316, 39 S.) Heidelberg 880, C. Winter's Universitäts-Buchh. *

Festgabe zu dem fünfzigjährigen Doctor-Jubiläum des Herrn Geheimenrathes Friedrich von Thiersch am 18. Juni 1858, in dankbarer Ehrfurcht dargebracht von dem K. Gymnasium und der Lateinschule zu Würzburg. — 1858. Ebend. — S. 1—2. Discipulus ad Frid. Thierschium magistrum. Lat. Ode in 11 alk. Strophen von M. Bierhellig, P. der Math. — S. 3—5. ΕΙΣ ΤΗΝ ΘΙΕΡΣΧΙΟΥ ΠΕΝΤΗΚΟΝΤΑΕΤΗΡΙΔΑ. Griech. Ode in 15 sapph. Strophen von Dr. Lor. Grasberger. — S. 6. Sonett v. Ph. J. Holl, G. P. — S. 7. Sonett v. Dr. G. J. Keller. — S. 8. 4 Distichen von demselben. — S. 9—22. Homer's Odyssee. Erster Gesang. Deutsch im Versmaße der Urschrift von Phil. Jos. Holl, P. Progr. Würzburg.

Festgabe zum Doctorjubiläum des Geh. Justizraths und Professors Dr. Rudolph v. Jhering am 6. Aug. 1892 überreicht von der Juristenfacultät zu Breslau. Breslau 1892.
Wlassak, M(or.): Zur Geschichte der Cognitur.
Fischer, O(tto): Das Problem der Identität und der Neuheit.

Festgabe der Kieler Juristen-Fakultät zu Rudolf v. Jherings fünfzigjährigem Doktor-Jubiläum am VI. August 1892. — Abhandlgn v. Max Pappenheim (:Die schwedischen Gesetzentwürfe vom Jahre 1890 betreffend das Gesellschaftsrecht), Theodor Kipp (:Die Verurtheilung zur Abgabe von Willenserklärungen und zu Rechtshandlungen), Adolph Frantz (:Das Projekt eines Reichs-Concordats und die Wiener Konferenzen von 1803), Siegmund Schlossmann (:Das Kontrahieren mit offener Vollmacht). Kiel & Leipzig, Lipsius & Tischer, 1892; 4 Bl., 255 S., 1 Bl. 8.

—— zum Doctor-Jubiläum des Hrn. Geheimen Rates Professors Dr. Joh. Jul. Wilh. v. Planck in München. Überreicht von der rechts- und staatswissenschaftl. Facultät zu Strassburg. gr. 8. Strassburg 887, Trübner. *
Inhalt:
I. Schultze, von den prozessualischen Zeitbestimmungen, insbesondere den Fristen. (III, S. 1—82.)
II. Nisson, Adph., die Einziehung. (S. 83—113.)

—— zum Doctor-Jubiläum des Hrn. Geh.-R. Prof. Dr. Joh. Jul. Wilh. v. Planck von der Juristen-Facultät zu München überreicht. gr. 8. München 887, Kaiser. *
Inhalt:
Brinz, v., über den Einlassungszwang im römischen Recht. — Seydel, das Budgetrecht des bayerischen Landtages und das Verfassungs-Verständniss von 1843. — Sicherer, v., Secundogenitur und Primogenitur. — Lotmar, über Plus est in re, quam in existimatione und Plus est in opinione, quam in veritate. — Maurer, die Rechtsrichtung des älteren isländischen Rechtes. — Seuffert, zu L. 57 D. de legatis I. — Hellmann, über Missio in possessionem im römischen und heutigen Rechte. — Kleinfeller, deutsche Partikulargesetzgebung über Civilprozess seit Rezeption der fremden Rechte und bis zum Ausgang des 18. Jahrhunderts. — Bolgiano, zur Lehre von der Gewissensvertretung. — Harburger, die Theilnahme an dem Verbrechen aus § 159 R. St. G. B. durch Anstiftung oder Beihülfe. — Loewenfeld, Inästimabilität und Honorirung der artes liberales nach römischem Recht. (VII, 467 S.)

— zum Doctor-Jubiläum des Hrn. Prof. Dr. Leonhard v. Spengel, im Auftrage der Juristenfacultaet zu München überreicht von Alois Brinz u. Konrad Maurer, weil. Mitgliedern des philolog. Seminars zu München. gr. 8. München 877. Kaiser. n. 3. —
Studien über das sogenannte Christenrecht König Sverrir von Konr. Maurer. (V, 92 S.) — Zur Contravindication in der Legis actio sacramento von Alois Brinz. (S. 93—146.)

— zum Doctor-Jubiläum des Hrn. Geh. Justizrath Prof. Dr. Heinr. Thöl in Göttingen, überreicht von der rechts- u. staatswissenschaftlichen Fakultät zu Strassburg. gr. 8. Strassburg 879. Trübner. n. 3. 50
I. Die juristische Natur der Lebens- u. Rentenversicherung, von Paul Laband. (V u. S. 1—37.)
II. Zur Geschichte des Handelsrechts u. der Handelspolitik im Anfang der römischen Kaiserzeit, von F. P. Bremer. (S. 39—78.)
III. Zur Geschichte der Auffassung, von Rud. Sohm. (S. 79—118.)

—— zu Bernhard Windscheids 50jährigem Doctorjubiläum. Zwei Abhandlungen von Rud. Stammler und Thdr. Kipp. gr. 8. Halle 888, Niemeyer. *

Inhalt:
Abhandlg. 1. Stammler, Rud., über die Methode der geschichtlichen Rechtstheorie. (S. 1—63.)
» 2. Kipp, Thdr., Erörterungen zur Geschichte des römischen Civilprocesses und des Interdictum quorum bonorum. (S. 65—122.)

— zur Enthüllung d. Wiener Goethedenkmals. Mitstrebenden u. Freunden dargebracht vom Wiener Goethe-Verein. hoch 4. (56 S. m. Abbildgn. u. eingedr. u. 9 S. Fksms.) Wien 900. A. Hölder. n. 1. 80

Festgabe zur Enthüllung des Wiener Goethedenkmals. Mitstrebenden u. Freunden dargebr. v. Wiener Goethe-Ver. *Wien: A. Hölder 1900.* (56 S.) 4°
— Chronik d. Wiener Goethe-Vereins. Bd 14, No 9. [00 198]

Festgabe auf die Eröffnung des Schweizerischen Landesmuseums in Zürich am 25. Juni 1898. *Zürich: Polygraph. Inst. (1898).* (3 Bl., 234 S., 1 Bl., 2 Portr., 33 Taf. m. 31 Erl.-Bl.) 1 Bd 4. [98. 6338]

Angst, H.: Die Gründungsgeschichte d. Schweizerischen Landesmuseums. *Zürich 1898.*
in: Festgabe auf d. Eröffnung d. Schweizer. Landesmuseums in Zürich. [98. 8338]

Pestalozzi, H.: Der Bau d. Schweizerischen Landesmuseums. *Zürich 1898.*
in: Festgabe auf d. Eröffnung d. Schweizer. Landesmuseums in Zürich. [98. 8338]

Heierli, J[akob]: Die Chronologie in d. Urgeschichte d. Schweiz. *Zürich 1898.*
in: Festgabe auf d. Eröffnung d. Schweizer. Landesmuseums in Zürich. [98. 8338]

Ulrich, R.: Die Gräberfelder v. Molinazzo-Arbedo u. Castione. *Zürich 1898.*
in: Festgabe auf d. Eröffnung d. Schweizer. Landesmuseums in Zürich. [98. 8338]

Zemp, Josef: Die Backsteine v. S. Urban. *Zürich 1898.*
in: Festgabe auf d. Eröffnung d. Schweizer. Landesmuseums in Zürich. [98. 8338]

Rahn, J[ohann] R[udolf]: Über Flachschnitzereien in d. Schweiz. *Zürich 1898.*
in: Festgabe auf d. Eröffnung d. Schweizer. Landesmuseums in Zürich. [98. 8338]

Zeller-Werdmüller, H.: Zur Geschichte d. Zürcher Goldschmiede-Handwerkes. *Zürich 1898.*
in: Festgabe auf d. Eröffnung d. Schweizer. Landesmuseums in Zürich. [98. 8338]

— auf d. Eröffnung d. schweiz. Landesmuseums in Zürich a. 25. VI. 1898. gr. 4. (III, 234 S. m. Abb., 2 Grundrissen, 2 Bildn. u. 31 Taf.) Zürich 898. (C. Schmidt.) Geb in Leinw. n. 40. —

Festgabe auf die Eröffnung des historischen Museums von Uri [in Altdorf]. Vom Verein für Geschichte und Altertümer von Uri. 12. Juli 1906. [Illustriert.] 185 S. 8. Altdorf, Huber, 1906. [cart. fr. 4. —]

Darin S. 9—94: Liebenau, Th(eodor) von. Beiträge zur Historiographie im Lande Uri; *S. 95—127:* Loretz, Julius. Unsere Altertümer; *S. 129—167:* Muheim, Gustav. Der Bau des hist' Museums von Uri und verwandte Rückerinnerungen.

— zur Feier des 500jährigen Bestehens der Parchimer Schützengilde vom 20—24. VII. 1910. (Umschlag: Festbuch zur Feier des 500jähr. Jubelfestes der vereinten Parchimer Schützengilden vom 20—24. VII. 1910. 1410—1910.) (65 S. m. Abbildgn.) 8. Parchim 910. H. Wehdemann. — 75

Festgabe zur Feier des 25jährigen Bestehens des Architektenvereins der Technischen Hochschule zu Stuttgart. Veröff. von W Kick. (42 T) fol Stuttgart 1894

— zur Feier d. 70. Geburtstages d. Grossherzogs Friedrich v. Baden, dargebracht v. d. Mitgliedern d. jur. Fakultät d. Universität Heidelberg. gr. 8. (III, 371 S.) Heidelberg 896. G. Koester. n. 7. —; Einzelausgaben à n. 1. 20

Daraus einzeln:
Bekker, Ernst Imman., Recht muss doch Recht bleiben. (45 S.)
Buhl, Heinr., D. Schutz d. Eigentums an bewegl. Sachen. (50 S.)
Heinze, Rud., Universelle u. partikuläre Strafrechtspflege. (59 S.)
Jellinek, Geo., Ueber Staatsfragmente. (56 S.)
Karlowa, Otto, Intra pomoerium u. extra pomoerium. Ein Beitrag z. röm. Staatsrecht. (54 S.)
Meyer, Geo., D. Reichsgründg. u. d. Grossherzogt. Baden. (68 S.)
Schröder, Rich., Ueb. eigentüml. Formen d. Miteigentums i. deutschen u. französ. Recht. (43 S.)

—— zur Feier der Haupt-Versammlung des mecklenburg. patriotischen Vereins in Parchim vom 1. bis 4. Juni 1864. 16. (106 S. mit 2 Stnt. in qu. 8. und 4.) Parchim 864, (Wehdemann.) geb.

— zur Feier des 50. Jahrestages der Doktor-Promotion des Geheimen Rates Professor Dr. Ernst Immanuel Bekker. Dargebracht v. den Mitgliedern der jurist. Fakultät d. Universität Heidelberg gr. 8. (VIII, 191 S.) Berlin 899. O. Haering. n. 7. —

Fest-Gabe zur Feier der 22. Versammlung deutscher Land- und Forstwirthe. - Schwerin 1861. 281 S., 1 Kt.

— der juristischen Fakultät der vereinigten Friedrichs-Universität Halle-Wittenberg für Hermann Fitting zum 27. X. 1902. (V, 621 S.) gr. 8. Halle 903. M. Niemeyer. n. 18. —

Hieraus einzeln:
Brünneck, Wilh. v., die Verbindung des Kirchenpatronats mit dem Archidiakonat im norddeutschen, insonderheit mecklenburgisch-pommerschen Kirchenrecht des Mittelalters. (55 S.) n. 1. 80
Hollander, Heinr. v., über den animus im Recht des Besitzes der Römer. (42 S.) n. 1. 20
Lastig, G., der Gewerbetreibenden Eintragungspflicht zum Handelsregister u. Beitragspflicht zur Handelskammer u. Handwerkskammer. (95 S.) n. 3. —
Loening, Edg., die Gerichtsbarkeit üb. fremde Staaten u. Souveräne. (IV, 163 S.) n. 4. 80
Rehme, Paul, Geschichte des Münchener Grundbuches. (73 S.) n. 2. 40
Stammler Rud., zur Lehre v. der ungerechtfertigten Bereicherung nach dem bürgerl. Gesetzbuch. (38 S.) n. 1. 20
Stein, Frdr., über die Voraussetzungen des Rechtsschutzes, insbes. bei der Verurteilungsklage. (III, 161 S.) n. 4. 50

— enth. vornehmlich vorreformatorische Forschungen, Heinrich Finke zum 7. VIII. 1904 gewidmet von seinen Schülern Gottfr. Buschbell, M. Frhr. v. Droste, Max Geisberg, E. Göller, Nikol. Hilling, Engelb. Krebs, Florenz Landmann, Johs. Linneborn, C. Paulus, Heinr. Piggo, Karl Rieder, Jos. Schmidlin, L. Schmitz-Kallenberg, Fed. Schneider, C. Schuó. (XVI, 556 S. m. 3 Taf.) gr. 8. Münster 904. Aschendorff. n. 12. —

Festgabe an die Brüder Freimaurer von einem alten Freimaurer. [Als Ms. gedr. f. Brr. 2. Aufl.] Breslau o. J.: Grass, Barth & Co. 8 S. 8° [Kopftit.]
Gedicht: „Hingesunken in den Strom der Zeiten . . .“ 3.

Festgabe zu Friedrich Schiller's hundertjähriger Geburtsfeier . . . Bozen 1859. V: *Streiter, Joseph.* (margr)

Festgabe z. 100jähr. Geburtstage Kaiser Wilhelms d. Großen. 22. III. 1897. [Aus: „Edelsteine“.] gr. 8. (32 S. m. Abb. u. 1 Farbdr.) Heiligenstadt 897. F. W. Cordier. n. — 20

Festgabe zum 70. Geburtstag Sr. Durchlaucht d. Fürsten Otto v. Bismarck, Kanzler d. deutschen Reichs, Präsident d. preuß. Staatsministeriums ꝛc., dargebracht zum 1. Apr. 1885 v. e. Deutschen. 8. (8 S.) Weilburg 885. Appel. n. — 10

Festgabe der Juristischen Fakultät der Universität Basel zum siebzigsten Geburtstag von Andreas Heusler 30. September 1904. VI + 123 S. 8. Basel, Helbing & Lichtenhahn, 1904. [fr. 3. —]

— zur 17. Generalversammlung des Allg. Deutschen Frauenvereins in Nürnberg vom 21. bis 23. Oktbr. 1893. 8. (35 S.) Nürnberg 893. J. Ph. Raw. n. — 30

FESTGABE des Kirchengeschichtlichen Vereins für das Erzbistum Freiburg zur Generalversammlung des Gesamtvereins der Deutschen Geschichts- und Altertumsvereine zu Freiburg im Breisgau 1901. Aus dem „Freiburger Diöcesan-Archiv", Neue Folge, Bd. 2. (der ganzen Reihe Bd. 29.). Freiburg im Breisgau 1901. Herdersche Verlagshandlung. 8°.

FESTGABE, der Generalversammlung des Gesammtvereins der Deutschen Geschichts- und Alterthums-Vereine zu Mainz am 13. bis 16. September 1887 dargebracht von dem Verein zur Erforschung der rheinischen Geschichte u. Alterthümer. (Mit 7 Tafeln.) Mainz 1887. Druck von Philipp von Zabern. 8°.

— der Stadt Ilmenau zur XVII. Generalversammlung der Goethe-Gesellschaft 1902. (Hrsg. v. Paul Pasig.) gr. 8. (20 S.) Ilmenau (902). (A. Schröter. — P. Schulze). n.n. — 50

— f. die 49. Generalversammlung der Katholiken Deutschlands in Mannheim 1902. I. Kirchengeschichtl. üb. Mannheim v. Paul Feige. — II. Führer durch Mannheim. gr. 8. (124 u. 35 S. m. Abbildgn.) Mannheim 902. J. Gremm. n. 1. —; geb. in Leinw. n. 2. —

FESTGABE, dem Gesamtverein der deutschen Geschichts- und Alterthumsvereine gewidmet von der Gesellschaft für Erhaltung der geschichtlichen Denkmäler im Elsass, September 1899. (Mittheilungen der Gesellschaft, II. Folge, Bd. XX, 1. Lief.) Strassburg 1899. Strassburger Druckerei und Verlagsanstalt. gr. 8°.

Festgabe der juristischen Gesellschaft zu Berlin zum 50jährigen Dienstjubiläum ihres Vorsitzenden, des Wirkl. Geh. Rats Dr. Richard Koch. Nebst 1 Portr. *Berlin: O. Liebmann 1903.* (6, 446 S.) 8° [03. 15070

Festgabe der Berliner juristischen Fakultät für Otto Gierke zum Doktor-Jubiläum 21. August 1910. Bd 1–3. Breslau: Marcus 1910. 8°

1. Staatsrecht. Verwaltungsrecht. Kirchenrecht. Lehenrecht.
2. Privatrecht. Zivilprozessrecht.
3. Internat. Recht. Strafrecht. Rechtsvergleichung. [10. 17634

— der Berliner juristischen Fakultät f. Otto Gierke zum Doktor-Jubiläum 21. VIII. 1910. 3 Bde. (III, 379; III, 511 u. III, 363 S.) gr. 8. Breslau 910. M. & H. Marcus. 36. —

Hieraus einzeln:

Anschütz, Gerh., die Schulaufsicht u. die rechtliche Stellung der Volksschullehrer in Preussen. Eine Studie zum 23. Artikel der preuss. Verfassungsurkunde. (S. 200—214.) 1. —

Brunner, Heinr., Luft macht frei. Eine rechtsgeschichtl. Untersuchg. (S. 1—16.) 1.50. — Delaquis, Ernst, der Wahrheitsbeweis bei Beleidigungen. (S. 1—19.) — 80

Dickel, Karl, über das Hegerecht des Jagdberechtigten u. die Ersatzpflicht des Militärfiskus f. Schädigung der Jagd durch Truppenübungen. (IV, 158 S.) 5. —

Goldschmidt, James, Rechtsgrund u. Rechtsnatur der staatlich. Entschädigungspflicht gegenüber unschuldig Verhafteten u. Bestraften. (S. 109—153.) 1. 40

Hellwig, Konr., Prozesshandlung u. Rechtsgeschäft. (III, 71 S.) 2. 40

Kahl, Wilh., der Rechtsinhalt des Konkordienbuchs. (17 S.) 1. 50

Kaufmann, Wilh., staatliches deutsches Internationalprivatrecht u. völkerrechtlich. Internationalprivatrecht der Haager Verträge. (IV, 58 S.) 2. —

Kipp, Thdr., über den Begriff der Rechtsverletzung. (39 S.) 1. 20

Kohler, Jos., die Ausläufer der langobardischen Vadia im 15. Jahrh. (23 S.) — 80

Krauel, Rich., Preussen u. die Freiheit neutraler Güter auf feindlichen Schiffen. (18 S.) 80

Kübler, Bernh., das Utilitätsprinzip als Grund der Abstufung bei der Vertragshaftung im klassischen römischen Recht. (39 S.) 1. 20

Kuttner, Geo., das Verhältnis des Zivilprozesses zum Erbscheinverfahren. (72 S.) 2. 40

Liszt, Frz. v., das Wesen des völkerrechtlichen Staatenverbandes u. der internationale Prisenhof. (24 S.) — 80

Martitz, Ferd. v., der staatlich verliehene Ehrentitel. Ein Beitrag zur Lehre v. der Ehrenhoheit deutscher Landesherren. (S. 169—208.) 1. 20

Moeller, Ernst v., vom Rechte, das m. uns geboren ist. (23 S.) — 80

Neubecker, Frdr. Karl, Haftung f. Wort u. Werk. Eine rechtsvergleich. Skizze. (190 S.) 6.

Preuss, Hugo, die Lehre Gierkes u. das Problem der preussischen Verwaltungsreform. (58 S.) 2. —

Seckel, Emil, Quellenfunde zum lombardischen Lehenrecht insbesondere zu den Extravaganten-Sammlungen. (120 S.) 4. —

Seeler, Wilh. v., die Rechtsstellung des Jagdpächters bei Veräusserung des Grundstückes. (12 S.) — 60

Stölzel, Adf., die operis novi nunciatio als Keim der Hanauer Ganggerichte. (S. 303—341.) 1. 20

Wolff, Mart., über einige Grundbegriffe des Handelsrechts. (43 S.) 1. 40

Festgabe für Rudolf v. Gneist, zum 50jähr. Doctor-Jubiläum am 20. Novbr. 1888 dargebracht v. der jurist. Facultät der Universität Jena. gr. 8. (VII, 431 S.) Jena 888. Fischer. n. 9. —

Festgabe für Rudolf v. Gneist zum Doctor-Jubiläum am 20. Novbr. 1888. Gewidmet v. H. Brunner, E. Eck, L. Goldschmidt, O. Gradenwitz, B. Hübler, L. Jacobi, J. Kohler, A. Pernice, K. Zeumer. Lex.-8. (IV, 304 S.) Berlin 888. Springer. n. 8. —

Hieraus einzeln:

Brunner, H., u. K. Zeumer, die Constantinische Schenkungsurkunde. I. Das Constitutum Constantini. Von H. Brunner. II. Der älteste Text. Von K. Zeumer. Lex.-8. (IV, 60 S.) n. 2. —

Eck, Ernst, das gesetzliche Pfand- und Vorzugsrecht des Vermiethers in seiner Anwendbarkeit auf die unpfändbaren Sachen. Lex.-8. (II, 26 S.) n. 1. —

Goldschmidt, L., Studien zum Besitzrecht. Sklavenbesitz. Insbesondere: Tradition durch Urkunden. Possessio absentis. Verlust des Sklavenbesitzes. Lex.-8. (II, 35 S.) n. 1. 20

Gradenwitz, Otto, Zwangsvollstreckung u. Urtheilssicherung. Lex.-8. (II, 24 S.) n. 1. —

Hübler, Bernh., die religiöse Erziehung der Kinder aus gemischten Ehen im Gebiete des Preussischen Allgemeinen Landrechts. Lex.-8. (II, 30 S.) n. 1. —

Jacobi, L., über die Ersatzpflicht des Gläubigers aus unrechtmässiger Mobiliar-Zwangsvollstreckung. Lex.-8. (II, 43 S.) n. 1. 40

Kohler, Jos., über das Collationsrecht in den französischen Coutumes. Lex.-8. (II, 34 S.) n. 1. 20

Pernice, Alfr., formelle Gesetze im römischen Rechte. Lex.-8. (II, 35 S.) n. 1. 20

Festgabe zum 7. IX. 1910 v. Pet. P. Albert, Frz. Bastian, Thdr. Bitterauf u. a., hrsg. v. Max Jansen. Hermann Grauert z. Vollendg. d. 60. Lebensjahres gewidm. v. seinen Schülern. (VIII, 407 S. m. 1 Bildnis.) Lex. 8. Freiburg i/B. (910). Herder. 13.50; geb. in Leinw. 15. —

Grazer Festgabe zur 50. Versammlung deutscher Philologen und Schulmänner. Gr.-8°. (172 S.) K 3.—, kart. K 3.60
Graz: Leuschner & Lubensky 1909.

— f. Dr. Karl Güterbock, o. ö. Professor der Rechte zu Königsberg, Senior der Juristen-Fakultät, Vertreter der Universität im Herrenhause. Zur 80. Wiederkehr seines Geburtstages dargebracht v. früheren u. den gegenwärt. Angehörigen der Fakultät. (VIII, 640 S.) gr. 8. Berlin 910. F. Vahlen. 16.—; geb. n 19.

— der Kieler Juristen-Fakultät. ihrem hochverehrten Senior Dr. Albert Hänel dargebracht zum 50jähr. Doktor-Jubiläum am 28. XII. 1907. (V, 498 S.) gr. 8. Kiel 907. Lipsius & Tischer. 12. —

Hieraus einzeln:

Beseler, Gerh., Betrachtungen üb. das Recht der ehelichen Verwaltungsgemeinschaft. (16 S.) — 60

Frantz, Adph., das Projekt e. Reichskonkordats nach den Wiener Konferenzen 1804—1806. (57 S.) 1. 40

Kleinfeller, Geo., Beiträge zur Reform des Zivilprozesses. (66 S.) 1. 60

Kriegsmann, N. Herm., die Nichtigkeit des Strafurteils. (48 S.) 1. 20

Liepmann, Mor., der fahrlässige Falscheid des Zeugen. (45 S.) 1. 20

Maschke, Rich., aus dem Urteilsbuch des geistlichen Gerichts Augsburg. (37 S.) 1. —
Opet, Otto, zum Brautkauf nach altalamannischem Recht. (37 S.) 1. —
Pappenheim, Max, die Kaufmannseigenschaft des Kommanditisten. (33 S.) 1. —
Perels, Kurt. stellvertretende Bevollmächtigte zum Bundesrat. (28 S.) — 80
Schlossmann, Siegm., Willenserklärung u. Rechtsgeschäft. Kritisches u. Dogmengeschichtl. (84 S.) 2. 40
Weyl, Rich., der Fiskus im gegenwärtigen deutschen Privatrecht. (125 S.) 1. 20

— für Georg Hanssen zum 31. Mai 1889. Von A. Meitzen, K. Lamprecht, K. Th. v. Inama-Sternegg, L. Weiland, J. v. Keussler, W. Lexis, G. Drechsler, J. Conrad, F. Frensdorff. gr. 8. (320 S.) Tübingen 889. Laupp. n. 10. —

Festgabe (zur) Haupt-Versammlung (des) Deutschen Schul-Vereins in Klgft. am 28. Juni 1891. Klgft., v. Kleinmayr, (1891.) 40 S.

Festgabe für die dreizehnte Hauptversammlung des Allgemeinen Deutschen Sprachvereins zu Breslau. Den Vereinsmitgliedern u. Gästen gewidmet von d. Zweigverein Breslau. *Breslau: W. G. Korn 1903.* (82 S.) 8° [F.] [04. 13269]

Festgabe Karl Theodor v. Heigel zur Vollendung seines 60. Lebensjahres gewidmet v. Th. Bitterauf, P. Darmstaedter, M. Doeberl, R. Graf Du Moulin Eckart, S. Hellmann, M. Jansen, P. Joachimsen, K. F. Joetze, F. Kampers, Th. Frhr. v. Karg-Bebenburg, G. Leidinger, K. Lory, K. Mayr, G. Preuss, A. Rosenlehner, J. Schlecht, J. Schnitzer, G. Schroetter, I. Striedinger, J. Ziekursch. (IV, 524 S.) gr. 8. München 903. [C. Haushalter.] Th. Ackermann. n. 12. —

— für Dr. Bernhard Hübler, ordentlichen Professor der Rechte an der Universität Berlin, Geheimen Ober-Regierungsrat, Associé de l'institut de droit international usw., zum 70. Geburtstage am 25. V. 1905, überreicht von ehemaligen Schülern. (284 S.) gr. 8. Berlin 905. F. Vahlen. n. 7. —

Festgabe zur Hundertjahr-Feier der Einverleibung des Eichsfeldes in die Krone Preussens. Heiligenstadt, 2. u. 3. Aug. 1902. Allen lieben Landsleuten gewidmet von d. 'Eichsfeldia'. *(Heiligenstadt: F. W. Cordier 1902.)* (8 Bl.) 4° [Umschlagt. F.] [03. 8013]

Festgabe zur 60. Jahresversammlung ⟨Bern, 4./5. September 1905⟩. Der (*Umschlag:* Festgabe, der) Allgemeinen Geschichtforschenden Gesellschaft der Schweiz dargeboten vom Historischen Verein des Kantons Bern. [Mit Illustrationen, 5 Tafeln und 1 Stammtafel.] IV + 382 S. 8. Bern, Gustav Grunau, 1905. (Lpz.: Beck)

Festgabe zur Jahrhundertfeier des Polytechnischen Zentralvereins für Unterfranken und Aschaffenburg zu Würzburg 1806-1906. (111 S 1 T) 4° Würzburg 1906

— s.: Jhering, R. v.

Festgabe Rudolf v. **Jhering** zum 6. Aug. 1892 gewidmet von der Giessener Juristischen Facultät. Leipzig 1892.
Kretschmar, Gust.: Erbrechtl. Compensationen
Jörs, Paul: Untersuchungen zur Gerichtsverfassung der römischen Kaiserzeit.

—— Rud. von **Jhering** zum 6. Aug. 1892 gewidmet von der **Giessener** jurist. Facultät. gr. 8. (IV, 108, 72 S.) Lpz. 892, Hirschfeld. * 4 20

Festgabe an Rudolf v. **Jhering** zum Doctorjubiläum. Leipzig 1892.

s. **Bekker**, Ernst Imm.: Ernst und Scherz über unsere Wissenschaft.

—— Rudolf v. **Jhering** zu seinem Doctor-Jubiläum überreicht von der rechts- u. staatswissenschaftl. Fakultät zu **Strassburg**. 8. Strassb. i. E. 892, Trübner, Verlag. * 3 50
1. **Lenel**, Otto. Das Sabinussystem.
2. **Merkel**, A. Vergeltungsidee u. Zweckgedanke im Strafrecht. Zur Beleuchtg. der „neuen Horizonte" in der Strafrechtswissenschaft. (175 S.)

Festgabe der Göttinger Juristen-Fakultät für Rudolf v. **Jhering** zum fünfzigjährigen Doktor-Jubiläum am 6. Aug. 1892. Leipzig 1892.
Ehrenberg, Vict.: Die Verantwortlichkeit der Versicherungsgesellschaften für ihre Agenten.
Regelsberger, Ferd.: Streifzüge im Gebiete des Civilrechts.
Merkel, Joh.: Ueber die sog. Sepulcralmulten.
Frensdorff, Ferd.: Die Aufnahme des allgemeinen Wahlrechts in das öffentliche Recht Deutschlands.

—— der **Göttinger** Juristenfacultät für Rudolf v. **Jhering** zum 50jähr. Doktor-Jubiläum am 6. Aug. 1892. Lex.-8. (V, 210 S.) Lpz. 892, A. Deichert Nachf. * 4 50

מנחת הערב od. מחזור Festgabe d. Israeliten f. d. ganze Jahr. Neu übersetzt v. Fürstenthal u. Cunow. 5 Bde. 4. Ausg. gr. 8. (... B.) Krotoschin 845, Menasch u. Sohn.

— zur Jubelfeier des 75jähr. Bestehens des Buchhandlungs-Gehilfen-Vereins zu Leipzig. Gewidmet v. deutschen Autoren u. Künstlern. (IV, 108 S. m. 2 Taf. u. 2 fksm. Notentaf.) 8. Leipzig 908. Buchhandlungs-Gehilfen-Verein. Geb. in Leinw. 1. 50

—— zur 25jährigen Jubelfeier des **Gustav-Adolph-Vereins** zu Reichenbach i. Schl., am 11. Aug. 1880. [Altarrede von Lauterbach. Festpredigt von Decke zu Breslau.] gr. 8. (22 S.) Reichenbach i. Schl., 880, (Hoefer.) **

Festgabe zur hundertjährigen Jubelfeier der Loge zur Einigkeit im Or. von Danzig am 30. Juni 1889. Danzig [1889]: Sauer. 87 S. 1 Taf. 4° [Lithogr., kol.] [Umschlagtit.:] Loge zur Einigkeit. Or. Danzig. 1789—1889.
Enth. die Gesch. der Logen „Zum Kranich" u. „Zur Einigkeit" bis zum Jahre 1799 von **Stobbe** u. die fernere Entwicklung der Loge „Zur Einigkeit" von **Scherler** u. in der Beil.: Verzeichn. der Beamten der Loge von 1789—1899. 23. 25

— der deutschen Juristen-Zeitung zum 500jähr. Jubiläum der Universität **Leipzig**. Hrsg. v. Otto Liebmann. (Nr. 15 u. 16 der deutschen Juristenzeitg.) (XVI, 200 Sp. m. Abbildgn.) 32,5 × 25 cm. Berlin 909. O. Liebmann. Geb. in Leinw. 5. —

Festgabe zum 100jährigen Jubiläum des Schottengymnasiums gewidmet von ehemaligen Schottenschülern. (Hrsg.: Heinrich R^r v. Wittek.) Wien: W. Braumüller 1907. (406 S.) 4°(8°) [08. 9450]

Festgabe zum Jubiläum des Künstlerinnen-Vereins. München 1882—1907. [München 1907.] V: *Freund, Anna.* (Hdschr. Mitth. von Friedrich Müller, München.)

Festgabe zum Jubiläum der 40jährigen Regierung Sr. königl. Hoh. des Grossherzogs **Friedrich** v. **Baden**, in Ehrfurcht dargebracht v. der techn. Hochschule in Karlsruhe. gr. 4. (XCII, 374 S. m. Abbildgn. u. vielen Taf.) Karlsruhe 892. (Frankf. a. M., Baer u. Comp.) cart. * 40 —

Festgabe für d. leselustige Jugend, s. Lesebuch f. Volksschulen, 1r Thl.

Festgabe für Sachsens Jugend zum 18. Juni 1878. Herausgegeben vom Vorstande des Sächsischen Pestalozzivereins. Dresden [1878]. *Petermann, Karl.* (Bem I, 1, S. 512)

— für die vaterländische Jugend. Dargeboten vom Glarner Kantonal Lehrerverein. 1. u. 2. Jahrg. Chur 860, 61. (Grubenmann. 8. (40 S.; 32 S. m. Holzschn.) Jeder Jahrg. n. 2 ngr.

—— für die vaterländische Jugend. Dargeboten vom glarner Kantonal-Lehrerverein. 1. Jahrg. (40 S. mit eingedr. Holzschn. und 2 Stnt.) 1860. und 2. Jahrg. 8. (32 S. mit eingedr. Holzschn.) Chur 861, [Gsell.] à Jahrg. * 2 Ngr. *

— zum 21. VII. 1905, Anton Hagedorn Dr., Senatssekretär u. Vorstand des Archivs der freien u. Hansestadt Hamburg gewidmet. (III, 133 S.) gr. 8. Hamburg 906. L. Voss. n. 3. 20

Hieraus einzeln:

Becker, Wilh., zur Geschichte des Rödingsmarkts in Hamburg. (S. 117—133.) n. — 80

Joachim, Herm., Gilde u. Stadtgemeinde in Freiburg i. B. Zugleich e. Beitrag zur Rechts- u. Verfassungsgeschichte dieser Stadt. (S. 27—114.) n. 2. 50

Nirrnheim, Hans, über die Verehrung des hl. Theobald (Euwald) in Hamburg. (S. 3—24.) n. 1. —

Festgabe auf den 21. und 22. Juni 1853 in Bern . . . Bern 1853. H: *Henne, Jos. Ant.* (Ky)

--- auf den 21. und 22. Juni 1853 in Bern. Herausg. vom Literarischen Verein in Bern (durch A. Henne). Bern 853. Blom in Comm. 8. (IV, 84 S.), n. 8 ngl

Festgabe dem 26. Deutschen Juristentage in Berlin am 10. bis 12. Sept. 1902 gewidmet vom Verlage der Deutschen Juristen-Zeitung Otto Liebmann, Verlagsbuchh. (Hrsg.: Justizr. Dr. Hermann Staub) *Berlin: O. Liebmann (1902).* (63 S.) 4°

Festgabe zum 25. Deutschen Juristentage. Überreicht vom Kieler Ortsausschuß. Berlin, 1906. 256 S.

Festgabe, dem Schweizer Juristenverein bei seiner 46. Jahresversammlung, 28. und 29. September 1908 in Zürich, überreicht von der rechts- und staatswissenschaftlichen Fakultät der Universität Zürich. IV+285 S. 8. Zürich, Schultheß & Co., 1908. [fr. 8.—]

Festgabe für Kinder in Erzählungen und Gedichten, ausgewählt und bearb. von St.... gr. 12. (72 S.) Elberfeld 849, (Schmachtenberg.) *

Festgabe zur hundertjährigen Kirchweihfeier der Gemeinde Oberrieden. Zürich 1861. V: *Hirzel, Wilh.* (Cat. d. Stadtbibl. Zürich. Zürich 1864—97.)

Alois Knöpfler zur Vollendung des 60. Lebensjahres gewidmet v. A. Biglmair, S. Euringer, J. Greving, K. Holzhey, J. Hürbin, R. Jud, A. Kempfler, A. M. Königer, G. Pfeilschifter, Th. Schermann, J. Schnitzer, A. Seider, J. Sickenberger, F. X. Thalhofer, H. Vogels, M. Weiss, F. Wieland, s. Veröffentlichungen aus dem kirchenhistor. Seminar München. III, 1.

Festgabe, Alois Knöpfler zur Vollendung des 60. Lebensjahres gewidmet von A(ndreas) Biglmair (vielm. Bigelmair) [u. a.]. München: J. J. Lentner 1907. (VIII, 348 S.) 8°
— Veröffentlichungen aus d. kirchenhist. Seminar, München. Reihe 3. No 1. [07. 1157]

Festgabe für Josef Kohler zum 60. Geburtstage zugeeignet von deutschen Praktikern. Berlin 1909.
s. Studien zur Förderung des gewerblichen Rechtsschutzes.

—— zur Consecration des hochwürdigsten Herrn Johann Heinrich, Bischofs von Osnabrück, am 18. Octbr. 1866. gr. 8. (8 S. mit 1 Holzschntaf.) Osnabrück 866, Overwetter.

Festgabe für Burkard Wilhelm Leist zum fünfzigjährigen Doktor-Jubiläum am 17. Mai 1891 dargebracht von der juristischen Fakultät der Universität Jena. Jena, Frommannsche Buchdr., 1891; VII, 206 S. 8°
(Nicht für den Austausch

Festgabe für die Leser und Freunde der Niederrheinischen Volkszeitung. Krefeld: J. B. Klein (1899). (34 S.) 8°

Zum 28. Jan. 1883. Festgabe der Basler Loge zur „Freundschaft und Beständigkeit" bei Anlass der Feier ihres 75-jährigen Bestandes. Bern 1883: Haller. 54 S. 8°
Aus: Al. 9 (1883) S. 17—54, 65—71.
Recens: FZ. 37 (1883) S. 92—93 (K. Pilz).
Tt. 503. Enth. (S. 3—34) Gesch. der Loge von B. Ecklin, Biogr. des Br. W. Wackernagel, Gedichte. 193. 358.

(14. internat. Kongress f. Hygiene u. Demographie, 1907.) **Festgabe** gewidmet den Mitgliedern des 14. Internationalen Kongresses für Hygiene und Demographie von der Stadt Berlin. (Berlin: E. Wasmuth 1907.) (116 S.) 4° [07. 14893]

—— für die Mitglieder der 11. Versammlung deutscher Land- und Forstwirthe. Beiträge zur land- und forstwirthschaftl. Statistik der Herzogthümer Schleswig und Holstein, gesammelt vom Vorstande der 11. Versammlung deutscher Land- und Forstwirthe, Ernst Reventlow-Farve und H. A. v. Warnstedt. (2. Abdr.) Lex.-8. (VIII und 418 S. mit einem lithochrom. Titel, 27 theils ill. Stnt. und 1 lithogr. und ill. Karte.) Altona 817. (Kiel, Schröder und Comp.) *

— s.: Müller, Otto.

Festgabe der Leipziger Juristenfakultät für Dr. jur. Otto Müller zum 14. Mai 1892. [I.] Die indirekte Vermögensleistung von Bernhard Windscheid. [II.] Der Gesammtakt, ein neuer Rechtsbegriff, von Johannes Emil Kuntze. Leipzig, Veit & C., 1892; VI S., 1 Bl., 87 S. 8.
(Nicht für den Austausch)

—— der allgemeinen Musikgesellschaft in Zürich zum Jubiläum des 25jähr. Kapellmeisteramtes des Herrn Dr. Friedr. Hegar in Zürich. gr. 8. Zür. 890, Schultheß. 1 20
Schneider, Alb. Zur Geschichte der Flöte im Alterthum. (66 S.)

Festgabe, Ferdinand Regelsberger zu seinem Doktor-Jubiläum überreicht von der rechts- und staatswissenschaftlichen Fakultät der Universität Zürich. Inhalt: 1. H[ermann] F[erdinand] Hitzig: Altgriechische Staatsverträge über Rechtshilfe; 2. F[riedrich] Meili: Moderne Staatsverträge über das internationale Konkursrecht. IV + 70 + 123 S. 8. Zürich, Orell Füssli, 1907. [fr. 7.—]

Festgabe der Göttinger Juristen-Fakultät für Ferdinand Regelsberger zum siebzigsten Geburtstage am 10. Sept. 1901. *Leipzig: Duncker & Humblot 1901.* (VII, 443 S.) 8° [01. 10315]

Festgabe zum fünfundzwanzigjährigen Regierungs-Jubiläum S. M. des Königs Karl von Württemberg in Ehrfurcht dargebracht von der Universität Tübingen [Inhaltsübersicht:

Die naturw. u. med. Fakultät: Die unter der Regierung S. M. des Königs Karl an der Universität Tübingen errichteten und erweiterten naturwissenschaftlichen und medizinischen Institute.

Die ev.-theol. Fakultät: Ueber einige Darstellungen der christlichen Sittenlehre durch württembergische evangelische Theologen. Von D Robert Kübel, Prof. d. ev. Theol.

Die kath.-theol. Fakultät: Die katholische Landesuniversität in Ellwangen und ihre Verlegung nach Tübingen. Von Dr. F. X. Funk, Prof. d. kath. Theol.

Die jur. Fakultät: Der Felonie-Prozess gegen Herzog Ulrich von Württemberg. Von Dr. H. von Seeger, Prof. d. Rechte.

Die philos. Fakultät: Klassizismus und Romantik in Schwaben zu Anfang unseres Jahrhunderts. Von Dr. Hermann Fischer, Prof. d. germ. Philol.

Die staatsw. Fakultät: Die Verträge des Königreichs Württemberg über internationale Rechtshilfe. Von F. von Martitz, Dr. jur.

Festgabe zum fünfundzwanzigjährigen Regierungs-Jubiläum des Königs Karl von Württemberg dargebracht von der Universität Tübingen. (Mit Abbild.) Tübingen: Laupp 1889. (2 .) 4°.
1: Die unter der Regierung Sr. Maj. an der Univ. errichteten Institute der naturwissenschaftl. u. der medizin. Fakultät.
2: Kübel, R.: Einige Darstellungen der christl. Sittenlehre.
3: Funk, Franz X.: Die kathol. Landesuniversität in Ellwangen.
4: Seeger, Herm. v.: Felonieprozess gg. H. Ulrich v. W.
5: Fischer, Herm.: Klassizismus u. Romantik in Schwaben.
6: Martitz, F. v.: Verträge des Kgr. Württemberg über internationale Rechtshilfe.

— zur 3. Säcularfeier der Julius-Maximilians-Universität zu Würzburg, dargebracht von V. Gramich, H. Haupt, K. K. Müller, Beamten der k. Universitäts-Bibliothek. gr. 8. (III, 184 S.) Würzburg 882. Stuber's Verl. n. 5. —

Festgabe für die erste Säcularfeier der St. Joh. Loge „Der Pilger" Nr. 238 gehalten in Freemasons Hall im Or. zu London am 1. October 1879. London. Druck v. Siegle. 1879. 8. Tit. 52 S.

— zur Säcular-Feier der Universität Göttingen. (Gedichte.) 8. Göttingen 837. Deuerlich. n. 1/3 ℔

[Festgabe.] Der St. Johannis-Freimaurerloge Zu den drei Degen im Or. von Halle an ihrem hundertjährigen Jubelfeste dargebr. von den Brüdern der St. Johannis-Freimaurerloge Balduin zur Linde im Or. von Leipzig. $\frac{1743}{1843}$ Leipzig 1843: Teubner. 1 Bl. 41×51 cm.
Verzeichn. der deutschen Grlogen u. Logen mit Angabe des Gründungsjahres u. der Grloge, unter der letztere arbeiten.

Festgabe Friedrich Carl v. **Savigny** als das sechzigste Jahr nach empfangener Doctorwürde sich ihm erfüllte . . . zugeeignet. Berlin 1860.
s. **Homeyer**, Gust.: Die Stellung des Sachsenspiegels zur Parentelenordnung.

Festgabe dem Fürsten Deutscher Rechtslehrer Friedrich Carl v. **Savigny** zur Jubelfeier des 31. Okt. 1850 überreicht. Bonn 1850.
s. **Bethmann-Hollweg**, M. A. v.: Ueber die Germanen vor der Völkerwanderung.

— zur Münchener Schillerfeier 1905, gewidmet von Münchener Bürgern. Sieben Theaterzettel der ältesten nachweisbaren Aufführgn. v. Schillers Jugenddramen in München beim Faberbräu in der Sendlingergasse. Hrsg. v. Karl Trautmann. (7 Bl. in Fksm. u. 2 Bl. Text.) gr. 4. München (905). (C. A. Seyfried & Co.) n. 1.—

— der juristischen **Fakultät** zu **Königsberg** f. ihren Senior Johann Theodor **Schirmer** zum 1. VIII. 1900. gr. 8. (VII, 179 S.) Königsberg 900. Hartung. n. 4.—
Hieraus einzeln:
Blume, Wilh. v., das Recht der Anlieger an öffentlichen Strassen. (32 S.) n. 1.—
Gareis, Karl, das Recht am menschlichen Körper. Eine privatrechtl. Studie. (42 S.) n. 1.60
Gradenwitz, Otto, Natur u. Sklave bei der Naturalis obligatio. (43 S.) n. 1.60
Güterbock, Karl, Römisch-Armenien u. die römischen Satrapieen. im 4. bis 6. Jahrh. Eine rechtsgeschichtliche Studie. (58 S.) n. 2.—

Festgabe für Johann Friedrich Ritter von **Schulte**, überreicht von der rechts- und staatswiss. Fakultät der Universität Würzburg. Stuttgart 1901.
s. **Meurer**, Chr.: Die juristischen Personen nach Deutschem Reichsrecht.

Festgabe zum 7. September 1910. Von Peter P. Albert, Franz Bastian ... hrsg. von Dr. Max Jansen. Prof. Hermann Grauert z. Vollendung d. 60. Lebensjahres gewidmet von s. Schülern. Mit 1 Bildn. Freiburg i. Br.: Herder 1910. VIII, 407 S. 4°(8°) [10. 15061

German Bapt Ch, Dayton. Fest-Gabe z 10. Sitzung d Cent-Conf der dten Baptisten ... 18. Sept 1890. Dayton, 1890.

Festgabe zur fünfundzwanzigjährigen Stiftungsfeier des Forstvermessungsvereins 1867. - Leipzig 1867. 42 S.

FESTGABE zur zweihundertjährigen Stiftungsfeier des Pegnesischen Blumenordens. Nürnberg. 1844. Bauer und Raspe. (Julius Merz.) 8o.

Eine **Festgabe** zum 125. Stiftungstage der Loge Amalia zu Weimar, 24. Okt. 1889. Weimar 1889: [Hofbuchdr.]. 69 S. 8° [Umschlagtit.]
(Frm.-Analekten 13.)
3 Gedächtnisreden, 1 Brief üb. Johnson. 23.

— f. Franz **Susemihl**. Zur Geschichte griech. Wissenschaft u. Dichtg. gr. 8. (V, 93 S.) Leipzig 898. B. G. Teubner. n. 3.—

Festgabe gewidmet den Theilnehmern an der 20. Wanderversammlung bayrischer Landwirthe. Bayreuth 1878. ? V od. H: *May*, *Heuschmid*, *Casselmann*. (Hdschr. Mitth. von Friedrich Müller, München.)

Fest-Gabe, gewidmet den Theilnehmern an der 20. Wanderversammlung bayrischer Landwirthe. Bayreuth, 1878. Druck von Th. Burger. 8°. Cart.
2 Bll., 138 S., 1 Bll. Titel roth u. schwarz gedr.

Festgabe der Tübinger Juristenfakultät für Friedrich von **Thudichum** zum 50jährigen Doktorjubiläum, 19. Aug. 1907. Tübingen: H. Laupp 1907. (230 S.) 8° [08. 2331

Festgabe zum 10. Verbandtag des Mitteldeutschen Gastwirte-Verbandes 11.–13. Mai 1903 zu Hersfeld. Hersfeld 1903: E. Hoehl. (90 S.) 8° [03. 3034 4

FESTGABE DES VEREINS FÜR CHRISTLICHE KUNST IN MÜNCHEN. Zur Erinnerung an das 50jähr. Jubiläum den Ehrenmitgliedern, Mitgliedern und Gönnern gewidmet. (Mit Tafeln und Abbildungen.) München 1910. In Kommission bei der J. J. Lentner'schen Hofbuchhandlung (E. Stahl) in München. 8°. 17[illegible]

Festgabe des Vereins für Landeskunde von Niederösterreich. Aus Anlass des fünfundzwanzigjährigen Jubiläums 1864—1889. 8. Wien 1890.

Festgabe zur hohen Vermählungs-Feier der . . . Princessin Alexandrine von Baden . . . dargebracht . . . Freiburg i. B. 1842. V: *Schreiber*, *H.* (BrMm)

Festgabe zur 38. Allgemeinen Versammlung der Deutschen Anthropologischen Gesellschaft v. 4.–8. Aug. (1906) in Strassburg. Überreicht von d. Gesellsch. f. lothr. Geschichte u. Altertumskunde in Metz. (Metz: G. Skriba 1906.) (655 S.) 4°(8°)
— **Jahrbuch** d. Gesellschaft f. lothring. Geschichte u. Altertumskunde. Jg. 18. [08. 2331 2

Festgabe zur Versammlung deutscher Historiker in München, Ostern 1893. *Freiburg i. B. & Leipzig: J. C. B. Mohr* 1893. (XX, 104, 36 S.) 1 Bds.
= Zeitschrift, Deutsche, f. Geschichtswissenschaft. 1893. (Sonderheft.) [96. 2375

— des **Wagner-Vereins** Berlin zur Feier des 25jähr. Bestehens der Bayreuther Festspiele. gr. 8. (32 S.) Berlin (901). P. Thelen. n. —60

— an Karl **Weinhold**. Ihrem Ehrenmitgliede z. s. 50jähr. Doctorjubiläum dargebracht v. d. Gesellschaft f. deutsche Philologie in Berlin. gr. 8. (III, 135 S.) Leipzig 896. O. R. Reisland. n. 2.40

— aus Schillers Werken. Zum 9. V. 1905. (160 S.) 4. Berlin (905). H. Hillger. n. —35

Bremen, Deutsche Gesellschaft zur Rettung Schiffbrüchiger, 1865—90. Festgabe zur 25. Wiederkehr des Gründungstages. Bremen.

— der Rechtsanwaltschaft des Kammergerichts f. den Geheimen Justizrath Dr. Richard **Wilke** zum 11. IX. MDCCCC. Juristische Abhandlgn. v. Rich. Alexander-Katz, Wilh. Benedict, Frz. Fischer, Eug. Fuchs, Sam. Goldmann, Hugo Heinemann, Emil Koffka, Alfr. Korn, Thdr. Lesse, Hugo Neumann, Jos. Perl, Phpp. I. Salomon, Herm. Veit Simon, Mor. Stranz, Eug. N. Wolff. gr. 8. (VIII, 349 S.) Berlin 900. F. Vahlen n. 7.50; geb. n.n 9.—

—— d. Rostocker Juristenfacultat an B. Windscheid, s. Oetker, Friedr.

—— der Leipziger Juristenfakultät für Dr. Bernhard Windscheid zum 22. Dezbr. 1888. gr. 8. Leipzig 888, Duncker und Humblot. *

Inhalt:

Binding, K., die Gründung des Norddeutschen Bundes. Ein Beitrag zur Lehre von der Staatenschöpfung. — Wach, Ad., der Feststellungsanspruch. Ein Beitrag zur Lehre vom Rechtsschutzanspruch. — Sohm, Rud., die deutsche Genossenschaft.

Vgl.: Festschrift zum Doctor-Jubiläum des Hrn. rc. Windscheid.

Festgabe der Wochenschrift für deutsche Bahnmeister. Zur Feier ihres 25jährigen Bestehens, 1884, 6. April, 1909. (Berlin: Elsner 1909.) 8, 144 S. 4° [09. 6073

Festgaben dargebracht von Brüdern der Loge zur aufgehenden Morgenröthe im Or. zu Frankfurt a./M. zur Feier ihres 25 jährigen Jubiläums 1833. [Als Ms. gedr. f. Brr.] [Frankfurt a. M. 1833: Andreä.] VI, 160 S. 5 Taf. 4⁰
Kl. 1247. 25.

Festgaben z. Ehren Max Büdinger's v. s. Freunden u. Schülern. gr. 8. (VI, 469 S. m. Bildnis.) Innsbruck 898. Wagner. n. 12. —

Festgaben für August Wilh. Heffter zum 3. August 1873 von Ludw. Heydemann, Paul Hinschius, Jul. Baron, Heinr. Dernburg, Heinr. Brunner, Jac. Behrend. 4. (194 S.) Berlin 873, Weidmann'sche Buchh. *

Inhalt:

Hinschius, zur Geschichte der Incorporation und des Patronatrechtes.
Baron, zur Legisactio per judicis arbitrive postulationem und per condictionem.
Behrend, zum Prozess der Lex salica.
Dernburg, Untersuchungen über das Alter der einzelnen Satzungen des prätorischen Edicts.
Brunner, das Gerichtszeugniss und die fränkische Königsurkunde.
Heydemann, der internationale Schutz des Autorrechts.

—— für Gustav Homeyer zum 28. Juli 1871 von Geo. Beseler, Mor. Haupt, Thdr. Mommsen und Karl Müllenhoff. 4. (147 S.) Berlin 871, Weidmann'sche Buchh. (*ℳ 5.) *

Inhalt:

Beseler, Geo., über die Gesetzeskraft der Capitularien.
Haupt, Mor., Moritz von Craon.
Mommsen, Thdr., die echte und die falsche Acca Larentia.
Müllenhoff, Karl, über den Schwerttanz.

Festgaben der juristischen Facultät zu Marburg zur 50jähr. Jubelfeier der Doctor-Promotion Sr. Exc. d. grossherzogl. Mecklenburgischen wirkl. Geh.-Rath Georg Wilh. Wetzell. gr. 8. (VII, 380 S.) Marburg i/H. 890. Elwert's Verl. n. 8. —

Festgaben zum 25jährigen Jubiläum des Gymnasiums und Realgymnasiums zu Landsberg a. W., dargebracht von ehemal. Lehrern und Schülern. 4. (III, 70 S. mit eingedr. Holzschn., 2 Holzschntaf. und 3 Lichtdr.) Landsberg a. W. 884, Schaeffer und Comp. *

— zum Wittelsbacher Jubiläum. Wissenschaftliche Abhandlungen zur bayerischen Landes- u. Specialgeschichte von mehreren Geschichtsfreunden. 1. Bd. 1. u. 2. Hft. gr. 8. (230 S.) Donauwörth 880. 81. Buchhandlung des katholischen Erziehungsvereins. à 1. 50

Festgaben, juristische, f. Rud. v. Jhering. Zum 50jährigen Doktorjubiläum gewidmet von der Rostocker Juristenfakultät am 6. Aug. 1892. gr. 8. (IV, 221 S.) Stuttg. 892, Enke. * 7 —

Festgaben f. Wilhelm Lexis, zur 70. Wiederkehr seines Geburtstages dargebracht v. G. Adler, O. Arendt, L. v. Bortkiewicz, M. Kandt, A. Manes, G. Mayer, C. Neuburg, W. Stieda. (V, 368 S.) Lex. 8. Jena 907. G. Fischer. — 15

Festgaben, litterarische. Ein Weihnachtskatalog. Hrsg. v. Rud. Heinr. Greinz. 12. (IV, 113 S.) Leipzig 895. H. Haessel. — 30

— — f. d. Offizier. Verzeichn. ausgew., empfehlenswerther Festgeschenke f. d. Offizier u. s. Haus. 2. Jahrg. gr. 16. (II, 49 S.) Berlin 897. Militär-Verlagsanstalt. n. — 70

Festgaben, literarische, f. den Offizier. Verzeichniß ausgewählter, empfehlenswerther Festgeschenke f. d. Offizier u. sein Haus. 4. Jahrg. gr. 16. (92 S.) Berlin, Militär-Verlagsanstalt. n. — 70

Festgaben f. Friedrich Julius Neumann zur 70. Wiederkehr seines Geburtstages. (III, 403 S.) gr. 8. Tübingen 905. H. Laupp. n. 11. —

Hieraus einzeln:

Bergmann, Eug. v., zur sozialen Bedeutung des bäuerlichen Kredits in Russland. (S. 179—231.) n. 1. 50
Grabein, Max, die soziale Bedeutung der deutschen ländlichen Genossenschaften. (IV u. S. 77—123.) n. 1. 50
Harms, Bernh., die örtliche Herkunft der evangel. u. kathol. Geistlichen in Württemberg. (S. 357—403.) n. 1. 50
Huber, F. C., die Rettung des Mittelstandes. (S. 321—356.) n. 1. 20
Schomerus, Frdr., Neben- u. Folgewirkungen der englischen Gewerkschaften. (S. 271—309.) n. 1. 20
Seutemann, Karl, die Preise in der Städtestatistik. (S. 145—160.) n. — 60
Spann, Othmar, zur Logik der sozialwissenschaftlichen Begriffsbildung. (S. 161—178.) n. — 60
Tobien, Alex., die Bauernbefreiung in Livland. (S. 1—45.) n. 1. 50
Traub, Arbeit u. Arbeiterorganisation. (S. 125—143.) n. — 60
Vosberg-Rekow, Zusammenhang u. Einheit der geistigen u. wirtschaftlichen Arbeit. (S. 233—269.) n. 1. 20
Zwiedineck-Südenhorst, Otto v., über Gebürtigkeit u. Wanderungen in Baden. (S. 47—76.) n. 1. —

— f. Albert Schäffle zur 70. Wiederkehr seines Geburtstages am 24. II. 1901, dargebracht v. K. Bücher, K. V. Fricker, F. X. Funk, G. v. Mandry, G. v. Mayr, F. Ratzel. Mit 1 Bildniß in Heliograv. gr. 8. (VIII, 390 S.) Tübingen 901. H. Laupp. n. 11. —

Festgaben aus dem Stuttgarter Verlag. Weihnachten 1882. Fol. (91 S. mit eingedr. Holzschn., Holzschntaf., Kpfrst., Lichtdr. u. Chromolith.) Stuttgart 882. Kröner in Comm. n.n. 1. —

— f. Adolph Wagner zur 70. Wiederkehr seines Geburtstages. In Dankbarkeit u. Verehrg. dargebracht v. Geo. Adler, Rodolfo Benini, Constantino Bresciani, Vito Cusumano, Heinr. Dietzel, Carlo F. Ferraris, Augusto Graziani, Mich. Hainisch, W. Hasbach, M. v. Heckel, Wilh. Kähler, Fedele Lampertico, Achille Loria, Karl Oldenberg, Karl Rathgen, Arth. Spiethoff, Camillo Supino, Ferd. Tönnies. (VII, 843 S.) 4. Leipzig 905. C. F. Winter. n. 24. —

Festge, Carl Alfred: Die rechtliche Natur des Genußscheins im Aktienrecht. Leipzig: Wigand 1909. 68 S. 8°
Leipzig, Jur. Diss. v. 9. Okt. 1909
[Geb. 16. Okt. 83 Riethnordhausen; Wohnort: Riethnordhausen; Staatsangeh.: Sachsen-Weimar; Vorbildung: Auguste-Viktoria-Gymn. Posen Reife O. 05; Studium: Göttingen 3, Berlin 1, Jena 2 S.; Rig. 22. Mai 09.] [U 10. 2695

Festgebete mit dem Anhang eines Vaters-Unser. 8. (89 S. und 1 Stnt.) Neusalza 848. Löbau, Breyer.
Aus: Der Andachts-Kranz rc., besonders abgedruckt.

Festgebete, Christliche, für die Kirchen des Kantons Schaffhausen. [Schaffhausen] 1806. V: *Habicht, Melchior.* (ZuwZür) (CLZür Forts. III)

מחזור מנחה חדשה oder Festgebete der Israeliten für das ganze Jahr. Neu übers. von Fürstenthal u. Cunow. 4. Bd. Gebete für das Peßachfest. 4. Ausg. gr. 8. Krotoschin 845, Monasch u. Sohn. pro 5 Bde. $3^1/_3$ ₰

מחזור למועדי אל Festgebete der Israeliten nach der gottesdienstlichen Ordnung im israelitischen Bethause zu Wien u. in mehreren anderen Gemeinden. Mit e. neuen Uebersetzung von J. N. Mannheimer. 3 Bde. (Hebr. u. Deutsch.) Mit 3 hübsch verz. hebr. Titel. gr. 8. Wien. (Leipzig, Kummer.) n. $3^1/_6$ ₰

Festgebete d. Israeliten nach d. gottesdienstl. Ordn. im israelit. Bethause zu Wien u. in mehreren and. Gemeinden. Mit e. neuen Uebersetz. v. J. N. Mannheimer. 3 Bde. gr. 8. ($56\frac{1}{2}$ B. u. 3 verzierte Ttl.) Wien 840. (Leipzig, Kummer.) *

Festgebete der Israeliten nach der gottesdienstlichen Ordnung im israelitischen Bethause zu Wien und in mehreren anderen Gemeinden. Mit einer deutschen Uebersetzung von J. N. Mannheimer. 3 Bde. 8. (228; 420; 316 S.) Wien 878, Schlesinger's Buchh. *

— der Israeliten, polnischen Ritus (Laubhütten, Ostern u. Pfingsten). A. u. d. T.: Machsor: Suckoth, Pesach, Scheburth, mit e. neuen hochdeutschen Uebersetzung v. J. Heinemann. 3 Bde. 1r Bd. Suckoth. 8. Berlin 840. J. Heinemann. $1\frac{1}{3}$ ℘ Schreibp. $1\frac{2}{3}$ ℘ Velinp. $2\frac{1}{3}$ ℘

Festgebete der Israeliten mit vollständigem, sorgfältig durchgesehenem Texte. Neu übers. und erläutert von Mich. Sachs. 4 Thle. (Neujahrsfest. Erster und zweiter Tag. — Versöhnungstag. Abendgebet.) gr. 8. (1182 S.) Berlin 855, Veit und Comp. *
Vgl.: Machsor.

Festgebete der Israeliten mit vollständigem, sorgfältig durchgesehenem Texte. Neu übers. und erläutert von Mich. Sachs. 4. Aufl. (In 20 Lfgn.) 1. Lfg. gr. 8. (7. Thl. V und S. 1—160.) Berlin 860, Gerschel. *
Vlnp. *

Festgebete von einem Zürcherischen Synodalen. kl. 4. Zürich 845, Orell, Füßli u. Comp. 3 ngl

Fest-Gedächtniß u. Geschäfts-Tage, immer wiederkehrende, in alphabet. Ordnung, mit kurzer Erklär. derselb. u. mit genauer Angabe der Tage, an welchen die beweglichen in den 10 Jahren von 1826 bis 1835 fallen werden rc. 12. Berlin 826, Gädicke.

FESTGEDICHT ZUR BEGRÜSSUNG IHRER KÖNIGLICHEN HOHEIT DER FRAU PRINZESSIN FRIEDRICH WILHELM von PREUSSEN Prinzess Royal von Grossbritannien und Irland bei Ihrem Einzuge in Berlin den 8. Februar 1858 (dargebracht von dem Copernicus-Verein für Wissenschaft und Kunst zu Thorn). (Berlin, gedruckt in der Königlichen Geheimen Ober-Hofbuchdruckerei (R. Decker).) fol.

Festgedicht zur Einweihung der Bülach-Regensberger Eisenbahn 1865. O. O. [1865]. V: *Meyer, Conr.* (Cat. d. Stadtbibl. Zürich. Zürich 1864—97.) (BSCHWLK V, 9 b)

Festgedicht bey der Gelegenheit der feyerlichen Enthüllung des ... Monumentes in der Huda Lukna. Graz 1829. V: *Seidl, Joh. Gabr.* (SCHLOSSAR)

Festgedicht. Zur Erinnerung an den beglückenden Aufenthalt Allerhöchst Ihrer Majestäten des Kaisers Franz Josef I. und der Kaiserin Elisabeth in Ungarn. Pest, 1857. Druck von Johann Herz. (2 Bl. Halbf. Mit den Porträten JJ. MM.)

Festgedicht zur Feier der Einweihung des erzbischöfl. Domes zu Gran, am 31. Aug. 1856. Pest 1856. V: *Corini.* (KU)

FESTGEDICHT zur Feier der Einweihung des erzbischöflichen Domes in Gran am 31. August 1856. Pest 1856: Johann Herz. 2 l. - 8°

Festgedicht *zur Feier des Geburtstages Sr. Maj. des Kaisers 1893.* (Unterzeichnet: H. B.) Königsberg i. Pr., Hartungsche Buchdr., 1893; S. 24. 4.
Königsberg i. Pr., k. Wilhelms-G, P 1893 (8)

Festgedicht *zur Feier des Geburtstages Sr. Maj. des Kaisers 1894.* (Unterzeichnet: H. B.) Königsberg i. Pr., Hartungsche Buchdr., 1894; S. 18. 4.
Königsberg i. Pr., k. Wilhelms-G, P 1894 (8)

Festgedicht zur Feier der silbernen Hochzeit Ihrer Majest. Kaiser Franz Josef I. und Kaiserin Elisabeth am 24. April 1879. Wien 1879. V: *Hell, Ignaz Gg.* (EB)

Fest-Gedicht zur 61sten Geburtstags-Feier des Hochw. Protektors Friedrich Wilh. Ludwig Prinz von Preussen Königliche Hoheit am 22. März 1857 der Sehr Ehrw. Freimaurer-Loge Wittekind im O... zu Minden gewidmet von G. v. K. »Das Wiegenfest, wie wir's heut' hier begehen ...« [Minden 1857.] V: *Kunitzky, Gneomar von.* (WOLFSTIEG I, 960)

Festgedicht. Dem Herrn Oberlehrer Johann Gstettner in Wien zu seiner 40jährigen Dienst-Jubelfeier im Sept. 1899 gewidmet... Wien [1899]. V: *Landsteiner* [?], *Franz.* (EB)

Festgedicht an Gottfr. Hermann von einem seiner Schüler. Am 28. Novbr. gr. 8. Leipzig 837. Kummer. $\frac{1}{8}$ ℘

Festgedicht. Dem Br. Bernh. Morell an seinem 25 jährigen Maurerjubiläum den 17. Mai 1860 (bei der Stiftungsfest-Tafel-Loge) dargebracht von den Brrn. der Harmonie [in Chemnitz]. [Chemnitz 1860: Pickenhahn.] 3 Bl. 8° [Umschlagtit.]
„Durch Nacht zum Licht! Und wenn das grause Dunkel ...“ 193.

Fest-Gedicht der St. Johannis-Freimaurer-Loge Wittekind im Or. zu Minden am 24. Juli 1856. Gewidmet von G. v. R. Minden 1856. V: *Kunitzki, Gneomar von.* (WOLFSTIEG I, 603)

[Festgedicht.] Dem Br. Theod. Winkler zu seinem fünfzigjährigen Maurer-Jubiläum am 21. Febr. 1854 von der ger.·. u.·. vollk.·. Loge Pyramide im Or. Plauen. [Plauen 1854]: Wieprecht. 2 Bl. 4° [Umschlagtit.]
„Dem Manne Heil! der durch ein reiches Leben ...“ 193.

[Festgedicht.] Dem vielgeliebten Br. C. Th. Winkler an seinem fünfzigjährigen Maurerjubiläum den 21. Febr. 1854 gewidmet von der ger. und vollk. St. Johannisloge Archimedes im Or. Schneeberg. Schneeberg [1854]: Schumann. 2 Bl. 4° [Umschlagtit.]
„Von feierlichem Ernst die Stirn umzogen, ...“

Festgedichte. Der Maskenzug in Weimar am 18. Decbr. 1818. Stuttgart 1819. V: *Goethe, Joh. Wolfgang v.* (MGT)

Fest- u. Gelegenheits-Gedichte. 4. Bdchn. D. patriot. Festdichter. Festgedichte, Prosa-Vorträge, Declamationen u. Inschriften. Hrsg. z. 60jähr. Regierungs-Jubiläum d. Kaisers Franz Josef I. 8. (100 S. m. 1 Bildn.) Linz-Urfahr 898. Verlag d. kathol. Preßvereines. n. — 85; (1. u. 4.: n. 2. 35)

Das 1. Bdchn. erschien nur als Einzeltitel, s.: Pesendorfer, F. J. — Das 2. u. 3. Bdchn. erscheinen später.

Fest- u. Gelegenheitsgedichte. 4.—9. Bdchn. gr. 8. Linz-Urfahr, Verlag des kathol. Preßvereines. n. 8. 30

4. Der Instituts- u. Klosterdichter. Gedichte u. Deklamationen f. Institute, Klöster, Kleinkinder-Bewahranstalten, Schulen, gesammelt u. hrsg. vom kathol. Preßvereine in Linz. (III, 196 S.) (900). n. 1. 50
5. Der Familiendichter od. Der kleine Gratulant. Eine Sammlg. von Gratulations-Gedichten zum Namensfeste, Geburtsfeste, Weihnacht, Neujahr f. Eltern, Verwandte, Lehrer u. Katecheten, f. Hochzeit u. Jubelhochzeit rc. Mit zahlr. Orig.-Beiträgen hervorrag. Dichter. 12. (III, 183 S.) (899). n. — 80
6. Der Schuldichter. Gesammelte Declamationen f. alle Schulfeierlichkeiten u. Lehrerfeste, m. zahlr. Orig.-Beiträgen hervorrag. Dichter hrsg. v. kathol. Preßvereine in Linz. (III, 161 S.) (901). n. 1. 50
7. Grabschriften u. Sprüche f. Sterbebilder. Von Frdr. Pesendorfer. 12. (VI, 480 S.) 901. Geb. in Leinw. n. 2. 50
8. Lustspiele u. Weihnachtsspiele. Mit e. Anh. v. Gelegenheitsgedichten v. Schwester Therese. (128 S.) (902). n. 1. —
9. Weihnachtsdichter, der. Declamationen in Poesie u. Prosa. Erzählgn. u. Vorträge f. Weihnacht u. Sylvester. 8. (112 S.) 902. n. 1. — ; geb. n. 1. 40

Fest- u. Gelegenheits-Gedichte. 1. 3. u. 10.—15. Bdchn. 8. Linz, Preßverein. n. 8. 40

1. Der kirchliche Festdichter. Festgedichte u. Prologe zu Papst-, Bischof- u. Priesterfeierlichkeiten u. zu kirchl. Festlichkeiten aller Art. Gesammelt u. hrsg. v. Frdr. J. Pesendorfer. 4. Aufl. (182 S.) 906. n. 1. 50
3. Festdichter, der patriotische. Festgedichte, Prosa-Vorträge, Deklamationen u. Inschriften. 2., bedeutend verm. Aufl. (108 S.) 903. n. — 90
10. Deklamator, der humoristische. Humoristische Deklamationen f. Vereine, Schule u. Haus m. zahlreichen Orig.-Beiträgen hervorrag. Dichter. (112 S.) 903. n. 1. —
11. Deklamator, der lustige. Eine Sammlg. v. Deklamationsstücken f. Vereine, Schule u. Haus. (112 S.) 904. n. 1. —
12. Deklamationsbuch, das goldene. Eine Auswahl ernster Deklamationsstücke f. Schule, Haus u. Vereine m. zahlreichen Orig.-Beiträgen. (112 S.) (904.) n. 1. —
13. Tannengrün u. Christbaum-Kerzen. Weihnachtsdeklamationen in Poesie u. Prosa, leb. Bilder, Ansprachen u. Erzählgn. f. die Weihnachtszeit. (Fortsetzung des „Weihnachtsdichter".) (112 S.) 905. n. 1. —
14. Der Inschriftendichter. Inschriften f. Kirchen u. Klöster, Schulen u. Institute, f. Privathäuser u. öffentl. Anstalten, f. kirchl. u. Vereinsfeste. Gesammelt u. hrsg. von Frdr. Pesendorfer. 1. Tl. (VII, 160 S.) 906. n. 1. —
15. Bilder, lebende, u. Festspiele f. Schulen, Klöster u. Vereine. (III, 109 S.) (906) n. 1. —

Fest- u. Gelegenheits-Gedichte. 2. 8. 9. 16. 17. u. 19—21. Bdchn. 8. Linz, Preßverein. 8. 50

2. Vereinsdichter, der. Eine reichhalt. Sammlg. v. meist Orig.-Gedichten ernsten u. heiteren Inhaltes f. alle Vereinsfestlichkeiten kathol., gesell. u. humanitärer Vereine. 3. Aufl. (IV, 208 S.) 910. 1. 50
8. Lustspiele u. Weihnachtsspiele m. e. Anh. v. Gelegenheits-Gedichten. Von Therese. 2. Aufl. (121 S.) 910. 1. —
9. Weihnachtsdichter, der. Deklamationen in Poesie u. Prosa, Erzählgn. u. Vorträge f. Weihnacht u. Silvester. 2. Aufl. (116 S.) 909. 1.
16. Weihnachtsdichter, der neue. Deklamationen in Poesie u. Prosa, Erzählgn. u. Vorträge f. die Weihnachtszeit. (106 S.) 908. 1. — ; geb. 1. 40
17. Für die lieben Kleinen od. Der Kindergartendichter. Vorträge. Gratulationsverse, kleine Spiele u. Theater. Von Therese. Mit vielen Bildern. (111 S.) 908. 1.
19. Deklamationsbuch f. Männer-, Burschen u. Jünglings-Vereine. I. Tl. (112 S.) 908. 1. —
20. Neue Lustspiele f. Mädchen. Von Therese. (112 S.) 909. 1. —
21. Die Weihnachtsglocken klingen! Kleine Theaterstücke. Von Hermine Proschko. (110 S.) 911. 1. —

Das 18. Bdchn. ist noch nicht erschienen.

Festgedichte, militärische, zum Allerhöchsten Geburtstage Sr. Maj. des Kaisers und Königs. 8. (24 S.) Berlin 887, Liebel'sche Buchh. *

Aus: Unteroffizier-Zeitung, besonders abgedruckt.

Festgedichte aus Nassau. gr. 8. (Mit 1 Musikbeilage.) Siegen 844, Friedrich'sche Verlagsbuchh. 1/4 ℛ — Prachtausgabe No. 1. in gr. 4. Mit 2 Wappen in Gold- u. Farbendruck geb. 1 1/3 ℛ — Prachtausg. No. 2. in gr. 4. geb. 26 ngl — dass. Ausg. in 8. 1/6 ℛ

Festgenossen! Eine Sammlg. v. Ansprachen, Prologen, Liedern zu allen Vereins-, Familien- u. Jahres-Festlichkeiten, nebst e. Auswahl v. zum Vortrage bei diesen Gelegenheiten besonders geeigneten Gedichten. Orig.-Beiträge v. J. Cellarius, Carl Haupt, Knauf u. a. (128 S.) 8. Berlin 906. A. Hoffmann. n. 1. 20

Festgesang. [Zerbst: ca 1810.] 1 Bl. 8° [Kopftit.]

Ohne Noten: „Feurig ertône in heiligen Hallen, . . ." 3.

Festgesang. 5831. [Unterz.:] Br[aun?]. [Nürnberg 1831]: Campe. 2 Bl. 8° [Umschlagtit.]

Ohne Noten: „Es sammeln sich, — durchglüht von reinem Triebe . . ."

Fest-Gesang bei dem Abschiedsmahle zu Ehren des gel.·. Br.·. C. L. Herrig von den Br.·. Br.·. der ger.·. u. vollk.·. St.·. Joh.·. □ Hermann zum Lande der Berge im Or.·. v.·. Elberfeld. am 13. März 1852. Elberfeld [1852]: Lucas. 2 Bl. 8° [Umschlagtit.]

Ohne Noten: „Ertöne, Gesang!" Üb. Herrig s. Allgem. Deutsche Biographie Bd 50 1905 S. 243—248 (L. Fränkel). 65.

Festgesang [der Loge Akazie, Meissen] den 6. Nov. 1855. [Meissen 1855: Klinkicht.] 2 Bl. 8° [Umschlagtit.]

Ohne Noten: Die heilige Drei. „Sah't ihr auf stillen Bahnen . . ." 109. 358a.

Festgesang zum 9. April 1837. o. O. [1837]. 2 Bl. 8° [Kopftit.]

Ohne Noten: „Triumpf! Triumpf! das schönste Fest ist da!" 193.

Festgesang am 28. August 1822. »Heute lasst im edlen Kreis . . .« [1822.] V: *Riemer, Friedrich Wilhelm.* (Bresl 31, S. 87)

Fest-Gesang zur . . . Einweihung des neu erbauten Börsen-Hauses und kaufmännischen Gesellschafts-Locals. Breslau 1820. V: *Kudrasz, C. J.* (Kat. d. Druckschr. üb. Breslau. Breslau 1903. S. 163.)

Fest-Gesang zur Einweihungs-Feier der St. Johannes Freimaurer-Loge zur Treue an der Katzbach am 26. Aug. 1858. Goldberg [1858: Baudisch]. 2 Bl. 8° [Umschlagtit.]

2 Lieder ohne Noten. 193.

Festgesang zur Feier des Allerhöchsten Geburtstages Seiner Majestät des Königs in der Grossen National-Mutter-Loge zu den drei Weltkugeln [in Berlin] 1810. [Berlin 1810.] 2 Bl. 8⁰ [Umschlagtit.]
Kl. 1804b. Ohne Noten: „Hoch lebe der König!" 23.

Fest-Gesang bei der Feier des Geburts-Tages und des Regierungs-Antrittes des Durchlauchtigsten Herzogs und Herrn Wilhelm regierenden Herzogs zu Brschwg. Lünebg. etc. gesungen in der □ Karl zur gekrönten Säule Braunschweig, am 6. Mai 1831 vom Br. D–n. [Braunschweig 1831]: Reichard. 2 Bl. 8⁰ [Umschlagtit.]
Kl. 1825d. Ohne Noten: „Auf, Brüder, auf! zu lauter Freude..." Üb. Wilhelm s. Allgem. Deutsche Biographie Bd 43 1898 S. 4–13 (Zimmermann).

Fest-Gesang zur Feier des 25jährigen Maurer-Jubiläums des Br E. H. Mohr am Montag, den 15. Dec. 1902. [Unterz.:] H. E. [Hamburg: 1902.] 2 Bl. 8⁰ [Umschlagtit.]
Ohne Noten: „Heiliger Friede, erfülle die festliche Halle!" Rekt. Kneisner, Hamburg.

Fest-Gesang zur Feier der 25jährigen Maurerweihe des Br. Joh. Semler. Hamburg, den 17. April 1841. [Hamburg 1841: Witt.] 2 Bl. 4⁰ [Umschlagtit.] [Dasselbe.] Ebendas. 1841. 2 Bl. 8⁰
Ohne Noten: „Rühmt den Herrn, aus dessen Lebensurne..." 193.

Festgesang zur fünfundsechszigsten Feier des Stiftungstages der Loge zum Pelican in Hamburg, am Montag, den 16. März 1835. Dem Br. J. Semler und dem Br. C. C. Hartmann gewidmet von den treu verbundenen Brüdern. [Hamburg 1835]: Menck. 2 Bl. 8⁰ [Umschlagtit.]
Ohne Noten: „Die Liebe thront an diesen heil'gen Stätten,..." 3.

Festgesang zur 67sten Feier des Stiftungstages der Loge zum Pelican in Hamburg am Donnerstag den 16. März 1837. Dem Br. J. Semler und dem Br. C. C. Hartmann liebend gewidmet von den treu verbundenen Brüdern. [Hamburg 1837]: Witt. 2 Bl. 8⁰ [Umschlagtit.]
Ohne Noten: „Meister, die von heil'gen Stufen..." 193.

Festgesang zur Feier des Stiftungstages der g. v. u. v. St. Johannisloge zur goldenen Kugel in Hamburg. J. N. Blaesing und J. G. Boehlcke gewidmet von den treu verbundenen BBr. Den 12. Oct. 1836. [Hamburg 1836]: Appel. 2 Bl. 8⁰ [Umschlagtit.]
Ohne Noten: „Ein frommer Hauch weht durch der Erde Räume..." 198.

Festgesang der ehrw. Freymaurerey. »Brüder! folgt der Weisheit Quelle!« Hamburg 1792. V: *Wiese, J. M.* (wolfstieg II, 862)

Festgesang am Friedens- und Dankfest den 7. Juny. Karlsruhe [1801]. V: *Walz, Joh. Leonhard.* (Ky) (MGT) (GGr)

Festgesang bei der Geburtstagsfeier unsers Königs Friedrich Wilhelm III. [Erlangen] 1805. 2 Bl. 8⁰ [Umschlagtit.]
Lied mit Chor ohne Noten: „Wem erfüllt von deutschem Blute..." 129.

FESTGESANG zur feierlichen Installation Sr. Fürstlichen Gnaden Alexander von Rudnay, des Erzbischofs zu Gran, Primas von Gran. Pesth 1820.

Festgesang zur Johannisfeier der Loge zur Harmonie Or. Chemnitz am 23. Juni 1889. [Chemnitz 1889: Geidel.] 1 Bl. 8⁰ [Kopftit.]
2 Lieder ohne Noten: 1. komp. von A. Tietz: „Grosser Meister, dessen Allmacht..." 2. komp. von Sutor, Text von F. H. Geidel: „Herr der Welten, der aufs neue..." 358.

Festgesang am Johannistage 1831 [in der Loge „Carl zu den 3 Adlern" in Erfurt]. 1 Bl. 8⁰. [Kopftit.]
„Auf, die im Kreis erwählter Freunde..." Offenbar ist der „Johannes-Festgesang 1833, den W. 40863 erwähnt, eine Neuauflage unseres Gedichtes. 21.

Festgesang zur maurerischen Jubelfeier des Brs. Friedr. Ludew. Gabke von den Brüdern der St. Johannis-Loge zur Freundschaft und Wohlthätigkeit im Or. zu Havelberg. Havelberg, den 3. April 1827. [Berlin 1827: Dieterici.] 2 Bl. 4⁰ [Umschlagtit.]
Ohne Noten: „Zehn Lustra hast Du am Tempel gebauet,..." 193. 358.

Festgesang der maurerischen Jubelfeier des Brs. Holscher senior gewidmet am 18. Jul. 5831. Hannover [1831]: Kius. 2 Bl. 4⁰ [Umschlagtit.]
Kl. 3005. Ohne Noten: „Tag des Jubels, Tag der Wonne..." 193.

Festgesang, dem Hochfürstlichen Jubelpaare am 18. Sept. 1845 geweiht von den drei Alsener Liedertafeln: Augustenburg, Sonderburg, Ulkebüll. Sonderburg. 1845. 1 Bl. Fol.

Fest-Gesang zum siebenzigjährigen maurerischen Jubiläum des Br. Marot am 14. Febr. 1860. »Die Sieben, eine heil'ge Zahl . . .« Berlin 1860. V: *Schüller, Eduard* Comp: *Naumann, Joh. Gottlieb.* (wolfstieg I, 869)

Fest-Gesang zum Rauschener Kränzchen am 24. März 1903. ([Königsberg i. Pr.] 1903.) (1 Bl.) 2° [Kopft.] [illegible] 10

Festgesang der Loge zu den drei Pfeilen am 12. des VII. 5829. Nürnberg [1829]: Campe. 2 Bl. 8° [Umschlagtit.]
Ohne Noten: „Maurergesang! festlicher Klang!" 155.

Festgesang für vier Männerstimmen, gesungen bei Eröffnung der Fest ▭ im neuen Jahrhundert [in der Loge Karl zur gekrönten Säule] am 12ten Febr. 1844. [Braunschweig 1844.] 2 Bl. 8° [Umschlagtit.]
Ohne Noten: „Feuriger, dem unsichtbaren Meister, . . ."

Fest-Gesang zum goldenen Maurer-Jubiläum unseres lieben Brs Heinr. Jul. Gamm. Johannisloge Janus im Or. Bromberg, am 2. März 1886. [Bromberg 1886]: Böhlke. 1 Bl. 4° [Kopftit.]
Ohne Noten: „Jubelnd ertöne im festlichen Saale . . ." 79.

Festgesang gewidmet dem [Br] Jac. Herm. Meiners zum Gedächtniss seiner 50-jährigen Jubelfeier als Mitglied der Provinzial-Loge am Tage der Uebergabe seines Bildnisses von Seiten der Loge „Zum Pelikan". Hamburg, den 24. Juni 1857. [Unterz.:] [Heinr.] N[ey?] [Hamburg 1857]: Appel. 2 Bl. 8° [Umschlagtit.]
Ohne Noten: „Begrüsst mit lautem Jubelklang . . ." Rekt. Kneisner, Hamburg.

Fest-Gesang dem Hochw. Meister der Loge [Isis] am Johanni-Fest 1863. Glogau [1863]: G. Müller. 1 Bl. 12,5×32,5 cm [Kopftit.]
Ohne Noten: „Auf Ihr Brüder in Liebe vereinet, . . ." 138.

Festgesang, dem [Br.] W. Nebel zur Feier seines Geburtstages am 18ten Febr. 5841 gewidmet von einem Br.·. Mr.· [Darmstadt 1841.] 2 Bl. 8° [Umschlagtit.]
Ohne Noten: „Erschall', o Gefühl, im Bruder-Vereine, . . ." 100.

Dem Br. Pet. Otto Heinr. Pepper. Ein **Festgesang** zur hundertjährigen Stiftungsfeier der Loge St. Georg zur grünenden Fichte. Hamburg den 24. Sept. 1843. [Hamburg 1843]: Nobiling & Heidrich. 2 Bl. 8° [Umschlagtit.]
Ohne Noten: „Du rosenfarbig Heute . . ." 193. 358a.

Fest-Gesang bei der Stiftungs- und Installations-Feier der Loge zur unverbrüchlichen Einigkeit am 4ten März 1848. [Hamburg 1848.] 1 Bl. 8° [Kopftit.]
Ohne Noten: „Allmeister! den der sel'ge Seraph preist!" 193.

Festgesang. Am Stiftungs- und Johannistage 1809 gesungen in der Freymaurer-Loge zu den drei Hammern in Halberstadt. Den 24. Junius. Halberstadt [1809]: Dölle. 2 Bl. 8° [Umschlagtit.]
Ohne Noten: „Auf des Schicksals Meere wogt der Kahn . . ." 65.

Fest-Gesang am Tage Johannis 1804. Erlangen [1804]: Junge. 3 Bl. 8° [Umschlagtit.]
Ohne Noten: „Brüder, huldigt unserm Bunde." 155.

Festgesang und Toast dem lieben lieben Vater und Grossvater [Postmeister Wilhelm Christoph Nebel] zum 65. Geburtstage am 18. Februr 1837 gewidmet. V: *Maurer, Gg. Philipp.* (Herm. Haupt, Hessische Biographien. Darmstadt 1918. I, 12)

Festgesang der Vorfeier des Geburts- und Huldigungsfestes . . . in den . . . Freimaurer-Logen. Breslau 1840. V: *Kudrass, C. J.* (Kat. d. Druckschr. üb. Breslau. Breslau 1903. S. 34.)

Fest-Gesangbuch z. dritten Jubelfeier d. Augsburg. Bekenntnisses, v. A. M. 12. (2 B.) Berlin 830, (Laue.)

Festgesangbuch für Missions- und andere kirchliche Vereine. 2. Aufl. 16. (71 S.) Norden 886, Soltau.

Festgesangbuch f. Missions- u. andere kirchliche Vereine. Hrsg. im Auftrage des Comitees d. ostfries. Missionsgesellschaft. 3. Aufl. 16. (71 S.) Norden 890, Soltau. — 15

Dass. 4.Aufl.Ebda.[1899].

Fest-Gesänge. Elberfeld, am 27. März 1852. [Elberfeld 1852: Lucas.] 2 Bl. 8⁰ [Kopftit.]
3 Lieder ohne Noten. 65.

Festgesånge dem verehrlichen Blücher-Clubb [!] zu Hamburg geweihet und dem wohlthåtigen Freimaurer-Kranken-Institut dargebracht als ein Neujahrsgeschenk von dem Verf. Hamburg: Hoffmann & Campe in Comm. 1822. 38 S. 8⁰
Ohne Noten. 193.

— für Bürgerschützen, herausgeg. von Fr. Döring. Nebst ein. Melodien-Anhange in Steindr. 8. Leipz. 826. Fest.

Fest-, Buss- und Abendmahl-Gesänge; zum Gebrauch der bernischen Kirche. Bern 1770. (Cat. d. Stadtbibl. Zürich. Zürich 1864—97.)

Festgesänge zur Einweihung der St. Johannis-Loge Hermine zum Nesselblatt im Or. Bückeburg am 29. Sept. 1860. Hannover [1860]: Jänecke. 11 S. 8⁰ [Umschlagtit.]
8 Lieder ohne Noten. 193.

Festgesänge bei Einweihung der Loge Carl zum neuen Lichte im Or. zu Alzei und deren Affiliation zum eklektischen Bunde. Gefeiert am 20. Okt. 1839. Mainz [1839]: Wirth. 14 S. 8⁰ [Umschlagtit.]
Kl. 3018. 1 Gebet u. 8 Lieder ohne Noten. 140.

Fest-Gesänge zur Einweihung des Logenhauses der Loge zur Wahrheit u. Freundschaft im Or. Fürth (Bayern) am 30. Aug. 1891. [Fürth 1891: Schröder.] 15 S. 8⁰ [Umschlagtit.]
5 Lieder ohne Noten. 25 a.

Festgesänge zur Einweihung des neuen Logenhauses der Logen Joseph z. Einigkeit und z. d. 3 Pfeilen in Nürnberg vom 20. Novbr. 1864. 8. 14 S.
Neun Lieder von Arnold. C. Muller und L. Merkel.

Fest-Gesänge bei der Einweihung der neuen Werkstätte der ger. und vollk. St. Johannis-Loge Friedrich zur Beständigkeit im Or. zu Zerbst am 28. Aug 1867. [Cöthen 1867: Schettler.] 14 S. 8⁰ [Umschlagtit.]
12 Lieder ohne Noten. 3.

Festgesänge zur Einweihungs-Feier der □ Carl zum Felsen in Altona, am 3. Oct. 1873. [Altona: 1873.] 2 Bl. 8⁰ [Umschlagtit.]
3 Lieder ohne Noten.
Rekt. Kneisner, Hamburg.

Festgesänge zur Erinnerungsfeyer der Freiwilligen aus d. Jahren 1813. 1814. 1815. 8. Minden 838. (Eßmann.) 1/8 ℛ

Festgesänge zur Feier des hundertjährigen Bestandes der St. Johannis-Loge Friedrich zum goldenen Zepter in Breslau am 10. Dec. 1876. Breslau 1876: Grass, Barth & Co. 8 Bl. 8⁰ [Kupfertit.]
74.

Festgesänge zur Feier des hundertjährigen Bestandes der St. Johannis-Loge Friedrich zum goldenen Zepter in Breslau am 10ten Dec. 1876. Breslau [1876]: Maul. 10 Bl. 8⁰ [Umschlagtit.]
10 Lieder ohne Noten. Titel in Lithogr.

Festgesänge bei der Feier des funfzigjährigen Bestehens der Loge zum aufblühenden Baum in Eisleben. [Eisleben 1866: Reichardt.] 10 S. 8⁰ [Umschlagtit.]
Tt. 2428. 9 Lieder ohne Noten. 439.

Fest-Gesänge zur Feier des 150jährigen Bestehens der Loge zu den drei Schwertern und Asträa zur grünenden Raute Or. Dresden den 21. Sept. 1890. [Dresden 1890.] 4 Bl. 8⁰ [Umschlagtit.]
3 Lieder ohne Noten. 193.

Festgesänge zur Feier des 100jährigen Bestehens der Loge Herkules. Schweidnitz, den 17. Juli 1870. [Schweidnitz 1870.] 8 S. 8⁰. 358a.

Loge zur Wahrheit und Freundschaft i. O. Fürth. **Fest-Gesänge** zur Feier des 150. Geburtstages des Brs. Goethe [Gedenkfeier am 24. September 1899]. [Fürth 1899: Schroeder.] 2 Bl. 8⁰.
4 Lieder, die sich auf Goethe beziehen. 358a.

Fest-Gesänge bei der gemeinsamen Feier der Logen von Hamburg, Altona und Wandsbeck zum 100jährigen Geburtstage weiland Sr. Maj. Kaiser Wilhelm I. am Montag, den 22. März 1897. [Hamburg 1897.] 2 Bl. 8⁰ [Umschlagtit.]
2 Lieder ohne Noten. 140. 358a.

Fest-Gesänge bei der gemeinsamen Feier sämmtlicher Logen von Hamburg und Altona zum Geburtstage Sr. Maj. des Kaisers am Sonntag, den 27. Jan. 1895. [Hamburg 1895.] 2 Bl. 8⁰ [Umschlagtit.]
4 Liedertexte. 193.

Fest-Gesänge bei der gemeinsamen Feier sämmtlicher Logen von Hamburg und Altona zum Geburtstage Sr. Maj. des Kaisers am Montag, den 27. Jan. 1896. [Hamburg 1896.] 2 Bl. 8⁰ [Umschlagtit.]
4 Liedertexte. 193.

Fest-Gesänge bei der gemeinsamen Feier sämmtlicher Logen von Hamburg, Altona und Wandsbek [!] anlässlich des Geburtstages Sr. Majestät des Kaisers Wilhelm II. am Mittwoch, den 27. Jan. 1897. Altona [1897]: Jürgensen. 2 Bl. 8⁰ [Umschlagtit.]
2 Lieder ohne Noten. 193.

St. Joh.-Loge z. a[ufrichtigen] Herzen. Or. Frankfurt a. O. **Fest-Gesänge** zur Feier des 95. Stiftungs-Jahrestags und der Mess-Fest-Loge am 9. März 1870. Frankfurt a. O. [1870]: Haensch & Pahl. 6 Bl. 8⁰ [Umschlagtit.]
8 Lieder ohne Noten, davon eins von A. C. Wegener. 283.

St. Joh.-Loge z. a[ufrichtigen] Herzen. Or. Frankfurt a. O. **Fest-Gesänge** zur Feier des 96. Stiftungs-Jahrestags und der Mess-Fest-Loge am 28. Febr. 1872. Frankfurt a. O. [1872]: Haensch & Pahl. 9 S. 8⁰ [Umschlagtit.]
Tt. 2429. 9 Lieder ohne Noten. 139.

Provinzial-Loge von Niedersachsen. **Festgesänge** zur Geburtstagsfeier Sr. Majestät des Kaisers Wilhelm II. am 27. Jan. 1893. Hamburg [1893]: J. H. Meyer. 2 Bl. 8⁰ [Umschlagtit.]
2 Lieder ohne Noten von H. E.
Rekt. Kneisner, Hamburg.

Festgesänge zur Geburtstagsfeier Sr. Maj. des Kaisers Wilhelm II. am 27. Jan. 1894. o. O. [1894] 2 Bl. 8⁰ [Umschlagtit.]
3 Lieder ohne Noten.
Rekt. Kneisner, Hamburg

Festgesänge am Johannistage 1857. [Hannover 1857: Schlüter.] 4 Bl. 8⁰ [Kopftit.]
8 Lieder ohne Noten. 215.

Festgesånge der Loge Joseph zur Einigkeit am 21. des VI. 5835. Nürnberg [1835]: Campe. 8 Bl. 8⁰ [Umschlagtit.]
5 Lieder ohne Noten. 155.

Fest-Gesänge zur 50jährigen Jubelfeier [der Loge zur Bruderkette] am 9. Febr. 1881. Hamburg [1881]: Rademacher. 2 Bl. 8⁰ [Umschlagtit.]
Ohne Noten. Choral u. ein Quartett von H. Ehrich. Rekt. Kneisner, Hamburg.

Festgesänge zur 50jährigen Jubelfeier [des Br. Carl Julius Semler] am 9. Februar 1881. Hamburg [1881]: Rademacher. 2 Bl. 8⁰.
2 Lieder ohne Noten.

Fest-Gesänge zur 50 jähr. Jubelfeier des Br Heinr. Friedr. Stuewer in der Andreas-Loge „Fidelis" am Donnerstag, den 1. April 1897. [Unterz.:] H. E. [Hamburg: 1897.] 2 Bl. 8⁰ [Umschlagtit.]
3 Lieder ohne Noten.
Rekt. Kneisner, Hamburg.

Festgesänge zur maurerischen Jubelfeier des Br. Chr[istian] Gotthelf Anton aus Liebe und Dankbarkeit gewidmet von den Brüdern der gekrönten Schlange [in Görlitz]. Görlitz, den 15. Februar 1830. 15 S. 8⁰. 358a.
9 Lieder ohne Noten.

Festgesånge zur maurerischen Jubelfeier des Br. v. Guionneau. Berlin, den 7ten Nov. 1824. [Berlin 1824]: Amelang. 15 S. 8⁰ [Umschlagtit.]
2 Kantaten u. 4 Lieder ohne Noten. 23. 25.

Festgesänge bei der 60 jährigen Jubiläumsfeier des Br C[arl] [Friedr.] Wehrmann in der Loge zur Weltkugel in Lübeck am 17. März 1887. [Lübeck: 1887.] 3 Bl. 8⁰ [Umschlagtit.]
1 Kantate u. 3 Lieder ohne Noten.
Rekt. Kneisner, Hamburg.

Festgesänge zur Lutherfeier. Den evangel. Schulen gewidmet. 4. (6 S.) Celle 883, Schulze'sche Buchh. *

Festgesänge des Männer-Quartetts der Loge zur Perle am Berge, vorgetragen zum Schwesternmahle, welches stattfindet zu Ehren der Silberhochzeit Ihrer Kaiserlichen und Königlichen Hoheiten des Kronprinzlichen Paares am 25. Jan. 1883. [Perleberg 1883]: Jacobson. 2 Bl. 8⁰ [Umschlagtit.]
3 Lieder ohne Noten, gedichtet von K. Hartung. 3.

Festgesänge, Maurerische, für vier Männerstimmen, comp. u. allen s. g. u. v. St. Joh.-Logen Deutschlands gewidmet von Z. Hof [ca. 1850]. H: *Zeimer, G. M.* (TT 2263) (wolfstieg II, 815)

Festgesänge zur Säcularfeier der Loge zu den drei Hammern, am 28. Jan. 1846. Halberstadt [1846]: Dölle. 16 S. 8⁰ [Umschlagtit.]
9 Lieder ohne Noten. 25.

St. Johannis-Loge „Zum Widder". **Fest-Gesänge** zur Säcular-Feier. Berlin [1877]: Berg & v. Holten. 4 Bl. 8⁰ [Umschlagtit.]
6 Gesänge ohne Noten. 23.

Fest-Gesänge zum 75jährigen Stiftungs-Fest der Loge zu den drei Rosen im Walde Sorau N.-L. am 19. Mai 1895. Sorau N.-L. [1895]: Rauert. 6 Bl. 8⁰ [Umschlagtit.]
9 Lieder ohne Noten. 358 a.

Festgesänge zum 75jährigen Stiftungsfest der Provinzial-Loge von Mecklenburg. Rostock 17/22. September 1894. 2 Bl. 8⁰.
5 Gesänge ohne Noten. 358a.

Fest-Gesänge zum 50jährigen Stiftungs-Feste der Loge Stern St. Johannes im Or. Zielenzig am 31. Mai 1883. [Zielenzig 1883: Neubauer.] 4 Bl. 8⁰ [Umschlagtit.]
7 Lieder ohne Noten. 23.

Festgesänge zum 150 jährigen Stiftungs-Fest der Loge zu den drei Degen im Or. von Halle a. S. am 10. Dez. 1893. [Halle a. S. 1893: Gebauer-Schwetschke.] 6 Bl. 8⁰ [Umschlagtit.]
8 Gesänge ohne Noten. 23. 25.

Festgesänge zum 170 jährigen Stiftungsfest der Loge Absalom zu den drei Nesseln und zum 120 jährigen Stiftungsfest der Loge Ferdinand zum Felsen im Or. Hamburg. Donnerstag, 12. Dez. 1907. [Hamburg 1907: Drexel & Adler.] 2 Bl. 5⁰
Programm u. 2 Lieder ohne Noten. 358a.

Fest-Gesänge zum 129 jährigen Stiftungsfeste der ehrw. Joh. Loge zu den drei Rosen in Hamburg am 24. Jan. 1899. Gesungen vom Rosenquartett. [Hamburg: 1899.] 2 Bl. 8⁰ [Umschlagtit.]
2 Lieder ohne Noten.
Rekt. Kneisner, Hamburg.

Fest-Gesänge zum 131 jährigen Stiftungsfeste der ehrw. Joh. Loge zu den drei Rosen in Hamburg am 24. Jan. 1901. [Hamburg 1901: Krüger & Nienstedt.] 2 Bl. 8⁰ [Umschlagtit.]
2 Lieder ohne Noten. 1. An die Rose gedichtet u. komp. von J. J. Scheffler. 2. Schlusslied.

Fest-Gesänge zum 132 jährigen Stiftungsfeste der ehrw. Joh. Loge zu den drei Rosen in Hamburg am 24. Jan. 1902. [Hamburg: 1902.] 4 Bl. 8⁰ [Umschlagtit.]
6 Lieder ohne Noten.
Rekt. Kneisner, Hamburg.

Fest-Gesänge zum 133 jährigen Stiftungsfeste der ehrw. Joh. Loge zu den drei Rosen in Hamburg am 24. Jan. 1903. [Hamburg: 1903.] 4 Bl. 8⁰ [Umschlagtit.]
3 Choräle u. 4 Lieder ohne Noten.
Rekt. Kneisner, Hamburg.

Fest-Gesänge zum 134 jährigen Stiftungsfeste der ehrw. Joh. Loge zu den drei Rosen in Hamburg am 23. Jan. 1904. [Hamburg: 1904.] 4 Bl. 8⁰ [Umschlagtit.]
7 Lieder ohne Noten.
Rekt. Kneisner, Hamburg.

Fest-Gesänge zum 137 jährigen Stiftungsfeste der ehrw. Joh. Loge zu den drei Rosen in Hamburg am 24. Jan. 1907. [Hamburg: 1907.] 4 Bl. 8⁰ [Umschlagtit.]
6 Lieder ohne Noten.
Rekt. Kneisner, Hamburg.

Fest-Gesänge zum 138 jährigen Stiftungsfeste der ehrw. Joh. Loge zu den drei Rosen in Hamburg am 24. Jan. 1908. [Hamburg: 1908.] 4 Bl. 8⁰ [Umschlagtit.]
7 Lieder ohne Noten.

Fest-Gesänge zum 139 jährigen Stiftungsfeste der ehrw. Joh. Loge zu den drei Rosen in Hamburg am 23. Jan. 1909. [Hamburg: 1909.] 4 Bl. 8⁰ [Umschlagtit.]
7 Lieder ohne Noten.
Rekt. Kneisner, Hamburg.

Fest-Gesänge zum 140jährigen Stiftungsfeste der ehrw. Joh. Loge zu den drei Rosen in Hamburg am 22. Jan. 1910. [Hamburg: 1910.] 4 Bl. 8° [Umschlagtit.]
5 Lieder ohne Noten.
Rekt. Kneisner, Hamburg.

Fest-Gesänge zum Stiftungs-Feste der Johannis-Loge zum goldnen Schiff zu Berlin. [Berlin] o. J. 2 Bl. 8° [Umschlagtit.]
3 Lieder ohne Noten. 23.

Festgesänge am freudigen Stiftungs-Tage der ger. u. vollk. St. Johannis-Loge Friedrich Wilhelm zur Gerechtigkeit im Or. zu Ratibor den dreiundzwanzigsten April 5835. Breslau 1835. V (Text): *Kudrass, Karl Immanuel.* (wolfstieg I, 623)

Festgesänge zur Tafel-Loge Johannis 1861. [Magdeburg 1861: Baensch I.] 2 Bl. 8° [Kopftit.]
4 Lieder ohne Noten. 65.

Festgesänge, Vier, der akademischen Corona in Gloggnitz ... Gloggnitz-Wien 1888. V: *Krticzka v. Jaden, Hans.* (EB)

Festgeschenk, das. Bilderfibel mit 12 ausgemalten Kupfern. 4. Leipzig 844, Goetz. geb. 3/4 ℛ

— in Bildern. Eine ausgewählte Sammlung v. 43 Stahlst. gr. 8. Darmstadt 841, Lange. 1 1/2 ℛ

— dass. No. 1—4. gr. 8. (à 6 Stahlst.) Ebend. 844. n. 1/6 ℛ

Festgeschenk für Erstkommunikanten und Firmlinge. Ein vollständ. Gebet-, Andachts- und Exempelbuch, zum lebenslängl. Gebrauche eingerichtet. Von dem Verf. der Schrift: „Kampf, Sieg und Krone heil. Jungfrauen." 16. (XX und 555 S. mit 1 Stahlst.) Schaffhausen 863, Hurter'sche Buchh.

Festgeschenk für Erstkommunikanten u. Firmlinge. Ein vollständiges Gebet-, Andachts- u. Exempelbuch, zum lebenslängl. Gebrauche eingerichtet. 2. Aufl. gr. 16. (XX, 576 S. m. 1 Stahlst. u. 2 Farbendr.) Regensb. 890, Verlags-Anstalt. 2 10; geb. * 3 —

Festgeschenk f. Erstkommunikanten u. Firmlinge. E. Lehr- u. Gebetbüchl. f. d. kathol. Jugend. 3., verb. Aufl. Hrsg. v. P. Philib. Seeböck. O fr. min. gr. 16. (VIII, 411 S. m. 1 Stahlst.) Regensburg 898. Nationale Verlagsanstalt. Geb. in Leinw. m. Goldschn. n. 3 —

Festgeschenk f. Erstkommunikanten u. Firmlinge. Ein Lehr- u. Gebetbüchlein f. die kathol. Jugend. 4., verb. Aufl. (III, 408 S. m. farb. Titelbild.) gr. 16. Regensburg 903. Verlagsanstalt vorm. G. J. Manz.
Geb. in Leinw. m. Goldschn. n. 3. —

Fest-Geschenk z. heil. Josephs-Tage. kl. 12. (3 3/4 B. u. Ttlkpfr.) Wien 830, Mechitaristen-Congreg.-Buchh.

Festgeschenk, das, der deutschen Jugend gewidmet. Erzählungen, Märchen, Räthsel und belehrende Abhandlungen aus dem Reiche der Naturgeschichte mit Beiträgen von E. M. Arndt, Bechstein, Bormann, Cosarski ꝛc. hrsg. vom berliner Communal-Lehrer-Verein. br. 8. (VIII und 200 S. mit 7 lithogr. Illustr. von W. Scholz, Domschke, Lentze.) Berlin 849, Krüger's Vrlgsh.

Festgeschenk für Kunstfreunde. Eine Reihefolge von 12 Stahlstichen der ausgezeichn. Künstler Englands. gr. 8. Hamburg 839. Berendsohn. n. 1 ℛ In Aquarelle-Manier color. n. 2 ℛ

Festgeschenke aus der Verlagsanstalt Benziger & Co. A. G. Einsiedeln. (Schweiz).... 1901. Katalog mit Autorenporträts [und Illustrationen]. IV + 128 S. hoch-8.

Festgeschenke zu beziehen durch ... (Druck und Verlag von Schulthess & Co. in Zürich). [Weihn. 1900. Illustriert.] 16 S. 8.

Festgeschichten, vier kleine, auf Weihnachten, Charfreitag, Ostern u. Pfingsten. 24. (84 S.) Hamburg 849, Agentur d. Rauhen Hauses. — 2. Aufl. 16. (79 S.) Ebd. 851. 4 1/2 ngr

Festgeschichten, vier kleine, auf Weihnachten, Charfreitag, Ostern und Pfingsten. 3. Aufl. 16. (84 S.) Hamburg 861, Agentur des Rauhen Hauses. *

Festgespräch zur Eröffnung der elektrischen Strassenbahn Schaffhausen-Schleitheim im August 1905. Schleitheim. V: *Pletscher, Anton.* (BBullSchw 5, 1905)

Festglocken zum Wittelsbacher Jubiläum. Religiöse Belehrungen und Gebete. Festandenken für die Jugend und für das Volk. 1. und 2. Aufl. 16. (56 S.) Donauwörth 880, [Buchh. des kathol. Erziehungsvereins.] Auer. **

Fest-Gottesdienst zum deutschen Bachfeste in der Thomaskirche zu Leipzig. Leipzig 1905. V: *Rietschel, D. Gg.* (Berl)

Festgottesdienst, der, bei d. Berliner Genossenschaft für Reform im Judenthume u. die das. gehalt. Predigten von dem Rabb. Dr. Philippsen in Magdeburg, beurtheilt v. einem d. Mitglieder. 8. Altena 846, Hellbutt. 1/4 ℛ

Festgottesdienst zum Universitätsjubiläum in Jena am 31. VII. 1908 in der Stadtkirche, geleitet v. Thümmel. (15 S.) 8. Jena (908). (G. Neuenhahn.) — 30

Festgottesdienst zur Zentenar-Feier der Erneuerung der Universität Heidelberg 1903. [München 1903.] V: *Bassermann, Hnr.* (Zuwachsverz. d. Bibliotheken in Zürich 1898 ff.)

Festgottesdienst-Ordnung zur 400jährigen Gedächtnißfeier der Schlacht bei Hemmingstedt. Meldorf. (1900.) 1 Bl. 8°.

Fest-Gruss. Ein Erinnerungsblatt an das Eidgenössische Sängerfest in Zürich am 10., 11. und 12. Juli 1880. gr. 4. (4 S.) Zürich 880, Trüb'sche Buchh.

Festgruss. Hymne, zur Feier der Tempelweihe der St. Johannes-Loge »Philantropique« Or.·. Mamornitza 58 18/VIII 89 [Gedicht: »Sei uns gegrüsst, du traute Stätte ...«]. Czernowitz [1889]. V (Text): *Poyssl, Ludw. Baron von.* Comp: *Koller, Phil.* (wolfstieg I, 680)

Festgruss der Universität Basel zu ihrem vierhundertfünfzigjährigen Jubiläum, dargebracht von ihren ehemaligen Lehrern 1460—1910. [8 S.] fol. (Leipzig, W. Drugulin, [1910].)

Festgruß des Kunstvereins Biel an seine Donatoren, Freunde u. Mitglieder anläßlich der Eröffnung seines Heims im Zunfthause. hoch 4. (48 S. m. Abbildgn. u. 1 Taf.) Biel 900. E. Kuhn. n. 3. —

Festgruss, an Otto v. Böhtlingk zum Doktor-Jubiläum, 3. Febr. 1888 von seinen Freunden. Lex.-8. Stuttgart 888, Kohlhammer. *

Inhalt:

Aufrecht, Theo., zur Kenntnis des Ṛgveda. — Bradke, Peter v., einige Bemerkungen über die arische Urzeit. — Bühler, Geo., die geschichtlichen Teile der beiden grossen Inschriften von Baijnâth. — Cappeller, Carl, zur Mṛcchakaṭikâ. — Delbrück, Berth., Conjecturen zur Maitrâyanî-Samhitâ. — Gabelentz, Geo. v. der, das lautsymbolische Gefühl. — Geldner, Karl, über das vedische Wort meni. — Gildemeister, Johs., ein Baustein zur Geschichte der Tausend und Einen Nacht. — Grill, Jul., Schi-king I, 1, 9. — Hillebrandt, Alfr., nationale Opfer in Alt-Indien. — Jacobi, Herm., über das Alter des Râmâyana. — Jolly, Jul., Notizen über einige Dharmaçâstra-Handschriften. — Kaegi, Adf., Vasta usrâḥ im Ṛgveda. — Kern, Heinr., der buddhistische Dichter Çûra. — Kielhorn, Frz., scheinbare Citate von Autoritäten in grammatischen Werken. — Klatt, Johs., eine apokryphe Paṭṭâvali der Jainas. — Kluge, Friedr., Etymologica. — Knauer, Friedr., zu iti und ca. — Kuhn, Ernst, der Mann im Brunnen, Geschichte eines indischen Gleichnisses. — Leumann, E., indogerm. népôt, néptṛ „Waise". — Lindner, Bruno, das indische Ernteopfer. — Ludwig, Alfr., die Ironie im Mahâbhârata und im Ṛgveda. — Miklosich, Frz., über die Lautverbindung kt in den indoeuropäischen Sprachen. — Pischel, Rich., die Dichterin Çîtâ. — Roth, Rud., Proben aus einer Uebersetzung des Atharvan. — Schmidt, Johs., die lateinischen Adverbia auf e von o-Stämmen und die Singulardative der germanischen Pronomina. — Schroeder, Leop. v., eine estnische Sitte. — Sievers, Ed., althochdeutsch antlengen und Verwandtes. — Windisch, Ernst, Vedisches. (V, 121 S.)

Festgruss aus Bonn an Carl Gustav **Homeyer** zur Feier seiner fünfzigjährigen Doctorwürde am 28. Juli 1871. Bonn 1871.

s. Drei **Abhandlungen** zur Geschichte des Deutschen Rechts.

Festgruss an die gel. BBr. der St. Johannis-Loge [zur biedern Vereinigung] zu Glogau, [Viktoria vom Fels zum Meer zu] Sagan u. [Augusta zu] Sprottau bei der vereinigten Arbeit in Sorau am 2. Oct. 1864 von den BBr. „der 3 Rosen im Walde" Or. Sorau. Sorau [1864]: Rauert. 2 Bl. 8⁰ [Umschlagtit.]
Lied ohne Noten: „Auf, Brüder der Rosen, lasst hoch uns erheben . . ." 358 a.

Festgruss zur Einweihung der E. v. Steiger-Hütte in der Lötschenlücke, 8. Sept. 1907; zum Gedächtnis an Egon v. Steiger. Bern 1907. V: *Wenger*, *R.* (zuwzür)

Festgruß Ihren k. k. Majestäten dem allergnädigsten Kaiserpaare Franz Joseph und Elisabeth bei Allerhöchst Ihrem Einzuge in Prag in tiefster Ehrfurcht dargebracht von den Industriellen Böhmens. 4. (2 Blätter.) K. K. Hofbuchdruckerei von Gottlieb Haase Söhne in Prag. 1854

Festgruss zur Gedenkfeier der Familie Usteri 1901. [Zürich 1901.] V: *Usteri*, *Theodor*. (zuwzür 6, 1902, I, S. 213)

Festgruss zur XX. General-Versammlung des deutschen u. österreichischen Alpenvereins am 16., 17. u. 18. Juli 1893. Bildschmuck v. Tony Grubhofer. Widmung der Section Zell am See des deutschen u. österreichisch. Alpenvereins. gr. 8. (23 S. m. farb. Illustr.) Salzburg 893. H. Kerber. Mit Goldschn. n. 2.--

Festgruß der philologischen Gesellschaft zu Würzburg an die 26. Versammlung deutscher Philologen und Schulmänner. gr. 8. (III, 195 S. mit 1 Stnt.) Würzburg 868. (Stuber.) *

Festgruss der Schlesischen Gesellschaft für Vaterländische Kultur . . . Breslau [1874]. V: *Körber*, *Gustav Wilhelm*. (Kat. d. Druckschr. üb. Breslau. Breslau 1903. S. 408.)

Festgruss dem Br. Christian Gottlieb Hederich, am Tage seiner fünfzigjährigen Jubelfeier als Anwalt, dargebracht von seinen nachgenannten Freunden. Weida, den 3. April 1848. Gera [1848]: Hofbuchdr. 4 Bl. 4⁰ [Umschlagtit.]
Gedicht: „Ein Festgruss ist es, den wir froh Dir bringen . . ." 157.

—— dem Rektor des Gymnasiums zu Nürnberg Herrn Oberstudienr. Dr. Heinr. Heerwagen zur 25. Feier seines Amtsantrittes in dankbarer Verehrung dargebracht von den Lehrern der Studienanstalten Nürnberg und Fürth. gr. 8. (VIII, 101 S.) Erlangen 882, Deichert. *

Festgruss z. 400. Jahrestag der Stiftung der Universität Tübingen i. J. 1877 dargebracht v. d. Direction des Geh. K. Haus- u. Staatsarchivs zu Stuttgart. Stuttg.: Müller [1877]. 4°.
1: Archival. Nachlese z. Schillerliteratur v. A. Schlossberger.
2: Codex major traditionum Weingart. v. P. Stälin.

Festgruß an ein neues akadem. Jahrh. Ein christl. Wort zum Frieden zwischen den Gläubigen aller Konfessionen. Bei Gelegenheit der 100jähr. Jubelfeier der Univers. Erlangen. gr. 8. Bayreuth 843. (Buchner.) n. 1/3 ₰

— aus **Innsbruck** an die XLII. Versammlung deutscher Philologen u. Schulmänner in Wien. gr. 8. (III, 203 S.) Innsbruck 893. Wagner. n. 4. 80

Festgruss, Innsbrucker, v. der philosoph. Fakultät dargebracht der 50. Versammlung deutscher Philologen u. Schulmänner in Graz. (III, 201 S.) gr. 8. Innsbruck 909. Wagner. 5. --

FESTGRUSS!!! der blonden Irma an die Teilnehmer am Sängerbundesfeste in Graz 1902. Gedicht, 54 Zeilen Maschinenschrift.
Sotadisch.

Festgruss zu Jena's dreihundertjähriger Jubelfeier. Hamburg 1858. V: *Holtzendorf*, *Franz v.* (Erman & Horn, Bibliogr. d. dtsch. Universitäten. 2. Leipz. u. Berl. 1904.)

Festgruss zum vierzigjährigen Jubelfeste der freimaurerischen Vereinigung Sophrosyne in Ohrdruf am 9. Jan. 1910. Am Ende: [Vereinigung] W[aldesfriede] a[m] R[einhardsbrunn] zu F[riedrichroda]. o. O. [1910]. 1 Bl. 8⁰ [Kopftit.]
Lied ohne Noten: „Und abermals sind wir in Ohrdruf zusammen . . ." 172.

Festgruß der hohen Kaiserbraut. Ein — aus Tirol. 8. (20 S.) Innsbruck. Druck und Verlag der Wagner'schen Buchdruckerei. 1854.

Festgruss der Loge zur deutschen Burg [in Duisburg] an die Logen Alfred zur Linde in Essen, Broich zur Verklärten Louise in Mülheim a. d. Ruhr, Drei Rosenknospen in Bochum, Goldenes Schwert in Wesel, Pax inimica malis in Emmerich, am IV. Verbandsfeste den 22. Mai 1879. Duisburg [1879]: Ewich. 2 Bl. 8⁰ [Umschlagtit.]
Gedicht: „Zur deutschen Burg am Vater Rhein, . . .“ 149.

Festgruss zum 30. Nov. 1884 aus der St. Andreas-Loge Discreta zu Königsberg in Pr. Königsberg [1844]: Rautenberg. 2 Bl. 8⁰ [Umschlagtit.]
„Wir sind an heil'ger Stätte . . .“ Rekt. Kneisner, Hamburg.

Festgruss Herrn Verwalter Johann Pirchl . . . zugeeignet . . . [Salzb. 1890.] V: *Strele Ritt. v. Bärwangen, Richard.* (Hr)

Festgruss zur ersten öffentlichen Plenar-Versammlung des Katholischen Filial-Vereins von Bozen am Feste des heiligsten Herzens Jesu, Sonntag, 21. Juni 1868. [Bozen 1868.] V: *Stock, Norbert.* (margr)

Festgruss und Prolog zum 25-jährigen Jubiläum des Turnvereins Wipkingen. 1879—1904. Zürich 1904. V: *Brugger, Hans.* (BBullschw 4, 1904)

— s.: Roth, Rud. v.

Festgruss an Rudolf von Roth zum Doktor-Jubiläum 24. August 1893 . . . Stuttg. 1893. H: *Kuhn, Ernst.* (Berl)

Festgruß zur Säcularfeier d. Bundes Tirols m. d. göttl. Herzen Jesu. Mit Beitr. v. K. Domanig, A. Heyl, Ambros Mayr, A. Müller, Br. Norbert. Hrsg. v. Jos. Seeber. gr. 4. (80 S. m. Titelbild.) Bozen 896. F. X. Promperger. n. 2.40; Einbd. in Leinw. n.n n. 1.—

Festgruss zur vierten Säcularfeier der Erfindung der Buchdruckerkunst . . . Altenburg 1840. V: *Pierer, Heinr. Aug.* (cb)

Festgruss dem verehrten und geliebten Br. Carl Friedr. Bernh. Schwabe am Tage der Feier seines 50jährigen Maurerjubiläums dem 2. Dec. 1866 gewidmet von den Brüdern der Loge Balduin zur Linde im Or. von Leipzig. Leipzig 1866: Bär & Hermann. 2 Bl. 4⁰ [Umschlagtit.]
Tt. 2430. Lied von Goetz u. Arie ohne Noten. 439.

Fest-Gruss zum Schwestern-Fest der Loge Boanerges zur Bruderliebe am 9. Febr. 1889. [Unterz.:] L. Altona [1889]: Köbner & Co. 2 Bl. 8⁰ [Umschlagtit.]
„Der erste Trinkspruch, wem soll er erschallen? . . .“ Rekt. Kneisner, Hamburg.

Festgruß zum 12. Sept. 1868 an M. A. v. Bethmann-Hollweg, nunmehr seit funfzig Jahren Doctor beider Rechte. Bonn 1868.
s. Bluhme, Friedr.: Die gens Langobardorum und ihre Herkunft.

— Bernhard Stade zur Feier seiner 25jähr. Wirksamkeit als Professor dargebracht v. seinen Schülern W. Diehl, R. Drescher, K. Eger, A. v. Gall, E. Preuschen, H. Weinel. gr. 8. (VII, 342 S.) Giessen 900. J. Ricker. n. 10. —

Hieraus einzeln:

Diehl, Wilh., die Bedeutung der beiden Definitorialordngn. v. 1628 u. 1743 f. die Geschichte des Darmstädter Definitoriums. Eine Studie z. Geschichte des hess. Kirchenrechts. (44 S.) n. 1.60

Drescher, Rich., das Leben Jesu b. Paulus. (65 S.) n. 1.80

Eger, Karl, Luthers Auslegg. des Alten Testaments, nach ihren Grundsätzen u. ihrem Charakter untersucht an Hand seiner Predigten üb. das 1. u. 2. Buch Mose (1524 ff.). (46 S.) n. 1.40

Gall, A. Frhr. v., Zusammensetzg. u. Herkunft d. Bileam-Perikope in Num. 22—24. (47 S.) n. 1.50

Preuschen, Erwin, die apokryphen gnostischen Adamschriften, aus dem Armen. übers. u. untersucht. (90 S.) n. 2.50

Weinel, Heinr., die Bildersprache Jesu in ihrer Bedeutg. f. die Erforschung seines inneren Lebens. (49 S.) n. 1.20

Fest-Gruss zur 10jährigen Stiftungsfeier des Tiroler Stenographen-Vereines . . . Innsbruck [1871]. V: *Hoermann, Angelika von.* (margr)

Festgruss vom 50jährigen Stiftungsfest der Loge Plato zur beständigen Einigkeit Wiesbaden. 2. Mai 1858 bis 1908. [Köln 1908: Verl. Anstalt A.-G.] 28 S. 8⁰
cf. L. 31 (1903) S. 256 (P. Fischer).
Reden u. Trinksprüche. 193. 358a.

Festgruß zum 50. Stiftungsfest der Bielefelder Turngemeinde, 8.—9. 10. 1898, Bielefeld 1898, 8°.

—— Strassburger, an Anton Springer zum 4. Mai 1885. gr. 8. (Mit eingedr. Autotypien.) Stuttgart 885, Spemann. *

Inhalt:

Janitschek, Hub., zwei Studien zur Geschichte der carolingischen Malerei. (S. 1—30.) — Michaelis, Ad., Michelangelos Leda und ihr antikes Vorbild. (S. 31—43.)

Festgruss aus Summersberg am 7. Jänner 1892. [Innsbruck 1892.] V: *Zingerle, Ignaz Vinzenz.* (margr)

Festgruss dem verehrten und geliebten Br. Heinr. Adolph Taeschner am Tage seines 50jährigen Maurerjubiläums am 25. Oct. 1864 geweiht von den Brüdern der Loge Balduin zur Linde [in Leipzig]. [Leipzig 1864: Bär & Hermann.] 2 Bl. 4⁰ [Umschlagtit.]
2 Gedichte. 281.

Fest-Gruss gewidmet der 69. Versammlung Deutscher Naturforscher und Aerzte vom Ver. f. Naturwiss. zu Braunschweig. M. 2 Taf. (Vorr.: Wilh. Blasius.) *Braunschweig: Schulbuchh. 1897.* (XII, 45 S., 1 Bl., 2 Taf.) 1 Bd 8. [97. 8330

Kloos, J[ohan] H.: Die Kohlenfelder im Banater Gebirge, Südkarpathen. *Braunschweig 1897.*
in: **Fest-Gruss** gewidm. der 69. Versammlung Deutscher Naturforscher u. Aerzte v. Ver. f. Naturwiss. zu Braunschweig. [97. 8330

Fromme, Johannes: Zweite Mittheilung über d. Kalkspath im Korallenkalk '(Korallenoolith)' bei Bremke am Ith. *Braunschweig 1897.*
in: **Fest-Gruss** gewidm. der 69. Versammlung Deutscher Naturforscher u. Aerzte v. Ver. f. Naturwiss. zu Braunschweig. [97. 8330

Blasius, Wilh.: Megalithische Grabdenkmäler d. nordwestl. Deutschlands. *Braunschweig 1897.*
in: **Fest-Gruss** gewidm. der 69. Versammlung Deutscher Naturforscher u. Aerzte v. Ver. f. Naturwiss. zu Braunschweig. [97. 8330

—— des Lehrercollegiums der Kieler Gelehrtenschule an die XXVII. Versammlung deutscher Philologen und Schulmänner. gr. 8. (III, 60 S.) Kiel 869, Homann. *

Fest-Gruss der ger. u. vollk. St. Joh □ „Victoria vom Fels zum Meer“ zu Sagan bei ihrer Einweihung am 2. Febr. 1862 dargebracht v[on] d. 3 R[oson] i. W[alde] i. O. zu Sorau. [Sorau 1862: Rauert.] 2 Bl. 8° [Umschlagtit.]
Gedicht. 358a.

Festgruß und Wünsche eines deutschen Reformers. Als Manuscript. Osnabrück, Kißling, 1848. 7 S. 8°.

Festgrüsschen m. Antiquaschrift. V. 8. Zürich (906). Buchh. der ev. Gesellschaft. n. — 20
Auf der Sonnenhalde. Eine Erzählg. f. die Jugend. Von Paul Geyser. (32 S. m. 1 Abbildg.)
Vergl.: Weihnachtsbüchlein.

Festgrüsschen in Antiquaschrift. 6—8. Heft. 8. Zürich, Buchh. der ev. Gesellschaft. à Heft — 20
Dreher, E., Heidemütterchen. Keine Weihnachten — u. doch eine! Mit Illustr. v. Marg. Goetz. (16 S.) 911. (8. Hft.)
Geyser, Paul, Sepplis Wünsche. Eine Erz. f. d. Jugend. Mit Umschlag-Illustr. v. Th. Barth. (32 S.) (908.) (7. Hft.)
Staub, E., arm u. doch reich — reich u. doch arm! 2 Erzählgn. f. die Jugend. Illustr. v. Meta Loewe. (31 S.) (907.) (6. Hft.)

Festgrüße Sr. Bischöflichen Gnaden dem Hochwürdigsten Herrn Dr. Paul Leopold Haffner, Bischof von Mainz, dargebracht am Tage seiner Consecration und Inthronisation 25. Juli 1886. 2. Aufl. 12. (30 S. mit Holzschn.-Bild.) Mainz 886, Frey. *

Festgrüße für glückwünschende Kinder. Eine Mappe mit 100 Vorlegeblättern in meist Original-Glückwunschbriefen nebst Zugabe von Neujahrs-, Geburts- und Namenstagsgedichten zum Schul- wie auch zum häusl. Gebrauche bei Anfertigung von Neujahrs-, Namenstags- und Geburtstagsbriefen verschiedenster Art. Hrsg. von T. und W., praktischen Schulmännern. qu. 4. Crefeld 868. (Berlin, Weber.) *

Festgrüße für glückwünschende Kinder. Orig.-Glückwunschbrief-Mappe mit 100 Vorlegeblättern, nebst Zugabe von Neujahrs-, Geburts- und Namenstags-Gedichten zum Schul- wie auch zum häusl. Gebrauche. qu. 8. (IV, 100 Bl.) Crefeld 882. (Berlin, Berggold.) In Mappe

Kirchliche Festgrüsse. 10 Kompositionen in Kupferdruck mit begleitenden Gedichten von Renata Beutner. Dresden 1891. 4°.

Weimars Festgrüsse zum 28. August 1899. Weimar: H. Böhlaus Nachf. 1899. (117 S.) 8°

Festhalten im Gesetze, Fortschritt im Geiste. Eine Stimme in Israels heutigen Wirren von einem Gläubigen. Hamburg 1842. V: *Bonn, J.* (Orient 1842. Nr. 29, S. 231.)

Festhalten am Gesetze, Fortschritt im Geiste. Eine Stimme in Israels heutigen Wirren von einem Gläubigen. gr. 8. Hamburg 842. (Berendsohn.) n. 1/6 ₰

Zur Erinnerung an das zehnjährige Stiftungsfest der Prov.-Grossloge von Hamburg in Berlin 1900. 1910. Festheft der „Bausteine“ 18. Okt. 1910. [Berlin 1910: Unger.] 39 S. 6 Taf. 8° [Umschlagtit.]

Festheft zum 15. Feuerwehrtag des Feuerwehr-Verbands für den Regierungsbezirk Cassel zu Frankenberg am 8., 9. u. 10. Juli 1905. Frankenberg i. H. (1905): F. Kahm. (21 S.) 8° [Umschlagt.] [05. 13033 4

Festheft zum XIV. Hessischen Feuerwehrtag in Schmalkalden am 4., 5. u. 6. Juli 1903. *Schmalkalden: F. Wilisch (1903).* (32 S.) 8° [03. 11433 4

Kantonal-Gesangverein Schaffhausen. Festheft 1903. [Mit Noten.] IV + 29 S. 8. (Schaffhausen, Kühn & Comp.)

Festheft der Wiener Studien zum 60. Geburtstage Professor Dr. Eugen Bormanns, überreicht v. den Redakteuren E. Hauler u. H. v. Arnim. (VI, 368 S. m. 22 Abbildgn. u. Taf.) gr. 8. Wien 902. C. Gerold's Sohn. n. 6. —

Festheft, Herrn Geheimem Hofrat Prof. D. Th[eodor] v. Zahn zum 70. Geburtstag gewidmet. Erlangen & Leipzig: A. Deichert Nachf. 1908. (100 S.) 8° [F.]
(Neue Kirchliche Zeitschrift.) 98. 14913

Fest-Hymne zum goldenen Maurer-Jubiläum unseres lieben Brs Carl Arlt. Johannis-Loge Janus im Or. Bromberg, am 2. Febr. 1886. [Bromberg 1886]: Böhlke. 1 Bl. 4° [Kopftit.]
Ohne Noten: „Lasst Brüder heut' ein Lied erschallen, . . .“ 79.

Fest-Hymnen einer Kriegers-Waise. Zur allerhöchsten Vermählungsfeier Sr. k. k. Apost. Majestät Kaiser Franz Joseph I. von Oesterreich, mit Ihrer königlichen Hoheit Herzogin Elisabeth in Baiern. Von M. v. L—. E—. Der Ertrag ist zur Hälfte dem Jellacic-Invaliden-Fonde und dem Offiziers-Töchter-Institute in Oedenburg gewidmet.
8. (22 S.) Wien. Druck von Karl Gerold und Sohn. 1854

Festigkeits-Proben schwedischer Materialien. Ges. u. hrsg. auf Voranlassg. d. Järnkontoret. 4. (III, 91 S. m. 1 Fig. u. 27 Taf.) Stockholm 897. (Samson & Wallin.) n.n. 6. —

Festigkeits-Untersuchungen, betreffend Rabitz' Patent-Fußboden-, Wand-, Decken- und Gewölbe-Werk, ausgeführt in der Königlichen Prüfungs-Station für Baumaterialien in Berlin in den Jahren 1888/89. Berlin 1889. Fol.

Festing, F., ein Gang durch Nürnberg. Charakteristik seiner Bau-Denkmale, kirchl. Architecturen und hervorragenderen Bildwerke. gr. 8. (VIII, 99 S.) Nürnberg 882, Korn'sche Buchh. +

Festing, Johann

— — De artificiis advocatorum. Von Advocaten-Griffgen, Fündgen / etc. Disp. jur. Rostock 1688. Halle (Joh. Chn. Hendel) 1730. 24 S. (5.—) 8729

— Johann, De Germanorum proverbio: Wo nichts ist, da hat der Kayser sein Recht verlohren. Hoc est: de actione inani. Commentatio jurid. Jena (Ritter) 1745. 48 S. — Anh.: Herte, Jo. Nicol. (Giessen), Observat. jur. German. in paroemiam: Da nichts ist, hat der Kayser sein Recht verlohren. 8 S. (5.—) 8728
Darin: Zinck, Joachim (Wismar), De actione inani. Diss. jur. Rostock, 22. IV. 1686.

Deutsch-Amerikanische Schützen-Gesell. NY, 1877–1900. Fest-Journal z. silbernen Jubiläum. 12. Okt. 1902. New York 1902.

Fest-Journal z. 29jähr. Schützenfest der Deutsch-Amerikan. Schützengesellschaft am 9. Juni 1907. New York 1907.

Festival, The, of Wit, being a Collection of Bon-Mots . . . Dresd. 1795. H: *Walther, Conrad Salomon.* (MGT)

the Festival of Wit, or Collection of bon-mots, anecdots etc. II Vols. 8. Dresd. 795—805. Walther. 1 ß 2 gl

Fest-Kalender, s. Tanz-Musik- und Fest-Kalender.

Festkalender, Der. Hg.: F. Nork.
(1847). M. 37 Tfln. u. Abb.
Stuttgart.

Fest-Kalender: 1872? – ?
Edited by F. W. Gerstle. Organ of Texanischer Bundes-Sängerfest. Advertised in Der Deutsche Pionier, 1887, which lists 16th Sängerfest, Ap. 1887.
San Antonio, TX

Fest-Kalender in Bildern u. Liedern geistlich u. weltlich von F. G. v. Pocci, G. Görres . . . .
(1835—1837). 15 Hefte, 120 Bl., Lith. v. Pocci, W. Kaulbach, P. Cornelius u. s. w.
München.

Fest-Kalender in Bildern u. Liedern, geistl. u. weltl. v. Frz. G. v. Pocci, Guido Görres u. ihren Freunden. XV Hfte. od. 3 Thle. 4. (120 lith. Bl.) München 835—39, (Literar.-artist. Anstalt.)
Fortsetzung, vgl. Pocci, F. G. v.

Festkalender in Bildern und Liedern, geistlich und weltlich, von Frz. Graf v. Pocci, G. Görres und ihren Freunden. Neue Ausg. 2 Thle. gr. 4. (VIII, S. 1—78; V, S. 79—170.) Freiburg i. Br. 885,86, Herder'sche Verlagsh. à Thl. *
geb. à Thl. in Halbleinw. *ℳ 4.—.; in Leinw. *
compl. geb. in 1 Bd. *
geb. in Halbleinw. *ℳ 7.—.; in Leinw. *

Festkalender, katholischer, für die J. 1870—1872. 1.—3. Jahrg. 16. (128 S.) Bonn, Henry. à Jahrg. **
Vgl.: St. Josephs-Kalender.

Festkalender, kirchlicher, der Diözese Augsburg f. d. J. 1911. 4. Jahrg. Nach dem Diözesan-Direktorium zusammengestellt. (31 S.) 16. Augsburg, Literar. Institut v. Dr. M. Huttler. —20

—— Marianischer, auf alle Tage des Jahres. Mit vielen Legenden der eifrigsten Diener und Dienerinnen Mariens und der Beschreibung der berühmtesten marian. Gnadenorte sammt tägl. Gebeten. Mit besond. Berücksichtigung der Marienfeste und des Maimonats. Neu bearb. von einem Priester der Diöcese Augsburg. 2 Bde. in 13 Lfgn. 4. (749 S., 760 S. mit 1 Stahlst. und eingedr. Holzschn.) Regensburg 866,67, Manz. à Lfg. 6⅔ Ngr.

Münchens Festkalender zur (25jähr.) Jubelfeyer des Oktoberfestes im Jahre 1835. Im Selbstverlage der Herausgeber (*F. M. Friedmann* u. *A. Schallbrouck*). 12°. Cart
115 S. Mit 1 Karte, darstellend die Flugbahn des Luftballes (?) des Prof. G. Reichard, der am 9. Oktob. 1835 von der Theresienwiese aufstieg u. bei Eggenfelden im Unterdonau-Kreise herabkam. — Selten!

Fest-Kalender, österreichischer, zur Feier der silbernen Hochzeit des Allerhöchsten Kaiserpaares Franz Joseph und Elisabeth am 24. April 1879. Redig. von Ferd. Stamm. Mit den Porträts der kaiserl. Familie und 21 (eingedr.) Holzschn. 8. (220 S.) Wien 879, Fromme. ℳ 1.60.; Pracht-Ausg. geb.

Festkarte zum 50-jährigen Maurer-Jubiläum des Br. Albert Henning und zur Sylvester-Feier vom 31. Dez. 1903 der Johannis-Loge „Friedrich zur Beständigkeit" im Or. Zerbst am 3. Jan. 1904. [Zerbst 1904: Zeidler.] 8 Bl. 8° [Umschlagtit.]
Programm u. 10 Liedertexte. 3.

Eidgenössisches **Musikfest** in Lugano 15. 16. u. 17 August 1903. (Officielle) Fest Karte. [Illustriert.] 50 S. 8. Lugano, Buchdr. F. Veladini & C., Verleger: Gebr. Grassi, 1903.

Festkatechismus, zum Unterricht. 8. Lingen 790. Jülicher. 4 gl

Festklänge. Gedichte, Gespräche u. Aufführgn. f. Jungfrauen-Vereine f. alle Feste d. Jahres. Hrsg. vom Verband der evang. Jungfrauen-Vereine Deutschlands. (IV, 108 S.) kl. 8. Berlin 907. (Buchh. d. ostdeutschen Jünglingsbundes.) Kart. 1.—

— dasselbe. 2. Bd. 1. Tausend. (IV, 108 S.) Ebd. 910. Geb. 1.—

Festklänge von der Einweihung der evangel. Friedenskirche zu Peggau am 1. November 1906. [Mit illustriertem Umschlag.] *Kopftitel:* Evangelische in Österreich. 19 S. 8. Peggau, Verlag der evangelischen Predigerstation ([Druck:] Manatschal, Ebner & Cie., Chur, 1906). K. —.30 = M. —.30 = fr. —.30
S. 5—16: Festpredigt, gehalten von Herrn Pfarrer [Burkhard] Gantenbein in Chur, Schweiz....

Festklänge zur Erinnerung an das 50jährige Jubiläum des Schwesternvereins der St. Johannis-Loge Modestia cum libertate im Or.·. von Zürich, gefeiert am Sonntag, den 1. Febr. 1891, auf dem Lindenhof. Den Schwestern und Brüdern gewidmet. Gedr. als Ms. Zürich 1891: Bürkli. 23 S. 8° [Umschlagtit.]
Festbericht. Rede des Br. Custer. 358.

Festklänge vom 19. und 21. October 1888 aus dem Asyl für schwach- und blödsinnige Kinder zu Alsterdorf. — Norden 1888: Soltau. 46 S. 8°
(Briefe u. Bilder aus Alsterdorf. Jg. 12, Nr. 5. 1888.)

[Umschlagt.:] [F.] **Festklänge.** Herrn Elwin Paetel z. fünfundzwanzigj. Jubiläum, 14. März 1895, v. Mitarbeitern d. 'Deutschen Rundschau' u. Autoren s. Verlags. '(Als Ms. gedr.)' *[Berlin: Gebr. Paetel 1895.]* (1 Bl., 107 S.) 1 Bd 8. [96. 3911]

Fest-Kneip-Zeitung zum 25jährigen Jubiläum des „Buchfink". Folio. (12 S., mit Illustrationen.) In Comm. * —.50
Wien: Mohr 1894

Fest-Commers zu Ehren des Hauptlehrers Heinrich Lorenz Christian Hass am Jubeltage seiner 50jährigen Lehrtätigkeit in seiner Vaterstadt Kiel. Programm. — Kiel (1885): Böckel. 2 Bl. 8°

Festkommers zu Ehren des Berliner Lehrer-Gesangvereins am Sonnabend, den 4. Oktober 1907 in „Wriedts Etablissement". Veranstaltet vom Kieler Lehrer-Gesangverein. (Kiel. 1907.) 8°

Fest-Kommers zu Ehren des Bremer Lehrer-Gesangvereins am Sonnabend, den 30. Sept. 1905 in „Wriedt's Etablissement". Veranstaltet vom Kieler Lehrer-Gesangverein. Kiel. (1905.) 8°
[Umschlagt.:] Lieder zum Kommers.

Festkommers zur Feier des 50jähr. Bestehens des Jahnvereins Berlin, gegr. 1859, 6. 11. 1909, 25 S., 8°.

Fest-Kommers zur Feier der Eröffnung des Neuen Naturhistorischen Museums. Hamburg, am 17. September 1891. Naturwissenschaftlicher Verein in Hamburg. Hamburg. (1891.) Fol.

Eisenbahn-Ver. Marburg. **Fest-Kommers** anläßlich der Feier des Geburtstages S. M. d. Kaisers Wilhelm II. 1904. *(Marburg 1904: J. Hamel.)* (5 Bl.) 8° [F. u. Ant.] [04. 8848 4

Fest-Commers zur 50jährigen Gedächtnissfeier der Erhebung Schleswig-Holsteins. Altona in der „Flora" am 24. März 1898. 8°.

Germania Männerchor von Balt. Festkonzert veranstaltet zur Feier seines 50. Jubs ... Baltimore. 1906.

Festkränzchen. Eine Auswahl von Gedichten auf die kirchl. Feste sowie zu anderen festl. Gelegenheiten, für die Jugend. br. 8. (128 S. mit 1 Radirung und eingedr. Holzschn. von J. B. Sonderland.) Düsseldorf 850, Schulgen. *

Festkränze. 16. (4 Chromolithogr.) Leipzig 880, Baldamus. *

Festkränze aus Libanons Gärten. Aus dem Syrischen. Von Pius Zingerle. Abtheilung 1. 2. Villingen 1846.

—— der Kinder zum Wittelsbacher Jubiläum. Von Onkel Ludwig. 16. (20 S.) Donauwörth 880, [Buchh. des kathol. Erziehungsvereins.] Auer.

FESTL, KARL: Ansprache / am Feierlichen Vermählungstage seiner Apostolischen / Majestät / Franz Joseph I. / unseres Allergnädigsten Kaisers / mit ihrer k. Hoheit Herzogin / Elisabeth / in Baiern / gehalten in der Kathedral-Kirche zu Fünfkirchen den 24-ten April 1854 von Dr. Karl Festl, Professor am Lyceal-Gymnasium und Stadtpfarr-Verweser zu U. L. Fr. in Fünfkirchen. Fünfkirchen 1854: Schnellpressendruck der Lyceal-Buchdruckerei. 10 S. - 193 mm

Festleiter, der gemüthliche. Ein nothwend. Hülfsbuch zur Weckung u. Erhaltung des frohen Sinnes in Gesellschaften. gr. 16. Crefeld 844, Klein. 1/2 ℛ — 2. Aufl. 8. Ebend. 845. 1/2 ℛ

Festleiter, der gemüthliche. Ein nothwendiges Hülfsbuch zur Weckung und Unterhaltung des frohen Sinnes in Gesellschaften. 3., umgearb. Aufl. gr. 16. (248 S.) Crefeld 849, Klein.-

Festlied. o. O. u. J. 2 Bl. 8° [Lithogr.] [Kopftit.]
Ohne Noten: „Hier tragen wir zu den Altären, ..." 155.

Festlied. Weimar am 28. August 1831. [Berin 1831.] V: *Förster, Friedrich.* (Bresl 31, S. 88)

Festlied zum 50jährigen Andreas-Maurer-Jubiläum des gel. Br. Adolf Busch, 6. Jan. 1903: [Von W. V.] »Das war vor fünfzig Jahren doch ...« [Berlin 1905.] V: *Voges, Wilhelm.* (Wolfstieg I, 7211)

Festlied zum 27. April 1838. [Altenburg 1838.] 1 Bl. 8° [Kopftit.]
Ohne Noten: „Preis Dir, du Schirmherr unsres Bau's ..." 358 a.

Fest-Lied. Dem Br. H. W. Buek und dem Br. C. A. H. Grapengiesser am Johannisfeste, den 23. Juni 1850, in brüderlicher Liebe gewidmet. Hamburg [1850]: Nobiling. 2 Bl. 8° [Umschlagtit.]
Ohne Noten: „Den Brüdern Heil! die wir auf's neue heute ..." 193.

Festlied der Deutschen zum 1. April 1895. Crefeld [1895]. V: *Pläschke, Moritz.* (Berl)

Fest-Lied zum 7. Dec. 1837. [Hamburg 1837.] 1 Bl. 8° [Kopftit.]
Ohne Noten: „Dir, o Tag, der festlich uns verbunden ..." 193.

Festlied zur Einweihung des neuen Mstr-Tempels der Skt.-Joh.-Loge zu den 3 Rosen im Walde im Or. Sorau am 1. Nov. 1885. Sorau [1885]: Rauert. 1 Bl. 8° [Kopftit.]
Ohne Noten: „Grosser allmächt'ger Weltenmeister blicke ..." 430.

Fest-Lied zur Einweihung der St. Johannes-Loge Nordstern in Rendsburg den 18. Jan. 1874. Flensburg 1874: Horzbruch. 2 Bl. 8° [Umschlagtit.]
Ohne Noten: „Sei gegrüsst, o Herr der Welt!"
Rekt. Kneisner, Hamburg.

Festlied zur Feier der Anwesenheit des Br. Neuland bei dem 144. Stiftungsfeste der vereinigten Loge zu Breslau am 18. Mai 1884. [Breslau 1884]: Grass, Barth & Co. 2 Bl. 8° [Umschlagtit.]
Ohne Noten: „Wir feiern den Geburtstag heut ..." 65.

FESTLIED zur Feier des 50-jährigen Bestehens der Philomathie in Glatz, gedichtet von ARENS. Glatz, den 5. November 1903. Glatz (1903). Bruno Hiller. 8°. [1])

[1]) Auch enth. in der Schrift: Zur Feier des fünfzigjährigen Bestehens der Philomatie in Glatz.

Loge Carl zum aufgehenden Licht im Or.·. Frankfurt a. M. 14. April 1845. 14. April 1895. **Festlied** zur Feier des fünfzigjährigen Maurer-Jubiläums unseres Br.·. Ferd. Heuer am 4. Mai 1895. [Frankfurt a. M. 1895: Knauer.] 2 Bl. 8° [Umschlagtit.]
Ohne Noten: „Denkst Du, mein Bruder, noch der sel'gen Stunde, ..." 140.

Festlied zur Feier des 50jährigen Maurerjubiläums des Br. Carl Trendelburg am 14. März 1906 in der Loge „Teutonia", Or. Buenos Aires. o. O. [1906]. 1 Bl. 8°. [Kopftit.]
Ohne Noten: „Brüder, reicht die Hand zum Bunde" .. 21

Festlied dem Club „Felsenfest" und dem Club „Brüderliche Einigkeit" zum 20. Juli 1876 herzlich geweiht von H. E. o. O. 1876. 2 Bl. 8° [Umschlagtit.]
„Unser Leben gleicht der Reise ..."
Rekt. Kneisner, Hamburg.

Fest-Lied. Friedrich VII. bei seinem Besuche in Husum am 13. October 1857 ... vorgetragen vom Husumer Männergesangverein. o. O. u. J. 2 Bl. 8°.

Festlied zu Kaisers Geburtstag, am 27. Jan. 1889. [Köln 1889: Du Mont-Schauberg.] 1 Bl. 8⁰ [Kopftit.]
Ohne Noten: „Es glänzen die Lichter im festlichen Saal, . . .“ 3.

Festlied zur 100jährigen Geburtstagsfeier des hochseligen Kaisers Wilhelm I… M.-Gladbach [1897]. V: *Pläschke, Moritz.* (Berl)

Festlied zur 100jährigen Geburtstags-Feier Kaiser Wilhelms des Grossen… Frankenberg i. S. [1897]. V: *Jähnichen, Ferd.* (Berl)

Fest-Lied zur Gedächtnis-Feier der Aufnahme Friedrichs des Grossen. Köln [1838?]: Du Mont Schauberg. 2 Bl. 8⁰ [Umschlagtit.]
Ohne Noten: „Wem gilt das Lied, das aus der Brüder Runde . . .“ 140.

Fest-Lied zur Gedächtnis-Feier der Aufnahme Friedrichs des Grossen. Köln [1888]: Du Mont-Schauberg. 2 Bl. 8⁰. [Umschlagtit.]
W. 15369 gibt fälschlicherweise 1838 als Jahr an. „Wem gilt das Lied, das aus der Brüder Runde“ … 21.

Festlied am Jahrstag der Schlacht bei Leipzig. Braunschweig 1814. V: *Geitel, Carl August Gfr.* (Mitth. Dr. H. Bäsecke.)

Festlied zur Installation der ger. und vollk. St. Joh. ▭ Carl zu den drei Ulmen. [Ulm 1844.] 2 Bl. 8⁰ [Umschlagtit.]
Tt. 2431. Ohne Noten: „Vollendet stehn auf festem Grund . . .“ 430.

Festlied am Johannisfeste 1820. [Altenburg: 1820.] 1 Bl. 9×35 cm. [Kopftit.]
Ohne Noten: „Lasst Brüder! lasst nach oben . . .“ 193.

Loge zur Harmonie im Or. Chemnitz. **Fest-Lied** zum Johannis-Fest am 24. Juni 1900. Chemnitz [1901]: Tetzner & Zimmer. 1 Bl. 8⁰ [Kopftit.]
Ohne Noten: „Wir reichen uns in festlich froher Stunde . . .“ 358.

Festlied am Johannis-Tage 1829. [Unterz.:] W. B. o. O. [1829]. 2 Bl. 8⁰ [Kopftit.]
Ohne Noten: „Brüder, lasst ein Lied uns singen, . . .“ 140.

Festlied am Johannistage 1819. [Altenburg: 1819.] 1 Bl. 12×41 cm. [Kopftit.]
Mit Chor. Ohne Noten: „Lasst Brüder! lasst nach oben . . .“ 8.

Festlied am Johannistage 1816. o. O. [1816]. 1. Bl. 12×41,5 cm. [Kopftit.]
Ohne Noten: „Brüder! unsers Festes Flamme . . .“ 193. 358a.

Festlied zum Johannis-Tage 5847 gesungen in der ger. und vollk. ▭ zum Tempel der Eintracht im Or. zu Posen. [Posen 1847: Busse.] 2 Bl. 8⁰ [Umschlagtit.]
Mit Chor ohne Noten: „Es werde Licht! ertönet jetzt von Thronen, . . .“

Festlied zur 25jährigen Jubelfeier der katholischen Gesellenvereine Lörrach, Säckingen, Thiengen und Waldshut den 22. Juni 1884. gr. 8. (4 S.) Freiburg i. Br. 884, Herder'sche Verlagsh. *

Festlied zur Jubelfeier des Waldenburger Turnvereins „Gut Heil“ am Tage seines 25jähr. Bestehens, Waldenburg 1885, 12 S., 8⁰.

Festlied am 12ten Julius 1818. o. O. [1818]. 1 Bl. 8⁰ [Kopftit.]
Ohne Noten: „Beginnt um Hochmittag das Fest . . .“ 3.

Fest-Lied am 24 sten Junius 1815. o. O. [1815]. 2 Bl. 8⁰ [Kopftit.]
Mit Chor. Ohne Noten: „Lieben Brüder! seyd willkommen!“ 430.

Festlied dem Br. Dolega v. Kozierowski zu seinem fünfzigjährigen Maurer-Jubiläum am 5ten Juli 5836 gewidmet von Br. W. T. »Heut jauchz aus treuer Brust.« [Bromberg 1836.] V: *Thiel* (?), *Wilhelm.* (wolfstieg I, 845)

Fest-Lied [der Loge zur Weltkugel]. Am 22. Febr. 1844. [Unterz.:] H. [Lübeck 1844.] 2 Bl. 8⁰ [Umschlagtit.]
Ohne Noten: „Es vereint die ausgeschmückte Halle . . .“ 193.

Fest-Lied. Dem Br. Arnold Lüschwitz zu seiner 25 jährigen maurerischen Jubel-Feier brüderlichst gewidmet von den Brüdern Mitgliedern der Loge Boanerges zur Bruderliebe [in Hamburg]. Hamburg [1824]: Menck. 2 Bl. 8⁰ [Umschlagtit.]
Ohne Noten: „Heil, Bruder Dir!“ 193. 358a.

Festlied zum 16. Mai 1862. [Leipzig 1862: Brockhaus.] 2 Bl. 8⁰ [Kopftit.]
2 Gesänge ohne Noten. 1: Dem König. 2: Den Gästen. 281.

Festlied zum 25jährigen Maurerjubiläum des Br. [Hermann] Colshorn am 21. Juli 1902. [Hannover 1902.] 1 Bl. 8°. [Kopftit.]
Ohne Noten: „Der du uns den Bau gegründet"... 358a.

Festlied zum 25jährigen Maurerjubiläum des geliebten Brs. Fel. v. Winning. 1877. 20. April 1902. W. V. »Jubelklang und Wonnesang ...« [Friedenau 1902.] V: *Voges, Wilhelm.* (wolfstieg I, 974)

Festlied zum 50jähr. Maurer-Jubiläum des geliebten Brs. Adolf Busch 1852. 27. Nov 1902. [Von W. V.] »Lasst lodern hoch des Herzens heisse Flammen ...« Friedenau [1902]. V: *Voges, Wilhelm.* (wolfstieg I, 731)

Festlied zum sechzigjährigen Maurerjubiläum des geliebten Brs. Otto Hager am 31. Jan. 1902. »Sechzig Jahr hat treu gebaut ...« [Altenb. 1902.] V: *Tauscher, Herm.* (wolfstieg I, 811)

Festlied gesungen am Namensfeste unseres geliebten Br. Betz am 3. Oct. 1846. [Mannheim 1846.] 2 Bl. 8° [Umschlagtit.]
Ohne Noten: „Woher erscholl der zauberische Klang, . . ." 142.

Festlied dem würdigen und allgemein verehrten Herrn Hof-Cantor Christian Heinrich Rinck in Darmstadt zur Jubelfeier am 2. August 1840. V: *Maurer, Georg Philipp.* (Herman Haupt, Hessische Biographien. Darmstadt 1918. I, 12.)

Festlied gesungen am St.·. Johannis-Feste der ger.·. u.·. vollk.·. St.·. Joh.·. □ zum Frankfurter Adler im O.·. v.·. Frankfurt a/M. [Frankfurt a. M.] o. J. 2 Bl. 8° [Umschlagtit.]
Ohne Noten: „Erschall, o Gefühl, vom maurischen Bunde, . . ." 140.

Fest-Lied am Sct. Johannis-Tage. [Regensburg] o. J. 1 Bl. 8°. [Kopftit.]
Ohne Noten: „Begrüsst den Tag, ihr Bundesbrüder!" ... 21.

Fest-Lied am St. Johannistage. [Unterz.:] Tbgr. [Hannover: 1840.] 2 Bl. 8° [Umschlagtit.]
Ohne Noten: „Mit deinem reinsten Strahl, Gestirn des Tages, . . ." 232.

Zum 15. Februar 1903. **Festlied** „Unsern Schwestern" gewidmet. [Unterz.:] M. C. [Berlin 1903.] 2 Bl. 8°.
Ohne Noten: „Kein Vergnügen ohne Damen"... 358a

Festlied den 8. Sept. 1874. [Hamburg 1874.] 1 Bl. 8° [Kopftit.]
Ohne Noten: „Ein Jubelfest das feiern wir heut, . . ." 193.

Festlied den 8. Sept. 1874. [Hamburg 1874.] 1 Bl. 8° [Kopftit.]
Ohne Noten. Dem Andenken F. L. Schröder geweiht: „Hundert Jahr sind heut' vergangen, . . ." 193.

Festlied zur hundertjährigen Stiftungsfeier der hochw. Grossen National-Mutterloge zu den 3 Weltkugeln gesungen am 13. Sept. 5840 bei der Tafelloge der ger.·. und vollk.·. St. Joh.·. □ zum Tempel der Eintracht im Or. zu Posen. [Posen 1840.] 2 Bl. 4° [Umschlagtit.]
Ohne Noten: „Der hohe Tempel steht seit hundert Jahren, . . ." 3.

Festlied zur 66 jährigen Stiftungsfeier der Loge zum Pelican in Hamburg dem Br. J. Semler, dem Br. C. C. Hartmann und sämmtlichen Beamten dieser Loge dankbar und liebend gewidmet von den treu verbundenen Brüdern. Am Mittwoch den 16. März 1836. [Hamburg 1836]: Menck. 2 Bl. 8° [Umschlagtit.]
Ohne Noten: „Aus starrem Winterschlaf erwacht die Erde, . . ." 193.

Fest-Lied zur 72 jährigen Stiftungsfeier der g. u. v. St. Johannis-Loge zum Pelican. Ihrem Br. Joh. Semler und Br. C. C. Hartmann liebend gewidmet von ihren treu verbundenen Ordensbrüdern. Hamburg den 16. März 1842. [Hamburg 1842: Witt]. 2 Bl. 8°
Ohne Noten: „Stimmet an das Lied des Danks, des Ruhmes . . ." 193.

Fest-Lied zur 73 jährigen Stiftungsfeier der g. u. v. St. Johannis-Loge zum Pelican. Ihrem Br. Joh. Semler und Br. C. C. Hartmann liebend gewidmet von deren treu verbundenen Ordensbrüdern. Hamburg den 16. März 1843. [Hamburg 1843]: Witt. 2 Bl. 8°
Ohne Noten: „Auf und singt des Meisters Ruhme, . . ." 193.

Festlied zur Stiftungsfeier der Loge Teutonia i. O. Potsdam am 5. Dez. 1886. Potsdam [1886]: Krämer. 1 Bl. 8⁰ [Kopftit.]
Ohne Noten: „Auf Brüder, lasst das Jahr uns singen, . . .“ 23.

Festlied am Stiftungsfeste 5818. [Altenburg: 1818.] 1 Bl. 4⁰ [Kopftit.]
Ohne Noten: „Seyd Brüder des Bundes willkommen!“ 193.

Festlied am funfzigjährigen Stiftungsfeste der Loge zum Pilgrim den 1. Nov. 1826. Berlin [1826]: Dieterici. 2 Bl. 8⁰ [Umschlagtit.] 25.

Fest-Lied für die Tafel-Loge am 6. Dec. 1837. [Hamburg 1837.] 1 Bl. 8⁰ [Kopftit.]
Ohne Noten: „Kennt Ihr den Tag, wo Brüder sich . . .“ 193.

Fest-Lied für die Tafel-Loge am 7. Dec. 1837. [Hamburg 1837.] 1 Bl. 8⁰ [Kopftit.]
Ohne Noten: „Klein und zart wird in die Erde . . .“

[Dasselbe u. d. Tit.:]
Festlied für die Tafelloge [der Loge Absalom] am 6. Dec. 1862. [Hamburg 1862.] 1 Bl. 8⁰ [Kopftit.]
Ohne Noten.

Festlied bei der Tafelloge am 31. Jan. 1825. [Altenburg 1825.] 1 Bl. 8⁰ [Kopftit.]
Ohne Noten: „Mit des Liedes sanften Tönen . . .“ 193.

Fest-Lied. Unserm Br. J. D. Trennert am Stiftungs-Feste der g. v. u. v. St. Johannis-Loge zur unverbrüchlichen Einigkeit [in Hamburg] gewidmet von seinen ihm treu verbundenen Brüdern. Am 26. Febr. 1840. Hamburg [1840]: Anthes. 2 Bl. 8⁰ [Umschlagtit.]
Ohne Noten: „Nach des Winters starrem Schlummer . . .“ 193.

Festlied der Loge Urania zur Unsterblichkeit [in Berlin] zur Geburtsfeier ihres Br. Joh. Ge. Marmalle. Berlin, den 24sten Oct. 1820. [Berlin 1820]: Dieterici. 2 Bl. 8⁰ [Umschlagtit.]
Ohne Noten: „Brüder, singt der Jahresfeier...“ 25.

Festlied der Loge Urania zur Unsterblichkeit in Berlin zur Geburtsfeier ihres Br. Joh. Ge. Marmalle. Berlin, den 24sten Oct. 1820. [Berlin 1820]: Dieterici. 2 Bl. 8⁰ [Umschlagtit.]
Ohne Noten: „Brüder begrüsset nach mrischer Weise . . .“ 25.

Festlieder. o. O. u. J. 4 Bl. 8⁰ [Kopftit.]

[Dasselbe.] o. O. u. J.: [Heller & Rohm]. 4 Bl. 8⁰

[Dasselbe.] o. O. u. J. 8 S. 8⁰
5 Gesänge ohne Noten.

Festlieder. o. O. u. J. 2 Bl. 8⁰ [Kopftit.]
3 Gesänge ohne Noten. 1 gedichtet v. F. A. v. Stägemann, komp. v. A. Neithardt, 1 gedichtet von A. Ritter. 283.

Festlieder. o. O. u. J. 4 Bl. 8⁰ [Umschlagtit.]
3 Gesänge ohne Noten: 1. „Durch dreimal drei, ihr Brüder!“ 2. „Lasst Bbr.·. walten nun die Lust . . .“ 3. „Trinkt, trinkt, trinkt!“ 142.

Festlieder. Hrsg. für den Arnsburger, den Büdinger, den rheinhess. und starkenburg. Missionsverein. 3. Aufl. 16. (82 S.) Darmstadt 867, Würtz'sche Buchh. *

[Fest-Lieder.] [Dat.:] Mannheim. 3. Juli 1887. 2 Bl. 4⁰. [Lith.]
Ein Lied von H. Zschokke und eins von J. Gross, ohne Noten, und weiteres musikalisches Programm. 21.

Collegium Fridericianum. Sept. 1903. Festlieder. Commers der Abiturienten des Königlichen Friedrichscollegiums. *([Königsberg i. Pr.] 1903: F. Klein.)* (5 Bl.) 8⁰ [illegible] 10

Fest-Lieder der deutschen Arbeiter-Verbrüderung zum 18. März 1849. Berlin, Druck von F. Zschiesche. 4 Bl. 4.
Flugblatt. Berlin, 1848/49.

Festlieder, gesungen von der vereinigten Bürgerwehr am 21. August 1848 beim Festmahle im Krollschen Locale. Druck von Harth u. Schultze. 3 Bl. 8.
Flugblatt. Berlin, 1848/49.

Festlieder zu der Einweihung der ger. u. vollk. Joh. Loge „Zur Burg am Saalestrande“ i. O. Halle a. Saale am 19. März 1905. [Halle a. S. 1905: Hendel.] 2 Bl. 8⁰ [Umschlagtit.]
10 Lieder ohne Noten. 193.

Festlieder bei der Einweihung des neuen Logenhauses und dem 25jährigen Stiftungsfeste der Loge Friedrich Wilhelm zum eisernen Kreuz in Bonn am 8. April 1883. [Bonn 1883: Georgi.] 15 S. 8⁰
7 Gesänge ohne Noten. 253.

Fest-Lieder zur Einweihung des neuen Logenlocals der Loge „Armin zur deutschen Treue“ i. Or. Bielefeld den 28. Nov. 1875. Bielefeld [1875]: Mainz. 2 Bl. 8⁰ [Umschlagtit.]
Ohne Noten. 3 Gesänge im Tempel, 6 bei der Tafel zu singen. 157.

Festlieder zur Einweihung des neuen Locals der Loge zum Zirkel der Eintracht im Or. zu Naumburg mit Weissenfels. Naumburg, den 6. Aug. 5825. [Naumburg 1825.] 2 Bl. 8⁰ [Kopftit.]
2 Gesänge ohne Noten. 1. Zur Weihe der Loge, 2. An die besuchenden Brüder. 3.

Festlieder, evangelisch-kirchliche. 8. (17 S.) Kaiserslautern 884, A. Gotthold's Verlag. *

1807. 1907. **Festlieder** zur Feier des 100jährigen Bestehens der Loge „Zum Goldenen Rade“ i. Or. Osnabrück am 30. Nov. 1907. Osnabrück [1907]: Paal. 3 Bl. 8⁰ [Umschlagtit.]
5 Gesänge ohne Noten. 3.

Festlieder zur Feier des 100-jährigen Bestehens der St. Johannis-Loge Minerva in Potsdam, am 13. Mai 1868. [Potsdam 1868: Crämer.] 12 S. 8⁰ [Umschlagtit.]
8 Lieder ohne Noten. 358.

Festlieder zur Feier der 50j. Erhebung Schleswig-Holsteins am 24. März 1898. Meldorf. 1898. 8⁰.

Festlieder zur hundertjährigen Feier der Stiftung der Gr. Loge der Freimaurer gen. zur Sonne im Or. Bayreuth, den 21. Jan. 1841. o. O. [1841]. 8 S. 8⁰ [Umschlagtit.]
5 Lieder. 25. 103.

Festlieder zur Feier des 125. Jahrestages der Stiftung der Loge Archimedes zu den drei Reissbretern im Or. v. Altenburg am 31. Jan. 1867. Altenburg [1867]: Hofbuchdr. 8 S. 8⁰ [Umschlagtit.]
5 Lieder ohne Noten. 193. 358a.

Fest-Lieder zur Feier des Johannis-Tages gesungen von den versammelten Br. Br. in der Tafel-Loge ☐ z. schw[arzen] Bär am 24. Junius 1847. Von Tbr. [Hannover 1847.] V: *Taberger*. (wolfstieg I, 550)

Festlieder zur Feier der Lichteinbringung in die neuen Räume der Loge zur siegenden Wahrheit im Or. Gleiwitz am 17. Sept. 1865. Gleiwitz [1865]: Neumann. 8 Bl. 8⁰ [Umschlagtit.]
Tt. 2432. 11 Lieder ohne Noten, davon 6 von Th. Stentz, 3 von W. Beermann. 430.

Festlieder zur Feier des 1. Mai 1891. Allgemeine Gesänge zur Lassallefeier. 8⁰. Leipzig 1891.

Fest-Lieder zur Feier der 25jährig. Maurerjubiläen der Bbr H. Adolph Müller und E. Justus A. Müller gewidmet von ihren Rosenbrüdern. Sonnabend, den 11. Mai 1907. [Hamburg: 1907.] 2 Bl. 8⁰ [Umschlagtit.]
8 Lieder ohne Noten.
Rekt. Kneisner, Hamburg.

Festlieder zur Feier des fünfzigjährigen Maurer-Jubiläums des Br. Marot. Berlin 1840. V: *Rohr, Joh. Ludw. Leop.* & *Gustav Schmidt*. (wolfstieg I, 869)

Fest-Lieder zur Feier des 40jährig. Maurer-Jubiläums des Heinr. v. Holt und der 25jährigen Maurer-Jubiläen der Bbr Otto Rüthnick und Gust. Bolland gewidmet von ihren Rosenbrüdern. Hamburg, den 14. Okt. 1903. [Hamburg 1903: Krüger & Nienstedt.] 2 Bl. 8⁰ [Umschlagtit.]
8 Lieder ohne Noten.
Rekt. Kneisner, Hamburg.

Festlieder zur Feier des St.·. Johannisfestes der ☐ Ludewig zur Treue auf dem Schiffenberg am 1.·. Juli 5846. Giessen [1846]: Keller. 15 S. 8⁰
9 Gesänge ohne Noten. 100.

Festlieder, 25 deutsche. 16. (18 S.) Kreuznach 882, Voigtländer's Verlag. Preis für 25 Exempl. *

Festlieder, 25 deutsche. 4. Aufl. 16. (15 S.) Kreuznach 887. Leipzig, Voigtländer's Verlag. 25 Exempl. *

Festlieder, 25 deutsche, zur Feier patriot. Feste. Neue Ausg. gr. 4. (4 S. m. 2 Bildn.) Kreuznach 896. Buchdr. R. Voigtländer. 100 Stück n. 4. —

Fest-Lieder bei der Allerhöchsten Geburtsfeier Seiner Majestät des Königs Wilhelm Allerdurchlauchtigsten Protectors. Berlin, am 22. März 1861. 4 Bl. 8⁰ [Umschlagtit.]
7 Lieder ohne Noten. 25.

[Kopft.:] [A. . Ant.] **Festlieder** zur 100jähr. Geburtstagsfeier Kaiser Wilhelm I. am 22. März 1897 ... Preisgedicht der 'Deutschen Warte'. Gedichtet u. komp. v. C. W. Draeger, Berlin. *Berlin: Deutsches Druck- u. Verlagshaus (1897).* 2 Bl. 8. [09 1984

— z. 100. Geburtstags-Feier Kaiser Wilhelms d. Großen am 22. III. 1897. 8. (16 S.) Mülheim a. d. R. 897. J. Bagel. — 10

Fest-Lieder zur 200jährigen Gründungsfeier der Stadt Altona, am Dienstag d. 23. Aug. 1864. Gesungen auf dem Festplatze. (Altona. 1864.) 8°

Fest-Lieder. Ihrem Br Heinr. v. Holt zum 25-jährigen Maurerjubiläum herzlichst dargebracht von seinen Rosenbrüdern. Hamburg, den 12. Oct. 1888. [Hamburg 1888: J. H. Meyer.] 2 Bl. 8° [Umschlagtit.]
2 Lieder ohne Noten.
Rekt. Kneisner, Hamburg.

Festlieder zur 32. Jahresversammlung des Vereins deutscher Freimaurer. Hirschberg, den 8. und 9. Sept. 1894. [Hirschberg 1894: Tageblatt.] 2 Bl. 8° [Kopftit.]
Ohne Noten.

Festlieder bei der Installations-Feier am 15. Nov. 1847. o. O. [1847]. 2 Bl. 8° [Kopftit.]
3 Gesänge ohne Noten: 1. „Geist der Weihe." 2. „Zu Ehren des Grossherzogs." 3. „Bei der Tafel." 3.

Festlieder gesungen am Johannistage des Jahres 1860 in der Loge „Carl zur Gekrönten Säule" in Braunschweig. [Braunschweig 1860.] 2 Bl. 8° [Umschlagtit.]
Gebet von W. A. Mozart u. Kantate von F. Abt; ohne Noten. 65.

Fest-Lieder zur Jubel-Feier der vereinten Loge Irene z. d. 3 Sternen, Tempel der Wahrheit und Prometheus. [Rostock] o. J.: Behm. 2 Bl. 8° [Kopftit.]
2 Lieder ohne Noten von R. J. E. Labes u. Bernh. Müller. 157.

Festlieder zum 50jährigen Jubelfeste der Loge „Zur Rose am Teutoburger Walde" im Or.·. Detmold am 17. März 1895. Detmold [1895]: Meyer. 10 S. 8° [Umschlagtit.]
6 Gesänge ohne Noten.

Festlieder zum fünfzigjährigen Jubiläum von Br.·. Gysi und hundertjährigen Stiftungsfest der Loge Modestia cum libertate [in Zürich]. Am Sommer-Johanni den 13. Juli 1873. Zürich 1873: Orell, Füssli & Co. 4 Bl. 8° [Umschlagtit.]
5 Lieder, davon 2 mit Noten. 358a.

— z. 50jähr. Jubiläum d. Gabelsberger Stenographen-Vereins zu Leipzig, gegr. 1846, Leipzig, 22. u. 23. Aug. 1896. gr. 8. (24 S.) Leipzig 896. (E. Zohl.) n. — 60

Festlieder zum 20. Juni 1897. Loge „Eos" Crefeld. [Krefeld 1897.] 4 Bl. 8° [Kopftit.]
9 Lieder ohne Noten. 193.

Fest-Lieder für die Loge Carl zu den drei Adlern im Or. zu Erfurt. o. O. [ca 1826]. 54 S. 8°
22 Gesänge ohne Noten. 63.

Festlieder, gesungen bei den Kirmes- und Schützenfeierlichkeiten der Stadt Neuß. Neuß, [um 1837] 52 S. 2037

Festlieder für unsere Kleinen in Schule und Haus. Lieder u. Gedichte z. Christfest, Kaisers Geburtstag u. anderen Festen. *Kaiserswerth: Diakonissen-Anst. [1899].* (60 S.) 8° [F.] [09. 9334 5

— f. unsere Kleinen in Schule u. Haus. Lieder u. Gedichte z. Christfest, Kaisers Geburtstag u. andern Festen. gr. 8. (60 S.) Kaiserswert (900). Buchh. der Diakonissen-Anstalt. n. — 60; kart. n. — 75

Festlieder für unsere Kleinen in Schule und Haus. Lieder u. Gedichte z. Christfest, zu Kaisers Geburtstag u. anderen Festen. (Vorr.: H[einri]ch Fliedner, Pastor.) 2. Aufl. Kaiserswerth: Diakonissen-Anst. [1906]. (68 S.) 8° [F.] [07. 8881

Fest- und Kommerslieder zum 4., 5. und 6. Oktober 1875. Hrsg. vom Festausschuß alter Studenten. Czernowitz: Eckhardt 1875.

Festlieder f. Preußens Landwehrvereine, f. a. Anton, Ed.

Festlieder f. Preußens Landwehrvereine. Eigends zusammengestellt v. Anton. 16. Magdeb. 846, Falckenb. u. C. geb. 1/4 rf

Festlieder zum Leo-Jubiläum. O. O. 1893. V: *Iseke, Hermann.* (Keiter VI, 140)

Festlieder zum Liliencron-Bankett am 26. April 1904 im Hamburger Hof veranstaltet von der Literarischen Gesellschaft zu Hamburg. (Hamburg. 1904.) 8°

Fest-Lieder der Loge „Zur Deutschen Redlichkeit" Or.·. Iserlohn Iserlohn o. J.: Jung. 5 Bl. 8° [Umschlagtit.]
8 Lieder ohne Noten. 23.

Festlieder [der Loge „zu den 3 Rosen im Walde" in Sorau]. o. O. u. J. 2 Bl. 8°. [Kopftit.] 430.

Fest- und Turnlieder, Lübecker. Lübeck 857. Dittmer. 12. (63 S.) n. 6 ngr

Festlieder für das 25 jährige Maurer-Jubiläum des Br. Scholtz. [Erfurt] o. J. 2 Bl. 8⁰ [Kopftit.]
4 Lieder ohne Noten. 157.

— f. Missions- u. Gustav-Adolf-Feste.. Hrsg. vom evang. Verein im Herzogt. Braunschweig. Ausg. B. (16 S.) 16. Braunschweig 907. H. Wollermann. n — 03

Festlieder f. Missions-, Gustav-Adolfs- u. andere Vereinsfeste, ausgewählt aus dem evangel. protest. Gesangbuche der Pfalz. Nebst e. Anh. v. geistl. Volksliedern. 12. (92 S) Speier 860. Kaiserslautern, Evang. Verein, Schriftenniederlage. — 25

Fest-Lieder. Ihrem Br Heinr. Frido Möller zum 25 jährigen Maurer-Jubiläum herzlichst dargebracht von seinen Rosenbrüdern. Hamburg, den 23. April 1902. [Hamburg 1902]: Krüger & Nienstedt. 4 Bl. 8⁰ [Umschlagtit.]
5 Lieder ohne Noten.
Rekt. Kneisner, Hamburg.

Fest-Lieder, 39, zu Kaisers-Geburtstags-Feiern u. f. andere patriotische Feste. 6. verm. Aufl. (24 S.) kl. 8. Essen (910). Fredebeul & Koenen. n — 10

Fest-Lieder der St. Johannes-Loge „Nordstern" in Rendsburg zur Feier der Lichteinbringung am 18. Jan. 1874. Flensburg 1874: Herzbruch. 2 Bl. 8⁰ [Umschlagtit.]
8 Lieder ohne Noten.
Rekt. Kneisner, Hamburg.

— zum 25jährigen Papst-Jubiläum. Sr. Heil. Papst Leo XIII. Dem Stellvertreter Christi, dem Schirmherrn der Völker, dem hl. Vater zum Jubelfeste. (8 S.) gr. 8. Essen (903). Fredebeul & Koenen. n. — 10

Festlieder zum I. deutsch-socialen Parteitage zu Leipzig am 17., 18. u. 19. Mai 1891. Mit e. Plan der Stadt Leipzig. 16. (41 S.) Lpz. 891, Ubl. * — 20

Fest-Lieder zum XIII. deutschen Philatelisten-Tag in Berlin. 7.–10. Sept. 1901. *Berlin 1901: M. Driesner.* (4 Bl.) 8° [F.] (ca. u864

— zum 50 jähr. Priester-Jubiläum Sr. Heil. Papst Pius X. Dem Stellvertreter Christi, dem Schirmherrn der Völker, dem hl. Vater zum Jubelfeste. (8 S. m. 1 Bildnis.) 8. Essen (908). Fredebeul & Koenen. n — 10

Festlieder zur Säkularfeier von Goethes Aufnahme in die Freimaurerloge Amalia zu Weimar am 23. Juni 1780. [Weimar 1880: Hof-Buchdr.] 2 Bl. 8⁰ [Kopftit.]
Abgedr. in: Frmrische Vorträge, Ansprachen, Gedichte u. Tafelreden. 1880 S. 157–160.
3 Gesänge ohne Noten. 193.

Festlieder. St. Georgspforte zum Frieden in Spremberg. Spremberg o. J.: Säbisch. 17 S. 8⁰.
14 Lieder ohne Noten. 358a.

Fest-Lieder der St. Johannis-Loge zur Wahrheit im Or. Prenzlau. Prenzlau [1882]: Mieck. 6 Bl. 8⁰ [Umschlagtit.]
7 Lieder ohne Noten. 25a.

Fest-Lieder der St. Johannis-Loge zur Wahrheit im Or. Prenzlau. Prenzlau [1889]: Mieck. 6 Bl. 8⁰ [Umschlagtit.]
7 Lieder ohne Noten. 25a.

Fest-Lieder, gesungen z. 8. Stiftungsf. d. A. T. V. Alemannia in Leipzig 1. 6. 1894, Leipzig-Reudnitz, 10 S., 8⁰.

Festlieder zum 125 jähr. Stiftungsfest der Loge Janus im Or. Bromberg am Sonntag, den 12. Dez. 1909. Bromberg [1909]: Gruenauer. 4 Bl. 8⁰ [Umschlagtit.]
8 Lieder ohne Noten: Nr 1. komp. von L. Bauer, Text von R. Braun, Nr 2. von H. Heidler, Text von K. F. W. Jungklaass, Nr 6. von O. Neumann. 79.

Festlieder zum 100 jährigen Stiftungs- u. Johannisfest der Freimaurerloge „Zu den drei Verbündeten" i. Or.·. Düsseldorf. Festfeier am 10. Juni 1906. [Düsseldorf 1906.] 16 S. 8⁰ [Umschlagtit.] 23.

Fest-Lieder zum 100 jähr. Stiftungsfest der St. Joh.-Loge zur Wahrheit im Or. Prenzlau. Prenzlau [1896]: Mieck. 8 Bl. 8⁰
7 Lieder ohne Noten. 358.

Festlieder zum 134 jährigen Stiftungs-Fest der Loge „Zur goldenen Kugel". Hamburg am 9. November 1904. Hamburg [1904]: Meyer. 2 Bl. 8⁰.
4 Lieder ohne Noten. 358a.

Fest-Lieder zum Stiftungsfeste der St. Johannis-Loge „Zur Unverbrüchlichen Einigkeit" Hamburg am 6. Febr. 1900. Hamburg [1900]: A. Meyer & Dieckmann. 2 Bl. 8⁰ [Umschlagtit.]
2 Lieder ohne Noten.
Rekt. Kneisner, Hamburg.

Festlieder beim 40. Stiftungsfest des Turnvereins zu Großenhain, 21. 8. 1886, Großenhain 1886, 8⁰.

Fest-Lieder zum Stiftungs-Feste der Loge „Vom Fels zum Meer" Hamburg. Blankenese o. J.: Kröger. 2. Bl. 8⁰ [Umschlagtit.]
4 Lieder ohne Noten.
Rekt. Kneisner, Hamburg.

Fest-, Tafel-, Kneip- u. Weihelieder, 8°.

Fest- und Tafellieder zum 88 jährigen Stiftungsfest der ehrw. Johs.-Loge zur unverbrüchlichen Einigkeit am 6. Febr. 1905. Hamburg [1905]: Pape. 4 Bl. 8⁰ [Umschlagtit.]
Choral, 3 Lieder ohne Noten.
Rekt. Kneisner, Hamburg.

Fest- und Tafellieder zum 91jährigen Stiftungsfest der Ehrw. Johs.-Loge „Zur Unverbrüchlichen Einigkeit" in Hamburg am 6. Febr. 1908. Hamburg [1908]: Pape. 4 Bl. 8⁰ [Umschlagtit.]
4 Lieder ohne Noten. 193.

Fest-Lieder zur Tafel-Loge beim 6. Verbandsfeste rhein. u. westfäl. Logen am Sonntag den 17. Mai 1885 im Hause der Loge zur Rose am Teutoburger Walde im Or. Detmold. [Detmold 1885: Meyer.] 1 Bl. quer 8⁰ [Umschlagtit.]
4 Lieder ohne Noten.

Fest-Lieder zum 11. Verbandfest der rhein.-westfäl. Logen im Or.·. Köln (Rhein) am 30. und 31. Mai 1891. Köln [1891]: Fuhrmann. 8 Bl. 8⁰ [Umschlagtit.]
12 Gesänge ohne Noten, darunter solche von L. Böhmer, J. F. O. Schulz, G. Kreyenberg, G. Kleinjung. 157.

Fest-Lieder zum 12. Verbandsfeste der rhein.-westfäl. Logen im Or.·. Detmold am 7. Juni 1892. Detmold [1892]: Meyer. 15 S. 8⁰ [Umschlagtit.]
12 Gesänge ohne Noten, darunter 3 von L. Böhmer. 3.

Fest-Lieder zum 20. Verbandsfeste der rhein. u. westfäl. Logen im Or.·. Detmold am 20. Mai 1900. [Detmold 1900: Meyer.] 8 S. 8⁰ [Kopftit.]
8 Gesänge ohne Noten, darunter 1 von L. Böhmer. 3.

Festlieder d. Männer-Riege „Willberg" d. T. V. Neu- u. Antonstadt Dresden z. 10jähr. Stiftungsf. 1892, 16°.

20 Fest-, Geburtstags- u. Turnerlieder, 8°.

Festlieder, 32, zu Kaisers Geburtstags-Feiern u. anderen patriotischen Festen. 12. (16 S.) Essen (900). Fredebeul & Koenen. n. — 10

Festliederbuch, erzgebirgisches. Liedertexte, hrsg. zum Berg- u. Waldfeste auf dem Pöhlberge am Sonntag, den 3. IX. 1905 anläßlich der Feier des 25jähr. Bestehens des sächs. Erzgebirgszweigvereins Annaberg, m. Orig.-Beiträgen des erzgebirg. Meistersingers A. Günther. (36 S.) kl. 8. Annaberg (905). Graser. n. — 60

Erzgebirgisches **Festliederbuch**. Liedertexte hrsg. v. Erzgebirgszweigverein Annaberg z. Heimatfest 1906, mit Originalbeiträgen d. erzgebirgischen Meistersingers A(nton) Günther, Gottesgab. 2. Aufl. Annaberg: Graser 1906. (36 S.) 8° [F.] [06. 10606

Festliederbuch für Feste und Versammlungen der Aeusseren und inneren Mission ⟨zum Gebr. in d. Wupperthaler Festwoche⟩. *Barmen-Elberfeld: Missionshaus u. Ev. Gesellsch. [1900].* (82 S.) 8° [F.] [01. 3004 B

Festliederbuch für Feste und Versammlungen der Äusseren und Inneren Mission. ⟨Zum Gebr. in d. Wuppertaler Festwoche.⟩ 2. Aufl. Barmen: Missionshaus; Elberfeld: Ev. Gesellsch. f. D. 1903. (70 S.) 8° [F.] [07. 3776 B

Festliederbuch für Feste und Versammlungen der äusseren und inneren Mission. ⟨Zum Gebr. in d. Wuppertaler Festwoche.⟩ (3. Aufl.) Barmen: Missionshaus; Elberfeld: Ev. Gesellsch. f. Deutschland (1906). (63 S.) 8° [F.] [06. 11869 B

Festliederbuch für Feste und Versammlungen der Äußeren u. Inneren Mission. ⟨Zum Gebr. in d. Wuppertaler Festwoche.⟩ 4. Aufl. Barmen: Missionshaus; Elberfeld: Ev. Gesellsch. f. D. 1908. (63 S.) 8° [F.] [08. 14914

1737\. 1862. **Fest-Loge** Absalom. Hamburg 1862. 1 Bl. 8⁰ [Kopftit.]
Lied ohne Noten: „Tag, der festlich uns verbunden, . . ." 193.

Fest-Loge Absalom in Hamburg am 17ten Dec. 1831, im ersten Grade, unter Vorsitz des Brs. [Heinr. Wilh.] Buek. [Hamburg 1831.] 32 S. 8⁰ [Kopftit.]
Kl. 3007. Bericht üb. die Feier des 50jährigen Mrjubiläums des Br. J. H. Bartels. 193. 358 a.

Fest-Loge Absalom den 18. März 1865. [Hamburg 1865.] 1 Bl. 8⁰ [Kopftit.]
Lied ohne Noten: „Die Stunde schwand, die Arbeit endet . . ." 193.

Allgemeine **Festloge** der unter Constitution der Grossen Loge von Hamburg arbeitenden 5 vereinigten Hamburger Logen Absalom, St. Georg, Emanuel, Ferdinande Caroline und Ferdinand zum Felsen zur Feier des 50jährigen Maurerjubiläums des Brs. Heinr. Wilh. Buek. Mittwoch, den 6. April 1870 unter dem Vorsitze des Brs. C[arl] E[du.] Buek. [Hamburg 1870: Nobiling.] 6 S. 2⁰ [Kopftit.]
Protokoll der Feier; Festrede von K. E. Buek. 430.

Allgemeine Grosse **Festloge** zur Feier des Geburtsfestes Seiner Majestät des Kaisers und Königs [in der Grossen Landesloge der Freimaurer von Deutschland]. 22. März 1884. 5 S. 2⁰. [Kopftit.]

Verhandelt im Ordenshause der Grossen Landes-Loge der Freimaurer von Deutschland zu Berlin am 22. März 1887. Allgemeine grosse **Festloge** zur Feier des Geburtsfestes Seiner Majestät des Kaisers und Königs. [Berlin 1887: Mittler & S.] 5 S. 2⁰ [Kopftit.]
Bericht. Festrede von K. A. Waechter.

Verhandelt im Ordenshause der Grossen Landes-Loge der Freimaurer von Deutschland zu Berlin am 27. Jan. 1890. Allgemeine grosse **Fest-Loge** zur Feier des Geburtsfestes Seiner Majestät des Kaisers und Königs. [Berlin 1890: Mittler & S.] 6 S. 2⁰ [Kopftit.]

Bericht. Festrede von F. L. Meyer: Was kann der König von den preuss. Frmrn erwarten? 157.

Allgemeine Grosse Festloge zur Feier des Geburtsfestes Seiner Kaiserl. und Königl. Majestät des Kaisers des Deutschen Reiches und Königs von Preussen, allerdurchl. Protektors Wilhelm im Bundeshause der Grossen National-Mutterloge „zu den drei Weltkugeln“ zu Berlin, am 22. März 1880. o. O. [1880]. 2 Bl. 2⁰. [Kopftit.]

Joh. Loge zu den drei Rosen [in Hamburg]. **Festloge** am Dienstag, 19. Okt. 1909. 40 jähr. Maurerjubiläum des Brs. Aug. Scharlau. [Hamburg 1909: Krüger & Nienstedt.] 4 Bl. 4⁰ [Umschlagtit.]

1 Gedicht u. 2 Liedertexte.

Festloge zur Feier des 25jähr. Maurer-Jubiläums des Kronprinzen des Deutschen Reiches u. von Preussen. Verhandelt im Ordenshause der Grossen Landesloge der Freimaurer von Deutschland zu Berlin am 5. Nov. 1878. Berlin o. J.: Mittler & Sohn. 4 S. 2⁰. [Kopftit.] 21.

Festloge zur Feier des funfzigjährigen Maurer-Jubiläums des Br. Brandis in der St. Joh. □ z. schw[arzen] B[är] im O. von Hannover am 25. Aug. 1853. Hannover 1853: Culemann. 44 S. 1 Taf. 8⁰

Bericht. Festrede von Ch. W. Siemsen: Gelegenheitsworte. 193.

□ zu den drei Rosen [Hamburg]. **Fest-Loge** zur Feier des 50-jähr. Maurer-Jubiläums unseres Br. Heinrich F. W. Lau. Sonnabend, den 27. Oktober 1906. 1856 bis 1906. 3 Bl. 8⁰. [Umschlagtit.]

5 Lieder ohne Noten.

□ zu den drei Rosen [in Hamburg]. **Fest-Loge** zur Feier des 50-jähr. Maurer-Jubiläums unseres Br Heinr. F. W. Lau. Sonnabend, den 27. Okt. 1906. 1856—1906. [Hamburg: 1906.] 4 Bl. 8⁰ [Umschlagtit.]

2 Choräle, 1 Gebet von F. Lux, 1 Lied von H. E. ohne Noten. Rekt. Kneisner, Hamburg.

Fest-Loge zur Feier des 50jährigen Maurer-Jubiläums des Br. Joh. Heinr. Schäfer, Donnerstag, den 8ten März 1860. [Hamburg 1860.] 2 S. 2⁰ [Kopftit.] 193.

Festloge, gemeinsame grosse, (der 3 Preuss. Grosslogen) zur Feier des Geburtsfestes Sr. Majestät des Königs. Verhandelt im Ordenshause der Grossen Landesloge der Freimaurer von Deutschland zu Berlin. am 15. October 1857. Berlin. Druck von Mittler & Sohn. 1857. Fol. 2 Bl. — Reden v. Klemm u. Mätzner.

Festloge, gemeinsame grosse. (der 3 Preuss. Grosslogen) zur Feier des Geburtsfestes Sr. Maj. des Königs Friedrich Wilhelm IV. Verhandelt im Ordenshause der Grossen Loge von Preussen, genannt Royal York z. Freundschaft. zu Berlin am 15. October 1858. Berlin. Druck von J. Sittenfeld. 1858. Fol. 2 Bl.

Reden von Schnackenburg und Grüzmacher.

Festloge, gemeinsame grosse, (der 3 preuss. Grosslogen) zur Feier des Geburtsfestes Sr. Maj: des Königs Friedrich Wilhelm IV. Verhandelt im Ordenshause der Gr. Landesloge der Freimaurer von Deutschland zu Berlin, am 15. October 1860. Berlin, Druck v. Mittler u. Sohn. 1860. Fol. 2 Bl.

Reden von Klemm und Alexis Schmidt.

Verhandelt im Ordenshause der Grossen Landes-Loge der Freimaurer von Deutschland zu Berlin, am 22ten März 1863. Gemeinsame Grosse **Festloge** zur Feier des Geburtsfestes Sr. Majestät des Königs. [Berlin 1863: Mittler & S.] 2 Bl. 2⁰ [Kopftit.]

Festrede von A. Schmidt: Die Grundsätze der wahren Staatskunst leuchten hell in den Lehren u. in dem System der Frmrei. 157.

Verhandelt im Ordenshause der Grossen Loge von Preussen, gen. Royal York zur Freundschaft zu Berlin am 22. März 1861. Gemeinsame grosse **Festloge** zur Feier des Geburtstages Seiner Majestät des Königs, Allerdurchlauchtigsten Protectors. [Berlin 1861: Sittenfeld.] 6 S. 2⁰ [Kopftit.]

Tt. 2014. 430.

Gemeinsame **Festloge der drei altpreuss. Grosslogen in Berlin zur Feier des 300jhr. Geburtstages von Amos Comenius.** Verhandelt im Ordenshause der Grossen Landesloge der Freimaurer von Deutschland zu Berlin, den 28. März 1892. Berlin [1892]: Mittler & Sohn. 9 S. 2⁰. [Kopftit.]

Grosse **Fest-Loge** Behufs der Investitur des Ehrwst. Grossmeisters, Br. Herrig, gehalten von der Grossen Loge von Preussen, gen. Royal York zur Freundschaft, zu Berlin, am 24. Mai 1873. [Berlin 1873: Sittenfeld.] S. 95--100. 2⁰ [Kopftit.]
Bericht. Programmrede von Herrig. 65.

Fest-Loge [der Grloge von Hamburg] 1904. Johannisfest. [Hamburg 1904]: Rademacher. 3 Bl. 8⁰ [Umschlagtit.]
3 Lieder ohne Noten. 193.

Große Loge von Hamburg. **Fest-Loge** anlässlich der Installation der ger. und vollk. Johs. Loge „Phönix zur Wahrheit" im Or. Hamburg, am Sonnabend, dem 9. Juni 1906. [Hamburg 1906.] 4 Bl. 8⁰ [Umschlagtit.]
3 Lieder ohne Noten.

Grosse Loge von Hamburg und die 7 Hamburger Tochterlogen. **Fest-Loge** 1909. Johannisfest. Hamburg [1909]: Rademacher. 2 Bl. 8⁰ [Umschlagtit.]
2 Gesänge, Rezitativ u. Arie ohne Noten 193.

Fest-Loge am 31. Okt. 1903 bei Einsetzung der unter Leitung der Höchstleuchtenden Hochwürdigsten Gr. Landesloge der Freimaurer von Deutschland arbeitenden neuen Johannisloge „Stern zur Treue" zu Leipzig. [Leipzig 1903.] 2 Bl. 8⁰ [Umschlagtit.]
Programm, Texte für 3 Chorgesänge u. ein Kettenlied. 281.

[**Festloge.**] Verhandelt im Ordenshause der Grossen National-Mutter-Loge der Freimaurer in den preussischen Staaten, gen. Zu den drei Weltkugeln, im Or. zu Berlin, am 15. Oct. 1850. 1853. [Berlin 1850. 1853.] 2⁰ [Kopftit.]
1850 4 S.; 1853 2 Bl.
1853 abgedr. in: A. 17 1853—1854 S. 234—241.
Berichte üb. die Feier des Geburtsfestes Friedrich Wilhelm IV.
1850 in 157; 1853 in 3.

Fest-Loge St. Georg den 5. Oct. 1849. [Hamburg 1849.] 1 Bl. 8⁰ [Kopftit.]
2 Lieder ohne Noten. 193.

Loge Emanuel zur Maienblume. Or.˙. Hamburg. **Festloge** zum 135-jährigen Stiftungsfest am Donnerstag, dem 16. Sept. 1909. [Hamburg 1909: Bitter.] 4 Bl. 8⁰ [Umschlagtit.]
Programm u. 2 Liedertexte. 193.

Festloge für die Weihe des neuen Tempels der unter der Leitung der Grossen Landesloge der Freimaurer von Deutschland arbeitenden Johannisloge Hohenzollern treu und beständig in Magdeburg durch den Höchstleuchtenden Landes-Grossmeister Graf zu Dohna am 13. Juni 1909. Magdeburg [1909]: Krimmling. 2 Bl. 8⁰. 358.
Festordnung, Chorgesang.

Fest-Loge zur Weltkugel. Am 22. Febr. 1844. [Lübeck 1844.] 5 Bl. 8⁰ [Umschlagtit.]
5 Lieder ohne Noten. 193.

Festmann's, Meister Traugott, Leben. Von ihm selbst mitgetheilt und herausgeg. von Jul. Körner. 8. Zwickau 841. (Leipzig, Klinkhardt.) 1/4 ß

Festner, Ernst, Bergass.: Die Ersatzansprüche der Krankenkassen gegen die Berufsgenossenschaften auf Grund der §§ 25 und 26 des Gewerbe-Unfall-Versicherungs-Gesetzes vom 30. Juni 1900. Borna-Leipzig 1909: Noske. VI, 70 S. 8⁰
Leipzig, Jur. Diss. v. 17. Juni 1909
[Geb. 23. Aug. 72 Würschnitz; Wohnort: Tarnowitz O.-S.; Staatsangeh.: Preußen; Vorbildung: Gymn. Waldenburg i. Schl. Reife O. 92; Studium: Freiburg i. B. 3, Berlin 4, Breslau 1 S.; Rig. 7. März 03.] [U 09. 2498

Festner, E., Ueber die Unfallhäufigkeit beim oberschlesischen Bergbau. Kattowitz, 1909. 8 S.

Festner, F., Auswahl d. besten u. schönsten 1-, 2-, 3- u. 4stimmigen Lieder für Schulen. 5. Aufl. 12. Halle 845, Lippert u. Schmidt. n. 1/12 ß

Festner, Carl [cand. theol. aus Gottesberg]: Chr. Aug. Crusius als Metaphysiker ... Halle a. S., *Druck H. Kordenbeck, Waldenburg,* 1892; 2 Bl., 74 S., 1 Bl. 8.
Halle, Phil. Fak., Inaug.-Diss. v. [23. Mai] 1892

Festner, Paul: Ueber die zweckmässigste Behandlung der Nachgeburtsperiode. Halle 1881: Karras. 44 S. 8⁰
Halle-Wittenberg, Med. Diss. v. 11. Juli 1881
Geb. Löbejün (Saalkr.) 27. 7. 1855. V.

Fest-Nummer der Appenzeller-Zeitung anlässlich der Erinnerungs-Feier an die Schlacht bei Vögelinsegg im Jahre 1403. Sonntag 12. Juli 1903. [Illustriert.] [4 S.] fol. (Herisau, Schläpfer & Cie.)

Festnummer zur Feier des 25jährigen Bestehens der Dessauer Zucker-Raffinerie (G. m. b. H., Dessau) den Arbeitern gewidmet. [Mit Abb.] 4⁰
Aus: Mittheilungen für die Arbeiter der Dessauer Zucker-Raffinerie G. m. b. H. Jg. 7, 1896. Nr 4.

Blätter f. Genossenschaftswesen. **Festnummer** zur Feier des 100jährigen Geburtstags Dr. Hermann Schulze-Delitzsch, 29. Aug. 1908. (Berlin: J. Guttentag 1908.) (S. 475-510.) 4⁰ [Umschlagt. F.]
(Blätter f. Genossenschaftswesen. 1908. No 34/35.) 'c8. 14003

Zur Hundertjahrfeier der Loge „Apollo" i. Or. Leipzig. **Festnummer** der Freimaurer-Zeitung. Red. von Hans Georg Thenau, früher von den Apollobrrn Rud. Rich. Fischer (1847—52), M[or.] Zille (1853—72), Herm. Theod. Schletter (1872—73), [Otto] Henne-Am-Rhyn (1878—79) und Carl Pilz (1879—30. Juni 1904). Leipzig: Zille [1905]. 4⁰ [Umschlagtit.]
Aus: FZ. 59 (1905) S. 41—64.
Gedichte u. Vorträge.

Fest-Nummer zum 150. Geburtstage des... Johann Heinrich Pestalozzi. 12. Januar 1896. [Mit Illustrationen, 1 Porträt und 1 Doppeltafel.] Gratis-Beilage zum „Schweizerischen Haushaltungsblatt“ [Jahrg. 9]. 4. (Luzern [1896].)

Festnummer. Fest-Nummer des Schaffhauser Intelligenzblattes zur 400-jährigen Gedenkfeier des Eintritts des Kantons Schaffhausen in den Bund der Eidgenossen. 10. August 1501. — 10. August 1901. [Illustriert.] [4 S.] fol. [Schaffhausen, H. Meier & Cie.]

Festnummer der Monats-Berichte des Vereins »Breslauer Dichterschule« Carl von Holtei zum 24. Januar 1878 gewidmet. (Breslau. Dagobert Herz.) 8°.

Festnummer der Monatsblätter. Organ des Vereins Breslauer Dichterschule. Herausgegeben zur Feier des Stiftungsfestes am 14. Januar 1882. (Breslau. Buchdruckerei Lindner.) 8°.

Festnummer der Allgemeinen Schweizer-Zeitung zur Basler Bundesfeier 1501—1901. (1901 Juli 12.) [Illustriert.] [4 S.] fol. (Basel, Basler Druck- und Verlags-Anstalt.) [fr. —. 10]

Festnummer. Fest-Nummer des Luzerner Tagblatt zum Eidgenössischen Schützenfest in Luzern 30. Juni bis 11. Juli 1901. 50. Jahrg. 30. Juni 1901. [Illustriert.] 8 S. fol. (Luzern, H. Keller.) [fr. —. 20]

[Festnummer der Zeitschrift L'Union Fraternelle zur Thronbesteigung der Königin Wilhelmina der Niederlande am 6. Sept. 1898.] 4 Bl. 4°. 21.

Festnummer des Oberländischen Volksblattes zur 100jährigen Feier der Aelplerfeste in Unspunnen und zum 6. Eidgenössischen Schwing- und Aelplerfest in Interlaken (24. bis 26. Juni 1905). [Illustriert.] 8 S. fol. [Interlaken, K. J. Wyss.] [fr. —. 50]

S. 1—7: Das erste schweizerische Aelplerfest in Unspunnen vor 100 Jahren. ([Von] Dr. Hans Blösch.)

Fest-Nummer. Husumer Wochenblatt. Jg. 90. Nr. 78. Husum. 1903. Fol., geb. in 4°.

Festnummer des Wochenblatts für Papierfabrikation zu den Papiermachertagen. 1907-13. 4° Biberach 1907-13

In festo immaculatae conceptionis Beatæ Mariæ Virginis. Die VIII. Decembris. (1855.) Lincii, ex officina typographica Feichtingeri. (24 S. 8.)

In festo purissimi cordis beatæ Mariæ Virginis. Mechitharisten-Buchdruckerei in Wien. (14 S. 8.)
1856

Progr. Helmst. de festo paschatos. 1703. 4.

Progr. Helmst. de festo pentecostes. 1701. 4.

Feston-Muster, neueste, in 12 Bl. 16 Heft. qu. Fol. Nürnb. 825. (Bauer u. R.) 12 gr.

Fest- u. Arbeitsordnung für die St. Johannisloge zur Bundeskette i. O. zu Soest. Arnsberg 1842: Grote. 15 S. 8°. [Umschlagtit.] 21.

Festordnung für das 6. Schleswig-holsteinische Bezirksturnfest in Neumünster 7.—8. 7. 1872, Neumünster 1872, 12 S., 8°.

Festordnung für die Einweihung des neuen Hauses der g. u. v. St. Johannisloge zur Pyramide i. O. v. Plauen am 31. Oct. 1877. Plauen 1877: Neupert. 2 Bl. 8° [Umschlagtit.] 157.

Fest-Ordnung zur Einweihung des neuerbauten Logenhauses der ger. u. vollk. St. Johannis-Freimaurer-Loge „Zur Harmonie“ im Or. Chemnitz am 2. Juli 1905. Chemnitz [1905]: Tetzner & Zimmer. 11 S. 8° [Umschlagtit.]
7 Liedertexte. 3.

Festordnung zur Feier des hundertjährigen Bestehens der g. u. v. St. Johannisloge Archimedes zum sächsischen Bunde i. Or. Schneeberg am 6. und 7. Febr. 1909. [Schneeberg 1909: Dörfel.] 9 Bl. 8°
7 Liedertexte. 3.

Friedrich-Wilhelms-Universität Berlin. **Festordnung** für die Feier zum Gedächtnis des vierhundertsten Geburtstages Calvins am 10. Juli 1909, Mittags 12 Uhr in der Aula der Universität. o. O. (1909). 2 Bl. 8° [U 09. 309
(Nicht für den Austausch)

Fest-Ordnung zur Feier der Gründung und der Einweihung der Loge Friedrich zum unauslöschlichen Gedächtniss im Or. Dirschau am Sonntag, den 18. Okt. 1891. [Dirschau 1891: Becker.] 15 S. 8° 25.

Fest-Ordnung für die Feier der Loge Joh.·. z.·. w[iedererbauten] Tempel im Or.·. Ludwigsburg. 50te Wiederkehr des Stiftungstages am 2. Juli 1905. Ludwigsburg [1905]: Langenstein. 4 Bl. 8° [Umschlagtit.] 3.

Festordnung für die Feier des 50. Stiftungsfestes der Loge Friedrich Wilhelm zur Morgenröte in Berlin am 5. Nov. 1905. Berlin [1905]: Denter & Nicolas. 5 S. 8° [Umschlagtit.]
Programm u. 6 Liedertexte. 3.

Fest-Ordnung zur Feier des 125. Stiftungsfestes der Freimaurerloge Friedrich zur Tugend im Or. Brandenburg a. d. Havel am 23. Okt. 1904. [Brandenburg a. H. 1904: Wiesike.] 11 S. 8° [Umschlagtit.]
Nebst 7 Liedertexten. 63.

Fest-Ordnung zur Feier des 100 jährigen Stiftungstages der St. Johannis-Loge zu den drei Seraphim in Berlin am 4. Oct. 1874. [Berlin 1874: Lindow.] 7 S. 8° [Umschlagtit.] 23.

Festordnung für das Niedersächsische Gauturnfest in Lüneburg 2.—4. 8. 1862, Lüneburg 1862, 16 S., 8°.

Festordnung für das 2. Niedersächsische Gauturnfest in Lübeck 5. bis 7. 8. 1865, Lübeck 1865, 39 S., 8°.

Festordnung für das 2. Thüringer Gauturnfest zu Mühlhausen 9.—11. 8. 1862, Mühlhausen 1862, 8 S., Kl.-8°.

Festordnung und Gesänge zur Feier des 100jährigen Bestehens der Loge zu den 3 Bergen Or. Freiberg den 31. Okt. 1898. [Freiberg 1898: Gerlach.] 12 S. 8° [Umschlagtit.]
8 Liedertexte. 110.

Festordnung für den Grosslogentag des M. L. B. [d. i. Matthäilogenbund] am 19., 20. und 21. Juli 1902 im Logenheim des M[atthäus] „z. B[urg] ü[ber] d[em] Th[ale]" Orient Halle. [Halle 1902: Hendel.] 4 Bl. 8°. [Umschlagtit.]
Selten. 21.

Festordnung bei der Hundertjahrfeier der Loge Apollo im Or. Leipzig am 11. und 12. Febr. 1905. [Leipzig 1905: Baensch-Drugulin.] 8 Bl. 8° [Umschlagtit.:] Hundertjahrfeier. 1805—1905.
Programm nebst Prolog verf. von H. G. Thenau, 6 Liedertexten u. einer von E. Mangner gedichteten u. von E. Robert-Hansen komp. Festkantate ohne Noten, letztere abgedr. in: FZ. 59 (1905) S. 54—56. 25. 282.

Fest-Ordnung für die Jubelfeier des 75 jähr. Bestehens der St. Johannis Loge Hermann zur deutschen Treue in Mühlhausen i. Thür. am Sonntag den 20. Aug. 1893. [Mühlhausen i. Thür. 1893: Danner.] 7 Bl. 8° 23.

Festordnung zur 75 jährigen Jubelfeier der ger. u. vollk. Sct. Johannisloge Friedrich August zum treuen Bunde im Or. Wurzen am 7. Juni 5894. [Wurzen 1894: Jacob.] 11 S. 8° [Umschlagtit.]
Programm u. 7 Liedertexte. 283.

Festordnung für die Jubelfeier der Herzogl. technischen Hochschule Carolo-Wilhelmina zu Braunschweig vom 25. bis 27. Juli 1895. 1 Bl. 4°

Festordnung für die Jubelfeier der Stiftung der Johannis □ zum Oelzweig in Bremen am 25. und 26. Aug. 5838. o. O. [1838]. 2 Bl. 8° [Umschlagtit.]
193.

[Kürzere] **Festordnung** des Jubiläums der Universität Berlin 1860. Berlin (1860). (1 Bl.) 4° [Kopftit.] * Wieder abgedr. in: Urkunden zur Gesch. d. Jubelfeier der Kgl. Friedr.-Wilh.-Univ. zu Berlin hrsg. v. F. Ascherson. Berlin 1863 S. 15-16.

[Ausführliche] **Festordnung** der Jubelfeier des funfzigjährigen Bestehens der Königl. Friedrich-Wilhelms-Universität zu Berlin 1860. [o. O.] (2 Bl.) 4° [Kopftit.] * Wieder abgedr. in Urkunden zur Gesch. d. Jubelfeier d. Kgl. Friedr.-Wilh.-Univ. zu Berlin hrsg. v. F. Ascherson. Berlin 1863 S. 16-19.

Festordnung für das 50jährige Jubiläum der Turngemeinde Zwickau 4.—6. 6. 1898, Zwickau 1898, 34 S., 8°.

Festordnung f. die Kaiserfeier an Volks- u. Bürgerschulen im Jubelj. 1908. (30 S.) 8. Wien 908. A. Pichler's Wwe. & Sohn. 1.—

Fest-Ordnung bei der Lichteinbringung in die Johannisloge Friedrich zur Tugend im Orient Brandenburg a. H. am 9. Oktober 1898. [Brandenburg 1898; Wiesike.] 8 S. 8°. [Umschlagtit.] 21.

Festordnung und Lieder bei der Einweihung der neuerbauten evangelischen Kirche in Gnesau. Klgft., Bertschinger, 1871. 11 S.

[F.] **Festordnung** und Lieder für den Festcommers zur 200jähr. Jubelfeier des Pädagogii zum Kloster U. L. Frauen zu Magdeburg am . . . 3. Juni 1898 . . . *(Magdeburg): Pansa'sche Buchdr. (1898).* (28 S.) 1 Bd 8.
[illegible]

Festordnung und Lieder zu dem 50jährigen Stiftungsfeste des Kölner Turnvereins, 31 S., Gr.-8°.

Festordnung und Lieder zum 100 jährigen Stiftungsfeste der St. Johannisloge zum preuss. Adler im Or. Insterburg am Freitag, den 13. März 1885. [Insterburg 1885: Driest.] 4 Bl. 8° [Umschlagtit.]
8 Liedertexte. 368.

Fest-Ordnung der Säkular-Feier der Freimaurerloge Friedrich zur Tugend im Or. Brandenburg a. d. H. am 9. Nov. 1879. Brandenburg a. d. H. [1879]: Wiesike. 14. S. 8° [Umschlagtit.]
Mit 12 Gesangstexten. 65.

Fest-Ordnung für die Säcularfeier der St. Johannis-Freimaurer-Loge Carl zu den 3 Adlern im Or.·. Erfurt am 20. Febr. 1887. Erfurt [1887]: Conrad. XX S. 8° [Umschlagtit.]
Nebst 11 Liedertexten. 23.

Fest-Ordnung der Säcular-Feier der Loge zum goldenen Apfel in Dresden. [Dresden 1876: Heinrich.] 1 Bl. 4° [Kopftit.] 110.

Fest-Ordnung für die Säcular-Feier der St. Johannis-Loge zur gekrönten Unschuld in Nordhausen am Sonntag, 1. Juni 1890. [Nordhausen 1890: Eberhardt.] 8 Bl. 8°
Nebst 7 Liedertexten u. 1 Kettenlied mit Noten. 430.

Festordnung f. die Schillerfeier an Volks- u. Bürgerschulen am 9. V. 1905. (31 S.) 8. Wien 905. A. Pichler's Wwe. & Sohn. n. 1.—

1305–1905. Kirche und Stadt Fischhausen. **Festordnung** zur Sechshundertjahrfeier am 19. u. 20. August 1905. Königsberg i. Pr. (1905): A. Wilutzky. (2 Bl.) 8°

Fest-Ordnung für das 200j. Stadt-Jubiläum und Heimatsfest des Nordseebades Wyk auf Föhr vom 4.—7. Aug. 1906. Wyk auf Föhr. (1906.) 8°

Festordnung der fünfzigjährigen Stiftungs-Jubelfeier der g. u. v. St. Johannisloge zur Pyramide i. O. v. Plauen i. V. 27. Dec. 1870. [Plauen 1870: Neupert.] 2 Bl. 8⁰ [Umschlagtit.] 3.

Festordnung für das 1. Turnfest des IV. Kreises Norden in Schwerin 26.—28. 7. 1873, Schwerin 1873, 32 S., 16°.

Fest- und Wetturnordnung für den IV. Kreis Norden vom 27. 4. 1889 u. nach 1891, Entwurf e. —, o. J. u. v. Mai 1888, Altona, 8°. 4 Bde.

Festordnungen, Festlieder, Festberichte zum 50. Stiftungsfest des Turnvereins zu Großenhain, 1846—1896, 4°.

[δ.] Festplan des Allgemeinen Deutschen Journalisten- u. Schriftstellertages unter d. Protektorate S. K. H. d. Prinzen Ludwig v. Bayern. München 1893. 7. bis 10 Juli. *München: Buchdr. v. Knorr & Hirth [1893].* (27 S., 5 Bl.) 1 Bd 8. [22 1893] 6

Fest- u Ehrenpokale, württembergische. (30 Bl Phot.) fol In Mappe Stuttgart 1862

Festpostkarten. Offizielle Festpostkarten zur Erinnerung an die Aargauische Centenarfeier 1803—1903. 12 Karten, *in illustriertem Umschlag* quer-8. Aarau, A. Trüb & Co. [fr. 1. —]

Festpredigt, Festansprache, Festgedichte zur Erinnerung an die Feier der 150 Jahre evangelischer Glaubensfreiheit... Warmbrunn [1892]. V: *Latrille.* (Berl)

Festpredigten, drei, gehalten während der 16. Hauptversammlung des evangel. Vereins der Gustav-Adolf-Stiftung zu Leipzig am 24. 25. und 26. Aug. 1858 von Friedr. Mallet, F. A. G. Tholuck, Benno Bruno Brückner. gr. 8. (50 S.) Leipzig 858. (Breitkopf und Härtel.)

Fest-Predigten zur Feier der General-Versammlung des schlesischen Haupt-Vereins der Gustav-Adolf-Stiftung zu Ratibor am 2. und 3. Juli 1862 gehalten. gr. 8. (23 S.) Oels 862. (Berlin, Beck.) *

Festpredigten, geh. bei der Feier des 700jähr. Jubiläums der Geburt der hl. Elisabeth v. Thüringen am 8., 9. u. 10. IX. 1907 in der Klosterkirche auf dem hl. Berge Andechs. (57 S. m. 1 Taf.) gr. 8. Andechs (907). (München, W. Foth Nachf.) — 50

Festpredigten, 15 von H. gr. 8. Bresl. 797. J. Fr. Korn. 1 ℛ

Fest-Predigten nebst einigen Gelegenheitsgedichten. Frankfurt und Leipzig 1774. — Neue Aufl. 1784. V: *Lavater, Johann Kaspar.* (schstr S. 104)

Fest- u. Gelegenheits-Predigten, s. Predigten.

—— gehalten am Gutenbergsfeste in St. Gallen 1840, s. Vorträge.

Festpredigten und Hauptvorträge, gehalten von vier Obwaldnern am Feste und der Wallfahrt des Schweizer-Piusvereins in Sarnen und Sachseln 1881. Herausgegeben im Auftrage des Vereins. In-8⁰, 63 S. Solothurn, B. Schwendimann. 1882.

Festpredigten u. Casualreden, israelit., hrsg. v. J. Maier, J. N. Mannheimer u. G. Salomon. 1. Bd. 1. Hft. 8. (13½ B.) Stuttgart 840, Metzler'sche Buchh.

—— gehalten vom Lehrer u. von Schülerinnen d. Oberklasse d. Mädchenschule zu Saalfeld, mit mehr. hierauf bezügl. Predigten hrsg. v. Ed. Bohn daselbst. — A. u. d. T.: Denkschrift d. Oberclasse d. Mädchenschule zu Saalfeld rc. Mit e. Anh. v. Versen üb. einige Bibelstellen. 8. (8¼ B.) Saalfeld 835, Niese. Thlr. ·

Festpredigten, lutherische, in Beiträgen mehrerer Geistlichen herausg. von Gust. Leonhardi. Leipzig 858. Teubner. gr. 8. (VI, 424 S.) n. 1 ℛ 20 ngr

— lutherische, in Beiträgen mehrerer Geistlichen herausg. von Gust. Leonhardi. 2. Ausg. Leipzig 861. Teubner. gr. 8. (VI, 424 S.) 1 ℛ

Fest-Predigten zum 400jährigen Lutherjubiläum u. Weihe-Rede bei der Enthüllg. d. Lutherdenkmals zu Eisleben, geh. am 9. u. 10. Novbr. 1883. 8. (69 S.) Eisleben 883. Kuhnt. n. — 80

Festpredigten, Neue, von J. J. Spalding, W. A. Teller und F. S. G. Sack . . . Halle 1792. H: *Niemeyer, August Hermann.* (Ky) (MGT)

— neue, von J. J. Spalding, W. A. Teller u. F. S. G. Sack, herausg. (v. A. H. Niemeyer). gr. 8. Halle 792. Waisenh.-B. 1 ℛ 4 gr

Festpredigten, 6, zur 400jährigen Gedächtnissfeier (19.—21. März 1887) des seligen Nicolaus von Flüe. 1. Von P. *Augustin Grüniger,* O. S. B., Rektor. 2. Von P. *Justinian Seitz,* Capuziner-Provinzial. 3. Von Dr. *Anton Tanner,* Stiftsprobst. 4. Von *Leonhard Haas,* Regens. 5. Von *Augustin Egger,* Bischof von St. Gallen. 6. Von *Jos. Ign. von Ah,* Pfarrer und Schulinspektor. Einsiedeln, Gebr. K. & N. Benziger. 1887

– vier. Geh. bei der 21. Generalversammlg. d. Evangel. Bundes in Braunschweig v. Köhler, Kölzsch, Hermes, Niemöller. (9, 14, 9 u. 10 S.) 8. Leipzig (908). Halle, Verlag d. Evangel. Bundes. — 20

Festpredigten, vier, gehalten während der 13. Hauptversammlung des evangel. Vereins der Gustav-Adolf-Stiftung zu Heidelberg am 11., 12. und 13. Septbr. 1855 von C. Zittel, H. Eltester, Ferd. Bender, (J. P.) Lange. gr. 8. (57 S.) Leipzig 855, (Vogel.) *

Allgemeines **Fest-Programm** zur Zweiten Versammlung der Deutschen Tonkünstler in Weimar. Vom 4.—8. August 1861. (Weimar 1861.)

Fest-Programm zur Banner-Feier der Herzogl. Techn. Hochschule Carolo-Wilhelmina zu Braunschweig 15.—17. Juli 1892. 17 S., 4 Taf. 4⁰

Fest-Programm für das vierte Deutsche Bundesschießen in Verbindung mit dem städtischen Freischießen. Hannover, Juli 1872. Hannover, 1872.

Fest-Programm zur feierlichen Einweihung des neuerbauten Logenhauses der ger. und vollk. St. Johannis-Loge zur Verbrüderung an der Regnitz im Or. Bamberg Samstag, den 23. und Sonntag, den 24. Mai 1891. [Bamberg 1891: Handelsdr.] 36 S. quer 8⁰
Nebst Wiedergabe des Rituals u. der Gesänge. 358.

Fest-Programm zur feierlichen Einweihung des neuerbauten Tempels der ger.·. u. vollk.: St. Johannesloge zu den drei Cedern im Or. Stuttgart. Sonntag den 25. Mai 1879. [Stuttgart 1879: Metzler.] 2 Bl. 8⁰ [Umschlagtit.] 3.

Fest-Programm zur Einweihung des Neubaues der Loge zum treuen Herzen i. Or. Strassburg am 2.—4. Januar 1886. [Strassburg 1886: Du Mont Schauberg.] 8 S. 8°. [Umschlagtit.]
Festprogramm und 11 Lieder ohne Noten. 21

Festprogramm für die Einweihungsfeier des neuen Universitätsgebäudes (in Kiel). (Kiel. 1876.) 8°.

Fest-Programm zur Feier des 100jährigen Jubiläums der Loge in Plauen am 8. Sept. 1889. 1789—1889. [Plauen i. V. 1889: Leonhardt & Westen.] 12 S. 8° [Umschlagtit.]
8 Liedertexte. 3.

Selene z. d. drei Thürmen im Or. v. Lüneburg. **Fest-Programm** zur Feier der Lichteinbringung am 20. Sept. 1908. [Lüneburg 1908.] 6 Bl. 8° [Umschlagtit.]
Mit Text der Gesänge. 358.

Johannis-Loge „Zur Goldenen Kugel". **Fest-Programm** zur Feier des 25jährigen Maurer-Jubiläums der Brr Carl Schulze, Lucas Sommer und Otto Adloff am Donnerstag, den 3. April 1902. Hamburg [1902]: Conström. 14 S. 8°
4 Lieder u. 1 Choral.
Rekt. Kneisner, Hamburg.

Fest-Programm zur Feier des Goldenen Maurerjubiläums des Br. Franz Wilh. Viborg Bahnson Dienstag den 4. April 1905. [Hamburg 1905: Preilipper.] 15 S. 8°
[Umschlagtit.] 1855. 1905 4. April. Zum goldenen Maurer-Jubiläum des Br. Franz Wilh. Viborg Bahnson.
Nebst 8 Liedertexten.

Fest-Programm zur Feier des 75jährigen Stiftungsfestes der Loge zur „Goldenen Harfe" im Or. zu Marienwerder am 26. Mai 5878. Marienwerder [1878]: Kanter. 10 S. 8° [Lithogr. Umschlagtit.]
7 Lieder ohne Noten. 23.

Joh.-Loge „Zur goldenen Kugel" [in Hamburg]. **Festprogramm** für die Feier des 138. Stiftungsfestes und des 25jährigen Maurerjubiläums des Logenmeisters A[ug.] Böe am Sonnabend, den 26. Okt. 1907. [Hamburg: 1907 Meyer.] 12 Bl. 8°. 1.

Johannisloge „Zum Grossen Christoph". **Fest-Programm** für die Feier des 131jährigen Stiftungsfestes am Sonnabend, den 21. Nov. 1908. Logenhaus „Hotel Stadt Lübeck" in Bergedorf. [Bergedorf 1908: Denker.] 8 Bl. 8°
Enth. auch 5 Liedertexte. 3.

Fest-Programm [u. Lieder] zur Feier des 125jähr. Stiftungsfestes der ehrw. Johannis-Loge „Zum Rothen Adler" in Hamburg. Sonntag, den 14. Mai 1899. [Hamburg 1899: Conström.] 16 S. 8°
6 Lieder ohne Noten.
Rekt. Kneisner, Hamburg.

Fest-Programm zur Feier der 25jährigen Wiederkehr des Tages der Wiederaufrichtung des Deutschen Reiches, veranstaltet von d. Kgl. Friedrich-Wilhelms-Universität. *(Berlin 1896: Wilhelmi.)* (6 Bl.) 4° [Kopft. A.] [illegible] 11

Festprogramm und Festreglement des eidgenössischen Schützenfest in Bern 1885. 19. bis 28. Juli. 8. (15 S.) Bern 885, (Jenni.) *

Festprogramm für das 24. eidgenöss. Freischiessen in Zürich, vom 13. bis 23. Juli 1872. 15 Stn. 8. Zürich, Druck v. D. Bürkli. —. 20

Festprogramm zur Deutschen Friedensfeier in NY am 9. 10. und 11. Apr 1871. NY, 1871.

Festprogramm, Grossherzog Friedrich zur Feier d. 70. Geburtstags dargebr. v. d. Albrecht-Ludwigs-Universität zu Freiburg. Lex.-8. (VII, 238 S. m. 11 Abb. u. 5 Kartenskizzen i. Text, 3 Taf. in Farbendr., 1 Taf. in Heliograv. u. 1 lith. Taf.) Freiburg i. B. 896. J. C. B. Mohr. n. 8. —
Hieraus einzeln:
Beiträge z. bad. Geschichte u. Volkskunde. (III, 146 S. m. 5 Abb.) n. 5. —
Beiträge z. bad. Landeskunde. (III, 92 S. m. 6 Abb. u. 5 Kartenskizzen im Text, 1 lith. Taf., 3 Taf. in Farbendr. u. 1 Taf. in Heliograv.) n. 5.50

Festprogramm Sr. Kgl. Hoheit Grossherzog Friedrich zur Feier des siebzigsten Geburtstags dargebracht v. d. Albrecht-Ludwigs-Universität zu Freiburg. (M. 11 Abb. u. 5 Kartensk. im Text, 3 Taf. in Farbendr., 1 Taf. in Heliograv. u. 1 lithogr. Taf.) ([Enth.:] Ferdinand Geminian Wanker Professor zu Freiburg 1788—1824. Lebensbild e. Theologen d. Uebergangszeit v. Prof. Dr Cornel **Krieg** derz. Prorektor. M. 1 Abb. im Text. — Der badische Hochzeitsbrauch des Vorspannens v. Prof. Dr Elard Hugo **Meyer.** — Badisches Staatsrecht um die Geburtszeit Grossherzog Friedrichs v. Prof. Dr Heinrich **Rosin.** — Ein Skulpturwerk aus der Sammlung des Prof. Dr *Franz Xaver* **Kraus.** M. 4 Abb. im Text. — Über freiherrliche Klöster in Baden. Reichenau, Waldkirch u. Säckingen. Von Prof. Dr Aloys **Schulte.** —

7. Internat. Geographen-Kongress Berlin 1899. Nachtrag zur Tagesordnung. Fest-Programm. Berlin 1899: (W. Moeser). (11 S.) 8°

Fest-Programm des k. k. Gymnasiums in Marburg zur Erinnerung an die „hundertjährige Jubelfeier" dieser Lehranstalt im Jahre 1858. *Marburg* 1858. Aus der Kreisbuchdruckerei des *J. Janschitz & S.* 182 S. 8°.
INHALT. Die Beziehungen d. religiösen Weltanschauung zur Kunst, vom Gymnasialprofessor Dr. *Ad. Svoboda* (S. 3—52). — Platonis de beatitudine humana doctrina, vom Gymnasialprof. *Jos. Steger* (S. 53—65). — De eadem re Aristotelis doctrina, vom Gymnasialprof. *Wilh. Biehl* (S. 66—78). — Von den heiligen Feuern bei den alten Slaven. Vom Gymnasialprof. *Martin Terstenjack* (S. 79—91). — Geschichte des k. k. Marburger Gymnasiums, vom Gymnasialprof. *Georg Mathiaschitsch* (S. 92—123).

Fest-Programm bei Installation der Loge zur königlichen Eiche im Or. von Hameln am 30. Mai 1863. [Hannover 1863: Jänecke.] 12 S. 8⁰ [Umschlagtit.]
11 Liedertexte. 215.

Fest-Programm bei Installation der Loge Walo z. d. drei Thürmen im Or. von Walsrode am 9. Mai 1865. Verden [1865]: Tressan. 12 S. 8⁰ [Umschlagtit.]
Nebst 10 Liedertexten. 215.

Fest-Programm für die 150 jährige Jubelfeier der Loge zur Einigkeit im Or.·. Frankfurt a. M. vom 15.—17. Oct. 1892. [Frankfurt a. M. 1892: Mahlau & Waldschmidt.] 12 S. 8⁰ [Umschlagtit.] 303.

Fest-Programm für das 50 jährige Jubiläum der Loge „Zur Brudertreue an der Elbe" im Or.·. Hamburg, Sonntag, den 15. Sept. 1895. [Hamburg 1895: Tohmfor.] 19 S. 8⁰ [Umschlagtit.]
Nebst 10 Liedertexten u. Verzeichn. von 10 Brrn, die 1895 ihr 25 jähriges Jubiläum begingen. 193.

Fest-Programm für das fünfzigjährige Jubiläum der Loge zu den drei Cedern im Or. Stuttgart. 20. bis 22. Juni 1891. [Stuttgart 1891: Metzler.] 15 S. 8⁰ 25 a.

Fest-Programm für das 150 jährige Jubiläum der Loge St. Georg zur grünenden Fichte im Or. Hamburg Sonntag, den 24. Sept. 1893. Hamburg [1893]: Rademacher. 24 S. 8⁰ [Umschlagtit.]
Verzeichn. der M. v. St. der Loge von 1737—1893, 10 Lieder, 1 Kantate u. 2 Rezitative ohne Noten. 193.

Fest-Programm für das hundertjährige Jubiläum der Loge zu den drei Pfeilen im Or. Nürnberg 16 bis 18 März 1889. [Nürnberg 1889: Stich.] 4 Bl. 8⁰ [Umschlagtit.] 3.

Fest-Programm der gemeinsamen Logenfeier des Geburtstages Sr. Majestät des Kaisers Wilhelm II. am 27. Jan. 1898 im Logenhause Welckerstrasse, Hamburg, unter Leitung der beiden eklektischen Logen „Zur Brudertreue a. d. Elbe" und „Zur Bruderkette" und der unter dem Hammer der Ehrw. Grossloge Royal-York zur Freundschaft arbeitenden Loge „Roland". [Hamburg 1898.] 6 Bl. 8⁰ [Umschlagtit.]
Nebst 6 Liedertexten. 358a.

Fest-Programm der gemeinsamen Logenfeier des Geburtstages Sr. Majestät des Kaisers Wilhelm II. am 27. Jan. 1903 der im Logenhause Welckerstrasse zu Hamburg versammelten Frmr. unter Leitung der beiden eklektischen Logen „Zur Brudertreue a. d. Elbe" und „Zur Bruderkette". [Hamburg 1903.] 15 S. 8⁰
Nebst 6 Liedertexten. 193.

Festprogramm der Gemeinsamen Logenfeier des Geburtstages Sr. Majestät des Kaisers Wilhelm II. am 27. Jan. 1906 im Logenhause, Welckerstrasse, Hamburg, unter Leitung der eklektischen Loge „Zur Brudertreue A. D. Elbe" und der unter dem Hammer der Grossloge Royal York zur Freundschaft arbeitenden Loge „Globus". [Hamburg 1906: Preilipper.] 4 Bl. 8⁰. [Umschlagtit.:] Gemeinsame Logenfeier des Geburtstages S. M. Kaiser Wilhelm II. am Sonnabend, den 27. Jan. 1906.

Festprogramm der gemeinsamen Logenfeier des Geburtstages Sr. Majestät des Kaisers Wilhelm II. am 27. Jan. 1908 im Logenhause Welckerstrasse zu Hamburg unter der Leitung der eklektischen Logen „Zur Brudertreue a. d. Elbe" und „Zur Bruderkette" [in Hamburg]. [Hamburg: 1908.] 15 S. 8⁰. [Umschlagtit.:] Gemeinsame Festloge zur Feier des Geburtstages Sr. Maj. Kaiser Wilhelm II. Montag den 27. Jan. 1908.

Festprogramm, Neuestes und vollständigstes, ... Breslau 1861. H: *Fritz, Gustav.* (Kat. d. Druckschr. üb. Breslau. Breslau 1903 S. 65.)

Fest-Programm für die Säcularfeier der Loge Karl zum Rautenkranz im Or. Hildburghausen am 21. und 22. Mai 1887. Hildburghausen [1887:] Gadow & S. 2 Bl. 8⁰ [Umschlagtit.]

Fest-Programm u. Schiess-Ordnung für das *Binger Schützenfest* zur Feier der Einweihung des Nationaldenkmals. Schiessen v. 23. Sept. bis 3. Oktob. 1883 zu Bingen a. Rh. Bingen, O. Boryszewski's Buchdr., 1883. 12⁰. 24 S. Cart.

Fest-Programm .... Jährliche Schobermesse : 1904 --1940.
Abgehalten von Section No. 3. Rogers Park, Lux. Bruderbund: Chicago. A. Obladen, printer. Title varies around "Schobermesse". Printer changes often. Illustrated. Maps. Since 1940 exclusively English. Treats national history, emigration, literature, culture.
Chicago, IL

Festprogramm. 6. Preußischer S t ä d t e t a g . Königsberg i/Pr. (Königsberg 1908.) 18 gez. Bl. 8⁰

[5.] Stiftungsfeier der Königl. Preussischen Rheinischen Friedrich-Wilhelms-Universität. **Fest-Programm** ... Bonn, Druck v. C. Georgi [1868]. 1 Bl. 4.

Fest-Programm zur 25jährigen Stiftungsfeier der ger. und vollk. Johannisloge „Brudertreue am Main im Or. Schweinfurt“ am Sonntag den 24. Sept. 1893 mit einem kurzen Abriss der Geschichte dieser Bauhütte von Koch. [Schweinfurt 1893: Pollich.] 30 S. quer 8⁰
5 Liedertexte. 3.

Fest-Programm für die 50jährige Stiftungs-Feier der ehrw. Johannis-Loge Friederike zur Unsterblichkeit im Or. Stade Sonntag, den 29. Sept. 1895. [Stade 1895: Pockwitz.] 16 S. 8⁰ [Umschlagtit.]
6 Lieder ohne Noten.
Rekt. Kneisner, Hamburg.

Fest-Programm [u. Lieder] für die 125 jährige Stiftungs-Feier der ehrw. Johannis-Loge „Zur Goldenen Kugel“ im Or. Hamburg Donnerstag, den 29. Aug. 1895. [Hamburg 1895: J. H. Meyer.] 23 S. 8⁰
5 Lieder u. 2 Choräle.
Rekt. Kneisner, Hamburg.

1796—1896. **Fest-Programm** für das 100jährige Stiftungs-Fest der St. Joh. Loge Carl zum Felsen, Altona. Gegründet 22. März 1796 am Sonntag, den 12. April 1896. [Altona 1896: Jürgensen.] 27 S. 8⁰
2 Choräle, 6 Lieder ohne Noten. 4.

Festprogramm und Tagesordnung für das Bezirksturnfest der Turnvereine im Mittel-Weser-Kreise zu Hameln 4.—6. 7. 1863, Hameln 1863, 11 S., 8°.

— u. **Theater-Programm** zum 25. Stiftungsfeste des „Saldo“, Verein jüngerer Buchhändler. Hannover, gegr. 21. IV. 1874. 8. (32 S.) Hannover 899. „Saldo“, Verein jüngerer Buchhändler. Geb. n. — 80

Festprogramm zu dem 2. Allgemeinen Deutschen Turn- und Jubelfest in Berlin am 10.—12. 8. 1861, Berlin 1861, 22 S., Kl.-8°.

Festprogramm zu dem 2. Bayerischen Turnfest in Bayreuth 28.—29. 6. 1863, Bayreuth 1863, 26 S., 16°.

Dem Br. Carl Gottfr. Theod. Winkler zur funfzigjährigen Maurer-Jubel-Feier und zur eigenhändig vollzogenen Aufnahme seines Sohnes Eug. Winkler in den Maurer-Bund am 21. Febr. 1854 widmen dieses **Festprogramm** die Brr seiner Loge. Dresden 1854: Heinrich. 24 S. 4⁰
Mit Textangabe der gesungenen Lieder u. gesprochenen Gedichte. 103.

Fest-Programme und Fest-Karten zur Feier des 100jähr. Bestehens des 6. Chevaulegers-Reg. Prinz Albrecht von Preußen. Bayreuth 1903. 1 Mappe. 4⁰

Fest-Prolog zur Feier des Allerhöchsten Geburtstages Sr. Maj. Kaiser Wilhelms II. Berlin: M. Böhm [1906]. (2 Bl.) 8° [F.] (04. 4931

Fest-Prolog zum neuen Jahre 1857, von dem hiesigen Logenmeister seinen höchsten und hohen Gönnern in unterthänigst r Ehrfurcht dargebracht. Dr. von A. Leykams Erben in Grätz. (2 Bl. 8.)
Ein Gedicht.

Fest-Protokoll zur Einweihung der ger. u. vollk. St. Joh.-Loge Glocke am Fusse der Alb Or. Reutlingen. 3. Okt. 1886. Reutlingen [1886]: Bofinger. 39 S. 8⁰
Andere Berichte in: Bh. 29 (1886) S. 405—406; HL. 19 (1886) S. 1512.

Fest-Protocoll zur E r i n n e r u n g an die Feier der Einweihung der Joh.-Loge Augusta in Augsburg am 17. Mai 1874. gr. 4. 20 Bl. lithogr.
Verfasst von C. Klopper. Enthält u.a. die Festrede von Wilh. Ammon. Abgedr. L'Union Mac. Suisse 1874, S. 133. –

Festpunkt-Verzeichniss der Prov. Westfalen. Bearb. auf der königl. Meliorations-Bauinsp. zu Münster. gr. 8. (IV, 50, 132, 41 S. m. 31 autogr. Taf.) Münster i. W. 892, Coppenrath. * 5 —

Festrede bei der kirchlichen Doppelfeier in Dankenfeld ... den 15. Juli 1855, als die restaurierte Kirche daselbst neu eingeweiht ... Bamberg 1855. V: *Fischer, Friedrich.* (BMARSCH 685)

Fest-Rede aus Anlaß der glücklichen Entbindung Ihrer Majestät der Kaiserin Elisabeth Amalia Eugenia, gehalten am 10. März 1855 in der Neu-Synagoge zu Prag von — —. Prag. 1855. Druck der k. k. Hofbuchdruckerei von Gottlieb Haase Söhne. Verlag von Wolf Pascheles. (8 S. 8.)

Festrede bei der Enthüllung des Standbildes Herzogs Eberhard I. von Württemberg im Hofe des K. Residenzschlosses zu Stuttgart ... Stuttg. 1859. V: *Gessler, Ernst v.* (HEYD) (Kat. d. ständ. Bibl. Stuttg. 1907 S. 536.)

Festrede bei Eröffnung der XVI. Bundes-Versammlung der freien religiösen Gemeinden Deutschlands zur Erinnerung an ihre Gründung vor fünfzig Jahren ... Bamberg 1895. V: *Scholl, Karl.* (BMarsch 886)

Festrede zur Feier des hundertjährigen Geburtstages von Johann Gottlieb Fichte. Gehalten am 19. Mai 1862. — München 1862: Weiß. 21 S. 4°
1: 4° Au 3432. 5. 8. 9. 11. 12: 4° Ph. U. 10h [2 Ex.]
15. 21. 25. 29. 202.
14.

Festrede zur Feier der 43. Wiederkehr des Allerhöchsten Geburtstages Sr. Maj. Kaiser Wilhelm's II., s.: Aufführungsmaterial zu Kaisers Geburtstag.

Festrede, gehalten in der Loge zur Verbrüderung im Oriente Oedenburg den 21. August 1869. Oedenburg [1869]: Romwalter. 8 S. 8°. [Umschlagtit.]
Welche Bedeutung hat die Freimaurerei? 21.

Festrede am Schlusse des vierten Jahreskurses ... der Einwohner-Mädchenschule in Bern. Bern 1840. V: *Schneider, J.* (AarK)

Festrede, gehalt. an d. Weihnachtsfeier d. 1. Jugendabteilung d. Alten T. V. zu Breslau, 25. 12. 1894, Breslau 1895, 10 S., 8°.

Festrede auf das Centenarium des Geburtstages Sr. Majestät des hochseligen Kaisers Wilhelm I. ... B.-Gladbach 1897. V: *Nix, Frz.* (Berl)

Festrede des Herrn Reichstagsabgeordneten Oswald Zimmermann — Dresden: Ein Wort an die deutsche Familie. Zum Winterfeste des D. N.-V. M. am 16. Jan. 1892 im „Hofjäger". 8. (12 S.) [Magdeb. 892.] Berl., Oswald. [— 15] — 10

Fest-Reden. Eine Sammlung von kürzeren und längeren Ansprachen zur Feier nationaler Gedenktage und anderer Festlichkeiten in Schulen und Vereinen. 1. Heft. 1. und 2. Aufl. gr. 8. (III, 75 S.) Langensalza 887,88, Beyer und Söhne. *

Fest-Reden. Eine Sammlg. v. kürzeren u. längeren Ansprachen zur Feier nationaler Gedenktage u. anderer Festlichkeiten in Schulen u. Vereinen. 1. u. 2. Hft. gr. 8. Langensalza, Beyer & Söhne. n. 1. 40
1. 1. u. 2. Aufl. (75 S.) 888. n. — 60
2. 1. u. 2. Aufl. (III, 90 S.) 890. n. — 80

Fest-Reden. Eine Sammlg. v. kürzeren u. längeren Ansprachen zur Feier nationaler Gedenktage u. anderer Festlichkeiten in Schulen u. Vereinen. 2. Heft. 2. u. 3. Aufl. gr. 8. Langensalza, Beyer u. Söhne. [2. Heft. (III, 90 S.) 890. * — 80; 3. Heft. (III, 88 S.) 892. † — 75.] * 1 55
1. Heft. Ebd. 1888. * — 60.

Fest-Reden. Eine Sammlg. v. kürzeren u. längeren Ansprachen zur Feier nationaler Gedenktage u. anderer Festlichkeiten in Schulen u. Vereinen. 1. u. 3. Hft. gr. 8. Langensalza, H. Beyer & Söhne. n. 1.35 (1—3.: n. 2.15)
1. 3. Aufl. (III, 76 S.) 894. n. — 60. — 3. (III, 88 S.) 892. n. — 75

Fest-Reden. Eine Sammlg. v. kürz. u. läng. Ansprachen zur Feier nationaler Gedenktage u. and. Festlichkeiten in Schulen u. Vereinen. 3. Hft. 2. Aufl. gr. 8. (III, 88 S.) Langensalza 896. H. Beyer & Söhne. n. — 75

Fest-Reden. Eine Sammlg. v. kürzeren u. längeren Ansprachen zur Feier nationaler Gedenktage u. anderer Festlichkeiten in Schulen u. Vereinen. 1. Heft. 4. Aufl (III, 75 S.) 8. Langensalza 904. H. Beyer & Söhne. n. — 60

Fest-Reden. Eine Sammlg. v. kürzeren u. längeren Ansprachen zur Feier nationaler Gedenktage u. anderer Festlichkeiten in Schulen u. Vereinen. 3. Heft. 3. Aufl. (III, 88 S.) 8. Langensalza 908. H. Beyer & Söhne. — 75

—— allerlei, in Kirche und Schule, in Krieg und Frieden, für gute und böse Tage von Arnold, Frommel, Löber, Roffhack, Tiesmeyer, Boswinkel. gr. 8. (128 S.) Barmen 871, Klein. *

Festreden, gehalten am 5. April 1888 zur Erinnerung an die 500jährige Gedächtnissfeier der Schlacht bei Näfels, von Landammann *E. Blumer*, Pfarrer *P. H. Kind*, Landesstatthalter *Ch. Ph. Mercier*, Bundes-Vicepräsident *B. Hammer*, Regierungsrat *E. Schropp*, Landratspräsident *E. Zweifel*. 2. Aufl. Gr. in-8°, 42 S. Glarus, Bäschlin's Buchhandlung. 1888 — 90

Festreden. Zur Erinnerung an die Enthüllung des Melanchthon-Denkmals am 31. Octbr. 1865 in Wittenberg. Hrsg. vom Comité der Melanchthon-Stiftung. gr. 8. (52 S.) Wittenberg 865, Herrosé. *

[illegible]reden zur Erinnerung an den 300jährigen Todes-[illegible] Philipp Melanchthons und bei der Grundsteinlegung [illegible]gen ehernem Denkmale am 18., 19. u. 20. April 1860 [illegible] Wittenberg. Mit einem Vorworte herausg. von K. H. [illegible] Lommatzsch. Wittenberg 860. Herrosé. gr. 8. (XXXV, 7[illegible] S.) n. 10 ngr.

Festreden bei der Erinnerungsfeier an Everett, Bancroft, Longfellow und Motley [July 4, 1890]. Göttingen, 1890.

Festreden zur Eröffnung des Künstlerhauses des Vereins Berliner Künstler am 15. Oct. 1898. *(Berlin 1898: O. v. Holten.)* (15 S.) 8° [Umschlagt. F.]
[illegible]

Festreden bei der am 22. Aug. 1868 in Heidelberg stattgehabten Feier des 50jährigen Bestandes der badischen Verfassung. 8. (17 S.) Heidelberg 868, Emmerling. *

Festreden, Freimaurerische, gehalten in der Loge zu den drei Degen im Or. von Halle ... Halle 1840. V: *Franke, Carl Chn Lebr.* (Kl)

Festreden, freimaurer., gehalten in d. St. Johannis Loge zu den drei Degen im Orient zu Halle von d. Redner an genannter Loge. gr. 8. (8 B.) Halle 840, Schwetschke u. Sohn. *

Festreden, gehalten in der Loge Friedrich zum goldenen Zepter [in Breslau] 1829/30. Hs. u. gedr. 8 S. 26 Bl. 2°
Enth. 3 geschriebene und 1 gedr. Rede; letztere, über den geistigen Charakter d. Frmrei, v. A. W. Henschel.
[Nach Kat. d. L. Friedr. z. gold. Zepter, Breslau.]

Festreden, fünf, nebst Gesängen und Gebeten, gehalten bei der ersten Jahresfeier der Gesellschaft für innere Mission im Sinne der luther. Kirche den 19. Juni 1850 in Nürnberg. Anhang: Plan der Gesellschaft. gr. 8. (64 S.) Nürnberg 850, Raw'sche Buchh.

— u. Gedichte f. Schulen u. patriotische Vereine zur Geburtstagsfeier S. Maj. des Königs Friedrich August v. Sachsen. Hrsg. v. K. Gebser. 2. Folge. (64 S.) 8. Leipzig 910. A. Hahn. 1.20
Vergl.: Festreden f. Schulen.

Fest- u. Gelegenheits-Reden, versch. v. Verf. d. neu ausgearb. Predigtentw. gr. 8. Augsb. 792.

Festreden gehalten bei der 20. Generalversammlung des Evangelischen Bundes am Lutherdenkmal in Worms am 2. Okt. 1907 von Prof. Dr. [Johannes] Hieber u. in d. Protestationskirche zu Speyer am 3. Okt. von Dr. [Rudolf] v. Campe-Hildesheim. Leipzig: C. Braun 1907. (18 S.) 8° [F.] 07. 17189 B

Festreden der Universität Greifswald. Nr. 3—6. gr. 8. Greifswald 898. J. Abel. n. 3. 40

3. Ein Vierteljahrhundert deutscher Strafgesetzgebung. Rede, geh. z. Antritte d. Rektorats d. kgl. Universität zu Greifswald a. 15. V. 1897 von Jak. Weismann. (25 S.) n. — 80
4. Benenngn. d. Christen i. neuen Testament. Rede, z. akadem. Feier d. Geburtstages d. Kaisers u. Königs Wilhelm II. am 27. I. 1898 geh. von Johs. Haussleiter. (17 S.) n. — 60
5. Aussenwelt, Innenwelt, Leib u. Seele. Rede b. Antritt d. Rektorats d. Universität zu Greifswald a. 16. V. 1898. Von Johs. Rehmke. (48 S.) n. 1. 20
6. Kaiser Wilhelm d. Alte. Festrede, geh. am 22. III. 1897 in d. Aula d. Universität Greifswald. Von H. Ulmann. (20 S.) n. — 60

Nr. 1 u. 2 sind nur als Einzeltitel erschienen, s.: Löffler, Frdr., Fortschritte in d. Bekämpfung d. Infektionskrankheiten. — Grawitz, Paul, Üb. Leben u. Tod.

— d. Universität Greifswald. Nr. 7—9. gr. 8. Greifswald, J. Abel. n. 2. 15

7. Das Königsideal des Alten Testaments. Rede zur akadem. Feier des Geburtstages Sr. Maj. des Kaisers u. Königs Wilhelms II., am 27. I. 1899 geh. v. Sam. Oettli. (26 S.) 899. n. — 80
8. Die gefährdete Stellung unserer deutschen Universitäten. Rede zum Antritt des Rektorats der Universität in Greifswald am 15. V. 1899 geh. v. Ernst Bernheim. (28 S.) 899. n. — 75
9. Beiträge zur Würdigung der Offenbarung des Johannes u. ihres ältesten lateinischen Auslegers, Victorinus v. Pettau. Rede zum Antritt des Rektorats der Universität Greifswald am 15. V. 1900. Von Johs. Haussleiter. (20 S.) 900. n. — 60

— der Universität Greifswald. Nr. 10 u. 11. gr. 8. Greifswald, J. Abel. n. 1. 35

10. Ueber den Einfluss der Religion auf das Recht der Germanen. Rede zur akadem. Feier des Geburtstages Sr. Maj. des Kaisers u. Königs Wilhelm II. am 27. I. 1903. Von Geo. Frommhold. (31 S.) 903. n. — 75
11. Die beim Heilungsprozesse bemerkbaren Verwandtschaften der menschlichen Gewebe. Rede zur Geburtstagsfeier Sr. Maj. des Deutschen Kaisers u. Königs v. Preussen Wilhelm II., geh. am 27. I. 1904. Von Paul Grawitz. (21 S.) 904. n. — 60

Festreden zur Jahresfeier des Schleswig-Holsteinischen Gustav-Adolf-Vereins am 12. Juli 1865 in der Nikolaikirche in Flensburg gehalten. 1. Predigt des Pastors W. Baur an der Anschariuskirche in Hamburg. 2. Festbericht des Klosterpredigers Heinrich Rendtorff in Preetz. Preetz. 1865. 8°

Festreden am Jubeltage d. Reformation gehalten in der Domschule zu Halberstadt. gr. 8. Halberstadt, Vogler. 817. -

Festreden, gehalt. vom Lehrer u. v. Schülerinnen d. Oberklasse d. Mädchenschule zu Saalfeld, mit mehrern hierauf bezüglichen Predigten herausg. v. Ed. Bohn. A. u. d. T.: Denkschrift der Oberklasse der Mädchenschule zu Saalfeld ꝛc. Mit e. Anhang v. Versen über einige Bibelstellen. 8. Saalf. 835. Riese. 1/3 Rthlr

—— gehalten zu Quedlinburg zur Feier des 100jähr. Geburtstages Schillers am 10. Novbr. 1859. gr. 8. (82 S.) Quedlinburg 859, Huch.

—— bei der 350jährigen Reformationsfeier am 31. Octbr. 1867 und der 50jährigen Jubelfeier des königl. Prediger-Seminars am 1. Novbr. 1867 zu Wittenberg. gr. 8. (89 S.) Wittenberg 867, Herrosé.

— bei der 350jährigen Reformationsfeier am 31. Octbr. 1867 u. der 50jährigen Jubelfeier des königl. Prediger-Seminars am 1. Novbr. 1867 zu Wittenberg. Wittenberg 868. Herrosé. gr. 8. (39 S.) 7½ ngr.

Festreden an der 5. Secularfeier der Schlacht v. Sempach den 5. Heumonat 1886. Auf Anordngn. d. h. Regierungsrathes gedruckt. gr. 8. (40 S.) Luzern 886. (Räber.) n. — 40

Festreden z. Säcularfeier d. Geburt d. höchstsel. Großherzogs Karl Friedrich zu Baden K. H. Gehalten v. Mitgliedern d. Hochschule u. d. histor. Gesellschaft zu Freiburg im Breisgau. gr. 8. (9½ B.) Freiburg 828, Gebr. Groos.

— bei d. vierten Säcularfeier d. Erfindung der Buchdruckerkunst in Basel, von Burckhardt und Hagenbach. Nebst Beschreibung d. Festes. 4. Basel 840. Schneider. 5/8 Rthlr Pracht-Ausg. 1 Rthlr

Festreden bei der vierten Säcularfeier der Erfindung d. Buchdruckerkunst in Basel, gehalten im Münster daselbst von den Herren Antistes Burckhardt u. Prof. Hagenbach den 24. Juni 1840. Nebst einer Beschreibung des Festes. (Mit 1 Abbild. von Gutenbergs Standbild nach David d'Angers in Paris.) gr. Lex.-8. Basel 841, Schneider. 19 ngl — Velinp. 1 Rthlr

—— sämmtliche, welche bei der öffentlichen Erinnerungsfeier zu Celle am 18. Octbr. 1863 gehalten worden. 8. (36 S.) Celle 864, (Schulze'sche Buchh.) *.

Festreden an der Schlachtfeier in Sempach am 10. Juli 1871 von Dr. Ph. A. Segesser von Luzern u. Capl. Vinc. Kreyenbühl v. Pfaffnau, z. Z. Rector der Mittelschule in Sursee. 80 Stn. 8. Luzern. Gebrüder Räber. 1871 —. 30.

—— an der Schlachtfeier in Sempach am 8. Juli 1872 von Großrathepräs. Joh. Amberg und Pfarrer Jakob Leu. gr. 8. (29 S. Luzern 873, Gebr. Räber. *

Festreden an der Schlachtfeier in Sempach am 10. Juli 1876. 28 S. 8. Luzern, Gebrd. Räber. 1876 —. 30

Festreden an der Schlachtfeier in Sempach am 8. Juli 1878, gehalten von Dr. *Sigrist* in Luzern und Pfarrer *Jos. Renggli* in Dagmersellen. 8°. 21 S. Luzern, Räber. 1878

Festreden an der Schlachtfeier in Sempach am 11. Juli 1881 von Herrn Musikdirektor Gustav Arnold und Hochw. Herrn Professor Albin Kaufmann in Luzern. Auf Anordnung des h. Reg.-Rathes gedruckt. In-8°, 26 S. Luzern, Gebrüder Räber. 1881.

Festreden an der Schlachtfeier in Sempach den 7. Juli 1884 von Herrn Fürsprech Julius Beck in Sursee und Hochw. Herrn Prof. Nicol. Kaufmann in Luzern. In-8°, 30 S. Luzern, Gebr. Räber. 1884 geh. — 30

Festreden an der Schlachtfeier in Sempach den 11. Juli 1887 v. H. Gerichtsschr. Melch. Schürmann u. Hochw. J. Cap. Luzius Lang auf dem Wesemlin. Auf Anordnung des h. Regierungsraths gedruckt. In-8°, 34 S. Luzern, Gebrüder Räber. 1887 — 30

Festreden an der Schlachtfeier in Sempach am 9. Juli 1888 von Hrn. Reg.-Rath Jos. Schobinger u. Hochw. Hrn. Prof. Anton Portmann in Luzern. In-8°, 29 S. Luzern, Gebr. Räber. — 30 1888.

Festreden an der Schlachtfeier in Sempach am 6. Juli 1891, von *J. Winiger* und *M. Scherer*. In-8°. 23 S. Luzern, Gebr. Räber. 1891 — 30

— an der Schlachtfeier in Sempach vom 8. VII. 1901 v. Johs. Moos u. Ant. Wyß. gr. 8. (32 S.) Luzern 901. (Räber & Co.) n. — 40

— dasselbe vom 8. VII. 1902 v. Joh. Felber u. Frz. X. Meyer. gr. 8. (32 S.) Ebd. 902. n. — 40

— an der Schlachtfeier in Sempach vom 6. VII. 1903 v. Jak. Sigrist u. Jos. Grüter. (28 S.) gr. 8. Luzern 903. (Räber & Co.) n. — 40

— dasselbe, vom 11. VII. 1904 v. Frz. Zelger u. Jos. Ambühl. (33 S.) 8. Ebd. 904. n. — 40

— dasselbe, am 10. VII. 1905 v. Th. Felber u. W. Schnyder. (28 S. m. 2 Abbildgn.) 8. Ebd. 905. n. — 40

— an der Schlachtfeier in Sempach 1906—1910. 8. Luzern, Räber & Co. 1. 90
1906. Vom 9. VII. v. C. Winiger u. J. J. Sager. (23 S.) 906. — 40
1907. Vom 8. VII. v. J. Schmid u. Sextar J. Hochstraßer. (27 S.) 907. — 40
1908. Vom 6. VII. v. Hans Steinmann u. Kuratkapl. Alois Hartmann. (38 S.) 908. — 40
1909. Vom 12. VII. v. Kasp. Müller u. Laur. Rogger. (33 S.) 909. — 30
1910. Vom 11. VII. v. Dominik Fellmann u. Frz. Segesser. (28 S. m. 2 Abbildgn.) — 10

Festreden f. Schulen u. patriot. Vereine z. Geburtagsfeier d. Königs Albert v. Sachsen. gr. 8. Leipzig 897. [O. Klemm's Sort.] A. Hahn. n. 1 —
Königswürde u. Bürgerzierde. Von Wildfeuer. — König Alberts Mitarbeit a. Aufbau d. Deutschen Reiches. Von Hardtmann. — Welche Stellung hat Sachsen im Laufe d. Zeit i. Deutschen Reiche eingenommen? Von Ant. Jahr. — Unsere Landesmutter. Von W. Schubert. — Ein Lebensbild uns. Königs Albert. Von Schellenberg. — Skizzen zu Ansprachen. — Gedichte. (49 S.)

Festreden f. Schulen u. patriotische Vereine zur Geburtstagsfeier Sr. Maj. des Königs Albert v. Sachsen, 2., verm. Aufl. gr. 8. (64 S.) Leipzig 899. A. Hahn. n. 1.20

— f. Schulen u. patriotische Vereine zur Geburtstagsfeier Sr. Maj. des Königs Friedrich August v. Sachsen. Hrsg. v. K. Gebser. (64 S.) 8. Leipzig 907. A. Hahn. 1. 20

Festreden, Sieben Maurerische, in der Loge Friedrich zum goldenen Zepter in Breslau . . . Breslau 1827. V: *Henschel, A. Wilh. E. Theodor.* (Kl) (SJL)

Festreden, sieben maurerische, in der Loge Fr. z. ☉ Z. in Breslau gehalten u. herausgeg. vom Br. A. W. H. 8. Breslau 827, Neubourg.

Festreden, 7, üb. die 7 heil. Sakramente. Bei dem im Juli 1812 zu Kaiserswerth zur Verehrung d. heil. Suitbertus gefeierten 1125jähr. Jubiläum, gehalten. 12. (6½ B.) Düsseldorf 843. [Cöln, Reschütz u. Comp.] *-

Festreden bei der dreihundertjährigen Stiftungsfeier des 1588 gegründeten Evangelischen Fürstlich Bentheim'schen Gymnasium Arnoldinum gehalten am 14. August 1888. 8 (37 S.).
Progr. G. Arnoldinum u. Rg. *Burgsteinfurt* (1888).
Predigt des General-Superint. Dr. Nebe . . . Rede des Provincial-Schulr. Dr. *Julius* Rothfuchs. Rede des Prof. der Akad. zu Münster Dr. *Rudolf* Sturm. Rede des Oberlehrer *Friedrich* Hersmann . . . Rede des Direkt. Dr. *Rudolf* Bouterwek.
Nicht im Tauschverkehr.

Festreden, gehalten am Tage der Einweihung der thurgauischen Kantonsschule zu Frauenfeld, s. a. Zur Erinnerung ꝛc.

Festreden, gehalten am Tage der Einweihung der thurgauischen Kantonsschule zu Frauenfeld den 14. Novbr. 1853. (Frauenfeld 853. Huber.) 4. (21 S.) 5 ngl

Zehn **Festreden** zur Geburtstagsfeier Kaiser Wilhelms II. in der Schule. Mit 1 vollständ. ausgeführten Feier, bestehend aus Liedern, Ansprache u. Deklamationen. Hrsg. von Ludwig Buhl, Lehrer in Minden. 2. verb. Aufl. *Minden: A. Hufeland 1900.* (67 S.) 8° [F.]

[F.] Zehn **Festreden** zum Sedantage in d. Schule. M. e. vollst. ausgeführten Feier, besteh. aus Liedern, Ansprache u. Deklamation. Hrsg. v. Alfred Hufeland. 2. verb. Aufl. *Minden: A. Hufeland 1897.* (54 S., 1 Bl.) 1 Bd 8. [98. 3755

Zehn **Festreden** zum Sedantage in der Schule. Mit e. vollst. ausgeführten Feier, bestehend aus Liedern, Ansprache u. Deklamationen. Hrsg. von Alfred Hufeland. 3. verb. Aufl. Minden: A. Hufeland 1903. (48 S.) 8° [F.]

— 10, zum Sedantage in der Schule. Mit e. vollständig ausgeführten Feier, bestehend aus Liedern, Ansprache u. Deklamationen. Hrsg. v. Alfr. Hufeland. 4. durchgeseh. Aufl. (48 S.) gr. 8. Minden 907. A. Hufeland. — 80

Festredner, d. patriotische. E. Sammlg. patriot. Festreden, Ansprachen, Toaste ꝛc. in Poesie u. Prosa. Hrsg. v. d. Red. d. „Kamerad" (F. L. Staub) in Dresden. 3., verm. u. verb. Aufl. 8. (832 S. m. 1 Bildn.) Dresden (896). Exped. u. Buchdr. d. „Kamerad". n. 3 20

Altonaer Kunsthalle. Fest- und Stimmungsreime. Hrgg. d. 15. Sept. 1891. (Altona.) 1891. 8°

Die Festriege des Turnvereins Krems a. Donau auf dem 3. allgemeinen deutschen Turnfest in Leipzig 1863, Krems 1863, 28 S., 8°.

Festring, lithurgischer. Altar-Lektionen mit eingelegten Gesängen für Weihnacht, Fasten, Ostern, Himmelfahrt und Pfingsten. Zusammengestellt von H. A. Pröhle. 1. Heft. 8. (16 S.) Wernigerode 856. (Quedlinburg, Huch.) *

Festrosen. Meisterwerke epischer Dichtung für Deutschlands Frauen und Jungfrauen. 8. (V, 389 S. mit 1 Chromolithogr.) Hannover 872, Rümpler. geb. mit Goldschn.
Inhalt:
1. Goethe's Hermann und Dorothea. — 2. Herder, der Cid. — 3. Schulze's bezauberte Rose. — 4. Voß, Louise.

Festschmuck der Stadt Berlin auf dem Pariser Platz im Mai 1900. *([Berlin:] Meisenbach, Riffarth & Co. 1900.)* (1 Bl., 8 Taf.) 2°

— 25 Jahre im Dienste der deutschen Seefischerei v. H. Henking. — Die Seefischerschulen des deutschen Seefischerei-Vereins. — Die Samariterkurse des deutschen Seefischereivereins, s.: Abhandlungen des deutschen Seefischerei-Vereins. XI.

Festschrift gewidmet Herrn Geh. Med.-Rath Dr. Heinrich Abegg, seinem langjährigen Vorsitzenden, zum 50jaehrigen Doctor-Jubilaeum v. aerztl. Ver. zu Danzig am 2. Juni 1898. *Danzig: A. W. Kafemann 1898.* (2 Bl., 160 S., 1 Portr., 5 Taf.) 1 Bd 8.

Fischer, F[ranz]: Gynaekolog. Mittheilungen aus d. Diakonissen-Krankenhause zu Danzig. *Danzig 1898.*
in: Festschrift gewidm. . . Heinrich Abegg . . . z. 50jaehr. Doctor-Jubilaeum v. aerztl. Ver. zu Danzig . . . 1898.

Glaeser, E[mil]: Ueber d. Augeneiterung d. Neugeborenen in Danzig u. Westpreussen u. d. Mittel zu ihrer Verhütg. *Danzig 1898.*
in: Festschrift gewidm. . . Heinrich Abegg . . z. 50jaehr. Doctor-Jubilaeum v. aerztl. Ver. zu Danzig . . 1898.

Goetz, [Emil]: Ein Fall v. gelber Leberatrophie. *Danzig 1898.*
in: Festschrift gewidm. . . Heinrich Abegg . . . z. 50jaehr. Doctor-Jubilaeum v. aerztl. Ver. zu Danzig . . . 1898.

Hanff, [Walter] Zwei Fälle v. Thyreoidin-Behandlg. *Danzig 1898.*
in: Festschrift gewidm. . . . Heinrich Abegg . . . z. 50jaehr. Doctor-Jubilaeum v. aerztl. Ver. zu Danzig . . . 1898.

Wallenberg I, Abr.: Ein Fall v. Heilg eines Aneurysma d. Brustaorta. *Danzig 1898.*
in: Festschrift gewidm. . . Heinrich Abegg . . z. 50jaehr. Doctor-Jubilaeum v. aerztl. Ver. zu Danzig . . 1898.

Wallenberg II, Adolf: Anatom. Beiträge z. Frage v. d. Entstehg d. einseit. Drehschwindels. *Danzig 1898.*
in: Festschrift gewidm. . . . Heinrich Abegg . . z. 50jaehr. Doctor-Jubilaeum v. aerztl. Ver. zu Danzig . . 1898.

Helmbold, [Rudolf]: Eine Methode, beliebige Entferngn schnell u. sicher zu messen. *Danzig 1898.*
in: Festschrift gewidm. . . . Heinrich Abegg . . . z. 50jaehr. Doctor-Jubilaeum v. aerztl. Ver. zu Danzig . . 1898.

Petruschky, J[oh.]: Z. Epidemiologie d. Typhus abdominalis in Danzig u. Umgegend. *Danzig 1898.*
in: Festschrift gewidm. . . . Heinrich Abegg . . z. 50jaehr. Doctor-Jubilaeum v. aerztl. Ver. zu Danzig . . . 1898.

Reinke, W[ern.]: Ein Fall v. Meningocele. *Danzig 1898.*
in: Festschrift gewidm. . . Heinrich Abegg . . . z. 50jaehr. Doctor-Jubilaeum v. aerztl. Ver. zu Danzig . . . 1898.

Scheele, [Leop.]: Ueber d. Resorption d. Jod-Vasogen durch d. Haut. *Danzig 1898.*
in: Festschrift gewidm. . . Heinrich Abegg . . . z. 50jaehr. Doctor-Jubilaeum v. aerztl. Ver. zu Danzig . . 1898.

Festschrift für Karl v. Amira. Zu s. sechzigsten Geburtstage gewidmet von s. Schülern. Berlin: O. Häring 1908. (IV, 233 S.) 8° [08. 4931 3

— amtliche, z. 12. Bundestage d. deutschen Radfahrer-Bundes. Geleitet v. Frz. Pichler. gr. 4. (100 S. m. Abb. u. 8 Taf.) Leipzig 895. W. Werner. 1. 60

— amtliche, z. XV. Bundestage d. deutschen Radfahrer-Bundes in Dortmund am 4. - 8. VIII. 1898 unt. d. Protectorate d. Oberpräsidenten v. Westfalen Studt. gr. 8. (96 S. m. Abb.) Dortmund 898. F. W. Ruhfus. Kart. n. 2. —

Amtliche Festschrift zum xv. Bundestage des deutschen Radfahrer-Bundes in Dortmund am 4. bis 8. Aug. 1898 ... *Dortmund: F. W. Ruhfus [1898].* (93 S., 22 Bl.) 1 Bd 4. [98. 7719 Mr

Festschrift zum 25jährigen Amtsjubiläum des Direktors der Franckeschen Stiftungen Geheimen Regierungsrats Prof. D. Dr. Wilhelm Fries 1881–1906, überreicht v. Lehrerkollegium d. Höh. Mädchenschule u. d. Lehrerinnenseminars d. Franckeschen Stiftungen. Halle: Waisenhaus 1906. (73 S.) 8° [06. 8617 S

Festschrift dem Andenken Albrechts (*Umschlag*: an Albrecht) von Haller, dargebracht von den Aerzten der Schweiz am 12. Dezember 1877. ([Mit Porträt-Tafel und] Anhang.) 1.) Widmung; 2.) Dr. Gottlieb Burckhardt, über Sehnenreflexe; 3) Prof. Heinrich Quincke, über Siderosis. [Mit Figuren.] 4. Bern 1877.

— dem Andenken an Albrecht v. Haller dargebracht von den Aerzten der Schweiz am 12. Dezbr. 1877. gr. 4. (58 S.) Bern 877, (Dalp'sche Buchh.) *

— zum Andenken an die 50jährige Jubelfeier des evangelischen Predigerseminars zu München am 16. Septbr. 1884. gr. 8. (IV, 52 S.) München 884, Kaiser. *

Festschrift zum Andenken an das 50jährige Jubiläum des Stadt Saazer Hopfenbauvereins. Saaz [1883]. V: *Seifert, Adolph.* (EB)

Festschrift zum Andenken an das 50jahrige Jubiläum d. Stadt Saazer Hopfenbau-Verein. 8. Saaz, *Brüder Butter. 1 fl. 1884.

— zum Andenken an die gesegneten Tage der Anwesenheit d. hochwürdigsten Herrn Erzbischofes Philippus Krementz im Dekanate Crefeld vom 26. Septbr.—18. Octbr. 1887. 8. (68 S. m. 2 Bildern.) Crefeld 887. Klein. n. —50

Festschrift für O(ttomar) v. Angerer. Mit 1 Portr., 54 Abb. u. 7 Taf. Tübingen: Laupp 1910. VII, 391 S. 8° (Beiträge z. klinischen Chirurgie. Bd 70, H. 1.) [10. 16199

Festschrift zum deutschen Anwaltstage Berlin 1896. Berlin (1896).
Holtze, Friedr.: Das juristische Berlin beim Tode Friedrichs des Großen.
Nelson, Heinr.: Die Strafvollstreckung zu Berlin im Jahrhundert der Aufklärung.
Korn, Alfr.: Ein Blick in die Vergangenheit des Anwaltstandes der Mark Brandenburg.
Jacobsohn, Max: Einzug der freien Advokatur in Berlin.

Festschrift zum Deutschen Anwaltstage Berlin 1896. Berlin (1896): W. Issleib. (108 S.) 8° [05. 5033 6

Festschrift zum 17. deutschen Anwaltstage Hannover 1905. Hannover (1905).
Roscher, Th.: Gerichtsverfassung u. Anwaltschaft im einstmaligen Kurstaat u. Königreich Hannover.
Linckelmann, Karl: Das alte Hannover. Mitteilungen aus der Verfassungs- u. Rechtsgeschichte.

Festschrift zum Siebzehnten Deutschen Anwaltstage. Hannover 1905. Hannover (1905): Göhmann. (126 S.) 8° [F.] [05. 11433 7

Festschrift des deutschen Apotheker-Vereins zur 25. Haupt-Versammlung ... *Berlin: Selbstv. d. dtsch. Apotheker-Ver. 1896.* (2 Bl., 251 S.) 1 Bd 4. [96. 6109

Schmidt, Ernst: Rückblick auf d. Entwicklg d. Chemie innerh. d. letzten 25 Jahre. *Berlin 1896.*
in: Festschrift d. deutschen Apotheker-Vereins z. 25. Haupt-Versammlung. [96. 6109

Beckurts, H[einr.]: Die Fortschritte auf d. Gebiete d. chem. Prüfg u. Werthbestimmg v. Drogen u. galenischen Präparaten. *Berlin 1896.*
in: Festschrift d. deutschen Apotheker-Vereins z. 25. Haupt-Versammlung. [96. 6109

Thoms, Hermann: Zur Geschichte d. neueren Arzneimittel. *Berlin 1896.*
in: Festschrift d. deutschen Apotheker-Vereins z. 25. Haupt-Versammlung. [96. 6109

Festschrift des schweizer. Apothekervereins zur Erinnerung an die 50jährige Stiftungsfeier. Zürich 1893.

Festschrift enth. Arbeiten über Tuberkulose, hrsg. anläßl. d. Tagung d. 6. Internat. Tuberkulose-Konferenz, Wien, Sept. 1907, v. österr. Organisations-Komitee. Mit 4 Taf., 3 Beilagen, 6 Kurven u. 36 Abb. Wien & Leipzig: W. Braumüller 1907. (450 S.) 8° [07. 13405

Männergesangverein Arion, Newark, NJ. 1859-1909, Festschrift ... 17.-19. Nov 1909. Newark, 1909.

Festschrift f. Professor Julius Arnold, hrsg. v. Ernst Schwalbe, s.: Beiträge zur pathologisch. Anatomie u. allgem. Pathologie.

— dem Aerztevereine der Kreise Birnbaum, Bomst, Grätz, Meseritz, Schwerin u. Neutomischel zu seinem 25-jährigen Jubiläum gewidmet v. den Verfassern. (110 S.) gr. 8. Jauer (903). O. Hellmann. n. 3. —
Hieraus einzeln:
Ascher, Arzt u. Fürsorge. (6 S.) n. —50
Borchard, zur Behandlung der subkutanen Verletzungen des Kniestreckapparates (Ruptur des Quadriceps, Fraktur der Patella, Zerreissung des Lig. patellae prop.) (26 S.) n. 1. 20
Brinkmann, ein Fall v. angeborenem einseitigen Nierenmangel. (6 S.) n. —30
Kassel, Carl, aus der Ohrenheilkunde des Hippokrates. (8 S.) n. —40
Korach, über das gleichzeitige Vorhandensein verschiedener Erkrankungen, insbesondere v. Carcinom u. Diabetes. (10 S.) n. —40
Rubensohn, Geschichte des Ärzte-Vereins der Kreise Birnbaum, Bomst, Grätz, Meseritz, Neutomischel u. Schwerin seit seiner Begründung im J. 1878 bis zum J. 1903, vom bisher. Vorsitzenden R. (7 S.) n. —30
Wernicke, E., über den biologischen Blutnachweis. (13 S.) n. —60
Wroblewski, die „Appendicitis" vom Standpunkte des praktischen Arztes. (28 S.) n. 1. 20

— des katholischen Männervereins Augsburg-Stadt zum goldenen Jubiläum seines Bestehens f. dessen Gönner, Freunde u. Mitglieder. (40 S. m. 1 u. eingedr. Bildnissen.) gr. 8. Augsburg 908. (Literar. Institut v. Dr. M. Huttler.) 70

Festschrift zur Ausstellung von Hopfen und Hopfenbaugeräten. Nürnberg 1877.

[F.] Festschrift und Ausstellungs-Verzeichniss der Grossen Landwirthschaftlichen Ausstellung zu Kirn a. d. Nahe v. 2. bis 6. Okt. 1898. Hrsg. v. Central-Comité d. Ausstellgs-Comm. ... *Kirn: R. Schleich'sche Buchdr. (1898).* (25 S.) 1 Bd 8. [99. 1904

— zum 1. Automobil-Tage in Berlin am 29. VIII. 1900. Übersicht der bisher. Entwickelung der automobilist. Vereiniggn. Deutschlands. Den Mitgliedern des deutschen Automobil-Verbandes gewidmet. gr. 4. (32 S. m. Abb.) Berlin 900. Verlag Sankt Georg. n. —50
Sonderabdruck aus: „Sankt Georg."

Deutsches Bach-Fest. 1. In Berlin 21. bis 23. März 1901. Festschrift (u. Programmbuch). (Leipzig 1901: Breitkopf & Härtel.) 8° [F.] (Neue Bach-Gesellschaft.) [05. 14605

Bach-Fest. Zweites deutsches B'-F' in Leipzig, 1. bis 3. Oktober 1904. Festschrift (und Programmbuch). [Hrg. durch die] Neue Bach-Gesellschaft. [Mit Noten.] 125 + 12 S. 8. (Leipzig, Breitkopf & Härtel, [1904].) [M. 1. —]
S. 5—72: Erläuterungen zu den Aufführungen des zweiten deutschen Bachfestes. Verfasst von Dr. Alfred Heuss.

Festschrift Albert von Bamberg zum 1. Oktober 1905 gewidmet v. Lehrerkollegium d. Gymn. Ernestinum zu Gotha. Gotha: F. A. Perthes 1905. (196 S.) 8° [05. 16818

Festschrift. Bannerweihe verbunden mit Preiskorso-Fahren des Radfahrvereines 1892 Großauheim a.M. am 2., 3. u. 4. Juli 1904. *Hanau (1904): Waisenhaus.* (16 S.) 8° [Umschlagt. F.] (04. 11764 4

— dem Hrn. Geheimen Justizrat Dr. L. v. Bar, Professor an der Universität Göttingen gewidmet, s.: Meili, F., die gegeschichtl. Entwicklg. des internationalen Konkursrechtes.

— für Adolf Bastian zu s. 70. Geburtstage, 26. Juni 1896, gewidm. v. s. Freunden u. Verehrern. Lex.-8. (XI, 630 S. m. Abb. u. 16 Taf.) Berlin 896. D. Reimer. n. 26. —; geb. in Halbfrz n. 30 —

Hieraus einzeln:

Ehrenreich, P., e. Beitrag zur Charakteristik d. botokud. Sprache. (26 S.) n. 1. —

Götze, Alfr., üb. neolith. Handel. (17 S.) n. — 60

Grünwedel, Alb., ein Kapitel des Tă-še-sun. (24 S. m. Abb.) n. 1. —

Heger, Frz., die Zukunft d. ethnographischen Museen. (11 S.) n. — 60

Luschan, v., d. Wurfholz in Neu-Holland u. in Oceanien. (27 S. m. Abb. u. 3 Taf.) n. 1. —

Müller, F. W. K., Ikkaku sennin, e. mittelalterl. japan. Oper, transskribirt u. übers. Nebst e. Exkurs üb. d. Einhornsage. (25 S. m. Abb.) n. 1. —

Preuss, Konr. Thdr., Menschenopfer u. Selbstverstümmelg. bei d. Todtentrauer in Amerika. E. Darstellg. d. Natur d. Gewissens vermittelst d. vergleich. Völkerpsychologie. (36 S.) n. 1. 20

Schwartz, Wilh., v. d. Hauptphasen in d. Entwicklg. d. altgriech. Naturreligion. (17 S.) n. — 60

Steinen, Karl v. d., Prähistor. Zeichen u. Ornamente. Svastika. Triskelos. Runenalphabet. M. Zeichngn. von Wilh. v. d. Steinen. (42 S.) n. 1. 20

Voss, A., d. grosse Silberkessel v. Gundestrup in Jütland, e. mithräisches Denkmal im Norden. (47 S. m. Abb.) n. 1. 20

Festschrift z. Zürcher Bazar den 16., 17., 18. Juni 1887 zu Gunsten der Ferienkolonien. In-4°, 12 S., mit Illustration. Zürich, Orell Füssli & Cie. 1887

Festschrift des Geographischen Seminars der Universität Breslau zur Begrüssung des XIII. Deutschen Geographentages. Mit 1 Portr., 2 Karten u. 3 Skizzen im Text. (Vorr.: J[oseph] Partsch.) *Breslau 1901: Bresl. Genossensch.-Buchdr.* (236 S.) 8° (01. 7842 2

Festschrift zur Begrüßung des 14. Deutschen Geographentages. Beiträge z. Wirtschafts-Geogr. u. Wirtschafts-Gesch. d. Stadt Köln u. d. Rheinlandes. (Hrsg.: Kurt Hassert.) Mit 1 Karte u. 4 Abb. *Köln 1903: M. Dumont Schauberg.* (185 S.) 8° (03. 1909

Festschrift zur Begrüßung des XVII. Deutschen Geographentages, Lübeck 1909. Lübeck 1909: Schmidt. 300 S. 4°(8°) (09. 11395

FESTSCHRIFT zur Begrüssung der Deutschen anthropolog. Gesellschaft aus Anlass ihres im August 1896 zu Speier abgehaltenen XXVII. Kongresses, dargebracht vom Historischen Vereine der Pfalz. (Mit Tafeln.) Speier. 1896. Druck der H. Gilardone'schen Buchdruckerei. 8°.

Festschrift zur Begrüßung der XI. allgemeinen evangelisch-lutherischen Konferenz in Rostock vom 26.—29. IX. 1904. Hrsg. im Auftrage des Lokalausschusses v. dem Schriftführer desselben, A. W. Hunzinger. (79 S. m. 1 Plan.) 8. Schwerin 904. F. Bahn. n. 1. —

FESTSCHRIFT der Gesellschaft für Pommersche Geschichte und Alterthumskunde zur Begrüssung des 17. Kongresses der deutschen anthropologischen Gesellschaft in Stettin. Inhalt. 1. ULRICH JAHN: Hexenwesen und Zauberei in Pommern. 2. HUGO SCHUMANN: Die Burgwälle des Randowthals. Stettin. 1886. Druck von Herrcke & Lebeling. — Mit d. Einzeltiteln: ULRICH JAHN, Hexenwesen und Zauberei in Pommern. (Separatabdruck aus „Baltische Studien", Jahrg. XXXVI.) ib. 1886. — HUGO SCHUMANN, Die Burgwälle des Randowthals und ihre Bedeutung für die Geschichte und Geographie des heidnischen Pommerns. (Separatabdruck aus: „Baltische Studien", Jahrg. XXXVII.) (Mit Karten und Tafeln.) ib. 1886. — 8°.

Festschrift zur Begrüssung des XVIII. Kongresses der deutschen Anthropologischen Gesellschaft in Nürnberg. Lex.-8. (91 S.) Nürnberg 887, (Ballhorn's Verlag.)

Inhalt:

Eidam, H., Ausgrabungen römischer Ueberreste in und um Gunzenhausen. Mit 7 Karten. — Rieger, C., zur Kenntniss der Formen des Hirnschädels. Mit 5 Taf. in Farbendr. und 7 Tab. — Forster, S. v., über Hügelgräberfunde bei Nürnberg. Mit 31 Abbild. — Görringer, H., prähistorische Karte der Umgegend von Nürnberg. Mit erläut. Text.

Nicht im Handel. — (Wird nur an Universitäts- und Staats-Bibliotheken, und zwar unentgeltlich, abgegeben.)

—— zur Begrüssung d. 5. allgemeinen deutschen Neuphilologentages zu Berlin, Pfingsten 1892, verf. v. Mitgliedern der Berliner Gesellschaft f. das Studium der neueren Sprachen, der Gesellschaft f. deutsche Philologie u. der Gesellschaft für deutsche Litteratur, hrsg. von Jul. Zupitza. gr. 8. (III, 202 S.) Berl. 892, Weidmann. * 5 —

FESTSCHRIFT zur Begrüssung des 5. Allgemeinen Deutschen Neuphilologentages zu Berlin, Pfingsten 1892, verfasst von Mitgliedern der Berliner Gesellschaft für das Studium der neueren Sprachen, der Gesellschaft für Deutsche Philologie und der Gesellschaft für Deutsche Litteratur, herausgegeben von JULIUS ZUPITZA. (Inhalt: JOHANNES BOLTE, Das Märchen vom Tanze des Mönches im Dornbusch; ERICH SCHMIDT, Ein verschollener Aufsatz A. W. Schlegels über Goethes 'Triumpf der Empfindsamkeit'; JULIUS ZUPITZA, Über die mittelenglische Bearbeitung von Boccacios 'De claris mulieribus' in der Handschrift des Brit. Mus. Add. 10,304; ADOLF TOBLER, Ungedruckte Briefe von Freunden Ugo Foscolos; MAX ROEDIGER, Elf französische Volkslieder der Sammlung von Haupt und Tobler übersetzt; STEPHAN WAETZOLDT, Paul Verlaine, ein Dichter der Décadence.) Berlin 1892. Weidmannsche Buchhandlung. 8°.

—— zur Begrüssung der in Karlsruhe vom 27.—30. Septbr. 1882 tagenden XXXVI. Philologen-Versammlung, verf. von den philolog. Collegen an der Heidelberger Universität. gr. 8. Freiburg i. Br. 882, Mohr. *

Inhalt:

1. Die Wiener Apophthegmen-Sammlung. Hrsg. und besprochen von Curt Wachsmuth. (S. 1—36.)
2. Schöll, Fritz, zu den sogenannten Proverbia Alexandrina des Pseudo-Plutarch [cod. Laur. pl. 80, 13]. (S. 37—57.)
3. Uhlig, G., zur Wiederherstellung des ältesten occidentalischen Compendiums der Grammatik. (S. 59—85.)
4. Zangemeister, Karl, die Periochae des Livius. (S. 87—106.)
5. Duhn, F. v., Bemerkungen zur Würzburger Phineusschale. (S. 107—124 mit 2 eingedr. Holzschn.-Abbild.)

— zur Begrüssung der Theilnehmer an d. gemeinsamen Versammlung der deutschen u. Wiener anthropologischen Gesellschaft in Wien am 5.—10. August 1889. Hrsg. v. der anthropolog. Gesellschaft in Wien. Red. v. F. Heger. gr. 4. (72 S. m. Textillustr., 4 Taf. u. 1 Tab.) Wien 889. (Hölder.) n. 4. —

— zur Begrüssung der Theilnehmer an der gemeinsamen Versammlung der deutschen u. Wiener anthropologischen Gesellschaft in Innsbruck 24. — 28. Aug. 1894. Hrsg. v. der anthropolog. Gesellschaft in Wien. Red. v. Frz. Heger. gr. 4. (108 S. m. 169 Abbildgn. u. 4 Taf.) Wien 894. (A. Hölder.) n. 8. —

—— zur Begrüssung der XIV. Allgemeinen Versammlung der Deutschen Anthropologischen Gesellschaft. Siehe: Bracht, Ausgrabung des Buchenlochs.

— zur Begrüssung der 6. Versammlung deutscher Bibliothekare in Posen am 14. u. 15. VI. 1905, unter Mitwirkg. v. Oswald Collmann, Wilh Fabricius, Jos. Jolowicz, Fr. Guntram Schultheiss, Adf. Warschauer, Bernh. Wenzel hrsg. v. Rud. Focke. (99 S.) 8. Posen 905. (J. Jolowicz). n. 2. —

Festschrift zur Begrüssung der 24. Versammlung deutscher Philologen und Schulmänner. Leipzig 1865. H: *Starck, Carl Bernhard.* (EB)

—— zur Begrüßung der 24. Versammlung deutscher Philologen und Schulmänner veröffentlicht von dem historisch-philosoph. Vereine zu Heidelberg. gr. 8. (XVI und 149 S.) Leipzig 865, Engelmann.

—— zur Begrüssung der XXXIV. Versammlung deutscher Philologen und Schulmänner dargebracht von dem königl. Gymnasium und der städt. Realschule I. Ordnung zu Trier. gr. 8. (183 S.) Trier 879, Lintz'sche Buchh. *

Festschrift zur Begrüssung der XXXIV. Versammlung deutscher Philologen u. Schulmänner zu Trier, überreicht im Namen der XVI. Versammlung rheinischer Schulmänner. gr. 8. (III, 194 S.) Bonn 879. (Köln, Römke & Co.) n. 2. —

— des Stettiner Stadtgymnasiums zur Begrüssung der XXXV. Versammlung deutscher Philologen u. Schulmänner. gr. 8. Stettin 880. Herrcke & Lebeling. n. 1. 50

Zur Würdigung des Melissos von Samos. Von F. Kern. (24 S.) — Quaestiones Taciteae. Von F. Herbst. (S. 25—38.) — Ακατος. Von L. Brunn. (S. 39—72.)

Festschrift der Kantonsschule in Zürich zur Begrüssung der vom 28. September bis 1. Oktober 1887 in Zürich tagenden XXXIX. Versammlung Deutscher Philologen und Schulmänner. ([Darin:] Hans **Wirz:** Die stoffliche und zeitliche Gliederung des Bellum Jugurthinum des Sallust. — Alfr. **Surber:** Beitrag zu einer Reform der Schulsyntax des lateinischen Infinitivs. — Heinrich **Suter:** Die Mathematik auf den Universitäten des Mittelalters. — Jul. **Stiefel:** Über Jeremias Gotthelfs 'Erzählungen und Bilder aus der Schweiz'). Zür. Zürcher u. Furrer Dr. [Fäsi & Beer] 1887. 2 Bl., 119 S. 4°.

Festschrift der Kantonschule in Zürich zur Begrüssung der vom 28. Septbr. bis 1. Oktbr. 1887 in Zürich tagenden XXXIX. Versammlung deutscher Philologen und Schulmänner. gr. 4. Zürich 887, (Höhr.) *

Inhalt:

Wirz, Hans, die stoffliche und zeitliche Gliederung des Bellum Jugurthinum des Sallust. (S. 1—31.) — Surber, Alfr., Beitrag zu einer Reform der Schulsyntax des lateinischen Infinitivs. (S. 32—38.) — Suter, Heinr., die Mathematik auf den Universitäten des Mittelalters. (S. 39—96.) — Stiefel, Jul., über Jeremias Gotthelf's „Erzählungen und Bilder aus der Schweiz". (S. 97—119.)

—— zur Begrüssung der vom 28. Septbr. bis 1. Oktbr. 1887 in Zürich tagenden XXXIX. Versammlung deutscher Philologen und Schulmänner, dargeboten von der Universität Zürich. gr. 4. Zürich 887, (Höhr.) *

Inhalt:

Hug, Arnold, zu den Testamenten der griechischen Philosophen. (S. 1—22.) — Blümner, Hugo, Technologisches [Schwefel, Alaun und Asphalt im Alterthum]. (S. 23—39.) — Kaegi, Adf., Alter und Herkunft des germanischen Gottesurtheils. (S. 40—60.) — Ulrich, Jak., Pietro Fortini, ein Beitrag zur Geschichte der italienischen Novelle. (S. 61—90.) — Tobler, Ludw., die lexikalischen Unterschiede der deutschen Dialekte, mit besond. Rücksicht auf die Schweiz. (S. 91—109.)

FESTSCHRIFT des Classisch-Philologischen Vereins in Bonn zur Begrüssung der XLIII. Versammlung Deutscher Philologen und Schulmänner in Köln. Leipzig 1895. B. G. Teubner. — A. u. d. T.: Philodemi volumina rhetorica edidit SIEGFRIED SUDHAUS. Supplementum.[1]) ib. 1895. — 8°.

[1]) Das Hauptwerk ist erschienen u. d. T.: Philodemi Volumina rhetorica edidit SIEGFRIED SUDHAUS. Vol. I. Lipsiae 1892. In aedibus B. G. Teubneri. Vol. II. ib. 1896. —

— des Stadtgymnasiums zu Halle a. S. zur Begrüssung der 47. Versammlung deutscher Philologen u. Schulmänner in Halle. Dargebracht v. Frz. Friedersdorff, Bernh. Bräuning, Otto Genest, Max Consbruch, Frdr. Kähler. (III, 156 S.) gr. 8. Halle 903. M. Niemeyer. n. 3. 60

— zur Begrüssung der vom 6—10. X. 1903 in Halle a. S. tagenden 47. Versammlung deutscher Philologen u. Schulmänner, dargebracht v. dem Kollegium der Oberrealschule in den Franckeschen Stiftgn. (92 S.) gr. 8 Halle 903. Buchh. des Waisenhauses. n. 1. 60

Festschrift für Otto Benndorf zu seinem 60. Geburtstage gewidmet v. Schülern, Freunden u. Fachgenossen. M. Titelbild, 12 Taf. u. zahlr. Abb. im Texte. *Wien: A. Hölder 1898.* (7 Bl., 320 S., 1 Portr., 12 Taf.) 1 Bd 4.

Engelbrecht, August: Erläuterungen z. homer. Sitte d. Todtenbestattg. *Wien 1898.*
in: **Festschrift** f. Otto Benndorf zu seinem 60. Geburtstage.

Jüthner, Julius: Der homer. Diskos. *Wien 1898.*
in: **Festschrift** f. Otto Benndorf zu seinem 60. Geburtstage.

Wide, Sam: Theseus u. d. Meersprung bei Bakchylides, XVII. *Wien 1898.*
in: **Festschrift** f. Otto Benndorf zu seinem 60. Geburtstage.

Schenkl, Karl: Zu Xenophons Schrift über d. Staat d. Lakedaimonier. *Wien 1898.*
in: **Festschrift** f. Otto Benndorf zu seinem 60. Geburtstage.

Schenkl, Heinrich: Zu d. latein. Monatsgedichten. *Wien 1898.*
in: **Festschrift** f. Otto Benndorf zu seinem 60. Geburtstage.

Marx, Friedrich: Der Bildhauer C. Avianius Euander u. Ciceros Briefe. *Wien 1898.*
in: **Festschrift** f. Otto Benndorf zu seinem 60. Geburtstage.

Ziehen, Julius: Archäolog. Bemerkungen z. latein. Anthologie. *Wien 1898.*
in: **Festschrift** f. Otto Benndorf zu seinem 60. Geburtstage.

Hoernes, Moritz: Griech. u. westeuropäische Waffen d. Bronzezeit. *Wien 1898.*
in: **Festschrift** f. Otto Benndorf zu seinem 60. Geburtstage.

Reichel, Wolfgang: Ein angeblicher Thron d. Xerxes. *Wien 1898.*
in: **Festschrift** f. Otto Benndorf zu seinem 60. Geburtstage.

Kekule v. Stradonitz, Reinhard: Archaischer Frauenkopf aus Sicilien. *Wien 1898.*
in: **Festschrift** f. Otto Benndorf zu seinem 60. Geburtstage.

Wolters, Paul: Votive an Men. *Wien 1898.*
in: **Festschrift** f. Otto Benndorf zu seinem 60. Geburtstage.

Petersen, Eugen: Herakles oder Polyphemos? *Wien 1898.*
in: **Festschrift** f. Otto Benndorf zu seinem 60. Geburtstage.

Reisch, Emil: Amphiaraos. *Wien 1898.*
in: **Festschrift** f. Otto Benndorf zu seinem 60. Geburtstage.

Rossbach, Otto: Amykos. *Wien 1898.*
in: **Festschrift** f. Otto Benndorf zu seinem 60. Geburtstage.

Winnefeld, Hermann: Gigantenkampf auf e. Vase in Berlin. *Wien 1898.*
in: **Festschrift** f. Otto Benndorf zu seinem 60. Geburtstage.

Pernice, Erich: Ein korinthischer Pinax. *Wien 1898.*
in: **Festschrift** f. Otto Benndorf zu seinem 60. Geburtstage.

Pottier, Edmond: Deux documents rel. à l'Hermès d'Olympie. *Wien 1898.*
in: **Festschrift** f. Otto Benndorf zu seinem 60. Geburtstage.

Hartwig, Paul: Ein Schalenfragment im Stile d. Duris. *Wien 1898.*
in: **Festschrift** f. Otto Benndorf zu seinem 60. Geburtstage.

Weisshäupl, Rudolf: Die Anfänge der attischen Grablekythos. *Wien 1898.*
in: **Festschrift** f. Otto Benndorf zu seinem 60. Geburtstage.

Schreiber, Theodor: Zwei griech. Wandbildercyclen d. vierten Jahrhundertes. *Wien 1898.*
in: **Festschrift** f. Otto Benndorf zu seinem 60. Geburtstage.

Treu, Georg: Der Dresdner Zeus. *Wien 1898.*
in: **Festschrift** f. Otto Benndorf zu seinem 60. Geburtstage.

Heberdey, Rudolf: Das Weihrelief d. Lakrateides aus Eleusis. *Wien 1898.*
in: **Festschrift** f. Otto Benndorf zu seinem 60. Geburtstage.

Wernicke, Konrad: Eine Bronzestatuette d. Berliner Museums. *Wien 1898.*
in: **Festschrift** f. Otto Benndorf zu seinem 60. Geburtstage.

Mackenzie, Duncan: Der Westfries v. Gjölbaschi. *Wien 1898.*
in: **Festschrift** f. Otto Benndorf zu seinem 60. Geburtstage.

Studniczka, Franz: Zum myronischen Diskobol. *Wien 1898.*
in: **Festschrift** f. Otto Benndorf zu seinem 60. Geburtstage.

Conze, Alexander: Athena m. d. Eule. *Wien 1898.*
in: **Festschrift** f. Otto Benndorf zu seinem 60. Geburtstage.

Six, Jan: Grabgemälde in d. Ueberlieferg erwähnt. *Wien 1898.*
in: **Festschrift** f. Otto Benndorf zu seinem 60. Geburtstage.

Sticotti, Piero: Zu griech. Hochzeitsgebräuchen. *Wien 1898.*
in: **Festschrift** f. Otto Benndorf zu seinem 60. Geburtstage.

Luschan, Felix v.: Ueber den antiken Bogen. *Wien 1898.*
in: **Festschrift** f. Otto Benndorf zu seinem 60. Geburtstage.

Kubitschek, Wilhelm: Marsyas u. Maron in Kremna (Pisidien). *Wien 1898.*
in: **Festschrift** f. Otto Benndorf zu seinem 60. Geburtstage.

Imhoof-Blumer, Friedrich: Die Prägorte d. Abbaïter, Epikteter, Grimenothyriten u. Temenothyriten. *Wien 1898.*
in: **Festschrift** f. Otto Benndorf zu seinem 60. Geburtstage.

Körte, Alfred: Das Alter d. Zeustempels v. Aizanoi. *Wien 1898.*
in: **Festschrift** f. Otto Benndorf zu seinem 60. Geburtstage.

Kalinka, Ernst: Weihgeschenk u. Ehrenbasis d. Sex. Vibius Gallus. *Wien 1898.*
in: **Festschrift** f. Otto Benndorf zu seinem 60. Geburtstage.

Hiller v. Gaertringen, Friedrich: Anthister. *Wien 1898.*
in: **Festschrift** f. Otto Benndorf zu seinem 60. Geburtstage.

Hula, Eduard: Nikeinschriften. *Wien 1898.*
in: **Festschrift** f. Otto Benndorf zu seinem 60. Geburtstage.

Wilhelm, Adolf: Zwei griech. Inschriften. *Wien 1898.*
in: **Festschrift** f. Otto Benndorf zu seinem 60. Geburtstage.

Swoboda, Heinrich: Zur Verfassungsgeschichte v. Samos. *Wien 1898.*
in: **Festschrift** f. Otto Benndorf zu seinem 60. Geburtstage.

Gomperz, Theodor: Eine Schülerliste d. neueren Akademie. *Wien 1898.*
in: **Festschrift** f. Otto Benndorf zu seinem 60. Geburtstage.

Szanto, Emil: Z. lykischen Mutterrecht. *Wien 1898.*
in: **Festschrift** f. Otto Benndorf zu seinem 60. Geburtstage.

Premerstein, Anton v.: Das Troiaspiel u. d. Tribuni celerum. *Wien 1898.*
in: **Festschrift** f. Otto Benndorf zu seinem 60. Geburtstage.

Nowotny, Eduard: E. norisches Militärdiplom d. Traian. *Wien 1898.*
in: **Festschrift** f. Otto Benndorf zu seinem 60. Geburtstage.

Ludwigstorff, Anton F[h] v.: E. Porträtkopf aus Carnuntum. *Wien 1898.*
in: **Festschrift** f. Otto Benndorf zu seinem 60. Geburtstage.

Patsch, Carl: Der Landtag v. Moesia superior. *Wien 1898.*
in: **Festschrift** f. Otto Benndorf zu seinem 60. Geburtstage.

Zingerle, Anton: Ueber e. Paar neuere röm. Funde u. d. Maiafrage. *Wien 1898.*
in: **Festschrift** f. Otto Benndorf zu seinem 60. Geburtstage.

Cumont, Franz: Masque de Jupiter sur un aigle éployé, bronze du Musée de Bruxelles. *Wien 1898.*
in: **Festschrift** f. Otto Benndorf zu seinem 60. Geburtstage.

Maionica, Enrico: Zwei Statuen vom Grabmale d. Feronienses Aquatores in Aquileja. *Wien 1898.*
in: **Festschrift** f. Otto Benndorf zu seinem 60. Geburtstage.

Sitte, Camillo: Ueber d. Bemalung figuraler Plastik im griech. Alterthume. *Wien 1898.*
in: **Festschrift** f. Otto Benndorf zu seinem 60. Geburtstage.

Thode, Henry: Andrea Castagno in Venedig. *Wien 1898.*
in: **Festschrift** f. Otto Benndorf zu seinem 60. Geburtstage.

Festschrift Sr. Excellenz Herrn Geheimrat Ernst v. Bergmann zur Feier seines siebzigsten Geburtstages gewidmet. Mit 1 Bildn., 69 Abb. u. 12 Taf. Leipzig: F. C. W. Vogel 1906. (VI, 812 S.) 8°
— **Zeitschrift**, Deutsche, f. Chirurgie. Bd 85.

Festschrift für den 6. Allgemeinen deutschen Bergmannstag in Hannover, September 1896. Hannover, 1895. 133 S.

Festschrift zum allgemeinen deutschen Bergmannstag in München. Essen 1899.

— zum VIII. allgem. deutschen Bergmannstag, s.a. Mitteilungen üb. den niederrheinisch-westfälischen Steinkohlen-Bergbau.

Festschrift zum 8. Allgemeinen Deutschen Bergmannstag in Dortmund, September 1901. [Auch u. d. T.: Mitteilungen über den Niederrheinisch-Westfälischen Steinkohlenbergbau.] Hrsg. vom Verein für die bergbaulichen Interessen im Oberbergamtsbezirk Dortmund zu Essen. Berlin, 1901. 338 S. mit 50 Abb. und 17 Taf.

Festschrift [I] zum 10. Allgemeinen Deutschen Bergmannstag 1907 in Eisenach: Deutschlands Kalibergbau. Hrsg. von der Kgl. Geologischen Landesanstalt in Berlin. 4 T. in 1 Bd. Berlin, 1907. 685 S. mit 40 Abb., 15 Taf. und 6 Karten, bezw. Taf., als Anlagen.
T. 1. Everding, H., Zur Geologie der deutschen Zechsteinsalze. 188 S. mit 11 Taf. und 5 Karten, bezw. Taf. als Anlagen.
T. 2. Erdmann, E., Die Chemie und Industrie der Kalisalze. 123 S. mit 9 Abb.
T. 3. Loewe, L., Die bergmännische Gewinnung der Kalisalze. 145 S. mit 31 Abb. und 4 Taf.
T. 4. Paxmann, E. H., Wirtschaftliche, rechtliche und statistische Verhältnisse der Kaliindustrie. Nebst 1 Übersichtskarte der deutschen Kaliunternehmungen bis Mitte des Jahres 1907. 1 : 900000. 230 S.

Festschrift [II] zum 10. Allgemeinen Deutschen Bergmannstag 1907 in Eisenach: Die deutsche Braunkohlenindustrie. 2 T. in 1 Bd. Halle a. S., 1907.
T. 1. Klein, G., u. a., Handbuch für den deutschen Braunkohlenbergbau. 490 S. mit 204 Abb., 13 Taf. und 1 Karte.
T. 2. Richter, K., Die mechanische Aufbereitung der Braunkohle. — Erdmann, E., Die Chemie der Braunkohle. 148 S. mit 4 Taf.

Festschrift zum 11. Allgem. Deutschen Bergmannstag 1910 in Aachen: Der Bergbau auf der linken Seite des Niederrheins. 4 Teile in 2 Bden. Berlin, 1910. 1203 S. mit 154 Abb., 2 Tab. u. 29 Taf.

Festschrift der Stadt Aachen zum XI. Allgemeinen Deutschen Bergmannstage. Aachen 31. Aug. bis 3. Sept. 1910. Aachen 1910: La Ruelle. 179 S. 8°
[Umschlagt.:] Aachen. Dem 11. Allg. Deutschen Bergmannstage überreicht v. Oberbürgermeister d. Stadt Aachen.

Festschrift dem 3. Allgemeinen [österreichischen] Bergmannstage in Teplitz gewidmet von dem Vereine für die bergbaulichen Interessen im nordwestlichen Böhmen. [Auch u. d. T.:] Schneider, G., Der Braunkohlen-Bergbau in den Revierbergamts-Bezirken Teplitz, Brünn und Komotau. Teplitz, 1899. 159 S. mit 1 Karte und Besitzerverzeichnis.

Festschrift zum 4. Allgemeinen [österreichischen] Bergmannstag, Wien 1903. [Auch u. d. T.:] Die Mineralkohlen Österreichs. 3. Aufl., hrsg. von F. Kieslinger. Wien, 1903. 490 S. mit Abb. und Karten und 1 Atlas von 12 Taf.

Festschrift, herausgegeben zum 30jährigen Bestande des Vereines der Buchdrucker und Schriftsetzer in der Bukowina. Czernowitz 1895: [o. Verl.].

Festschrift zum 25jähr. Bestande des Turnvereins Bozen, Bozen 1887, 42 S., 4°.

— zum 25jähr. Bestande des Stadttheaters Reichenberg 1884—1909. Mit Beiträgen v. Karl Anzengruber, Alb. Borée, Karl Broich u. a. Hrsg. von den darstell. Mitgliedern des Stadt-Theaters. (26 S. m. Abbildgn. u. 1 Taf.) 35,5×26,5 cm. Reichenberg (909). (P. Sollors Nachf.) 1.75

Festschrift aus Anlass des 50jährigen Bestandes der Gesellschaft für Salzburger Landeskunde. (Salzburg: Selbstverl. d. Ges. 1910.) XXXVI, 521 S. 8° [Umschlagt.]
(Mitteilungen d. Gesellschaft f. Salzburger Landeskunde. 50.) 10

Festschrift zum 50jaehrigen Bestande (des Landesmuseums-Vereins für Vorarlberg). [Nebst] Anh. Bregenz: Selbstverl. d. Ver. 1907–08. 2 Bde 8°
Festschrift. 1907. Anh.: Vereins-Nachrichten. 1908.
— **Jahresbericht** d. Landesmuseums-Vereins f. Vorarlberg. 44.

Festschrift zum 100jährigen Bestand des Kämmerli der untern Stadt ... Basel 1904. V: *Leisinger-Näf, Carl.* (BBullSchw 4, 1904)

Festschrift anlässlich des 40jährigen Bestandes des Arbeiter-Bildungsvereines Wien. 1867—1907. (44 S. m. Abbildgn. u. 1 Taf.) Wien '07, Wiener Volksbuchh. 1. —

Festschrift aus Anlaß des zehnjährigen Bestandes des Vereines für österreichische Volkskunde (1894–1904) hrsg. im Auftr. d. Vereinsleitung von Dr. Michael Haberlandt. Mit Beiträgen von ... Mit 7 Figurentaf. u. 20 Textabb. Wien: Selbstverl. d. Ver. 1904. (S. 177–224.) 4°
— **Zeitschrift** f. österreichische Volkskunde. Jg. 10, H. 5.

Festschrift über das 300jährige Bestehen der Liqueur-Fabrik 'Der Lachs' zu Danzig. 1598. 6. Juli 1898. [Nebst Beilage.] *(Danzig 1898.)* 2 Bde 8° [F. u. Ant.]
[Beilage u. d. T.:] Mein schnaps-polit. Glaubensbekenntniss. Ad. v. Riesen. 10

Festschrift zum 30jähr. Bestehen des Männerturnvereins zu Cöpenick, 15.—21. 8. 1909, 27 S., 8°.

Festschrift veröffentlicht aus Anlaß d. 30jährigen Bestehens d. Literarischen Vereins der Pfalz u. d. Hsgabe d. 25. Jges 'Pfälzisches Museum'. 1908. (Kaiserslautern: Kayer) 1908. S. 145–192. 8° [Umschlagt.]
(Pfälzisches Museum. Jg. 25, Nr. 10–12.)

— zum 75jähr. Bestehen der Ballenstedter Liedertafel am 17. X. 1910. Der Gegenwart gewidmet als e. erinnerungsfroher Rückblick in die Vergangenheit u. als e. heiligernstes Geleitwort f. die Zukunft. (28 u. Musikbeilage 3 S.) Lex. 8. Ballenstedt (910). (E. Luppe.) 1. —

Festschrift zum 75jähr. Bestehen der Firma Maschinenfabrik J. E. Christoph A.-G. in Niesky, O.-L., 5. Jan. 1910. — (Berlin: Eckstein 1910.) 34 S. 4° [Umschlagt.:] Maschinenfabrik J. E. Christoph A.-G., Niesky bei Görlitz 1835—1910.

Festschrift zum 25jährigen Bestehen des Altertumsvereins für Zwickau und Umgegend 8. Dezember 1910. (Zwickau 1910: Zwickauer Zeitungs-Dr.) XV, 152 S. 8°
(Mitteilungen d. Altertumsvereins f. Zwickau u. Umgegend. H. 10.)

Festschrift zum 25jährigen Bestehen der Section Augsburg des deutschen u. österreichischen Alpenvereins. Den Mitgliedern der Section gewidmet vom Sectionsausschuss. gr. 8. (89 S. m. 3 Bildern.) Augsburg 894. (Lampart & Co.) n. 1. —

Festschrift zum 25jährigen Bestehen des Gebirgs-Vereins Charlottenbrunn. (Wüstegiersdorf 1907: M. Jacob.) (15 S.) quer-8° [Kopft. F.]
[Umschlagt.:] Gebirgs-Verein Charlottenbrunn 1882/1907. 2

— aus Anlaß des 25jährigen Bestehens des Fischerei-Vereins f. die Prov. Brandenburg. (XII, 372 S. m. Abbildgn., 1 Taf. u. 2 Karten.) gr. 8. Berlin 903. Gebr. Borntraeger. Geb. in Leinw. n. 6.50

— z. 25jähr. Bestehen d. Section Frankfurt a/M. d. deutschen u. österr. Alpenvereins. gr. 8. (IV, 132 u. 24 S. m. 1 Portr. u. 5 Lichtdr.) Frankfurt a/M. 894. Selbstverlag d. Section. n. 4. 50

Festschrift zum 25jähr. Bestehen des Turnvereins „Frisch auf" in Meißen, Meißen 1898, 60 S., Gr.-8°.

Festschrift zum 25jährigen Bestehen des Westfälischen Zoologischen Gartens zu Münster i. W. u. Jahres-Bericht 1899 d. Westf. Vereins f. Vogelschutz, Geflügel- u. Singvögelzucht. Hrsg. von d. Vereinsvorst. Münster i. W. 1900: J. Bredt. (97 S.) 8° [F.] [03. 1984 6

Festschrift anlässlich des 25jährigen Bestehens der deutsch-evangelischen Gemeinde in Montreux. Hrg. vom Kirchenvorstand. [Illustriert.] 51 S. 8. Basel, Kober, 1904. [fr. 1.—]

Festschrift zum 25jährigen Bestehen der (Geographischen) Gesellschaft (zu Greifswald). Im Auftr. d. Vorstandes hrsg. von Rudolf Credner. Greifswald: Geogr. Gesellsch. 1907. (507 S.) 8° [Umschlagt.]
— Jahresbericht d. Geographischen Gesellschaft zu Greifswald. 10. [07. 7600

Festschrift aus Anlaß des 25jähr. Bestehens der Bergwerksgesellschaft Hibernia (Herne i. W.) <1873—1898>. — Düsseldorf 1898: Bagel. 117 S., 14 Taf. 8°

Festschrift zum 25jähr. Bestehen des Turnvereins „Jahn", E. V., zu Siegen. Siegen 1904, 52 S., 8°.

[F.] Festschrift zum 25jährigen Bestehen der Kaiser Wilhelms-Stiftung für Deutsche Invaliden. *Berlin: Dr. v. M. Hoffschläger 1896.* (4 Bl.) 1 Bd 8. [97. 9919

— zum 25jährigen Bestehen d. Mainthal-Sängerbundes u. zum IX. Mainthal-Sängerfest in Offenbach a. Main am 29. Juni 1884. Mit e. Geschichte des Mainthal-Sängerbundes u. der demselben angehör. Vereine. 8. (20 S.) Offenbach a/M. 884. Strauß. n. — 25

Festschrift zum 25jährigen Bestehen des Männer-Turnvereins zu Harburg, E. V., 1883—1908, Harburg a. E. 1908, 63 S., 8°.

Festschrift aus Anlaß des fünfundzwanzigjährigen Bestehens der unter dem Protektorat I. M. d. Kaiserin u. Königin Friedrich stehenden Allgemeinen Deutschen Pensions-Anstalt für Lehrerinnen und Erzieherinnen zu Berlin. 15. Okt. 1900. — (Berlin 1900: Blanke.) 42 S. 4°
[Umschlagt.:] Allgem. Deutsche Pensions-Anstalt f. Lehrerinnen u. Erzieherinnen zu Berlin. 1875 bis 1900.

Festschrift zum fünfundzwanzigjährigen Bestehen des Reichsverbandes der deutschen landwirtschaftlichen Genossenschaften, [Berlin]. 6. Juli 1883—6. Juli 1908. [Mit 1 Bild.] Darmstadt 1908: Wittich. XXIV,306 S. 4°

Festschrift zum fünfundzwanzigjährigen Bestehen des Sparvereins für Konfirmanden in der Stadt Braunschweig. [Braunschweig 1908.] V: *Schaarschmidt, Gustav.* (Mitth. Dr. H. Bäsecke.)

Touristenklub für die Mark Brandenburg. Festschrift zu seinem 25jährigen Bestehen 1884 bis 1909. Hrsg. v. Vorstand. Berlin: [Touristenklub] 1909. 94 S. 8°

Touristenklub für die Mark Brandenburg. — FESTSCHRIFT zu seinem 25jährigen Bestehen 1884 bis 1909. Herausgegeben vom Vorstand. (Mit Abbildungen.) Bonn 1909. (o. Dr.) 8°.

Festschrift zum 25jähr. Bestehen der Bergedorfer Turnerschaft v. 1880, Bergedorf 1905, 24 S., 8°.

Festschrift zum 25jähr. Bestehen des Allgemeinen Turnvereins zu Leipzig-Connewitz, Leipzig 1899, 69 S., 8°.

Festschrift zum 25jähr. Bestehen des Lindenauer Turnvereins, 9. 6. 1907, Lindenau 1907, 47 S., 8°.

Festschrift zum 25jähr. Bestehen des Turnvereins zu Markneukirchen 1905, 48 S., 8°.

Festschrift zum 25jähr. Bestehen des Turnvereins für Neu- und Antonstadt Dresden, Dresden 1880, 47 S., 8°.

Festschrift zum 25jähr. Bestehen des Turnvereins Salzungen, Salzungen 1886, 42 S., 8°.

Festschrift zum 25jährigen Bestehen des Christlichen Vereins junger Männer zu Berlin. (1883. 1908.) Berlin: Verein 1908. (119 S.) 8° [08. 3883

— zum 25jährigen Bestehen d. Eimsbütteler Vereins. 5. Decbr. 1891. gr. 8. (34 S.) Hamburg 892. O. Meissner's Verl. n. — 60

Festschrift zum 25jährigen Bestehen des Vereins für Geschichte von Annaberg und Umgegend. 24. Juni 1910. Annaberg: Graser in Komm. 1910. 247 S. 8°
(Mitteilungen d. Vereins f. Geschichte von Annaberg u. Umgegend. 11.) [10. 16699 3

Festschrift zum 50jährigen Bestehen des Turn-Vereins Bautzen, 20.—27. 9. 1896, 44 S., 8°.

Festschrift zum 50 jährigen Bestehen der Dresdner Börse. (1857 —1907.) (Dresden: Selbstverl. 1907.) 59 S. 4°

Festschrift zum 50jähr. Bestehen der Dresdner Börse. (1857 bis 1907.) — (Dresden 1907: Schulze.) 59 S. 4°

1860—1910. Festschrift zum 50jähr. Bestehen des Pomologischen Instituts in Reutlingen. Hrsg. zu der in Verbind. mit dem Jubiläum am 8.—10. Juli 1910 abzuhaltenden 5. Generalversamml. d. Verb. ehem. Reutlinger. — (Stuttgart 1910: Belser.) 131 S. 8°

— zum 50jährigen Bestehen des pomologischen Instituts in Reutlingen. Hrsg. zu der, in Verbindg. m. dem Jubiläum am 8—10. VII. 1910 abzuhalt. V. Generalversammlg. des Verbandes ehemal. Reutlinger. (III, 132 S. m. Abbild. u. 1 Bildnis-Taf.) gr. 8. Reutlingen (910.) (Stuttgart, E. Ulmer.) 1. 50

Festschrift zum 50jähr. Bestehen der Firma Kübler & Niethammer in Kriebstein, 15. März 1906. — (München, Berlin, Leipzig 1906: Meisenbach, Riffarth & Co.) 37 S.. 11 Taf. 2° [Umschlagt.:] Kübler & Niethammer. 1856—1906.

Festschrift zum 50jähr. Bestehen des Elmshorner Männerturnvereins, E. V., Elmshorn, 1860—1910, m. Abb., Elmshorn 1910, 78 S., 8°.

Festschrift zum 50jähr. Bestehen des Männerturnvereins, D. T., in Minden, 1860—1910, m. 1 Bild v. H. St., Minden i. W. 1910, 56 S., 8°.

Festschrift zum 50jähr. Bestehen der Hamburgischen Navigationsschule. Hrsg. von der Deputation für Handel und Schiffahrt. — Hamburg: Lütcke & Wulff 1899. 176 S. 8°

[Umschlagt.:] Festschrift zum 50jährigen Bestehen des Männer-Turnvereins Neumünster. 1859/1909.

Festschrift zum 50jährigen Bestehen des Gaswerks Osnabrück. 10. Jan. 1858—1908. Osnabrück (1908): H. Paal. (38 S., 16 Taf.) quer-8° [Ant. u. F.] [08. 4939

— zum 50jährigen Bestehen des deutschen Pomologen-Vereins 1860—1910. Hrsg. vom Vorstande des deutschen Pomologen-Vereins in Eisenach. (VIII, 231 S. m. Abb., 1 eingedr. Kurve u. 15 Bildnis-Taf.) Lex. 8. Stuttgart 910. (E. Ulmer.) 3. —

Festschrift zum 50jähr. Bestehen der Firma C. A. Preibisch in Reichenau <Sachsen>, 24. Sept. 1909. — Leipzig (1909): Meisenbach, Riffarth & Co. 66 S. 2°

Festschrift anlässlich des 50jähr. Bestehens d. Provinzial-Irren-Anstalt zu Nietleben bei Halle a. S. v. früheren u. jetzigen Aerzten d. Anstalt. *Leipzig: F. C. W. Vogel 1897.* (VI, 522 S.) 1 Bd 8. [98. 297

Müller, Otto: Heinrich Damerow. E. Lebensbild. *Leipzig 1897.*
in: **Festschrift** anlässl. d. 50j. Bestehens d. Provinzial-Irren-Anstalt zu Nietleben bei Halle a. S. [98. 297

Damerow, Heinrich: Bericht üb. d. Irrenanst. zu Siegburg im August u. Sept. 1830, veröffentl. v. Geh. Sanitätsr. Prof. Dr. Heinrich Lähr. *Leipzig 1897.*
in: **Festschrift** anlässl. d. 50j. Bestehens d. Provinzial-Irren-Anstalt zu Nietleben bei Halle a. S. [98. 297

Hitzig, Eduard: Ueber d. Querulanten-Wahnsinn, seine nosolog. Stellg u. s. forens. Bedeutg. *Leipzig 1897.*
in: **Festschrift** anlässl. d. 50j. Bestehens d. Provinzial-Irren-Anstalt zu Nietleben bei Halle a. S. [98. 297

Siemerling, E[rnst]: Casuistische Beiträge z. forens. Psychiatrie. Sittlichktsvergehen u. Geistesstörg. *Leipzig 1897.*
in: **Festschrift** anlässl. d. 50j. Bestehens d. Provinzial-Irren-Anstalt zu Nietleben bei Halle a. S. [98. 297

Seeligmüller, Adolph: Klinische Beiträge z. Reflex-Epilepsie. *Leipzig 1897.*
in: **Festschrift** anlässl. d. 50j. Bestehens d. Provinzial-Irren-Anstalt zu Nietleben bei Halle a. S. [98. 297

Wollenberg, R[obert]: Ueber gewisse psychische Störungen nach Selbstmordversuchen durch Erhängen. *Leipzig 1897.*
in: **Festschrift** anlässl. d. 50j. Bestehens d. Provinzial-Irren-Anstalt zu Nietleben bei Halle a. S. [98. 297

Bruns, L[udw.]: I. Ueber Seelenlähmung. II. Ueber Urämie unter d. Symptomenbild d. progress. Paralyse (Pseudoparalysis uränica). *Leipzig 1897.*
in: **Festschrift** anlässl. d. 50j. Bestehens d. Provinzial-Irren-Anstalt zu Nietleben bei Halle a. S. [98. 297

Peters, Gustav: E. Fall v. Herpes zoster im Gebiet des Nervus palatinus major. *Leipzig 1897.*
in: **Festschrift** anlässl. d. 50j. Bestehens d. Provinzial-Irren-Anstalt zu Nietleben bei Halle a. S. [98. 297

Heimann, Cäsar: Epilepsie als Abstinenzerscheing b. Morphium-Entziehg. *Leipzig 1897.*
in: **Festschrift** anlässl. d. 50j. Bestehens d. Provinzial-Irren-Anstalt zu Nietleben bei Halle a. S. [98. 297

Brandis, F[erd.]: Ueber Leptus autumnalis. *Leipzig 1897.*
in: **Festschrift** anlässl. d. 50j. Bestehens d. Provinzial-Irren-Anstalt zu Nietleben bei Halle a. S. [98. 297

Buchholz, Albert: Ueber d. chron. Paranoia b. epilept. Individuen. *Leipzig 1897.*
in: **Festschrift** anlässl. d. 50j. Bestehens d. Provinzial-Irren-Anstalt zu Nietleben bei Halle a. S. [98. 297

Fries, S[iegmund]: Periodische Psychose u. Exacerbation v. Psoriasis z. Zeit d. Erreggszustände. *Leipzig 1897.*
in: **Festschrift** anlässl. d. 50j. Bestehens d. Provinzial-Irren-Anstalt zu Nietleben bei Halle a. S. [98. 297

Festschrift zum 50jähr. Bestehen der Turngemeinde Schwenningen, Schwenningen 1909, 24 S., 8°.

Festschrift zum fünfzigjährigen Bestehen des Kösener S.C.-Verbandes. 1. Geleitwort von K[arl] v. Buchka, Berlin. 2. Geschichte d. Begründung d. Kösener S.C.-Verbandes von Wilhelm Fabricius, Bibliothekar. o. O. (1905). (29 S.) 4° [F.] [05. 14606 2

Festschrift zum 50jähr. Bestehen mit Turnhallen-Weihe des Turnvereins zu Lunzenau (Mulde), 25.—27. 6. 1910, Enth.: Streifblicke in d. Geschichte d. T.Vs. Lunzenau, v. Max Gerstenberger, Lunzenau 1910, 39 S., 8°.

Festschrift zum 50jähr. Bestehen des Berliner Turnrats, hrsg. v. Aussch., 1907, 110 S., 8°.

Festschrift zum 50jähr. Bestehen des Allgemeinen Turnvereins zu Leipzig-Lindenau, 76 S., 8°.

Festschrift zum 50jähr. Bestehen des Allgemeinen Turnvereins zu Leipzig-Neuschönefeld, Leipzig-Neuschönefeld 1910, 41 S., 8°.

Festschrift zum 50jährigen Bestehen des Turnvereins zu Kamenz, Kamenz 1896, 72 S., 8°.

— zum 150jährigen Bestehen der Hamburgischen Navigationsschule. Hrsg. v. der Deputation f. Handel u. Schiffahrt. gr. 8. (176 S. m. 2 Bildnissen.) Hamburg 899. (L. Friederichsen & Co.) n. 4. —

Festschrift zum Einhundertfünfzigjährigen Bestehen des Königlichen Realgymnasiums zu Berlin. *Berlin 1897: A. W. Hayn's Erben.* (LVI, 120 S.) 4° [99. 1065

Festschrift zum 600jährigen Bestehen der Stadt Deutsch Eylau am 6. u. 7. August 1905. Hrsg. vom Verl. d. Deutsch Eylauer Zeitung. (Deutsch-Eylau: Deutsch Eylauer Zeitung 1905.) (30, 12 S.) 4° [05. 1008 10

Festschrift zum 6jähr. Bestehen des Männerturnvereins Leinefelde, 1893, Dingelstädt 1893, 24 S., 8°.

Festschrift zum 40jährigen Bestehen der Edelschen Heilanstalt für Gemüts- und Nervenkranke zu Charlottenburg, 1869–1909. Hrsg. von Dr. Max Edel. Mit 1 Portr., 4 Taf., 4 Abb. u. 1 Situtationspl. Berlin: Hirschwald 1908. VII. 153 S. 8°

— zum 40jährigen Bestehen der Edel'schen Heilanstalt f. Gemüts- u. Nervenkranke zu Charlottenburg 1869—1909. Hrsg. v. Max Edel. Mit e. Vorwort v. Wilh. Sander. Mit 1 Portr., 4 Taf., 4 Abbildgn. u. 1 Situationsplan. (VII, 155 S.) gr. 8. Berlin 909. A. Hirschwald. 5. —

Zum 40jährigen Bestehen d. Instrumenten-Fabrik f. Thiermedicin u. Landwirtschaft H. Hauptner, Berlin N. W. *Festschrift* ... herausg. v. R. Jannasch. Berl. 1897. 40, 45 S. Fig.
(De 45 S. m. särsk. Titelbl.: Neuheiten d. Jahres 1897).

Festschrift zum vierzigjährigen Bestehen des Gaues Ostpreußen im Verbande der Deutschen Buchdrucker. Preußentag zu Königsberg i. Pr. Pfingsten 1908. (Königsberg i. Pr. 1908: Hartung.) (36 S.) 8° [F.] [08. 11189 10

Festschrift zum 40jähr. Bestehen des Turnvereins Sindelfingen 1902, Sindelfingen 1902, 32 S., 8°.

Festschrift zum 40jährigen Bestehen der »Sektion Uto« des S. A. C. Zürich 1905. V: *Walder, Ernst.* (Zuwachsverz. d. Bibl. Zürich 1898 ff.)

Festschrift anlässlich des 10jährigen Bestehens des Kaiser- und Kaiserin-Friedrich-Krankenhauses zu Berlin Herrn Dr. med. Adolf Baginsky, a. o. Prof. zu Berlin gewidmet von ehemal. u. jetzigen Schülern. *Stuttgart: F. Enke 1900.* (XII, 382 S.) 8°
Aus: Archiv f. Kinderheilkunde. Bd 30 [00. 11600

— zum 20jähr. Bestehen der Herdbuch-Gesellschaft z. Verbesserung des in Ostpreußen gezüchteten Holländer Rindviehes am 22. X. 1902. gr. 8. (108 S. m. 5 Taf. u. 1 Karte.) Leipzig (902). R. C. Schmidt & Co.) n. 2. —

Festschrift zum 200jähr. Bestehen der Hofapotheke zum Weissen Adler, 1709—1909, Leipzig. — (Leipzig 1909: Polz.) 21 S. 8°

— den Besuchern d. 14. sächs. Feuerwehrtages gewidmet v. d. Feststadt Grimma. gr. 8. (46 S. m. Abb., 1 Taf. u. Musikbeil., 8 S.) Grimma 896. (G. Gensel's Verl.) n. — 60

FESTSCHRIFT ZUR BEWILLKOMMNUNG DES HARZVEREINS für Geschichte und Alterthumskunde den 26. und 27. Mai 1874 in Eisleben. Vom Verein für die Geschichte und Alterthümer der Grafschaft Mansfeld. (Inhalt: 1) Die Gründung der Neustadt Eisleben und ihre Geschichte bis Ende des XVI. Jahrhunderts von C. KRUMHAAR. 2) Auszüge aus dem ältesten Kirchenbuche der S. Andreaskirche zu Eisleben von H. GRÖSSLER.) Eisleben. Druck von Heinrich Reichardt. 8°.

Festschrift für das 5. Lothringische Bezirksturnfest, verbunden mit der Fahnenweihe des Turnvereins Nilvingen, 4. 7. 1909, hrsg. v. Festaussch., Trier 1909, 56 S., 8°.

Festschrift für Otto Binswanger. Zu s. 60. Geburtstage gewidmet von s. Schülern. Berlin: S. Karger 1907. (176 S.) 8°
— Monatsschrift f. Psychiatrie u. Neurologie. Bd 22, Erg.H. [07. 17601

Festschrift zum 25jährigen Bischofs-Jubiläum des hochwürdigsten Herrn Bischofs Dr. Michael Felix Korum v. Trier. 1881. 1906. (48 S. m. Abbildgn.) 4. Neunkirchen 906. (Mainz, Druckerei Lehrlingshaus.) n. — 30
Sonderabdruck aus: „Nach der Schicht".

Festschrift des Priesterseminars zum Bischofs-Jubiläum Trier 1906. (Vorr.: [Bernard Johann] Endres.) (Trier): Paulinus-Dr. (1906). (572 S.) 4°

Festschrift J. C. **Bluntschli** zur Feier des Tages, an welchem derselbe vor 50 Jahren die Würde eines Doctor der Rechte erlangt hat, . . . dargebracht von der Juristen-Facultät der Kais. Univ. Dorpat 3. Aug. 1879. Frankfurt a. M. 1879.

s. **Loening,** Edg.: Die Haftung des Staats aus rechtswidrigen Handlungen seiner Beamten nach deutschem Privat- und Staatsrecht.

— Ludwig Boltzmann gewidmet zum 60. Geburtstage, 20. II. 1904. Mit 1 Portr., 101 Abbildgn. im Text u. 2 Taf. (XII, 930 S.) gr. 8. Leipzig 904. J. A. Barth. n. 18. —

Festschrift der Brandversicherungs-Anstalt des Kantons Bern. Bern 1908 s. (Schwab, Fr[iedrich]).

— z 8. deutschen Brauertag i. Nürnberg v 9.—13. Juni 1896. (Katalog d. Litteratur üb. Bier, Bierbrauerei, Hopfen, Gerste, Malz etc. d. letzten 30 Jahre.) gr. 8. (23 S.) Nürnberg 893. J. Ph. Raw. n. — 40

Festschrift für Karl Brugmann hrsg. von Wilhelm Streitberg. T. 1. 2. Strassburg: Trübner 1909(–10). 8°
(Indogermanische Forschungen. Bd 25. 26.) [10. 6362

— Heinrich Brunner zum 70. Geburtstag dargebracht v. Schülern u. Verehrern. (VI, 842 S. m. Bildnis.) Lex. 8. Weimar 910. H. Böhlau's Nachf. 26. —

—— zu dem am 17. und 18. Juli 1887 in Rudolstadt stattfindenden Thüringer Bundes-Sängerfest. gr. 8. (52 S. mit 2 Plänen.) Rudolstadt 887, (Keil.) **

Festschrift zum fünften deutschen Bundesschiessen. Stuttg. [1875]. H: *Klaiber, Jul.* (Heyd)

Festschrift zum fünften Deutschen Bundesschießen Stuttgart. Mit Illustrationen und 1 Stadtplan. Stuttgart, Ed. Hellbergersche Buchdr., 1875.

—— zum XI. Mitteldeutschen Bundesschießen in Halle a. d. Saale vom 29. Juli bis 5. Aug. 1888. Hrsg. im Namen der Preßkommission von Rich. Gosche. gr. 8. (54 S. mit Illustr., 1 Plan und 1 Karte.) Halle 888, (Reichardt.) *

— zum 12. Mitteldeutschen Bundesschießen in Plauen i. Vogtl. 1889. Hrsg. vom Preß-Ausschuß. 8. (III, 88 S. mit 1 Plan u. 1 Karte.) Plauen i/V. 889. (Kell.) n.n. — 50

— zum 8. österreichischen Bundes-Schießen in Graz, abgeh. am 1.—11. Aug. 1889. Fol. (22 S. m. Illustr.) Graz 889. Cieslar. n. — 50

Festschrift für das 7. bayerische Bundesturnen, verb. m. d. 25jähr. Jubil. d. bayer. Turnerbundes zu Augsburg, 14.—17. 8. 1886, hrsg. v. Presseaussch., Augsburg 1885, 64 S., 8°.

Festschrift zur 8. Bundes-Versammlung des Thüringer Stenographen-Bundes Stolze-Schrey in Jena 1900. Jena 1900: Neuenhahn. 31 S. 8°
A 13. 10501

Festschrift f. Hugo v. Burckhard z. Doktor-Jubil. Überreicht v. der rechts- u. staatswissenschaftl. Fakultät Würzburg. (VII, 373 S.) gr. 8. Stuttgart 910. F. Enke. 12. —
Hieraus einzeln:
Freisen, Jos., die bischöfliche Jurisdiktion üb. die Katholiken i. Grossherzogt. Sachsen-Weimar-Eisenach. (31 S.) 1. 20
Haff, K., die Weide-, Forst- u. Alpengenossenschaften im rechtsrhein. Bayern u. das bürgerliche Recht. Mit e. Rechtsgutachten. (55 S.) 2. —
Mayer, Ernst, friesische Ständeverhältnisse. Untersuchungen. (146 S.) 5. —
Meurer, Christian, das Problem der Gehaltsaufbesserg. auf dem Pfründegebiet. (27 S.) 1. 20
Oetker, Frdr., Konkurrenz v. Privatklagrechten. (42 S.) 1. 60
Piloty, Rob., der Versicherungszwang in der deutschen Arbeiterversicherg. u. die Thesen des Hrn. Dr. Zacher. (32 S.) 1. 20
Schoetensack, Aug., über Rechtsmittel u. Wiederaufnahmeklagen nach der deutschen Zivilprozessordnung. (42 S.) 1. 60

Festschrift des Königlich Preußischen Statistischen Bureaus zur Jahrhundertfeier seines Bestehens. (T. 1–3). Berlin: Statist. Bureau 1905. 3 Bde [1. 2 in 1 Bde] 4°
1 — Das Kgl. Statist. Bureau im 1. Jh. s. Bestehens 1805–1905. Hrsg. von E[mil] Blenck, Präs.
2. Tabellen u. Übersichten z. Statist. Atlas f. d. Preuß. Staat. Bearb. im Statist. Bureau.
3 — Statistischer Atlas für d. Preuß. Staat. Bearb. im Statist. Bureau. [05. 7763

— des königl. preussischen statistischen Bureaus zur Jahrhundertfeier seines Bestehens. 3 Tle. in 2 Bdn. (XII, 271; VIII, 151 u. XIX. S. m. 116 farb. Taf.) 4. Berlin 905. Verlag des königl. statist. Landesamts. Geb. in Halbfrz. n. 50. —

Festschrift Herrn Geheimen Hofrat Professor Dr. Otto Bütschli zur Feier seines sechzigsten Geburtstages am 3. Mai 1908 ... gewidmet von dankbaren Schülern. (Leipzig: W. Engelmann 1908.) (677 S., 43 Taf.) 8° [Vort.]
— Zeitschrift f. wissenschaftliche Zoologie. Bd 90. [08. 9818

— Herrn Hofrat Prof. Dr. Hans Chiari aus Anlass seines 25jährigen Professoren-Jubiläums gewidmet v. seinen Schülern. Veranstaltet u. hrsg. v. Paul Dittrich. (VI, 421 S. m. Abbildgn. u. 1 Bildnis.) gr. 8. Wien 908. W. Braumüller. Geb. in Leinw. 12. —

— zu Ehren v. Prof. M. Daniel Chwolson, s.: Recueil des travaux rédigés en mémoire du jubilé scientifique de M. Daniel Chwolson.

Festschrift der Turngenossenschaft Coburg zum 25. Stiftungsfest, 12.—14. 7. 1886, Coburg 1886, 67 S., 8°.

Festschrift zur 400-jährigen Columbusfeier: 1892. Santa Cruz

Festschrift der Gasmotorenfabrik Deutz zur Feier des fünfundzwanzigjährigen Zusammenwirkens der Herren Geheimrat Eugen Langen und Dr. N. A. Otto. Köln-Deutz 1889

Fest-Schrift zum Distrikts-Logenfest der 18. Distrikts-Loge von Deutschlands Großloge II des Guttemplerordens. Königsberg i. Pr., 26. Nov. 1904. (Hrsg. v. Festausschuß. Red. Paul Teubner, Landesversicherungssekr. Königsberg i. Pr. 1904: Ostpr. Dr.) (4 Bl.) 4° {Kopft. J.] [05. 5443 10

— z. 50jähr. Doktorjubelfeier Karl Weinholds am 14. Jan. 1896, v. Osk. Brenner, Finnur Jónsson, Frdr. Kluge, Gust. Kossinna, Heinr. Meissner, El. Hugo Meyer, Frdr. Pfaff, Paul Pietsch, Rich. Schröder, Herm. Wunderlich, Osw. v. Zingerle. gr. 8. (VII, 170 S.) Strassburg 896. K. J. Trübner, Verl. n. 4. 50

—— zum 25jährigen Doktor- u. Dozenten-Jubiläum von Theodor Kocher am 18. Juli 1891. gr. 8. (VIII, 401 S. m. 51 Abbildgn. u. 1 Lichtdr.-Taf.) Wiesb. 891, Bergmann. * 14 —

—— zum 25jährigen Doctor-Jubiläum des Sanitätsrath Dr. Paul Niemeyer, gefeiert zu Berlin am 21. März 1879. Für Freunde hrsg. von Freunden des Jubilars. 1. und 2. Ausg. 8. (40 S.) Berlin 880, Münchhoff. *

—— zum 25jährigen Doctor-Jubiläum des Sanitätsrats Dr. Paul Niemeyer, gefeiert zu Berlin, am 21. März 1879. Für Freunde hrsg. von Freunden des Jubilars. 3. Ausg. 8. (34 S. mit dem Bildnisse Niemeyer's nach einem Photogramm von J. Lawitzky.) Berlin 888, Kühl. **

Festschrift zum fünfzigjährigen Doctorjubiläum Sr. Exc., des Staatsrathes Dr. Hermann von Buchka am 6. Juli 1891 herausgegeben von der Rostocker Juristenfakultät. [Inhalt: I. Die Stellung des Forderungspfandgläubigers im Konkurse des Drittschuldners von Friedrich Oetker, d. Z. Dekan. II. Die Rechtsstellung des Niessbrauchers und der Hypothekengläubiger bei der Feuerversicherung nach Gemeinem und Mecklenburgischem Rechte. Gutachten . . . von Franz Bernhöft. III. Zur Geschichte und Organisation der römischen Zwangsverbände von Bernhard Matthiass. IV. Bernardus Guidonis Inquisitor und die Apostelbrüder. Ein Beitrag zur Entstehungsgeschichte der Practica von Hugo Sachsse. V. Die Entstehung der Libri feudorum von Karl Lehmann] Rostock, Druck d. Univ.-Buchdr. v. Adlers Erben, 1891: 3 Bl., 39, 36, 11, 58, 57 S. 8°

— z. 50jähr. Doctorjubiläum Ludwig Friedlaender dargebracht v. s. Schülern. gr. 8. (III, 554 S.) Leipzig 895. S. Hirzel. n. 12. —

— zum 50jährigen Doctorjubiläum d. Wirkl. Geheimen Oberjustizraths Hrn. Prof. Dr. Rudolf v. Gneist am 20. Novbr. 1888, überreicht von der jurist. Fakultät der Universität Breslau. gr. 8. Breslau 888. Schletter. n. 5. —
Die gegenwärtige Verfassung Frankreichs. Staatsrechtliche Erörtergn. v. S. Brie. (VII, 69 S.) — Mittheilungen aus dem Entwurfe e. Strafgesetzbuches für Italien [1887] von H. Seuffert. (S. 71—222.)

Festschrift zum fünzigjährigen Doctor-jubiläum von Rudolph v. Jhering am 6. Aug. 1892 dargebracht. Leipzig 1892.
s. Baron, Jul.: Peregrinenrecht und jus gentium.

Festschrift der juristischen Facultät der Universität Freiburg zu dem 50jährigen Doctorjubiläum des Geheimen Raths Robert von Mohl zu München. (Darin: Ueber den Freistaat „Ditmarschen" im Mittelalter v. Friedrich Rive.) Freiburg. 1871. 4⁰.

Festschrift zum fünfzigjährigen Doctorjubiläum von Bernhard Windscheid am 22. December 1888 herausgegeben von der Rostocker Juristenfakultät. [Inhalt: I. Die Entwicklung des römischen Schiedsgerichts von Bernhard Matthias, d. Zt. Dekan. II. Verwandtschaftsnamen und Eheformen der nordamerikanischen Volksstämme. Ein Beitrag zur Vorgeschichte der Ehe von Franz Bernhöft. III. Konkursrechtliche Fragen von Friedrich Oetker.] Rostock, Druck d. Univ.-Buchdr. v. Adlers Erben, 1888; 3 Bl. + 149 S. + 1 Bl. + 66 + 93 S. 8⁰

Festschrift zu Gustav Friedrich Hänel's 50jährigem Doctor-Jubiläum. Weimar 1866.
s. Voigt, Mor.: Die lex Maenia de dote vom Jahr 568 der Stadt.

— zum Doktor-Jubiläum des Hrn. Geheimen Rats und Professors Dr. Bernhard Windscheid am 22. Dezbr. 1888, überreicht von der Juristenfakultät zu Breslau. gr. 8. (214 S.) Leipzig 888. Duncker & Humblot. n. 5.60
Dahn, F., die Landnot der Germanen. — Wlassak, M., die Litiskontestation im Formularprozess. — Schott, H., das jus prohibendi und die Formula prohibitoria.

— des thüringisch-sächsischen Geschichtsvereins Dem Vorsitzenden der Centraldirection der monumenta Germaniae Hrn. Geh. Oberregierungsrath Dr. Ernst Dümmler dargebracht zur Feier seines 50jähr. Doctorjubiläums am 5. VIII. 1902. gr. 8. (III, 140 S.) Halle 902. E. Anton. n. 3 —

Festschrift Herrn Teodor Dunin in Warschau zur Feier seiner 25jährigen Thätigkeit als Hospitalarzt gewidmet von seinen Assistenten. (Mit 1 Portr. u. Abb.) *(Berlin: A. Hirschwald 1902.)* (310 S.) 8⁰
— Zeitschrift f. Klinische Medicin. Bd 46, H. 1–4.

— Hrn. Dr. Wilhelm Ebstein, Geh. Med.-Rath, ord. Professor u. Director der medicinischen Klinik u. Poliklinik in Göttingen zum Jubiläum seiner 25jährigen Wirksamkeit als ordentlicher Professor u. klinischer Lehrer in Göttingen gewidmet am 23. X. 1899. gr. 8. (III, 247 S. m. 1 Bildnis u. 1 Taf.) Berlin 899. A. Hirschwald. n. 8. —
Sonderabdruck aus: „Zeitschr. f. klin. Medicin".

— zum goldenen Ehejubiläum unseres Großherzogs-Paares. (Von Wilh. Ziegler.) (47 S. m. Abbildgn.) 8. Karlsruhe 906. Ev. Schriftenverein. n. — 25

Festschrift des Städtischen Turnvereins „Eichenkranz" zu Meuselwitz zur Feier des 25jähr. Bestehens, Meuselwitz 1909, 24 S., 8⁰.

Festschrift zur Einweihung der Barbara-Kirche in Breslau am 27. Febr. 1898. Breslau 1898. V: *Menzel, Paul, Paul Wackernagel, Felix Henry & Häns Lutsch.* (Kat. d. Druckschr. üb. Breslau. Breslau 1903. S. 248.)

Festschrift hrg. bei der Einweihung des neuen Denkmals zu Fraubrunnen zur Erinnerung an den 5. März 1798. Sonntag den 7. August 1898. Bearb. im Auftrage des Organisationskomitees von Sekundarlehrer [Bendicht] Frieden, Pfarrer [Rudolf] Schweizer und Gerichtspräsident [Friedrich] Buri. [Mit 1 Tafel.] 8. Bern 1898.

Festschrift hrsg. bei der Einweihung des neuen Denkmals zu Fraubrunnen zur Erinnerung an den 5. März 1798. 8⁰. 62 S. Bern, Neukomm & Zimmermann. 1898. — 60

Fest-Schrift zur Einweihung der neuerbauten Friedenskirche in Kesselstadt am 25. Sept. 1904. Der ev. Gemeinde von Kesselstadt gewidmet von d. Presbyt. Kesselstadt 1904: J. C. Kittsteiner. (103 S.) 8⁰ [F.]

— zur Einweihung d. neuen Gebäudes der Drei-König-Schule (Realgymnasium zu Dresden-Neustadt) am 4. Novbr. 1892. Hrsg. vom Lehrerkollegium. gr. 4. Dresden 892. (C. Höckner's Sort.) n.n. 2.50
I. Die Schule im Hause an der Königstrasse (1854–1892). Unter Mitwirkg. v. Kollegen zusammengestellt v. Thdr. Vogel. II. Der Bau d. neuen Hauses v. F. E. Brater. (56 S. m. 2 Ansichten u. 1 Grundriss.)

Festschrift zur Einweihung der neuen Gebäude für die königlichen Maschinenbauschulen zu Dortmund 1897. (51 S 10 T) 4⁰ Dortmund 1897

—— zur Einweihung des neuen Gebäudes des königl. kathol. Schullehrer-Seminars zu Heiligenstadt am 9. April 1891. 8. (92 S. m. 1 Abbildg. u. 1 Port.) Heiligenstadt 891, Cordier. 1 —

Festschrift zur Einweihung d. Goethetheaters in Bad Lauchstedt am 13./14. VI. a. d. 1908. Hrsg.: Carl Lehmann u. Hanns Hannsen. (12 S. m. 2 Abbildgn.) 32×25,5 cm. Bad Lauchstedt, Bez. Halle a/S. (908). Woldem. Hellig jun. (Nur direkt.) — 20

Festschrift zur Einweihung des neuen Gymnasialgebäudes in Esslingen am 29. Juli 1910. 1. Aus der Geschichte der Anstalt v. Rektor [Otto] Mayer. 2. Der Neubau des Gymnasiums v. Stadtbauinsp. [Gustav] Blümer. Esslingen 1910: Bechtle. 67 S. 8⁰
Eßlingen, k. G u. Elementar-S P 1910 (812)

— zur Einweihung des neuen Gymnasialgebäudes zu Limburg a. d. Lahn (am 16. X. 1905.) 1. Metzen, Jos., Geschichte des Gymnasiums u. Realprogymnasiums zu Limburg a. d. Lahn. 2. Sophokles' Antigone, übers. u. zur Aufführg. bearb. v. Mart. Jöris. (54 u. 47 S.) 8. Limburg 905. Limburger Vereinsdruckerei. n. — 60

Festschrift zur Einweihung des neuen Gymnasial-Gebäudes beim Königlichen Pädagogium in Putbus 1908. Putbus 1908: Decker. 122 S. 8⁰

Festschrift der Handwerkskammer zu Danzig aus Anlaß der Einweihung der Technischen Hochschule zu Danzig. In Beiträgen von Dr. [Arthur] Lindner, früher in Danzig, jetzt in Cöln, u. Landger.R. [Heinr.] Peiser-Danzig. (Vorr.: [Emil] Herzog, Baugewerksmeister.) Danzig: Handwerkskammer 1904. (68 S.) 8⁰ [F. u. Ant.]
[Umschlagt.:] Kunst u. Handwerk in Westpreußen.

— der Handwerkskammer zu Danzig aus Anlaß der Einweihung der technischen Hochschule zu Danzig. In Beiträgen v. Lindner u. Peiser. (Umschlag: Kunst u. Handwerk in Westpreußen. Der techn. Hochschule dargebracht v. der Handwerkskammer zu Danzig.) (68 S. m. 1 Taf.) gr. 8. Danzig 904. (A. W. Kafemann.) n. — 75

[F.] Festschrift zur Einweihung der katholischen Kirche in Niederfischbach. Die neue kathol. Kirche u. Einiges über d. früheren Pfarrkirchen u. kirchl. Verhältnisse daselbst. Ertrag z. Besten des Neubaues. *Coblenz: J. Schuth [1898].* (24 S., 2 Bl.) 1 Bd 8.

Festschrift zur Einweihung des Knappschafts-Krankenhauses im Fischbachtale. Hrsg. von d. Verwaltung d. Saarbrücker Knappschaftsvereins. Köln a. Rh. (1910.) 94 S. 2⁰

Festschrift zur Einweihung der Königsbrücke am 4. Mai 1903. Hrsg. im Auftr. d. Stadt Magdeburg. *Magdeburg [1903]: E. Baensch jun.* (37 S.) 4⁰

— zur Einweihung des königl. Lehrer-Seminars, Neubau, 1908. (4 S. m. Abbildgn.) gr. 8. Weißenfels 908. M. Lehmstedt. — 30

Fest-Schrift zur Einweihung des Logenhauses der ger.·. und vollk.·. St. Johannis-Loge „Zu den zwei Säulen am Stein“ Or.·. Würzburg am 17. Nov. 1895. Würzburg [1895]: Scheiner. 12 S. 8⁰ [Umschlagtit.]
Gesch. der Entstehung u. Beschreibung des Hauses mit Abb. 142.

Festschrift zur Einweihung des Museums in Basel am 26. November 1849. 4.

Festschrift zur Einweihung des Neubaues der Anstalt. Cöln-Ehrenfeld: Münch 1908. 24, 70 S. 4°
Cöln-Nippes, st. RG i. E. P 1908 (636)

Festschrift zur Einweihung des Neubaues der Höheren Bürgerschule zu Dieburg am 6. August 1908. Dieburg (1908): Starkenburger Provinzialzeitung. 80 S. 8° ¶[Nachträglich geliefert.]
Dieburg, H Bürger-S P 1908

Kgl. Akademie in Posen. **Festschrift** zur Einweihung des Neubaues am 18. Jan. 1910. (Posen 1910): Merzbach. 55 S., 16 Taf. 4°

Großh. Gymnasium Mannheim. Festschrift zur Einweihung des Neubaues 29. Juli 1899. 1900. 24 S., 1 S. ungez., Abbild., Pläne. 4. **Progr.** Großh. Gymn. *Mannheim* 1900.
I. Ueberblick über die Geschichte des Gymnasiums 1807—1899. II. Vorgeschichte und Geschichte des Neubaues. Von F[erdinand] Haug. III. Baubeschreibung von [Emil] Lang (Bezirksbauinsp.). IV. Einweihungsfeier. Von F[erdinand] Haug.

DIE PHYSIKALISCHEN INSTITUTE DER UNIVERSITÄT GÖTTINGEN. — FESTSCHRIFT im Anschlusse an die Einweihung der Neubauten am 9. Dezember 1905. Herausgegeben von der Göttinger Vereinigung zur Förderung der angewandten Physik und Mathematik. Leipzig und Berlin 1906. B. G. Teubner. 4°.

—— zur Einweihung der Neubauten der Kaiser-Wilhelms-Universität Strassburg 1884. hoch 4. (VII, 151 S. mit eingedr. Holzschn. und 16 Lichtdr.-Taf.) Strassburg 884, Schmidt's Universitäts-Buchh. **

Die Grossherzogliche Technische Hochschule Karlsruhe. Festschrift zur Einweihung der Neubauten im Mai 1899. 88 S., 7 Taf. 4⁰

Festschrift zur Einweihung des neuen K. S. Polytechnikums zu Dresden am 4. Nov. 1875. — Dresden 1875: Teubner. 38 S. 4°

Festschrift zur Einweihung des neuen Rathhauses in Grossalmerode 1900. Grossalmerode [1900]. V: *Taube, Rich.* (Berl)

Festschrift zur Einweihung des Rathauses der Stadt Recklinghausen. T. 1. Geschichte d. Stadt Recklinghausen. Bearb. von Realschuldir. Dr. [Josef] Schäfer u. Oberpostsekr. [Theodor] Esch. T. 2. Geschichte d. Rathausneubaues. Bearb. von Stadtbaurat Grouarz. (Recklinghausen 1908: Neue Dr.) (77 S.) 4° [F.] 08. 192,7

— zur Einweihung des Rathaus-Neubaues der Stadt Duisburg am Rhein am 5. V. 1902. Verf. v. der Bauverwaltg. m. e. geschichtl. Einleitg. v. Averdunk. (84 S. m. 55 Abbildgn. u. 3 Taf. in Heliograv.) gr. 4. Duisburg 902. J. A. Steinkamp. Geb. n. 8. —

Festschrift zur Einweihung des neuen Realgymnasiums zu Eilenburg. Eilenburg 1906: C. W. Offenhauer. (42 S., 1 Taf.) 4° [F.]
Eilenburg, RG OP 1906

Festschrift zur Einweihung des städtischen Realgymnasiums (Reformschule mit Frankfurter Lehrplan) zu Goldap. — Inhalt: Das neu erbaute Realgymnasium. 1. Allgemeine Beschreibung des Schulhauses. Direktor Dr. [Friedrich] Graz. 2. Die technische Ausführung des Baues. Königlicher Bausekretär Schomann. — Das französische Verbum auf der Unterstufe der Reformschulen. Oberlehrer [Willi] Hermenau. — Über die Einrichtung von Unterrichtsräumen für Physik. Oberlehrer [Franz] Rusch. — Beitrag zur Gefangennahme Philipp des Grossmütigen, Landgrafen v. Hessen. Oberlehrer [Richard] Dutz. (Goldap 1907: Th. Paukstadt.) (46 S., 3 Taf.) 4° [F.]
Goldap, st. RG OP 1907 (18)

Festschrift zur Einweihung des neuen Realschulgebäudes zu Pirna am 17. und 18. Oktober 1902. VIII, 32 S., 3 Bl. Taf. 4. **Progr.** Städt. Realschule mit Progymn. *Pirna* 1902.
Inhalt: Muth, [Bernhard]: Das neue Realschulgebäude. I. Geschichte des Baues. S. I—III. II. Fuhrmann, E[duard] (Stadtbaumstr.) und Wolff, W[alter] (Stadtbauassist.): Beschreibung des Neubaues. S. III—VIII. — Barth, Rich[ard]: Schüler-Verzeichnis. S. 1—29. — Speck, Oskar: Verzeichnis der Direktoren, wissenschaftlichen Lehrer und Fachlehrer der Realschule. (Umschlagtitel: Lehrer-Verzeichnis.) S. 30—32.

Festschrift zur Einweihung des Neuen Regierungs-Gebäudes zu Minden am 27. Okt. 1906. Bielefeld (1906): Velhagen & Klasing. (59 S.) 4° [F.]

Festschrift zur Einweihung der St. Sebastianskirche zu Berlin am 26. Juni 1893 ... Berlin [1893]. V: *Thoemes, Nic.* (Berl)

— zur Einweihung der St. Sebastianskirche zu Berlin am 26. Juni 1893 durch Se. Eminenz Kardinal Fürsterzbischof Georg Kopp v. Breslau unter Assistenz Sr. Gnaden Armeebischof Aßmann u. des hochwürdigsten Protonotar Fürstbischöfl. Delegat. Jos. Jahnel, Propst bei St. Hedwig. hoch 4. (4 S. m. Abbildg.) Berlin 893. 25. Homborg. — 15

—— zur Einweihung des Scheffel-Denkmals in Heidelberg. 12. (64 S.) Heidelb. 891, A. Siebert. — 50

Festschrift zur Einweihung des neuen Schulgebäudes an der Armgartstraße 13. Oktober 1905. 125 S., 1 Bl., 1 Abb. 8. **Progr.** Realgymn. des Johanneums *Hamburg* 1905 (877).
Tendering, F[ritz]: Zur Geschichte des Realgymnasiums des Johanneums. S. 3—44. — Ahlborn, H[ermann]: Verzeichnis der Direktoren und Lehrer der Anstalt von Ostern 1834 bis Michaelis 1905, zusammengestellt von H. A. S. 45—60. — Verzeichnis der den Jahresberichten beigegebenen wissenschaftlichen Abhandlungen von 1834 bis 1904. S. 61—67. — Übersicht über die Frequenz des Realgymnasiums von 1875 bis 1905. S. 69—72. — Verzeichnis der Abiturienten der Anstalt von 1875 bis 1905, zusammengestellt von Georg Frasch, Ingenieur. S. 73—95. — Literarische Veröffentlichungen des jetzigen Lehrerkollegiums. S. 97—106. — Hahn, H[ermann]: Konrad Friedlaender. Ein Lebensbild. S. 107—125, 1 Abb. — Inhalt.

Festschrift zur Einweihung des neuen Schulgebäudes an der Armgartstrasse am 13. Oktober 1905. (Tendering, Fritz: Zur Geschichte des Realgymnasiums des Johanneums. Hahn, Hermann: Konrad Friedländer. Ein Lebensbild.) Hamburg 1905: M. Baumann. (125 S.) 8°
Hamburg, RG des Johanneums P 1905 (877)

Festschrift zur Einweihung des neuen Schulgebäudes der Königlichen Maschinenbau- und Hüttenschule in Duisburg 1899.

Festschrift zur Einweihung des Schulgebäudes für das Realprogymnasium und die Realschule der Stadt Linden. 14. Oktober 1902. 23 S., 1 Abb. 8. **Progr.** Realprogymn. u. Realschule der Stadt *Linden* 1902.
Oehlmann, Ernst: Die Entwicklung der Schule. S. 1—12. — Fröhlich, Georg (Stadtbaurat): Beschreibung des neuen Schulgebäudes an der Beethoven-Straße. S. 13—23.

Festschrift zur Einweihung des neuen Schulhauses von Brienz. Das Schulwesen der Gemeinde Brienz. Hrg. von den Schulkommissionen der Primar- und der Sekundarschule. (April 1904.) [Mit Vignetten und 2 Tafeln.] II + 46 S. 8. (Brienz, J. Baur.)

Festschrift zur Einweihung des neuen Schulhauses der Gemeinde Schönenwerd, (18.) Juli 1909. [Illustriert.] 135 S. 8. Basel, Kreis & Co., 1909.

Festschrift für die am 23. 10. 1887 stattfindende Einweihung der Turnhalle des Remscheider T. V., verb. m. d. Feier f. 25jähr. Jubelf., Remscheid 1887, 15 S., 8°.

Festschrift zu der am 7. Jan. 1897 stattfindenden **Einweihung** des Goethe-Gymnasiums in Frankfurt a. M. Hrsg. v. Lehrer-Collegium. *Frankfurt a. M.: Gebr. Knauer 1897.* (2 Bl., 174 S., 1 Taf.) 1 Bd 8. [97. 455

Reinhardt, Karl: Goethe-Gymnasium. *Frankfurt a. M. 1897.*
in: **Festschrift** zu der Einweihung d. Goethe-Gymnasiums in Frankfurt a. M. [97. 455

Reinhardt, Karl: Amos Comenius und das Goethe-Gymnasium. *Frankfurt a. M. 1897.*
in: **Festschrift** zu der ... Einweihung d. Goethe-Gymnasiums in Frankfurt a. M. [97. 455

Liermann, Otto: E. Beitrag z. Gesch. d. Gymnasiums u. z. Frankfurter Gelehrtengesch. *Frankfurt a. M. 1897.*
in: **Festschrift** zu der ... Einweihung d. Goethe-Gymnasiums in Frankfurt a. M. [97. 455

Schwemer, Richard: Frankfurt u. d. Städte am Mittelrhein z. Zeit d. Interregnums. *Frankfurt a. M. 1897.*
in: **Festschrift** zu der ... Einweihung d. Goethe-Gymnasiums in Frankfurt a. M. [97. 455

Ziehen, Julius: Studien z. Geschichte d. Philhellenismus in d. franz. Litt. *Frankfurt a. M. 1897.*
in: **Festschrift** zu der ... Einweihung d. Goethe-Gymnasiums in Frankfurt a. M. [97. 455

Banner, Max: Introduction du génie classique dans la poésie franç. p. Ronsard. *Frankfurt a. M. 1897.*
in: **Festschrift** zu der ... Einweihung d. Goethe-Gymnasiums in Frankfurt a. M. [97. 455

Bopp, Karl: Zwei elementare Berechnungen d. gewöhnl. Logarithmen. *Frankfurt a. M. 1897.*
in: **Festschrift** zu der ... Einweihung d. Goethe-Gymnasiums in Frankfurt a. M. [97. 455

Bölte, Felix: Beiträge z. Rekonstruktion v. Plinius libri dubii sermonis. *Frankfurt a. M. 1897.*
in: **Festschrift** zu der ... Einweihung d. Goethe-Gymnasiums in Frankfurt a. M. [97. 455

Hauschild, G[ustav] R[ich.]: Des En d'identité semitische Herkunft u. bibelsprachl. Entwickelg. *Frankfurt a. M. 1897.*
in: **Festschrift** zu der ... Einweihung d. Goethe-Gymnasiums in Frankfurt a. M. [97. 455

Festschrift zu der am 2. Juli 1908 stattfindenden Einweihung des neuen Schulgebäudes an der Gartenstraße. (Aurich 1908: Dunkmann.) 172 S. 8°
Aurich, k. G P 1908**

Königliches Gymnasium zu Clausthal. **Festschrift** zu der am 30. September 1905 stattfindenden Einweihung des neuen Schulgebäudes an der Erzstraße. Leipzig 1905: B. G. Teubner. (172 S.) 8° [06. 9007 8

Festschrift zu der Sonnabend den 1. Oktober 1892 stattfindenden feierlichen **Einweihung** der neuen Gebäude des Königl. Friedrichs-Kollegiums zu Königsberg Pr. *Königsberg Pr. 1892: Hartung.* (Getr. Pag.) 4° [00. 3811

Festschrift zur Einweihung der Volksschule in der Gemeinde Gaarden am 19. Oktober 1908. (Kiel. 1908.) 4°

—— zur Einweihung des **Wilhelm-Gymnasiums** am 21. Mai 1885. Hrsg. von dem Director und Lehrerkollegium desselben. gr. 4. (IV, 154 S.) Hamburg 885, O. Meissner's Verlag. *

Deutsch-Englische Akademie, Die. Festschr z Einweihungsfeier ... Milwaukee, 1891.

Nationales Dt-Anisches Lehrerseminar zu Milwaukee. Festschrift zur Einweihungsfeier, Lehrplan u Jahresbericht. Milw, 1900.

Festschrift beim Einzug in das neue Gebäude der Städtischen Oberrealschule zu Halle a. S. Verfasst vom Direktor u. Lehrern d. Schule. Halle a. S.: Niemeyer 1908. Getr. Pag. 8°
Halle a. S., st. OR P 1908 (346) [S 08. 91

Festschrift der **Berliner** Elektricitäts-Werke aus Anlass ihres 25jähr. Bestehens (1884—1909). — (Berlin 1909: Sittenfeld.) 40 S., 29 Taf. quer-4°

Festschrift, herausgegeben aus Anlaß der Enthüllung einer Büste Kaiser Josef II. im Garten des Deutschen Hauses in Czernowitz, Pfingsten 1903. Czernowitz: Verl. d. Vereins d. christl. Deutschen 1903.

Festschrift zur Enthüllung des Denkmals für den Fürsten Bismarck in Düsseldorf ... Düsseldorf [1899]. V: *Schrödter, Emil.* (Berl)

[F.] **Festschrift** zur **Enthüllung** des Denkmals für Ferdinand Möhring zu Alt-Ruppin am ... 29. Aug. 1897. *Neu-Ruppin: K. Michaelis (1897).* (40 S.) 1 Bd 8. [97. 7748

Festschrift zur Enthüllung der Denktafel am Sterbehause ([Johann] Heinrich) Pestalozzi's in Brugg, am 17. September 1888. Mit einer Abbildung [Tafel] der Denktafel. 8. Brugg 1888.

Festschrift zur Enthüllung der Denktafel am Sterbehause Pestalozzi's in Brugg 1889. Brugg 1888. V: *Keller, Jac.* (Cat. d. Stadtbibl. Zürich. Zürich 1864—97.)

Festschrift zur Enthüllungsfeier des Friedr. Gottl. **Keller-Denkmals.** Hainichen, am 18. X. 1908. (8 S. m. 3 Abbild.) 8. Hainichen (908). H. Huhn. — 20

— zur Enthüllungsfeier d. Gedenktafel für Paul **Pretsch,** den Erfinder der Photogalvanographie. (45 S. m. 1 Portr.) Wien 888. Hartleben. n. 1. 80

Festschrift Herrn Geheimr. Dr. Wilhelm **Erb**, Dir. d. med. Klinik in Heidelberg, zur Vollendung seines 60. Lebensjahres gewidmet. Mit 33 Abb. im Text u. 10 Taf. *Leipzig: F. C. W. Vogel 1900.* (VI, 435 S.) 8°
— **Zeitschrift**, Deutsche, f. Nervenheilkunde. Bd 18. [00. 1386

Festschrift des Männerturnvereins **Erfurt**, 1860—1910, m. Abb., Erfurt 1910, 102 S., Gr.-8°.

—— zur Erinnerg. an die Anwesenheit Sr. Maj. Kaiser **Wilhelm II.** in Minden am 10.—12. Septbr. 1889 während d. Kaiser-Manövers des 7. Armee-Corps. gr. 4. (8 S. m. Bildern.) Minden 889, Köhler. — 50

Festschrift zur Erinnerung an den 50jährigen Bestand der Wiener Burschenschaft Arminnia 1860—1910. Wien 1910. V: *Spulak, Robert von.* (EbertBib I, S. 221)

Festschrift zur Erinnerung an das 50jährige Bestehen der Realschule zu Straubing. Straubing 1887

Festschrift zur Erinnerung an die von den Schweizern in Sachsen abgehaltene eidgenössische Bundesfeier zu Döbeln ... 1891. Leipz. [1891]. V: *Hirzel, Hnr.* (Zuwachsverz. d. Bibliotheken in Zürich 1898 ff.)

Festschrift zur Erinnerung an die Einweihung der evangelischen Christuskirche in Neuß. Mit Bildern. Rheydt: Langewiesche 1910. 38 S. 8° [11. 7843

— zur Erinnerung an die Einweihung der **Christus-Kirche** in Steinbühl-Nürnberg am Sonntag den 23. Septbr. 1894. gr. 8. (62 S. m. Titelbild.) Nürnberg 894. J. Ph. Raw. n. — 50

Festschrift zur Erinnerung an die feierliche Einweihung der Turnhalle des Bielitz-Bialaer T. V. 11. 9. 1898, Bielitz 1898, 45 S., 4°.

Friedrich z. Tempel: **[Festschrift,** hrsg. zur Erinnerung an die Einweihung der Loge Friedrich zum Tempel in Hildesheim. Hildesheim 1775.] 32 Bl. 8°
Darin:
1. [Rohr, F.]: Rede, welche bey d. Installations-Feste ... gehalten worden.
2. [Schoenewald, J. C.]: Rede Sr. Maj. Fridrich [!] d. Gr. gewidmet.
3. [Hinueber, G. H. C.]: Empfindungen i. d. Loge bei ihr. Installationsfest.
4. Prospect d. Tafel.
5. Lieder.

Erste frmrische Druckschr., die in Hildesheim erschien. Der sog. „Prospect der Tafel" ist eine Beschreibung des von Konditor Gladen aus Zucker gefertigten Tafelaufsatzes.

—— zur Erinnerg. an d. Einweihg. der Lutherkirche zu Hagen i. W., am 21. März 1889. gr. 8. (22 S. m. Abbildgn.) Hagen i. W. 889, Stracke. * * — 50

Festschrift zur Erinnerung an die Einweihung des neuen Schulgebäudes und das fünfzigjährige Bestehen der höheren Lehranstalt zu Buer am 8. August 1908. 45 S., 10 Taf. 4.
Progr. Realschule nebst Progymn. i. E. *Buer* 1908.
I. Zur Geschichte der höheren Lehranstalt zu Buer. Von B[ernhard] Weber. S. 3—35. II. Beschreibung des neuen Schulgebäudes von Amtsbaumeister W[alther] Helmrich. S. 37—45.

Festschrift zur Erinnerung an die Erfindung des Steindrucks im Jahre 1796 durch A Senefelder. 4° Esslingen 1896

FESTSCHRIFT zur Erinnerung an die Eröffnung des neuerbauten Museums der Senckenbergischen Naturforschenden Gesellschaft zu Frankfurt am Main am 13. Oktober 1907. (Mit 12 Tafeln.) Frankfurt a. M. 1907. Druck der Gebrüder Knauer. 4°.

Festschrift zur Erinnerung an die Eröffnung der neuerbauten Oderbrücke bei Neusalz am 1. Dez. 1870. — Neusalz a. O. 1870. 21 S. 8°

Festschrift zur Erinnerung an die Feier des fünfzigjährigen Bestandes der deutschen Staats-Oberrealschule in Brünn. T. 1. 2. *Brünn: Schülerlade d. deutschen Staats-Oberrealschule 1902.* (VIII, 336 S.) 4°(8°) [02. 11724

-- zur Erinnerg. an die Feier des 50jähr. Bestandes d. deutschen Staats-Oberrealschule in Brünn. I. Tl. Zur Geschichte des mähr. Realschulwesens u. der deutschen Staats-Oberrealschule in Brünn. II. Tl. Beiträge ehemal. Schüler der Lehranstalt. Lex.-8. (VIII, 336 S. m. Abbildgn.) Brünn: C. Winiker 1902.

— zur Erinnerung an die Feier des 100 jährigen Bestehens des 2. schlesischen Jäger-Bataillons Nr. 6. 26. u. 27. VIII. 1908. (48 S. m. 15 Taf.) Lex. 8. Breslau (908). (Hirt's Sort.) Geb. in Leinw. nn 2. 50

Festschrift zur Erinnerung an die Feier des 100jährigen Bestehens des 2. Schlesischen Jäger-Bataillons Nr 6. 26. u. 27. August 1908. Oels (1908): Hofbuchdr. 48 S. 4°(8°) [11. 4017

Festschrift zur Erinnerung an die Feier der vor 700 Jahren stattgefundenen Erhebung der Steiermark zum Herzogthume (1180). Graz 1880.

— z. Erinnerung an d. 50 jährige Feier d. Erhebg. Schleswig-Holsteins 1848, Kiel 24. III. 1898. Fol. (16 S. m. Abb.) Kiel 898. (H. Eckardt.) n. — 70

[Bildertit.:] Fest-Schrift zur Erinnerung an die 50jährige Feier der Erhebung Schleswig-Holstein's ... 1848 Kiel, 24. März 1898. *Kiel: Graph. Anst. v. L. Handorff (1898).* (15 S.) 1 Bd 2. [98. 3084

Festschrift zur Erinnerung an die Feier des 10. Gründungstages im J. 1871. Hrsg. vom Ausschusse des Vereins für Geschichte der Deutschen in Böhmen. gr. 8. (III, 87 S.) Prag 872. (Leipzig, Brockhaus' Sortiment und Antiquarium.) *

Festschrift zur Erinnerung an das XXII. Fest des Lahnthal-Sängerbundes zu Marburg am 9., 10. u. 11. Juli 1898. (Marburg 1898: R. Friedrich.) (64 S.) 8° [F.] [05. 3308 4

Festschrift zur Erinnerung an das 5. Fest des Hessischen Sängerbundes zu Marburg a. d. L. am 5., 6. u. 7. Juli 1902. Hrsg. vom Pressausschuss. *Marburg (1902): J. A. Koch.* (104 S.) 8° [F.] [02. 9764 4

Festschrift zur Erinnerung an die Glockenweihe im Grossmünster in Zürich 1889. Zürich 1889. V: *Nüscheler-Usteri, Arnold* & *Georg Finsler*. (Cat. d. Stadtbibl. Zürich. Zürich 1864—97.)

Festschrift zur 100jähr. Erinnerung an d. tapfere Verteidigung der Reichs- u. Grenzfestung Philippsburg durch deren Kommandanten den Rheingrafen Karl August v. Salm (1799) u. zur Enthüllung des Kriegerdenkmals in Philippsburg am 11. VI. 1899, nebst einigen geschichtl. Beiträgen üb. die Entwicklg. der Stadt im 19. Jahrh. 8. (165 S.) Bruchsal 899. O. Katz. — 80

Festschrift z. Erinnerung a. d. 350j. Jubil. Rg. *Halberstadt* 1896 (267).
Progr.

Festschrift zur Erinnerung an das 25jährige Jubiläum des Progymnasiums zu Frankenstein i. Schl. am 2. Okt. 1903. Inh.: 1. Die Geschichte d. Progymn. u. d. vorhergehenden höh. Schuleinrichtungen zu Frankenstein i. Schl. vom Dir. Dr. Otto Seidel. 2. Geschichte d. Propstei, d. Hospitals von St. Georg u. der damit verbundenen Krankenanstalt in Frankenstein, von Prof. Dr. J[ohannes] A. Kopietz. Frankenstein i. Schl. (1903): H. Lonsky. (22, 81 S.) 4° [04. 5887 2

Festschrift zur Erinnerung an das 25jährige Jubiläum des Herrn Professor Dr. Schimmelpfeng . . . [Leipz. 1895.] V: *Benzler*, *Hans*. (Berl)

Festschrift zur Erinnerung an das 50jährige Jubiläum des historisch-antiquarischen Vereins des Kantons Schaffhausen. Der Beiträge zur vaterländischen Geschichte Heft 8. ⟨Mit 13 Abbildungen im Text und 2 Beilagen [2 Tafeln mit 1 Textblatt].⟩ V + III + 196 S. 4. Schaffhausen, H. Meier & Cie., 1906. [fr. 4. —]
Ersch. auch an Stelle eines Neujahrsblattes pro 1907.

Festschrift zur Erinnerung an das hundertjährige Jubiläum des kantonalen Offizier-Vereins Schaffhausen 9. Nov. 1907. 1. Das Militärwesen im alten Schaffhausen. Von Staatsarchivar G. Walter. 2. Geschichte d. kantonalen Offizier-Vereins Schaffhausen. Von Oberst H. Bollinger. Mit 4 Taf. u. 16 Abb. Schaffhausen: Hist.-antiq. Ver. u. Kunstver. (1908). (57 S.) 4°
— Neujahrsblatt d. Hist.-antiquar. Vereins u. d. Kunstvereins Schaffhausen. 15. [08. 677 3

Festschrift zur Erinnerung an das 20. Provinzial-Bundesschiessen für die Herzogtümer Anhalt, Braunschweig u. die Prov. Sachsen zu Halle a. S. am 23. 26. Juni 1902. Den Gästen zugeeignet. Der Vorstand d. Pfälzer Kolonie-Schützengesellsch. *(Halle a. S. 1902: F. Rode.)* (58 S.) 8° [F.]
[Umschlagt.:] Festschrift z. 20. Sächs. Prov.-Bundesschiessen. 1902. [02. 8030 3

— zur Erinnerung an unsere Reifeprüfung des 8. Jahrg. der 2. Lateinschule zu Grätz. (64 S.) Lex.-8. Grätz 905. (Graz, P. Cieslar.) n.n. 2. 50

Festschrift zur Erinnerung an die Robert Radecke-Feier des akad. Vereins Organum, Charlottenburg-Berlin am 31. Okt. u. 2. Nov. 1905. (Berlin 1905: A. Frisch.) (20 S.) 4° [Umschlagt. F.] [06. 8830

Festschrift zur Erinnerung an das 75 jährige Stiftungsfest der Ehrw. Johannis-Loge „Boanerges zur Bruderliebe" Hamburg am 25. Mai 1907. Als Ms. gedr. f. Frmr. [Hamburg 1907: J. H. Meyer.] 44 S. 8°
[Umschlagtit.:] ▭ B. z. B. 1832—1907.
Enth. Gesch. der Loge für 1882—1907 von J. C. B. Horst, Bericht üb. die Feier des 75jährigen Stiftungsfestes von J. Geerk mit Festrede von H. Gerndt: Rückblick auf die letzten 25 Jahre der Loge u. Vortrag von H. G. Ladendorf: Üb. die Bedeutung des Namens der Loge. Letzterer ist auch abgedr. in: BZC. 33 (1907) S. 462 bis 469.

— zur Erinnerung an das 25jährige Stiftungsfest der deutschen Gesellschaft f. Natur- u. Völkerkunde Ostasiens am 29. X. 1898. Hrsg. vom Vorstande. gr. 8 (97 S.) Tokyo 902. (Berlin, A. Asher & Co.) n n. 4. —

Festschrift zur Erinnerung an das 25jährige Stiftungsfest der Deutschen Gesellschaft für Natur- und Völkerkunde Ostasiens am 29. Okt. 1898. Hrsg. von d. Vorstande. *Tokyo 1902: Rikkyo Gakuin.* (97 S.) 8° [02. 6911

Festschrift zur Erinnerung an das 25. Stiftungsfest des Akad.-Neuphilol. Vereins zu Marburg. Leipzig-R. 1905: A. Hoffmann. (25 S.) 8° [05. 15383 4

Festschrift zur Erinnerung an das zehnte Stiftungsfest der Loge Lessing zu den drei Ringen im Or. Pressburg, 14. März 1907. Pressburg 1907. V: *Graf*, *Wilhelm* & *Emil Roth*. (wolfstieg I, 675)

1850—1900. Festschrift zur 50jährigen Erinnerungsfeier der Beschießung Friedrichstadts am 29. u. 30. Sept. 1900. Friedrichstadt. 1900. Fol.

[Umschlagt.:] [3.] Festschrift zur 100jährigen Erinnerungs-Feier an die Geburt Kaiser Wilhelms des Grossen 22. März 1797 - 22. März 1897. *Köln: Kölner Verlags-Anst. u. Dr. A.-G. 1897.* (20 S.) 1 Bd 2.

Festschrift zur Eröffnung der Akademie für praktische Medicin in Cöln. Hrsg. von Bardenheuer. Cöln 1904.

— zur Eröffng. der neuerbauten Augenheilanstalt, Karlstrasse 36 Berlin. (Juni 1908.) (31 S. m. 2 Grundrissen u. 2 Taf.) gr. 8. Leipzig 908. Veit & Co. 1. —

Festschrift aus Anlass der Eröffnung des Bibliothekgebäudes der Stadt Aachen. Im Auftr. d. wissenschaftl. Kommission m. Unterstützg d. Stadtverw. hrsg v. Dr. Emil Fromm, Bibliothekar der Stadt Aachen. *Aachen: Cremer 1897.* (VII S., 1 Bl., 245 S., 5 Taf.) 1 Bd 8.
— Zeitschrift d. Aachener Geschichtsvereins. Bd 10.

Laurent, J.: Das neu errichtete Archiv- u. Bibliothekgebäude d. Stadt Aachen. *Aachen 1897.*
in: Festschrift aus Anlass d. Eröffnung d. Bibliothekgebäudes d. Stadt Aachen
— Zeitschrift d. Aachener Geschichtsvereins. Bd 10.

Fromm, Emil: Geschichte d. Stadtbibliothek. *Aachen 1897.*
in: Festschrift aus Anlass d. Eröffnung d. Bibliothekgebäudes d. Stadt Aachen
— Zeitschrift d. Aachener Geschichtsvereins. Bd 19.

Richel, Arthur: Astrologische Volksschriften d. Aachener Stadtbibliothek. *Aachen 1897.*
in: Festschrift aus Anlass d. Eröffnung d. Bibliothekgebäudes d. Stadt Aachen
— Zeitschrift d. Aachener Geschichtsvereins. Bd 10.

Pauls, E.: Zur Geschichte d. Archivs d. Roerdepartements in Aachen. *Aachen 1897.*
in: Festschrift aus Anlass d. Eröffnung des Bibliothekgebäudes d. Stadt Aachen
— Zeitschrift d. Aachener Geschichtsvereins. Bd 19.

Lindner, Theodor: Zur Fabel v. d. Bestattung Karls d. Gr. Nachtrag. *Aachen 1897.*
in: Festschrift aus Anlass d. Eröffnung d. Bibliothekgebäudes d. Stadt Aachen
— Zeitschrift d. Aachener Geschichtsvereins. Bd 19.

Bosbach, F. X.: Gründung u. Gründer d. Burtscheider Benediktiner-Abtei. *Aachen 1897.*
in: Festschrift aus Anlass d. Eröffnung d. Bibliothekgebäudes d. Stadt Aachen.
— Zeitschrift d. Aachener Geschichtsvereins. Bd 19.

Bellesheim, Alphons: Beiträge z. Geschichte Aachens im 16. Jh. *Aachen 1897.*
in: Festschrift aus Anlass d. Eröffnung d. Bibliothekgebäudes d. Stadt Aachen
— Zeitschrift d. Aachener Geschichtsvereins. Bd 19.

Fromm, Emil: D. Dante-Sammlung d. Alfred v. Reumont'schen Bibliothek. *Aachen 1897.*
in: Festschrift aus Anlass d. Eröffnung d. Bibliothekgebäudes d. Stadt Aachen
— Zeitschrift d. Aachener Geschichtsvereins. Bd 19.

Richel, Arthur: Zur Geschichte d. Puppentheaters in Deutschland im 18. Jh. *Aachen 1897.*
in: Festschrift aus Anlass d. Eröffnung d. Bibliothekgebäudes d. Stadt Aachen
— Zeitschrift d. Aachener Geschichtsvereins. Bd 19.

Oidtman, E. v.: Das Wappen d. Stadt Aachen. *Aachen 1897.*
in: Festschrift aus Anlass d. Eröffnung d. Bibliothekgebäudes d. Stadt Aachen
— Zeitschrift d. Aachener Geschichtsvereins. Bd 10.

Redlich, Otto Reinhard: Urkundl. Beiträge z. Gesch. Aachens im 15. Jh. *Aachen 1897.*
in: Festschrift aus Anlass d. Eröffnung d. Bibliothekgebäudes d. Stadt Aachen
— Zeitschrift d. Aachener Geschichtsvereins. Bd 19.

Schmid, Max: Z. Geschichte d. Familie v. Trier. *Aachen 1897.*
in: Festschrift aus Anlass d. Eröffnung d. Bibliothekgebäudes d. Stadt Aachen
— Zeitschrift d. Aachener Geschichtsvereins. Bd 19.

Brüning, Wilhelm: Aachen während d. Fremdherrschaft u. d. Befreiungskriege. *Aachen 1897.*
in: Festschrift aus Anlass d. Eröffnung d. Bibliothekgebäudes d. Stadt Aachen
— Zeitschrift d. Aachener Geschichtsvereins. Bd 19.

Festschrift zur Eröffnung des Dortmund-Ems-Kanals. (1899.) — (Berlin 1899: Sittenfeld.) 59 S., 7 Pl. 2°

Festschrift zur Eröffnung des Dortmund-Ems-Kanals. — — Dortmund: Krüger 1899. 29 S. 8° Aus: Festnummer d. Dortmunder Zeitung.

Festschrift aus Anlass der feierlichen Eröffnung der militärärztlichen Applicationsschule. 4. Wien 1900.

Festschrift zur feierlichen Eröffnung des Ludwig-Kanals und Enthüllung des Kanal-Monuments den 15. Juli 1846. Nürnberg. V: *Hartmann, Frdr. Wilh.* (Cat. d. Stadtbibl. Zürich. Zürich 1864–97.)

Techn. Hochschule in Breslau. Festschrift zur Eröffnung. 1. Okt. 1910. Breslau: Hirt (1910). 47 S. 4°

Festschrift zur Eröffnung (der) Techn. Hochschule in Danzig (am) 6. Okt. 1904, s. a. Carsten, Albert

Technische Hochschule in Danzig. Festschrift zur Eröffnung, 6. Oktober 1904. (Danzig 1904: A. W. Kafemann.) (48 S.) 4° 10

Festschrift zur Eröffnung des Kaiserin Auguste Victoria-Hauses zur Bekämpfung der Säuglingssterblichkeit im Deutschen Reiche. Hrsg. von Dr. [Karl] v. Behr-Pinnow, Kabinettsrat, Prof. Dr. [Adalbert] Czerny [u. a.] Red. von Obermed.R. Dr. Dietrich. Berlin: Stilke 1909. 149 S. 4°(8°)

Festschrift zur Eröffnung des neuen Kantonsschulgebäudes in Aarau, 26. April 1896. ([Mit Illustrationen, 3 Tafeln, 1 Tabelle, 1 Karte, 1 Plan und] Anhang: Die Wasserverhältnisse in Aarau. Von Dr. F[ritz] Mühlberg.) 4. Aarau.

— z. Eröffnung d. neuen Kantonsschulgebäudes in Aarau 26. Apr. 1896. 4. (V, 224 u. 52 S. m. Abb., 1 graph. Tab., 4 Taf. u. 1 Karte.) Aarau 897. (H. R. Sauerländer & Co.) n.n. 3. —

— zur Eröffnung des neuen Kantonschul-Gebäudes in Luzern. Verf. v. Professoren der höheren Lehranstalt. gr. 4. (319 S. m. 1 Bildnis u. 1 Grundriss.) Luzern 893. (Gebr. Räber & Co.) n. 6. —

Festschrift zur Eröffnung des neuen Kantonschulgebäudes in Solothurn. In-8°, 99 S. Solothurn, Zepfel'sche Druckerei. 1882

— zur Eröffnung d. neuen allgemeinen Krankenhauses zu Hamburg-Eppendorf. Hrsg. v. den Aerzten d. allgemeinen Krankenhauses unter Mitwirkg. v. C. Eisenlohr, E. Fraenkel, C. G. Haase, A. Kast, C. Lauenstein, M. Nonne, A. Saenger, M. Schede, F. Wolff. Red. v. C. Eisenlohr. gr. 4. (VII, 175 S. m. 1 Taf.) Hamburg 889. Mauke Söhne. n. 12. —

Festschrift zur Eröffnung des Neuen Krankenhauses der Stadt Nürnberg. Hrsg. von d. städt. Kollegien. (Hrsg.: Gottlieb Merkel & Carl Distler.) *Nürnberg: Selbstverl. d. Magistrates 1898.* (XVI, 606 S.) 4°(8°)

— zur Eröffnung des neuen Krankenhauses der Stadt Nürnberg. Hrsg. v. den städt. Kollegien. 2 Tle. in 1 Bd. gr. 8. (XVI, 606 S. m. Abbildgn. u. 18 Taf.) Nürnberg 898. (F. Korn.) n. 12. —; 2. Tl. einzeln (IV, 274 u. XI S. m. Abbildgn. u. 12 Taf.) n.n. 6. —

Festschrift zur Eröffnung des Kunstmuseums in Bern. 1879 s. a. Beiträge zur Geschichte der Kunst und des Kunsthandwerks in Bern. Bern 1879.

Festschrift z. Eröffnung d. Kunst-Museums in *Bern*. Beiträge z. Geschichte der Kunst u. d. Kunsthandwerks in Bern im 15. u. 16. Jahrh. Hrsg. von d. Bernischen Künstlergesellschaft. In-8°. Mit 7 Initialen u. gross. Titelblatt, nach Originalen jener Zeit gezeichnet von Bühler, Custos des Berner Kunstmuseums, 2 Reproductionen von Kirchenfenstern in Umrissen u. 3 Photographien. Bern, J. Dalp. 1879
Auf Kupferdruckpapier 7 —
Auf Büttenpapier 8 —

Festschrift zur Eröffnung des Landesmuseums der Provinz Westfalen am 17. März 1908. Münster i. W., 1908. 43 S. mit 12 Taf.

Das Kunstgewerbe-Museum. Festschrift zur Eröffnung des Museumsgebäudes. Am 21. Nov. 1881. Berlin 1881. 4°.

— zur Eröffnung des Neubaues der Handelshochschule Cöln. 26. 10. 07. (55 S. m. Abbild. u. Plänen.) 23,5× 30,5 cm. Köln (907). P. Neubner. 1. 50

Festschrift auf die Eröffnung der Eisenbahn Oerlikon-Bülach-Dielsdorf 1865. Bulach [1865]. V: *Utzinger, Jos.* (Zuwachsverz. d. Bibliothek. in Zürich 1898 ff.)

Festschrift zur Eröffnung des neuen Schulhauses der Stadt Sursee. Hrg. von der Gemeindeverwaltung von Sursee. [Mit Illustrationen und 1 Tafel.] 180 S. 8. Zürich, Art. Institut Orell Füssli, 1903. [fr. 2. 50]

S. 3—155: Das Schulwesen der Stadt Sursee. Historische Studie von Seraphin Beck, Stadtarchivar.
S. 157—180: Der neue Schulhausbau in Sursee von Dr. K[arl] Beck....

Festschrift zu der am 17. Sept. 1906 stattfindenden Eröffnung des Oberlandesgerichts-Gebäudes in Colmar. Straßburg i. E. 1906: M. Du Mont-Schauberg. (98 S.) 4°

Enth.: 1. Paffrath: Geschichtliches über d. obersten Gerichtshof in Elsaß-Lothr. 2. Schütz: Die Ausführung d. Neubaues.
[Umschlagt.:] Festschrift z. Einweihung d. neuen Oberlandesgerichtsgeb. ...
[o6. 14993

— zu der am 17. IX. 1906 stattfindenden Eröffnung des Oberlandesgerichts-Gebäudes in Colmar. (98 S. m. 22 [2 farb.] Taf.) 4. Strassburg 906. (W. Heinrich.) n. 5. —

Festschrift zur Eröffnung der neuen Universitäts-Augenklinik in Bern. Hrg. von Prof. Dr A[ugust] Siegrist. [Mit Facsimiles, Figuren, Illustrationen und 32 Tafeln.] 3 Teile. (VI + *zus.* 303 S.) 4. Bern, A. Francke, 1910. [fr. 30. —]

Teil 1: Geschichte der Augenheilkunde, speziell der Augenklinik und deren Direktoren in Bern. (Von Prof. Dr A. Siegrist.) II + 84 S.
Teil 2: Die neue Universitäts-Augenklinik von Bern. (Von Prof. Dr A. S.) II + 89 S.
Teil 3: Ueber die Schädigungen des menschlichen Sehorganes durch stumpfe Traumen des Schädels wie des Augapfels, von Dr. Rudolf Birkhäuser. 126 S.

Festschrift zur Eröffnungsfeier des Instituts f. Zucker-Industrie am 8. V. 1904. Experimental-Untersuchgn. auf dem Gebiete der Zuckerfabrikation, welche mit Hilfe zahlreicher Mitarbeiter in den J. 1887 bis 1903 v. Alex. Herzfeld ausgeführt wurden. Hrsg. vom Vereins-Direktorium des Vereins der deutschen Zucker-Industrie. (XIV, 673 S. m. Abbildgn.) gr. 8. Berlin 904. (R. Friedländer & Sohn.) Geb. in Leinw. n.n. 8. —

Verein d. Deutschen Zucker-Industrie. Festschrift zur Eröffnungsfeier des Instituts für Zucker-Industrie (Berlin) am 8. Mai 1904. Experimental-Untersuchungen auf dem Gebiete der Zuckerfabrikation, welche mit Hilfe zahlreicher Mitarbeiter in d. Jahren 1887 bis 1903 von Dr. Alexander Herzfeld ausgeführt wurden. Hrsg. v. Vereins-Direktorium. — Berlin 1904: Die Post. XIV, 673 S. 8°

— s.: Esmarch, Frdr. v.

Festschrift Herrn Professor Dr. Friedrich v. Esmarch zur Feier seines achtzigsten Geburtstages gewidmet. Mit 76 Abb. im Text u. 11 Taf. *Leipzig: F. C. W. Vogel 1902.* (VII, 676 S.) 8°
— Zeitschrift, Deutsche, f. Chirurgie. Bd 67. [o3. 098

Festschrift gewidmet S. Exc. dem Wirkl. Geh. Rath Prof. Dr. (Friedrich) v. Esmarch an s. achtzigsten Geburtstage von d. Herausgebern dieses Archivs, seinen Schülern u. Freunden. *(Berlin: A. Hirschwald 1903.)* (VI, 610 S.) 8°
— Archiv f. klinische Chirurgie. Bd 69, H. 1. 2. [o3. 930

Festschrift zum 75jähr. Fabrik- und Geschäfts-Jubiläum der Firma Gebr. Heyl & Co., Akt.-Ges., Charlottenburg. 1833—1908. — o. O. 1908. 68 S. quer-8° [Umschlagt.:] Gebr. Heyl & Co. A.-G., Charlottenburg, Fabriken chemischer Farben. Denkschrift z. 75jähr. Geschäftsjubiläum.

Festschrift zur Fahnen-Enthüllung des Männer-Gesangvereines Velden am Wörthersee am 26. August 1906. Klgft., Bertschinger, (1906). 17 S.

— für die juristische Fakultät in Giessen zum Universitäts-Jubiläum, überreicht v. ihren früheren Dozenten Beling, Cosack, Frank, Gareis, Heimberger, Hellwig, Jung, v. Liszt, Regelsberger, Rehm, L. v. Seuffert, Stammler, v. Thudichum, v. Wendt. Hrsg. v. Rhard. Frank. (VII, 547 S.) gr. 8. Giessen 907. A. Töpelmann. 18.—; geb. in Halbfrz. n 22. —

Hieraus einzeln:
Beling, Ernst, Informativprozesse. Anregungen zu e. Ergänzg. der Prozessgesetzgebg. (56 S.) 1. 60
Cosack, Konr., eigne Aktien als Bestandteile des Vermögens e. Aktiengesellschaft. (27 S.) — 80
Frank, Rhard, über den Aufbau des Schuldbegriffs. (29 S.) — 80
Gareis, Karl, vom Begriff Gerechtigkeit. (40 S.) 1. 20
Heimberger, Jos., zur Lehre vom Ausschluss der Rechtswidrigkeit. Ein geschichtl. Beitrag. (44 S.) 1. 40
Hellwig, Konr., Grenzen der Rückwirkung. (55 S.) 1. 60
Jung, Erich, „positives" Recht. Ein Beitrag zur Theorie v. Rechtsquelle u. Auslegg. (50 S.) 1. 60
Liszt, Frz. v., das Problem der Kriminalität der Juden. (11 S.) — 50
Regelsberger, Ferd., der gerichtliche Besitzschutz nach römischem Recht, nach gemeinem Recht u. nach dem bürgerl. Gesetzbuch. Eine vergleich. Studie. (40 S.) 1. 20
Rehm, Herm., die überstaatliche Rechtsstellung der deutschen Dynastien. (30 S.) 1. —
Seuffert, Loth. v., der Loskauf der Sklaven m. ihrem Geld. Eine rechtsgeschichtl. Untersuchg. (20 S.) — 60
Stammler, Rud., Unbestimmtheit des Rechtssubjektes. (44 S.) 1. 40
Thudichum, Frdr. v., Wettereiba. Eine Gau-Geschichte. (60 S.) 1. 80
Wendt, Otto, Besitz u. Besitzwille. (32 S.) 1. —

Festschrift der Juristischen Gesellschaft zu Frankfurt am Main zur Feier des 25jährigen Amtsjubiläums d. Kgl. Oberl.Ger.Präs. Dr. jur. Carl Hagens. Frankfurt a. M.: A. Neumann 1906. (246 S.) 4°(8°) [F.] [o6. 14333

[Festschrift zur Feier] des Andenkens an Christian Friedrich Kees am 13. Febr. 1869. (Leipzig 1869.)
s. Gerber, C. F. v.: Erörterungen zur Lehre vom Deutschen ehelichen Güterrechte.

Festschrift zur Feier des 25jährigen Bestandes des f. b. Diöcesan-Knabenseminars, Seminarium Vincentinum in Brixen.
1. Spielmann, Alois: Rückschau auf die ersten 25 Jahre der Anstalt. 8 (S. 3—48).
2. Falbesoner, *Hartmann*: Die Kirche im f. b. Vincentinum. 8 (S. 49—91).
3. Spielmann, Ferdinand: Theatersaal. 8 (S. 93—102).

Fürstbischöfl. Privat-G. am Seminarium Vincentinum *Brixen* 1897.
Nicht im Tauschverkehr.

Progr.

Festschrift zur Feier des 25jährigen Bestandes des Neurologischen Institutes (Institut f. Anatomie u. Physiologie d. Zentralnervensystems) an der Wiener Universität. Hrsg. von Dr. Otto Marburg, Priv.Doc. Mit Taf. u. Abb. T. 1. 2. Leipzig & Wien: F. Deuticke 1907. 2 Bde 8°
1. Mit 1 Portr.
— Arbeiten aus d. Neurolog. Institute an d. Wiener Univ. Bd 15. 16. [o8. 58 4

— zur Feier des 25jährigen Bestandes des evangelischen Seminars zum weißen Kreuz in Unterstraß-Zürich 19./20. Mai 1894. gr. 8. (III, 133 S. m. 3 Bildnis-Taf. u. 1 Abbildg.) Zürich 894. (Dépôt der Evangel. Gesellschaft.) n.n. 2. —

— zur Feier des 50jährigen Bestandes der mähr.-schles. höheren Forstlehranstalt Aussee—Eulenberg—Mähr.-Weisskirchen, s.: Blätter. Weisskirchener forstliche, I.

Festschrift zur Feier des 50jährigen Bestandes des Gewerbevereins der Stadt Reichenberg 1841—91. [Reichenberg 1891.] V: *Richter, Ignaz.* (EB)

Festschrift herausgegeben aus Anlass der Feier des 50jährigen Bestandes des Männergesangvereines Hall i. T. am 10. und 11. Oktober 1903. Hall i. T. [1903]. V: *Luchner, Joseph.* (MARGR)

— aus Anlass der Feier des 50jähr. Bestandes Liebwerds als landwirtschaftlicher Bildungsstätte. 1850—1900. gr. 8. (XI, 145 S. m. 2 Taf.) Tetschen 900. (O. Honckel.) n. 4. —

Festschrift anlässlich der Feier des 50jährigen Bestandes des Leobner Männer-Gesangvereins. Leoben 1900. V: *Grübler, J.* (JOANSTYRA)

— zur Feier des 50jährigen Bestandes des Museum Francisco-Carolinum in Linz an der Donau. Hrsg. vom Verwaltungsrathe. [Sep.-Abdr.] (62 S.) 4. Linz a/D. 883. Museum Francisco-Carolinum. (Nur direkt.) n. — 33

K. K. Staats-Oberrealschule in Olmütz. Festschrift zur Feier des fünfzigjähr. Bestandes. 1854—1904. — Olmütz: Verl. der Schülerlade der k. k. Staatsrealschule 1904. 374 S., 12 Taf.

— zur Feier des 50jähr. Bestandes des Vereines zur Verbreitung naturwissenschaftlicher Kenntnisse in Wien, hrsg. v. Frz. Toula, s.a. Schriften des Vereins zur Verbreitung naturwissensch. Kenntnisse in Wien.

Festschrift zur Feier des fünfzigjähr. Bestandes des Vereines zur Verbreitung naturwissenschaftlicher Kenntnisse in Wien am 30. März 1910. Hrsg. von Franz Toula. Wien: Selbstverl.; Braumüller in Komm. 1910. II, 267 S. 8°
(Schriften d. Vereins z. Verbreitung naturw. Kenntnisse. Jub.-Festschrift.) (11.6.59

Festschrift zur Feier des 100-jährigen Bestandes der Gesellschaft der Aerzte des Kantons Zürich, 1810—1910. [Mit Figuren, Illustrationen und 15 Tafeln.] IV + 137 S. 8. Zürich, Zürcher & Furrer, 1910.

Festschrift zur Feier des 10jährigen Bestandes des Verbandes alter Burschenschafter 'Wartburg' u. des Linzer Delegierten-Conventes. 1889—1899. Hrsg. von d. Hauptleitung des Verbandes ... (Zsgest. von Rudolph Berger.) *Linz: Verl. des Verbandes 1899.* (39 S.) 2° [S.]

Festschrift zur Feier des 10jährigen Bestandes des Vereines zur Gründung und Erhaltung unentgeltlicherKnabenbeschäftigungsanstalten (Schul-Werkstätten) in Wien. Gr.-8. (49 S.) Wien: Pichler 1893. —.30

—— zur Feier d. 350jähr. Bestehens d. königl. Gymnasiums zu Quedlinburg. Hrsg. vom Lehrerkollegium der Anstalt. Fol. (48, 19, 7, 26, 15, 7 S.) Quedlinburg 890, (Huch). * 3 —

—— zur Feier des 350jährigen Bestehens des protestantischen Gymnasiums zu Strassburg. Hrsg. von der Lehrerschaft des protestant. Gymnasiums. Lex.-8. (IX, 392; V, 291 S. mit Illustr. und Taf.) Strassburg 888, Heitz. *

Festschrift zur Feier des 350jährigen Bestehens des Gymnasiums zu Stralsund am 20. April 1910. Stralsund 1910: Kgl. Regierungs-Buchdr. 236 S. 8°
Stralsund, G OP 1910 (214)**

Festschrift zur Feier des dreihundertjährigen Bestehens des Königlichen Katholischen Gymnasiums zu Glatz. 1597—1897. Beiträge zur Geschichte der Anstalt von Erich Kruttge, Paul Prohasel, Wilhelm Schulte. 4 (111 S., 1 Taf.).
Progr. Kgl. kath. G. *Glatz* 1897
Kruttge, Erich (Kgl. Kreisbauinsp.): Zur Baugeschichte. Nach den im Archiv der katholischen Pfarrei vorhandenen Aufzeichnungen und Plänen. 4 (S. 4—26 u. eingedr. Pläne).
Prohasel, Paul: Das Schultheater am Gymnasium zu Glatz. (S. 27—73).
Schulte, *Johann* Wilhelm: Beiträge zur Geschichte des Schulwesens in Glatz und des Gymnasiums insbesondere. 4 (S. 74—111).

—— zur Feier des 300jährigen Bestehens der Julius-Maximilians-Universität zu Würzburg gewidmet von der Universität Basel. gr. 4. Basel 882, Georg. **
Inhalt:
Kollmann, J., über Verbindungen zwischen Coelom und Nephridium. (S. 1—59 mit 2 Stnt.)
Roth, M., über einige Urnierenreste beim Menschen. (S. 61—87 mit 1 Stnt.)

—— zur Feier des 300jährigen Bestehens der Julius-Maximilians-Universität zu Würzburg, gewidmet von der K. Bayer. Ludwig-Maximilians-Universität zu München. gr. 4. München 882, (R. Oldendourg.)
Inhalt:
Rothmund jun., A. v., casuistischer Beitrag zur Lehre von der sogen. sympathischen Augenentzündung. (Mit 1 Taf.) — Voit, C. v., über die Beziehungen der Galle-Absonderung zum Gesammtstoffwechsel im thierischen Organismus. — Ziemssen, H. v., über das Typhus-Recidiv. (67 S.)
Nicht im Handel.

—— zur Feier des 550jährigen Bestehens des Gymnasiums zu Stendal. Hrsg. vom Lehrerkollegium der Anstalt. gr. 4. Stendal 888, (Franzen und Grosse Sortiment.) *
Inhalt:
Steyer, Karl, ein Beitrag zur Behandlung der messianischen Weissagung im Unterrichte. (S. 1—13.) — Müller, Mor., zur Kritik und zum Sprachgebrauch des Livius. (S. 15—28.) — Friedel, Otto, einige Horazstunden in Prima. (S. 29—44.) — Haerter, Ed., Uebersetzung und Disposition der Rede des Demosthenes: „Ueber die Angelegenheiten im Chersones". (S. 45—63.) — Spangenberg, Ernst, die Entwicklung des physikalischen Kraftbegriffs. (S. 65—81.) — Weise, Karl, Beiträge zur Flora von Stendal. (S. 83—92.) — Friedel, Otto, Anhang. Beiträge zur Statistik des Gymnasiums. (S. 93—102 mit 1 Taf.)

— zur Feier des 500jähr. Bestehens der Universität Leipzig 1409—1909. Hrsg. v. Rektor u. Senat. 4 Bde. Lex. 8. Leipzig 909. S. Hirzel. 32.—; einzeln bezogen 39. —
I. Kirn, theol. Otto, die Leipziger theolog. Fakultät in fünf Jahrhunderten. 1409. 1909. (VII, 232 S. m. 9 Taf.) 7. 50
II. Friedberg, Emil, die Leipziger Juristenfakultät, ihre Doktoren u. ihr Heim. 1409. 1909. (VII, 236 S. m. 11 Taf.) 7. 50
III. Institute, die, der medizin. Fakultät an der Universität Leipzig. 1409. 1909. (VII, 322 S. m. Abbild., 21 Taf.) u. 1 Plan.) 10. 50
IV, 1. Institute u. Seminare, die, der philosoph. Fakultät an der Universität Leipzig. 1409. 1909. 1. Tl.: Die philolog. u. die philosophische histor. Sektion. (VII, 246 S. m. Abbildgn. u. 19 Taf.) 8. —
IV, 2. Dasselbe. 2. Tl. Die mathemat.-naturwissenschaftl. Sektion. (VII, 168 S. m. Abb., 15 Taf. u. 1 Plan.) 5. 50

—— zur Feier des 500jähr. Bestehens der Ruperto-Carola, dargebracht von dem naturhistorisch-medicin. Verein zu Heidelberg. 2 Thle. [A und B.] Lex.-8. Heidelberg 886, C. Winter's Universitäts-Buchh. à Thl. *ℳ 7.—. *
Inhalt:
A. Medicinischer Thl. (V, 137 S. mit eingedr. Holzschn. und 5 Taf.)
B. Naturhistorischer Thl. (V, 180 S. mit eingedr. Holzschn. und 2 Taf.)

Festschrift zur Feier des fünfhundertjährigen Bestehens der Ruperto-Carola, dargebracht von dem Naturhistorisch-Medicinischen Verein zu Heidelberg. Mit Beiträgen von J. ARNOLD, F. BLOCHMANN, O. BÜTSCHLI, F. A. KEHRER, W. KÜHNE, K. MAYS, E. PFITZER, F. SCHULTZE, J. STEINER. Heidelberg 1886. Carl Winter's Universitätsbuchhandlung. [1]) — A. u. d. Tit.:
Festschrift zur Feier des fünfhundertjährigen Bestehens der Ruperto-Carola, dargebracht von dem Naturhistorisch-Medicinischen Verein zu Heidelberg.
A. Medicinischer Theil. Inhalt: Über das Vorkommen „Heller" Muskeln bei'm Menschen. Von JULIUS ARNOLD. — Über die Nervatur des Musculus rectus abdominis des Frosches von K. MAYS. Mit einer Doppeltafel. — Beitrag zur Lehre von den angebornen Hirndefecten (Porencephalie). Mit einer Tafel. Von FR. SCHULTZE. — Über die Wirkung des Pfeilgiftes auf die Nervenstämme. Mit Holzschnitten. Von W. KÜHNE. — Über die Veränderungen der Pulscurve im Puerperium. Von F. A. KEHRER. (Mit 3 Tafeln.) — Functioneller Beweis für die Richtigkeit der morphologischen Ansicht von der Entstehung des asymmetrischen Baues der Pleuronectiden (Flachfische). Mit 6 Holzschnitten. Von J. STEINER. Heidelberg. ib. 1886. —
B. Naturhistorischer Theil. Inhalt: Morphologische Studien über die Orchideenblüthe. Mit 65 Holzschnitten. Von E. PFITZER. — Über die Reifung der Eier bei Ameisen und Wespen. Mit einer farbigen Doppeltafel. Von F. BLOCHMANN. — Notiz zur Morphologie des Auges der Muscheln von O. BÜTSCHLI. ib. 1886. — 8°.

— zur Feier des 75jährigen Bestehens der großherzogl. 1. Forstlehranstalt Eisenach. Hrsg. vom Lehrerkollegium. (V, 193 S. mit Abb. u. 1 Taf.) gr. 8. Eisenach 905. H. Kahle. n.n. 2. 50

Festschrift zur Feier des 75jährigen Bestehens der Naturforschenden Gesellschaft in Basel. In-8°. III u. 215 S. mit 4 Tafeln. Basel, H. Georg. 1892 cart. 3 --
S. Kollmann. Über die Schädel v. Pontimelo. Ders. Ein Schädelfund im Löss bei Wöschnau. Ders. Kleinere Mittheil. — *K. Vonder-Mühl.* Üb. d. theoretischen Vorstellungen von Georg Simon Ohm. — *G. Klebs.* Zur Physiologie der Fortpflanzung von Vaucheria sessilis. — *F. Zschokke.* Zur Lebensgeschichte des Echinorhynchus proteus, Westrumb. — *M. v. Lenhossék.* Die Nervenendigungen in den Endknospen der Mundschleimhaut der Fische. — *L. Rütimeyer.* Die eocänen Säugethiere von Egerkingen. — *E. Greppin.* Einiges üb. die Orographie d. Umgeb. v. Langenbruck. — *L. Rütimeyer.* Bericht üb. das Naturhistorische Museum v. Jahre 1891. — *A. Riggenbach,* Witterungsübersicht des Jahres 1891. — — *F. Müller.* Siebenter Nachtrag zum Catalog der herpetologischen Sammlung.

—— zur Feier d. 75jährigen Bestehens der Naturforschenden Gesellschaft d. Osterlandes, s. Mitteilungen aus dem Osterlande.

Festschrift zur Feier des 75jähr. Bestehens des Kultur- und Gewerbevereins für den Kreis Siegen ... unter Mitw. ... hrsg. von [Otto] Geibel. — (Siegen [1908]: Buchholz.) 192 S. 8°

— zur Feier des 75jährigen Bestehens der Oldenburgischen Landwirthschafts-Gesellschaft. Hrsg. vom Central-Vorstande. Bearb. v. Wilh. Rodewald. Lex.-8. (XIII, 473 u. LII S. m. Tab., 1 Bildnis u. 5 farb. Karten.) Berlin 894. P. Parey. n. 10. —

Festschrift zur Feier des 75jährigen Bestehens des Vereins für hessische Geschichte u. Landeskunde. Kassel: Dufayel in Komm. 1909. XI, 450 S. 8°
(Zeitschrift d. Vereins f. hess. Geschichte u. Landeskunde. N. F. Bd. 33) [09. 13815

Festschrift zur Feier des 25jährigen Bestehens des Beamten-Vereins zu Münster ⟨Westf.⟩. Münster i. W. 1908: Der Westfale. (8 S.) 8° [F.] [08. 13286

FESTSCHRIFT zur Feier des 25jährigen Bestehens des Braunschweiger Bezirksvereines Deutscher Ingenieure. 1883—1908. (Mit vielen Tafeln.) Braunschweig 1908. Buchdruckerei Joh. Heinrich Meyer. gr. 8°.

FESTSCHRIFT zur Feier des 25jährigen Bestehens der Sektion Breslau des Deutschen und Österreichischen Alpenvereins. (Mit 6 Lichtdruck-Bildern.) Breslau 1902. Druck von Otto Gutsmann. 4°.

Festschrift zur Feier des 25jährigen Bestehens der Ortsgruppe Breslau des Riesengebirgs-Vereins. (VIII, 128 S. m. 1 Abbildg., 1 Bildnistaf. u. 1 farb. Karte.) Lex.-8. Breslau 906. (M. Woywod.) n. 1. 50

Festschrift hrsg. zur Feier des 25jährigen Bestehens des Erzgebirgsvereins. 1878. 1903. *(Schwarzenberg [1903]: C. M. Gärtner.)* (96 S.) 8° [Umschlagt. F.] [04. 43

— Hrsg. zur Feier des 25jähr. Bestehens des Erzgebirgsvereins. 1878. 1903. (96 S. m. Abbildgn. u. 17 Taf.) gr. 8. Schwarzenberg (903). (Schneeberg, B. F. Goedsche.) n. 1. —

Festschrift zur Feier des 25jährigen Bestehens des Kirchenchors Fraumünster 1871/96. Zürich 1896. V: ***Bremi, Jacob.*** **(Cat. d. Stadtbibl. Zürich. Zürich 1864—97.)**

Festschrift zur Feier des 25-jährigen Bestehens der Höheren Mädchenschule Maria Friedländer, Stettin, am 4. April 1895. Stettin 1895: Fischer & Schmidt. (62 S.) 8° [F. u. Ant.] [07. 6113

Festschrift zur Feier des 25jährigen Bestehens der Deutschen Botanischen Gesellschaft. Mit 19 Taf. u. 58 Textfig. Berlin: Borntraeger 1908. (400 S.) 8°
= **Berichte** d. Deutschen Botan. Gesellschaft. Bd 26. [08. 10771

—— zur Feier des 25jährigen Bestehens der k. k. zoologisch-botanischen Gesellschaft in Wien. gr. 4. Wien 876, (Braumüller — Leipzig, Brockhaus' Sortiment und Antiq.) *

Inhalt:

Brunner v. Wattenwyl, C., die morphologische Bedeutung der Segmente, speciell des Hinterleibes, bei den Orthopteren. (S. 1—18 mit 3 chromolithogr. Taf.)
Wiesner, Jul., die natürlichen Einrichtungen zum Schutze des Chlorophylls der lebenden Pflanze. (S. 21—49.)
Pelzeln, A. v., über die malay. Säugethier-Fauna. (S. 53—74 mit 1 chromolithogr. Karte.)
Claus, C., über die Organisation und system. Stellung der Gattung Seison gr. (S. 77—88 mit 2 lithogr. Taf.)
Vogl, A., Beiträge zur Kenntniss der sogen. falschen Chinarinde. (S. 91—114 mit 1 lithogr. Taf.)
Peyritsch, J., zur Teratologie der Ovula. (S. 117—143 mit 3 lithogr. Taf.)
Reichardt, H. W., Carl Clusius' Naturgeschichte der Schwämme Pannoniens. (S. 147—186.)
Kerner, A., die Schutzmittel der Blüthen gegen unberufene Gäste. (S. 189—260 mit 3 lithogr. Taf.)
Brauer, F., die Neuropteren Europas und insbesondere Oesterreichs. (S. 265—300.)
Steindachner, Fr., die Schlangen und Eidechsen der Galapagos-Inseln. (S. 303—330 mit 7 lithogr. Taf.)

Festschrift zur Feier des Fünfundzwanzigjährigen Bestehens der Stenographischen Gesellschaft nach Stolze [in Berlin]. Berlin: (Dr. r. O. Liese) 1893. 2 Bl. 4.

Festschrift zur Feier des 25-jährigen Bestehens der Gesellschaft ehemaliger Studierenden ... in Zürich. Zürich 1894. V: ***Jegher, Aug.*** **(EB)**

— zur Feier des 25jährigen Bestehens der Gesellschaft ehemaliger Studierender der eidgenössischen polytechnischen Schule in Zürich. Den Ehrenmitgliedern u. Mitgliedern der G. e. P. gewidmet vom Vorstande. gr. 8. (X, 174 S. m. 21 Abbildgn. u. 37 Taf.) Zürich 894. (A. Raustein.) Geb. in Leinw. n.n. 20. —

Festschrift zur Feier des 25jährigen Bestehens des Gewerbe-Vereins Graudenz. 1880—1905. Graudenz: Selbstverl. 1905. (27 S.) 8° [F.] [08. 19810

Festschrift zur Feier des 25jährigen Bestehens der Anstalt. 4 (22 S.). **Progr.** Stadt. G. mit Realabt. *Greiz* 1897.

— zur Feier des 25jähr. Bestehens d. Gymnasiums zu Jauer am 9. u. 10. Octbr. 1890, verf. v. ehemal. Schülern der Anstalt. Mit e. Vorwort v. Rich. Volkmann. gr. 8. (IX, 127 S.) Jauer 890. Guercke. n. 3. 60

— zur Feier des 25jähr. Bestehens der Hansaschule, höhere Staatsschule in Bergedorf bei Hamburg (Gymnasium u. Realschule) am 2. IV. 1908. Progr. (II, 214 S. m. 1 Taf.) Lex. 8. Hamburg 908. (Bergedorf, H. Wobbe.) 1. —

Hansaschule, höhere Staatsschule in Bergedorf bei Hamburg ⟨Gymn. u. Realschule.⟩ **Festschrift** zur Feier des 25jährigen Bestehens der Anstalt am 2. April 1908. 1883. 1908. Hamburg 1908: Lütcke & Wulff. 214 S. 4°
Bergedorf b. Hamburg, Hansa-S G i. E. u. R OP 1908 (949) [S 08. 93

FESTSCHRIFT zur Feier des fünfundzwanzigjährigen Bestehens des Vereins für Wappen-, Siegel- und Familienkunde „Herold". Herausgegeben vom Verein Herold. Redigirt von AD. M. HILDEBRANDT. Berlin 1894. Gedruckt bei Julius Sittenfeld. 4°.

— zur Feier des 25jährigen Bestehens d. Vereins f. Wappen-, Siegel- u. Familienkunde „Herold". Hrsg. vom Verein Herold. Red. v. Ad. M. Hildebrandt. gr. 4. (III, 236 S. m. Abbildgn., 18 Taf. u. 1 Stammtaf.) Berlin 894. (J. A. Stargardt.) n. 20. —

FESTSCHRIFT, herausgegeben aus Anlass der Feier des 25jährigen Bestehens des Humboldtvereins für Volksbildung zu Breslau am 28. October 1894. Gewidmet den Mitgliedern, Freunden und Gönnern des Vereins. Breslau 1894. Kommissionsverlag von Preuss & Jünger. 8°.

Barmer Konservatorium der Musik. **Festschrift** zur Feier des 25jähr. Bestehens. Barmen, 8., 9. u. 10. Okt. 1908. ([Barmen: Konservatorium] 1908.) (63 S.) 8° [08. 13620

— zur Feier des 25jähr. Bestehens des Kunstgewerbe-Vereins in Jena. gr. 8. (60 u. 24 S. m. Abbildgn.) Jena 899. (H. Haerdle.) n.n. 1.25

Festschrift zur Feier des 25jährigen Bestehens des Münchener Kunst-gewerbevereines. Auf Veranlassung des Directoriums und unter Mitwirkung der literar. Commission des Comité's redig. von Frz. Reber. Mit (eingedr. Holzschn.-)Illustr. von Ferd. Barth, in Holz geschn. von W. Hecht. gr. 4. (46 S.) München 876, (A. Ackermann.) *

Festschrift zur Feier des 25jährigen Bestehens der Landschaft der Provinz Westfalen. [Nebst] 8 Anl. Münster 1902: (Aschendorff). 44 S. 4°

Festschrift zur Feier des 25jährigen Bestehens des Hallischen Lehrervereins. 1885 Halle a/S. 3. Febr. 1910. Hrsg. im Auftr. d. Vorstandes ... von E[mil] Brinkmann u. E[mil] Saupe. Halle a. S. 1910: Nietschmann. 64 S. 8° [10. 11993 3

— z. Feier d. 25jähr. Bestehens d. Sektion Leipzig d. deutschen u. österr. Alpenvereins. Am 31. Mai 1894. (Veröffentlichgn. Nr. 10.) 4. (IV, 229 S. m. 2 Heliograv., 2 Lichtdr. u. Photogr. u. 7 Textzeichngn. u. 4 Lichtdr. u. Orig.-Zeichngn. v. E. T. Compton.) Leipzig 894. Selbstverl. d. Section. n. 6.70

Festschrift zur Feier des 25jährigen Bestehens des Matthias Claudius-Gymnasiums mit Realanstalt und Vorschule zu Wandsbek am 15. Oktober 1897. Hrgg. vom Lehrerkollegium. Wandsbek. 1897. 4°.

Das Preussische Medizinal- und Gesundheitswesen in den Jahren 1883—1908. FESTSCHRIFT zur Feier des 25jährigen Bestehens des Preussischen Medizinalbeamten-Vereins. Herausgegeben unter Mitwirkung der Herren ABEL, ASCHENBORN, BOCKENDAHL ... SCHMIDTMANN, STRASSMANN, WEHMER, von RAPMUND. Berlin 1908. Fischer's med. Buchhandlung, H. Kornfeld. 8°.

Festschrift zur Feier des 25jährigen Bestehens des Städtischen Historischen Museums in Frankfurt am Main. Dem hist. Mus. dargebr. vom Ver. f. Gesch. u. Alterthumskunde. (Vorr.: R(udolf) Jung.) *Frankfurt a. M. 1903: Gebr. Knauer.* (198 S.) 4°

— zur Feier des 25jährigen Bestehens des städtischen historischen Museums in Frankfurt am Main. Dem histor. Museum dargebracht vom Verein f. Geschichte u. Alterthumskunde. (VII, 198 S. m. Abbildgn. u. 8 Taf.) gr. 4. Frankfurt a/M. 903. (K. Th. Völcker.) n. 12.—

Festschrift zur Feier des Fünfundzwanzigjährigen Bestehens der Anstalt. 1875—1900. 42 S., 1 Bl. 4. Kgl. Gymn. *Nakel* 1901 (174).
1. Heidrich, Paul: Nakel in den Jahren 1772—1806. Nach den Akten des Posener Staatsarchivs. S. 3—10. 2. Kunze, Karl: Bericht über die Gründung des Progymnasiums. [Neuer Abdruck aus dem Programm von 1873.] S. 11—15. 3. Heidrich, Rudolph: Die ersten 25 Jahre des Königlichen Gymnasiums zu Nakel. S. 16—42.
Progr.

Festschrift zur Feier des 25jähr. Bestehens seit der Neubegründung im J. 1881 der „Section Krain" in Laibach des deutschen u. österreich. Alpenvereins. 1874—1901. hoch 4. (96 S. m. Abbildgn. u. 7 Taf.) Laibach 901. (O. Fischer). n.n. 3.—

Festschrift zur Feier des 25jährigen Bestehens der Anstalt (Progymnasium und Realprogymnasium in Neumünster).
Inhalt: 1. Zur Geschichte der Anstalt in den ersten 25 Jahren ⟨mit 2 Bildern⟩ v. [Karl] Spangenberg.
2. Verzeichnisse und Statistisches v. [Friedrich] Prien.
Neumünster. 1896. 4°. Progymn.-Progr.

Festschrift zur Feier des 25jähr. Bestehens des Schlesischen Provinzial-Lehrervereins in Breslau 1866. Hrsg. vom Litterar. Ausschuss. Breslau (1896): Bresl. Genossensch.-Buchdr. VII, 159 S. 8° [96. 11570

— zur Feier des 25-jähr. Bestehens des Prov.-Verbandes schlesischer Gartenbau-Vereine. 1885—1910. Hrsg. vom Vorstande des Verbandes. Bearb. vom derzeit. Schriftführer Goeschke. (88 S. m. Abb. u. 1 Bildnistaf.) Lex. 8. Proskau 910. (Oppeln, H. Muschner.) 1.20

Festschrift zur Feier des 25jährigen Bestehens der Grofsherzoglichen Realschule zu Wimpfen a. Neckar am 2. und 3. April 1897. 4 (64 S.).
Progr. Grofsh. Rsch. *Wimpfen a. Neckar* 1897
I. Kemmer, *Karl*: Zur Feier. (Gedicht) 4 (S. 3).
II. —: Die Realschule zu Wimpfen während der ersten 25 Jahre ihres Bestehens 1872—1897. 4 (S. 4—47).
III. Eck, *Johann Julius*: Studierende aus Wimpfen bis 1650. 4 (S. 48—64).

Festschrift zur Feier des 25jährigen Bestehens der Porzellanfabrik Ph. Rosenthal & Co., Aktiengesellschaft, Selb und Kronach. (1880—1905.) [Mit Abb.] München (1905): Heller. 26 Bl. 4°

Fest-Schrift anlässlich der Feier des 25jähr. Bestehens der g. u. v. St. Johannis-Loge „Zur Wahrhaftigkeit und Bruderliebe" im Or. Döbeln am 23. Febr. 1908. [Döbeln 1908: Thallwitz.] 70 S. 1 Taf. 8°
Gesch. der Loge, Verzeichn. der Mitgl. u. Beamten von 1883—1908.

Festschrift zur Feier des 25jähr. Bestehens des Turnvereins zu Grünhainichen, 1888, 32 S., 8°.

Festschrift zur Feier des 25jähr. Bestehens des Turnvereins „Auf den Hütten" Weidenau-Sieg 17.—18. 9. 1910, m. Abb., 48 S., 8°.

Kieler Turnverein, E. V., Kiel. **Festschrift** zur Feier seines 25j. Bestehens 1885—1910. Hrgg. vom Turnrat des Kieler Turnvereins. Kiel. 1910. 8°

Festschrift zur Feier des 25jähr. Bestehens des Turnvereins zu Potschappel, 1861—1886, 20 S., 8°.

Festschrift zur Feier des 25jähr. Bestehens des Turnvereins zu Thorn, Thorn 1885, 31 S., 8°.

Festschrift zur Feier des 25jähr. Bestehens des Vereins für die Bergbaul. Interessen Niederschlesiens (Waldenburg-Altwasser). — (Waldenburg i. Schles. [1901]: P. Schmidt.) 5 Bl., 6 Taf. 4°

Festschrift zur Feier des 25jähr. Bestehens des Vereins ehemaliger Kameraden des IV. Garde-Regiments zu Fuss, Berlin am 18. Nov. 1902. *([Berlin] 1902.)* (32 S.) 8° [F.]

— zur Feier d. 25jährigen Bestehens des naturwissenschaftlichen Vereins zu Bremen, s. Abhandlungen, hrsg. vom naturwissenschaftlichen Vereine zu Bremen.

Naturwissenschaftlicher Verein (E. V.) zu Düsseldorf. **Festschrift** zur Feier des 25jährigen Bestehens, 1884, Mai, 1909. (Düsseldorf 1909: Bagel.) 115 S. 8° [09. 11591

FESTSCHRIFT zur Feier des fünfundzwanzigjährigen Bestehens des Vereins für Staatsarzneikunde im Koenigreiche Sachsen am 25. August 1865. (Mit 1 Tafel.) Dresden, Druck der Königl. Hofbuchdruckerei von C. C. Meinhold & Söhne. 4°.

Festschrift zur Feier des 25jährigen Bestehens des Vorschuss-Vereins ... verfasst von dem derzeitigen Vorstande. Breslau 1884. V: *Riemann, Wilhelm* & *Richard Klinkert*. (Kat. d. Druckschr. üb. Breslau. Breslau 1903. S. 168.)

— zur Feier des 25jähr. Bestehens d. Sektion Wiesbaden des D. u. Ö. Alpenvereins. (64 S. m. 13 Taf. u. 1 Karte.) 8. Wiesbaden 907. (E. Voigt's Nachf.) 1.80

FESTSCHRIFT zur Feier des fünfzigjährigen Bestehens des Hamburg-Altonaer Apotheker-Vereins. 6. März 1888. Hamburg 1888. Druck von J. F. Richter. 8°.

— z. Feier d. 50jähr. Bestehens d. Cäcilien-Vereins zu Wiesbaden. gr. 8. (III, 127 S.) Wiesbaden 897. J. F. Bergmann. n. 1.—

— zur Feier des 50jährigen Bestehens des Friedrich-Wilhelms-Realgymnasiums zu Grünberg in Schlesien am 3. u. 4. IV. 1903. (II, 82, 25; II, 14, 16 u. 44 S. m. 1 Plan.) 4. Grünberg 903. (W. Levysohn.) n.n. 4. —

Hieraus einzeln:
- Leeder, Max, die Schlacht von Kay. Mit Schlachtplan u. Uebersichtskarte. (II, 14 S.) n.n. — 75
- Ohnesorge, Fritz, zur Quellenkunde der Geschichte von Grünberg i. Schl. (44 S.) n.n. 1. 50
- Raeder, Hans, zur Geschichte der höheren Schule in Grünberg i. Schl. (II, 82 S.) n.n. 2. —
- Schulz, Wilh., über die Eigenschaften des Aethers. (16 S.) n.n. — 75
- Walther, Herm., über die Echtheit u. Abfassung der Schriften des Corpus Caesarianum. 1. Tl.: Bellum Gallicum bellum civile — bellum Alexandrinum. (25 S.) n.n. — 75

— z. Feier d. 50jähr. Bestehens d. medicinischen Gesellschaft zu Magdeburg. gr 8. (V, 254 S. m. 3 [2farb.] Taf.) Magdeburg 898. (Faber.) n. 6. —

Hieraus einzeln:
- Hager, O., Ueber Polyserositis. (26 S.) — 75
- Hirsch, Max, d. medicin. Gesellschaft zu Magdeburg von 1848 1898. (15 S.) n. — 50
- Kretschmann, klin. u. patholog. Beiträge zur Caries v. Hammer u. Ambos. (38 S.) — 75
- Maréchaux, E., Diabetes u. Unfall. (12 S.) n. — 50
- Meier, Edgar, kasuist. Mittheilgn. z. Kenntnis d. Pathologie u. Therapie otitischer Hirnabscesse. (19 S.) n. — 50
- Saenger, M., Grundzüge d. Mechanik d. Consonantbildg. (15 S. m. 2 Abb.) n. — 50
- Schreiber, P., d. Indication d. Myopie-Operation. (12 S.) n. — 50
- Sendler, Paul, therapeut. Bestrebgn. auf d. Gebiete d. Gelenktuberculose. E. Rückblick an d. Hand eig. Beobachtgn. (15 S.) n. — 50
- Siedentopf, üb. Eklampsie m. bes. Rücksicht auf d. in Magdeburg beobacht. Fälle. (17 S.) n. — 50
- Thoma, R., d. elastische Gewebe d. Arterienwand u. s. Verändergn. b. Sklerose u. Aneurysmabildg. (20 S. m. 2 Taf.) n. — 50
- Thorn, W., z. Aetiologie d. Inversio uteri. (26 S.) n. — 75
- — Geburtshülflich-gynaekol. Charakteristika unseres Bezirks. (8 S.) n. — 50
- Tschmarke, Paul, e. Fall v. knöcherner Kieferankylose. (6 S.) n. — 50
- Unverricht, H., über krankhafte Muskelermüdbarkeit (Myasthenie). (18 S. m. 2 Abb.) n — 50

— zur Feier des 50jährigen Bestehens der numismatischen Gesellschaft zu Berlin. Hrsg. v. den Mitgliedern im Dezbr. 1893. gr. 8. (III, III, 176 S. m. Fig. u. 4 Taf.) Berlin 893. A. Weyl. n. 6. —

— zur Feier ihres 50jährigen Bestehens hrsg. v. der physikalisch-medizinischen Gesellschaft zu Würzburg. gr. 4. (VI, 228 S. m. 24 Fig. u. 12 Taf.) Würzburg 899. A. Stuber's Verl. n. 15. —

FESTSCHRIFT zur Feier ihres fünfzigjährigen Bestehens. Herausgegeben von der Physikalisch-Medizinischen Gesellschaft zu Würzburg. Mit 24 Figuren im Text und 12 Tafeln. Würzburg 1899. A. Stuber's Verlag (C. Kabitzsch.) 4°. — (Inhalt: LUDWIG BACH, Gutartige Iritis nach Angina phlegmonosa. MAX BORST, Die kongenitalen cystösen Neubildungen der Nieren und der Leber. ADOLF DEHLER, Beitrag zur operativen Behandlung des Hydrocephalus chronicus ventriculorum. A. DIEUDONNÉ, Über die Vererbung der Agglutinine bei cholera-immunisierten Meerschweinchen. OTTO von FRANQUÉ, Untersuchungen und Erörterungen zur Cervixfrage. AUGUST GÜRBER, Wie beeinflusst die Verdauung das Drehungsvermögen einer Eiweisslösung? A. HOFFA, Die Osteotomie bei der Behandlung der Hüftgelenksdeformitäten. M. HOFMEIER, Placenta praevia in der Tube. A. KOELLIKER, Neue Beobachtungen zur Anatomie des Chiasma opticum. G. KRAUS, Nord und Süd im Jahrring. W. von LEUBE, Über Ptyalise, die Anregung gesteigerter Salivation zu therapeutischen Zwecken. J. von MICHEL, Beiträge zur Onkologie des Auges. E. RINDFLEISCH, Dysplasia foetalis universalis. OTTO ROSTOSKI, Zur Pathologie des Muskelrheumatismus. J. SOBOTTA, Über die Bedeutung der mitotischen Figuren in den Eierstockseiern der Säugetiere. HEINRICH STADELMANN, Beitrag zur Theorie der geometrisch-optischen Täuschungen. PHILIPP STÖHR, Über Rückbildung von Duodenaldrüsen. L. W. WEBER, Einrichtungen und Arbeitsergebnisse des anatomischen Laboratoriums der Landes-Heil- und Pflegeanstalt Uchtspringe.)

Festschrift zur Feier des 50-jährigen Bestehens der früheren Gewerbeschule jetzigen Oberrealschule zu Krefeld. 104 S. 4.
Progr. Oberrealschule *Krefeld* [1901].
1. Teil: Geschichte der Anstalt von [Karl] Quossek. S. 3—78.
2. Teil: Statistische Nachrichten von [Joseph] Jansen. S. 79—104.

Festschrift zur Feier d. 50jähr. Bestehens d. Gewerbevereins in Bamberg am 8. IX. 1897. gr. 4. (18 S.) Bamberg 897. (Schmidt.) n.n. 1. 50

— zur Feier des 50jährigen Bestehens des evangelischen Gymnasiums zu Gütersloh am 19. VI. 1901. gr. 8. (VII, 196 S.) Gütersloh 901. (C. Bertelsmann.) n.n. 1. 50

Festschrift zur Feier des fünfzigjährigen Bestehens des Königlichen Gymnasiums zu Hohensalza 1905. (1. Ernst Viedt, Direktor Prof.: Zur Geschichte der Anstalt. — 2. [August] Kownatzki, Prof.: Über tautologisch gebildete Wortzusammensetzungen in der deutschen Sprache. — 3. [Alfred] Gaebel: Zu Herders Wortschatz. — 4. [Max] Sturtzel: Die Methode der unbestimmten Koeffizienten, angewendet auf arithmetische Reihen und auf einige höhere Reihen.) Hohensalza 1905: Buchdr. „Kujawischer Bote". (54, 48 S.) 4° [F.]

Festschrift zur Feier des fünfzigjährigen Bestehens des Königlichen Gymnasiums zu Neustadt Westpr. 1907. Neustadt Wpr. 1907: Brandenburg. 29, 25, 14 S. 4°
Neustadt Wpr., k. G OP 1908 (44)

Festschrift zur Feier des 50-jährigen Bestehens des Königlichen Gymnasiums zu Schrimm. Schrimm 1908: Schwantes. S. 5—65; 20 S. 4°
Schrimm, k. G OP 1908

— zur Feier d. 50jährigen Bestehens d. königl. Hauptseminars zu Grimma. gr. 8. (II, 30; 69 u. 31 S.) Grimma 888. (Gensel.) n. 2. 50

— zur Feier des 50jährigen Bestehens des hessischen Hauptvereins der Gustav-Adolf-Stiftung, dargereicht v. dem Verwaltungsrat des hess. Hauptvereins. gr. 8. (VIII, 120 S. m. Abbildgn.) Darmstadt 893. (C. F. Winter'sche Buchdr.) n. 1. —

Bayrische Hypotheken- und Wechselbank in München. Festschrift zur Feier ihres 50jährigen Bestehens. München 1885.

[F.] **Festschrift** zur Feier des 50jährigen Bestehens des Altonaer Industrie-Vereins. 1846—1896. *(Altona: Dr. v. H. W. Köbner [1896].)* (112 S.) 1 Bd 8. [97. 2001

— zur Feier des 50jährigen Bestehens der Konzerte zum Besten des Witwen- u. Waisenfonds der großherzogl. Hofmusik zu Darmstadt. (89 S. m. 8 Bildnistaf.) hoch 4. Darmstadt 903. (E. Bernin) n. 1. 20

Festschrift zur Feier des 50jähr. Bestehens der Posener Landschaft (Posen). — Posen 1907: (Merzbach). 127 S. 4°

Festschrift zur Feier des 50jähr. Bestehens des ersten Dorpatschen Lehrer-Seminars am 7. Aug. 1878. — Dorpat 1878: Mattiesen. 225 S., 1 Tab.

Festschrift zur Feier des 50jährigen Bestehens der Liebig-Realschule zu Frankfurt a. Main am 18. Juni 1905. Gestiftet von Freunden der Schule. *Leipzig Frankfurt a. M.: Kesselringsche Hofbuchhandlung (E. v. Mayer) Verlag* 1905. IV, 1 Bl., 157 S., 19 Taf. 8.
Liebig-Realschule (früher Bockenheimer Realschule) *Frankfurt a. M.* 1905.
Progr.

Festschrift zur Feier des fünfzigjährigen Bestehens d. Mutterhauses f. Kleinkinderpflegerinnen in Großheppach (am 25. VII. 1906), zugleich zum Gedächtnis der Gründerin des Hauses, Fräulein Wilhelmine Canz. Auf Wunsch des Verwaltungsrats verf. v. Drehmann. (72 S. m. Abbildgn.) 8. Stuttgart 906. (J. F. Steinkopf.) n.n. — 50

Festschrift zur Feier des fünfzigjährigen Bestehens des Eidg. Polytechnikums. T. 1. 2. Frauenfeld 1905: Huber & Co.; (2: Zürich: Polygr. Inst. u. Zürcher & Furrer). 2 Bde 4°
1 = Oechsli, Wilh.: Gesch. d. Gründung d. Eidg. Polytechnikums.
2 = Die bauliche Entwicklung Zürichs in Einzeldarstellungen. [05. 1308 7

— zur Feier d. 50jähr. Bestehens d. kgl. preuss. landwirthschaftl. Akademie Poppelsdorf. Im Auftr. d. Lehrer-Collegiums verf. von Theod. Frhr. v. d. Goltz, Otto Koll u. Frz. Künzel. gr. 8. (VI, 203 S m. 9 Abb. u. 1 Plan.) Bonn 897. (F. Cohen.) n. 3. —

Festschrift zur Feier des 50jährigen Bestehens des Herzoglichen Realgymnasiums, der vormaligen Realschule I. Ordnung in Meiningen. 8 (XI, 173 S., 1 Bild). **Progr.** Rg. *Meiningen* 1888.
Inhalt: Vorwort. (S. V—XI). *Anton* Emmrich Geschichte des Meininger Realgymnasiums von 1838—1888. (S. 1—22)*). Verzeichnis der Direktoren, Lehrer, Hülfslehrer und Probanden (S. 23—42). Verzeichnis der Programm-Abhandlungen (S. 43—47). Statistische Ergebnisse (S. 49—56). Verzeichnis der sämtlichen Zöglinge bis Ostern 1888 (S. 57—171). Nachtrag (S. 173).

—— zur Feier des 50jährigen Bestehens des Realgymnasiums des Johanneums in Hamburg, veröffentlicht von dem Lehrer-Collegium am 28. März 1884. gr. 4. (267 S. mit 3 Taf.) Hamburg 884, (Nolte.) **
Ausg. auf Velinpap. **

— zur Feier des 50jährigen Bestehens des königl. Realgymnasiums zu Erfurt 1894. gr. 8. (60, 14, 12, 12, 13, 10, 14, 18 u. 9 S.) Erfurt 894. (Otto.) 1. 50

— zur Feier des fünfzigjährigen Bestehens der Realschule I. O. [früheren höheren Bürgerschule] zu Mülheim am Rhein. Hrsg. von dem Lehrer-Collegium der Realschule am 19. April 1880. gr. 8. (108 S. m. 2 Steintaf. in 8. u. 4.) Köln 880. Du Mont-Schauberg. n. 4. —

Fest-Schrift zur Feier des fünfzigjährigen Bestehens der g. u. v. St. Johannis-Loge „Zum Treuen Bruderherzen" im Or. Annaberg am 17. Sept. 1905. Geyer [1905]: Kreutel. 75, 29, 15 S. 2 Taf. 8°
[Umschlagtit.:] Die Freimaurerloge zum treuen Bruderherzen. 1855—1905.
Enth. die Chronik der Loge von K. Olzscha u. Verzeichn. der Mitgl. 109.

— zur Feier des 50jährigen Bestehens des Stadtkrankenhauses zu Dresden-Friedrichstadt. Hrsg. vom Rathe zu Dresden. Lex.-8. (VI, 480 S. m. Abbildgn., 8 Anlagen u. 19 Taf.) Dresden 899. W. Baensch. n.n. 12. —

1854. 1904. **Festschrift** zur Feier des fünfzigjährigen Bestehens des evangelisch-theologischen Stiftes in Bonn am 31. Oktober 1904. Bonn: C. Georgi 1904. (60 S.) 8° [05. 1077 5

Festschrift zur Feier des 50jährigen Bestehens des Berliner Tonkünstlervereins im Jahre 1894. Berlin [1894]. V
Alsleben, Jul. (Berl)

Festschrift zur Feier des 50jährigen Bestehens des Berliner Turnraths. Hrsg. vom Ausschuß. (Berlin) 1907: (Driesner). 110 S. 8°
[11. 7642

Festschrift zur Feier des 50jährigen Bestehens des Alten Turnvereins zu Breslau E. V. unter Mitwirk. d. Pressausschusses hrsg. von Prof. Dr. (Karl) Partsch. Breslau 1908: Grass, Barth & Co. (158 S.) 8° [F.] [08. 17592

Union, Allgemeine deutsche Hagelversicherungs-Gesellschaft in Weimar. **Festschrift zur Feier ihres 50jährigen Bestehens.** Weimar 1903.

FESTSCHRIFT zur Feier des 50jährigen Bestehens des Vereins für Altertumskunde im Fürstentum Birkenfeld im Jahre 1893. Inhalt: 1) Festrede. 2) Festbericht. Verzeichnis der Mitglieder. 3) Der Viergötterstein und der Achtgötterstein vom Hambacher Brunnen bei Birkenfeld. Von BACK. Nebst 1 Tafel mit Abbildungen. Birkenfeld 1894. Gedruckt auf Kosten des Vereins. Bei W. M. Hoestermann. 8°.

Festschrift zur Feier des 50jährigen Bestehens des Vereins für Altertumskunde im Fürstentum Birkenfeld im J. 1893. Birkenfeld: Verein 1894. (34 S.) 8° [F.] [05. 8064 10

Festschrift zur Feier des 50jährigen Bestehens des ärztlichen Vereins Nürnberg 1852—1902. *Nürnberg 1902: G. P. J. Bieling-Dietz.* (VIII, 531 S.) 4° [02. 4481 4

Der Verein für Eisenbahnkunde zu Berlin. 1842 bis 1892. FESTSCHRIFT zur Feier des fünfzigjährigen Bestehens des Vereins am 11. Oktober 1892. (Mit 1 Tabelle.) (Halle a. S., Buchdruckerei des Waisenhauses.) 4°.

— z. Feier d. 50jähr. Bestehens d. Vereins f. schles. Insektenkunde in Breslau. 1847—1897. Lex.-8. (III, 141 S. m. Fig. u. 4 Taf.) Breslau 897. (Maruschke & Berendt.) n. 8. —

— zur Feier des 50jährigen Bestehens d. Vereins Berliner Künstler, gegr. den 19. Mai 1841. 19. Mai 1891. (Von Ludw. Pietsch.) gr. 4. (105 S. m. Text-Illustr., 14 Taf. u. 3 Brief-Fksms.) Berlin 891. Amsler & Ruthardt. Kart. n. 10. —

Naturwissenschaftlicher Verein zu Krefeld (eingetr. Verein) gegründet am 1. März 1858. **Festschrift** zur Feier des 50jährigen Bestehens. Mit Abb. u. Karten. Krefeld 1908: Kramer & Baum. (259 S.) 8° [08. 6304

— zur Feier des 50jähr. Bestehens des naturwissenschaftl. Vereins zu Krefeld (eingetragener Verein), gegründet am 1. III. 1858. (259 S. m. Abbild., 14 Taf. u. 1 Karte.) gr. 8. Krefeld 908. (M. Plaeschke.) 4. —

FESTSCHRIFT ZUR FEIER DES FÜNFZIGJÄHRIGEN BESTEHENS DES VOGTLÄNDISCHEN ALTERTHUMSFORSCHENDEN VEREINS IN HOHENLEUBEN nebst dem 44., 45. u. 46. Jahresbericht und Festbericht. Im Auftrag des Directoriums herausgegeben von FERDINAND METZNER.
(Theil I.) s. l. & a.
Theil II: Der vogtländische gelehrte Bauer von HERMANN DUNGER. Plauen 1876. Druck von F. E. Neupert. 8°.

Festschrift zur Feier des 50jähr. Bestehens der Firma Vorster & Grüneberg, jetzt Chemische Fabrik Kalk G. m. b. H. in Cöln a. Rh. — Cöln 1908: Kölner Verl. Anst. u. Dr. 16 S. 4° [Umschlagt.:] Chem. Fabrik Kalk. 1858—1908.

Festschrift zur Feier des 50jähr. Bestehens der Höheren Webschule zu Chemnitz. 1857—1907. — (Chemnitz 1907: Pickenhahn.) 31 S. 8°

— zu der Feier des 50jährigen Bestehens der unterfränkischen Heil- u. Pflege-Anstalt Werneck (1855—1905). Dargebracht v. der psychiatr. Klinik der Universität Würzburg. (IV, XXI, 68 S. m. 1 Bildnis.) Lex.-8. Jena 905. G. Fischer. n. 3. —

Festschrift zur Feier des 50jähr. Bestehens der Siegener Wiesenbauschule, zugleich enthaltend den 50. Jahresbericht der Wiesen- und Wegebauschule in Siegen über das Schuljahr Ostern 1902 — Ostern 1903. Erst. von dem Dir. Geibel. — Köln (1903): Bachem. 108 S. 8°

— zur Feier des 50jährigen Bestehens des römisch-germanischen Centralmuseums zu Mainz. (111 S. m. 23 Abbildgn. u. 7 Lichtdr.-Taf.) gr. 4. Mainz 902. (V. v. Zabern.) n.n. 5. —

Festschrift zur Feier des 125jährigen Bestehens der Lehr- und Erziehungsanstalt für Knaben — Freimaurer-Institut — zu Dresden-Friedrichstadt am 28. Juni 1899. [Hrsg. von der Vorsteherschaft der Anstalt. Dresden 1899.] 109 S., 6 Taf. 4°
Enth. eine Abhandlung üb. Lehre u. Erziehung im Frmr-Institute von O. Köhler u. Statistik. Nebst Abb. 193. 358.

Festschrift zur Feier des 125jähr. Bestehens der Lehr- u. Erziehungsanstalt f. Knaben — Freimaurer-Institut — zu Dresden-Friedrichstadt am 28. VI. 1899. (Hrsg. v. der Vorsteherschaft der Anstalt.) 4. (109 S. m. 6 Taf.) Dresden 899. (A. Urban.) Kart. n 2. —

Festschrift zur **Feier** des 150jährigen **Bestehens** der Kgl. **Akademie.** *Erfurt: K. Villaret 1904.* (652 S.) 4°(8°)
— **Jahrbücher** d. Königlichen **Akademie** gemeinnütziger Wiss. zu Erfurt. N. F. H. 30. [04. 13140 4

— zur Feier des 150jährigen Bestehens der königl. Gesellschaft der **Wissenschaften** zu Göttingen. Abhandlungen der mathematisch-physikal. Klasse gr. 4. (III, V, 232, 17 u. 27 S. m. 25 z. Tl. farb. Taf.) Berlin 901. Weidmann. n. 20. —

— dasselbe. Abhandlungen der philologisch-hist. Klasse. gr. 4. (190 S. m. 15 z. Tl. farb. Taf. u. VI, 30 S. m. 4 Taf.) Ebd. 901. n. 16. —

— dasselbe. Beiträge z. Gelehrtengeschichte Göttingens. Mit 1 Titelbilde u. 13 Taf. Lex.-8. (III, 688 S.) Ebd. 901. n. 20. —

— zur Feier d. 150jährigen Bestehens der **naturforschenden** Gesellschaft in Danzig, s.: **Schriften** der naturforschenden Gesellschaft in Danzig.

— zur Feier des 150jährigen Bestehens des k. b. **Kadetten-Korps** am 14. VII. 1906. (VI, 73 S. m. 1 Bildnis.) gr. 8. München 906. (J. Lindauer.) Kart. n. 4. —

—— zur Feier des 100jähr. Bestehens der Gesellschaft **naturforschender** Freunde in Berlin. gr. 4. (VII, 264 S. mit 20 Taf. in Kpfr.- und Stndr.) Berlin 873, Dümmler's Verlag. geb. *

—— zur Feier des hundertjährigen Bestehens der **Naturforschenden Gesellschaft** in Halle a. S. gr. 4. (XLVII, 342 S. mit 12 Stnt.) Halle 879, Niemeyer. *

Festschrift (z. Feier d. 100jähr. Bestehens d. naturhistorischen Gesellschaft zu Hannover). Geschichte u. 44.—47. Jahresbericht der naturhistor. Gesellschaft zu Hannover. gr. 8. (183 u. 244 S. m. 9 Taf.) Hannover 897. (Hahn.) n. 3. —

Festschrift zur Feier des hundertjährigen Bestehens der **Wetterauischen** Gesellschaft für die gesamte Naturkunde zu Hanau a. M. Hrsg. von San.R. Dr. C[arl] **Lucanus.** Hanau: Clauss & Feddersen 1908. (148 S.) 4°(8°) [08. 13244 6

Festschrift zur **Feier** des 100jährigen Bestehens der **Medicinischen** Klinik zu Leipzig. M. 25 Abb. im Text u. 18 Taf. *Leipzig: F. C. W. Vogel 1899.* (IV, 782 S., 18 Taf. u. Tab.) 1 Bd 8.
= **Archiv,** Deutsches, f. Klinische **Medicin.** Bd 64.

Realgymnasium u. Gymnasium zu Hagen i. W. **Festschrift** zur **Feier** des hundertjährigen Bestehens der Anstalt veröffentl. von ihrem gegenw. Dir. Prof. Dr. (Lebr.) **Lenssen.** *Hagen i. W. 1899: G. Butz.* (224 S.) 8° [00. 3843

— zur Feier des 100jährigen Bestehens des Posen-Rawitscher königl. **Schullehrer-Seminars** 17. bis 19. X. 1904. (116 S. m. 3 Taf.) 8. Rawitsch 904. R. F. Frank. n. 1. 50

Festschrift zur Feier des hundertjährigen Bestehens des **Altonaischen Unterstützungs-Instituts** am 28. Januar 1899. (1799—1899.) [Mit 1 Tab.] Altona 1899: Hammerich & Lesser. 77 S. 4°

[F.] 1146. **Festschrift** zur **Feier** des 750jährigen Bestehens der Kgl. Bayerischen Staatsbrauerei Weihenstephan nach geschichtl. Urkunden. *(Berlin: Dr. v. Trowitzsch & Sohn) 1896.* (14 S., 1 Bl.) 1 Bd 4. [94. 8737

Festschrift zur **Feier** des 700jährigen Bestehens der Stadt Coesfeld. *Coesfeld (1897): J. Fleissig.* (91 S.) 8° [F.] [00. 8480

Festschrift zur Feier des 450jährigen Bestehens der **Universität** Basel. Hrg. von Rektor und Regenz. [Mit Melodien und 1 Figur.] IV + 554 S. 8. Basel, Komm. Helbing & Lichtenhahn, 1910. [fr. 15. —]

Festschrift zur Feier des 450jährigen Bestehens der Universität Basel. Herausgegeben von Rektor und Regenz. Basel 1910. 554 S. 8°.
Heusler, Andreas, Dr. jur. et phil., o. Prof. für Deutsches Recht: Aus der Basler Rechtspflege durch fünf Jahrhunderte. 34 S. 8°.
Nagler, Johannes, Dr. jur., o. Prof. für Strafrecht: Die Geltung der Carolina in Basel. 75 S. 8°.
Vischer, Eberhard, Dr. theol., o. Prof. für Kirchengeschichte: Die Lehrstühle und der Unterricht an der theolog. Fakultät Basels seit der Reformation. 132 S. 8°.
Schmidt, Paul Wilhelm, Dr. theol. et phil., o. Prof. für Neues Testament: De Wette-Overbecks Werk zur Apostelgeschichte und dessen jüngste Bestreitung. 53 S. 8°.

Festschrift zur Feier des vierhundertjährigen Bestehens der Universität Upsala. München 1877.
s. **Maurer, Konr.:** Das aelteste Hofrecht des Nordens.

Festschrift zur **Feier** des zehnjährigen Bestehens der Brandenburgia, Gesellschaft für Heimatkunde der Provinz Brandenburg, gewidmet den Mitgliedern, Gönnern u. Freunden, vom Vorstand u. Ausschuß. 1. 2. *(Berlin: P. Stankiewicz 1902–01.)* 1 Bd 8°, 1 Bd 4°(8°)
— **Archiv** d. **Brandenburgia.** Bd 9. 10. [04. 13410

Festschrift zur **Feier** des zehnjährigen Bestehens des Berliner Philatelisten-Club im Auftr. d. Club hrsg. v. H(einrich) **Fraenkel,** Dr. F. **Kalckhoff,** C(arl) **Lindenberg,** P(aul) **Ohrt.** *Berlin: (Dr. O. v. Holten) 1898.* (3 Bl., 271 S., 6 Taf.) 1 Bd 4. [98. 1544
Berger, Ludwig: Portugal. Studie üb. d. Ausgaben 1853—1876. *Berlin 1898.*
in: **Festschrift** z. **Feier** d. 10j. Bestehens d. Berliner Philatelisten-Club. [98. 1544
Bochmann, E. v.: Die Schweizer Marken der Emission 1854/63. *Berlin 1898.* [98. 1544
in: **Festschrift** z. **Feier** d. 10j. Bestehens d. Berliner Philatelisten-Club. [98. 1544
Brummer, Leon: Die Bayerischen Porto-Marken. *Berlin 1898.*
in: **Festschrift** z. **Feier** d. 10j. Bestehens d. Berliner Philatelisten-Club. [98. 1544
Castle, M. P.: The rarer Stamps of Great Britain. — Die selteneren Marken Grossbritanniens. '(Uebs.)' *Berlin 1898.*
in: **Festschrift** z. **Feier** d. 10j. Bestehens d. Berliner Philatelisten-Club. [98. 1544
Diena, Emilio: Il francobollo da 1 bajocco degli Stati Pontifici. — Die 1 Bajocco-Marke des Kirchenstaates. '(Uebs.)' *Berlin 1898.*
in: **Festschrift** z. **Feier** d. 10j. Bestehens d. Berliner Philatelisten-Club. [98. 1544
Friederich, Rudolf: Y ¼. *Berlin 1898.*
in: **Festschrift** z. **Feier** d. 10j. Bestehens d. Berliner Philatelisten-Club. [98. 1544
Gottschalk, Albert: Die deutsche philatelistische Litteratur 1894/97. *Berlin 1898.*
in: **Festschrift** z. **Feier** d. 10j. Bestehens d. Berliner Philatelisten-Club. [98. 1544
Hass, Theodor: Die Postwerthzeichen des Suaheli-Sultanates. *Berlin 1898.*
in: **Festschrift** z. **Feier** d. 10j. Bestehens d. Berliner Philatelisten-Club. [98. 1544
Kalckhoff, F.: Die preussischen Telegraphen-Marken. *Berlin 1898.*
in: **Festschrift** z. **Feier** d. 10j. Bestehens d. Berliner Philatelisten-Club. [98. 1544
Krötzsch, Hugo: Hirschfeld'sche Entwürfe und Druckproben zu den kgl. Sächsischen Postfreimarken. *Berlin 1898.*
in: **Festschrift** z. **Feier** d. 10j. Bestehens d. Berliner Philatelisten-Club. [98. 1544
Lindenberg, Carl: Die Briefbogen von Britisch-Ostindien. *Berlin 1898.*
in: **Festschrift** z. **Feier** d. 10j. Bestehens d. Berliner Philatelisten-Club. [98. 1544
Moens, J. B.: Essais des Pays-Bas. — Niederländische Essais. '(Uebs.)' *Berlin 1898.*
in: **Festschrift** z. **Feier** d. 10j. Bestehens d. Berliner Philatelisten-Club. [98. 1544
Ohrt, Paul: Die hamburgischen Steindruck-Marken '(1¼, 2½ Schilling)' der ungezähnten Ausgabe 1864. *Berlin 1898.*
in: **Festschrift** z. **Feier** d. 10j. Bestehens d. Berliner Philatelisten-Club. [98. 1544
Rosenkranz, A.: Schleswig-Holsteinische Postanweisungen. *Berlin 1898.*
in: **Festschrift** z. **Feier** d. 10j. Bestehens d. Berliner Philatelisten-Club. [98. 1544
Sachse, Paul: Was dann? *Berlin 1898.*
in: **Festschrift** z. **Feier** d. 10j. Bestehens d. Berliner Philatelisten-Club. [98. 1544
Stadthagen, Julius: Mittheilungen über philatelistische Processe. *Berlin 1898.*
in: **Festschrift** z. **Feier** d. 10j. Bestehens d. Berliner Philatelisten-Club. [98. 1544

Wassermann, O., & Fraenkel, Heinrich: Rumänien: Ausgaben 1866 —1872. *Berlin 1898.*
in: **Festschrift** z. Feier d. 10j. Bestehens d. Berliner Philatelisten-Club. [98. 1544

Westoby, W. A. S.: Bleuté par la gomme. — Vom Gummi gebläut. '(Uebs.)' *Berlin 1898.*
in: **Festschrift** z. Feier d. 10j. Bestehens d. Berliner Philatelisten-Club. [98. 1544

FESTSCHRIFT zur Feier des 10jährigen Bestehens des Touristenclub für die Mark Brandenburg am 27. Mai 1894. (Berlin 1894. Druck von Blossfeld & Müller.) 4°.

Festschrift zur Feier des 10jährigen Bestehens des Verbandes Deutscher Eisenwaarenhändler E. V. 1897–1907. Mainz: Mainzer Anzeiger 1907. (138 S.) 8° [F.] [07. 9783 B

Deutscher u. österr. Alpenverein, 'Section Krain' in Laibach. 1874 bis 1901. **Festschrift** zur Feier des zwanzigjährigen Bestehens seit der Neugründung im J. 1881. *Laibach: Selbstverl. d. Section 1901.* (95 S.) 1°(8°) [01. 6111

Festschrift zur Feier des 250jährigen Bestehens des Königlichen Gymnasiums zu Hamm i. W. am 31. Mai 1907. (1. Neue Beiträge z. Gesch. d. Königl. Gymnasiums in Hamm von Prof. Dr. [Hermann] Eickhoff. — 2. Ursprung u. Bedeutung d. Namens Hamm von Prof. Dr. [Hermann] Eickhoff. — 3. Philologisch-jurist. Komm. zu Ciceros Rede f. P. Quinctius von Gymnasialdir. Dr. [Wilhelm] Oetling. — 4. Die Langobarden. Sprachl. Untersuchungen zu ihrer Vorgesch. von Prof. Dr. [Robert] Wiese. — 5. Zur Reform d. Gesangunterrichts am Gymn. von Prof. Dr. [Hermann] Eickhoff. — Zur Gesch. d. Gymnasiums seit 1857 von Prof. [Julius] Warner.) Hamm i. W. 1907: E. Griebsch. (211 S.) 8° [F.]
Hamm i. W., k. G OP 1907 (431)

—— zur Feier des 200jähr. Bestehens d. königl. französischen Gymnasiums, hrsg. v. dem Direktor u. dem Lehrerkollegium. gr. 8. (184, 221 S. m. 4 Illustr.-Taf.) Berl. 890, (Haack). * 10 —

— zur Feier des 200jährigen Bestehens der Universität Halle. 1694—1894. Festausgabe der Saale-Zeitg. Hrsg.: Just. Hendel. Fol. (11 S. m. Abbildgn.) Halle 894. O. Hendel. — 75

Festschrift zur Feier d. 200jähr. Bestehens d. Instituts Beatae Mariae Virginis der Englischen Fräulein in St. Pölten. (1706—1906.) (X, 365 S. m. Abbildgn. u. Vollbildern.) 8. St. Pölten 905. (J. Gregora.) 4. —

Festschrift zur Feier des 200jährigen Bestehens der Buchdruckerei J. G. Kisling zu Osnabrück. Osnabrück: Kisling 1909. 64 S. 4° [09. 11597

Festschrift zur Feier des 22jährigen Bestehens des Vereins zur Förderung des Wohls der arbeitenden Klassen im Kreise Waldenburg i. Schles. Eingetr. Ver. (Waldenburg 1903.) 8°.

—— zur Feier des 50jährigen Dienst-Jubiläums des Hrn. Gymn.-Dir. Dr. Nölting hrsg. von dem Lehrerkollegium der Grossen Stadtschule zu Wismar. gr. 8. Wismar 886, (Hinstorff'sche Hof-Buchh. Sortiment.) *

Inhalt:

Bolle, das Knöchelspiel der Alten. — Lemme, des Odysseus Kampf mit den Freiern. — Kuthe, die römische Manipulartaktik. — Fritzsche, zur Kritik Walthers. — Detlefsen, die experimentelle Behandlung der Diffusion der Flüssigkeiten im elementaren physikalischen Unterricht. — Kirchner, Bemerkungen über die Heere Justinians. — Stoppel, Specimen lexici Euripidei. — Wossidlo, einige beachtenswerthe Wortbedeutungen im Mecklenburger Platt. (VIII, 173 S. mit 2 Taf.)

Festschrift zur Feier des fünfzigjährigen Doctor-Jubiläums Herrn Prof. Dr. Karl Wilhelm von Nägeli in München und Herrn Geheimrath Prof. Dr. Albert von Kölliker in Würzburg gewidmet von der Universität, dem eidg. Polytechnikum, der Thierarzneischule in Zürich. 1890, 8. Mai. 1891, 9. Juni. Zür. A. Müller 1891. 2 Bl., 211 S., 16 Taf. f°.

Festschrift zur Feier seines fünfzigjährigen Doctorjubiläums am 24. October 1878 Herrn Professor Theodor Benfey gewidmet von Leo Meyer [u. a.]. Göttingen: R. Peppmüller 1878. (388 S.) 8°
— **Beiträge** z. Kunde d. indogerman. Sprachen. Bd 4. [07. 4399

— z. Feier d. 25jähr. Docenten-Jubiläums d. Universitäts-Professor J. Schnabel in Wien gewidmet, s.: Archiv f. Augenheilkunde.

Festschrift zur Feier der Einweihung des neuen Anstaltsgebäudes am 21. September 1907. Durlach (1908): Mattern. 21 S. 4°
Durlach, großh. PG u. RPG P 1908

Kgl. Paulinisches Gymnasium zu Münster. **Festschrift** zur Feier der Einweihung des neuen Gymnasialgebäudes am 27. April 1898. (Hrsg.: Dr. Josef Frey, Dir.) *Münster i. W.: Dr. d. Aschendorff'schen Buchh. 1898.* (IV, 149 S., 1 Bl.) 1 Bd 8. [98. 7977

—— zur Feier der Einweihung des neuen Gymnasialgebäudes des Gymnasiums und Realprogymnasiums zu Wesel am 18. Oktbr. 1882. Veröffentlicht vom Lehrerkollegium. gr. 8. (IV, 179, 52; VI, 151 S. mit 2 lithogr. Plänen.) Wesel 882, (Kühler.) *

— d. Lehrerkollegiums d. kgl. Gymnasiums z. Erfurt zur Feier d. Einweihg. d. neuen Gymnasialgebäudes am 3. Juli 1896. gr. 8. (III, 4; 23, 51, 32, 36, 8, 12, 6, 7 u. 22 S. m. Fig. u. 3 Taf.) Erfurt 896. (H. Neumann.) n. 4. —

Festschrift zur Feier der Einweihung des Rheinhafens Krefeld am 6. Juli 1906. Krefeld, 1906. 17 S. mit 8 Taf. u. 2 Karten.

Festschrift zur Feier der Einweihung des Neubaues der Lehr- und Erziehungs-Anstalt für Knaben — Freimaurer-Institut — zu Dresden-Striesen am 29. Juni 1899. (Hrsg. v. d. Vorsteherschaft d. Anst.) (Auf d. Umschl. aufgekl.: *Dresden: A. Urban 1898.*) (39 S.) 4° [F.] [99. 9369

Festschrift zur Feier der Einweihung des Neubaues der Lehr- und Erziehungs-Anstalt für Knaben — Freimaurer-Institut — zu Dresden-Striesen am 29. Juni 1899. [Hrsg. von der Vorsteherschaft der Anstalt.] [Dresden 1899: Meinhold & S.] 39 S., 12 Taf. 4°
cf. Bbl. 13 (1899) S. 346—365.
Enth. die Gesch. des Neubaues von R. Schneider, eine Beschreibung desselben von H. Kickelhayn, Darlegung, weshalb die Schule mit einem Internate verbunden wurde, von Friedrich. Nebst Abb. u. Grundrissen.

Festschrift zur Feier der Einweihung des Rathauses am 10. Dez. 1910 mit Bericht über d. Verwalt. u. d. Stand d. Gemeinde-Angelegenheiten d. Stadt Hattingen in d. Zeit v. 1. Apr. 1909 bis 31. März 1910. (Hattingen 1910: Hundt.) 184 S. 4° [11. 10490

— z. Feier d. Einweihg. d. neuen Rathauses in Pforzheim. 29. Mai 1895. gr. 4. (26 S. m. Abb.) Pforzheim 895. M. Ringe. n n. — 50

— zur Feier der Einweihung des neuen Rathauses in Pforzheim. 29. V. 1895. (Mit Benützg. der Festberichte hiesiger Zeitgn.) 2 Tle. 4. (26 u. 19 S. m. Abb.) Pforzheim (895). Stuttgart, Holland & Josenhans. à n. — 50

Festschrift zur Feier der Einweihung des neuen Realgymnasial-Gebäudes. 1. Geschichte der Realschule, von Dir. (Friedrich) Seitz. 2. Bericht über die Einweihung des neuen Schulgebäudes und 3. Beschreibung des neuen Schulgebäudes, von Prof. (Wendelin) Ott. (Hechingen 1910: Ribler.) 81 S. 8°
Hechingen, k. Reform-RG i. E. P 1910

Festschrift zur Feier der Einweihung des Wasserwerks der Königlich Preussischen See- und Handelsstadt Memel am 2. August 1902. [Memel 1902.] V: *Pietsch, H.* (Berl)

Festschrift zur Feier des Einzuges der Landschaft der Provinz Westfalen (Münster) in das neue Dienstgebäude. — Münster 1905. 20 S., 9 Anl. 4° [Umschlagt.]

— zur Feier d. Enthüllung d. Gauss-Weber-Denkmals in Göttingen. Hrsg. v. dem Fest-Comitee. 2 Thle. gr. 8. Leipzig 899. B. G. Teubner. n. 6. 80
1. Grundlagen der Geometrie. Von Dav. Hilbert. Mit 50 in den Text gedr. Fig. (92 S.) n. 3. 20
2. Grundlagen der Elektrodynamik. Von Emil Wiechert. (112 S.) n. 3. 60

Die Grossherzogliche Technische Hochschule zu Darmstadt 1896—1908. Festschrift zur Feier der Eröffnung der Erweiterungsbauten am 23. Juli 1908. 1908. 173 S. 4°

Festschrift zur Feier der Eröffnung der Provinzial-Hebammen-Lehranstalt zu Magdeburg am 1. Okt. 1899. (Vorr.: Dr. [Franz] Dahlmann.) Magdeburg (1899): Friese & Fuhrmann. (69 S.) 8°

— zur Feier der Eröffnung des Purtschellerhauses der Section Sonneberg des deutschen u. österr. Alpen-Vereins, s.: Zeppezauer, Mor., der Hohe Göll.

Festschrift der Universität Kiel zur Feier des Geburtsfestes Sr. Majestät des Kaisers und Königs Wilhelm II. Kiel. 8°
1907. Hugsvinnsmál. Hrgg. v. Hugo Gering.
1908. An Enterlude of Welth and Helth. Krit. hrgg. v. Ferdinand Holthausen.
1909. Zur Textgeschichte des Opus imperfectum in Matthaeum v. Friedrich Kauffmann.
1911. Erlasse des Patriarchen von Konstantinopel Alexios Studites. Veröffentl. v. Gerhard Ficker.
1912. Der älteste botanische Garten Kiels v. J. Reinke.
1913. Nathaniel Lee's Sophonisba, or Hannibal's Overthrow. Hrgg. v. F. Holthausen.

FESTSCHRIFT zur Feier des 80. Geburtstages Seiner Exzellenz des Wirkl. Geheimrates Herrn Dr. Georg v. Neumayer, Ehrenpräsident der Pollichia, eines naturwissenschaftlichen Vereins der Rheinpfalz. Herausgegeben vom Ausschusse. (Mit Tafeln und einem Stammbaum.) Von Friedrich Wilhelm und Carl Heinrich Schultz, nach den Aufzeichnungen ihrer noch lebenden Verwandten zusammengestellt von HERMANN POEVERLEIN. Bad Dürkheim 1906. Buchdruckerei J. Rheinberger. 8°.

Festschrift zur Feier des 80. Geburtstages Seiner Exz. Dr. Georg v. Neumayer, Ehrenpräs. d. Pollichia, eines naturwiss. Vereins d. Rheinpfalz. Hrsg. v. Ausschusse. (Dürkheim 1906: J. Rheinberger.) (XXI, 103 S.) 8° [06. 16994 9

Festschrift zur Feier des 100. Geburtstages Hermann Grassmanns. Hrsg. v. Vorstande d. Berliner Mathemat. Gesellschaft. Leipzig & Berlin: Teubner 1909 S. 79 114. 8°
Aus: Sitzungsberichte d. Berl. Mathemat. Gesellschaft. [09. 14553 9

— zur Feier des 100. Geburtstages Eduard Kummers m. Briefen an seine Mutter u. an Leopold Kronecker, s.a. Abhandlungen zur Geschichte der math. Wissenschaften.

Festschrift zur Feier des 100. Geburtstages [Ernst] Eduard Kummers m. Briefen an s. Mutter u. an Leopold Kronecker hrsg. v. Vorstande d. Berliner Math. Gesellsch. Mit e. Bildnis E. Kummers. Leipzig & Berlin: Teubner 1910. 103 S. 8°
(Abhandlungen z. Geschichte d. mathemat. Wissenschaften. H. 29.) [10. 16303 2

Festschrift zur Feier seines 70jährigen Geburtstages am 9. Januar 1893 Friedrich von Esmarch überreicht . . . Kiel u. Leipz. 1893. H: *Petersen, Ferd.* (Berl)

— zur Feier des 70. Geburtstages des Hrn. Professor Dr. Paul Ascherson (4. VI. 1904), verf. v. Freunden u. Schülern. Hrsg. v. Ign. Urban u. P. Graebner. Mit dem Bildniss Ascherson's in Photograv., 1 Taf. u. 28 Abbildgn. im Text. (V, LII, 568 S.) Lex.-8. Leipzig 904. Gebr. Borntraeger. n. 28. —; geb. in Halbfrz. n.n. 31. 50

Festschrift zur Feier des siebenzigsten Geburtstages des Herrn Prof. Dr. Wilhelm Foerster dargebracht vom K. Astronomischen Rechen-Institut. *Berlin: (F. Dümmler in Komm.) 1902.* (196 S.) 8°(4°)
(Kleinere Arbeiten d. Astronomen d. Rechen-Instituts.)
= Veröffentlichungen d. Königl. Astron. Rechen-Instituts zu Berlin. No 20.

FESTSCHRIFT zur Feier des siebzigsten Geburtstages von Hermann von Helmholtz. (Ophthalmologorum societas Hermanno de Helmholtz septuaginta annos altioribus studiis prosperrime de ditos ex animi sententia congratulatur.) Hamburg und Leipzig (1891). Leopold Voss. qu. fol.

Festschrift zur Feier seines siebzigsten Geburtstages am 11. Nov. 1905 Herrn Geh. Reg. R. Prof. Dr. Ernst Ehlers ... gewidmet von d. Zeitschrift f. wiss. Zoologie. Bd 1. 2. (Leipzig: W. Engelmann 1905.) 2 Bde 8°
1. Mit 34 Taf. u. 51 Fig. 2. Mit 37 Taf., 6 Furchungstab. u. 107 Fig.
= Zeitschrift f. wissenschaftl. Zoologie. Bd 82. 83. [05. 13811

Festschrift zur Feier des 70. Geburtstages von Johann Justus Rein, o. Prof. d. Geogr., Bonn, zugl. 1. Veröffentlichung d. Geogr. Vereinigung zu Bonn. Bonn: Röhrscheid & Ebbecke 1905. (VII, 120 S.) 8° [05. 5444 8

Festschrift zur Feier des siebzigsten Geburtstages Herrn Geh. Med.-Rath Prof. Dr. C[arl] Schweigger in Berlin gewidmet von Georg Abelsdorff [u. a.]. *Wiesbaden: J. F. Bergmann 1900.* (IV, 180 S.) 8°
= Archiv f. Augenheilkunde. Bd 42, H. 1. 2. [00. 11355

Festschrift zur Feier des 200. Geburtstages Leonhard Eulers. Hrg. vom Vorstande der Berliner Mathematischen Gesellschaft. Mit 2 Bildnissen Eulers [Tafeln]. IV + 138 S. 8. Leipzig und Berlin, B. G. Teubner, 1907. [M. 5. —]
Abhandlungen zur Geschichte der Mathematischen Wissenschaften mit Einschluss ihrer Anwendungen. Begründet von Moritz Cantor. Heft 25.

Carl Flohr, Berlin. 1879—1904. Fest-Schrift zur Feier des 25-jährigen Geschäftsjubiläums am 2. Juli 1904. (Berlin) 1904. 59 S. 4°

Festschrift zur Feier des 25jähr. Geschäfts-Jubiläums der Kalker Trieurfabrik und Fabrik gelochter Bleche Mayer & Comp. in Kalk (bei Köln a. Rh.). (1862—1887.) — (Köln-Deutz 1887: Dietz.) 27 S. 8°

Festschrift zur Feier der Grundsteinlegung des Bismarckturms auf dem Schersberg am 18. Juli 1900. (Kappeln. 1900.) 8°

— zur Feier d. 100jährigen Gründungs-Jubiläums des k. k. allgemeinen Krankenhauses in Prag, hrsg. v. den Vorständen der deutschen Kliniken u. des deutschen pathologisch-anatom. Institutes. 8. (III, 356 S. mit Textabbildgn. u. 5 Taf.) Berlin 890. Fischer's medicin. Buchhandlg. n. 10. —

— zur Feier der XXIX. Hauptversammlg. d. Vereins deutscher Ingenieure am 20. Aug. 1888 in Breslau, enth. e. Darstellg. der geschichtl., techn. u. merkantilen Entwickelg. d. hauptsächlichsten Industriezweige der preuss. Prov. Schlesien in e. Reihe von Orig.-Aufsätzen anerkannter u. hervorrag. Fachleute der Provinz, geordnet nach den Gruppen der Reichs-Gewerbe-Statistik. Im Manuskr. gedr. gr. 8. (III, 274 S.) Breslau 888. (Woywod.) geb. m. Goldschn. n. 5. —

— hrsg. v. der Vorsteherschaft der Zunft „Zur Meisen" zur Feier des 150jähr. Hausjubiläums. (78 S. m. eingedr. Plänen u. 3 Taf.) 36×24 cm. Zürich 907. (Schulthess & Co.) Kart. 10. —

—— zur Feier der goldenen Hochzeit Sr. Hoheit d. Herzogs Ernst II. u. Ihrer Hoheit d. Herzogin Alexandrine zu Sachsen-Coburg-Gotha. 3. Mai 1892. (Von A. Berger.) gr. 8. (15 S.) Coburg 892, Albrecht. * — 50

FESTSCHRIFT ZUR FEIER DES FÜNFZIGSTEN JAHRESTAGES der Stiftung des Vereins für hessische Geschichte und Landeskunde zu Kassel am 16. August 1884 gewidmet vom Verein für nassauische Altertumskunde und Geschichtsforschung. I. Ein Lied auf Graf Albrecht von Nassau. Mitgeteilt von FR. OTTO. II. Mitteilungen von Oberst von COHAUSEN: 1. Ausgrabungen zu Schwanheim. 2. Die Altkönig-Ringwälle. Mit Tafeln. Wiesbaden 1884. Julius Niedner. 4°.

FESTSCHRIFT ZUR FEIER DES FÜNFZIGSTEN JAHRESTAGES der Stiftung des Historischen Vereins für das Grossherzogtum Hessen zu Darmstadt gewidmet vom Verein für nassauische Altertumskunde und Geschichtsforschung. I. Archivalische Mitteilungen von SAUER. II. Die Lebensbeschreibung des Grafen Ludwig III. von Arnstein, herausgegeben von S. WIDMANN. Wiesbaden. 1884. Julius Niedner. 4°.

Festschrift zur F e i e r des 25jährigen Jubiläums der K. Landw. Kreis-Winterschule Landsberg. Landsberg a. L. 1898.

—— zur Feier des 50jähr. Jubiläums der Friedrich-Wilhelms-Schule zu Stettin. gr. 4. Stettin 890, (Dannenberg). * 2 —
Fritsche, Herm. Geschichte der Friedrich-Wilhelms-Schule zu Stettin während der ersten 50 Jahre ihres Bestehens. 1840—1890. (74 S.) — Anh.: Verzeichnisse der Lehrer u. Abiturienten der Fr.-Wilh.-Schule. (18 S.)

— zur Feier des 50jährigen Jubiläums der Gesellschaft f. Geburtshilfe u. Gynäkologie in Berlin. Hrsg. v. der deutschen Gesellschaft f. Gynäkologie durch R. Chrobak u. J. Pfannenstiel. Mit 15 Taf. u. 4 Holzschn. gr. 8. (VIII, 419 S.) Wien 894. A. Hölder. n. 20.—

FESTSCHRIFT herausgegeben ZUR FEIER DES FÜNFZIGJÄHRIGEN JUBILÄUMS DER NATURFORSCHENDEN GESELLSCHAFT ZU FREIBURG I. B.
Inhalt:
I. Kritische, mikroskopisch-mineralogische Studien von FISCHER.
II. Die Grundzüge der modernen Theorie in der organischen Chemie von A. CLAUS. Freiburg i. B. 1871. Buchdruckerei von Chr. Lehmann. 8⁰.

Festschrift zur Feier des (2: Festschrift zum) 50jährigen Jubiläums (2: Jubiläum) des Königl. Gymnasiums mit Realschule zu Landsberg a. W. T. 1. Geschichte der Anstalt von 1859—1909 v. Dir. Dr. (Friedrich) Schlee nebst e. statist. Anh. v. Prof. Dr. (Siegfried) Neide u. Prof. (Karl) Seyfarth. T. 2. Festgaben von Lehrern und früheren Schülern der Anstalt. Landsberg a. W. 1909: Dermietzel & Schmidt. 179; 165 S. 8°
Landsberg a. W., k. G u. R OP 1909

—— zur Feier d. 50jährigen Jubiläums der Anstalt Illenau. Hrsg. v. den jetz. u. früheren Illenauer Ärzten: Schüle, von Krafft-Ebing, Kirn, Neumann, Fr. Fischer, Eickholt, Wilser, Landerer, Dietz. Mit 1 Lichtdr.-Bilde v. Illenau u. 2 lithogr. Taf. Lex.-8. (VII, 219 S.) Heidelb. 892, C. Winter. * 6 —

Evangelische Salem's Kirche, Quincy, Ill. Fest-Schrift. Hrsg z Feier des 50-jhr Jubiläums, 1848-98. Quincy, 1908.

-- zur Feier des 600jährigen Jubiläums des Kneiphöfischen Gymnasiums zu Königsberg i. Pr. am 23. VI. 1904. (III, 4, 53, 18, 24, 16, 31 u. 17 S.) gr. 8. Königsberg i/Pr. (904). Kneiphöfisches Gymnasium. (Nur direkt.) n.n. 3. —
Hieraus einzeln:
Armstedt, Rich., Geschichte des Kneiphöfischen Gymnasiums zu Königsberg i. Pr. (53 S.) n.n. 1. —
Fischer, Rich., Königsbergs Verdrängung v. den Hansetagen. (18 S.) n.n. — 50
Hecht, Max, der metaphorische Bedeutungswandel. Mit besond. Berücksicht. auf seine Entstehg. (24 S.) n.n. 50
Lehnerdt, Max, Lucretius in der Renaissance. (17 S.) n.n. — 50
Ludwig, Thdr., Racines Verzicht auf die Bühnendichtung u. sein Anteil an dem Giftmordprozess. (16 S.) n.n. — 50
Schirmacher, Ernst, natürliche u. künstliche Diamanten. (31 S.) n.n. — 50

Festschrift zur Feier des 600jährigen Jubiläums des Kneiphöfischen Gymnasiums zu Königsberg i. Pr. am 23. Juni 1904. Von Dir. Prof. Dr. (Richard) Armstedt [u. a.] *Königsberg i. Pr. (1904): Hartung.* (Getr. Pag.) 8° [c4. 10

— zur Feier des 400jährigen Jubiläums der Eberhard-Karls-Universität zu Tübingen am 9. Aug. 1877. (Dargebracht vom Verein für vaterländische Naturkunde in Württemberg.) [Württembergische naturwissenschaftliche Jahreshefte. 33. Jahrg. 1877. 3. Hft.] Imp.-4. Stuttgart 877. Schweizerbart. n. 8. —
Aëtosaurus ferratus Fr. Die gepanzerte Vogel-Echse aus dem Stubensandstein bei Stuttgart, beschrieben v. Osc. Fraas. Mit 3 lith. (zum Thl. farb.) Taf. u. 3 (eingedr.) Holzschn. (22 S.) Einzelpr. cart. n. 10. —

Festschrift zur Feier der 50. Conferenz des Vereins der Medicinal-Beamten des Reg.-Bezirks Düsseldorf am 19. Oct. 1895. *Düsseldorf: F. Dietz 1895.* (248 S., 1 Taf.) 1 Bd 8. [96. 1619

Albers, [Paul Ludw. Osc.]: Geschichte des Ver. d. Medicinalbeamten des Reg.-Bez. Düsseldorf. *Düsseldorf 1895.*
in: Festschrift z. Feier d. 50. Conferenz des Ver. d. Medic.-Beamten des Reg.-Bez. Düsseldorf. [96. 1619

Le Blanc, [Chr.]: Zur Frage d. Abwehr ansteckender Krankheiten durch Isoliṛg u. Desinfection. *Düsseldorf 1895.*
in: Festschrift z. Feier d. 50. Conferenz des Ver. d. Medic.-Beamten des Reg.-Bez. Düsseldorf. [96. 1619

Claren, [Ludw. Hub.]: Die deutschen Trinker-Asyle u. ihre Leistgn. *Düsseldorf 1895.*
in: Festschrift z. Feier d. 50. Conferenz des Ver. d. Medic.-Beamten des Reg.-Bez. Düsseldorf. [96. 1619

Hofacker, [Karl Aug.]: Die Hülfsschule f. Schwachbegabte in Düsseldorf u. ihre Zöglinge. *Düsseldorf 1895.*
in: Festschrift z. Feier d. 50. Conferenz des Ver. d. Medic.-Beamten des Reg.-Bez. Düsseldorf. [96. 1619

Schruff, [Rudolf]: Ueb. d. Incubationsdauer bei Masern. *Düsseldorf 1895.*
in: Festschrift z. Feier d. 50. Conferenz des Ver. d. Medic.-Beamten des Reg.-Bez. Düsseldorf. [96. 1619

Moritz, [Friedr. Ernst Max]: Ueb. Tagesbeleuchtung der Schulzimmer. *Düsseldorf 1895.*
in: Festschrift z. Feier d. 50. Conferenz des Ver. d. Medic.-Beamten des Reg.-Bez. Düsseldorf. [96. 1619

Paffrath, [Karl]: Ueb. d. sanitären Verhältnisse d. Kunstbutterfabriken des Kr. Cleve m. bes. Berücks. d. Abwässerfrage. *Düsseldorf 1895.*
in: Festschrift z. Feier d. 50. Conferenz des Ver. d. Medic.-Beamten des Reg.-Bez. Düsseldorf. [96. 1619

Offenberg, [Ad. Franz Felix Maria]: Beitrag z. Wirkg d. Blitzschlages auf d. menschl. Körper. *Düsseldorf 1895.*
in: Festschrift z. Feier d. 50. Conferenz des Ver. d. Medic.-Beamten des Reg.-Bez. Düsseldorf. [96. 1619

Schrakamp, F[ranz Anton]: E. Typhusepidemie, hervorgerufen durch d. Genuss inficirter Milch. *Düsseldorf 1895.*
in: Festschrift z. Feier d. 50. Conferenz des Ver. d. Medic.-Beamten des Reg.-Bez. Düsseldorf. [96. 1619

Racine, [Hugo Aug. Heinr.]: Die Gefahren des Wassergases u. ihre Verhütg. *Düsseldorf 1895.*
in: Festschrift z. Feier d. 50. Conferenz des Ver. d. Medic.-Beamten des Reg.-Bez. Düsseldorf. [96. 1619

Bauer, [Ferd. Gust. Jakob]: Beobachtungen üb. d. Einwirkg d. Dämpfe d. niedrigen Oxydationsstufen d. Stickstoffs auf d. Athmgsorgane. *Düsseldorf 1895.*
in: Festschrift z. Feier d. 50. Conferenz des Ver. d. Medic.-Beamten des Reg.-Bez. Düsseldorf. [96. 1619

Carp, [Emil Karl Georg Hugo]: Ueb. e. Bruch d. Wirbelsäule '(ob Todtschlag oder Unglücksfall)'. *Düsseldorf 1895.*
in: Festschrift z. Feier d. 50. Conferenz des Ver. d. Medic.-Beamten des Reg.-Bez. Düsseldorf. [96. 1619

Closset, [Karl Friedr. Christ.]: E. Vorschlag z. Verminderg der Filixvergiftgn. *Düsseldorf 1895.*
in: Festschrift z. Feier d. 50. Conferenz des Ver. d. Medic.-Beamten des Reg.-Bez. Düsseldorf. [96. 1619

Flatten, Hans: Z. Pathologie d. Bronchialdrüsen u. üb. Beziehgn ders. zu infectiösen Erkrankgn. *Düsseldorf 1895.*
in: Festschrift z. Feier d. 50. Conferenz des Ver. d. Medic.-Beamten des Reg.-Bez. Düsseldorf. [96. 1619

Schlegtendal, [Bernh. Friedr. Wilh.]: E. Fall v. primärer Verrücktheit, aktenmässig mitgetheilt. *Düsseldorf 1895.*
in: Festschrift z. Feier d. 50. Conferenz des Ver. d. Medic.-Beamten des Reg.-Bez. Düsseldorf. [96. 1619

Strauss, [Abraham]: Der Vater des Mordes, die Mutter der fahrläss. Tödtg ihres Kindes f. schuldig erkannt. *Düsseldorf 1895.*
in: Festschrift z. Feier d. 50. Conferenz des Ver. d. Medic.-Beamten des Reg.-Bez. Düsseldorf. [96. 1619

Wolff, Herm.: Ueb. d. Werth d. Lungenschwimmprobe. *Düsseldorf 1895.*
in: Festschrift z. Feier d. 50. Conferenz des Ver. d. Medic.-Beamten des Reg.-Bez. Düsseldorf. [96. 1619

— z. Feier d. 50. Conferenz d. Vereins d. Medicinal-Beamten d. Reg.-Bez. Düsseldorf a. 19. Octbr. 1895. gr. 8. (248 S. m. 2 Taf.) Düsseldorf 895. (A. Schneider.) n. 4. —

—— zur Feier der Consecration und Inthronisation des Hochwürdigsten Herrn Dr. Paul Leopold Haffner, Bischof von Mainz. Ein Bild seines Lebens und Wirkens. 2. Aufl. 12. (43 S. mit Holzschn.-Bild.) Mainz 886, Frey. *

—— zur Feier der Consekration und Inthronisation des hochwürdigsten Bischofs von Osnabrück Dr. Bernard Höting am 3. Mai 1882. 8. (56 S.) Osnabrück 882, Veith.

Festschrift zur Feier der Consekration und Inthronisation des Hochwürdigsten Bischofs von Osnabrück Dr. Hubert Voss. *Osnabrück: G. Pillmeyer 1899.* (56 S.) 8° [J.] [00. 10516

Festschrift zur Feier des fünfundzwanzigjährigen Professoren-Jubiläums Herrn Professor Dr. E[rnst] Pflüger in Bern gewidmet. Mit 10 Abbildungen im Text und 17 Tafeln. IV + 245 S. 8. Wiesbaden, J. F. Bergmann, 1901. [M. 8. —]
Archiv für Augenheilkunde ... hrg. von H[ermann] Knapp ... und C[arl] Schweigger.... Band 44. Ergänzungsheft.

Festschrift zur Feier der 25jähr. Regierung Sr. Maj. d. Königs Karl v. Württemberg, s.: Leins, C. F. v., die Hoflager u. Landsitze d. württemberg. Regentenhauses.

FESTSCHRIFT zur Feier des fünfundzwanzigjährigen Regierungsjubiläums Sr. Hochfürstlichen Durchlaucht des regierenden Fürsten Reuss j. L. Herrn Heinrich XIV., am 11. Juli 1892 dargeboten von dem Vogtländischen Altertumsforschenden Verein zu Hohenleuben. (Mit 2 Tafeln.) (Weida 1892. Druck von H. Aderhold.) 4°.

Festschrift hrg. von der aargauischen naturforschenden Gesellschaft zur Feier ihrer fünfhundertsten Sitzung, am 13. Juni 1869. Mit einer Karte der erratischen Blöcke (*Umschlag: Bildungen) des Kantons Aargau. 8. Aarau [1869].

Festschrift zur Feier des fünfzigjährigen Stadtjubiläums und der Einweihung des Rathauses am 22. September 1906 mit Bericht über d. Verwaltung u. d. Stand der Gemeinde-Angelegenheiten der Stadt Bergisch-Gladbach in d. Jahren 1850–1906. Berg.-Gladbach (1906): C. Illinger. (IV, 114 S.) 8° [F.] [06. 99

—— zu der am 2. Novbr. 1882 stattfindenden Feier der Einweihung des neuen **Gymnasiums zu Salzwedel**. Veröffentlicht von dem Lehrerkollegium der Anstalt. 4. Salzwedel 882, (Klingenstein.) *

Inhalt:

1. Oldenberg, Arth. v., ein Wort über Wert und Stellung von Luthers kleinem Katechismus in der christlichen Schule. (8 S.) Einzelpr. * 60 Pf.
2. Müller, Franc., de Claudio Rutilio Namatiano Stoico. (12 S.)
3. Brandt, Karl, de re metrica qua usus est Vergilius in eclogis. (8 S.)
4. Schwarz, Paul, einiges zur Geschichte des Salzwedeler Gymnasiums. (20 S. mit 1 graph. Stnt.) Einzelpr. * 60 Pf.
5. Hentschel, O., über stationäre elektrische Strömung in einer lemniskatischen Platte. (8 S. mit 7 autogr. Taf.) Einzelpr. * 60 Pf.
6. Legerlotz, Gust., etymologische Studien. Δοῦλος und seine nähere und fernere Verwandtschaft. (18 S.) Einzelpr. * 60 Pf.
7. —— metrische Uebersetzungen. (12 S.) Einzelpr. * 60 Pf.

— zu der am 18. u. 19. Oktbr. d. J. stattfindenden Feier d. 50jähr. Bestehens d. k. **Friedrich-Wilhelms-Gymnasiums zu Köln**. gr. 4. Köln 875. (Roemke & Co.) n. 1. 50

1. Geschichte d. Gymnasiums v. Osk. Jäger. (S. 1—24.)
2. Interpolationes Terentianae v. W. Kochs. (S. 25—32.)
3. Historische Notizen üb. die Lehre v. der geschlechtlichen Zeugung der Phanerogamen, v. Vict. Wiedmann. (S. 33—48.)
4. Der Sprachgebrauch in Shakespeare's Merchant of Venice, grammatisch dargestellt v. Karl Meurer. (S. 49—80.)
5. Ein Ganymed-Torso in Köln. — Hylas. Von Jos. Kamp. (S. 81—87 m. 1 Taf. in Aubeldr. in gr. 8.)

Festschrift zu der am 12. Oktober 1907 stattfindenden Feier der Einweihung des neuen Schulgebäudes und des 52jährigen Bestehens der Anstalt. Coblenz 1907: Scheid. 113, 42, 27 S. 8°

Koblenz, st. Kaiser Wilhelm-RG u. R i. E. P 1908 (624)

Festschrift zur Feier des achtzigjährigen Stiftungsfestes des ärztlichen Vereins zu Hamburg. M. 2 Vollbildern u. 34 Abb. im Text. *Leipzig: A. Langkammer 1896.* (IV, 579 S., 2 Taf.) 1 Bd 8. [96. 1620

Hasebroek, Karl: Ueb. Krankheiten d. Herzens u. deren Behandlg mittelst Heilgymnastik u. Massage. *Leipzig 1896.*
in: **Festschrift** z. Feier d. 80j. Stiftungsfestes d. ärztl. Vereins zu Hamburg. [96. 1620

Michael, J.: Die Erfolge d. subcutanen u. d. intravenösen Kochsalzinfusion in d. Behandlg d. asiat. Cholera. *Leipzig 1896.*
in: **Festschrift** z. Feier d. 80j. Stiftungsfestes d. ärztl. Vereins zu Hamburg. [96. 1620

Franke, E[rnst]: E. Beitrag z. Kenntniss d. Tuberculose d. Augapfelbindehaut. *Leipzig 1896.*
in: **Festschrift** z. Feier d. 80j. Stiftungsfestes d. ärztl. Vereins zu Hamburg. [96. 1620

Kümmell, Hermann: Ueb. Narkose u. locale Anaesthesie. *Leipzig 1896.*
in: **Festschrift** z. Feier d. 80j. Stiftungsfestes d. ärztl. Vereins zu Hamburg. [96. 1620

Hess, Julius: Erfahrungen mit d. electrischen '(Gärtner'schen)' Zweizellenbad. *Leipzig 1896.*
in: **Festschrift** z. Feier d. 80j. Stiftungsfestes d. ärztl. Vereins zu Hamburg. [96. 1620

Krause, F[riedrich]: Ueb. d. Verwendung grosser ungestielter Hautlappen zu plastischen Zwecken. Vortr. m. Krankenvorstellgn, geh. auf d. 67. Vers. d. Ges. deutscher Naturforscher ... zu Lübeck am 17. Sept. 1895. *Leipzig 1896.*
in: **Festschrift** z. Feier d. 80j. Stiftungsfestes d. ärztl. Vereins zu Hamburg. [96. 1620

Fürst, Moritz: Ueb. Empyema tunicae vaginalis. *Leipzig 1896.*
in: **Festschrift** z. Feier d. 80j. Stiftungsfestes d. ärztl. Vereins zu Hamburg. [96. 1620

Lauenstein, Carl: Aus d. Hospitalpraxis. I. Aus dem Seemannskrankenhause. Zur Osteotomia subtrochanterica. II. Aus d. chirurg. Abth. d. Diaconissenhauses Bethesda. Gynäkolog. Mittheilgn. 1) Myomexstirpation während d. Schwangerschaft. 2) E. Gefahr d. Ausschälg grosser Geschwülste aus d. kleinen Becken. 3) E. Fall von Mastdarmdammfistel, operativ geheilt. *Leipzig 1896.*
in: **Festschrift** z. Feier d. 80j. Stiftungsfestes d. ärztl. Vereins zu Hamburg. [96. 1620

Wiesinger, A[ugust]: Ueb. Urininfiltration. *Leipzig 1896.*
in: **Festschrift** z. Feier d. 80j. Stiftungsfestes d. ärztl. Vereins zu Hamburg. [96. 1620

Alsberg, A[lbert]: Zur Dystopie der Nieren: Exstirpation e. im kleinen Becken gelegenen linken Niere. *Leipzig 1896.*
in: **Festschrift** z. Feier d. 80j. Stiftungsfestes d. ärztl. Vereins zu Hamburg. [96. 1620

Jessen, F[riedrich]: Luftuntersuchungen in Hamburger Arbeiterwohnungen. *Leipzig 1896.*
in: **Festschrift** z. Feier d. 80j. Stiftungsfestes d. ärztl. Vereins zu Hamburg. [96. 1620

Bonne, Georg: E. Beitrag z. Lehre v. d. functionellen Bedeutg d. Blutalkalescenz f. d. Immunität u. d. Blutgerinng. *Leipzig 1896.*
in: **Festschrift** z. Feier d. 80j. Stiftungsfestes d. ärztl. Vereins zu Hamburg. [96. 1620

Pluder, F[ranz]: Congenitales Diaphragma einer Choane u. Gesichtsasymmetrie. *Leipzig 1896.*
in: **Festschrift** z. Feier d. 80j. Stiftungsfestes d. ärztl. Vereins zu Hamburg. [96. 1620

Du Mesnil de Rochemont, [Fr. Th.]: Z. Pathogenese d. Blasenentzündgn. Klinisch experimentelle Studie bearb. in Gemeinsch. m. ... Dr. med. Mölling. *Leipzig 1896.*
in: **Festschrift** z. Feier d. 80j. Stiftungsfestes d. ärztl. Vereins zu Hamburg. [96. 1620

Bargum, O[tto] L[udolf]: Der Befund d. Rückenmarks u. peripherer Nerven bei e. Fall v. hochgradigem Pemphigus foliaceus. *Leipzig 1896.*
in: **Festschrift** z. Feier d. 80j. Stiftungsfestes d. ärztl. Vereins zu Hamburg. [96. 1620

Thost, Arthur: Ueb. d. Operations-Methoden d. hyperplastischen Rachenmandel. *Leipzig 1896.*
in: **Festschrift** z. Feier d. 80j. Stiftungsfestes d. ärztl. Vereins zu Hamburg. [96. 1620

Zarniko, Karl: Ueb. Kakosmia subjectiva. Nach e. auf d. 67. Vers. d. Ges. deutscher Naturforscher ... in Lübeck geh. Vortr. *Leipzig 1896.*
in: **Festschrift** z. Feier d. 80j. Stiftungsfestes d. ärztl. Vereins zu Hamburg. [96. 1620

Voigt, Leonhard: Das erste Jahrhundert d. Schutzimpfg u. die Blattern in Hamburg. *Leipzig 1896.*
in: **Festschrift** z. Feier d. 80j. Stiftungsfestes d. ärztl. Vereins zu Hamburg. [96. 1620

Simmonds, M[orris]: Ueb. d. Einfluss v. Alter u. Krankheiten auf d. Samenbildung. *Leipzig 1896.*
in: **Festschrift** z. Feier d. 80j. Stiftungsfestes d. ärztl. Vereins zu Hamburg. [96. 1620

Staude, Carl: Z. Operation d. veralteten, completen Dammrisses. *Leipzig 1896.*
in: **Festschrift** z. Feier d. 80j. Stiftungsfestes d. ärztl. Vereins zu Hamburg. [96. 1620

Predöhl, Aug.: Zur Prophylaxe d. Tuberculose. *Leipzig 1896.*
in: **Festschrift** z. Feier d. 80j. Stiftungsfestes d. ärztl. Vereins zu Hamburg. [96. 1620

Boltz, R[einhold]: Heilung e. Falles v. Rundzellensarcom d. weichen Gaumens unter Arsenbehandlg. *Leipzig 1896.*
in: **Festschrift** z. Feier d. 80j. Stiftungsfestes d. ärztl. Vereins zu Hamburg. [96. 1620

Sudeck, P[aul]: Ueb. d. Vorkommen v. diphtherieähnl. Bacillen in d. Luft. *Leipzig 1896.*
in: **Festschrift** z. Feier d. 80j. Stiftungsfestes d. ärztl. Vereins zu Hamburg. [96. 1620

Ratjen, Ernst: Myxoedema idiopathicum. Vortr. geh. im Hamburger ärztl. Ver. am 19. Nov. 1895. *Leipzig 1896.*
in: **Festschrift** z. Feier d. 80j. Stiftungsfestes d. ärztl. Vereins zu Hamburg. [96. 1620

Nonne, M[ax], & Beselin, O[tto]: Ueb. Contractur- u. Lähmungs-Zustände d. exterioren u. interioren Augen-Muskeln bei Hysterie. *Leipzig 1896.*
in: **Festschrift** z. Feier d. 80j. Stiftungsfestes d. ärztl. Vereins zu Hamburg. [96. 1620

Rumpf, Th[eodor]: Klinische u. experimentelle Untersuchungen üb. d. Ausscheidg u. Bildg v. Ammoniak bei Infectionskrankheiten. Vortr. geh. in d. Sect. f. innere Med. der 67. Vers. d. Ges. deutscher Naturforscher ... zu Lübeck 1895. *Leipzig 1896.*
in: **Festschrift** z. Feier d. 80j. Stiftungsfestes d. ärztl. Vereins zu Hamburg. [96. 1620

Kümmell, Hermann: Ueb. Perityphlitis. Nach e. im ärztl. Ver. zu Hamburg geh. Vortr. *Leipzig 1896.*
in: **Festschrift** z. Feier d. 80j. Stiftungsfestes d. ärztl. Vereins zu Hamburg. [96. 1620

Kunstgewerbe-Verein f. Halle u. d. Reg.Bez. Merseburg. **Festschrift** zur Feier des 25jährigen Stiftungsfestes 19. Oktober 1907. Halle a. S.: Gebauer-Schwetschke 1907. (48 S.) 4° [07. 16799 3

Festschrift zur Feier des 25-jährigen Stiftungsfestes des Central-Vereins für Hebung der Deutschen Fluss- und Kanalschiffahrt. 25. bis 27. Mai 1895. Berlin 1895: Norddeutsche Buchdr. u. Verl.-Anst. (1895). 63 S. 4° A 12.397

Festschrift zur **Feier** des 50jährigen **Stiftungsfestes** des Kotzoltschen Gesangvereins zu Berlin am 30. April 1899. *(Berlin 1899: A. Haack.)* (25 S.) 8° [F.] [99. 10214

FESTSCHRIFT zur Feier des 25jährigen Stiftungstages des Naturwissenschaftlichen Vereins zu Magdeburg. Redaction: O. WALTER. Magdeburg 1894. Druck: Faber'sche Buchdruckerei, A. & R. Faber. 8°.

Festschrift zur Feier der 25jährigen Turnhallenweihe des T. V. zu Freiberg 17. 9. 1893, Freiberg 1893, 52 S., 8°.

Fest-Schrift zur Feier der Turnhallen-Weihe des T. V. Großröhrsdorf am 31. 8. 1890, Großröhrsdorf 1890, 32 S., 8°.

Festschrift zur Feier der Verleihung der Säkularfahnenbänder an das Grenadierregiment Königin Olga (I. Württ.) No. 119 für 200jähriges Bestehen des Regiments. Stuttgart 1883. V: *Niethammer, Georg von.* (Kat. d. ständ. Bibl. Stuttg. 1907 S. 389.)

— der Gesellschaft f. Erdkunde zu Berlin zur 400jährigen Feier der Entdeckung Amerika's, s.: Kretschmer, Konr., die Entdeckung Amerika's in ihrer Bedeutung f. die Geschichte d. Weltbilds.

Festschrift zur Feier der Weihe der Glocken in den erneuerten Türmen d. Domes zu Meißen, s.a. Veröffentlichungen des Meißner Dombauvereins. III.

Festschrift zur Feier der Weihe der Glocken in den erneuerten Türmen des Domes zu Meißen am 27. Okt. 1908. Hrsg. vom Vorstande d. Meißner Dombauvereins. Meißen 1908: Klinkicht. 34 S. 4°
(Veröffentlichungen d. Meißner Dombauvereins. 3.) [09. 12808

Festschrift zur Feier des 100-jährigen Wiedererstehens der evangelischen Gemeinde zu Fulda. Fulda 1903. V: *Hattendorff, Johannes.* (Berl)

— zur Feier seiner 25jährigen Wirksamkeit als Kondirektor u. Direktor der Franckeschen Stiftungen Hrn. Geheimen Regierungsrat Prof. D. Dr. Wilhelm Fries m. den ergebensten Glückwünschen am 31. III. 1906 dargebracht v. dem Kollegium der Oberrealschule in den Franckeschen Stiftungen. (Kaiser, Immermanns Gedanken über Erziehung u. Bildung.) (30 S.) Lex.-8. Ebd. 906. n. — 60

FESTSCHRIFT ZUR FEIER DER 50JÄHRIGEN WIRKSAMKEIT des Vereins für meklenburgische Geschichte und Alterthumskunde am 24. April 1885.
Inhalt: Stammtafeln des Grossherzoglichen Hauses von Meklenburg, vom ersten Vereinssecretär Dr. WIGGER, und: Die Matrikel des Vereins seit 1835, vom zweiten Vereinssecretär Dr. SCHILDT. (Mit genealogischen Tabellen.) Schwerin, 1885. Druck der Bärensprungschen Hofbuchdruckerei. 8°.

Festschrift und Festordnung für die Einweihung der neuen Turnhalle der Turngemeinde Darmstadt 5. u. 6. 10. 1901, Darmstadt 1901, 32 S., 8°.

Festschrift und humoristische Festzeitung zum 13. Mittelrheinischen Turnfest in Neuwied, 12.—15. 8. 1882, Neuwied 1882, 1 Bl., 4°.

— zum 13. sächs. Feuerwehrtag zu Glauchau am 4., 5. u. 6. Aug. 1894. gr. 8. (78 S.) Glauchau 894. (A. Peschke.) n.n. — 50

Festschrift Herrn Dr. G[ottlieb] Feurer zu Ehren (zur Feier seiner 25jährigen Tätigkeit als Chefarzt der chirurgischen Abteilung des Kantonsspitals St. Gallen), verfasst von seinen Assistenzärzten. VI + 162 S. 8. Leipzig, F. C. W. Vogel, 1906.

Festschrift Seiner Excellenz Herrn Geh. Med.-Rat Prof. Dr. A[lfred] Fiedler in Dresden gewidmet zur Vollendung seines 70. Lebensjahres von s. Schülern u. Kollegen. Mit 5 Abb. u. 5 Taf. Leipzig: F. C. W. Vogel 1905. (254 S.) 8°
— **Archiv**, Deutsches, f. klin. Medicin. Bd 85, H. 1. 2. [05. 11819

Festschrift für Paul Flechsig. Zur Feier s. 25jähr. Jubiläums als ordentl. Prof. an d. Univ. Leipzig. Berlin: Karger 1909. 416 S. XIX Taf. 8°
(Monatsschrift f. Psychiatrie u. Neurologie. Bd 26. Erg. H.)

Festschrift in Form einer Chronik zum 50jährigen Stiftungsfeste des Veteranen- und Krieger-Vereins Waldenburg in Schlesien. 24. Febr. 1852–24. Febr. 1902. *Berlin (1902): W. Moeser.* (120 S.) 8° [F.]

Festschrift zum III. Preußischen Fortbildungsschultage in Danzig 7., 8., 9. Oktober 1909. Danzig (1909): Kafemann. 100 S. 8° [09. 17870 10

— Geh. Medicinalrath Professor Dr. Bernhard Fraenkel gewidmet, s. a. Archiv f. Laryngologie u. Rhinologie.

Festschrift. Herrn Geh. Medicinalrath Prof. Dr. Bernhard Fraenkel am 17. Nov. 1896 zu s. 60. Geburtstage u. 25j. Docentenjubiläum von s. Freunden u. Schülern gewidmet. Berlin: Hirschwald 1896. VIII, 423 S. 8°
(Archiv f. Laryngologie u. Rhinologie. Bd 5.) [10. 3227

— — dem Herrn Dr. med. Fr. Th. v. Frerichs, Wirkl. Geh. Ober-Med.-Rath, zum Jubiläum seiner 25jährigen Thätigkeit in Berlin gewidmet am 20. April 1884, s. Zeitschrift für klinische Medicin.

Festschrift für Herrn Geh. Kirchenrat Domherrn Prof. D. (Gustav Adolf) Fricke zur Feier seines 50jährigen Präsidiums in der Lausitzer Prediger-Gesellschaft zu Leipzig. *Leipzig: F. Richter 1897.* (VIII S., 2 Bl., 192 S.) 1 Bd 8. [98. 2684

— Emil Friedberg zum 70. Geburtstage gewidmet v. seinen Schülern Francesco Brandileone, Andrea Galante, Heinr. Geffcken, Mattia Moresco, Demetrios Petrakakos, Silvio Pivano, Konst. Rhallis, Karl Rieker, Francesco Ruffini, Francesco Scaduto, Domenico Schiappoli, Arth. B. Schmidt, Emil Sehling. (Umschlag: Beiträge zum Kirchenrecht.) (VIII, 311 S.) gr. 8. Leipzig 908. Veit & Co. 10. —

[Festschrift] der Friedrichs-Universität in Halle zur Jubelfeier ihres zweihundertjährigen Bestehens gewidmet von Rektor u. Senat der Universität Bern. (Bern 1894.)
s. **Huber**, Eug.: Die Bedeutung der Gewere im deutschen Sachenrecht.

Festschrift Johann Adam Fritz zu seinem 50jährigen Doctorjubiläum am 27. Okt. 1871 dargebracht von der Juristenfacultät zu Freiburg. Freiburg i. B. 1871.
s. **Degenkolb**, Heinr.: Der Begriff des Vorvertrages.

—— und Führer durch Dresden und Umgebung für das achte mitteldeutsche Bundesschiessen in Dresden vom 16. bis 21. Juni 1883. 12. (75 S. mit eingedr. Holzschn., 2 Lichtdr. und 2 chromolithogr. Karten.) Dresden 883. Jaenicke. *

— u. **Führer** durch Dresden u. Umgebung f. d. XIII. deutsche Bundesschiessen in Dresden vom 8.—15. VII. 1900. Hrsg. vom Pressausschuss. 8. (87 S. m. 1 farb. Plan.) Dresden-Blasewitz 900. (Dresden, Friese & Puttkamer.) n. — 50

Festschrift (Jahrbuch) zur 25-Jahr-Feier des Männerturnvereins Weinböhla 1910, 59 S., Kl.-8°.

Festschrift für die 50-Jahr-Feier mit Fahnenweihe des Turnvereins von 1856 zu Hohenstein-Ernstthal 7.—9. 7. 1906, 23 S., 8°.

— zur Fünfzig-Jahrfeier der Klinger-Oberrealschule zu Frankfurt a. M. 1857—1907. (III, 90 S. m. Abb., Kurven, 2 Taf. u. 2 Tab.) Lex. 8. Frankfurt a/M. (907). Gebr. Knauer. Geb. in Leinw. 4. 50

— zur Fünfzigjahrfeier der Semmeringbahn. Hrsg. vom Landesverbande f. Fremdenverkehr in Niederösterreich. (55 S. m. Abbildgn. u. 10 Taf.) Lex.-8. Wien 904. (Gerlach & Wiedling.) n. — 90

Festschrift zur 50-Jahr-Feier des Turnvereins zu Waldheim 1858—1908, von R. R., 56 S., 8°.

Festschrift der Sektion Fürth des D. Ö. Alpenvereins. 1882–1907. Fürth: Selbstverl. d. Sektion Fürth 1908. (60 S.) 4°

Festschrift der Sektion Fürth des D. Ö. Alpenvereins 1882—1907. (60 S. m. Abbildgn., 1 Taf. u. 1 Karte.) Lex. 8. Fürth 908. (G. Rosenberg.) nn 2. —

Festschrift zum 17. Mitteldeutschen Gastwirte-Verbandstage u. zugleich z. Feier d. 25. Stiftungsfestes d. Gastwirte-Vereins Marburg u. Umgegend am 18., 19. u. 20. Mai 1910 zu Marburg. Marburg 1910: Koch. 24, 103 S. 8°

Festschrift zum 22. Osterländischen Gauturnen 13.—15. 8. 1904 in Zeulenroda, Zeulenroda 1904, 64 S., 8°.

Festschrift für das 20. Gauturnen des Nordostthüringer Turngaues in Merseburg 1902, hrsg. v. Preßaussch., 24 S., 8°.

Festschrift für das Gauturnfest in Remscheid (Bergischer Gau) 4. 5. 8. 1894, veranstalt. v. d. Ver. Remscheider T. V., Honsberger T. V., Remscheider Turnerbund, T. V. „Jahn". Remscheid 1894, 16 S., 8°.

Festschrift für das Gauturnfest des Bergischen Gaues in Lennep 31. 7. u. 1. 8. 1897, Lennep 1897, 16 S., 8°.

Festschrift für das Gauturnfest des Bergischen Gaues in Burscheid 25. u. 26. 6. 1898, Opladen 1898, 20 S., 8°.

Festschrift für das Gauturnfest des Bergischen Gaues, verb. m. d. Jubelf. d. 50jähr. Best. d. Hückeswagener T. V. in Hückeswagen, Hückeswagen 1900, 13 S., 8°.

Festschrift für das Gauturnfest des Bergischen Gaues und die 50jähr. Jubelfeier des Wermelskirchener Turnvereins (E. V.) in Wermelskirchen 25.—27. 6. 1910, Wermelskirchen 1910, 80 S., 8°.
(Angeb.): Turnordnung f. d. Fest, 13 S., 8°.

Festschrift zum VI. mähr.-schles. Gauturn-Fest am 14., 15. u. 16. Juli 1888. Hrsg. vom Preß-Ausschusse. 8. (73 u. 16 S.) Znaim 888. (Fournier & Haberler.) n.n. — 60

Festschrift zum Gauturnfest des Mulden-Zschopautal-Turngaues (XIV. Kr.) in Leisnig 4. 7. 1886, Leisnig 1886, 36 S., 8°.

Festschrift zum 23. Nordböhmischen Gauturnfeste Graslitz August 1900, Falkenau 1900, 14 S., 4°.

Festschrift zum 26. Gauturnfest des Gaues Rheinhessen in Bodenheim 9.—11. 6. 1900, 64 S., 8°.

Festschrift zum 17. Gauturnfest des Rhein-Mosel-Gaues zu Braubach 1.—3. 7. 1893, Runkel u. Braubach, 36 S., 8°.

Festschrift zum Gauturnfest des Riesengebirgs-Turngaues in Landeshut vom 4. bis 6. Aug. 1906. (Hrsg.: Paul Schmidt, Landeshut.) Landeshut i. Rsgb. (1906): A. Werner. (51 S.) 8° [F.]

Festschrift f. d. 6. Gauturnf. d. Sollinggaues am 27.—29. 7. 1907 in Höxter a. d. Weser, m. Abb., Höxter 1907, 37 S., 8°.

— hrsg. anläßl. d. VII. süd-österr. Gauturn-Festes a. 27., 28. u. 29. Juni 1896 in St. Veit a. d. Glan v. Festausschusse. gr. 8. (27 S.) Klagenfurt 896. (A. Raunecker.) n.n. — 40

Festschrift zum XIII. Gauturnfeste des Südösterreichischen Turngaues 1907 in Wolfsberg, Kärnten. Wolfsberg, Ploetz, (1907). 81 S.

Festschrift zum Gauturnfest des 2. Niederschlesischen Turngaues in Bunzlau, 28.—30. 6. 1902, 32 S., 8°.

Festschrift zum 2. Gauturnfest des Gaues „Magdeburger Turnrat" 23.—25. 6. 1900 zu Egeln, Egeln 1900, 36 S., 8°.

Festschrift für das 14. Westthüringische Gauturnfest in Mühlhausen i. Thür. 7.—9. 7. 1906, Mühlhausen 1906, 20 S., 8°.

Festschrift [zum] 9. Sauerl. Gebirgsfest am 24. und 25. Juni 1899 zu Meschede. Meschede (1899): A. Harmann. (12 Bl.) 8° [Umschlagt.]

Festschrift zum Texanischen Gebirgs-Sängerbund: no. 1, 1881 –
Boerne, TX

Festschrift zum achtzigsten Geburtstage ... ⟨15. Siwan 5667⟩ Sr. Ehrwürden des Herrn Rabbiners Dr. Wolf Feilchenfeld ... in Posen. Hrsg. von Rabb. Dr. (B[ernhard]) Koenigsberger, Pleschen, u. Rabb. Dr. (M.) Silberberg, Schrimm. Pleschen-Schrimm: Herausgeber 1907. (76, 49 S.) 8°

Festschrift zum achtzigsten Geburtstage des Herrn Geheimen Regierungsrats Prof. Dr Karl Möbius in Berlin. Mit 20 Taf. u. 20 Abb. Jena: G. Fischer 1905. (654 S.) 8°
— Jahrbücher, Zoologische. Suppl. 8.

Festschrift z. 80. Geburtst. Moritz Steinschneider's. gr. 8. (XXXIX, 244 u. 219 S.) Leipzig 896. O. Harrassowitz. n. 15. —

Festschrift zu (August[e]) Forels sechzigstem Geburtstag s. Journal für Psychologie und Neurologie.... Band 13.

— zum 500jährigen Geburtstage v. Johann Gutenberg. Im Auftrage der Stadt Mainz hrsg. v. Otto Hartwig. gr. 4. (III, 455 S. m. Abbildgn., 5 genealog. Taf. u. 35 Fksm.-Taf.) Mainz 900. (Leipzig, O. Harrassowitz.) Geb. in Leinw. n. 50. —

— dasselbe, s.: Centralblatt für Bibliothekswesen. 23. Beiheft.

— zum 50. Geburtstage des ostmärkischen Dichters Anton August Naaff. (Hrsg. vom literar. Verein „Scheffelbund". Geleitet v. Osk. Pach.) (III, 72 S. m. 1 Bildnis.) gr. 8. Wien (XII, Frauenheimgasse 3) 900. Scheffelbund-Verlag. n. 2. —

— zu Otto Hirschfeld's 60. Geburtstage, s.: Beiträge zur alten Geschichte u. griechisch-römischen Alterthumskunde.

Festschrift zum hundertjährigen Geburtstage Gottliebs Freiherrn v. Ankershofen u. z. fünfzigj. Jubelfeier des Geschichtsver. f. Kärnthen. *Klagenfurt: Selbstv. d. Geschichtsver.; Dr. v. F. Kleinmayr 1896.* (172 S., 1 Portr.) 1 Bd 8.

— zum 100jährigen Geburtstage Emil Adolf Rossmässlers am 3. III. 1906. Bearb. im Auftrage des deutschen Lehrervereins f. Naturkunde v. Otto Hartung, Bruno Männel, Osk. Merker u. Rob. Missbach. (192 S. m. Abbildgn.) 8. Stuttgart (906). K. G. Lutz. n. 1. 25
Sonderabdruck aus: „Aus der Heimat".

— z. 100. Geburtstag v. Jeremias Gotthelf, s.: Verein f. Verbreitg. guter Schriften. Bern.

Festschrift zum 90. Geburtstage Sr. Exz. des Wirkl. Geh. Rates Rochus Freiherrn von Liliencron überreicht von Vertretern deutscher Musikwissenschaft. (Vorr.: Herm. Kretzschmar.) Leipzig: Breitkopf & Härtel 1910. 463 S. 8°

Festschrift zu Dan. Sanders' 70. Geburtstage (12. Nov. 1889). Mit Beiträgen namhafter Schriftsteller und Gelehrten. Neustrelitz 1889. V: *Düsel, Friedrich.* (Russell XVI, II, 1, 1107)

— zu Daniel Sanders' 70. Geburtstage (12. Novbr. 1889.) Mit Beiträgen namhafter Schriftsteller u. Gelehrten. gr. 8. (41 S. m. Lichtdr.-Bild.) Neustrelitz 889, (Jacoby). 1 50

— zu Gustav Schmollers 70. Geburtstag. Beiträge zur brandenburg. u. preuß. Geschichte, hrsg. vom Verein f. Geschichte der Mark Brandenburg. (VIII, 493 S.) gr. 8. Leipzig 908. Duncker & Humblot. 11. —

— zu August Sigmund Schultzes 70. Geburtstag, gewidmet v. der rechts- u. staatswissenschaftl. Fakultät der Kaiser-Wilhelms-Universität in Strassburg. (V, 219 S.) gr. 8. Leipzig 903. [C. L. Hirschfeld.] Tübingen, J. C. B. Mohr. n. 7. 20

— zum 60. Geburtstage d. Hrn. Geh. Regierungsrates Prof. Dr. Max Braun in Königsberg, s. a. Jahrbücher, zoologische.

Festschrift zum sechzigsten Geburtstage des Herrn Geheimen Regierungsrats Prof. Dr. Max Braun in Königsberg. Mit 13 Taf. u. 183 Abb. Jena: Fischer 1910. S. 265–754. 8°
(Zoologische Jahrbücher. Suppl. 12, H. 3.) [10. 11811

Festschrift zum sechzigsten Geburtstag Richard Hertwigs ⟨München⟩, geb. d. 23. Sept. 1850 zu Friedberg i. H. Mit Taf. u. Textfig. Bd 1–3. Jena: Fischer 1910. 4°
1. Arbeiten aus d. Geb. d. Zellenlehre u. Protozoenkunde.
2. Arbeiten morphologischen, biolog. u. descendenztheoret. Inhalts.
3. Experimentelle Arbeiten. [10. 18043 3

Festschrift zum 60. Geburtstage v. Robert Koch, hrsg. von seinen dankbaren Schülern. Mit 8 Taf., 1 Plan u. 79 Abbildgn. im Text. (VIII, 704 S.) gr. 8. Jena 903. G. Fischer. n. 20.—

Hieraus einzeln:

Bassenge, R., u. W. Rimpau, Beitrag z. aktiven Immunisierung des Menschen gegen Typhus. (S. 315–330.) n. —60
Beck, Max, Beiträge über die Unterscheidung der Bazillen v. menschlicher u. tierischer Tuberkulose, namentlich nach Infektion verschiedener Tiere. (S. 611–624.) n. —60
Brieger, L., Versuche zur Reinigung des Ricins u. des Diphtherieantitoxins. (S. 415–450.) n. —50
Conradi, H., über eine Kontaktepidemie v. Ruhr in der Umgegend v. Metz. (S. 555–570.) n. —60
Dönitz, W., üb. die Quellen der Ansteckg. m. Typhus nach Berliner Beobachtungen. (S. 297–314.) n. —80
Drigalski, v., über e. durch Genuss v. Pferdefleisch veranlasste Massenvergiftung. Beitrag zur Aetiologie der Fleischvergiftung. (S. 409–444.) n. 1. 60
Dungern, Frhr. v., Spezifizität der Antikörperbildung. (S. 1–16 m. 26 Kurven.) n. —60
Ehrlich, P., Betrachtungen über den Mechanismus der Ambozeptorwirkung u. seine teleologische Bedeutg. (S. 509–526.) n. —60
Esmarch, E. v., die Milzbrandsporenbildung auf Fellen u. ihre Desinfektion. (S. 239–252.) n. —60
Fischer, Bernh., zur Epidemiologie des Paratyphus. (S. 271–296 m. 1 Plan.) n. 1.—
Flügge, C., Untersuchungen über die hygienische Bedeutung einiger klimatischer Faktoren, insbesondere des Windes. (S. 639–650 m. 1 Kurve.) n. —80
Frank, Geo., zwei Beiträge zur Histogenese des Milzbrandes. (S. 253–270 m. 2 Taf.) n. 2. 50
Fraenkel, Carl, Untersuchungen an e. Rieselfeld. (S. 501–508.) n. —50
Frosch, P., über regionäre Typhusimmunität. (S. 691–704 m. 1 Kurve.) n. —60
Gaffky, eine Hausepidemie v. fieberhaftem Brechdurchfall, wahrscheinlich verursacht durch e. bisher nicht bekannten Kapselbazillus (Bacillus enteritidis mucosus). (S. 365–382 m. 2 Taf.) n. 2.—
Gärtner, A., über den Einfluss des Nährmaterials auf die Entwickelung u. die Sporenbildung des Milzbrandbacillus. (S. 661–690.) n. 1. 20
Gotschlich, Emil, neue epidemiologische Erfahrungen üb. die Pest in Aegypten. (S. 541–554 m. 2 eingedr. Kurventaf.) n. —60
Hetsch u. Lentz, Beitrag zur Frage nach der Spezifizität der im Serum des normalen u. choleraimmunisierten Pferdes enthaltenen Agglutinine. (S. 17–34.) n. —60
Hueppe, Ferd., Antitoxinforschung u. Hygiene. (S. 463–500.) n. 1. 50
Kartulis, Heilerfolge m. dem alten Tuberkulin. (S. 87–104 m. 3 Abbildgn. u. 1 Kurve.) n. —60
Kirchner, Mart., über die Anzeigepflicht bei Tuberkulose. (S. 625–638.) n. —60
Kolle, W., Studien üb. das Pestgift. (S. 351–364.) n. —60
Loeffler, F., die Schutzimpfung geg. die Maul- u. Klauenseuche. (S. 599–610.) n. —60
Martini, Erich, vergleichende Beobachtungen über Bau u. Entwicklung der Tsetse- u. Rattentrypanosomen, Färbung der Präparate u. Herstellung der Photogramme v. Prof. Zettnow. (S. 209–238 m. 33 Abbildgn. u. 2 Taf.) n. 2. 50
Marx, E., Mitteilungen aus der prüfungs-technischen Praxis. (S. 451–462 m. 1 Kurve.) n. —60
Nocht, B., über Segelschiff-Beriberi. (S. 203–218.) n. —60
Otto, R., über die Lebensdauer u. Infectiosität der Pestbazillen in den Kadavern v. Pestratten. (S. 331–350.) n. —80
Petruschky, Kriterien u. Kontrolle der Heilung bei Lungentuberkulose. (S. 105–118.) n. —60
Pfeiffer, R., zur Theorie der Virulenz. (S. 35–48.) n. —60
Pfuhl, E., Ergebnisse e. erneuten Prüfung einiger Kieselgur- u. Porzellanfilter auf Keimdichtigkeit. (S. 75–86.) n. —60
Proskauer, B., u. Fr. Croner, die Kläranlage f. Kolonie u. Arbeitsstätten der Berliner Maschinenbau-Aktiengesellschaft vormals L. Schwartzkopf in Wildau bei Berlin. Biologisches Verfahren m. Faulkammersystem. (S. 571–582.) n. —60
— u. M. Elsner, die neue Berliner Wohnungsdesinfektion. Ein Beitrag zur Formalindesinfektion. (S. 583–598 m. 1 Abbildg.) n. —50
Ruge, Rhold., die mikroskopische Diagnose des anteponierenden Tertianfiebers. — Der Anopheles maculipennis (Meigen) als Wirt e. Distomum. (S. 171–176 m. 2 Abbldgn.) n. —50
Schütze, Alb., über das Verschwinden verschiedenartiger Immunsera aus dem tierischen Organismus. (S. 657–660.) n. —50
Spengler, Carl, Klassenstadieneinteilung der Lungentuberkulose u. Phthise u. über Tuberkulinbehandlung. (S. 119–152.) n. 1.—
Uhlenhuth, zur Lehre v. der Unterscheidung verschiedener Eiweissarten m. Hilfe spezifischer Sera. (S. 49–74.) n. —80
Vagedes, die Malaria unserer Kolonien im Lichte der Kochschen Forschung. (S. 177–202 m. 3 Kurven u. 2 Karten.) n. 1.—
Wassermann, A., experimentelle Beiträge zur Frage der aktiven Immunisierung des Menschen. (S. 527–540.) n. —60
Wernicke, E., Verbreitung u. Bekämpfung der Lungentuberkulose in der Stadt Posen. (S. 153–170 m. 1 Taf.) n. 1. 50
Zettnow, Beiträge zur Kenntnis v. Spirobacillus gigas. (S. 383–388 m. 1 Taf.) n. 1. 50

Festschrift zum 60. Geburtstage von Theodor Plüss. 29. Mai 1905. VI + 182 S. 8. Basel, Helbing & Lichtenhahn, 1905. [fr. 3.—]

Festschrift zum siebzigsten Geburtstage A(braham) Berliner's. Gewidmet von Freunden u. Schülern. Hrsg. von Dr. A(ron) Freimann u. Dr. M(eir) Hildesheimer. *Frankfurt a. M.: J. Kauffmann 1903.* (XXXI, 376, 130 S.) 8°
[Nebent.:] [Hebr.] Birkat Abrāhām. [03. 7070

— zum 70. Geburtstage Moritz Cantors, s. a. Zeitschrift f. Mathematik u. Physik. Suppl. XIV.

Festschrift zum siebzigsten Geburtstage Moritz Cantors. *Leipzig: B. G. Teubner 1899.* (VIII, 657 S.) 8° [Umschlagt.]
= Abhandlungen z. Geschichte d. Mathematik. H. 9.
= Zeitschrift f. Mathematik u. Physik. Jg. 44. Suppl. [99. 9850

Festschrift zum siebenzigsten Geburtstage v. Carl Gegenbaur am 21. Aug. 1896. Bd 1—3. *Leipzig: W. Engelmann 1896. 97.* 3 Bde 4.
1. M. 45 Taf. u. 77 Abb. im Text. 1896. (3 Bl., 435 S., 15 Taf.)
2. M. 18 Taf. u. 85 Abb. im Text. 1896. (3 Bl., 486 S., 18 Taf.)
3. M. 17 Taf. u. 98 z. Th. farb. Abb. im Text. 1897. (3 Bl., 788 S., 17 Taf.) [97. 9750

Hieraus einzeln:

Bemmelen, J. F. van, Bemerkgn. üb. d. Schädelbau v. Dermochelys coriacea. (10 S. m. 1 Lichtdr.-Taf.) 896. n. 3.—
Boas, J. E. V., üb. Neotenie. (20 S.) 896. n. 1. 20
Corning, H. K., Merocyten u. Umwachsungsrand bei Teleostiern. (30 S. m. 2 farb. Taf.) 896. n. 6.—
Davidoff, M. v., üb. d. Entstehg. d. Endokardepithels b. d. Reptilien. (14 S. m. 1 farb. Taf.) 896. n. 3.
Fürbringer, Max, üb. d. spino-occipitalen Nerven d. Selachier u. Holocephalen u. ihre vergleich. Morphologie. (140 S. m. 1 Fig. u. 8 Taf.) 896. n. 40—
Göppert, E., d. Morphologie d. Amphibienrippen. (44 S. m. 10 Fig. u. 2 farb. Taf.) 896. n. 10.—
Goronowitsch, N., der Trigemino-Facialis-Komplex v. Lota vulgaris. (44 S. m. 2 Taf.) 896. n. 7.—
Haeckel, Ernst, die Amphorideen u. Cystoideen. Beiträge z. Morphologie u. Phylogenie d. Echinodermen. (150 S. m. 25 Fig. u. 5 farb. Taf.) 896. n. 20.—
Haller, B., d. Ursprung d. Vagusgruppe bei d. Teleostiern. (57 S. m. 1 Fig. u. 4 Taf.) 896. n. 10.—
Hertwig, Osc., Experiment. Erzeugg. thier. Missbildgn. (15 S. m. 7 Fig. u. 1 farb. Taf.) 896. n. 4.—
Hertwig, Rich., üb. d. Entwickelg. d. unbefrucht. Seeigeleies. Ein Beitrag z. Lehre v. d. Kernteilg. u. d. geschlechtl. Differenzirg. (66 S. m. 3 farb. Taf.) 896. n. 9.—
Hubrecht, A. A. W., d. Keimblase v. Tarsius. E. Hilfsmittel z. schärf. Definition gewisser Säugethierordngn. (32 S. m. 15 Fig. u. 1 farb. Doppeltaf.) 896. n. 7.—
Klaatsch, Herm., d. Brustflosse d. Crossopterygier. Ein Beitrag z. Anwendg. d. Archipterygium-Theorie auf d. Glied-Maassen d. Landwirbelthiere. (134 S. m. 42 Fig. u. 4 z. Tl. farb. Taf.) 896. n. 12.—
Leche, Wilh., Untersuchgn. üb. d. Zahnsystem leb. u. fossiler Halbaffen. (42 S. m. 20 Fig. u. 1 Taf.) 896. n. 6.—
Maurer, F., d. ventrale Rumpfmuskulatur ein. Reptilien. E. vergleich. anatom. Untersuchg. (77 S. m. 4 farb. Taf.) 896. n. 16.—
Rosenberg, Emil, üb. d. Wirbelsäule d. Myrmecophaga Jubata Linné. (64 S. m. 2 Fig. u. 3 [2 Doppel-]Taf. in Lichtdr.) 896. n. 8.—
Ruge, Geo., üb. d. peripher. Gebiet d. Nervus facialis bei Wirbelthieren. (156 S. m. 76 Fig.) 896. n. 20.—
Scott, W. B., d. Osteologie v. Hyracodon Leidy. (34 S. m. 3 lith. Taf.) 896. n. 6.—
Semon, Rich., d. Exkretionssystem d. Myxinoiden in s. Bedeutg. f. d. morpholog. Auffassg. d. Urogenitalsystems d. Wirbelthiere. (20 S. m. 2 Taf.) 896. n. 4.—
Seydel, O., üb. d. Nasenhöhle u. d. Jacobson'sche Organ d. Land- u. Sumpfschildkröten. E. vergleich.-anatom. Untersuchg. (IV, 102 S. m. 35 Fig.) 896. n. 8.—
Solger, B., üb. d. feineren Bau d. Glandula submaxillaris d. Menschen m. bes. Berücksicht. d. Drüsengranula. (10 S. m. 2 farb. Taf.) 896. n. 3.—
Weber, Max, Vorstudien üb. d. Hirngewicht d. Säugethiere. (21 S.) 896. n. 2.—

— z. 70. Geburtstage Wilhelm Grempler's, gewidmet v. Verein f. d. Museum schles. Altertümer, s.a. Schlesiens Vorzeit in Bild u. Schrift.

[F.] **Festschrift** zum siebzigsten Geburtstage des Herrn Geh. Sanitätsrats Dr. Wilhelm Grempler gewidm. v. Ver. f. d. Museum schlesischer Altertümer. Breslau d. 26. Jan. 1896. *(Breslau: Selbstv. d. Ver.; Dr. v. R. Nischkowsky 1896).* (213—473 S.) 8.
— **Vorzeit**, Schlesiens, in Bild u. Schrift. Zeitschr. d. Ver. f. d. Mus. schles. Altertümer. Bd VI. H. 4. [96. 5535

Festschrift zum siebzigsten Geburtstage von Ernst Haeckel hrsg. von s. Schülern u. Freunden. Mit 10 Taf. u. 109 Abb. *Jena: G. Fischer 1904.* (604 S.) 2°(4°)
= **Denkschriften** d. med.-naturw. Gesellschaft zu Jena. Bd 11. [04. 410

Festschrift zum siebenzigsten Geburtstag von Wilhelm Kobelt am 20. Februar 1910. Mit 1 Portr., 28 Taf. u. 51 Abb. Frankfurt a. M.: Senckenbergische Naturforsch. Gesellschaft 1910. 403 S. 4°
(Abhandlungen hrsg. von d. Senckenbergischen Naturforschenden Gesellschaft. Bd 32.) [10. 7488

[F.] **Festschrift** zum siebzigsten Geburtstage von Julius Kühn, Dr. phil., Prof. ... d. Univ. Halle a. S. M. J. Kühn's Bildn. *Berlin: P. Parey 1895.* (3 Bl., 329 S., 1 Portr.) 1 Bd 4.(8.) [96. 1004

Albert, F[riedr.]: Ueber d. Stickstoffgehalt d. Zuckerrübenblätter unter d. Einflusse verschiedener Düngung. *Berlin 1895.*
in: **Festschrift** z. 70. Geburtstage v. Julius Kühn. [96. 1004

Backhaus, A[lexander]: Die Verbilligung der landwirtschaftl. Produktion. *Berlin 1895.*
in: **Festschrift** z. 70. Geburtstage v. Julius Kühn. [96. 1004

Fesca, M[ax]: Ueber vulkanische Asche, vulkan. Schlamm u. durch vulkan. Thermen zersetztes Gestein. *Berlin 1895.*
in: **Festschrift** z. 70. Geburtstage v. Julius Kühn. [96. 1004

Fischer, M[ax]: Ueber Pflege u. Düngung der Wiesen u. Weiden. *Berlin 1895.*
in: **Festschrift** z. 70. Geburtstage v. Julius Kühn. [96. 1004

Holdefleiss, F[riedrich]: Das schlesische Rotvieh. *Berlin 1895.*
in: **Festschrift** z. 70. Geburtstage v. Julius Kühn. [96. 1004

Kirchner, W[ilh.]: Ueber die den Milchkühen im Futter zu reichenden Fettmengen. *Berlin 1895.*
in: **Festschrift** z. 70. Geburtstage v. Julius Kühn. [96. 1004

Lehmann, C[urt]: Ueber einige Wert bestimmende Eigenschaften der Wolle nach Untersuchgn bei d. letzten Probeschuren der Deutschen Landwirtschafts-Gesellsch. *Berlin 1895.*
in: **Festschrift** z. 70. Geburtstage v. Julius Kühn. [96. 1004

Liebenberg, A[dolf] R. v.: Studien üb. d. Weizen. *Berlin 1895.*
in: **Festschrift** z. 70. Geburtstage v. Julius Kühn. [96. 1004

Liebscher, G[eorg]: Die Ursachen d. landwirtschaftl. Krisis. *Berlin 1895.*
in: **Festschrift** z. 70. Geburtstage v. Julius Kühn. [96. 1004

Nowacki, A[nton]: I. Reminiscenzen aus d. Hallenser Studentenzeit. II. E. mechanisch-physiolog. Studie aus d. neuen Zeit. *Berlin 1895.*
in: **Festschrift** z. 70. Geburtstage v. Julius Kühn. [96. 1004

[F.] **Rümker**, K[urt] v.: Die Rassenzüchtung landwirtschaftl. Kulturpflanzen als Forschgsgebiet u. Lehrgegenstand. *Berlin 1895.*
in: **Festschrift** z. 70. Geburtstage v. Julius Kühn. [96. 1004

Wohltmann, F[erdinand]: Abschätzungsvorschriften einiger deutscher Staaten. *Berlin 1895.*
in: **Festschrift** z. 70. Geburtstage v. Julius Kühn. [96. 1004

— zum 70. Geburtstag von Carl v. Kupffer. Mit e. Atlas v. 64 Taf. u. 188 Abbildgn. im Text. Imp.-4. (VIII, 750 S. u. 64 Bl. Erklärgn.) Jena 899. G. Fischer. Kart. n.n. 150. —

— zum 70. Geburtstage Rud. Leuckart's. Dem verehrten Jubilar dargebracht von seinen dankbaren Schülern. Imp.-4. (XV, 413 S. m. 40 Taf., 43 Textfig., Bildnis in Heliograv. u. 40 Bl. Erklärgn.) Lpz. 892, W. Engelmann. 120 —

— zum 70. Geburtstage v. Alb. Orth, Dr. phil., Geheimer Regierungsrat, Professor an der königl. landwirtschaftlichen Hochschule u. königl. Friedrich-Wilhelms-Universität in Berlin, derzeit Rektor der königl. landwirtschaftlichen Hochschule. (VII, 252 S. m. 3 Taf. u. 1 Bildnis.) Lex.-8. Berlin 905. P. Parey. n. 5. —

— zum 70. Geburtstage Oskar Schade dargebracht v. s. Schülern u. Verehrern. gr. 8. (V, 415 S.) Königsberg 896. Hartung. n. 10. —

Daraus einzeln:

Becker, Heinr., zur Alexandersage. Der Brief über die Wunder Indiens b. Johannes Hartlieb u. Sebastian Münster. (26 S.) n. — 75
Brill, Bernh., ein Beitrag zur Kritik v. Lessings Laokoon. (8 S.) n. — 25
Carnuth, Otto, d. Etymologicum Florentinum Parvum u. d. sogen. Etymologicum Magnum Genuinum. (42 S.) n. 1. 25
Fietkau, Herm., d. drei Ausgaben v. Rückerts Weisheit d. Brahmanen. (16 S.) n. — 50
Fischer, Ludw., d. charakterist. Unterschiede zw. d. plattdeutschen u. hochdeutschen Dialekt i. d. Lauten u. d. Formenbildg. d. Substantiva. (10 S.) n. — 25
Friedlaender, Ulr., Metrisches z. Iwein Hartmanns v. Aue. (10 S.) n. — 25
Goldstein, Ludw., Beiträge z. lexikal. Studien üb. d. Schriftsprache d. Lessingperiode. (16 S.) n. — 45
Graz, Frdr., Beiträge z. Textkritik d. sogen. Caedmonschen Genesis. (11 S.) n. — 30
Hartmann, Herm., über William Cowpers Tirocinium. (23 S.) n. — 70
Hasse, Ernst, Schillers „Glocke" u. das griech. Chorlied. (14 S.) n. — 40
Jeep, Ludov., alias scripsit. (7 S.) n. — 20
Kaluza, Max, zur Betonungs- u. Verslehre d. Altenglischen. (33 S.) n. 1. —
Lagenpusch, Emil, Walhallklänge im Heliand. (18 S.) n. — 60
Ludwich, Arth., Erinnergn. an Oskar Erdmann. (24 S.) n. — 75
Marold, Karl, z. handschriftl. Überlieferg. d. Tristan Gottfrieds v. Strassburg. (10 S.) n. — 25
Müller, Johs., Liscow u. d. Bibel. (42 S.) n. 1. 25
Nadrowski, Rich., üb. d. Entstehg. d. Nibelungenliedes. (4 S.) n. — 10
Reich, Herm., üb. d. Quellen d. ältesten röm. Geschichte u. d. röm. Nationaltragödie. (17 S.) n. — 60
Schulz, Fritz, Jagdallegorie. (5 S.) n. — 10
Thurau, Gust., E. T. A. Hoffmanns Erzählgn. in Frankreich. (50 S.) n. 1. 50
Tolkiehn, Ios., de Livii Andronici Odyssia et de Cn. Matii Iliade latina scripsit. Accedit appendicula de T. Livio in Prisciani libris laudato. (8 S.) n. — 25
Uhl, Wilh., der Waise. (11 S.) n. — 30
Zimmermann, Aug., Etymolog. a. d. Bereiche d. Germanistik. (3 S.) n. — 10

Festschrift zum 70. Geburtstage von Hermann Schmidt-Rimpler. Stuttgart: Enke 1909. IV, 195 S. 8°
(Klinische Monatsblätter f. Augenheilkunde. Jg. 47, Beilageheft.) [09. 5964

— zum 70. Geburtstage Joseph Unger überreicht v. der rechts- u. staatswissenschaftlichen Fakultät d. k. k. Universität Wien am 2. VII. 1898. gr. 8. (VII, 584 S.) Stuttgart 898. J. G. Cotta Nachf. n. 16. —

Hieraus einzeln:

1. **Czyhlarz**, Karl v., zur Lehre v. Eigentumserwerb durch Accession nach röm. Recht. (48 S.) n. 1. 40
2. **Menzel**, Adph., Wandlgn. i. d. Staatslehre Spinoza's. (38 S.) n. 1. —
3. **Mitteis**, Ludw., zur Kenntnis d. litterar.-artist. Urheberrechts n. d. österr. Gesetz v. 26. XII. 1895. (188 S.) n. 3. 60
4. **Pfaff**, Leop., d. Clausel Rebus sic stantibus in d. Doctrin u. d. österr. Gesetzgebg. (184 S.) n. 3. 60
5. **Schrutka v. Rechtenstamm**, Emil, über d. Jus novorum in d. Berufungsinstanz. (58 S.) n. 1. 60
6. **Schey**, Jos. Frhr. v., über d. redl. u. unredl. Besitzer im österr. bürgerl. Gesetzbuche. (86 S.) n. 2. 40
7. **Adler**, Sigm., d. Gültbuch v. Nieder- u. Oberösterreich u. s. Function in d. ständ. Verfassg. (42 S.) n. 1. 20
8. **Seidler**, Gust., zur Lehre v. Gewohnheitsrecht auf d. Gebiete d. österr. Staats- u. Verwaltungsrechtes. (44 S.) n. 1. 20

Festschrift zum Siebzigsten Geburtstage des Herrn Geheimen Raths Prof. Dr. August Weismann in Freiburg i. B. Mit 32 Taf. u. 104 Abb. *Jena: G. Fischer 1904.* (VIII, 749 S.) 8°
— **Jahrbücher**, Zoologische. Suppl. 7. [04. 1339

Festschrift zum 200. Geburtstage von Johann Christian Senckenberg: 28. Febr. 1907. Wiesbaden: J. F. Bergmann 1907. (X, 220 S.) 4°(8°)
— **Zeitschrift**, Frankfurter, f. Pathologie. Bd 1, H. 1. [07. 5840

— zu Goethes 150. Geburtstagsfeier, dargebracht vom Freien Deutschen Hochstift. gr. 8. (XV, 300 S. m. 21 Taf.) Frankfurt a/M. 899. Gebr. Knauer. Auf Velinpap n. 15. —; Liebhaber-Ausg., auf Büttenpap., geb. in Kalbldr. n. 25. —

Festschrift zu Menno Simons' 400-jhr Geburtstagsfeier, den 6. Nov 1892. Danzig, 1892.

1504–1904. **Festschrift** zum Gedächtnis Philipps des Großmütigen, Landgrafen von Hessen, geb. am 13. Nov. 1504. Hrsg. v. Ver. f. hess. Geschichte u. Landeskunde. (Vorr.: [Karl Alhard] v. Drach.) *Kassel: G. Dufayel in Komm. 1904.* (IV, 358 S.) 8°
— **Zeitschrift** d. Vereins f. hessische Geschichte u. Landeskunde. N. F. Bd 28. [04. 13394

Festschrift zum Gedächtnis der 300 jährigen Vereinigung der Grafschaft Mark mit Brandenburg-Preußen. Hrsg. von A. Meister u. a. 2 Bde. und Beiheft. Dortmund, 1909–10. 1329 S. mit 205 Abb. u. 27 Taf.

Festschrift zur Gedächtnisfeier des 25jährigen Bestehens der Albinusschule zu Lauenburg a. d. Elbe. Beilage zum 17. Jahresbericht der Albinusschule. Lauenburg (a. d. Elbe). 1890. 4° k.

Festschrift zum 500. Gedächtnistag der Schlacht bei Vögelisegg: Die Appenzeller Freiheitskriege. Zürich 1903. V: *Tobler, E. Vict.* (Zuwachsverz. d. Bibl. Zürich 1898 ff. 7.)

Festschrift zur Gedenkfeier des 25jährigen Bestandes der Freiwilligen Turner-Feuerwehr in Iglau am 14. 16. 8. 1891, 82 S., 8°.

— zur Gedenkfeier des 300 jährigen Bestehens des kgl. Gymnasiums zu Hanau, vordem die „Hohe Landes-Schule“. (33 u. 28 S. m. 1 Taf.) Lex. 8. Hanau 907. (Clauss & Feddersen.) 1. 50

FESTSCHRIFT, herausgegeben vom „Verein für Münzkunde in Nürnberg“ bei der Gedenkfeier seines 25jährigen Bestehens. Mit drei Vollbildern und drei Abbildungen im Text. Nürnberg 1907. Druck von G. Heydolph, Nürnberg. 4°.

— zur Gedenkfeier des 50jährigen Bestehens des königl. Gymnasiums zu Wiesbaden, 14. Aug. 1894. 4. Wiesbaden 894. (H. Lützenkirchen.) n. 2. 70
1. Geschichte des Wiesbadener Pädagogiums. 1. Tl. Von Pachler. 2. Verzeichnis aller Lehrer des Pädagogiums (1817–1844) u. des Gymnasiums (1844–1891). Von Spiess. 3. Verzeichnis aller Abiturienten des Gymnasiums von 1847–1891. Von Fritze. (V, 133 S.)

— z. Gedenkfeier d. 50jähr. Bestehens d. kgl. Realgymnasiums zu Wiesbaden. gr. 8. Wiesbaden 896. (Moritz & Münzel.) n. 1. —
I. Kurze Geschichte d. kgl. Realgymnasiums. Von Hochhuth. II. Verzeichnis d. Lehrer d. Anstalt. Von Schedtler. III. Verzeichn. d. Abiturienten v. 1847–1895. Von Fries, Kühn, A. Metzer, Ruppel u. J. Weber. (99 S.)

Königliches Gymnasium zu Fulda. Festschrift zur Gedenkfeier des 100jährigen Bestehens der Anstalt seit ihrer Neugestaltung 1805—1905. 83 S. 4. **Progr.** Kgl. Gymn. *Fulda* 1905.
Inhalt: I. Geschichte der Anstalt bis zum Jahre 1905. 1. Die erste und zweite Schule Fuldas. Von Konrad Lübeck. 2. Die dritte Schule Fuldas bis zum Jahre 1905. Von Jos[ef] Wahle. II. Lehrer und Abiturienten der Anstalt. 1. Verzeichnis der Lehrer des Lyceums bezw. Gymnasiums während der Jahre 1805—1905. Von Th[eodor] Haas. 2. Verzeichnis der Abiturienten der Jahre 1835—1905. Von Th[eodor] Haas.

— zur Gedenkfeier des 100jährigen Bestehens des kgl. Gymnasiums zu Fulda seit seiner Neugestaltung 1805—1905. (83 S.) Lex.-8. Fulda 905. (A. Maier.) n.n. 2. 50

Festschrift zur Gedenkfeier des hundertjährigen Bestehens der Anstalt. 1899. 8. **Progr.** Kgl. G. *Wetzlar* 1900
I. Fehrs, *Friedrich Wilhelm Ernst*: Die Oberschule der Stadt Wetzlar. 8 (S. 3–20).
II. Lehrerverzeichnis (Umschlagtitel: Verzeichnis der Lehrer der Oberschule und des Gymnasiums (1799–1899). 8 (S. 21–31).

Communal-Gymnasium in Komotau. Festschrift zur dreihundertjähr. Gedenkfeier der Gründung des Gymnasiums. — Komotau 1891: Butter. IV, 214 S. 4°

— zur 1100jährigen Gedenk-Feier [9—11. Mai 1877] der Gründung des Hochstifts Kempten. 1. Thl. gr. 8. (22 S.) Kempten 877. Kösel. n. — 20

— zur 25jährigen Gedenkfeier des Harzvereins f. Geschichte u. Altertumskunde zu Wernigerode am 25., 26. u. 27. Juli 1892. Hrsg. im Namen des Vereins v. Ed. Jacobs. gr. 4. (III, 155 S. m. 1 Karte u. 9 Taf.) Wernigerode 893. (Quedlinburg, H. C. Huch.) n. 6.

Fest-Schrift zur 50jährigen Gedenkfeier der Gründung des Karnöffel-Vereins zu Landeshut i. Schl. Hrsg. v. Curatorium d. Ver. z. Jubelfeier am 5. Juli 1896. *Landeshut i. Schl. (1896): A. Werner.* (14 S.) 8° [F.] [04. 11335

Festschrift zur 150jährigen Gedenkfeier der Gründung des Bades Pausa am 19. Aug. 1889. 2. Ausg. gr. 8. (64 S.) Pausa 889. (Plauen i. V., Kell.) † — 50

K. k. I. Staatsgymnasium in Czernowitz. Festschrift zur hundertjährigen Gedenkfeier der Gründung des Gymnasiums. 1808 – 16. Dezember – 1908. Czernowitz: Eckhardt 1909.

— zur Gedenkfeier für die am 16. VI. 1426 heldenmütig gefallenen deutschen Ritter. (15 S.) Lex.-8. Teplitz 905. (A. Becker.) n. — 40

— zur 600jährigen Gedenkfeier der Belehnung des Hauses Habsburg mit Österreich. Von den histor. Vereinen Wiens. gr. 4. (V, 231 S. mit eingedr. Holzschn., 11 Taf. und 2 genealog. Tab.) Wien 882, (Braumüller.) *

Fest- u. Gedenkschrift anläßlich der Schlußsteinlegung u. Eröffnung des Neubaues der k. k. montanistischen Hochschule in Leoben. Hrsg.: Red. Ag Nitsche. (80 S. m. Abb., 14 Taf. u. 1 Fksm.) Lex. 8. Leoben 910. (L. Nüßler). nn 3. 50

— zum 30. Gedenktage der Schlacht v. Sedan. Festfeier der Deutschvölkischen Wien's Sofien-Saal 14. Gilbharts 2013. gr. 4. (16 S.) Wien (900). F. Schalk. — 75

— z. 550. Gedenktage d. Oberlausitzer Sechsstädtebündnisses a. 21. Aug. 1896. Hrsg. i. Auftr. d. oberlausitz. Gesellschaft der Wissenschaften von R. Jecht. 2 Tle. in 3 Hftn. gr. 8. Görlitz 896. H. Tzschaschel. n. 8. 60
1. Codex diplomaticus Lusatiae superioris II., enth. Urkunden d. Oberlausitzer Hussitenkrieges u. d. gleichzeit. d. Sechslande angeh. Fehden. 1. Hft. 1419 1423. Von R. Jecht. (X, 178 S.) n. 3. 60
2. Neues lausitzisches Magazin. 72. Bd. 2 Hfte. (338 S.) n. 5. —

Festschrift zum 100jährigen Gedenktag der Gründung der Landwirthschaftlichen Gesellschaft zu Heiligenbeil. *(Heiligenbeil 1896: F. A. Schneider.)* (39 S.) 4° [F. u. Ant.] [00. 6631 10

Festschrift für die am 15., 16. und 17. Juli 1904 in Fulda abzuhaltende, mit Tierschau und landwirtschaftlicher Ausstellung verbundene 15. Generalversammlung des Vereinsausschusses der Landwirtschaftskammer für den Regierungsbezirk Cassel. Fulda (1904): J. L. Uth. (83 S.) 8° [F.] [05. 1619 4

Festschrift für die am 21., 22. und 23. Juli 1905 in Frankenberg (Bez. Cassel) abzuhaltende, mit Tierschau u. landwirtschaftl. Ausstellung verbundene 17. General-Versammlung des Vereins-Ausschusses d. Landwirtschaftskammer f. d. Reg.Bez. Cassel. Frankenberg i. H. 1905: F. Kahm. (32 S.) 8° [F. u. Ant.]
[Umschlagt.:] Festschrift z. landwirtschaftl. Feste am 21., 22. u. 23. Juli 1905 zu Frankenberg. 1905. [05. 13400 4

— der Generalversammlung des Gesammtvereins der deutschen Geschichts- u. Altertumsvereine zu Düsseldorf vom 22.—25. IX. 1902, dargebracht vom Aachener Geschichtsverein. (Aachen in Philipp Mouskets Reimchronik, v. Eduard Teichmann.) gr. 8. (100 S.) Aachen 902. Cremer. n. 2. —

— d. 36. Generalversammlg. d. Gesammtvereines Gabelsberger Stenographen im Königr. Sachsen gewidmet v. Ortsausschusse Buchholz, S., den 7. bis 9. VI. 1897. gr. 8. (8 S. m. 7 Abb.) Buchholz 897. (A. Handreka.) n. — 25

Festschrift zur 40. Generalversammlung des Schweizerischen Ingenieur- und Architektenvereins. Chur, 6. und 7. September 1903. Hrg. von der Sektion Graubünden. [Mit Illustr. und 41 Tafeln.] IV+106 S. 4. Chur, Hermann Fiebig, 1903. [geb. fr. 10.—]

—— zur 38. Generalversammlg. der Katholiken Deutschlands in Danzig vom 30. Aug. bis 3. Septbr. 1891. 12. (148 S. m. 1 Plan.) Danzig 891. Lehmann. † 1 —

Festschrift zur V. General-Versammlung des Katholischen Lehrerverbandes d. D. R. Provinz III. Rheinland am 6., 7. u. 8. April 1890 in Trier. Hrsg. vom Vorstand d. Prov.-Ver. *Trier: Paulinus-Dr. in Komm. (1896).* (78 S.) 8° [00. 5384

Fest-Schrift zur XIII. General-Versammlung des Katholischen Lehrerverbandes des Deutschen Reiches. Breslau 1908: Schles. Volkszeitung; [Müller & Seiffert, Breslau in Komm.]. (144, 40, 30 S.) 8° [08. 9949

Festschrift zur 30. Generalversammlung des **Vereins Deutscher Kürschner**, Leipzig, vom 4.—7. April 1910. — Leipzig: Heber (1910). 44 S. 4° [Umschlagt.]

Festschrift zur XIII. General-Versammlung des Vereins katholischer Lehrer Schlesiens. Neisse 1909: (Bär). 112 S. 8°

Festschrift für die XXIII. General-Versammlung des Vereinsausschusses der Landwirtschaftskammer für den Reg.-Bez. Cassel verbunden mit Tierschau . . . 1908 in Hanau. Hanau 1908: Waisenhaus. 4, XVI, 64 S. 8°

— z. General-Versammlung d. bayer. Verkehrs-Beamten-Vereins am 20., 21. u. 22. Apr. 1895 in Würzburg. 8. (84 S. m. Abb., 4 Taf. u. 1 farb. Plan.) Würzburg 895. (Stahel.) n. 2. —

Festschrift zur XXIII. General-Versammlung des deutschen Weinbau-Vereins in Bernkastel-Cues ... 1906. Bernkastel-Cues 1906: Oberhoffer. 35 S., 2 Pl. --

Festschrift zur 25. Generalversammlung des Deutschen Weinbau-Vereins in Eltville im Rheingau, vom 15.-18. August 1908. o.O. 1908. 63 S. -

Festschrift zum 16. Deutschen Geographentag ⟨21. bis 23. Mai 1907⟩ in Nürnberg. Überreicht v. Ortsausschuß (Schriftleitung: Dr. Emil Reicke). Mit Abb. Nürnberg 1907: W. Tümmel. (VII, 307 S.) 8° [07. 9786

Festschrift der Turnerverbindung „Germania" in Prag anläßl. d. 10jähr. Best., Prag 1892, 29 S., 8°.

FESTSCHRIFT, dem Gesammtverein der deutschen Geschichts- und Alterthumsvereine dargebracht vom Verein für Geschichte Dresdens. Dresden 1900 (o. V.) — A. u. d. T.: Geschichte der Stadt Dresden. Von OTTO RICHTER. Theil 1: Dresden im Mittelalter. Mit Abbildungen und einem Plane. Veröffentlichung des Vereins für Geschichte Dresdens. Dresden 1900. Wilhelm Baensch' Verlagshandlung. 8°.

Festschrift z. Grossen Nationalen Gesang-Wettstreit am 29. 30. u. 31. Mai 1898 in Kreuznach veranstaltet v. Männer-Gesangverein „Liederkranz" aus Anlass s. 65jähr. Bestehens. *Kreuznach: Dr. r. F. Harrach 1898.* (171 S.) 1 Bd 8. [98 6296 K1

1804 1904. **Festschrift** zum Gesangswettstreit in Langendiebach am 26. Juni 1904 veranst. v. Gesangver. 'Liederkranz' aus Anl. d. Feiers. 40jähr. Bestehens. (Hanau 1904: G. Heydt Nachf.) (69 S.) 8° [F.] [05. 13403 4

Festschrift zum Gesangs-Wettstreit in Niederrodenbach am 22., 23. u. 24. Juni 1907 veranstaltet v. Gesangver. 'Sängerlust' aus Anlass s. 20jähr. Bestehens. (Hanau 1907: Waisenhaus.) (88 S.) 8° [F.] [07. 11070 4

Festscchrift zum 50jähr. Geschäfts-Jubiläum der **Coburger Bierbrauerei-A.-G.**, Coburg. 1858—1908. — (Coburg 1908: Thür. Kunstanst. & Graph. Union.) 25 S. 4°

Festschrift zum 50jährigen Geschäftsjubiläum des Gußstahl-Werks Witten in Witten a. d. Ruhr. Witten, 1904. 68 S. mit 2 Karten.

Festschrift zum 150jähr. Geschäftsjubiläum der Firma **Abraham Dürninger & Co.** in Herrnhut in Sachsen am 24. Oct. 1897. — (Berlin 1897: Giesecke & Devrient.) 38 S. quer-8° [Umschlagt.:] 1747—1897. Abraham Dürninger & Co in Herrnhut in Sachsen.

[F.] **Festschrift** des Hanauer Geschichtsvereins zu seiner fünfzigjährigen Jubelfeier am 27. August 1894 . . . *Hanau: Gedr. v. G. Heydt (1894).* (1 Bl., 31 S., 31 Taf.) 1 Bd 4. [96. 463

Suchier, Reinhard: Geschichte des [Hanauer Geschichts-]Vereins. *Hanau (1894).*
in: **Festschrift** d. Hanauer Geschichtsvereins z. s. fünfzigj. Jubelfeier. [96. 463

Suchier, Reinhard: Verzeichniss d. Portraits [d. Grafen u. Gräfinnen v. Hanau]. *Hanau (1894).*
in: **Festschrift** d. Hanauer Geschichtsvereins z. s. fünfzigj. Jubelfeier. [96. 463

Suchier, Reinhard: Genealogie d. Hanauer Grafenhauses. *Hanau (1894).*
in: **Festschrift** d. Hanauer Geschichtsvereins z. s. fünfzigj. Jubelfeier. [96. 463

Festschrift dem Hansischen Geschichtsverein und dem Verein für niederdeutsche Sprachforschung dargebr. zu ihrer Jahresversammlung in Göttingen Pfingsten 1900. *Göttingen 1900: W. F. Kästner.* (172 S.) 8° [F.] [00. 7168 5

— dem hansischen Geschichtsverein u. dem Verein f. niederdeutsche Sprachforschung dargebracht zu ihrer Jahresversammlung in Göttingen, Pfingsten 1900. gr. 8. (III, 172 S.) Göttingen 900. (Berlin, F. Wunder.) n. 3. —

Fest-Schrift dem Hansischen Geschichtsverein und dem Verein für Niederdeutsche Sprachforschung bei der Jahresversammlung in Magdeburg 1903 dargereicht vom Verein f. Geschichte u. Altertumskunde d. Herzogt. u. Erzstifts Magdeburg. Magdeburg: Th. Wulfert, Schönebeck a. E. 1903. (191 S.) 8° [F.] [07. 11180 9

— der bei der kaiserl. Universität Dorpat bestehenden gelehrten ostnischen Gesellschaft zur Feier ihres 50jährigen Bestehens, s.: Verhandlungen der gelehrten estnischen Gesellschaft zu Dorpat.

Festschrift der deutschen Anthropologischen Gesellschaft zur XXVI allgem. Versammlung zu Cassel gewidmet v. d. Residenzstadt Cassel. *Cassel: Th. G. Fisher & C. 1895.* (2 Bl., 110 S.) 1 Bd 4. [96. 8738

— dasselbe, z. XXVIII. Versammlg. Lübeck, August 1897. gr. 8. (III, 42; 82, 35 u. 26 S. m. 48 Taf.) Lübeck 897. (Lübcke & Hartmann.) n.n. 5. —

—— der deutschen geologischen Gesellschaft zu ihrer 34. allgemeinen Versammlung im Septbr. 1887 in Bonn gewidmet von dem naturhistor. Verein der preuss. Rheinlande, Westfalens und des Reg.-Bez. Osnabrück. gr. 8. Bonn 887, (Cohen und Sohn.) *

Inhalt:

Dechen, H. v., und Herm. Rauff, geologische und mineralogische Litteratur der Rheinprovinz und der Prov. Westfalen, sowie einiger angrenzender Gegenden. (IV, 291 S.) — Follmann, Otto, unterdevonische Crinoiden. (26 S. mit 2 Taf.) — Schulz, Eug., geognostische Uebersicht der Bergreviere Arnsberg, Brilon und Olpe im Oberbergamtsbezirk Bonn, sowie der Fürstenthümer Waldeck und Pyrmont. (42 S.)

FESTSCHRIFT, der Gesellschaft für nützliche Forschungen zu Trier zur Feier ihres hundertjährigen Bestehens am 10. April 1901 dargebracht vom Verein von Altertumsfreunden im Rheinlande. Mit 8 Tafeln und 28 Textfiguren. Bonn 1901. Universitäts-Buchdruckerei von Carl Georgi. 8°.

FESTSCHRIFT DER GESELLSCHAFT FÜR NÜTZLICHE FORSCHUNGEN ZU TRIER, zur Feier ihres hundertjährigen Bestehens herausgegeben am 10. April 1901. — Der Psalter Erzbischof Egberts von Trier. Codex Gertrudianus, in Cividale. Historisch-kritische Untersuchung von H. V. SAUERLAND. Kunstgeschichtliche Untersuchung von A. HASELOFF. Mit 62 Lichtdrucktafeln. Trier. 1901. Selbstverlag der Gesellschaft für nützliche Forschungen. fol.

FESTSCHRIFT der Geographischen Gesellschaft in München zur Feier ihres fünfundzwanzigjährigen Bestehens mit einem Jahresbericht für 1892 und 1893 im Auftrage der Vorstandschaft herausgegeben vom derzeitigen 1. Schriftführer EUGEN OBERHUMMER. Mit 1 geologischen Karte, 1 Kurventafel, 7 Lichtdrucken und 12 Textfiguren. München 1894. Im Buchhandel zu beziehen durch Theodor Ackermann. gr. 8°.

Festschrift der Geographischen Gesellschaft in München zur Feier ihres fünfundzwanzigjährigen Bestehens mit einem Jahresbericht für 1892 und 1893. Im Auftrage der Vorstandschaft herausgegeben vom derzeitigen 1. Schriftführer Eugen Oberhummer. Mit einer geologischen Karte, einer Kurventafel, 7 Lichtdrucken und 12 Textfiguren. München 1894. XVI, 395, XLI S. 8°.

Festschrift der Geographisch-Ethnographischen Gesellschaft in Zürich.... 1901.... s. Jahresbericht der — — Gesellschaft Zürich.

Festschrift der Geographisch-Ethnographischen Gesellschaft in Zürich bei Anlass der Versammlung des Verbandes der schweizerischen Geographischen Gesellschaften in Zürich im Jahr 1901. ⟨Nebst Jahresbericht für das Gesellschaftsjahr 1900/1901⟩. [Mit 2 Figuren und 2 Karten.] 208 S. 8. Zürich, F. Lohbauer, 1901.

Festschrift der litterarischen Gesellschaft in Köln zum 31. Januar 1895. Köln 1895. V: *Fastenrath, Johannes.* (EB)

— d. litterarischen Gesellschaft in Köln z. 31. Jan. 1895. gr. 8. (74 S.) Köln 895. (J. G. Schmitz.) n. 1. 50

FESTSCHRIFT, herausgegeben von der Mathematischen Gesellschaft in Hamburg anlässlich ihres 200jährigen Jubelfestes 1890.
Teil 1.: Geschichte der Gesellschaft von 1690 bis 1890, zugleich Anfang von Band II der „Mitteilungen". Leipzig 1890. Commissionsverlag von B. G. Teubner. 8°.
Teil 2.: Wissenschaftliche Abhandlungen, zugleich Band II der „Mitteilungen". ib. 1890. —
Teil 3.: Katalog der auf Hamburger Bibliotheken vorhandenen Litteratur aus der reinen und angewandten Mathematik und Physik. ib. 1890. Commissionsverlag der Verlagsanstalt und Druckerei A.-G. (vormals J. F. Richter). — A. u. d. T.: Katalog der auf Hamburger Bibliotheken vorhandenen Litteratur aus der reinen und angewandten Mathematik und Physik.
Herausgegeben von der Mathematischen Gesellschaft in Hamburg anlässlich ihres 200jährigen Jubelfestes 1890. Heft I, enthaltend die Veröffentlichungen von Akademien, Societäten, Vereinen und Gesellschaften, Instituten, Zeitschriften, Berichte, Kataloge, Encyklopädisches. ib. 1890. —
Heft II, umfassend die Jahre vor 1700. ib. 1890. — Heft III, umfassend die Jahre 1700 bis 1799. ib. 1890. — Heft IV, umfassend die Jahre 1800 bis 1888. ib. 1890. —

—— hrsg. v. der mathematischen Gesellschaft in Hamburg anlässlich ihres 200jährigen Jubelfestes 1890. 1. u. 2. Tl. gr. 8. Lpz. 890, (Teubner). * 6 —

1. Geschichte der Gesellschaft von 1690—1890, zugleich Anfang von Bd. II der „Mittheilungen". (105 S.) * 2 —.
2. Wissenschaftliche Abhandlungen, zugleich Bd. II der „Mittheilungen". (190 S.) * 4 —.

—— dass. — 3. Tl.: Katalog der auf Hamburger Bibliotheken vorhandenen Litteratur aus der reinen u. angewandten Mathematik u. Physik. gr. 8. (VIII, 47, 37, 48, 241 S.) Hamb. 890, Verlagsanstalt u. Druckerei. * 4 —

FESTSCHRIFT DER NATURFORSCHENDEN GESELLSCHAFT ZU EMDEN, herausgegeben in Veranlassung der Jubelfeier ihres 50jährigen Bestehens am 29. Dezember 1864 von der Direktion. Emden a. a. Druck von Th Hahn Wwe. 4°.

— d. naturforschenden Gesellschaft in Zürich 1746—1896. D. Theilnehmern d. in Zürich vom 2.—5. Aug. 1896 tag. Jahresversammlg. d. schweizer. naturforsch. Gesellschaft gewidmet. 2 Tle. gr. 8. (X, 274 u. VII, 598 S. m. 6 u. 14 Taf.) Zürich 896. (Fäsi & Beer.) à n.n. 9. —

FESTSCHRIFT DER PHYSIKALISCH-ÖKONOMISCHEN GESELLSCHAFT in Königsberg i. Pr. zur Feier der Eröffnung ihres Provinzial-Museums für Bodenkunde, Geologie und Anthropologie im neuerworbenen Gebäude, Lange Reihe No. 7, am 29. Mai 1879. Inhalt: Die Zusammensetzung des altpreussischen Bodens von JENTZSCH. Königsberg, 1879. In Komm. bei W. Koch. 4°.

Festschrift des oldenburgischen Gewerbe- und Handelsvereins zu der 50 jährigen Jubelfeier 1891. Bearbeitet von G Holtzinger. Oldenburg 1892

— Theodor Gomperz dargebracht zum 70. Geburtstage am 29. III. 1902 von Schülern, Freunden, Collegen. Lex.-8. (IV, 499 S. m. 1 Bildnis.) Wien 902. A. Hölder. n. 12. —

Görres-Gesellschaft zur Pflege der Wissenschaft im katholischen Deutschland. FESTSCHRIFT. ADOLPH FRANZ, Die gemischten Ehen in Schlesien. Breslau 1878. G. P. Aderholz' Buchhandlung. 8°.

Görres-Gesellschaft zur Pflege der Wissenschaft im katholischen Deutschland. FESTSCHRIFT. Köln 1880. Comm. von J. P. Bachem. A. u. d. T.: HERMANN CARDAUNS, Konrad von Hostaden Erzbischof von Köln (1238—61.) ib. 1880. — 8°.

Festschrift Herrn Hofrat Dr. Carl Göschel bei Gelegenheit seines 25jähr. Jubiläums als Oberarzt der chir. Abt. d. allg. städt. Krankenhauses ehrerbietigst gewidmet Nürnberg 14. Dez. 1902. *Tübingen: H. Laupp 1902.* (V, 243 S.) 8° [03. 8834 4

Allgemeine Bürger-Loge. Festschrift zum Grosslogentage in Kiel 1900. Kiel [1900]: Messerschmidt. 2 Bl. 4°. Kopftit.
Selten.

Typogr. Gesellsch., Stettin. Festschrift zur ersten Gründungsfeier am 27. Febr. 1904 im Greif. *(Stettin 1904: L. Pasenow.)* (4 Bl.) 4° [04. 7583 9

Festschrift zur fünfundzwanzigjährigen Gründungsfeier der k. k. Heraldischen Gesellschaft 'Adler' in Wien 1870—1895. (Umschlagt.: Geschichte d. k. k. herald. Ges. Adler zu Wien ...) (Vorr.: Richard Schroft.) *Wien: Selbstr. d. Gesellsch.; (Dr. v. C. Gerold's Sohn) 1896.* (4 Bl., 51 S., 3 Portr., 1 Tab.) 1 Bd 4. [97. 1633

Festschrift zur 25jährigen Gründungsfeier und Einweihung des Logenhauses der ger.·. u.·. vollk.·. St. Johannis-Loge „Augusta" Or. Augsburg am 24. Okt. 1897. Mit einer Abb. des neuen Logengebäudes. Bayreuth [1897]: Mühl. 25 S. 1 Bild. 8°
Vorgesch. der Frmrei in Augsburg, die bis 1780 zurückreicht, aktenmässige Darst. der hauptsächlichsten Vorkommnisse in der Loge.

Festschrift z. 25jähr. Gründungs-Feier d. freiwilligen Feuerwehr Laufen. 1885. Laufen, Selbstverl. der freiw. Feuerwehr. Druck von J. E. Ried. 4°. Cart.
Verziertes Titelbl. (m. violetter Bordüre) u. 6 unpag. Bll. Text.

Festschrift zur 25 jähr. Gründungsfeier des Gabler Turnvereins, 24.—26. 9. 1887, Warnsdorf, 42 S., 8°.

Festschrift zur 25. Gründungsfeier des Wiener-Neustädter Turnvereins 1887, Wiener-Neustadt, 22 S., 8°.

Festschrift zur 50jähr. Gründungsfeier des Turnvereins Bodenheim, Mainz 1898, 12 S., Gr.-8°.

Festschrift zur 50jährigen Gründungsfeier des Archaeologischen Institutes in Rom. gr. 4. Wien 879. Gerold's Sohn in Comm. cart. n. 10. —
Zur Geschichte des lateinischen Rechts v. Otto Hirschfeld. (S. 1—16.) — Ueber das Cultusbild der Athena Nike v. Otto Benndorf. (S. 17—48 m. 2 eingedr. Holzschn. u. 1 Photolith.)

Festschrift zum 30jährigen Gründungs-Feste des Vereines der Buchdrucker Kärntens. Klgft., St. Josefs-Druck., 1898. 23 S.

Festschrift zum 25jähr. Gründungsfest der Freiwilligen Feuerwehr und des Turnvereins Rosenheim 14.—16. 8. 1885, Rosenheim 1885, 31 S., 8°.

Festschrift zum 50jähr. Gründungsfest des Turnvereins Treuen i. V., Treuen i. V. 1909, 31 S., 8°.

Festschrift des Grütli-Vereins Chicago (Ill.) zu seinem Goldenen Jubiläum. 1856—1906. Sonntag, den 21. Januar 1906, im Medinah Temple... [und] Montag, den 22. Januar 1906, in Brand's Halle.... [Illustriert.] [II + 66 S.] quer-4. (Chicago, The North Ch' Printing Co.)

— zur Gutenbergfeier. Hrsg. v. der königl. Bibliothek zu Berlin am 24. VI. 1900. (Schwenke, Paul, Untersuchungen z. Geschichte des ersten Buchdrucks.) Lex.-8. (IX, 90 S. m. eingedr. Fksms. u. 1 Taf.) Berlin 900. (A. Asher & Co.) n.n. 5. —

—— des Gymnasium Bernhardinum zur Feier des Henfling'schen Gedächtnistages, am 30. Jan. 1891. gr. 4. Meiningen 891, (von Eye). * 2 —
Koch, Ernst. Noch e. Beitrag zur urkundlichen Geschichte d. sächsischen Prinzenraubes: über die Befreiung d. Prinzen Albrecht. (35 S.)

Festschrift des Grossherzoglichen Gymnasiums zu Karlsruhe zu den Jubiläumsfestlichkeiten im September 1906. Karlsruhe 1906: F. Gutsch. (49 S., 1 Karte.) 4°
Karlsruhe, großh. G P 1906 (762)

Festschrift Eduard Hagenbach-Burckhardt, Prof. ... in Basel, zu s. 25-jähr. Professoren-Jubiläum gewidm. v. seinen Schülern. *Basel & Leipzig: C. Sallmann 1897.* (4 Bl., 236 S., 1 Bl., 3 Taf.) 1 Bd 8. [97. 1491

Hosch, Fr.: E. Schichtstaar-Familie nebst Bemerkgn üb. diese Staarform überhaupt. *Basel & Leipzig 1897.*
in: Festschrift Eduard Hagenbach-Burckhardt zu s. 25-j. Prof.-Jubil. gew. [97. 1491

Fahm, J.: Ueber congenitale Missbildungen. *Basel & Leipzig 1897.*
in: Festschrift Eduard Hagenbach-Burckhardt zu s. 25-j. Prof.-Jubil. gew. [97. 1491

Eichenberger, E.: E. Fall v. Diabetes insipidus im Kindesalter. *Basel & Leipzig 1897.*
in: Festschrift Eduard Hagenbach-Burckhardt zu s. 25-j. Prof.-Jubil. gew. [97. 1491

Brandenberg, F.: Chronischer Icterus '(m. let. Ausgang)' bei zwei Geschwistern im Säuglingsalter. *Basel & Leipzig 1897.*
in: Festschrift Eduard Hagenbach-Burckhardt zu s. 25-j. Prof.-Jubil. gew. [97. 1491

Feer, Emil: Z. geogr. Verbreitung u. Aetiologie d. Rachitis. *Basel & Leipzig 1897.*
in: Festschrift Eduard Hagenbach-Burckhardt zu s. 25-j. Prof.-Jubil. gew. [97. 1491

Sulzer, Max: Anatom. Untersuchungen üb. Muskelatrophie articul. Ursprungs. *Basel & Leipzig 1897.*
in: Festschrift Eduard Hagenbach-Burckhardt zu s. 25-j. Prof.-Jubil. gew. [97. 1491

Wieland, Emil: Ueb. Intubation bei Kehlkopfcroup. *Basel & Leipzig 1897.*
in: Festschrift Eduard Hagenbach-Burckhardt zu s. 25-j. Prof.-Jubil. gew. [97. 1491

Adam, A.: E. Fall v. traumatischer Haemorrhagie d. Gehirns. *Basel & Leipzig 1897.*
in: Festschrift Eduard Hagenbach-Burckhardt zu s. 25-j. Prof.-Jubil. gew. [97. 1491

Meyer, Heinrich: Ueb. weitere Fälle v. metastatischen Eitergn nach Empyem im Kindesalter. *Berlin & Leipzig 1897.*
in: Festschrift Eduard Hagenbach-Burckhardt zu s. 25-j. Prof.-Jubil. gew. [97. 1491

— hamburgische, zur Erinnerung an die Entdeckung Amerika's. Hrsg. vom wissenschaftl. Ausschuss d. Komités f. die Amerika-Feier. 2 Bde. Mit 2 Taf., 1 Karte u. 25 Abbildgn. im Text. Lex.-8. (LIII, 132, 90, 256, 22 u. VII, 328, 9 S.) Hamburg 892. L. Friederichsen & Co. Geb. in Leinw. n. 20. —

— Olof Hammarsten zu seinem 65. Geburtstage, den 21. VIII. 1906, gewidmet. (Upsala läkareförenings förhandlingar, N. F. Bd. XI. Suppl.) (XXXI, 140, 15, 20, 12, 13, 20, 9, 56, 27, 24, 58, 29, 12, 25, 58, 26, 10, 14, 28, 12, 13, 17 u. II S. m. Abbildgn., 1 Bildnis, 9 Taf. u. 3 farb. Karten.) Lex.-8. Upsala (906). Wiesbaden, J. F. Bergmann. n. 15. —

Festschrift Olof Hammarsten zu seinem fünfundsechzigsten Geburtstage den 21sten August 1906 gewidmet. (Red. von Carl Th. Mörner, Sigval Schmidt-Nielsen, F. Zachrisson.) Upsala 1906: E. Berling. (Getr. Pag.) 8°
[Umschlagt.:] Festskrift tillegnad O. Hammarsten.
— **Förhandlingar**, Upsala Läkareförenings. N. F. Bd 11, Suppl. [06. 13139

Festschrift der Handels- und Gewerbekammer in Brünn. Anläßl. der Vollendung ihres neuen Amtsgebäudes. — Brünn: Verl. der Handels- und Gewerbekammer 1909. VI, 177 S., 1 Pl., Titelb. 4°

Festschrift der Handelskammer zu Halberstadt zur Feier ihres 25jährigen Bestehens. 1873—1898. [Mit Abb.] (Halberstadt 1898: H. Meyer.) 135 S. 4°

Festschrift der Handelskammer zu Posen 1851—1901 aus Anlass ihres 50jährigen Bestehens. Posen 1901.

Festschrift zur Hans Sachs-Feier... Weimar 1894. V: *Koch, Max.* (Berl)

— zur Hans Sachs-Feier, gewidmet v. Herausgeber u. Verleger der Zeitschrift f. vergleich. Litteratur geschichte. gr. 8. (77 S.) Weimar 894. E. Felber. n. 1. 50

Festschrift dem Harzverein für Geschichte und Altertumskunde zu Wernigerode anläßlich seiner 39. Hauptversammlung zu Bernburg überreicht von d. Verein f. Geschichte u. Altertumskunde zu Bernburg u. dem Verein f. Anhalt. Geschichte u. Altertumskunde. 1906. Dessau (1906): Dünnhaupt. 246 S. 8° [Umschlagt.] [06. 15741 7

Festschrift zu der vom 12. bis zum 14. Juni 1905 zu Duisburg abgehaltenen 14. Hauptversammlung des Allgemeinen Deutschen Sprachvereins überreicht vom Zweigverein Duisburg. (Vorr.: Prof. [Karl] Mehlkopf.) Duisburg (1905): J. Ewich. (215 S.) 8° [F.] [05. 8035 6

Festschrift zur 17. Hauptversammlung des Breslauer Diözesan-Cäcilien-Vereins in Neustadt O/S. am 4., 5. u. 6. Okt. 1909. Neustadt O.-Schl. (1909): Neustädter Zeitung. 50 S. 8° [Umschlagt.]

FESTSCHRIFT ZUR DRITTEN ORDENTLICHEN HAUPTVERSAMMLUNG DES HARZ-VEREINS für Geschichte und Alterthumskunde zu Nordhausen. am 7. und 8. Juni 1870. Mit 10 Tafeln Abbildungen und 1 Grundriss in Steindruck. Wernigerode. 1870. Selbstverlag des Vereins. In Comm. bei H. C. Huch in Quedlinburg. 8°.

— anlässlich der Haupt-Versammlung des schweizerischen Ingenieur- u. Architekten-Vereins im Septbr. 1893 in Luzern. Hrsg. v. der Sektion Vierwaldstätte. gr. 8. (VI, 274 S. m. Abbildgn., Taf. u. 1 farb. Karte.) Luzern 893. (A. Gebhardt.) Geb. in Leinw. n.n. 16. —

Festschrift zur XII. Hauptversammlung des Thüringer Stenographen-Bundes Stolze-Schrey und zur 50jährigen Jubelfeier des Stenographen-Vereins 'Vorwärts' (Einigungssystem Stolze-Schrey) zu Erfurt 1904. Erfurt: Stenogr. Ver. 'Vorwärts' 1904. (65 S.) 8° [05. 4176

Festschrift zur 21. 22. 35. u 37. Hauptversammlung des Vereins deutscher Ingenieure. Köln 1880, Stuttgart 81, Berlin 94, Stuttgart 96

— zur 22. Hauptversammlung des Vereins deutscher Ingenieure in Stuttgart 22. bis 24. Aug. 1881. 8. (IX, 93 S. mit 4 Stnt., 1 chromolithogr. Plan und 1 lithogr. und color. Karte.) Stuttgart 881, (Metzler'sche Buchh.) cart. **

Festschrift zur Hauptversammlung des Vereins deutscher Ingenieure. Hauptversamml. 32. in Düsseldorf und Duisburg 1891. Düsseldorf 1891

Festschrift zur 35. Hauptversammlung des Vereins Deutscher Ingenieure. Gewidmet vom Berliner Bezirksverein Deutscher Ingenieure. — Berlin 1894: (Hermann). VII, 316 S., 2 Taf.

Festschrift zur XXXVI. Hauptversammlung des Vereins deutscher Ingenieure. Aachen 1895. Gewidm. v. Aachener Bezirksver. deutscher Ingen. *(Leipzig: Dr. v. E. Herrmann sen. 1895.)* (VI, 252 S., 1 Kt.) 1 Bd 4.(8.) [96. 3726

Festschrift zur 38. Hauptversammlung des Vereins deutscher Ingenieure Cassel 1897. Einundvierzigj. Bestehen d. Vereins. Gewidm. v. hess. Bezirksver. *Cassel: Dr. v. Weber & Weidemeyer* (aufgestemp.: *E. Hühn) (1897).* (V S., 1 Bl., 176 S., 2 Kt., 5 Pl., 14 Taf.) 1 Bd 8. [97. 7749

Festschrift zur 39. Hauptversammlung des Vereins Deutscher Ingenieure Chemnitz 1898. M. 1 Kt. v. Chemnitz u. Umgebg, 1 Stadtpl. m. Angabe d. Fabriken, 1 geolog. Kt. u. 1 Kabelpl., sowie 252 Abb. im Text. Gewidmet v. Chemnitzer Bezirksver. des Ver. Deutscher Ing. *Chemnitz:* (aufgekl.: *C. Brunner); Dr. e. H. Wilisch 1898.* (VIII, 416 S., 1 Taf., 1 Kt., 3 Pl.) 1 Bd 4.(8.) [98. 7511

— z. 39. Hauptversammlg. d. Vereines deutscher Ingenieure. Chemnitz 1898. M. 1 Karte v. Chemnitz u. Umgebg., 1 Stadtplan m. Angabe d. Fabriken, 1 geolog. Karte u. 1 Kabelplan, sow. 252 Abb. im Text. Gewidmet v. Chemnitzer Bezirksverein d. Vereines deutscher Ingenieure. Lex.-8. (VIII, 416 S.) Chemnitz 898. (M. Bülz.) Geb. in Leinw. n.n 15. —

Festschrift zur 40. Haupt-Versammlung des Vereins Deutscher Ingenieure in Nürnberg vom 11.—15. Juni 1899. Hrsg. vom Fränkisch-oberpfälzischen Bezirks-Verein deutscher Ingenieure. — Nürnberg: Nister (1899). VII, 568 S. 4°

Verein Deutscher Ingenieure. XXXXI. Hauptversammlung in Köln a. Rhein 1900. **Festschrift** den Theilnehmern gewidmet vom Kölner Bezirksverein. [Nebst] Beilage. *Köln: (1900): M. Dumont Schauberg.* 1 Bd quer-8°, 1 Bd 4°
Beilage: Mitteilungen über die Industrie des Kölner Bezirkes. [00. 8147 6

Festschrift zur 42. Hauptversammlung des Vereins deutscher Ingenieure in Kiel. Juni 1901. (Hrgg. v.) Schleswig-Holsteinischen Bezirks-Verein. (Berlin-Schöneberg. gedruckt v. Meisenbach, Riffarth & Co. 1901.) Quer-Fol.

Festschriften zur 47. und 48. Hauptversammlung des Vereins deutscher Ingenieure.
47. Berlin 1906: Ingenieurwerke in und bei Berlin. Zugleich Festschrift zum 50jährigen Bestehen des Vereins. Berlin, 1906. 535 S. mit Abb. und Taf.
48. Koblenz, 1907: Gertz, E., Die Industrie im Gebiete des Mittelrheinischen Bezirksvereins Deutscher Ingenieure. Koblenz, 1907. 196 S.

— zur 50. Hauptversammlung des Vereins deutscher Ingenieure in Mainz u. Wiesbaden vom 14. bis 17. VI. 1909, s.: Technik, die, im Bereiche des Bez.-Vereins Rheingau.

[F.] **Festschrift** zur IV. Hauptversammlung des Vereins kath. Lehrer Schlesiens in Ober-Glogau am 25. 26. u. 27. Mai 1806. Hrsg. v. der litterar. Komm. d. Ortsausschusses ... *Ober-Glogau: Verl. des kathol. Lehrerver.; Dr. v. E. Radek (1896).* (2 Bl., 71, 87 S., 5 Taf.) 1 Bd 8. [96. 3368

Festschrift zur 17. Hauptversammlung des Vereins katholischer deutscher Lehrerinnen in Münster i. W. am 20., 21. u. 22. Mai 1902. Münster: Selbstverl. d. Ortskomitees 1902. VIII, 176 S. 8°

Festschrift zum Heimatfest der Stadt Stössen 18.–21. Juli 1908. Osterfeld (Thür.) [1908]: Pichler. 35 S. 8° [09. 2140

— s.: Heineke, Walter.

— s.: Helmholtz.

Festschrift, Herrn Professor Dr. S[alomon] E[berhard] Henschen, Dir. der I. med. Klinik zu Stockholm, zu seinem 60. Geburtstage, dem 28. Febr. 1907, gewidmet von Kollegen u. Schülern. (Berlin: A. Hirschwald 1907.) (VI, 376 S.) 4°(8°) [Zwischent.]
— **Zeitschrift** f. klinische Medizin. Bd 63, H. 1.–4. [07. 7884

Festschrift für den Bezirkstag 'Beide Hessen u. Nassau' am 5. u. 6. Mai 1907 in Bad Hersfeld. Hrsg. von d. Metzger-Innung in Hersfeld. Hersfeld 1907: Hoehl. (58 S.) 8° [F.] [07. 18310 4

— dem Hrn. Conrect. Dr. Heussi zu seinem 50jähr. Lehrer-Jubiläum am 8. Octbr. 1877 dargebracht vom Lehrer-Collegium des Friedrich-Franz-Gymnasiums zu Parchim. gr. 8. Parchim 877, (Wehdemann.) *

Inhalt:
Gerlach, das 11. Euklidische Axiom. (S. 1—22.)
Scholle, die Lebenskraft. (S. 23—60.)
Pfitzner, das Verhalten des Tiberius im Senate bei der Uebernahme der Herrschaft. (2. Abthl. S. 1—24.)
Schmidt, A., die symetrische Gliederung des Dialogs in den Herakliden des Euripides. (S. 25—43.)
Meyer, die acriae domus in der Archytasode des Horaz. (S. 45—60.)

Festschrift des kaufmännischen und gewerblichen Hilfsvereins für weibliche Angestellte zu Berlin zur Feier des zehnjährigen Bestehens. 1889. 1899. (Berlin 1899: Loewenthal.) 24 S. 8°

[Umschlagt.:] ... **Festschrift** für Dr. Wilhelm His zum 22. Oct. 1897. M. Abb. im Text u. 28 Taf. *Leipzig: Veit & C. 1897.* (4 Bl., 434 S., 28 Taf.) 1 Bd 8.
= **Archiv** f. Anatomie u. Physiologie. Jg. 1897. Anat. Abth. Suppl.-Bd.
[97. 8351

Hammar, J[ohann] Aug.: Ueber Secretionserscheinungen im Nebenhoden des Hundes ... *Leipzig 1897.*
in: Festschrift f. Dr. Wilh. His z. 22. Oct. 1897
= **Archiv** f. Anatomie u. Physiologie. Jg. 1897. Anat. Abth. Suppl.-Bd.
[97. 8351

Fick, Rudolf: Ueber d. Athemmuskeln. *Leipzig 1897.*
in: Festschrift f. Dr. Wilh. His z. 22. Oct. 1897
= **Archiv** f. Anatomie u. Physiologie. Jg. 1897. Anat. Abth. Suppl.-Bd.
[97. 8351

Chievitz, J. H.: Beobachtungen u. Bemerkgn üb. Säugethiernieren. *Leipzig 1897.*
in: Festschrift f. Dr. Wilh. His z. 22. Oct. 1897
= **Archiv** f. Anatomie u. Physiologie. Jg. 1897. Anat. Abth. Suppl.-Bd.

Bardeleben, Karl v.: Beiträge z. Histologie d. Hodens u. z. Spermatogenese beim Menschen. 7. Beitrag z. Spermatologie. *Leipzig 1897.*
in: Festschrift f. Dr. Wilh. His z. 22. Oct. 1897
= **Archiv** f. Anatomie u. Physiologie. Jg. 1897. Anat. Abth. Suppl.-Bd.
[97. 8351

Symington, Johnson: Ueber Thyreoidea, Glandulae parathyreoideae u. Thymus beim dreizehigen Faulthier ... *Leipzig 1897.*
in: Festschrift f. Dr. Wilh. His z. 22. Oct. 1897
= **Archiv** f. Anatomie u. Physiologie. Jg. 1897. Anat. Abth. Suppl.-Bd.
[97. 8351

Fischer, Otto: Ueber Gelenke v. zwei Graden d. Freiheit. *Leipzig 1897.*
in: Festschrift f. Dr. Wilh. His z. 22. Oct. 1897
= **Archiv** f. Anatomie u. Physiologie. Jg. 1897. Anat. Abth. Suppl.-Bd.
[97. 8351

Hold, Hans: Beiträge z. Structur d. Nervenzellen u. ihrer Fortsätze. 3. Abhandlg. *Leipzig 1897.*
in: Festschrift f. Dr. Wilh. His z. 22. Oct. 1897
= **Archiv** f. Anatomie u. Physiologie. Jg. 1897. Anat. Abth. Suppl.-Bd.

Frey, M[ax] v.: E. Goldfärbung d. Nervenmarkes. *Leipzig 1897.*
in: Festschrift f. Dr. Wilh. His z. 22. Oct. 1897
= **Archiv** f. Anatomie u. Physiologie. Jg. 1897. Anat. Abth. Suppl.-Bd.
[97. 8351

Burckhardt, Rud.: Beitrag z. Morphologie d. Kleinhirns d. Fische. *Leipzig 1897.*
in: Festschrift f. Dr. Wilh. His z. 22. Oct. 1897
= **Archiv** f. Anatomie u. Physiologie. Jg. 1897. Anat. Abth. Suppl.-Bd.
[97. 8351

His jun., Wilhelm: Ueber d. Entwickelung d. Bauchsympathicus beim Hühnchen u. Menschen. *Leipzig 1897.*
in: Festschrift f. Dr. Wilh. His z. 22. Oct. 1897
= **Archiv** f. Anatomie u. Physiologie. Jg. 1897. Anat. Abth. Suppl.-Bd.
[97. 8351

Cirinciono, G[iuseppe]: Ueb. d. Entwickelung d. 'Capsula perilenticularis'. *Leipzig 1897.*
in: Festschrift f. Dr. Wilh. His z. 22. Oct. 1897
= **Archiv** f. Anatomie u. Physiologie. Jg. 1897. Anat. Abth. Suppl.-Bd.

Kaestner, S[ándor]: Normale u. abnorme Durchbrüche bei Wirbelthierembryonen, bes. an Vogelkeimscheiben. *Leipzig 1897.*
in: Festschrift f. Dr. Wilh. His z. 22. Oct. 1897
= **Archiv** f. Anatomie u. Physiologie. Jg. 1897. Anat. Abth. Suppl.-Bd.
[97. 8351

Sattler, H[ubert]: Ueber d. elast. Fasern d. Sclera, d. Lamina cribrosa u. d. Sehnervenstammes. *Leipzig 1897.*
in: Festschrift f. Dr. Wilh. His z. 22. Oct. 1897
= **Archiv** f. Anatomie u. Physiologie. Jg. 1897. Anat. Abth. Suppl.-Bd.
[97. 8351

Müller, Paul: Die venöse Circulation d. unt. Extremitäten u. ihre Bedeutg f. d. Chirurgie d. Schenkelvene. *Leipzig 1897.*
in: Festschrift f. Dr. Wilh. His z. 22. Oct. 1897
= **Archiv** f. Anatomie u. Physiologie. Jg. 1897. Anat. Abth. Suppl.-Bd.
[97. 8351

Spalteholz, Werner: Das Bindegewebsgerüst d. Dünndarmschleimhaut d. Hundes. *Leipzig 1897.*
in: Festschrift f. Dr. Wilh. His z. 22. Oct. 1897
= **Archiv** f. Anatomie u. Physiologie. Jg. 1897. Anat. Abth. Suppl.-Bd.

Mall, Franklin P.: Ueber d. Entwickelung d. menschl. Darms u. seiner Lage beim Erwachsenen. *Leipzig 1897.*
in: Festschrift f. Dr. Wilh. His z. 22. Oct. 1897
= **Archiv** f. Anatomie u. Physiologie. Jg. 1897. Anat. Abth. Suppl.-Bd.
[97. 8351

— der k. k. technischen Hochschule in Brünn zur Feier ihres 50jährigen Bestehens u. der Vollendung des Erweiterungsbaues im Octbr. 1899. Mit Unterstützg. des k. k. Ministeriums f. Cultus u. Unterricht hrsg. vom Professoren-Collegium. gr. 4. (III, 392 S. m. Abbildgn. u. 21 Taf.) Brünn 899. (C. Winiker). Kart. n. 16. —; nebst Beilage: Verzeichnis der an d. k. k. techn. Hochschule in Brünn thät. Lehrkräfte, Beamten u. Diener während ihres Bestandes in den Studienj. 1849/50 bis 1898/99 u. der in dieser Zeit eingeschriebenen Hörer. (150 S.) n. 17. —; Beilage einzeln n. 5.50

Festschrift der Königlichen Technischen Hochschule zu Berlin zur Feier der Einweihung ihres neuen Gebäudes am 2. November 1884. 1884. VIIC, 337 S., 14 Taf. 4°

Enth.: E[duard] Dobbert: Bau-Akademie, Gewerbe-Akademie und Technische Hochschule zu Berlin. [Auch einzeln ersch.; 2. Aufl. s. Nr 359.] — J[ulius] Weingarten: Über die Theorie der aufeinander abwickelbaren Oberflächen. [Als S.-A. bei Calvary in Berlin.] — H[ermann] W[ilhelm] Vogel: Über die Photographie farbiger Gegenstände in den richtigen Tonverhältnissen. [Abgedr. in: Vogel, die Photographie farbiger Gegenstände. Berlin 1885. S. 1—21.] — H[einrich] Weber: Zur Theorie der Modular-Gleichungen. — Julius Lessing: Die kunstgewerblichen Alterthümer im Beuth-Schinkel-Museum zu Berlin. — E[mil] Winkler: Über die Belastungs-Gleichwerthe der Brückenträger. Ein Beitrag zur Theorie der Brücken. — C[arl] Fink: Zur Theorie der Gaskraftmaschinen. — E[mil] Dietrich: Die Gewinnung der Baumaterialien für die Steinstrassen. — Friedrich Adler: Der Ursprung des Backsteinbaues in den baltischen Ländern. — Guido Hauck: Mein perspectivischer Apparat. — Christian Havestadt: Über das Verhalten der Tidewelle in Flussmündungen und Meeresbuchten. — A[lfred] Dietrich: Einiges über die Konstruktion von Kreuzerschiffen. — E[duard] Jacobsthal: Araceenformen in der Flora des Ornaments. [Ohne die farbigen Taf., aber durch einige Holzschn. u. in d. Anm. durch einige Zusätze verm. in: Der Zeichenlehrer. Jg. 1. 1888/89; daraus auch als S.-A.] — Julius Weeren: Beiträge zur Kenntnis der Constitution des Eisens.

— zur goldenen Hochzeitsfeier Sr. königl. Hoh. Carl Alexander Grossherzog v. Sachsen etc. etc. etc. u. Ihrer königl. Hoh. Sophie Grossherzogin v. Sachsen, Prinzessin d. Niederlande etc. etc. etc. am 8. Octbr. 1892. 1842/1892. gr. Fol. Dessau 892. R. Kahle. n. 10. —
Der Harnisch Herzog Bernhard's v. Weimar in der Kunstsammlung Sr. Hoh. d. Herzogs v. Anhalt zu Wörlitz. Kunsthistorische Abhandlg. als Festschrift zum 8. Oktbr. 1892. Hrsg. v. Fr. Büttner Pfänner zu Thal. (20 S. m. 2 Lichtdr.-Taf.)

Festschrift zur goldenen Hochzeits-Feier des Herrn Hans Ulrich Grafen Schaffgotsch auf Schloß Koppitz und der Frau Gräfin Johanna geb. Gryczik v. Schomberg-Godulla am 15. Nov. 1908. (Beuthen OS. (1908): Haenel & Co.) 48 S. 4° [illegible]

— für Hofrath Prof. Eduard v. Hofmann, s.: Vierteljahrsschrift f. gerichtl. Medicin. 1894. Suppl.-Hft.

—— Konrad Hofmann zum 70. Geburtstag 14. Novbr. 1889 gewidmet, s. Forschungen, romanische.

— für die Hundertjahrfeier des Infanterie-Regiments Kaiser Friedrich König v. Preußen (7. württemb.) Nr. 125. 1809—1909. (50 S. m. Abbildgn.), 5 Taf. u. 5 Karten.) Lex. 8. Stuttgart (909). (Ch. Belser.) nnn 1. —

Festschrift zur **Hundertjahr-Feier** des Königlichen Friedrich-Wilhelms-Gymnasiums zu Berlin am 8. Mai 1897. Hrsg. vom Festausschuss d. ehem. Schüler. *(Berlin 1897: Gebr. Unger.)* (48 S.) 4° [F.] [98. 4075

1799. 1899. **Festschrift** der Hundertjahrfeier der Königl. Techn. Hochschule zu Berlin. (Hrsg. vom Ausschuß der Studierenden. 1903.) (Umschlagt.: Königl. Technische Hochschule zu Berlin. Die Hundertjahrfeier 1899.) 132 S. 4°

Festschrift zur **Hundertjahrfeier** der Musterschule (Musterschule – Elisabethschule) in Frankfurt a. M. 1803–1903. *Frankfurt a. M.: M. Diesterweg 1903.* (VI, 272 S.) 4°(8°) [F.] [04. 5555

Festschrift Philipp Eduard **Huschke** zu seinem 50jährigen Doktorjubiläum am 21. Dez. 1870 von der Rostocker Juristen-Fakultät. Rostock 1870.

s. **Schwanert**, Herm.: Die Compensation nach Römischem Recht.

—— u. Jahresbericht als Einladung zur Feier d. 50jährigen Bestehens der großherzogl. Realschule zu Bingen am 8. u. 9. April 1889. gr. 4. (II, 55 S.) Bingen 889, (Römer). 1 —

Schlenker & Kienzle, Festschrift zum 25. Jahrestag der fabrikmässigen Herstellung von Uhren. (35 S) 4° Schwenningen 1908

Festschrift zum 50jährigen **Jahrestage** der Eröffnung des Krankenhauses Bethanien. M. 8 Abb. im Text u. 3 Taf. *Leipzig: F. C. W. Vogel 1897.* (IV, 638 S., 1 Bl., 3 Taf.) 1 Bd 8.
= Zeitschrift, Deutsche, f. **Chirurgie**. Bd 46. [97. 6330

Steinau-Steinrück, [Johannes] v.: Beiträge z. Entwicklg d. Heilanstalt o. Centraldiakonissenhauses Bethanien in Berlin 1847–1897. *Leipzig 1897.*
in: Festschrift z. 50j. Jahrestage d. Eröffng d. Krankenh. Bethanien
= Zeitschrift, Deutsche, f. **Chirurgie**. Bd 46. [97. 6330

Rose, Edmund: E. förmliche Art v. Berufskrankheit. *Leipzig 1897.*
in: Festschrift z. 50j. Jahrestage d. Eröffng d. Krankenh. Bethanien
= Zeitschrift, Deutsche, f. **Chirurgie**. Bd 46. [97. 6330

Rose, Edmund: Die Sondencanüle. Studie üb. d. substernale Verengung d. Luftröhre. Nebst e. Nachtr.: E. Flaschenbürste im Bronchus wider Erwarten. *Leipzig 1897.*
in: Festschrift z. 50j. Jahrestage d. Eröffng d. Krankenh. Bethanien
= Zeitschrift, Deutsche, f. **Chirurgie**. Bd 46. [97. 6330

Rose, Edmund: Die unheilbaren Harnblasenfisteln am Bauch d. Greise. E. Beitr. z. Werthschätzg d. Castration. *Leipzig 1897.*
in: Festschrift z. 50j. Jahrestage d. Eröffng d. Krankenh. Bethanien
= Zeitschrift, Deutsche, f. **Chirurgie**. Bd 46. [97. 6330

Rose, Edmund: Ueber Incarceratio stercoralis, d. Kothverstopfg d. Brüche. *Leipzig 1897.*
in: Festschrift z. 50j. Jahrestage d. Eröffng d. Krankenh. Bethanien
= Zeitschrift, Deutsche, f. **Chirurgie**. Bd 46. [97. 6330

Herzog, Ludwig: Die Perityphlitis, v. chirurg. u. internen Standp. beurtheilt. *Leipzig 1897.*
in: Festschrift z. 50j. Jahrestage d. Eröffng d. Krankenh. Bethanien
= Zeitschrift, Deutsche, f. **Chirurgie**. Bd 46. [97. 6330

Frölich, W[ilhelm]: E. Beitrag z. Casuistik d. Sublimatvergiftgn durch d. inneren Gebrauch. *Leipzig 1897.*
in: Festschrift z. 50j. Jahrestage d. Eröffng d. Krankenh. Bethanien
= Zeitschrift, Deutsche, f. **Chirurgie**. Bd 46. [97. 6330

Heubach, F[riedr.]: Ueber Hallux valgus u. s. operative Behandlg nach d. Verfahren v. Prof. Edm. Rose. *Leipzig 1897.*
in: Festschrift z. 50j. Jahrestage d. Eröffng d. Krankenh. Bethanien
= Zeitschrift, Deutsche, f. **Chirurgie**. Bd 46. [97. 6330

Simon, Richard: Die Erfolge d. Rippenresection b. Pleuraempyem u. ihre Abhängigkeit v. d. Complication. *Leipzig 1897.*
in: Festschrift z. 50j. Jahrestage d. Eröffng d. Krankenh. Bethanien
= Zeitschrift, Deutsche, f. **Chirurgie**. Bd 46. [97. 6330

Schulz, Karl: Die totalen Rupturen d. Arteria poplitea. *Leipzig 1897.*
in: Festschrift z. 50j. Jahrestage d. Eröffng d. Krankenh. Bethanien
= Zeitschrift, Deutsche, f. **Chirurgie**. Bd 46. [97. 6330

Schütz, Robert: E. Fall gekreuzter Dystopie d. rechten Niere ohne Verwachsg beider Nieren. *Leipzig 1897.*
in: Festschrift z. 50j. Jahrestage d. Eröffng d. Krankenh. Bethanien
= Zeitschrift, Deutsche, f. **Chirurgie**. Bd 46. [97. 6330

Wolff, Richard: Ueber d. Erfolge d. Nephrorrhaphie nach d. Verfahren v. Prof. Rose in Bethanien. *Leipzig 1897.*
in: Festschrift z. 50j. Jahrestage d. Eröffng d. Krankenh. Bethanien
= Zeitschrift, Deutsche, f. **Chirurgie**. Bd 46. [97. 6330

Rose, Edmund: Die Erfolge d. Heilserumtherapie in Bethanien. *Leipzig 1897.*
in: Festschrift z. 50j. Jahrestage d. Eröffng d. Krankenh. Bethanien
= Zeitschrift, Deutsche, f. **Chirurgie**. Bd 46. [97. 6330

Festschrift zum vierhundertsten Jahrestage des ewigen Bundes zwischen Basel und den Eidgenossen 13. Juli 1901 (*Umschlag:* **Festschrift zur Erinnerung an Basels Eintritt in den Bund der Eidgenossen 1501—1901**). Im Auftrage der Regierung hrg. von der Historischen und Antiquarischen Gesellschaft zu Basel. ([Mit 70 Tafeln, 20 Textbildern, sowie 10 Vignetten mit landschaftlichen Motiven aus der Umgebung Basels von] Carl Theodor Meyer [und] Fritz Völlmy.) XII + 357 S. 4. Basel, (Schweighauser,) 1901. [geb. fr. 35. —]

Festschrift zum vierhundertsten Jahrestage des ewigen Bundes zwischen Basel und den Eidgenossen — — Völlmy. — Luxus-Ausgabe.) XII + 357 S. 4. Basel, (Schweighauser,) 1901. [geb. fr. 100. —]
(Luxus-Ausgabe [in] 42 numerierten Exemplaren.)

Festschrift z. 400. Jahrestage d. ewigen Bundes zwischen Basel u. d. Eidgenossen 13. VII. 1901. Im Auftrage der Regierung hrsg. v. der histor. u. antiquar. Gesellschaft zu Basel. gr. 4. (XII, 357 S. m. Abbildgn. u. 66 Taf.) Basel 901. (Leipzig, K. W. Hiersemann.) Geb. in Ldr. n. 95. —

Festschrift zum vierhundertsten Jahrestage des ewigen Bundes zwischen Basel und den Eidgenossen 13. Juli 1901 (* *Umschlag:* Festschrift zur Erinnerung an Basels Eintritt in den Bund der Eidgenossen. 1501—1901). Im Auftrage der Regierung hrg. von der Historischen und Antiquarischen Gesellschaft zu Basel. Kleine Ausgabe. ([Mit 21 Tafeln; im Text] Vignetten mit landschaftlichen Motiven aus der Umgebung Basels von Carl Theodor Meyer und Fritz Völlmy.) IV + 216 S. 4. Basel, (Schweighauser,) 1901. [geb. fr. 6. —]

Festschrift zur Jahresversammlung des deutschen Vereins von Gas- und Wasserfachmännern. 23. und 30. Berlin 1883 und München 1890. 4.

Festschrift zur 32. Jahres-Versammlung des Deutschen Vereins von Gas- und Wasserfachmännern. Kiel 1892. Dargebracht vom Orts-Ausschuss. Kiel. 1892. 4°.

Festschrift aus Anlass der 25. Jahreswende seit Gründung d. ersten Raiffeisengenossensch. im Siebenb. Sachsenlande. Hrsg. v. Verb. Raiff. Genossensch. in Hermannstadt. Hermannstadt '10. 123 S.

Festschrift zur **Jahrhundert-Feier** der Bekenntnis-Freiheit und der Weihe des ersten Gotteshauses der Evangelischen Gemeinde zu Aachen am 17. Juli 1903. Hrsg. im Auftr. d. Ev. Gemeinde in Aachen. (Vorr.: Walther Wolff, Pfarrer.) *Aachen: Aachener Verl. & Dr.-Ges. (1903).* (64 S.) 8° [F.]

Festschrift zur **Jahrhundertfeier** der Erneuerung der Ruprecht Karls-Universität Heidelberg durch Karl Friedrich (5.–9. Aug. 1903) dargebr. von d. Herausgebern (Otto **Heilig** u. Philipp **Lenz**) u. d. Verl. d. Zeitschr. f. hochdeutsche Mundarten. *Heidelberg: C. Winter 1903.* (S. 129–240.) 8°
= Zeitschrift f. hochdeutsche **Mundarten**. Jg. 4, H. 3. [03. 9870

zur Jahrhundertfeier des Heldenkampfes Ferdinands v. Schill bei Dodendorf am 5. V. 1809. Hrsg. v. L. Wallis. Mit 1 Kartenskizze des Gefechts. (15 S. m. 1 Bildnis.) 8. Magdeburg 909. (Ev. Buchh. — 30

Festschrift zur Jahrhundertfeier des Trier'schen Institutes oder Universitäts-Frauenklinik in Leipzig am 29. Oktober 1910. Von d. früheren Assistenten u. d. jetzt thätigen Aerzten d. Anst. (Berlin: Hirschwald 1910.) 277 S. 8°
(Archiv f. Gynaekologie. Bd 92, H. 1.) [11. 5430

Festschrift zur Jahrhundertfeier des Trier'schen Institutes oder Universitäts-Frauenklinik in Leipzig am 29. Oktober 1910. Von d. gegenwärtigen Direktor [**Paul Zweifel**] u. seinen Assistenten. (Berlin 1910: Schumacher.) 164 S. 8°
Aus: Archiv f. Gynäkologie. Bd 92, H. 1. [10. 17233

— zur Jahrhundertfeier der **Kärntner** Landesverteidigung. 1797—1809—1813. Hrsg. vom Festausschusse anlässlich der Enthüllung des Kriegerdenkmales bei Tarvis 1909. (VIII. 173 S. m. Abb., 1 eingedr. Plan, 3 Bildnissen u. 5 Karten.) 8. Klagenfurt (910). (J. Leon sen.) 3. —

Grossh. Gymnasium Rastatt. **Fest-Schrift** zur Jahrhundertfeier 1808—1908. Rastatt 1908: Greiser. VIII, 256 S. 4°
Rastatt, großh. G P 1908

Festschrift zur Jahrhundertfeier der Realschule der israelitischen Gemeinde (Philanthropin) zu Frankfurt am Main 1804–1904. (Vorr.: Dr. H[ermann] Baerwaldt & Dr. S[alo] Adler, Frankfurt a. M.) *Frankfurt a. M.: J. Baer & Co. 1904.* (464 S.) 4°(8°) [04. 7586

— s.: Illenau.

Festschrift des Schweizerischen Ingenieurs- und Architekten-Vereins, herausgegeben von der Sektion Vierwaldstätte. 1893. Luzern, A. Gebhardt. 18 —

Festschrift aus Anlaß des 350jähr. Innungs-Jubiläums der Breslauer Klempner-Innung verbunden mit der Weihe ihrer neuen Fahne. Im Auftr. ders. hrsg. von Ewald Ritter. — Breslau 1893 (Graß, Barth & Co.). 24 S. 8°

Festschrift zv Ehren des kvnsthistorischen Institvts in Florenz dargebr. v. kvnsthistor. Inst. d. Vniv. Leipzig MDCCCLXXXXVII. *Leipzig: A. G. Liebeskind 1897.* (IV, 200 S., 23 Taf.) 1 Bd 4. [97. 7747

Verini, Ugolino: Lob d. Florentiner Kunstwelt. Mitget. v. Heinrich Brockhaus. *Leipzig 1897.*
in: **Festschrift** zu Ehren d. kunsthistor. Instituts in Florenz dargebr. v. kunsthistor. Inst. d. Univ. Leipzig. [97. 7747

Schmarsow, August: Florentiner Studien. *Leipzig 1897.*
in: **Festschrift** zu Ehren d. kunsthistor. Instituts in Florenz dargebr. v. kunsthistor. Inst. d. Univ. Leipzig. [97. 7748

Schmarsow, August: Italien. Studien in anderen Sammlungen. *Leipzig 1897.*
in: **Festschrift** zu Ehren d. kunsthistor. Instituts in Florenz dargebr. v. kunsthistor. Inst. d. Univ. Leipzig. [97. 7747

Becker, Felix: Italien. Studien in anderen Sammlungen. *Leipzig 1897.*
in: **Festschrift** zu Ehren d. kunsthistor. Instituts in Florenz dargebr. v. kunsthistor. Inst. d. Univ. Leipzig. [97. 7747

Witting, Felix: Italien. Studien in anderen Sammlungen. *Leipzig 1897.*
in: **Festschrift** zu Ehren d. kunsthistor. Instituts in Florenz dargebr. v. kunsthistor. Inst. d. Univ. Leipzig. [97. 7747

Haenel, Erich: Italien. Studien in anderen Sammlungen. *Leipzig 1897.*
in: **Festschrift** zu Ehren d. kunsthistor. Instituts in Florenz dargebr. v. kunsthistor. Inst. d. Univ. Leipzig. [97. 7747

Gosche, A.: Italien. Studien in anderen Sammlungen. *Leipzig 1897.*
in: **Festschrift** zu Ehren d. kunsthistor. Instituts in Florenz dargebr. v. kunsthistor. Inst. d. Univ. Leipzig. [97. 7747

Schubring, P.: Italien. Studien in anderen Sammlungen. *Leipzig 1897.*
in: **Festschrift** zu Ehren d. kunsthistor. Instituts in Florenz dargebr. v. kunsthistor. Inst. d. Univ. Leipzig. [97. 7747

Festschrift der Naturwissenschaftlichen Gesellschaft Isis in Bautzen... Bautzen 1896. H: *Mentzel, Paul.* (Berl)

FESTSCHRIFT der naturwissenschaftlichen Gesellschaft Isis in Bautzen zur Feier ihres fünfzigjährigen Bestehens. (Mit 2 Tafeln.) Bautzen 1896. Druck von E. M. Monse. 8°.

—— der naturwissenschaftlichen Gesellschaft Isis in Dresden zur Feier ihres 50jährigen Bestehens am 14. Mai 1885. gr. 8. (VII, 178 S. mit 4 Taf.) Dresden 885, (Warnatz und Lehmann.) **

FESTSCHRIFT der Naturwissenschaftlichen Gesellschaft Isis zu Meissen zur Feier ihres fünfzigjährigen Bestehens. Redigiert von F. FRANZ WOLF. (Mit Tafeln und 1 Karte.) Meissen 1896. Druck von C. E. Klinkicht & Sohn. 4°.

—— zur 800jähr. Jubelfeier d. erlauchten Herrscherhauses Wettin, s. Mittheilungen d. Vereins f. Chemnitzer Geschichte.

Festschrift zur Jubelfeier des 25jährigen Bestehens des Vereins für Erdkunde zu Dresden. gr. 8. (IV, 252 S. mit eingedr. Abbild. und 7 Taf.) Dresden 888, (Huhle.) *

—— zu der Jubelfeier des 50jähr. Bestehens der grossherzogl. Technischen Hochschule zu Darmstadt. gr. 4. (XI, 137 S, mit eingedr. Fig. und 7 Taf.) Darmstadt 886, Bergsträsser. *

Inhalt:

Landsberg, Thdr., Beitrag zur Theorie des ebenen Fachwerks. — Sonne, Eduard, über den Schiffswiderstand bei Fluss- und Kanalkähnen. — Klaas, Adf., der Beruf des Kultur-Ingenieurs. — Brauer, Ernst A., Berechnung verjüngter Förder-Drahtseile und deren Spiralkörbe. — Pfister, Herm. v., Verhältniss des Kampfes und seiner Mittel beim Auftreten gepanzerter Schiffe gegen Strand-Batterien. — Thiel, Karl, die Zusammensetzung des Mauer-Mörtels in der Klosterkirche zu Lorsch. — Klein, Jos., über die quantitative Bestimmung der Ameisensäure und über die Schultze-Trommsdorf'sche Bestimmung der organischen Substanz im Wasser. — Dorn, Ernst, Bemerkung über einige Apparate zur Untersuchung der atmosphärischen Elektricität. — Koch, Glieb. v., Untersuchung über das Wachsthum von Antipathes. — Henneberg, Lebrecht, eine Aufgabe der graphischen Statik. — Mehmke, Rud., eine kinematische Aufgabe. — Gräfe, Friedr., das Gesetz der Anpassung und die Grundlehren der Logik. — Wagner, Heinr., die Kreuzigungsgruppen am Dom zu Frankfurt a. M., an der Pfarrkirche zu Wimpfen a. B. und an der St. Ignazkirche zu Mainz. — Schäfer, Georg, die Deckengemälde in der Pfarrkirche zu Heusenstamm. — Noack, Aug., das Menschenbild im Spiegel der Kunst. — Roquette, Otto, Goethe und die Gartenkunst.

Festschrift „Zur Jubelfeier des 150jähr. Bestehens der St. Annen-Schule". St. Petersburg 1889. Buchdruckerei d. Kaiserlichen Akademie d. Wissenschaften (163 Seiten u. 9 Tafeln)

DIE GESELLSCHAFT FÜR NATUR- UND HEILKUNDE IN BERLIN. 1810—1910. FESTSCHRIFT zur Jubelfeier ihres hundertjährigen Bestehens am 6. Februar 1910. (Mit Tafeln.) Berlin 1910. Verlag von Julius Springer. 4°.

— zur 325jährigen Jubelfeier des fürstl. Stolberg'schen Gymnasiums zu Wernigerode. Hrsg. vom Lehrerkollegium der Anstalt. gr. 8. (II, 227 S. m. 1 Abbildg.) Wernigerode 900. (Leipzig, Buchh. G. Fock.) n. 4. 50

Hieraus einzeln:

Bühring, Frdr., Praktisches aus der Projektionstechnik. (16 S.) n.n. — 75
Büttner, Frdr., ein Beitrag zur Theorie der Kugelfunktionen höherer Ordnung. (38 S.) n.n. — 75
Drees, H., altfranzösische Funde. Ein Marienlied des 14. Jahrh. u. sieben Abendmahlsgebete, nach e. Handschrift der fürstl. Bibliothek zu Wernigerode. (13 S. m. 1 Abbildg.) n.n. — 75
Hodermann, Max, Vorschläge zur Xenophon-Übersetzung im Anschluss an d. deutsche Armeesprache. (25 S.) n.n. — 75
Lehmann, Gust., Gedichte v. Schülern des Wernigeröder Lyceums aus der Mitte des 18. Jahrh. (31 S.) n.n. — 75
Schwartzkopff, Paul, die Weissagungen Jesaia's gegen Sanherib. (45 S.) n. 1. 20
Seiler, Frdr., die aristotelische Definition der Tragödie im deutschen Unterrichte. (23 S.) n. — 90

— zur 350jährigen Jubelfeier des königl. Comenius-Gymnasiums zu Lissa, s.: Sanden, Alfr. v., zur Geschichte der Lissaer Schule.

— zur 350jährigen Jubel-Feier der Einführung der Reformation in Elbing am Sonntag Oculi, den 22. III. 1908. (58 S. m. Abbild.) gr. 8. Potsdam (908). Stiftungsverlag. — 40

Festschrift zur dreihundertfünfzigjährigen Jubelfeier des Fürstlich Stolberg'schen Gymnasiums zu Wernigerode. Hrsg. v. Lehrerkoll. d. Anstalt. *Wernigerode 1900: B. Angerstein.* (226 S.) 8° [00. 3330

— z. 300jähr. Jubelfeier d. niederländ. reform. Gemeinde zu Hanau. 1. VI. 1897. (Von Arth. Wessel.) gr. 4. (51 S.) Hanau 897. (G. M. Alberti.)

—— zur 300jährigen Jubelfeier des grossherzogl. Gymnasiums in Karlsruhe. 22. Novbr. 1886. gr. 8. Karlsruhe 886, (Braun'sche Hofbuchh.) *

Inhalt:

Wendt, Ueberblick der Geschichte des Gymnasiums. — Funck, Heinr., über den Rheinländischen Hausfreund und Johann Peter Hebel. (III, 89 S. mit 3 Taf.)

— zur 300jähr. Jubelfeier d. Ratsgymnasiums zu Osnabrück 1895, dargebracht v. Lehrerkollegium. gr. 8. Osnabrück 895. (F. Schöningh.) n.n. 8. —

1. Die röm. Moorbrücken in Deutschland v. Frdr. Knoke. (136 S. m. 5 Taf. u. 1 Karte.)
2. Erinnergn. B. R. Abekens a. d. beiden letzten Jahrzehnten d. vorigen u. d. ersten dieses Jahrh. Mitgeteilt v. Adf. Heuermann. (64 S.)
3. Geschichte d. Ratsgymnasiums zu Osnabrück v. Frdr. Runge. (144 S. m. 4 Tab.)
4. Üb. d. neu bekannt geword. Handschriften d. homer. Hymnen v. Herm. Hollander. (24 S.)
5. E. Beitrag z. Geometrie d. In- u. Ankreise v. Dreiecken v. Frdr. Niemöller. (44 S. m. 1 Taf.)

— zur Jubelfeier d. Eberhard-Ludwigs-Gymnasiums in Stuttgart. gr. 4. Stuttgart 886. (Metzler's Sort.) n. 1. —

I. Einleitung. Von Oesterlen. (IV S.) — II. Aus der Geschichte d. Eberhard-Ludwigs-Gymnasiums. Von Otto Schanzenbach. (104 S.) — III. Die Zeitmesser der antiken Völker. Von Gust. Bilfinger. (78 S.) — IV. Nachrichten üb. d. Schulj. 1885—86. Von Oesterlen. (22 S.)

Festschrift zur 500jährigen Jubelfeier des Johanneums im September 1906. — Geschichte des Johanneums zu Lüneburg. Von Professor Wilhelm Görges und Direktor Dr. August Nebe. — Bericht über die Jubiläumsfeier des Johanneums 25. bis 27. September 1906 von Professor [Emil] Ahlenstiel. Lüneburg 1907: v. Stern. (170 u. 36. S.) 4°
Lüneburg, Johanneum OP 1907 (383)

Festschrift für die 25jährige Jubelfeier des Provinzial-Verbandes der freiw. Feuerwehren Schleswig-Holsteins am 9., 10. und 11. Sept. 1899 in Glückstadt. Hrgg. vom Fest-Ausschuss. Glückstadt. (1899.) 8°.

Festschrift für die 25jähr. Jubelfeier des Aggertaler Turngaues in Vollmerhausen, Engelskirchen 1909, 35 S., 8°.

FESTSCHRIFT zur 25jährigen Jubelfeier des Aller-Vereins. Neuhaldensleben am 10. Aug. 1889. (Ueber die Lage und den gegenwärtigen Zustand von 85 wüsten Dorfstellen in der weiteren Umgegend der Stadt Neuhaldensleben.) Herausgegeben von G. MAASS. (Berlin 1889. Gustav Ahrens.) 4°.

Festschrift zur fünfundzwanzigjährigen Jubelfeier des herzoglichen Ernst-Realgymnasiums zu Altenburg am 21. April 1898. Veröff. unt. Mitw. v. Prof. Dr. V(iktor) Müller u. Oberl. Dr. M(ax) Voretzsch durch d. Dir. d. Anst. Prof. Dr. J(ulius) Schneider. Beigeg. 5 Bilder in Lichtdr. *Altenburg: Pierer'sche Hofbuchdr. (1898).* (1 Bl., 38, 19, 36, 28 S., 5 Taf.) 1 Bd 8. [98. 6337

— zur 25jähr. Jubelfeier d. herzogl. Ernst-Realgymnasiums zu Altenburg am 21. IV. 1898. Veröffentl. unt. Mitwirkg. v. V. Müller u. M. Voretzsch durch J. Schneider. gr. 8. (38, 19, 36 u. 28 S. m. 5 Lichtdr.) Altenburg 898. (Schnuphase.) n. 3. —

Festschrift aus Veranlassung der fünfundzwanzigjährigen Jubelfeier der k. k. Geographischen Gesellschaft in Wien im December 1881. Wien 1881. 131 S. 8°.

—— zur 25jährigen Jubelfeier des Gymnasiums und Realgymnasiums zu Landsberg a. W. 15. Oktbr. 1859—29. Septbr./1. Oktbr. 1884. gr. 8. (LIII, 112 S.) Landsberg a. W. 884, (Schaeffer und Comp.) *

Festschrift zur 25jährigen Jubelfeier des Turnvereins „Jahn" Alfeld, m. Abb., Alfeld 1909, 38 S., 8°.

Festschrift zur 25jährigen Jubelfeier des Städtischen Museums in Nordhausen. 1. Urkundl. Gesch. d. Städt. Museums ⟨1876—1901⟩ von Hermann Heineck. (2. Führer durch d. Städt. Museum von Paul Rausch.) *Nordhausen: C. Haacke in Comm. 1901.* (56 S.) 8° [02. 608

Festschrift zur 25jähr. Jubelfeier der Vereinigten Riegen im Allgemeinen Turnverein zu Leipzig, Leipzig 1905, 28 S., 1 Tab., 8°.

—— zur 25jähr. Jubelfeier der Sphynx, Verein jüngerer Buchhändler Hamburg-Altona. Fol. (52 S. mit Holzschn.) Hamburg 887, Verlag der „Sphynx" (J. F. Richter).

—— zur 25jährigen Jubelfeier des Tonkünstler-Vereins zu Dresden [1854—1879] im April 1879. Hrsg. vom Gesammtvorstande. gr. 8. (VIII, 149; 67 S.) Dresden 879, (Hoffarth's Verlag.)

Hannoverscher Touristen-Verein Hannover. **Festschrift** zur 25-jährigen Jubelfeier. 23. Mai 1883 bis 23. Mai 1908. (Hannover 1908: A. Grimpe.) (43 S.) 8° [F.] [08. 11738 7

Festschrift zur 25jähr. Jubelfeier des Mulden-Zschopautaler Turngaues 24. 8. 1884, Döbeln 1884, 32 S., 8°.

Festschrift zur 25jährigen Jubelfeier des Alten Turnvereins zu Beuthen O.-S. gegründet am 17. Juni 1879. Der deutschen Turnerschaft gewidmet. Beuthen O.-S. [1904]: Th. Kirsch. (30 S.) 8° [05. 1826 3

Festschrift zur 25jähr. Jubelfeier des Turnvereins zu Plauen bei Dresden, u. Festordnung u. Liedertexten, Plauen-Dresden 1899, 8°.

FESTSCHRIFT zur 25jährigen Jubel-Feier des Vereins für Geschichte und Altertumskunde des Herzogtums und Erzstiftes Magdeburg. Herausgegeben von dem Vorstande des Vereins. (Mit 8 Beilagen.) Magdeburg 1891. L. Schaefer's Buchhandlung (M. Liebscher). 4°.

Festschrift zur 25jähr. Jubelfeier des Werkmeister-Bezirks-Vereins Leipzig am 21. u. 22. März 1908. 1883—1908. — (Leipzig 1908: Hartmann & Wolf.) 80 S. 8°

— zur 25jährigen Jubelfeier Ostern 1909 des deutschen Werkmeister-Verbandes. 1884—1909. Im Auftrage der Verwaltungsbehörden hrsg. v. der Geschäftsstelle. (132 S. m. 4 Taf.) 8. Düsseldorf 909. Werkmeister-Buchh. 1.50

Deutscher Werkmeister-Verband 1884—1909. **Festschrift** zur 25-jährigen Jubelfeier Ostern 1909 ... hrsg. von d. Geschäftsstelle. 2. unveränd. Aufl. Düsseldorf: Werkmeister-Buchh. 1910. 132 S. 8° [11. 2818 5

— zur 25. Jubelfeier des ermländischen Bauern-Vereins in Heilsberg am 17. X. 1907. (III, 80 S.) gr. 8. Braunsberg (907). (H. Grimme.) — 75

—— für die funfzigjährige Jubelfeier der Forstakademie Eberswalde. gr. 4. (VIII, 252 und Anlagen XXXVII S. mit 2 Stnt., 2 lithogr. Plänen und 1 Ansicht in Lichtdr.) Berlin 880, Springer. *

Festschrift über die fünfzigjährige Jubelfeier der Forstakademie Eberswalde. - Berlin 1880. VIII, 252 S., 2 Taf., 2 Pl., 1 Ansicht. Anl.: Chronolog. Verz. d. Studierenden 1830-1880. XXXVII S.

Baltimore Liederkranz. Festschrift zur 50-jhr Jubel-Feier ... 30. Dez 1886. Baltimore, 1886.

1846—1896. **Festschrift** zur 50jährigen Jubelfeier des Bestehens der Firma C[arl] G[ottlieb] Röder, Leipzig. M. e. Anh.: Notenschrift u. Notendruck. Bibliogr.-typogr. Studie v. Dr. Hugo Riemann ... *(Leipzig: C. G. Röder 1896.)* (16 S., 1 Bl., x, 88 S., 3 Taf., 1 Portr.-Taf., 28 Taf. Facs.) 1 Bd 4. [96. 7700

Festschrift zur 50jähr. Jubelfeier des Bestehens des städtischen Turngartens zu Plauen i. V., 21.—23. 6. 1890, 2°.

Festschrift zur Fünfzigjährigen Jubelfeier des Kgl. Dom- und Real-Gymnasiums zu Kolberg am 28. September 1908. Kolberg 1908: Post. Getr. Pag. 8°
Kolberg, Dom- u. k. RG P 1906

Festschrift zur 50jährigen Jubel-Feier des kath. Gesellen-Vereins in Barmen am 2., 3. u. 4. Juli 1904. *Elberfeld [1904]: Wupperthaler Aktiendr.* (64 S.) 8° [F.] [04. 16708

— zur 50jährigen Jubelfeier des kath. Gesellen-Vereins in Barmen am 2., 3. u. 4. VII. 1904. 1854—1904. (61 S. m. Abbildgn.) 8. Elberfeld (904). (Barmen, H. Steinmetz.) n. — 70

Fürstlich Bentheimsches Gymnasium Arnoldinum zu Burgsteinfurt. Festschrift zur fünfzigjährigen Jubelfeier der Anstalt. Zugleich Beilage zum Osterprogramm 1903. 114 S., 1 Bl., 9 Abb. 8.
Progr. Fürstl. Bentheimsches Gymn. Arnoldinum *Burgsteinfurt* 1903 (404).
Inhalt: Das Leben des Grafen Arnold von Bentheim. 1554—1606. Nach den Handschriften herausgegeben von Karl Georg Döhmann. S. 1—83, 1 S. unges., 6 Abb. — Aus der Geschichte des Gymnasium Arnoldinum. 1853 [lies: 1588] — 1903. S. 85—90, 1 Abb. — Die Lehrer des erneuten Gymnasium Arnoldinum. Ostern 1853 bis Arnoldi 1903. S. 91—96, 1 Abb. — [Blankenburg, Friedrich]: Verzeichnis der vom Gymnasium und Realgymnasium zu Burgsteinfurt von Ostern 1861 bis Ostern 1903 mit dem Zeugnis der Reife entlassenen Schüler. S. 97—114, 1 Abb.

Festschrift zur fünfzigjährigen Jubelfeier des Königl. Gymnasiums zu Demmin am 3. Februar 1907. (T. 1a. Geschichte der Anstalt. — T. 1b. Verzeichnis der Schüler. — T. 2. Vier Abhandlungen.) (Demmin 1907: W. Gesellius.) (121 S., 3 Taf.; 110 S.; 91 S.) 8° [F.]
Demmin, k. G OP 1907 (168)

Festschrift zur fünfzigjährigen Jubelfeier des Königlichen Gymnasiums zu Spandau. Spandau 1903. (33, CXIII S.) 8° [F.]
Spandau, k. G P 1903

Festschrift zur 50jährigen Jubelfeier des Lauenburger Gymnasiums am 29. und 30. September 1910. 1. Geschichte der Schule von Richard Prohl. 2. Lehrer- und Abiturientenverzeichnisse von Anton Mahler. 1910. 69 S., 1 Taf. 8.
Progr. Gymn. *Lauenburg i. P.* 1910 (zu 1911, 205).

— zur 50jährigen Jubelfeier des Hessen-Kassel'schen Hauptvereins der evangelischen Gustav-Adolf-Stiftung. 1844—1894. gr. 8. (64 S.) Cassel 894. (E. Röttger.) n.n. — 50

—— zur 50jährigen Jubelfeier des land- und forstwirtschaftlichen Haupt-Vereins für den Reg.-Bez. Hannover. Lex.-8. (VII, 410 S. mit 2 Karten.) Hannover 886, (Schmorl und v. Seefeld.) *

Festschrift zur 50jährigen Jubelfeier des Turnvereins Hofheim a. T. (Jurist. Pers.) 13.—15. 8. 1910, 52 S., 8°.

— zur 50jährigen Jubel-Feier d. königl. stenographischen Instituts zu Dresden am 5. Oktbr. 1889. gr. 8. (89 S. m. 14 stenograph. Taf.) Dresden 889. (G. Dietze.) n. 2. 40

— — zur 50jährigen Jubelfeier der Kinderheilanstalt zu Dresden am 1. Septbr. 1884, veröffentlicht von ihrem Verwaltungsrathe. Lex.-8. (IV, 81 S. mit eingedr. Ansichten, Grundrissen und Plänen.) Dresden 884, v. Zahn und Jaensch Verlag. *

Festschrift zur 50jähr. Jubelfeier des Allgemeinen Turnvereins Leipzig-Volkmarsdorf, 4.—5. 7. 1908, 20 S., 8°.

Festschrift zur 50jähr. Jubelfeier des Männerturnvereins zu Lüneburg. 1898, Lüneburg 1898, 62 S., 8°.

Festschrift zur 50jähr. Jubelfeier des Männerturnvereins zu Nordhausen, 1.—3. 7. 1910, (Dar.): Der M. T. V. Nordhausen 1860—1910, v. Hermann Heineck, Geschichtl. aus d. Entwicklung d. Turnerei, v. Ew. Szelwezyk, Nordhausen 1910, 81 S., 8°.
(Angeb.): Festber.

— zur 50jährigen Jubelfeier des katholischen Gesellen-Vereins Mülheim-Ruhr am Sonntag, den 20. V. u. Montag den 21. V. 1906. (80 S. m. Abbildgn. u. 1 Fksm.) 8. Mülheim a/R. 906. (M. Hegner.) n. — 50

Festschrift zur 50-jährigen Jubelfeier der Oberrealschule zu Delitzsch. Delitzsch 1908: Kämmerer. 45 S. 4°
Delitzsch, OR i. E. P 1908 (341) [S 08. 100

Festschrift zur 50jähr. Jubelfeier der Turngemeinde Offenbach-Bürgel, verb. m. d. 35. Gauwetturnen d. Gaues Offenbach-Hanau, m. Abb., Offenbach-Bürgel 1910, 56 S., 8°.

Festschrift zur 50jähr. Jubelfeier des Männerturnvereins Prenzlau (D. T.), 1860—1910 (v. A. G.), Prenzlau 1910, 24 S., kl.-8°.

Festschrift zur fünfzigjährigen Jubelfeier der Rheinischen Provinzial-Blinden-Anstalt zu Düren. Hrsg. von d. Dir. d. Anst. Düren: (Prov.-Blinden-Anst. [1895]). 198, 8 S. 8°

— zur 50jähr. Jubelfeier des Provinzial-Landwirtschafts-Vereines zu Bremervörde [Reg.-Bez. Stade]. 2 Bde. Lex.-8. Stade, (Pockwitz.) [1. Bd. (XIX, 584 S. mit 23 Tab., 8 Taf. und Karten.) 885. *M 6.—.; geb. *M 8.—.; 2. Bd. (X, 314 S. mit 8 Tab. und 20 Karten auf 10 Taf.) 886. *M 5.—.; geb. *M 6.75.] Beide Bde. zusammengenommen * geb. *

Festschrift zur fünfzigjährigen Jubelfeier des Realgymnasiums zum heiligen Geist in Breslau am 26. März 1899. Hrsg. von d. Lehrerkoll. d. Anst. *Breslau (1899): Grass, Barth & Co.* (206 S.) 8° [99. 4176

— z. 50jähr. Jubelfeier des allgem. Turnvereins zu Leipzig 1845—1895. Lex.-8. (V, 69 S. m. 1 Bildn.) Leipzig (Turnerstr. 2) 895. Allg. Turnverein. Kart. n. — 70

Festschrift zur 50jähr. Jubelfeier des „Allgemeinen Turnvereins" zu Leipzig-Sellerhausen, Anh.: Z. 50jähr. Jubiläumsaufführung v. B. Rüger, Leipzig-Vo. 1910, 38 S., Gr.-8°.

Festschrift zur 50jähr. Jubelfeier des Allgemeinen Turnvereins zu Leipzig-Thonberg-Neureudnitz, Leipzig 1906, 91 S., 8°.

Festschrift zur 50jährigen Jubelfeier des Allgemeinen städtischen Turnvereins zu Iserlohn, 88 S., 8°.

Festschrift zur 50jährigen Jubelfeier des Turn-Vereins zu Auerbach im Vogtland, 29.—31. 8. 1908, 27 S., 8°.

Festschrift zur 50jähr. Jubelfeier des Turnvereins zu Leipzig-Connewitz, Leipzig 1908, 30 S., 8°.

Festschrift zur 50jähr. Jubelfeier des Neußer Turnvereins, verb. m. d. 18. Gauturnf. d. Niederrhein. Turngaues, 14.—16. 8. 1897, Neuß 1897, 16 S., 4°.

[F.] **Festschrift** zur Fünfzigjährigen Jubelfeier des Marburger Wingolfs. *Darmstadt: J. Waitz 1897.* (2 Bl., 136 S., 1 Taf.) 1 Bd 8. [98. 4104 Be

Festschrift zur goldenen Jubelfeier des Männer-Gesangvereines Völkermarkt. Klgft., Leon, (1905). 66 S.

— der historischen Commission der Prov. Sachsen zur Jubelfeier der Universität Halle-Wittenberg am 1. bis 4. Aug. 1894. gr. 8. Halle 894. O. Hendel. n. 3. —
Chrn. Thomas (Thomasius), kleine deutsche Schriften, m. e. Einleitg. versehen u. hrsg. v. Jul. Otto Opel. (VI, 208 S.)

Ermländ. Bauern-Verein. 1882. 1907. **Festschrift** z. Jubelfeier in Heilsberg am 14. Okt. 1907. (Heilsberg 1907: A. Wolff.) (80 S.) 8° [F.] [07. 13456

Festschrift zur 150jährigen Jubelfeier der Georg-Augusts-Universität (in Göttingen). Göttingen 1887.
s. **Frensdorff**, F.: Die ersten Jahrzehnte des staatsrechtlichen Studiums in Göttingen.

— zur 150jährigen Jubelfeier des königl. Lehrerseminars zu Hannover am 6 XII. 1901. gr. 8. (XXX, 73 S. m. 5 Abbildgn.) Hannover 901. Hahn. n. 1. —

— zur 150jähr. Jubelfeier der Wiederaufrichtung der Schützencompagnie zu Orlamünde, den 1. und 2. October 1877. 16. (23 S.) Orlamünde 878, Heyl. *

[F.] **Festschrift** zur 100jährigen Jubelfeier des Berlinischen Bürger-Rettungs-Instituts ... 1896. *Berlin: Vogel's Buchdr. (1896).* (77 S., 1 Tab.) 1 Bd 8. [97. 2022

— zur 100jährigen Jubelfeier der Einweihung des Concertsaales im Gewandhause zu Leipzig, s. Dörffel, Alfr.

Festschrift zur hundertjährigen Jubelfeier des Königlichen Friedrich-Wilhelms-Gymnasiums zu Berlin. Wissenschaftl. Abhandlgn. *Berlin: Dr. v. A. W. Hayns Erben 1897.* (1 Bl., 1 kl. Bl., 109 S., 1 Tab.) 1 Bd 4. [97. 1871

Noetel, Richard: Aristotelis Ethicorum Nicomacheorum libri IV capita I II III quae sunt de liberalitate. Pars 1. *Berlin 1897.*
in: **Festschrift** z. 100j. Jubelfeier d. Kgl. Friedrich-Wilhelms-Gymn. [97. 1871

Wezel, Ernst: Das Adelsgeschlecht derer von Bora. *Berlin 1897.*
in: **Festschrift** z. 100j. Jubelfeier d. Kgl. Friedrich-Wilhelms-Gymn. [97. 1871

Schneider, Bernhard: Z. litterar. Bewegung auf neuprovenzal. Sprachgebiete. *Berlin 1897.*
in: **Festschrift** z. 100j. Jubelfeier d. Kgl. Friedrich-Wilhelms-Gymn. [97. 1871

Naumann, Ernst: Aus Herders Jugenddichtung. *Berlin 1897.*
in: **Festschrift** z. 100j. Jubelfeier d. Kgl. Friedrich-Wilhelms-Gymn. [97. 1871

Scholia in Homeri Iliadem vulgata e codicibus aucta et emendata ed. Adolfus Schimberg. A 1—50. *Berlin 1897.*
in: **Festschrift** z. 100j. Jubelfeier d. Kgl. Friedrich-Wilhelms-Gymn. [97. 1871

Kirchner, Johannes E.: Beiträge z. Geschichte attischer Familien. *Berlin 1897.*
in: **Festschrift** z. 100j. Jubelfeier d. Kgl. Friedrich-Wilhelms-Gymn. [97. 1871

Fricke, Gustav: Die Denkwürdigkeiten des Grafen Forbin. Beitr. z. Quellenkritik d. Gesch. d. 18. Jhs. *Berlin 1897.*
in: **Festschrift** z. 100j. Jubelfeier d. Kgl. Friedrich-Wilhelms-Gymn. [97. 1871

Festschrift zur 100jährigen Jubelfeier der Firma F. G. Hermann & Sohn ... [Berlin 1900.] V: *Grossmann-Herrmann, Ernst.* (Berl)

Festschrift zur hundertjährigen Jubel-Feier der g. u. v. St. Johannis-Loge „Zur Harmonie" im Or. Chemnitz am 11. Mai 1899. (Chemnitz 1899): Preiß. 219, 73, 35 S. 8° [10. 11761

— zur 100jährigen Jubelfeier der Erziehungsanstalt Schnepfenthal. gr. 4. (VIII, 255 S. mit 9 Taf. in Holzschn., Lithogr., Radirung und Photograv.) Schnepfenthal 884. (Leipzig, Brockhaus.) cart. *
Inhalt:
Kern, F., zur Würdigung des Melissos von Samos. (S. 1—24.)
Herbst, F., Quaestiones Taciteae. (S. 25—38.)
Brunn, L., Ἄκατος. (S. 39—72.)

Festschrift zu der Jubelfeier der 25jähr. Regierung Sr. Maj. des Königs Wilhelm v. Württemberg. I. Programm. II. Geschichte der Rechtsgesetzgebung während der ersten 25 Regierungsjahre König Wilhelm's. Von Rob. v. Mohl. III. Geschichte der die Rechtsordnung betreff. oder berühr. organ. Einrichtungen in Württemberg, während der ersten 25 Jahre der Regierung des Königs Wilhelm. Von A. v. Sarwey. gr. 8. Ludwigsburg 841, Nast'sche Buchh. n. 2/3 ₰

Festschrift für die Silberne Jubelfeier des Verbandes Deutscher Touristenvereine, 29. bis 31. August 1908 in Fulda. Hrsg. v. Zentral-Ausschuß d. Verbandes. Fulda 1908: Fuldaer Actiendr. (197 S.) 8° [08. 14913

Deutsch-Amischer Schulverein v NY. Festschr z silbernen Jubelfeier ... 15. Apr. 1908. NY, 1908.

— zur silbernen Jubel-Feier des kath. Vereins f. Kaufleute u. Beamte, Mülheim-Ruhr, am Samstag, den 15., Sonntag, den 16. u. Montag, den 17. X. 1904. (59 S. m. 10 Bildnistaf.) 8. Mülheim-Ruhr (904). (M. Hegner.) n. 1. —

Festschrift zu der am 24. und 25. Oktober 1896 stattfindenden dreihundertfünfzigjährigen Jubelfeier des Grossherzoglichen Gymnasiums in Heidelberg. *Heidelberg: C. Winter 1896.* (70 S., 1 Taf.) 1 Bd 4. [97. 6056

Rösiger, Ferdinand: Rede bei d. Vorfeier d. siebzigsten Geburtstages Sr. Kgl. Hoheit d. Grossherzogs v. Baden in d. Turnhalle d. Heidelb. Gymn. geh. *Heidelberg 1896.*
in: Festschrift zu d. ... 1896 stattfind. 350j. Jubelfeier d. ... Gymn. in Heidelberg. [97. 6056

Brandt, Samuel: Ad Ciceronis de re publica libros adnotationes. *Heidelberg 1896.*
in: Festschrift zu d. ... 1896 stattfind. 350j. Jubelfeier d. ... Gymn. in Heidelberg. [97. 6056

Hilgard, Alfred: Des Urbanus v. Belluno Institutionum in linguam Graecam grammaticarum libri duo. *Heidelberg 1896.*
in: Festschrift zu d. ... 1896 stattfind. 350j. Jubelfeier d. ... Gymn. in Heidelberg. [97. 6056

Mueller, Hermann: De l'influence considérable d. mariages princiers, et d. femmes en gén., au moyen âge; particulièrem. pendant la 'Guerre de Cent ans' entre la France et l'Angleterre. *Heidelberg 1896.*
in: Festschrift zu d. ... 1896 stattfind. 350j. Jubelfeier d. ... Gymn. in Heidelberg. [97. 6056

Schaefer, Heinrich: Methodischer Beitrag z. perspektivischen Geometrie d. Kegelschnitte. *Heidelberg 1896.*
in: Festschrift zu d. ... 1896 stattfind. 350j. Jubelfeier d. ... Gymn. in Heidelberg. [97. 6056

Stadtmüller, Hugo: Zu einigen Grabschriften d. Palatinischen Anthologie u. ihren Verfassern. *Heidelberg 1896.*
in: Festschrift zu d. ... 1896 stattfind. 350j. Jubelfeier d. ... Gymn. in Heidelberg. [97. 6056

Sütterlin, Ludwig: Die exspiratorische Betonung in der Heidelberger Volksmundart. *Heidelberg 1896.*
in: Festschrift zu d. ... 1896 stattfind. 350j. Jubelfeier d. ... Gymn. in Heidelberg. [97. 6056

— zur Jubelfeier des 1150. Todestages des hl. Bonifatius in Fulda vom 4.—11. VI. 1905. Hrsg. vom Preß-Ausschuß. (96 S. m. Abbildgn., 1 Taf. u. 2 Postkarten.) 8. Fulda 905. Fuldaer Actiendruckerei. n. — 50

Festschrift für die Jubelfeier und Turnhalleneinweihung des T. V. Fechenheim, m. Abb., Fechenheim 1897, 40 S., 8°.

Festschrift zur 450jährigen Jubelfeier der Schützengilde zu Oppeln. Nach den in der Schützenlade befindlichen Akten bearbeitet. Oppeln, 1886, 66 S.

— zur 400jähr. Jubelfeier d. Stadt Annaberg, s.: Mitteilungen d. Vereins f. Geschichte v. Annaberg u. Umgegend.

Festschrift zur 400jährigen Jubelfeier der Ludwigs-Maximilians-Universität zu München. Innsbruck 1872.
s. Inama-Sternegg, Karl Th.: Untersuchungen ü. d. Hofsystem im Mittelalter.

Festschrift zur 250jährigen Jubelfeier des Pegnesischen Blumenordens, gegründet in Nürnberg am 16. Oktbr. 1644. Hrsg. im Auftrage des Ordens v. Th. Bischoff u. Aug. Schmidt. gr. 8. (XVI, 532 S. m. Abbildgn.) Nürnberg 894. J. L. Schrag. n. 8. —; geb. n. 9. —

— zur 250jährigen Jubelfeier des Gymnasiums zu St. Maria Magdalena zu Breslau am 30. Apr. 1893. Hrsg. v. dem Lehrerkollegium der Anstalt. gr. 8. (III, 110 u. 198 S. m. 2 Taf. u. 1 Bl Erklärgn.) Breslau 893. (E. Morgenstern's Verl.) n. 3. —

— zur 200jährigen Jubelfeier der vereinigten Friedrichs-Universität Halle-Wittenberg, dargebracht v. der latein. Hauptschule der Franckeschen Stiftgn. gr. 4. (IX, 117 S.) Halle 894. Buchh. des Waisenhauses. n. 2. —

Festschrift zur zweihundertjährigen Jubelfeier der vereinigten Friedrichs-Universität Halle-Wittenberg von dem Realgymnasium der Franckeschen Stiftungen. *Halle a. S. 1894: Waisenhaus.* (34 S.) 4° [95. 6737 3

— z. 200jähr. Jubelfeier d. kgl. Universität Halle-Wittenberg, dargebracht v. naturwissenschaftl. Verein f. Sachsen u. Thüringen. [Aus: „Zeitschr. f. Naturwiss."] gr. 8. (V, 167 S. m. 7 Taf. u. 7 Bl. Erklärgn.) Leipzig 894. C. E. M. Pfeffer. n. 7. —

1705. 1905. Festschrift zur 200jährigen Jubelfeier der Ritterakademie auf dem Dome zu Brandenburg a. H. Brandenburg a. H. 1905. A. Alterthum. (101 S.) 8° [J.] [05. 7170

Festschrift zur zweihundertjährigen Jubelfeier der Frankeschen Stiftungen und der latein. Hauptschule am 30. Juni und 1. Juli 1898 dargebr. von d. Kollegium der latein. Hauptschule. *Halle a. S.: Buchdr. d. Waisenh. 1898.* (5 Bl., 244 S.) 1 Bd 4. [98. 6533 H.

Festschrift zur zweihundertjährigen Jubelfeier der Franckeschen Stiftungen am 30. Juni und 1. Juli 1898 dargebr. v. d. Realgymnasium in den Franckeschen Stiftgn. *Halle a. S.: Buchdr. d. Waisenhauses 1898.* (2 Bl., 103 S.) 1 Bd 4. [98. 10960 IIa

— z. 25jähr. Jubelfeste d. Seminars zu Mettmann. 1873—1898. gr. 8. (79 u. Festlieder 15 S. m. 5 Taf.) Mettmann 898. (H. v. d. Heyden.) n.n. 1. 60

Festschrift zum 50jähr. Jubelfest des Allgemeinen Turnvereins Großschocher-Windorf, 1909, 28 S., 8°.

Festschrift zum Osterländischen Jubel-Gauturnen in Gößnitz 21. 8. 1898, 87 S., 8°.

Festschrift zum Jubiläum des 150jährigen Bestehens der Loge zu den drei Schwertern und Asträa in Dresden. Dresden 1910. 82 S. 8°. 430.

Festschrift zum Jubiläum des 150-jährigen Bestehens der Loge zu den drei Schwertern und Asträa zur grünenden Raute im Or. Dresden 1890. Ms. f. F.-M. [Mit 3 Lichtdrucktaf.] Dresden [1890]: Wulffen. 82 S. 8°
Auszüge in: Bh. 34 (1891) S. 77—79.
Lebensbilder von 12 hammerführenden Mstrn der Loge u. deren Bildnisse.
3. 23. 25.

Festschrift zum dreihundertfünfzigjährigen Jubiläum des Hornbach-Zweibrücker Gymnasiums. Verf. von ehemaligen u. gegenwärtigen Lehrern d. K. Gymnasiums Zweibrücken. Zweibrücken 1909: Kranzbühler. VI, 118 S. 8°
Zweibrücken, k. G P 1909 [S 09. 100

Festschrift zum 350jährigen Jubiläum des Gymnasiums und Realgymnasiums zu Bielefeld am 5. und 6. August 1908. Bielefeld 1908: Siedhoff. 180 S. 8°
Bielefeld, G u. RG P 1909 (460) [S 09. 101

— z. 350jähr. Jubiläum d. kgl. Marienstifts-Gymnasiums zu Stettin am 24. u. 25. Septbr. 1894. 4. (VII, 184 u. 31 S. m. 1 Taf.) Stettin 894. (F. Nagel.) n. 3. —

— zum 300jähr. Jubiläum des königl. Joachimsthalschen Gymnasiums am 24. VIII. 1907. 2 Tle. Lex. 8. Halle 907. Buchh. d. Waisenhauses. 14. —
1. Die Geschichte des königl. Joachimsthalschen Gymnasiums 1607—1907. Von Erich Wetzel. Mit Porträts, Vollbildern, Vignetten, Plänen u. e. Karte. (XXII, 417 S.) 10. —
2. Zur Statistik des königl. Joachimsthalschen Gymnasiums. Beiträge v. Ernst Bahn, Ernst Fritze, Karl Todt u. Erich Wetzel. (24, 20, 24, 40, 30 u. 70 S. m. 6 Taf.) 4. —

Festschrift zum 30jährigen Jubiläum des 'Deutscher Kriegerverein' von Chicago, 17. u. 18. Juli 1904. Hrsg. v. Deutschen Kriegerver. Chicago. *Chicago: ([Selbstverl.] 1904).* (61 Bl.) 8° [J.] [04. 11488 4

Festschrift zum 30jährigen Jubiläum des Studenten-Gesangvereins Zürich. Zürich 1879. V: *Finsler, Gg.* (Cat. d. Stadtbibl. Zürich. Zürich 1864—97.)

Festschrift zum elfhundertjährigen Jubiläum des deutschen Campo Santo in Rom ... Hrsg. v. Dr. Stephan Ehses. M. 2 Taf. u. 12 Abb. im Texte. *Freiburg i. B.: Herder 1897.* (IX S., 1 Bl., 307 S., 1 Taf., 1 Tab.) 1 Bd 4. [97. 774

Wehofer, P.: Das Κύριε ἐλέησον bei Epiktet diss. II 7 ,,. *Freiburg i. B. 1897.*
in: Festschrift z. elfhundertj. Jubiläum d. deutschen Campo Santo in Rom. [97. 774

Kirsch, J[ohann] P[eter]: Die christl. Cultusgebäude in d. vorkonstantin. Zeit. *Freiburg i. B. 1897.*
in: Festschrift z. elfhundertj. Jubiläum d. deutschen Campo Santo in Rom. [97. 774

Jelić, L.: Anastasius cornicularius, d. Martyrer v. Salona. *Freiburg i. B. 1897.*
in: Festschrift z. elfhundertj. Jubiläum d. deutschen Campo Santo in Rom. [97. 774

Merkle, Sebastian: Prudentius' Dittochaeum. *Freiburg i. B. 1897.*
in: Festschrift z. elfhundertj. Jubiläum d. deutschen Campo Santo in Rom. [97. 774

Ehrhard, Albert: Die Legendensammlung des Symeon Metaphrastes u. ihr ursprüngl. Bestand. *Freiburg i. B. 1897.*
in: Festschrift z. elfhundertj. Jubiläum d. deutschen Campo Santo in Rom. [97. 774

Grisar, H[artmann]: Das röm. Pallium u. d. ältesten liturg. Schärpen. *Freiburg i. B. 1897.*
in: Festschrift z. elfhundertj. Jubiläum d. deutschen Campo Santo in Rom. [97. 774

Albers, Bruno: Hirsau u. seine Gründgn v. J. 1073 an. *Freiburg i. B. 1897.*
in: Festschrift z. elfhundertj. Jubiläum d. deutschen Campo Santo in Rom. [97. 774

Stapper, R.: Die Summulae logicales des Petrus Hispanus u. ihr Verhältniss zu Michael Psellus. *Freiburg i. B. 1897.*
in: Festschrift z. elfhundertj. Jubiläum d. deutschen Campo Santo in Rom. [97. 774

Glasschröder, F[ranz] X[aver]: Zur Geschichte d. Archidiakonates. *Freiburg i. B. 1897.*
in: Festschrift z. elfhundertj. Jubiläum d. deutschen Campo Santo in Rom. [97. 774

Sauerland, H. V.: E. Urkunde d. Camera Apostol. v. J. 1218. *Freiburg i. B. 1897.*
in: Festschrift z. elfhundertj. Jubiläum d. deutschen Campo Santo in Rom. [97. 774

Reichert, Benedictus Maria: Das Itinerar d. zweiten Dominikanergenerals Jordanis v. Sachsen. *Freiburg i. B. 1897.*
in: Festschrift z. elfhundertj. Jubiläum d. deutschen Campo Santo in Rom. [97. 774

Baumgarten, Paul Maria: Die Cardinalsernennungen Cälestins v. im Sept. u. Oct. 1294. *Freiburg i. B. 1897.*
in: Festschrift z. elfhundertj. Jubiläum d. deutschen Campo Santo in Rom. [97. 774

Eubel, C[onr.]: Die während d. 14. Jhs im Missionsgeb. d. Dominikaner u. Franziskaner errichteten Bisthümer. *Freiburg i. B. 1897.*
in: Festschrift z. elfhundertj. Jubiläum d. deutschen Campo Santo in Rom. [97. 774

Schmid, Georg: Itinerarium Johannis XXIII. z. Concil v. Konstanz 1414. *Freiburg i. B. 1897.*
in: Festschrift z. elfhundertj. Jubiläum d. deutschen Campo Santo in Rom. [97. 774

Schlecht, Joseph: Sixtus IV. u. die deutschen Drucker in Rom. *Freiburg i. B. 1897.*
in: Festschrift z. elfhundertj. Jubiläum d. deutschen Campo Santo in Rom. [97. 774

Miller, Konrad: Zur Geschichte d. Tabula Peutingeriana. *Freiburg i. B. 1897.*
in: Festschrift z. elfhundertj. Jubiläum d. deutschen Campo Santo in Rom. [97. 774

Hackenberg, A.: Zu d. ersten Verhandlungen der S. Congregatio Cardinalium Conc. Trident. Interpretum '(1564—1565)'. *Freiburg i. B. 1897.*
in: Festschrift z. elfhundertj. Jubiläum d. deutschen Campo Santo in Rom. [97. 774

Schwarz, Wilh. Eberh.: E. Gutachten d. bayr. Kanzlers S. Eck gegen d. offic. Duldg d. Protestantismus in Oesterreich '(1568)'. *Freiburg i. B. 1897.*
in: Festschrift z. elfhundertj. Jubiläum d. deutschen Campo Santo in Rom. [97. 774

Ehses, Stephan: Jodocus Lorichius, kathol. Theol. u. Polemiker d. 16. Jhs. *Freiburg i. B. 1897.*
in: Festschrift z. elfhundertj. Jubiläum d. deutschen Campo Santo in Rom. [97. 774

Unkel, Karl: Die Kölner Congregatio ecclesiastica f. d. Reform d. Erzdiöcese. *Freiburg i. B. 1897.*
in: Festschrift z. elfhundertj. Jubiläum d. deutschen Campo Santo in Rom. [97. 774

Pieper, A[nt.]: Instruction u. Relation d. Sendg des Card. Millino als Legaten z. Kaiser '(1608)'. *Freiburg i. B. 1897.*
in: Festschrift z. elfhundertj. Jubiläum d. deutschen Campo Santo in Rom. [97. 774

Schnitzer, [Joseph]: Urbans VIII. Verhalten bei d. Nachricht v. Tode d. Schwedenkönigs. *Freiburg i. B. 1897.*
in: Festschrift z. elfhundertj. Jubiläum d. deutschen Campo Santo in Rom. [97. 774

Kaufmann, Karl Maria: Altchristliches vom obergerm.-rhät. Limes. *Freiburg i. B. 1897.*
in: Festschrift z. elfhundertj. Jubiläum d. deutschen Campo Santo in Rom. [97. 774

Sauer, A.: Des Macarius Magnes Homiliae in Genesim. *Freiburg i. B. 1897.*
in: Festschrift z. elfhundertj. Jubiläum d. deutschen Campo Santo in Rom. [97. 774

Endres, J[os.] A[nton], & Ebner, A[dalb.]: Ein Königsgebetbuch d. elften Jhs. *Freiburg i. B. 1897.*
in: Festschrift z. elfhundertj. Jubiläum d. deutschen Campo Santo in Rom. [97. 774

— zum 75jährigen Jubiläum des königl. sächsischen Altertumsvereins. Hrsg. im Auftrage d. Vorstandes. Beiheft zum „Neuen Archiv f. sächs. Geschichte u. Altertumskunde", Bd. XXI. gr. 8. (VII, 217 S. m. Abb. u. 1 Bildnis.) Dresden 900. W. Baensch. n. 4. —

— z. 75jähr. Jubiläum d. Gesellschaft pract. Aerzte zu Riga v. d. städt. Irrenheil- u. Pflegeanst. Rothenberg. Lex.-8. (III, 86 S.) Riga 897. (N. Kymmel's Sort.) n. 2. —

Festschrift zum 75jährigen Jubiläum des Eidgenössischen Turnvereins, 1832—1907. ([Verfasst von] J[ohann] Spühler, H[einrich] Ritter [und] A[rthur] Schaechtelin. [Mit Illustrationen, 2 Tafeln und] Beilagen.) IV + IV + 236 (+ *Beilagen zus.* 80) S. 8. Zürich, Juchli & Beck, (1907). [fr. 3. —]

Aachener Verein zur Beförderung der Arbeitsamkeit. — FESTSCHRIFT zum 75jährigen Jubiläum 1834—1909. (Mit Tafeln.) Aachen 1909. Aachener Verlags- und Druckerei-Gesellschaft. 4°.

Festschrift für das 25jähr. Jubiläum des „Turnerbundes" Ronneburg, E. V., am 8.—10. 5. 1909, Ronneburg 1909, 68 S., 8°.

Festschrift zum 25jährigen Jubiläum des Bonner Männergesang-Vereins Concordia. Bonn 1871. V: *Ständer, Joseph.* (Rass)

1873—1898. Elektrizitäts-Aktiengesellschaft vormals Schuckert & Co., Nürnberg. Festschrift zum 25-jährigen Jubiläum. Oktober 1898. (Nürnberg: E. Nister 1898.) (47 S., 20 Taf.) 1 Bd quer-2.

Festschrift zum 25 jähr. Jubiläum des Turnvereins Ems, 12.—13. 8. 1900, 32 S., 8°.

FESTSCHRIFT zum fünfundzwanzigjährigen Jubiläum des Bergischen Geschichtsvereins. (Mit 2 Tafeln.) Düsseldorf 1888. Gedruckt bei L. Voß & Cie. 8°.

Festschrift z. 25 jähr. Jubiläum v. Ritters Gewerbevorschule. (16 S) Stuttgart 1904

Festschrift zum 25jährigen Jubilaeum des Allgemeinen Deutschen Jagdschutz-Vereins. [Berlin 1900.] V: *Lotze.* (Berl)

1880–1905. **Festschrift** zum 25jährigen Jubiläum der Altertumsgesellschaft Insterburg. Insterburg: J. Krauß' Nachf. in Komm. 1905. (82 S., 17 Taf. mit je 1 Erl.-Bl.) 8°
= **Zeitschrift** d. Altertumsgesellschaft Insterburg. H. 9. [05. 13404

— zum 25jährigen Jubiläum des Frankfurter Journalisten- u. Schriftsteller-Vereins, am 3. XII. 1899, hrsg. v. der Red.-Kommission des Festausschusses. gr. 8. (VIII, 126 S. m. Vignetten u. 1 Bildnistaf.) Frankfurt a/M. (899). Gebr. Knauer. n. 2. 50; geb. 3. 50

— zu Ehren d. 25jährigen Jubiläums v. Hrn. Geh. Med.-R. Dr. Ludw. Meyer als ordentlicher öffentlicher Prof. der Psychiatrie an der Georgia-Augusta u. Dir. der Provinzial-Irrenanstalt zu Göttingen am 3. Apr. 1891, in Verbindg. m. Schülern u. Freunden unter Mitwirkg. v. Rabow, Reinhard, R. Thomsen u. A. hrsg. v. Carl Lauenstein. gr. 4. (IX, 203 S. m. 4 Taf.) Hamburg 891. W. Mauke Söhne. n. 12. —

Festschrift zum fünfundzwanzigjährigen Jubiläum des städtischen Progymnasiums zu Striegau. 1870—1895. 4 (1 Bl., 13 S., 1 Abb.). **Progr.** Städt. Prg. *Striegau* 1896

Festschrift z. 25jähr. Jubiläum d. Sektion Regensburg d. deutschen u. österr. Alpenvereins. gr. 8. (69 S. m. Abb. u. 8 Taf.) Regensburg 895. (H. Bauhof.) n. 2. 70

Festschrift zum 25jährigen Jubiläum des Rhönclub am 10., 11. u. 12. August 1901. *Fulda 1901: J. L. Uth.* (203 S.) 8° [01. 8870

Festschrift zum 25jähr. Jubiläum des St. Vinzenz-Vereins zu Kassel. 1882–1906. (Vorr.: Karl Josef Böschen.) Kassel: F. W. Schmitt 1906. (47 S.) 8° [F.] [07. 6436 4

— zum 25jährigen Jubiläum des Stuttgarter Schutz-Vereins f. Geschäftsleute u. Hausbesitzer (eingetragener Verein). Gegründet 17. X. 1879. Hrsg. vom Ausschuss des Stuttgarter Schutz-Vereins E. V. (26 S.) gr. 8. Stuttgart 904. F. Stahl. n. — 50

— z. 25jähr. Jubiläum des kgl. Seminars zu Schneeberg. 1872—1897. gr. 8. Schneeberg 897. (B. F. Goedsche.) n. 1. 70
1. Mitteilgn. üb. d. Lehrer u. Schüler v. 7. VIII. 1872 bis 26. IX. 1897. — 2. Satzungen der „Seminar-Jubiläumsstiftg. d. Stadt Schneeberg" u. d. „Jubiläumsstiftung 1897" der ehemaligen Zöglinge. — 3. Rede an Philipp Melanchthons 400-jähr. Geburtstag. Von Israel. — 4. Beiträge zu einem Wetteratlas f. d. Königreich Sachsen m. 4 Taf. Von Jul. Berthold. (II, 79 S.)

Verband Rhein.-westfäl. Bildungsvereine. **Festschrift** zum 25jährigen Jubiläum am 1. October 1893 in Barmen. Hrsg. vom Verbandsvorst. in Köln-Nippes Dr. [Jos.] Andries, F[riedr.] Böhle, Th[eod.] Franzke. *Köln (1893): Greven & Bechtold.* (76 S.) 4° [F.] [00. 9176

Festschrift zum 25jährigen Jubiläum des Verbandes pfälzischer landwirtschaftlicher Genossenschaften zu Landau (Pfalz) abgehalten zu Neustadt a.H. am 1. Juni 1907. Landau 1908.

Festschrift zum Fünfundzwanzigjährigen Jubiläum des Vereins für Chemnitzer Geschichte. Im Auftr. d. Ver. hrsg. v. Dr. Paul Uhle, Oberl. am Realgymn. *Chemnitz: Kommv. v. O. May 1897.* (X, 205 S.) 1 Bd 8.
= **Jahrbuch** d. Vereins f. Chemnitzer Geschichte. [No] IX. [99. 1907

Gottschaldt, Alwin: Rückblick auf d. Thätigkeit d. Ver. in d. ersten 25 Jahren seines Bestehens. *Chemnitz 1897.*
in: Festschrift z. 25j. Jubiläum d. Vereins f. Chemnitzer Gesch.
= **Jahrbuch** d. Vereins f. Chemnitzer Geschichte. [No] IX. [99. 1907

Kirchner, C.: Rektor Mag. Daniel Müller u. d. Chemnitzer Lyceum seiner Zeit. *Chemnitz 1897.*
in: Festschrift z. 25j. Jubiläum d. Vereins f. Chemnitzer Gesch.
= **Jahrbuch** d. Vereins f. Chemnitzer Geschichte. [No] IX. [99. 1907

Weinhold, Emil: Vom Weinkeller d. Chemnitzer Rates. *Chemnitz 1897.*
in: Festschrift z. 25j. Jubiläum d. Vereins f. Chemnitzer Gesch.
= **Jahrbuch** d. Vereins f. Chemnitzer Geschichte. [No] IX. [99. 1907

Lauckner, Alwin: Zur Geschichte d. Kantorei in Chemnitz. *Chemnitz 1897.*
in: Festschrift z. 25j. Jubiläum d. Vereins f. Chemnitzer Gesch.
= **Jahrbuch** d. Vereins f. Chemnitzer Geschichte. [No] IX. [99. 1907

Franko, Guido: Aus d. Leben eines Chemnitzer Pfarrers. *Chemnitz 1897.*
in: Festschrift z. 25j. Jubiläum d. Vereins f. Chemnitzer Gesch.
= **Jahrbuch** d. Vereins f. Chemnitzer Geschichte. [No] IX. [99. 1907

Uhle, Paul: Die Chemnitzer Kleiderordnungen. *Chemnitz 1897.*
in: Festschrift z. 25j. Jubiläum d. Vereins f. Chemnitzer Gesch.
= **Jahrbuch** d. Vereins f. Chemnitzer Geschichte. [No] IX. [99. 1907

Uhle, Paul: Der Dramatiker u. Meistersänger Valentin Voith aus Chemnitz. *Chemnitz 1897.*
in: Festschrift z. 25j. Jubiläum d. Vereins f. Chemnitzer Gesch.
= **Jahrbuch** d. Vereins f. Chemnitzer Geschichte. [No] IX. [99. 1907

Festschrift zum 25jähr. Jubiläum des am 19ten April 1846 gegr. Landwirthschaftlichen Vereins zu Kostenblut. Als Erinnerungsgabe gewidmet vom zeitigen Vorstande. — Neumarkt 1871: Kolbe. 103 S. 8°

— z. 25jähr. Jubiläum d. patriot.-kathol. Volksvereines in Nieder-Oesterreich zu Wien. Auf Grund d. vorhand. Gedenkbücher u. Sitzungsprotokolle verf. v. Matthias Eisterer. gr. 8. (141 S. m. 2 Bildn.) Wien 895. (H. Kirsch.) n. — 80

Festschrift zum 25jähr. Jubiläum des Turnvereins „Vorwärts" Bockenheim, 1907, 50 S., 8°.

Festschrift zum 25 jährigen Jubiläum der Webschule in Reutlingen. Stuttgart 1890

Festschrift zum 25jährigen Jubiläum des katholischen Studentenvereins Winfridia zu Göttingen. 1870—1895. Von e. alten Herrn. Als Ms. gedr. *Köln: Dr. v. J. P. Bachem [1895?].* (48 S.) 1 Bd 8. [98. 5505 Bo

Festschrift zum 25jährigen Jubiläum [des] Lebensmittelverein[s] Zürich, 1879—1904. [Illustriert.] 24 S. 8. [Zürich, Kirsten & Zeisberg, 1905.]

Stadtmusik Aarau. Festschrift zum 50jährigen Jubiläum. 1853—1903. 31 S. 8. Aarau, A. Villiger-Amsler.

Festschrift zum fünfzigjährigen Jubiläum Sr. Excellenz des Staatsrates Dr. Julius v. Amsberg am 17. Mai 1904 hrsg. von d. Rostocker Juristenfakultät. (Rostock 1904: Adlers Erben.) (15, 34, 46 S.) 8° [07. 3643

Enthält:
1. Matthiass, Bernhard, Die Vererbung des Bezitzes. 2. Lehmann, Karl, Die Rigspula. 3. Fischer, Hans Albrecht, Ein Beitrag zur Unmöglichkeitslehre.

Festschrift zum fünfzigjährigen Jubiläum von Bad Neuenahr. Mit e. Einl. von Prof. Dr. Ernst v. Leyden, unter Mitw. von ... red. von Dr. S[emjon] Lipliawsky u. Dr. S[iegfried] Weissbein, Berlin. (Bad Neuenahr): Kurdirektion 1908. X, 150 S. 4° A 12. 980/10

Festschrift zum 50jähr. Jubiläum der Fabrik von Gebr. Adt in Ensheim. (1839—1889.) — (Forbach 1889: Hupfer.) 12 S. 8° [Umschlagt.]

— zu dem 50jähr. Jubiläum des Friedrichs-Realgymnasiums in Berlin. Veröffentlicht v. d. Lehrer-Kollegium des Friedrichs-Realgymnasiums. gr. 8. (III, 36, 84 u. 80 S. m. 1 Karte.) Berlin 900. [R. Gaertner.] Weidmann. n. 7. —

Festschrift zum 50jährigen Jubiläum der historischen Gesellschaft des Kantons Aargau 10. Nov. 1909. Aarau: Sauerländer 1909. 367 S. 8° (Argovia. Bd 33.) [09. 18594

Festschrift zum 50jährigen Jubiläum der landwirtschaftlichen Gesellschaft des Pr. Holländer Kreises am 4. März 1903. Pr. Holland 1903. V: *Andohr.* (Berl)

— z. 50jähr. Jubiläum d. Gewerbevereins z. Glauchau am 24. u. 28. I. 1897. gr. 8. (III, 163 S. m. 2 Lichtdr.) Glauchau 897. (A. Peschke.) Kart. n. 1. —
Enthält u. A.: Rückblick auf d. Geschichte d. Stadt Glauchau u. ihrer gewerbl. Entwickelg. v. Rhld. Hofmann.

Festschrift zum 50jähr. Jubiläum des Turnvereins Gößnitz, 2.—3. 10. 1910, Gößnitz 1910, 40 S., 8°.

Harmonie [Balt]. Festschr z 50-jhr Jub Harmonie Gesangverein, Balt, Md, 4. Juli 1903. Baltimore, 1903.

Festschrift zum 50jähr. Jubiläum der K. Land- und Forstwirtschaftlichen Akademie Hohenheim. Ausgegeben am 20. Nov. 1868 — Stuttgart 1868: Müller. Getr. Pag. 8°

Festschrift zum 50jährigen Jubiläum der Kgl. land- und forstwirthschaftlichen Akademie Hohenheim. - Stuttgart 1868. 108, 107, 71 S., 8 S. Anh.

Festschrift zum 50jährigen Jubiläum der Loge Johannes zum wiedererbauten Tempel im Or. Ludwigsburg. 2. Juli 1905. 1855—1905. [Marbach a. N. 1905.] V: *Palm, C.* (wolfstieg I, 591)

Festschrift zum fünfzigjährigen Jubiläum (des Deutschen **Juristentages**). Berlin 1910.
s. **Olshausen, Theod.:** Der Deutsche Juristentag. Sein Werden und Wirken.

Festschrift zum fünfzigjährigen Jubiläum des Bayerischen Kunstgewerbevereins. Hrsg. vom Bayer. Kunstgewerbever. in München. Schriftleitung L. Gmelin. 1901. *München: R. Oldenbourg (1901).* (73 S.) 4° [ő.] 1901 64

Festschrift zum Fünfzigjährigen Jubiläum von La Châtelaine, Collège International (Institution Thudichum), Morillon-Genève. 1853—1903. [Mit vielen Illustrationen, 8 Tafeln und 2 Tabellen.] V + IV + 106 S. 4. (Heidelberg, Karl Rössler.)
(Herrn und Frau Charles Thudichum ... gewidmet von ihren Schülern.)

(Bukarester Dt. Liedertafel.) Vereins-Chronik. ⟨1852—1902.⟩ **Festschrift** zum 50jährigen Jubiläum. Hrsg. v. Vorstande. (Vorr.: C. Teutsch.) Bukarest '02. 145 S.

Festschrift zum 50-jährigen Jubiläum des Turnvereins Liestal. (1859—1909.) [Mit 1 Vignette und 1 Tafel.] 44 S. 8. Liestal, Lüdin & Co., 1910. [fr. 2.—]

Festschrift zum 50jährigen Jubiläum der Ligia Grischa 1852—1902 ... Chur 1902. V: *Darms, Joh. Mart. & Aug. Candrian.* (BBullschw 3, 1903)

Festschrift zum 50jähr. Jubiläum des Maingaues, verb. m. d. 41. Gauturnf., 50jähr. Jubelf. d. T. V. v. 1860 u. 25jähr. Jubelf. d. T. V. Vorwärts zu Fechenheim, m. Abb., Fechenheim-Mainkur 1910, 74 S., 8°.

Festschrift zum 50jähr. Jubiläum der Landwirtschaftlichen Versuchs-Station Möckern. Geschichtliches über d. Versuchs-Station Möckern 1851—1902. — Berlin: Parey 1902. IV, 220 S. 8°

— zum 50jährigen Jubiläum der Realanstalt zu Stuttgart 1868. Stuttgart 1868

—— zu dem 50jährigen Jubiläum des Dorotheenstädtischen Realgymnasiums zu Berlin. Veröffentlicht von dem Lehrer-Kollegium des Dorotheenstädt. Realgymnasiums. gr. 8. Berlin 886, Gaertner's Verlag. *ℳ 7.—.; geb. *
Inhalt:
Pierson, W., Kurfürstin Dorothea, die Gründerin der Dorotheenstadt. — Thurein, H., elementar. Darstellung der Planetenbahnen durch Konstruction und Rechnung. — Peters, E., Fänrik Ståls Sägner. En samling sånger af Johan Ludwig Runeberg. II. — Koch, J., Li Rei de Engleterre. Ein anglo-normann. Geschichtsauszug. — Schultze, E., ein geographischer und antiquarischer Streifzug durch Capri. — Gusserow, C., über anschauliche Quadratur und Kubatur. — Fredrichs, F., der Freiheitsbegriff Kants und Fichtes. — Schwalbe, B., über Eishöhlen und Eislöcher, nebst einigen Bemerkungen über Ventarolen und niedrige Bodentemperaturen. (VII, 286 S. mit 4 Holzschn., 1 Taf. und 1 Karte.)

— zu dem funfzigjährigen Jubiläum der Königstädtischen Realschule zu Berlin. Veröffentlicht von dem Lehrerkollegium der Anstalt. gr. 8. (V, 348 S. m. 5 Steintaf.) Berlin 882. Weidmann. n. 8. —

Festschrift zum 50jährigen Jubiläum der Grube Reden (bei Illingen-Saar). — (Saarbrücken 1896: Neue Saarbr. Ztg.) 53 S., 16 Kt. 8°

Festschrift zu dem 50-jährigen Jubiläum des Regierungsantritts Sr. Kgl. Hoheit des Grossherzogs Friedrich. Mit 17 Taf. u. 39 Abb. *Freiburg i. Br.: C. A. Wagner 1902.* (Getr. Pag.) 8°
— Berichte d. Naturforsch. Gesellschaft zu Freiburg i. B. Bd 12.

Festschrift zum 50jähr. Jubiläum der Pfarrei São José do Hortencio. - Porto Alegre 1899: Typographia do Centro. 47, XXI S.

Festschrift zum 50jährigen Jubiläum der Firma Chr Schweizer & Söhne, Schramberg. 1849-99. (11 S 4 T) Schramberg 1899

Festschrift zum 50jähr. Jubiläum der Sparkasse des Kreises Altenkirchen am 3. Nov 1906. 1856—1906. — Altenkirchen (1906): Dieckmann. 16 S. 8°

Festschrift zum 50jähr. Jubiläum des Technikums für Textilindustrie in Reutlingen. 1905. — Reutlingen: Bofinger (1905). 125 S., 13 Taf. 4°

Festschrift zum 50jährigen Jubiläum des Akademischen Turnvereins zu Berlin ⟨ATV⟩. 12.–17. Mai 1910. Berlin (1910): Lüdtke. 222 S. 8°

Festschrift zum 50jährigen Jubiläum d. Vereins v. Alterthumsfreunden im Rheinland, s. a. Jahrbücher d. Vereins.

FESTSCHRIFT zum fünfzigjährigen Jubiläum des Vereins von Alterthumsfreunden im Rheinlande am 1. October 1891. Mit 6 Tafeln und 2 Textfiguren. Bonn. Gedruckt auf Kosten des Vereins. Bonn 1891 bei Adolph Marcus. 8°.

Festschrift zum fünfzigjahrigen Jubiläum des Vereins von Alterthumsfreunden im Rheinlande, am 1. October 1891. Mit 6 Tafeln und 2 Textfiguren. [Jahrb. d. Ver. v. Alterthumsfr. im Rheinl.] 4. Bonn 1891.

Festschrift zum 50jähr. Jubiläum des (Historischen) Vereins (für Heimatkunde zu Frankfurt a. O.). ⟨4. Dez. 1910.⟩ Frankfurt a. O. 1910: Beholtz. 92 S. 8°
(Mitteilungen d. Hist. Vereins f. Heimatkunde zu Frankfurt a. O. H. 24.) [11. 346

—— zum 50jährigen Jubiläum des naturwissenschaftlichen Vereins d. Prov. Posen. 1837 bis 1887. gr. 8. (239 S.) Posen 887, (Rehfeld). ** 2 —; geb. ** 2 50

Festschrift zum 50jähr. Jubiläum der Allgemeinen Versicherungs-Gesellschaft für See-, Fluß- und Landtransport in Dresden. (1860—1910.) — [Dresden: Selbstverl. 1910.] 8 Bl. 4°

Festschrift zum fünfzigjährigen Jubiläum der Agrikulturchemischen Versuchs- u. Kontrollstation der Landwirtschaftskammer für die Provinz Schlesien zu Breslau. Geschichtliches über die agrikulturchem. Versuchs- u. Kontrollstation Breslau 1856–1906 nebst e. Anh.: Studien über d. Bewurzelung unserer Kulturpflanzen. Dazu 20 Taf. (Breslau 1906: Graß, Barth & Co.) (95 S.) 8° [07. 9787 2

— z. 50jähr. Jubiläum d. Volks- u. Erinnerungsfestes z. Lübeck. 4. (23 S. m. 1 Bildn. u. 2 Taf.) Lübeck 898. (Lübcke & Hartmann.) n.n. — 50

Festschrift zum fünfzigjährigen Jubiläum des Königlichen Wilhelms-Gymnasiums am 17. Mai 1908. Veröff. von seinem Lehrer-Koll. Berlin 1908: Trowitzsch. 206 S. 8°
Berlin, k. Wilhelms-G P 1908** [S 08, 101

Evangelische Zions-Gmde, Evansville, Ind. 1849-99. Festschrift ... 50-jhr Jubiläum ... Evansville, 1899.

Church of the Immaculate Conception of the Blessed Virgin Mary, NY City. Festsch ... Goldenes Jub ... 1853-1903. NY, 1903. G and Engtext.

Turnverein "Milw." Festschrift z goldenen Jub ... am 12. 13. u 14. Juni 1903. Milwaukee, 1903.

United Brothers: **Festschrift** anlässlich des goldenen Jubiläums der United Brothers Loge Nr 356 f. & a. m. am 30. Nov. und 1. Dez. 1904, New York. cf. Bbl. 19 (1905) S. 505 (G. Diercks).

— zu dem 150jährigen Jubiläum der Universität Georgia-Augusta Göttingen. hoch 4. (20 S.) Göttingen 887. (Hannover, C. Meyer.) cart. n. 1. 50

Festschrift zum hundertjährigen Jubilaeum der königl. sächs. Bergakademie zu Freiberg am 30. Juli 1866. hoch 4. (III und 336 S.) Dresden 866. (Freiberg, Craz und Gerlach. — Engelhardt.) cart. *

—— dass. — 2. Thl.: A. u. d. T.: Die Fortschritte der berg- und hüttenmännischen Wissenschaften in den letzten 100 Jahren. hoch 4. (V und 146 S.) Freiberg 867, Craz und Gerlach. *

— zum 100jährigen Jubiläum der I. Bürgerschule in Leipzig. 1. Beiträge zur Geschichte der Leipziger Bürgerschule während der ersten 28 Jahre ihres Bestehens. Von Otto Lange. 2. Einiges aus der Zeit von 1832—1904; 3. Statistisches. Von C. Reimer. (94 S. m. 2 Taf.) gr. 8. Leipzig 904. (J. C. Hinrich's Sort.) n.n. 1. —

Festschrift zum Hundertjährigen Jubiläum des Herzoglichen Franciscenms zu Zerbst am 18. und 19. Mai 1903. 39 S. 4.
Progr. Herz. Franciseeum *Zerbst* 1903.
I. Verzeichnis der Lehrer von 1803—1903. Von W[ilhelm] Sickel.
II. Verzeichnis der Primaner von 1803—1903. Von G[eorg] Glöckner.
III. Verzeichnis derjenigen Untersekundaner der Realabteilung, welche von 1874—1903 die Reife für Obersekunda erlangten. Von [Karl Friedrich] H[ermann] Müller.

— zum 100jährigen Jubiläum des herzogl. Franciseums zu Zerbst am 18. u. 19. V. 1903. (39 S.) gr. 4. Zerbst 903. (F. Gast). n. — 75

Grossh. Gymnasium Mannheim. **Festschrift** zum hundertjährigen Jubiläum der Anstalt (1807. 10. November. 1907). (Inhalt: J(ulius) Keller, Direktor: Grundlinien zu einer Psychologie des Wortes und Satzes. — W(ilhelm) Caspari, Prof.: Geschichte der Anstalt seit 1857). Mannheim 1907: M. Hahn & Co. (110 S.) 4°
Mannheim, großh. G P 1907 (771)

Fest-Schrift zum Jubiläum der Firma D. Peters & Co. G. m. b. H., Elberfeld 1804, Neviges 1833, Berlin 1886, zum 28. Mai 1908 den Festgästen gewidmet. [Mit Abb. u. Tab.] (Elberfeld 1908: Bacmeister.) 55 S. 4°

— des Hanauer Geschichtsvereins zum 600jährigen Jubiläum der Erhebung Alt-Hanaus zur Stadt. (V, 56 S. m. Abbildgn. u. 8 Taf.) Lex.-8. Hanau 903. (Clauß & Feddersen.) n.n. 1. 50

Festschrift des Hanauer Geschichtsvereins zum 600jährigen Jubiläum der Erhebung Alt-Hanaus zur Stadt. (Hrsg.: Carl Nessler, Pfarrer.) *Hanau: Selbstverl. d. Ver. 1903.* (56 S.) 8°
— [**Mitteilungen** d. Hanauer Bezirksvereins f. hess. Gesch. u. Landeskunde. 22.] [03. 3185

Festschrift zum 600jährigen Jubiläum des Gymnasiums zu Liegnitz am 20. und 21. Oktober 1909. Liegnitz (1909): Seyffarth. 80 S. 8°
Liegnitz, st. ev. G P 1910 (281)

— zum 750jährigen Jubiläum der Stadt Chemnitz. Im Auftrage des Vereins f. Chemnitzer Geschichte hrsg. v. P. Uhle. (Mitteilungen des Vereins f. Chemnitzer Geschichte, VIII. Bd.) gr. 4. (XXI, 92 S. m. 5 Taf.) Chemnitz 893. (O. May.) n.n. 3. 50

— zum 700jährigen Jubiläum der Gründung des Prämonstratenser-Stiftes Tepl. gr. 8. (VI, 234 S. m. 1 Taf.) Tepl 893. (Marienbad, F. Gschihay.) n. 2. 90

Festschrift zum 250 jährigen Jubiläum der Grundsteinlegung der Johanniskirche zu Hanau. 1658 — 15. Mai — 1908. Hanau 1908. V: *Henss, C. & Carl Jacob Theodor Fuchs.* (Berl)

— zur Jubiläumsfeier des 350jährigen Bestehens der Leipziger Buchbinder-Innung verbunden m. dem XV. Verbandstage des Bundes deutscher Buchbinder-Innungen u. e. buchgewerblichen Fachausstellung. (Sonder-Nr. des Buchgewerbeblattes.) gr. 4. (52 S. m. Abbildgn. u. 11 Taf.) Leipzig 894. Verl. des Buchgewerbeblattes. n. 1. 35

Festschrift zur Jubiläumsfeier des 50-jährigen Bestehens der Naturforschenden Gesellschaft in Luzern, überreicht den Teilnehmern an der Jahresversammlung der Schweizerischen naturforschenden Gesellschaft in Luzern, 11. bis 13. September 1905. (1855—1905.) [Mit 2 Figuren, 13 graphischen und 4 Tafeln.] II + 144 + 233 S. 8. Luzern, Buchdr. J. Schill — *Aufdruck:* E. Haag, Buchh. —, 1905. [fr. 8. —]
Enthält 2 Abhandlungen: [1.] Amberg, B[ernhard]. Limnologische Untersuchungen... *und* [2.] *u. d. T.:* Nufer, Walther. Die Fische...

— zur Jubiläums-Feier des 50jährigen Bestehens der Unterrichtsanstalten der israelitischen Religionsgesellschaft zu Frankfurt a. M. Progr. (III, 44, 28, 29, 45, 31 u. 29 S. m. Fig., 6 Taf. u. 1 Tab.) gr. 8. Frankfurt a/M. 903. J. Kauffmann. n. 3. —

1878. 1903. **Festschrift** zur 25jährigen Jubiläums-Feier des Krieger-Vereins Braunsberg. 1. Sept. 1903. *Braunsberg 1903: Heyne.* (24 S.) 8° [F.] [04. 6416 10

Festschrift zur 25jähr. Jubiläumsfeier der Riege „Frisch-Auf" des Allgem. Turnvereins Leipzig-Reudnitz, 9. 6. 1900, Leipzig 1900, 4°.

Festschrift zur 50jährigen Jubiläumsfeier d. Kärntner Industrie- u. Gewerbe-Vereines, s. Hauer, Rudolf R. von

Festschrift zur 50jähr. Jubiläumsfeier des Vereins „Turnerschaft", Meerane i. S., 8.—9. 8. 1909, Meerane i. S. 1909, 24 S., 8°.

Festschrift zur Jubiläumsfeier des Stolper Gymnasiums 19. bis 21. April 1907. T. 1. 2. ([Paul] Neumann, Dr.: Die Geschichte des Stolper Gymnasiums. — [Karl] Hoppe, Prof. Dr.: Verzeichnisse der Lehrer ... u. der Abiturienten ...) Stolp 1907: W. Delmanzo. (64 S. einschl. 1 Taf.; 14 u. 18 S.) 8° [F.]
Stolp, G u OR OP 1907 (185)

[F.] **Festschrift** zum 350jährigen Jubiläumsschiessen der Schützen-Corporation, verbunden m. d. XVII. Sächsischen Prov.-Bundesschiessen zu Aschersleben in der Zeit v. 20.—24. Juni 1897. (Enth.: Geschichte der Schützengilde in Aschersleben v. Prof. Dr. [Emil] Strassburger ...) *Aschersleben: Dr. d. Haller'schen Buchdr. (1897).* (54 S., 2 Bl., 9 Taf.) 1 Bd 8. [98. 5506 Ha

Festschrift zum 16. Juni 1871. Aus großer Zeit für die große Zeit. Ode Friedrichs des Großen an die Preußen 1752, und Gedächtnißrede Johannes von Müller's auf Friedrich den Großen gehalten 1807. Herausgegeben von Dr. Wilhelm Schröder. Berlin 1871. Fr. Kortkampf, Buchhandlung für Staatswissenschaften und Geschichte. Verlag der Reichsgesetze. 8°. *Die Ode französisch und deutsch.*

. Festschrift für den 6. deutschen Juristentag in München. Mit Plan von M. München 1867. 12°. Cart *)
8- S. — S. 13 ff. München u. s. Umgebung.

Festschrift für den neunten deutschen Juristentag in Stuttgart. Stuttgart 1871. H: *Klaiber, Jul.* (Heyd)

—— für den 10. deutschen Juristentag in Frankfurt a. M. 8. (XXXII, 102 S. mit 1 lithogr. Plan der Stadt Frankfurt a. M., in gr. Fol. und 1 lithogr. Uebersichtskarte der weiteren Umgegend von Frankfurt a. M. Hrsg. von A. Ravenstein, in gr. 4.) Frankfurt a. M. 872, (Alt.) cart. *

—— zum 17. deutschen Juristentag am 11., 12. und 13. Septbr. 1884 in Würzburg. 8. (III, 147 S. mit 1 chromolithogr. Plan und 1 Photogr.-Imitation.) Würzburg 884, Stuber's Verlagsh. geb. * *

Festschrift zum XXV. Deutschen Juristentag vom 10. bis 14. September 1900 in Bamberg. Gewidmet von d. Stadt Bamberg. *Bamberg (1900): Handels-Dr.* (109 S.) 8° [F.] [illegible]

Festschrift für den XXVI. Deutschen Juristentag in Beiträgen von H(einrich) Dernburg (Wiederverheirathung im Falle d. Todeserklärung e. Gatten), Frz. v. Liszt (Zur Vorbereitung d. Strafgesetzentw.), R(ichard) Schroeder (Ein Wörterbuch d. ältesten deutschen Rechtssprache), H(ermann) Staub (Die positiven Vertragsverletzungen u. ihre Rechtsfolgen). *Berlin: J. Guttentag 1902.* (123 S.) 8° [F.]

Festschrift und Kampfrichterbuch zum Jubelgauturnfest des 17. Südvogtländischen Turngaues in Reichenbach i. V. 25. 8. 1907, Reichenbach i. V. 1907, 184 S., 8°.

Festschrift gewidmet Moriz Kaposi zum fünfundzwanzigjährigen Professorenjubiläum in Verehrung und Dankbarkeit von Kollegen und Schülern. Mit 30 Taf. *Wien & Leipzig: W. Braumüller 1900.* (VIII, 924 S.) 8°
— **Archiv** f. Dermatologie u. Syphilis. Erg.Bd. [00. 3510

Festschrift zu dem unter dem Protektorate S. Durchl. d. Fürsten Karl Günther v. Schwarzburg-Sondershausen am 13., 14. u. 15. Mai 1894 in Sondershausen stattfindenden I. Kartell-Fest des Verbandes Deutscher Studenten-Gesangvereine, hrsg. von [Wilh.] Röntz. *(Sondershausen 1894: F. A. Eupel.)* (63 S.) 8° [F.] [04. 2844

— zum 5. allgemeinen österreichischen Katholikentage in Wien vom 18. bis 21. XI. 1905. Hrsg. vom vorbereit. Comité, red. v. Hans Bösbauer, Frz. Eichert u. Raoul E. Prumler. (19 S. m. Abbildgn.) gr. 4. Wien 905. (H. Kirsch.) n.n. — 50

— s.: Kölliker, Alb. v.

—— Herrn Geheimrat Albert von Koelliker zur Feier seines 50jährigen medicinischen Doktorjubiläums gewidmet v. dem anatomischen Institut der Universität Würzburg. Fol. (V, 166 S. m. 2 Fig., 11 Taf. u. 11 Bl. Erklärgn.) Lpz. 892, W. Engelmann. * 36 —

Vgl.: Festschrift zur Feier d. 50jährigen Doctor-Jubiläums, Herrn Prof. Dr. Karl Wilhelm v. Nägeli u. Herrn Geh. Rath Prof. Dr. A. v. K. gewidmet.

— Albert v. Kölliker zur Feier seines siebenzigsten Geburtstages gewidmet von seinen Schülern. gr. 4. (IV, 444 S. m. 17 Taf.) Leipzig 887. Engelmann. n. 40. —

Hieraus einzeln:

Gegenbaur, C., über die Occipitalregion u. die ihr benachbarten Wirbel d. Fische. Mit 1 Taf. u. 2 Abbild. im Text. n. 5. —
Eberth, C. I., zur Kenntniss der Blutplättchen bei den niederen Wirbelthieren. Mit 1 Taf. n. 4. —
La Valette St. George, Frhr. v., Zelltheilung u. Samenbildung bei Forficula auricularia. Mit 2 Taf. n. 4. —
Hensen, V., ein photographisches Zimmer für Mikroskopiker. Mit 1 Taf. n. 4. —
Wiedersheim, R., das Geruchsorgan der Tetrodonten nebst Bemerkungen über die Hautmuskulatur derselben. Mit 1 Taf. n. 3. —
Nussbaum, J. N. v., über Unglücke in der Chirurgie (fehlt). 1. 20
Solger, Bernh., die Wirkung des Alkohols auf den hyalinen Knorpel. Mit 2 Taf. n. 5. —
Reubold, über Pancreasblutung vom gerichtsärztlichen Standpunkte. n. 1. 20
Forel, F. A., la pénétration de la lumière dans les lacs d'eau douce. n. — 80
Orth, J., über die Entstehung u. Vererbung individueller Eigenschaften. n. 2. —
Schottelius, M., biologische Untersuchungen über den Micrococcus prodigiosus. Mit 1 Taf. n. 4. —
Müller, P., Bemerkungen über physiologische und pathologische Involution des puerperalen Uterus. n. 1. 60
Kunkel, A. J., Studien über die quergestreifte Muskelfaser. n. 1. —
Kölliker, Th., über die Hernia processus vaginalis encystica. n. — 60
Kirchner, W., über Divertikelbildung in der Tuba Eustachii des Menschen. Mit 1 Taf. n. 4. —
Rosenberger, J. A., ein Vorschlag zur Behandlung gangraenescirender Darmwandbrüche. n. 1. —
Schultze, O., zur ersten Entwickelung des braunen Grasfrosches. Mit 2 Taf. u. 1 Abbildg. im Text. n. 5. —
Felix, W., die Länge der Muskelfaser bei dem Menschen u. einigen Säugethieren. Mit 1 Abbildg. im Text. n. — 80
Riedinger, F., über Ganglion periosteale (Periostitis albuminosa). n. 1. 60
Virchow, H., ein Fall von angeborenem Hydrocephalus internus, zugleich als Beitrag zur Mikrocephalenfrage. Mit 2 Taf. u. 7 Abbildgn. im Text. n. 6. —
Richter, W., über zwei Augen am Rücken eines Hühnchens. Mit 1 Taf. n. 4. —
Flesch, M., Versuch zur Ermittelung der Homologie der Fissura parieto-occipitalis bei den Carnivoren. Mit 1 Taf. n. 3. —
Decker, Fr., zur Physiologie des Fischdarmes. n. 2. —
Helfreich, Fr., eine besondere Form d. Lidbewegung. n. — 80
Stöhr, Ph., über Schleimdrüsen. Mit 1 Taf. n. 5. —

Festschrift zum deutschen Kolonialkongreß. Berlin, am 10. u. 11. Okt. 1902. (Leipzig 1902: Bibliogr. Inst.) VIII, 118 S. 4° (8°)

Festschrift Adolf v. Koenen gewidmet von seinen Schuelern zum 70. Geburtstage am 21. Maerz 1907. Mit 1 Portr., 13 Taf., 1 Textbeil. u. 20 Textfig. Stuttgart: E. Schweizerbart 1907. (XXXI, 515 S.) 4°(8°) [07.7333

— für den I. internationalen Kongress f. Kälteindustrie, Paris, 5—10. X. 1908. Den Kongressteilnehmern gewidmet vom österreich. Komitee. ber Auftrag des Komitees red. v. Alois Schwarz. (118 S. m. Abbildgn. u. 6 Taf.) 33,5×26,5 cm. Wien 908. (Schöneberg, Verlag f. Fachliteratur.) 6. —

—— zum X. internationalen medizinischen Kongress. Berlin 1890. Im amtl. Auftrage hrsg. von M. Pistor. 2 Bde. gr. 8. Berl. 890, Springer. geb. * 12 —

1. Deutsches Gesundheitswesen. I. Das Reichs-Gesundheitswesen. II. Gesundheitswesen der Bundesstaaten Preussen, Bayern u. Württemberg. (X, 309 S.)
2. Anstalten u. Einrichtungen d. öffentlichen Gesundheitswesens in Preussen. Im Auftr. Sr. Exc. d. Ministers d. geistl., Unterrichts- u. Medizinal-Angelegenh. Dr. v. Gossler nach amtl. Quellen hrsg. (IX, 413 S. m. Textabbildgn.)

Festschrift für den XXVIII. Congress für innere Mission 23. bis 26. Sept. 1895 in Posen ... *Posen: Hofbuchdr. W. Decker & C. (1895).* (36 S., 1 Taf.) 1 Bd 8. [96. 160

— zum XXXII. Kongreß f. innere Mission. 21—24. IX. 1903 in Braunschweig. (64 S. m. Abbildgn. u. 1 Plan.) gr. 8. Braunschweig 903. H. Wollermann. n. — 50

— zum 33. Kongreß f. innere Mission, s.: Wohlfahrtseinrichtungen, die, Leipzigs.

— zum 35. Kongreß f. innere Mission in Stuttgart am 4—7. X. 1909. (76 S. m. Abbildgn.) gr. 8. Stuttgart 909. (Verlag der ev. Gesellschaft.) 1. —

Festschrift zum Zweiten Kongress der Internationalen Musikgesellschaft. Verfasst von Mitgliedern der Schweizerischen Landessektion und den Kongressteilnehmern dargebracht vom Organisations-Komitee in Basel. [Mit Illustrationen, Notenbeispielen und Melodien, sowie 12 Tafeln. 2 Abteilungen.] 156 + VIII + 75 S. 8. Basel, Universitäts-Buchdr. Friedrich Reinhardt — *Aufdruck:* Breitkopf & Härtel, Leipzig —, 1906. [M. 7.50, geb. 9.—]

[Abteilung 2:] Katalog der Musikinstrumente im Historischen Museum zu Basel. Von Dr. Karl Nef. [Mit 12 Tafeln.] VIII + 75 S. (Basel, Buchdr. Emil Birkhäuser, 1906.)

— veröffentlicht bei Gelegenheit der feierlichen Konsekration der neuerbauten Franziskanerkirche ad. S. Ludovicum regem in Panewnik bei Idaweiche am 19. VII. 1908. (56 S. m. Abbildgn. u. 1 Bildnis.) gr. 8. Breslau 908. (Görlich & Coch.) nn 1. 50

Festschrift, veröffentlicht bei Gelegenheit der feierlichen Konsekration der neuerbauten Franziskanerkirche ad S. Ludovicum regem in Panewnik bei Idaweiche am 19. Juli 1908. Breslau 1908: Schles. Volkszeitung. 56 S. 8° [09. 12015

— hrsg. z. Korbmacher-Jubiläum. 1795—1896. (D. Entwickelg. d. Korbflechterei in Oberfranken v. J. Geo. Held. — Festrede b. d. am 21. Juni 1896 stattfind. 100jähr. Korbindustrie-Jubiläums-Feier zu Michelau, verabf. v. Fritz Aumüller. — D. Korbmacher-Lied v. Joh. Adam Leupold u. Fritz Aumüller.) 12. (35 S.) Michelau 896. Lichtenfels (H. O. Schulze). n. — 20

— anläßlich d. Körner-Commerses der deutsch-nationalen Studentenschaft Prags am 17. Octbr. 1891. gr. 8. (18 S.) Prag 891. (H. Dominicus.) n. — 60

Festschrift Herrn Hofrath Professor Dr. Richard Frh. v. Krafft-Ebing zur Feier der Vollendung seiner dreissigjährigen Wirksamkeit als Universitätsprofessor dargebracht vom Vereine für Psychiatrie und Neurologie zu Wien 1872–1902. (Mit 1 Portr., 17 Abb. u. 2 Taf.) *Leipzig & Wien: F. Deuticke 1902.* (507 S.) 8°
— Jahrbücher f. Psychiatrie u. Neurologie. Bd 22. [02. 485

— zum Kostümfest Kraft u. Schönheit des Vereins f. Körperkultur, Ortsgruppe Berlin. Berlin, 13. II. 1908. (80 S. m. Abbild. u. Fksms.) gr. 8. Berlin-Steglitz (908). Verlag Kraft u. Schönheit. 2. —

Festschrift zum 4. Kreisturnen des X. Deutschen Turnkreises (Baden, Elsaß, Pfalz) in Kaiserslautern 2.—4. 8. 1890, Kaiserslautern 1890, 32 S., 12°.

Festschrift zum 5. Kreisturnen des X. Deutschen Turnkreises zu Freiburg i. B. 6.—7. 8. 1893, 72 S., 1 Bl., 8°.

—— für das VI. deutsch-österreichische Kreis-Turnfest in Budweis am 23., 24., 25. Juli 1892. Hrsg. vom Festausschusse. gr. 8. (38 S.) Budweis 892. (Hansen). * — 60

Festschrift zum 17. Kreisturnfest, Kreis IIIb, Forst (Lausitz), 11. bis 13. 6. 1904, 18 S., 4°.

Festschrift zum XVIII. Kreisturnfest Kreis III^b (Prov. Brandenburg), Rathenow d. 30. Juni, 1. u. 2. Juli 1906. Rathenow (1906): L. Rackwitz. (68 S.) 8° [F.] [06. 21387

Festschrift für das 8. Kreisturnfest des Kreises IIIc der D. T. (Provinz Sachsen und Anhalt) in Halberstadt, 5.—7. 7. 1902, Halberstadt 1902, 82 S., 1 Bl., Kl.-8°.

Festschrift für das 7. Kreisturnfest des IV. Kreises Norden zu Schwerin 26.—28. 7. 1890, hrsg. v. Preßaussch., Schwerin 1890, 52 S., 8°.

Festschrift für das 8. Kreisturnfest des IV. Turnkreises Norden zu Flensburg 13.—16. 7. 1896, hrsg. v. Preßaussch., 61 S., 8°.

Festschrift für das elfte Kreis-Turnfest des VII. deutschen Turnkreises (Oberweser) am 1., 2., 3. u. 4. Juli 1899 in Hersfeld. Hrsg. vom Press-Ausschuss. Mit Ill. *Hersfeld 1899: E. Hoehl.* (69 S.) 8° [F.]

Festschrift für das 13. Kreisturnfest des VII. Deutschen Turnkreises (Oberweser), 9.—12. 7. 1904 in Hann. Münden, hrsg. v. Preßaussch., Hann. Münden 1904, 47 S., 8°.

Festschrift für das 7. Kreisturnfest des VIII. Deutschen Turnkreises (Niederrhein, Westfalen u. Lippe-Detmold) zu Barmen, 4.—7. 7. 1896, hrsg. v. Preßaussch., Barmen 1896, 149 u. XXIII S., Kl.-8°.

Festschrift für das 1. Kreisturnfest (Kr. VIIIa) in Remscheid, 10.—13. 8. 1901, m. Abb., hrsg. v. Preßaussch., Remscheid 1901, 106 S., 1 Bl., 16°.

Festschrift für das 2. Kreisturnfest in Lüdenscheid des Turnkreises VIIIa, 16.—18. 7. 1904, hrsg. v. Preßaussch., Lüdenscheid 1904, 130 S., 8°.

Festschrift für das 23. Kreisturnfest des IX. (Mittelrhein.) Kreises der Deutschen Turnerschaft zu Homburg v. d. H., 10.—14. 7. 1897, 40 S., 8°. (Angeb.): Zusammenstellung der Einnahmen und Ausgaben dabei.

Festschrift für das 8. Kreisturnfest des X. Deutschen Turnkreises Pforzheim 9.—11. 8. 1902, hrsg. v. Presseaussch., 61 S., Kl.-8°.

— (Umschlag: Festbuch) zum X. Kreis-Turnfest des X. deutschen Turnkreises, Heidelberg am 8., 9. u. 10. VIII. 1909. Hrsg. vom Press-Ausschuss. (78 S. m. Abb. u. 1 Plan.) kl. 8. Heidelberg (909). (J. Hörning.) — 50

Festschrift zum 20. Mittelrheinischen Kreisturnfest vom 23.—27. 7. 1892 zu Mainz, zugl. Jubelf. d. 75jähr. Best. d. Mainzer T. V., Mainz 1892, 95 S., 2 Kt., 8°.

— zum 28. mittelrhein. Kreisturnfest zu Hanau a. M. 14—18. VII. 1906. Hrsg. vom Press-Ausschuss. Mit 2 Voll- u. vielen Textbildern sowie Stadtplan. (V, 97 S.) 8. Hanau 906. (Clauss & Feddersen.) n. — 75

Festschrift zum 28. Mittelrhein. Kreisturnfest zu Hanau a. M. 14. bis 18. Juli 1906. Hrsg. v. Press-Ausschuss. (Vorr.: H. Heusohn.) Mit 2 Voll- u. vielen Textbild. sowie Stadtplan. Hanau: G. Prior's Nachf. 1906. (91 S.) 8° [F.]

Festschrift zum 2. Oberrheinischen Kreisturnfest in Neustadt a. d. Haardt 5.—8. 8. 1883, Neustadt a. d. Haardt 1883, 40 S., 1 Bl., Kl.-8°.

Festschrift zum 7. Oberrheinischen Kreisturnfest in Neustadt a. d. Haardt 5.—7. 8. 1899, Neustadt a. d. Haardt 1899, 32 S., Kl.-8°.

Festschrift zum 30. Schwäbischen Kreisturnfest in Gmünd 9.—12. 8. 1890, hrsg. v. Preßkomitee, Gmünd 1890, 31 S., Kl.-8°.

— zum 32. schwäb. Kreisturnfest in Tübingen 4., 5., 6. u. 7. Aug. 1894. Hrsg. vom Pressausschuss. 8. (74 S.) Tübingen 894. (J. J. Heckenhauer.) n. — 60

Festschrift zum 37. Schwäbischen Kreisturnfest in Heidenheim a. B. 4.—7. 8. 1906, hrsg. v. Preßaussch., Heidenheim 1906, 132 S., 8°.

Festschrift für das 7. Thüringische Kreisturnfest (XIII.) in Coburg 21.—23. 7. 1900, hrsg. v. Preßaussch., Coburg 1900, 68 S., 8°.

Festschrift für das 8. Thüringische Kreisturnfest (XIII.) in Altenburg 22.—25. 7. 1905, m. Abb., hrsg. v. Preßaussch., 68 S., 8°.

— zum 9. Kreisturnfest des 13. Kreises (Thüringen) der deutschen Turnerschaft am 9—12. VII. 1910 Halle a. Saale. (101 S. m. 1 farb. Plan.) 8. Halle (910). (Gebauer-Schwetschke.) — 40

Görres-Gesellschaft zur Pflege der Wissenschaft im katholischen Deutschland. FESTSCHRIFT. (Sr. Erzbischöflichen Gnaden dem Hochwürdigsten Herrn Erzbischof von Köln und Bischof von Ermland Dr. Philippus Krementz ... zum feierlichen Einzuge in seine Kölnische Kathedrale die Görres-Gesellschaft.) Köln 1885. Commissions-Verlag von J. P. Bachem. A. u. d. T.: Die deutschen Predigten und Katechesen der ermländischen Bischöfe HOSIUS und KROMER. Von FRANZ HIPLER. ib. 1885. — 8°.

Festschrift des Kunst-Vereins der Stadt Solothurn für seine Freunde und Mitglieder anlässlich der Eröffnung des Museums Mai 1902. [Mit Illustrationen und 7 Tafeln.] 130 S. 4. Solothurn, Buch- und Kunstdruckerei Union, 1902.

(*Separatausgabe von 8 Abhandlungen aus der* Denkschrift [zur Eröffnung von Museum und Saalbau].)

Festschrift Herrn Geheimrath Prof. Dr. A(dolf) Kussmaul in Heidelberg zur Vollendung s. 80. Lebensjahres gewidmet. Mit 43 Abb. u. 6 Taf. *Leipzig: F. C. W. Vogel 1902.* (IV, 686 S.) 8°
— Archiv, Deutsches, f. Klin. Medicin. Bd 73.

Festschrift zum 20. Kyffhäuser-Gauturnfeste in Klostermannsfeld 4. bis 6. 7. 1903, Klostermannsfeld 1903, 42 S., 1 Bl., 8°.

— Paul Laband gewidmet v. der rechts- u. staatswissenschaftl. Fakultät der Kaiser-Wilhelms-Universität Strassburg. (IV, 317 S.) gr. 8. Tübingen 908. J. C. B. Mohr. 8. —

Hieraus einzeln:

Calker, Fritz van, Gesetzgebungspolitik u. Rechtsvergleichung. (S. 97—118.) 1. —

Gradenwitz, Otto, zur Universitätsverfassung. (S. 249—317.) 2. 50

Kisch, Wilh., die bestimmte Bezeichnung der Eidestatsache. (S. 163—248.) 3. —

Mayer, Max Ernst, der rechtswidrige Befehl des Vorgesetzten. (S. 119—162.) 1. 50

Rehm, Herm., Graf v. Merenberg u. die Nachfolge in das Nassauische Hausfideikommiss. (S. 1—42.) 1. 50

Tuhr, A. v., die unwiderrufliche Vollmacht. (S. 43—96.) 2. —

Festschrift für T[heodor] Leber (in Heidelberg z. Feier d. 70. Geburtstages). Mit 21 Taf. u. 34 Fig. Leipzig: W. Engelmann 1910. VI, 564 S. 8°
(A. v. Graefe's Archiv f. Ophthalmologie. Bd 74.)

— der Hamburger Lehrerunion aus Anlaß ihres 50jährigen Bestehens. 1852 - 1902. gr. 8. (80 S. m. eingedr. Bildnissen.) Braunschweig 902. H. Wollermann. Kart. n. 1. —

Festschrift zur 29. Allgemeinen Schlesischen Lehrer-Versammlung in Görlitz 1909. Hrsg. v. Görlitzer Lehrer-Verein. Goerlitz (1909): Hoffmann & Reiber. IV, 74 S. 8°

Festschrift für die Deutsche Lehrerversammlung zu Breslau 1898. Hrsg. vom Litterar. Ausschuss. Breslau (1898): Breslauer Genossensch.-Buchdr. 146 S. 8°

— zur deutschen Lehrer-Versammlung in München, Pfingsten 1906. Hrsg. vom Preßausschuß. (152 S. m. z. Tl. farb. Abbildgn., Taf. u. farb. Plan.) schmal 8. München (906). (M. Kellerer.) n.n. — 50

— zur deutschen Lehrer-Versammlung Dortmund, Pfingsten 1908. Hrsg. vom Preß-Ausschuß. Buchschmuck v. Heinr. Waltenberg. (189 S. m. 1 Bildnis.) 8. Dortmund (908). (F. W. Ruhfus.) — 50

Festschrift für die Schleswig-Holsteinische Lehrer-Versammlung in Preetz 1897. Kiel. 1897. 8°.

Darin:

Geschichte des Schulwesens in Preetz v. Friedrich Witt. (Sonderabdruck aus der Zeitschrift für Schleswig-Holstein-Lauenburgische Geschichte. Bd. 27.)

Preetz v. P. [d. i.: Wilhelm Peper] (auf dem Umschlage).

— der Universität Leipzig zur fünfhundertjähr. Jubelfeier gewidmet v. der juristischen Gesellschaft in Leipzig. (VII, 243 S.) gr. 8. Leipzig 909. Veit & Co. 6. 50

[Umschlagt.:] 1848–1898 [Festschrift] der Lese- und Redehalle der deutschen Studenten in Prag. II. Aufl. (Prag: k.u.k. Hofbuchdr. A. Haase: Verl. d. Lese- u. Redehalle) [1898]. (40 S.) 4.

— s.: Leuckart, Rud.

Festschrift Herrn Geh. Med.-Rat Prof. Dr. L[udwig] Lichtheim in Königsberg i. Pr. gewidmet z. Vollendung s. 60. Lebensjahres von s. Schülern. Mit 6 Abb. u. 4 Taf. Leipzig: F. C. W. Vogel 1905. (IV, 354 S.) 8°
— Archiv, Deutsches, f. klin. Medizin. Bd 86, H. 1–3.

— d. Magdeburger Liedertafel zu ihrer 75. Jubelfeier am 2. u. 3. März 1894. M. e. Albumblatt: Andreas Seebach. — August Mühling. — G. Kretschmann. — Julius Mühling. — G. Adolf Brandt. gr. 8. (VII, 127 S.) Magdeburg 894. (Faber.) n. 2. —

— Sr. kgl. Hoh. dem Prinzregenten Luitpold v. Bayern zum 80. Geburtstage dargebracht v. der Universität Erlangen. 4 Bde. in 5 Abtlgn. gr. 8. Leipzig 901. A. Deichert Nachf. n. 36. —
I. Theologische Fakultät. (X, III, 278 S.) n. 6. —
II. Juristische Fakultät. (III, 212 S.) n. 5 —
III. Medicinische Fakultät. (III, 358 S. m. 4 Fig. u. 7 Taf.) n. 11. —
IV. 1. Philosophische Fakultät. 1. Sektion. (III, 288 S. m. 2 Fig., 1 Heliograv. u. 2 Taf.) n. 8. —
2. Dasselbe. 2. Sektion. (III, 166 S. m. 1 farb. Karte.) n. 6. —

Festschrift zum 1. Mai 1891. Folio. (11 S.) —.15
Wien: Arming 1891.

— z. Maifeier 1895. Red.: Wilh. Ellenbogen. N. d. Confiscation 2. Aufl. gr. 4. (8 S. m. 1 Taf.) Wien 895. 1. Wiener Volksbuchh. n. — 20

Festschrift zum XXV. Maingau-Turnfest in Kesselstadt am 14., 15., 16. Juli 1894. Im Auftr. d. Gau-Ausschusses hrsg. von H[einrich] Heusohn u. Ch[ristian] Pistor. *Kesselstadt: J. C. Kittsteiner (1894).* (63 S.) 8° [F. u. Ant.] [94. 6359 4

Festschrift für Geheimrat Prof. Dr. W(ilhelm) Manz, Freiburg, u. Geheimrat Prof. Dr. H[ubert] Sattler, Leipzig. Mit 9 Taf. u. 34 Abb. *Stuttgart: F. Enke 1903.* (X, 394 S.) 8°
— Monatsblätter, Klinische, f. Augenheilkunde. Jg. 41, Beilageheft. [03. 7473

Festschrift für Eduard von Martens. (Herrn Ed. v. Martens, Geh. Reg. R., Prof. an d. Kgl. Univ. zu Berlin ... z. 70. Geburtstage gewidm. von seinen Mitarbeitern am Kgl. Zoolog. Museum: A[nton] Collin ... u. von d. Verl.-Buchh.) *Berlin: Nicolai 1901.* (VIII, 346 S.) 8°
— Archiv f. Naturgeschichte. Jg. 67. Beiheft. [01. 6770 10

Festschrift. Dr. Rudolf Massini, o. ö. Prof. u. Dir. der Allg. Poliklinik, zus. 25jähr. Prof.-Jubil. von s. Schülern gewidmet. *(Basel 1902: J. Frehner.)* (S. 25–160.) 8°(4°)
— Jahresbericht über d. Allg. Poliklinik d. Kant. Basel-Stadt. 1901. [03. 398

Festschrift der Stuttgarter Metallwarenfabrik Wilhelm Mayer & Franz Wilhelm 1861-1901. (28 S) qu 4° Stuttgart 1901

Festschrift Herrn Obermedizinalrat Dr. G[ottlieb] Merkel zu Nürnberg gewidmet zur Vollendung seines 70. Lebensjahres von seinen Freunden u. Schülern. Mit 24 Abb. u. 1 Taf. Leipzig: F. C. W. Vogel 1905. (IV, 344 S.) 8°
— Archiv, Deutsches, f. klin. Medizin. Bd 84, H. 1–4. [05. 8335

—— für die Mitglieder und Theilnehmer der 57. Versammlung deutscher Naturforscher und Aerzte, s. a. Magdeburg.

Festschrift für die Mitglieder und Theilnehmer der 57. Versammlung deutscher Naturforscher und Aerzte in Magdeburg 1884. Herausgegeben von Rosenthal. Magdeburg 1884. 8.

Festschrift, den Mitgliedern und Theilnehmern der 60. Versammlung deutscher Naturforscher und Aerzte. Dargebracht vom Gemeinderath der Stadt Wiesbaden. Wiesbaden 1887. IV. 80. 119 S., 2 Krt. 8°.

Festschrift, dargeboten den Mitgliedern der 65. Versammlung deutscher Naturforscher und Aerzte vom Stadtmagistrate Nürnberg. Nürnberg 1893.

Festschrift Theodor Mommsen zum fünfzigjährigen Doctorjubiläum überreicht von P. Jörs [u. a.]. Marburg 1893.
Jörs, Paul: Die Ehegesetze des Augustus.
Schwartz, Ed.: Demosthenes erste Philippika.
Reitzenstein, Rich.: Drei Vermutungen zur Geschichte der römischen Litteratur.

Festschrift C[arl] F[riedrich] W[ilhelm] Müller zum 70. Geburtstag gewidmet 22. Febr. 1900. *Leipzig: B. G. Teubner 1900.* (212 S.) 8°
— Jahrbücher f. klassische Philologie. Suppl. Bd 27, H. 1. [00. 8681

— zum 2. schwäbischen Musikfest. Augsburg, Pfingsten 1892. Hrsg. v. W. Weber u. N. Tannert. gr. 4. (31 S. m. Abbildgn.) Augsburg 892. Gebr. Reichel. n. 1.

Festschrift des Naturforscher-Vereins zu Riga in Anlaß seines 50jährigen Bestehens am 27. März (8. April) 1895. — Riga 1895: Häcker. 296 S.

Festschrift Herrn Geheimrath Prof. Dr. [Bernhard] Naunyn in Dankbarkeit gewidmet von seinen Schülern. (Mit 1 Portr. u. Abb. Berlin: A. Hirschwald 1904.) (VIII, 556 S.) 4°(8°)
— Zeitschrift f. klinische Medizin. Bd 55. [04. 4398

Festschrift gewidmet Albert Neisser aus Anlass der Vollendung seiner 25jährigen Tätigkeit als Professor und Direktor der Kgl. Dermatologischen Klinik in Breslau ... von s. Schülern. (Vorr.: [Wilhelm] Harttung, [Josef] Jadassohn [&] [Jean] Schäffer.) T. 1. Wien & Leipzig: W. Braumüller 1907. 8°
— Archiv f. Dermatologie u. Syphilis. Bd 84, H. 1–3. [07. 3777

Festschrift für Herrn Geh. Med.-Rath Prof. Dr. Ernst Neumann-Königsberg i. Pr. Mit 5 Textabb. u. 2 Steindrucktaf. *Leipzig: S. Hirzel 1904.* (S. 229–422.) 8°
— Arbeiten auf d. Geb. d. pathologischen Anatomie u. Bakteriologie aus d. pathol.-anat. Inst. zu Tübingen. Bd 4, H. 3. [04. 9383

— (Umschlag: Festbuch) zur 1900jahr-Feier d. Schlacht im Teutoburger Walde. Hrsg. v. Festausschuss. (64 S. u. 16 S. Abb. m. 1 farb. Karte.) 8. Detmold 909. Meyer'sche Hofbuchdr. — 50

— z. VIII. allgem. deutschen Neuphilologentage in Wien Pfingsten 1898. Verf. v. Mitgliedern d. österr. Universitäten u. d. Wiener neuphilolog. Vereins. Hrsg. v. J. Schipper. gr. 8. (IV, VIII, 251 S.) Wien 898. W. Braumüller. n. 5. —

— zum 11. deutschen Neuphilologentage, Pfingsten 1904, in Cöln am Rhein. Dargebracht v. Cölner Neuphilologen. Im Auftrage des Vorstandes hrsg. v. Arnold Schröer. (III, 222 S.) gr. 8. Cöln 904. P. Neubner. n. 2. 50
Hieraus einzeln:
Blumschein, Gust., aus dem Wortschatze der Kölner Mundart. (32 S.) n. — 50
Gottschalk, Adf., Grazia Deledda. Eine literar. Würdigg. (29 S.) n. — 40
Horn, König▪ Eine mittelengl. Romanze aus dem 13. Jahrh. ins Deutsche übertr. v. Herm. Lindemann. (37 S.) n. — 50
Jäde, Ernst, Henry Becque. (44 S.) n. — 60
Müller, Konr., die Bindung sonst stummer Endkonsonanten im französischen Sprachunterricht. (51 S.) n. — 60
Schröer, Arnold, die Fortbildung der neusprachlichen Oberlehrer u. das englische u. französische Seminar an der Handels-Hochschule in Cöln. (22 S.) n. — 30

Festschrift zum 12. allg. deutschen Neuphilologentage in München, Pfingsten 1906. Hrsg. im Auftrage des bayer. Neuphilologen-Verbandes v. E. Stollreither. (VI, 519 S.) Lex.-8. Erlangen 906. F. Junge. n. 12. —

Festschrift zum 13. Allgemeinen Deutschen Neuphilologentage in Hannover. Pfingsten 1908, hrsg. im Auftr. d. Ver. f. neuere Sprachen zu Hannover von R(obert) Philippsthal. Hannover-List, Berlin: C. Meyer 1908. (100 S.) 8° [08. 13374

Festschrift zum 14. Neuphilologentage in Zürich 1910. [Mit Melodien.] VI + 396 S. + *Anzeigen*. 8. Zürich, Druck Zürcher & Furrer (Verlag Rascher & Cie.), 1910. [fr. 6. —]

Festschrift des Turnvereins Neuulm, Neuulm, 41 S., 8°.

Festschrift. Ober-Engadiner Medizinische F'. Hrg. und den Teilnehmern an der X. Deutschen ärztlichen Studienreise gewidmet vom O'-E' Ärzte-Verein. (September 1910.) Verfasst von Dr. G[uido] Alder ..., Dr. D(om[enic]) Bezzola ..., Dr. P(aul) Gredig ..., Dr. H[ans] Hemmi ..., Dr. A(nton) Hoessli ..., Dr. A[ugust] Nolda ..., Dr. A[dolf] Pedotti ..., Dr. A[lbert] von Planta ..., Dr. A(ugust) Santi ..., Dr. C(arl) Stäubli ..., Dr. C[onrad] Veraguth .... Redigiert von A[ugust] Nolda. [Mit 17 Abbildungen und 1 Beilage.] XII + 224 + *Beilage* II + 14 S. 4. (St. Moritz-Bad,) Verlag des O'-E' Ärzte-Vereins (Druck: Leonhard Simion Nf., Berlin), 1910.
Beilage s. Heierli, J[acob].

— officielle, zum V. Bundesfeste des Bund deutscher Radfahrer Oesterreichs in Wien, 17.—20. Aug 1894 Hrsg. v. Ferd. Loidl Red. v. Jos. Adametz gr. 4. (86 S. m. Abbildgn.) Wien 894. (Leipzig, Literar. Anstalt A. Schulze.) n. 1. 60

—— offizielle, für das XIII. mitteldeutsche Bundesschiessen zu Erfurt vom 19. bis 26. Juli 1891. Mit 27 Illustr., 1 Stadtplan u. 1 Karte. 8. (XXIV, 80 S.) Erfurt 891, (Neumann). — 80

Festschrift. Offizielle F' zur Eröffnungsfeier der Kirchenfeldbrücke in Bern s. a. Eröffnungsfeier. Zur E' der K' in B'. Bern 1883.

—— offizielle, zur Eröffnungsfeier der Kirchenfeldbrücke in Bern, Montag den 24. Septbr. 1883, nebst Programm und Verzeichniß der Komitemitglieder. Hrsg. vom Fest-Komite. 8. (48 S. mit 1 eingedr. Holzschn.) Bern 883, B. F. Haller. *

— offizielle, zur Eröffnungsfeier der Kirchenfeldbrücke in Bern, Montag den 24. Septbr. 1883, nebst Programm u. Verzeichniß der Komitemitglieder. Hrsg. vom Fest-Komite. 8. (48 S. m. 1 eingedr. Holzschn.) Bern 883. Nydegger & Baumgart. n. — 50

— offiz., z. Feier d. Regimentsfestes ehemal. Angehör. d. kgl. bayer. 8. Infant.-Regts. in Kaiserslautern am 16. u. 17. Juni 1895. 12. (VIII, 73 S. m. 8 Abb., Stadtplan u. Umgebungs-Karte.) Kaiserslautern (895), A. Gotthold. n. 1. —

— offizielle, zur Feier des 10jährigen Stiftungsfestes des anhaltischen Krieger-Verbandes. Dessau, 26. u 27. Mai 1894. gr. 8. (53 S. m. Abbildgn.) Dessau 894. R. Kahle. — 30

Offizielle Fest-Schrift. Gedenkblatt z. Heimatsfeste in Geyer am 15., 16., 17., 18. u. 19. Juli 1905. Hrsg. v. Preßausschuß d. Heimatsfestes. (Geyer): Wochenblatt & Anzeiger (1905). (15 Bl.) gr. 2° [Kopft. F.] [05. 9098

Offizielle Festschrift zum XVIII. Provinzial-Feuerwehrtage in Hadersleben am 23., 24. u. 25. Juli 1904. Hadersleben. (1904.) 8°

Offizielle Festschrift zum 5. Allgemeinen Deutschen Turnfest zu Frankfurt a. M. 25.—29. 7. 1880, Frankfurt a. M. 1880, 88 S., 8°.

— offizielle, f. das 12. bayer. Turnfest in Kempten. 22.—26. VII. 1905. (16 S. m. Abbildgn.) gr. 8. Kempten (J. Kösel). n.n. — 30

Offizielle Festschrift zum 14. Mittelrhein. Turnfest in Gießen, Geschichte des Turnvereins in Gießen, Gießen 1883, 60 S., 16°.

Offizielle Festschrift des 25. Deutschen Weinbau-Kongresses Colmar i. Elsass. 10.-19. September. Ausstellung von Trauben, Obst, Gemüse, Blumen, Geräten und Maschinen für Weinbau, Kellerwirtschaft und verwandte Berufe. Colmar: Jung 1910. 90 S. --

Festschrift dem XIII. Internationalen Orientalisten-Kongress Hamburg 1902 gewidmet von d. Deutsch-japanischen Gesellschaft (Wa-Doku-Kai) in Berlin. (Vorr.: Dr. [Paul] Brunn, Vors) *(Berlin 1902: G. Pintus.)* (58 S.) 8°

Festschrift Herrn Professor Dr. J(ohan) A(xel) Palmén zu seinem 60. Geburtstage am 7. Nov. 1905 gewidmet von Schülern u. Kollegen. Hrsg. mit Unterstützung d. Kais. Alexander-Univ. in Helsingfors ... Bd 1. 2. Helsingfors 1905–07: (Aktiebol. Handelstr.). 4°(8°)

— für den III. internationalen Petroleumkongress (Bukarest, Septbr. 1907). Im Auftrage des deutschen Komités hrsg. v. Paul Schwarz. (125 S. m. Abbild. u. 4 Taf.) 33×27 cm. Berlin 907. (Schöneberg, Verl. f. Fachliteratur.) 15.—; geb. in Seide 20. —

— s.: Pettenkofer, Max v.

Festschrift [für] Leopold Pfaff am 3. April 1885. (Wien 1885.)

s. Hofmann, Franz: Krit. Studien im röm. Rechte.

— d. deutschen akademischen Philologen-Vereins in Graz. Ausg. z. 20. Stiftungsfeier im Sommersem. 1896. gr. 8. (132 S. m. 2 Fig.) Graz 896. (Leuschner & Lubensky.) n. 3. 50

Hieraus einzeln:

Fischbach, Otto, Silbermünzen d. röm. Republik aus Steiermark. (16 S. m. 2 Fig.) n. 70

Gragger, Jos., z. mittelengl. Dichtung ‚Sir Ortuel'. (6 S.) n. — 40

Hiecke, Karl, d. Begriff v. Wort. (8 S.) n. — 40

Huber, Adf., Friedrich Schlegels „Romanze vom Licht". (10 S.) n. — 40

Lunzer, Just., d. Metrik d. Nibelungenbearbeitung k. (13 S.) n. 70

Pichler, Frz., Beiträge z. Überlieferg. d. Sophoklesscholien. (12 S.) n. — 70

Pomezny, Frz., Stilist. Beobachtgn. über Beaumarchais' Lustspiele. (16 S.) n. — 70

Raiz, Aegid, d. Frage nach d. Anordng d. Horazischen Oden. E. krit. Übersicht v. Aegid Raiz. (14 S.) n. — 70

Wilhelm, Gust., d. 2 ersten Ausgaben v. Wielands Agathon. (13 S.) n. — 70

—— philosophische, zum Jubiläum Sr. H. Leo XIII. Mit Beiträgen von Erich Frantz, M. Glossner, C. Gutberlet, F. X. Pfeifer, und H. Schell. Hrsg. von Ernst Commer. gr. 8. (III, 216 S. mit 1 Kunstbeilage in Lichtdr. und 1 Zinkogr.) Paderborn 887, F. Schöningh. *

Inhalt:

Originalzeichnung von Erich Frantz. — Philosophia Leoni XIII. P. M. triumphum ornat. — Glossner, M., die Philosophie des heil. Thomas von Aquin. — Die Philosophie des Christentums und der Zukunft. — Gutberlet, C., die Descendenztheorie auf Logik und Thatsachen geprüft. — Schell, H., der Gottesbegriff im Katholizismus und Protestantismus. — Pfeifer, F. X., der Dom zu Köln. Seine logisch-mathematische Gesetzmässigkeit und sein Verhältnis zu den berühmtesten Bauwerken der Welt. Mit 1 Grundriss des Domes.

Aus Jahrbuch für Philosophie und speculative Theologie, besonders abgedruckt.

Festschrift gewidmet Filipp Josef Pick aus Anlass der Vollendung seiner 25jähr. Thätigkeit als Professor u. Vorstand der k. k. Dermatologischen Klinik in Prag. In Verehrg u. Dankbarkeit v. Kollegen u. Schülern. Redigirt v. Geheimr. Prof. A[lbert] Neisser in Breslau. (Vorr: M[oritz] Kaposi.) Th. 1. II. *Wien & Leipzig: W. Braumüller 1898.* 2 Bde 8.

I. M. 25 Taf. (VIII, 505 S., 25 Taf., 1 Portr.)
II. M. 15 Taf. (VI S., 530 S., 15 Taf.)

— Archiv f. Dermatologie u. Syphilis. Bd 43. 44. [98. 5285

Amicis, Tommaso de: Die Little'sche Krankheit '(Congenital spastic rigidity of limbs)' u. d. hereditäre Syphilis. *Wien & Leipzig 1898.*
in: Festschrift gewidm. F. J. Pick aus Anl. d. Vollendg s. 25j. Thätigkt als Prof. . . . in Prag. Tl 1.
— Archiv f. Dermatologie u. Syphilis. Bd 43. 44. [98. 5285

Arning, Ed.: E. Fall v. Erythema perstans pseudoleprosum. *Wien & Leipzig 1898.*
in: Festschrift gewidm. F. J. Pick aus Anl. d. Vollendg s. 25j. Thätigkt als Prof. . . . in Prag. Tl 1.
— Archiv f. Dermatologie u. Syphilis. Bd 43. 44. [98. 5285

Bandler, Victor: Ueber d. venerischen Affectionen d. Analgegend b. Prostituirten. *Wien & Leipzig 1898.*
in: Festschrift gewidm. F. J. Pick aus Anl. d. Vollendg s. 25j. Thätigkt als Prof. . . . in Prag. Tl 1.
— Archiv f. Dermatologie u. Syphilis. Bd 43. 44. [98. 5285

Bender, Max: Ueber neuere Antigonorrhoica '(insbes. Argonin u. Protargol)'. *Wien & Leipzig 1898.*
in: Festschrift gewidm. F. J. Pick aus Anl. d. Vollendg s. 25j. Thätigkt als Prof. . . . in Prag. Tl 1.
— Archiv f. Dermatologie u. Syphilis. Bd 43. 44. [98. 5285

Blaschko, A[lfred]: Beiträge z. Topographie d. äusseren Hautdecke. 1. Z. Pathologie u. Topographie d. Herpes Zoster '(M. 44 Fig. im Texte)'. *Wien & Leipzig 1898.*
in: Festschrift gewidm. F. J. Pick aus Anl. d. Vollendg s. 25j. Thätigkt als Prof. . . . in Prag. Tl 1.
— Archiv f. Dermatologie u. Syphilis. Bd 43. 44. [98. 5285

Bonn, Edmund: Die Hydrotherapie bei d. Erkrankgn d. Haut. *Wien & Leipzig 1898.*
in: Festschrift gewidm. F. J. Pick aus Anl. d. Vollendg s. 25j. Thätigkt als Prof. . . . in Prag. Tl 1.
— Archiv f. Dermatologie u. Syphilis. Bd 43. 44. [98. 5285

Broda, Achille: Beobachtungen u. Betrachtgn über Lichen ruber. *Wien & Leipzig 1898.*
in: Festschrift gewidm. F. J. Pick aus Anl. d. Vollendg s. 25j. Thätigkt als Prof. . . . in Prag. Tl 1.
— Archiv f. Dermatologie u. Syphilis. Bd 43. 44. [98. 5285

Caspary, [Jul.]: Ueber den Sitz der latenten Syphilis. *Wien & Leipzig 1898.*
in: Festschrift gewidm. F. J. Pick aus Anl. d. Vollendg s. 25j. Thätigkt als Prof. . . . in Prag. Tl 1.
— Archiv f. Dermatologie u. Syphilis. Bd 43. 44. [98. 5285

Düring, Prof. Dr. v., Constantinopel: Die Schwierigkeiten in d. Diagnose nervöser Lepraformen, insbes. in Beziehg auf d. Syringomyelie. '(Hierzu Taf. II, III, IV.)' *Wien & Leipzig 1898.*
in: Festschrift gewidm. F. J. Pick aus Anl. d. Vollendg s. 25j. Thätigkt als Prof. . . . in Prag. Tl 1.
— Archiv f. Dermatologie u. Syphilis. Bd 43. 44. [98. 5285

Ehrmann, Salomon: Einiges über d. Rolle d. Melanoblasten b. d. Syphilis. '(Hierzu Taf. V u. VI.)' *Wien & Leipzig 1898.*
in: Festschrift gewidm. F. J. Pick aus Anl. d. Vollendg s. 25j. Thätigkt als Prof. . . . in Prag. Tl 1.
— Archiv f. Dermatologie u. Syphilis. Bd 43. 44. [98. 5285

Fabry, Joh.: E. Beitrag z. Kenntniss d. Purpura haemorrhagica nodularis '(Purpura papulosa haemorrhagica Hebrae)'. '(Hierzu Taf. VII—X.)' *Wien & Leipzig 1898.*
in: Festschrift gewidm. F. J. Pick aus Anl. d. Vollendg s. 25j. Thätigkt als Prof. . . . in Prag. Tl 1.
— Archiv f. Dermatologie u. Syphilis. Bd 43. 44. [98. 5285

Federer, Karl: Beitrag z. Endoskopie d. Stricturen d. männl. Harnröhre. '(Hierzu Taf. XI.)' *Wien & Leipzig 1898.*
in: Festschrift gewidm. F. J. Pick aus Anl. d. Vollendg s. 25j. Thätigkt als Prof. . . . in Prag. Tl 1.
— Archiv f. Dermatologie u. Syphilis. Bd 43. 44. [98. 5285

Finger, E[rnst]: Casuistische Beiträge z. Bedeutg d. Prostatitis gonorrhoica glandularis. *Wien & Leipzig 1898.*
in: Festschrift gewidm. F. J. Pick aus Anl. d. Vollendg s. 25j. Thätigkt als Prof. . . . in Prag. Tl 1.
— Archiv f. Dermatologie u. Syphilis. Bd 43. 44. [98. 5285

Geyer, L.: Ueb. d. chronischen Hautveränderungen b. Arsenicismus u. Betrachtgn üb. Massenerkrankgn in Reichenstein in Schlesien. '(Hierzu Taf. XII u. XIII.)' *Wien & Leipzig 1898.*
in: Festschrift gewidm. F. J. Pick aus Anl. d. Vollendg s. 25j. Thätigkt als Prof. . . . in Prag. Tl 1.
— **Archiv** f. Dermatologie u. Syphilis. Bd 43. 44. [98. 5085

Grünfeld, A.: Ein Fall v. Epidermolysis bullosa congenita. '(Hierzu Taf. XIV.)' *Wien & Leipzig 1898.*
in: Festschrift gewidm. F. J. Pick aus Anl. d. Vollendg s. 25j. Thätigkt als Prof. . . . in Prag. Tl 1.
— **Archiv** f. Dermatologie u. Syphilis. Bd 43. 44. [98. 5085

Lewith, S.: Aus d. ärztl. Praxis. I. E. Fall v. Elephantiasis. II. D. Eiereiweiss als Heilmittel. '(Hierzu Taf. XXIV.)' *Wien & Leipzig 1898.*
in: Festschrift gewidm. F. J. Pick aus Anl. d. Vollendg s. 25j. Thätigkt als Prof. . . . in Prag
— **Archiv** f. Dermatologie u. Syphilis. Bd 43. 44. [98. 5085

Hallopeau, H.: 'Pyodermite végétante', ihre Beziehgn z. Dermatitis herpetiformis u. d. Pemphigus vegetans. '(Hierzu Taf. XV.)' *Wien & Leipzig 1898.*
in: Festschrift gewidm. F. J. Pick aus Anl. d. Vollendg s. 25j. Thätigkt als Prof. . . . in Prag. Tl 1.
— **Archiv** f. Dermatologie u. Syphilis. Bd 43. 44. [98. 5085

Harttung, [Wilh.]: Beitrag z. Kenntniss d. wiederkehrenden makulösen Syphilide. *Wien & Leipzig 1898.*
in: Festschrift gewidm. F. J. Pick aus Anl. d. Vollendg s. 25j. Thätigkt als Prof. . . . in Prag
— **Archiv** f. Dermatologie u. Syphilis. Bd 43. 44. [98. 5085

Jadassohn, J[oseph]: Ueber Immunität u. Superinfection b. chronischer Gonorrhoe. *Wien & Leipzig 1898.*
in: Festschrift gewidm. F. J. Pick aus Anl. d. Vollendg s. 25j. Thätigkt als Prof. . . . in Prag
— **Archiv** f. Dermatologie u. Syphilis. Bd 43. 44. [98. 5085

Jarisch, [Adolf]: Z. Anatomie u. Pathogenese d. Pemphigusblasen. '(Hierzu Taf. XVI u. XVII.)' *Wien & Leipzig 1898.*
in: Festschrift gewidm. F. J. Pick aus Anl. d. Vollendg s. 25j. Thätigkt als Prof. . . . in Prag
— **Archiv** f. Dermatologie u. Syphilis. Bd 43. 44. [98. 5085

Joseph, Max: Ueber viscerale Lepra. '(Hierzu Taf. XVIII)'. *Wien & Leipzig 1898.*
in: Festschrift gewidm. F. J. Pick aus Anl. d. Vollendg s. 25j. Thätigkt als Prof. . . . in Prag
— **Archiv** f. Dermatologie u. Syphilis. Bd 43. 44. [98. 5085

Kaposi, M[oritz]: Ueber Miliar-Tuberculose d. Haut u. d. angrenzenden Schleimhaut. Tuberculosis miliaris s. Tuberculosis propria cutis et mucosae. '(Hierzu Taf. XIX—XXIII.)' *Wien & Leipzig 1898.*
in: Festschrift gewidm. F. J. Pick aus Anl. d. Vollendg s. 25j. Thätigkt als Prof. . . . in Prag
— **Archiv** f. Dermatologie u. Syphilis. Bd 43. 44. [98. 5085

Klotz, Hermann G.: Unangenehme Nebenwirkungen b. d. Quecksilberbehandlg d. Syphilis: I. Lungenembolien b. intramusculärer Injection unlöslicher Quecksilberpräparate. II. Auftreten heftiger Stomatitis mercurialis unter d. Einfluss localer Infectionskrankhtn d. Halsorgane. *Wien & Leipzig 1898.*
in: Festschrift gewidm. F. J. Pick aus Anl. d. Vollendg s. 25j. Thätigkt als Prof. . . . in Prag
— **Archiv** f. Dermatologie u. Syphilis. Bd 43. 44. [98. 5085

Krösing, Rudolf: Ueber Behandlung d. Ulcus molle m. Hitze-Bestrahlg '(Audry)'. *Wien & Leipzig 1898.*
in: Festschrift gewidm. F. J. Pick aus Anl. d. Vollendg s. 25j. Thätigkt als Prof. . . . in Prag
— **Archiv** f. Dermatologie u. Syphilis. Bd 43. 44. [98. 5085

Langer, Joseph: Der Aculeatenstich. *Wien & Leipzig 1898.*
in: Festschrift gewidm. F. J. Pick aus Anl. d. Vollendg s. 25j. Thätigkt als Prof. . . . in Prag
— **Archiv** f. Dermatologie u. Syphilis. Bd 43. 44. [98. 5085

Majocchi, Domenico: Purpura annularis teleangiectodes. 'Teleangiectasia follicularis annulata'. Klinische Beobachtgn u. histol. Untersuchgn. (Hierzu Taf. XXV.)' *Wien & Leipzig 1898.*
in: Festschrift gewidm. F. J. Pick aus Anl. d. Vollendg s. 25j. Thätigkt als Prof. . . . in Prag
— **Archiv** f. Dermatologie u. Syphilis. Bd 43. 44. [98. 5085

Merk, Ludwig: Dermatoses albuminuricae. *Wien & Leipzig 1898.*
in: Festschrift gewidm. F. J. Pick aus Anl. d. Vollendg s. 25j. Thätigkt als Prof. . . . in Prag
— **Archiv** f. Dermatologie u. Syphilis. Bd 43. 44. [98. 5085

Neumann, [Isidor]: Ueb. e. seltene Form v. Atrophie d. Haut. '(Hierzu Taf. XXVI u. XXVII.)' *Wien & Leipzig 1898.*
in: Festschrift gewidm. F. J. Pick aus Anl. d. Vollendg s. 25j. Thätigkt als Prof. . . . in Prag
— **Archiv** f. Dermatologie u. Syphilis. Bd 43. 44. [98. 5085

Petersen, O[scar] v.: Ueber d. Behandlung d. Favus d. behaarten Kopfhaut. *Wien & Leipzig 1898.*
in: Festschrift gewidm. F. J. Pick aus Anl. d. Vollendg s. 25j. Thätigkt als Prof. . . . in Prag
— **Archiv** f. Dermatologie u. Syphilis. Bd 43. 44. [98. 5085

Petrini de Galatz, [Michail]: E. Fall v. ungewöhnl. Favus. '(Hierzu Taf. XXVIII.)' *Wien & Leipzig 1898.*
in: Festschrift gewidm. F. J. Pick aus Anl. d. Vollendg s. 25j. Thätigkt als Prof. . . . in Prag
— **Archiv** f. Dermatologie u. Syphilis. Bd 43. 44. [98. 5085

Pick, Friedel: Tabes m. Meningitis syphilitica nebst Bemerkgn üb. d. Genese d. sogen. 'neugebildeten' Elastica b. Endarteriitis obliterans. (Hierzu Taf. XXIX u. XXX.)' *Wien & Leipzig 1898.*
in: Festschrift gewidm. F. J. Pick aus Anl. d. Vollendg s. 25j. Thätigkt als Prof. . . . in Prag
— **Archiv** f. Dermatologie u. Syphilis. Bd 43. 44. [98. 5085

Pinkus, Felix: E. Fall v. psoriasiformem u. lichenoidem Exanthem. '(Hierzu Taf. XXXI u. XXXII.)' *Wien & Leipzig 1898.*
in: Festschrift gewidm. F. J. Pick aus Anl. d. Vollendg s. 25j. Thätigkt als Prof. . . . in Prag
— **Archiv** f. Dermatologie u. Syphilis. Bd 43. 44. [98. 5085

Pospelow, Alexis: Trophische Störungen d. Haut b. spinaler Gliomatose oder Syringomyelie. *Wien & Leipzig 1898.*
in: Festschrift gewidm. F. J. Pick aus Anl. d. Vollendg s. 25j. Thätigkt als Prof. . . . in Prag
— **Archiv** f. Dermatologie u. Syphilis. Bd 43. 44. [98. 5085

Neisser, A[lbert]: Was wissen wir v. e. Serumtherapie b. Syphilis u. was haben wir v. ihr zu erhoffen? E. kritische Uebersicht u. Materialien-Samml g. *Wien & Leipzig 1898.*
in: Festschrift gewidm. F. J. Pick aus Anl. d. Vollendg s. 25j. Thätigkt als Prof. . . . in Prag
— **Archiv** f. Dermatologie u. Syphilis. Bd 43. 44. [98. 5085

Rille, J[ohann] H.: Ueber Calomeleinreibungen b. Syphilis. *Wien & Leipzig 1898.*
in: Festschrift gewidm. F. J. Pick aus Anl. d. Vollendg s. 25j. Thätigkt als Prof. . . . in Prag
— **Archiv** f. Dermatologie u. Syphilis. Bd 43. 44. [98. 5085

Róna, S[amuel]: Ueber Symptome d. Urethritis totalis. *Wien & Leipzig 1898.*
in: Festschrift gewidm. F. J. Pick aus Anl. d. Vollendg s. 25j. Thätigkt als Prof. . . . in Prag
— **Archiv** f. Dermatologie u. Syphilis. Bd 43. 44. [98. 5085

Rosenthal, O[skar]: Beitrag z. Hauttuberculose. *Wien & Leipzig 1898.*
in: Festschrift gewidm. F. J. Pick aus Anl. d. Vollendg s. 25j. Thätigkt als Prof. . . . in Prag
— **Archiv** f. Dermatologie u. Syphilis. Bd 43. 44. [98. 5085

Schäffer, [Jean]. Ueber d. Verbreitung d. Leprabacillen v. d. oberen Luftwegen aus. *Wien & Leipzig 1898.*
in: Festschrift gewidm. F. J. Pick aus Anl. d. Vollendg s. 25j. Thätigkt als Prof. . . . in Prag
— **Archiv** f. Dermatologie u. Syphilis. Bd 43. 44. [98. 5085

Scheuber, Adam: Ueber d. Ursprung d. weichen Naevi. *Wien & Leipzig 1898.*
in: Festschrift gewidm. F. J. Pick aus Anl. d. Vollendg s. 25j. Thätigkt als Prof. . . . in Prag
— **Archiv** f. Dermatologie u. Syphilis. Bd 43. 44. [98. 5085

Schumacher II, Carl: Quecksilber u. Schleimhaut. E. diagnost. u. klinische Studie nach Aachener Erfahrgn. *Wien & Leipzig 1898.*
in: Festschrift gewidm. F. J. Pick aus Anl. d. Vollendg s. 25j. Thätigkt als Prof. . . . in Prag
— **Archiv** f. Dermatologie u. Syphilis. Bd 43. 44. [98. 5085

Seifert, Otto: Die Syphilis d. Zungentonsille. *Wien & Leipzig 1898.*
in: Festschrift gewidm. F. J. Pick aus Anl. d. Vollendg s. 25j. Thätigkt als Prof. . . . in Prag
— **Archiv** f. Dermatologie u. Syphilis. Bd 43. 44. [98. 5085

Spietschka, Theodor: Ueb. Dystrophie papilaire et pigmentaire. '(Acanthosis nigricans)'. *Wien & Leipzig 1898.*
in: Festschrift gewidm. F. J. Pick aus Anl. d. Vollendg s. 25j. Thätigkt als Prof. . . . in Prag
— **Archiv** f. Dermatologie u. Syphilis. Bd 43. 44. [98. 5085

Staub, A[lfred]: E. Fall v. Lepra in d. Prov. Posen. *Wien & Leipzig 1898.*
in: Festschrift gewidm. F. J. Pick aus Anl. d. Vollendg s. 25j. Thätigkt als Prof. . . . in Prag
— **Archiv** f. Dermatologie u. Syphilis. Bd 43. 44. [98. 5085

Stern, Edmund: Ueb. einige bisher noch nicht beschriebene Formen v. Herpes tonsurans. (Hierzu Taf. XXV.) *Wien & Leipzig 1898.*
in: Festschrift gewidm. F. J. Pick aus Anl. d. Vollendg s. 25j. Thätigkt als Prof. . . in Prag
— **Archiv** f. Dermatologie u. Syphilis. Bd 43. 44. [98. 5085

Sternthal, Alfred: Beitrag z. Casuistik d. Sclerodermie. *Wien & Leipzig 1898.*
in: Festschrift gewidm. F. J. Pick aus Anl. d. Vollendg s. 25j. Thätigkt als Prof. . . . in Prag
— **Archiv** f. Dermatologie u. Syphilis. Bd 43. 44. [98. 5085

Thibierge, Georges: Ueb. d. Anwendung d. Arznei-Gelatine b. d. Behandlg d. pruriginösen Dermatosen. *Wien & Leipzig 1898.*
in: Festschrift gewidm. F. J. Pick aus Anl. d. Vollendg s. 25j. Thätigkt als Prof. . . . in Prag
— **Archiv** f. Dermatologie u. Syphilis. Bd 43. 44. [98. 5085

Tommasoli, P[ierleone]: Ueb. Condylomatosis pemphigoides maligna. '(Pemphigus vegetans Neumann.)' '(Hierzu Taf. XXXVI u. XXXVII.)' *Wien & Leipzig 1898.*
in: Festschrift gewidm. F. J. Pick aus Anl. d. Vollendg s. 25j. Thätigkt als Prof. . . . in Prag
— **Archiv** f. Dermatologie u. Syphilis. Bd 43. 44. [98. 5085

Veiel, [Theod.]: Ueb. d. Behandlung tuberculöser Processe m. Pyrogallol. *Wien & Leipzig 1898.*
in: Festschrift gewidm. F. J. Pick aus Anl. d. Vollendg s. 25j. Thätigkt als Prof. ... in Prag
— **Archiv** f. Dermatologie u. Syphilis. Bd 43. 44. [98. 5085

Waelsch, Ludwig: Untersuchungen üb. d. Wirkg d. Tuberculin-R auf lupöses Gewebe. '(Hierzu Taf. XXXVIII.)' *Wien & Leipzig 1898.*
in: Festschrift gewidm. F. J. Pick aus Anl. d. Vollendg s. 25j. Thätigkt als Prof. ... in Prag
— **Archiv** f. Dermatologie u. Syphilis. Bd 43. 44. [98. 5085

Welander, Eduard: Ueb. d. Behandlung d. Gonorrhoe m. Protargol. *Wien & Leipzig 1898.*
in: Festschrift gewidm. F. J. Pick aus Anl. d. Vollendg s. 25j. Thätigkt als Prof. ... in Prag
— **Archiv** f. Dermatologie u. Syphilis. Bd 43. 44. [98. 5085

Winternitz, Rudolf: E. Beitrag z. Kenntniss d. Dermatitis exfoliativa neonatorum '(Ritter)'. '(Hierzu Tafel XXXIX u. XL.)' *Wien & Leipzig 1898.*
in: Festschrift gewidm. F. J. Pick aus Anl. d. Vollendg s. 25j. Thätigkt als Prof. ... in Prag
— **Archiv** f. Dermatologie u. Syphilis. Bd 43. 44. [98. 5085

Zeissl, Maximilian v.: Ueb. d. Einfluss v. Jod auf d. Gehirndruck. *Wien & Leipzig 1898.*
in: Festschrift gewidm. F. J. Pick aus Anl. d. Vollendg s. 25j. Thätigkt als Prof. ... in Prag
— **Archiv** f. Dermatologie u. Syphilis. Bd 43. 44. [98. 5085

Zuelzer, G.: Neue Vorschläge z. Jodtherapie d. Syphilis. *Wien & Leipzig 1898.*
in: Festschrift gewidm. F. J. Pick aus Anl. d. Vollendg s. 25j. Thätigkt als Prof. ... in Prag
— **Archiv** f. Dermatologie u. Syphilis. Bd 43. 44. [98. 5085

Festschrift gewidmet dem Director des kgl. pathol. Instituts der Univ. Breslau Herrn Geh. Medicinalrath Professor Dr. Emil **Ponfick** zum 25jähr. Jubiläum als Professor ordinarius von seinen Schülern. Breslau, den 15. Januar 1899. *[Druck v. Gebr. Unger in Berlin] (1899).* (2 Bl., 413 S., 6 Taf.) 1 Bd 8. [00. 1270 2

Kaufmann, Eduard: Untersuchungen über das sog. Adenoma malignum, speciell dasjenige der Cervix uteri ... *Breslau 1899.*
in: **Festschrift** gewidmet ... E. **Ponfick** z. 25j. Jubil. [00. 1070

Schuchardt, Karl: Ein Beitrag z. Kenntniss d. syphilit. Mastdarmgeschwüre. *Breslau 1899.*
in: **Festschrift** gewidmet ... E. **Ponfick** z. 25j. Jubil. [00. 1010

Klein, Gustav: Die Geschwülste d. Gartnerschen Gänge. *Breslau 1899.*
in: **Festschrift** gewidmet ... E. **Ponfick** z. 25j. Jubil. [99. 1290

Dienst, Arthur: Ueber Atresia ani congenita. *Breslau 1899.*
in: **Festschrift** gewidmet ... E. **Ponfick** z. 25j. Jubil. [99. 1000

Most, [August]: Ueber maligne Hodengeschwülste u. ihre Metastasen. *Breslau 1899.*
in: **Festschrift** gewidmet ... E. **Ponfick** z. 25j. Jubil.
Winkler, Karl: Beiträge z. Lehre v. d. Eclampsie. *Breslau 1899.*
in: **Festschrift** gewidmet ... E. **Ponfick** z. 25j. Jubil. [99. 1000

Henke, F[riedrich]: Heilversuche m. d. Behringschen Diphtherie-Heilserum an Meerschweinchen. *Breslau 1899.*
in: **Festschrift** gewidmet ... E. **Ponfick** z. 25j. Jubil. [99. 1000

Glaeser, E.: Zur Histologie u. Histogenese d. Uterus-Sarkoms. *Breslau 1899.*
in: **Festschrift** gewidmet ... E. **Ponfick** z. 25j. Jubil. [99. 1000

Senger, Emil: Ueber die operative Behandlung d. angeborenen Hüftluxation älterer Patienten, bei denen die Reduction nicht gelingt. *Breslau 1899.*
in: **Festschrift** gewidmet ... E. **Ponfick** z. 25j. Jubil. [99. 1000

Arbeiten aus d. 1. deutschen medic. Klinik in Prag. **Festschrift** Herrn Hofrath Prof. Dr. Alfred **Přibram** gewidmet zum 30jährigen Professorenjubiläum. Mit 14 Abb. u. 13 Taf. *Leipzig: F. C. W. Vogel 1902.* (307 S.) 8°
— **Archiv,** Deutsches, f. Klin. Medicin. Bd 76, H. 1–3.

Festschrift zum 25jährigen Professoren-Jubiläum des Herrn Geh. Med.-R. Prof. Dr. **Gusserow,** s. **Archiv** f. Gynaekologie.

—— zum 25jähr. Professoren-Jubilaeum v. Dr. Walter **Heineke** am 1. Mai 1892. gr. 8. (143 S. m. Abbildgn., 1 Tab. u. 1 Bildnis.) Münch. 892, Lehmann. * 4 —
Aus: Münch. Medicin. Wochenschr., besonders abgedruckt.

Festschrift zum fünfundzwanzigjährigen **Professorenjubiläum** des Herrn Prof. Dr. Fr[iedr.] **Merkel** in Göttingen. Gewidmet v.: D(ietrich) **Barfu[r]th** [!], Rostock; R. **Bonnet,** Greifswald; J. **Disse,** Marburg; E. **Kallius,** Göttingen; M(ax) **Märtens,** Göttingen; K(arl) **Reuter,** Hannover; F(riedrich) **Reinke,** Rostock; A. **Vossius,** Giessen; O(skar) **Woit,** Dorpat; R(ichard) **Zander,** Königsberg. M. 35 Taf. u. 2 Abb. im Text. *Wiesbaden: J. F. Bergmann 1897.* (4 Bl., 512 S., 20 Taf.) 1 Bd 8.
— **Hefte,** Anatomische. Abt. 1. H. 28/30. (Bd IX.) [98. 4105

Zander, Richard: Beiträge z. Kenntnis d. Hautnerven d. Kopfes. M. 60 Fig. auf d. Taf. I/X. *Wiesbaden 1897.*
in: Festschrift z. 25j. Professorenjubil. d. H. Prof. Dr. Fr. Merkel in Göttingen
— **Hefte,** Anatomische. Abt. 1. H. 28/30. (Bd IX.) [98. 4105

Barfurth, Dietrich: Zelllücken und Zellbrücken im Uterusepithel. M. 5 Fig. auf Taf. XI. *Wiesbaden 1897.*
in: Festschrift z. 25j. Professorenjubil. d. H. Prof. Dr. Fr. Merkel in Göttingen
— **Hefte,** Anatomische. Abt. 1. H. 28/30. (Bd IX.) [98. 4105

Kallius, E[rich]: Beiträge z. Entwickelgsgesch. d. Kehlkopfes. M. 24 Fig. auf Taf. XXIV–XXVI. *Wiesbaden 1897.*
in: Festschrift z. 25j. Professorenjubil. d. H. Prof. Dr. Fr. Merkel in Göttingen
— **Hefte,** Anatomische. Abt. 1. H. 28/30. (Bd IX.) [98. 4105

Reuter, Karl: Über d. Entwickelung d. Augenmuskulatur b. Schwein. M. 8 Abb. auf Taf. XXVII/XXVIII. *Wiesbaden 1897.*
in: Festschrift z. 25j. Professorenjubil. d. H. Prof. Dr. Fr. Merkel in Göttingen
— **Hefte,** Anatomische. Abt. 1. H. 28/30. (Bd IX.) [98. 4105

Märtens, Max: D. Entwickelung d. Kehlkopfknorpel bei einigen unserer einheimischen anuren Amphibien. M. 8 Fig. auf Taf. XXIX. *Wiesbaden 1898.*
in: Festschrift z. 25j. Professorenjubil. d. H. Prof. Dr. Fr. Merkel in Göttingen
— **Hefte,** Anatomische. Abt. 1. H. 28/30. (Bd IX.) [98. 4105

Bonnet, R[ob.]: Beiträge z. Embryologie d. Hundes. M. 30 Fig. auf Taf. XXX/XXXV u. 2 Fig. im Text. *Wiesbaden 1897.*
in: Festschrift z. 25j. Professorenjubil. d. H. Prof. Dr. Fr. Merkel in Göttingen
— **Hefte,** Anatomische. Abt. 1. H. 28/30. (Bd IX.)
Reinke, Friedrich: Über d. funktionelle Struktur d. menschl. Stimmlippe m. bes. Berücks. d. elastischen Gewebes. M. 8 Fig. auf Taf XII. *Wiesbaden 1897.*
in: Festschrift z. 25j. Professorenjubil. d. H. Prof. Dr. Fr. Merkel in Göttingen
— **Hefte,** Anatomische. Abt. 1. H. 28/30. (Bd IX.) [98. 4105

Woit, Oskar: Z. Entwickelung d. Milz. M. 32 Fig. auf Taf. XIII/XVIII. *Wiesbaden 1897.*
in: Festschrift z. 25j. Professorenjubil. d. H. Prof. Dr. Fr. Merkel in Göttingen
— **Hefte,** Anatomische. Abt. 1. H. 28/30. (Bd IX.) [98. 4105

Vossius, A[dolf]: Über d. intermittierenden Exophthalmus '(Exophtalmie à volonté; Enophthalmie et Exophthalmie alternantes)'. M. 2 Abb. auf Taf. XIX. *Wiesbaden 1897.*
in: Festschrift z. 25j. Professorenjubil. d. H. Prof. Dr. Fr. Merkel in Göttingen
— **Hefte,** Anatomische. Abt. 1. H. 28/30. (Bd IX.) [98. 4105

Disse, J[oh.]: Die erste Entwickelung d. Riechnerven. M. 9 Abb. auf Taf. XX/XXIII. *Wiesbaden 1897.*
in: Festschrift z. 25j. Professorenjubil. d. H. Prof. Dr. Fr. Merkel in Göttingen
— **Hefte,** Anatomische. Abt. 1. H. 28/30. (Bd IX.) [98. 4105

—— zu dem 40jährigen Professoren-Jubiläum des Hrn. Frz. v. **Rinecker.** 31. März 1877, dargebracht von der medicinischen Fakultät in Würzburg. Imp.-4. Leipzig 877, Engelmann. *

Inhalt:
Kölliker, A., über die Jacobson'schen Organe des Menschen. (IV, S. 1–12 mit 2 lithogr. Taf.)
Fick, A., ein neuer Wellenzeichner. (S. 13–23 mit 1 eingedr. Fig. in Holzschn.)
Rindfleisch, Geo. Ed., die Bösartigkeit der Carcinome, dargestellt als eine Folge ihrer örtlichen Destructivität. (S. 25–42 mit 9 eingedr. Fig. in Holzschn.)

Festschrift und Programm anl. d. Feier d. 50jähr. Best. d. **Bergedorfer** M. T. V. v. 1860, 20. 2. 1910, m. Abb., 20 S., 8°.

— u. **Programm zum Maifeste der Ortsgruppen Graz des deutschen Schulvereins anläßlich dessen 25jährigen Bestandes im Mai 1905.** (31 S.) Lex.-8. Graz 905. (Leykam.) n. — 60

Festschrift zum XI. Rheinischen Provinzial-Feuerwehr-Verbands-Feste der freiwilligen Feuerwehren der Rheinprovinz ... 1902 zu Solingen ... Solingen [1902]. V: *Löwenstein, Heinrich.* (Berl)

Festschrift für den XXI. Westf. **Provinzial-Lehrertag** am 7., 8. u. 9. Juni 1897 in Herford. Hrsg. vom Lehrerver. Herford u. Umgegend ... *Herford: Dr. v. M. Herrmann 1897.* (XVI, 144 S., 6 Taf.) 1 Bd 8. [97. 3807

Festschrift zur XXIV. Allgemeinen Schlesischen Provinzial-Lehrer-Versammlung in Schweidnitz am 22., 23. u. 24. Mai 1899. Schweidnitz (1899): Boy. VIII, 56 S. 8°
[Umschlagt.:] XXIV. Schlesische Lehrer-Versammlung. Schweidnitz, Pfingsten 1899. [10. 14071

— f. die XXVII. allgemeine schlesische **Prov.-Lehrer-Versammlung** in Brieg. Pfingsten 1905. Hrsg. vom Brieger Lehrer-Verein. (XII, 66 S. m. Abbildgn.) gr. 8. Brieg (905). (A. Bänder.) n. 1. 20

Festschrift für die XXVII. Allgemeine Schlesische Provinzial-Lehrer-Versammlung in Brieg. Pfingsten 1905. Hrsg. v. Brieger Lehrerverein. (Brieg 1905: T. T. Heinze.) (XII, 66 S.) 8° [05. 9790

Fest-Schrift für die 30. Brandenburgische Provinzial-Lehrerversammlung vom 2.–4. Okt. 1901 Frankfurt a. O. Hrsg. vom Frankfurter Lehrerverein. *(Frankfurt a. O. 1901: F. Kohler.)* (48 S.) 8°

[F.] **Festschrift** zur XXIV. Provinzial-Lehrer-Versammlung am 4. u. 5. Okt. 1897 in Inowrazlaw. Den Teilnehmern an d. Versammlg u. Freunden d. Lehrerstandes dargebr. v. den Mitgl. d. Pressausschusses. *Inowrazlaw: Dr. v. E. Lehmann 1897.* (52 S.) 1 Bd 8.

Festschrift zur 32. Pommerschen Provinzial-Lehrerversammlung am 3.–5. Okt. 1905 in Greifswald. Greifswald (1905): F. W. Kunike. (32 S.) 8° [Umschlagt. F.]

—— zur XII. Rheinischen Provinzial-Lehrer-Versammlung am 11., 12. und 13. April 1887 in Elberfeld. Hrsg. von der Elberfelder Lehrerkonferenz. gr. 8. (69 S.) Elberfeld 887, Faßbender. *

— für die XV. rheinische Provinzial-Lehrer-Versammlung vom 30. März bis 1. Apr. 1891 in Neuwied. Hrsg. vom Neuwieder Lehrer-Verbande. gr. 8. (36 S.) Neuwied 891. (Heuser's Verl.) n.n. — 50

— f. d. XIX. rhein. Provinzial-Lehrer-Versammlung a. 4., 5. u. 6. Juni 1895 in Godesberg. Hrsg. v. d. Lehrer-Verbänden Bonn u. Bonn-Königswinter. gr. 8. (54 S. m. Abb. u. 1 Taf.) Godesberg 895. (Bonn, A. Henry.) n. — 50

— zur XIII. westfäl. Provinzial-Lehrer-Versammlung am 22. u. 23. April 1889. 8. (31 S.) Bielefeld 889. Helmich. n. — 50

Festschrift zur XIV. westfäl. Provinzial-Lehrer-Versammlung [Diesterwegfeier] am 7. u. 8. April 1890 in Siegen. gr. 8. (32 S. m. 3 Abbildgn.) Bielefeld 890. Helmich. n. — 75

Festschrift für die XVII. Westpreußische Provinzial-Lehrerversammlung zu Danzig, 5. 6. 7. Oktober 1903. Hrsg. v. Preßausschuß. Danzig: A. W. Kafemann (1903). (108, 22 S.) 8° 10

Festschrift für das XXI. Preußische Provinzial-Sängerfest. Königsberg 4.–7. Juli 1903. Hrsg. vom Presse-Ausschuß. *Königsberg i. Pr.: Haasenstein & Vogler (1903).* (32 S.) 4° [Umschlagt. F.] 10

Festschrift des Kärntner Radfahrer-Vereines Klgft. 1888—98. Klgft., Bertschinger, (1898). Quart. 22 S.

—— des städtischen Realgymnasiums mit Gymnasialklassen zu Düsseldorf zur 50jähr. Gedenkfeier der am 28. Mai 1838 erfolgten Begründung des Realgymnasiums. gr. 8. (XII, 259 S.) Düsseldorf 888, (Voß und Comp.) *

Inhalt:

Matthias, Beiträge zur Kritik und Erklärung von Xenophons Anabasis. — Stammer, W., allgemeine Theorie der Umhüllungsflächen und einige damit zusammenhängende Eigenschaften der Flächen zweiten Grades. — Czech, die westliche Grenze der Ostalpen. — Mieck, zur Erinnerung an die Gebrüder Erk. — Bolkmann, L., zu den Quellen der Emilia Galotti.

—— zum 25jährigen Regierungsjubiläum Sr. Durchlaucht des Fürsten Hrn. Heinrich XIV. Reuß j. L. am 12. Juli 1892. gr. 8. (III, 68 S. m. Bildnis.) Lobenstein 892, Teich. * 1 —

— zum 25jähr. Regierungs-Jubiläum Sr. Maj. d. Königs Karl v. Württemberg. 1864—1889. Mit dem Portr. Sr. Maj. d. Königs Karl v. Württemberg u. e. Kunstdruck-Beilage: Die Württemberg. Königsfamilie. Ausg. von Ueber Land u. Meer, deutsche illustrirte Zeitung. Fol. (56 S. m. Illustr.) Stuttgart 889. Deutsche Verlags-Anstalt. n.n. 2. 50

— zum 50jährigen Regierungs-Jubiläum (1848—1898) Sr. kaiserl. u. königl. apostol. Maj. Franz Josef I. Hrsg. v. den histor. Vereinen Wiens. Imp.-4. (VII, 263 S. m. Umrahmgn., 6 farb. Wappen- u. 2 Lichtdr.-Taf. u. 1 Tab.) Wien 898. (L. W. Seidel & Sohn.) n. 16. —

Festschrift zum fünfzigjährigen Regierungs-Jubiläum 1848–1898 Seiner Maj. Franz Josef I. hrsg. von den hist. Vereinen Wiens. *Wien: Ver. f. Landeskunde von Niederösterr. 1898.* (VI, 261 S.) 8°
— Blätter d. Vereines f. Landeskunde von Niederösterreich. N. F. Jg. 32. No 1.

Festschrift der Albrecht-Ludwigs-Universität in Freiburg zum 50jährigen Regierungs-Jubiläum Sr. Kgl. Hoheit des Grossherzogs Friedrich. *Freiburg i. B.: C. A. Wagner 1902.* (VI, 299 S.) 4°(8°) 5

— zum 50jährigen Regierungsjubiläum Sr. königl. Hoh. des Grossherzogs Friedrich v. Baden, ehrerbietigst gewidmet v. dem grossherzogl. General-Landesarchiv in Karlsruhe. gr. 8. (V, 203 S. m. 1 Stammtaf.) Heidelberg 902. C. Winter's Univ.-Buchh. n. 2. —; geb. in Leinw. n. 3. —

Festschrift anläßlich des sechzigjährigen Regierungsjubiläums Sr. k. u. k. Apostol. Majestät (Franz Josef I. Kaiser von Oesterreich) am 2. Dec. 1908. Graz: Leuschner & Lubensky in Komm. 1908. (81 S.) 8°
— **Zeitschrift** d. Hist. Vereines f. Steiermark. Jg. 6, H. 3.

Sächsische Rentenversicherungsanstalt zu Dresden. Festschrift zum 22. II. 1901. Leipzig 1901.

— der Wiener Freiwilligen Rettungs-Gesellschaft, gegründet am 9. XII. 1881. Hrsg. anlässlich ihres 25jähr. Bestandes 9. XII. 1906. (Umschlag: Rettungsgesellschaft, die Wiener Freiwillige. Ihre Entstehg. u. Entwicklg., ihre Organisation u. ihre Tätigkeit sowie die Beschreibg. ihres Sanitäts- u. Transportmaterials.) (223 S. m. 1 eingedr. Bildnis u. 1 Taf. u. 42 S. Abbildgn.) gr. 8. Wien 906. M. Perles. 4. —

— s.: Richthofen, Ferd. Frhr. v.

Festschrift, Ferdinand Freiherrn von Richthofen zum sechzigsten Geburtstag, am 5 Mai 1893 dargebracht von seinen Schülern Berlin 1893. (VI, 418 S. 4°.

— für Georg Eduard v. Rindfleisch. Unter Mitwirkg. ehemal. u. jetz. Assistenten, Studiengenossen, befreundeter Fachkollegen u. Verwandter Rindfleischs hrsg. v. Max Borst. (VIII, 619 S. m. 38 Abb., 1 Bildnis u. 21 Taf.) Lex. 8. Leipzig 907. W. Engelmann. 60. —

Festschrift Harry Rosenbusch gewidmet von seinen Schülern zum siebzigsten Geburtstag, 24. Juni 1906. (Vorr.: E[rnst] A. Wülfing.) Mit 1 Portr., 1 geol. Karte, 11 Taf. u. 35 Textfig. Stuttgart: E. Schweizerbart 1906. (VIII, 412 S.) 4°(8°)

Festschrift I[sidor] Rosenthal zur Vollendung seines siebzigsten Lebensjahres gewidmet. In 2 T. Leipzig: G. Thieme 1906. (VIII, 407, 286 S.) 8°

Festschrift für Prof. (Wilhelm) Roux. Hrsg. von Prof. Walter Gebhardt. Mit Textfig. u. Taf. T. 1. 2. Leipzig: W. Engelmann 1910 8°
(Archiv f. Entwicklungsmechanik d. Organismen. Bd 30.)

Festschrift Herrn J[ohan] W[ilhelm] Runeberg, ord. Prof. u. Dir. der med. Klinik in Helsingfors (Finland), zu seinem 60. Geburtstage und 25jährigen Professorenjubiläum am 8. Februar 1903 von seinen früheren und jetzigen Assistenten gewidmet. *(Berlin: A. Hirschwald 1903.)* (VI, 410 S.) 4°(8°)
— **Zeitschrift** f. klinische Medizin. Bd 49, H. 1–4

—— zu der dritten Säcularfeier des Berlinischen Gymnasiums zum grauen Kloster, veröffentlicht von dem Lehrer-Collegium desselben. gr. 8. (VI, 413 S.) Berlin 874, Weidmann'sche Buchh. *

Festschrift zur dritten Saecularfeier der Alma Julia Maximiliana, gewidmet von der medicin. Facultät Würzburg. 2 Bde. Mit 19 lithogr. Taf. Imp.-4. Leipzig 882, F. C. W. Vogel. *

Inhalt:

Bd. 1. Kölliker, A., die Entwicklung der Keimblätter des Kaninchens. (S. 1—52 mit 6 lithogr. Taf.)
Michel, Jul., über natürliche und künstliche Linsentrübung. (S. 53—74.)
—— über die Cornealleiste des menschlichen Embryo. (S. 75—84.)
Rossbach, M. J., über die Schleimbildung und die Behandlung der Schleimhauterkrankungen in den Luftwegen. (S. 85—134.)
Bergmann, E. v., und O. Angerer, das Verhältniss der Fermentintoxication zur Septicämie. (S. 135—164.)
Reubold, W., zur Entwicklungsgeschichte des menschlichen Gehirns. (S. 165—186 mit 2 lithogr. Taf.)

Scanzoni, F. v., hundertachtundneunzig Fälle von Beckenenge. (S. 187—214.)
Bergmann, E. v., die isolirte Unterbindung der Vena femoralis communis. (S. 215—232.)
Rosenberger, J. A., über das Wesen des septischen Giftes. (S. 233—256.)
Rindfleisch, E., über Perivasculitis specifica. (S. 257—274.)
Fick, A., experimenteller Beitrag zur Lehre vom Blutdrucke. (S. 275—282.)
Geigel, Alois, von der Klinikgasse auf den Philosophenweg. Ein poliklinisch-hygienischer Ausflug. (S. 283—308.)
Bd. 2. Kirchner, W., über die Einwirkung des Nervus Trigeminus auf das Gehörorgan. (S. 1—16.)
Stöhr, A., ein Beitrag zur Geschichte der Diätetik. (S. 17—42.)
Gad, Joh., über einige Beziehungen zwischen Nerv, Muskel und Centrum. (S. 43—70 mit 1 lithogr. Taf.)
Stöhr, Ph., zur Entwicklungsgeschichte des Kopfskeletes der Teleostier. (S. 71—94 mit 2 lithogr. Taf.)
Flesch, M., anatomische Untersuchung eines mikrocephalen Knaben. (S. 95—126 mit 3 lithogr. Taf.)
Helfreich, Fr., über Arterienpuls der Netzhaut. (S. 127—158.)
Nieberding, W., Beitrag zur Kenntniss der Genese des Hydramnion. (S. 159—182 mit 1 lithogr. Taf.)
Gerhardt, C., das Gliom. Ein Beitrag zur qualitativen Diagnostik der Hirngeschwülste. (S. 183—220.)
Riedinger, F., über Brusterschütterung. (S. 221—234 mit 2 lithogr. Taf.)
Schmidt, J. B., Beitrag zur operativen Therapie der Uterusmyome. (S. 235—246.)
Matterstock, G. K., Beiträge zur Lehre von der Percussion des Herzens. (S. 247—284.)
Rinecker, Frz. v., über Rückenmark und Syphilis. (S. 285—305.)

Die Gesellschaft zu Grossenhain. **Festschrift** zu ihrer Säcularfeier am 15. November 1895. *Grossenhain 1895: H. Starke.* (80, XXX S.) 8° [illegible]

—— zur Säcularfeier der königl. Landwirthschafts-Gesellschaft zu Celle am 4. Juni 1864. 3 Abthlgn. gr. 8. (VIII, 608; VIII, 644; 428; 144 S. mit 1 Stnt. in qu. Fol. und 1 Photogr. des Königs Georg III.) Hannover 864,65, Klindworth. geb. *

—— zur Säcularfeier der königl. Landwirthschafts-Gesellschaft zu Celle am 4. Juni 1864. 1. Abthl., 2. Abthl. 2 Bde. und 3. Abthl. Lex.-8. Hannover 864,66, Klindworth. [1. Abthl. (608 S. mit 1 Photogr.) * * 2 Thlr. 20 Ngr., 2. Abthl. 1. Bd. (644 S.) ** 2 Thlr. 20 Ngr., 2. Abthl. 2. Bd. (428 S.) und 3. Abthl. (144 S. mit 1 Stnt. in qu. Fol.) ** 2 Thlr. 20 Ngr.] **
à Abthl. geb. ** 3 Thlr. **

— dass. — Zeichnungen als Beigabe. Fol. (18 Stnt., wovon 16 in Buntdr., und 1 Bl. Text.) Ebendas. 864.

Festschrift zur VII. Säkularfeier der Gründung Berns. 1191–1891. [Mit Vignetten, 7 Tafeln, 9 Karten und 1 Plan.] (7 Theile.) 4. Bern 1891.
(Theil 1) s. Blösch, E[mil]. Die Geschichtliche Entwicklung der Stadt Bern ....
(Theil 2) s. Rodt, Ed[uard] von. Berns Burgerschaft ....
(Theil 3) s. Tobler, G[ustav]. Die Chronisten ... des alten Bern.
(Theil 4) s. Geiser, Carl. Die Verfassung des alten Bern.
(Theil 5) s. Zeerleder, Albert. Die Berner Handfeste.
(Theil 6) s. Hidber, B[asilius]. Diplomatisch-kritische Untersuchung der Berner Handfeste.
(Theil 7) s. Reber, B[obert]. Erläuterungen zur Beilage: Plan der Stadt Bern ....

—— zur VII. Säkularfeier der Gründg. Berns. 1191—1891. gr. 4. (VI, 97, 114, 92, 143, 100, 7, 2 S. m. 9 farb. Karten, 6 Lichtdr.-Taf., 1 Fksm. u. 1 farb. Plan.) Bern 891, (Schmid, Francke u. Comp.) ** 25 —; geb. ** 32 —

Festschrift zur 4. Säcular-Feier der Eberhard-Karls-Universität zu Tübingen, dargebracht von der königl. öffentl. Bibliothek zu Stuttgart. gr. 4. Stuttgart 877, Aue. *
Inhalt:
Heyd, Wilh., Beiträge zur Geschichte des Levantehandels im 14. Jahrh. (S. 1—16.)
Die Grabdenkmale Herzog Christoph's von Württemberg, seines Sohnes Eberhard und seiner Gemahlin Anna Maria von Brandenburg im Chor der Stiftskirche zu Tübingen. Aktenstücke zur württemberg. Kunst- und Kultur-Geschichte des XVI. Jahrh., hrsg. von Geo. Aug. Wintterlin. (S. 17—52.)
Schott, Thdr., Herzog Ludwig von Württemberg und die französischen Protestanten während des dritten Religionskriegs 1568—1570. (S. 53—68.)
Zwei Fragmente des mittelniederländischen Romans der Lorreinen. Mitgetheilt von Herm. Fischer. (S. 69—87.

Festschrift zur Vierten Säcularfeier der Universität **Tübingen**. Leipzig 1877.
s. **Waechter**, Karl Ge.: Die Entscheidungsgründe zu dem Schiedsspruche in der Berlin-Dresdener Eisenbahnsache.

— der Gymnasien und evangelisch-theologischen Seminarien Württembergs zur 4. Säcularfeier der Universität Tübingen, überreicht von K. A. Schmid. hoch 4. (VII, 163 S.) Stuttgart 877, (Krabbe.) *
Inhalt:
Kraz, H., die epitaphische Rede des Perikles [Thukyd. II, 35—46]. (S. 1—16.)
Rieckher, J., kleine Beiträge zur Textgestaltung griechischer Schriftsteller. (S. 17—26.)
Ott, J. N., zur Lehre vom Ablativus Gerundii. (S. 27—38.)
Vogelmann, Alb., über Taktgleichheit in der antiken Metrik, mit besond. Rücksicht auf den Dochmius. (S. 39—50.)
Planck, M., der Verfall des römischen Kriegswesens am Ende des 4. Jahrh. n. Chr. Eine kriegsgeschichtl. Studie nach Vegetius. (S. 51—62.)
Georgii, Heinr., über das 3. Buch der Aeneide. (S. 63—82.)
Lineare Differentialgleichungen 1. Ordnung, vom geometr. Standpunkt bearb. von Wiedmann. (S. 83—94.)
Mezger, K. L. Fr., das Göttliche und das Menschliche an der heil. Schrift. (S. 95—110.)
Planck, K. Ch., Ziel und Entwicklungsgesetz der alten Philosophie in ihrem Verhältniss zu dem der neuern. (S. 111—130.)
Krafft, die politischen Verhältnisse des thrakischen Chersones in der Zeit von 560—413 v. Chr. (S. 131—148.)
Adam, Tübingen und Urach. (S. 149—163.)

—— zu der zweiten Säcularfeier des Friedrichs-Werderschen Gymnasiums zu Berlin. Veröffentlicht von dem Lehrer-Kollegium des Friedrichs-Werderschen Gymnasiums. gr. 8. (V, 369 S.) Berlin 881, Weidmann'sche Buchh. *

Festschrift der Rettungsgesellschaft „Samariterverein zu Leipzig“ zur Erinnerung an das 25jährige Bestehen hrsg. vom Vorstand. [Überreicht den Teilnehmern am 1. Internationalen Kongreß für Rettungswesen zu Frankfurt a. M. am 10—14. Juni 1908]. Leipzig, 1907. 218 S. mit 25 Abb.

Festschrift der Schweizerischen Musikzeitung und Sängerblatt zum [21.] Eidgenössischen Sängerfest 1905 in Zürich. (Redaktion: Eduard Trapp in Z'. [Mit Noten, Illustrationen und 2 Porträt-Tafeln, sowie einer Musik-]Beilage.) IV + 64 S. 4. Zürich, Basel, *etc.*, Gebr. Hug & Co. (fr. 1. —)
Musik-Beilage: Mein Vaterland. Gedicht von Constantin Krieg. [Componiert von] Aug[ust] Oetiker, Op. 7. Beil' zur F' zum eidg' S' in Z' 1905. 1 S. gr.-8. Z' und Leipzig, Gebrüder Hug & Co *sep.* fr. —. 15

Festschrift zum VIII. Kärntner Sängerbundesfeste am 2., 3. u. 4. Juni 1906 in St. Veit a. d. Glan. Schriftleiter Norbert Rainer. St. Veit a. d. Glan, Schlick, 1906. 72 S.

—— zum 1. deutsch-akademischen Sängerfest in Salzburg 4., 5., 6., 7. Juni 1892, hrsg. vom Wiener akadem. Gesang-Verein. 4. (64 S.) Wien 892, (Lesk u. Schwidernoch). 80

Evangelische St Pauls Gmde, Wausau, Wis. Festschrift ... 40. Jub [1863-1903]. Wausau, 1903.

Festschrift der Stadt Schaffhausen zur Bundesfeier 1901. Im Auftrage des Stadtrates der Stadt Schaffhausen hrg. vom historisch-antiquarischen Verein. [Mit illustriertem Umschlag, vielen Textabbildungen, 34 Tafeln, 5 Doppel-Tafeln, 2 Faksimiles und 1 Karte.] (6 Teile.) XII (+ *zus.* 686) S. gr.-8. Schaffhausen, Kühn & Comp., 1901. [fr. 12. —, für Schaffhauser Einwohner fr. 6. —; Einbanddecke fr. 2. —] № 458 — Lesesaal
(*Teil 1:* Henking, C[arl]. Schaffhausen und die Eidgenossenschaft bis zum ewigen Bunde von 1501. Von Dr. K. Henking.) 61 S.
(*Teil 2:* Bächtold, C[arl] A[ugust]. Die Stadt Schaffhausen zur Zeit ihres Eintritts in den Schweizerbund.) 127 S.
(*Teil 3:* Bächtold, C[arl] A[ugust]. Wie die Stadt Schaffhausen ihre Landschaft erwarb. Erster Teil.) 284 S.
(*Teil 4:* Vogler, C[arl] H[einrich]. Schaffhauser Künstler.) 82 S.
(*Teil 5:* Lang, Robert. Schaffhauser Gelehrte und Staatsmänner.) 127 S.
(*Teil 6:* Pfister, Hermann. Die Entwicklung der Industrie der Stadt Schaffhausen.) 55 S.

Festschrift. Herrn Professor Dr. Friedrich Schauta anlässlich seines 25jähr. Doktorjubiläums gewidmet von seinen Schülern. *Berlin: S. Karger 1900.* (492 S.) 8°
= Monatsschrift f. Geburtshilfe u. Gynaekologie. Bd 11, H. 1. [illegible]

(Festschrift) [für] Herrn Adolph **Schmidt** zum fünfzigjährigen Doctorjubiläum am 6. Febr. 1889. Die juristische Facultät in der vereinigten Friedrichs-Universität Halle-Wittenberg. (Halle a. S. 1889.)
s. **Lastig**, Gust.: Markenrecht und Zeichenregister.

Festschrift dem hochverehrten Freunde und Lehrer Benno Schmidt z. Feier d. Vollendg s. siebenzigsten Lebensjahres v. Freunden u. Schülern gewidmet u. ... hrsg. v. d. medicin. Gesellsch. zu Leipzig d. 3. März 1896. (Hrsg.: [Felix Viktor] Birch-Hirschfeld.) *Leipzig: E. Besold 1896.* (IX S., 1 Bl., 255 S., 1 Portr., 2 Taf.) 1 Bd 8. [96. 8374

Bardenheuer, [Bernh.], & **Wolff**, Oscar: Beiträge z. Resektion d. tuberkulösen Gelenke. Die Resekt. d. tuberkul. Schultergelenks. *Leipzig 1896.*
in: **Festschrift** ... B. Schmidt z. Feier d. Vollendg s. 70. Lebensjahres v. Freunden u. Schülern gew. [96. 8374

Braun, Heinrich: Üb. d. Radikaloperation d. Leisten- u. Schenkelbrüche, nebst e. Bericht üb. die in meiner Privatklinik vorgekommenen Bruchoperationen. *Leipzig 1896.*
in: **Festschrift** ... B. Schmidt z. Feier d. Vollendg s. 70. Lebensjahres v. Freunden u. Schülern gew. [96. 8374

Buchbinder, Hans: E. Beitrag z. Kasuistik d. kongenitalen Radiusdefekts. *Leipzig 1896.*
in: **Festschrift** ... B. Schmidt z. Feier d. Vollendg s. 70. Lebensjahres v. Freunden u. Schülern gew. [96. 8374

Eigenbrodt, [Karl]: Üb. Geschwulstbildung im Bauchhoden. *Leipzig 1896.*
in: **Festschrift** ... B. Schmidt z. Feier d. Vollendg s. 70. Lebensjahres v. Freunden u. Schülern gew. [96. 8374

Franke, Felix: Z. operativen Behandlung d. chron. Gelenkentzündgn. *Leipzig 1896.*
in: **Festschrift** ... B. Schmidt z. Feier d. Vollendg s. 70. Lebensjahres v. Freunden u. Schülern gew. [96. 8374

Frey, M[ax] v.: E. einfache Methode den Blutdruck am Menschen zu messen. *Leipzig 1896.*
in: **Festschrift** ... B. Schmidt z. Feier d. Vollendg s. 70. Lebensjahres v. Freunden u. Schülern gew. [96. 8374

Friedheim, L[udwig]: Kasuistische Beiträge z. Kenntnis d. Nebenwirkgn des Thyreoidin unt. bes. Berücks. der Glykosurie. *Leipzig 1896.*
in: **Festschrift** ... B. Schmidt z. Feier d. Vollendg s. 70. Lebensjahres v. Freunden u. Schülern gew. [96. 8374

Friedrich, P[aul] Leopold: Z. Diagnostik d. Eiters. *Leipzig 1896.*
in: **Festschrift** ... B. Schmidt z. Feier d. Vollendg s. 70. Lebensjahres v. Freunden u. Schülern gew. [96. 8374

Goepel, Robert: E. Beitrag z. Kenntnis d. Tubenhernien '(Pyosalpinx in e. Schenkelbruchsack)'. *Leipzig 1896.*
in: **Festschrift** ... B. Schmidt z. Feier d. Vollendg s. 70. Lebensjahres v. Freunden u. Schülern gew. [96. 8374

Gräfe, R[udolf]: E. Beitrag z. Erleichterg d. Narkose, bes. f. die Praxis. *Leipzig 1896.*
in: **Festschrift** ... B. Schmidt z. Feier d. Vollendg s. 70. Lebensjahres v. Freunden u. Schülern gew. [96. 8374

Helferich, [Heinrich]: Weitere Mitteilungen üb. d. Resektion der Samenleiter als e. Heilmittel bei Prostatahypertrophie. *Leipzig 1896.*
in: **Festschrift** ... B. Schmidt z. Feier d. Vollendg s. 70. Lebensjahres v. Freunden u. Schülern gew. [96. 8374

Hentschel, H. A.: Beitrag z. Lehre v. d. Pyämie u. Sepsis. *Leipzig 1896.*
in: **Festschrift** ... B. Schmidt z. Feier d. Vollendg s. 70. Lebensjahres v. Freunden u. Schülern gew. [96. 8374

Karg, [Karl Herm.]: Pylorusresektion u. Ovariotomie bei e. Kranken. *Leipzig 1896.*
in: **Festschrift** ... B. Schmidt z. Feier d. Vollendg s. 70. Lebensjahres v. Freunden u. Schülern gew. [96. 8374

Kockel, R[ichard]: Beitrag z. Kenntnis der Hoden-Teratome. *Leipzig 1896.*
in: **Festschrift** ... B. Schmidt z. Feier d. Vollendg s. 70. Lebensjahres v. Freunden u. Schülern gew. [96. 8374

Kölliker, Th[eod.]: Beitrag z. Chirurgie d. peripherischen Nerven. *Leipzig 1896.*
in: **Festschrift** ... B. Schmidt z. Feier d. Vollendg s. 70. Lebensjahres v. Freunden u. Schülern gew. [96. 8374

Kollmann, Arthur: Üb. einige Hindernisse beim Katheterismus d. männl. Harnröhre. *Leipzig 1896.*
in: **Festschrift** ... B. Schmidt z. Feier d. Vollendg s. 70. Lebensjahres v. Freunden u. Schülern gew. [96. 8374

Landerer, A[lbert]: Beitrag z. differentiellen Diagnose d. Hernia obturatoria. *Leipzig 1896.*
in: **Festschrift** ... B. Schmidt z. Feier d. Vollendg s. 70. Lebensjahres v. Freunden u. Schülern gew. [96. 8374

Lange, Max: Üb. Exostosenbildung bedingt durch ossificierende Myositis nach Knochenbrüchen. *Leipzig 1896.*
in: **Festschrift** ... B. Schmidt z. Feier d. Vollendg s. 70. Lebensjahres v. Freunden u. Schülern gew. [96. 8374

Parreidt, Jul.: Die patholog. Beziehungen der Zähne z. Gesamtorganismus. *Leipzig 1896.*
in: **Festschrift** ... B. Schmidt z. Feier d. Vollendg s. 70. Lebensjahres v. Freunden u. Schülern gew. [96. 8374

Riedel, [Bernhard]: Die Entzündungen der v. Kniegelenke getrennt gebliebenen Bursa subcruralis. *Leipzig 1896.*
in: **Festschrift** ... B. Schmidt z. Feier d. Vollendg s. 70. Lebensjahres v. Freunden u. Schülern gew. [96. 8374

Sonnenburg, [Eduard]: Der Katheterismus retro-urethralis bei d. Behandlg impermeabler '(gonorrhoischer)' Strikturen. *Leipzig 1896.*
in: **Festschrift** ... B. Schmidt z. Feier d. Vollendg s. 70. Lebensjahres v. Freunden u. Schülern gew. [96. 8374

Tillmanns, H[ermann]: Üb. d. Heilung grösserer Kontinuitätsdefekte an d. langen Röhrenknochen. *Leipzig 1896.*
in: **Festschrift** ... B. Schmidt z. Feier d. Vollendg s. 70. Lebensjahres v. Freunden u. Schülern gew. [96. 8374

Wagner, Paul: Die Grenzen der Nierenexstirpation. *Leipzig 1896.*
in: **Festschrift** ... B. Schmidt z. Feier d. Vollendg s. 70. Lebensjahres v. Freunden u. Schülern gew. [96. 8374

— für Benno Schmidt zur Feier d. Vollendg. s. 70. Lebensjahres v. Freunden u. Schülern gewidmet u. zu Ehren ihres Ehrenvorsitz. hrsg. v. d. medicin. Gesellschaft zu Leipzig den 3. März 1896. (Chirurg. Beiträge.) gr. 8. (XI, 255 S. m. Abb., 2 Taf. u. Bildnis in Photograv.) Leipzig 896. A. Georgi. n. 5. 40; geb. n. 6. 80

Festschrift, Herrn Prof. Dr. Oswald Schmiedeberg in Straßburg i. E. zur Feier seines 70. Geburtstages 1908 gewidmet. Mit 1 Bildn., 1 Taf. u. 39 Abb. Leipzig: F. C. W. Vogel 1908. (XIII, 527 S.) 8°
— **Archiv** f. experimentelle Pathologie u. Pharmakol. 1908, Suppl. Bd. [08. 13565

— dem Herrn Dr. Richard Schröder, Professor an der Universität Heidelberg, zur Feier des 70. Geburtstages gewidmet v. der rechts- u. staatswissenschaftl. Fakultät der Universität Zürich, s.: Meili, F., die hauptsächlichsten Entwicklungsperioden des internationalen Strafrechts.

Festschrift Leopold Ritter Schrötter v. Kristelli zur Feier seines siebzigsten Geburtstages am 5. Februar 1907 von d. Verfassern ... zugeeignet. (Berlin: A. Hirschwald 1907.) (VI, 544 S.) 4°(8°) [Zwischent.]
— **Zeitschrift** f. klinische Medizin. Bd 62. [07. 6124 3

Festschrift Herrn Geh. Reg.R. Dr. Wilhelm Schütz, ord. Prof. ... zu seinem 50jährigen Berufsjubiläum am 16. April 1910 ... gewidmet von seinen Freunden und Schülern. (Berlin: Hirschwald 1910.) VIII, 675 S. 8°
(Archiv f. wiss. u. prakt. Tierheilkunde. Bd 36, Suppl.) [10. 6645

Festschrift zum 53. Oberschlesischen Schützenbundesfest, verbunden mit d. 175jährigen Jubelfeier der Schützengilde Beuthen O. S. Beuthen, 1903, 4°, 20 S.

Festschrift, Herrn Geheimen Medizinalrat Professor Dr. Hermann Schwartze zu seinem 70. Geburtstage gewidmet. Hrsg. von Prof. F[riedrich] Kretschmann in Magdeburg. T. 1. 2. Leipzig: F. C. W. Vogel 1907. 2 Bde 8°
1. Mit 1 Heliogr. u. 8 Abb. 2. Mit 4 Abb. u. 6 Taf.
— **Archiv** f. Ohrenheilkunde. Bd 73. 74. [07. 16780

— für die orientalische Section der XXXVI. Versammlung deutscher Philologen u. Schulmänner in Karlsruhe am 26—29. Septbr. 1882. gr. 8. Heidelberg 889. C. Winter. n. 4. —
Die Saadjanische Uebersetzung d. hohen Liedes in's Arabische, nebst andern auf das hohe Lied bezügl. arab. Texten hrsg. v. Adb. Merx. (36 S.) — Ibn Duraid's Kitâb almalâhin, hrsg. v. Heinr. Thorbecke. (39 S.)

Festschrift zum fünfzigjährigen Siedelungsjubiläum der Deutschen in Kaffraria. (Hrsg.: Joh. Spanuth.) (Hannover: Feesche) 1908. 27 S. 4° [10. 2282 7

Festschrift zum Silber-Jubiläum des Dt. Krieger-Bundes New York u. Nat. Dt. Krieger-Fest v. 30. Sept. bis 4. Okt. 1909 in d. Stadt New York. Red. u. zsgest. v. Bundespräs. Richard Müller. [NY] '09. 35 Bl. 4°

Festschrift zum Silberjubiläum der katholischen kaufmännischen Vereinigungen. Mainz 1902. V: *Kissling, Johann Bapt.* (cramerBkde S. 26)

Festschrift für Eduard v. **Simson**. Leipzig 1889.
s. **Leonhard**. R.: Roms Vergangenheit

Gesellschaft appenzell. Aerzte (beider Rhoden). Festschrift zur 150. Sitzung Montag den 10. November 1902 in Appenzell. II + 43 S. 8. Herisau, Schläpfer & Cie, 1902.

— d. österr. Ski-Verein. Hrsg. v. österr. Ski-Verein. Artist. Red.: Strehblow. Fol. (12 S. m. Abb.) Wien (896). (C. v. Hölzl.) n. 1. 20

([Festschrift zum internationalen Sozialistenkongreß in Stuttgart. Von Genf bis Stuttgart.] Berlin: Vorwärts [1907].) (19 S.) 4° [07. 14629

FESTSCHRIFT der Physikalisch-Medizinischen Sozietät zu Erlangen zur Feier ihres 100-jährigen Bestehens am 27. Juni 1908. (Mit Tafeln.) Erlangen 1908. Kommissionsverlag von Max Mencke. 8°.

— z. VIII. deutschen Stenographentage „Gabelsberger" in Braunschweig. (151 S. m. 2 Bildnissen.) 8. Wolfenbüttel 905. Heckner. 1. —

Festschrift zum Rheinisch-Westfälischen Stenographentag, System Stolze, am 7., 8. u. 9. Juli 1894 zu Köln. Hrsg. v. den Stolzeschen Stenogr.-Vereinen zu Köln. Red. v. Ch[ristian] Wolff. *Köln: Verl.-Anst. & Dr., A.-G. 1894.* (2 Bl., 124 S.) 1 Bd 8. [94. 3639

— für Stenographen-Vereine, s.: Bibliothek, stenograph., System Roller.

—— zur fünfhundertjährigen Stiftungsfeier der Universität Heidelberg, veröffentlicht von dem historisch-philosoph. Vereine zu Heidelberg. Mit Beiträgen von K. Hartfelder, G. Weber, W. Oncken, C. Lemcke, W. Wundt, H. Holtzmann und A. v. Kirchenheim, d. Z. Secretär des Vereins. gr. 8. Leipzig 886, Engelmann. *

geb. **

Inhalt:

Kronik des Vereins. — Hartfelder, der Humanismus und die Heidelberger Klöster. — Weber, deutsche Fürsten und Kleinstaaten vor hundert Jahren. — Oncken, Heidelberger Erinnerungen aus ernster Zeit. — Lemcke, König Ludwig I. von Bayern. — Wundt, über die physikalischen Axiome. — Holtzmann, das Problem der Geschichte der Auslegung. — Kirchenheim, v., die Universitätsbotenanstalten des Mittelalters. (VIII, 130 S.)

—— zur 25jährigen Stiftungsfeier der Freiwilligen Feuerwehr zu Zwickau. Hrsg. vom Fest-Ausschusse. gr. 8. (38 S.) Zwickau 877, (Gebr. Thost.) *

[Festschrift.] Zur 25jährigen Stiftungsfeier der Loge „Carl zur Treue" in Schleswig 30. Sept. 1892. [Schleswig 1892: Prov.-Taubstummen-Anst.] 8 S. 8° [Umschlagtit.]

Bericht üb. Gründung u. Entwicklung der Loge von 1867—1892. Verzeichn. der Beamten in diesem Zeitraum. 4.

Festschrift zur fünfzigjährigen Stiftungsfeier des Königlichen Bugenhagen-Gymnasiums in Treptow a. Rega am 27. September 1906. 8. Kgl. Bugenhagen-Gymn. *Treptow a. R.* 1906.

Erstes Heft: Zur Geschichte des Königlichen Bugenhagen-Gymnasiums. Einführung, von [Paul] von Boltenstern. Abt. I. Geschichte des Königlichen Bugenhagen-Gymnasiums von 1881—1906, von [Henry] Doerks. Abt. II. Verzeichnisse ehemaliger Schüler, von [Hermann] Rosenhagen. XII, 45 S, 8°, 36 S.

Zweites Heft: Das Leben der zwölf ehemaligen Schüler des Bugenhagen-Gymnasiums, die in den Einigungskriegen Deutschlands für das Vaterland gestorben sind. Von Ulrich Fischer. Mit zwei Blättern in Kunstdruck und zwei Abbildungen im Text. 1 Bl., 3°, 141 S.

Drittes Heft: De scholiis Statianis commentatio. II. Scripsit R[icardus] Klotz. 25 S.

Progr.

Festschrift zur 50jährigen Stiftungsfeier des Kranken- und Begräbnis-Vereins zu Kreuz in Zürich 1883. [Zürich 1883.] V: *Meyer*, *Conr.* & *Hnr. Häderli.* (Cat. d. Stadtbibl. Zürich. Zürich 1864—97.)

Festschrift zur 50jährigen Stiftungsfeier des Kranken- und Begräbniss-Vereins zum Kreuz in Zürich im Jahre 1883. Mit dem Bildnisse von Joh. Girsberger. In-16°, 63 S. Druck von F. Lohbauer. 1883

Festschrift zur 50jährigen Stiftungsfeier der Pollichia, naturwissenschaftl. Vereines der Rheinpfalz. Hrsg. vom Ausschuss. gr. 8. (IV, 65 S.) Dürkheim 892. (G. L. Lang.) n.n. 2. 25

FESTSCHRIFT zur fünfzigjährigen Stiftungsfeier der Pollichia, naturwissenschaftlichen Vereines der Rheinpfalz. Herausgegeben vom Ausschusse. Dürkheim a. d. Hart 1892. Buchdruckerei von J. Rheinberger. 8°. [Mit einer Beilage: Dr. MEHLIS, Die Steinzeit.]

Festschrift zur 100jährigen Stiftungsfeier des medizinisch-chirurgischen Friedrich-Wilhelms-Instituts gewidm. v. Lehrern u. ehemaligen Studirenden d. militärärztlichen Bildgsanstalten. Hrsg. v. d. Medizinal-Abtheilg d. Kgl. Preuss. Kriegsministeriums. 2. Dez. 1895. *Berlin: A. Hirschwald 1895.* (IV, 628 S., 10 Taf.) 1 Bd 4.(8.) [96. 3707

Hueppe, Ferdinand: Ueb. d. Körperübungen in Schule u. Volk u. ihren Werth f. d. militär. Uebgn. *Berlin 1893.*
in: **Festschrift** z. 100j. Stiftungsfeier d. mediz.-chirurg. Friedrich-Wilhelms-Instituts. [96. 3707

Pfuhl, E[duard]: Beitrag z. Lehre v. d. Uebertragung des Typhus durch Milch. *Berlin 1895.*
in: **Festschrift** z. 100j. Stiftungsfeier d. mediz.-chirurg. Friedrich-Wilhelms-Instituts. [96. 3707

Wernicke, Erich: Ueb. d. Vererbung d. künstlich erzeugten Diphtherie-Immunität bei Meerschweinchen. *Berlin 1895.*
in: **Festschrift** z. 100j. Stiftungsfeier d. mediz.-chirurg. Friedrich-Wilhelms-Instituts. [96. 3707

Wernicke, Erich, & Bussenius, W[alter]: E. Beitrag z. Kenntniss der Typhus-Epidemiologie. *Berlin 1895.*
in: **Festschrift** z. 100j. Stiftungsfeier d. mediz.-chirurg. Friedrich-Wilhelms-Instituts. [96. 3707

Schaper, K. [vielmehr: Hermann]: Die geschichtl. Beziehungen zwischen d. medizinisch-chirurg. Friedrich-Wilhelms-Institut u. d. Charité-Krankenhause. Nach d. Akten d. Kriegs-Ministeriums bearb. *Berlin 1895.*
in: **Festschrift** z. 100j. Stiftungsfeier d. mediz.-chirurg. Friedrich-Wilhelms-Instituts. [96. 3707

Virchow, Rudolf: Hundert Jahre allgemeiner Pathologie. *Berlin 1895.*
in: **Festschrift** z. 100j. Stiftungsfeier d. mediz.-chirurg. Friedrich-Wilhelms-Instituts. [96. 3707

Bergmann, E[rnst] v.: Ueb. d. Einheilung von Pistolenkugeln im Hirn nebst Bemerkgn z. Behandlg v. Schusswunden im Kriege. *Berlin 1895.*
in: **Festschrift** z. 100j. Stiftungsfeier d. mediz.-chirurg. Friedrich-Wilhelms-Instituts. [96. 3707

Fischer, H[ermann]: Die akute Osteomyelitis purulenta d. Kiefer. *Berlin 1895.*
in: **Festschrift** z. 100j. Stiftungsfeier d. mediz.-chirurg. Friedrich-Wilhelms-Instituts. [96. 3707

Winckel, F[ranz] v.: Die Heilung d. Harnleiterscheidenfisteln, entstanden nach partieller u. totaler Entferng d. Gebärmutter. *Berlin 1895.*
in: **Festschrift** z. 100j. Stiftungsfeier d. mediz.-chirurg. Friedrich-Wilhelms-Instituts. [96. 3707

Küster, E[rnst]: E. zweckmäss. Ersatz der Operation Le Fort's. *Berlin 1895.*
in: **Festschrift** z. 100j. Stiftungsfeier d. mediz.-chirurg. Friedrich-Wilhelms-Instituts. [96. 3707

Köhler, A[lbert]: Weitere Beiträge z. Geschichte d. Schiesspulvers u. d. Geschütze. *Berlin 1895.*
in: **Festschrift** z. 100j. Stiftungsfeier d. mediz.-chirurg. Friedrich-Wilhelms-Instituts. [96. 3707

Schjerning, O[tto]: Vollladung oder abgebrochene Ladung? E. Beitr. zu d. Schädelschussverletzgn. *Berlin 1895.*
in: **Festschrift** z. 100j. Stiftungsfeier d. mediz.-chirurg. Friedrich-Wilhelms-Instituts. [96. 3707

Geissler, P[aul]: Ueb. d. Behandlung d. Bauch-Schusswunden. *Berlin 1895.*
in: **Festschrift** z. 100j. Stiftungsfeier d. mediz.-chirurg. Friedrich-Wilhelms-Instituts. [96. 3707

Albers, W[ilhelm]: Beitrag zur Cheiloplastik (Unterlippe). *Berlin 1895.*
in: **Festschrift** z. 100j. Stiftungsfeier d. mediz.-chirurg. Friedrich-Wilhelms-Instituts. [96. 3707

Leyden, E[rnst]: Ueb. Endocarditis. *Berlin 1895.*
in: **Festschrift** z. 100j. Stiftungsfeier d. mediz.-chirurg. Friedrich-Wilhelms-Instituts. [96. 3707

Nothnagel, Hermann: Die Beweglichkeit bei Abdominaltumoren. *Berlin 1895.*
in: **Festschrift** z. 100j. Stiftungsfeier d. mediz.-chirurg. Friedrich-Wilhelms-Instituts. [96. 3707

Stricker, Franz: Ueb. Lungenblutung in d. Armee. Ergebnisse e. fünfjähr. (1890/95) militärärztl. Sammelforschg. *Berlin 1895.*
in: **Festschrift** z. 100j. Stiftungsfeier d. mediz.-chirurg. Friedrich-Wilhelms-Instituts. [96. 3707

Martius, F[riedrich]: Klinische Aphorismen üb. d. Magenkrebs. *Berlin 1895.*
in: **Festschrift** z. 100j. Stiftungsfeier d. mediz.-chirurg. Friedrich-Wilhelms-Instituts. [96. 3707

Renvers, R[udolf]: Ueb. Blinddarmentzündung u. ihre Behandlg nach eigenen Beobachtgn. *Berlin 1895.*
in: **Festschrift** z. 100j. Stiftungsfeier d. mediz.-chirurg. Friedrich-Wilhelms-Instituts. [96. 3797

Grawitz, E[rnst]: Ueb. d. feineren Vorgänge im Zirkulationssystem bei Kompensationsstörgn d. Herzens, nebst therapeutischen Bemerkgn. *Berlin 1895.*
in: **Festschrift** z. 100j. Stiftungsfeier d. mediz.-chirurg. Friedrich-Wilhelms-Instituts. [96. 3797

Thiele, O[tto]: Die halbseitige Lähmung nach Diphtherie. *Berlin 1895.*
in: **Festschrift** z. 100j. Stiftungsfeier d. mediz.-chirurg. Friedrich-Wilhelms-Instituts. [96. 3797

Schultzen, W[ilhelm]: Ueb. Polymyositis bezw. Dermatomyositis acuta. *Berlin 1895.*
in: **Festschrift** z. 100j. Stiftungsfeier d. mediz.-chirurg. Friedrich-Wilhelms-Instituts. [96. 3797

Buttersack, F[elix]: Ueb. d. Vorkommen u. d. Beurtheilg perikardialer Geräusche bei anscheinend gesunden Herzen. *Berlin 1895.*
in: **Festschrift** z. 100j. Stiftungsfeier d. mediz.-chirurg. Friedrich-Wilhelms-Instituts. [96. 3797

Schmidt-Rimpler, H[ermann]: Bemerkungen zu wirklicher u. simulirter Sehschwäche u. Gesichtsfeldeinengung. *Berlin 1895.*
in: **Festschrift** z. 100j. Stiftungsfeier d. mediz.-chirurg. Friedrich-Wilhelms-Instituts. [96. 3797

Overweg, M.: Beitrag zu d. Vorkommen von Kurzsichtigkeit in d. Armee u. Einfluss derselben auf d. militär. Dienst, insbes. auf d. Schiessen. *Berlin 1895.*
in: **Festschrift** z. 100j. Stiftungsfeier d. mediz.-chirurg. Friedrich-Wilhelms-Instituts. [96. 3797

Krienes, H[ans]: Beiträge zu den Verletzungen d. Auges ... *Berlin 1895.*
in: **Festschrift** z. 100j. Stiftungsfeier d. mediz.-chirurg. Friedrich-Wilhelms-Instituts. [96. 3797

Koch, Paul: Ueb. d. Einwirkung d. Tauchens auf d. Gehörorgan. *Berlin 1895.*
in: **Festschrift** z. 100j. Stiftungsfeier d. mediz.-chirurg. Friedrich-Wilhelms-Instituts. [96. 3797

Gärtner, Aug.: Ueb. Methoden, d. Möglichkt d. Infektion e. Wassers zu beurtheilen. *Berlin 1895.*
in: **Festschrift** z. 100j. Stiftungsfeier d. mediz.-chirurg. Friedrich-Wilhelms-Instituts. [96. 3797

Gaffky, G[eorg]: E. Fall v. chronischer Arsenvergiftg in Folge d. Gebrauchs farbiger Zeichenkreide. *Berlin 1895.*
in: **Festschrift** z. 100j. Stiftungsfeier d. mediz.-chirurg. Friedrich-Wilhelms-Instituts. [96. 3797

Loeffler, F[riedrich], & Abel, R[udolf]: Ueb. d. spezif. Eigenschaften d. Schutzkörper im Blute Typhus- u. Coli-immuner Thiere. *Berlin 1895.*
in: **Festschrift** z. 100j. Stiftungsfeier d. mediz.-chirurg. Friedrich-Wilhelms-Instituts. [96. 3797

Festschrift z. 110. Stiftungsfeier d. Kaiser Wilhelms-Akad. f. d. militärärztl. Bildungswesen. 1905
s. **Kern**, Berthold: Das Wesen d. menschl. Seelen- u. Geisteslebens. [05. 1564

FESTSCHRIFT zur sechzigjährigen Stiftungsfeier der Pollichia, naturwissenschaftlichen Vereines der Rheinpfalz. Herausgegeben vom Ausschusse. (Mit einer Beilage: SCHÄFER, Ueber das Rehgeweih und die Anlage einer diesbezüglichen Sammlung im Museum des naturwissenschaftlichen Vereins der Rheinpfalz „Pollichia". [Mit 1 Tafel.] folio.) Dürkheim a. d. Hart 1900. Buchdruckerei von J. Rheinberger. 8°.

— zur 40 jährigen Stiftungsfeier des Deutschen Hospitals. Hrsg. v. dem Medical Board im Auftrage der Aerzte des Deutschen Hospitals u. Dispensary in der Stadt New York. Nebst: 40 Jahre des Deutschen Hospitals u. Dispensary in der Stadt New York. Eine geschichtl. Darstellg. 2 Tle. (598 u. 119 S. m. z. Tl. farb. Abbildgn., 1 Tab. u. 1 Kurventaf.) Lex. 8. New York 909. B. Westermann & Co. 10. —

— aus Anlaß der 10jährigen Stiftungs-Feier der Museums-Gesellschaft zu Plauen (Vogtländer Museum). Hrsg. vom Vorstand der Museums-Gesellschaft. (116 S. m. Abbildgn., 8 Taf. u. 1 Plan.) 8. Plauen 904. (A. Lohmann.) Geb. n. 1. —

FESTSCHRIFT aus Anlaß der 10jährigen Stiftungs-Feier der Museums-Gesellschaft zu Plauen (Vogtländer-Museum). Herausgegeben vom Vorstand der Museums-Gesellschaft. (Mit Tafeln.) Plauen i. V. 1904. Moritz Wieprecht, G. m. b. H. 8°.

— zum 350. Stiftungsfeste der königl. Landesschule Pforta. 4. (93 S.) Berlin 893. Weidmann. n. 3. —

Festschrift zum 30. Stiftungsfeste der Altertumsgesellschaft Insterburg. Insterburg: Krauss in Komm. 1910. 74 S. 8°
(Zeitschrift d. Altertumsgesellschaft Insterburg. H. 12.) [10. 17331 10

Festschrift zum 1. Stiftungsfest des Deutschen Turnvereins Tsingtau 15. 6. 1902, Tsingtau 1902, 18 S., 8°.

Festschrift zum 25jähr. Stiftungsfest der Turngemeinde Bessungen, verb. m. d. 14. Gauturnf. des Main-Rheingau-Verb., Darmstadt-Bessungen 1890, 32 S., 8°.

Festschrift zum 25jährigen Stiftungsfeste des Männer-Turnvereins „Eintracht" zu Hildesheim 17.—19. 7. 1886, 26 S., 8°.

Festschrift zum 25 jähr. Stiftungsfest und zur Einweihung der neuen Fahne des Flensburger Männerturnvereins, 1906, Flensburg 1906, 16 S., 8°.

1880. 1905. **Festschrift** zum 25 jähr. Stiftungsfest verbunden mit Nationalem Gesangwettstreit d. Gesangvereins 'Germania' Dörnigheim ... Mai 1905. (Hanau [1905]: G. Heydt.) (114 S.) 8° [F.] [06. 3037 4

Festschrift zum 25jährigen Stiftungsfeste der Kieler Turnerschaft „Gut Heil" 29.—30. 8. 1908 (Enth.: Geschichte der Kieler Turnerschaft „Gut Heil"), 48 S., 8°.

Festschrift, 25jähriges Stiftungsfest des Hamburg-St.-Pauli-Turnvereins, 1. 4. 1887, 28 S., 8°.

— zum 25jährigen Stiftungsfest des Vereins jüngerer Buchhändler Perkeo zu Heidelberg am 31. VII. u. 1. VIII. 1909. (56 S. m. Abbild.) gr. 8. Heidelberg 909. (J. Hörning.) nnn 1. —

Festschrift zum 25jähr. Stiftungsfest des Männerturnvereins Saarbrücken-St. Johann, gegr. 1884, 2.—3. 10. 1909, 36 S., 8°.

Festschrift zum 25 jährigen Stiftungsfest des Spessart-Touristen-Vereins. Hanau, am 10. u. 11. Sept. 1904. Hanau 1904: G. Heydt. (36 S.) 8° [F.] [05. 2036 4

Festschrift zum 25jähr. Stiftungsfeste des Eilbecker Turnerbundes v. 1880, Hamburg, 13.—14. 5. 1905, Hamburg 1905, 32 S., 8°.

Festschrift zum 25jährigen Stiftungsfest des Innsbrucker Turnvereins 1863—1888, 48 S., 8°.

Festschrift zum 25jährigen Stiftungsfeste des Lübeckschen Turnvereins zu Berlin, 22. 8. 1886, Berlin 1886, 21 S., 8°.

Festschrift zum 25 jährigen Stiftungsfest des Historisch-philologischen Vereines der Universität München 1905. Red. von Dr. (Georg) Ammon, Dr. (Oskar) Hey, Dr. Melber (München). München: (Lindauer in Komm.) 1905. 96 S. 8° [11. 4273

Festschrift für das 25. Stiftungsfest des Allgemeinen Turnvereins „Guts Muths", E. V., Dresden-Striesen, 9.—12. 9. 1905, 47 S., Quer-8°.

Festschrift für das 25. Stiftungsfest des Allgemeinen Hagener Turnvereins am 1. 8. 1885 und das 7. Gauturnen des Märkischen Turngaues am 2. 8. 1885 in Hagen, Hagen i. W., 1885, 56 S., 8°.

Festschrift zum 25. Stiftungsfest des Turnvereins „Friedrich Friesen" Charlottenburg, Charlottenburg 1907, 31 S., 4°.

— zum 25. Stiftungsfest des Vereins jüngerer Buchhändler „Ostmark" in Königsberg i. Pr. 1869—1894. 4. (38 S.) Königsberg 894. (R. Ludwig i. H. M. Hiller.) n.n.n. — 50

— zum 25 Stiftungsfest d. Vereins jüngerer Buchhändler „Rübezahl" in Breslau. 1867/1892. Fol. (28 S. m. Randeinfassgn. u. Ornamenten.) Breslau 892. (G. P. Aderholz.) n.n.n. 1

— zum XXV. Stiftungsfeste des Saldo, Vereins jüngerer Buchhändler zu Hannover. (Gegründet am 21. IV. 1874.) gr. 8. (39 S. m. Abbildgn.) Hannover 899. „Saldo", Verein jüngerer Buchhändler. Geb. in Leinw. n.n. 2. 50

Festschrift zum 25. Stiftungsfest des Naturwissenschaftlich-Medizinischen Vereins Studierender zu Marburg. 1897–1904. Marburg 1904: Bauer. 142 S. 8°

Festschrift zum 25. Stiftungsfest des Turnvereins „Vorwärts" in Hirschberg i. Schl., 18.—20. 6. 1910, m. Abb., 52 S., 8°.

Festschrift zum fünfzigjährigen Stiftungsfest des Theologischen Studentenvereins Erlangen. Erlangen 1910: Junge. 328 S. 8° [10. 10972 9

[Festschrift.] Zum 50 jährigen Stiftungsfeste der Johannisloge Georg z. gekrönten Säule im O.·. von Clausthal und Zellerfeld. 23. Sept. 1901. Als Ms. gedr. [Clausthal 1901: Hiehold & S.] 45 S. 8° [Umschlagtit.]
Übersicht der Gesch. der Loge u. vollständiges Verzeichn. der Mitgl. 25 a. 193.

Festschrift zum 50jährigen Stiftungsfeste der Burschenschaft Gothia. 1904. (Mitarb.: Paul Rhode u. Heinr. Preuß.) *Königsberg i. Pr. 1904. Hartung.* (184, 115 S.) 8°

Festschrift zum 50 jähr. Stiftungsfeste des Männerturnvereins zu Eberswalde, Dar.: Geschichte des M. T. V. Eberswalde, v. Kurt Schilde, Eberswalde 1910, 18 S., 4°.

Festschrift zum 50jähr. Stiftungsfeste des Turnvereins Riesa, 2.—3. 7. 1910, Riesa 1910, 28 S., 8°.

[F.] Festschrift zum 50jährigen Stiftungsfest der Burschenschaft Teutonia zu Jena. (Bearb. v. Willy Liebenam, Gustav Neuenhahn u. Paul Viett.) *Jena: Univ.-Buchdr. G. Neuenhahn 1895.* (4 Bl., 395 S., 1 Taf.) 1 Bd 8. [98. 3737 Be

Festschrift zum 50jährigen Stiftungsfeste der Turnerschaft des Arbeiter-Vereins zu Hannover, Hannover 1902, 24 S., 8°.

FESTSCHRIFT zum 50jähr. Stiftungsfest des Naturwissenschaftlichen Vereins in Coblenz 30. November 1901. Den Mitgliedern und Freunden gewidmet vom Vorstand. Coblenz. Buchdruckerei von Heinr. L. Scheid. 8°.

— zum 50jährigen Stiftungsfest der Münchener medizinischen Wochenschrift. (60 S. m. Abbildgn. u. 2 Taf.) 8. München (903). J. F. Lehmann's Verl. Geb. in Leinw. m. Goldschn. n. 2. —

Festschrift zum fünfzigjährigen Stiftungsfest der Universität Zürich. Halle a. S. 1883.

Festschrift zum 50. Stiftungsfest des Turnvereins Brieg, E. V., Brieg, 12.—14. 6. 1909, m. Abb., Brieg 1909, 74 S., 8°.

Festschrift zum 50. Stiftungsfeste und zur Fahnenweihe des Männerturnvereins Neiße, verb. m. d. Gauturnf. d. Neißegaues, Neiße, 13.—15. 8. 1910, m. Abb., Neiße 1910, 35 S., 2. Tab., 8°.

Festschrift zum 50. Stiftungsfeste der Loge „Die Vereinigten Freunde an der Nahe" im Or.·. Kreuznach. 22. März 1858 bis 1908. Kreuznach 1908: Harrach. 87 S. 8°
cf. L. 31 (1908) S. 175 (P. Fischer); S. 15 (1908) S. 66 (F. Rackhorst); Bl. 23 (1909) S. 71 (G. Diercks).
Gesch. der Loge „Les Amis réunis" 1809 bis 1814, der Loge „Die Vereinigten Freunde" 1858—1908, Reden hammerführender Mstr, Stiftungen der Loge. S. 65—87: Verzeichn. der Mitgl. von 1858—1908, zsgest. von E. Hiedewohl.

Festschrift zum 50. Stiftungsfest (der Hütte) in Wernigerode a.H. (Berlin) 1896: (Berliner Buchdruckerei-Actien-Gesellschaft). 188 S. 8°
(Umschlagt.:) Festgruss der Hütte. Wernigerode 1896.

Festschrift zum 50. Stiftungsfeste des Alten Turnvereins zu Liegnitz, 23.—24. 8. 1902, Liegnitz 1902, 23 S., 8°.

Festschrift zum 40jährigen Stiftungsfeste der Burschenschaft Gotha am 22. Nov. 1894. Königsberg 1894. V: *Bischoff, Ferdinand.* (Erman & Horn, Bibliogr. d. dtsch. Universitäten. Leipz. u. Berl. 1904 III. 312.)

— zum 40. Stiftungsfest des B.-G.-V. „Buchfink", Wien Novbr. 1909. (51 S. m. Fksms. u. 1 Bildnistaf.) gr. 8. Wien (909). M. Braunschweig. 1.50

Festschrift zum 10 jähr. Stiftungsfest des Turnklubs Cöthen, 6.—7. 2. 1904, Cöthen (Anhalt) 1904, 24 S., 4°.

Festschrift zum 10jähr. Stiftungsfest des 1. Kieler Fußball-Vereins von 1900, E. V. Kiel. (1910.) 8°

Festschrift to't 10j. Stiftungsfest 2. Nov. 1906 vun den Plattdütschen Vereen „Quickborn" in Kiel, gründ't 1896 ünner den Namen „Jungs holt fast!" Kiel. (1906.) 4°

Festschrift zum zehnjährigen Stiftungsfeste des Vereins für Feuerbestattung in Heilbronn a. N. (Mit Abbild.) Heilbronn: Wuile 1904.

[F.] Festschrift zum 10. Stiftungsfeste der christlich-deutschen Studenten-Verbindung Sedinia zu Greifswald. '(1884—1894.)' *Greifswald: Dr. v. C. Sell 1894.* (155 S., 1 Bl., 1 Tab.) 1 Bd 8. [98. 5507 Be

— zum X. Stiftungsfest d. akademischen Vereins f. jüdische Geschichte u. Litteratur an der kgl. Friedrich-Wilhelms-Universität zu Berlin. 8. Berlin 893. Bibliograph. Bureau. n. 1.50
I. Abhandlungen. 1. Dav. Cassel: Sebulon u. Isachar. 2. Jul. Steinschneider: Einiges üb. R. Samuel Usque's „Trost Israel's in seinen Trübsalen". II. Vereinsgeschichte. (98 S. m. 1 Bildnis.)

FESTSCHRIFT ZUM ZWANZIGJÄHRIGEN STIFTUNGSFESTE DER DEUTSCH-JAPANISCHEN GESELLSCHAFT (WA-DOKU-KAI).[2])
(Nr. 12 der „Mitteilungen", Jahrg. III, Dezember 1910) ib. —

[2]) Die Festschrift enthält vier wissenschaftliche Beiträge: U. HATTORI „Schun-tzu's Stellung in der Geschichte der chinesischen Philosophie"; O. NACHOD „Ein Brief von Fernao Mendez Pinto"; P. BRUNN „Recht und Sprache in Japan"; S. J'WAYA „Traumdeutung in Japan".

Festschrift zum 25jähr. Stiftungstag des Turnvereins Zweibrücken, enthalt.: Festgruß v. F. H. Roth, e. Chronik d. Ver., u. Turnvater Jahn, e. Lebensbild d. Altmeisters d. dtsch. Turnerei v. Jakob Peth, Zweibrücken 1886, 24 S., 8°.

— Whitley Stokes zum 70. Geburtstage am 28. II. 1900 gewidmet von Kuno Meyer, L. Chr. Stern, R. Thurneysen, F. Sommer, W. Foy, A. Leskien, K. Brugmann, E. Windisch. Lex.-8. (VIII, 48 S.) Leipzig 900. O. Harrassowitz. n. 3. —

— Strassburger, zur XLVI. Versammlung deutscher Philologen u. Schulmänner, hrsg. v. der philosoph. Facultät der Kaiser-Wilhelms-Universität. Lex.-8. (III, 332 S. m. 8 Abbildgn. u. 1 Taf.) Strassburg 901. K. J. Trübner. n. 10. —

FESTSCHRIFT DES THEOLOGISCHEN STUDENTEN-VEREINS zur Feier des fünfundzwanzigjährigen Präsidiums des Herrn Domherr Professor Dr. Kahnis ... und des dreissigjährigen Stiftungsfestes. Leipzig, den 10. November 1875. (Inhalt: RUDOLF FRIEDRICH GRAU, Ueber das Gewissen Jesu. — MAX AHNER, Geschichte des Vereins.) Leipzig. 1875. Druck von Julius Klinkhardt. 4°.

Verein der Dten von Troy, NY. Festschrift, der dte Tag. 1904-05, 1907, 1910. Troy, 1903-10.

— für die 1. vereinigte Tagung der allgemeinen deutschen Lehrerversammlung u. des deutschen Lehrertags in Stuttgart, 1894. Hrsg. vom Preßausschuß. 8. (112 S.) Stuttgart 894. (J. B. Metzler's Sort.) n. 1. —

Festschrift zu Ehren der Tagung des Städtetages der Provinz Sachsen und des Herzogtums Anhalt zu Eilenburg am 7., 8. u. 9. Juni 1907 u. Bericht über d. Stand u. d. Verwaltung d. Gemeinde-Angelegenheiten d. Stadt Eilenburg f. d. Zeit v. 1. April 1906 bis 31. März 1907, T. 1. (Eilenburg 1907: C. W. Offenhauer.) (77 S.) 8° [F.] [08. 8334 S

Festschrift über die Thätigkeit des Vereins Deutscher Eisenbahn-Verwaltungen in den ersten 50 Jahren seines Bestehens. 1846—1896. — Berlin 1896: Nauck. XXXIX, 416 S. 4°

— üb. d. Thätigkeit d. Vereins deutscher Eisenbahn-Verwaltungen in d. ersten 50 Jahren s. Bestehens. 1846—1896. gr. 4. (XXXIX, 416 S. m. Bildn.) Berlin 896. (Puttkammer & Mühlbrecht.) Kart. n. 20. —

Fest-Schrift f. die Theilnehmer an dem IV. Deutschen Brauertag in München, Juli 1880. Hrsg. vom Lokal-Comité. Imp.-8⁰. Cart.
30 S. m. Holzsch.-Frontisp. Roth u. schwarz mit Schwabacher Lettern auf Velinp. gedr. (von Knorr & Hirth in M.). Jede Seite mit rother Linien Einfassung.
Inh.: Sedlmayr jun., Gabr., Entwicklung u. gegenwärtiger Stand d. Bierbrauerei in der Stadt München.

—— gewidmet den Theilnehmern am III. österreich. Gastwirthetag zu Salzburg, 24., 25., 26. u. 27. April 1889. 8. (XIV, 24 S. m. Illustr. u. 1 Karte.) Salzburg 889, Kerber. geb. * 1 70

— für die Teilnehmer an der 52. Hauptversammlung der Gustav-Adolf-Stiftung am 18.—22. IX. 1899. 8. (III, 127 S. m. Abbildgn. u. Bildnissen.) Braunschweig 899. H. Wollermann. Kart. m. Goldschn. n. 1. —

Festschrift gewidmet den Teilnehmern der III. ärztlichen Studienreise in Bade- u. Kurorte von der Kurdirektion Bad Neuenahr. Rütten, Kurdirektor. *Neuenahr: Kurdir. 1903.* (156 S.) 8° [Ş.] (04. 918 5

Fest-Schrift der Herzoglichen Technischen Hochschule Carolo-Wilhelmina, dargeb. d. naturwissenschaftl. Theilnehmern an d. 69. Versammlg deutscher Naturforscher u. Ärzte vom Herzogl. Braunschw. Staats-Ministerium. Bearb. v. Mitgl. d. Lehrkörpers der Carolo-Wilhelmina u. hrsg. i. Auftr. des geschäftsführ. u. litterar. Ausschusses v. Prof. Dr. Heinr. Beckurts. M. Text-Abb. u. Taf. *Braunschweig: F. Vieweg & Sohn 1897.* (3 Bl., 464 S., 1 Taf.) 1 Bd 4.(8.) (97. 5518

Dedekind, R[ichard]: Ueb. Zerlegungen von Zahlen durch ihre grössten gemeinsamen Theiler. *Braunschweig 1897.*
in: **Fest-Schrift** d. Herzogl. Techn. Hochschule Carolo-Wilhelmina, dargeb. d. naturwiss. Theilnehmern an d. 69. Vers. deutscher Naturforscher u. Ärzte v. Herzogl. Braunschw. Staats-Ministerium. (97. 5518

Müller, R[einhold]: Beiträge z. Theorie d. ebenen Gelenkvierecks. *Braunschweig 1897.*
in: **Fest-Schrift** d. Herzogl. Techn. Hochschule Carolo-Wilhelmina, dargeb. d. naturwiss. Theilnehmern an d. 69. Vers. deutscher Naturforscher u. Ärzte v. Herzogl. Braunschw. Staats-Ministerium. (97. 5518

Kloos, J[ohan] H.: Die tektonischen Verhältnisse des norddeutschen Schollengebirges auf Grund d. neuesten Tiefbohrgn im Leinethale u. bei Hannover sowie d. Gliederg d. Salzgebirges daselbst. *Braunschweig 1897.*
in: **Fest-Schrift** d. Herzogl. Techn. Hochschule Carolo-Wilhelmina, dargeb. d. naturwiss. Theilnehmern an d. 69. Vers. deutscher Naturforscher u. Ärzte v. Herzogl. Braunschw. Staats-Ministerium. (97. 5518

Blasius, W[ilhelm]: Neuer Beitrag z. Kenntniss d. Vogelfauna v. Celebes. *Braunschweig 1897.*
in: **Fest-Schrift** d. Herzogl. Techn. Hochschule Carolo-Wilhelmina, dargeb. d. naturwiss. Theilnehmern an d. 69. Vers. deutscher Naturforscher u. Ärzte v. Herzogl. Braunschw. Staats-Ministerium. (97. 5518

Blasius, R[udolf], u. **Beckurts**, H(einr.): Ueber d. centrale Wasserversorgung d. Gemeinden d. Herzogthums Braunschweig. *Braunschweig 1897.*
in: **Fest-Schrift** d. Herzogl. Techn. Hochschule Carolo-Wilhelmina, dargeb. d. naturwiss. Theilnehmern an d. 69. Vers. deutscher Naturforscher u. Ärzte v. Herzogl. Braunschw. Staats-Ministerium. (97. 5518

Fricke, R[obert]: Ueb. d. arithmetischen Charakter gewisser Netze v. unendlich vielen congruenten Vierecken. *Braunschweig 1897.*
in: **Fest-Schrift** d. Herzogl. Techn. Hochschule Carolo-Wilhelmina, dargeb. d. naturwiss. Theilnehmern an d. 69. Vers. deutscher Naturforscher u. Ärzte v. Herzogl. Braunschw. Staats-Ministerium. (97. 5518

Weber, H[einrich]: Ableitung d. Gleichgewichtsgleichg der Nadel im Rotationsinductor. *Braunschweig 1897.*
in: **Fest-Schrift** d. Herzogl. Techn. Hochschule Carolo-Wilhelmina, dargeb. d. naturwiss. Theilnehmern an d. 69. Vers. deutscher Naturforscher u. Ärzte v. Herzogl. Braunschw. Staats-Ministerium. (97. 5518

Möller, M[ax]: Ueb. d. fortschreitende Geschwindigkeit v. Wellen m. e. longitudinalen Schwingg d. Elemente. *Braunschweig 1897.*
in: **Fest-Schrift** d. Herzogl. Techn. Hochschule Carolo-Wilhelmina, dargeb. d. naturwiss. Theilnehmern an d. 69. Vers. deutscher Naturforscher u. Ärzte v. Herzogl. Braunschw. Staats-Ministerium. (97. 5518

Vierkandt, A[lfred]: Die Entstehungsgründe neuer Sitten. *Braunschweig 1897.*
in: **Fest-Schrift** d. Herzogl. Techn. Hochschule Carolo-Wilhelmina, dargeb. d. naturwiss. Theilnehmern an d. 69. Vers. deutscher Naturforscher u. Ärzte v. Herzogl. Braunschw. Staats-Ministerium. (97. 5518

Knapp, F[riedrich]: Die wissenschaftl. Anschauungen üb. d. Gerbeprocesse in ihrer Entwicklg. *Braunschweig 1897.*
in: **Fest-Schrift** d. Herzogl. Techn. Hochschule Carolo-Wilhelmina, dargeb. d. naturwiss. Theilnehmern an d. 69. Vers. deutscher Naturforscher u. Ärzte v. Herzogl. Braunschw. Staats-Ministerium. (97. 5518

Meyer, Richard: Ueb. einige Beziehungen zwischen Fluorescenz u. chemischer Constitution. *Braunschweig 1897.*
in: **Fest-Schrift** d. Herzogl. Techn. Hochschule Carolo-Wilhelmina, dargeb. d. naturwiss. Theilnehmern an d. 69. Vers. deutscher Naturforscher u. Ärzte v. Herzogl. Braunschw. Staats-Ministerium. (97. 5518

Beckurts, H(einr.), & **Tröger**, J[ulius]: Ueb. d. ätherische Oel der Angosturarinde. *Braunschweig 1897.*
in: **Fest-Schrift** d. Herzogl. Techn. Hochschule Carolo-Wilhelmina, dargeb. d. naturwiss. Theilnehmern an d. 69. Vers. deutscher Naturforscher u. Ärzte v. Herzogl. Braunschw. Staats-Ministerium. (97. 5518

Tröger, J[ulius]: Ueb. d. Einwirkung v. alkoholischem Kaliumsulfid u. alkoholischem Kaliumsulfhydrat auf symmetrische Dibromsubstitute v. Sulfonen. *Braunschweig 1897.*
in: **Fest-Schrift** d. Herzogl. Techn. Hochschule Carolo-Wilhelmina, dargeb. d. naturwiss. Theilnehmern an d. 69. Vers. deutscher Naturforscher u. Ärzte v. Herzogl. Braunschw. Staats-Ministerium. (97. 5518

Dogenor, P[aul]: Ueber d. Einfluss d. Temperatur auf d. Acidität einiger Säuren. *Braunschweig 1897.*
in: **Fest-Schrift** d. Herzogl. Techn. Hochschule Carolo-Wilhelmina, dargeb. d. naturwiss. Theilnehmern an d. 69. Vers. deutscher Naturforscher u. Ärzte v. Herzogl. Braunschw. Staats-Ministerium. (97. 5518

Festschrift für die Theilnehmer der 19. Versammlung d. Deutschen Vereins für öffentliche Gesundheitspflege. Hrsg. im Auftr. d. Stadt Magdeburg. Mit Abb. Magdeburg 1884. 289 S. 4⁰

—— den Theilnehmern an der XIV. Versammlung des Vereins deutscher Ingenieure in Halle a. S. am 1.—4. Septbr. 1873 gewidmet vom Thüringer Bezirksvereine. 8. (132 S. mit 2 lithogr. Karten in 4.) Halle 873, (Buchh. des Waisenhauses.) *

Festschrift, Adolf Tobler zum siebzigsten Geburtstage dargebracht von der Berliner Gesellschaft für das Studium der neueren Sprachen. VI + 478 S. 8. Braunschweig, George Westermann, 1905. [M. 8. —]

—— zum 25jähr. Trappisten-Jubelfest d. R. R. D. Franz Pfanner, Abt d. Klosters „Mariannhill", im Auftrage d. schwarzen Christengemeinde „Mariannhills" u. seiner auswärtigen Stationen gewidmet von Fr. Otmar. gr. 8. (141 S. m. Illustr.) Mariannhill, Natal 888. (Bresl., Goerlich u. Coch.) 1 50

Festschrift zum 4. akademischen Turnbundsfeste in Dessau vom 4. bis 7. August 1905. Im Auftr. d. A. T. B. bearb. von Dr. Ingo F. Bielefeld. Dessau 1905: Dünnhaupt. 123 S. 4° (09. 10017

Festschrift für das deutsche Turnfest. Hrsg. v. Presse-Ausschuß.
6. Dresden 1885.
7. München 1889.
8. Breslau 1894.
9. Hamburg 1898.
10. Nürnberg 1903.
12. Leipzig 1913. (Festbuch.)

—— für das VI. deutsche Turnfest zu Dresden 19.—23. Juli 1885. Hrsg. vom Press-Ausschusse. 12. (112 S. mit 1 eingedr. Grundriss und 1 chromolithogr. Plan.) Dresden 885, Lehmann'sche Buchdr. geb.

Festschrift für das 7. Deutsche Turnfest zu München 28.—31. 7. 1889, München 1889, 192 S., 8°.

— für das VIII. deutsche Turnfest zu Breslau vom 21. bis 25. Juli 1894. Hrsg. vom Press-Ausschuss. 12. (VIII, 248 S. m. Grundriss u. Plan.) Breslau 894. (E. Morgenstern's Verl.) n. 1. —

Festschrift für das 10. Deutsche Turnfest in Nürnberg 18.—22. 7. 1903, 238 S., Kl.-8°.

— z. 5. deutschen Turnfest in Porto Alegre am 19., 20. u. 21. X. 1907. (Deutsche Turnerschaft v. Rio Grande do Sul.) (35 S.) Lex. 8. Porto Alegre (907). (C. Reinhardt.) 1. —

Festschrift des 15. Turnfestes des Kreises I (Nordosten) der D. T., Tilsit 4.—6. 7. 1896, Schriftl. G. Epstein, Tilsit 1896, 48 S., 8°.

— zum XIII. Mittelrheinischen Turnfest in Neuwied unter dem Protektorate Sr. Durchl. des Fürsten Wilhelm zu Wied am 12—15. Aug. 1882. Hrsg. vom Preß-Ausschuß. gr. 8. (24 S. m. 1 lith. u. color. Plan.) Neuwied 882. (Heuser's Verl.) — 30

Festschrift zum 20. Turnfest des Spreegaues (Kr. IIIb d. D. T.) zu Rudow 29.—30. 6. 1907, Oberschöneweide 1907, 30 S., 8°.

Festschrift der Turngemeinde in Berlin zum 40. Stiftungsfest am 16. bis 17. 6. 1888, m. Festztg., 44 S., 8°.

Festschrift zur Turnhallen-Einweihung des M. T. V. „Vater Jahn" zu Zeitz 15. 11. 1903, Zeitz 1903, 22 S., 8°.

Festschrift zur Turnhallen-Weihe und zum 50jährigen Fahnenjubiläum des T. V. Radeberg, Radeberg 1899, 23 S., 8°.

Festschrift zu der am 21.—22. 7. stattfindenden Turnhallen-Weihe in Verbindung mit dem 50jährigen Fahnen-Jubiläum des T. V. Eltville, Eltville a. Rh. 1900, 9 S., 4°.

Festschrift für Ludwig Urlichs, zur Feier seines 25jährigen Wirkens an der Universität Würzburg dargebracht von seinen Schülern. gr. 8. (229 S.) Würzburg 880, Stahel'sche Universitäts-Buchh. *

— Johannes Vahlen zum 70. Geburtstag gewidmet v. seinen Schülern. gr. 8. (IX, 700 S.) Berlin 900. G. Reimer. n. 24. —

Festschrift des Verbandes der Vereine Kreditreform e. V. in Leipzig 25 Jahre Kreditreform. (72 S) (Leipzig 1906)

Festschrift zum 8. Verbandsfest des Märkischen Turngaues in Verb. m. d. 25jähr. Stiftungsf. d. Iserlohner T. V. am 17. u. 18. 7. 1886 in Iserlohn, Iserlohn 1886, 39 S., 8°.

Festschrift f. d. 6. Verbandsfest d. T. V. in Elsaß-Lothringen am 27.—29. 6. 1903 in Colmar, Colmar 1903, 109 S., 1 Bl., 8°.

— zum XIX. Verbands-Schießen des badischen Landes-Schützen-Vereins, des pfälzischen u. mittelrheinischen Schützenbundes, Neustadt a. d. Haardt, 13.—20. VII. 1902. Im Auftrage der Schützengesellschaft Neustadt a. d. Hdt. hrsg. vom Preß-Ausschuß für das XIX. Verbands-Schießen. Schriftleitung: Schaefer. 8. (80 S. m. Abbildgn. u. 1 farb. Plan.) Neustadt a. d. H. (902). (A. H. Gottschick-Witter.) n. — 80

Festschrift zum 6. Verbandstage des Rheinisch-Westfälischen Stenographenverbandes 'Stolze-Schrey' zu Bochum am 1., 2. u. 3. August 1903. (Bochum: Rhein.-Westf. Verl.-Anst. 1903.) 71 S. 8° [09.17126

Festschrift für das 1. Verbandsturnfest der deutsch-freiheitlichen Turnerschaft Österreichs in Trautenau 19.—21. 7. 1902, m. Abb., Trautenau 1902, 108 S., Gr.-8°.

Fest-Schrift, dem ärztlichen Verein München zur Feier seines 50jährigen Jubiläums gewidmet von seinen Mitgliedern. Lex.-8. (IV, 347 S. mit 8 Taf. und 9 Holzschn.) München 883, Rieger'sche Universitäts-Buchh. *

Festschrift des Deuschen Vereins für Knabenhandarbeit aus Anlass seiner 25jährigen Tätigkeit 1881-1906. (87 S 7 T) Görlitz 1906

Deutsch-Geselig-Wisschl Ver. v. NY (Soc and Scientific Soc of NY). Festschrift ... 30 anniv, May 10, 1900. NY, 1900.

Festschrift des germanistischen Vereins in Breslau hrsg. z. Feier seines 25jähr. Bestehens. *Leipzig: B. G. Teubner 1902.* (VI, 225 S) 8°

— des Vereines f. Geschichte der Deutschen in Böhmen, seinen Mitgliedern gewidmet zur Feier des 40jährigen Bestandes. 27. V. 1902. gr. 8. (IV, 191 S.) Prag 902. (J. G. Calve.) n. 4 —

— des Vereins f. Geschichte der evangel. Kirche Schlesiens, zum 50jähr. Amtsjubiläum seines Vorsitzenden des wirkl. Oberkonsistorialrats Generalsuperintendenten D. Dr. Erdmann. (Inhalt: Neumann, Kasp., Der kirchl. Volksunterricht nach den Anschaugn. der schwenckfeld. Kreise in Schlesien im ersten Drittel des 16. Jahrh.) gr. 8. (78 S.) Liegnitz 900. (Breslau, Ev. Buchh.) 2. —
Sonderabdruck aus: „Correspondenzbl. d. Vereins f. Geschichte d. evangel. Kirche Schlesiens".

Festschrift des Vereins für Geschichte der evangelischen Kirche Schlesiens zum 50jähr. Amtsjubiläum seines Vorsitzenden des Wirkl. Oberkonsist.R. u. Generalsuperint. D. Dr. [David] Erdmann. *Liegnitz 1900: O. Heinze* (aufgedr.: *Breslau: Ev. Buchhandl.*). (78 S.) 8° [Umschlagt. J.] [01. 1695 2

— des Vereins f. Geschichte der Stadt Nürnberg zur Feier seines 25jähr. Bestehens. (III, 217 S. m. 2 Abb.) gr. 8. Nürnberg 903. (J. L. Schrag.) n. 6. 80

— des geschichts- u. altertumsforsch. Vereins zu Schleiz zur Feier seines 25jähr. Bestehens. Namens des Vereins hrsg. v. B. Schmidt. gr. 8. (III, 194 S.) Schleiz 902. (F. Lämmel.) n. 1. 60

FESTSCHRIFT des Geschichts- und Altertumsforsch. Vereins zu Schleis zur Feier seines 25jähr. Bestehens. Namens des Vereins herausgegeben von B. SCHMIDT. Schleiz 1902. (Im Selbstverlag des Vereins.) 8°.

FESTSCHRIFT DES VEREINS FÜR NATURKUNDE zu Cassel zur Feier seines fünfzigjährigen Bestehens. Mit Beiträgen der Mitglieder: C. Ackermann, H. von Berlepsch, Fr. Buchenau, F. H. Diemar, E. Dunker, Th. Ebert, Eisenach, A. Fick, A. Geheeb, H. B. Geinitz, E. Gerland, G. Gerland, G. Guckelberger, H. F. Kessler, L. Knatz, A. Mühry, R. A. Philippi, G. vom Rath, B. Rathke, 1 Portrait und 2 Tafeln. Cassel 1886. Druck von L. Döll. 8°.

—— des Vereins für Naturkunde zu Cassel zur Feier seines 50jährigen Bestehens. Mit Beiträgen der Mitglieder: C. Ackermann, H. v. Berlepsch, Fr. Buchenau etc. gr. 8. (XXVII, 279 S. mit 1 Lichtdr.-Portr. und 2 lithogr. Taf.) Cassel 886, (Kessler.) *

Festschrift des naturwissensch. Vereines an der Universität Wien, hrsg. anlässlich der Feier des 25jähr. Bestandes Novbr. 1907. (107 S.) gr. 8. Wien 907. F. Deuticke. 4. —

Festschrift des naturwissenschaftlichen Vereines an der Universität Wien, hrsg. anlässl. d. Feier d. 25jähr. Bestandes, Nov. 1907. Wien: Naturwissenschaftl. Ver. 1907. (105 S.) 8° [08. 3883

FESTSCHRIFT des Niederrheinischen Vereins für öffentliche Gesundheitspflege und des Centralblattes für allgemeine Gesundheitspflege, herausgegeben von FINKELNBURG, LENT, WOLFFBERG, zur Feier des 50jährigen Doctorjubiläums Max von Pettenkofer's am 30. Juni 1893. (Mit Tafeln und Tabellen.) Bonn 1893. Emil Strauss. 8°.

— des rheinischen Vereins zur Förderung des Arbeiterwohnungswesens in Düsseldorf aus Anlaß des VI. internat. Wohnungskongresses u. der Industrie-, Gewerbe- u. Kunstausstellung zu Düsseldorf 1902. II. Tl. gr. 4. Düsseldorf (902). (F. Wolfrum). n. 12. —
Ausgeführte Arbeiter-Wohnhäuser der gemeinnützigen Bauvereine, der Stiftungen u. Gemeinden in der Rheinprovinz. Von J. Stübben. (40 S. u. 149 S. Abb.)
Der I. Tl. ist nicht im Handel.

Festschrift des Rheinischen Vereins zur Förderung des Arbeiterwohnungswesens (in Düsseldorf) aus Anlaß d. 6. Intern. Wohnungskongresses Düsseldorf 1902 u. d. Industrie-, Gewerbe- u. Kunstausstellung Düsseldorf 1902. T. 1. 2 (in 1 Bde). *(Köln 1902: Th. Fuhrmann.)* (111, 40 S., 149 S. Taf.) 4° [F.]
2. Stübben, J[osef]: Ausgeführte Arbeiter-Wohnhäuser d. gemeinnützigen Bauvereine, d. Stiftungen u. Gemeinden in d. Rheinprov. [04. 4883

Festschrift des Schlesischen Vereins zur Heilung armer Augenkranker in Breslau zu s. 50jähr. Jubiläum am 12. Nov. 1901. Breslau 1901: (W. G. Korn). (42 S.) 8°

Festschrift zum 60jähr. Vereinsjubiläum des Turnvereins „Bitterfeld", 20.—21. 6. 1908, 39 S., Kl.-8°.

—— der XIX. allgemeinen Versammlung der deutschen anthropologischen Gesellschaft gewidmet von dem Verein von Alterthumsfreunden im Rheinlande. Lex.-8. (III, 147 S. mit eingedr. Fig. und 3 Taf.) Bonn 888, (Marcus.) *

Festschrift zur 28. Versammlung der Deutschen Anthropologischen Gesellschaft. Lübeck, August 1897. (Lübeck. 1897.) 8°.

Festschrift zur 34. allgemeinen Versammlung der deutschen anthropologischen Gesellschaft, s.a. Koehl, C., die Bandkeramik.

FESTSCHRIFT zur 34. allgemeinen Versammlung der Deutschen Anthropologischen Gesellschaft, dargeboten vom Wormser Altertumsverein. (Inhalt: Die Bandkeramik der steinzeitlichen Gräberfelder und Wohnplätze in der Umgebung von Worms von C. KOEHL.) Worms (1903). Buchdruckerei Eugen Kranzbühler. (Umschlag: Festgabe zur 34. allgemeinen Versammlung der Deutschen anthropol. Gesellschaft in Worms im Jahre 1903.) 4°. — Beilage a. u. d. T.: (LEONHART BRUNNER,) Catechismus vnd anweisung zu Christlichem glauben, in Frag vnn Antwort gestelt für die Jugent vnn andere Einfältigen der kirchen zu Wormbs. (o. O.) M.D.XLIII. 8°.

— zur Versammlung d. „Ethischen Bundes" in Zürich v. 6.—10. Septbr. 1896. Gewidmet v. Mitgliedern d. eth. Bewegg. in d. Schweiz. gr. 8. (107 S.) Zürich 896. K. Henckell & Co. n. 1. 35

Festschrift, dargebracht der Dritten Versammlung Nordischer Chirurgen in Helsingfors. *Berlin: S. Karger 1897.* (2 Bl., 181—288 S., 1 Taf.) 4.(8.)
— **Mittheilungen** a. d. gynaekol. Klinik d. Prof. O. Engström in Helsingfors. Bd 1. H. 2. [97. 5010

Engström, Otto: Z. Laparomyomotomie während d. Schwangerschaft. *Berlin 1897.*
in: Festschrift, dargebr. d. 3. Versammlg Nord. Chirurgen in Helsingfors
— **Mittheilungen** a. d. gynaekol. Klinik d. Prof. O. Engström in Helsingfors. Bd 1. H. 2. [97. 5019

Parviainen, Walter: Z. Kenntniss d. senilen Verändergn d. Gebärmutter. *Berlin 1897.*
in: Festschrift, dargebr. d. 3. Versammlg Nord. Chirurgen in Helsingfors
— **Mittheilungen** a. d. gynaekol. Klinik d. Prof. O. Engström in Helsingfors. Bd 1. H. 2. [97. 5019

Engström, Otto: Exstirpation d. Uterus u. Resection d. Vagina bei totalem Verfall. *Berlin 1897.*
in: Festschrift, dargebr. d. 3. Versammlg Nord. Chirurgen in Helsingfors
— **Mittheilungen** a. d. gynaekol. Klinik d. Prof. O. Engström in Helsingfors. Bd 1. H. 2. [97. 5019

Boije, O. A.: Doppelte weibliche Harnblase u. doppelte Urethra. *Berlin 1897.*
in: Festschrift, dargebr. d. 3. Versammlg Nord. Chirurgen in Helsingfors
— **Mittheilungen** a. d. gynaekol. Klinik d. Prof. O. Engström in Helsingfors. Bd 1. H. 2. [97. 5019

Engström, Otto: Senile Atresie der Vagina. *Berlin 1897.*
in: Festschrift, dargebr. d. 3. Versammlg Nord. Chirurgen in Helsingfors
— **Mittheilungen** a. d. gynaekol. Klinik d. Prof. O. Engström in Helsingfors. Bd 1. H. 2. [97. 5019

Festschrift für die Versammlung des Hansischen Geschichtsvereins und des Vereins für niederdeutsche Sprachforschung am 23. u. 24. Mai 1899 in Hamburg. Hrsg. v. Ortsausschuss. Hamburg: Lütcke & Wulff 1899. (88 S.) 8° [F.] [07. 11181 B

Festschrift des Thüringisch-Sächsischen Geschichts- u. Alterthums-Vereins zur VI. Versammlung Deutscher Historiker zu Halle a. S. im April 1900. *Halle a. S. 1900: Gebauer-Schwetschke.* (159 S.) 8° [04. 4498 B

—— für die 25. Versammlung deutscher Land- und Forstwirthe zu Dresden 1865. I. Die Landwirthschaft in Sachsen. II. Darstellung der königl. sächs. Staatsforstverwaltung und ihrer Ergebnisse. Lex.-8. (XIX und 319 S. mit 13 Tab. und 3 lithogr. und ill. Karten in Lex.-8., 4. und qu. Fol.) Dresden 865, Schönfeld's Buchh. cart. *

—— für die 27. Versammlung deutscher Land- und Forstwirthe zu Breslau. 1869. Ein Culturbild der Provinz Schlesien im Hinblick auf ihre Land- und Forstwirthschaft. gr. 8. (VI, 540 S.) Breslau 869, Korn's Verlag. geb. *

Festschrift zu Ehren der 43. Versammlung deutscher Naturforscher u. Ärzte zu Innsbruck 1869 und Tageblatt der 43. Vers. dt. Naturf. u. Ärzte. Nebst Festgruss und Erinnerungsblatt aus Tirol. Innsbruck 1869.

Festschrift zur 44. Versammlung deutscher Naturforscher u. Ärzte zu Rostock 1871. Rostock 1871.

FESTSCHRIFT DER 56. VERSAMMLUNG DEUTSCHER NATURFORSCHER UND ÄRZTE GEWIDMET VON DER NATURFORSCHENDEN GESELLSCHAFT ZU FREIBURG I. B. (Supplement zu Bd. VIII der Berichte über die Verhandlungen der naturforschenden Gesellschaft zu Freiburg i. B.) Mit 18 Holzschnitten und 4 Tafeln, davon 3 in Farbendruck. Freiburg i. B. und Tübingen 1883. J. C. B. Mohr. 8°.

—— der 56. Versammlung deutscher Naturforscher und Aerzte gewidmet von der naturforschenden Gesellschaft zu Freiburg i. Br. Lex.-8. (III, 176 S. mit 18 eingedr. Holzschn. und 4 Taf., davon 3 in Farbendr.) Freiburg i. Br. 883, Mohr. *

Festschrift der 57. Versammlung Deutscher Naturforscher und Ärzte. Hrsg. von Rosenthal. Mit mehreren Situationspl., Kt. u. Abb. Magdeburg 1884. XII, 320 S.

Festschrift für die 58. Versammlung deutscher Naturforscher und Aerzte. Die naturwissenschaftlichen und medicinischen Institute der Universität und die naturhistorischen Sammlungen der Stadt Strassburg. Strassburg i. Els. 1885, Trübners Buchh. u. Antiqu. (E d' Oleire). 4°. 148 S.

Festschrift zur 70. Versammlung deutscher Naturforscher und Aerzte. Düsseldorf 1898.

— zur 72. Versammlung deutscher Naturforscher u. Ärzte Aachen 1900. Gewidmet v. der Stadt Aachen. 4. (VII, 331 S. m. Abbildgn., eingedr. Karten u. 3 Taf.) Berlin (900). (Aachen, A. Creutzer.) Geb. in Leinw. n. 8. —

Festschrift zur 72. Versammlung Deutscher Naturforscher und Ärzte, Aachen 1900. Gewidmet von d. Stadt Aachen. *(Berlin: J. Springer 1900.)* (VII, 331 S.) 4°(8°) [01. 3035

Festschrift zur 74. Versammlung deutscher Naturforscher und Aerzte. Karlsbad 1902. (1. 2.) *(Karlsbad 1903.)* 2 Bde 4°(8°)
1. Gewidmet von d. Stadt Karlsbad. (Hrsg.: Stadtrat Dr. Karl Becher.)
2. Marienbad. Franzensbad. Teplitz-Schönau. Johannisbad. Liebwerda. Bilin. Giesshübl. Sauerbrunnen. Krondorf. Neudorf. Hrsg. unter d. Red. von Med.R. Dr. E[noch] Heinrich Kisch. [03. 2979

Festschriften zur 77.—79. Versammlung Deutscher Naturforscher und Ärzte.

77. Meran 1905: „Kurort Meran". Meran, 1905. 72 S. mit Abb. u. 4 Taf.
78. Stuttgart 1906: „Führer durch die Haupt- und Residenzstadt Stuttgart". Gewidmet von der Stadtgemeinde Stuttgart. Hrsg. von W. Weinberg. Stuttgart, 1906. 289 S. mit Abb. u. Taf.
79. Dresden 1907: Schäfer, F., Wissenschaftlicher Führer durch Dresden. Hrsg. im Auftrage des Rates und in Verbindung mit den Ausschußmitgliedern. Dresden, 1907. 395 S. mit 28 Taf. u. 1 Plan.

—— zur 24. Versammlung deutscher Philologen und Schulmänner vom 27. bis 30. Septbr. 1865 in Heidelberg. 2 Abhandlungen. 4. Heidelberg, J. C. B. Mohr. *
Inhalt:
De Musaei grammatici codice Palatino scripsit variarum lectionum lancem saturam adjecit Armin. Koechly. (27 S.)
Zwei Mithraeen der grossherzogl. Alterthümersammlung in Karlsruhe veröffentlicht von K. B. Stark. (44 S. mit 2 Stnt.)

—— zur XXXVI. Versammlung deutscher Philologen und Schulmänner zu Karlsruhe in den Tagen vom 27.—30. Septbr. 1882. gr. 4. (121 S. mit 2 Taf. in Lichtdr.) Karlsruhe 882, (Braun'sche Hofbuchh.) *

—— des philologischen Kränzchens in Zürich, zu der in Zürich im Herbst 1887 tagenden 39. Versammlung deutscher Philologen und Schulmänner. gr. 8. Zürich 887, (Schulthess.) *
Inhalt:
Fröhlich, Frz., Realistisches und Stilistisches zu Cäsar und dessen Fortsetzern. (55 S.) — Hitzig, Herm., zur Pausaniasfrage. (S. 57—96.)

zur 42. Versammlung deutscher Philologen u. Schulmänner zu Wien, Pfingsten 1893. Sonderabdr aus d. Zeitschr f. vergleich. Litteraturgeschichte, überreicht v. Herausgeber u. Verleger. gr. 8. (57 S.) Berlin 893. Weimar, E. Felber n. 1.20

Festschrift der dreiundvierzigsten Versammlung deutscher Philologen und Schulmänner, dargeboten v. d. höheren Lehranstalten Kölns. *Bonn: Universitätsbuchdr. v. C. Georgi 1895.* (2 Bl., 251 S., 1 Pl., 1 Facs.) 1 Bd 4. [96. 834

Chambalu, August: Die wiederverschüttete Besitzung der Julia Felix beim Amphitheater in Pompeji. *Bonn 1895.*
in: **Festschrift** d. 43. Versammlung deutscher Philologen ... dargeb. v. den höh. Lehranst. Kölns. [96. 834

Franke, Joseph: De Sili Italici Punicorum figuris. *Bonn 1895.*
in: **Festschrift** d. 43. Versammlung deutscher Philologen ... dargeb. v. den höh. Lehranst. Kölns. [96. 834

Abeck, [Friedr.]: Die Shakespeare-Bacon-Frage. *Bonn 1895.*
in: **Festschrift** d. 43. Versammlung deutscher Philologen ... dargeb. v. den höh. Lehranst. Kölns. [96. 834

Finsterwalder, [Carl]: Auswahl d. Lektüre f. Untersekunda nach d. Grundsätzen d. Konzentration. *Bonn 1895.*
in: **Festschrift** d. 43. Versammlung deutscher Philologen ... dargeb. v. den höh. Lehranst. Kölns. [96. 834

Simon, Joh. Alphons: Zur Anordnung d. Oden des Horaz. *Bonn 1895.*
in: **Festschrift** d. 43. Versammlung deutscher Philologen ... dargeb. v. den höh. Lehranst. Kölns. [96. 834

Marcks, Johann Friedrich: Kleine Studien z. Taciteischen Germania. *Bonn 1895.*
in: **Festschrift** d. 43. Versammlung deutscher Philologen ... dargeb. v. den höh. Lehranst. Kölns. [96. 834

Hoeveler, Joh. Jos.: Die Excerpta Latina Barbari. *Bonn 1895.*
in: **Festschrift** d. 43. Versammlung deutscher Philologen ... dargeb. v. den höh. Lehranst. Kölns. [96. 834

Decker, Anton: Die Hildebold'sche Manuskriptensammlung d. Kölner Domes. *Bonn 1895.*
in: **Festschrift** d. 43. Versammlung deutscher Philologen ... dargeb. v. den höh. Lehranst. Kölns. [96. 834

Festschrift, der 44. Versammlung deutscher Philologen und Schulmänner dargeb. v. d. öffentl. höheren Lehranst. Dresdens. *Dresden: Dr. v. B. G. Teubner 1897.* (2 Bl., 300 S., 2 Taf.) 1 Bd 4.

Bornhard, Julius Adolf: Kunstgeschichtliches f. d. Schule. *Dresden 1897.*
in: **Festschrift**, der 44. Versammlung deutscher Philologen u. Schulmänner dargeb. v. den öffentl. höh. Lehranst. Dresdens. (97. 5319

Müller, Carl: Albert Ölingers deutsche Grammatik u. ihre Quellen. *Dresden 1897.*
in: **Festschrift**, der 44. Versammlung deutscher Philologen u. Schulmänner dargeb. v. den öffentl. höh. Lehranst. Dresdens. (97. 5319

Nessig, Wilhelm Robert: Geologische Exkursionen in d. Umgegend v. Dresden. Tl 1. *Dresden 1897.*
in: **Festschrift**, der 44. Versammlung deutscher Philologen u. Schulmänner dargeb. v. den öffentl. höh. Lehranst. Dresdens. (97. 5319

Schelle, Emil: Der neueste Angriff auf d. Echtheit d. Briefe ad M. Brutum. *Dresden 1897.*
in: **Festschrift**, der 44. Versammlung deutscher Philologen u. Schulmänner dargeb. v. den öffentl. höh. Lehranst. Dresdens. (97. 5319

Schmidt, Max: Z. Geschichte d. Besiedelg d. sächs. Vogtlandes. *Dresden 1897.*
in: **Festschrift**, der 44. Versammlung deutscher Philologen u. Schulmänner dargeb. v. den öffentl. höh. Lehranst. Dresdens. (97. 5319

Münzner, Friedrich: Die Quellen zu Longfellows Golden Legend. *Dresden 1897.*
in: **Festschrift**, der 44. Versammlung deutscher Philologen u. Schulmänner dargeb. v. den öffentl. höh. Lehranst. Dresdens. (97. 5319

Stürenberg, Heinrich: Die Bezeichnung der Flussufer bei Griechen u. Römern. *Dresden 1897.*
in: **Festschrift**, der 44. Versammlung deutscher Philologen u. Schulmänner dargeb. v. den öffentl. höh. Lehranst. Dresdens. (97. 5319

Hasper, Theodor: De compositione Militis Gloriosi commentatio. Adiectae sunt emendationes Militis Gloriosi. *Dresden 1897.*
in: **Festschrift**, der 44. Versammlung deutscher Philologen u. Schulmänner dargeb. v. den öffentl. höh. Lehranst. Dresdens. (97. 5319

— **der 45. Versammlung deutscher Philologen u. Schulmänner dargeboten v. den öffentlichen höheren Lehranstalten Bremens. gr. 8. (V, 504 S.) Bremen 899. G. Winter. n. 5. —**

Hieraus einzeln:

Brenning, Emil, die Gestalt des Sokrates in der Litteratur des vorigen Jahrhunderts. (59 S.) n. — 80
Buchenau, Frz., Spornbildung bei Alectorolophus major (m. 2 Textfig.) (6 S.) n. — 20
— die Ulmen im Bremer Walde bei Axstedt. (4 S.) n. — 20
Dünzelmann, E., die bremischen Handelswege u. die Varusschlacht. (19 S.) n. — 30
Fritze, Edm., die Euripideische Tragödie „Helene". (60 S.) n. — 60

Gebert, Bemerkungen zum Gebrauch der Imperfektformen could, might, must, would, should, ought, need. (20 S.) n. — 30
Kissling, Gust., Lautmalende Wurzeln der indogerman. Sprache. (65 S.) n. — 80
Sattler, W., Proben e. deutsch-englischen Wörterbuches. (54 S.) n. — 80
Schaefer, Th., Äschylos' Prometheus u. Wagners Loge. (93 S.) n. 1. —
Tardel, Herm., das englische Fremdwort in der modernen französischen Sprache. (60 S.) n. — 80
Ziegler, E., zwölf Reden Ciceros, disponiert v. Z. (52 S.) n. — 60

Festschrift der 48. Versammlung deutscher Philologen u. Schulmänner dargebr. von d. Lehrerkollegium d. Kgl. Christianeums zu Altona. Altona 1905: M. Gehricke. (119 S.) 8° (06. 14633 8

— **zur 49. Versammlung deutscher Philologen u. Schulmänner in Basel im J. 1907. (V, 538 S.) Lex. 8. Basel 907. (Leipzig, C. Beck.) nn 15. —**

Festschrift zur 49. Versammlung Deutscher Philologen und Schulmänner in Basel im Jahre 1907. [Mit Figuren und Melodien.] VI + 538 S. gr.-8. Basel, Emil Birkhäuser, 1907. [fr. 15.—]

Festschrift der 50. Versammlung deutscher Philologen und Schulmänner dargebracht von Mittelschulen der Kronländer Steiermark, Kärnten, Krain und Küstenland. Graz: Selbstverl. d. Festausschusses 1909. 223 S. 8° (09. 13623

— **dasselbe der 50. Versammlung dargebracht v. Mittelschulen der Kronländer Steiermark, Kärnten, Krain u. Küstenland. (III, 223 S.) Lex. 8. Graz 909. Styria. 5. —**

Festschrift zur XIII. Versammlung des Deutschen Vereins für öffentliche Gesundheitspflege, enthaltend Abhandlungen über die Kanalisation etc. der Stadt Breslau. Breslau 1886.

— **des Verwaltungsrathes der deutschen Schiller-Stiftung zum 10. Novbr. 1884. gr. 8. (11 S.) Weimar 884. (Zuckschwerdt.) — 50**

Festschrift zur Vierteljahrhundertfeier des Vereins der Schweizerischen Presse ... 1908 in Zürich s. Beiträge zur Geschichte des Zürcherischen Zeitungswesens.

Festschrift Wilhelm Viëtor zum 25. Dezember 1910 dargebracht von F(riedrich) Brie [u. a.]. Marburg: Elwert 1910. IV, 333 S. 8°
(Die Neueren Sprachen. 1910. Erg.Bd.) (11. 1868

Festschrift der Section Villach des Deutschen u. Österreichischen Alpenvereines. Villach, Muhr, 1895. 54 S.

— **Rudolf Virchow zu seinem 71. Geburtstage gewidmet v. den früheren u. jetzigen Assistenten d. Berliner patholog. Instituts. Imp.-4. (VII, 16, 89, 44, 26, 28, 7, 23, 24, 15, 69, 25, 12 u. 12 S. m. 21 Taf.) Berlin 891. G. Reimer. Kart. n. 36. —**

Festschrift Herrn Geheimen Medicinalrath Dr. Rudolf Virchow, Prof. d. pathol. Anatomie in Berlin, z. Vollendung seines 80. Lebensjahres gewidmet. Mit 7 Abb. im Text u. 4 Taf. *Leipzig: F. C. W. Vogel 1901.* (IV, 320 S.) 8°
— **Archiv f. Ohrenheilkunde.** Bd 53. (01. 10317

Tageblatt f. Vorpommern. **Fest-Schrift** zur Vollendung des 100. Jahrganges des Tageblattes für Vorpommern, Greifswalder Tageblatt. 1810. 1910. (Hrsg.: Paul Friedr. Wolfram.) Greifswald: P. F. Wolfram (1910). 47 S. 8° (10. 16160 8

Festschrift zur Vollendung der Lokomotive Nr 5000. Locomotivfabrik Krauß & Comp. Actien-Gesellschaft, München und Linz a. D. [Mit Abb. u. Pl.] (München 1905: Mühlthaler.) 57 S. quer-8° [Umschlagt.]

Festschrift zur Vollendung der Oberrealschule, der neuen Hafenanlagen und der Ringbahn der Stadt Neuß. 15. Juni 1908. — Neuß (1908): Ges. f. Buchdr. 117 S. 8°

Festschrift Namens und im Auftrage der Rostocker Juristen-Facultät [für] (Carl Georg v. **Wächter** zu seinem fünfzigjährigen Doctor-Jubiläum am 16. Juli 1872). Rostock 1872.
s. **Muther**, Theod.: Zur Geschichte d. röm.-canon. Prozesses in Deutschland.

Festschrift der Straßburger Juristen-Fakultät (für Carl Georg v. **Wächter** zur Feier seines fünfzigjährigen Doctor-Jubiläums am 16. Juli 1872). Jena 1872.
s. **Koeppen**, Alb.: Der Fruchterwerb des bonae fidei possessor.

Festschrift Herrn v. **Wächter** überreicht zur Feier des Jubiläums seiner 50jährigen Lehrthätigkeit am 13. Aug. 1869 die juristische Facultät der Universität Halle-Wittenberg. Halle 1869.
s. **Dernburg**, Heinr.: Die Institutionen des Gajus ein Collegienheft aus dem Jahre 161 n. Chr. G.

— **Otto Wallach z. Erinnerung an seine Forschungen auf d. Gebiete d. Terpene in den J. 1884—1909 überreicht v. seinen Schülern. (IV, 684 S. m. 3 Taf.) gr. 8. Göttingen 909. Vandenhoeck & Ruprecht. 12. —**

Festschrift Friedrich Wilhelm Hermann **Wasserschleben** zu seinem 50 jährigen Doktor-Jubiläum am 25. Juni 1886 von der Juristen-Fakultät zu Giessen. Giessen 1886.
s. **Kretschmar**, Gust.: Secum pensare.

[F.] **Festschrift** z. Weihe d. Denkmals f. Kaiser Wilhelm I. in Merseburg. *(Merseburg: Dr. v. Th. Rössner [1897])* (14 S., 1 Bl.) 1 Bd 8. (01. 1987

Fest-Schrift für den 13. Deutschen Weinbau-Congreß zu Mainz vom 2. bis 5. September 1894. Mainz 1894: von Zabern. 84 S., 2 Pl. --

Fest-Schrift zum 18. Deutschen Weinbau-Kongress in Würzburg vom 16. bis 20. September 1899. Würzburg 1899: Stürtz. 63 S. --

Fest-Schrift zum 19. deutschen Weinbau-Congress in Colmar vom 22. bis 26. September 1900. Colmar 1900: Waldmeyer. IV, 163 S. --

Weissenburg a. S., Realschule, Festschrift 1875—1900: Das Klima Weissenburgs. Weissenburg a. S. 1900. 8°.

(Festschrift) Sr. Exz. Herrn Dr. Georg Wilhelm **Wetzell** zum fünfzigjährigen Doktorjubiläum am 16. Mai 1890.
s. **Sohm**, Rud.: Die Entstehung des deutsch. Städtewesens. Leipzig 1890.

Festschrift zur Wiedereröffnung der ... Kirche zu St. Elisabet nach Vollendung des Erneuerungsbaues am 24. Dez. 1893 ... Breslau 1893. V: *Gerhard, Paul* & *Paul Konrad.* (Kat. d. Druckschr. üb. Breslau. Breslau 1903. S. 253.)

Festschrift d. Königl. Gymnasiums zu Marburg zu Ehren d. 400jähr. Wiederkehr d. Geburtstages Landgraf Philipps von Hessen. 1904
= **Album** Paedagogei Marpurgensis inchoatum sub Paedagogiarchia Dn. Joannis Guerneri Geisii. v Kal. Quintilis Anno Christi 1653. [03. 3709

— des königl. Gymnasiums zu Marburg zu Ehren der 400jähr. Wiederkehr des Geburtstages Landgraf Philipps v. Hessen. (Inhalt: Aly, Frdr., das Album des akadem. Pädagogiums von 1653—1833 nebst e. Anh.) (III, 38 S.) Lex.-8. Marburg 904. N. G. Elwert's Verl. n. 1.60

— z. Fernfahrt Wien-Berlin am 27. u. 28. VI. 1908. Programm d. Radrennen im Schlosspark Steglitz am 28. VI. 1908. Hrsg.: Fahrwartschaft des Gaues Berlin D. R.-B. Text: Osk. Kilian, Illustrationen: Pet. Geh, Karten: Ottok. Schröder. (56 S.) gr. 8. Berlin (908). Rad u. Auto. — 25

Wissenschaftliche **Festschrift** zur Enthüllung des von Seiten Sr. Maj. Kaiser Wilhelm II. dem mexikanischen Volke zum Jubiläum seiner Unabhängigkeit gestifteten Humboldt-Denkmals. Von Dr. Ernst Wittich [u. a.]. Gedr. auf Kosten d. Deutschen Kolonie. Mexico: Müller 1910. III, 261 S. 4°
[Vort.:] Humboldt-Festschrift. [11. 4016

Festschrift Karl **Witte** zu seinem 60jährigen Jubiläum als Doctor der Philosophie am 10. April 1874 gewidmet von der Juristen-Fakultät Halle-Wittenberg. Halle 1874.

Festschrift Adolph Wüllner gewidmet zum siebzigsten Geburtstage 13. Juni 1905 von d. Kgl. Techn. Hochschule zu Aachen, ihren früheren u. jetzigen Mitgliedern. Mit d. Bildn. A. Wüllners, 8 Taf. u. 91 Fig. Leipzig: B. G. Teubner 1905. (VIII, 264 S.) 8° [05. 8808

Festschrift Wilhelm Wundt zum siebzigsten Geburtstage überreicht von seinen Schülern. Th. 1. 2. Mit Taf. u. Fig. *Leipzig: W. Engelmann 1902.* 2 Bde 8°
= Studien, Philosophische. Bd 19. 20. [02. 2031

— d. Kanonier-Vereins Würzburg z. Feier d. 25. Wiederkehr d. ruhmreichen Tage d. 2. Artillerie-Regts. in Würzburg am 31. Aug., 1. u. 2. Septbr. 1895. M. e. Geschichte d. k. bayer. 2. Artillerie-Regts. (Brodesser) im Kriege 1870/71. Von Max Speck. Nebst: Neuer illustr. Fremdenführer durch Würzburg. Bearb. v. Osc. Stahel. 8. (74 u. VIII, 84 S. m. 3 Tab., 1 farb. Plan u. 2 Lichtdr.) Würzburg 895. Stahel. n. 2. —

— der „Ostrauer Zeitung", Tageblatt, aus Anlaß des Allerhöchsten Kaiserbesuches zum X. mährischen Landesschießen, Mähr. Ostrau, 28. VI. 1906. (38 S. m. Abbildgn. u. 1 Bildnis.) 4. Mähr. Ostrau 906. J. Kittl. n. — 40

Festschrift der „Schlesischen Zeitung" zu ihrem 150jährigen Bestehen. Breslau, 1892.

—— zur Centenar-Feier Ludwigs I., Königs von Bayern, Von bayer. Schriftstellern und Künstlern. gr. 4. (40 S.) München 888, Franz' Verlag. *

K. k. Zentral-Kommission f. Kunst- u. hist. Denkmale. **Festschrift** anläßlich ihres fünfzigjährigen Wirkens hrsg. im Auftr. d. Präs. Sr. Exz. Dr. Joseph Alexander Frh. v. Helfert. *Wien: W. Braumüller in Komm. 1903.* (101 S.) 4°
[Umschlagt.:] 50 Jahre Denkmalpflege. Festschrift d. Zentral-Komm. anläßl. ihres 50j. Wirkens. [04. 8810

Festschrift der k. k. Zentral-Kommission f. Kunst- u. histor. Denkmale. Jetzt: Wien (A. Schroll & Co.)

Festschrift Herrn Geheimrath Dr. Hugo von Ziemssen, Prof. in München, zur Vollendung seines 70. Lebensjahres gewidmet. Mit 71 Abb. im Text u. 9 Taf. Leipzig: F. C. W. Vogel 1899. (IV, 626 S.) 8° = Archiv, Deutsches, f. klin. Medicin. Bd 66.

Festschrift ehemaliger Zöglinge [des Freimaurer-Institutes zu Dresden], hrsg. zum 100jährigen Jubiläum der Anstalt. Dresden 1872.
Zit. in Neefe, Konr.: **Das Freimaurer-Institut. S. XII.**

Festschriften f. Gustav-Adolf-Vereine. In Verbindung m. Vertretern u. Freunden des Gustav-Adolf-Werkes hrsg. v. Frz. Blanckmeister. 1.—5. Hft. gr. 8. Leipzig 902. A. Strauch. à n. — 10
1. Gustav-Adolf-Geschichten. Von Frz. Blanckmeister. 1. Reihe. (24 S. m. 12 Abbildgn.)
2. Die Frauen- u. Jungfrauenvereine der Gustav-Adolf-Stiftung in ihrer Bedeutung f. d. Gesamtverein. Von M. Herrmann. (24 S. m. Abbildgn.)
3. Klostergrab. Ein Bild aus der evang. Bewegg. in Österreich. Von Frdr. Crönert. (24 S. m. Abbildgn.)
4. Die Reformation im Elsaß. Von Heinr. Rocholl. (23 S. m. Abbildg.)
5. Die evangelische Gemeinde Turn bei Teplitz in Böhmen. Von Paul Klein. (Im Wesentlichen aus: „Die Wartburg".) (16 S. m. Abbildgn.)

Festschriften f. Gustav Adolf-Vereine. In Verbindg. m. Vertretern u. Freunden des Gustav Adolf-Werkes hrsg. v. Frz. Blanckmeister. 6.—50. Hft. 8. Leipzig, A. Strauch. à n. — 10
Albrecht, H., Gustav Adolf-Stätten. Geschautes u. Erlebtes. (14 S. m. Abbildgn.) (901.) (Hft. 25.)
Beckey, Heinr., das Evangelium in Köln. (16 S. m. Abbildgn.) (903.) (Hft. 20.)
Benrath, Karl, die Waldenser. (30 S. m. Abbildgn.) (903.) (Hft. 18. 19.)
Berbig, Bilder aus dem 30jährigen Kriege in Thüringen u. Franken. (21 S. m. Abbildgn.) (905.) (Hft. 38.)
Blanckmeister, Frz., Gustav Adolf-Geschichten. 2. Reihe. (24 S. m. Abbildgn.) (904.) (Hft. 11.)
— Dasselbe. 3. Reihe. (22 S. m. Abbildgn.) (906.) (Hft. 45.)
Blume, Carl, die Vertreibung der evangelischen Salzburger (1731—1732). Mit 11 Bildern. (21 S.) (904.) (Hft. 35.)
Fritsche, Herm., die deutsch-evangelischen Gemeinden in Galizien. (24 S. m. Abbildgn.) (903.) (Hft. 29.)
— Kirche u. Schule in Galizien. (22 S. m. Abbildgn.) (903.) (Hft. 30.)
Frost, Gust. Adph., Reisebilder u. Beobachtungen in römischen Landen. (16 S. m. Abbildgn.) (903.) (Hft. 7.)
Hartmann, Karl W. A., Bilder aus der Diaspora-Gemeinde Heddernheim. (24 S. m. Abbildgn.) (903.) (Hft. 28.)
Hoffmann, Otto, Oberschlesien u. der Gustav Adolf-Verein. (16 S. m. Abbildgn.) (904.) (Hft. 31.)
Horn, Frz., Willibald Beyschlag u. der Gustav Adolf-Verein. (14 S. m. 1 Bildnis.) (903.) (Hft. 27.)
Jacobi, Hans, das evangelische Lied in der Diaspora. (24 S. m. Abbildgn.) (903.) (Hft. 17.)
Kappus, Adj., Peter Rosegger u. die Heilandskirche in der

Waldheimat. (24 S. m. Abbildgn. u. 4 fksm. S.) (903.) (Hft. 6.) Bessere Ausg. n. — 50.
Kayser, E., Emil Frommel u. der Gustav Adolf-Verein. (22 S. m. Abbildgn.) (904.) (Hft. 8.)
Koch, Mor., Erinnerungen aus meinem Amtsleben in der westpreußischen Diaspora. (16 S. m. Abbildgn.) (905.) (Hft. 36.)
Kornrumpf, Los v. Rom. Reise-Eindrücke v. der evangel. Bewegg. in Böhmen 1902. I. Wie es gekommen ist. (15 S.) (906.) (Hft. 44.)
Krause, H., der Januariustag in Neapel u. die Matthäusprozession in Salerno, zwei Bilder aus den Lebenszentren der röm. Kirche. (13 S. m. Abbildgn.) (905.) (Hft. 42.)
Löw, Philipp, Diaspora-Bilder aus Ungarn. (22 S. m. Abbildgn.) (903.) (Hft. 22.)
Oßwald, Italien im Lichte des Evangeliums. (18 S. m. Abbildgn.) (901.) (Hft. 26.)
Petrich, Herm., Herzog Ernst der Fromme, ein Pionier des Gustav Adolf-Vereins u. e. Prophet des evangel. Kirchenbundes. (24 S. m. Abbildgn.) (903.) (Hft. 12.)
Quaas, E., eine evangelische Wallfahrt an Böhmens Grenze. (15 S. m. Abbildgn.) (906) (Hft. 47.)
Richter, Max, Deutsch-Horschowitz. Ein Bild aus der evangel. Bewegg. in Österreich. (16 S. m. Abbildgn) (903.) (Hft. 14.)
Rogge, ein falsches u. e. echtes Lutherbild. (23 S. m. Abbildgn.) (905.) (Hft. 43.)
Röhrig, Karl, kleine Züge aus der Diaspora des Rheinlandes. Für große u. kleine Gustav Adolf-Leute erzählt. (21 S. m. Abbildgn.) (904.) (Hft. 32.)
Schlegtendal, Gfried., unsere Sorgenkinder unter den Gemeinden in Rio Grande do Sul (Südbrasilien). Im Auftrage der Barmer Gesellschaft f. die protestant. Deutschen in Amerika geschrieben. (24 S. m. Abbildgn.) (906.) (Hft. 49.)
— unsere vergessenen Volksbrüder in Südbrasilien. (27 S. m. Abbildgn.) (906.) (Hft. 50.)
Schmidt, Arth., die evangel. Bewegung in Österreich u. ihre römischen Gegner. Für das evangelische Volk u. alle Freunde des Evangeliums geschrieben. (27 S.) (905.) (Hft. 37.)
Schmidt, Hans Geo, die Konvention v. Altranstedt vom 22. VIII. 1707. Festschrift zur 200 Jahr-Feier. (29 S. m. Abbildgn.) (906.) (Hft. 48.)
Sell, Frdr., Kriegs- u. Friedensbilder aus Lothringen. (22 S. m. Abbildgn.) (905.) (Hft. 41.)
Szalatnay, Justus, die Evangelisationsarbeit in Königgrätz in Böhmen. (16 S. m. 1 Abbildg.) (905.) (Hft. 39.)
Thoma, A., evangelische Märtyrer in Baden. (16 S. m. Abbildgn.) (905.) (Hft. 40.)
Tischer, G. A., Erinnerungen e. Diaspora-Geistlichen. (12 S. m. Abbildgn.) (904.) (Hft. 34.)
Trümpert, Rud., Prälat D. Karl Zimmermann in Darmstadt, der Mitbegründer des Gustav Adolf-Vereins. (24 S. m. Abbildgn.) (903.) (Hft. 23.)
Ungnad, J., gut evangelisch alle Wege. Selbsterlebtes aus der evangel. Bewegg. Böhmens. (14 S. m. Abbildgn.) (906.) (Hft. 46.)
Wallenstein, A., im deutschen Böhmerlande. Reisebilder. (16 S. m. Abbildgn.) (903.) (Hft. 13.)
Wegener, Max, die steierische Eiskellergemeinde Fürstenfeld. (16 S. m. Abbildgn.) (903.) (Hft. 24.)
Weil, Rud., der Gustav Adolf-Verein in seinem Entwicklungsgang. (23 S. m. Abbildgn.) (904.) (Hft. 33.)
Wetzel, A., das Evangelium im h. Lande. (16 S. m. Abbildgn.) (903.) (Hft. 21.)
Windschild, Karl, der Fall Magdeburgs. (16 S. m. Abbildgn.) (903.) (Hft. 15.)
Zilchert, Rob., das Evangelium in Prag. (16 S. m. Abbildgn.) (903.) (Hft. 16.)
Zimmermann, Paul v., das Evangelium in Wien. Alte u. neue Erlebnisse. (24 S. m. Abbildgn.) (903.) (Hft. 9.)
Zschimmer, W., Selbsterlebtes aus der Diaspora des Orients. (23 S. m. Abbildgn.) (903.) (Hft. 10.)

Festschriften f. Gustav Adolf-Vereine. (In Verbindg. m. Vertretern u. Freunden des Gustav Adolf-Werkes hrsg. v. Frz. Blanckmeister.) Heft 51—66. 8. Leipzig, A. Strauch. à — 10

Blanckmeister, Frz., Gustav-Adolf-Geschichten. 4. Reihe. (24 S. m. Abbildgn.) (910.) (Heft 64)
— Vater Großmann. (30 S. m. Abbildgn.) (908.) (Heft 56)
Elsaß, Ferd., Einblicke in das Leben der Reformierten in Mähren. (20 S. m. Abbildgn.) (908.) (Heft 58)
Dibelius, 10 Jahre evangelischer Bewegung in Österreich. Vortrag auf der Jahresversammlg. des Gustav Adolf Vereins in Bielefeld, 30. IX. 1909. Mit Abb. (19 S.) (909.) (Heft 63)
Fricke, das Evangelium im Eichsfelde. (12 S. m. Abb.) (908.) (Heft 54)
Jacobi, Frz., die westpreuß. Diaspora einst u. jetzt. (24 S. m. Abbildgn.) (907.) (Heft 52)
Mollmann, F., eine Kollektenreise vor 250 Jahren. (24 S.) (910.) (Heft 65)
— Auf gefährdetem Posten. Bilder aus der Diaspora Posens. (16 S. m. Abbildgn.) (907.) (Heft 53)
Naeck, E., Gustav-Adolf-Spuren in der Wüste. (16 S. m. Abbildgn.) (910.) (Heft 66)
Plitt, Gust, ein Streifzug durch Belgien, das Land der ersten evangelischen Märtyrer. (22 S. m. Abbildgn.) (908.) (Heft 57)
Rietschel, Lina, geb. Müllensiefen, eine Gustav-Adolf-Reise ins Siebenbürger Land. (32 S. m. Abbildgn.) (908.) (Heft 59)
Röhrig, Karl, Gustav Adolf in der Dichtung. (22 S.) (909.) (Heft 61)
Scharfe, M., Bilder aus den Alpen. (19 S. m. Abbildgn.) (908.) (Heft 55)
Scheuffler, P. em., die Dreikaiserreichsecke. (15 S. m. Abb.) (907.) (Heft 51)
Thoma, Albr., der Schwede in Würzburg. Eine Erzählg. aus dem 30jähr. Kriege. (15 S. m. 2 Abb.) 909. (Heft 62)
Zschimmer †, W., wie ich zu e. schwarzen Adoptivtochter kam. Erzählg. aus meiner Tätigkeit als Pfarrer d. deutsch-französ. evangel. Gemeinde zu Smyrna. (8 S. m. 1 Abbildg.) (909.) (Heft 60)

Festschriften zur 400jährigen Jubelfeier der Geburt Dr. Martin Luthers, hrsg. vom königl. Prediger-Seminar in Wittenberg. 4 Hefte in 1 Bd. gr. 8. Wittenberg 883, Herrosé Verlag. *

Inhalt:

Heft 1. Schmieder, H., Luther, der Gottesmann. Gespräch zwischen Vater und Sohn. (36 S.) * 60 Pf.
" 2. Rietschel, Geo., Luther und die Ordination. (112 S.) * ℳ 1,50.
" 3. Stein, Herm., Geschichte des Lutherhauses. (45 S. mit 2 eingedr. Holzschn.) * 60 Pf.
" 4. Abraham, Joh., Johannes Mathesius, der treue Jünger Luthers. (44 S.) * 60 Pf.

Festschriften zur Säkular-Feier des Gym. in Ansbach am 12. Juni 1837.
Progr. Ansbach

Festsetzungen, betr. gewisse Haupt-Abmessungen und Constructionstheile, insbesondere für die Untergestelle und Achsen bei den Wagen verschiedener Kategorien der unter Staats-Verwaltung steh. Eisenbahnen. Fol. (4 S. mit 4 lithogr. Blatt Zeichnungen.) Berlin 872, Ernst und Korn. *

Festsetzungen über den Lernstoff für verschiedene Fächer. Kanon der fest einzuübenden Geschichtszahlen. Zusammenstellung der im geographischen Unterrichte zu lernenden und auf allen Stufen zu wiederholenden Erklärungen und Zahlen. Zusammenstellung der im Rechenunterrichte wörtlich zu lernenden und später zu repetierenden Regeln. Übersicht der zu lernenden mathematischen Formeln. 4 (S. 5—10 der Schuln.)
Progr. Rsch. beim Doventhor *Bremen* 1894

[Kopft.:] [F.] **Festsetzungen** über die den Mitgliedern der städtischen Behörden Potsdams und den städtischen Beamten für Dienstreisen zu gewährenden Vergütungen. *(Potsdam: Krämer'sche Buchdr. 1898.)* 1 Bl. 4. [98. 9036

Fest-Sitzung zur Feier des 65jährigen Bestehens der Gesellschaft für Erdkunde zu Berlin am 6. Mai 1893. (Verhandlungen der Gesellschaft für Erdkunde zu Berlin. Bd. 20. 1893. S. 263–292.) Berlin 1893 30 S. 1 Krt. 8°.

Berliner Gesellschaft für Anthropologie, Ethnologie und Urgeschichte. — **FESTSITZUNG** zur Feier ihres 25jährigen Bestehens am 17. November 1894. Nach stenographischer Aufzeichnung. Berlin 1894. Verlag von A. Asher & Co. 8°.

Festsitzung zur Feier des fuenfundzwanzigjaehrigen Bestehens d. Kais. Dt. Archaeol. Instituts in Athen. Athen '00. 19 S. 4°

Hamburgisches Museum f. Kunst u. Gewerbe. **Festsitzung** zur Feier des 25jährigen Bestehens des Museums. *Hamburg: L. Voß 1903.* (45 S.) 8° [03. 15973

Fest-Sitzung zur Feier des siebzigjährigen Bestehens der Gesellschaft für Erdkunde zu Berlin am 25. Mai 1898. verbunden mit der vierhundertjährigen Gedenkfeier der Entdeckung des Seeweges nach Ost-Indien durch Vasco da Gama. ([S.-A.] Verhandlungen der Gesellschaft für Erdkunde zu Berlin. 1898. No. 5 u. 6. S. 215–217.) Berlin 1898. 33 S. 8°.

Niels Henrik Abel. Mémorial publ. à l'occasion du centenaire de sa naissance [**Festskrift** ved Hundredaarsjubilæet for N. H. Abels Fødsel]. (Hrsg.: Elling Holst, Carl Størmer, L[udwig] Sylow. Übers.: P. G. La Chesnais.) Kristiania: J. Dybwad; Leipzig: B. G. Teubner (1902). (Getr. Pag.) 4° [07. 12312

Deutscher Orden der Harugari, RI. 1875-1900. Fest-Souv. zum 25jhr Jub d Theodor Körner Loge, no. 371 u der Groß Loge v RI ... 23. Feb 1900. Providence, 1900.

Vereinigte Sänger v Hudson Co, NY. 1883-1908. Fest-Souv ... NY, 1908.

Festspiel für die eidgenössische Bundesfeier in Schwyz. Schwyz 1891. V: *Bommer*, Prof., *J. B. Kälin*, Garde-Kaplan *Marty* & Dr. *Gyr*. (BSCHWL V, 5, S. 179)

Festspiel f. die eidgen. Bundesfeier in Schwyz vom 1. u. 2. Aug. 1891. 8. (62 S.) Schwyz 891. (Luzern, Gebhardt.) — 50

—— zur Einweihungsfeier der neu erbauten städtischen Mädchenschule zu Braunschweig, aufgeführt im Febr. 1889. 8. (45 S.) Braunschw. 889, Goeritz. — 60

Festspiel am Empfangsabend des Juristentages in Zürich ⟨27. September 1908⟩ s. [Cohn, Georg].

Festspiel am 8. Febr. 1864. Das erste Schwesternfest. [Hamburg 1864: Adler.] 2 Bl. 8° [Umschlagtit.] 193.

Festspiel zur Feier des 25jähr. Bestehens d. höh. Töchterschule. Rinteln, d. 28. Okt. 1905. Rinteln 1905: A. Wehling. (15 S.) 8°

Festspiel z. Feier d. 25jähr. Jubiläums des bayer. Frauenvereins unt. d. roten Kreuze. gr. 8. (39 S.) München 894. (J. A. Finsterlin.) n. — 60

Festspiel z. d. Feier d. 8. deutsch-österreichischen Kreisturnf. in Linz 1902, Linz, 15 S., 8°.

Festspiel zur 500jährigen Gedenk-Feier des Eintrittes von Hochdorf in die Republik Luzern. Luzern 1896. V: *Halter, Peter.* (Zuwachsverz. d. Bibliotheken in Zürich 1898 ff.)

Fest-Spiel für die Hirzel-Familie ... 1880. Zürich s. [Hirzel, Johann Conrad].

Festspiel zur Hundertjahrfeier der Gründung des Ortes Putbus am 1. August 1910. Von einem alten Putbuser. Berlin 1910. V: *Loebe, Viktor.* (Berl 1910, S. 1021)

Festspiel z. 40. Jubelf. d. T. V. Warnsdorf, Warnsdorf 1901, 16 S., 4°.

Festspiel zum fünfundsiebenzigjährigen Jubiläum der deutschen Burschenschaft. Berlin 1890. V: *Schneider, Gustav Heinrich.* (Erman & Horn, Bibliogr. d. dtsch. Universitäten. 1. Leipz. u. Berl. 1904.)

Festspiel zum 50jährigen Jubiläum der M[ittwoch]-G[esellschaft] 1842. Wädensweil 1892. Zürich 1892. V: *Weitbrecht, Carl.* (Zuwachsverz. d. Bibliotheken in Zürich 1898 ff.)

Fest-Spiel bei dem Kostümfest des Württembergischen Kunstgewerbe-Vereins und anderer mitwirkender Vereine am 30. Jan. 1886. Fol. (4 S.) Stuttgart 886, (Metzler'sche Buchh., Sortiment.)

Festspiel z. 13. Kreisturnf. d. VII. dtsch. Turnkr. Münden 1904, Hann.-Münden 1904, 24 S., 16° u. 4°.

Festspiel für das Limmattal-Gesangfest Unterstr. 1898... Zürich [1898]. V: *Allenspach, Jos. Urb.* (Zuwachsverz. d. Bibliotheken in Zürich 1898 ff.)

Festspiel für das kantonale Sängerfest in Trogen 1897. Trogen 1897. V: *Zellweger, Hans.* (BSchwL V, 6d, S. 140)

Festspiel zur 75jährigen Stiftungsfeier des Corps »Thuringia« Jena, Juni 1895. Magdeburg. V: *Martin, G.* (Erman & Horn, Bibliogr. d. dtsch. Universitäten. 2. Leipz. u. Berl. 1904.)

Festspiel z. 50. Stiftungsf. d. Alten T. V. in Breslau 5. 12. 1908, Breslau 1908, 14 S., 8°.

Festspiel aufgeführt am Tage des Einzugs Ihrer Hoheiten des Erbprinzen und der Erbprinzessin von Anhalt am 24. April 1854. Dessau [1854]. V: *Basedow, Adolph von.* (HHBD Anhaltina S. 84)

Festspiel bei Uebergabe des Bechers und Tafelaufsatzes auf der Zunft zum Widder 1886. Zürich [1889]. V: *Boscovits, J. Frdr.* (Zuwachsverz. d. Bibliotheken in Zürich 1898 ff.)

Festspiel der Zunft zum Zimmerleuten zur Sechseläutenfeier 1886. Zürich [1886]. V: *Steiner, Leonhard.* (Cat. d. Stadtbibl. Zürich. Zürich 1864—97.)

Festspiele. Nr. 1—5. Mühlhausen i/Th., G. Danner. à n. 1.50
1. Unser Bismarck, Deutschlands Ekkehard! Patriotisches Festspiel in e. Aufzuge u. 6 leb. Bildern. Von Paul R. Lehnhard. (14 S.) 899.
2. Der Musen Walten. Festspiel m. Gesang, Tanz u. e. leb. Bilde in 1 Aufzuge. Von R. Scharr. (15 S. m. 1 Fig.) (900.)
3. Märchenzauber. Scenen aus 6 deutschen Volksmärchen für dekorationslose Bühne. Von Hugo Greiner. (32 S.) (900.)
4. Germaniens Söhne, einst u. jetzt. Festspiel in 3 Abtlgn. Von Hans Dreßler. (16 S.) (900.)
5. „Ich bin e. Preuße!" od. Suum cuique. Patriotisches Festspiel in 1 Aufzug zur 200jähr. Preußenfeier am 18. 1. 1901. Von Edm. Braune. (30 S.) (900.)

Festspiele. Nr. 6 u. 7. 8. Mühlhausen i/Th., G. Danner. à n. 1.50
6. Die Jahreszeiten. Festspiel in 4 Bildern. Von Johs. Hausmann. (24 S.) (905.)
7. Dem Kaiserpaar im Silberreis! Festspiel in 1 Akt. Zur Silberhochzeitsfeier des deutschen Kaiserpaares Sr. Maj. Kaiser Wilhelm II. u. Ihrer Maj. Kaiserin Auguste Viktoria am 27. II. 1906. Von Edm. Braune. (16 S.) (905.)

— Nr. 8 u. 9. 8. Mühlhausen i/Th., G. Danner. à Nr. 1.50
Braune, Edm., die Huldigung Badenias. Fest-Spiel in 1 Akt m. leb. Bild. (16 S.) (908.) (Nr. 8)
Reinhold, Paul, Veteranen-Appell. Patriotisches Festspiel in 1 Akt. (19 S.) (910.) (Nr. 9)

Festspiele. Nr. 1 u. 2. 8. Leipzig, Rauh & Pohle. 3. —
Berge, Hans am, im Dorfe Lanz bei Lenzen. Vaterländisches Festspiel. (19 S.) (907.) (Nr. 1) 2. —
Salm, Carl, d. Christwunder. Ein Weihnachtsspiel in 1 Aufzuge. (19 S.) (910.) (Nr. 2) 1. —

— Nr. 1—3. 8. Leipzig, G. Richter. à 2. —
Büttner, Rhard., Deutschland zur See. Vaterländisches Festspiel m. Gesang, leb. Bildern u. turner. Aufführgn. in 8 Abtlgn. (16 S.) (909.) (Nr. 3)
— Turnerfrühling od. Die deutsche Turnerei seit 100 Jahren. Turngeschichtliches Festspiel in 10 Abtlgn. m. begleit. Text, Gesang, leb. Bildern u. Reigen. (21 S.) (909.) (Nr. 2)
Raabe, Jul., Frisch, fromm, fröhlich, frei! Festspiel. Mit 2 Reigen, Stabübg. u. leb. Bild. (22 S.) (908.) (Nr. 1)

Festspiele, Bayreuther, 1897. „D. Ring d. Nibelungen" u. „Parsifal". (Scenischer Führer.) qu. gr. 16. (56 S.) München 897. A. Bruckmann. n. — 50

Festspiele u. Gesänge, dramatische, (von Albr. Friederich). 12. Karlsr. 815. Müller. 8 K

Festspiele und Gesänge, dramatische, für Baden. 12. Carlsruh, Müller. 815.

Drei patriotisch-turnerische Festspiele, Inhalt:
1. Turner-Weihe, v. Wilhelm Krumm.
2. Götter, Helden u. Turner, v. G. Bordenhauer.
3. Im Lager, v. Theodor Kleber, Leipzig 1897, 32 S., 8°.

— zu Kaisers Geburtstag. Nr. 1—7. 8. Mühlhausen i/Th. G. Danner. à n. 1. 50
1. Ein fideler Kaisertag. Soldaten-Schwank in 1 Akt. Von Edm. Braune. (52 S.) 899.
2. An Kaisers Geburtstag od. Im bunten Rock. Kaiser-Geburtstags-Schwank in 1 Aufz. Von Edm. Braune. (54 S.) (900.)
3. Es lebe der Kaiser! Patriotisches Festspiel in 1 Akt. Von Edm. Braune. (40 S.) (900.)
4. Kaisergeburtstagsfeier in den Kolonien. Militärisches Festspiel m. Gesang, Orchesterbegleitg. u. 1 leb. Bilde. Gedichtet u. arrangiert. Von R. Scharr. (19 S.) (900.)
5. Mit Pauken u. Trompeten. Soldaten-Schwank in 1 Akt. Von Edm. Braune. (56 S.) (901.)
6. Kaiser-Sekt. Kaiser-Geburtstags-Schwank in 1 Akt. Von Paul Meinhold. (29 S.) (902.)
7. Rieke's Wachtparade. Kaiser-Geburtstags-Schwank in 1 Aufzug. Von Edm. Braune. (34 S.) (902.)

Nr. 1 erschien ohne Bandbezeichnung.

— zu Kaisers Geburtstag. Nr. 8—17. 8. Ebd. à n. 1. 50
Braune, Edm., Seine Majestät hurra! Soldatenschwank in 1 Akt. (40 S.) (904.) (Nr. 13.)
— die Regiments-Trude. Kaisersgeburtstags-Schwank in 1 Akt. (36 S.) (905.) (Nr. 15.)
Lehnhard, Paul R., durch des Kaisers Ehrenkleid. Patriotisches Lebensbild in 2 Akten. (40 S.) (906.) (Nr. 16.)
— auf Nachtwache an Kaisers Geburtstag. Schwank in 1 Akt. (24 S.) (905.) (Nr. 14.)
— der schönste Tag im Jahr. Kaiser-Geburtstags-Schwank in 1 Akt. (32 S.) (904.) (Nr. 11.)
Meinhold, Paul, alles f. unseren Kaiser. Schwank in 1 Akt. (32 S.) (903.) (Nr. 8.)
— Hurra, der neunte Junge! Kaisergeburtstagsschwank in 1 Akt. (32 S.) (906.) (Nr. 17.)
Moser, Gust. v., u. Paul R. Lehnhard, wie soll er heißen? Humoristisch-patriot. Genre-Bild in 1 Akt. (30 S.) (903.) (Nr. 9.)
Ritter Alb., die Kaisersgeburtstags-Bowle. Lustspiel in 1 Akt. (40 S.) (904.) (Nr. 12.)
Volkart, M., Huldigung der Stände. Festspiel zu Kaisers Geburtstag, zur Aufführg. f. Knaben- u. Mädchenschulen geeignet. (13 S.) (903.) (Nr. 10.)

— zu Kaisers Geburtstag. Nr. 18—24. 8. Ebd. à Nr. 1. 50
Braune, Edm., einer v. der alten Garde. Patriotisches Zeitbild in 1 Aufzug. (40 S.) (910.) (Nr. 24)
— Meyer in Zivil. Soldatenschwank in 1 Akt. (40 S.) (907.) (Nr. 18)
Lehnhard, Paul R., ein frohes Fest! Kaisersgeburtstags-Schwank in 1 Akt. (28 S.) (909.) (Nr. 23)
— Kaiserwetter. Lustspiel in 1 Akt zum 50. Geburtstag Sr. Maj. Kaiser Wilhelm II. (31 S.) (908.) (Nr. 21)
Philippi, Siegfr., das Kaisersgeburtstags-Schläfchen. Schwank in 1 Akt. (48 S.) (908.) (Nr. 19)
— Romeo in der Kantine. Kaisersgeburtstagsschwank in 1 Akt (36 S.) (909.) (Nr. 22)
Spiethoff, Luisens Segen. Historisch-romantisches Festspiel in 1 Akt nebst Schlußbild. Zum 50. Geburtstag S. M. Kaiser Wilhelms II. (16 S.) (908.) (Nr. 20)

— f. die Jugend. 1. Reihe. 12. Leipzig, Siegismund & Volkening. n. — 60
14 dramatische Festspiele zur Aufführung in Schulen an vaterländischen Gedenk- u. Ehrentagen. Von Wilh. Fricke. 3. Aufl. (IV, 54 S.) 901.

Festspiele f. die Jugend. 4. Reihe. 1. Hft. 12. Leipzig 894. Siegismund & Volkening. n. — 20
Des Kaisers Brief. Ein dramat. Gedicht zur Aufführg. im Schülerkreise u. zu Hause zur Feier des Geburtstags unsers Kaisers v. Mart. Naack. (15 S.)
Die 1. Reihe bildet: Fricke, W., dramatische Festspiele f. die Jugend, die 2. u. 3. Reihe: Junghänel, K., Festspiele f. die Jugend.

Festspiele f. d. Jugend. 5. Reihe. 1. Hft. 12. Leipzig 895. Siegismund & Volkening. — 30
E. Blumenstrauß fürs Kaiserhaus. E. Festspiel f. Töchterschulen z. Aufführg. am Geburtstage d. Kaisers v. Emilie Esser. (27 S.)

— dasselbe. 6. Reihe. 1. Hft. 12. Ebd. 898. n. — 40
D. drei Wünsche od. d. Arme u. d. Reiche. Weihnachtsmärchen in 3 Akten von Herm. Tewes. (26 S.)

Festspiele für Jünglingsvereine. H. 1. Barmen: Wuppertaler Traktat-Gesellschaft [1908]. 8° [10. 10/11]

Festspiele, kleine, und lebende Bilder. 8. (IV, 112 S.) Hannover 875, [Cohen und Risch.] Cohen's Verlag. *

— f. höh. Knabenschulen u. Jünglingsvereine. Nr. 1—5. 8. Berlin, E. Bloch. à n. 1. —
1. Die deutsche Treue. Vaterländ. Festsp. in 4 Bildern v. M. Detloff. (39 S.) 895.
2. Theodor Körner. Vaterländ. Festspiel von M. Detloff. (34 S.) 895.
3. Barbarossa. Kyffhäuser-Festsp. z. Schulfeier f. deklamator. Vorführg. (M. Anmerkgn. f. d. Fall e. scen. Darstellg.) Von Rich. Landau. (18 S.) 896.
4. D. Losungswort od. Kaiser u. Reich. Festsp. v. Rich. Warmer. (38 S.) 896.
5. Bilder aus d. Schulleben. Festaufführg. in 4 Abtlgn. u. 1 Vorspiel v. M. Detloff. Sowohl f. Knaben- wie Mädchenschulen eingerichtet. (40 S.) 896.

Die Fortsetzg. erschien u. d. Titel:
Festspiele f. Schulen, Pensionate u. Vereine.

Festspiele, neue, zu Polterabenden, Geburtstagen, Myrthen- u. Silberhochzeiten, zum Theil in plattdeutschem und jüdischem Dialect, für einzelne und mehrere Personen, oder als lebende Bilder, sowie scenische Darstellungen von Charaden. Vom H. a. D. B. 12. Königsberg 843, Theile. 3/4 ß

— patriotische. Nr. 1. u. 2. gr. 8. Landsberg, Volger & Klein. à n. 1. 50
1. Der Traum des alten Kriegers. Patriotisches Festspiel in 1 Aufzug. Von R. Hellborn. (15 S.) (903.)
2. Der Hohenzollernaar od. Kaisers Geburtstag. Patriotisches Festspiel in 1 Aufzuge. Von Alf. Volger. (2. Ausg.) (12 S.) (906.)

— für Radfahrer. Nr. 1. 8. Leipzig, Rauh & Pohle. n. 2. —
Die Vision des Erfinders. (Eine Erinnerg. an Freiherrn v. Drais.) Allegorisches Festspiel in 1 Aufzuge nebst Schlussapotheose: Die Huldigg. am Drais-Denkmal. Von Jacques Rosenthal. (7 S.) Probstheida. (903.)

Festspiele f. Schule u. Haus. I, III u. IV. 8. Bielefeld, A. Helmich. n. 1. 55
I. Weihnachten in Schule u. Haus. Neue dramat. Festspiele u. Lieder. Von D. Reinicke. 2. Aufl. (64 S.) (899.) n. — 75
III. Weihnachten im Forsthaus. Ein Spiel f. Kinder in 2 Tln. Von A. Reinboth. — Weihnachtsmorgen auf der Straße. Ein Spiel f. Knaben im Alter von 8—10 Jahren. (22 S.) 899. n. — 30
IV. Weihnachtslieder u. Choräle. 50 der beliebtesten. (32 S.) (899.) n. — 50

Hft. II bildet: Wagner, K., Weihnachten. 893. n. — 35

Festspiele f. Schulen, Pensionate u. Vereine. Nr. 6—9. 8. Ebd. à n. 1. —
6. Die Sage u. d. Volkslied. Leb. Bilder m. verbind. Worten u. Gesängen. Von A. Wolter. (20 S.) 896.
7. Frauensorge z. Kriegszeit. Leb. Bilder m. verbind. Worten u. Gesängen. Von A. Wolter. (18 S.) 896.
8. Im Zeichen des Verkehrs. Patriot. Festspiel von Erich zu Schirfeld. (20 S.) 897.
9. Aus großer Zeit. (Umschlag: Aus großen Zeiten.) E. vaterländ. Festsp. f. Schulen. Von Bertha Hollenberg. (20 S.) (897.)

Festspiele für Schulen u. Vereine. Nr. 11. 8. Berlin-Groß-Lichterfelde, Ch. F. Vieweg. — 60
11. Der Vogelball. Ein Waldmärchen. Festspiel f. Deklamation u. Chorgesang zur Aufführg. in Schulen aller Art. Dichtung m. Liedereinlagen verschiedener Komponisten. Von R. Pfannschmidt-Beutner. (28 S.) (910.)

Frühere Hefte s.: Kumm, F. A.

Festspiele für Stenographen-Vereine verf. von Systemgenossen. Berlin: Roller's Stenogr. Inst. [1900]. 40 S. 8° [Umschlagt.] [Text stenogr.]
(Stenographische Bibliothek. System Roller. Bd 6.) [10. 2116

— turnerische. Nr. 1 u. 2. 8. Ebd. à n. 2. —
1. In der Riesengebirgsbaude od. Deutsches Volkstum. Turnerisches Singspiel in 1 Akt nach bekannten Melodien m. Turnerinnenreigen. Von Lebrecht Huber. (24 S.) (905.)
2. Hoher Besuch. Humoristisches Festspiel f. Turnerinnen m. Gesang, Tanz u. turner. Uebgn. Von Const. Brückelt. (20 S.) (905.)

— turnerische. Nr. 3—9. kl. 8. Leipzig, Rauh & Pohle. 9. —

Berge, Hans am, im Reiche Rübezahls. Märchendichtung in 1 Akte. (16 S.) (907.) (Nr. 3. 2. —

Fischer, Otto, „Rübezahl" oder Eine Turnfahrt nach dem Riesengebirge. Festspiel m. Reigenaufführung (8 S.) (910.) (Nr. 7.) 1. —

Huber, Lebrecht, Turnerin Selma. Festspiel in 3 Akten. (20 S.) (910.) (Nr. 8.) 1. —

Kratky, Karl, des Turnvaters Weihnachts-Traum. Turnerisches Festspiel in 1 Akte. (8 S.) (908.) (Nr. 4.) 1. 50

Ropp, A., frisch, frei! stark, treu! Turnerisches Festspiel in 3 Bildern. (12 S.) (908.) (Nr. 6.) 1. 50

Thalmann, Mathilde, Prinz Karneval auf dem Turnerball. Karnevals-Aufführg. m. Reigeneinlag. (8 S.) (908.) (Nr. 5.) 1. —

Toball, Heinr., zum Stiftungsfest des Turnvereins. 2 Festspiele (in Versform m. leb. Bild f. deutsche Turner.) (16 S.) (910.) (Nr. 9.) 1. —

— zu Wiesbaden 1897. 1.—3. Hft. qu. gr. 8. (Mit Illustr.) Wiesbaden 897. F. Bossong. à n.n. 1.50
1. Der Burggraf. (18 S.)
2. Ein Sommernachtstraum. (18 S.)
3. Der Barbier v. Sevilla. — Aida. — Siegfried. — Tristan u. Isolde. (29 S.)

— zu Wiesbaden, Fortsetzg., s. a. Wiesbaden, Festspiele.

Wiesbaden. **Festspiele** 1900 vom 10.–23. Mai. (Wiesbaden 1900: Petmecky.) 35 Bl. quer-8° [10. 1101]

Festspiel-Halle, deutsche. 18.—24. Hft. [Aus: „Wallner, Karneval u. Maskenball".] gr. 8. Erfurt 894. F. Bartholomäus. à — 75
18. Tyll Eulenspiegel. Karnevalsschwank in 1 Akt von Gust. Leutelt. (14 S.)
19. Blumen u. Schmetterlinge. Ein Kostüm-Aufzug f. 10 Herren, oder auch f. 6 Herren u. 4 Damen v. H. Waldow. (8 S.)
20. Edelweiß. Ein Vorspiel zu e. größeren Maskenfeste v. E. Linderer. (6 S.)
21. Albrecht Dürer's Abschiedsfest in Venedig. Maskenzug, aufgeführt beim großen Maskenfest des Nürnberger Männer-Gesangvereins. (8 S.)
22. Das Hoffest zu Ferrara. Ein Festspiel mit großen Aufzügen u. leb. Bildern. Musik v. Meyerbeer. (12 S.)
23. Maskenzüge aus Weimars klassischer Vorzeit, zusammengestellt v. E. Wallner. (20 S.)
24. Ein neuer Faust. Zur Karnevalsfeier der Hallenser „Lumpia". Frei nach Goethe's Faust von Sturmfeder. (31 S.)

s.: Wallner, Edm., deutsche Festspielhalle.

Festspiel-Halle, deutsche. 25.—28. Hft. gr. 8. Berlin, E. Bloch. n. 3. 75
25. Sedania. Festsp. in 1 Aufzuge v. Ant. Ohorn. (31 S.) [Erfurt 895. Fr. Bartholomäus.] — 75
26. Deutschlands große Zeit 1870—71 in leb. Bildern. M. Prologen, genauer Anleitg. u. Quellenangabe d. z. stell. Bilder u. Angabe d. event. Musikbegleitg. Orig.-Dichtgn. v. F. W. Runze. (34 S.) [Erfurt 895. Fr. Bartholomäus.] n. 1. —
27. Sylvester. Neujahrsfestsp. von Ed. Hausmann. (13 S.) 898. n. 1. —
28. Im Reiche d. Gnomen. Dramat. Märchensp. zu Sylvester od. Neujahr m. gesangl. Mitwirkg. sämtl. Festteilnehmer u. bekannten Kommerslieder-Melodieen f. Gesellschaften u. Vereine. Von Edm. Raabe. (19 S.) 898. n. 1. —

Festspielhalle, deutsche. 29. Hft. gr. 8. Berlin, E. Bloch. n. 1. —
Das eiserne Jahrhundert. Vaterländisches Festspiel in 3 Bildern m. vorausgeh. Prolog. Von Martha Detloff. 2. Ausg. (v.: Zur Jahrhundertwende). (32 S.) (900.)

Festspiel-Sammlung f. Bühnen- u. Gesellschafts-Zirkel. Nr. 1. gr. 8. Berlin 886. Kühling & Güttner. 1. —
Pyramus u. Thisbe in der Geisterstunde. Festspiel in 1 Akt zum Stiftungsfeste d. Allgemeinen Bildungs-Vereins in Danzig am 8. Jan. 1881 v. C. D. u. J. M. (15 S.)

Festspiel-Sammlung für Bühnen- u. Gesellschafts-Zirkel. Nr. 2—4. gr. 8. Berlin 889. Kühling & Güttner. à 1. —
2. Hurrah Germania! Festspiel in 1 Aufzuge. Von Adf. Rückhard. (11 S.)
3. Gute Kameraden! Festspiel in 1 Aufzuge. Von Adf. Rückhard. (10 S.)
4. Zu Kaisers Geburtstag. Militärisches Lebensbild in 1 Aufzuge v. Edm. Braune. (32 S.)

Festspiel-Sammlung f. Bühnen- u. Gesellschafts-Zirkel. Nr. 5. gr. 8. Berlin 894. Kühling & Güttner. 1. —
Die Rheinwacht. Allegorisches Festspiel in 1 Aufzuge v. Herm. Schulz. (8 S.)

Festspiel-Sammlung für Bühnen- u. Gesellschafts-Zirkel. Nr. 6. gr. 8. Berlin (896). Kühling & Güttner. à 1. —
Zur Kraft u. zum Können. Festsp. in 1 Aufzuge f. techn. Fachschulen, gewerbl. Vereine u. s. w. von Franziskus Hähnel. (23 S.)

— Zwickauer. 2. Hft. gr. 8. Zwickau 898. C. R. Moeckel. n. 2. —
Heil uns. König! Ein Festsp. z. 70jähr. Geburtstage König Alberts v. Sachsen. D. Militärvereinen Sachsens gewidmet von C. Klingner. (31 S.)
Das 1. Hft. ist nur unt. d. Einzeltitel: Jacobi, H., Deutschland, Deutschland üb. Alles erschienen.

Festspiel-Sammlung, Zwickauer. Nr. 3. gr. 8. Zwickau, C. R. Moeckel. n. 1. —
Deutschlands Wehr. Allegorisches Festspiel in 1 Aufzuge. Von C. Crome-Schwiening. (8 S.) 899.

Ueber die **Feststellung** regelwidriger Geisteszustände bei Heerespflichtigen und Heeresangehörigen. Beratungsergebnisse aus d. Sitzung d. Wissensch. Senats bei d. Kaiser Wilhelm-Akad. f. d. militärärztl. Bildungswesen am 17. Febr. 1905. Mit 3 Kurventaf. im Anh. Berlin: A. Hirschwald 1905. (38 S.) 8°
= **Veröffentlichungen** aus d. Geb. d. Militär-Sanitätswesens. H. 30. [6: 1114

Feststimmen. Gedichte, Deklamationen u. Gespräche f. die christl. Jugend, hrsg. vom Jugendbund f. entschiedenes Christentum. 2. neubearb. Aufl. (271 S.) kl. 8. Friedrichshagen 910. Jugendbund-Buchh. Geb. 1. 75

Fest-Tableau zu der vierten Säcular-Feier der Erfindung der Buchdruckerkunst. (Gezeichnet von P. C. Geißler. Sauber lithogr. v. B. Donndorf.) Roy.-Fol. (Leipzig, Leo.) n. $1\frac{1}{3}$ ℛ Chines. Pap. n. $1\frac{1}{2}$ ℛ

Fest-Tafel zur Feier des 150jährigen Bestehens der Loge Minerva zu den drei Palmen. Leipzig, am 22. März 1891. [Leipzig 1891: Leiner.] 4 Bl. 8° [Umschlagtit.]
Enth.: 1. Hymnus mit Noten, komp. von E. Elssig, ged. von J. V. Carus, 2. Chorlied von A. Mahlmann, 3. Kettenlied ohne Noten. 281.

Fest-Tafel zur Feier des 112. Stiftungs-Festes der Loge Balduin zur Linde. Or. Leipzig, am 4. März 1888. [Leipzig 1888: Naumann.] 2 Bl. 8° [Umschlagtit.]
Tafel-Ordnung u. Lied ohne Noten von H. Götz: „Es sitzt auf unsres Deutschlands hehrem Throne . . ." 157.

Fest-Tafel zur Feier des 6. Stiftungsfestes der Loge zu den fünf Thürmen am Salzquell. Halle a. S., den 26. April 1891. Halle [1891]: Kandler. 3 Bl. 8° [Umschlagtit.]
Fest-Tafel-Ordnung u. 6 Liedertexte. 157.

Festtafel-Lied zum goldenen Maurerjubiläum des Brs Heinr. Goetz. Leipzig, am 10. Oct. 1880. [Unterz.:] -r. [Leipzig 1880: Naumann.] 2 Bl. 8° [Umschlagtit.]
Ohne Noten: „Mög' es schliesslich noch gelingen . . ." 110.

Fest-Tafel-Lieder zur hundertjährigen Feier der Stiftung der Loge zu den 3 Degen im Or. Halle. Am 14. Dec. 5843. [Halle 1843.] 6 Bl. 8⁰ [Umschlagtit.]
5 Lieder ohne Noten. 25.

Fest-Tafel-Lieder zur hundertjährigen Feier der Stiftung der Gr. Nat.-Mutter-Loge, gen. Zu den drei Weltkugeln, im Or. Berlin, den 13. Sept. 1840. [Berlin 1840.] 15 S. 8⁰ [Umschlagtit.]
10 Gesänge ohne Noten. 23. 25.

Fest-Tafel-Lieder bei der fünfzigjährigen Jubel-Feier der Provinzial-Gross-Loge von Schlesien im Or. Breslau. Am 24. Februar 1867. Breslau [1867]: Storch & Co. 4 Bl. 8⁰.
4 Lieder ohne Noten. 358a.

Fest-Tafellieder am St. Johannisfeste 1862 von der vereinten Loge zu den 3 Schwertern und Asträa zur grünenden Raute im Or. Dresden. Dresden [1862]: Heinrich. 8 Bl. 8⁰ [Umschlagtit.]
6 Gesänge ohne Noten, gedichtet von E. Walther, F. Küchenmeister, H. Waldow, J. G. Medewisch, K. H. Heydenreich, Fleck. 110.

Fest-Tafel-Lieder beim Schwester[n]-feste der Loge Victoria zur beglückenden Liebe in Zeitz den 30. Sept. 1860. [Zeitz 1860.] 7 Bl. 8⁰ [Umschlagtit.]
6 Gesänge ohne Noten. 430.

Festtafel-Lieder zum 131. Stiftungsfest der Loge „Zu den drei Rosen" in Hamburg am 24. Jan. 1901. [Hamburg 1901:] Krüger & Nienstedt. 2 Bl. 8⁰. [Umschlagtit.]
3 Lieder ohne Noten. 430.

Fest-Tafel-Loge anlässlich der Feier des Geburtstages Sr. M. des Deutschen Kaisers [Wilhelm II.] seitens der im Logenhause Welckerstrasse arbeitenden St. Johannislogen [Hamburgs]. Sonnabend, 27. Jan. 1906. [Hamburg 1906.] 4 Bl. 8⁰. [Umschlagtit.] 1.

Fest-Tafelloge zur Feier des Johannisfestes der Gr. Loge von Hamburg und ihrer sieben Hamburger Tochterlogen Absalom, St. Georg, Emanuel, Ferdinande Caroline, Ferdinand zum Felsen, Gudrun und Phönix zur Wahrheit. Montag, den 24. Juni 1907. Hamburg [1907]: Laue. 6 Bl. 8⁰ [Umschlagtit.]
6 Lieder ohne Noten. 193.

Fest-Tafelloge zur Feier des Johannisfestes der Gr. Loge von Hamburg und ihrer sieben Hamburger Tochterlogen Absalom, St. Georg, Emanuel, Ferdinande Caroline, Ferdinand zum Felsen, Gudrun und Phönix zur Wahrheit. Mittwoch, den 24. Juni 1908. [Hamburg 1908: Rademacher.] 6 Bl. 8⁰ [Umschlagtit.]
5 Lieder ohne Noten. 193.

Festtafelloge bei der Feier des 50jährigen Jubiläums der Loge Friedrich Wilhelm zur Morgenröte in Berlin am 5. Nov. 1905. Berlin [1905]: Denter & Nicolas. 9 S. 8⁰ [Umschlagtit.]
Tafelordnung u. 10 Liedertexte. 3.

Fest-Tafel-Loge den 29. Juni 1901 [in der Grloge von Hamburg und den vereinigten Hamburger 5 Logen. Hamburg 1901.] 4 Bl. 8⁰
Tafelordnung und 4 Lieder ohne Noten. 358a.

150jähriges Stiftungsfest der Grossloge „Zur Sonne" in Bayreuth. **Fest-Tafelloge** am 3. Mai 1891. [Bayreuth 1891: Burger.] 4 Bl. [Umschlagtit.]
Programm u. 9 Liedertexte.

Fest-Tafel-Loge zum Schwestern-Fest der Loge Bruderkette zu den drei Schwanen Zwickau, am 26. Jan. 1902. [Zwickau 1902.] 2 Bl. 8⁰ [Umschlagtit.]
Programm u. 1 Liedertext.

Loge Emanuel zur Maienblume. Or.: Hamburg. **Fest-Tafel-Loge** zum 135-jährigen Stiftungsfest am Donnerstag, den 16. Sept. 1909. [Hamburg 1909: Bitter.] 4 Bl. 8⁰
4 Lieder ohne Noten.

Festtafelloge zur Weihe des neuen Tempels der Johannisloge „Hohenzollern treu und beständig" in Magdeburg 13. Juni 1909. [Magdeburg 1909.] 2 Bl. 8⁰. 358.

Festtag, Der, des heiligen Aloysius und die sechs aloysischen Sonntage ... 3. Aufl. Erkelenz 1892. V: *Körfer, Hnr.* (Berl)

Festtag, der, d. hl. Aloysius u. die 6 aloysianischen Sonntage. 3. Aufl. 12. (63 S.) Erkelenz 892. (Köln-Ehrenfeld, Brandts.) — 30

Festtage. Eine Serie Liturgien, den Hauptfesten d. Kirchenjahres gewidmet. No 1. *Zeitz: Lorenz & Co. [1903].* 8⁰ [F.]

Fest-Tage, die, des Buchdruckers. Eine Sammlung von Prologen, Festgrüßen, Tafelliedern &c. Leipzig 868. Waldow. 16. (148 S.) n. 12½ ngr.; cart. n. 16 ngr.; geb. n. 22½ ngr.

Festtage, die, d. Buchdruckers. Eine Sammlg. v. Prologen, Festgrüssen, Tafelliedern, Gedichten zu Jubiläen, Toasten etc. (Waldows graph. Bibliothek.) gr. 16. (158 S.) Leipzig 897. A. Waldow. n. 2.—; geb. n.n. 3.—

Festtage der Christenheit. Ein Bilderbuch zum Aufstellen. Protestantische Ausg. Fol. (3 farb. Taf.) Eßlingen 893. J. F. Schreiber. Kart. n. 3.—; kathol. Ausg. n. 3.—

Festtage, d. drei hohen, d. Friedens u. d. Königswürde Sachsens, d. 10ten, 20sten u. 21sten Dec. 1806; von e. Patrioten, (K. A. Engelhardt). 8. Mühlberg 807.

Festtage, Die drey hohen, des Friedens und der Königswürde Sachsens ... Mühlberg 1807. V: *Engelhardt, Carl August.* (Ky) (MGT) (NN)

Fest- u. Gedenktage, die, in d. Schule. E. Sammlg. v. Reden, Entwürfen z. Ansprachen u. Dichtgn. z. Feier d. Weihnachtsfestes, d. Geburtstages d. Kaisers Wilhelm II., sow. d. Geburts- u. Sterbetage d. Kaiser Wilhelm I. u. Friedrich III. Zusammengest. u. gesammelt v. e. elsäss. Lehrer. gr. 8. (III, 80 S.) Zabern (892). A. Fuchs. n. —80

— die, d. Herrn. Für Kinder. 2e Aufl. 12. Münch. 823. Giel. 2 gr. Dass. 12. Nürnb. 829. (Raw). 1 gr.

Festtage, die, des Herrn. Für Kinder. 8. Nürnb. 833. Raw. 1 gr.

Festtage, die, der Jugend. gr. 4. (6 Chromolithogr. auf Carton mit 6 S. deutschem, französ. und engl. Text.) Eßlingen 877, Schreiber. cart. *

Festtage, die, des Saalfelder Landes, beim Einzuge ihres neuen Landesherrn, Herzogs Bernhard Erich Freund. Mit Illum. Kupf. u. 1 Musikbeilage. 8. Saalfeld 827. (Leipzig, Reclam.)

Festtage, die, des Lebens, s. Waldow.

Festtage, die, des Lebens. Eine Sammlung von Original-Gelegenheitsgedichten aller Art. Hrsg. von Herm. Waldow. 4 Hefte. 8. Dresden 856, Türk. à Heft 15 Ngr.

Inhalt:
- Heft 1. Ernste und heitere Toaste und Trinksprüche bei allen vorkommenden festl. Gelegenheiten. (XVI und 151 S.)
- „ 2. Ernste und heitere Gedichte und Tafellieder zu Verlobungen, Polterabenden, Hochzeiten und Jubelhochzeiten. (XVI und 176 S.)
- „ 3. Original-Glückwünsche und Gratulationen für Kinder und Erwachsene, zu Geburts-, Namens-, Neujahrs- und Confirmationstagen, Weihnachts- und Jubelfesten. (XVI und 127 S.)
- „ 4. Prologe, Epiloge, Gedichte zu lebenden Bildern, Gesellschaftsscherze und Tafellieder &c. (XII und 179 S.)

Festtage, Die, der Gottes-Mutter Maria, besonderer Heiligen und der Heiligen insgemein ... Salzb. 181? V: *Pillwein, Benedict.* (Ky) (MGT) (Th) (Schmal)

Festtage, die, der Gottes-Mutter Maria, besonderer Heiligen und der Heiligen insgemein. Als 2r Th. der Leidens- und Lebensgeschichte des Heilandes &c. Mit den treffenden Evangelien, mit den Lebensbeschreibungen d. vorkommenden Heiligen Gottes &c. 2te Ausg. 8. Salzburg, Mayr. 820.

Festtage. Die F' von Schwyz und Bern, August 1891: Jubiläumsfeier des Bundes der Eidgenossen von 1291 und der Gründung der Stadt Bern 1191. Erinnerungsblätter in Wort und Bild. (°*Umschlag:* Schweizerische Bundesfeier und Gründungsfeier der Stadt Bern. 1891.) [Mit 31 Tafeln.] 4. Bern 1891.

Fest-, Gedächtnis- und Geschäftstage, Immer wiederkehrende, in alphabetischer Ordnung ... Berlin 1826. V: *Gaedicke, Joh. Chn.* (NN)

Fest- und Sonntagskalender, Falstaff's närrischer, für 1850. Grimma. H: *Drobisch, Theodor.* (Ky)

Festtagslaunen, von C. Nicolai. 2 Thle. (1r Thl. enthält: a) die zweite Gattin. b) Phaon u. Theano. c) der Trunkenbold. d) merkwürdige Geschichte einer Maus. 2r Thl. a) der zweite Gatte. b) die Kunstausstellung. c) der Spaziergang u. seine Folgen.) 8. Quedlinburg, Basse. 815.

Festtagslaunen, von C. Nicolai. 2 Bde. 8. Quedlinburg, Basse. 816.

Festtags-Predigten eines Volksmissionärs. Herausgegeben von Anton Kerschbaumer. Brixen 1871. — 2. Aufl. 1874. — 3. Aufl. 1892. V: *Moro, Stephan.* (Margr)

Festtags-Predigten e. Volksmissionärs. Hrsg. v. Ant. Kerschbaumer. 3. Aufl. gr. 8. (IV, 296 S.) Brixen 892, Weger. 3 —
Die früheren Aufl. wurden unter dem Namen d. Herausgebers aufgenommen. — Vgl.: Sonntags-Predigten.

Festtagssänger, der heilige. Eine Sammlung neuer religiöser Lieder auf alle christl. Fest-, sowie mehrerer Sonntage im Jahre. 8. (33 S.) Pegau 850. (Leipzig, C. Schäfer.) n. 4 ngr.

Festtagsänger, neuester, s. Jakob.

Festtagsänger, neuester. 24 Figuralgesänge oder sogen. Arien für Weihnacht, Neujahr, Charfreitag, Ostern &c. Hrsg. von Fr. Aug. Leberecht Jakob. Op. XXII. qu. 4. (VI und 26 S.) Leipzig 853, Merseburger.

Festtags-Sträußchen. Eine Sammlung von Gratulationen und Gelegenheits-Gedichten zu Neujahr-, Geburts-, Namens- und Hochzeitsfesten zunächst für Kinder, nach dem prakt. Bedürfnisse zusammengestellt von einem Freunde der Jugend. 32. (VII und 101 S.) Pest 866, Gebr. Lauffer. cart.

Fest-Theater zu Ehren der 47. Naturforscher-Versammlung in Breslau. 16. (96 S.) Breslau 874. Morgenstern. n. — 80

Festum, Augustissimi regis Wurttembergiae Guilielmi, natalitium ... celebrandum indicit rector et senatus literarum universitatis Tubingensis ... Tubingae 1844. H: *Tafel, Gottfried Lucas Friedrich.* (BrMm)

Festum, Jesu Christi, Natalitium pie celebrandum in Academia Tubingensi ... indicit Facultatis Theologicae Decanus ... Tubingae [1810—11]. V: *Schnurrer, Christian Friedrich.* (BrMm)

Festum natale Iesu Christi a. 1847 pura et pia mente concelebrat universitas literaria Fridericiana Halensis cum Vitebergensi consociata interprete ... Inest ... Halae 1847: Gebauer. 22 S. 8° (4°)

Festum Paschale a. C. N. 1818 pie celebrandum indicant prorector ... Königsb. 1818. V: *Krause, Joh. Friedrich.* (Halle'sche Litt.-Ztg. 1818. Erg. Bl. Nr. 102.)

Festum prctiosissimi sanguinis d. n. J. C. per decretum urbis et orbis (d. d. 10. Aug. 1849) à Pio p. p. IX. institutum ad usum archidioec. Coloniensis ritui tam Coloniensi quam Romano accommodavit et cum notis choralibus edid. W. Küppers. Coloniae 856. Bachem. gr. 8. (20 S.) n. 3 ngr

Festum Tithenidiorum, Dianae Corythalliae a nutricibus Spartanis celebratum. S. l. [ca. 1720]. V: *Lochner von Hummelstein, Michael Friedrich.* (will)

Festung und Feldarmee. Kriegsgeschichtliche Studie eines Generalstabsofficiers; Beihft. z. „Milit.-Wochenblatt". – Berlin 1878.

Die **Festung** in den Kriegen Napoleons und der Neuzeit. Hrsg. v. Großen Generalstabe. Kriegsgesch. Abt. 1. Mit e. Atlas. Berlin: E. S. Mittler & Sohn 1905. 2 Bde 8° [F.]
— **Studien** z. Kriegsgeschichte u. Taktik. Bd 4. [05. 3000]

Die **Festungen** und die Kriegführung. Von R. V. Berlin: F. Dümmler 1894. (75 S.) 8° [F.]
= **Essays**, Militärische. 5. [08. 17093]

Festungen, die, im Lichte der neueren Kriegsführung! Eine militairisch-politische Studie. Dem deutschen Reichstage gewidmet von einem Patrioten. gr. 8. (28 S.) Löbau Wpr. 881. Skrzeczek. n. — 50

Festungs-Baukunst, die, gegenüber den neuen Verbesserungen im Geschützwesen von einem alten Militair. gr. 8. (VI und 101 S. mit 4 Stnt. in qu. Fol. und qu. gr. Fol.) Stettin 862, Nagel. *

Festungs-Bauordnung. II. Theil. Kassengeschäfte. 8. Berlin 1889.

Festungs-Bauordnung. 2. Thl. Kassengeschäfte. (F. B. O. II.) 8. (VIII, 262 S.) Berl. 892, Mittler u. Sohn. * 2 70
1. Thl. noch nicht erschienen.

Festungs-Bauordnung. III. Tl. Persönliche Verhältnisse d. Festungsbau-Personals. (F. B. O. III.) Vom 3. V. 1910. D. V. E. Nr. 48) (VIII, 44 S.) 8. Berlin 910. E. S. Mittler & Sohn. — 30; geb. in Halbleinw. — 40

Provisorische **Festungs-Bauordnung.** T. 2. Kassengeschäfte. (Mehr nicht vorhanden) München 1889.
— — 1893: Festungs-Bauordnung. T. 3. Persönl. Verhältn. d. Festungsbau-Personals. (Mehr nicht vorhanden.)

Zur **Festungsfrage.** Von v. S. Berlin 1871. (Bh. z. M. W. B.) (Verm. Jähns.)

Festungskriege, Vom. 1. Theil. Art und Weise feste Plätze zu berennen und zu belagern. Vom Verfasser der Betrachtungen über die Kriegsbaukunst. (Mit 6 Tafeln.) (Donation Liechtenstein.) 8. Berlin 1801.

Festungskrieg, v., od. Art u. Weise feste Plätze z. berennen u. z. belagern. 1r Thl. 8. Berl. (Eßlinger, Frankf.) 801.

Festungskrieg, vom, oder Art u. Weise, feste Plätze zu berennen u. zu belagern, (v. Menu v. Minutoli). 1r Thl., mit 6 Kpf. 8. Berl. 801. (Schäfer in Frkf.) 20 gr

Festungskrieg. (Arbeiten der Pionnier-Truppe.) Wien 1902. 8°. (Technischer Unterricht für die k. k. Pionnier-Truppe. 5)

Festungs-Krieg, der, f. Knaben. Von e. langjähr. Festungsoffizier. Wie heutzutage e. Festg. aussieht. Verteidigung, Belagerg., Angriff u. Sturm! Wie man m. seiner eigen. Festg. u. seinen Bleisoldaten spielt. Anleitg. zur leichten Herstellg. v. Festungsbauten, Fesselballons u. sonst. modernen Kriegswerkzeugen. (47 S. mit Abbildgn.) tl. 8. Nürnberg (908). E. Koch. — 70

Festungspanzer des Friedr. Krupp A.-G. Grusonwerk. Mit 1 Atlas.
Essen-Ruhr 1910. 87 S. 4°

Festungsviereck, das bulgarische. Ein Rückblick auf den russisch-türk. Krieg 1877—78. gr. 8. (36 S.) Berlin 887. Mittler & Sohn. n. — 75

Die künftigen **Festungswerke** von Antwerpen. (Mit 1 Karte). Die Grenzbefestigungen zwischen Italien u. Österreich. Das Befestigungssystem d. französ. Ostgrenze. Dresden: Selbstverl. d. Hrsg. E. v. Witzleben 1906. (24 S.) 8° [Umschlagt.]
= **Revue,** Internat., über d. gesamten Armeen u. Flotten. Beih. 72. [07. 173]

Festungs- u. Pionierwesen, das, in der neuzeitlichen Literatur, s.: Mitteilungen des Ingenieur-Komitees. 43. Hft.

Festus

Festi breviarium rerum gestarum populi romani. Ed. Carl Wagener. 8. (XIV, 23 S.) Prag 886, Tempsky. — Leipzig, Freytag. *

Festi codicis quaternionem decimum sextum denuo ed. T. Mommsen. S.-A. 1864. 80 S. 4°. 1.50

Festi, Sexti Pompeji, Fragm. ed. A. E. Egger, s. Scriptorum Latinorum. Tom. II.

—de verborum signif. quae supersunt, cum Pauli epitome emend. et annot. a Car. Odofr. Muellero. 4maj. Lipsiae 839. libr. Weidmann. n. $5^1/_3$ ℳ

Festi, Sexti Pompei, de verborum significatu quae supersunt cum Pauli epitome. Ed. Aemilius Thewrewk de Ponor. Pars I. gr. 8. (VIII, 631 S.) Budapesti 889. (Berl., Calvary u. Comp.) * 7 50

Festveranstaltung zum Besten der Wohlfahrtskasse der vereinigten Freimaurerlogen zu Frankfurt am Main am Sonntag, den 28. Januar 1906. [Frankfurt 1906: Voigt & Gleiber.] 2 Bl. 4°. [Umschlagtit.] 21.

Festversammlung zur Feier des hundertjährigen Bestehens der Loge Ferdinande Caroline in Hamburg Sonntag, den 10. September 1876. Hamburg, Druck von Nobiling. 1876. Fol. 5 S.
Reden von Eckstein und Piza.

Festversammlung der Grossen Loge von Hamburg und der fünf vereinigten Logen Dienstag, den 8. Sept. 1874, zur Feier des hundertjährigen Bestehens der Loge Emanuel zur Maienblume und der vor hundert Jahren erfolgten Aufnahme des Brs. Friedr. Ludw. Schröder. [Hamburg 1874: Nobiling.] 4 Bl. 2° [Kopftit.]
Tt. 2019. Bericht. Denkrede auf Schröder von F. Glitza. Bl. 3—4: Festrede von G. K. Hirsche: Rückblick auf die Vergangenheit, Ausschau in die Zukunft u. in die wichtigen Aufgaben, die des Frmrbundes warten; letztere auch abgedr. in: HL. 8 (1875) S. 561—565.

Festversammlung, die, d. historischen Vereines f. Steiermark in der Landstube zu Graz am 20. Novbr. 1892 zur Feier der 700jährigen Vereinigung der Steiermark m. Österreich. gr. 8. (23 S.) Graz 892. (Leuschner & Lubensky.) n. — 60

Fest-Verse, mit Melodien. 8. u. quer 4. Neustadt a. d. Orla. Wagner. 816.

Musikalisch-deklamatorische **Festvorführung** mit lebenden Bildern in der Festhalle des 11. Deutschen Turnfestes zu Frankfurt a. M. 1908, m. Abb., Frankfurt a. M. 1908, 8°.

Fest-Vorstellung zur Einweihung des neuen Stadt-Theaters zu Kiel. (Kiel. 1907.) 8° [Kopft.]

Strassburger Stadttheater. Freitag, d. 4. Okt. 1901. **Fest-Vorstellung** zu Ehren der 46. Versammlung Deutscher Philologen u. Schulmänner. *([Strassburg] 1901.)* (2 Bl.) 8° [F.] [01. 10133 3]

Festvortrag und Ansprachen, gehalten zur Jubelfeier in der Aula der techn. Hochschule Fridericiana (Karlsruhe) am 1. Mai 1902. Karlsruhe 1902. V: *Honsell, Max.* (Zuwachsverz. d. Bibl. Zürich 1898 ff. 7.)

Festvortrag zur Johannisfeier 1880 meiner lieben Loge Apollo [in Leipzig] in brüderlicher Treue gewidmet. [Als Ms. gedruckt.] Leipzig 1880. V: *Eckstein, Anton.* (wolfstieg II, 110)

Festvorträge und Gedächtnisreden, Maurerische. Osnabrück 1866. V: *Gruner.* (Tt)

Festwoche, die Breslauer, 1910. Major v. Parseval, Ehrengast der Stadt Breslau. (24 S. m. Abbildgn. Lex.8. Breslau (910). Phönix-Verlag. — 20
Sonderabdruck aus „Schlesien".

Festwoche, eine, der evangelischen Gemeinde Hamm. Zum Gedächtniß an das Jahresfest des Westfäl. Hauptvereins der Gustav-Adolf-Stiftung, gefeiert in Hamm am 19. und 20. Juni 1883, und an den Abschied des Herrn Pfarrers Lic. Sachsse, jetzt Professor und Director des theolog. Seminars in Herborn, gefeiert am 24. und 25. Juni 1883. gr. 8. Hamm 883, Grote'sche Buchh.
Inhalt:
Spitta, Festpredigt. — Dryander, Festpredigt. — Sachsse, Abschiedspredigt. (42 S.)

Offizielle **Fest-Woche** zur Jahrhundertfeier der Stadt Barmen vom 23. bis 28. Mai 1908 H. 1–3. Barmen: Born (1908). 4° [Umschlagt.] [10. 9763 5]

Festwoche Prag's — Eine Erinnerungsschrift an die freudevolle Anwesenheit Ihrer k. k. Majestäten Franz Joseph I. und Elisabeth in Prag. 8. (22 S. und 8 Abbildungen.) Prag. 1854. Druck und Verlag der C. W. Medau'schen Buchdruckerei.

Festwoche, Die, zu Waterberg-Modimulle. Berlin 1892. V: *Sauberzweig-Schmidt.* (Berl)

Rheinischer Kurier. Wiesbadener **Festwoche** 1907. (Berlin: Verlagsanst. Buntdruck 1907.) (32 Bl.) quer-4° [08. 4934]

Festwoche, die Wupperthaler. Specialberichte über sämmtl. vom 10. bis 17. Aug. 1878 im Wupperthale abgehaltenen Feste und Versammlungen. gr. 8. (VI, 176 S.) Barmen 873, Wiemann. *

—— dass. — Specialberichte über sämmtl. vom 8. bis 16. Aug. 1874 im Wupperthale abgehaltenen Feste und Versammlungen. 8. (IV, 264 S.) Ebendas. 874. *

Festwoche, die Wupperthaler. Specialberichte über sämmtl. vom 8. bis 15. Aug. 1875 im Wupperthale abgehaltenen Feste und Versammlungen. gr. 8. (IV, 233 S.) Barmen 875, Wiemann. *

Olsufieff, Alexius v.: **Heitere Festworte ihrem hochverehrten und geliebten Br. Alexius v. Olsufieff am fröhlichen Tage seiner Geburt den 20. Jan. 1835 aus inniger Achtung und Freundschaft geweiht. Dresden [1835]: Gärtner. 2 Bl. 4° [Umschlagtit.]**
Gedicht: Heiter glücklich war die Stunde .." 110.

Festwunsch zur vaterländischen Bundesfeier in Baar 1891. Zug 1891. V: *Holzhalb, David.* (zuwzür 1910)

Festzeichnung bei der Eröffnungsfeier der ger. u. vollk. Johannisloge »Friedrich zur Frankentreue« im Or. Kulmbach von W. Fl. am 14. Jan. 1900. [Kulmbach 1900.] V: *Flessa, Wilh.* (wolfstieg II, 166)

Amtliche **Fest-Zeitung** zum XXIII. Mitteldeutschen Bundes-Schiessen in Halle a. S. vom 16. bis 23. Juni 1907. [1–4.] (Halle a. S. 1907: O. Thiele.) 4 Bde 2°(4°) [Kopft. F.] [07. 10761 3]

Fest-Zeitung zur Internationalen Ausstellung für das Rothe Kreuz, Volksernährung, Hygiene und Kochkunst zu Leipzig am 4.–13. Febr. 1892. Hrsg. von Hugo & Herman Zeidler, Berlin. (Berlin 1892: H. & H. Zeidler.) (S. 9–20.) 4° [Umschlagt.]
— Vegetarier, Der. Jg. 25, No 2/3. [06. 14871]

Festzeitung zum Bergturnfest Bismarckhöhe, veranstalt. v. T. V. Agnetendorf 16.—18. 7. 1910, Agnetendorf 1910, 8 S., Gr.-8°.
Darin: Geschichte d. T. V. in Agnetendorf, v. G. Speil.

— zum Bezirks-Fest des Krieger-Bez. Wittenberg am 4. Juni 1893. Fol. (8 S.) Wittenberg 893. (P. Wunschmann.) — 30

Fest-Zeitung zum Bundes-Fest des Westlichen Schützen-Bundes der Vereinigten Staaten von Nord-Amerika.
Herausgegeben unter Controlle des Press-Comite der Fest-Behörde, John Neunier, Präs. William Finger, Sekretär. Numbers 1–6, Apr. 10, 20, May 1, 15, June 1, 10, 1895: large quarto, each 8–12 pages; illustrated. Printed in an edition of 25,000.
Milwaukee, WI

— zum 10. Niederlausitzer Bundesgesangsfeste am 23. u. 24. Juli 1893 in Sommerfeld. Fol. (12 S.) Sommerfeld, Bez. Frkf. a/O. 893. H. Mertsching. n. — 30

Fest-Zeitung für das Bundes-Sängerfest des Arbeiter-Sängerbundes: 1900?–?
Organ of Arbeiter Sängerbund.
St.Louis, MO

Fest-Zeitung zum VIII. fränkischen Bundessängerfest. 4 Nrn. gr. 4. (28, 20, 12, 16 S.) Schweinf. 892, Stoer.
à Nr. ** — 35; ** 1 40

Fest-Zeitung für das 54. Bundes-Sängerfest der vereinigten norddeutschen Liedertafeln, Quedlinburg, 10.—12. VII. 1903. (20 S. m. Abbildgn.) gr. Fol. Quedlinburg (903.) (H. Schwanecke.) n.n. — 50

Fest-Zeitung für das 54. Bundes-Sängerfest der vereinigten norddeutschen Liedertafeln. Quedlinburg 10.–12. Juli 1903. (Quedlinburg: Ch. F. Vieweg 1903.) (10 Bl.) 2° [F.] [08. 15389]

Festzeitung für das fünfte deutsche Bundesschießen. 1875. 10 Nrn. gr. Fol. (24 S.) Stuttgart, (Wildt's Verlag.) *

Fest-Zeitung für das 7. deutsche Bundesschießen in München vom 24. bis 31. Juli 1880. Ill. München, Knorr & Hirth, Gr.-Folio, 328 + 8 S.

Festzeitung für das siebente deutsche Bundesschießen 1881. Hrsg. vom Preß-Comité. Redact.: J. R. v. Schmaedel. 16 Nrn. (à Nr. 2—3 Bog. mit Illustr.) Fol. [München, Bibliograph. artist. Institut.] Leipzig, Unflad. 4
geb. 4

Festzeitung für das achte deutsche Bundesschießen 1884. (Commissionsverlag von E. A. Seemann ... in Leipzig ...)
IV + 220 S. m. 96 Abb. 4°.

— zum IX. Deutschen Bundes- u. Jubiläums-Schießen 1887. Red.: Johs. Proelß. 12 Nrn. Fol. (224 S. m. Illustr.) Frankfurt a/M. 887. Osterrieth. n. 6. —

— dasselbe. Nachtrag. Fol. (30 S.) Ebd. 887. n. 1. —

— f. das XI. deutsche Bundesschießen in Mainz, 1894. Amtliches Organ des Central-Ausschusses. Hrsg. vom Preß-Ausschuß. Red.: Carl Wallau. 9 Nr. Fol. (IV, 136 S. m. Abbildgn.) Mainz, (H. Quasthof) n.n. 3. 50; geb. in Leinw. n.n. 6. —

— f. d. 12. deutsche Bundesschießen in Nürnberg 1897. 12 Nrn. Fol. (196 S. m. Abb.) Nürnberg 897. (J. L. Schrag.) n.n. 4. —

[F.] Fest-Zeitung f. d. XII. Deutsche Bundesschiessen in Nürnberg 1897. Amtliches Organ d. Festleitg. Hrsg. v. Pressausschuss. Redaktion Dr. Emil Reicke. *Nürnberg: W. Tümmel (1897).* (2 Bl., 196 S.) 1 Bd 2. [97. 7172 K.

Festzeitung f. das 13. deutsche Bundesschießen. Dresden 1900. Amtliches Organ der Festleitg. Hrsg. vom Preßausschuß unter Red. von Jesco v. Puttkamer u. Geo. Irrgang. 12 Nrn. Fol. (à ca. 16 S. m. Abbildgn.) Dresden-Blasewitz. (Dresden, Friese & v. Puttkamer.) n. 4.—

Festzeitung zum XIV. Deutschen Bundesschiessen in Hannover 1903 ... Hrsg vom Press-Ausschuß. Hannover. Adolf Kiepert (1903) 225 S. m. zahlr. Abb. 2°.

Festzeitung des 15. Deutschen Bundesschiessens. München 1906. Hrsg. vom Presse-Ausschuß. München. Knorr u. Hirth (1906). IV + 154 + 44 S. m. zahlr. Abb.; 3 Taf. 2°

— f. das 15. deutsche Bundesschießen. Hrsg. vom Preßausschuß. Red.: G. Schaumberg. 12 Hefte. (à ca. 12 S. m. Abbildgn. u. Taf.) gr. 4. München, Druck u. Verlag der „Münchener Neuesten Nachrichten". n. 6. —

Festzeitung f. das 16. deutsche Bundesschießen 1909. Red.: Arth. Obst. Hrsg. vom Preß-Ausschuß. 12 Nrn. (à ca. 12 S. m. Abbildgn. u. 1 Bildnistaf.) 38×27,5 cm. Hamburg (O. Meißner's Verlag.) 5. —

Fest-Zeitung des XI. Mitteldeutschen Bundesschießens in Halle a. S. vom 29. Juli bis 5. Aug. 1888. Hrsg. von der Preßkommission (R. Gosche). 6 Nrn. Fol. (46 S.) Halle, (Reichardt.) *

—— für das XII. mitteldeutsche Bundesschießen 1889 in Plauen im Vogtl. Redact.: Alkuin Franke. 6 Nrn. Fol. (à Nr. ca. 16 S. m. Illustr.) Plauen i. V. 889, (Kell). à Nr. ** — 25; ** 1 50

—— für das XIV. mittel-deutsche Bundesschießen zu Weißenfels. Organ d. Central-Ausschusses. 4 Nrn. Fol. (50 S. m. Abbildgn.) Weißenf. 892, (M. Lehmstedt). à Nr. — 30; 1 20

Festzeitung für das 13. Bundesschießen des Schützenbundes Neumark-Posen. 1910-11.

Fest-Zeitung für das Bundes- und Jubel-Schützenfest zu Patschkau, vom 11.–16. Aug. 1901. No 1–3. (Red.: G. Buchal.) *[Patschkau:] Schützengilde (1901).* 3 Bde 2° [F.] [01. 13652

Festzeitung zum 27. Bundes-Turnfest in St. Louis, Mo., 6., 7., 8. u. 9. 6. 1897, hrsg. v. Festaussch. des Nordamerik. Turnerbundes, Nr. 1—11, 1896/97, 4°.

Fest-Zeitung. Bei Gelegenheit d. Einzugs der siegreichen sächsischen Truppen in Leipzig am 2. Novbr. 1871. gr. Fol. (4 S. m. e. Holzschn.) Leipzig 871. G. Schulze. — 10

Fest-Zeitung zur Erinnerung an die Einweihung des Kaiser Wilhelm-Denkmals zu Danzig, am 21. Sept. 1903. Hrsg. von Eduard Pietzcker, Danzig. *(Danzig 1903: A. Müller.)* (11 S.) 2° [F.] [04. 376 10

Festzeitung zur Eröffnungsfeier der Turnhalle des T. V. Feldkirch, Feldkirch 1904, 8 S., 4°.

Festzeitung zum Eröffnungs-Commerse des 97. Semesters der Lese- und Redehalle der deutschen Studenten in Prag 1896. F. d. Schriftleitg verantw.: Otto Kobler. *(Prag: Hofbuchdr. A. Haase 1896.)* (33 S.) 1 Bd 8. [98. 9086

Fest-Zeitung des II. Deutschen Esperanto-Kongresses, Dresden, 8.–12. Mai 1907. Verantw. Red.: Dr. Albert Schramm. (Dresden: Esperanto-Gesellsch. 1907.) (24 S.) 4° [Kopft. F.] [07. 10308

Fest-Zeitung zur Fahnenweihe des Militär-Verein Plottnitz-Reichenau. Plottnitz d. 27. Juli 1902. Red.: R. Neumann, Plottnitz. *Plottnitz: Mil.-Ver. Plottnitz-Reichenau; G. Buchal, Patschkau [in Komm.] (1902).* (6 Bl.) 4° [F.] [03. 11053

Festzeitung zur Feier des 50jähr. Bestehens der beiden freiwilligen Feuerwehren in Giessen. Sonder-Ausg. der hess. Feuerwehr-Zeitg. Offizielles Fest-Organ. (11 S. m. Abbildgn.) gr. 4. Giessen, Verlag der hess. Feuerwehrzeitg. 1905 —. 20.

[Umschlagt.:] [F.] Fest-Zeitung zur Feier des 200jährigen Bestehens der Schützengilde zu Delitzsch am 18., 19. und 20. Juli 1897 . . . *(Delitzsch: Dr. v. C. A. Walter 1897.)* (8 Bl.) 1 Bd 4. [97. 6058

Festzeitung zur Feier der Einweihung des neuen Gymnasialgebäudes in Goslar. No. 1 – 3. Goslar, 10. 11. 12. Oktober 1888. 4 (je 4 S.). Progr. Rg. u. G. *Goslar* 1888.

—— zur Feier der Enthüllung des Hutten-Sickingen-Denkmals auf der Ebernburg. Pfingsten 1889. gr. Fol. (10 S. m. Illustr., nebst Extrablatt 2 S.) Kreuznach, Schmithals. — 75

—— zur Feier der Enthüllung d. Rückert-Denkmals am 18., 19. u. 20. Oktbr. 1890. 4 Nrn. gr. 4. (34 S. m. Abbildgn.) Schweinf. 890, (Giegler — Stoer). à Nr. ** — 30; ** 1 20

—— zur Feier d. 5. Turnfestes d. V.-C. [Verband farbentrag. akadem. Turnvereine auf deutschen Universitäten] zu Rudolstadt. 15.—18. Mai 1891. Redact.: Paul Wohlfeil. gr. 4. (18 S.) Lpz.-Reudnitz 891, M. Hoffmann. * 1 —

— zur Feier d. 6. Turnfestes d. V.-C. (Verbandes farbentrag. akadem. Turnvereine auf deutschen Universitäten) zu Köthen vom 19.—22. Mai 1893. Hrsg. v. Max Hoffmann. gr. 4. (24 S. m. Fig.) Leipzig-Reudnitz 895. M. Hoffmann. n. 1. —

Festzeitung zur Feier des 7. Turnfestes des V.-C., des Verbandes farbentragender akademischer Turnvereine auf deutschen Hochschulen zu München v. 31. 5.—3. 6. 1895, Leipzig 1895, 24 S., 4°. Ebda.

— zur Feier der 500jährigen Zugehörigkeit der Stadt Dohna zum Fürstenhause Wettin. 21.—23. VI. 1902. Hrsg. vom Preßausschuß. Schriftleiter: Schlauch. hoch 4. (18 S. m. Abbildgn.) Dohna 902. (W. Kunis.) n. — 20

Fest-Zeitung z. Alpinen Feste d. Section Augsburg d. deutschen u. österreich. Alpen-Vereins zum 2. Febr. 1895. hoch 4. (23 S. m. Abb. u. 1 Taf.) Augsburg 895. (Lampart & Co.) n. 1. 50

Fest-Zeitung. Herausgegeben anläßlich des VI. allgemeinen österreichischen Feuerwehrtages in Klgft. 1896. (Klgft., Leon, 1896.) Folio. 12 S.

Festzeitung für das eidgenössische Freischießen 1865. Redig. vom Sekretär des Organisations-Comité. 16 Nrn. (à 1/2—3/4 Bog.) gr. 8. Schaffhausen 865, (Schoch.)

Festzeitung zum Friesentag am 26. u. 27. Juni auf Sylt. Hrgg. vom Preßausschuß der „Sölring Foriining E. V." in Keitum auf Sylt. Schriftleitung: Carl Meyer. (Westerland. 1909.) Fol. [Kopft.]

Festzeitung zum Frühlingsfest 1903 des Ortsverbandes Dresden der Pensionsanstalt deutscher Journalisten u. Schriftsteller. Dresdner Schriftsteller- u. Künstler-Klub. (27 S. m. Abbildgn.) Fol. Dresden (Holze & Pahl). n n. 1. 50

— zum 24. deutschen Gastwirtstag in Gotha am 14.—18. Juni 1897. 2 Nrn. hoch 4. (78 S. m. Abb.) Gotha 897. C. Glaeser. à n. — 50

Festzeitung für das 21. Gauturnen des Nordostthüringer Turngaues 6.—8. 8. 1904 zu Weißenfels a. S., Enth.: Mitteilungen üb. d. Weißenfelser Turnerschaft, Weißenfels 1904, 8 S., 2°.

Festzeitung zum 11. Gauturnfest des Jeschken-Iser-Turngaues, Grottau 22. 7. 1888, Grottau 1888, 24 S., 4°.

Festzeitung für das 15. Nordböhmische Gauturn- und Feuerwehrfest, verb. m. 25jähr. Jubelf. d. Warnsdorfer T. V. in Warnsdorf 25.—26. 7. 1886, Warnsdorf 1886, 12 S., 4°.

Festzeitung zum 16. Nordböhmischen Gauturn- und Feuerwehrfeste in Leipa 26.—27. 8. 1888, enth.: Sind unsere Hoffnungen von 1861 erfüllt? Von Dr. R. Brendicke in Berlin, Tetschen 1888, 12 S., 4°.

Festzeitung zum 23. Gauturnfest des Gaues Rheinhessen 26.—28. 6. 1897 zu Undenheim, 36 S., 8°.

Festzeitung z. 100jähr. Gedenkfeier d. Lithographie u d. Steindrucks. 4° Stuttgart 1896

Festzeitung zum 25jähr. Gründungsfest des deutschen Turnvereins in Reichenberg und 9. Gauturnf. d. Jeschken-Iser-Turngaues zu Reichenberg 1886, Reichenberg 1886, 4°.

— humoristische, zum XIII. Mittelrheinischen Turnfest zu Neuwied am 12—15. Aug. 1882. Hrsg. u. verf. v. Jos. Steinbach. gr. 4. (22 S. m. eingedr. Holzschn.) Neuwied 882. Heuser's Verl. in Comm. — 25

Illustrirte Festzeitung für das zehnte Deutsche Bundesschiessen. Berlin 1890. Hrsg. vom Pressausschuß. Berlin. Alexius Kiessling 1890.
Getr. Pag. mit zahlr. Abb. 2°.

Fest-Zeitung z. Jubelfeier d. Univ. Erlangen s.a. Varnhagen, Hermann [Vf.] [93. 6069

— zur Jubelfeier der Universität Erlangen. 1743—1893. Fol. (6 S. m. Abbildgn. u. 1 Taf.) Erlangen 893. (F. Junge.) n. — 40

Festzeitung zur 25jährigen Jubelfeier des Kaufmännischen Turnvereins zu Halle a. S., 11.—13. 8. 1900, 11 S., 4°.

Festzeitung für die goldene Jubelfeier des „Allgemeinen Turn-Vereins in Bendorf von 1861" verb. m. d. 34. Gauturnfest d. Rhein-Mosel-Gaues 8.—10. 6. 1911 (Enth. z. Geschichte d. Allgem. T. V. v. 1861), 2°.

Festzeitung zum 25jähr. Jubelfest des Turnvereins München, m. Abb., 1885, 8°.

Festzeitung zum 50jährigen Jubelfest des Schützencorps zur Josephinenhütte. Schreiberhau, 1899. 2487

Festzeitung zum 60jähr. Jubelfest des Turnvereins Bieber, 12 S., 4°.

Fest-Zeitung zum 250jährigen Jubelfest der Schützen-Gilde in Czarnikau am 3., 4. u. 5. Juli 1898. *Czarnikau: J. Deuss 1898.* (1 kl. Bl., 9 S.) 1 Bd 4. [98. 7060

Fest-Zeitung zum 25-jähr. Jubiläum des Beethoven Männerchor. New York, NY
GyAIZ.: 10. VII. 1884. Nr. 8.

Festzeitung zum 25jährigen Jubiläum des „Buchfink". Fol. (12 S. m. Abbildgn.) Wien 894. (R. Mohr.) n.n.n. 1. —

Festzeitung für das 50jähr. Jubiläum der Turnanstalt Untersachsenberg 11.—13. 6. 1910, enth.: Geschichte des Vereins, 14 S., 4°.

Festzeitung z. 50jähr. Jubil. d. Großherzogl. W. u. L. Zimmermanns Realschule sowie d. Herren G. Compter u. Herm. Crain, m. Abb., Apolda 1909, 15 S., 2°.

Fest-Zeitung zum 750jährigen Jubiläum des Grünberger Weinbaues. Grünberg i. Schles., den 14. u. 15. Oct. 1900. (Hrsg.: August Feder.) *(Grünberg: W. Levysohn 1900.)* (32 S.) 4° [Kopft. F.] [00. 9046

Festzeitung z. 25jähr. Jubiläumsfeier d. T. V. zu Zeulenroda, Red. Max Jahn, Zeulenroda 1886, 4°.

Festzeitung zum Jubiläumsfeste des Neurönnebecker Turnvereins, 17. 9. 1905 in Neurönnebeck, Darin: Geschichte d. V., 4 S., 4°.

— Hrsg. zum 600-jähr. Jubiläums-Schießen d. kgl. priv. Feuerschützen-Gesellschaft Traunstein. Schriftltg.: Jos. Angerer. 3 Nrn. (à ca. 16 S. m. Abbildgn.) Lex. 8. Traunstein, G. H. Stifel. 1.50

Festzeitung für das Kantonalschützenfest in Bern, Bern, 1897.

Festzeitung zum Bündner Kantonal-Schützenfest in Chur 1891. Chur, 1891.

Fest-Zeitung [zum] Solothurner Kantonal-Schützenfest in Solothurn vom 9.—16. Juni 1901. Redaktion: Dr. R[obert] Marti, Dr. E[rnst] Brunner, (*Nr. 2—5:* Dr. A[ugust] Erb;) Dr. E[mil] Gassmann. 5 Nummern. [Illustriert.] (*zus.* 48 S.) 4. Solothurn, (Zepfel,) 1901 Juni 9—18. [Abt. fr. 1.—]

Festzeitung. 18. Aargauisches Kantonal Turnfest, Aarau. 24.-26. August 1901. Edirt vom Press-Komite. [Illustriert.] 8 S. fol. Aarau, G. Keller. fr. —. 35

Fest-Zeitung Aargauisches Kantonal-Turnfest in Bremgarten 1910. (Redigiert von F[erdinand] Weissenbach.) [Illustriert.] 8 S. fol. ([Bremgarten,] Buchdr. Weissenbach.) [fr. —.50]

Festzeitung zum Kommerse des Schlesw.-Holstein. Fortbildungsschultages in Altona am 25. April 1905. o. O. (1905.) 8°

Festzeitung für den Kommers beim 25. Stiftungsfest der Berliner Turnerschaft, 20. 10. 1888, Berlin 1888, 4 S., 8°.

Fest-Zeitung. (Herausgegeben vom Festausschuß der Section „Klgft." des D. Ö. A. V. anläßlich des Costümfestes am 4. März 1894. Klgft., Bertschinger, 1894.) Folio. 6 S.

Festzeitung zum 4. Kreisturnen des X. Deutschen Turnkreises in Kaiserslautern 1890, u. Zeitungsber. d. „Pfälzischen Presse", 4°.

Festzeitung zum 28. Mittelrhein. Kreisturnfest Hanau. 14.–18. Juli 1906. Nr. 1–3. Hanau: P. Lauser 1906. 3 Bde 4°(2°) [Kopft. F.] [08. 1389 4

Festzeitung für das 29. Mittelrheinische (IX.) Kreisturnfest, Bad Kreuznach, 30. 7.—3. 8. 1910, hrsg. v. Presseaussch., Kreuznach, 4°.

Fest-Zeitung zum XVI. Kreis-Turnfest Nord-Ost i. Bartenstein, d. 5., 6. u. 7. Juli 1902. *(Bartenstein: Gebr. Kraemer 1902.)* (4 Bl.) 2° [Kopft. F.]

Festzeitung für das 2. Sächsische Kreisturnfest in Plauen i. V. 17.—19. 7. 1897, Plauen i. V., 4°.

Festzeitung für das 8. Thüringische Kreisturnfest (XIII.) zu Altenburg 22.—25. 7. 1905, m. Abb., 84 S., 4°.

Festzeitung zum 9. Kreisturnfest des XIII. Kreises (Thüringen) der D. T. in Halle a. S. 1910, hrsg. v. Presseaussch., m. Abb., Halle a. S. 1910, 4°.

Festzeitung zum XVI. Kreisturnfest des Turnkreises mb. Neu-Ruppin, d. 22.–24. Juni 1901. *(Neu-Ruppin 1901: E. Buchbinder.)* (31 S.) 4° [Kopft. F.]

Vereinigung dter Kriegsvereine v Central NY. Fest-Ztng für d erste Kriegerfest, Troy, NY, 22. Juli 1907. Troy, 1907.

Festzeitung zum 13. Württembergischen Landesschießen. Reutlingen, 1891, Fol.

Festzeitung für das 25. Landesturnen des XI. Kreises (Schwaben) zu Biberach 23.—25. 7. 1881, Biberach 1881, 8°.

Festzeitung. 53. Allgemeine Schleswig-Holsteinische Lehrer-Versammlung zu Schleswig 31. Juli — 2. August 1907. (Schleswig. 1907.) 4° [Umschlagt.]

Eine Festzeyttungen [**Festzeitung**] gefertigt und allen Collegen vom Fach dediciret zum XVII. Deutschen Maler-Bundestage, so da in d. Junitagen v. 20. bis 24. anno 1901 allhier in d. Stadt Dantzig abgehalten wird... (Red.: Eduard Pietzcker. Danzig 1901: A. Müller.) (8 S.) 2° [Kopft. F.]
[Umschlagt.:] XVII. Deutscher Maler-Bundestag in Danzig v. 20.–24. Juni 1901. [03. 14607 10

Fest-Zeitung der „Milwaukee Freien Presse" Wöchentliche Industrie. Milwaukee, WI
Ausstellung vom 6. Sept. bis zum 15. Okt. 1881.

Festzeitung, officielle. Im Auftrag des Central-Comite's redig. von J. B. v. Schweitzer. 20 Nrn. Fol. (126 S. mit 1 Stnt. in qu. Fol.) Frankfurt a. M. 862, Keller. *

Offizielle Festzeitung für das 26. Bundesturnfest in Milwaukee, Juli 1893, des Nordamerikanischen Turnerbundes, 4°.

Offizielle Festzeitung zur Feier der Einweihung des Nationaldenkmals auf dem Niederwald Nr. 1—4, Rüdesheim a. Rh. 1883, 4°.

Festzeitung, offizielle illustr., für das eidgenössische Schützenfest 1885 in Bern. N° 1/2. In-4°. Bern, Nydegger & Baumgart. pro cplt. 4 —
*** Das ganze Abonnement wird ungefähr 15 Nr. von je 12—20 S. umfassen.

— offizielle, zur 350jähr. Jubelfeier der Universität Jena, hrsg. vom Festausschuß, red. v. Alex. Elster. 3 Nrn. (Je 20 S. m. Abbildgn. u. Teilnehmerliste 8 S.) 33,5 × 24 cm. Jena 908. G. Neuenhahn. à — 30

Festzeitung, offizielle, zum 500jährigen Jubiläum der Universität Leipzig. Hrsg. vom Press-Ausschuss der Jubiläumskommission. 4 Nrn. 28, 52, 32 u. 32 S. m. Abbildgn. 34 × 24,5 cm. Leipzig 909. B. Liebisch. (Quelle & Meyer) (Urspr. Pr. à Nr. nn — 25)

—— officielle, zum 50jährigen Jubiläum der kgl. Realschule Freising. 1883. Redact.: M. Knitl. 2 Nrn. gr. 8. (à Nr. 16 S.) Freising, Datterer.

Festzeitung. Offizielle F.-Z. für das Aarg. Kantonal Schützenfest, Aarau, 26. Juni bis 6. Juli 1908. (Redaktion: Für das Presskomitee Dr. Ernst Zschokke. [Illustriert.] 11 Nrn., 4. Juni — 31. Juli 1908.) *je* IV S. + 115 [+ *zus.* 137] S. 4. (Aarau, H. R. Sauerländer & Co.) [Abt. fr. 3.—]

Festzeitung. Offizielle Fest-Zeitung für das Aarg(auische) Kantonalschützenfest (in) Brugg 1902. (12 Nrn. Juni 21—Juli 26.) [Illustriert.] *je* 18 (**Nr. 12:* S. 1—10 + S. 9—18 = 20) S. 4. (Brugg, Typ. Effingerhof A.-G.) [Abt. fr. 2. 50; im Buchh. fr. 3. 60]

—— officielle, für das erste allgemeine deutsche Krieger-Fest, 1.—3. Juli 1883 zu Hamburg. Redact.: S. Steinberg und A. Mennelius. 3 Nrn. gr. 4. (24 S.) Hamburg, (Nestler und Melle.) à Nr. * 20 Pf. *

Deutsche Lehrerversammlung. Königsberg i. Pr. 1904. Offizielle Festzeitung. Hrsg. v. Presse-Ausschuß. (Hrsg.: A[ugust] Böhm.) No 1–3, 23.–25. Mai. (*Königsberg i. Pr. 1904: R. Leupold.*) 3 Bde 4° [Kopft. F.] [4. 1817] 10

Offizielle Festzeitung (f. d. Allgem. dtsch. Schützenfest zu Frankfurt a. M. 1862), J. A. d. Zentralkomit. red. v. J. B. v. Schweitzer, Frankfurt a. M. 1862, 120 S., 2°.

—— offizielle, für das eidgenössische Schützenfest 1885 in Bern. 18 Nrn. gr. 4. Bern, Nydegger und Baumgart. ** *M* 1.60.; geb. **

Offizielle Festzeitung für das 37. eidgenössische Schützenfest in Luzern vom 20. 6. bis 11. 7. 1901. Luzern, 1901.

Festzeitung. Offizielle Fest-Zeitung für das Eidgen. Schützenfest in Luzern. — Journal officiel du Tir Fédéral à Lucerne. (1901. Hrg. und redigiert vom Publikationskomitee. Chef-Redakteur: Dr. Th[eodor] von Liebenau. [Mit 7] Kunstbeilagen [und vielen] Illustrationen. — 15 Nummern, 31. Mai — 18. Juli.) II + 262 + II (+ *Annoncen sus.* 126) S. 4. (Luzern, J. L. Bucher & Sohn *etc.*) (Abonnement: Schweiz fr. 5. —, Ausland fr. 6. 50; Einzelne Nummer fr. —. 40)

Festzeitung. Offizielle F' für das Eidgenöss. Schützenfest in St. Gallen 1904. Redaktion: J[ohann] B[aptist] Grütter. Illustrative Ausstattung: Aug[ust] Müller. [Mit Noten, vielen Illustrationen, 6 Tafeln und 1 Noten-Beilage.] (12 Nummern. 15. Juni — 10. August 1904.) II [+ 6] + 236 S. 4. St. Gallen, Zollikofer (Komm. Fehr). Abt. fr. 5. — (Einzelnummer —. 50)

Festzeitung. Offizielle F'-Z' für das Eidgenössische Schützenfest in Zürich 1907. Mit 217 Illustrationen und 7 Kunstbeilagen. Redaktionskomitee: Prof. Dr. Hermann Bodmer, Chef-Redakteur, Dr. Friedr[ich] Hegi, Rud[olf] Peyer. (15 Nummern. 8. Juni – 25. Juli 1907.) (IV + *sus.* 384 S.) 4. Zürich, Jean Frey (Komm. Ed. Raschers Erben), 1907. (Abt. fr. 5. —, Einzelne Nummern —. 50)

Offizielle Fest-Zeitung [f. d.] zürcherische Kantonale Standschießen, Winterthur 1909. Nr. 1—4. Winterthur, 1909. 2958

—— offizielle, für das fünfte allgemeine deutsche Turnfest zu Frankfurt a. M. 1880. Organ des Preßausschusses. Redact.: A. Hartmann. 10 Nrn. (à Nr. 1 — 2 Bog.) Fol. Frankfurt a. M., Keller. *

— officielle, f. das 10. Verbandsschießen des badischen Landes-Schützenvereins, d. mittelrhein. u. d. pfälzischen Schützenbundes zu Ludwigshafen a. Rhein vom 1. bis 8. Juli 1888. 10 Nrn. (1/2 B.) gr. 4. Ludwigshafen 888. (Baumgartner.) n.n. 1. —; à Nr. n.n. — 15

Fest-Zeitung des Philadelphia Schützen-Vereins: no. 1–4, July 31—Aug. 31, 1871.
Aug. 28—31, 1871 this Rifle Club held its 25 anniversary meeting and published a Festzeitung for it.
Philadelphia, PA

Fest-Zeitung und Programm für den erweiterten (28.) Sängertag des Niedersächsischen Sänger-Bundes in Segeberg am 21. und 22. Juni 1890. (Segeberg. 1890.) 2 Bl. Fol., geb. in 8°

— z. XVII. sächsischen Provinzial-Bundes- u. Jubiläums-Schießen in Aschersleben in d. Zeit v. 20.—24. Juni 1897. Hrsg. v. d. Preß-Abtheilg. 5 Nrn. Fol. (62 S.) Aschersleben 897. (O. Bennewitz.) n. 1. —

Fest-Zeitung für das 8. Westpreußische Provinzial-Bundesschießen zu Konitz (26.–28. Juli 1903). Sonder-Ausg. d. 'Konitzer Tageblatt'. (*Konitz: F. Roehl Nachf. 1903.*) (2 Bl.) gr. 2° [Kopft. F.] [03.4048] 10

— für die XX. Provinzial-Lehrer-Versammlung zu Köslin, am 4., 5. u. 6. Oktbr. 1893. Hrsg. im Auftrage des Ortsausschusses. Fol. (11 S.) Cöslin 893. P. Perrin. n.n. — 25

Fest-Zeitung zur 24. Ostpreußischen Provinzial-Lehrer-Versammlung in Rastenburg 1909. Rastenburg: Ahl 1909. 4 Bl. 4°

— f. das XXIII. Posener Prov.-Sängerfest u. die 50jährige Jubelfeier des Lissa'er Männer-Gesangvereins, verbunden m. der Weihe e. neuen Fahne u. gleichzeitiger Fahnenweihe f. die beiden Männer-Gesangvereine Görchen u. Kobylin. Lissa i. P., 8. u. 9. VII. 1899. Fol. (20 S. m. Abbildgn.) Lissa (899). F. Ebbecke. n.n. — 30

Festzeitung zum 12. Saale-Gauturnfest in Pößneck (Nr. 1—6). Pößneck 1904, versch. S.zähl., 4°.

Fest-Zeitung ... des Nord-Amerikanischen Sängerbund: no. 1—33, 1849—1911.
Annual. Title varies: FEST-BULLETIN.
Place of publication varies with city in which the "Fest" was held. See below.

1. Cincinnati: 1849.
2. Louisville: 1850.
3. Cincinnati: 1851.
4. Columbus:
5. Dayton, Ohio:
6. Canton, Ohio:
7. Cleveland:
8. Cincinnati:
9. Detroit: 1857.
10. Pittsburgh;
11. Cleveland: 1859.
12. Buffalo: 1860.
13. Columbus: 1865.
14. Louisville: 1866.
15. Indianapolis:
16. Chicago: 1868.
17. Cincinnati: 1870.
18. St. Louis: 1872.
19. Cleveland: 1874.
20. Louisville: 1877.
21. Cincinnati: 1879.
22. Chicago: 1881.
23. Buffalo: 1883.
24. Milwaukee: 1886.
25. St. Louis: 1888.
26. New Orleans: 1890: no. 1—12, May 5, 1889—Feb. 2, 1890, ea. 8 p. Ed.: R. Dietrius
27. Cleveland: 1893: Pub. by M. Weinberger & Charles Haaka.
28. Pittsburgh: 1896, Ed. by C. Saam.
29. Cincinnati: 1899.
30. Buffalo: 1901.
31. St. Louis: 1903.
32. Indianapolis: June 17—20, 1908.
33. Milwaukee: 1911.

Cincinnati, OH

Fest-Zeitung des Nordöstlichen Sängerbundes von Amerika: 1850—1918
This was published in the interest of German-American song festivals that were held all over the nation and the place of publication varied.
Philadelphia, PA

—— für das erste deutsche Sängerbundesfest in Dresden 1865. Hrsg. vom Festausschuß. Redact.: Otto Schwerdfeger. 16 Nrn. (Bog.) gr. 4. Dresden 865, (Bach.) **

— zum 2. deutschen Sängerbundesfest München 1874. Red.: Eugen Gugel. Nr. 1—3. gr. 4. (à 1 B. m. Beilage.) München 874. Th. Ackermann. à — 30

— z. V. deutschen Sängerbundesfest, Stuttgart 1.—8 Aug. 1896. Hrsg. v. Fest-Ausschuß. Fol. (16 S. m. z. Tl. farb. Abb.) Stuttgart 896. (H. Wildt.) n. 1. —

Festzeitung. VII. Deutsches Sängerbundesfest Breslau 1907. Nr. 1–10. Breslau: Priebatsch [in Komm.] 1906–07. (250 S.) 4° [Umschlagt. F.] [07. 17600]

— zum VII. deutschen Sängerbundesfest, Breslau 1907. Schriftleitung: Carl Biberfeld u. Jos. Schink. 10 Nrn. (à ca. 15 S. m. Abbildgn.) 33,5×24 cm. Breslau (Priebatsch). 3. —

— z. 9. fränkischen Sängerbundesfest. Fürth, 16.—18. Juli 1898. Hrsg. v. Preßausschuß. Red.: Chrn. Weinlein. Fol. (20 u. 8 S. m. Abb.) Fürth 898. (A. Schmittner.) n. — 60

Central NY Sängerbund. Fest-Ztg. drittes Sängerfest ... 22.-24. Juni, 1903, in Syracuse. Syracuse, NY, 1903.

Festzeitung zum 4. Sängerfest des Central-NY-Sängerbundes v. 25.–27. Juni. 1906 in Troy, N.Y., Troy 1906.

Festzeitung für das eidgen. Sängerfest in Zürich, 9.—12. Juli 1880. Herausgegeben von Leonh. Steiner. Vier Nummern in-Fol., 32 S. Zürich, Gebr. Hug. 1 60

—— des Sängerfestes der vereinigten norddeutschen Liedertafeln, Celle, 20.—22. Juli 1883. 3 Nrn. gr. 4. (36 S. mit Illustr.) Celle, Schulze'sche Buchh. à Nr. * 30 Pf. *

Northeastern Sängerbund and the United Singers of Phila. Fest-Ztng für das 18te Nationale Sängerfest ... 21.-24. Juni, 1897, Phila. Phila, 1896-97.

Fest-Zeitung zum Nordwestlichen Sängerfest.
Organ of Nordwestliche Sängerbund. WHi "*Annotated Catalogue*" lists as weekly, monthly, and issued daily during Sängerfest.
St. Louis, MO

Festzeitung. Den ehemal. Schülerinnen der Höheren Mädchenschule gewidmet v. d. Schülerinnen d. Jubiläumsjahres. *Halle 1898.* (4 autogr. Bl.) 1 Bd 4. 193. 6539 IIa

Festzeitung. Organ des Organisationscomités. Hrsg. anläss. d. eidgen. Schützenfestes in Basel 1879, von Rud. Kelterborn. Verlag d. Vereinsbuchdruckerei. 17 Nummern 2 50
Ausland 3 20

Festzeitung auf das eidgen. Schützenfest in Frauenfeld 1890. Frauenfeld, 1890. 1081

Festzeitung für das eidgen. Schützenfest in Glarus 1892. Glarus u. Schwanden, 1892. 1153

Festzeitung für das eidgen. Schützenfest in Winterthur 1895. Winterthur, 1895. 2956

Festzeitung für das Eidgenössische Schützenfest in St. Gallen. St. Gallen, 1904. 2430

Festzeitung für das Eidgenössische **Schützenfest** in Bern 1910. Hrg. vom Press-Komitee. (Redaktion: Gian Bundi, Dr. J[ohann] Jegerlehner, Prof. Dr. Heinr[ich] Türler, Dr. A[lfred] Zesiger. 10 Nummern.) [Mit Illustrationen und 22 Tafeln.] IV + 266 S. 4. Bern, Stämpfli & Cie., 1910. (Abt. fr. 4.—, Einzelne Nrn. —.50)

Festzeitung des centralschweizerischen Schützenfestes im Juli 1889. Luzern, Keller, 1889.

Fest- u. Schützen-Zeitung. Bülletin der vierten Säcularfeier der Schlacht bei St. Jakob u. des eidgenössischen Ehr- u. Freischießens. Redigirt unter Mitwirkung der festleitenden Comités. Mit 8 lith. Abbild. gr. 4. Basel 844, Schabelitz. n. $1^1/_2$ ß

Fest- und Schützen-Zeitung oder Bülletin des eidgenöss. Freischießens in Glarus. Redig. unter Mitwirkung der festleitenden Comité's vom Aktuar des Organisations-Comité (J. J. Bäbler). 13 Nrn. (Bog. mit 1 Stnt. in Fol.) gr. 8. Glarus 847. (St. Gallen, Huber und Comp.) *

Fest- und Schützenzeitung. Offizielles Organ des Fest-Comités 1849 (Aarau). Aarau, 1849. 402

Fest- und Schützen-Zeitung. (Eidgenössisches Freischießen in Aarau.) Offizielles Organ des Fest-Comité. 20. Juni — 17. Juli 1849. 15 Nrn. (Bog. mit Stnt.) gr. 8. Aarau 850, Sauerländer, Brlgsh. *

Festzeitung zum Siegesfest des Turnvereins **München** v. 1860, 31. 10. 1903, m. Abb., München, 4°.

— zum I. deutschen Skatcongreß in Altenburg in den Tagen vom 7—9. Aug. 1886. Fol. (10 S.) Altenburg 886. Wermann. — 30

— zum 2. deutschen Skatkongreß in Leipzig in den Tagen vom 25. bis 27. Juni 1887. Red.: H. Kühn. 2 Nrn. Fol. (24 S.) Leipzig 887. Siegismund & Volkening. à — 30 (cplt. in 1 Hft.: — 60)

— zum 3. deutschen Skat-Kongreß zu Dresden in den Tagen vom 16. bis 18. Juni 1888. 8 Nrn. Fol. (Nr. 1: 12 S.) Dresden 888. Engelhaupt & Beyer. à Nr. — 30

Festzeitung 4. Spiel- u. Sportf. d. Rhein.-Westf. Spielverb. 31. 7. 1904 z. Duisburg, 4 S., kl.-8°.

1603—1903. Husumer Nachrichten. **Fest-Zeitung** zum 300j. Stadtjubiläum und Heimatfest. Husum. 1903. Fol., geb. in 4°

Fest-Zeitung in Anlass des 300jährigen Stadtjubiläums der Stadt Tönning. Zum 12. October. 1890. (Tönning. 1890.) 4°.

[Kupfert.:] [J.] **Fest-Zeitung** zur 25jährigen Stiftungsfeier der akademischen Verbindung **Frisia** 1872—1897. *Kiel: Graph. Anst. c. L. Handorff 1897.* (6 Bl.) 1 Bd 2. [98. 3308 Ba

Festzeitung zum 5. Stiftungsfeste der Vereinigung alter Turner zu **Elberfeld**, 16. 2. 1889, m. Abb., Elberfeld, 2°.

Festzeitung zum 25. Stiftungsfest des A. N. V. Franconia. [Halle a. S. 1905.] (16 Bl.) 4° [Umschlagt. lith.] [c3. 8037 S

— zum 25. Stiftungsfeste des Saldo, Verein jüngerer Buchhändler in Hannover. hoch 4. (12 S. m. Abbildgn.) Hannover 899. „Saldo", Verein jüngerer Buchhändler. n.n. — 50

Festzeitung zum Stiftungsfest der vereinigten Riegen im Allgemeinen Turnverein **Leipzig**, m. Abb., 26.: 1. 12. 1906, 27.: 30. 11. 1907, 8 S., 2°. 2 Bde.

Festzeitung zum 35.—37. Stiftungsfest des Männerturnvereins **Schmölln**, Schmölln 1896, 97, 98, 4°.

Fest-Zeitung zum 6. Stiftungsfest d. Aachener Buchhandlungsgehilfen-Vereins, hrsg. v. den ordentlichen, unordentlichen u. ausserordentlich unordentlichen Mitgliedern. Imp.-4. (8 S. m. Illustr.) Aachen 890, Aachener Buchhandlungs-Gehilfen-Verein (durch R. Barth). ** — 30

Tägliche Fest-Zeitung: Sept. 1868.
Published by the Schützenverein, during the Festival. Advertised in COLUMBIA, Aug. 29, 1868. 2000 copies printed, and issued gratis.
Washington, DC

Fest-Zeitung zum 3. Akademischen Turnbundsfest in Hameln am 3/—6. August 1901. *Hameln 1901: C. W. Niemeyer.* (99 S.) 8° [01. 9944 2

Fest-Zeitung des Nord-Amerikanischen Turner-Bundes:
Published by Socialistischer Turnerbund, 1851—?; by Vereinigte Turn-Vereine von Nord-Amerika.
Philadelphia, PA

Festzeitung für das 7. Bayrische Turnfest, verb. m. d. 25jähr. Jubelf. d. Best. d. Bayer. Turnerbundes, Augsburg, 14.—17. 8. 1886, verantw. Red. Josef Nadl, Augsburg 1886, 48 S., 4°.

— für das 12. bayerische Turnfest in Kempten 1905. Hrsg. vom Preß-Ausschuß. Vorsitzender: N. Wührer. 6 Nrn. (à ca. 24 S. m. Abbildgn.) 4. Kempten, (J. Kösel). n.n. 1. 50

— für das 6. deutsche **Turnfest** 1885. Organ der Festleitg., hrsg. vom Preß-Ausschuß unter Red. v. Th. A. **Herrmann** u. **Koppel-Ellfeld**. 12 Nrn. gr. 4. (Nr. 1—3: 36 S.) Dresden 885. Lehmann'sche Buchdr. n. 2. —

Festzeitung für das 7. Deutsche Turnfest in **München** 1889, m. Abb., München 1889, 2°.

— für das 8. deutsche **Turnfest** in Breslau. Schriftleitung: Th. **Schmidt**. 12 Nrn. (à ca. 4 Bog. m. Abbildgn.) Fol. Breslau 894. (Priebatsch.) n. 3. —; einzelne Nrn. — 30

— für das 9. deutsche Turnfest in Hamburg 1898. Schriftleitung: J. Claßen. 13 Nrn. (à ca. 18 S. m. Abb.) Hamburg 898. O. Meißner, Sort. n. 4. —; einz. Nrn. — 50

Festzeitung zum 10. Deutschen Turnfest in **Nürnberg** 1903, m. Abb., 292 S., 2°.

Festzeitung für das 11. Deutsche Turnfest in **Frankfurt a. M.** 1908, m. Abb., Frankfurt a. M. 1908, 252 S., 2°.

— für das 11. deutsche **Turnfest**. Frankfurt a. M. 1908. Hrsg. vom Preß-Ausschuß. Schriftleiter: Theo Schäfer. 13—14 Nrn. (à ca. 24 S. m. Abbildgn.) 38×26 cm. Frankfurt a/M. 908. Kesselring. 4. 50

— des eidgenössischen **Turnfestes**, Chur 1884. 3 Nrn. 4. (14 S.) Chur 884. Kellenberger. n. — 50

Festzeitung, Eidgenössisches Turnfest in Schaffhausen am 24.—27. 7. 1897, Schaffhausen, 4°.

Festzeitung für das Eidg. Turnfest in Bern 1906, 14. bis 17. Juli. (Redaktion: Karl Schneider. 5 Nrn. [Illustriert. Mit] Beilage: Verzeichnis der Resultate.) (II + *zus.* 56 [+ *Beilage* fol. 4] S.) 4. Bern, Blaser & Tschanz.
(Abt. fr. 1.50; einzeln: Nr. 1—3 *je* —.30, Nr. 4/5 *mit Beilage* —.40)

— für das eidg. Turnfest in Bern (14.—17. VII.) 1906. Red.: Karl Schneider. 5 Nrn. (16, 16, 8 u. 16 S. m. Abbildgn. u. 4 S. Fol.) 4. Bern, (A. Francke.) In 1 Bde. n. 2. —

Festzeitung für das 23. Turnfest des Lahn-Dill-Gaues 22.—24. 7. 1905 zu Braunfels (enthält u. a.: Mitteilungen a. d. Geschichte d. T. V. Braunfels), Wetzlar 1905, 8 S., 4°.

FEST-ZEITUNG ZUM 16. MITTELRHEINISCHEN TURNFESTE in Worms 1886. Redaktion: A. WECKERLING.
M 1—3. 7—10. August 1886. (Ohne bes. Titelblatt. — Druck von A. K. Boeninger.) 4°.

— zum 16. mittelrheinischen Turnfeste in Worms 1886. Red.: A. Weckerling. gr. 4. (42 S. m. 1 Stadtplan.) Worms 886. (Reiß.) n. — 35

—— zum 18. mittelrhein. Turnfest in Coblenz 1890. Redact.: A. Trapet. 5 Nrn. gr. 4. (13 B. m. Abbildgn.) Cobl. 890, Groos. ** 1 50

Festzeitung für das Turnfest zu Torgau 17.—19. 6. 1886 zum 25jähr. Best. d. T. V. zu Torgau u. 1. Gauturnf. d. Elbe-Elster-Gaues, (angeh.): Programm f. d. Festkommers, Festordnung, Festlieder u. Festbestimmungen, u. Festber. i Torgauer Wochenblatt, 4°.

Festzeitung für das 28. Turnfest des Nordamerikanischen Turnerbundes 1900 in Philadelphia, m. Abb., Philadelphia 1899/1900, 48 S., 2°.

Festzeitung zum 9. Turnfest des V.-C., des Verbandes farbentragender Turnerschaften auf deutschen Hochschulen zu Meißen 23.—26. 5. 1899, Berlin 1899, 15 S., 4°.

Fest-Zeitung des Turnfest des Turnerbezirks „Wisconsin": no. 1—6, Feb. 1—July 1, 1892.
Monthly, issued during the Turnfest, held July 8—11, 1892. Large quarto, each issue 4 pages
Madison, WI

Fest-Zeitung zur Turnhallen-Weihe des T. V. Taura, i. V., 28.—30. 5. 1910, m. Abb. (Enth.: A. d. Gesch. d. Ver., v. A. B.), 12 S., 2°.

Festzeitung des Frankfurter Turnvereins zum 25jähr. Stiftungsfeste 1885, m. Abb., 4°.

Festzeitung des Coblenzer Turnvereins zur 25jähr. Stiftungsfeier 1885, 4°.

Festzeitung zum 200jährigen Universitäts-Jubiläum 1694—1894. Hrsg. im Auftrage des Festausschusses der Universität. Red.: Walth. Gebensleben. 5 Nrn. Fol. (Nr. 1. 14 S. m. Abbildgn.) Halle 894. Verlag der Halleschen Zeitung. n. — 75

Festzeitung der Deutschen Katholischen Unterstützungs-Vereine von Wisconsin.
GyAIZ: 6. 7. & 8. 6. 1892.
Green Bay, WI

Lüch op! Fleu herut! Fest-Zeitung zum 6. schleswig-holsteinischen Verbands-Boßelfest in Husum am 11. und 12. Febr. 1906. Husum. 1906. Fol., geb. in 4°

Festzeitung. Offizielles Organ zum 12. Verbandsschießen des badischen Landesschützenvereins .... vom 12.—19. Juli in Karlsruhe. Karlsruhe, 1891, 140 S.

Fest-Zeitung d. XIV. Verbands-Schießens. (Offiz. Organ d. Central-Ausschusses.) Red.: Fritz Becker. Fol. Worms 895. (P. Reiß.) n.n. 1. 50

— f. d. XV. Verbands-Schießen Mannheim 1896. Offiz. Organ d. Central-Comités. Red.: Vinc. Becker. 9 Nrn. Fol. (108 S. m. Abb.) Mannheim 896. (J. Bensheimer's Verl.) n. 1. —

Fest-Zeitung für das Canstatter Volksfest: [no.] 1—40, 1878?—1917?
Published by the Schwaben-Verein von Chicago, & printed by Beutelspacher & Kranzt. [1905.]
Chicago, IL

Fest-Zeitung for dat Plattdütsche Volksfest: Jahrgang 1—36?, Aug. 1875—Aug. 1910?
Annual. Organ of the Plattdütsche Volksfest-Verein von New York.
New York, NY

Milwaukee Schwaben Untersts-Verein. Fest-Ztng zum Schwäbischen Volksfest ... 1. und 2. Aug 1909. Milw. 1909.

Festzeitung zur Vollendung des Münsters. Beilage zum Ulmer Tagblatt. 7 Blatt. Fol. (à 4 S. m. Abbildgn.) Ulm 890. Ebner. à — 15

Festzeitung zur Weihe der neuen Turnhalle sowie der von Frauen und Jungfrauen gestifteten neuen Fahne, Leipzig-Eutritzsch, 16 S., 4°.

— Wiesbadener, 1907. Hrsg. v. Rhein. Kurier. Red.: Adam Röder. (56 S. m. Abb.) 27,5×35 cm. Berlin (907.) Verlagsanstalt Buntdruck. 1. —

[Festzeitung zum Winterfeste des Königsberger Sängervereins. Hrsg.: Richard Heymann. Königsberg i. Pr.: Selbstverl. 1906.] [Fing. T.] (3 Bl.) 4° 10

— des Wohlthätigkeits-Jahrmarktes im Volksgarten zu Köln am 28. u. 29. Juni 1893. Fol. (22 S. m. Abbildgn.) Köln, (J. G. Schmitz). n. 1. —

Festzug der Basler Bundes-Feier. 14. Juli 1901. Hrg. vom Presscomité. Nach Costumskizzen Von Karl Jauslin, Franz Krauss und Burkh[ard] Mangold. Steinzeichnung von Burkh[ard] Mangold. 1 Bl. lang-fol., *in Umschlag* quer-4. (Basel,) Druck v. Wassermann & Schäublin. fr. 2. —

, *Festzug* beim VII. Deutschen Bundesschiessen in München. Mit Plan von München. O. O. u. J. (München, Knorr & Hirth, 1880.) 8°. Cart.
16 S. incl. Frontisp. u. 2 Holzschn.-Abbild.

Festzug des 10. Deutschen Bundesschiessens zu Berlin 1890. Gezeichnet von R. Knötel. Berlin 1890. 4°.

Festzug bei d. XII. deutschen Bundesschießen in Nürnberg 1897. qu. 4. (8 Taf. in qu. Fol. m. 8 S. Text.) Nürnberg 897. (F. Korn.) n.n. 1. —

Festzug des 16. Deutschen Bundesschiessens zu Hamburg am 11. Juli 1909. Hrsg. vom Festzugsausschuß für das 16. Deutsche Bundesschießen Hamburg 1909. Hamburg 1909, Hartung & Co.
5 Bl., 15 Taf. 8°.

Festzug d. 16. deutschen Bundesschießens zu Hamburg am 11. VII. 1909. Hrsg. vom Festausschuß für das 16. deutsche Bundesschießen, Hamburg 1909. (VIII S., 1 Bildnistaf. u. 30 farb. S.) 18,5×28,5 cm. Hamburg (909). (Herold). 2. —

Festzug zur Feier des goldenen Ehejubiläums des Grossherzogs Karl Alexander u d. Frau Grossherzogin Sophie von Sachsen. (27 T) Imp. in Mappe. Weimar 1892

Festzug zur Feier der silbernen Hochzeit des Kaiserpaares Franz Josef und Elisabeth. Nach Hans Makart's Entwürfen gezeichn. von Raph. v. Ambros. Ausg. A. qu. schmal gr. 8. (28 Bl.) Wien 879, v. Waldheim. * 60 Pf.; Ausg. B. *

[Festzug zur Feier der fünfundzwanzigjährigen Regierung des Königs Wilhelm von Württemberg am 28. September 1841 in Stuttgart. o. O. u. J.].
48 Taf. in kol. Lithogr. 8°.

— anlässlich der 79. Generalversammlung des Vereins nassauischer Land- u. Forstwirthe zu Dillenburg am 4. IX. 1900. qu. 8. (20 S. Abbildgn.) Dillenburg (902). Gebr. Richter. Kart. n. 1. 50

— geschichtlicher, zum XII. mitteldeutschen Bundesschießen zu Plauen i. V. am 21. Juli 1889. qu. schmal Fol. (7 Bl.) Plauen 889. (Kell.) n.n. — 80

Festzug, der historische, zur Hemmingstedt-Feier am 17. II. 1900. qu. gr. 16. (26 Bl. in Lichtdr.) Meldorf 900. M. Hanson. n. 1. 25

— der historische, anläßlich der Jubelfeier des 500jährigen Bestehens der Universität zu Leipzig in 25 kolor. Vollbildern nach Originalen von Erich Gruner mit kurzem begleitendem Text v. Carl Chun. (27 Bl. Text.) 22×29 cm. Leipzig 909. J. J. Weber. Kart. 3. —

Festzug, der historische, in Torgau am 12. Novbr. 1883 zur Feier des 400jährigen Geburtstages Dr. Martin Luthers, entworfen und illustrirt von W. Wollschläger, im Auftrage des Comités hrsg. und beschrieben von Curt Jacob. gr. 4. (44 S. mit 15 Taf.) Torgau 884, Jacob. *

Festzug, historischer, zum XI. mitteldeutschen Bundesschiessen in Halle a/S., 29. Juli 1888. qu. schmal Fol. (5 Taf.) Halle 888. (Reichardt.) n. 1. —

— historischer, zur Erinnerungsfeier an den 400jährigen Geburtstag des Nürnberger Meistersingers u. Volksdichters Hans Sachs am 5. Novbr. 1894 zu Nürnberg. 16×361 cm. (1 Bl. Text.) Nürnberg 894. (J. Ph. Raw.) n. 1. —

Festzug, historischer, zur Eröffnung der Gotthardbahn. Sechseläuten am 17. April 1882 in Zürich. Imp.-Fol. (4 Stnt. mit 28 S. Text.) Zürich 882, (Meyer und Zeller.) *

— historischer, z. 800jähr. Jubelfeier d. Gründg. d. Neustadt Hanau. Nach Entwürfen v. M. Wiese & W. Schultz. qu. 12. (16 Taf.) Hanau 897. G. M. Alberti. n. 1. —

Historischer **Festzug** am 10. November 1883: Die Einholung Luthers in Eisleben durch die Grafen von Mansfeld 1546. Eisleben, Ed. Winkler 1883.
2 Bl. gr 2°.
In: Illustrierte Eislebener Luther-Festzeitung zum 400 jährigen Geburtstage Martin Luthers.

Festzug, historischer, zu Ravensburg (Wttbg.) am 3. u. 4. VIII. 1902. Zur Feier der ungefähr 1000jährigen Entstehg. der Stadt. 80 Gruppen aus der Geschichte Ravensburgs. (30 S. Abbildgn.) 8×43 cm. Ravensburg (902). Dorn. n. 2. —; Erklärung der einzelnen Gruppen, zugleich Auszug aus der Geschichte Ravensburgs. (8 S.) 8. n. — 20

Festzug zum Jubiläum der Universität Heidelberg 1386 — 1886. qu. Fol. (6 Bl.) Heidelberg 886. Bangel & Schmitt. — E. v. König. Zusammengeklebt in Carton. n.n. 1. —

—— beim Jubiläum der Universität Heidelberg. qu. 8. (11 Photogr.) Heidelberg 886, C. Winter'sche Sortiments-Buchh. Leporello-Album in Leinw.-Decke *

— zum 450jährigen Jubiläum der Leipziger Schützen-Gesellschaft 28. Mai 1893. Hrsg. v. der Leipziger Schützengesellschaft. Gezeichnet v. Hans W. Schmidt. 16,5×864 cm. Lith. Mit 2 Bl. Text. Leipzig 893. F. E. Fischer. In Leinw.-Decke n. 2. —

Festzug des 2. Leipziger Carneval. Leipzig [1868?].
Leporelloalbum mit 84 Taf. in kol. Lithogr. 4°.
Bez. Römer.

Festzug d. Mainzer Carneval 1893. Nach offiziellem Material gezeichnet von C. Sutter. qu. schmal Fol. (3 autogr. Taf.) Mainz 893. V. v. Zabern. In Karton. n.n. 1. 25

Carnevalistischer **Festzug** zu Münster in Westfalen am Rosenmontag 1897. Münster i. W.: L. Espagne (1897). (20 Bl.) quer-8° [illegible] 6

Festzug der Kieler am 18. Febr. 1900 (zur Begrüßung des Prinzen Heinrich von Preußen). (Kiel. 1900.) Fol.

— der costümirte, der Reichshaupt- u. Residenzstadt Wien anlässlich der silbernen Hochzeits-Feier Ihrer Majestäten am 27. April 1879. qu. gr. 16. (6 Bl. in Tondr. in schmal gr. 8.) Wien 879. Zamarski. n. — 60; geb. n. 1. —

— zur Künstler-Redoute, Dresden. Leporelloalbum. qu. gr. 8. (43 Taf.) Dresden (901). (Holze & Pahl.) n. 1. —

—— der, zum neunten württembergischen Landesschießen in Schwäb. Hall am 1. Juli 1883. Historischer Teil. Lichtdr. qu. schmal Fol. Schw.-Hall 883, (German.) cart. **

Festzug in Leipzig am Reformationstage d. 31. Oct. 1830. Lithogr. u. ill. 33 Ellen lang u. 6 Zoll breit. Leipz. 831. Weber. (Hinrichs). In Etuis 5 ⅓ ß

Festzug der deutschen Schützen in Wien. 1 Bl. Royal 4. Wien, Hartleben's Verlag. 1868 6 kr.

Festzug des ersten deutschen Schützenfestes zu Frankfurt am Main 1862. Baden-Baden, 1862. Lith. Druck und Verlag von F. M. Reichel, Quer-8°.

Der Festzug des 6. Deutschen Turnfestes in Dresden 1885 in 21 Gruppen (Momentaufnahmen), (Gruppe 8 fehlt), 21 Photogr., 8°.

Festzug des 11. Deutschen Turnfestes Frankfurt a. M. 1908, Quer-8°.

—— zur Vollendung d. Ulmer Münsters 1377/1890 v. G. Heyberger u. J. Fißlen. Mit erklär. Text v. W. Osiander. qu. schmal Fol. (17 Bl. m. 8 S. Text.) Ulm 890, Ebner. In Karton-Mappe ** 1 —
In Leinw.-Mappe * 2 —

Neues Wiener Tagblatt. Extra-Ausgabe. **Festzug** der Stadt Wien zur silbernen Hochzeit des Kaiserpaares. Wien 1879.
8 Bl. m. 28 Abb. 2°

Der **Festzug** der Württemberger, zur Feier der fünfundzwanzigjährigen Regierung ... des Königs Wilhelm, wird in Stuttgart am Dienstag, den 28. September 1841. in folgender Ordnung statt finden. [Am Ende:] Stuttgart, zu haben ... bei den Gebrüdern Mäntler.
15 S. 4°.

— aus Anlaß der Centenarfeier König Ludwig I. zu München am 31. Juli 1888. Naturgetreu chromolithogr. dargestellt von Hans Riegel. qu. 8. (5 Streifen, zusammengeklebt, ca. 5 Mtr. lang.) München 888. Fritsch. Leporello-Album in Callicomappe. n. 4. —

Festzug-Album. VIII. Leipziger Carneval. Leipzig, Oscar Fürstenau 1875.
31 Taf. 8°.

Festzug-Album d. 1. deutschen Kriegerfestes zu Hamburg vom 1—3. Juli 1883. Chromolith. qu.-schmal-Fol. Hamburg 883. Nestler & Melle. In Carton. n. 1. —

Festzugs-Album für das II. Provinzial-Verbandsfest der Kampfgenossen-Vereine von 1870/71 in Schleswig-Holstein zu Kiel am 21. Juli 1895. (Leipzig. 1895.) 8°

Festzugs-Album des 8. allgem. deutschen Turnfestes, Breslau 1894. Seine Festwagen u. Kostümgruppen. Hrsg. v. Fest-Ausschusse. Gez. v. Willib. Werner. 15,5×529,5 cm. Farbendr. Mit Text. qu. gr. 8. (7 S.) Breslau 894. (Maruschke & Berendt.) n. 1. —

Festzugsgruppen der Centenarfeier König Ludwig I. von Bayern. (43 Bl) Photographien. fol In Mappe. München 1888

Festzugsordnung, 10. Deutsches Turnfest zu Nürnberg 18.—22. 7. 1903, Nürnberg 1903, 31 S., 8°.

Fesztory, Ludwig, Graf Stephan Széchenyi. Vortrag. 8. (24 S.) geh. 20 kr.
Hermannstadt: Schmiedicke 1882.

FESZTY, ÁRPÁD: Die Kreuzigung Christi und Ansicht von Jerusalem (von Árpád Feszty). Rundbildmalerei. Budapest (1897): Gebrüder Légrády. 16 S. - 180 mm

FSC
www.fsc.org
MIX
Papier | Fördert gute Waldnutzung
FSC® C083411

Kolibri 360 GmbH
Ferdinand-Jühlke-Straße 7
99095 Erfurt, Deutschland
produktsicherheit@kolibri360.de